Systematische Phylogenie.

Entwurf eines

Natürlichen Systems der Organismen

auf Grund ihrer Stammesgeschichte

von

Ernst Haeckel
(Jena.)

Dritter Theil:

Systematische Phylogenie

der

Wirbelthiere
(Vertebrata).

Berlin
Verlag von Georg Reimer.
1895.

Systematische Phylogenie

der

Wirbelthiere

(Vertebrata).

Dritter Theil

des Entwurfs einer systematischen

Stammesgeschichte.

Von

Ernst Haeckel
(Jena.)

Berlin
Verlag von Georg Reimer.
1895.

Vorwort.

(Abdruck des Vorworts zum ersten Theil.)

Der erste Entwurf zu der vorliegenden Systematischen Phylogenie wurde vor dreissig Jahren niedergeschrieben und lieferte die Grundlage zu der »Systematischen Einleitung in die allgemeine Entwickelungsgeschichte«, welche bald darauf (1866) im zweiten Bande meiner Generellen Morphologie erschien (»Genealogische Uebersicht des natürlichen Systems der Organismen«). Da dieser erste Versuch, die neu begründete Descendenz-Theorie auf das gesammte Gebiet der organischen Formenlehre und Systematik anzuwenden, unter den Fachgenossen sehr wenig Anklang fand, versuchte ich, die wichtigsten Theile derselben in mehr populärer Form einem grösseren Leserkreise in meiner »Natürlichen Schöpfungsgeschichte« vorzulegen (1868). Der Erfolg dieses populären Buches, welches in acht Auflagen und zwölf verschiedenen Uebersetzungen erschien, bewies das lebhafte Interesse weiterer Kreise an unserer neuen Entwickelungslehre. Ein Vergleich der beträchtlichen Veränderungen, welche das phylogenetische System in jeder der acht Auflagen erfuhr, kann zugleich als Zeugniss für das schnelle Wachsthum unserer Erkenntnisse angesehen werden.

Indessen musste sich die dort gegebene Uebersicht des natürlichen Systems auf die kurze Darstellung der wichtigsten Verhältnisse beschränken; nur für die Hauptgruppen der organischen Formen (die Classen und Ordnungen) konnte der vermuthliche historische Zusammenhang angedeutet werden. Dagegen musste ich auf die nähere Begründung der zahlreichen, dabei aufgestellten phylogenetischen Hypothesen verzichten. Diese B e g r ü n d u n g versucht nun das vorliegende Werk zu geben; ich habe darin die bedeutendsten Resultate der stammesgeschichtlichen Forschungen zusammengefasst, welche inzwischen an der Hand ihrer drei wichtigsten empirischen Urkunden, der Palaeontologie, Ontogenie und Morphologie, in grosser Ausdehnung angestellt worden sind.

Selbstverständlich ist und bleibt unsere Stammesgeschichte ein Hypothesen-Gebäude, gerade so wie ihre Schwester, die historische Geologie. Denn sie sucht eine zusammenhängende Einsicht in den Gang und die Ursachen von längst verflossenen Ereignissen zu gewinnen, deren unmittelbare Erforschung uns unmöglich ist. Weder Beobachtung noch Experiment vermögen uns directe Aufschlüsse über die zahllosen Umbildungs-Processe zu gewähren, durch welche die heutigen Thier- und Pflanzen-Formen aus langen Ahnen-Reihen hervorgegangen sind. Nur ein kleiner Theil der Erzeugnisse, welche jene phylogenetischen Transformationen hervorgebracht haben, liegt uns in greifbarer Form vor Augen; der weitaus grössere Theil bleibt uns für immer verschlossen. Denn die empirischen Urkunden unserer Stammesgeschichte werden immer in hohem Maasse lückenhaft bleiben, wie sehr sich auch im Einzelnen ihr Erkenntniss-Gebiet durch fortgesetzte Entdeckungen erweitern mag.

Aber die denkende Benutzung und kritische Vergleichung jener drei Stammes-Urkunden ist dennoch im Stande, uns schon jetzt einen klaren Einblick in den allgemeinen Gang jenes historischen Entwickelungs-Processes und in die Wirksamkeit seiner wichtigsten Factoren, der Vererbung und Anpassung, zu gewähren. Auf ihrer Wechselwirkung im Kampf um's Dasein beruht der phyletische Zusammenhang der mannichfaltigen organischen Formen. Den einfachsten und klarsten Ausdruck desselben liefert uns die Aufstellung ihres hypothetischen Stammbaums. Als ich 1866 in der Generellen Morphologie den ersten Entwurf der organischen Stammbäume unternahm, und als ich dieselben in den verschiedenen Auflagen der Natürlichen Schöpfungsgeschichte beständig zu verbessern mich bemühte, stiessen diese schwierigen ersten Versuche ein Decennium hindurch fast allgemein auf lebhaften Widerspruch. Erst allmählig brach sich das Verständniss ihrer Bedeutung als heuristischer Hypothesen langsam Bahn. Im Laufe der letzten beiden Decennien sind fast in allen Gebieten des zoologischen und botanischen Systems so werthvolle Versuche zu einer genaueren Erforschung des phylogenetischen Zusammenhangs der verwandten Formen-Gruppen gemacht worden, dass ich unter kritischer Benutzung derselben die neuen, in dieser Systematischen Phylogenie aufgestellten Stammbäume für wesentlich verbessert halten darf. Natürlich bleiben aber auch diese Schemata, ebenso wie die neuen, Hand in Hand damit vervollkommneten systematischen Tabellen, immer nur Versuche, tiefer in die Geheimnisse der Stammesgeschichte einzudringen; sie sollen nur den Weg andeuten, auf welchem — nach dem jetzigen beschränkten Zustande unserer empirischen Kenntnisse — die weitere phylogenetische Forschung wahrscheinlich am besten vorzudringen hat. Ich brauche daher hier wohl kaum die Versicherung zu wiederholen, dass ich meinen Entwürfen von Stammbäumen und System-Tabellen keinen dogmatischen Werth beimesse; jeder einzelne Zweig des Stammbaums bedeutet nur eine bestimmte Frage nach dem vermuthlichen genealogischen Zusammenhang der verknüpften Formengruppen. Wo dieser Zusammenhang heute noch unsicher oder ganz zweifelhaft erscheint, habe ich häufig zwei concurrirenden Hypothesen gleichzeitig einen neutralen Ausdruck gegeben; dadurch erklären sich die Widersprüche, welche der aufmerksame Leser öfter bei Vergleichung verschiedener Tabellen und Stammbäume einer und derselben Formengruppe antreffen wird.

Wie weit es möglich ist, für einen einzelnen Organismus die ganze Reihe seiner Vorfahren im historischen Zusammenhang zu erkennen, habe ich vor zwanzig Jahren in meiner Anthropogenie zu zeigen mich bemüht. Die thierische Ahnenkette des Menschen, welche ich dort aufstellte, versuchte ich durch die Bildungsgeschichte der einzelnen Organe an der Hand des biogenetischen Grundgesetzes zu erläutern. Dadurch glaubte ich am besten die vielbestrittene Berechtigung zur Aufstellung meiner Stammbäume begründen zu können. Der Leser, welcher die unvollkommene Darstellung der ersten Auflage der Anthropogenie (1874) mit der ausgeführten Umarbeitung der letzten Auflage (1891) vergleicht, wird sich leicht überzeugen, wie sehr sich gerade in diesem wichtigen Special-Gebiete der Phylogenie unsere Erkenntnisse geklärt und gefestigt haben.

Dass der vorliegende Entwurf einer systematischen Phylogenie kein Lehrbuch sein kann und will, braucht wohl kaum hervorgehoben zu werden. Ich habe daher auch auf alle Litteratur-Hinweise und Abbildungen verzichtet; um so mehr, als jetzt an guten und reich illustrirten Lehrbüchern der Zoologie und Botanik kein Mangel ist. Zur Zeit sind die einzelnen Theile unserer Stammesgeschichte doch noch zu ungleichmässig bearbeitet, und die Hypothesen der einzelnen Geschichtsforscher noch zu widerspruchsvoll, um eine ausgeführte und einigermaassen abgerundete Darstellung derselben in Form eines Lehrbuchs geben zu können. Vielmehr trägt mein »Entwurf« noch durchweg den Character eines subjectiven Geschichts-Bildes, welches in knappem Rahmen einen Ueberblick über das Gesammtgebiet der organischen Stammesgeschichte nach meiner persönlichen Auffassung geben soll. Dass die einzelnen Theile desselben sehr ungleich ausgeführt sind, bald kaum angedeutet, bald im Einzelnen weiter ausgearbeitet, erklärt sich aus zwei Gründen: objectiv durch den sehr ungleichen Grad des Interesses und der Reife, welchen die bereits gewonnenen Resultate der phylogenetischen Forschung in den verschiedenen Abtheilungen des Thier- und Pflanzen-Reichs darbieten; subjectiv durch das sehr ungleiche Maass der Kenntnisse, welche ich selbst in den verschiedenen Abtheilungen dieses endlos ausgedehnten Gebiets besitze. Trotz dieser empfindlichen, mir wohl bewussten Mängel hoffe ich dennoch, dass dieser neue Entwurf zur Förderung und Ausbreitung jener wahren »Natur-Geschichte« beitragen wird, die nach meiner Ueberzeugung zur Lösung der höchsten wissenschaftlichen Aufgaben berufen ist.

Jena, den 18. October 1894.

Ernst Haeckel.

Inhaltsverzeichniss.

Seite

Vorwort V

Erstes Kapitel.

Generelle Phylogenie der Vertebraten.

§ 1. **Begriff der Vertebraten** 1
§ 2. Grenzen des Wirbelthier-Stammes 3
§ 3. Einheit des Wirbelthier-Stammes 4
§ 4. Classification der Vertebraten 5
§ 5. Unterschiede der vier Hauptclassen 8
§ 6. Stufenfolge der Vertebraten-Classen 9
§ 7. **Ursprung des Wirbelthier-Stammes** 10
§ 8. Vertebraten und Articulaten 11
§ 9. Vertebraten und Tunicaten 12
§ 10. Vertebraten und Prochordonier 13
§ 11. Vertebraten und Helminthen 14
§ 12. Vertebraten und Gastraeaden 16
§ 13. Verzweigung des Wirbelthier-Stammes 17
§ 14. Bildungsstufen der Hauptgruppen 18
§ 15. Stammbaum der Wirbelthiere 19
§ 16. System der Vertebraten 20
§ 17. **Phylogenetische Urkunden der Vertebraten** 22
§ 18. **Palaeontologische Urkunden** 23
§ 19. Positive Daten der Palaeontologie 23
§ 20. Historische Succession der Gnathostomen 25
§ 21. Negative Lücken der Palaeontologie 24
§ 22. **Ontogenetische Urkunden** 26
§ 23. Palingenetische Keimformen 27
§ 24. Cytula. Stammzelle 28
§ 25. Morula. Maulbeerkeim 29
§ 26. Blastula. Keimblase 30
§ 27. Depula. Haubenkeim 31
§ 28. Gastrula. Becherkeim 32
§ 29. Coelomula. Taschenkeim 33

Seite
§ 30. Chordula. Chordonier-Keim 34
§ 31. Primitiv-Organe der Chordula 36
§ 32. Gastrulations-Formen der Wirbelthiere 37
§ 33. Spondula oder Vertebrella 35
§ 34. Cenogenetische Keimformen 35
§ 35. Menosoma und Embryorgane 38
§ 36. Amnion und Serolemma 39
§ 37. Composition des Amnioten-Embryo 40
§ 38. Wirbellose Stammformen der Wirbelthiere 41
§ 39. **Morphologische Urkunden** 42
§ 40. Divergenz und Convergenz der Formen 43
§ 41. Verwandtschaft der Formen 44
§ 42. Person der Wirbelthiere 44
§ 43. Grundform der Wirbelthiere 45
§ 44. Euthynen oder Richtaxen 46
§ 45. Euthyphoren oder Richtebenen 47
§ 46. Symmetrie der Antimeren 48
§ 47. **Stammesgeschichte der Gewebe** 49
§ 48. Episoma und Hyposoma 50
§ 49. Keimplatten und Gewebe 51
§ 50. Gewebe der Acranier und Cranioten 52

Zweites Kapitel.

Phylogenie der Vertebraten-Organe.

§ 51. **Phylogenie des Tegumentes** 53
§ 52. Epidermis. Oberhaut 54
§ 53. Corium. Lederhaut 56
§ 54. **Phylogenie des Skeletes** 58
§ 55. Dermal-Skelet (Ectoskelet). Hautskelet 60
§ 56. Chordal-Skelet (Axen-Skelet) 61
§ 57. Chorda (Notochorda). Axenstab 61
§ 58. Perichorda (Chordascheide). Skeletplatte 62
§ 59. Metamerie des Endoskeletes 63
§ 60. Cranium. Schädel 63
§ 61. Metamerie des Kopfskeletes 64
§ 62. Protocranium oder Blasenschädel 65
§ 63. Mesocranium oder Knorpelschädel 66
§ 64. Metacranium oder Knochenschädel 68
§ 65. Desmogene Schädelknochen 68
§ 66. Chondrogene Schädelknochen 69
§ 67. Pharyngoma. Schlundkorb 70
§ 68. Vertebratio. Wirbelgliederung 72
§ 69. Knorpelige Wirbelsäule 73
§ 70 Knöcherne Wirbelsäule 74
§ 71. Wirbel und Chorda 75
§ 72. Wirbelbogen (Eparcaden und Hyparcaden) 76
§ 73. Costae. Rippen 78
§ 74. Sternum. Brustbein 80

Seite

§ 75. Episternum. Kehlbein 81
§ 76. Meloskeleton. Gliedmaassen-Skelet 83
§ 77. Azygomela. Unpaare Gliedmaassen. Median-Flossen . . . 84
§ 78. Zygomela. Paarige Gliedmaassen. Lateral-Flossen 85
§ 79. Zonoskelet und Zygomelen der Fische 86
§ 80. Archipterygium. Urflosse 87
§ 81. Wanderungen der Zygomelen 89
§ 82. Ptychopterygium. Faltenflosse 89
§ 83. Metapterygium und Pinnistelium 90
§ 84. Zygomelen der Tetrapoden 91
§ 85. Homologien der Carpomelen und Tarsomelen 93
§ 86. Zonoskelet der Tetrapoden 92
§ 87. Automelen der Tetrapoden 94
§ 88. Stelepodia. Obersäulen-Beine 96
§ 89. Zeugopodia. Untersäulen-Beine 97
§ 90. Basipodia (Carpus und Tarsus) 98
§ 91. Metapodia (Metacarpus und Metatarsus) 99
§ 92. Acropodia (Zehen-Skelet) 99
§ 93. Anpassungs-Formen der Zygomelen 100

§ 94. **Phylogenie des Muskel-Systems** 102
§ 95. Elektrische Organe der Fische 103

§ 96. **Phylogenie des Nervensystems** 104
§ 97. Medullarrohr und Acroganglion 106
§ 98. Rückenmark und Bauchmark 107
§ 99. Gehirn der Tunicaten und Vertebraten 108
§ 100. Hirnblasen der Cranioten 110
§ 101. Grosshirn-Bläschen. Protencephalon 111
§ 102. Zwischenhirn-Bläschen. Deutencephalon 111
§ 103. Mittelhirn-Bläschen. Mesencephalon 114
§ 104. Kleinhirn-Bläschen. Parencephalon 113
§ 105. Nachhirn-Bläschen. Derencephalon 114
§ 106. Structur des Gehirns 114
§ 107. Structur des Rückenmarks 115
§ 108. Rückenmarks-Nerven 116
§ 109. Gehirn-Nerven 117
§ 110. Eingeweide-Nerven. Sympathicus 118

§ 111. **Phylogenie der Sinnesorgane** 119
§ 112. Exodermaler Ursprung der Sensillen 119
§ 113. Sensillen der Acranier und Cranioten 120
§ 114. Dermal-Sensillen. Hautsinnesorgane 121
§ 115. Phylogenie des Geruchsorganes 122
§ 116. Monorhina. Unpaarnasen 123
§ 117. Amphirhina. Paarnasen 124
§ 118. Nasengruben der Fische 125
§ 119. Nasencanäle der Dipneusten und Amphibien 126
§ 120. Nasengänge der Amnioten 126
§ 121. Phylogenie des Gesichtsorganes 127
§ 122. Auge der Acranier 128
§ 123. Auge der Cranioten 129

Seite
§ 124. Parietal-Auge (Unpaares Pineal-Auge) 129
§ 125. Phylogenie des Gehörorganes 130
§ 126. Acustisches Labyrinth und Paukenraum 131
§ 127. Entwickelungsstufen des Gehör-Labyrinthes 132
§ 128. Schallleitungs-Apparat 133
§ 129. **Phylogenie des Darmsystems** 135
§ 130. Urdarm und Urmund 136
§ 131. Stomodaeum, Mesodaeum, Proctodaeum 137
§ 132. Kopfdarm. Cephalogaster 139
§ 133. Stomodaeum. Munddarm 140
§ 134. Mundhöhle und Nasenhöhle 140
§ 135. Dentura. Gebiss 141
§ 136. Ceratodontes. Hornzähne 142
§ 137. Osteodontes. Knochenzähne 143
§ 138. Vertheilung der Zähne 144
§ 139. Befestigung der Zähne 144
§ 140. Dentition und Zahnwechsel 145
§ 141. Einfache und zusammengesetzte Zähne 146
§ 142. Fortbildung und Rückbildung des Gebisses 148
§ 143. Pharyngaeum. Schlunddarm 149
§ 144. Branchiae. Kiemen 150
§ 145. Sulcus pharyngalis. Schlundrinne 151
§ 146. Thyreoidea. Schilddrüse 152
§ 147. Thymus. Thymdrüse 153
§ 148. Pneumaticon (Pneumogaster). Luftdarm 154
§ 149. Nectocystis. Schwimmblase 155
§ 150. Pulmoneum. Lungen-Apparat 157
§ 151. Trachea. Luftröhre 158
§ 152. Larynx. Kehlkopf 158
§ 153. Pulmones. Lungen 159
§ 154. Pneumoperae. Luftsäcke 161
§ 155. Coelomale und skeletale Luftsäcke 162
§ 156. Stomachion. Magendarm 163
§ 157. Truncogaster. Rumpfdarm 164
§ 158. Mesogaster. Mitteldarm 165
§ 159. Hepar. Leber 165
§ 160. Pancreas. Bauchspeicheldrüse 167
§ 161. Lecithoma. Dotterorgan 167
§ 162. Lecithosaccus. Dottersack 168
§ 163. Telogaster. Hinterdarm 169
§ 164. Urocystis und Allantois 170
§ 165. **Phylogenie des Coeloma (Leibeshöhle)** 170
§ 166. Einfache Coelomtaschen 171
§ 167. Gliederung der Coelomtaschen 172
§ 168. Dorsale und ventrale Coelomtaschen 173
§ 169. Coelom der Acranier 173
§ 170. Coelom der Cranioten 174
§ 171. Kopf-Coelom und Rumpf-Coelom 175
§ 172. Viscerales und parietales Coelom-Epitel 176

Seite
§ 173. Mesenteria. Gekröse 176
§ 174. Kammern der Leibeshöhle 177
§ 175. **Phylogenie des Gefäss-Systems** 178
§ 176. Blutgefässe und Lymphgefässe 179
§ 177. Blut und Lymphe 180
§ 178. Arterien und Venen 181
§ 179. Herz der Cranioten 182
§ 180. Einfacher Kreislauf der Leptocardier 182
§ 181. Einfacher Kreislauf der Ichthyocardier 183
§ 182. Gemischter Kreislauf der Amphicardier 184
§ 183. Doppelter Kreislauf der Thermocardier 185
§ 184. Arterien-System der Cranioten 186
§ 185. Venen-System der Cranioten 187
§ 186. Lymphsystem der Cranioten 188
§ 187. **Phylogenie des Urogenital-Systems** 189
§ 188. Coelom und Urogenital-Organe 188
§ 189. Nephroma. Nieren-System 189
§ 190. Nephridia. Nieren-Canälchen 191
§ 191. Pronephros. Vorniere 192
§ 192. Mesonephros. Urniere 192
§ 193. Metanephros. Nachniere 193
§ 194. Nephroductus. Nierengänge 194
§ 195. Gonades. Geschlechtsdrüsen 194
§ 196. Metamere Gonaden der Acranier 195
§ 197. Paarige Gonaden der Cranioten 196
§ 198. Hermaphroditismus und Gonochorismus 197
§ 199. Gonoductus. Geschlechtsgänge 198
§ 200. Copulativa. Begattungs-Organe 199

Drittes Kapitel.

Systematische Phylogenie der Monorhinen.

§ 201. **Begriff der Monorhinen** 201
§ 202. Acranier und Cyclostomen 203
§ 203. Reale und hypothetische Monorhinen 204
§ 204. Vier Subclassen der Monorhinen 207
§ 205. Classis I: **Acrania. Schädellose** 206
§ 206. Acrania und Prochordonia 208
§ 207. Subclassis I: Prospondylia. *Provertebrata.* Urwirbelthiere . 210
§ 208. Subclassis II: Leptocardia. *Amphioxina.* Lanzetthiere . . . 212
§ 209. Amphioxus und Paramphioxus 214
§ 210. Zellenstammbaum des Amphioxus 215
§ 211. Classis II: **Cyclostoma. Rundmäuler** 216
§ 212. Subclassis I: Archicrania. Urschädelthiere 217
§ 213. Subclassis II: Marsipobranchia. Beutelkiemer 219
§ 214. Myxinoides (*Hyperotreta*). Inger 220
§ 215. Petromyzontes (*Hyperoartia*). Lampreten 221
§ 216. Cyclostomen und Gnathostomen 223
§ 217. Ichthygonus, Stammform der Amphirhinen 224

Seite

Viertes Kapitel.

Systematische Phylogenie der Fische.

§ 218. Classis III: **Pisces. Fische** 226
§ 219. Skelet der Fische 227
§ 220. Endoskelet der Fische 228
§ 221. Dermal-Skelet der Fische 229
§ 222. Malacom der Fische 230
§ 223. Palaeontologie der Fische 231
§ 224. Stammesgeschichte der Fisch-Ordnungen 234
§ 225. Historische Stammfolge der Fischgruppen 235
§ 226. System der Fische 236
§ 227. Stammbaum der Fische 237
§ 228. Subclassis I: **Selachii. Urfische** 238
§ 229. Ordo I: Proselachii. Urhaifische 240
§ 230. Ordo II: Plagiostomi. Haifische 242
§ 231. Ordo III: Holocephali. Katzenfische 243
§ 232. Subclassis II: **Ganoides. Schmelzfische** 244
§ 233. Ordo IV: Proganoides. Urschmelzfische 246
§ 234. Ordo V: Osteodermi. Panzerfische 247
§ 235. Ordo VI: Crossopterygii. Quastenfische 249
§ 236. Ordo VII: Euganoides. Rautenfische 250
§ 237. Ordo VIII: Amiacei (Amioidei). Amiafische 251
§ 238. Subclassis III: **Teleostei. Knochenfische** 252
§ 239. Ordo IX: Physostomi. Edelfische 254
§ 240. Ordo X: Physoclisti. Massenfische 255
§ 241. Ordo XI: Plectognathi. Schnabelfische 256
§ 242. Ordo XII: Lophobranchii. Buschkiemenfische 257
§ 243. Classis IV: **Dipneusta (Dipnoa). Lurchfische** 257
§ 244. Skelet der Dipneusten 259
§ 245. Malacom der Dipneusten 260
§ 246. Ursprung der Dipneusten 261
§ 247. Ordo I: Paladipneusta. Urlurchfische 262
§ 248. Ordo II: Ctenodipneusta. Kammlurchfische 263
§ 249. Ordo III: Neodipneusta. Neulurchfische 264
§ 250. Stammfolge der Dipneusten und Amphibien 265

Fünftes Kapitel.

Systematische Phylogenie der Amphibien.

§ 251. Classis V: **Amphibia. Lurche** 266
§ 252. Skelet der Amphibien 267
§ 253. Malacom der Amphibien 269
§ 254. Ontogenie der Amphibien 270
§ 255. Palaeontologie der Amphibien 271
§ 256. System der Amphibien 274
§ 257. Stammbaum der Amphibien 275
§ 258. Ordo I: Stegocephala (*Phractamphibia*). Urlurche 273
§ 259. Ordo II: Peromela (*Caeciliae*). Schlangenlurche 277

Seite
§ 260. Ordo III: Urodela (*Caudata*). Schwanzlurche 279
§ 261. Ordo IV: Batrachia (*Anura*). Froschlurche 281
§ 262. Amphibien und Amnioten 282

Sechstes Kapitel.

Systematische Phylogenie der Sauropsiden.

§ 263. **Begriff der Sauropsiden** 284
§ 264. Sauropsiden und Mammalien 286
§ 265. Ontogenie der Amnioten 287
§ 266. Classification der Sauropsiden 289
§ 267. System der Sauropsiden 292
§ 268. Stammbaum der Sauropsiden 293
§ 269. Classis VI: **Reptilia. Schleicher** 291
§ 270. Skelet der Reptilien 294
§ 271. Malacom der Reptilien 297
§ 272. System der Reptilien 298
§ 273. Historische Stammfolge der Reptilien 299
§ 274. Legio I: **Tocosauria. Stammreptilien** 301
§ 275. Ordnungen der Tocosaurier 302
§ 276. Ordo I: Proreptilia (= *Protamniota*) 303
§ 277. Ordo II: Progonosauria (= *Proterosauria*) 304
§ 278. Ordo III: Rhynchocephalia (= *Sphenodontia*) 305
§ 279. Legio II: **Theromora (= Theromorpha)** 306
§ 280. System der Theromoren 308
§ 281. Stammbaum der Theromoren 309
§ 282: Ordo I: Theriodontia (*Mastocephale Theromoren*) 310
§ 283. Pareosauria (Sphenognathe Theromoren) 311
§ 284. Pelycosauria (Cynognathe Theromoren) 312
§ 285. Palatosauria (Palatognathe Theromoren) 313
§ 286. Ordo II: Anomodontia (*Chelycephale Theromoren*) 314
§ 287. Dicynodontia (Trichecognathe Theromoren) 316
§ 288. Udenodontia (Chelygnathe Theromoren) 316
§ 289. Legio III: **Chelonia (= Testudinata). Schildkröten** 317
§ 290. Endoskelet der Chelonier 319
§ 291. Dermalskelet der Chelonier 321
§ 292. System der Chelonier 322
§ 293. Stammbaum der Chelonier 323
§ 294. Ordo I: Dermochelya (*Atheconia*) 325
§ 295. Ordo II: Diacostalia (*Trionychida*) 326
§ 296. Ordo III: Cryptodera (*Osteochelya*) 327
§ 297. Ordo IV: Pleurodera (*Chelydonia*) 329
§ 298. Legio IV: **Halisauria (= Enaliosauria). Seedrachen** 330
§ 299. System der Halisaurier 332
§ 300. Stammbaum der Halisaurier 333
§ 301. Ordo I: Sauropterygia (Schwandrachen) 335
§ 302. Ordo II: Ichthyopterygia (Fischdrachen) 337
§ 303. Legio V: **Pholidota (= Lepidosauria). Schuppenechsen** 340
§ 304. System der Pholidoten 342
§ 305. Stammbaum der Pholidoten 343

Seite

§ 306. Ordo I: Lacertilia. Eidechsen 344
§ 307. Archilacertae. Ureidechsen 345
§ 308. Ascalabotae. Geckonen 346
§ 309. Cionocrania. Säuleneidechsen 347
§ 310. Chamaeleontes. Vermilinguia 348
§ 311. Glyptoderma. Amphisbaenia 349
§ 312. Ordo II: Pythonomorpha. Seeschlangen 349
§ 313. Dolichosauria. Urseeschlangen 352
§ 314. Mosasauria. Hauptseeschlangen 352
§ 315. Ordo III: Ophidia (Serpentes). Schlangen 353
§ 316. Asinophidia. Lindschlangen 355
§ 317. Toxicophidia. Giftschlangen 356
§ 318. Scolecophidia. Wurmschlangen 357
§ 319. Legio VI: **Crocodilia. Crocodile** 358
§ 320. Skelet der Crocodile 359
§ 321. Malacom der Crocodile 362
§ 322. System der Crocodile 364
§ 323. Stammbaum der Crocodile 365
§ 324. Ordo I: Protosuchia. Urcrocodile 363
§ 325. Ordo II: Typosuchia. Hauptcrocodile 367
§ 326. Classis VII: **Dracones. Drachen** 370
§ 327. Historische Stammfolge der Draconen 372
§ 328. Stammbaum der Draconen 373
§ 329. Legio I: **Dinosauria. Laufdrachen** 374
§ 330. Skelet der Dinosaurier 377
§ 331. Gliedmaassen der Dinosaurier 378
§ 332. Tegument und Gebiss der Dinosaurier 381
§ 333. System der Dinosaurier 382
§ 334. Ordo I: Arctopoda. Bärendrachen 383
§ 335. Ordo II: Theropoda. Tigerdrachen 384
§ 336. Ordo III: Sauropoda. Riesendrachen 386
§ 337. Ordo IV: Pachypoda. Panzerdrachen 387
§ 338. Ordo V: Ornithopoda. Vogeldrachen 389
§ 339. Legio II: **Pterosauria. Flugdrachen** 390
§ 340. Skelet der Pterosaurier 392
§ 341. Gliedmaassen der Pterosaurier 394
§ 342. System der Pterosaurier 396
§ 343. Ordo I: Draconura (Macrura) 397
§ 344. Ordo II: Dracochira (Brachyura) 398
§ 345. Classis VIII: **Aves. Vögel** 400
§ 346. Classification der Vögel 402
§ 347. Tegument und Gebiss der Vögel 403
§ 348. Skelet der Vögel 405
§ 349. Malacom der Vögel 407
§ 350. System der Vögel 410
§ 351. Stammbaum der Vögel 411
§ 352. Legio I: Saururae. Urvögel 409
§ 353. Legio II: Carinatae. Kielvögel 413
§ 354. Legio III: Ratitae. Straussvögel 415

Seite

Siebentes Kapitel.

Systematische Phylogenie der Mammalien.

§ 355. Classis IX: **Mammalia. Säugethiere** 419
§ 356. Ursprung der Mammalien 421
§ 357. Subclassen der Mammalien 424
§ 358. Classification der Mammalien 427
§ 359. Tegument der Mammalien 429
§ 360. Schuppen und Haare 433
§ 361. Drüsen des Tegumentes 435
§ 362. Skelet der Mammalien 438
§ 363. Gebiss der Mammalien 442
§ 364. Malacom der Mammalien 450
§ 365. Ontogenie der Mammalien 453
§ 366. Palaeontologie der Mammalien 457
§ 367. Chorologie der Mammalien 461
§ 368. System der Verbreitungs-Regionen 464
§ 369. Historische Stammfolge der Mammalien 465
§ 370. System der Mammalien 466
§ 371. Stammbaum der Mammalien 467
§ 372. Subclassis I: **Monotrema (= Prototheria). Gabelthiere** 468
§ 373. System der Monotremen 470
§ 374. Stammbaum der Implacentalien 471
§ 375. Ordo I: Promammalia (*Architheria*) 473
§ 376. Ordo II: Pantotheria (*Tricuspidata*) 474
§ 377. Ordo III: Allotheria (*Multituberculata*) 476
§ 378. Ordo IV: Ornitheria (*Ornithostoma*) 478
§ 379. Subclassis II: **Marsupialia (= Metatheria). Beutelthiere** 479
§ 380. System der Marsupialien 481
§ 381. Ordo I: Prodidelphia. Urbeutler 482
§ 382. Ordo II: Polyprotodontia. Zoophaga 484
§ 383. Ordo III: Diprotodontia. Phytophaga 485
§ 384. Subclassis III: **Placentalia (= Epitheria). Zottenthiere** 487
§ 385. System der Placentalien 490
§ 386. Stammbaum der Placentalien 491
§ 387. Legio I: **Prochoriata (= Mallotheria). Urzottenthiere** 493
§ 388. System der Prochoriaten 496
§ 389. Legio II: **Trogontia (= Trogotheria). Nagethiere** 497
§ 390. System der Trogontien 502
§ 391. Stammbaum der Trogontien 503
§ 392. Ordo I: Tillodontia (*Tillotheria*). Urnager 501
§ 393. Ordo II: Typotheria (*Typodontia*). Stiftnager 505
§ 394. Ordo III: Rodentia (*Trogodontia*). Hauptnager 506
§ 395. Classification der Rodentien 508
§ 396. Legio III: **Edentata (= Paratheria). Zahnarme** 511
§ 397. Gebiss der Edentaten 514
§ 398. System der Edentaten 516
§ 399. Stammbaum der Edentaten 517
§ 400. Ordo I: Manitheria (*Nomarthra*) 519

Seite

§ 401. Ordo II: Bradytheria (*Xenarthra*) 521
§ 402. Legio IV: **Ungulata. Hufthiere** 524
§ 403. Sublegionen und Ordnungen der Ungulaten 529
§ 404. System der Ungulaten 530
§ 405. Stammbaum der Ungulaten 531
§ 406. Ordo I: Condylarthra. Urhufer 533
§ 407. Ordo II: Hyracea (*Lamnungia*). Platthufer 534
§ 408. Ordo III: Liopterna (*Toxodontia*). Nagehufer 536
§ 409. Ordo IV: Proboscidea. Rüsselhufer 538
§ 410. Ordo V: Amblypoda (*Amblydactyla*). Plumphufer 541
§ 411. Ordo VI: Perissodactyla. Unpaarhufer 543
§ 412. Stammbaum der Perissodactylen 548
§ 413. Ordo VII: Artiodactyla. Paarhufer 549
§ 414. Stammbaum der Artiodactylen 552
§ 415. Choeromorpha (Bunodontia) 553
§ 416. Ruminantia (Selenodontia) 556
§ 417. Legio V: **Cetomorpha (= Cetacea). Walthiere** 562
§ 418. Triphyletische Convergenz der Cetomorphen 564
§ 419. System der Cetomorphen 566
§ 420. Ordo I: Sirenia (*Phycoceta*). Rinderwale 567
§ 421. Ordo II: Denticeta (*Odontoceta*). Zahnwale 569
§ 422. Ordo III: Mysticeta (*Mystacoceta*). Bartenwale 572
§ 423. Legio VI: **Carnassia (= Sarcotheria). Raubthiere** 573
§ 424. Gebiss der Carnassier 577
§ 425. System der Carnassier 578
§ 426. Stammbaum der Carnassier 579
§ 427. Ordo I: Insectivora. Insectenfresser 580
§ 428. Ordo II: Creodonta. Altraubthiere 582
§ 429. Ordo III: Carnivora (Fissipedia). Fleischfresser 584
§ 430. Ordo IV: Pinnipedia. Robben 588
§ 431. Legio VII: **Volitantia (= Pterotheria). Flatterthiere** 591
§ 432. System der Volitantien 593
§ 433. Ordo I: Dermoptera. Pelzflatterer 594
§ 434. Ordo II: Chiroptera. Handflatterer 595
§ 435. Legio VIII: **Primates (= Aematheria). Herrenthiere** 597
§ 436. System der Primaten 600
§ 437. Stammbaum der Primaten 601
§ 438. Ordo I: Prosimiae (*Hemipitheci*). Halbaffen 602
§ 439. Lemuravida. Urhalbaffen 603
§ 440. Lemurogona. Neuhalbaffen 605
§ 441. Ordo II: Simiae (*Pitheci*). Affen 606
§ 442. Platyrhinae (Hesperopitheca). Westaffen 609
§ 443. Catarhinae (Eopitheca). Ostaffen 610

Seite

Achtes Kapitel.

Systematische Phylogenie des Menschen.

§ 444. **Begriff der Anthropogenie** . . . 613
§ 445. Anthropogenie und Palaeontologie . . . 615
§ 446. Anthropogenie und Ontogenie . . . 618
§ 447. Anthropogenie und Morphologie . . . 621
§ 448. Ursachen der Anthropogenesis . . . 623
§ 449. Phylogenie der Menschen-Seele . . . 625
§ 450. **Ahnenreihe des Menschen** . . . 628
§ 451. System der Progonotaxis . . . 631
§ 452. Anthropomorphen und Hominiden . . . 632
§ 453. **Species und Rassen der Hominiden** . . . 634
§ 454. Classification der Menschen-Rassen . . . 636
§ 455. System der Menschen-Rassen . . . 640
§ 456. Stammbaum der Menschen-Rassen . . . 641
§ 457. Urheimath des Menschen . . . 642
§ 458. Migrationen der Menschen-Rassen . . . 644
§ 459. Anthropogenie und Anthropismus . . . 646
§ 460. **Anthropogenie und Substanz-Gesetz** . . . 648
Register . . . 651

Erklärung der Zeichen in den palaeontologischen Tabellen,

betreffend die historische Stammfolge der Vertebraten-Gruppen (S. 235, 299, 372, 465 u. s. w.).

V bedeutet, dass die betreffende Formen-Gruppe noch heute lebende Vertreter besitzt;

\+ bedeutet, dass die betreffende Formen-Gruppe erloschen und nur durch fossile Vertreter bekannt ist;

━━━ (fetter Strich) bedeutet, dass die betreffende Formen-Gruppe in der angegebenen Periode stark entwickelt war;

——— (dünner Strich) bedeutet, dass dieselbe zur angegebenen Zeit schwach entwickelt war;

? bedeutet, dass dieselbe zur angegebenen Zeit wahrscheinlich existirte, obwohl versteinerte Ueberreste aus dieser Periode nicht bekannt sind;

⊙ bedeutet, dass die betreffende Formen-Gruppe in der angegebenen Periode sicher (oder doch höchst wahrscheinlich) existirte, obwohl fossile Documente dafür fehlen.

Erklärung der Abkürzungen,

betreffend die verschiedenen Zahnformen.

Ic. = *Incisores*, Schneidezähne.
Cn. = *Canini*, Eckzähne.
Pr. = *Praemolares*, Lückenzähne.
Ml. = *Molares*, Mahlzähne.

Bei den Zahnformeln der Säugethiere ist stets nur die Kieferhälfte in Form eines Bruches geschrieben, dessen Zähler die Zähne des Oberkiefers, dessen Nenner die Zähne des Unterkiefers sind; es bedeutet also die Formel $\frac{3 \cdot 1 \cdot 4 \cdot 3}{3 \cdot 1 \cdot 4 \cdot 3}$ ein Gebiss mit 44 Zähnen, in welchem jederseits oben und unten 3 *Ic.*, 1 *Cn.*, 4 *Pr.* und 3 *Ml.* stehen.

Erstes Kapitel.

Generelle Phylogenie der Vertebraten.

§ 1. Begriff der Vertebraten.

Wirbelthiere oder *Vertebrata* sind alle bilateral-symmetrischen Metazoen mit innerer Metamerie des Mesoderms (Gliederung des Muskel-Systems), und mit einem centralen soliden Axenstab (Chorda), auf dessen Dorsalseite das Nerven-Centrum (Markrohr) liegt, auf der Ventralseite das Darmrohr mit Mund und After; der vordere Theil des Darms enthält die Athmungs-Organe (Kopfdarm, Kiemendarm), der hintere die Verdauungs-Organe und die Leber (Rumpfdarm, Leberdarm). Eine skeletbildende Perichorda umschliesst die Chorda.

Das Phylon der Vertebraten unterscheidet sich durch die vorstehend angeführten Merkmale durchgreifend von allen übrigen Thieren. Nur ein einziger Stamm der wirbellosen Metazoen besitzt denselben characteristischen Axenstab (Chorda) und dieselbe typische Bildung des dorsalen Nervencentrums und des ventralen Darmrohrs; diese stammverwandte Gruppe sind die Mantelthiere (*Tunicata*). Diesen tiefer stehenden Chordathieren fehlt aber gänzlich die typische Metamerie der Vertebraten, die innere Gliederung ihres Mesoderms, welche eine Hauptursache ihrer höheren und eigenthümlichen Entwickelung ist.

Eine genauere Betrachtung der Vertebraten-Organisation lässt dem oben festgestellten Begriffe derselben noch folgende, allen Gliedern des Stammes gemeinsame Merkmale hinzufügen: 1) Die drei Richtaxen der bilateral-symmetrischen Grundform werden dadurch bestimmt, dass in der horizontalen Längsaxe die centrale Chorda liegt, oberhalb derselben das Markrohr, unterhalb das Darmrohr; die horizontale Queraxe, welche rechte und linke Seitenlinie verbindet, schneidet die

Chorda senkrecht; die verticale Pfeilaxe verbindet die Medianlinien der Rücken- und Bauchseite. 2) Die verticale Median-Ebene, welche durch die longitudinale und sagittale Axe gelegt wird, nimmt ein unvollständiges »Median-Septum« ein; dieses scheidet im Dorsaltheile die beiden, ursprünglich spiegelgleichen Körperhälften, ein rechtes und linkes Antimer. 3) Die horizontale Frontal-Ebene, welche durch die longitudinale und transversale Axe gelegt wird, scheidet einen neuralen Rückenleib (*Episoma*) von einem gastralen Bauchleib (*Hyposoma*). 4) Die verticale Gürtel-Ebene, welche durch die sagittale und transversale Axe gelegt wird, scheidet den Kopftheil vom Rumpftheil. 5) Die Metamerie oder die segmentale Gliederung der Person betrifft niemals die Hautdecke; sie geht aus von den paarigen Coelomtaschen, deren dorsale Hälften Muskel-Segmente liefern (Myotome), die ventralen Hälften dagegen nephridiale und germinale Segmente (Gonotome). 6) Erst secundär erstreckt sich die Metamerie auch auf die mesodermale Chordascheide (Perichorda) und führt zur Bildung der »Wirbelsäule«. 7) Das dorsale Nervencentrum (Medullar-Rohr) sondert sich in Gehirn und Rückenmark; ersteres gehört dem Kopftheil an und zeichnet sich durch verwickelteren Bau und intime Beziehungen zu den drei höheren Sinnesorganen aus. 8) Das ventrale Darmrohr ist an der Chordascheide durch ein Mesenterium befestigt; sein Kopftheil (Kiemendarm) öffnet sich vorn durch den Mund und ist ursprünglich von lateralen Kiemenspalten durchbrochen; sein Rumpftheil (Leberdarm) nimmt vorn das Gallen-Secret der Leber auf und öffnet sich hinten durch den After. 9) Das geschlossene Blutgefäss-System besitzt zwei centrale, dem Hyposom angehörige Hauptgefässe: oberhalb des Darms eine Principal-Arterie (Aorta), unterhalb desselben eine Principal-Vene (Subintestinal-Vene). 10) Die ventrale Leibeshöhle (Metacoel), in welcher der grösste Theil der Eingeweide liegt, entsteht secundär durch den Zusammenfluss der ventralen Coelomtaschen (Gonocoele).

Durch die Vereinigung dieser typischen Eigenschaften wird der Vertebratenbegriff bestimmt. Alle sonstigen Merkmale, welche man herkömmlicher Weise in die Definition des Wirbelthier-Stammes aufzunehmen pflegt, besitzen nur partielle Bedeutung und sind erst secundär von einem Theile desselben erworben; so namentlich der Besitz von Schädel und Wirbelsäule, von zwei Paar Gliedmaassen, von einem ventralen Herzen u. s. w. u. s. w. Insbesondere ist das gegliederte Axenskelet, die knorpelige oder knöcherne »Wirbelsäule« erst eine spätere Erwerbung; der Begriff der Wirbelbildung oder *Vertebration* gründet sich ursprünglich nicht auf diese Skelettheile, sondern auf die metameren Muskelplatten (Myotome = »Urwirbel«).

§ 2. Grenzen des Wirbelthier-Stammes.

Der systematische Umfang des Wirbelthier-Stammes wird bestimmt durch die Stellung des Amphioxus an seiner tiefsten Wurzel, des Menschen an seinem höchsten Gipfel. Demnach umfasst dieses Phylon die beiden Hauptgruppen der Acranier (oder *Leptocardier*) und der Cranioten (oder *Pachycardier*). *Amphioxus*, als der einzige noch lebende Ueberrest einer uralten Acranier-Gruppe, führt uns den typischen Körperbau der Wirbelthiere in seiner ursprünglichen Einfachheit vor Augen; er giebt uns die wichtigsten Aufschlüsse über den Ursprung des Vertebraten-Stammes und die historische Entwickelung seiner Organisation; er bezeugt die nahe Stammverwandtschaft der Wirbelthiere und Mantelthiere. Wir betrachten daher Amphioxus geradezu als das typische »Urwirbelthier«.

Von dieser Umgrenzung unseres Stammes weichen andere Systeme nach zwei entgegengesetzten Richtungen ab. Das eine System beschränkt den Begriff der Wirbelthiere auf die *Cranioten* und stellt die *Acranier* (Amphioxus) zu den Wirbellosen. Das entgegengesetzte System nimmt die wirbellosen *Tunicaten* (als »Urochorden«) mit in den Vertebraten-Stamm auf (»Cephalochorden«). Beide extreme Anschauungen sind einseitig übertrieben und praktisch untauglich. Die Tunicaten stimmen zwar in der typischen Lagerung und Anlage der Organ-Systeme mit den stammverwandten Vertebraten überein; sie unterscheiden sich aber von diesen sehr wesentlich durch den Mangel der inneren Gliederung. Da aber die Metamerie des Mesoderms, besonders die Gliederung des Muskelsystems, die erste Bedingung für die vollkommnere Bewegung des Organismus und die Differenzirung seiner Organe bildet, fehlen den einfachen, ungegliederten Tunicaten zahlreiche Einrichtungen, die wir bei den gegliederten Vertebraten antreffen. Daher bleibt der Organismus der Mantelthiere auf einer viel tieferen Stufe stehen, als derjenigen der vollkommneren Wirbelthiere. Beide Stämme hängen nur tief unten an der gemeinsamen Wurzel zusammen, entwickeln sich aber ganz divergent und unabhängig von einander. *Amphioxus*, als Vertreter der *Acranier* oder Schädellosen, steht zwar vielfach zwischen beiden Stämmen in der Mitte; er theilt aber die Metamerie mit den *Cranioten*, den Schädelthieren. Seine Entfernung aus dem Vertebraten-Stamm ist weder theoretisch noch practisch gerechtfertigt; sie würde dessen historischem Verständniss die wichtigsten Grundlagen entziehen.

§ 3. Einheit des Wirbelthier-Stammes.

Die innere Organisation sämmtlicher Vertebraten stimmt in den wichtigsten und characteristischen Grundzügen so vollkommen überein, dass wir mit Sicherheit ihre Abstammung von einer einzigen gemeinsamen Stammform, einem hypothetischen Provertebraten: *Prospondylus*, annehmen dürfen. Diese monophyletische Hypothese stützt sich auf bedeutungsvolle Thatsachen aller drei Stammes-Urkunden (§§ 17—24). I. Die Palaeontologie bekundet mit unzweideutiger Sicherheit, dass die grösseren und kleineren Gruppen des Vertebraten-Stammes in einer bestimmten historischen Succession auftreten und sich ausbreiten; diese entspricht im Grossen und Ganzen der Annahme einer fortschreitenden Entwickelung divergenter Aeste, welche aus einem und demselben Stamme entsprungen sind; jede Gruppe beginnt mit einzelnen niederen Formen und nimmt, bis zu einer gewissen Höhe der Blüthe (*Acme*) aufsteigend, an Zahl, Mannichfaltigkeit und Vollkommenheit der Formen zu. Keine einzige palaeontologische Thatsache führt uns zu der Annahme, dass die verschiedenen Klassen des natürlichen Vertebraten-Systems polyphyletisch entstanden, dass sie unabhängig von einander aus mehreren verschiedenen Stammformen hervorgegangen seien. II. Die Morphologie der Wirbelthiere legt nicht weniger klares Zeugniss für die phylogenetische Einheit ihres Stammes ab; denn es ist der vergleichenden Anatomie gelungen, alle Modificationen ihres Körperbaues in den grösseren und kleineren Gruppen auf einen »gemeinsamen typischen Bauplan« zurückzuführen. Alle lebenden und ausgestorbenen Vertebraten-Formen erscheinen uns nur als mannichfaltige Variationen eines einzigen Thema; alle sind durch Anpassung aus einer einzigen gemeinsamen einfachen Stammform abzuleiten, deren wesentlicher Typus sich durch Vererbung erhält. III. Die Ontogenie drückt der so gewonnenen Ueberzeugung von der Einheit des Vertebraten-Stammes den Stempel vollkommener Sicherheit aus; denn die vergleichende Keimesgeschichte lehrt uns, dass die Embryonen sämmtlicher Wirbelthiere, trotz vielfacher Unterschiede, in der gleichen typischen Weise aus dem befruchteten Ei sich entwickeln. Ueberall erfolgt die Anlage der wichtigsten Organe nach denselben Gesetzen; jene besonderen Unterschiede erscheinen zwar oft sehr auffallend, erklären sich aber leicht als secundäre *cenogenetische* Modificationen des primären, überall identischen *palingenetischen* Bildungs-Typus; sie sind theils durch abgekürzte Vererbung zu erklären, theils durch Anpassung an die besonderen Bedingungen der embryonalen Entwickelung.

§ 4. Classification der Vertebraten.

Als die natürliche Hauptgruppe der *Vertebrata* (1801) aufgestellt und allen übrigen Thieren (— den Wirbellosen, *Evertebrata* —) gegenübergestellt wurde, umfasste sie jene vier Classen, die schon im »Systema naturae« (1735) an der Spitze des Thierreichs standen: 1) *Mammalia*, 2) *Aves*, 3) *Amphibia*, 4) *Pisces*. Von diesen vier ursprünglichen Classen sind die beiden ersten bis heute allgemein in unverändertem Umfang beibehalten worden; dagegen haben die beiden letzteren wesentliche Veränderungen ihres Begriffes nach Inhalt und Umfang erfahren. Zunächst wurde die Classe der Amphibien (1816) in zwei verschiedene Classen gespalten; von diesen schliessen sich die jüngeren und höher entwickelten *Reptilien* zunächst an die Vögel an, während die älteren und einfacher organisirten *Amphibien* (im engeren Sinne) den Fischen viel näher stehen.

Viel bedeutendere Veränderungen erfuhr 50 Jahre später die Auffassung der Fisch-Classe. Die genauere Kenntniss der Anatomie und Ontogenie ihrer beiden niedersten Gruppen, der Leptocardier (*Amphioxinen*) und der Cyclostomen (*Myxinoiden* und *Petromyzonten*), veranlasste uns (1866), diese beiden primitiven Ordnungen ganz von der Fischclasse abzutrennen und als zwei selbständige Classen allen übrigen Wirbelthieren gegenüberzustellen; die letzteren wurden unter dem Begriff *Amphirhina* oder *Gnathostoma* zusammengefasst. Thatsächlich ist der Unterschied in dem einfacheren Körperbau jener beiden niedersten Classen und der echten Fische viel grösser, als der anatomische Unterschied dieser letzteren und aller höheren Wirbelthiere. Nicht nur fehlen den *Leptocardiern* und *Cyclostomen* die Kiefer und die echten (inneren) Kiemenbogen, sondern auch die Zygomelen (oder paarigen Extremitäten), somit jener ganze Complex von unteren Skeletbogen am Schädel, der für alle übrigen Vertebraten höchst characteristisch in morphologischer und bedeutungsvoll in physiologischer Beziehung ist. Ferner fehlen jenen beiden niedersten kieferlosen Gruppen (*Agnathona*) noch gänzlich die kalkigen Skelettheile, die bei den übrigen, kiefermündigen Vertebraten (*Gnathostoma*) entweder als Ossificationen der Lederhaut (Placuntien, Dentin-Zähne) oder der Perichorda (knöcherne Wirbel) ausgebildet werden. Ein weiterer wichtiger Unterschied besteht in der Nasenbildung; die Nase der Agnathonen (sowohl der *Leptocardia* als der *Cyclostoma*) ist ein unpaares Rohr, das unmittelbar aus dem Vorderende des Medullar-Rohrs hervorwächst (daher *Monorhina*, Unpaarnasen). Hingegen wird die Nase bei allen Gnathostomen in Form von ein paar äusseren Hautgruben angelegt, deren Nerven von paarigen Lappen des Vorderhirns ausgehen (*Amphirhina*, Paarnasen). Diese paarige Nasenbildung der *Gnathostomen* ist erst secundär aus der unpaaren Formation der *Agnathonen* hervorgegangen.

Die niederste Classe der Vertebraten, die Amphioxinen oder Leptocardier (*Amphioxus* und *Paramphioxus*), erscheinen wiederum durch eine weite Kluft von den *Cyclostomen* sowohl als von den *Gnathostomen* getrennt. Die beiden letzteren Gruppen besitzen sämmtlich einen echten, knorpelig präformirten Schädel und sind somit »Schädelthiere«, Craniota; dieses wichtige Organ fehlt dagegen den ersteren, die wir ihnen desshalb als »Schädellose«, Acrania gegenüberstellten. Ausserdem zeichnen sich die *Acranier* durch eine typische Einfachheit der palingenetischen Entwickelung aus (*Leptogastrula*), durch primitiven Zustand der Gewebebildung (Mangel von Mesenchym, permanent epitelialen Character aller Gewebe), durch die ursprüngliche Einfachheit des Circulations-Apparates, der Leber, der Nieren u. s. w. Wir erblicken daher in den heutigen Amphioxinen den letzten Ueberrest einer primären älteren Hauptgruppe der Wirbelthiere, aus welcher erst secundär die Cranioten sich entwickelt haben.

Die Classe der echten Fische (*Pisces*) beschränkten wir demzufolge in unserem neuen, auf Grund der Descendenz-Theorie reformirten Vertebraten-System (1866) auf drei Subclassen, die *Selachier, Ganoiden* und *Teleostier*. Die vierte Gruppe, die gewöhnlich noch denselben angeschlossen wird, die Dipneusten (oder *Dipnoa*), unterscheiden sich von jenen sehr wesentlich durch den neuen, in der Devon-Zeit erfolgten Erwerb der Luftathmung durch die Lunge und die correlative Umbildung des Herzens und der Nasen (Luftwege). Wir betrachten daher dieselben als eine interessante Uebergangsclasse zu den Amphibien, bei denen zuerst (in der Carbon-Zeit) die characteristische Dreigliederung der Zygomelen und ihre typische Pentanomie auftritt. Im Uebrigen erscheinen die drei Classen der Fische, Dipneusten und Amphibien noch sehr nahe verwandt; wir fassten sie daher als eine Hauptclasse (oder Cladom) unter dem Begriffe der Anamnia zusammen (»Amnionlose«), später auch als »Fischthiere« bezeichnet (*Ichthyona* oder *Ichthyopsida*).

Als Amnionthiere (*Amniota*) stellten wir denselben die drei höheren Wirbelthier-Classen gegenüber, die Reptilien, Vögel und Säugethiere. Nicht allein die Erwerbung der bedeutungsvollen Embryonal-Organe (Amnion und Allantois), und der gänzliche Verlust der Kiemen, sondern auch die vollkommnere Ausbildung des Skeletes, des Gehirns, der Nieren (Metanephros) u. A. ist allen diesen *Amnioten* gemeinsam und gestattet uns, dieselben von einer gemeinsamen, spätestens in der Perm-Periode aus Amphibien hervorgegangenen Stammform abzuleiten, den *Protamnioten* oder *Proreptilien*. Jedenfalls hat sich aber dieser primitive Amnioten-Stamm schon sehr frühzeitig in zwei divergente Hauptstämme gespalten, von denen der eine die Säugethiere (*Mammalia*), der andere alle übrigen *Amnioten* umfasst; da für die letzteren die typischen *Saurier* den Ausgangspunkt bilden, wurden sie als *Sauropsida* zusammengefasst (= *Monocondylia*).

Gewöhnlich werden in der formenreichen Gruppe der Sauropsiden als zwei Classen nur die *Reptilia* und *Aves* unterschieden; doch glauben wir berechtigt zu sein, von den ersteren noch als warmblütige Classe die eigenthümlichen Drachen (*Dracones*) abzutrennen (*Dinosauria* und *Pterosauria*). Vielleicht wird es noch zweckmässiger erscheinen, den ganzen *Sauropsiden*-Stamm in zwei Classen zu theilen, von denen die eine nur die kaltblütigen Reptilien umfasst, die andere die warmblütigen Drachen und Vögel; diese letzteren sind auch in der Skeletbildung sehr nahe verwandt und könnten unter dem Begriffe der *Ornithocrania* vereinigt werden. Von den viviparen Säugethieren hat man auch als besondere Classe die oviparen *Monotremen* abtrennen wollen; doch erscheint uns diese Scheidung, obwohl historisch begründet, von systematischem Standpunkte aus nicht zweckmässig.

Die acht Classen der Vertebraten hatten wir demgemäss in unserem ersten phylogenetischen System (1866) in folgender Anordnung zusammen gestellt:

A. **Acrania** (Schädellose) oder *Leptocardia* (Rohrherzen):		1. **Amphioxina** (Lanzeloten).
B. **Craniota** (Schädelthiere) oder *Pachycardia* (Beutelherzen):		
B. I. **Monorhina** (Unpaarnasen) oder *Marsipobranchia* (Beutelkiemer):		2. **Cyclostoma** (Rundmäuler).
B. II. **Amphirhina** (Paarnasen) oder *Gnathostoma* (Kiefermäuler):		
B. II. a) **Anamnia** (Amnionlose)	(3. Fische)	3. **Pisces**.
oder *Ichthyona*	(4. Lurchfische)	4. **Dipneusta**.
(Fischthiere)	(5. Lurche)	5. **Amphibia**.
B. II. b) **Amniota** (Amnionthiere)	(6. Schleicher)	6. **Reptilia**.
6. 7. *Monocondylia*	(7. Vögel)	7. **Aves**.
8. *Dicondylia*	(8. Säugethiere)	8. **Mammalia**.

(Vergl. §§ 14, 15, 16.)

§ 5. Unterschiede der vier Hauptclassen

Organe der Vertebraten	Agnathona (*Monorhina*)		Gnathostoma (*Amphirhina*)	
	I. Acrania Schädellose *Pharyngobranchia*	II. Cyclostoma Kieferlose *Marsipobranchia*	III. Anamnia Fischthiere *Ichthyopsida*	IV. Amniota Amnionthiere *Allantoidia*
1. Chorda und Perichorda	permanent, ganz einfach	permanent, sehr einfach	bald permanent, bald verschwindend	nur embryonal vorhanden
2. Wirbelsäule (*Vertebrarium*)	fehlt ganz	beginnt mit Bildung von Knorpelbogen	zeigt die verschiedensten Bildungsstufen	ist ganz verknöchert
3. Schädel (*Cranium*)	fehlt ganz	bleibt knorpeliger Urschädel	zeigt alle Verknöcherungs-Stufen	ist ganz verknöchert
4. Kieferbogen (*Arcus maxillaris*)	fehlt ganz (Agnathones)	fehlt ganz (Agnathones)	stets permanent, bald knorpelig, bald verknöch.	stets verknöchert, partiell reducirt und umgebildet
5. Kiemenbogen (*Arcus branchiales*)	sind durch ein eigenes Gitterwerk vertreten	sind durch ein äusseres Knorpel-Gerüst vertreten	bald permanent knorpelig, bald verknöchert	nur embryonal vorhanden, in fünf Paaren
6. Zygomelen (Zwei Paar Gliedmaassen)	fehlen ganz	fehlen ganz	stets angelegt, ursprünglich polydactyl	stets angelegt, ursprünglich pentadactyl
7. Epidermis (Oberhaut)	einschichtiges Epitel	mehrschichtiges Epitel, nicht verhornt	mehrschichtiges Epitel, nicht verhornt	mehrschichtige Oberhaut, verhornt
8. Corium Lederhaut	Epiteliale Cutisplatte, ohne Hautzähne	Connectiv-Platte, ohne Hautzähne	Lederplatte mit Hautzähnen (bisweilen rückgebildet)	Lederplatte (Hautzähne meist verschwunden)
9. Gehirn (*Cerebrum*)	unentwickelt (ein einfaches kleines Bläschen)	Fünf Blasen, ziemlich gleichmässig entwickelt	Mittelhirn überwiegend entwickelt	Vorderhirn überwiegend entwickelt
10. Nase (*Narium*)	unpaar (Monorhina)	unpaar (Monorhina)	paarig (Amphirhina)	paarig (Amphirhina)
11. Kiemen (*Branchia*)	Kiemenkorb mit zahlreichen Spalten	6—7 Paar Kiemenbeutel	meist permanent (bisweilen nur in der Jugend)	verschwunden (Kiemenspalten beim Embryo)
12. Lungenblase (*Pulmonium*)	fehlt ganz	fehlt ganz	Schwimmblase (später Lunge)	Lungen (ursprünglich ein Paar)
13. Niere	Protonephros	Mesonephros	Mesonephros	Metanephros
14. Gonaden	viele Paare	ein Paar	ein Paar	ein Paar
15. Allantois	fehlt	fehlt	fehlt	vorhanden
16. Amnion	fehlt	fehlt	fehlt	vorhanden

§ 6. Stufenfolge der Vertebraten-Classen.

Classen der Wirbelthiere	Schädel und Zygomelen	Subclassen der Wirbelthiere	Historische Bedeutung der Subclassen
I. Acrania Schädellose Agnathonen ohne Schädel, mit einfachem Gehirn.	Schädel, Kiefer, Kiemenbogen und Zygomelen fehlen ganz. Keine Wirbelsäule. Keine Hautknochen.	1. **Prospondylia** † 2. **Leptocardia**	Praesilurische Stammgruppe aller Wirbelthiere Moderne Ueberreste der Prospondylien
II. Cyclostoma Kieferlose Agnathonen mit Knorpel-Schädel, mit fünf Hirnblasen.	Schädel knorpelig. Kiefer, Kiemenbogen und Zygomelen fehlen. Keine Wirbelsäule. Keine Hautknochen.	3. **Archicrania** † 4. **Marsipobranchia**	Praesilurische Stammgruppe aller Cranioten Moderne Ueberreste der Archicranier
III. Pisces Anamnien mit Fischflossen, ohne Lungen.	Schädel stufenweise entwickelt, mit Kiefer. Kiemenbogen permanent, mit Kiemen. Zygomelen ohne Kniegliederung.	5. **Selachii** 6 **Ganoides** 7. **Teleostei**	Silurische Stammgruppe aller Gnathostomen Paläozoische Hauptgruppe der Fische. Moderne Hauptgruppe der Fische.
IV. Dipneusta Anamnien mit Fischflossen, mit Lungen.	Schädel mit Kiefer. Kiemenbogen permanent m. Kiemen. Zygomelen ohne Kniegliederung.	8. **Paladipneusta** † 9. **Neodipneusta**	Devonische Stammgruppe der Lungen-Wirbelthiere. Moderne Ueberreste der Paladipneusten.
V. Amphibia Anamnien mit pentadactylen Beinen, mit Lungen.	Schädel mit Kiefer, partiell verknöchert, Condylus occipitalis doppelt. Zygomelen pentanom, mit Kniegliederung.	10. **Phractamphibia** 11. **Lissamphibia**	Carbonische Stammgruppe der Pentadactylen. Moderne Ueberreste der Phractamphibien
VI. Reptilia Kaltblütige Sauropsiden mit unvollständigem Septum cordis. Skelet nicht pneumatisch (bei VII u. VIII pneumatisch).	VI u. VII u. VIII **Sauropsida** Schädel verknöch., mit Quadrat-Articulation des zusammengesetzten Unterkiefers. Condylus occipital. einfach. Zygomelen pentanom, mit Kniegliederung. Alle Sauropsiden (VI, VII, VIII) u. Mammalien (IX) ohne Kiemen, mit Amnion und Allantois.	12. **Tocosauria** † 13. **Theromora** † 14. **Chelonia** 15. **Halisauria** † 16. **Pholidota** 17. **Crocodilia**	Permische Stammgruppe d. Amnioten. Mesozoische und moderne Specialisten-Gruppen von Reptilien.
VII. Dracones Warmblütige Sauropsiden mit Laufbeinen oder Flughäuten.		18 **Dinosauria** † 19. **Pterosauria** †	Mesozoische Drachen mit Laufbeinen. Mesozoische Drachen mit Flughäuten.
VIII. Aves Warmblütige Sauropsiden mit Federn und Flügeln.		20. **Saururae** † 21. **Ratitae** 22. **Carinatae**	Stammgruppe aller Vögel. Seitenzweig der Laufvögel. Hauptgruppe der modernen Vögel.
IX. Mammalia Warmblütige Amnioten mit Haaren und Milchdrüsen.	Schädel verknöch., mit Temporal-Articulation des einfachen Unterkiefers. Condylus occipitalis doppelt.	23. **Monotrema** 24. **Marsupialia** 25. **Placentalia**	Triassische Stammgruppe d. Säugeth. Mesozoische ältere Hauptgruppe der Säugethiere. Moderne Hauptgruppe der Säugethiere.

§ 7. Ursprung des Wirbelthier-Stammes.

Die wichtige Frage vom Ursprung des Wirbelthier-Stammes ist in sehr verschiedener Weise beantwortet worden. Zur Entscheidung derselben ist es vor Allem wichtig, die Thatsachen kritisch zu prüfen, welche uns die drei grossen Urkunden der Stammesgeschichte liefern. Von diesen bietet uns die Palaeontologie gar keine Anhaltspunkte, aus dem einfachen Grunde, weil sowohl die ältesten Wirbelthiere, als auch deren wirbellose Vorfahren keine festen und versteinerungsfähigen Skelettheile besassen. Daher konnten uns weder die ausgestorbenen *Acranier* und *Cyclostomen*, noch die *Tunicaten* und *Prochordonier*, welche in früheren Perioden der Erdgeschichte lebten, irgend welche fossilen Reste hinterlassen. Um so wichtiger sind die Zeugnisse, welche uns die beiden anderen Urkunden, vergleichende Anatomie und Ontogenie, in die Hand geben. Die vergleichende Anatomie zeigt zunächst, dass die meisten Hauptgruppen der wirbellosen Thiere, insbesondere die höheren und typisch entwickelten Stämme, keinerlei wirkliche Verwandtschafts-Beziehungen zu den Wirbelthieren besitzen. Diejenigen morphologischen Verhältnisse, welche für die Erkenntniss dieser Beziehungen den höchsten Werth besitzen, die relative Lagerung und typische Bildung der Fundamental-Organe, sowie deren embryonale Anlage, sind bei den Wirbelthieren und den meisten Wirbellosen gänzlich verschieden. Nur die beiden Stämme der *Tunicaten* und *Helminthen* bilden eine Ausnahme, da sie in vielen wichtigen Beziehungen mit den Vertebraten übereinstimmen (vergl. § 9). Dagegen sind gänzlich von der Verwandtschaft auszuschliessen: 1) die Gliederthiere (*Articulata*, vergl. § 8), 2) die Sternthiere (*Echinoderma*), 3) die Weichthiere (*Mollusca*), 4) der grösste Theil der Wurmthiere (*Helminthes*, vergl. § 11), 5) die Nesselthiere (*Cnidaria*), 6) die Schwämme (*Spongiae*), 7) der grösste Theil der Urthiere (*Protozoa*).

Für die Erkenntniss der nahen Stammes-Verwandtschaft, welche die *Vertebraten* mit den *Tunicaten* und einem Theile der *Helminthen* verknüpft, sind ferner von höchstem Werthe die Zeugnisse der vergleichenden Ontogenie (§ 22—33). Sie lehrt zunächst, dass die beiden Stämme der Wirbelthiere und der Mantelthiere unten an der Wurzel zusammenhängen, und dass Beide gemeinsam von einer älteren Gruppe wirbelloser Thiere abstammen, die unter den Begriff der *Helminthen* fallen (§ 11); sie wirft aber auch weiter zurück ein bedeutungsvolles Licht auf den dunkeln Weg, auf welchem die letzteren aus *Gastraeaden* und *Protozoen* hervorgegangen sind (§ 12).

§ 8. Vertebraten und Articulaten.

Die Aehnlichkeit, welche in einigen Beziehungen der Organisation und besonders in der Körpergliederung (*Metamerie*), zwischen Wirbelthieren und Gliederthieren besteht, hat zu der irrthümlichen Annahme einer nahen Stammes-Verwandtschaft zwischen diesen beiden höchst entwickelten Thierstämmen geführt. Alle drei Cladome der *Articulaten* sind von verschiedenen Autoren neuerdings als die Vorfahren der *Vertebraten* in Anspruch genommen worden. Die beiden höher organisirten Cladome der Crustaceen und Tracheaten sind bereits in so hohem Maasse typisch ausgebildet und so eigenthümlich differenzirt, dass uns eine Ableitung der Wirbelthiere von denselben ganz unmöglich erscheint; sie bedarf keiner Widerlegung. Mehr Wahrscheinlichkeit könnte dagegen die Ableitung der Vertebraten von den Anneliden beanspruchen, weil in beiden Stämmen theilweise eine ähnliche Gliederung des Mesoderms besteht (metamere Muskelplatten und Nephridien). Da diese Hypothese in der That vielen Beifall gefunden hat und selbst heute noch einzelne namhafte Vertheidiger besitzt, mögen die Gründe gegen dieselbe hier kurz angeführt werden.

Die *Anneliden*, welche wir als die gemeinsame Stamm-Gruppe beider *Arthropoden*-Gruppen (*Crustaceen* und *Tracheaten*) betrachten, stimmen mit diesen in den wesentlichen Grundzügen der Organisation vollkommen überein: alle drei Cladome der Gliederthiere besitzen dieselbe äussere Gliederung der Leibeswand, dasselbe Bauchmark mit Schlundring, dasselbe Rückenherz. Der Unterschied, dass die Körper-Gliederung bei den *Anneliden* homonom (indifferent), bei den *Arthropoden* dagegen heteronom (differenzirt) erscheint, ist nicht durchgreifend und bezeichnet nur einen Stufengrad der Entwickelung; ebenso der andere Unterschied, dass die Beine der letzteren gegliedert sind, die der ersteren nicht. Während demnach die Anneliden morphologisch von den Arthropoden nicht getrennt werden können, stehen sie zu den Vertebraten in keinem geringeren morphologischen Gegensatze als die letzteren. Denn die äussere Gliederung der Gliederthiere (*Articulatio*) besitzt nur eine oberflächliche Aehnlichkeit mit der inneren Segmentirung der Wirbelthiere (*Vertebratio*). Die ähnliche Metamerie des Mesoderms (Muskeln, Nephridien) ist in beiden Stämmen analog, aber unabhängig von einander entstanden. Die bedeutungsvolle Scheidung des Körpers in Episoma und Hyposoma, welche die Vertebraten auszeichnet (§ 46), fehlt den Articulaten ganz. Ausserdem ist die typische Lagerung der Fundamental-Organe in beiden Stämmen geradezu entgegengesetzt, wie sich aus folgender Uebersicht ergiebt:

Vertebration und Articulation.

Uebersicht über die fundamentalen Gegensätze in der Organisation der Wirbel- und Gliederthiere.

Vertebration der Wirbelthiere (Acranier und Cranioten)	**Articulation der Gliederthiere** (Anneliden und Arthropoden)
1) Epidermis ohne Cuticula, ohne Chitinpanzer, ungegliedert, ohne Spur von Metamerie	1) Epidermis mit einer Cuticula, die sich zu einem gegliederten Chitinpanzer entwickelt.
2) Chorda und Perichorda stets vorhanden, als Grundlage eines autonomen Endoskeletes.	2) Chorda und Perichorda fehlen gänzlich. Kein autonomes Endoskelet.
3) Nervencentrum dorsal: ein ungegliedertes Rückenmark (Medullarrohr), vorn in ein Gehirn anschwellend. Kein Schlundring vorhanden.	3) Nervencentrum ventral: ein gegliedertes Bauchmark, vorn durch einen Schlundring mit dem dorsalen Cerebral-Ganglion verbunden.
4) Musculatur periskeletal; die Muskeln umgeben äusserlich die soliden Theile des Endoskeletes.	4) Muskulatur endoskeletal; die Muskeln liegen im Innern von den hohlen Röhren des Ectoskeletes.
5) Herz ventral, aus dem Bauchgefäss der Helminthen entstanden.	5) Herz dorsal, aus dem Rückengefäss der Helminthen entstanden.
6) Darm mit Kiemenkammer. Schlund in der Anlage stets von paarigen, lateralen Kiemenspalten durchbrochen, mit einer ventralen Hypobranchial-Rinne.	6) Darm ohne Kiemenkammer. Schlund stets ohne Kiemenspalten und Kiemenbogen. Niemals eine Hypobranchial-Rinne.

§ 9. Vertebraten und Tunicaten.

Die nahe Stammverwandtschaft, welche die beiden Phylen der Mantelthiere und Wirbelthiere verknüpft, gestattet uns, dieselben unter dem Begriffe der Chordathiere (*Chordonia* oder *Chordota*) zusammenzufassen. Die Berechtigung dieser Auffassung ergiebt sich vor Allem aus der vergleichenden Anatomie und Ontogenie der niedersten und ältesten Glieder beider Stämme, der *Copelaten* einerseits, der *Acranier* anderseits. Die charakteristische Keimform der Chordula (§ 30) ist in beiden Stämmen dieselbe: in der Axe des bilateralen Körpers verläuft longitudinal die Chorda, oberhalb derselben das dorsale Nervenrohr (Medullar-Rohr), unterhalb das ventrale Darmrohr, beiderseits (rechts und links) die Coelom-Taschen. Dazu kommt noch, dass bei den Larven der Ascidien, ebenso wie bei den palingenetischen Embryonen der Vertebraten, das dorsale Nervenrohr mit dem ventralen Darmrohr hinten eine Zeit lang durch den Markdarmgang (*Canalis neurentericus*) communicirt. Von hoher morphologischer Bedeutung ist ferner die eigenthümliche Scheidung des Darmrohrs in einen respiratorischen Kopfdarm mit Schlundrinne (Kiemendarm) und einen digestiven Rumpfdarm mit Leberschlauch (Leberdarm); sie findet sich ebenso bei den Ascidien-Larven, wie bei den niederen Wirbelthieren. In beiden Gruppen wird die laterale Schlundwand frühzeitig von paarigen Kiemenspalten durchbrochen, die zum Austritt des Athemwassers dienen. Ferner ist von ganz besonderem Interesse die Ontogenie der *Ascidien-Larven,* die einerseits sich an diejenige des *Amphioxus* anschliesst, anderseits in einigen *Copelaten* sich permanent erhält. Die Uebereinstimmung der wichtigsten embryonalen Bildungsstufen in beiden Gruppen besitzt palingenetische Bedeutung. Aus diesen und anderen Gründen sind wir berechtigt, eine nahe Stammverwandtschaft der Tunicaten und Vertebraten anzunehmen, und zwar in der Weise, dass wir beide Stämme aus einer gemeinsamen Wurzel ableiten; wir bezeichnen diese hypothetische, längst ausgestorbene Wurzelgruppe als Urchordathiere (*Prochordonia*). Dieselben werden einigen Copelaten (*Appendicaria*) sehr nahe gestanden haben und sind selbst wieder von Helminthen abzuleiten. Dagegen dürfen die beiden Stämme der Chordathiere nicht von einander abgeleitet werden. Die Annahme, dass die gegliederten Wirbelthiere von den ungegliederten Mantelthieren abstammen, ist ebenso unrichtig, wie die entgegengesetzte Hypothese, dass die Tunicaten degenerirte Fische seien.

§ 10. Vertebraten und Prochordonier.

Wenn unsere Annahme einer nahen Stammverwandtschaft der Wirbelthiere und Mantelthiere richtig ist, so muss für beide eine gemeinsame, uralte Wurzelgruppe angenommen werden, in welcher die wesentlichen Merkmale beider Stämme vereinigt waren. Die vergleichende Anatomie und Ontogenie beider Stämme gestattet uns, von der ursprünglichen Organisation dieser Prochordonia (oder *Protochordota*) uns ein hypothetisches Bild zu entwerfen. Die wichtigsten Charakterzüge dieses uralten Ahnenbildes dürften folgende sein: 1) Die Grundform der schwimmenden ungegliederten Person ist streng dipleurisch (oder bilateral-symmetrisch); die beiden Antimeren sind spiegelgleich. 2) Die Gewebe des Körpers sind grösstentheils epitelial (— mit geringer Mesenchym-Bildung —), sie sind entstanden aus vier secundären Keimblättern (zwei Grenzblättern und zwei Mittelblättern); die beiden Mesodermblätter sind mediale und laterale Lamellen von ein paar Coelomtaschen. 3) Das Tegument besteht aus zwei verschiedenen Schichten: einer einfachen Epidermis (einschichtiges Exoderm-Epitel) und einem dünnen Corium (Cutis-Platte des parietalen Mesoderms). 4) Die Darmwand besteht ebenfalls aus zwei verschiedenen Keimblättern, einem einschichtigen Darm-Epithel (Entoderm) und einem dünnen Darmfaserblatt (viscerales Mesoderm). 5) Zwischen Darmwand und Leibeswand besteht jederseits, rechts und links, eine einfache Leibeshöhle, deren »Coelom-Epitel« die Geschlechts-Producte liefert. 6) Diese beiden Coelom-Taschen sind noch nicht gegliedert, besitzen aber bereits jederseits eine canalartige, nach aussen durchgebrochene Oeffnung, ein paar Nephridien. 7) In der Längsaxe des Körpers verläuft central ein einfacher Axenstab, die Chorda; sie hat sich (als entodermale Neubildung der Prochordonier) zwischen beiden Coelom-Taschen von der Rückenwand des Urdarms abgeschnürt. 8) Oberhalb der Chorda verläuft als Nerven-Centrum ein dorsales Medullar-Rohr, aus der hinteren Verlängerung des exodermalen Acroganglion (oder Scheitelhirn) der Helminthen entstanden. 9) Das ventrale, einfache Darmrohr ist durch eine Transversal-Strictur in zwei Stücke zerfallen: Kopfdarm mit Mund und ein paar Kiemenspalten (Kiemendarm) und Rumpfdarm mit Leberschlauch und After (Leberdarm). 10) In der Darmwand verlaufen zwei mediane Blutgefäss-Stämme, eine dorsale Arterie (Aorta oder Subchordal-Arterie) und eine ventrale Vene (Principal-Vene oder Subintestinal-Vene); hinter den Kiemenspalten bildet letztere eine einfache, spindelförmige Anschwellung, das Herz.

§ 11. Vertebraten und Helminthen.

Die Abstammung der Wirbelthiere und Mantelthiere von der gemeinsamen Stammgruppe der ausgestorbenen *Prochordonier* dürfen wir schon jetzt für vollkommen gesichert halten. Die bedeutungsvolle Larvenform der Chordula (§ 30) ist beiden Stämmen gemeinsam; sie weist nach dem biogenetischen Grundgesetze auf eine ähnlich gebaute Stammform zurück: *Chordaea*. Die Acranier (*Amphioxus*), von Seiten der Vertebraten, sind ihr eben so nahe verwandt, wie anderseits die Copelaten (*Appendicaria*), von Seiten der Tunicaten. Sehr grossen Schwierigkeiten begegnet aber nun die weitere phylogenetische Frage, wo wir in dem weiten Reiche der wirbellosen Thiere den Ursprung der Prochordonier selbst suchen sollen? Zwar ist von den meisten Zoologen neuerdings unsere Hypothese angenommen worden, dass die nächsten Vorfahren zum Stamme der Helminthen (— der *Vermalien* oder Wurmthiere im engeren Sinne! —) gehören; aber unter der bunten Formenmenge der letzteren lebt heutzutage keine einzige Form mehr, die wir als unveränderten oder auch nur als wenig veränderten Ueberrest jener ausgestorbenen Helminthen-Ahnen der Chordonier betrachten könnten.

Bei Beurtheilung dieses schwierigen Problems müssen wir vor Allem den Umstand im Sinne behalten, dass die zahlreichen, heute noch lebenden Helminthen-Gruppen in ihrer speciellen Organisation sich sehr weit von einander entfernen. Zwar haben sie alle gewisse Grundzüge niederer Metazoen-Bildung gemeinsam: ein ungegliederter, bilateraler Körper, an dessen Zusammensetzung nicht allen die beiden primären Keimblätter, sondern auch ein zwischen beiden gelegenes Mesoderm betheiligt sind; ferner ein Darmrohr, ein Hautmuskelschlauch, ein Cerebral-Ganglion, ein Paar Nephridien, Gonaden u. s. w. Allein in der besonderen Differenzirung und speciellen Ausbildung dieser Organe entfernen sich die Classen der Wurmthiere sehr weit von einander; wir können sie nur als die letzten, dürftigen Ueberreste eines mächtigen, schon in palaeozoischer Zeit reich verzweigten Baumes betrachten, dessen zahlreiche ausgestorbene Aeste uns wegen Mangels harter Skelettheile fast gar keine fossilen Spuren hinterlassen konnten.

Die vergleichende Morphologie der Helminthen und der Chordonier führt uns aber andertheils zu der Ueberzeugung, dass die besonderen Stammes-Charactere der letzteren: Chorda, Medullarrohr, Kiemendarm u. s. w. sich schon frühzeitig in einem besonderen Zweige des Helminthen-Stammes entwickelt haben müssen. Von diesem Zweige scheint noch ein einzelner, stark modificirter Ueberrest heute zu existiren: *Balanoglossus,* der einzige Vertreter der *Enteropneusten*-Classe; er ist das einzige Wurmthier, das den Kiemendarm der Chordonier besitzt, mit dorso-lateralen Kiemenspalten und ventraler Hypobranchial-Rinne. In vielen allgemeinen Organisations-Verhältnissen stimmt Balanoglossus mit den Nemertinen überein, denjenigen niederen Helminthen, bei denen die ersten Anfänge eines selbständigen Blutgefäss-Systems auftreten. Die eigenthümlichen, theilweise palingenetischen Larven der *Nemertinen* sowohl als der Enteropneusten sind nahe verwandt den Rotatorien, unter welchen die bemerkenswerthen Gastrotrichen (*Ichthydina*) einen sehr primitiven Helminthen-Typus repräsentiren, Dieser steht wieder sehr nahe den *Turbellarien* und zwar den einfachsten Formen der *Rhabdocoelen.* Obgleich hier schon über dem Darm ein Cerebral-Ganglion differenzirt ist, unter der Haut eine Muskelplatte, beiderseits ein Paar Nephridien und Gonaden, fehlen diesen Platoden doch noch allgemein drei wichtige Merkmale der echten Helminthen: Die secundäre Leibeshöhle (Coelom), die Blutgefässe und der After. Die historische Entwickelung der Rhabdocoelen und Gastrotrichen aus bilateralen Gastraeaden ist leicht zu verstehen.

Die angeführten vier Helminthen-Gruppen: *Turbellarien, Gastrotrichen, Nemertinen, Enteropneusten,* lassen sich nicht ununterbrochen in eine einzige phylogenetische Reihe ordnen; aber sie erscheinen als Seitenzweige einer solchen ausgestorbenen Reihe, welche in vielfach gebogener Linie direct von den *Gastraeaden* zu den *Prochordoniern* geführt hat. Sie deuten uns in einzelnen bedeutungsvollen Punkten den langen, in der archozoischen Aera liegenden Weg an, auf welchem sich aus der diploblastischen, bilateralen Gastraea Schritt für Schritt die eigenthümlichen Differenzirungen der ältesten tetrablastischen Chordonier-Ahnen hervorgebildet haben.

§ 12. Vertebraten und Gastraeaden.

Dass die älteren Vorfahren der Wirbelthiere ursprünglich von Gastraeaden abstammen, ergiebt sich nach dem biogenetischen Grundgesetze unmittelbar aus der Thatsache, dass der Keim aller Vertebraten ein zweiblättriges Gastrula-Stadium durchläuft. In reiner palingenetischer Form besitzt dasselbe noch heute der *Amphioxus*, während es bei den *Cranioten* mehr oder minder cenogenetisch modificirt ist. Da die Grundform der Amphioxus-Gastrula nicht monaxon, sondern bereits dipleurisch oder bilateral-symmetrisch ist (durch die dorsale Lage der beiden Urzellen des Mesoderms), so darf man vielleicht annehmen, dass die ältesten *Platoden*-Ahnen der Vertebraten direct aus *bilateralen Gastraeaden* hervorgegangen sind. Anderseits dürfen wir den bekannten Thatsachen der Gastrulation im Wesentlichen eine hohe palingenetische Bedeutung zuschreiben und daraus den Schluss ziehen, dass die Gastraeaden-Ahnen der Wirbelthiere, ebenso wie der Wirbellosen, ursprünglich aus folgender Ahnen-Reihe von Protozoen hervorgegangen sind: 1. Cytaea: einzellige Urform, entsprechend der *Cytula* oder »ersten Furchungszelle« (anfangs kernlose Moneren, später kernhaltige, einfache, amoebenartige Zellen); 2. Moraea: Coenobium von Cytaeen, oder Colonie von gleichartigen Protozoen, entsprechend der *Morula*, oder dem kugeligen Haufen von gleichartigen Furchungskugeln; 3. Blastaea: Coenobium von Infusorien, in Gestalt einer Hohlkugel, deren Wand eine einfache Schicht von gleichartigen Flimmerzellen bildet (entsprechend dem Blastoderm der *Blastula* oder Blastosphaera); 4. Depaea: Zwischenform zwischen *Blastaea* und *Gastraea*, mit beginnender Invagination des Blastoderms (daher gleichzeitig mit Blastocoel und Urdarm, entsprechend der *Depula* oder *Blastula invaginata*); 5. Gastraea: Gemeinsame Stammform aller Metazoen, ein zweiblättriger Becher mit Urdarm und Urmund, durch vollständige Invagination der *Depaea* entstanden (entsprechend der *Gastrula* des Amphioxus); die Wand der Urdarmhöhle bilden die beiden primären Keimblätter: Entoderm und Exoderm. Auf Grund unserer Gastraea-Theorie (1872) schreiben wir jeder dieser fünf Gastrulations-Stufen eine palingenetische Bedeutung zu (vergl. das Nähere in §§ 22—33).

§ 13. Verzweigung des Wirbelthier-Stammes.

Der hypothetische Stammbaum der Wirbelthiere (§ 15), den wir uns durch denkende Benutzung der drei sich ergänzenden Stammes-Urkunden construiren können, hat auszugehen von Acraniern der silurischen und praesilurischen Zeit. Die ältesten »Urwirbelthiere« (Prospondylia) entwickelten sich damals aus derselben Wurzel (den *Prochordoniern*) wie die ältesten Tunicaten; sie haben uns im heutigen *Amphioxus* (und dem wenig verschiedenen *Paramphioxus*) einen einzigen, theilweise degenerirten Nachkommen hinterlassen. Aus den *Prospondylien* ging sodann, als Hauptlinie des Stammes, die Classe der Cyclostomen hervor. Auch von deren ursprünglicher Organisation geben uns die heutigen *Marsipobranchier* (Myxinoiden und Petromyzonten), die theilweise stark degenerirt sind, nur ein unvollkommenes und annäherndes Bild; als die eigentliche Stammgruppe der Schädelthiere müssen wir die Archicranier betrachten, eine hypothetische, ausgestorbene Gruppe von älteren Cyclostomen, deren Organisation wir aus der vergleichenden Ontogenie und Morphologie der *Acranier*, *Marsipobranchier* und *Selachier* ziemlich sicher reconstruiren können. Aus diesen »Urschädelthieren« entsprang der Stamm der Gnathostomen, dessen Wurzel die Fisch-Classe bildet. Von den drei Subclassen dieser formenreichen Gruppe sind die ältesten die *Selachier*, auf sie folgen die *Ganoiden*. Aus einem Zweige der jüngeren (jurassischen) *Ganoiden* entwickelte sich sodann der reiche Stamm der *Teleostier*; aus einem älteren (devonischen) Zweige, den *Proganoiden*, entsprang die Classe der Dipneusten, die erste Gruppe von luftathmenden Wirbelthieren und die Uebergangsbrücke zu den Amphibien. Die heutigen *Dipneusten* (Ceratodinen und Neodipneusten) sind ein stark veränderter Ueberrest der alten devonischen *Paladipneusten* (*Phaneropleurinen* und Verwandten). Mit den Amphibien beginnt in der Carbon-Zeit die Reihe der pentanomen Landbewohner, ausgestattet mit zwei Paar dreigliederigen Zygomelen und fünfzehigen Füssen. Ihre ältesten Stammformen sind die *Stegocephalen*. Aus letzteren entstanden die *Proreptilien* der permischen Periode (Tocosaurier), zu denen wir die gemeinsamen Stammformen der Amnioten rechnen (*Protamnia*). Dieser Stamm spaltete sich schon ganz unten in zwei divergente Stämme, einerseits die *Sauropsiden*, anderseits die *Mammalien*. Zunächst entwickelten die Sauropsiden in der *Reptilien*-Classe während des mesozoischen Zeitalters eine ausserordentlich reich und mannichfaltig differenzirte Gruppe von merkwürdigen Formen, die gegen Ende desselben grösstentheils ausstarben. Dagegen fällt in die Tertiär-Zeit die Blüthe der Vögel und der Säugethiere.

§ 14. Bildungsstufen der Hauptgruppen.

Bildungsstufen der paarigen Gliedmaassen	Classen	Subclassen	Stufen der Herzbildung
I. Adactylia (*Vertebrata impinnata*) Wirbelthiere ohne Zygomelen. = **Agnathona** (ohne Kiefer- und Kiemenbogen) = **Monorhina** (Unpaarnasen).	**I. Acrania** (Schädellose)	1. *Prospondylia* 2. *Pharyngobranchia*	**I. Leptocardia** Rohrherzen. Kaltblütige Vertebraten mit einkammerigem Herzen. Keine Lungen.
	II. Cyclostoma Rundmäuler	3. *Archicrania* 4. *Marsipobranchia*	**II. Ichthyocardia** Fischherzen. Kaltblütige Vertebraten mit zweikammerigem Herzen (einer Vorkammer, einer Hauptkammer) Herzblut carbonisch. Keine Lungen.
II. Polydactylia (*Vertebrata pinnifera*) = **Quadrupinna** (*Ingenicata*) Zwei Paar Fischflossen ohne Quergliederung; mit vielen Flossenstrahlen.	**III. Pisces** Fische	5. *Selachii* 6. *Ganoides* 7. *Teleostei*	
	IV. Dipneusta Lurchfische	8. *Paladipneusta* 9. *Neodipneusta*	**III. Amphicardia** Lurchherzen. Kaltblütige Vertebraten mit dreikammerigem Herzen (zwei Vorkammern und einer Hauptkammer) Herzblut gemischt. (Septum cordis nicht vollständig entwickelt). Lungen vorhanden.
III. Pentadactylia (*Vertebrata pentanomia*) = **Quadrupeda** oder *Tetrapoda* (*Geniculata*). Ursprünglich zwei Paar Stützbeine (bisweilen durch Rückbildung verloren) Vorderbeine u. Hinterbeine mit Geniculation oder Quergliederung (Oberschenkel, Unterschenkel, Fuss); ursprüngl. fünf Zehen oder Finger an jedem Fuss (oft einzelne rückgebildet).	**V. Amphibia** Lurche	10. *Phractamphibia* 11. *Lissamphibia*	
	VI. Reptilia Schleicher	12. *Tocosauria* 13. *Theromora* 14. *Chelonia* 15. *Halisauria* 16. *Pholidota* 17. *Crocodilia*	
	VII. Dracones Drachen	18. *Dinosauria* 19. *Pterosauria*	**IV. Thermocardia** Warmherzen. Warmblütige Vertebraten mit vierkammerigem und zweitheiligem Herzen (zwei Vorkammern und zwei Hauptkammern). Linkes Herz mit oxydischem, rechtes mit carbonischem Blut. Lungen vorhanden.
	VIII. Aves Vögel	20. *Saururae* 21. *Ratitae* 22. *Carinatae*	
	IX. Mammalia Säuger	23. *Prototheria* (Monotrema) 24. *Metatheria* (Marsupialia) 25. *Epitheria* (Placentalia)	

§ 15. Stammbaum der Wirbelthiere.

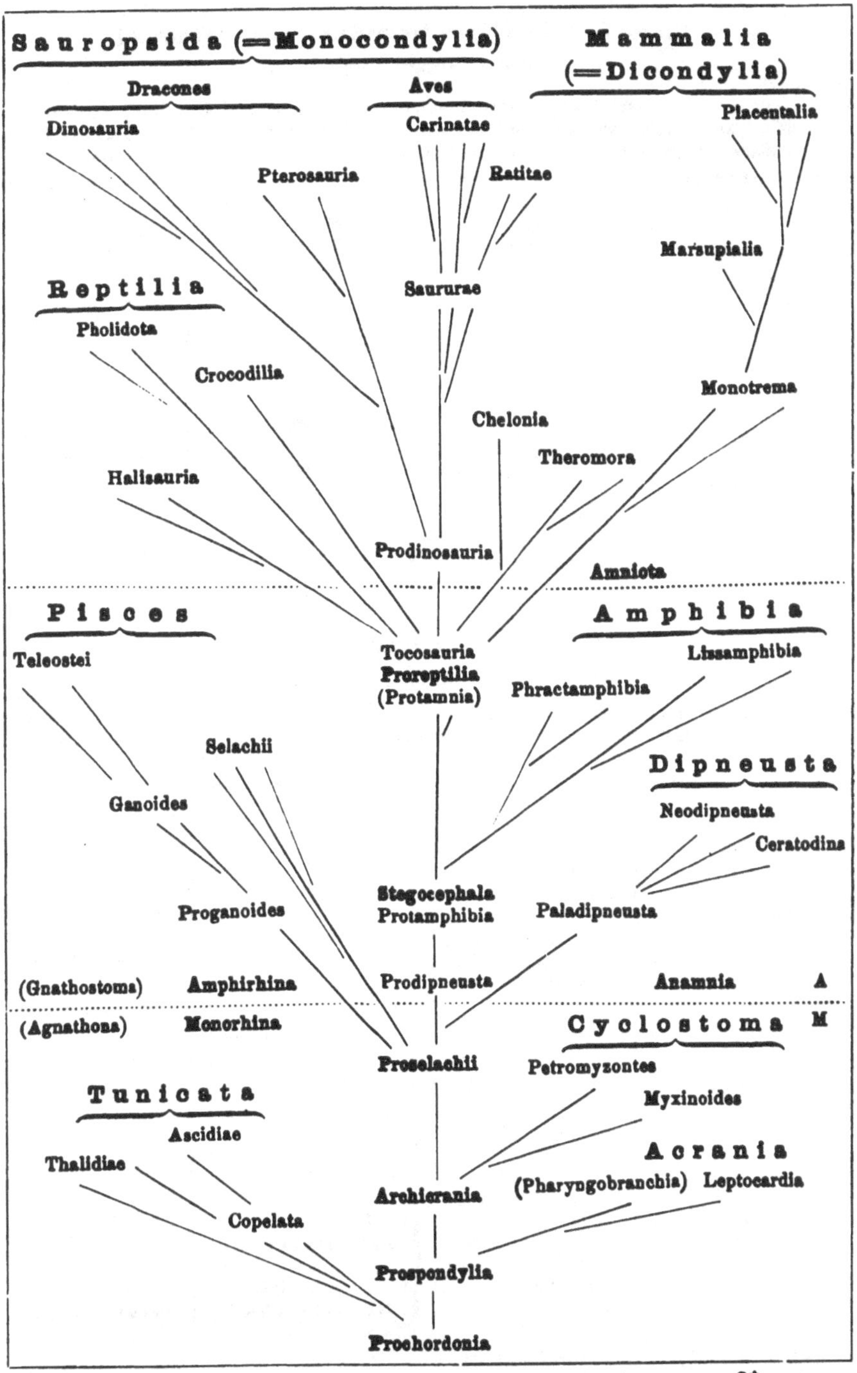

§ 16. System der Vertebraten.

A. Erste Hauptgruppe: Monorhina (Unpaarnasen) oder: Agnathona (Kieferlose).

Vertebraten ohne Knochenbildung (weder Hautzähne noch Perichordal-Knochen); ohne Wirbelsäule, ohne Kiefer und ohne Zygomelen, ohne Pulmonium und Metanephros. Chorda permanent ungegliedert. Amnion und Allantois fehlen. Nase unpaar, median.

I. Classe: **Acrania** Schädellose.	Schädel und Kiefer fehlen ganz. Gonaden zahlreich. Epidermis einschichtig. Schlundrinne permanent. Leber ein hohler Schlauch.	1. **Prospondylia** Urwirbelthiere	Gehirn kolbenförmig. Sinnesorgane gut entwickelt. Herz spindelförmig.
		2. **Leptocardia** Lanzetthiere	Gehirn und Sinnesorgane rückgebildet. Herz rohrförmig.
II. Classe: **Cyclostoma** Rundmäuler.	Schädel knorpelig, ohne Kiefer, Gonaden ein Paar, Epidermis mehrschichtig. Schlundrinne bildet eine Thyreoidea. Leber eine compacte Drüse.	3. **Archicrania** Urschädelthiere	Gehirn mit drei Blasen. Hörbläschen einfach, ohne Ringcanäle.
		4. **Marsipobranchia** Beutelkiemer	Gehirn mit fünf Blasen. Hörbläschen mit ein oder zwei Ringcanälen.

B. Zweite Hauptgruppe: Anamnia (Amnionlose) oder: Ichthyopsida (Fischthiere).

Vertebraten ohne Amnion (*Anamnia*), ohne *Allantois* (*Anallantoidia*), mit Kiemen (*Branchiata*); mit knorpeliger oder knöcherner Wirbelsäule und Schädel; mit Pulmonium und Mesonephros, mit Hautknochen. Kein Metanephros. Nase paarig.

III. Classe: **Pisces** Fische.	Zygomelen = Flossen ohne Quergliederung. Keine Lungen. Herzblut carbonisch; Vorkammer einfach.	5. **Selachii** Urfische	Taschenkiemen getrennt. Herz mit Conus. Urschädel knorpelig.
		6. **Ganoides** Schmelzfische	Kammkiemen frei. Herz m. Conus. Urschädel mit Deckknochen.
		7. **Teleostei** Knochenfische	Kammkiemen frei. Herz ohne Conus. Schädel verknöch.
IV. Classe: **Dipneusta** Lurchfische.	Zygomelen = Flossen ohn. Querglied. Lungen. Herzblut gemischt; Vorkammer doppelt.	8. **Paladipneusta** Altlurchfische	Zygomelen mit Archipterygium.
		9. **Neodipneusta** Neulurchfische	Zygomelen mit Metapterygium.
V. Classe: **Amphibia** Lurche.	Zygomelen = Gangbeine mit Quergliederung. Lungen. Herzblut gemischt; Vorkammer doppelt.	10. **Phractamphibia** Panzerlurche	Tegument gepanzert, mit Hautknochen.
		11. **Lissamphibia** Nacktlurche	Tegument weich, ohne Hautknochen.

C. Dritte Hauptgruppe: Amniota (Amnionthiere).

Vertebraten mit Amnion (*Amniota*), mit Allantois (*Allantoidia*), ohne Kiemen (*Ebranchiata*); mit verknöcherter Wirbelsäule und Knochenschädel, mit Lungen und Metanephros, mit verhornter Epidermis. Nase paarig.

VI.—VIII. Classe: **Sauropsida** (= Monocondylia) Schädel mit einem unpaaren Occipital-Condylus. Unterkiefer zusammengesetzt, am Quadratum articulirend.	VI. Classe: **Reptilia** Schleicher. Haut beschuppt od. gepanzert (oder nackt) Kaltblütig. (Die beiden Bahnen des Kreislaufs nicht völlig getrennt, wie bei VII und VIII) Skelet nicht pneumatisch. Keine Flügel.	12. **Tocosauria** Stammreptilien	Wirbel amphicoel, Chorda permanent. Zonoskelet primitiv.
		13. **Theromora** Theromorphen	Wirbel amphicoel, Zonoskelet concret.
		14. **Chelonia** Schildkröten	Wirbel des Rückens unbeweglich, mit dem Hautpanzer verwachsen.
		15. **Halisauria** Seedrachen	Wirbel amphicoel, Schwimmfüsse flossenartig.
		16. **Pholidota** Schuppenechsen	Wirbel meist procoel. Quadratbein beweglich. Haut mit Schuppen.
		17. **Crocodilia** Crocodile	Wirbel meist procoel. Haut mit Reihen v. Knochentafeln.
Diaphragma unvollständig; Metacoel daher nicht in Brusthöhle (Pleura) und in Bauchhöhle (Peritoneum) getrennt.	VII. Classe: **Dracones** Drachen. Haut gepanzert (od. nackt?). Warmblütig. Skelet pneumatisch. Keine Flügel.	18. **Dinosauria** Laufdrachen	Tarsomelen stark. Keine Flughaut. Fünfter Finger nicht verlängert.
		19. **Pterosauria** Flugdrachen	Tarsomelen schwach. Flughaut mit verläng. fünft. Finger.
Keine Haare. Keine Milchdrüsen.	VIII. Classe: **Aves** Vögel. Haut mit Federn bedeckt. Warmblütig. Skelet pneumatisch. Carpomelen in Flügel verwandelt.	20. **Saururae** Urvögel	Flügel entwickelt, Schwanz lang, mit getrennten Wirbeln.
		21. **Ratitae** Straussvögel	Flügel rudimentär. Crista sterni fehlt. Furcula schwach.
		22. **Carinatae** Kielvögel	Flügel entwickelt. Crista sterni vorhanden. Furcula stark.
IX. Classe: **Mammalia** (= Dicondylia). Schädel mit paarigem Occipital-Condylus. Unterkiefer einfach, am Temporale articulirend. Diaphragma vollständig.	IX. Classe: **Mammalia** Säugethiere. Haut mit Haaren bedeckt. Milchdrüsen. Brusthöhle u. Bauchhöhle durch das Zwerchfell ganz getrennt.	23. **Monotrema** (*Prototheria*) Schnabelthiere	Ovipara, ohne Zitzen, ohne Placenta. Coracoid entwickelt.
		24. **Marsupialia** (*Metatheria*) Beutelthiere	Vivipara, mit Zitzen, ohne Placenta. Coracoid reducirt.
		25. **Placentalia** (*Epitheria*) Placentalthiere	Vivipara, mit Zitzen, mit Placenta. Coracoid rückgebildet.

§ 17. Phylogenetische Urkunden der Vertebraten.

Die empirischen Urkunden der Stammesgeschichte sind für den Stamm der Wirbelthiere dieselben, wie für alle anderen Organismen: die drei grossen Erscheinungs-Reihen der Palaeontologie, Ontogenie und Morphologie (oder vergleichenden Anatomie). Jede einzelne Thatsache, welche wir durch die Beobachtung einem dieser drei grossen Forschungsgebiete entnehmen, kann unter Umständen ein werthvolles Argument zur Begründung einer phylogenetischen Hypothese werden. Indessen ist naturgemäss der bezügliche Werth der einzelnen Argumente sehr verschieden. Er wird um so grösser, je mehr sich dadurch unsere Einsicht in den geschichtlichen Entwickelungsgang des Wirbelthier-Stammes und die Verwandtschaft seiner Zweige erweitert. Von grösster Bedeutung aber ist vor Allem der innere harmonische Zusammenhang, welcher zwischen den allgemeinen Ergebnissen jener drei grossen phyletischen Archive besteht; denn sie werden dadurch geeignet, sich gegenseitig zu ergänzen und ihre Lücken auszufüllen. Für ein wirklich fruchtbares und förderliches Studium der Vertebraten-Phylogenie ist daher eine gleichmässige Kenntniss und vergleichende Benutzung aller drei Urkunden-Reihen unerlässlich.

Sehr zahlreiche Fehler und unnöthige Streitigkeiten auf diesem wichtigen Gebiete sind dadurch veranlasst worden, dass die meisten Bearbeiter desselben zu einseitig in den Vorurtheilen und Anschauungen ihres speciellen Fachgebietes befangen sind. Die Mehrzahl der Palaeontologen besitzt nicht genügende Kenntnisse in vergleichender Anatomie und Histologie, sowie besonders in der Ontogenie. Die meisten Embryologen kennen viel zu wenig die Palaeontologie und unterschätzen in unbegreiflicher Weise den hohen Werth der vergleichenden Anatomie. Aber auch viele vergleichende Anatomen vernachlässigen zu ihrem eigenen Nachtheile sowohl die Keimesgeschichte als die Versteinerungskunde. Zum Theile lässt sich diese verhängnissvolle Einseitigkeit in der Benutzung der drei phylogenetischen Urkunden dadurch erklären und zugleich entschuldigen, dass die andauernde, specielle Beschäftigung mit dem realen Objecte den Fachmann zu einer Ueberschätzung seines theoretischen Werthes führt; diese wird noch verstärkt durch die Opfer an Zeit und Arbeit, welche die vervollkommneten technischen Hilfsmittel und die verwickelten Untersuchungs-Methoden der Neuzeit verlangen. Zum andern Theile aber trifft die Schuld den Mangel an philosophischer Schulung und die zunehmende Vorliebe zum Specialismus. Und doch ist zweifellos jede phylogenetische Hypothese um so sicherer und werthvoller, je mehr sie sich auf die übereinstimmenden Ergebnisse aller drei Archive stützt.

§ 18. Palaeontologische Urkunden.

Die wichtigsten unmittelbaren Erkenntnisse für die Phylogenie der Vertebraten gewinnen wir durch denkende und kritische Benutzung der Palaeontologie. Die zahlreichen versteinerten Ueberreste und Abdrücke von Wirbelthieren, welche in den sedimentären Gebirgs-Schichten begraben liegen, beweisen durch ihre historische Succession handgreiflich folgende palaeontologische Thatsachen: 1) Die verschiedenen grösseren und kleineren Formen-Gruppen des Vertebraten-Stammes sind theils nach einander, theils gleichzeitig im Verlaufe der organischen Erdgeschichte aufgetreten; jede Gruppe hat einen historischen Anfang und eine beschränkte Existenz-Dauer. 2) Im Allgemeinen entspricht die historische Succession der grösseren und kleineren Gruppen dem Gesetze der fortschreitenden Entwickelung, insofern die niederen und einfacher gebauten Formen früher erscheinen und älter sind, als die höheren und vollkommener organisirten Formen derselben Gruppe. 3) In vielen besonderen Fällen ist es möglich, durch naturgemässe Zusammenstellung und Verknüpfung der auf einander folgenden fossilen Formen ihre Stammverwandtschaft zu erkennen und das natürliche System in Form eines Stammbaumes zu begründen. Dies würde in viel höherem Maasse der Fall sein, wenn nicht leider die palaeontologischen Urkunden in hohem Grade unvollständig und lückenhaft wären. Diese bedauerlichen Mängel erklären sich theils aus biologischen, theils aus geologischen Ursachen (§ 21). Sehr zahlreiche Vertebraten-Arten früherer Perioden sind spurlos verschwunden, ohne irgend welche Reste zu hinterlassen; theils haben ihre bionomischen Verhältnisse, ihre Organisation und Lebensweise, theils die geologischen Bedingungen des Versteinerungs-Prozesses, ihre Conservation verhindert; die Sedimente, in denen sie begraben waren, sind oft nachträglich zerstört worden. Uebrigens verspricht das jährliche Wachsthum der palaeontologischen Entdeckungen, dass viele bisher verborgene, fossile Schätze in Zukunft noch werden aufgedeckt werden.

§ 19. Positive Daten der Palaeontologie.

Die palaeontologischen Thatsachen, welche unmittelbar die handgreiflichen Beweise für die Phylogenie des Vertebraten-Stammes liefern, bestehen vor Allem in der historischen Succession der Gruppen. Da die beiden niedersten Classen, *Acranier* und *Cyclostomen,* keine versteinerungsfähigen Skelettheile besitzen, beschränkt sich unsere palaeontologische Urkunde auf die Geschichte der Gnathostomen (oder *Amphirhinen*). Von diesen tritt zuerst nur die niederste Classe auf, die Fische, und zwar mit den beiden untersten Legionen, den *Selachiern* und *Ganoiden*; ihre ältesten Reste finden sich im oberen *Silur*. Im *Devon* erscheinen die ersten Dipneusten (*Phaneropleuriden*), die Uebergangsformen von den wasserbewohnenden Fischen zu den landbewohnenden Amphibien. Letztere erscheinen wieder eine Periode später, im *Carbon*. Darauf folgen im *Perm* die ersten Amnioten, und zwar niederste Reptilien (*Tocosaurier*). Nach ihnen erscheinen in der *Trias* die ältesten Draconen und die niedersten Säugethiere (*Promammalien*), im *Jura* die ältesten Vögel (*Saururae*). Diese höchst entwickelten Wirbelthier-Classen sind auch in der folgenden Kreide (wie im ganzen mesozoischen Zeitalter) nur durch wenige und niedere Gruppen vertreten, während die Entwickelung der Reptilien und Draconen hier ihre höchste Blüthe erreicht. Gegen Ende der Kreidezeit sterben die Drachen ganz aus, die Reptilien zum grossen Theil. Dagegen beginnt nun die Entwickelung der vollkommensten Säugethier-Gruppe, der Placentalien. In der nachfolgenden *Tertiaer*-Zeit erhebt sich dieser jüngste und höchst ausgebildete Zweig des Wirbelthier-Stammes zur vollen Blüthe und liefert uns für mehrere der wichtigsten Ordnungen, vor Allen Hufthiere und Raubthiere, ein so reiches und vollständiges palaeontologisches Material, dass wir an der Hand zahlreicher, bedeutungsvoller Versteinerungen die Umbildung der Arten und Gattungen, Familien und Ordnungen, Schritt für Schritt verfolgen können. Auf Grund dieser fossilen Documente ist es möglich geworden, von einigen Gruppen der caenozoischen Placentalien (ebenso wie der mesozoischen Reptilien und der palaeozoischen Fische) den lückenlosen Stammbaum so vollkommen herzustellen und empirisch zu begründen, wie es die Descendenz-Theorie fordert.

§ 21. Negative Lücken der Palaeontologie.

Gegenüber den positiven Daten der Palaeontologie, deren historischer Document-Werth nicht überschätzt werden kann, stehen auf der anderen Seite zahlreiche und empfindliche Lücken in den palaeontologischen »Urkunden der Phylogenie«. Die negative Bedeutung dieser empirischen Lücken wird sehr oft unrichtig beurtheilt; sie wird von der einen Seite übersehen oder zu gering angeschlagen, von der anderen Seite überschätzt oder sogar als Argument gegen die Descendenz-Theorie verwerthet. Daher ist eine kritische, unbefangene Würdigung ihrer Ursachen und ihrer Bedeutung unerlässlich. Allerdings müssen wir aus bekannten Gründen annehmen, dass alle Wirbelthiere, von

§ 20. Historische Succession der Gnathostomen in den Perioden der Erdgeschichte.

Zeitalter der Erdgeschichte	Perioden (* bezeichnet das erste Auftreten)	Fische Pisces	Fischlurche Dipneusta	Lurche Amphibia	Schleicher Reptilia	Drachen Dracones	Vögel Aves	Säuger Mammalia
V. Quartäres Zeitalter Anthropozoische Perioden	Alluvium Diluvium	Vorherrschende Ausbildung der Physoclisten	Einzelne Ueberreste von Neodipneusten	Specielle Entfaltung der Lissamphibien	Specielle Entfaltung der Pholidoten		Zunehmende Entfaltung aller Carinaten	Zunehmende Herrschaft des Menschen
IV. Tertiäres Zeitalter Caenozoische Perioden	{ Pliocaen Miocaen { Oligocaen Eocaen	Zunehmende Entfaltung der Teleostier Abnahme der Ganoiden	Einzelne Ueberreste von Neodipneusten Abnahme der Classe	Geringe Anzahl von Lissamphibien (schwache Reste von Phractamphibien)	Abnahme der Reptilien (als Reste bleiben Crocodile, Chelonier und Pholidoten)		Polyphyletische Entfaltung der Carinaten und Ratiten	Mensch * Reiche Entfaltung der Placentalien-Ordnungen. Herrschaft der Säugethiere
III. Secundäres Zeitalter Mesozoische Perioden	Kreide Jura Trias	Physostomen Teleostier * Viele Ganoiden	Abnahme der Paladipneusten Ceratodina *	Die Phractamphibien sind grösstentheils ausgestorben Labyrinthodonta *	Herrschaft der Reptilien aller Ordnungen	Riesenhft. Entfalt. d. grösst. Landbewohner (Dinosauria) Pterosauria	Ornithurae * Saururae *	Proplacentalia * Didelphia * Promammalia *
II. Primäres Zeitalter Palaeozoisch. Perioden	Perm Carbon Devon Silur	Herrschaft der Fische (Ganoiden und Selachier) {Ganoiden * {Selachier *	Ctenodipneusta Phaneropleurida Paladipneusta *	Viele Phractamphibien Stegocephalen *	Theromoren * Tocosaurier *			
I. Primordiales Zeitalter Archozoische Perioden	Cambrium Laurentium	(Cyclostoma) (Acrania)						

denen wir fossile Reste kennen, nur einen kleinen Bruchtheil von der gewaltigen Masse der ausgestorbenen Arten bilden, welche in früheren Perioden der Erdgeschichte gelebt haben. Allein die Ursachen dieser bedauerlichen Unvollständigkeit liegen hier, wie in anderen organischen Stämmen, klar zu Tage. Sie sind einerseits begründet in der Organisation und den Lebens-Verhältnissen der Thiere selbst, anderseits in den geologischen Bedingungen der Versteinerung und Sedimentbildung. In der Regel können nur feste, kalkhaltige Skelettheile versteinert und in kenntlicher Form erhalten werden: vor Allen Knochen und Zähne, incrustirte Knorpel (des Selachier-Skelets), verknöcherte Hautgebilde (Schuppen, Stacheln, Panzerplatten u. s. w.). Daher kennen wir gar keine fossilen Reste von den beiden niedersten Vertebraten-Classen, *Acraniern* und *Cyclostomen*; diese entbehren verkalkte Hautgebilde völlig. Dasselbe gilt von den Embryonen aller Wirbelthiere und von allen Jugendformen, bei denen noch keine Verkalkung von Mesoderm-Connectiven begonnen hat. Von den Weichtheilen der unzähligen ausgestorbenen Vertebraten-Formen wissen wir daher in der Regel Nichts; doch können wir bisweilen wichtige Schlüsse auf ihre einstige Gestalt aus der Form der Skelethöhlen ziehen, in welchen sie eingeschlossen waren (z. B. bei der Chorda der devonischen Fische, dem Gehirn vieler Reptilien und Säugethiere). Ausnahmsweise sind bisweilen auch Reste oder Abdrücke von festeren Weichtheilen in sehr feinkörnigem Sedimentgestein erhalten, so z. B. Flughäute von Pterosauriern und Federn von Vögeln im lithographischen Jura-Schiefer. Die zahlreichen geologischen Bedingungen, welche bekanntlich zur Conservation einer kenntlichen Versteinerung gehören, sind sehr häufig nicht erfüllt; und die Petrefacten-Kunde wird auch aus diesen Gründen immer sehr lückenhaft bleiben. Allein diese Lücken werden glücklicherweise grossentheils ausgefüllt durch die Urkunden der vergleichenden Anatomie und Ontogenie.

§ 22. Ontogenetische Urkunden.

Von höchster allgemeiner Bedeutung für die Phylogenie der Vertebraten ist ihre vergleichende Ontogenie (oder *Embryologie*). Denn entsprechend dem biogenetischen Grundgesetze besteht zwischen diesen beiden Hauptzweigen der Entwickelungs-Geschichte der innigste, auf Vererbungs-Gesetzen beruhende, ursächliche Zusammenhang. Die Enwickelung des *Vertebraten-Embryo* aus der Stammzelle (oder der befruchteten Eizelle) wiederholt in kürzester Zeit, gemäss dem Gesetze der abgekürzten Vererbung, die wichtigsten von denjenigen Form-Veränderungen, welche seine Vorfahren im Laufe langer Zeiträume langsam durchlaufen haben. Insofern die Umbildungen des Wirbelthier-Keimes palingenetisch sind und in Folge zäher Vererbung ein bedeutungsvolles Licht auf die entsprechenden, längst entschwundenen Vorgänge der Stammesgeschichte werfen, ergänzen sie grossentheils die Lücken der palaeontologischen und anatomischen Urkunden. Aber auch die cenogenetischen Erscheinungen der Keimesgeschichte, welche durch Anpassung an die Bedingungen der embryonalen Entwickelung entstanden sind und den ursprünglichen Bildungsgang mehr oder weniger verdecken, können unter Umständen eine hohe phylogenetische Bedeutung gewinnen. So ist z. B. die Bildung des Amnion und der Allantois bei den Amnioten für die vier höheren Wirbelthier-Classen ganz characteristisch. Die kritisch-vergleichende Ontogenie der Wirbelthiere lehrt, dass sowohl die erste Anlage ihrer typischen Organisation in der Gastrula, als auch der Bildungsgang der einzelnen Organe überall in wesentlich gleicher Weise verläuft; in allen Abtheilungen des Stammes werden sie durch dieselben erblichen Gesetze bestimmt, unabhängig von den zahlreichen secundären Modificationen, welche die Anpassung an verschiedene Lebensweise herbeigeführt hat. Für den unbefangenen Forscher, welcher die ontogenetischen Thatsachen vergleichend würdigt und auf ihre phylogenetischen Ursachen kritisch zurückführt, ergiebt sich dabei allenthalben die fundamentale Bedeutung der progressiven Vererbung: Veränderungen, welche durch functionelle Anpassung im Laufe des individuellen Lebens vom Organismus erworben wurden, übertragen sich durch Vererbung auf die Nachkommen.

§ 23. Palingenetische Keimformen.

Als palingenetische und homologe Keimformen sämmtlicher Wirbelthiere, welche unmittelbar erklärendes Licht auf deren praevertebrale Stammesgeschichte werfen, betrachten wir folgende: 1) Die Cytula oder Stammzelle (die sogenannte »befruchtete Eizelle oder erste Furchungszelle«), das Copulations-Product der weiblichen Eizelle und der männlichen Spermazelle; die palingenetische Wiederholung der einzelligen Stammform (*Cytaea*). 2) Die Morula, das Product der Eifurchung, aus der *Cytula* durch wiederholte Theilung entstanden; die palingenetische Repetition einer ancestralen Protozoen-Colonie oder eines Coenobium (*Moraea*). 3) Die Blastula oder Keimblase, eine Hohlkugel, deren Wand eine einzige Zellenschicht, das *Blastoderm*, bildet; das palingenetische Abbild eines ancestralen Infusorien-Coenobium (*Blastaea*), welches *Volvocinen* und *Catallacten* vergleichbar ist. 4) Die Depula, Uebergangsform von der *Blastula* zur *Gastrula*, durch

Invagination der ersteren entstanden; haubenförmiger Keim mit zwei Höhlen (innerer Furchungshöhle und äusserer Urdarmhöhle); die palingenetische Repetition der ancestralen *Depaea*. 5) Die Gastrula oder Becherlarve, aus der *Depula* durch Vollendung der Einstülpung hervorgegangen, mit Urmund und Urdarm, dessen Wand aus den beiden primären Keimblättern (*Blastophyllen*) besteht; das palingenetische Abbild der alten Stammform *Gastraea*. 6) Die Coelomula oder Taschenlarve, mit vier secundären Keimblättern (*Blastoplatten*); zwischen die beiden primären Grenzblätter sind vom Urmund aus zwei epiteliale Mittelblätter hineingewachsen: innere viscerale und äussere parietale Lamelle von ein paar lateralen *Coelom-Taschen;* die palingenetische Wiederholung einer Helminthen-Stammform: *Coelomaea*. 7) Die Chordula oder Chordalarve, mit Axenstab oder *Chorda* (entstanden durch Abschnürung aus der dorsalen Mittellinie des Urdarms); beiderseits der *Chorda* liegen die Coelom-Taschen, über derselben das Medullar-Rohr (das in der dorsalen Mittellinie vom Exoderm sich abgeschnürt hat); das palingenetische Abbild der *Chordaea*, der gemeinsamen Stammform aller Chordathiere. 8) Die Spondula oder *Vertebrella*, mit beginnender *Metamerie*; die palingenetische Wiederholung der Vertebraten-Stammform, des *Prospondylus;* die paarigen Coelom-Taschen zerfallen durch Transversal-Stricturen in eine Reihe von Somiten oder Segmenten, und diese theilen sich durch eine Frontal-Strictur in je eine dorsale Coelomtasche (Episomit) und je eine ventrale Coelomtasche (Hyposomit). Mit dieser mesodermalen Gliederung beginnt der Vertebraten-Typus.

§ 24. Cytula. Stammzelle.

Die einzellige Keimform, aus welcher sich jedes Wirbelthier — ebenso wie jedes wirbellose Metazoon — entwickelt, und welche für sämmtliche vielzelligen Thiere den Ausgangspunkt der Ontogenese bildet, bezeichnen wir kurz als Stammzelle (*Cytula*); gewöhnlich wird sie als die »befruchtete Eizelle« oder die »erste Furchungszelle« aufgeführt. Sie ist das Copulations-Product der Befruchtung, der Verschmelzung von weiblicher Eizelle und männlicher Spermazelle. Die Vermischung dieser beiden sexuellen Keimsubstanzen erfolgt in der Weise, dass der männliche Spermakern (*Spermacaryon*) unmittelbar mit dem weiblichen Eikern (*Ovocaryon*) sich vereinigt; ihr Product ist der Stammkern (*Archicaryon*) oder der »erste Furchungskern«. Aber auch das Cytoplasma der männlichen Spermazelle, nämlich das *Spermoplasma*, welches den »Körper und Schwanz« der Samenzelle bildet, verschmilzt mit dem *Ovoplasma* oder dem »Bildungsdotter« der weiblichen Eizelle. Im Sinne der Epigenesis ist demgemäss die Stammzelle oder Cytula eine Neubildung, ein neues, eigenartiges, einzelliges Individuum, an dessen materieller Composition die beiden copulirten Elternzellen, die väterliche Spermazelle und die mütterliche Eizelle in gleichem Maasse betheiligt sind. Daraus erklärt sich die Vererbung von Eigenschaften beider Eltern, welche das Wesen der geschlechtlichen Zeugung bildet (*Amphigonie, Amphimixis*). Für die Ernährung des Embryo, der sich aus der Stammzelle entwickelt, dient der Nahrungsdotter (*Lecithus*, *Deutoplasma* oder *Vitellus formativus*), ein Gemenge von nahrhaften Eiweiss- und Fett-Körpern. Derselbe ist bald ziemlich gleichmässig und in geringer Menge im Bildungsdotter oder dem Protoplasma der Eizelle vertheilt, so dass er die vollständige Theilung derselben nicht verhindert (Holocytula der *Acranier, Cyclostomen, Ganoiden, Dipneusten, Amphibien* und der meisten *Säugethiere*); bald ist eine grosse Menge von Nahrungsdotter in der Vegetal-Portion der Eizelle angehäuft, so dass bloss deren Animal-Portion sich theilt (Merocytula der meisten *Fische*, der *Reptilien, Vögel* und *Monotremen*).

§ 25. Morula. Maulbeerkeim.

Der erste Vorgang der Ontogenese, mit welchem die individuelle Entwickelung aller Wirbelthiere aus der Stammzelle (*Cytula*), ebenso wie bei allen übrigen Metazoen, beginnt, ist die wiederholte Theilung derselben, die sogenannte Eifurchung (*Segmentatio*). Das unmittelbare Resultat dieser Zellen-Vermehrung ist die Bildung eines Zellenhaufens; die Zellen dieses Aggregates werden als Furchungszellen bezeichnet (*Blastomera* oder *Segmentella*). Bei niederen Formen gleicht dieser Keimzustand einer Maulbeere und wird daher Maulbeerkeim (*Morula*) genannt. Bei den älteren wirbellosen Vorfahren der Wirbelthiere war derselbe wahrscheinlich kugelig und die zahlreichen Zellen, welche ihn zusammensetzten, völlig gleich (*Archimorula*). Bei allen heute lebenden Vertebraten hingegen werden die Blastomeren schon während des Furchungs-Processes mehr oder minder ungleich, indem an einem Pole der idealen Ei-Axe die Theilung rascher fortschreitet, als am entgegengesetzten. An dem oberen (animalen) Pole bilden sich daher zahlreichere kleine Zellen, am unteren (vegetalen) Pole weniger zahlreiche, aber grössere Zellen; die ersteren sind die Mutterzellen des äusseren, die letzteren des inneren Keimblattes. In der fast kugeligen Morula des palingenetischen *Amphioxus* sind die Unterschiede dieser beiden Zellengruppen noch gering, ebenso bei einigen Fischen und bei den Säugethieren (hier jedoch in Folge cenogenetischer Rückbildung des Nahrungsdotters). Bedeutender sind dieselben bei den Cyclostomen, Ganoiden, Dipneusten und Amphibien; hier sondern sich schon frühzeitig (— gewöhnlich schon nachdem die Cytula in vier oder acht Zellen zerfallen ist —) die vegetalen Blastomeren durch bedeutende Grösse und verschiedene Beschaffenheit von den animalen Furchungszellen. Doch sind alle angeführten Vertebraten-Gruppen holoblastisch, indem die ganze Stammzelle durch vollständige Theilung in viele Blastomeren zerfällt (*Holomorula*). Anders verhalten sich die meroblastischen Fische, Reptilien, Vögel und Monotremen; hier wird durch übermässige Anhäufung von Nahrungsdotter am vegetalen Pole des Eies die vollständige Theilung von Anfang an verhindert; daher bleibt während des Furchungs-Processes eine mehr oder minder grosse Portion von Nahrungsdotter ungetheilt liegen und die Segmentation beschränkt sich auf die animale Portion der Cytula. Die Folge davon ist die Bildung eines scheibenförmigen (gewöhnlich biconvexen) Maulbeerkeims (*Discomorula*).

§ 26. Blastula. Keimblase.

Aus der *Morula* entwickelt sich bei allen Wirbelthieren zunächst eine bedeutungsvolle Keimform, welche auf den Urzustand der Keimblase zurückzuführen ist (*Blastula* oder *Blastosphaera* — früher *Vesicula blastodermica* genannt —). Schon während des Furchungsprocesses bildet sich, bald früher, bald später, im Inneren der entstehenden *Morula* ein kleiner Hohlraum, der mit Flüssigkeit gefüllt ist. Später dehnt sich derselbe so bedeutend aus, dass sämmtliche Furchungszellen an die Peripherie treten und der ganze Keim Blasenform annimmt. Die vielzellige Wand dieser Keimblase wird dann als Keimhaut oder »Urkeimblatt« (*Blastoderma*) bezeichnet, und die innere, mit Flüssigkeit gefüllte Höhle als Keimhöhle oder »Furchungshöhle« (*Blastocoelon*). Die Archiblastula der Acranier (*Amphioxus*) ist palingenetisch und hat die ursprüngliche, von den wirbellosen Ahnen ererbte Beschaffenheit bewahrt; sie erscheint als eine Hohlkugel, deren dünne Wand eine einzige, einfache Zellenschicht bildet. Das *Blastoderma* ist hier noch ein einschichtiges Epitelium, die älteste und einfachste Gewebsform aller Metazoen (vergl. § 48). Indessen ist die ideale Eiaxe an der Blastula des Amphioxus doch insofern angedeutet, als die Zellen des Blastoderms am animalen Pole kleiner, am vegetalen Pole etwas grösser erscheinen. Dieser Unterschied ist viel bedeutender an der cenogenetisch modificirten Blastula der Cranioten. Da hier stets Nahrungsdotter am Vegetal-Pole angehäuft ist, wird die Wand des Blastoderms an demselben verdickt, das Epitel mehrschichtig und die Furchungshöhle excentrisch. Wir können von dieser *Metablastula* der *Cranioten* drei Hauptformen unterscheiden: 1) Amphiblastula (bei *Cyclostomen, Ganoiden, Dipneusten* und *Amphibien*): Die verdickte Wand der vegetalen Hemisphaere besteht bloss aus Furchungszellen und bildet den Boden einer grossen excentrischen Keimhöhle; 2) Discoblastula (bei den meisten *Fischen, Reptilien, Vögeln* und *Monotremen*): die vegetale Hemisphaere besteht bloss im oberen Theile aus Furchungszellen (Dotterzellen), im unteren Theile aus ungefurchtem Nahrungsdotter; dieser bildet theilweise den Boden einer sehr engen und flachen excentrischen Keimhöhle. 3) Epiblastula der meisten *Säugethiere* (*Marsupialien* und *Placentalien*); ähnlich der *Amphiblastula*, aber durch Rückbildung des Nahrungsdotters aus der *Discoblustula* ihrer Monotremen- und Proreptilien-Ahnen hervorgegangen.

§ 27. Depula. Haubenkeim.

Zwischen den beiden wichtigen Keimformen der *Blastula* und *Gastrula* liegt ein Uebergangs-Zustand von längerer oder kürzerer Dauer, den wir als Haubenkeim (*Depula*) unterscheiden können. Die Gastrulation erfolgt bei allen Wirbelthieren (— obgleich vielfach modificirt —) in der Weise, dass sich am Vegetal-Pole der Blastula eine grubenförmige Vertiefung bildet; dadurch wird der vegetale Theil des Blastoderms eingestülpt und dem animalen Theile genähert. Diese Invagination der Blastula, welche mit einer entsprechenden *Reduction* des *Blastocoel* verknüpft ist, zeigt in der ursprünglichen und einfachsten Form die Archidepula der Acranier. Dieselbe stellt eine Halbkugel mit eingedrückter Basalfläche dar; die kleineren animalen Zellen der Keimhaut, welche die convexe Aussenfläche der Hemisphaere bilden, liefern das äussere Keimblatt (*Ectoblast* oder *Exoderm*); die grösseren vegetalen Zellen hingegen, welche den Boden der flachen, gewölbten Grube auskleiden, sind die Mutterzelleu des inneren Keimblattes (*Endoblast* oder *Entoderm*). Der kappenförmige, concav-convexe Hohlraum zwischen beiden Keimblättern, der während der Einstülpung immer kleiner wird, ist der Rest der Keimhöhle (*Blastocoel*); der äussere, grubenförmige Hohlraum hingegen, der mit der Invagination wächst und nur vom Entoderm ausgekleidet wird, ist die Anlage des Urdarms (*Progaster* oder *Archenteron*). Die *Depula* der Vertebraten, wie sie in der palingenetischen *Archidepula* des *Amphioxus* vorliegt, besitzt demnach gleichzeitig zwei Höhlen, die innere Keimhöhle und die äussere Urdarmhöhle; indem die letztere endlich die erstere vollständig verdrängt und sich die beiden Keimblätter an einander legen, wird die *Depula* zur *Gastrula*. Bei den Cranioten erscheint die *Depula* stets mehr oder weniger modificirt, um so mehr, je grösser die Masse des angehäuften Nahrungsdotters in der vegetalen Hemisphaere wird. Wir können danach (— ebenso wie bei der *Blastula* und *Gastrula* der Cranioten –) bei dieser Metadepula drei Modificationen unterscheiden: 1) *Amphidepula* (Cyclostomen, Ganoiden, Dipneusten, Amphibien); 2) *Discodepula* (Fische, Reptilien, Vögel, Monotremen); 3) *Epidepula* (Marsupialia, Placentalia).

§ 28. Gastrula. Becherkeim.

Die *Gastrula* erscheint bei sämmtlichen Wirbelthieren als jener bedeutungsvolle, zweiblätterige Keimzustand, welchen sie mit allen übrigen Metazoen gemein haben, und aus welchem wir auf eine gemeinsame Descendenz derselben von einer ursprünglichen, zweischichtigen Stammform: *Gastraea*, schliessen. Die Gastrula der Vertebraten tritt in sehr verschiedenen Formen auf, welche zunächst in zwei Hauptgruppen zerfallen: die primäre *palingenetische* Archigastrula der Acranier, und die secundäre, mehr oder weniger *cenogenetisch modificirte* Metagastrula der Cranioten. Die palingenetische Archigastrula des *Amphioxus*, die uns allein eine Vorstellung von der ursprünglichen Gastrula der *Acranier* giebt, erscheint in der besonderen Form der *Leptogastrula bilateralis*: ihre Urdarmhöhle ist leer und öffnet sich am Aboral-Pole des eiförmigen Körpers durch einen kreisförmigen Urmund mit oberer dorsaler und unterer ventraler Lippe. Die beiden grossen »Polzellen«, welche in der Unterlippe des Urmundes liegen und zu den »Urzellen des Mesoderms« werden, zeigen bereits die dipleurische Grundform des Körpers an, ebenso die stärkere Wölbung der Bauchseite. Die beiden primären Keimblätter, welche allein den Körper zusammensetzen, sind noch einfache Zellenschichten: Ectoblast (*Exoderm* oder Epiblast) und Endoblast (*Entoderm* oder Hypoblast). In der cenogenetischen Metagastrula der *Cranioten* ist diese ursprüngliche Keimform stets mehr oder weniger modificirt, da die Anhäufung von Nahrungsdotter in der Bauchwand des Urdarms zu einer Verdickung derselben und einer partiellen Ausfüllung der Darmhöhle mit Dotterzellen führt. Als drei Hauptformen dieser Metagastrula der Schädelthiere unterscheiden wir: 1) Amphigastrula (bei *Cyclostomen*, *Ganoiden*, *Dipneusten* und *Amphibien*): der Dotterkeim in der Bauchwand des Urdarms besteht nur aus gefurchten Dotterzellen (*Lecithadenia* oder Dotterdrüse). 2) Discogastrula (bei den meisten *Fischen*, den *Reptilien*, *Vögeln* und *Monotremen*): der Dotterkeim besteht nur zum Theil aus Dotterzellen, zum Theil aus ungefurchtem Nahrungsdotter; die abgeplattete »Keimscheibe« (*Blastodiscus*) liegt als zweiblätterige Gastrula flach auf jenem ausgebreitet. 3) Epigastrula der *Säugethiere* (*Marsupialien* und *Placentalien*): ähnlich der *Amphigastrula*, aber durch Rückbildung des Nahrungsdotters aus der *Discogastrula* entstanden.

§ 29. Coelomula. Taschenkeim.

Aus der *Gastrula* entwickelt sich bei allen Vertebraten (ebenso wie bei den wirbellosen Enterocoeliern) zunächst die characteristische Keimform der *Coelomula*; sie unterscheidet sich von der ersteren durch den Besitz von ein paar lateralen Coelom-Taschen, flachen Säcken, welche als Einstülpungen des Urdarms vom Urmunde aus entstehen. Als erster Ausgangspunkt dienen dafür wahrscheinlich die beiden Promesoblasten, jene paarigen »Urmund-Polzellen« oder »Polzellen des Mesoderms«, welche am Bauchrande des Urmundes liegen und sich vor den übrigen Entoderm-Zellen durch besondere Grösse auszeichnen. Mit Rücksicht auf ihre phylogenetische Bedeutung ist es sehr wahrscheinlich, dass sie ursprünglich ein Paar laterale solide Gonaden oder Geschlechtsdrüsen der *Gastraeaden*-Ahnen bildeten. Vom Urmund aus (oder vom Aboral-Pol der bilateralen Gastraea) werden die beiden Coelom-Taschen eingestülpt und wachsen als Blindsäcke gegen deren Oral-Pol hin, wobei sie die beiden primären Keimblätter aus einander drängen. So entsteht zwischen beiden das mittlere Keimblatt oder Mittelblatt (*Mesoderm*). Da sich die beiden Lamellen der flachen Coelomtaschen alsbald an die benachbarten primären Keimblätter anlegen, die mediale Lamelle (Darmfaserblatt) an das Entoderm, und die laterale (Hautfaserblatt) an das Exoderm; und da ferner der Hohlraum der aus einander weichenden Lamellen sich zur »Leibeshöhle« (Coelom) ausdehnt, so besteht das Mittelblatt eigentlich von Anfang an aus zwei Mittelblättern: medialer (*visceraler*) und lateraler (*parietaler*) Mesoblast. Diese beiden Mittelblätter liefern die meisten *Apotelien*, die Hauptmasse des Vertebraten-Körpers, während die beiden primären Keimblätter als epiteliale Grenzblätter dagegen sehr zurücktreten. Gleichzeitig mit dem Coelom entsteht aus der dorsalen Mittellinie des Exoderms das Medullar-Rohr. Während die ursprünglichen Bildungs-Verhältnisse dieser Primitiv-Organe in der palingenetischen Archicoelomula des *Amphioxus* sehr klar vor Augen liegen, erscheinen sie in der cenogenetischen Metacoelomula der *Cranioten* mehr oder minder modificirt; denn die wachsende Ausdehnung des Nahrungsdotters der Bauchwand des Urdarms bedingt hier eine zunehmende, scheibenförmige Abplattung der Primitiv-Organe.

§ 30. Chordula. Chordonier-Keim.

Der Keimzustand der Wirbelthiere, welchen wir *Chordula* nennen, findet sich ausserdem nur noch bei den Mantelthieren, während er allen übrigen Wirbellosen fehlt. Wir legen dieser characteristischen Keimform eine hervorragende palingenetische Bedeutung bei und schliessen daraus auf eine gemeinsame Abstammung aller Chordathiere (*Vertebraten* und *Tunicaten*). In reinster Form erscheint die Chordula — als *Archicordula* — bei den Acraniern (*Amphioxus*): der bilateral-comprimirte, länglich-runde Keim ist ungegliedert und besteht aus folgenden sechs Primitiv-Organen: 1) Einfache *Epidermis* (einschichtiges Hornblatt, ectoblastisch); 2) Einfaches, dorsales *Medullarrohr*, ectoblastisch (einschichtiger Neuroblast); 3) Einfacher *Urdarm*, endoblastisch (einschichtiges Darmdrüsenblatt, *Enteroderm*); 4) Cylindrische, solide *Chorda*, in der Längsaxe zwischen dorsalem Nervenrohr und ventralem Darmrohr gelegen (endoblastisch); 5) und 6) Ein Paar *Coelomtaschen*, beiderseits der Chorda gelegen (mesoblastisch); jede Coelomtasche liefert zwei verschiedene Primitiv-Organe, die beiden Mittelblätter; ihre innere Lamelle oder mediale Wand bildet den *Visceral-Mesoblast*, das Darmfaserblatt oder Gefässblatt; ihre äussere Lamelle oder laterale Wand bildet den *Parietal-Mesoblast*, das Hautfaserblatt oder Muskelblatt. Characteristisch für die Chordula ist auch der *Canalis neurentericus*, eine vorübergehende Verbindung, welche sich einige Zeit hindurch hinter dem aboralen Chorda-Ende zwischen dem dorsalen Nervenrohr und dem ventralen Darmrohr erhält, und mit dem Urmund zusammenhängt. Von der palingenetischen Archichordula des *Amphioxus* unterscheidet sich die Metachordula der *Cranioten* hauptsächlich dadurch, dass die voluminöse Anhäufung von Nahrungsdotter in der Ventralwand des Urdarms zu einer cenogenetischen Abflachung und lateralen Compression der Coelom-Taschen führt, und zu einer entsprechenden scheibenförmigen Ausbreitung des Episoma (Keimscheibe). Die *Amphichordula* der holoblastischen Cyclostomen, Ganoiden, Dipneusten und Amphibien vermittelt den Uebergang zu der *Discochordula* der meroblastischen Fische, Reptilien, Vögel und Monotremen. Die eigenthümliche *Epichordula* der Säugethiere ist von der scheibenförmigen Chordula der Reptilien (durch Rückbildung des Nahrungsdotters) abzuleiten. Obgleich die äussere Form des Chordula-Keimes in diesen höheren Vertebraten-Classen durch die discoidale Abplattung sehr abgeändert ist, bleibt doch die innere Zusammensetzung überall dieselbe.

§§ 31 und 32 s. auf S. 36 und 37.

§ 33. Spondula oder Vertebrella.

Während die *Chordula* eine gemeinsame Stammform der Chordonier wiederholt und sowohl bei *Tunicaten* als *Vertebraten* vorkommt, ist dies bei der nun folgenden Spondula (oder *Vertebrella*) nicht mehr der Fall. Wir bezeichnen mit diesem Namen jene characteristische und bedeutungsvolle Keimform der Wirbelthiere, mit deren mesodermaler Gliederung die Metamerie dieses Stammes beginnt. Den ungegliederten Mantelthieren fehlt dieselbe vollständig; was man hier als homologe Segmentation einzelner Organe betrachtet hat, besitzt nur untergeordnete und locale Bedeutung, darf aber nicht als wahre Metamerie betrachtet werden. Die metamere Gliederung des Vertebraten-Körpers beginnt überall im Mesoderm, indem die paarigen Coelom-Taschen durch eine Reihe von gürtelförmigen Einschnürungen in eine Anzahl von Segmenten zerlegt werden: Somiten oder paarige »Ursegmente«. Jedes derselben zerfällt dann wieder in ein Dorsal-Segment: Episomit, und ein Ventral-Segment: Hyposomit; aus ersterem entwickeln sich hauptsächlich die Muskeln, aus letzterem die Gonaden; aus dem Verbindungs-Canal zwischen dem *Myocoel* der ersteren und dem *Splanchnocoel* der letzteren entstehen die Nephridien. In reinster *palingenetischer* Form wird uns die Erscheinung dieser primitiven Vertebration noch heute durch die Archispondula des *Amphioxus* vor Augen geführt. Dagegen ist dieselbe bei den *Cranioten* stets mehr oder minder *cenogenetisch* modificirt. Die Metaspondula dieser letzteren unterscheidet sich von jener hauptsächlich dadurch, dass die paarige Anlage der Coelom-Taschen zuerst durch eine Frontal-Strictur (Nephridial-Septum) in Rückenplatte (*Episoma*) und Bauchplatte oder »Seitenplatte« (*Hyposoma*) geschieden wird; und dass darauf erst die Rückenplatten (= Urwirbelplatten) durch Transversal-Stricturen sich gliedern und in »Ursegmente« zerfallen; in den Bauchplatten der Cranioten wird die Metamerie nur vorübergehend (durch die segmentalen Anlagen der Nephridien und Gonaden) angedeutet oder unterbleibt ganz. Diese Heterochronie im Embryo der Cranioten ist erst secundär entstanden.

§ 34. Cenogenetische Keimformen.

Der ursprüngliche Verlauf der individuellen Entwickelung, welcher nach dem biogenetischen Grundgesetze die wichtigsten Stufen der Stammesgeschichte recapitulirt, wird bei allen Vertebraten mehr oder minder durch cenogenetische Abänderungen getrübt und verwischt. Zwar sind in der Keimesgeschichte sämmtlicher Wirbelthiere die

§ 31. Primitiv-Organe der Chordula.

Uebersicht über die sechs Fundamental-Organe (A) und die drei Körperhöhlen (B) der Chordula, und ihre Entstehung aus den Keimblättern.

A. Fundamental-Organe der Chordula.

I. und II. Die beiden Grenzblätter oder primären Keimblätter	Sonderung der vier secundären Keimblätter	Embryonal-Platten	A. Fundamental-Organe
I. Primitiv-Organe des äusseren oder oberen Keimblattes: **Exoderm** oder Ectoblast (Animales Blatt) Epiblast	1. Oberhaut der Chordula (= Exoderm der Gastrula)	1. Ceratoblast. Hornplatte (Decken-Ectoblast)	1. **Epidermis** Oberhaut (und ihre Anhänge)
	2. Dorsaler Median-Theil der Oberhaut	2. Neuroblast. Markplatte (Nervenplatte) Nerven-Ectoblast	2. **Medullar-Rohr** Nerven-Centrum (Gehirn- und Rückenmark) und peripheres Nervensystem
II. Primitiv-Organe des inneren oder unteren Keimblattes: **Entoderm** oder Endoblast (Vegetales Blatt) Hypoblast	3. Median-Theil der Rückenwand des Urdarms	3. Chordoblast (Chorda-Platte) (Axen-Endoblast)	3. **Chorda dorsalis** (Axenstab) Skelet-Axe
	4. und 5. Die beiden Blätter der Coelom-Taschen (Aeussere und innere Lamelle) Paarige Seitentheile der Rückenwand des Urdarms	4. Parietal-Mesoblast (Aeusseres Blatt der Coelom-Taschen) Lederplatte	4. **Hautfaser-Blatt** (Aeusseres Mittelblatt) Musculöses Faserblatt der Leibeswand
		5. Visceral-Mesoblast (Inneres Blatt der Coelom-Taschen) Gefässplatte	5. **Darmfaser-Blatt** (Inneres Mittelblatt) Musculöses Faserblatt der Darmwand
	6. Seitenwände und Bauchwand des Urdarms	6. Enteroblast (Decken-Endoblast) (Darm-Endoblast)	6. **Darmdrüsen-Blatt** Enteroderm (Epitelien des Darmrohrs und der Darmdrüsen)

B. Primäre Höhlen im Leibe der Chordula.

I. **Animale Höhle**	Wand gebildet von Exoderm-Epitelien	1. Unpaares Nervenrohr	1. Höhle des Nervenrohrs **Medullar-Canal**
II. **Vegetale Höhlen**	Wände gebildet von Entoderm-Epitelien	2 a. und 2 b. Paarige Coelom-Taschen	2 a und 2 b. Rechte und linke Leibeshöhle **Coeloma**
		3. Unpaares Darmrohr	3. Höhle des Dauerdarms **Gastrocoel**

§ 32. Gastrulations-Formen der Wirbelthiere.

Classen oder Hauptgruppen der Wirbelthiere	Eier und Nahrungsdotter	Besondere Form der Gastrula	Urmund, Prostoma (= Gastrula-Mund) (= Blastoporus)
I. **Acrania** (Amphioxus) Schädellose	Eier der Schädellosen klein, holoblastisch, ohne selbstständigen Nahrungsdotter	**Leptogastrula bilateralis.** Die ganze Wand des Urdarms eine einfache Zellenschicht, Urdarm leer	Urmund eng, kreisrund, am Vegetal-Pol der Hauptaxe; Dorsal-Lippe oben, Ventral-Lippe unten (am Hinterende)
II. **Cyclostoma** (Petromyzon) Rundmäuler	Eier der Pricken klein, holoblastisch, mit gefurchtem Nahrungsdotter	**Amphigastrula cylcostoma.** Urdarm gefüllt mit gefurchtem Nahrungsdotter	Urmund eng, kreisrund, am Vegetal-Pole der Hauptaxe. Dorsal-Lippe oben, Ventral-Lippe unten
III. **Pisces** (Selachii, Ganoides partim, Teleostei) Die meisten Fische	Eier der meisten Fische meroblastisch, mit mehr oder weniger grossem, ungefurchtem Nahrungsdotter	**Discogastrula eurystoma.** Urdarm gefüllt mit ungefurchtem Nahrungsdotter, meistens mit Dottersack	Urmund sehr weit, kreisrund, vom ganzen Umfang der Keimscheibe gebildet. Dorsal-Lippe hinten, Ventral-Lippe vorn
IV. **Ganoides** (partim) (Accipenseriden oder Störe)	Eier der Störe (Chondroganoiden) klein, holoblastisch mit gefurchtem Nahrungsdotter	**Amphigastrula eurystoma.** Urdarm gefüllt mit gefurchtem Nahrungsdotter	Urmund weit, vom Aequator der Eikugel gebildet. Dorsal-Lippe hinten, Ventral-Lippe vorn
V. **Amphibia** (geschwänzte Salamander und schwanzlose Frösche) und **Dipneusta**	Eier der Amphibien und Dipneusten klein, holoblastisch, mit gefurchtem Nahrungsdotter	**Amphigastrula stenostoma.** Urdarm mit Dotterdrüse in d. Bauchwand	Urmund eng, mit Dotterpfropf am Aboral-Pol. Dorsal-Lippe oben, Ventral-Lippe unten
VI. **Amniota meroblasta** (Reptilia, Aves, Monotrema)	Eier der meroblastischen Amnioten sehr gross, mit voluminösem, ungefurchtem Nahrungsdotter	**Discogastrula stenostoma.** Urdarm-Wand mit grossem, bauchständigem Dottersack	Urmund eng, spaltförmig, als „Primitivrinne" oder Primitivstreif erscheinend. Dorsal-Lippe vorn, Ventral-Lippe hinten
VII. **Didelphia** (Marsupialia) Beutelthiere	Eier der Beutelthiere klein. Nahrungsdotter verflüssigt. Die vier ersten Blastomeren gleich	**Epigastrula didelphium.** Urdarm-Wand mit grosser Dotterblase	Urmund sehr eng, als Primitivrinne auftretend, spaltförmig
VIII. **Placentalia** Placental-Thiere oder Choriata (Zottenhaut-Thiere)	Eier der Placentalthiere klein Nahrungsdotter verflüssigt. Die zwei ersten Blastomeren ungleich	**Epigastrula monodelphium.** Urdarm-Wand mit kleiner Dotterblase	Urmund sehr eng, als Primitivrinne auftretend, spaltförmig

wichtigsten von den acht vorstehend aufgeführten palingenetischen Bildungsstufen zu unterscheiden; aber nur bei den *Acraniern* haben dieselben die ursprüngliche Beschaffenheit ziemlich rein conservirt. Bei den niederen *Cranioten* sind sie noch theilweise wenig modificirt, bei den meisten Schädelthieren aber — und besonders bei allen *Amnioten* — sind sowohl jene älteren wirbellosen Keimformen als auch die daraus hervorgehenden vertebraten Keimbildungen in wichtigen Verhältnissen bedeutend abgeändert. Diese cenogenetischen Abänderungen betreffen sowohl die allgemeine Gesammtbildung, als auch die besondere Gestaltung einzelner Organe und die Reihenfolge ihrer Anlage; sie verdanken ihre Entstehung zum einen Theile den Gesetzen der abgekürzten Vererbung, der Heterochronie und Heterotopie; zum anderen Theile der Anpassung an die veränderten Bedingungen der embryonalen Entwickelung selbst. Sehr viele und wichtige Bildungen, welche ursprünglich in der Stammesgeschichte der Vorfahren eine bedeutende Rolle spielten, sind in der Keimesgeschichte ihrer heutigen Nachkommen nicht mehr zu finden; sie sind in Folge secundärer Abkürzung und Vereinfachung des Entwickelungsganges verschwunden. Anderseits sind aber auch in der Ontogenese allmählig embryonale Neubildungen zu Stande gekommen, welche mit der ursprünglichen Phylogenese Nichts zu thun haben, sondern nur von vorübergehendem Nutzen für die Ausbildung des Keimes sind. Die wichtigsten von diesen betreffen die Ernährung und den Schutz des Embryo; vor Allem wirkt hier einerseits die zunehmende Ausbildung des Nahrungsdotters, anderseits die Bildung von schützenden Eihüllen auf die Entwickelung des Embryo ein. Demnach gelangen bei den Cranioten besondere *Embryorgane* zur Ausbildung, vergängliche »Keimorgane«, welche nur für die Physiologie des Embryo eine vorübergehende Bedeutung besitzen und später verschwinden; sie stehen im Gegensatze zu dem Dauerleibe oder *Menosoma*, d. h. jenem Theile des Embryo, aus welchem der spätere, bleibende Körper hervorgeht. Es ist vollkommen unrichtig, wenn selbst jetzt noch häufig bloss dieser letztere Theil als der »Embryo« bezeichnet und jene Keimorgane (Dottersack, Allantois, Eihüllen) als *»extraembryonale«* Anhänge betrachtet werden. Denn auch diese sind Theile des Keimes selbst, ebenso gut wie die vergänglichen äusseren Kiemen der Amphibien-Larven.

§ 35. Menosoma und Embryorgane.

Der Gegensatz von Dauerleib und Keimorganen fehlt noch den beiden niedersten Classen der Wirbelthiere, *Acraniern* und *Cyclostomen*. Bei den *Gnathostomen* dagegen ist derselbe mehr oder minder ausgesprochen, am meisten bei den *Amnioten*. Dasjenige Embryorgan, welches die weiteste Verbreitung und die grösste unmittelbare Bedeutung für die Ernährung des Embryo besitzt, ist der Dottersack (*Lecithoma*, *Saccus vitellinus*, § 161). Er fehlt vollständig den Acraniern, deren Urdarm von Anfang an in seiner ganzen Ausdehnung ein einschichtiges Epitel besitzt. Unter den Cranioten beginnt die *Lecithom*-Bildung mit der Verdickung des Entoderm-Epitels in der Bauchwand des Urdarms. Eine dadurch bedingte Dotterschwiele (*Lecithotylus*) findet sich schon bei den *Cyclostomen* und *Ganoiden*, sowie bei den meisten *Amphibien*. Indem diese stärker wächst und als selbständiger Anhang des Darmes hervortritt, wird sie zum Dottersack, wie er bei den meisten Fischen, einigen Amphibien (Coecilien) und sämmtlichen Amnioten sich findet. Bei den Säugethieren ist daraus durch Rückbildung des Nahrungsdotters die »Nabelblase« geworden (§ 162). Lediglich die Anhäufung einer grösseren oder geringeren Menge von Nahrungsdotter im Urdarm bedingt die verschiedenen Stufen der Lecithom-Bildung. Während diese in allen Gruppen der Gnathostomen mehr oder minder entwickelt ist, bleiben dagegen zwei andere Embryorgane auf die höchststehende Gruppe der Amnioten beschränkt: die *Allantois* und das *Amnion*. Die Allantois oder der Harnsack ist eine Verlängerung der Harnblase, welche zuerst bei den Amphibien auftritt. Dieselbe wächst bei den Amnioten aus der embryonalen Nabelöffnung der Bauchwand hervor und erscheint als ein sackförmiger Anhang des Beckendarms, dessen Gefässreichthum für den Stoffwechsel und besonders die Athmung des Embryo von Wichtigkeit ist. Bei den höheren Säugethieren entsteht daraus die *Placenta* (vergl. § 164). Das Amnion und das Serolemma (oder die »seröse Hülle«) sind zwei Keimhüllen der Amnioten, von denen die erstere aus dem inneren Blatte, die letztere aus dem äusseren Blatte einer Hautfalte entsteht, welche aus der Bauchseite des Embryo sich erhebt.

§ 36. Amnion und Serolemma.

Die Embryonen aller Wirbelthiere sind längere oder kürzere Zeit von schützenden Keimhüllen (*Embryolemma*) umgeben. Bei den meisten niederen Vertebraten bestehen dieselben aus einer dünnen, structurlosen Dotterhaut (*Membrana vitellina*); der Binnenraum zwischen dieser und dem Keim ist durch eine klare (oft eiweisshaltige) Flüssigkeit ausgefüllt. Häufig werden Klumpen von zahlreichen Eiern durch schützende voluminöse Gallertmasse zusammengehalten (»Laich« von Fischen, Fröschen u. s. w.). Die Amnioten zeichnen sich durch die Bildung der doppelten, vorher erwähnten, besonderen Hülle aus.

§ 37. Composition des Amnioten-Embryo.

Bestandtheile erster Ordnung des Amnioten-Keims		**Bestandtheile zweiter Ordnung**	**Bestandtheile dritter Ordnung**
I. D a u e r l e i b. **Menosoma.** ——— **Derjenige (kleine) Theil des Amnioten-Keims (Mitteltheil der Keimscheibe oder des Blastodiscus), welcher sich zum bleibenden Körper entwickelt**	K e i m s c h i l d **Embryaspis** = Embryonal-Fleck (*Area embryonalis*) oder „E m b y o n a l-A n l a g e“, oder „Erste Spur des Embryo“. ——— (= Doppelschild von Remak oder „Baer'scher Schild“)	I. A. R ü c k e n l e i b (= Urwirbelplatten) **Episoma** = S t a m m z o n e (Rückenschild).	a. Hirnblase und Kopfplatten b. **Rückenmark** und Urwirbelplatten c. Chorda (axiales Entoderm)
		I. B. B a u c h l e i b (= Seitenplatten) **Hyposoma** = P a r i e t a l z o n e (Bauchplatten)	a. Bauchplatten (Parietale Seitenplatten, Somatopleura). b. Darmplatten (Viscerale Seitenplatten, Splanchnopleura).
II. K e i m o r g a n e **Embryorgana** ——— **Derjenige (grosse) Theil des Amniotenkeims, welcher keinen Antheil an der Zusammensetzung des bleibenden Körpers nimmt, sondern sich zu vorübergehenden sogenannten „extraembryonalen“ Keim-Organen ausbildet**	II. A. D o t t e r s a c k **Lecithoma** *Saccus vitellinus*	II. A 1. F r u c h t h o f **Area germinativa** oder Gefässhof (*Area vasculosa*) II. A 2. N a b e l b l a s e **Vesica umbilicalis**	a. Heller Fruchthof *Area pellucida* b. Dunkler Fruchthof *Area opaca* c. Dotter-Fruchthof *Area vitellina*
	II B. U r h a r n s a c k **Allantois** (= Harnblase der Amphibien)	II. B 1. Intrafötale Allantois II. B 2. Extrafötale Allantois	a. Harnblase (*Vesica urinaria*) b. Harngang *Urachus* c. Gefässkuchen *Placenta*
	II. C. K e i m h ü l l e n **Embryolemma**	II. C 1. **Amnion** Wasserhaut (Fruchtsack) II. C. 2 **Serolemma** Serumhaut („Seröse Hülle“) durch Zottenbildung übergehend in die Z o t t e n h a u t, **Chorion**	C 1. Amnionhöhle (*Amniocoelon*) C 2. Serumhöhle *Serocoelon* (= E x o c o e l o m a oder Interamnionhöhle, oder Extraföetal-Coelom)

§ 38. Wirbellose Stammformen der Wirbelthiere.

Uebersicht über die acht Hauptstufen der praevertebralen Ahnen-Reihe, unterschieden auf Grund ontogenetischer Thatsachen.

Die ersten acht Hauptstufen der Ontogenie und der entsprechenden Phylogenie.	**Palingenetische Keimformen aller Wirbelthiere**	**Entsprechende phylogenetische Stammformen**
I. **Einzelliger Urzustand** (anfangs ein kernloses Moner, später eine kernhaltige Zelle)	1. **Cytula** Stammzelle („Erste Furchungszelle")	1. **Cytaea** (Einzellige Protozoen)
II **Vielzelliger Urzustand** Kugeliges oder scheibenförmiges Aggregat von gleichartigen Zellen.	2. **Morula** Aggregat gleichartiger Furchungszellen	2. **Moraea** (Coenobium von Protozoen)
III. **Hohlkugel**, deren Wand ein einfaches Epitel (Urkeimblatt) bildet: **Keimhaut: Blastoderma** (Keimhöhle = *Blastocoel*)	3. **Blastula** Keimblase (*Vesicula blastodermica*)	3. **Blastaea** Hohlkugel mit einfachem Flimmerepitel (*Volvocina*, *Catallacta*)
IV. **Eingestülpte Hohlkugel** Haubenförmige Blase mit zwei Keimhöhlen (Blastocoel und Urdarm)	4. **Depula** Haubenkeim (*Blastula invaginata*)	4. **Depaea** Uebergang von der *Blastaea* zur *Gastraea*
V. **Zweiblättriger Keim** Becherkeim (mit zwei Blastophyllen oder primären Keimblättern: *Ectoblast und Endoblast*), mit Urdarm und Urmund	5. **Gastrula** Becherkeim (zweiblättrig)	5. **Gastraea** (Vergl. *Olynthus*, *Hydra* und die ältesten *Coelenterien-Ahnen*)
VI. **Vierblättriger Keim**, mit vier Blastoplatten (oder secundären Keimblättern), mit ein Paar Coelomtaschen	6. **Coelomula** Taschenkeim (vierblättrig)	6. **Coelomaea** (Vergl. *Sagitta*, *Ascidia* und die *Helminthen-Ahnen*)
VII. **Chordonier-Keim**, mit sechs Primiv-Organen (§ 31): 1. Epidermis. 2. Markrohr. 3. Urdarm. 4. Chorda. 5. 6. Ein Paar Coelomtaschen, jede mit zwei Mesoblasten.	7. **Chordula** Ungegliederte Chordalarve, Embryo mit sechs Primitiv-Organen	7. **Chordaea** (Vergl. *Copelata*, Ascidien-Larven, *Prochordonia* und *Amphioxus*-Larven)
VIII. **Vertebraten-Keim** mit denselben sechs Primitiv-Organen, wie der Chordonier-Keim (VII), aber mit Gliederung der Coelomtaschen, mit wahrer Metamerie des Mesoderms (Vergl. § 33)	8. **Spondula** *Vertebrella* Chordula mit beginnender Sonderung der Urwirbel (Gliederung des Mesoderms)	8. **Prospondylus** (*Provertebrata*) Urwirbelthier Acranier von palingenetischer Einfachheit (Vergl. §§ 204—207)

Diese eigenthümliche Doppelhülle, *Amnion* und *Serolemma*, ist ganz characteristisch für die höchst entwickelte Vertebraten-Gruppe, und fehlt den niederen Gruppen völlig; sie ist von den Reptilien (wahrscheinlich schon während der permischen Periode) erworben und durch Vererbung auf die Draconen, Vögel und Säugethiere übertragen worden. Bei allen diesen »Amnionthieren« sinkt der Embryo in den vergrösserten Nahrungsdotter, der sich zu einem ventralen Dottersack ausdehnt, ein; dabei erhebt sich an der Bauchseite des Keimes ringsum eine ringförmige Falte der Bauchhaut (zuerst vorn die Kopfscheide, dann hinten die Schwanzscheide und beiderseits, rechts und links eine Seitenscheide). Diese »Scheiden oder Kappen« der Amnion-Falten wachsen über dem Rücken des Embryo gleich einem Ringwalle empor und vereinigen sich zusammenneigend über der Mittellinie desselben in einer Naht (Amnion-Naht). Darauf trennen sich die beiden Lamellen der Ringfalte von einander. Die innere Lamelle bildet als Amnion einen geschlossenen Sack, welcher den Embryo ringsum einschliesst und am Nabel in seine Bauchwand übergeht. Die äussere Lamelle dehnt sich aus, entfernt sich von der inneren und legt sich als Serolemma (oder »*seröse Hülle*«) innen an die äussere Eihaut (*Chorion*). Am Nabel des Embryo bildet das Amnion eine Scheide um den Stiel des Dottersacks und den Stiel der dahinter gelegenen Allantois.

§ 39. Morphologische Urkunden.

Von nicht geringerem Werthe als die Zeugnisse der *Palaeontologie* und *Ontogenie* sind diejenigen der vergleichenden Anatomie, wenn es gilt, die Stammesgeschichte der Wirbelthiere in ihren Grundzügen zu erkennen. Indem sie die einzelnen Organe durch die ganze Vertebraten-Reihe hindurch vergleicht, findet sie überall die gleiche ursprüngliche Lagerung und Beziehung derselben und erklärt dieselbe durch Ableitung von einer gemeinsamen Stammform. Diese morphologische Uebereinstimmung oder *Homologie* der Organe erklärt sich durch die Vererbung von einer gemeinschaftlichen Ahnen-Form. Sie wird nicht dadurch beeinträchtigt, dass anderseits die Anpassung an sehr verschiedene Lebens-Verhältnisse, und dementsprechend die Verschiedenheit der physiologischen Functionen, die erblichen Grundlagen der Gestalt oft sehr bedeutend modificirt und eine weitgehende Sonderung oder Differenzirung der Formen bewirkt. Trotzdem diese vielverzweigte »Divergenz des Characters« zur phyletischen Entwickelung vieler Tausend Vertebraten-Species geführt hat, ist die vergleichende Anatomie dennoch im Stande, die ursprüngliche Einheit ihres Stammes nachzuweisen. Dieser Nachweis aber, sowie die richtige Erkenntniss der natürlichen Verwandtschafts-Beziehungen, verlangt nicht nur ausgedehnte systematische und gründliche anatomische Kenntnisse, sondern auch Sicherheit in den logischen Verstands-Operationen der Induction und Deduction, sowie eine genügende, dadurch gewonnene Reife des morphologischen Urtheils. Wenn diese vorhanden ist und richtig angewendet wird, kann sie durch kritische Benutzung der morphologischen Urkunden die wichtigsten phylogenetischen Resultate erzielen.

§ 40. Divergenz und Convergenz der Formen.

Im Gegensatze zu der morphologischen Sonderung (*Divergenz*) der Formen steht ihre phyletische Angleichung (*Convergenz*). Sowohl die gesammte Körperform von entfernt stehenden Wirbelthieren, als auch die Gestaltung ihrer einzelnen Organe kann durch Anpassung an gleiche Lebensweise eine auffallende Aehnlichkeit erlangen, so z. B. bei Fischen, Ichthyosauren und Cetaceen. Die so entstandenen ***Analogien*** sind sorgfältig von jenen wahren *Homologien* zu unterscheiden; sie können die phylogenetische Forschung und die Erkenntniss der wahren Stamm-Verwandtschaft oft bedenklich irreführen. In vielen kleineren und grösseren Gruppen der Wirbelthiere begegnen wir auch einem auffallenden Parallelismus der phyletischen Ramification: zwei Aeste eines Stammes verzweigen sich in parallelen Verästelungen, indem ihre Zweige, durch Anpassung an gleiche Existenz-Bedingungen, die gleichen Umbildungen erleiden. Dann wird es eine wichtige Aufgabe der kritischen Morphologie, die Homologien und Analogien scharf zu unterscheiden. In der Lösung derselben wird sie wesentlich unterstützt von der vergleichenden Ontogenie, wie anderseits viele Unvollkommenheiten und Mängel dieser letzteren wiederum durch die vergleichende Anatomie ergänzt und aufgeklärt werden. Unvollständig in hohem Grade wird freilich die letztere Urkunde, ebenso wie die erstere, immer bleiben. Denn es werden uns immer die unmittelbaren Kenntnisse über den Bau und die Entwickelung der weichen Körpertheile jener untergegangenen Arten fehlen, von deren früherer Existenz nur die fossilen Reste der harten Skelettheile directes Zeugniss ablegen.

§ 41. Verwandtschaft der Formen.

Die vergleichende Anatomie der Organe wird im Stamme der Wirbelthiere durch äussere Umstände begünstigt und durch innere Motive besonders anziehend; sie ist daher in diesem Stamme seit längerer Zeit eingehender studirt und von einer grösseren Anzahl tüchtiger Forscher gefördert, als es in allen anderen Stämmen des Thierreiches der Fall ist. Dementsprechend hat sie eine grössere Zahl von wichtigen Ergebnissen geliefert, als in allen anderen Gebieten, und hat sich in höherem Maasse, als irgendwo anders, zu einer philosophischen Wissenschaft entwickelt. Dies gilt vor Allem von der vergleichenden Anatomie des Skelets und des correlativen Muskel-Systems, sowie des Nervensystems; aber auch diejenige des Gefässsystems, des Darmsystems und der Urogenital-Systeme hat uns mit einer Fülle von wichtigen Anschauungen bereichert. Einerseits begegnen wir einer unendlichen Mannichfaltigkeit von Einrichtungen, welche die Entwickelung der Organe durch Anpassung an die verschiedensten Existenz-Bedingungen nach allen Richtungen bewirkt; anderseits bleiben dennoch die wesentlichen Verhältnisse ihrer Lagerung und Beziehung, in Folge zäher Vererbung, überall erhalten. Die vielbestrittene »progressive Vererbung« oder die »Erblichkeit erworbener Veränderungen« offenbart sich hier tausendfach in glänzender Weise. Es ist daher schon der älteren Morphologie, vor Begründung der Descendenz-Theorie, in diesem Stamme möglich geworden, die »Verwandtschafts-Beziehungen« der Formengruppen mehr oder minder klar zu erkennen. Diese »Form-Verwandtschaft« wurde früher ideal, als Wirkung eines transcendenten »Bauplanes« oder als räthselhaftes Product eines mystischen »Bildungs-Typus« aufgefasst; sie erscheint uns heute im Lichte des Transformismus als die natürliche Folge der realen »Stamm-Verwandtschaft«; ihre Erkenntniss führt uns zur hypothetischen Construction der Stammbäume.

§ 42. Person der Wirbelthiere.

Die Individualität des entwickelten Wirbelthieres lässt sich in tectologischer Beziehung als eine dipleure gegliederte Person definiren; die Zahl der Metameren, welche in der Längsaxe hinter einander liegen, ist sehr verschieden, beträgt jedoch meistens zwischen dreissig und neunzig (bei den längsten Formen bisweilen über vierhundert). Die Metameren zerfallen in mehrere verschiedene Hauptgruppen, entsprechend den Körperregionen; ursprünglich sind deren drei zu unterscheiden: Kopf, Rumpf und Schwanz. Der Kopf (*Caput*) ist der Träger der höheren Sinnesorgane und des Kiemen-Skelets; der Rumpf (*Truncus*) umschliesst den grössten Theil des Darms und der übrigen Eingeweide; der Schwanz (*Cauda*) ist reines Bewegungs-Organ und besteht ursprünglich bloss aus Muskeln und Skelettheilen. Diese Dreitheilung besteht bei allen älteren, wasserbewohnenden, schwimmenden und kiemenathmenden Wirbelthieren, bei den vier Classen der *Acranier*, *Cyclostomen*, *Fische* und *Dipneusten*. Sobald aber die Anpassung an das Leben auf dem Lande erfolgt und damit die Lungenathmung, sowie die kriechende Ortsbewegung auf festem Boden sich entwickelt, gliedert sich der Körper immer deutlicher in mehrere Abschnitte oder Regionen. Bei den Säugethieren lassen sich deren sechs unterscheiden: 1) Kopf (*Caput*) mit Mundhöhle, Gehirn und höheren Sinnesorganen; 2) Hals (*Collum*) mit Luftröhre, Kehlkopf, Schilddrüse und Speiseröhre; 3) Brust (*Thorax*) mit Herz und Lungen; 4) Hinterleib (*Abdomen*) mit Magen, Darm, Leber und Nieren; 5) Lende (*Lumbo*) mit Kreuzbein, Harnblase, Enddarm und After. 6) Schwanz (*Cauda*) mit Muskeln und Schwanzwirbelsäule. Diese Gliederung der Vertebraten-Person tritt um so deutlicher hervor, je höher sich die Functionen der einzelnen Körperregionen differenziren.

In der Ontogenese der Vertebraten-Person lassen sich folgende Bildungsstufen ihrer Individualität unterscheiden: 1) Einzelliger Zustand (*Cytula*); 2) Indifferenter Zellverein (Coenobium): *Morula, Blastula*; 3) Differenzirter Zellverein (*Depula*); 4) Einfachster Urzustand der Person mit zwei Keimblättern (*Gastrula*); 5) Ungegliederte Person mit vier Keimplatten: *Coelomula, Chordula*; 6) Einfachster Urzustand der gegliederten Vertebraten-Person: *Spondula*. Da die constante Kette dieser embryonalen Bildungsstufen der wachsenden Individualität auf Vererbung beruht und palingenetischen Werth besitzt, dürfen wir nach dem biogenetischen Grundgesetze schliessen, dass eine entsprechende Stufenleiter auch in der historischen Ausbildung der Individualität bei den praesilurischen wirbellosen Ahnen der Wirbelthiere bestanden hat (vergl. § 38).

§ 43. Grundform der Wirbelthiere.

Die gemeinsame Promorphe oder »geometrische Grundform« aller Wirbelthiere ist dipleurisch oder »bilateral-symmetrisch« (in der vierten Bedeutung dieses vieldeutigen Begriffes). Die *Promorphologie* zeigt, wie diese stereometrisch bestimmte Grundform unter allen denkbaren diejenige ist, welche die weitaus grössten Vortheile für die freie Ortsbewegung eines Körpers in einer bestimmten Haltung und Richtung desselben bietet; das Gewicht der Körperlast ist bei diesen zweiseitigen Grundformen auf die beiden Körperhälften oder *Antimeren* gleichmässig vertheilt. Wir finden daher diese überaus practische Grundform ebenso bei unseren künstlichen Bewegungs-Werkzeugen (Wagen und Schiffen) realisirt, wie bei allen »Bilaterien«; bei allen jenen Thieren, welche sich schwimmend im Wasser, kriechend oder laufend auf dem Erdboden, fliegend in der Luft, in einer constanten Körperhaltung fortbewegen. Die Vertebraten haben demnach diese uralte (praesilurisch entstandene) Grundform von einer langen Reihe wirbelloser Ahnen geerbt, unter welchen die *Prochordonier*, die *Helminthen* und *Platoden* die Hauptstufen repräsentiren. Ja, wir dürfen sogar noch weiter in der Ahnen-Reihe hinaufgehen, bis zu den *Gastraeaden*; denn die dipleurische Gastrula der Wirbelthiere — sogar deren reinster und ältester Typus, die Leptogastrula des *Amphioxus* — besitzt bereits die »bilaterale Symmetrie«. Ihr Urmund liegt nicht genau am Aboral-Pol der Hauptaxe (wie bei der monaxonen Archigastrula vieler niederen Thiere), sondern oberhalb desselben, in Folge der ventralen Lage der beiden *Promesoblasten* oder »Urzellen des Mesoderms«. Daher können wir schon an der palingenetischen *Archigastrula* der Acranier — und ebenso an der davon abgeleiteten cenogenetischen *Metagastrula* der Cranioten — jene drei Richtaxen und die entsprechenden Richtebenen unterscheiden, welche bei allen zeugiten Grundformen den Gegensatz von Rechts und Links, von Rücken und Bauch bedingen.

§ 44. Euthynen oder Richtaxen.

Die drei idealen Axen, welche die bilateral-symmetrische Lagerung der Körpertheile bei der dipleurischen Grundform bedingen, verhalten sich bei den Wirbelthieren wie bei allen übrigen Bilaterien: zwei von diesen drei auf einander senkrechten Axen sind ungleichpolig (allopol), während die dritte gleichpolig ist (isopol). Die längste von den drei Richtaxen (*Euthynen*) ist bei den meisten Vertebraten die Hauptaxe oder Längenaxe (*Axis principalis* s. *longitudinalis*); sie liegt ursprünglich horizontal und wird im Embryo (und bei den niederen Gruppen permanent) durch die *Chorda* bestimmt, die wir deshalb auch als »Axenstab« bezeichnen. Ihr vorderer Pol, in dessen Nähe die Mundöffnung liegt, wird desshalb Mundpol genannt (*Polus oralis*), der hintere Schwanzpol oder Gegenmundpol (*P. caudalis, aboralis*); ursprünglich lag an letzterem der Urmund der Gastrula. Die zweite ungleichpolige Axe ist die Pfeilaxe, Höhen-Axe oder Rücken-Bauch-Axe (*Axis sagittalis* s. *dorsoventralis*); sie läuft parallel der Pfeilnaht des Schädels und steht ursprünglich vertical. Der obere Pol der Pfeilaxe trifft die Mittellinie des Rückens; daher Rückenpol (*P. dorsalis*); der untere hingegen liegt in der Mittellinie der Bauchseite: Bauchpol (*P. ventralis*). Die dritte von den drei Richtaxen ist gleichpolig und steht senkrecht auf den beiden ersten allopolen Axen; sie läuft horizontal von der rechten zur linken Seite, als Breitenaxe, Seitenaxe oder Queraxe (*Axis transversalis* s. *lateralis*); ihr einer Pol ist der rechte (*dexter*), der entgegengesetzte der linke (*sinister*). Die ideale geometrische Grundform, welche durch diese drei auf einander senkrechten Richtaxen mit mathematischer Schärfe bestimmt wird, ist der Halbkeil (*Hemisphenoid*) oder die »halbe amphithecte Pyramide«.

§ 45. Euthyphoren oder Richtebenen.

Die drei idealen Ebenen, welche durch je zwei von den drei Richtaxen gelegt werden können, und welche ebenfalls senkrecht auf einander stehen, sind die bekannten drei *Euthyphoren* oder Richtebenen: mediane, frontale und transversale; sie repräsentiren drei ideale (und zum Theil reale) Scheidewände, durch welche wichtige Haupt-Abschnitte des dipleurischen Körpers von einander getrennt werden. Die erste von den drei Euthyphoren ist die Median-Ebene oder Sagittal-Ebene, bestimmt durch die Hauptaxe und die Pfeilaxe (*Planum sagittale*); sie steht fast immer senkrecht und theilt den Körper in zwei symmetrisch gleiche Hälften, rechtes und linkes Antimer; daher halbirt sie jede der beiden anderen Richtebenen. In der realen Scheidewand der beiden Antimeren oder Gegenstücke, welche dieser idealen Sagittal-Ebene entspricht, und welche wir das Median-Septum nennen, liegen bei allen Vertebraten das Markrohr, die Chorda, der Urdarm und das Mesenterium. Alle Theile, welche nicht in derselben liegen, werden in Beziehung zu ihr als *laterale* bezeichnet. An jedem dieser Theile lässt sich wieder eine *mediale* (dem Sagittal-Septum zugekehrte) und eine *laterale* (von ihm abgewendete) Fläche unterscheiden. Beliebige verticale Ebenen, welche dem Median-Septum parallel laufen, heissen parasagittale Ebenen. Die zweite euthyphore Ebene wird durch die Hauptaxe und durch die Queraxe bestimmt; sie heisst Frontal-Ebene oder Lateral-Ebene und scheidet das *Episoma* (die Rückenhälfte des Körpers) vom *Hyposoma* (der Bauchhälfte). Vergl. § 49. In dem idealen Frontal-Septum, welches den Rückenleib vom Bauchleib trennt, liegt ursprünglich die Chorda, beiderseits von ihr die Frontal-Stricturen der Somiten und die segmentalen Nephridien; im Tegumente der Fische entspricht demselben die »Seitenlinie«. Beliebige horizontale Ebenen, welche dem Frontal-Septum parallel laufen, heissen parafrontale Ebenen. Die dritte Richtebene wird durch die Pfeilaxe und Queraxe bestimmt; sie scheidet als Transversal-Ebene (Gürtel-Ebene oder Aequatorial-Ebene) den vorderen vom hinteren Körpertheil; ursprünglich entspricht derselben ein ideales Cinctur-Septum, oder ein *Septum transversum*, welches den Kopf vom Rumpfe scheidet (bezüglich den Kiemendarm vom Leberdarm trennt).

§ 46. Symmetrie der Antimeren.

Ursprünglich sind die beiden Antimeren oder Körperhälften bei den Wirbelthieren vollkommen symmetrisch oder spiegelgleich, wie bei ihren wirbellosen Vorfahren; die linke Körperhälfte ist das Spiegelbild der rechten. Die erbliche Symmetrie oder *Eudipleurie* erhält sich längere oder kürzere Zeit in der embryonalen Anlage bei sämmtlichen Vertebraten, sofern nicht die Palingenese frühzeitig durch cenogenetische Abänderungen gestört wird. Späterhin entstehen allgemein gewisse, meistens unbedeutende Abweichungen von der ursprünglichen Symmetrie, die wir dann als »bilaterale Asymmetrie« oder »*Dysdipleurie*« bezeichnen. Ganz allgemein betreffen dieselben die Lagerung der Eingeweide im Coelom, indem die Leber überall auf die rechte Seite hinüber gedrängt wird; der Darm legt sich meistens, indem er sich verlängert, in Schlingen, die beweglich sind und ebenfalls unsymmetrisch auf beide Körperhälften verlagert werden. Nicht selten gelangen paarige Eingeweide nur in einer Körperhälfte zur Entwickelung, 'während sie in der anderen verkümmern oder ganz verschwinden, so z. B. die Lunge der Schlangen, der Eierstock der Vögel. Während die Ursache dieser einseitigen Ausbildung hier in Anpassung an Raum-Ersparniss zu suchen ist, bleibt sie in anderen Fällen uns vollkommen dunkel, so in der auffallenden Asymmetrie beider Schädelhälften bei den meisten Cetaceen. In manchen Fällen von Dysdipleurie lässt sich als Ursache die Gewohnheit nachweisen, beständig auf einer Seite, entweder der rechten oder der linken, zu liegen. Diese Gewohnheit ist wohl schon beim *Amphioxus* die Ursache der verschiedenen Abweichungen von der ursprünglichen Symmetrie. Am auffallendsten aber zeigt sie sich in der Fisch-Familie der *Pleuronectiden*, deren scheibenförmiger, lateral comprimirter Körper nicht allein auf beiden Seiten ganz verschiedene Färbung zeigt, sondern auch eine solche Asymmetrie des Schädels, dass beide Augen auf einer Seite liegen (entweder der rechten oder der linken). Während diese Fische mit der hellen, augenlosen Seite auf dem Meeresboden liegen, ist die dunkle Seite (mit beiden Augen) dem Lichte zugekehrt. Dass nur diese erbliche Gewohnheit die Ursache der auffallenden Asymmetrie ist, zeigt die symmetrische Körperbildung der jungen Pleuronectiden. Erst allmählig wandert das eine Auge auf die andere Seite hinüber, und der Schädel wird schief. Ohne das biogenetische Grundgesetz ist diese Thatsache nicht zu erklären; sie liefert zugleich einen einleuchtenden Beweis für die umbildende Macht der functionellen Anpassung, im Verein mit der progressiven Vererbung.

§ 47. Stammesgeschichte der Gewebe.

Die Gewebe der Wirbelthiere sind in ähnlicher Weise differenzirt wie diejenigen der höheren Wirbellosen (Gliederthiere, Weichthiere u. s. w.); gleich den letzteren sind auch die ersteren phylogenetisch aus den einfacheren Geweben niederer Thiere hervorgegangen. Den historischen Weg dieser phylogenetischen Entstehung zeigt uns noch heute die vergleichende Ontogenie, indem sie alle verschiedenen Modificationen der Gewebe aus den beiden einfachen Keimblättern der Gastrula ableitet, und diese aus dem *Blastoderm* der Blastula. Diese *primären* Urformen der Gewebe sind aber einfache Epitelien. Alle anderen Gewebe-Arten, welche nicht epitelialer Natur sind, entstanden erst *secundär* und können daher als Apotelien oder abgeleitete Gewebe den *primären* Epitelien gegenübergestellt werden. Unter den *Apotelien* unterscheiden wir als zwei Hauptgruppen das Mesenchym-Gewebe (mit Intercellar-Substanz) und das Neuromuskel-Gewebe (ohne Intercellar-Substanz). Zum *Mesenchym* oder Zwischen-Gewebe gehören 1) die Bindegewebe (*Connectiva*) — theils feste Stützgewebe oder Skeletsubstanz, *Fulcrum*: Knorpel, Knochen; theils weiches Füllgewebe oder *Maltha*: Fett, Gallertgewebe etc. —; 2. die Blutgewebe (*Lymphoida*): flüssige Gewebe mit frei schwimmenden Zellen, Leucocyten und Rhodocyten. Zur Gruppe des *Neuromuskel*-Gewebes gehören die verschiedenen Formen des contractilen Muskelgewebes (glatte und quergestreifte Muskeln) und des Nervengewebes (Ganglienzellen und Nervenfasern). Der grösste Theil dieser verschiedenen Formen von Apotelien entwickelt sich bei den Wirbelthieren aus dem Mesoderm, während Exoderm und Entoderm ihren ursprünglichen epitelialen Character beibehalten. Indessen liefert das »Hautsinnesblatt« ausser der Epidermis auch das eigentliche Nervengewebe; und aus dem »Darmdrüsenblatt« entsteht auch das eigenthümliche Stützgewebe der Chorda (§ 57).

Der Nachweis, dass auch alle Gewebe des Mesenchyms ursprünglich aus den Epitelien der Keimblätter hervorgehen, wird durch die vergleichende Ontogenie mit voller Klarheit geliefert. Dadurch ist zugleich die falsche Parablasten-Theorie widerlegt, welche im Laufe der beiden letzten Decennien viel Anhang gewonnen hatte. Danach sollte der Wirbelthier-Körper ein Doppel-Organismus sein, entstanden durch Symbiose aus zwei verschiedenen Thieren: dem *Archiblasten* (Product der Keimblätter) und dem *Parablasten* (Product der Zellen des mütterlichen Eifollikels).

§ 48. Episoma und Hyposoma.

Uebersicht über die Zusammensetzung des Wirbelthierkörpers aus Rückenleib und Bauchleib, Kopfhälfte und Rumpfhälfte.

Rückenleib und Bauchleib Episoma und Hyposoma	Kopf und Rumpf Caput und Truncus	Schädellose Acrania	Schädelthiere Craniota
I. Rückenleib **Episoma** (= Rückenschild oder Notaspis beim Amnioten-Keim)	I. A. Kopfhälfte des Rückenleibes (Episoma capitale)	a. Einfache Urhirnblase b. Drei einfache Sinnesorgane (?) c. Kein Urschädel	a. Gehirn (mit fünf Hirnblasen) b. Drei Paar zusammengesetzte Sinnesorgane c. Knorpeliger Urschädel
„Stammzone" (= Urwirbelplatten) (Animale Hemisphäre der Amphigastrula) Neural-Gebiet	I. B. Rumpfhälfte des Rückenleibes (Episoma truncale)	a. Rückenmark b. Einfache ungegliederte Perichorda c. Dorsale Rumpfmuskeln mit Myocoel	a. Rückenmark b. Segmentale Wirbelsäule c. Dorsale und ventrale Rumpfmuskeln ohne Myocoel

Horizontales Frontal-Septum zwischen Episom und Hyposom: Axial die endoblastische Chorda, lateral die ektoblastischen Vornieren-Gänge.

Rückenleib und Bauchleib	Kopf und Rumpf	Schädellose	Schädelthiere
II. Bauchleib **Hyposoma** (= Seitenplatten und Dottersack nebst Allantois beim Amnioten-Keim)	II. A. Kopfhälfte des Bauchleibes (Hyposoma capitale)	a. Kopfwand permanent mit zahlreichen Kiemenspalten b. Segmentale Pronephridien c. Mundhöhle Kiemendarm und Hypobranchial-Rinne Weder Schwimmblase noch Lunge Einkammeriges Herz	a. Kopfwand embryonal mit fünf bis acht Paar Kiemenspalten b. Kopfnieren (Pronephros) c. Mundhöhle Schlund (Rachenhöhle) und Thyreoidea Schwimmblase oder Lunge Mehrkammeriges Herz
„Parietalzone" (= Seitenplatten) (Vegetale Hemisphäre der Amphigastrula) Gastral-Gebiet	II B. Rumpfhälfte des Bauchleibes (Hyposoma truncale)	a. Bauchwand (Bauchplatten) (Parietalblatt der Hyposomiten) b. Viele segmentale Pronephridien c. Viele segmentale Gonaden d. Magen Einfacher Leberschlauch Dünndarm After	a. Bauchwand (Bauchplatten) (Parietalblatt der Seitenplatten) b. Ein Paar compacte Nieren c. Ein Paar Gonaden d. Magen Compacte Leber Pancreas Dünndarm Dickdarm After

§ 49. Keimplatten und Gewebe.

Uebersicht über die Keimplatten der Wirbelthiere (*Lamellae embryonales*) und ihre Bedeutung für die Fundamental-Organe und Gewebe.

Keimblätter Blastophylle *Laminae embryonales*	**Keimplatten** Blastoplatten *Lamellae embryonales*	**Fundamental-Organe der Wirbelthiere**	**Gewebe der Wirbelthiere**
A. **Exoderm** Aeusseres Keimblatt Epiblast oder Ectoblast Oberes Grenzblatt Hautblatt	1. **Hornplatte** *Epiblast*	1. **Oberhaut** Epidermis	Epitel-Gewebe der Oberhaut: Schleimschicht und Hornschicht
	2. **Markplatte** *Neuroblast*	2. **Nervensystem** (Medullarrohr)	Ganglienzellen und Nervenfasern
	3. **Sinnesplatte** Locale Producte des Sinnesblattes	3. **Sinnes-Organe** (Sensilla)	Differenzirte Sinnes-Epitelien
C. Mesoderm: Producte der Coelom-Taschen C. I. **Episomiten** (Epimeren) Dorsale Somiten Ursegmente der Rückenhälfte („Stammzone" der Amnioten)	4. **Cutisplatte** *Corioblast*	4. **Corium** (Lederhaut)	Cutis, Bindegewebe, Hautknochen und Zähne; glatte Muskeln des Mesenchyms
	5. **Muskelplatte** *Myoblast*	5. **Rumpfmuskeln** (Lateral-Muskeln)	Animales Muskelgewebe (quergestreift)
	6. **Skeletplatte** *Skleroblast*	6. **Chorda-Scheide** und ihre Fortsätze (Perichorda)	Stützgewebe des Skelets, Knorpel und Knochen
C. II. **Hyposomiten** (Hypomeren) Ventrale Somiten Ursegmente der Bauchhälfte („Seitenplatten" der Amnioten)	7. **Nierenplatte** *Nephroblast*	7. **Pronephridien** Vornieren-Canäle (und spätere Urnieren und Nieren)	Harn-Epitel der Pronephridien und der späteren Nieren-Canälchen
	8. **Geschlechtsplatte** *Gonoblast*	8. **Gonaden** (Ovarien und Hoden)	Gonidien (Eizellen und Spermazellen)
	9. **Gefässplatte** *Haemoblast*	9. **Gefässe** (Dorsale Arterie u. ventrale Vene: Herz)	Coelom-Epitelien Gefäss-Epitelien Lymphzellen
	10. **Gekrösplatte** *Lamella mesenterica*	10. **Mesenterium** u. Darm-Muskelwand	Glatte Muskeln und Mesenchym des Darms
B. **Entoderm** Inneres Keimblatt Hypoblast oder Endoblast Unteres Grenzblatt Darmblatt	11. **Chordaplatte** *Chordoblast*	11. **Chorda**(**Axenstab**) *Chorda dorsalis*	Chorda-Gewebe
	12. **Darmdrüsenplatte** *Enteroblast*	12 a. **Kopfdarm** Cephalogaster Kiemendarm	Respiratorisches Epitel des Schlundes und Kiemen-Korbes, der Hypobranchial-Rinne und der Lungen
		12 b. **Rumpfdarm** Hepatogaster Leberdarm	Digestives Epitel von Magen, Leber, Dünndarm und Dickdarm

§ 50. Gewebe der Acranier und Cranioten.

Wie in der gesammten Organisation und Entwickelung, so zeigen auch in der Gewebe-Bildung die beiden Hauptgruppen des Wirbelthier-Stammes einen bedeutungsvollen Gegensatz, und dieser entspricht zwei grossen Hauptabschnitten ihrer Stammesgeschichte. *Amphioxus*, der einzige bekannte Vertreter der älteren formenreichen *Acranier*-Gruppe, hat bis heute den ursprünglichen epitelialen Character in der Ausbildung aller verschiedenen Gewebe bewahrt. Dies gilt nicht allein von dem einfachen primitiven Bau seines Muskel- und Nerven-Systems, sondern auch insbesondere vom Mesenchym. Die Intercellar-Substanz, welche dieses characterisirt, erscheint bei *Amphioxus* nur sehr unbedeutend und hauptsächlich als Cuticular-Substanz; die Matrix seiner Connective (Cutis, Perichorda etc.) bildet eine einfache Zellenschicht (eine Lamelle des Mesoblasten), welche einseitig — als »Grenz-Epitel« oder Basal-Epitel — gallertig oder faserig differenzirte Massen abscheidet. Dieselben erreichen nur geringe Entwickelung und spielen weder physiologisch noch morphologisch eine bedeutende Rolle.

Das Umgekehrte gilt von den Cranioten, bei welchen schon frühzeitig die quantitative und qualitative Ausbildung der Apotelien eine hohe Stufe erlangt. Insbesondere tritt hier das *Mesenchym* in den Vordergrund; indem zahlreiche Mesoblast-Zellen aus der epitelialen Matrix oder dem »Grenz-Epitel« der Connective auswandern, in die ausgeschiedene Cuticula-ähnliche Grundsubstanz eintreten und sich innerhalb derselben vermehren, wird die letztere zur wahren *Intercellar-Substanz*. Durch massenhaftes Wachsthum und mannichfache Differenzirung entstehen darans die bedeutenden Connectiv-Massen des Corium und der Wirbelsäule, sowie die Bindegewebshüllen der verschiedenen Organe und die Füllgewebe, welche die Lücken zwischen den Organen ausfüllen. Schon bei den Selachiern erscheint so das apoteliale Mesenchym bedeutend entwickelt, erreicht aber seine vielseitigste Ausbildung erst bei den *Amnioten*.

Der permanent-epiteliale Character der Acranier-Gewebe wirft ein bedeutungsvolles Licht auf den histologischen Körperbau, welchen wir bei den unbekannten wirbellosen Vorfahren der Wirbelthiere voraussehen müssen. Auch die Gewebe dieser Helminthen-Ahnen werden noch wesentlich aus Epitelien bestanden haben.

Zweites Kapitel.

Phylogenie der Vertebraten-Organe.

§ 51. Phylogenie des Tegumentes.

Die Hautdecke aller Wirbelthiere ist aus zwei verschiedenen Schichten zusammengesetzt, der äusseren Oberhaut (*Epidermis*) und der inneren Lederhaut (*Corium*). Beide Schichten liegen zwar stets fest an einander (*in contiguo*), gehen aber niemals direct in einander über (*per continuum*); beide sind von Anbeginn an verschiedenen Ursprungs, indem die Oberhaut aus dem äusseren Keimblatte entsteht (Hautsinnesblatt, »Hornplatte« des *Exoderm*), die Lederhaut hingegen aus der äussersten Schicht des Hautfaserblattes (aus der »Lederplatte« des *Mesoderm*). In der ersten embryonalen Anlage besteht jede der beiden Tegument-Platten stets nur aus einer einzigen Zellenschicht. Dieses ursprüngliche Verhalten, von den *Prochordoniern* durch Vererbung übertragen, erhält sich zeitlebens nur bei der niedersten Classe, den *Acraniern*; bei allen übrigen, bei den *Cranioten*, vermehren sich die Zellen durch Theilung parallel der Fläche, so dass die einschichtige Platte mehrschichtig wird.

Histologisch unterscheiden sich die beiden Tegument-Platten der Wirbelthiere — ebenso wie vieler Wirbellosen — sehr wesentlich insofern, als das Gewebe der *Epidermis* ganz allgemein den *Epitel*-Character beibehält, und stets nur aus Massen von angehäuften Zellen besteht, ohne beträchtliche Zwischenzellenmasse; wogegen das *Corium* ebenso allgemein den Connectiv-Character annimmt und sich schon frühzeitig in Bindegewebe von höchst mannichfaltiger Differenzirung verwandelt. Die Zellen des Corium scheiden so reichlich Intercellar-Substanz aus, dass diese die Hauptmasse der ganzen »Lederhaut« bildet.

Zur Ernährung derselben wachsen reiche Blutgefässschlingen in das Bindegewebe hinein, während diese dem Deckengewebe der Oberhaut fehlen. Letztere zeichnet sich bei den Wirbelthieren durch sehr geringe Neigung zur Ausscheidung von Cuticular-Bildungen aus, während solche bei den nächstverwandten Tunicaten äusserst stark ist.

§ 52. Epidermis. Oberhaut.

In der Stammesgeschichte der exodermalen Oberhaut unterscheiden wir vier wichtige Hauptstufen: 1) Die einfache, permanent einschichtige Oberhaut der *Acranier*, 2) die mehrschichtige weiche Epidermis der *Fische*, 3) die verhornende (in Horn- und Schleimschicht gesonderte) Oberhaut der *Amphibien*, und 4) die stark verhornte, mit Appendical-Organen ausgestattete Epidermis der *Amnioten*. Bei den erwachsenen Wirbelthieren dieser vier Gruppen, und besonders der beiden letzteren entwickeln sich durch Anpassung an die mannichfaltigen Lebensbedingungen der Aussenwelt viele verschiedene Modificationen im Bau der Oberhaut und ihrer Appendical-Organe. Beim Embryo dagegen tritt dieselbe überall zuerst als eine einfache Zellenschicht auf, als die »Hornplatte« des äusseren Keimblattes.

I. Epidermis der Acranier. Die Oberhaut der niedersten Hauptgruppe, der Schädellosen, bleibt zeitlebens eine einzige einfache Zellenschicht. Bei *Amphioxus*, dem einzigen überlebenden Reste dieser Stammgruppe, ist sogar in der Jugend noch das Flimmerkleid erhalten, welches sie von den wirbellosen Ahnen geerbt haben, und zwar besteht dasselbe aus Geisselzellen, indem jede einzelne Zelle der einschichtigen Oberhaut nur ein einziges schwingendes Geisselhaar trägt. Auch bei den Jugendformen einiger Fische bleibt dieses Flimmer-Epitel theilweise noch einige Zeit erhalten. Zwischen den indifferenten cylindrischen Epidermiszellen des *Amphioxus* finden sich zahlreich (besonders am Kopfe) einzelne birnförmige »Sinneszellen« zerstreut, welche an der Basis mit einem Hautnerven in Verbindung stehen und am Gipfel ein freies »Sinneshaar« tragen.

II. Epidermis der Fische. Bei den eigentlichen Pisces, ebenso auch bei den nächstverwandten Classen der Cyclostomen und Dipneusten, besteht die Oberhaut bereits aus mehreren Zellenschichten, bleibt aber weich und schleimig, entsprechend dem dauernden Aufenthalt im Wasser. Gewöhnlich bleiben die Zellen der mehrschichtigen Epidermis zum grössten Theile gleichartig. Doch entwickeln sich auch schon zwischen den indifferenten einfachen Deckzellen durch Arbeitstheilung verschiedene Specialisten-Zellen: Tastzellen (Sinneszellen);

Pigmentzellen, Schleimzellen (Becherzellen, einzellige Drüsen). Seltener kommt es in dieser Gruppe der niederen wasserbewohnenden Anamnien zur Bildung complicirterer mehrzelliger Oberhaut-Organe, welche theils zur Secretion dienen, theils zur Sensation oder Illumination (mehrzellige Hautdrüsen, Nervenkolben, Nervenbecher, Leuchtorgane u. s. w.).

III. Epidermis der Amphibien. Mit der Veränderung des Mediums, bei dem Uebergange vom Wasser- zum Land-Leben, passt sich die Oberhaut dem Einflusse der austrocknenden atmosphärischen Luft an; sie sondert sich in zwei Schichten, die äussere Hornschicht (*Cerodermis, Stratum corneum*) und die tiefere Schleimschicht (*Mucodermis, Stratum mucosum*). Beide Schichten bestehen bei den Jugendformen vieler Amphibien nur aus einem einzigen Zellenlager, erstere aus flacheren Pflasterzellen, letztere aus höheren Cylinderzellen. Später vermehren sie sich durch Theilung parallel der Fläche, so dass die Oberhaut verdickt wird. Die Sonderung der härteren *Cerodermis* von der weicheren *Mucodermis* begann aber schon in der Carbon-Periode, als zuerst *Dipneusten* in *Amphibien* sich umbildeten. Bei vielen Amphibien ist die glatte Epidermis äusserst drüsenreich. An einzelnen Stellen der Körperoberfläche entstehen auch oft locale stärkere Verhornungen, besonders an den Füssen (Zehenschwielen, Krallen).

IV. Epidermis der Amnioten. Die Oberhaut der Amnionthiere zeichnet sich aus durch Bildung von Appendical-Organen (oder »*appendicularen Epidermoidal-Gebilden*«), in Form von Hornschuppen, Federn, Borsten, Haaren u. s. w. Während die Oberfläche der Haut bei allen vorhergehenden Gruppen nackt und glatt erscheint, wird sie nun uneben und rauh (beschuppt, befiedert, behaart etc.). Diese hornigen Appendical-Organe, als wichtige Schutzmittel oder Protectiv-Organe höchst mannichfaltig entwickelt, sind ursprünglich weiter nichts als epidermale Papillen, kegelförmige Wärzchen der Oberhaut, die durch locale Wucherung entstehen. Gewöhnlich ragt in ihre mucodermale Basis eine konische Cutis-Papille hinein und erinnert daran, dass diese Bildungen ursprünglich wohl alle auf Hornscheiden von »Hautzähnchen« phyletisch zurückzuführen sind; denn die *Pholis*, die Hornschuppe der Epidermis, ist ursprünglich wohl nur ein horniger Ueberzug der darunter liegenden, phylogenetisch älteren *Lepis*, der Knochenschuppe des Corium. Das zeigen deutlich die ältesten »Pholidoten« (*Ascalaboten, Scincoiden* u. a.); hier haben sich noch durch Vererbung die Rudimente der echten Knochenschüppchen oder Hautzähnchen erhalten, welche bei allen übrigen Eidechsen und den Schlangen durch Rückbildung verloren sind. Um so stärker hat sich bei letzteren aber das epidermale Kleid der Hornschuppen ausgebildet, das häufig bei den wiederholten »Häutungen« im Zusammenhange abgestreift und durch ein neues von der Mucodermis aus ersetzt wird.

Die Hornschuppen (*Pholides*) sind demnach als die ältesten und ursprünglichsten unter den mannichfaltigen Appendical-Organen der Amnioten anzusehen; ihre erste Entstehung fällt in die Perm-Periode, falls nicht vielleicht schon bei den vorhergehenden Ahnen der Reptilien, bei den carbonischen *Stegocephalen*, die Knochenschuppen ebenfalls mit hornigen Epidermis-Scheiden sich bedeckten. Die primitiven Pholides der permischen Reptilien haben sich bei den *Pholidoten* oder *»Lepidosauriern«* bis heute erhalten; aus ihnen sind schon innerhalb der Reptilien-Classe mannichfach verschiedene Bildungen hervorgegangen, welche in der systematischen Unterscheidung der kleineren Formengruppen eine ausgedehnte Verwendung finden: hornige Schienen, Schilder, Schindeln, Tafeln, Kiel-Schuppen, Wirtel-Schuppen u. s. w. Eine viel stärkere Differenzirung aber erfuhren diese Epidermal-Organe bei den warmblütigen *Amnioten*-Classen, die wir von den kaltblütigen *Reptilien* ableiten; hier gewann auch ihre Schutz-Function noch viel höhere Bedeutung als gute »Wärmehalter«. Dicke Hornplatten entwickelten sich wahrscheinlich schon bei vielen der riesigen *Dinosaurier*, wie später bei den ähnlichen »Pachydermen« unter den Säugethieren. Von den fliegenden *Pterosauriern* können wir vermuthen, dass sie mit Federn bedeckt waren, gleich den Vögeln. Während die Vogelfedern sicher durch Umbildung von Reptilien-Schuppen entstanden sind, lässt sich dies für die ähnlichen Haare der Säugethiere nicht behaupten. Vielmehr scheint aus Untersuchungen der neuesten Zeit hervorzugehen, dass sich dieselben direct aus becherförmigen »Hautsinnesorganen der Amphibien-Ahnen« entwickelt haben. Durch Convergenz können Mammalien-Haare und Vogelfedern sehr ähnlich werden. Während diese mannichfaltigen Appendical-Organe sich sehr verschiedenartig ausbildeten, sehen wir anderseits bei allen Amnioten in ähnlicher Weise die Zehenspitzen mit stärkeren Hornbildungen bewaffnet, mit den Krallen, von denen die Hufe, Nägel u. s. w. nur leichte Modificationen darstellen.

§ 53. Corium. Lederhaut.

In der Stammesgeschichte der mesodermalen Lederhaut unterscheiden wir, ähnlich wie in derjenigen der exodermalen Oberhaut, vier verschiedene Hauptstufen: 1) die einfache epiteliale (noch nicht eigentlich connective) Lederhaut der *Acranier*; 2) das weiche, bindegewebige, skeletlose Corium der *Cyclostomen*; 3) die papilläre und schuppenbildende Lederhaut der *Ichthyopsiden*, mit Dermal-Skelet und regelmässiger Connectiv-Structur; 4) das umgebildete weiche Corium der *Amnioten*, mit unregelmässiger Structur des Bindegewebes. Auch die Lederhaut unterliegt innerhalb des Vertebraten-Stammes, ebenso wie die sie deckende Oberhaut, sehr mannichfaltigen Modificationen, durch Anpassung an die verschiedenen Lebensbedingungen der Aussenwelt. Nur in den beiden niedersten Classen, *Acraniern* und *Cyclostomen*, bleibt sie einfach und skeletlos. Bei allen *Gnathostomen* bildet das Corium Ossificationen, von denen ein Theil durch Verbindung mit dem Endoskelet eine hohe Bedeutung erlangt (Deckknochen des Schädels u. A.). Ursprünglich tritt die Lederhaut bei den Embryonen aller Vertebraten zuerst als eine einfache Zellenschicht auf, als die oberflächliche »Lederplatte« des mittleren Keimblattes.

I. Corium der Acranier. Die Lederhaut des *Amphioxus*, des einzigen uns bekannten Vertreters der Schädellosen, ist sehr bemerkenswerth dadurch, dass sie zeitlebens eine einfache Zellenschicht bildet, welche nur an ihrer äusseren Oberfläche eine structurlose Gallertschicht abscheidet. Diese »Cutisgallerte« ist zellenfrei, von sehr feinen, senkrecht aufsteigenden (elastischen) Fasern durchsetzt und grenzt aussen an die structurlose (cuticulare) Basalmembran der Epidermis an. Die »epiteliale Grenzlamelle der Cutis«, welche an der Innenseite der von ihr ausgeschiedenen Corium-Gallerte liegt und aus dem Lateralblatt der Coelom-Taschen entsteht, behält hier zeitlebens den Character eines einfachen Epitels, wie ihn die erste Anlage des Corium bei allen Cranioten (als »Lederplatte«) vorübergehend zeigt.

II. Corium der Cyclostomen. Die Lederhaut der *Marsipobranchier* zeigt den primitiven Bau des Amphioxus-Corium nur in frühester Jugend (bei *Ammocoetes*-Larven). Bald treten wandernde Zellen (Planocyten) aus der epitelialen Lederplatte (oder inneren »Grenzlamelle« der Cutis) aus, wandern in die von ihr ausgeschiedene »Cutis-Gallerte« hinein und vermehren sich hier, so dass diese nunmehr den wirklichen Connectiv-Character erhält. Das Bindegewebe des Corium bleibt weich und bildet keinerlei Kalkablagerungen und Skelettheile. Auch bleibt die äussere Oberfläche des Corium glatt und bildet keine Papillen, wie bei den *Gnathostomen*. In diesen, wie in vielen anderen primitiven Eigenthümlichkeiten ihrer Structur bekunden die *Cyclostomen* deutlich, dass sie einem viel älteren Zweige des Vertebraten-Stammes angehören, als die Fische, mit denen sie früher vereinigt waren.

III. Corium der Anamnien. In den drei Classen der *Anamnien* oder *Ichthyopsiden* — bei den Fischen, Dipneusten und Amphibien — zeigt das Corium eine weit höhere Differenzirung, als bei den *Cyclostomen*.

Dieser bedeutende Fortschritt, der schon bei den ältesten (silurischen) Fischen uns entgegentritt, besteht in vier wichtigen Veränderungen: I. Aus der äusseren Oberfläche der Lederhaut wachsen zahlreiche konische Corium-Papillen hervor. II. Diese connectiven »Leder-Papillen« verknöchern von der Spitze aus und verwandeln sich in Zahnbein, während sie an der Basis eine aus Knochengewebe bestehende Basalplatte bilden. III. Die Spitze der ossificirten Corium-Papille wird mit einer festen, structurlosen Schmelzkappe bedeckt, welche von der tiefen, unmittelbar über ihr liegenden Schicht der Epidermis-Zellen (Schmelz-Epitel) ausgeschieden wird. IV. An der Basis der so gebildeten Placoid-Schuppe (die man auch als *Lepis*, *Placodium* oder »Hautzähnchen« bezeichnet) bildet sich aus dem umgebenden Gewebe der Lederhaut eine »Schuppentasche«. Die Schuppen selbst bilden sich höchst mannichfaltig aus und setzen das wichtige Dermal-Skelet der Ichthyopsiden zusammen (s. unten). Nur in einzelnen Gruppen wird dasselbe wieder rückgebildet (bei den nackten Amphibien).

IV. Corium der Amnioten. Die Corium-Structur der *Amphibien* vererbt sich zwar zunächst noch auf die ältesten *Amnioten*, die niedersten Gruppen der *Reptilien*, erleidet dann aber vielfache Veränderungen. Das Dermal-Skelet wird bei der grossen Mehrzahl der Amnioten stark rückgebildet und verschwindet zum grössten Theile, bis auf die wichtigen »Deckknochen« des Schädels u. s. w. Nur in einigen Gruppen erfährt es eine weitere, oft mächtige Ausbildung (bei Schildkröten, Crocodilen, Gürtelthieren u. a.). Um so stärker entwickelt sich die Horndecke der Epidermis. Das Bindegewebe der Lederhaut zeichnet sich bei den Ichthyonen durch regelmässige Schichtung aus, indem horizontal geschichtete Lamellen in bestimmten Abständen von vertical aufsteigenden Faserzügen durchsetzt werden. Diese regelmässige Lederstructur erhält sich nur noch bei einem Theile der Reptilien Bei den übrigen Reptilien, sowie bei den Vögeln und Säugethieren, ist dieselbe verschwunden, und die Faserzüge des Bindegewebes durchflechten sich in sehr unregelmässiger Weise. Bei den meisten Amnioten sondert sich die eigentliche Cutis (als äusserer, festerer Theil der Lederhaut) mehr oder weniger von der weicheren Subcutis, dem darunter liegenden, lockeren und fettreichen »subcutanen Gewebe«.

§ 54. Phylogenie des Skeletes.

Die Stammesgeschichte der Hartgebilde ist für das Verständniss des Vertebraten-Organismus und seiner Entwickelung von allerhöchster

Bedeutung, und zwar aus sechs Gründen: I. die Skeletbildung ist in diesem Stamme durchaus typisch, verschieden von derjenigen aller wirbellosen Thiere, und zwar sowohl histologisch, als organologisch; II. die Zusammensetzung und Gliederung des Skeletes erleidet innerhalb des Vertebraten-Stammes eine höchst mannichfaltige Differenzirung, die sehr characteristisch für die grösseren und kleineren Gruppen ist; III. die festen Hartgebilde sind in der Regel (— abgesehen von seltenen Ausnahmen —) die einzigen Reste, welche uns von ausgestorbenen Wirbelthieren erhalten sind, und da sich dieselben in allen petrefacten-haltigen Sediment-Gesteinen (— ausgenommen nur die alleraltesten, praesilurischen —) in grosser Reichhaltigkeit vorfinden, geben sie uns über die Stammesgeschichte die wichtigsten, unmittelbaren Aufschlüsse; IV. die Ontogenie des Skeletes der höheren Wirbelthiere recapitulirt zum grössten Theile die Phylogenie desselben bei ihren Vorfahren; und daher können wir nach dem biogenetischen Grundgesetze aus der wohlbekannten ersteren wichtige Rückschlüsse auf den Verlauf der letzteren ziehen; V. die morphologische Differenzirung des Vertebraten-Skeletes ist zum grossen Theile durch die physiologische Entwickelung der Weichtheile bedingt, vor Allem durch die Metamerie des Muskel-Systems; VI. die Umbildung der einzelnen Theile durch Anpassung lässt sich daher grösstentheils Schritt für Schritt verfolgen, während anderseits die typische gemeinsame Grundlage durch Vererbung überall erhalten bleibt. Unzählige Umbildungen in der Gestalt der einzelnen Skelettheile und der entsprechenden, in Correlation zu ihnen stehenden Muskeln erklären sich durch cumulative oder functionelle Anpassung; und da dieselben sich grösstentheils innerhalb bestimmter Stammlinien offenbar vererben, liefern sie ebensoviele Beispiele für die Macht der progressiven Vererbung.

Die mannichfaltigen Hartgebilde der Wirbelthiere zerfallen zunächst in zwei Hauptgruppen von ganz verschiedenem Werth und Ursprung: I. das entodermale Chorda-Skelet, einzig und allein durch die *Chorda dorsalis* gebildet, ein Product des Urdarm-Epitels; und II. das mesodermale Connectiv-Skelet, ein Product der Coelomtaschen, welches alle übrigen Hautgebilde umfasst und histologisch zum Bindegewebe (oder Stützgewebe, Fulcrum) gehört. Dieses mesodermale Skelet besteht dann wieder aus zwei wesentlich verschiedenen Haupttheilen: A. dem älteren Ectoskelet oder Dermal-Skelet (Hartgebilde der Lederhaut) und B. dem jüngeren Endoskelet oder Perichordal-Skelet (den Producten der mesodermalen Chorda-Scheide). Weitaus am wichtigsten und am mannichfaltigsten differenzirt ist das Endoskelet, an welchem wiederum als Hauptabschnitte zu unterscheiden sind: a) die Wirbelsäule (*Spondyloma* s. *Columma vertebralis*), b) der Schädel (*Cranium*), c) das Gürtel-Skelet (*Zonoskeleton*) und d) das Glieder-Skelet (*Meloskeleton*).

§ 55. Dermal-Skelet (Ectoskelet). Haut-Skelet.

Den beiden niedersten Vertebraten-Classen, die wir als Agnathonen oder Monorhinen vereinigen können (§ 201), den *Acraniern* und *Cyclostomen*, fehlt ein Hautskelet noch ganz. Dasselbe kommt nur den Gnathostomen zu und zeigt sich schon bei den ältesten Formen derselben, den silurischen Fischen (*Selachiern* und *Ganoiden*) sehr entwickelt. Die ursprünglichste Form desselben besitzen die Selachier, und unter diesen die primitiven *Proselachier*, sowie die älteren Formen der *Squalaceen*. Die ganze Oberfläche der äusseren Haut (— und ebenso der von ihr durch Einstülpung gebildeten Mundhöhle —) ist hier ursprünglich gleichmässig mit kleinen Hautzähnchen oder Placoid-Schuppen (*Lepides*) bedeckt. Diese *Placodien* sind, wie oben (§ 53) gezeigt wurde, verknöcherte Corium-Papillen, überzogen von einer Schmelzkappe, die von der untersten Schicht der Epidermis-Zellen ausgeschieden wird. Schon an den ältesten und einfachsten Formen der *Placolepiden* lassen sich drei Theile unterscheiden: 1. eine rundliche oder rhombische Basalplatte (*Placobasis*); sie liegt horizontal in der Lederhaut und besteht aus echtem Knochengewebe; 2. ein konischer, senkrecht oder schräg aus der Basalplatte aufsteigender Hautzahn (*Dermodon*) oder Schuppendorn; er besteht aus Zahnbein oder Dentin und ist mit der Spitze meist schief nach hinten gerichtet; 3. die Schmelzkappe (*Ganomitra*), welche die Oberfläche des Hautzahns überzieht und aus harten, structurlosen, von der Epidermis ausgeschiedenen »Schmelzfasern« sich zusammensetzt.

Je nachdem nun diese drei Hauptbestandtheile der Placoid-Schuppen, Basalplatte, Hautzahn und Schmelzkappe, verschieden wachsen und sich gestalten, gehen daraus sehr verschiedenartige Skeletbildungen hervor. Durch überwiegende Ausbildung des Hautzahns und seiner Schmelzkappe entstehen in der Mundhöhle die Zähne, an den Flossen die Flossenstacheln, an anderen Stellen der Oberfläche stachelige Panzerbildungen. Indem die Basalplatten vieler Placoidschuppen verwachsen und ihre Zahndornen verlieren, entstehen in der Lederhaut grössere Hautknochen (*Ossa dermalia*). Bisweilen setzen dieselben einen vollständigen Knochenpanzer zusammen, so z. B. bei den Osteodermen und Plectognathen unter den Fischen, bei den Stegocephalen unter den Amphibien, bei den Crocodilen und Schildkröten unter den Reptilien. Die weitaus wichtigsten von diesen Hautknochen sind aber die »Deckknochen« oder

»Belegknochen« (*Ossa tegmentalia*); sie legen sich an die Oberfläche von Knorpelstücken des Endoskeletes, und besonders des Schädels an, und treten zu diesen in die wichtigsten Beziehungen.

§ 56. Chordal-Skelet. Axen-Skelet.

Das ursprüngliche, ungegliederte Axen-Skelet, welches wir kurz »Chordal-Skelet« nennen, und welches die gegliederten Wirbelthiere bereits von ihren ungegliederten wirbellosen Ahnen, den Prochordoniern, durch Vererbung erhalten hatten, besteht aus zwei verschiedenen Hauptorganen, der entodermalen *Chorda* und der mesodermalen *Perichorda*. Beide haben nur bei den Acraniern (*Amphioxus*) die ursprüngliche Einfachheit ihrer Bildung durch Vererbung bis heute bewahrt, während sie bei allen Cranioten mehr oder weniger durch Anpassung verändert erscheinen. Um so bedeutungsvoller ist die ontogenetische Thatsache, dass auch bei ihnen ganz allgemein die erste Anlage des Skeletes mit der Bildung der *Chorda dorsalis* beginnt, und zwar in sehr früher Zeit der embryonalen Entwickelung, eine Folge zäher Vererbung. Erst in zweiter Linie folgt ihr später die Bildung der Chordascheide oder *Perichorda*, und noch viel später die segmentale Gliederung der letzteren.

§ 57. Chorda (Notochorda). Axenstab.

(*Chorda dorsalis*, *Chorda vertebralis*, *Axenstrang*, *Rückensaite*, *Wirbelaxe*).

Die Chorda ist ursprünglich ein einfacher, solider, cylindrischer (oder seitlich schwach zusammengedrückter), fester und zugleich elastischer Stab, welcher in der Hauptaxe des Wirbelthier-Körpers liegt und in dessen ganzer Länge vom vorderen Kopf- bis zum hinteren Schwanz-Ende sich erstreckt, vorn und hinten zugespitzt endend. Sie entsteht überall aus dem »Chorda-Endoblast«, einem medianen Zellenstreifen oder einer Dorsalfalte des Urdarms, welcher sich von dessen Rückenwand abschnürt und unmittelbar unter dem Medullarrohr liegt. Die entodermalen Chordazellen, welche einzig und allein den Axenstab zusammensetzen, sind anfangs von den übrigen Zellen der Urdarm-Wand nicht oder nur wenig verschieden, nehmen aber bald eine sehr abweichende Beschaffenheit an; gewöhnlich blähen sie sich auf, umgeben sich mit einer Membran und werden zu voluminösen Blasen, während im Protoplasma sich Vacuolen ausbilden. Die dicken Membranen der grossen blasenförmigen Chordazellen platten sich durch gegenseitigen Druck polyedrisch ab und verschmelzen an der Oberfläche des Axenstabes zu einer dicken hyalinen Hülle, dem Chordolemma. Diese cuticulare »Chordahülle« oder sogenannte »innere Chordascheide« (*Elastica interna*) ist genetisch und histologisch völlig verschieden von der sie umhüllenden *Perichorda*.

§ 58. Perichorda (Chordascheide). Skeletplatte.

(*Skeletbildende Schicht, Skeletogen-Schicht, »Aeussere Chordascheide«, »Skeletbildendes Gewebe«, Skeletomatrix*).

Die mesodermale *Perichorda* oder *Skeletomatrix* ist das bedeutungsvolle Organ, von welchem bei allen Cranioten die Entwickelung des ganzen secundären Endoskeletes ausgeht. Sie tritt überall zuerst in Gestalt eines membranösen cylindrischen Rohres auf, welches die Chorda in ihrer ganzen Länge scheidenförmig umschliesst und aus weichem Bindegewebe besteht. Ueber diesem desmoiden Perichordal-Rohr oder Axenrohr (der eigentlichen »äusseren Chordascheide«) liegt ein zweites paralleles Rohr, welches das Medullar-Rohr schützend umgiebt, das Perineural-Rohr. Unter dem Axenrohr liegt (wenigstens im Schwanztheile des Rumpfes) ein drittes paralleles Rohr, welches die grossen Blutgefässe (Aorta und Vena caudalis) umschliesst, das Perivasal-Rohr. Diese drei parallelen, in der Median-Ebene übereinander liegenden Bindegewebs-Röhren hängen continuirlich zusammen und gehen alle aus demselben Mesenchym-Gewebe hervor, aus der inneren Medial-Platte der Episomiten. Die Zellen, welche diesen wichtigen Theil des Mesoderms bilden, beginnen frühzeitig Zwischensubstanz abzuscheiden und verwandeln sich in sternförmige »Bindegewebs-Zellen«. Sobald die Gliederung im Mesoblast des Cranioten-Embryo beginnt, sondern sich die Skeletplatten der einzelnen Ursegmente, welche sich aus jenen Connectiv-Zellen zusammensetzen; sie werden als Sklerotome bezeichnet, im Gegensatze zu den aussen ihnen anliegenden »Myotomen«, den Grundlagen der Muskelplatten. Indem das *Mesenchym der Sklerotome* sich nach allen Richtungen wuchernd ausbreitet und zwischen die anderen benachbarten Organ-Anlagen eindringt, vereinigen sich die paarigen Sklerotome jedes Ursegmentes zur Bildung der medianen Röhren; und da auch die Sklerotom-Ringe der auf einander folgenden Somiten frühzeitig verschmelzen, entstehen drei über einander liegende einfache Median-Röhren: in der Mitte das *axiale Perichordal-Rohr*, oben darüber das *dorsale Perineural-Rohr*, unten darunter (im Schwanze) das *ventrale Perivasal-Rohr*. Diese drei Röhren zusammen stellen die primitive »häutige Wirbelsäule« dar, das *desmoide Spondyloma*.

§ 59. Metamerie des Endoskeletes.

Das Innenskelet der Wirbelthiere ist so allgemein und in so scharf ausgesprochener Weise gegliedert, dass man diese innere Gliederung oder »Wirbelung« (*Vertebratio*) noch heute oft als eines der ersten und wichtigsten Merkmale des ganzen Stammes hinstellt; ist ja doch sein Name davon abgeleitet. Indessen ist hier an die wichtige, oben bereits hervorgehobene Thatsache zu erinnern, dass die Metamerie der Vertebraten zuerst im Muskel-System und Nerven-System auftrat, und dass erst viel später die segmentale Differenzirung auch das Skelet-System ergriff. Das beweisen unzweideutig die Acranier (*Amphioxus*), bei denen Muskel- und Nerven-System die Metamerie ganz regelmässig entwickelt hat, während das Skelet-System (Chorda und Perichorda) noch keine Spur davon zeigt. Auch die niederste Cranioten-Classe, die Cyclostomen, besitzt davon nur schwache Andeutungen. Ausgesprochene und deutliche Metamerie zeigt das Axen-Skelet erst bei den Fischen, von denen sich dieselbe auf alle übrigen Vertebraten vererbt hat. Sie betrifft gleichmässig beide Haupt-Theile des Körpers, Kopf und Rumpf, jedoch mit gewissen wesentlichen Unterschieden, welche der älteren, bereits früher erfolgten Differenzirung ihrer Weichtheile entsprechen. Denn schon vor Ausbildung einer eigentlichen Skelet-Gliederung hatte sich im Dorsal-Gebiete des Kopfes das Gehirn und die drei höheren Sinnes-Organe, im Ventral-Gebiete der Kiemen-Darm entwickelt; während im Dorsal-Theile des Rumpfes sich die segmentalen Seiten-Muskeln, im Ventral-Theile Leberdarm und Urogenital-System ausgebildet hatten. Als nun viel später die Metamerie auch auf das ursprünglich ungegliederte Axen-Skelet sich fortsetzte, ist es nur natürlich, dass die homodyname Gliederung in Kopf und Rumpf zwar im Allgemeinen ähnlich, aber doch im Besonderen verschieden sich gestaltete.

§ 60. Cranium. Schädel.

Das Kopf-Skelet der Wirbelthiere entwickelt sich zwar nach demselben allgemeinen Bildungs-Typus, wie das Rumpfskelet, aber dennoch mit wesentlichen Unterschieden, welche auf der ganz verschiedenen Ausbildung der wichtigsten Weichtheile in beiden Hauptabschnitten des Körpers beruhen. Das Gehirn als der voluminöse Kopftheil des Nervencentrums, sowie die am Kopfe gelegenen Sinnesorgane erfordern zu ihrem Schutze eine festere und complicirtere Hüllenbildung als das einfacher und gleichmässiger gegliederte Rückenmark im Rumpftheil. Ebenso bedingt auf der Bauchseite die Bildung des Kiemendarms im

Kopfgebiete andere Einrichtungen des stützenden und schützenden Skeletes, als die Verhältnisse des Leberdarms, der Gonaden und anderer Eingeweide im Rumpfgebiete. Demgemäss entwickeln sich als entsprechende, aber doch wesentlich verschieden ausgebildete homologe Organe: im Episom des Kopfes der Schädel, in dem des Rumpfes die Wirbelsäule; im Hyposom des Kopfes die Schlundbogen, in dem des Rumpfes die Rippen als Unterbogen.

Nur der niedersten Vertebraten-Classe, die heute allein durch den *Amphioxus* vertreten wird, fehlt noch diese wichtige Differenzirung des Kopf- und Rumpf-Skeletes; wir nennen sie eben desshalb Schädellose (*Acrania*). Das Endoskelet wird bei ihnen allein durch die ungegliederte Chorda und Perichorda repräsentirt, welche in primitiver Einfachheit durch die ganze Längsaxe des Körpers, vom Kopfende bis zur Schwanzspitze hindurchgeht. Ihnen stehen alle anderen Wirbelthiere als wahre Schädelthiere (*Craniota*) gegenüber. Das Gehirn ist hier allgemein in eine zusammenhängende Schädelkapsel eingeschlossen, welche sich von der Wirbelsäule scharf absetzt; auf der Bauchseite finden sich an ersterer die Schlundbogen, an letzterer die entsprechenden ventralen Bogen (Rippen und Haemarcaden). Die typische Ausbildung dieses Kopfskeletes — wenn auch in einfachster Form — ist bereits in der Silur-Zeit vollendet; es erleidet aber im Laufe der folgenden Aeonen die mannichfaltigsten Fortbildungen und Umbildungen.

§ 61. Metamerie des Kopfskeletes.

Bei allen Cranioten erscheint schon die erste Anlage des Schädels im Embryo als eine einfache ungegliederte Kapsel, als eine dünnhäutige Blase, welche das Gehirn allseitig umschliesst. Dass aber dennoch auch dieser einfache »Urschädel« (*Cranium primordiale*) ursprünglich gegliedert und ähnlich der Wirbelsäule aus wirbelartigen Segmenten (Schädelwirbeln) zusammengesetzt war, ergiebt sich aus folgenden Thatsachen: 1. Im Embryo der ältesten und niedersten Schädelthiere (Selachier) erscheint die Kopf-Anlage während einer frühen Periode vorübergehend ähnlich gegliedert, wie die Rumpf-Anlage. 2. Die Entstehung dieser mesodermalen Kopf-Somiten (deren Anzahl mindestens neun beträgt) ist dieselbe wie die der homodynamen Rumpf-Somiten (der sogenannten »Urwirbel«); sie erscheinen zu beiden Seiten des Kopftheiles der Chorda als paarige Säckchen, Abschnürungen des vordersten Theiles der Coelom-Taschen. 3. Gleich den truncalen zerfallen auch die capitalen Somiten durch eine transversale Einschnürung (eine frontale Strictur) in einem dorsalen und einen ventralen

Theil (Episomiten und Hyposomiten). 4. Das Episomit wird im Kopfe (wie im Rumpfe) vorzugsweise zur Bildung von Muskeln verwendet (Augenmuskeln); aus seiner innersten (medialen) Lamelle entsteht eine capitale »Skeletplatte«, welche zur Bildung der primordialen Schädel-Anlage verwendet wird (ähnlich dem homologen »Sklerotom« in den Rumpfsomiten). 5. Das Hyposomit wird im Kopfe grösstentheils zur Bildung der Schlundbogen und der zugehörigen Weichtheile (Muskeln etc.) verwendet. 6. Die Metamerie dieser Theile wird bestätigt durch die segmentale (obwohl secundär stark modificirte) Vertheilung der Nerven des Kopfes; die Gehirnnerven (mit Ausnahme der beiden ersten, zum Vorderhirn selbst gehörigen) verhalten sich gruppenweise homodynam den spinalen Rückenmarks-Nerven.

Gleich der Wirbelsäule und den meisten übrigen Theilen des Endoskeletes tritt auch der Schädel bei den höheren Vertebraten in drei verschiedenen Zuständen auf, welche histologisch und chemisch wesentlich verschieden sind; ihre ontogenetische Succession im Embryo wiederholt die phylogenetische Reihenfolge in den niederen und höheren Gruppen des Stammes. Wir unterscheiden diese drei Stufen als: 1) Weicher Blasenschädel oder *Protocranium* (»häutiger Schädel, Desmocranium«); 2) Chondral-Schädel, Knorpelschädel oder *Mesocranium* (»knorpeliger Schädel«); 3) Knochenschädel oder *Metacranium* (verknöcherter Schädel). Das histologische Bau-Material des ersten ist weiches Connectiv (Desmoid-Gewebe), das des zweiten Knorpel, das des dritten Knochen. Gewöhnlich werden die beiden ersten Stadien unter dem Begriffe des Urschädels oder Primordial-Schädels zusammengefasst; indessen ist es wichtig, beide scharf auseinanderzuhalten.

§ 62. Protocranium oder Blasenschädel.

(*Membranöser Primordial-Schädel. Desmocranium. Cranium desmoides.*)

Bei allen Cranioten beginnt die Schädelbildung damit, dass das vorderste Ende der Perichorda sich in Gestalt einer mesodermalen Membran ausbreitet, welche das Gehirn umwächst und in Form einer dünnen häutigen Blase vollständig umschliesst. Dieser sogenannte »häutige Primordial-Schädel« ist nichts Anderes als die vordere Fortsetzung des membranösen »Perineural-Rohrs«, welches am Rumpfe das Rückenmark einschliesst. Wie an dem letzteren die ursprünglich getrennten Anlagen der einzelnen Somiten, die »Sklerotome«, sich schon frühzeitig zur Bildung eines zusammenhängenden (ungegliederten!) Perineural-Rohrs vereinigen, so geschieht das letztere auch am Kopfe; und es ist daher ganz natürlich, dass der Blasenschädel keine Gliederung zeigt. Denken wir uns am Kopfe des *Amphioxus* den capitalen, dem Gehirn entsprechenden Abschnitt des Medullar-Rohrs etwas angeschwollen, so wird die entsprechende kolbenförmige Anschwellung des Perineural-Rohrs rings um dieses primitive »Gehirn« einen »Blasenschädel« einfachster Art darstellen. Wir dürfen annehmen, dass bei den verbindenden praesilurischen Formen, welche von den schädellosen *Prospondylien* zu den ältesten *Archicraniern* hinüberführten, ein solches einfaches membranöses Protocranium dauernd bestanden hat. Unter den heute noch lebenden Cranioten bildet dasselbe zwar ganz allgemein die erste blasenförmige Anlage des Schädels, bleibt aber nirgends dauernd bestehen; vielmehr geht es alsbald in die zweite Stufe über, indem das feste Bindegewebe sich theilweise oder ganz in Knorpel verwandelt.

§ 63. Mesocranium oder Knorpelschädel.

(*Knorpeliger Primordial-Schädel. Chondrocranium. Cranium chondrale.*)

Die Ausbildung der zweiten Stufe, des Knorpel-Schädels, beginnt bei allen Cranioten in gleicher Weise, indem an der Basis des Blasenschädels, zu beiden Seiten des vordersten Chorda-Stückes, zwei Paar Knorpelspangen auftreten: die vorderen Schädelbalken (*Trabecularia*) und die hinteren Schädelpfeiler (*Parachordalia*). An der Aussenseite (lateralwärts) liegen den letzteren die primitiven Hörblasen an, den ersteren die Augenblasen; vor ihnen, an der Schnauzenspitze, liegen die Geruchsgruben. Zu diesen drei höheren Sinnesorganen treten die vier primitiven Schädelknorpel alsbald in Beziehung, indem sie unter einander verschmelzen und stützende Ausläufer an die ersteren entsenden. Zugleich stellen sie eine feste Unterlage für das Gehirn her durch Ausbildung einer starken Basilar-Platte. Diese entsteht an der Basis des Protocranium durch vollständige Verschmelzung der Medial-Theile der beiden Knorpel-Paare, welche somit das capitale Chorda-Ende vollständig einschliessen und umhüllen. Von dieser knorpeligen Schädel-Basis, dem ältesten und zuerst gebildeten Theile des *Mesocranium*, wachsen nun seine einzelnen Theile nach oben, aussen und vorn weiter aus. Indem die Seitenränder der Basilar-Platte sich erheben und nach oben, hinten und vorn um das Gehirn herumwachsen, erzeugen sie eine Knorpelkapsel, welche bei den niedersten Schädelthieren (*Cyclostomen, Selachiern*) das Gehirn vollständig umschliesst. Bei den höheren Gruppen wird die Verknorpelung nur an der Basis und hinten vollständiger, während sie oben und oft auch vorn mehr oder weniger ausbleibt; dann erscheinen die Lücken des Knorpelschädels durch dünne, membranöse Ueberreste des Blasenschädels ausgefüllt (Fontanellen). Demnächst gelangen zu weiterer Ausbildung die schützenden Hüllen, welche die Fortsätze der Basilar-Platte für die drei höheren Sinnesorgane liefern. An der Aussenseite der Parachordalien entstehen knorpelige Ohrkapseln; die Trabecularien stützen mit ihrer Aussenseite die Augenblasen und wachsen vorn in zwei ethmoidale Ausläufer aus, die sich zu einer unpaaren Nasenscheidewand vereinigen; seitliche Fortsätze der letzteren bilden die paarigen Nasenkapseln. Dadurch erscheinen bereits am knorpeligen Mesocranium die drei grossen und wichtigen Sinnesgegenden differenzirt, welche später am knöchernen Metacranium in so verschiedenartiger Weise sich entwickeln, die ***Regio ethmoidalis*** (olfactoria) für die Nase, die ***Regio orbitalis*** (ocularis) für das Auge, und die ***Regio oticalis*** (auditiva) für die Gehörblase. Hinter der letzteren schliesst dann der eigentliche Hirnschädel mit dem Hinterhaupte ab: ***Regio occipitalis*** (cerebralis).

Mit Beziehung auf sein Verhalten zur Chorda kann man am ***Mesocranium*** zwei Hauptabschnitte unterscheiden, den ***chordalen*** und ***praechordalen*** Urschädel. Der Chordal-Theil (oder ***Vertebral-Theil***) ist der ältere und reicht bis zur vordersten Spitze der Chorda; dieser Theil ist ursprünglich sicher aus einer grösseren Zahl (mindestens neun) verschmolzenen Episomiten des Kopfes entstanden, wie das ontogenetische Verhalten der Augenmuskeln, der Hirnnerven und der Schlundbogen deutlich beweist. Dagegen ist der Praechordal-Theil (oder ***Praevertebral-Theil***) des Knorpelschädels jüngeren Ursprungs, wahrscheinlich erst durch Vorwachsen des Vorderhirns und stärkere Entfaltung des Geruchsorganes entstanden; es ist noch sehr fraglich, ob auch dieser Theil ursprünglich durch Verschmelzung getrennter vorderer Somiten entstanden ist, wie Einige neuerdings annehmen.

Jedenfalls ist bei den heute noch existirenden Cranioten zu keiner Zeit eine ähnliche segmentale Zusammensetzung des Mesocraniums aus getrennten metameren Knorpelstücken wahrzunehmen, wie sie an der Wirbelsäule sich allgemein erhalten hat. Die permanente Gliederung der letzteren, der regelmässige metamere Wechsel von festen, knorpeligen »Wirbeln« und verbindenden weicheren Wirbelbändern, erklärt sich sehr leicht durch die grossen Vortheile, welche derselbe der Schwimmbewegung des biegsamen und doch festen Fischkörpers darbietet. Der Kopf hingegen hat ganz andere physiologische Aufgaben, welche vor Allem für die mächtige Ausbildung des Gehirns und der drei höheren Sinnesorgane maassgebend sind; ausserdem dient sein Vordertheil den schwimmenden Wirbelthieren als fester Wasserbrecher. Für alle diese Functionen ist die Bildung einer festen, einheitlich geschlossenen Schädelkapsel von grossen Vortheil, und so erklärt es sich, dass im Episom des Kopfes die segmentale Gliederung von vorn herein unterdrückt wird, welche im Hyposom von grosser Bedeutung ist.

§ 64. Metacranium oder Knochenschädel.

(*Knöcherner Dauerschädel. — Osteocranium. Cranium ostale.*)

Während bei den niedersten Cranioten, den Cyclostomen, Selachiern und einem Theile der Ganoiden, die Knorpelbildung des Mesocranium zeitlebens bestehen bleibt, wird sie bei den meisten übrigen Cranioten schon frühzeitig theilweise oder ganz ersetzt durch den Process der Verknöcherung. In den höheren Gruppen geschieht dieser meistens so vollständig, dass der fertige Schädel eine festgeschlossene Knochen-Kapsel darstellt. In den niederen Gruppen hingegen bleiben häufig noch grössere oder kleinere Reste des Primordial-Schädels erhalten. Die Knochen, welche das Metacranium zusammensetzen, sind zweifach verschiedenen Ursprungs, primordiale und tegmentale. Die Knochen der ersten Gruppe, primordiale Knochen oder Knorpel-Knochen (*Ossa chondrogena*), entstehen durch directe Verwandlung von Knorpeltheilen in Knochenstücke; diese geschieht entweder erstens endochondral, indem Knochenkerne im Inneren von Knorpeln entstehen, deren Grundsubstanz von innen auflösen und durch Knochengewebe ersetzen; oder zweitens perichondral, indem an der Oberfläche des Knorpels dessen Bildungshaut (*Perichondrium*) ihre histogenetische Thätigkeit wechselt, statt neuer Knorpelschichten vielmehr Knochengewebe bildet und so zur Knochenhaut (*Periosteum*) wird. Auch in diesem Falle wird die Knorpelmasse des Primordial-Schädels theilweise oder ganz durch Knochen verdrängt und ersetzt.

§ 65. Desmogene Schädelknochen.

Die Tegmental-Knochen oder Deckknochen des Schädels (auch »Belegknochen« genannt, *Ossa desmogena*) sind ganz anderer Herkunft, dem knorpeligen Primordial-Schädel ursprünglich fremd und aus Hautknochen des Dermal-Skelets entstanden (§ 55). Es gehört hierher die grosse Mehrzahl der Knochen, welche das *Metacranium* zusammensetzen. Sie entstehen durch Verschmelzung der Basalplatten von *Placodien* oder Hautzähnen; wie diese bei den ältesten Gnathostomen (*Selachiern*) die ganze äussere Oberfläche des Körpers als »Placoid-Schuppen« bedecken, ebenso auch die Mundhöhle, die ebenfalls von dem Ectoderm bekleidet ist. Erst secundär treten diese »Dermal-Knochen des Corium« in Beziehung zu dem darunter gelegenen Knorpelschädel, verschmelzen mit demselben und verdrängen sein ursprüngliches Knorpelgewebe mehr oder weniger vollständig. Je nachdem die Deckknochen von der äusseren Schädeldecke oder von der inneren Mundhöhlen-

Decke abstammen, können als zwei Hauptgruppen derselben äussere und innere Tegmental-Knochen unterschieden werden. Die wichtigsten Gruppen derselben sind folgende: 1) die Gruppe der Schädeldach-Knochen; in der Richtung von hinten nach vorn bedecken die dorsalen und seitlichen Schädelflächen: zunächst, an das chondrostale Supraoccipitale anschliessend, die Gruppe der Scheitelbeine (*Parietalia*), Stirnbeine (*Frontalia*) und Nasenbeine (*Nasalia*); 2) seitlich darunter die Gruppe der Schläfenbeine (*Temporalia*) und zwar: a) Schuppenbeine (*Squamosa*), Augenringknochen (*Orbitalia*), Thränenbeine (*Lacrymalia*); 3) Gruppe des Oberkiefer-Apparates: Vorn Zwischenkiefer (*Praemaxillare, Intermaxillare*), dahinter seitlich Oberkiefer (*Maxillare*), Gaumenbeine (*Palatina*), dahinter Flügelbeine (*Pterygoidea*), Jochbeine (*Jugalia, Quadrato-Jugalia*). 4) Gruppe der Schädelbasis (Dach der Mundhöhle), vorn Pflugscharbein (*Vomer*), dahinter das unpaare Nebenkeilbein (*Parasphenoid*). 5) Gruppe des Unterkiefer-Apparates, in der Richtung von hinten nach vorn jederseits an das chondrogene Gelenkstück (*Articulare*) anschliessend: Winkelstück (*Angulare, Supraangulare*), Kronstück (*Coronoideum*), Pflasterstück (*Spleniale*), Zahnstück (*Dentale*). Viele dieser tegmentalen Schädelknochen sind bei den älteren Gnathostomen (namentlich in gewissen Fischgruppen) noch durch mehrere Stücke vertreten; bei den höheren (jüngeren) Gruppen werden dieselben theilweise verschmolzen, theilweise rückgebildet.

§ 66. Chondrogene Schädelknochen.

Die Primordial-Knochen oder Knorpel-Knochen des Schädels (*Ossa chondrogena*) entstehen direct durch Ossification von Knorpeltheilen des Mesocranium (bald *perichondral*, bald *endochondral*); sie kommen erst in den höheren Gruppen (besonders den Amnioten) zu voller Entwickelung und verdrängen hier oft die älteren tegmentalen Knochen oder verwachsen mit ihnen. Es können aber auch später wieder Deckknochen an die Stelle von Knorpelknochen treten, bisweilen so überwiegend, dass selbst die knorpelige Anlage cenogenetisch unterdrückt wird. Während bei den Amphibien noch die perichondrale Entstehung der Knorpelknochen überwiegt, tritt an deren Stelle von den Reptilien an immer mehr die endochondrale. Die wichtigsten Gruppen der chondrogenen Schädelknochen sind folgende: 1) Gruppe der Hinterhauptsbeine (*Occipitalia*), und zwar a) ein unpaares oberes (Supraoccipitale), b) zwei paarige seitliche (Exoccipitalia) und c) ein unpaares unteres (Basioccipitale); 2) Gruppe der Keilbeine (*Sphenoidea*) an der Schädelbasis, und zwar: a) das unpaare Basisphenoid (gleich vor dem Basioccipitale) und dann b) das Praesphenoid (beide nur bei Amnioten verknöchert); seitlich davon die paarigen c) Alisphenoide und d) Orbitosphenoide (beide in der Gegend der Trabecularia entstehend); 3) Gruppe der Ohrknochen (*Otica*), Theile der knöchernen Gehörkapsel, und zwar von hinten nach vorn: a) Opisthoticum, b) Epioticum, c) Prosoticum; ferner unterhalb: d) Sphenoticum und e) Pteroticum; 4) Gruppe der Siebbeine (*Ethmoidea*) mit den paarigen Nasenmuscheln (*Conchae*), der unpaaren Nasenscheidewand (Septum) etc.: 5) Gruppe des Kieferstiels (*Suspensorium*) mit dem Quadratbein (Quadratum) und dem Gelenkstück des Unterkiefers (Articulare).

§ 67. Pharyngoma. Schlundkorb.

(*Pharyngal-Skelet oder Visceral-Skelet.*)

Während der Schädel (im engeren Sinne), als Dorsaltheil des Kopfskelets, aus den *Episomiten* des Kopfes gebildet wird, entsteht aus dessen *Hyposomiten* der Apparat des sogenannten Visceral-Skelets oder der ventralen »Schlundbogen« (*Arcus viscerales*). Der Kürze halber bezeichnen wir ihn als Schlundkorb (*Pharyngoma*) und deuten damit zugleich die mehrfache Aehnlichkeit (und theilweise Homologie) an, welche derselbe mit dem Brustkorb (*Thorax*) der Wirbelsäule besitzt. Während die Episomiten des dorsalen Cranium frühzeitig ihre segmentale Natur verlieren und ihre »capitalen Sklerotome« zur Bildung des kapselförmigen Primordial-Schädels verschmelzen, bleiben die Hyposomiten des ventralen Pharyngoma getrennt und entwickeln ausser Muskeln u. A. segmentale Skeletbogen, welche sich ähnlich den Rippen am Brustkorbe verhalten. Die Zahl dieser Schlundbogen (*Arcus pharyngales*) beträgt mindestens neun, ursprünglich aber wohl 11—13 oder noch mehr; sie lässt sich nicht mehr sicher bestimmen, da der Schlundkorb im Laufe der Zeit sehr beträchtliche cenogenetische Veränderungen erfahren hat.

Wie die Rippen, von den Thoracal-Wirbeln ursprünglich als untere Wirbelbogen abgegliedert, die Brusthöhle umfassen und unten durch das Brustbein sich vereinigen, so gliedern sich die Schlundbogen von der Schädelbasis ab, umfassen die Schlundhöhle und vereinigen sich theilweise unten durch das Zungenbein. Ein wesentlicher Unterschied der beiderlei homodynamen Bildungen liegt darin, dass die ersten (desmoiden) Anlagen der Schlundbogen schon sehr frühzeitig durch die Entwickelung der segmentalen Kiemenspalten oder Schlundspalten bestimmt werden, lateraler paariger Durchbrechungen der Kopfwand. Der Kopfdarm bildet zwischen den mesodermalen Hyposomiten, aus denen die Schlundbogen hervorgehen, rechts und links taschenförmige Ausstülpungen des Entoderms. Diese nähern sich dem Exoderm der

Kopfoberfläche und brechen nach aussen durch. Die Schlundbogen zwischen diesen »Kiemenspalten« sind anfangs (wenigstens theilweise) noch hohl, wie es die segmentalen Coelomtaschen ursprünglich überhaupt sind. Aber die »Coelom«-Höhle derselben verschwindet bald, und die Mesoderm-Streifen der Bogen verwandeln sich theils in Muskeln und Blutgefässe (Schlundbogen-Gefässe), theils in bindegewebige Skelet-Anlagen (Desmoid-Bogen). Die letzteren verwandeln sich zu derselben Zeit, zu welcher das desmoide Primordial-Cranium in das chondrale übergeht, in Knorpelbogen.

Die älteren Schädelthiere, die C y c l o s t o m e n, zeichnen sich durch einen sehr eigenthümlichen (subdermalen) Schlundkorb aus, dessen phyletische Beziehungen zu demjenigen der Gnathostomen noch nicht klar sind (vergl. § 211). Bei diesen letzteren, und zwar schon bei den ältesten echten Fischen, treten ursprünglich elf Paar knorpelige Schlundbogen auf. Die vordersten beiden Paare sind unbedeutende Lippenbogen. Die folgenden neun Paare zerfallen durch Anpassung an verschiedene Functionen in drei verschiedene Gruppen: 1) Kieferbogen (I), 2) Zungenbogen (II), 3) Kiemenbogen (III—IX).

I. Arcus mandibularis. Kieferbogen. Das erste Paar der Schlundbogen umfasst bei sämmtlichen *Gnathostomen* den Eingang zur Mundhöhle und zerfällt jederseits durch eine transversale Einschnürung in zwei Stücke, von denen das obere die Grundlage für den Oberkiefer, das untere für den Unterkiefer abgiebt. Das obere (proximale) Stück ist der U r o b e r k i e f e r (*Palatoquadratum*) und sendet nach vorn einen Fortsatz aus (*Pterygo-Palatinum*), der sich mit der Schädelbasis verbindet und so eine Art provisorischen Oberkiefer herstellt. Das untere (distale) Stück ist der U r u n t e r k i e f e r (*Praemandibula*) oder der sogenannte »Meckel'sche Knorpel« (*Cartilago Meckelii*). Auf der Oberfläche dieser einfachen Knorpelbogen breiten sich später die oben angeführten Deckknochen aus, welche den bleibenden Oberkiefer und Unterkiefer zusammensetzen. Der eigentliche Oberkieferknochen (*Maxillare*) und der davor gelegene Zwischenkiefer (*Praemaxillare*) sind ursprünglich wohl als Deckknochen über den beiden knorpeligen Lippenbogen entstanden, welche vor dem Kieferbogen lagen (Lippenknorpel der Selachier).

II. Arcus lingualis. Zungenbogen. Das zweite Paar der Schlundbogen, unmittelbar hinter dem ersten gelegen und nur durch die erste (in ein Spritzloch verwandelte) Kiemenspalte von ihm getrennt, ist der Z u n g e n b o g e n (*Arcus lingualis vel hyoides*). Er zerfällt in drei Stücke; ein oberes H y o m a n d i b u l a r e, ein mittleres C e r a t o h y a l e (*Hyoideum* im engeren Sinne) und ein unteres Verbindungsstück (B a s i h y a l e,

Entoglossum). Der Zungenbogen tritt häufig in die engsten Beziehungen zum Kieferbogen, indem beide jederseits (am Kiefergelenk) sich verbinden. Das *Hyomandibulare* löst sich dann vom *Ceratohyale* ganz ab und übernimmt die Function eines Kieferstieles, indem sein Distal-Ende am Kiefergelenk mit beiden Kieferhälften (dem proximalen *Palatoquadratum* und der distalen *Praemandibula*) in Verbindung tritt.

III. Arcus branchiales. Kiemenbogen. Die folgenden sieben Schlundbogen (III—IX) sind die Kiemenbogen; sie dienen ursprünglich nur als Kiementräger, bleiben aber nur sehr selten alle erhalten; so bei einigen Proselachiern (*Pleuracanthides*) und Selachiern (*Notidanides*). Gewöhnlich werden die beiden hintersten frühzeitig rückgebildet, und es bleiben nur fünf Bogen übrig. Von diesen verkümmert der letzte schon bei der Mehrzahl der Fische. Bei den *Amphibien* geht deren Rückbildung noch weiter, indem an die Stelle der Kiemenathmung die Lungenathmung tritt. Bei den meisten *Amnioten* kommen im Embryo nur noch vier Paar Schlundspalten zur Anlage. Nur die vorderste von diesen hat eine bleibende Bedeutung, indem sich aus ihr die Paukenhöhle nebst der Eustachischen Ohrtrompete entwickelt. Die drei übrigen verwachsen und verschwinden spurlos. Auch die hinteren Kiemenbogen werden grösstentheils rückgebildet, während die vorderen theilweise zur Bildung von Skelettheilen (Gehörknochen, Zungenbein etc.) und von zugehörigen Muskeln verwendet werden.

§ 68. Vertebratio. Wirbelgliederung.

Die häutige oder membranöse Wirbelsäule (das *Spondyloma desmoides*) bleibt in einfacher Form nur bei den Acraniern bestehen, als *Perichorda*; sie zeigt noch keine Wirbelgliederung, obgleich sie durch Verschmelzung der segmentalen Sklerotom-Paare entstanden ist. Diese Metamerie — oder die Vertebration im engsten Sinne — tritt erst bei den Cranioten auf, und zwar dadurch, dass sich in dem weichen Bindegewebe der mesodermalen Röhren segmentale Knorpelstücke in Gestalt paariger Wirbelspangen ausbilden, und zwar drei Paar in jedem Metamere: 1) ein Paar Neurapophysen oder dorsale Wirbelspangen, in der Wand des Perineuralrohres, rechts und links neben dem Medullar-Rohr; 2) ein paar Haemapophysen oder ventrale Wirbelspangen, in der Wand des Perivasalrohres, zu beiden Seiten der von ihm umschlossenen Blutgefässe; 3) ein paar Centraphysen oder centrale Wirbelspangen (Pleurocentren), in der Wand des Perichordalrohres, zwischen den dorsalen und ventralen Knorpelspangen. Indem nun diese drei Paar Knorpelspangen wachsen und sich ausdehnen, kommen sie unter einander in der Median-Ebene des

Körpers zur Vereinigung und bilden so drei geschlossene Knorpelringe in jedem Segmente: 1) die Eparcaden oder Oberbogen (auch *Neuralbogen* oder obere Wirbelbogen genannt), das Medullarrohr von oben deckend; 2) die Hyparcaden oder Unterbogen (auch *Haemalbogen* oder untere Wirbelbogen genannt), das Perivasal-Rohr stützend; 3) die Centrocyklen oder Wirbelringe (auch »Ringwirbelkörper oder primordiale Knorpel-Ringe der Wirbelkörper« genannt), die Chorda ringförmig umfassend. Indem diese drei Knorpelringe, in der Median-Ebene über einander liegend, mit einander verschmelzen, entstehen die primordialen Knorpel-Wirbel einfachster Art. Ihre typische Bildung wird dadurch vervollständigt, dass oben und unten auf dem Gipfel der Bogen oder Arcaden sich ein senkrechter (oder schräg nach hinten gerichteter) Knorpel-Stachel in der Median-Ebene entwickelt: der Dornfortsatz oder »Wirbeldorn« (*Spina* oder *Processus spinosus*). Oben steht ein solcher Wirbeldorn auf der Höhe jeder *Eparcade* und ragt gegen die Rückenflosse empor: Rückendorn (*Epispina*, oberer Dornfortsatz); unten steht entsprechend ein gleicher Wirbeldorn auf dem Gipfel der *Hyparcade* und steigt gegen die Afterflosse hinab: Bauchdorn (*Hypospina*, unterer Dornfortsatz). Bei den niedersten Cranioten (Cyclostomen, Proselachier, älteste Ganoiden) wird die Vertebration nur durch die Bildung oberer und unterer Bogen angedeutet; Wirbelringe, als Anlagen von Wirbelkörpern, fehlen noch und treten erst später auf. Schon bei den Fischen finden sich mancherlei Modifikationen in der ersten Anlage und weiteren Ausbildung der Wirbel; indessen ist die vorstehend geschilderte Form der Vertebration, die Entstehung jedes primordialen Knorpelwirbels aus drei Paar Knorpelspangen, welche zu drei über einander liegenden Ringen zusammenwachsen, wahrscheinlich als die ursprüngliche und palingenetische anzusehen, wenigstens in der hinteren Körperhälfte, im Schwanze. In der vorderen Rumpfhälfte, welche durch die voluminöse Entfaltung der Eingeweide im Hyposom sehr ausgedehnt ist, gelangen nur oben im Episom die Neurapophysen zum Schlusse und bilden Eparcaden; hingegen die Haemapophysen bleiben unten getrennt, weichen auseinander und entwickeln sich im Hyposom zu bogenförmigen Stützen der Bauchwand: Rippen (*Costae*).

§ 69. Knorpelige Wirbelsäule.

Die Reihe der primordialen Knorpel-Wirbel (*Chondrospondyli*), welche in der angeführten Weise aus der *Perichorda* in jedem Metamere durch die Vereinigung mehrerer paariger Knorpelspangen entstehen, bildet die Wirbelsäule bei allen älteren und niederen Gnathostomen.

Doch treten schon bei den Fischen und Dipneusten sehr mannichfaltige Modificationen ihrer Entwickelung auf, entsprechend dem verschiedenartigen Wachthum der Chorda, der Perichorda und der Wirbelknorpel. Dazu kommt noch, dass schon sehr frühzeitig Ablagerungen von Kalk im Knorpel-Gewebe beginnen. Bei den Selachiern beschränken sich dieselben auf die Bildung einer oberflächlichen Kalk-Kruste (»incrustirter Knorpel«). Dagegen beginnt schon bei einem Theile der Ganoiden der Process echter Knochenbildung, und damit jene Ossification der Wirbelsäule, welche weiterhin eine so mannichfaltige und vollkommene Ausbildung erreicht. Mit Bezug auf das Verhalten der Chorda und Perichorda sind die wichtigsten Modificationen folgende: 1) Die Chorda erhält sich zeitlebens als ein cylindrischer, ungegliederter Stab, obwohl die Bildung von Knorpelwirbeln in der Perichorda mehr oder weniger weit vorgeschritten ist: Cyclostomen, Proselachier, Chimaeren, viele Ganoiden und Dipneusten. 2) Die Chorda wächst intervertebral (zwischen zwei Wirbelcentren) und wird centrovertebral eingeschnürt, indem die knorpeligen Wirbelringe (Centrocyklen) sich ausdehnen und in der Mitte jedes Wirbelkörpers stark verdicken: amphicoele oder biconcave Wirbel. Vorn und hinten hat jeder Wirbelkörper eine konische Vertiefung, welche von dem Chorda-Rest erfüllt ist: Doppelkegel oder »sanduhrförmige« Wirbel der meisten Fische und vieler niederer Quadrupeden. 3) Die Chorda wird umgekehrt intervertebral eingeschnürt und durch die Wucherung der zwischen je zwei Wirbelkörpern sich ausdehnenden Knorpelbogen verdrängt, wogegen sich ein centraler, oft bedeutender Chordarest in der Mitte jedes Wirbelkörpers erhält: viele Amphibien und Sauropsiden.

§ 70. Knöcherne Wirbelsäule.

Die knorpelige Wirbelsäule, deren primitive Grundlagen bei allen Gnathostomen in gleicher Weise aus der *Perichorda* hervorgehen, verwandelt sich bei der grossen Mehrzahl später durch Ossification in die festere »knöcherne Wirbelsäule«. Diese wichtige Vervollkommnung, die Verknöcherung des Spondyloms, beginnt erst in der Carbon-Zeit. Bei allen *praecarbonischen Vertebraten* (— allen Fischen und Dipneusten, von denen uns fossile Reste aus der Silur- und Devon-Zeit erhalten sind —) ist noch keine Spur von Verknöcherung der Wirbelsäule zu bemerken. Diese palaeontologische Thatsache ist um so bemerkenswerther, als bei diesen praecarbonischen Vertebraten die Knochenbildung in der Lederhaut bereits zur Ausbildung eines mehr oder minder ansehnlichen Dermal-Skeletes geführt hatte (Hautzähne, Placoid- und Ganoid-Schuppen, Flossenstacheln etc). Die Ossification der Wirbelsäule, bei welcher die knöchernen Wirbeltheile aus praeformirten Knorpeln hervorgehen, ist somit, historisch betrachtet, ein viel jüngerer Process als die Production des dermalen Knochen-Skeletes, bei welcher »Hautknochen« direct aus dem Bindegewebe der Lederhaut entstehen. Von diesem historischen Gesichts-Punkt aus betrachtet, erscheint die altherkömmliche Bezeichnung der ersteren (*chondrogenen*) als »*primärer* Knochen«, und der letzteren (*desmogenen*) als »*secundärer* Knochen« verkehrt und könnte mit Recht in ihr Gegentheil umgesetzt werden.

Wie in der Bildungsgeschichte des Skeletes überhaupt das biogenetische Grundgesetz seine erklärende Bedeutung glänzend bewährt, so gilt das auch von derjenigen der Wirbelsäule und des Schädels. Ihre Ontogenie bei den höheren Wirbelthieren wiederholt Schritt für Schritt die wichtigsten Phasen derjenigen phylogenetischen Processe, welche bei ihren niederen Vorfahren im Verlaufe langer Zeiträume sich abgespielt haben. Noch heute entstehen alle Knochenwirbel (*Osteospondyli*) durch Zusammenwachsen einzelner Knochenstücke, welche der Bildung von »Knochenkernen« in den einzelnen Knorpelspangen der primitiven *Chondrospondyli* ihren Ursprung verdanken. Zuerst verknöchern die Neurapophysen, durch deren dorsale Verbindung die Eparcaden entstehen; in zweiter Linie die Haemapophysen, aus deren ventraler Verschmelzung die Hyparcaden hervorgehen; endlich in dritter Linie die Centrophysen oder die knorpeligen Grundlagen der Wirbelkörper. Erst nachträglich verschmelzen diese isolirten Knochenstücke zur Bildung eines einheitlichen Knochenwirbels. In vielen Fällen bleiben selbst an völlig verknöcherten Wirbeln die Grenzen der ursprünglich getrennten Bestandtheile sichtbar, indem z. B. die Neuralbogen sich mit den Wirbelkörpern durch eine bleibende Naht, nicht durch Synostose verbinden.

§ 71. Wirbel und Chorda.

Ebenso an der knöchernen wie an der knorpeligen Wirbelsäule gestaltet sich das Verhalten der Wirbel zur Chorda und Perichorda vielfach verschieden. Der einfache Knochenring, welcher am Wirbel-Centrum durch Verwachsung der verknöcherten Centrophysen (oder Pleurocentren) entsteht, kann sich zu einer dünnen Knochenkapsel ausdehnen, welche die cylindrische Masse der Chorda rings umschliesst (Hülsenwirbel, *Lepospondyli*). Gewöhnlich aber verdickt sich die Knochenkapsel in der Mitte des Wirbelkörpers, und die Verknöcherung schreitet dann hier bis zur Axe desselben fort, so dass nur vorn und hinten ein kegelförmiger Chorda-Rest erhalten bleibt: Centrovertebrale Ossification, mit intervertebralem Chorda-Wachsthum. Solche biconcave oder amphicoele Knochenwirbel, von Gestalt einer Sanduhr, entwickeln sich schon bei Knochen-Ganoiden und Dipneusten: sie vererben sich auf alle Knochenfische, und auf einen Theil der älteren Amphibien und Reptilien. Bei den höheren Vertebraten-Gruppen bildet sich gewöhnlich der umgekehrte Process der Ossification aus; es bleiben Reste der Chorda längere oder kürzere Zeit in der Mitte der Wirbelkörper erhalten, während sie an beiden Enden durch wuchernde Knochenmasse vollständig verdrängt wird: Intervertebrale Ossification, bei den meisten Amphibien, Reptilien, Drachen und Vögeln. Gewöhnlich entsteht dann zwischen je zwei Wirbelkörpern ein Gelenk, indem das Vorderende eine hohle Pfanne, das Hinterende entsprechend einen gewölbten Gelenkkopf bildet (Procoele Wirbel). Seltener bildet sich umgekehrt eine concave Gelenkfläche am hinteren, eine convexe am vorderen Ende (Opisthocoele Wirbel). Bei einem Theile der Reptilien und bei allen Säugethieren verknöchern die Wirbelkörper selbst vollständig, während sich zwischen denselben eine knorpelige Intervertebral-Scheibe, und in deren Mitte ein gallertiger Chordarest (»Gallertkern«) dauernd erhält.

In grösster Mannichfaltigkeit entwickeln sich an den Knochenwirbeln der höheren Vertebraten secundäre Apophysen oder knöcherne Wirbelfortsätze. Bald gehen dieselben von den Wirbelkörpern aus (in der Mitte zwischen Ober- und Unter-Bogen die typischen »Querfortsätze«, *Pleurapophyses*); bald von der Basis der oberen, bald von der der unteren Bögen. Die wichtigsten von diesen sind die Gelenkfortsätze (*Zygapophyses*), welche zur Gelenkverbindung der Wirbel unter einander dienen und besonders bei landbewohnenden Vertebraten sehr entwickelt sind. Die phylogenetische Deutung dieser mannichfaltigen Apophysen ist oft sehr schwierig, zumal die Ergebnisse der vergleichenden Anatomie und Ontogenie hier zum Theil noch nicht auf gemeinsame Grundverhältnisse zurückgeführt sind.

§ 72. Wirbelbogen (Eparcaden und Hyparcaden).

Das Verhalten der primären Wirbelfortsätze, der neuralen und haemalen Apophysen, gestaltet sich sehr verschieden im Episom und Hyposom. Die dorsalen Neuralbogen (*Eparcades*) zeigen überall und in der ganzen Länge der Wirbelsäule ein sehr gleichmässiges Verhalten, da ihre Function überall dieselbe bleibt: Schutz des Medullarrohres, welches im Perineuralrohr eingeschlossen ist. Während das letztere ursprünglich ein ungegliedertes membranöses Rohr darstellte, erscheint es nunmehr als ein gegliederter »Rückgrat-Canal« (*Canalis spinalis*), zusammengesetzt aus der Reihe der metameren Oberbogen und der sie verbindenden »Zwischenbogen-Bänder« (*Ligamenta intercruralia*). Der Rückendorn (*Epispina*) oder der »obere Dornfortsatz«, welcher sich auf der Wölbung der Neuralbogen erhebt, bleibt gewöhnlich ein einfacher Knochenstachel, dessen Grösse und Stärke meistens am bedeutendsten in der Gegend des Schultergürtels ist, übrigens den mannigfachsten Schwankungen unterliegt. Indem die Zwischenräume zwischen den hinter einander liegenden Rückendornen durch die »Zwischendornbänder« (*Ligamenta interspinalia*) verbunden werden, entsteht ein dorsales Median-Septum, welches die paarigen Rückenmuskeln beider Antimeren trennt.

Im Gegensatze zu dem einfachen und gleichmässigen Verhalten der dorsalen Wirbelbogen und Wirbeldornen zeigen die ventralen Haemalbogen (*Hyparcades*) eine äusserst mannichfaltige Differenzirung, entsprechend der grossen Verschiedenheit und Mannichfaltigkeit der Weichtheile, welche im Hyposom der Wirbelsäule anlagern und von ihren Fortsätzen umschlossen werden. Das gilt ebensowohl von den einzelnen Abschnitten der Wirbelsäule, die namentlich bei den landbewohnenden Vertebraten sich sehr verschieden ausbilden, als auch von einzelnen Gruppen jeder Classe. Ganz ähnlich (oder selbst gleich), wie im Episom, verhalten sich Wirbelbogen und Dornfortsätze im Hyposom nur selten; so z. B. im Schwanze der Fische, der Cetaceen und anderer im Wasser lebender Vertebraten. Die beiden Haemapophysen treten hier unten zur Bildung eines einfachen Haemalbogens zusammen, und auf seiner ventralen Wölbung steht ein unterer Dornfortsatz (*Hypospina*). Wenn diese Y-förmigen Knochen selbständig bleiben und nicht mit dem Wirbelkörper verschmelzen, heissen sie Sparrknochen (*Cantheria*, »Chevron bones«). Indem die Reihe der segmentalen Hypospinen durch Zwischendornbänder verknüpft wird, entsteht das ventrale Median-Septum, welches die Bauchmuskeln oder ventralen Seitenmuskeln beider Antimeren von einander trennt. In dem Haemal-Canal, welcher durch die Reihe der Hyparcaden und der sie verbindenden Ligamenta intercruralia gebildet wird, liegen eingeschlossen zwei grosse Blutgefässe, oben die *Arteria caudalis*, darunter die *Vena caudalis*.

In der grossen Mehrzahl der Fälle entwickelt sich unten im Hyposom kein ventraler Dornfortsatz, weil die paarigen Haemapophysen nicht zur Vereinigung gelangen und keinen geschlossenen »unteren Bogen« bilden. Die ventralen Wirbelspangen entwickeln sich dann zu sehr verschiedenartigen Gebilden; entweder erscheinen sie als selbständige *Hypocentra* oder »*Intercentra*«, oder sie betheiligen sich an der Bildung der Wirbelkörper, oder sie gliedern sich als selbständige Rippen ab (*Costae*). Es ist oft schwer, bei dem mannichfach divergenten Verhalten dieser ventralen Bogenbildungen und ihren wechselnden Beziehungen zu den Nachbartheilen ihre wirkliche Natur festzustellen.

Als Hypocentra (oft auch *Intercentra* genannt) spielen die verknöcherten ventralen Wirbelspangen häufig eine grosse Rolle bei der secundären Zusammensetzung des knöchernen Wirbelkörpers. Bei vielen Fischen und einigen Stegocephalen bilden sie nahezu die untere Hälfte des knöchernen Wirbelkörpers (»Halbwirbel«); bald bleiben sie selbständig, bald verwachsen sie mit Pleurocentren, welche zusammen mit den Basaltheilen der Neurapophysen die obere Hälfte bilden. Bisweilen dehnen sich die Hypocentren so aus, dass sie einen selbständigen Knochenring zwischen je zwei Wirbelkörpern bilden (Embolomere Wirbel einiger Stegocephalen). Als rudimentäre Hypocentra sind ein paar winzige Knochenstückchen zu deuten, welche bei einigen Tetrapoden unten an der ventralen Grenze von je zwei Wirbelkörpern liegen. Bei den meisten Tetrapoden gelangen die knorpeligen Anlagen der Haemapophysen überhaupt nicht mehr zur Ossification, sondern verschwinden frühzeitig.

§ 73. Costae. Rippen.

An allen Theilen der Wirbelsäule, vom vorderen Halsende bis gegen das hintere Schwanzende hin, können Rippen vorkommen in Gestalt von knorpeligen oder knöchernen Bogen, welche in die Bauchwand des Körpers hineinragen und sowohl zum Ansatze von Muskeln dienen, als zum Schutze der umschlossenen Weichtheile (insbesondere der Eingeweide). Die echten Rippen sind stets knorpelig praeformirt und phylogenetisch als modificirte ventrale Wirbelspangen zu betrachten, als selbständig gewordene Haemapophysen oder Hälften von Hyparcaden. Da jedoch auch die geschlossenen »unteren Wirbelbögen« (z. B. am Fischschwanze) ursprünglich aus ein paar getrennten selbständigen »Haemapophysen« entstehen, so würde es wohl richtiger sein zu sagen: die Rippen sind weiter entwickelte (von ersten Anfang an selbständige) ventrale Apophysen, und die geschlossenen Hyparcaden sind erst durch ventrale Verwachsung von reducirten Rippen entstanden. Der continuirliche Uebergang, welcher zwischen selbständigen Rippen und »rippenartigen Querfortsätzen« der Wirbelkörper, sowie einfachen geschlossenen ventralen Wirbelbogen besteht, lässt alle diese Bogenbildungen des Hyposoms als homologe (oder homodyname) Theile erscheinen. Am Kopfskelet finden sie ihr Aequivalent in den Schlundbogen oder Visceralbogen. Da eine Hauptfunction der Rippen in der Stütze der Coelomwände und im Schutze der werthvollen im Coelom geborgenen Eingeweide beruht, so könnte man auch die Rippen als truncale Visceralbogen bezeichnen, im Gegensatze zu den homologen »Kopfrippen«, den Schlundbogen oder »capitalen Visceralbogen«.

Nach dieser phylogenetischen Auffassung sind alle genannten Theile als homologe oder homodyname Organe zu betrachten, als paarige segmentale Theile des ventralen Wirbelbogen-Systems. Auch alle die mannichfaltigen echten (d. h. knorpelig praeformirten) Rippen sind demnach bei sämmtlichen Gnathostomen homolog. (Den Cyclostomen und Acraniern fehlen sie noch.) Gegen diese einfache Auffassung werden hauptsächlich zwei Einwände geltend gemacht, ein ontogenetischer und ein anatomischer. Der ontogenetische Einwand gegen die allgemeine Homologie sämmtlicher Rippenbildungen besteht darin, dass die ersten Anlagen der Rippen im Embryo selbständige Knorpelbogen sind, welche erst secundär mit den Wirbelkörpern in Verbindung treten. Aber ganz dasselbe gilt ja auch von den oberen, neuralen Wirbelbogen, nur mit dem Unterschiede, dass letztere wegen ihrer geringeren Grösse und meist frühzeitiger eintretenden Verschmelzung mit den Wirbelkörpern weniger selbständig erscheinen. Ausserdem kann die embryonale Anlage der Rippen, besonders bei den höheren Vertebraten, cenogenetisch abgeändert sein.

Ebenso wenig stichhaltig ist der zweite Einwand gegen die allgemeine Homologie der Rippen und ihre Auffassung als modificirter ventraler Wirbelbogen. Dieser anatomische Einwand besteht darin, dass die Rippen bei den Fischen und Dipneusten einerseits, bei den Tetrapoden anderseits ein verschiedenes Verhalten zu den Wirbelkörpern und ihren Fortsätzen zeigen. Bei den Fischen gliedern sich die Rippen direct — als distale Theile der ventralen Wirbelbogen — von deren proximalen Theilen, den Hypocentren, ab. Bei den Tetrapoden hingegen (Amphibien und Amnioten) zeigen sie eine mehrfach verschiedene Wirbel-Insertion und erscheinen gewöhnlich als selbständige Knochenspangen, welche scheinbar oberhalb der Hypocentren sich inseriren, an besonderen »Rippenfortsätzen« oder Querfortsätzen (Pleurapophysen), welche von der Basis der Wirbelbogen (bald der unteren, bald der oberen) entspringen. Dieser scheinbar bedeutende Unterschied erklärt sich einfach als Folge der Veränderungen, welche die Organisation der Fische und Dipneusten beim Uebergange vom Wasserleben zum Landleben erlitt. Das ursprüngliche Verhalten der Fisch-Rippen (wie es namentlich viele Ganoiden zeigen) wurde dadurch abgeändert, dass die ventrale Insertion der Rippen an den Seiten der Wirbelkörper weiter hinaufrückte und dorsalwärts verschoben wurde. Hier entwickelten sich dann an jedem Wirbelkörper zum Tragen der Rippen zwei secundäre »Rippenfortsätze oder *Pleurapophysen*«. Indem die Rippen mit beiden Fortsätzen in Gelenkverbindung traten (mit dem ventralen durch das *Capitulum*, mit dem dorsalen durch das *Tuberculum*), wurden sie doppelköpfig. Wenn sie hingegen nur mit einem von beiden (oder direct mit dem Wirbelkörper allein) articuliren, sind sie einköpfig. Bei den Reptilien ist es gewöhnlich der obere, bei den Säugethieren der untere Rippenfortsatz, von dem sich die freie Rippe abzugliedern scheint. Allein dieses Verhalten der höheren Vertebraten ist ein secundäres und *cenogenetisches*, durch eine Reihe von Veränderungen aus dem primären und *palingenetischen* der Fische (Ganoiden) entstanden.

Zum Theil erklären sich auch diese (scheinbar bedeutenden) Unterschiede in der Rippenbildung der Fische und Tetrapoden dadurch, dass nur bei den letzteren, nicht bei den ersteren, die distalen Rippen unten auf der Bauchseite zur Vereinigung gelangen, und durch Bildung des Brustbeins einen festen Brustkorb herstellen. Dadurch sowie durch die voluminöse Entfaltung der Lungen im Brustkorbe und durch dessen Theilnahme an den Respirations-Bewegungen wurde die phylogenetische Verschiebung der ventralen Rippenbogen von unten nach oben begünstigt.

Die Aehnlichkeit der Rippen (als »*truncaler Visceralbogen*«) mit den homodynamen Schlundbogen des Kopfskelets (als »*capitalen Visceralbogen*«) spricht sich auch vielfach noch in ihrer weiteren Entwickelung aus. So zerfallen auch die Costalbogen, gleich den Pharyngalbogen, häufig in zwei getrennte, durch ein laterales Gelenk verbundene Stücke; das obere (proximale) Stück, die Vertebral-Rippe, verbindet sich oben mit dem Wirbelkörper, das untere (distale) Stück, die Sternal-Rippe, articulirt unten mit dem Sternum.

Bauchrippen, wie sie bei einzelnen Gruppen, z. B. den Rhynchocephalen und Crocodilen, zur Ausbildung kommen, haben mit echten, stets knorpelig praeformirten Rippen nichts zu thun. Es sind spangenförmige Knochen, welche direkt durch Verknöcherung von Sehnen der Bauchmuskeln und nicht aus praeformirten Knorpeln entstehen. Die oberen Enden dieser ossificirten *Inscriptiones tendineae* erreichen nicht die Wirbelsäule, die unteren stossen in der Mittellinie des Bauches zusammen und können sich hier in einem abdominalen »*Pseudosternum*« vereinigen.

§ 74. Sternum. Brustbein.

Die distalen Enden der Rippen vereinigen sich bei den meisten Tetrapoden auf der Bauchseite durch ein paar Knorpelstreifen, welche verknöchern und das Brustbein (*Sternum*) herstellen. Diese Bildung tritt zuerst in der Carbon-Zeit bei den Amphibien auf, während sie den Fischen und Dipneusten völlig fehlt. Eine dem Sternum ähnliche Bildung, welche sich bei einzelnen Fischen (Clupeaceen u. A.)

findet, ist ein Schein-Brustbein (*Pseudosternum*), aus ventralen Hautknochen zusammengesetzt. Hingegen entsteht das echte Brustbein der *Amphibien* und *Amnioten* stets durch Verwachsung der ventralen Rippenenden. Die beiden paarigen, so gebildeten Knorpelleisten verschmelzen meistens zur Bildung einer unpaaren ventralen Knorpelplatte, die grösstentheils oder ganz verknöchert. Bisweilen unterbleibt diese Verbindung, ausnahmsweise selbst beim Menschen (*Fissura sterni congenita*). Der ringsum geschlossene Brustkorb (*Thorax*) erhält seinen ventralen Abschluss in ähnlicher Weise durch das Brustbein, wie am Kopf-Skelet der Schlundkorb durch die Copula lingualis. Die Gestalt, Grösse und Ausdehnung der Sternalplatte ist sehr verschieden, entsprechend der wechselnden Zahl von ventralen Rippen-Theilen, welche zu ihrer Bildung zusammentreten. Auch das Verhalten des *Sternum* zum Schulter-Gürtel, zu welchem es meistens in feste Verbindung und in die innigsten functionellen Beziehungen tritt, ist dabei von Einfluss. Indem *Clavicula* und *Coracoid* sich am vorderen Sternalrande inseriren, finden sie an ihm eine feste Stütze. Bei den meisten Amphibien ist das Sternum sogar nur mit dem Schultergürtel verbunden, da der mittlere Rippentheil (zwischen den dorsalen Rippen-Rudimenten und den ventralen Sternal-Elementen) hier durch Rückbildung verschwunden ist. Bei den Reptilien und Draconen ist das Sternum gewöhnlich gut entwickelt; nur bei den Schlangen und schlangenähnlichen Eidechsen geht es mit den Carpomelen zugleich verloren. Sehr entwickelt ist das Brustbein der Vögel, in dessen ventraler Mittellinie sich meistens ein senkrechter Brustbeinkamm erhebt (*Carina sternalis*); er dient zum Ansatze der Flugmuskeln. Einen ähnlichen Brustbeinkamm entwickeln manche fliegende Draconen (*Pterosauria*) und Säugethiere (*Chiroptera*). Bei vielen Säugethieren erfährt das Brustbein während der Verknöcherung eine segmentale Gliederung.

§ 75. Episternum. Kehlbein.

Unmittelbar vor dem *Sternum*, und meistens innig mit ihm verbunden, liegt bei sehr vielen Tetrapoden in der Bauchwand der Kehle ein ansehnliches unpaares Knochenstück, das Kehlbein oder »Kehlbrustbein« (*Episternum*). Dasselbe tritt zuerst in der Carbon-Zeit auf, bei den ältesten Amphibien (*Stegocephalen*); es erscheint hier als ein grosser, platter Hautknochen, mit derselben characteristischen Sculptur wie die benachbarten Deckknochen des Dermal-Skelets. Da derselbe zwischen die paarigen *Claviculae* oder die »lateralen Kehlbrustplatten« (— ebenfalls Tegmental-Knochen! —) eingefügt ist, wird er auch als Zwischen-Schlüsselbein (*Interclavicula*) bezeichnet. Wahrscheinlich hat diese »mittlere Kehlbrustplatte« ursprünglich bei älteren palaeozoischen Amphibien sich als Deckknochen auf der Ventralfläche des knorpeligen Sternum entwickelt, welches selbst noch nicht verknöchert war. Bei den meisten Reptilien erscheint das Episternum als ein rhombischer, kreuzförmiger oder T-förmiger Knochen, dessen beide vordere Aeste die Schlüsselbeine tragen, während das unpaare Mittelstück sich hinten an das Sternum anlegt. Bisweilen (z. B. bei den Ascalaboten) verwächst sogar das tegmentale *Episternum* mit dem costalen chondrogenen *Sternum* zu einem einzigen Knochen. Diese innige Verbindung ist desshalb sehr bemerkenswerth, weil bei den Säugethieren das Episternum knorpelig präformirt erscheint.

Wir betrachten diese auffallende Erscheinung nicht als ein *primäres*, sondern als ein *tertiäres* Verhalten, wie ein ähnliches wahrscheinlich auch beim Schlüsselbein und bei einem Theile der Schädelknochen höherer Vertebraten sich entwickelt hat. Als sechs verschiedene Stadien dieses phylogenetischen (mit beträchtlichen histogenetischen Metamorphosen verknüpften) Processes würden folgende anzusehen sein: 1) Die Hautknochen (eine mediane und zwei seitliche »Kehlbrustplatten«) entwickeln sich im Corium als Theile eines knöchernen Dermal-Skeletes. 2) Dieselben treten in enge Contiguität mit Knorpelstücken des inneren Skeletes (*Sternum* und *Procoracoidea*), an deren Ventral-Fläche sie sich anlegen. 3) Die betreffenden Knorpelstücke des Endoskeletes unterliegen selbst der Verknöcherung. 4) Diese chondrogenen Knochenstücke (knöchernes *Sternum* und *Procoracoidea*) verschmelzen mit den desmogenen Knochenplatten, welche ihrer Ventralfläche als »Deckknochen« auflagerten (*Episternum* und *Claviculae*); die Contiguität der beiderlei heterogenen Bildungen geht in Continuität über. 5) Der histogenetische Process der »knorpeligen Präformation« überträgt sich von den chondrogenen Knochen des Endoskeletes auf die desmogenen, mit ihnen verschmolzenen Knochen des Ectoskeletes. 6) In Folge dessen werden auch diese letzteren (Episternum und Claviculae), obwohl ursprünglich nur Deckknochen, dennoch knorpelig präformirt.

Diese Auffassung von cenogenetischen, mit bedeutenden histogenetischen Metamorphosen verknüpften Veränderungen der Skeletbildung erscheint beim *Episternum* in seinem Verhalten zum *Sternum* desshalb unmittelbar gerechtfertigt, weil das jüngere chondrogene Episternum der Säugethiere sich anatomisch genau so verhält, wie das viel ältere desmogene Episternum der Reptilien und Amphibien. Hier wie dort ist es ein unpaarer, an derselben Stelle der Kehle gelegener T-förmiger Knochen, dessen vordere laterale Aeste sich mit den Ventral-Enden der Schlüsselbeine, dessen unpaarer Hintertheil sich mit dem Vorderrande des Sternum verbindet. Zugleich erscheint diese phylogenetische Auffassung geeignet, auch die auffallenden Eigenthümlichkeiten in der Ontogenese der *Clavicula* und verschiedener Schädelknochen zu erklären; diese Thatsachen selbst — anscheinend schwierig zu deuten — werden dadurch zu neuen Stützen der Descendenz-Theorie.

§ 76. Meloskeleton. Gliedmaassen-Skelet.

Die Gliedmaassen oder *Extremitäten* der Wirbelthiere bieten in ihrem Skeletbau zahlreiche äusserst wichtige und interessante Verhältnisse dar, deren Erkenntniss für die Stammesgeschichte der grösseren und kleineren Gruppen von höchster Bedeutung ist. Auch hier offenbart sich wieder, ebenso wie am Stammes-Skelet, einerseits die *conservative* Macht der Vererbung, welche die typischen Structur-Verhältnisse überall constant erhält; anderseits der *progressive* Einfluss der Anpassung, welche die Einzelbildungen, entsprechend den Functionen der Organe und den Einflüssen der Aussenwelt, vielseitig umgestaltet. Dies gilt ebensowohl von den unpaaren oder medianen Gliedmaassen, den »Median-Flossen« (*Azygomelen*), als von den paarigen oder lateralen Extremitäten, den Seitenflossen oder Beinpaaren (*Zygomela*). Jedoch sind die älteren und einfacher gebauten Median-Flossen, die nur den vier niederen Vertebraten-Classen zukommen, von weit geringerer Bedeutung, als die beiden Paare Zygomelen, welche den beiden niedersten Classen noch ganz fehlen. Die ungemein mannichfaltige Differenzirung dieser Zygomelen und der hohe Grad ihrer speciellen Teleose sind offenbar direct vermittelt durch die Functionen der cumulativen und functionellen Anpassung einerseits, der progressiven Vererbung anderseits. Ebensowohl die Uebung und Thätigkeit der Gliedmaassen selbst, wie der Einfluss der äusseren Existenz-Bedingungen bekunden dabei ihre umgestaltende Wirksamkeit. Somit erhalten wir hier eine reiche Fülle von Beweisen für die »Vererbung erworbener Eigenschaften« und die darauf beruhende Bedeutung des biogenetischen Grundgesetzes.

In der Phylogenie der Extremitäten können wir drei wichtige Hauptabschnitte unterscheiden: I. Die ältesten, im Wasser lebenden Vertebraten besassen nur Azygomelen (den medianen unpaaren Flossensaum): die beiden Classen der Agnathonen (*Acranier* und *Cyclostomen*). II. Die beiden folgenden, ebenfalls nur im Wasser schwimmenden Classen, *Fische* und *Dipneusten*, besitzen gleichzeitig die Azygomelen (von den Cyclostomen-Ahnen geerbt) und zwei Paar Zygomelen, in Form von polydactylen Brustflossen und Bauchflossen. III. Die drei höheren, dem Landleben angepassten Classen: *Amphibien*, *Sauropsiden* und *Mammalien*, haben die Azygomelen ihrer Dipneusten-Ahnen verloren und haben die flossenförmigen Zygomelen in vier pentanome Gangbeine verwandelt (*Quadrupeda*).

§ 77. Azygomela. Median-Flossen.

Bei den vier niederen Wirbelthier-Classen, welche ausschliesslich im Wasser leben, ist ursprünglich der grösste Theil des schwimmenden Körpers von einem medianen Flossensaum umzogen, der nur dem Vorderkopfe und dem vorderen Ventraltheile des Rumpfes fehlt. Diese »unpaare Gliedmaasse« liegt in der Median- oder Sagittal-Ebene des Körpers (daher »Sagittal-Flosse«) und erhebt sich als verticale Hautfalte oben auf dem Kopfe; sie zieht längs der Rückenseite bis zum Schwanze und, diesen umfassend, auf der Bauchseite bis zum After. Das Bindegewebe der Lederhaut, welches den Hautsaum bildet, wird gestützt durch segmentale Skelettheile, »sagittale Flossenstrahlen« (*Radii pinnales*); an ihrer Basis setzen sich besondere Muskeln an, welche die Theile der verticalen Flosse beim Schwimmen bewegen.

Die Flossenstrahlen sind bei den Acraniern desmogene Plättchen, bei den Cyclostomen ähnliche »Hornfäden«, bei den Selachiern und Knorpel-Ganoiden knorpelige Stäbe oder Stacheln; bei den Teleostiern, Knochen-Ganoiden und Dipneusten verknöchern sie, indem sie sich mit Reihen von kleinen Hautknochen bedecken; die Strahlen, die sich hier oft verästeln, erscheinen gegliedert. Diesen »weichen Flossenstrahlen« (*Malacopteria*) stehen gegenüber die harten Stachelstrahlen, aus einem einzigen starken Knochen gebildet (*Acanthopteria*). Bei den meisten Fischen und Dipneusten ruhen die Flossenstrahlen auf besonderen Flossenträgern (*Pterygophora*). Das sind metamere stabförmige Knochen oder Knorpel, deren Distal-Ende die proximale Basis des Flossenstrahles trägt, während ihr Proximal-Ende sich ursprünglich an die distale Spitze eines Dornfortsatzes anlegt. Später entfernen sich oft beide von einander, oder der Flossenträger rückt umgekehrt tiefer zwischen zwei Dornfortsätze hinein (daher *Ossa interspinosa*). Alle diese medianen Skelettheile der Azygomelen, sowie die sie verbindenden desmoiden Membranen und Bänder, liegen in der Sagittal-Ebene des Körpers und erscheinen als periphere Fortsetzungen des durchgehenden Sagittal-Septum, welches die beiden Antimeren des Körpers unvollständig scheidet.

Der mediane Flossensaum vererbt sich von den Fischen und Dipneusten auch noch auf die Amphibien, aber bloss als Hautfalte, ohne Skelettheile. Bei vielen Amphibien ist er nur in der Jugend vorhanden

(z. B. bei den Kaulquappen der Batrachier); während ihrer Verwandlung verschwindet er. Bei den Amnioten ist das *Azygomelos* ganz verschwunden. Die dorsalen Schuppenkämme mancher Reptilien (Leguane u. A.) können als entfernte Erinnerungen daran gelten. Wenn bei einzelnen, der schwimmenden Lebensweise angepassten Amnioten (z. B. Sirenen und Cetaceen) ähnliche »unpaare Flossen« auftreten (oft durch dermale Knorpelplatten gestützt), so sind das selbständige Neubildungen; sie besitzen keine morphologische Beziehung zu den ursprünglichen Median-Flossen der Ichthyopsiden, bezeugen aber deren hohe physiologische Bedeutung für die Schwimm-Bewegung.

Die einfache Sagittal-Flosse, der ursprünglich continuirliche Flossensaum der ältesten Wirbelthiere, wird zwar beim Embryo allgemein als solcher angelegt, bleibt aber nur bei wenigen Fischen in seiner Continuität bestehen. Gewöhnlich zerfällt derselbe schon frühzeitig in drei Stücke, indem oben und unten durch Rückbildung eine Lücke entsteht. Dadurch sondern sich drei getrennte Azygomelen: 1) oben die Rückenflosse (*Pinna dorsalis*); 2) hinten die Schwanzflosse (*Pinna caudalis*); 3) unten die Afterflosse (*Pinna analis*). Häufig zerfällt die Rückenflosse, seltener die Afterflosse, wiederum in zwei Stücke, ein vorderes und ein hinteres. Sehr selten lösen sich dieselben in zahlreiche kleine Flossen auf (*Polypterini*). Die mannichfaltigsten Veränderungen erfährt die Schwanzflosse, da deren Skelettheile mit dem Schwanzende der Wirbelsäule in enge und vielfach modificirte Beziehungen treten.

§ 78. Zygomela. Lateral-Flossen.

(Paarige Gliedmaassen. Laterale Extremitäten.)

Die *Zygomelen* oder paarigen Gliedmaassen fehlen den beiden niedersten Classen der Wirbelthiere (*Acranier* und *Cyclostomen*) vollständig; weder ihre vergleichende Anatomie noch Ontogenie giebt irgend eine Andeutung davon, dass dieser Mangel auf einem secundären Verlust beruhe, und dass etwa deren Ahnen Zygomelen besessen hätten. Vielmehr ist ihre Abwesenheit als eine ursprüngliche anzusehen. Dagegen treten zwei Paar Lateral-Flossen ganz allgemein bei den Fischen (und zwar schon bei den ältesten, den *Proselachiern*) auf; sie haben sich von diesen durch Vererbung auf alle übrigen *Gnathostomen* übertragen. Wo sie hier theilweise oder ganz fehlen (z. B. bei Aalen, Schlangen), liegt nachweislich secundäre Rückbildung vor.

Die Zygomelen der Gnathostomen treten in zwei verschiedenen, morphologisch und physiologisch sehr abweichend sich verhaltenden Hauptformen auf, als Flossen (*Pinnae*) und als Gangbeine (*Pedes*)

Die Flossen sind die ältere und niedere Form, characteristisch für die beiden Classen der Fische und Dipneusten. Es sind *polydactyle* oder vielzehige Gliedmaassen, deren zahlreiche Finger oder »Flossenstrahlen« (*Pinniradii*) unbeweglich in eine flache Schwimmhaut eingeschlossen sind. Gelenkbildung innerhalb der Flossen fehlt. Die vorderen werden als Brustflossen oder Pectopinnen (*Pinnae pectorales*) bezeichnet, die hinteren als Bauchflossen oder Ventropinnen (*Pinnae ventrales*). Während die paarigen Gliedmaassen der Fische und Dipneusten stets nur als polydactyle Schwimmflossen erscheinen, treten dagegen an ihre Stelle bei den drei höheren Wirbelthier-Classen (Amphibien, Sauropsiden und Mammalien) zwei Paar Gangbeine (*Pedes*); man kann daher diese drei Classen unter der Bezeichnung: Vierfüsser (*Tetrapoda* oder *Quadrupeda*) vereinigen. Die vier Gangfüsse sind ursprünglich *pentadactyl* oder fünfzehig, daher wird diese Gruppe auch als *Pentanoma* unterschieden. Die einzelnen Theile der freien Gangfüsse sind durch Gelenke verbunden. Die Vorderbeine (*Extremitates anteriores*) nennen wir kurz Carpomelen wegen der characteristischen Bildung ihrer Handwurzel (*Carpus*); die Hinterbeine dagegen (*Extremitates posteriores*) Tarsomelen, wegen der typischen Bildung ihrer Fusswurzel (*Tarsus*). Beide Gliedmaassen-Paare sind im allgemeinen als homolog (oder homodynam) anzusehen, in gleicher Weise gebaut und auf ähnliche Art entstanden. Wir halten jene scharfsinnige Hypothese für richtig, welche dieselben ursprünglich von zwei Paar hinteren Schlundbogen ableitet (s. unten). Die respiratorische Function dieser Kiemenbogen (VIII. und IX. der *Proselachier*) ist verschwunden und an ihre Stelle die locomotorische getreten.

Die älteren Flossen finden sich schon in der silurischen und devonischen Zeit. Die jüngeren Beine sind erst viel später aus ihnen hervorgegangen, erst während der carbonischen Zeit. Diese Umwandlung wurde dadurch verursacht, dass die wasserbewohnenden *Dipneusten* sich dem Leben auf dem Lande anpassten; der einfache Hebel der Ruderflossen wurde dadurch in den gegliederten Hebel-Apparat der Gangbeine umgebildet, wie er zuerst bei den *Amphibien* auftritt.

§ 79. Zonoskelet und Zygomelen der Fische.

Jede laterale Extremität besteht ursprünglich aus zwei Hauptbestandtheilen, dem *Automelos* oder der freien, aussen vorragenden Gliedmaasse, und der *Melozona* oder dem innen gelegenen Extremitäten-Gürtel. Vorn wird dieser letztere als Schultergürtel bezeichnet (*Scapulozona*), hinten als Beckengürtel (*Pelycozona*). Das Endoskelet dieser beiden Gürtel zeigt in seiner Zusammensetzung und Entwickelung ebenso eine auffallende Homologie (oder »Homodynamie«), wie dasjenige der freien Gliedmaasse selbst. Ursprünglich besteht jeder Gürtel nur aus einem einfachen sichelförmigen Knorpelbogen, ähnlich der Anlage eines Schlundbogens; so bei den ältesten Fischen und Dipneusten. Aehnlich wie der Kieferbogen und der darauf folgende Zungenbogen durch eine mittlere Gelenkbildung in zwei Stücke zerfällt (ein dorsales und ein ventrales), so geschieht dasselbe auch beim Knorpelbogen des ursprünglichen Gürtelskelets. Vorn theilt sich der Schulterbogen in ein dorsales *Scapulare* und ein ventrales *Claviculare*; hinten trennt sich am Beckenbogen ein dorsales *Iliacum* von einem ventralen *Pubicum*. Jedoch ist diese Theilung an der Scapulozona mehr ausgesprochen, als an der schwächeren Pelycozona, die auch in anderen Verhältnissen sich einfacher zeigt. Bei den meisten Fischen wird der primäre Schultergürtel später von Deckknochen des Integumentes bedeckt (*Clavicularia*); einer von diesen zeichnet sich durch besondere Grösse aus und wird als *Clavicula* die Hauptstütze der Brustflosse.

Die Automelen oder die freien paarigen Flossen der Fische und Dipneusten — ebensowohl die vorderen (Brustflossen, *Pinnae pectorales*) als die hinteren (Bauchflossen, *Pinnae ventrales*) — sind dünne Platten, deren schmale Basis sich ursprünglich in der Mitte des hinteren convexen Randes des Gürtelbogens ansetzt. In der Ebene dieser Platten liegen neben einander eine grosse Anzahl von Skelet-Stäben, welche als Flossenstrahlen (*Radii pinnales*) bezeichnet werden. Ursprünglich sind diese Flossenstrahlen sämmtlich echte Knorpelstäbe, dem Endoskelet angehörig, vielfach gegliedert und differenzirt. Zu diesen Chondral-Radien kommen aber bei den meisten Fischen im Distaltheile der Flossen noch Dermal-Radien, fadenförmige oder gegliederte dermale Skeletstäbe, welche verdichteten Gewebszügen der Lederhaut ihre Entstehung verdanken; theils wirkliche Hautknochen (»knöcherne Flossenstrahlen«), theils hyaline Desmoid-Stäbe (»Hornstrahlen«). Ausserdem können auch noch Deckknochen der Lederhaut auf das innere Flossenskelet sich auflegen.

§ 80. Archipterygium. Urflosse.

Alle verschiedenen Formen der Lateral-Flossen sind phylogenetisch ableitbar von einer gemeinsamen einfachen Urform, der bedeutungsvollen Urflosse oder dem *Archipterygium*. Dieselbe stellt eine ovale (mit der distalen Spitze nach hinten und unten gerichtete) Platte dar; ihr Knorpel-Skelet ist biserial oder zweitheilig, d. h. es hat die Gestalt eines gefiederten Blattes. In der Mitte verläuft (der Blattrippe vergleichbar) der Flossenstamm oder die Flossenaxe (*Pinnistelium*);

eine Reihe von kurzen Knorpelstücken. An jedem Stücke sitzen ein Paar *Pinniradien* an, die selbst wieder gegliedert sind; ihre Länge nimmt ab von der proximalen Basis gegen die distale Spitze. Neben den längsten basalen Strahlen der Flosse findet sich ursprünglich noch eine Anzahl von ähnlichen, aber freien Strahlen, welche unmittelbar dem Gürtelbogen aufsitzen. Diese primordiale Grundform der Zygomelen findet sich bei den ältesten palaeozoischen Gnathostomen, von denen uns vollständige Reste erhalten sind, den Proselachiern (*Pleuracanthides*) und den *Crossopterygiern*; wenig modificirt hat sie sich bis heute bei einigen der ältesten Selachier und bei *Ceratodus* erhalten.

Das biseriale Knorpel-Skelet des Archipterygium zeigt uns den Weg, auf welchem ursprünglich die paarigen Lateral-Flossen aus ähnlichen Organen mit anderer Function hervorgegnngen sind, nämlich aus hinteren Kiemenbogen. Die sichelförmigen knorpeligen Kiemenbogen der ältesten Fische, der *Selachier*, sind an ihrem convexen Hinterrande mit einer Reihe einfacher Knorpelstrahlen besetzt. Ihre Länge nimmt von der Mitte des Bogens sowohl nach oben als nach unten hin ab. Bei manchen Selachiern ist ein einzelner, in der Mitte vorragender Strahl bedeutend stärker entwickelt als die übrigen, und die zunächst gelegenen Strahlen verändern ihren Ansatz, indem sie vom Bogen auf die Basis dieses Hauptstrahles übersiedeln und sich in zwei Reihen ordnen, einer oberen (medialen) und einer unteren (lateralen). Man braucht sich bloss diesen Hauptstrahl noch stärker entwickelt zu denken, um in ihm den Flossenstamm des biserialen Archipterygium zu erkennen. Seine Fiedern oder Nebenstrahlen sind diejenigen Kiemenstrahlen, welche vom Bogen herübergewandert sind. Die übrigen (oberhalb und unterhalb des Hauptstrahls gelegenen) Kiemenstrahlen sind rückgebildet worden, während diese beiden letzten Kiemenbogen ihre Function wechselten und statt der Athmung die Schwimmbewegung vermittelten. Wie innig diese beiden Functionen bei Wasserthieren häufig verknüpft sind, zeigen viele wirbellose Thiere (besonders die Crustaceen). Dass in dieser Weise die beiden Flossen-Paare der Fische ursprünglich aus zwei hintersten Schlundbogen (XII. und XIII. Bogen der Archicranier?) hervorgegangen sind, wird auch noch durch viele andere Thatsachen wahrscheinlich gemacht. Der einfache Schultergürtel der ältesten Fische ist ein sichelförmiger Knorpel, der in Gestalt, Lage und Beziehung zum Kopfskelet dem letzten, unmittelbar davor gelegenen Kiemenbogen gleicht. Rechte und linke Hälfte des ersteren vereinigen sich unten an der Bauchseite, ebenso wie diejenigen des letzteren. Auch die Innervation zeigt auffallende Aehnlichkeiten. Bei einigen Fischen sind sogar die oberen (proximalen) Enden der Schulterbogen noch am Hintertheil des Schädels befestigt. Bei *Protopterus* sitzen in der Jugend noch äussere Kiemen oben am Schulterbogen. Die entferntere Lage der hinteren Flosse lässt sich dagegen durch phylogenetische Wanderung erklären.

§ 81. Wanderungen der Zygomelen.

Wenn die »Archipterygium-Theorie« richtig ist, und wenn demnach die beiden Flossen-Paare der Fische aus zwei hinteren Kiemenbogen hervorgegangen sind, so gehören ursprünglich beide Zygomelen zum Hyposom des Kopfes, ebenso wie die Kiemenbogen selbst. Die spätere Lage derselben am Rumpfe, und insbesondere die weite Entfernung der hinteren von den vorderen Extremität (— oft als wichtiger Einwand gegen jene Theorie benutzt —) müssen dann durch Wanderungen derselben erklärt werden. Solche Ortsveränderungen der paarigen Gliedmaassen haben in der That innerhalb des Wirbelthierstammes jederzeit in ausgedehntestem Maasse stattgefunden, und zwar ebensowohl in den höchsten, wie in den niedersten Gruppen der Gnathostomen. Selbst bei nahe verwandten Formen, bei Gattungen einer Familie, selbst bei Arten einer Gattung, ist oft der Abstand beider Zygomelen von einander und vom Kopfe beträchtlichen Schwankungen unterworfen. Bei der grossen Mehrzahl der Fische liegen allerdings die Bauchflossen weit hinter den Brustflossen (»Bauchflosser«, *P. abdominales*); aber bei vielen anderen, und besonders bei jüngeren Knochenfischen, liegen sie unmittelbar hinter oder unter denselben (»Brustflosser«, *P. thoracici*), und bisweilen sogar vor ihnen, weit vorn an der Kehle (»Kehlflosser«, *P. jugulares*). Diese Thatsache ist oft bei Fischen einer Gruppe zu beobachten, deren phyletische Entwickelung in einen verhältnissmässig kurzen Zeitraum fällt; sie beweist, dass diese auffallenden Wanderungen der Zygomelen relativ leicht erfolgen, trotz der anscheinend grossen Schwierigkeiten, welche mit dem Ortswechsel der zu ihnen gehörigen Muskeln und Nerven verbunden sind. Daher können auch diese letzteren nicht als Einwände gegen die Archipterygium-Theorie gelten.

§ 82. Ptychopterygium. Faltenflosse.

Schwerwiegendere Einwände gegen die Archipterygium-Theorie, als die letztgenannten, scheinen sich aus gewissen Thatsachen der Ontogenie zu ergeben. Es ist daher, im Gegensatze zur ersteren, neuerdings eine zweite Theorie über den Ursprung der Zygomelen aufgestellt worden, welche wir kurz die Ptychopterygium-Theorie nennen wollen. Dieselbe gründet sich auf die ontogenetische Thatsache, dass die ersten Anlagen der paarigen Flossen bei vielen Fischen (namentlich Selachiern) in Gestalt von ein Paar langen seitlichen Hautfalten erscheinen. Diese lateralen Flossenfalten erheben sich unmittelbar hinter der letzten Kiemenspalte und ziehen dergestalt nach hinten und zugleich nach unten hin, dass sie hinter dem After in der Mitte der Bauchfläche zusammenstossen und in den unpaaren medianen Flossensaum übergehen, aus welchem später After-, Schwanz- und Rückenflosse sich sondern. In ähnlicher Weise, wie die letzteren aus dem medianen Flossensaum (durch Rückbildung der zwischenliegenden Abschnitte) entstehen, sollen auch die Zygomeleu aus jenen lateralen Flossensäumen sich bilden; in die beiden übrig bleibenden und sich lappig verbreiternden Theile sollen convergirend Gruppen von metameren Muskelknospen und Nerven hineinwachsen; zwischen den Muskeln sollen später die einzelnen Knorpelstrahlen entstehen. Allein jene lateralen Hautfalten und functionslosen Myomeren-Reihen erklären sich einfach als Folgen der Wanderung der Bauchflossen. Ganz widersinnig aber ist die Annahme, dass zunächst in eine Hautfalte Reihen von Muskelsprossen hineinwachsen und später erst phyletisch in derselben sich die Skelettheile entwickeln, für deren Bewegung allein die ersteren bestimmt sind. Die Ptychopterygium-Theorie würde — ihre Richtigkeit vorausgesetzt — nur die Aehnlichkeit in der Structur der paarigen und unpaaren Fischflossen erklären. Sie erklärt aber nicht die auffallenden und viel wichtigeren, oben erläuterten Beziehungen der Zygomelen zu den Kiemenbogen, und sie lässt keine Spur einer Erklärung auf die Ursachen fallen, welche die typische, letzteren so ähnliche Skelet-Structur der primordialen Urflossen und ihrer Gürtel hervorgebracht haben. Ein Hauptfehler jener Theorie liegt aber darin, dass sie alle die angeführten ontogenetischen Thatsachen als primäre und *palingenetische* betrachtet, während ein grosser Theil derselben nur secundäre und *cenogenetische* Bedeutung besitzt. Statt einer natürlichen mechanischen Erklärung, wie sie die *Archipterygium*-Theorie für die Entstehung der Zygomelen giebt, muss die *Ptychopterygium*-Theorie teleologische Gründe zu Hülfe nehmen; dass die letztere trotzdem neuerdings so viel Beifall gefunden hat, erklärt sich wohl nur aus dem herrschenden Kritik-Mangel und aus der Geringschätzung der vergleichenden Anatomie, welche die einseitige Richtung der neueren Ontogenie auszeichnet.

§ 83. Metapterygium und Pinnistelium.

Die biseriale oder gefiederte Form der Urflosse, welche wir als die ursprüngliche betrachten, ist nur bei einer geringen Zahl der ältesten Fische mehr oder weniger rein erhalten: bei den *Proselachiern* und einem Theile der *Selachier* und *Ganoiden*; insbesondere bei den *Crossopterygiern* und bei den nahe verwandten *Dipneusten*. Unter diesen letzteren hat sie allein der uralte *Ceratodus* bis heute ziemlich rein bewahrt. Bei allen übrigen Fischen ist sie mehr oder weniger, oft sehr stark abgeändert. Schon bei den meisten Selachiern geht die gefiederte (*biseriale* oder zweizeilige) Structur des *Archipterygium* in die halbgefiederte (*uniseriale* oder einzeilige) über. Die Knorpelstrahlen auf der inneren (medialen) Seite werden (von der Basis gegen das Ende der Flosse hin) theilweise oder ganz rückgebildet, während sich diejenigen der äusseren (lateralen) Seite um so stärker entwickeln. An der Basis verschmelzen dieselben theilweise zur Bildung von zwei grösseren Knorpelplatten, die sich unmittelbar an den Gürtelbogen ansetzen; die innere (mediale) wird als *Propterygium* bezeichnet, die äussere (laterale) als *Mesopterygium*. An letztere schliesst sich dann unmittelbar als drittes und grösstes Basalstück das *Metapterygium* an, welches nichts anderes ist als das vergrösserte Basalstück des Flossenstammes selbst, des *Pinnistelium*. Diese drei Knorpelplatten am Grunde der älteren Fischflossen (und zwar ebensowohl der vorderen als hinteren Zygomelen) dienen nur am hinteren (distalen) Rande zahlreichen Flossenstrahlen zum Ansatze und erleiden innerhalb der Fischklasse sehr mannichfaltige Veränderungen. Das weitaus wichtigste Stück bleibt immer das *Metapterygium*, als der Basaltheil des Flossenstammes, und die daran sich ansetzenden Radien; dagegen sind Propterygium und namentlich Mesopterygium nur von untergeordneter Bedeutung; sie werden nebst den ansitzenden Strahlen vielfach rückgebildet; bei den Amphibien sind dieselben ganz verschwunden. Der *Humerus* der Quadrupeden ist vorn das umgebildete *Metapterygium* ihrer Fisch-Ahnen, ebenso hinten das *Femur*. Das primäre Flossenskelet der Knorpel-Radien wird schon bei den Ganoiden — und noch mehr bei den Knochenfischen — stark reducirt, und an seine Stelle tritt ein secundäres Flossen-Skelet, gebildet aus Knockenstückchen oder Hyalin-Stäbchen der Lederhaut (»Hornstrahlen«).

§ 84. Zygomelen der Tetrapoden.

Aus den *polydactylen Flossen* der Fische und Dipneusten entwickelte sich (spätestens) während der Carbon-Zeit der *pentadactyle Fuss* der Amphibien und vererbte sich von dieser Stammgruppe der Quadrupeden auf sämmtliche Amnioten. Die bedeutenden Veränderungen der Function, welche dabei die Zygomelen erlitten, wirkten auf alle Theile ihrer Structur zurück. Aus dem einfachen Hebel der platten Fischflosse wurde der gegliederte Hebel-Apparat des Gangfusses, für welchen ein höherer Grad von Festigkeit, Gelenkigkeit und Beweglichkeit unerlässlich war. Indem die Dipneusten das Wasser verliessen und ihre Ruderflossen zum Fortschieben auf dem festen Lande benutzten, traten in erster Linie eine transversale Gliederung der freien Extremität ein, sowie eine festere Verbindung mit dem Rumpf-Skelet; die biegsamen Knorpel-Stäbe verwandelten sich in feste Knochen; an ihren Verbindungsstellen bildeten sich Gelenke aus. Das Gürtel-Skelet erfuhr eine entsprechende Festigung und Differenzirung Die Zahl der Knorpelstrahlen — schon vorher in der Flosse der devonischen Dipneusten reducirt — sank auf vier herab; sie wurden aber stärker und trennten sich, den ersten bis vierten Finger darstellend; als fünfter Finger schloss sich ihnen das Distal-Ende des Pinnistelium, des gegliederten Flossenstammes selbst an. Schon bei den ältesten Amphibien, deren fossile Reste wir kennen, den carbonischen *Stegocephalen*, tritt uns diese Pentanomie, der typische Skeletbau des pentadactylen Fusses, in derjenigen characteristischen Ausbildung entgegen, welche er auch noch bei heutigen Amphibien besitzt, und deren unverwischbare Grundzüge sich von diesen auf sämmtliche Amnioten vererbt haben. Sehr schön zeigt die primitive Bildung z. B. das complet erhaltene Skelet des permischen *Melanerpeton pulcherrimum*; sowohl die Vorderfüsse als die Hinterfüsse desselben besitzen fünf ziemlich gleichmässig entwickelte Zehen. Die vollkommene Homologie (oder *Homodynamie*), in der sich diese typische Gliederung an den vorderen und hinteren Zygomelen ausbildet, ergiebt sich aus der nachstehenden Tabelle (§ 85 S. 93).

§ 86. Zonoskelet der Tetrapoden.

Das Gürtel-Skelet der Tetrapoden zeigt in seiner ersten Anlage, sowohl vorn als hinten, ursprünglich überall dieselben einfachen Verhältnisse, welche durch Vererbung von den Fischen und Dipneusten überkommen sind. Ganz allgemein, von den niedersten Amphibien bis zum Menschen hinauf, erscheint die erste embryonale Anlage jederseits in Gestalt eines einfachen Knorpelbogens, welcher in der Mitte eine Gelenkfläche zur Anheftung der freien Gliedmaassen trägt. Dieser primitive knorpelige Gürtelbogen ist die palingenetische, durch zähe Vererbung conservirte Wiederholung jenes ältesten Gürtelbogens der Proselachier, den wir als einen abgelösten hinteren Kiemenbogen betrachten. Durch die Gelenkfläche in der Mitte der convexen Hinterseite, wo sich ursprünglich die älteste Fischflosse inserirte, zerfällt der einfache Kiemenbogen (wie bei den Fischen) in einen oberen (dorsalen) und unteren (ventralen) Abschnitt. Der obere, grössere Knorpel bleibt

§ 85. Homologien der Carpomelen und Tarsomelen.

Skelet-Abschnitte	Vorder-Gliedmaassen **Carpomela**	Hinter-Gliedmaassen **Tarsomela**
I. **Zonoskeleton** Gürtel-Skelet	**Scapulozona** Schultergürtel	**Pelycozona** Beckengürtel
1. Einfaches Dorsal-Stück des primären Knorpelbogens:	1. **Scapula** Schulterblatt	1. **Ilium** Darmbein
2. 3. Zweiästiges Ventral-Stück des primären Knorpelbogens: { 2. Vorderast:	2. **Praecoracoid** Urschlüsselbein	2. **Pubis** Schambein
3. Hinterast:	3. **Coracoid** Rabenbein	3. **Ischium** Sitzbein
4. Tegmentaler Deckknochen des Vorderastes:	4. **Clavicula** Schlüsselbein	(fehlt)
II. **Podoskeleton.** Bein-Skelet	**Carpomela** Vorderbeine	**Tarsomela** Hinterbeine
1. Abschnitt: **Stelepodium** (Obersäule)	1. **Humerus** Oberarm	1. **Femur** Oberschenkel
2. Zweiter Abschnitt: **Zeugopodium** (Untersäulen) (Unterarm vorn, Unterschenkel hinten)	2 A. **Radius** Speichenbein 2 B. **Ulna** Ellenbein	2 A **Tibia** Schienbein 2 B. **Fibula** Wadenbein
3. Dritter Abschnitt — **Autopodium** Fuss	3. **Manus** Hand (Vorderfuss)	3. **Pes** Hinterfuss
3 A. Wurzelstück des Fuss-Skelets **Basipodium** (*Carpus* vorn, *Tarsus* hinten) — 3 A. **Basipodium** Wurzelstück	3 A. **Carpus** Handwurzel	3 A. **Tarsus** Fusswurzel
Basipodium proximale Erste Reihe der Wurzelknochen	a. Radiale (Scaph.) b. Intermedium (Lunat.) c. Ulnare (Triq.) d. Centrale (Centr.)	a. Tibiale } Astragalus b. Intermedium } Astragalus c. Fibulare (Calc.) d. Centrale (Nav.)
Basipodium distale Zweite Reihe der Wurzelknochen	e. **Carpale I** (Trap.) f. **Carpale II** (Trapzd.) g. **Carpale III** (Capit.) h. **Carpale IV + V** (Ham.)	e. **Tarsale I** (Cuneif. I) f. **Tarsale II** (Cuneif. II) g. **Tarsale III** (Cuneif. III) h. **Tarsale IV + V** (Cuboid.)
3 B. Mittelstück des Fuss-Skelets — 3 B. **Metapodium** Mittelstück	3 B. **Metacarpus** Mittelhand	3 B. **Metatarsus** Mittelfuss
3 C. Zehenstück des Fuss-Skelets — 3 C **Acropodium** Zehenstück (Zehenglieder)	3 C. **Carpodactyli** Vorderzehen (*Carpophalanges*)	3 C. **Tarsodactyli** Hinterzehen (*Tarsophalanges*)

einfach und bildet bei seiner Verknöcherung vorn das Schulterblatt (*Scapula*), hinten das Darmbein (*Ilium*). Der untere kleinere Knorpel hingegen spaltet sich in je zwei Aeste, einen vorderen und einen hinteren. Der vordere Ast wird vorn am Schultergürtel zum Urschlüsselbein (*Procoracoides*, später zur *Clavicula*), der hintere Ast zum Rabenbein (*Coracoides*). Ganz entsprechend entwickelt sich hinten am Beckengürtel der Vorderast durch Ossification zum Schambein (*Pubis*), der Hinterast zum Sitzbein (*Ischium*). Während sich in dieser Dreigliederung des Knochen-Gürtels beider Zygomelen eine vollkommene Homodynamie ausspricht, bestehen doch anderseits zwei wesentliche Unterschiede zwischen dem vorderen und dem hinteren Gürtel. Der Schultergürtel bleibt dorsal frei und verbindet sich nicht mit der Wirbelsäule, während seine paarigen Hälften sich ventral verbinden (durch das Episternum und Sternum). Der Beckengürtel hingegen geht eine feste Verbindung mit der Wirbelsäule ein, indem die beiden Darmbeine sich mit dem zwischen ihnen liegenden Kreuzbein (mit den Rippen oder Querfortsätzen von Sacral-Wirbeln) durch Gelenk oder Synostose verbinden. Ein weiterer Unterschied beider Gürtel besteht darin, dass der Beckengürtel nur aus chondrogenen Knochen besteht und keinerlei Beziehung zu Deckknochen der Haut besitzt. Am Schultergürtel hingegen besitzen ein paar Tegmental-Knochen eine sehr hohe Bedeutung. Es sind dies die Schlüsselbeine (*Claviculae*), die schon bei den ältesten Amphibien (Stegocephalen) eine grosse Rolle spielen, als paarige Seitenplatten eines starken »Kehlbrustpanzers«; sie fassen hier eine unpaare Mittelplatte zwischen sich (*Episternum* oder *Interclavicula*, § 75). Die Schlüsselbeine der Amphibien, als tegmentale »Hautknochen« aus den Claviculae der Fische und Dipneusten entstanden, treten bald in die engsten Beziehungen zu dem knorpelig präformirten Procoracoid und scheinen dasselbe bei den meisten Tetrapoden völlig zu verdrängen.

§ 87. Automelen der Tetrapoden.

Die Automelen oder die sogenannten „Freien Extremitäten" bewahren ebenso wie die Gürtel, welche sie tragen, bei allen Quadrupeden (sowohl *Amphibien* als *Amnioten*) die gleiche typische Zusammensetzung, ebenso an den Vorderbeinen (*Carpomela*), wie an den Hinterbeinen (*Tarsomela*). Die Macht der Vererbung zeigt sich in ihrer constanten Zusammensetzung und Gliederung um so auffälliger, als im Einzelnen sowohl die ganzen Automelen als alle ihre Theile durch Anpassung an verschiedene Functionen und Existenz-Bedingungen in der mannichfaltigsten Weise umgebildet werden. Bald erscheinen sie in den divergentesten Formen fortgebildet bis zur höchsten Vollkommenheit, bald durch Nichtgebrauch verkümmert oder rückgebildet bis zum völligen Schwunde. Letzteres ist z. B. der Fall bei den meisten Peromelen (Coecilien) unter den Amphibien, bei den meisten Schlangen und schlangenähnlichen Eidechsen unter den Reptilien; hier sind gewöhnlich beide Zygomelen bis auf den letzten Rest verschwunden, während in einigen nächstverwandten Formen sich noch Reste der rückgebildeten Zygomelen als »rudimentäre Organe« erhalten haben (Reste von Carpomelen bei den schlangenähnlichen Eidechsen, Reste von Tarsomelen bei den Riesenschlangen). Bisweilen bleiben die Carpomelen allein erhalten, während die Tarsomelen ganz verschwinden (so z. B. bei *Siren* unter den Amphibien, *Chirotes* unter den Lacertilien, Sirenen und Cetaceen unter den Säugethieren). Seltener bleiben die Tarsomelen bestehen, während die Carpomelen verschwinden, so bei *Pygopus* und *Lialis* unter den Eidechsen, bei *Dinornis* und *Palapteryx* unter den Vögeln.

Die transversale Gliederung der Automelen erfolgt ebenfalls bei allen Pentanomen nach demselben erblichen Gesetze, und zeigt vorn und hinten vollkommene Homodynamie. Bei allen *Tetrapoden* gliedert sich die freie Extremität sowohl hinten als vorn in drei Hauptabschnitte: Oberschenkel, Unterschenkel und Fuss (vorn entsprechend Oberarm, Unterarm und Hand). Der Fuss selbst ist wieder aus drei Abschnitten zusammengesetzt: Fusswurzel, Mittelfuss und Zehen (vorn entsprechend Handwurzel, Mittelhand und Finger). Das Skelet dieser Abschnitte verhält sich sehr verschieden. Der erste Hauptabschnitt wird stets nur durch einen einzigen starken Röhrenknochen gestützt, das Säulenbein (*Stelepodium*): vorn der Oberarmknochen (*Humerus*), hinten der Oberschenkelknochen (*Femur*). Der zweite Hauptabschnitt enthält ursprünglich zwei Röhrenknochen, die Untersäulen (*Zeugopodia*): vorn Speichenbein (*Radius*) und Ellenbein (*Ulna*); hinten Schienbein (*Tibia*) und Wadenbein (*Fibula*). Der dritte Hauptabschnitt dagegen (*Autopodium*) besitzt ein Skelet, welches schon ursprünglich aus zahlreichen, gesetzmässig geordneten, kleinen Knochen zusammengesetzt ist; diese zerfallen wieder in drei Gruppen: I. die Wurzelknochen (*Basipodia*): vorn Handwurzel (*Carpus*), hinten Fusswurzel (*Tarsus*); II. die Mittelstücke (*Metapodia*): vorn Mittelhand (*Metacarpus*), hinten Mittelfuss (*Metatarsus*); III. die Zehengruppe (*Arcopodia*), ursprünglich aus fünf Längsreihen von Zehenknochen (*Phalanges*) zusammengesetzt. Wenn bei einigen Tetrapoden mehr als fünf Zehen auftreten, so beruht diese Vermehrung auf secundärer Spaltung (*Hyperdactylie* in den Schwimmflossen der Halisaurier und Cetaceen).

§ 88. Stelepodia (Obersäulen-Beine).

Der erste Hauptabschnitt der Automelen, vorn der Oberarm, hinten der Oberschenkel, wird bei allen Tetrapoden nur durch einen einzigen starken Knochen gestützt, vorn *Humerus*, hinten *Femur*. Derselbe ist aus dem Basale des Metapterygium (ursprünglich des Archipterygium) entstanden. Da dieser Knochen als einzige Säule die ganze Last des über den Boden erhobenen Körpers zu tragen hat, ist er gewöhnlich kräftiger als alle übrigen Knochen der Automelen. Sein oberes (proximales) Gelenkende verbindet sich vorn mit dem Schultergürtel durch das Schulter-Gelenk (*Articulatio humeralis*), hinten mit dem Beckengürtel durch das Hüft-Gelenk (*Articulutio coxae*). Sein unteres (distales) Gelenkende articulirt mit den Zeugopodien vorn durch das Ellbogen-Gelenk (*Articulatio cubitalis*), hinten durch das Knie-Gelenk (*Articulatio genu*). Der Winkel, welchen das Stelepodium in diesen Distal-Gelenken mit den Zeugopodien bildet, ist ursprünglich, bei den Amphibien, vorn und hinten wenig verschieden. Die kurzen Stelopodien stehen hier fast horizontal von dem flach auf dem Boden liegenden Körper ab, bei dessen Fortbewegung sie mehr zum Fortschieben als zum Tragen dienen. Der Winkel des distalen Gelenkes ist nach innen (medial) geöffnet, nach aussen (lateral) geschlossen; der Schluss des Winkels ist am Ellbogen nur wenig nach hinten, am Knie nur wenig nach vorn gerichtet. Diese Differenz nimmt zu bei den Reptilien, bei denen der Körper sich mehr über den Boden erhebt und die Stelepodien aus der horizontalen Stellung immer mehr sich aufrichten; dabei wird der stumpfe Winkel, welchen sie mit der Bauchseite des Rumpfes bilden, immer kleiner. Damit verknüpft sich eine stetig zunehmende Drehung des Oberarmbeins um seine Axe (*Torsio humcri*), welche zuletzt bei den Säugethieren, und unter diesen wiederum bei Affen und Menschen, ihren höchsten Grad erreicht. Die Abweichung der cubitalen Winkelstellung von der ursprünglichen erreicht hier 160—170°. Demnach ist der Winkel am Ellbogen-Gelenk nach vorn offen, am Knie-Gelenk nach hinten. Zugleich sind mit der zunehmenden Erhebung des Körpers über den Boden die Automelen immer mehr von den lateralen auf die ventrale Fläche übergegangen. Die Beugungs-Ebene, in welcher sich die Stelepodien gegen die Zeugopodien bewegen, ist aus einer horizontalen (bei den Amphibien) zu einer verticalen und parasagittalen (der Median-Ebene des Körpers parallelen) geworden. Diese Stellungs-Veränderung der Automelen und die damit verknüpfte Torsion des Humerus ist bei den palaeozoischen Tetrapoden (den carbonischen Stegocephalen und den ältesten permischen Reptilien) noch sehr unbedeutend; sie nimmt erst zu während der Trias-Periode und gelangt schon während der Jura-Zeit zu einem hohen Grade. Aber ihr Maximum erreicht sie erst in der Tertiär-Zeit, vor Allen bei den Primaten.

§ 89. Zeugopodia (Untersäulen — Beine).

Während der erste Haupt-Abschnitt der Automelen immer nur durch einen einzigen starken Knochenstab gestützt wird, die Obersäule (*Stelepodium*), enthält der zweite dagegen zwei parallele derartige Träger, die Untersäulen (*Zeugopodien*): Die beiden Säulenknochen sind vorn am Unterarm das mediale Speichenbein (*Radius*) und das laterale Ellenbein (*Ulna*); hinten am Unterschenkel entsprechend das innere Schienbein (*Tibia*) und das äussere Wadenbein (*Fibula*). Die ursprüngliche Axe des Flossenstammes, welche durch das Stelepodium (— das Basale Archipterygii —) geht, setzt sich am zweiten Hauptabschnitt längs der (lateralen) Aussenseite fort, vorn durch die Ulna (bis in die Spitze des kleinen Fingers), hinten durch die Fibula (bis in das Ende der fünften Zehe). Die Axe der Knochenreihe, welche an der medialen Innenseite durch den Radius bis zum Ende des Daumens, und durch die Tibia bis zur Spitze der grossen Zehe führt, entspricht demnach der Axe des vierten (und obersten) Strahles des reducirten Metapterygium. Ursprünglich (bei den ältesten Amphibien und bei vielen niederen Amnioten) sind die beiden Zeugopodien sowohl vorn als hinten ziemlich gleichmässig entwickelt und frei; ihr oberes, proximales Ende articulirt mit dem Distal-Ende des Stelepodium (vorn durch das Ellbogen-Gelenk, hinten durch das Knie-Gelenk); ihr unteres, distales Ende verbindet sich vorn durch das Handgelenk mit dem Carpus, hinten durch das Fussgelenk mit dem Tarsus. Im weiteren Verlaufe der Phylogenie erleiden die beiden parallelen Zeugopodien, entsprechend der Anpassung an verschiedene Functionen, eine sehr mannichfaltige und verschiedenartige Ausbildung. Gewöhnlich wird vorn der Radius, hinten die Tibia stärker und erlangt das Uebergewicht über ihren Nachbarknochen. Oft bleibt von der reducirten Ulna (hinten von der Fibula) nur das Proximal-Stück übrig und verschmilzt mit dem stärkeren Nachbar. Seltener findet das Umgekehrte statt, und die Ulna entwickelt sich stärker auf Kosten des Radius (wie es z. B. am Unterarm vieler Schildkröten und Vögel der Fall ist). In vielen Fällen (besonders bei gut laufenden Amnioten) werden Ulna und Fibula vollständig rückgebildet, so dass dann die ganze Last des Körpers vorn von dem Radius, hinten von der Tibia getragen wird.

§ 90. Basipodia (Carpus und Tarsus).

Der basale oder proximale Theil des dritten Hauptabschnittes der Automelen wird vorn von der Handwurzel (*Carpus*) gebildet, hinten von der Fusswurzel (*Tarsus*). Die zahlreichen Knochenstücke (ursprünglich zehn), welche dieses Wurzel-Skelet zusammensetzen, sind wiederum an den vorderen und hinteren Gliedmaassen homolog und lassen sich in beiden auf einzelne Glieder der Knorpelstrahlen zurückführen, welche das reducirte fünfstrahlige Flossenskelet bei den carbonischen Uebergangs-Formen von den Paladipneusten zu den ältesten Amphibien zusammensetzen. Nur bei einigen der ältesten Tetrapoden (einigen carbonischen Stegocephalen und einzelnen permischen Proreptilien?) sind alle zehn Basipodien vollzählig ausgebildet; gewöhnlich wird ihre Zahl reducirt, entweder durch Rückbildung einzelner Knochen oder durch Verschmelzung mit ihren Nachbarn. Die Reduction und Concrescenz ist gewöhnlich stärker am Tarsus als am Carpus. Bei den meisten höheren und jüngeren Amnioten erscheinen die Basipodien in zwei transversale Reihen geordnet, eine proximale und eine distale (am Carpus noch deutlicher als am Tarsus). Ursprünglich jedoch ist ihre Anordnung eine andere, indem an der Basis des Fusses zunächst drei proximale Stücke mit den beiden Zeugopodien articuliren: Am Carpus verbindet sich ein Radiale mit dem Radius, ein Ulnare mit der Ulna, und zwischen beiden ein Intermedium (mit beiden Zeugopodien articulirend). Ganz entsprechend liegt hinten ein Intermedium zwischen einem Tibiale und Fibulare. Auf diese drei Basalstücke folgen sowohl vorn als hinten zwei Centralia, die ganz in der Mitte des Carpus (bezüglich Tarsus) liegen, gewöhnlich jedoch verschmolzen sind. Die fünf übrigen Basipodien (von denen gewöhnlich viertes und fünftes verschmolzen sind) bilden eine bogenförmige Querreihe, deren concaver Proximal-Rand mit den vorgenannten Stücken der ersten Reihe articulirt, deren convexer Distalrand die fünf Metapodien trägt. Die specielle Anordnung der Basipodien, die Grösse, Gestalt und Verbindungsweise der einzelnen Carpal- und Tarsal-Stücke ist vielfachen Schwankungen durch Anpassung unterworfen. Ursprünglich sind dieselben dergestalt in schräge Reihen geordnet, dass die Axen der Flossenstrahlen, welche sich bis in die Zehenspitzen fortsetzen, an der Fusswurzel durch je 2 oder 3 Basipodien hindurchgehen. Später tritt aber häufig an die Stelle dieser serialen Anordnung eine alternale, indem die Stücke der Querreihen sich alternirend verschieben; die ursprünglich geradlinigen Axen der Flossenstrahlen werden dadurch zickzackförmig gebogen. Der mechanische Vortheil dieser Alternal-Structur ist eine grössere Festigkeit der Fusswurzel. Sehr klar zeigt sich dies z. B. bei den Hufthieren, wo die

Serial-Structur der älteren und niederen Gruppen stufenweise in die Alternal-Structur der jüngeren und höheren Gruppen sich verwandelt. Die üblichen Benennungen der Basipodien sind aus der Tabelle § 85 ersichtlich.

§ 91. Metapodia (Metacarpus und Metatarsus).

Der Mitteltheil des dritten Hauptabschnittes der Automelen wird vorn durch die Knochen der Mittelhand (*Metacarpus*), hinten durch die des Mittelfusses (*Metatarsus*) gebildet. Immer sind dies einfache, langgestreckte (selten verkürzte) Knochenstäbe, welche an ihrem oberen (proximalen) Ende mit den Basipodien, an ihrem unteren (distalen) Ende mit den Basalgliedern der Zehen articuliren. Die Fünfzahl dieser Metapodien (*Pentanomie*) ist bereits bei den ältesten Tetrapoden (den carbonischen Stegocephalen) fixirt und erklärt sich in der oben angegebenen Weise durch Reduction der ursprünglich zahlreichen Flossenstrahlen bis auf Vier (erste bis vierte Zehe); diese sitzen seitlich dem Flossenstamme an, welcher sich bis in die Spitze der fünften Zehe fortsetzt. Sehr häufig verkümmert mit einer Zehe zugleich auch ein zugehöriges Metapodium, so dass nur vier übrig bleiben. Seltener geht die Reduction noch weiter, so dass nur drei Metapodien stehen bleiben, oder nur zwei (bei vielen Wiederkäuern), selbst nur eines (beim Pferd). Häufig sind mit der Reduction der Metapodien auch Verwachsungen benachbarter Stücke verbunden. Sehr selten treten bei den Tetrapoden neben den fünf typischen Metapodien noch Andeutungen eines sechsten oder selbst siebenten Stückes auf; diese Erscheinung ist wahrscheinlich meistens durch secundäre Vermehrung (Spaltung?), seltener durch Atavismus zu erklären.

§ 92. Acropodia (Zehen-Skelet).

Den dritten und letzten Theil vom dritten Hauptabschnitt der Automelen bilden die Zehen (*Dactyli*); vorn die Vorderzehen oder »Finger« (*Carpodactyli*), hinten die Hinterzehen oder «Fusszehen« (*Tarsodactyli*). Ihr oberes (proximales) Ende articulirt mit dem Distal-Ende (Kopf) der sie tragenden Metapodien, während ihr Distal-Ende frei ausläuft. Ursprünglich ist jede Zehe aus einer Reihe von Skeletstücken zusammengesetzt, gleich dem Flossenstrahl, aus dessen Distal-Theil sie hervorgegangen ist. Die Zahl dieser Zehenglieder (*Phalanges*) ist sehr wechselnd, vererbt sich aber häufig innerhalb kleinerer oder grösserer Gruppen so constant, dass sie für diese characteristisch erscheint. Von der ersten bis zur fünften Zehe gerechnet, beträgt die Phalangenzahl bei den meisten Amphibien 2, 2, 3, 4, 3: bei der Mehrzahl der Reptilien 2, 3, 4, 5, 3 (oder 4); bei vielen Schildkröten, den Theromorphen und den meisten Säugethieren 2, 3, 3, 3, 3. Eine secundäre, oft sehr ansehnliche Vermehrung der Phalangen-Zahl tritt ein, wenn sich der pentadactyle Fuss in eine Schwimmflosse verwandelt, so bei den Halisauriern und Cetaceen. Die Zehen werden dann zugleich unbeweglich, eingeschlossen in eine derbe Schwimmhaut. Bei den Ichthyosauriern tritt ausserdem der seltene Fall einer secundären Vermehrung der Fingerzahl ein, und zwar durch Spaltung; statt der ursprünglichen fünf Finger finden sich deren häufig 6—7, seltener 8 oder 9 vor. Auch bei einzelnen anderen Tetrapoden tritt dann und wann das Rudiment eines sechsten Fingers neben dem ersten auf (*Praepollex* vorn, *Praehallux* hinten). Die Ursache dieser Erscheinung kann entweder Atavismus sein (Rückschlag in eine ältere sechsfingerige Stammform) oder Abgliederung durch secundäre Anpassung (Spaltung). Dass schon in der Steinkohlen-Zeit die typische Pentanomie, die erbliche Fünfzahl der Zehen fixirt war, beweist die palaeontologische Thatsache, dass alle uns bekannten fossilen Amphibien aus dieser Periode niemals mehr als fünf Zehen besitzen.

§ 93. Anpassungs-Formen der Zygomelen.

Während die typische Skelet-Structur der pentadactylen Gliedmaassen sich bei allen Tetrapoden durch Vererbung beständig erhält und alle Modificationen derselben sich durch Fortbildung oder Rückbildung aus derjenigen ihrer gemeinsamen Stammgruppe, der carbonischen Stegocephalen, ableiten lassen, zeigen dieselhen auf der anderen Seite die Umbildung durch verschiedenartigen Gebrauch, und damit die Macht der Anpassung, in lehrreichster Weise. Indem der ursprüngliche Gehfuss sich den verschiedensten Formen der Ortsbewegung: Schwimmen, Fliegen, Klettern, Graben u. s. w. anpasst, entstehen daraus zahlreiche, höchst verschiedenartige Formen; die wichtigsten derselben sind folgende: 1) Das Gehbein (*Batomelos, Pes gradarius*); in der ursprünglichsten Form sind die Skelettheile des fünfzehigen Fusses vollständig entwickelt und wenig differenzirt: die Stelopodien kurz, die beiden Zeugopodien ebenfalls kurz und von gleicher Grösse, die Basipodien vollzählig, die Metapodien kurz und gleichmässig entwickelt, die fünf Zehen relativ lang. Der Gehfuss ist plantigrad und berührt den Erdboden mit der ganzen Sohlenfläche, von den Basipodien bis zu den Zehen-Enden. Die Endphalangen der Zehen sind konisch und mit Krallen bewaffnet. 2) Das Grabebein (*Oryctomelos, Pes fossorius*); alle gestreckten Skelettheile werden verkürzt und verdickt, und zwar vorn stärker als hinten; die Hand nimmt eine breite und runde Form an, die Basipodien sind sehr kräftig und fest verbunden, die Endglieder der kurzen Zehen breit, mit starken Grabekrallen bewaffnet. Die Carpomelen sind stets stärker als die Tarsomelen (Maulwürfe, Edentaten etc.). 3) Das Schwimmbein (*Nectomelos*, *Pes natans*); Stelepodien und Zeugopodien sind sehr verkürzt, dagegen Hand und Fuss sehr verlängert; die Basipodien sehr kräftig, Metapodien kurz und stark, Zehen sehr lang, mit vermehrter Zahl der Phalangen, eingeschlossen in eine feste Schwimmplatte; die letzten Zehenglieder verkümmert, ohne Krallen. Die meisten Knochen sind platt und breit. Gewöhnlich sind die vorderen Schwimmbeine bedeutend stärker als die hinteren (Halisauria, Pythonomorpha); bisweilen gehen die Tarsomelen ganz verloren (Sirenen, Cetaceen). Die Aehnlichkeit, welche der secundäre Schwimmfuss der schwimmenden Tetrapoden mit der primären Flosse der Fische besitzt, beruht auf Convergenz und ist durch die gleiche Function bewirkt. 4) Das Kletterbein (*Scandomelos*, *Pes scandens*); die meisten Skelettheile der Zygomelen sind ziemlich vollzählig entwickelt; Stelopodien und Zeugopodien verlängert, sehr beweglich; Hände und Füsse schlank und schmal, mit opponiblem Daumen (bez. grosser Zehe), zum Greifen und Umfassen der Baumäste. Endphalangen oft mit Nägeln statt der Krallen. Carpomelen oft länger und stärker als Tarsomelen (Bradypoden, Primaten etc.). 5) Das Laufbein (*Dromomelos*, *Pes cursorius*); die Zahl der Skelettheile wird sehr bedeutend reducirt; die Stelepodien meistens relativ kurz, im Rumpfe versteckt; Zeugopodien sehr lang und stark, aber gewöhnlich der eine Knochen (*Radius*, *Tibia*) auf Kosten seines Nachbars (*Ulna*, *Fibula*) entwickelt; letzterer kann ganz verschwinden. Basipodien klein und sehr reducirt. Metapodien sehr lang und stark, aber gewöhlich ihre Zahl reducirt; statt der ursprünglichen 5 oft nur 4 oder 3 entwickelt, bisweilen selbst nur 2 oder 1. Ebenso reducirt die Zahl der Zehen, deren Endphalangen häufig Hufe statt der Krallen tragen. Der ursprüngliche Sohlengang (*plantigrada*) verwandelt sich durch Aufrichtung des Fusses in den Zehengang (*digitigrada*), wobei nur noch die Köpfchen der Metapodien und die Phalangen den Boden berühren. Endlich richten sich auch diese auf, so dass nur die letzte, von einem Hufe umschlossene Phalanx auftritt (Hufgang, *unguligrada*). Die hinteren Laufbeine sind meist stärker als die vorderen (Dinosauria, Aves, Carnivora, Ungulata und andere Mammalia). Indem die Tarsomelen übermässig sich entwickeln und die Carpomelen verkümmern, verwandeln sich die Laufbeine in Sprungbeine (viele Dinosaurier, Macropoden etc.). 6) Das Flugbein (*Pteromelos*, *Ala*, *Pes volans*). Bei Anpassung an die fliegende Lebensweise sind stets die Carpomelen als Flugorgane besonders entwickelt, während die Tarsomelen schwächer werden oder sich in Sprungbeine umbilden (Vögel). Die *Pterosaurier* zeichnen sich dadurch aus dass ein einziger Finger (V.) sich übermässig entwickelt und als Stütze der Flughaut dient. Bei den *Chiropteren* hingegen werden vier Finger der Hand nebst ihren Metacarpen (II.—V.) ausserordentlich verlängert. Bei den Vögeln dienen als Flugorgane die Schwungfedern, von denen sich diejenigen erster Ordnung an der Hand, die zweiter Ordnung am Vorderarm ansetzen. Das Handskelet ist sehr reducirt, nur zwei Finger gut entwickelt (II. und III.). Die beiden Knochen des Vorderarms sind bei den Pterosauriern fast von gleicher Stärke; bei den Vögeln ist die Ulna viel stärker als der Radius, bei den Chiropteren umgekehrt.

§ 94. Phylogenie des Muskel-Systems.

Die Stammesgeschichte des Muskel-Systems der Wirbelthiere steht in der nächsten und innigsten Beziehung zu derjenigen ihres Skelet-Systems. Wie diese beiden Organ-Systeme eine unmittelbare physiologische Wechselwirkung auf einander ausüben, so haben sie sich auch gleichzeitig in functionellem Zusammenhang phylogenetisch entwickelt. Die Muskeln als active Bewegungs-Werkzeuge üben ebenso einerseits beständigen Einfluss auf den passiven Locomotions-Apparat der festen Skelet-Gebilde aus, als sie anderseits selbst durch die Entwickelung der letzteren modificirt werden. Während aber die vergleichende Anatomie und Ontogenie des Skeletes sehr genau bekannt ist und zu einem sehr eingehenden morphologischen Verständniss seiner historischen Entwickelung geführt hat, gilt das nicht entfernt in gleichem Maasse vom Muskel-System. Die mannichfaltigen Schwierigkeiten, welche der vergleichenden Anatomie und Ontogenie des Muskelsystems entgegenstehen, haben uns bisher nur zu einer sehr lückenhaften und ungenügenden Erkenntniss desselben gelangen lassen; nur in einzelnen Gruppen (z. B. bei den Amphibien, Vögeln, Hufthieren, Primaten) ist unsere Kenntniss vollständiger und gestattet dann in ähnlicher Weise wie beim Skelet eine phylogenetische Betrachtung seiner Umbildung. Dagegen steht bereits die wichtige ontogenetische Thatsache fest, dass sich bei allen Wirbelthieren das Muskel-System aus derselben embryonalen Grundlage entwickelt, nämlich aus den Muskelplatten, einem der wichtigsten Bestandtheile des Mesoderms.

Der grösste Theil der Vertebraten-Musculatur geht aus demjenigen Theile des mittleren Keimblattes hervor, welcher die mediale oder innere Lamelle der primitiven Coelom-Taschen bildet und als visceraler Mesoblast bezeichnet wird. Nachdem die einfachen beiden Coelom-Taschen durch eine Frontal-Strictur in eine dorsale und ventrale

Hälfte geschieden sind, entwickelt sich die Musculatur aus deren Epitel in verschiedener Weise. Das Mesoderm des Episoma oder Rückenleibes (— die »Stammzone« oder Urwirbelplatte —) zerfällt durch Transversal-Stricturen in die paarige Reihe der Segmente, welche wir als Episomiten (= Epimeren, Ursegmente oder Urwirbel) bezeichnen. Aus der inneren oder medialen Wand jedes Segmentes entwickelt sich ein mediales Sclerotom (der eigentliche »Urwirbel«) und ein laterales Myotom. Diese »Muskelplatte« liefert den grössten Theil der animalen Stamm-Musculatur; sie füllt die Ursegment-Höhle (Myocoel) bei den Cranioten aus und dehnt sich im Rumpfe, nach oben und unten wachsend, dergestalt aus, dass sie den grössten Theil der musculösen Leibeswand bildet. Dieser wichtigste Theil des Muskelsystems — die »Seiten-Rumpf-Muskeln« — wird gewöhnlich als »*Parietal*-Musculatur« bezeichnet, obgleich er aus dem »*Visceral*-Blatt« der Episomiten hervorgegangen ist. Die einzelnen Muskel-Segmente (*Myotome* oder Myomeren) werden getrennt durch bindegewebige Scheidewände (*Myosepten* oder Myocommata).

Anders verhält sich das Mesoderm im Hyposoma oder Bauchleibe (— der »Parietalzone« oder Seitenplatte —). Hier tritt nur im Kopfabschnitt eine segmentale Gliederung (*Branchiomerie*) ein, und die daraus hervorgehenden »ventralen Ursegmente« (— »Schlundbogenstränge« —) liefern die Musculatur des Kiemenkorbes (nebst den Kaumuskeln, Zungenbein-Muskeln etc.). Im Rumpfabschnitte des Hyposoms dagegen verschmelzen die Höhlen der ventralen Ursegmente (— die nur bei den Acraniern theilweise in den metameren Gonaden sich erhalten —) zur Bildung einer einfachen Leibeshöhle (Metacoelom); ihre inneren (*visceralen*) Lamellen liefern die glatte Musculatur des Darms (Darmfaserblatt), ihre äusseren (*parietalen*) Lamellen einen Theil der äusseren Leibwand. (Vergl. § 49).

§ 95. Elektrische Organe der Fische.

Der Besitz von eigenthümlichen Organen, welche freie Elektricität entwickeln und durch die von ihnen ertheilten elektrischen Schläge als mächtige Waffen dienen, zeichnet eine geringe Anzahl von echten Fischen aus (*Torpedo, Malapterurus, Gymnotus*). Diese elektrischen Organe besitzen überall denselben feineren Bau und sind phylogenetisch als umgebildete Muskeln zu betrachten. Da alle Muskeln elektromotorisch wirken (— der Längsschnitt elektropositiv, der darauf senkrechte Querschnitt elektronegativ —), und da jede Muskelcontraction mit einer »negativen Schwankung« (oder Abnahme der elektromotorischen Kraft) verknüpft ist, so lässt sich die Verwandlung gewöhnlicher Muskeln in elektrische Organe durch Arbeitswechsel erklären. Während die Contractions-Thätigkeit in jenen Muskeln immer mehr abnahm, entwickelte sich die elektromotorische Thätigkeit um so stärker; zuletzt verschwand die erstere, und die letztere blieb allein übrig. Die contractile Substanz des Muskels verwandelte sich dabei in die »elektrische Platte«. Die characteristische Anordnung der letzteren und ihr Verhalten zum Nerven bleibt durch Vererbung erhalten und ist dieselbe, wie beim Muskel. Während diese feinere Struktur der elektrischen Organe überall dieselbe ist, bieten dagegen ihre gröbere Form und Lagerung bei den wenigen elektrischen Fischen auffallende Verschiedenheiten. Beim Zitterrochen (*Torpedo*), aus der Gruppe der Rajaceen, stehen die prismatischen elektrischen Säulen senkrecht zu beiden Seiten des Kopfes, parallel der Sagittal-Axe; ihre Nerven kommen aus dem Lobus electricus des Nachhirns. Bei den übrigen elektrischen Fischen liegen die elektrischen Säulen horizontal, parallel der Längsaxe. Bei dem Zitterwels (*Malapterurus*), aus der Familie der Siluroiden, bilden sie einen subcutanen Mantel; ihr Nerv ist jederseits eine einzige colossale Primitivfaser, die sich fortwährend theilt und aus einer einzigen riesigen Ganglienzelle des Rückenmarks (— in der Nähe des zweiten Cervical-Nerven —) entspringt. Bei dem Zitteraal (*Gymnotus*), aus der Familie der Muraenoiden, sind die ganzen ventralen Seitenmuskeln des sehr langen Schwanzes in elektrische Organe umgewandelt und erhalten über 200 Nerven aus dem Rückenmark. Auch bei den sogenannten pseudoelektrischen Fischen, die nur schwache Elektricität entwickeln, sind die elektrischen Organe (— wahrscheinlich in phylogenetischer Fortbildung begriffen! —) umgebildete Schwanzmuskeln (*Raja*, *Mormyrus*, *Gymnarchus*). Diese auffallenden morphologischen Differenzen gestatten die Annahme, dass die elektrischen Organe polyphyletisch, in fortschreitender Entwickelung begriffen und erst in neuerer Zeit, unabhängig in verschiedenen Fisch-Gruppen, entstanden sind.

§ 96. Phylogenie des Nerven-Systems.

Die Stammesgeschichte des Nerven-Systems besitzt eine hervorragende Bedeutung, sowohl für das Verständniss des Vertebraten-Organismus im Allgemeinen, als für die Frage von der Stellung des Menschen im Besonderen; und zwar aus folgenden sechs Gründen: I. Das Nerven-Centrum wird bei allen Vertebraten durch ein dorsales Medullar-Rohr von typischer Structur und Entwickelung gebildet; dasselbe liegt oberhalb der Chorda und ist eingeschlossen in das Perineuralrohr (§ 58), eine röhrenförmige, von der Perichorda ausgehende Hülle, welche bei den Cranioten durch Eparcaden gestützt wird. II. Von dem ungegliederten Medullar-Rohr gehen überall paarige Nerven-Wurzeln in segmentaler Anordnung ab, welche eine Metamerie des peripheren Nervensystems, entsprechend derjenigen der Muskeln, andeuten. III. Das Medullar-Rohr entsteht überall in gleicher Weise, aus einer medianen Zellen-Platte des Ectoblasten, welche in der dorsalen Mittellinie des äusseren Keimblattes liegt und sich von der peripheren Hornplatte (der Anlage der Epidermis) abschnürt. IV. Aus dieser gleichartigen einfachen Anlage entwickeln sich bei den verschiedenen Wirbelthieren sehr mannichfaltige Formen der Nervencentren, entsprechend den verschiedenen Stufen der von ihnen erreichten Höhe der Seelenthätigkeit. V. Da auch das Seelen-Organ des Menschen in derselben typischen Form sich entwickelt und phylogenetisch von demjenigen niederer Wirbelthiere ableitbar ist, so müssen wir auch seine »Seele« (d. h. die Summe der psychischen Functionen) aus derjenigen anderer Vertebraten phylogenetisch entstanden denken. VI. Somit widerlegt die Phylogenie unseres Nerven-Systems definitiv den alten Mythus von der »Unsterblichkeit der Seele« des Menschen, sowie die noch heute herrschende Annahme, dass unser Seelenleben von demjenigen der übrigen Wirbelthiere principiell verschieden sei; vielmehr beweist sie, dass die »Seele« hier wie dort eine vorübergehende individuelle Erscheinungsform des organischen Lebens darstellt.

Die mediane Medullar-Platte, welche die erste Anlage des Nerven-Centrums bei allen Vertebraten darstellt, entsteht oberhalb der parallel laufenden Chorda, in der Mittellinie der Rückenseite, aus einem medianen Zellenstreifen des äusseren Keimblattes. Die beiden parallelen Ränder dieser verdickten Nervenplatte oder Markplatte erheben sich in Form von »Medullarwülsten«, wachsen einander entgegen und vereinigen sich in der dorsalen Mittellinie; so wird aus der medianen offenen »Medullarrinne« ein geschlossenes »Medullarrohr«. [Das vordere Ende desselben bleibt anfangs noch eine Zeitlang geöffnet (*Neuroporus*), während das hintere Ende durch einen bogenförmigen *Canalis neurentericus* mit dem hinteren Theile des Urdarms in Communication steht. Nachdem diese Oeffnungen sich geschlossen haben und das Nervenrohr von der Hornplatte sich völlig abgeschnürt hat, stellt dasselbe ein fast cylindrisches, meistens seitlich mehr oder minder comprimirtes Rohr dar, dessen Seitenwände verdickt sind. Nur bei den Acraniern (*Amphioxus*) bleibt das Markrohr in dieser einfachsten Gestalt zeitlebens bestehen, während es sich bei den Cranioten in zwei Hauptabschnitte sondert: das Kopfmark oder Gehirn (*Encephalon*) und das Rumpfmark oder Rückenmark (*Notomyelon, Medulla spinalis*).

Von hoher Bedeutung ist die palingenetische Thatsache, dass beim Embryo aller Wirbelthiere die Anlage des Nerven-Centrums an derselben Stelle und in gleicher Weise erfolgt, und dass überall das Medullar-Rohr in seiner ganzen Länge oberhalb der Chorda vom Exoderm sich abschnürt. Diese Thatsache berechtigt uns zu der Annahme sowohl der phylogenetischen Einheit des Wirbelthier-Stammes, als auch einer langen Vorgeschichte des Centralmarks innerhalb der wirbellosen Vorfahren des Stammes. Bezüglich der letzteren sind mehrere sehr verschiedene phylogenetische Theorien aufgestellt worden, indem man das Medullarrohr aus dem älteren Nerven-Centrum bald dieses, bald jenes wirbellosen Thierstammes abzuleiten versuchte. Unter diesen Theorien stehen sich noch heute zwei entgegengesetzte Annahmen schroff gegenüber: die eine vergleicht das Centralmark der *Vertebraten* mit demjenigen der *Tunicaten*, die andere mit demjenigen der *Articulaten*. Die erstere nimmt an, dass das Medullarrohr der *Chordonier* (Vertebraten und Tunicaten) aus dem verlängerten Acroganglion der *Helminthen* und *Platoden* hervorgegangen ist. Die zweite Hypothese hingegen hält das Rückenmark der Wirbelthiere und das Bauchmark der Gliederthiere für homologe Bildungen; sie lässt das erstere aus dem letzteren hervorgehen.

§ 97. Medullar-Rohr und Acroganglion.

Diejenige Hypothese über den Ursprung des Medullarrohrs, welche wir für die allein richtige halten, geht aus von der Vergleichung desselben mit dem Centralmark der Tunicaten und dem Acroganglion der Helminthen; sie stützt sich darauf, dass das Nervencentrum der Mantelthiere ontogenetisch in derselben typischen Weise entsteht, wie dasjenige der Wirbelthiere, und dass das erstere anderseits nach Lage und Beziehung dem Scheitelhirn der Wurmthiere homolog erscheint. Dieses Scheitelhirn (*Acroganglion*) — wegen seiner Lage über dem Schlunde gewöhnlich als Oberschlundknoten (*Ganglion epipharyngeum*) oder als Urhirn (*Ganglion cerebrale*) bezeichnet — darf bei allen Bilaterien als homolog betrachtet werden; es stellt eine uralte Einrichtung dar, welche alle dipleuren Metazoen von der gemeinsamen Stammgruppe der Helminthen, und diese von der älteren Gruppe der Platoden geerbt haben. Der Dorsaltheil des Kopfes, bei der Ortsbewegung der Bilaterien nach vorn gekehrt und den lebhaftesten Beziehungen zur Aussenwelt (Nahrungs-Aufnahme, Sinnesthätigkeit u. s. w.) ausgesetzt, erscheint naturgemäss als derjenige Ort, an welchem zunächst sensible und motorische Nerven und Ganglienzellen zur Bildung eines einheitlichen nervösen Central-Apparates zusammentreten mussten. Das superficiale Acroganglion der *Platoden* und *Helminthen*, unmittelbar unter der dorsalen Kopfhaut gelegen, entstand ursprünglich aus einer Sinnesplatte derselben

(S c h e i t e l p l a t t e, *Acroplatea*); später schnürte es sich von derselben ab, trat in die Tiefe und gestaltete sich während der Abschnürung schon bei den P r o c h o r d o n i e r n (— den ausgestorbenen gemeinsamen Vorfahren der *Tunicaten* und *Vertebraten* —) zu einem hohlen, vorn anfangs noch offenen »M e d u l l a r b l ä s c h e n«; der Abschnürungs-Process desselben vom Mutterboden der Epidermis (Exoderm) verlief ähnlich, wie die analoge Bildung der Linsen-Anlage des Auges und des primären Labyrinth-Bläschens am Gehörorgane. Indem sich das rundliche Medullarbläschen der Prochordonier mit der fortschreitenden Ausbildung der hinteren Körpertheile nach hinten verlängerte, wurde daraus das gestreckte Medullar-Rohr der Copelaten und Vertebraten. Eine Modification dieser Hypothese vergleicht die beiden parallelen Medullar-Wülste mit ein paar starken lateralen, vom Scheitelhirn abgehenden Nervenstämmen, wie solche auch bei ungegliederten Helminthen vorkommen (z. B. Nemertinen); indem diese Seitenstämme auf die Rückenseite hinaufrückten, konnten sie zu der Bildung eines Medullarrohrs sich vereinigen.

§ 98. Rückenmark und Bauchmark.

Entgegen der vorstehenden, von uns vertretenen Homologie des Medullar-Rohrs und des Acroganglion, steht die zweite erwähnte Hypothese, die Annahme, dass das dorsale Medullar-Rohr der Vertebraten homolog dem ventralen Nerven-Centrum der Articulaten und phylogenetisch aus diesem entstanden sei. Diese »Homologie des R ü c k e n m a r k s der *Wirbelthiere* und des B a u c h m a r k s der *Gliederthiere*« (Anneliden, Crustaceen, Tracheaten) schliesst die Voraussetzung ein, dass überhaupt die Rückenseite der ersteren mit der Bauchseite der letzteren identisch sei. Schon die ältere Naturphilosophie kleidete diese irrthümliche Vorstellung in den paradoxen Satz, dass »die Wirbelthiere auf dem Rücken laufende Gliederthiere seien«. Dieser Satz wird nur scheinbar dadurch unterstützt, dass in beiden Stämmen der Darm zwischen den Centraltheilen des Nerven-Systems und des Gefässsystems liegt; er wird aber schon allein dadurch widerlegt, dass die Gliederthiere keine Spur der C h o r d a besitzen, jenes hochwichtigen uralten Fundamental-Organes, welches bei allen C h o r d a t h i e r e n — *Tunicaten* ebenso wie *Vertebraten* — in frühester Zeit zwischen Darmrohr und Nervenrohr des noch ungegliederten Keims auftritt. In Folge dessen fehlt auch den Articulaten der wichtige Gegensatz zwischen *Episoma* und *Hyposoma*, welcher für die Vertebraten so characteristisch ist. Ebenso fehlt den ersteren jede Spur von den Kiemenspalten der letzteren. Ausserdem ist die gesammte Organisation der Wirbelthiere und Gliederthiere so grundverschieden, ihre ganze Entwickelungs-Richtung so entgegengesetzt, dass wir die phylogenetische Ableitung des einen Stammes vom anderen für unmöglich halten müssen. Beide sind als divergente Stämme — ganz unabhängig von einander — aus älteren ungegliederten Helminthen hervorgegangen. Mit Bezug auf das Central-Nervensystem ist aber hier noch ganz besonders zu betonen, dass das ventrale Bauchmark bei allen Gliederthieren durch den Schlundring mit dem dorsalen Hirnganglion zusammenhängt, und dass nur dieses letztere dem Scheitelhirn der Helminthen und dem Medullar-Rohr der Chordathiere verglichen werden kann. Alle Versuche, bei den Wirbelthieren einen echten »Nerven-Schlundring« nachzuweisen, sind vergeblich gewesen. Mit vollem Rechte ist daher schon vor langer Zeit von competentester Seite »die bekannte Vergleichung des sogenannten Bauchmarkes wirbelloser Thiere mit dem Rückenmarke der Vertebraten als ein eklatantes Beispiel unkritischer, und damit unwissenschaftlicher Methode« bezeichnet worden (s. oben § 8).

§ 99. Gehirn der Tunicaten und Vertebraten.

Die beiden Hauptabschnitte des Centralmarks, welche in Kopf und Rumpf liegen, zeigen bei allen Cranioten schon frühzeitig eine divergente Entwickelung. Das Kopfmark oder Gehirn (*Encephalon*) ist vom Schädel umschlossen und entwickelt weit reichere und complicirtere Structur-Verhältnisse als das Rumpfmark oder Rückenmark, das im Spinal-Canal eingeschlossene *Notomyelon* (*Medulla spinalis*). Die Anlage des Kopfmarks erweitert sich schon frühzeitig zu einer »kolbenförmigen Hirnblase«, wie sie namentlich die Cyclostomen-Larven in typisch palingenetischer Form zeigen. Dieser primordiale »Hirnkolben« zerfällt dann durch transversale Stricturen in drei hintereinander liegende »primäre Hirnblasen«, und diese später in fünf »secundäre Hirnblasen« von sehr divergenter Entwickelung. Die Anlage des Rückenmarks dagegen verhält sich in der ganzen Länge des Rumpfes ziemlich gleichartig und zerfällt nicht in verschiedene Abschnitte, welche denjenigen des Gehirnes zu vergleichen sind. Abweichend von diesem allgemeinen Verhalten der Schädelthiere erscheint der einzige uns bekannte Vertreter der Schädellosen, *Amphioxus*. Hier bleibt auch das Kopfmark auf derselben einfachen Bildungsstufe stehen wie das Rückenmark; beide setzen in ununterbrochenem Zusammenhang ein einfaches Medullar-Rohr von fast gleichmässiger Dicke zusammen; nur eine ganz geringfügige Erweiterung im vordersten Theile seines engen Canals könnte als »Hirnblase« unterschieden werden. Bei jugendlichen Amphioxus-Larven zeigt dieselbe sogar die Andeutung einer Sonderung in drei Bläschen. Die eigenthümliche Bildung des Centralmarks bei Amphioxus könnte wegen ihrer Einfachheit als ein älterer und indifferenterer Zustand angesehen werden. Es besteht aber guter Grund zu der Annahme, dass das nicht der Fall ist, und dass die älteren *Prospondylier* (— die gemeinsamen Vorfahren von Amphioxus und den Cranioten —) bereits eine deutliche Sonderung zwischen dem blasenförmig erweiterten Kopfmark und dem dünneren Rückenmark des Rumpfes zeigten. Denn nur das erstere entspricht dem »Gehirn« der *Tunicaten* (— und somit dem Acroganglion der *Helminthen* —); es ist daher als der ältere Theil des Medullar-Rohrs zu betrachten, aus dessen hinterem Theile erst später das phyletisch jüngere Rückenmark entstanden ist.

Wenn nach vorstehender Annahme das »Gehirn« der Mantelthiere demjenigen der ältesten Wirbelthiere entspricht und ein wahres »Kopfmark« darstellt, so wirft das erstere, abgeleitet vom Acroganglion der Helminthen, zugleich ein helles Licht auf die ältere Herkunft des letzteren. Diese Annahme wird weiterhin auch noch durch drei verschiedene wichtige Thatsachen gestützt: Erstens verhält sich das blasenförmige Gehirn der Tunicaten in seiner ersten Anlage durchaus gleich dem rohrförmigen Kopfmark von *Amphioxus*, indem sein vorderes Ende sich nach aussen öffnet (durch den *Neuroporus*), sein hinteres Ende dagegen mit dem Urdarm communicirt (durch den *Canalis neurentericus*). Zweitens zerfällt das blasenförmige Gehirn der Copelaten und Ascidien-Larven durch zwei transversale Einschnürungen in drei Abschnitte (ähnlich den drei primären Hirnblasen der Wirbelthiere). Drittens endlich wird ein Theil der Hirnblasen-Wand bei den ersteren zur Bildung von Sinnesorganen verwendet, ähnlich wie bei den Vertebraten. Wie weit in dieser Beziehung die Homologien im Kopfmark der Mantelthiere und Wirbelthiere sich erstrecken, ist leider nicht näher zu ermitteln, da von Beiden uns die ältesten und ursprünglichsten Formenreihen zu unvollständig bekannt sind. Bei *Amphioxus* liegt wahrscheinlich eine Rückbildung der Sinnesorgane, und somit auch des mit ihnen verknüpften Kopfmarks vor. Als sicher aber dürfen wir betrachten, dass eine allgemeine Homologie zwischen dem »Gehirn« beider Stämme (— wenigstens in der ursprünglichen Anlage —) besteht, und dass das »Kopfmark« in beiden Stämmen aus dem Scheitelhirn der *Helminthen*, wie dieses aus dem Acroganglion der *Platoden*, hervorgegangen ist.

Grössere und tiefer greifende Unterschiede, als das Kopfmark (»Gehirn«), zeigt in den beiden verwandten Stämmen der Mantelthiere und Wirbelthiere das Rumpfmark (»Rückenmark«). Dasselbe fehlt bei den meisten Tunicaten (in Folge secundärer Rückbildung des Schwanzes) ganz, und wird bei den übrigen (geschwänzten) Formen nur durch einen dünnen, hohlen Strang dargestellt, welcher vom hinteren Ende der Hirnblase bis zur Spitze des Schwanzes sich erstreckt; an der Basis des Schwanzes schwillt er in ein Ganglion an, und oft finden sich einige kleinere gangliöse Anschwellungen im weiteren Verlauf. Obwohl dieser dünne Caudal-Nerv der Copelaten und der Ascidien-Larven mehr den Character eines peripheren Nerven trägt, darf er dennoch dem Rückenmark der Vertebraten aus drei wichtigen Gründen verglichen werden: Erstens bildet er die unmittelbare hintere Verlängerung der Hirnblase; zweitens enthält er einen engen Canal (Medullar-Rohr); drittens liegt er dorsal über der Chorda. Aus diesem schwachen Caudal-Nerven der *Prochordonier* (der ursprünglich nur eine periphere Fortsetzung des Acroganglion darstellte) ist durch stärkere Ausbildung und Erhebung zum nervösen Centralorgan des Rumpfes das Rückenmark der *Wirbelthiere* entstanden. Dabei kamen als wichtigste Causal-Momente in Betracht die stärkere Ausbildung des Rumpfes selbst und seiner Organe; vor Allem aber dessen segmentale Gliederung; diese letztere fehlt noch den *Tunicaten*, während sie für die *Vertebraten* höchst characteristisch ist. Das segmentale Rückenmark der Wirbelthiere ist demnach phyletisch jünger, als das blasenförmige Kopfmark, wie ja auch der Kopf als Ganzes älter ist als der Rumpf.

§ 100. Hirnblasen der Cranioten.

Bei allen Schädelthieren zerfällt frühzeitig die einfache blasenförmige Anlage des Gehirns durch zwei transversale Einschnürungen in drei hintereinander liegende primäre Hirnblasen: 1) Das Vorderhirn (*Prosencephalon*), 2) das Mittelhirn (*Mesencephalon*), 3) das Hinterhirn (*Epencephalon*). Indem die erste und die dritte Hirnblase abermals eingeschnürt werden, entstehen fünf hintereinandergelegene secundäre Hirnbläschen: 1) das Grosshirn-Bläschen (*Protencephalon*), 2) das Zwischenhirn-Bläschen (*Deutencephalon*), 3) das Mittelhirn-Bläschen (*Mesencephalon*), 4) das Kleinhirn-Bläschen (*Parencephalon*), 5) das Nachhirn-Bläschen (*Derencephalon*). Von diesen fünf secundären Hirnbläschen besitzt das Mittelhirn den conservativsten Character und erfährt die geringsten Umbildungen; hingegen erleiden die übrigen vier secundären Hirnbläschen mehr oder minder bedeutende Veränderungen, am meisten das erste und das vierte. Die Unterschiede in ihrer Ausbildung und die Mannichfaltigkeit in der Differenzirung der einzelnen Theile entsprechen dem historischen Bildungsgange der Vertebraten-Classen. Am gleichartigsten erhalten sich die fünf Hirnbläschen bei den Cyclostomen. Schon bei den Fischen und Dipneusten, noch mehr bei den Amphibien, erscheinen sie beträchtlich differenzirt. Die bedeutendsten Unterschiede zeigen sie bei den Amnioten und insbesondere bei der höchst entwickelten Classe, den Säugethieren. Die wichtigsten Theile, welche aus den fünf Hirnbläschen sich differenziren, sind in der Tabelle auf S. 112 verzeichnet.

§ 101. Grosshirn-Bläschen. Protencephalon.

Das Grosshirn-Bläschen, oder das »secundäre Vorderhirn«, erfährt unter den fünf secundären Hirnbläschen die beträchtlichsten Veränderungen. Seine morphologische Differenzirung und physiologische Bedeutung nimmt stetig zu, von den niederen und älteren Wirbelthieren aufsteigend zu den höheren und jüngeren Formen. Durch eine mediane Längsspalte zerfällt sein oberer und vorderer Theil in zwei Seitenlappen, die Anlagen der grossen Hemisphären; entsprechend theilt sich auch sein einfacher Hohlraum in ein paar Kammern, die Seitenhöhlen (*Ventriculi laterales*). Auf ihrem ventralen Boden erheben sich die Streifenhügel (*Corpora striata*). Aus dem vordersten Abschnitt gehen die Riechlappen hervor (*Lobi olfactorii*), aus welchen die Riechnerven entspringen, das erste Paar der Gehirn-Nerven. Die grösste physiologische Bedeutung, als wichtigstes Organ der höheren Seelenthätigkeiten, erlangt der Hirnmantel (*Pallium cerebrale*), hervorgehend aus der dorsalen und lateralen Decke der Grosshirn-Hemisphären. Bei den *Amnioten* zeichnet er sich durch die Ausbildung einer grauen Rindenschicht aus, welche ihre überwiegende Entfaltung nur in der Classe der Säugethiere erreicht, und zwar stufenweise aufsteigend von den niederen zu den höheren Gruppen. Bei den höheren Mammalien führt das Oberflächen-Wachsthum der grauen Mantelzone zur Bildung der characteristischen Wülste (*Gyri*) und Furchen (*Sulci*), während die Oberfläche bei den niederen Säugethieren meistens noch glatt ist, wie bei allen anderen Vertebraten. Die bewunderungswürdige Stufe, zu welcher sich in Folge jener Entfaltung des grauen Hirnmantels bei den höheren Placentalthieren — und vor Allen beim Menschen — die höheren Seelenthätigkeiten erheben, hat zu der irrthümlichen Vorstellung geführt, dass dieselben von einem immateriellen Wesen bewirkt werden, und zu dem Dogma von der »Unsterblichkeit der Seele«.

§ 102. Zwischenhirn-Bläschen. Deutencephalen.

Das zweite secundäre Hirnbläschen ist das Zwischenhirn (*Deutencephalon* oder *Thalamencephalon*); es geht aus der hinteren Hälfte der primären Vorderhirnblase hervor und zerfällt nicht durch eine Längsspalte in zwei Seitenlappen, wie deren vordere Hälfte. Daher bleibt auch seine Höhle ungetheilt und bildet die dritte Hirnkammer (*Ven-*

Sonderung der fünf Hirnblasen im Gehirn der höheren Wirbelthiere
(am vollkommensten ausgebildet bei den placentalen Säugethieren).

Die fünf secundären Hirnbläschen der Cranioten	I. Vorderhirn. *Prosencephalon.* (Erste primäre Hirnblase) 1. Grosshirn-Bläschen *Protencephalon*	I. Vorderhirn (Forts.) 2. Zwischenhirn-Bläschen *Deutencephalon*	II. Mittelhirn *Mesencephalon* (Zweite primäre Hirnblase) 3. *Mesencephalon*	III. Hinterhirn. *Opistencephalon* (Dritte primäre Hirnblase) 4. Kleinhirn-Bläschen *Parencephalon*	III. Hinterhirn (Forts.) 5. Nachhirn-Bläschen *Derencephalon*
A. Ventral-Theile (Boden) der Hirnbläschen	Lobus olfactorius Lobus centralis Corpora striata	Chiasma opticum Tuber cinereum Infundibulum Hypophysis	Pedunculi cerebri Lamina perforata posterior	Pons Varolii	Medulla oblongata
B. Lateral-Theile (Seitenwände) der Hirnbläschen	Crura fornicis Pallium cerebri laterale	Thalami optici	Corpora geniculata Brachia conjunctiva	Processus cerebelli ad cerebrum Crura cerebelli ad pontem	Pedunculi cerebelli
C. Dorsal-Theile (Decke) der Hirnbläschen	Corpus callosum Pallium cerebri dorsale Commissura anterior	Commissura posterior Glandula pinealis (Epiphysis)	Corpus bigeminum (bei den Mammalien: quadrigeminum)	Velum medullare anterius, Cerebellum, Velum medullare posterius	Membrana tectoria ventriculi quarti (Obex, Ligula)
D. Höhle der Hirnbläschen	Ventriculi laterales (I et II)	Ventriculus tertius (III)	Aquaeductus Sylvii	Ventriculus quartus (Pars anterior)	Ventriculus quartus (Pars posterior)

triculus tertius). Letztere communicirt jederseits durch das Foramen Monroi mit den beiden Seitenkammern der Grosshirn-Hemisphären (*Ventriculi laterales I.* und *II.*). Hinten geht der III. Ventrikel in die enge Höhle des Mittelhirns über (den *Aquaeductus Sylvii*). Die wichtigste Bedeutung besitzt das Zwischenhirn für das Sehorgan, indem aus seinen verdickten Seitentheilen die Sehhügel hervorgehen (*Thalami optici*), aus seiner ventralen Basis aber die primären Augenblasen ausgestülpt werden; der Stiel der letzteren entwickelt sich zum Sehnerven (*N. opticus*). Die dorsale Decke des dritten Ventrikels bleibt theilweise sehr dünn (*Membrana tectoria*); theilweise wächst sie zu einem unpaaren Schlauch aus und entwickelt sich zur Epiphysis oder »Zirbeldrüse« (*Glandula pinealis*). Bei vielen Wirbelthieren (namentlich Reptilien) bildet deren Distaltheil ein unpaares Sehorgan, das Parietal-Auge oder Pineal-Auge; dasselbe scheint schon bei den carbonischen Amphibien (Stegocephalen) sehr entwickelt gewesen zu sein, nach der Grösse des Foramen parietale in ihrer Schädeldecke zu urtheilen. Auf der ventralen Seite bildet eine ähnliche Aussackung des Zwischenhirns den Trichter (*Infundibulum*) und den nervösen Theil des Hirnanhanges (*Hypophysis*); der drüsige Theil des letzteren wird durch eine entgegenwachsende, dorsale, schlauchförmige Ausstülpung der Mundbucht (*Stomodaeum*) geliefert, die sich bald ganz von der primitiven Mundhöhle abschnürt.

§ 103. Mittelhirn-Bläschen. Mesencephalon.

Das zweite primäre (und demnach das dritte secundäre) Hirnbläschen ist das Mittelhirn oder Hügelhirn (*Mesencephalon*); dasselbe ist conservativer und unterliegt sowohl in qualitativer als quantitativer Beziehung weit geringeren Veränderungen, als die vier übrigen Bläschen; es ist daher verhältnissmässig gross bei den niederen, klein bei den höheren Wirbelthieren. Sein enger Hohlraum, der *Aquaeductus Sylvii*, mündet vorn in den dritten, hinten in den vierten Ventrikel. Seine dorsale Decke ist stets durch eine deutliche, oft tiefe Längsfurche in ein paar Seitenlappen getheilt (*Corpus bigeminum*); bei vielen Amnioten (einem Theile der Reptilien und der Säugethiere) zerfallen diese durch eine Querfurche in vier Hügel (*Corpus quadrigeminum*). Den Boden des Mittelhirns bilden die Hirnstiele (*Pedunculi cerebri*).

§ 104. Kleinhirn-Bläschen. Parencephalon.

Das vierte secundäre Hirnbläschen, das Kleinhirn (*Cerebellum, Parencephalon, Metencephalon*) ist eigentlich nur der vordere Dorsaltheil der dritten primären Hirnblase, während deren hinterer und ventraler Theil durch das Nachhirnbläschen (*Derencephalon*) gebildet wird. Beide Bläschen gehören also eigentlich zusammen, erscheinen aber deshalb getrennt, weil das Dach ihrer Höhle (— des *Ventriculus quartus* —) nur vorn vom Cerebellum gebildet wird, hinter diesem aber von einer sehr dünnen Membran; diese erscheint nur theilweise als eine rudimentäre Markplatte (*Velum medullare*), zum grössten Theile als eine einfache Epitel-Schicht, welche die Plexus choroides überzieht. Derjenige Theil des primären Hinterhirns, welcher die ventrale Basis des Cerebellum bildet, ist die Varols-Brücke (*Pons Varoli*). Das eigentliche Cerebellum selbst ist bei den meisten niederen Vertebraten von geringer Grösse und sehr einfacher Bildung (gewöhnlich eine schmale Querbrücke über dem vordersten Theile der Rautengrube). Verhältnissmässig gross ist es bei den meisten Fischen, klein bei den Amphibien und Reptilien. Bei den Amnioten sind meistens ein paar Längsfurchen ausgeprägt, durch welche das Cerebellum in ein grosses unpaares Mittelstück (»*Vermis*«) und ein Paar kleine Seitenstücke (*Flocculi*) zerfällt. Die letzteren entwickeln sich bei den höheren Säugethieren zu ungewöhnlicher Grösse und bilden die Kleinhirn-Halbkugeln (*Hemisphaeria cerebelli*).

§ 105. Nachhirn-Bläschen. Derencephalon.

Der grösste Theil des Hinterhirns oder der dritten primären Hirnblase verwandelt sich in das Nachhirn oder Nackenhirn (*Derencephalon* oder *Epencephalon*), gewöhnlich unpassend »verlängertes Mark« genannt (*Medulla oblongata*). Dasselbe bildet den Boden des vierten Ventrikels, der auch als Rautengrube bezeichnet wird (*Sinus rhomboidalis*). Seitliche Theile sind die Hirnschenkel (*Crura cerebri*). Die dünne dorsale Decke wird durch die ***Membrana tectoria ventriculi quarti*** gebildet, jene einfache medullare Epitel-Schicht, welche dem Ueberzug der Pia mater anliegt. Indem letztere von hier aus in die Hirnhöhlen eingestülpt wird, erzeugt sie die ***Plexus choroides***. Das Nachhirn ist verhältnissmässig gross, stark und langgestreckt bei den niederen Vertebraten, während es bei den höheren gegen die anderen Hirntheile zurücktritt. Bei den ersteren finden sich auch oft Spuren einer Segmentirung vor.

§ 106. Structur des Gehirns.

Wenn schon die äussere Gestalt und Gliederung des Gehirns in den verschiedenen Zweigen des Cranioten-Stammes eine sehr mannichfaltige Differenzirung und eine lange Stufenleiter von einfachen niederen zu sehr verwickelten höheren Formen zeigt, so gilt dies noch in weit höherem Maasse von seiner feineren Structur. Die Vertheilung und Anordnung der Ganglienzellen, wie der Verlauf der Nervenfasern, bleiben bei den niedersten Gruppen noch verhältnissmässig einfach, entwickeln sich aber in den höheren Abtheilungen zu einer solchen Complication, dass es selbst den fortgeschrittenen anatomischen Forschungen der Neuzeit erst zum kleinsten Theile gelungen ist, dieselben zu enträthseln. In erster Linie ist dabei wieder das ungleiche Wachsthum der fünf Hirnbläschen und ihrer Theile von maassgebender Bedeutung. An einigen Stellen behält die Wand der Hirnbläschen die ursprüngliche Beschaffenheit eines einfachen einschichtigen Epitels bei (so an der dorsalen Deckplatte des dritten und vierten Ventrikels). An den meisten Stellen aber wird die Wand der Bläschen mächtig verdickt; sie bildet Falten und Ausstülpungen, welche zur Entstehung neuer Organe führen. Dabei wachsen die Züge der grauen Substanz (vorzugsweise aus Ganglienzellen gebildet) und die Züge der weissen (aus Nervenfasern bestehenden) Masse so vielfach durch einander, dass die genaueste Kenntniss der Ontogenie, an sich schon sehr schwierig, keinen Aufschluss darüber giebt. Auch die vergleichende Anatomie ist häufig noch nicht im Stande, die Homologie der einzelnen (oft sehr abweichend gestalteten) Theile in den verschiedenen Vertebraten-Gruppen festzustellen. Um so bedeutungsvoller bleibt die fundamentale Thatsache, dass die mannichfaltigen Gehirnformen sämmtlicher Cranioten sich aus derselben ontogenetischen Urform hervorbilden — ein deutliches Zeugniss ihres gemeinsamen phylogenetischen Ursprungs.

§ 107. Structur des Rückenmarks.

Während das Gehirn der Cranioten sowohl in seinen fünf Blasen und deren Theilen einen grossen Reichthum verschiedener Bildungen entfaltet, als auch innerhalb der Wirbelthier-Classen eine sehr mannichfaltige Stufenleiter der Entwickelung zeigt, verhält sich im Gegensatze dazu das Rückenmark sehr einförmig. Seine Ontogenie ist im Wesentlichen überall dieselbe. Der scheinbar auffallende Unterschied, dass bei einigen niederen Cranioten (Cyclostomen, Teleostiern) die Medullar-Platte sich in einen soliden Zellenstrang verwandelt, und erst nachträglich ein hohles Medullar-Rohr bildet, beruht auf einer secundären cenogenetischen Modification, und ist dadurch verursacht, dass die feste Dotterhaut das dotterreiche Ei sehr eng umschliesst und die Erhebung freier Medullarwülste nicht gestattet. Bei den übrigen Cranioten bilden die letzteren in palingenetischer Weise schon von Anfang an ein hohles Rohr. Selten ist das Rückenmark bandförmig abgeplattet (Cyclostomen, Chimaeren); gewöhnlich ist es nahezu cylindrisch, oder seitlich comprimirt. Schon frühzeitig verdicken sich seine lateralen Wände stark, während dorsale und ventrale Wand dünn bleiben. Daher nimmt der Central-Canal schon frühzeitig die Form eines hohen und schmalen Längsspaltes an. Die Entwickelung der Ganglien-Zellen in den beiden Seitentheilen des Rückenmarks nimmt bald so zu, dass dieselben auf der dorsalen und ventralen Seite sich jederseits mächtig vorwölben; zwischen ihnen bleibt eine tiefe dorsale (hintere) und ventrale (vordere) Längsfurche, da die obere und untere Wand des Medullar-Rohres (Deckplatte und Bodenplatte) keine Ganglienzellen entwickelt und nur eine schmale transversale (dorsale und ventrale) Commissur zwischen den beiden mächtigen Seitensträngen herstellt. Die Ganglienzellen häufen sich im Inneren dergestalt an, dass auf dem Querschnitt eine graue Figur mit ein paar vorderen (ventralen) und ein paar hinteren (dorsalen) Hörnern erscheint, umgeben von der peripheren weissen Rinde. Auch die feinere Structur des Rückenmarks der Wirbelthiere ist von derjenigen des Bauchmarks der Gliederthiere gänzlich verschieden.

§ 108. Rückenmarks-Nerven.

Das gegliederte Leitungsmark der Wirbelthiere (oder das »periphere Nervensystem«) nimmt seinen Ursprung aus den paarigen Nervenwurzeln, welche von dem ungegliederten Centralmark in vertebralen Intervallen abgehen. Am Rückenmark sind diese Wurzeln regelmässig metamer vertheilt, so dass auf jedes Rumpfsegment (jeden »Urwirbel«) zwei Paar Nervenwurzeln kommen, ein Paar dorsale (hintere oder obere) sensible Wurzeln, und ein Paar ventrale (vordere oder untere) motorische Wurzeln. Jede dorsale Wurzel hängt mit einem sensiblen Ganglion (Spinal-Ganglion) zusammen, während die ventrale Wurzel kein Ganglion bildet. Am Gehirn ist diese segmentale Vertheilung und doppelte Wurzelbildung nur theilweise nachzuweisen und sehr modificirt durch die frühzeitige Verschmelzung und eigenthümliche Differenzirung der Kopf-Somiten. Im weiteren Verhalten zeigen die Spinal-Nerven oder Rückenmarks-Nerven eine sehr wichtige Verschiedenheit zwischen den niedersten beiden Vertebraten-Classen und den übrigen (den *Gnathostomen*). Bei den *Acraniern* und *Cyclostomen* bleiben nämlich die beiden, physiologisch verschiedenen Haupt-Abschnitte des Leitungsmarks völlig getrennt; die dorsalen (sensiblen) Wurzeln senden ihre Zweige direct zur Haut und den Sinnesorganen, die ventralen (motorischen) Wurzeln hingegen zu den Muskeln. Bei allen *Gnathostomen* ist dieses ursprüngliche Verhalten abgeändert, indem die sensible (dorsale) Wurzel jederseits (nach Bildung des Spinal-Ganglion) sich mit der motorischen (ventralen) Wurzel vereinigt. Indem die Fasern beider sich durchkreuzen, entsteht jederseits ein gemischter Nerv, der erst nach seinem Austritt aus dem Spinal-Canal sich in einen dorsalen und ventralen (gemischten) Ast spaltet. Dieses secundäre Verhalten der spinalen Nervenwurzeln bei den Gnathostomen erklärt sich durch die phylogenetischen Veränderungen im Verlaufe der Leitungsbahnen. Indem das Rückenmark immer weiter sich von seiner Ursprungsstätte, der Rückenhaut, entfernte und in die Tiefe sank, mussten ihm die sensiblen Hautnerven nachfolgen und sich, in die Tiefe steigend, verlängern. Anderseits näherten sich ihnen, entgegenkommend, die motorischen Muskelnerven, indem die Muskelplatten des Rückens zu beiden Seiten des Rückenmarks emporwuchsen. Die dadurch veranlasste Annäherung der sensiblen (centripetalen) und motorischen (centrifugalen) Nervenfasern führte im weiteren Verlaufe zu einer äusserlichen Vereinigung; und besonders mussten sich nun gemeinsame Leitungsbahnen für Beide da entwickeln, wo ihre Endgebiete weit vom spinalen Ursprungsboden entfernt sind (wie an den Extremitäten). Auch die Gefässe schlossen sich dann in ihrem Verlaufe den peripheren gemischten Nerven an, wodurch die anatomische Vertheilung praktisch vereinfacht wurde.

§ 109. Gehirn-Nerven.

Wie das Centralmark des Kopfes, so zeigt auch das davon abgehende Leitungsmark auffallende Unterschiede in den beiden Hauptgruppen der Acranier und Cranioten. Bei dem schädellosen *Amphioxus* verhalten sich die Nerven, welche im Kopfe (oberhalb des Kiemendarms) vom Medullar-Rohr abgehen, wenig verschieden von denjenigen, welche aus dem Rumpf-Theil desselben (oberhalb des Leberdarms) entspringen. Jene indifferenten »Kopfnerven« der *Acranier* können nur in beschränktem Maasse den stark differenzirten einzelnen Gehirn-Nerven der *Cranioten* verglichen werden. Die eigenthümliche Kopfbildung der Letzteren, durch Differenzirung und theilweise Concrescenz der Kopfsegmente bedingt, fehlt noch beim Amphioxus, während anderseits sein eigener Kopftheil vielfach rückgebildet ist. Bei allen Cranioten sind zwölf Paare von Gehirn-Nerven zu unterscheiden. Die beiden ersten derselben, der Riechnerv (*Olfactorius*, I.) und der Sehnerv (*Opticus*, II.), sind eigenthümliche Sinnes-Nerven, welche sich unmittelbar aus peripheren Ausstülpungen des Gehirns (und zwar des primären Vorderhirns) entwickeln; sie können nicht mit Spinal-Nerven verglichen werden. Dagegen verhalten sich die zehn übrigen Gehirn-Nerven nach

Ursprung und Verbreitungsweise ganz analog (oder eigentlich homodynam) den segmentaleu Spinal-Nerven, welche vom Rückenmark abgehen. Nur ist ihr Verhalten insofern mehr oder weniger modificirt, als die von ihnen versorgten Kopf-Somiten theilweise stark differenzirt, theilweise innig verschmolzen sind. Entsprechend zeigen auch die dorsalen (sensiblen) und ventralen (motorischen) Aeste der segmentalen Gehirn-Nerven ein weit complicirteres Verhalten, als die relativ einförmigen Spinal-Nerven; mindestens neun Metameren können in dieser Beziehung (— ebenso wie in Beziehung auf die Schlundbogen —) am Kopfe unterschieden werden. Als zwei Hauptgruppen können die vordere *Trigeminus*- und die hintere *Vagus*-Gruppe gegenübergestellt werden. Zur Trigeminus-Gruppe, welche vier Kopfsegmente versorgt, gehören als ventrale Aeste drei Augenmuskel-Nerven (III. *Oculomotorius*, IV. *Trochlearis*, VI. *Abducens*), als dorsale Aeste der *Trigeminus* (V.), *Facialis* (VII.) und *Acusticus* (VIII.). Die Vagus-Gruppe, welche mindestens fünf Kopf-Somiten versorgt, umfasst als ventrale Aeste die Wurzeln des *Hypoglossus* (XII.) und *Accessorius* (XI.), als dorsale Aeste den *Glossopharyngeus* (IX.) und *Vagus* (X.) Die zahlreichen dorsalen (sensiblen) und ventralen (motorischen) Wurzeln, welche den mächtigen Stamm des *Vagus* zusammensetzen, verhalten sich in Bezug auf ihren Ursprung und ihre Austritts-Oeffnungen ganz wie die segmentalen Wurzeln echter Spinal-Nerven.

§ 110. Eingeweide-Nerven. Sympathicus.

Die Nerven, welche die Eingeweide der Wirbelthiere (Darmsystem, Gefässsystem, Urogenital-System) versorgen, sind in den beiden niedersten Classen Zweige der Spinal-Nerven. Bei den *Acraniern* sowohl als bei den *Cyclostomen* (— wo die Eingeweide vorzüglich von Aesten des *N. vagus* innervirt werden —) fehlt ein besonderer *Sympathicus*. Ein solcher findet sich dagegen bei allen *Gnathostomen*, in Gestalt eines »sympathischen Grenzstranges«; er verläuft als ein paariger Nervenstrang unterhalb der Wirbelsäule und steht jederseits durch eine Reihe von segmentalen *Rami viscerales* der Spinalnerven mit dem Medullarrohr in Verbindung. Da, wo jeder Eingeweide-Ast eines Cerebrospinal-Nerven sich mit dem Grenzstrang verbindet, schwillt derselbe zu einem sympathischen Ganglion an. Die Ontogenie lehrt, dass diese segmental geordneten sympathischen Ganglien direct von den metameren Spinal-Ganglien abstammen, und dass erst durch deren Verbindung mittelst longitudinaler Commissuren secundär der Grenzstrang entstanden ist. Von diesem gehen dann an die einzelnen Eingeweide zahlreiche Aeste ab, welche sich verzweigen, Plexus bilden und intestinale Ganglien herstellen. Somit stammt auch der Sympathicus, ebenso wie das übrige periphere Nerven-System, vom Exoderm ab; doch ist die Möglichkeit nicht ausgeschlossen, dass an der Bildung der sympathischen Nerven-Plexus und ihrer peripheren Ganglien auch mesodermale oder selbst entodermale Zellen sich betheiligen.

§ 111. Phylogenie der Sinnesorgane.

Die Stammesgeschichte der Sinnesorgane (*Sensilla*) besitzt bei den Wirbelthieren, ebenso wie bei den Wirbellosen, insofern eine ausserordentlich hohe Bedeutung, als diese Werkzeuge in engster Beziehung zum Nervensystem stehen und mit ihm vereinigt die materiellen Factoren des Seelenlebens darstellen. Die wissenschaftliche Psychologie beruht daher in erster Linie auf der vergleichenden Morphologie und Physiologie der Sensillen und des Centralmarks, und diese wird uns erst wieder historisch verständlich durch ihre Phylogenie. Im Stamme der Wirbelthiere besitzt dieser fundamentale Satz ganz besondere Bedeutung insofern, als der Mensch auch in dieser Beziehung nur als ein einzelner höchst entwickelter Zweig dieses Stammes erscheint; demgemäss wird uns auch sein Seelen-Organ, und dessen Funktion, die »Menschen-Seele«, in ihrer historischen Entwickelung nur verständlich durch diejenige der Wirbelthiere, aus denen sein Geschlecht hervorgegangen ist. Die Phylogenie der Sensillen liefert uns demnach, ebenso wie die damit eng verknüpfte des Nervensystems, die wichtigsten Beweisgründe gegen die uralten mythischen Sagen von der »Unsterblichkeit der Seele«. Dahin gehört in erster Linie schon die Thatsache, dass die Sinnesorgane des Menschen in Bezug auf gröberen und feineren Bau, auf physiologische Thätigkeit und embryonale Entwickelung denjenigen der höheren Wirbelthiere im Wesentlichen gleichen; nur in unwesentlichen Einzelheiten unterscheiden sie sich von ihnen, und diese Unterschiede sind geringer, als diejenigen, welche sie in den verschiedenen Gruppen der Säugethiere besitzen. Eine zweite, nicht minder wichtige Thatsache ist, dass die Sensillen aller Schädelthiere, von den ältesten Cyclostomen und Fischen bis zum Menschen hinauf, aus derselben einfachen embryonalen Anlage sich entwickeln, und dass sie dabei typische Eigenthümlichkeiten zeigen, die in keinem anderen Stamme des Thierreichs wiederkehren. Die Ontogenie der Sensillen liefert demnach zugleich vollgültige Beweise für die Einheit des Vertebraten-Stammes.

§ 112. Exodermaler Ursprung der Sensillen.

Die wichtigsten Theile sämmtlicher Sinnes-Organe sind die empfindlichen Sinneszellen (*Aesthocyta*). Sie nehmen die verschiedenen

Eindrücke der Aussenwelt auf, welche sie durch die Sinnesnerven dem Centralmark zuleiten. Diese Sinneszellen gehören ihrem Ursprung nach, ebenso wie die Nervenzellen, dem Exoderm an; ihre ectoblastische Entstehung wird durch die Ontogenie unmittelbar bewiesen. Zu diesen primären wesentlichsten Theilen gesellen sich aber allgemein zweitens Organe des Mesoderms, welche als secundäre Hülfswerkzeuge zur Umhüllung und zum Schutze der ersteren dienen, ferner als Muskeln zur Bewegung u. s. w. Die ursprüngliche Beziehung zum Exoderm bleibt bei den niederen Sensillen unmittelbar ersichtlich, indem ihre Sinneszellen in der äusseren Hautdecke oder unter derselben liegen bleiben; ihre Nerven sind einfache Hautnerven. Dies ist der Fall bei der äusseren Hautdecke, als dem Organ des Drucksinnes und Wärmesinnes; ferner bei den Wollust-Organen (*Penis, Clitoris*) als Werkzeugen des Geschlechts-Sinnes. Oberflächlich im Tegument erfolgt die Endausbreitung auch bei den Geschmacks- und Geruchs-Organen, nur mit dem Unterschiede, dass hier durch Einsenkung der Hautdecke sich besondere »Sinnesgruben« gebildet haben (Mundhöhle, Nasenhöhle). Dagegen zeichnen sich die beiden höchsten Sinnesorgane, Ohr und Auge, dadurch aus, dass die grubenförmigen Einsenkungen des Tegumentes sich vollständig von ihm abgeschnürt haben und tiefgelegene exodermale Blasen darstellen; Hörnerv und Sehnerv breiten sich hier innen auf der Hörblase und Augenblase aus. Zugleich entwickeln sich in diesen beiden »aesthetischen Sensillen«, im Gehörorgan sowohl als im Gesichts-Organ, bei den Vertebraten höchst complicirte Structur-Verhältnisse, welche eine besonders hohe Ausbildungsstufe der psychischen Actionen vermitteln. Der ausserordentliche Grad ihrer histologischen Differenzirung und der ihr entsprechenden physiologischen Leistung wird bei den höchst entwickelten Amnioten — vor Allen beim Menschen — zur Quelle der Vernunft und der Naturerkenntniss, der Kunst und Wissenschaft.

§ 113. Sensillen der Acranier und Cranioten.

Alle Schädelthiere (*Craniota*) zeigen in Bezug auf Entwickelung und typischen Bau der Sinnesorgane im Wesentlichen grosse Uebereinstimmung; überall wird das Geruchsorgan vom ersten Hirnnerv (*Olfactorius*), das Sehorgan vom zweiten Hirnnerv (*Opticus*) versorgt; diese beiden Nerven sind selbst periphere Gehirn-Theile; jener entspringt aus dem Lobus olfactorius des Vorderhirns; dieser entsteht aus dem Stiel der primären Augenblase, einer Ausstülpung des Vorderhirns. Diese beiden Nerven sind also nicht mit Spinal-Nerven zu vergleichen.

Wohl aber ist dies der Fall beim Hörnerven (*Acusticus*), dem achten Gehirnnerven; er ist der sensible Dorsal-Ast eines spinalen Gehirnnerven aus der *Trigeminus*-Gruppe. Wie in diesem ursprünglichen Verhalten ihrer Nerven, so gleichen sich die drei höheren Sinnesorgane der Cranioten auch in den wichtigsten Eigenthümlichkeiten ihrer Ontogenese: überall entsteht das Geruchsorgan aus einem Paar Grübchen der Kopfhaut (nur die Cyclostomen ausgenommen, bei denen die Riechgrube unpaar ist); überall wachsen ein Paar primäre Augenblasen aus dem Vorderhirn hervor; überall entstehen ein Paar Gehörgrübchen in der seitlichen Kopfhaut, in der Nähe des Nachhirns, und schnüren sich als primitive Hörbläschen von derselben ab.

Während in allen diesen fundamentalen Eigenthümlichkeiten sämmtliche *Cranioten* die Beweise ihres monophyletischen Ursprungs offenbaren, bleibt dagegen die ursprüngliche Beschaffenheit der Sinnesorgane bei den Acraniern vor der Hand zweifelhaft; denn der einzige bekannte Ueberrest dieser älteren Gruppe, *Amphioxus*, steht gerade in dieser Beziehung auf einer sehr tiefen Stufe und zeigt höchst einfache Verhältnisse, die wohl zum grösseren Theile durch Rückbildung (in Folge seiner eigenthümlichen Lebensweise) zu erklären sind.

§ 114. Dermal-Sensillen. Haut-Sinnesorgane.

Nur die drei höheren Sinnesorgane, die Werkzeuge des Geruchs, Gesichts und Gehörs, zeigen im Vertebraten-Stamme jene typische Organisation und characteristische Entwickelungs-Art, welche sie von den Wirbellosen auffallend unterscheidet. Dagegen gilt dies nicht von den niederen Sensillen, deren indifferente Beschaffenheit nur ein geringes physiologisches und phylogenetisches Interesse darbietet. Das indifferente Tegument ist es, welches hier die niederen Sinneswerkzeuge liefert: exodermale Sinneszellen der Epidermis und mesodermale Hülfsorgane des Corium. Zwar finden sich die ersteren ziemlich mannichfaltig zu microscopischen Sensillen angeordnet und verschiedentlich gestaltet; allein die physiologische Bedeutung derselben ist uns meistens unbekannt. Bei den niederen Vertebraten können wir darüber nur unsichere Vermuthungen anstellen; selbst bei den Amnioten, die uns nahe stehen, können wir sie nur theilweise deuten. Insbesondere sind die specifischen Organe der beiden allgemeinsten Sinnesthätigkeiten, des Drucksinnes und Wärmesinnes, noch nicht unterschieden; aber auch die microscopischen Werkzeuge des Geschlechtssinnes und Geschmackssinnes sind nur theilweise bekannt. *Amphioxus*, als einziger Vertreter der *Acranier*, zeichnet sich dadurch aus, dass überall einzelne Sinneszellen in der einschichtigen *Epidermis* zerstreut liegen; ihr basales

Ende verbindet sich mit einem sensiblen Hautnerven, während ihr äusseres Ende ein frei in das Wasser vorragendes Sinneshaar trägt. Bei den Cranioten dagegen bestehen die Hautsinnesorgane meistens aus Gruppen von besonderen Sinneszellen, welche aus Theilung solcher einzelner *Aesthocyten* hervorgehen. Die vier niederen Classen der Cranioten, die wasserbewohnenden *Cyclostomen* und *Ichthyopsiden*, zeichnen sich durch zahlreiche becherförmige, knospenförmige und knopfförmige Sinneskörperchen der Haut aus, welche in ein sehr entwickeltes System von Schleimcanälen und Gallertröhren der Haut eingesenkt sind. Die vier höheren Classen hingegen, die *Amnioten*, besitzen tiefer gelegene Tastkörperchen und Kolbenkörperchen (Vater-Pacini'sche Körperchen), welche in das Corium sich zurückgezogen haben.

§ 115. Phylogenie des Geruchsorganes.

Das Geruchsorgan der Wirbelthiere tritt in zwei verschiedenen Hauptformen auf, einer älteren unpaaren und einer jüngeren paarigen Anlage. Das unpaare mediane Geruchsorgan ist characteristisch für die beiden niedersten und ältesten Classen des Stammes, die kieferlosen *Acranier* und *Cyclostomen*; wir können dieselben daher unter dem Begriffe der Unpaarnasen (*Monorhina*) zusammenfassen (— eine Bezeichnung, die wir früher, 1866, nur für die Cyclostomen aufstellten; vergl. § 16). Alle übrigen Vertebraten, die Kiefermündigen (*Gnathostomen*), besitzen dagegen ein Paar laterale Geruchsorgane und wurden demnach von uns den Ersteren unter dem Begriffe der Paarnasen (*Amphirhina*) gegenübergestellt. Die Acranier (*Amphioxus*) zeigen noch keine Spur dieser paarigen lateralen Nase, und ebenso wenig die jugendlichen Larven der Cyclostomen (*Ammocoetes*). Doch beginnt später bei den letzteren insofern bereits eine Spaltung des Riech-Apparates in ein Paar Seitenhälften, als das Vorderhirn sich in ein Paar Riechlappen theilt; von diesen gehen paarige Geruchsnerven ab, deren feine Faserbündel von beiden Seiten her an das unpaare, median gelegene Nasenrohr herantreten.

Neuerdings sind vergängliche Ueberreste eines unpaaren medianen Geruchsorganes auch bei Embryonen von älteren *Amphirhinen* nachgewiesen worden (bei Selachiern, Ganoiden und Amphibien). An derselben Stelle des Vorderkopfes, wie bei den Cyclostomen-Larven, tritt hier vorübergehend in der Epidermis eine unpaare Riechplatte auf, welche durch einen medianen Nervenstrang mit einer Ausstülpung des vordersten Gehirnendes in Verbindung steht. Dieser *Lobus olfactorius impar* entsendet (bei *Accipenser*-Embryonen) jederseits eine Zellkette, als Nervenanlage, zu den paarigen Riechgruben, welche in der

Oberhaut erst später entstehen, gleich hinter der unpaaren Riechplatte, aber scharf von ihr abgesetzt. Diese palingenetische Thatsache scheint zu beweisen, dass das paarige Riechorgan erst im Stamme der *Gnathostomen*, und zwar schon bei den ältesten Fischen, zur Ausbildung gekommen ist; und dass es durch mediane Spaltung einer primären unpaaren Riechplatte (der *Cyclostomen*-Ahnen) entstanden ist.

§ 116. Monorhina. Unpaarnasen.

Die unpaare Nasenbildung der beiden niedersten Wirbelthier-Classen, *Acranier* und *Cyclostomen*, gehört in die Reihe der zahlreichen bedeutungsvollen Eigenthümlichkeiten, welche diese beiden kieferlosen oder »rundmäuligen« Classen (*Agnathonen*) von den kiefermäuligen (*Gnathostomen*) trennen; sie rechtfertigt neben vielen anderen anatomischen und ontogenetischen Thatsachen unsere Ansicht (1866), dass jene beiden niedersten Classen die unschätzbaren Ueberreste von zwei ältesten historischen Bildungsstufen des Vertebraten-Stammes darstellen; die phylogenetische Bedeutung derselben ist desshalb so hoch, weil sie uns die Entstehung der verwickelteren Verhältnisse im Körperbau der jüngeren *Gnathostomen* verständlich macht. Die beiden Classen der *Monorhinen* geben uns den Schlüssel des causalen Verständnisses für die höhere, erst später entstandene Organisation der *Amphirhinen*.

Wie in anderen Beziehungen, so verhalten sich auch in der Nasenbildung die beiden Klassen der Monorhinen zwar im Princip übereinstimmend, aber doch insofern verschieden, als die *Acranier* eine ältere und niedere, die *Cyclostomen* eine jüngere und höhere Bildungsstufe darstellen. Die Nase der jugendlichen Acranier (— *Amphioxus*-Larven von 3 mm Länge —) ist ein hohler, konischer Trichter, dessen spitzes proximales Ende in das Vorderende des Medullarrohrs einmündet, während das erweiterte distale Ende oben auf der Stirnfläche des Kopfes durch eine Flimmergrube ausmündet; die unpaare frontale Riechgrube ist der erweiterte Neuroporus (§ 96). Später schnürt sich die Flimmergrube vom Medullarrohr vollständig ab, so dass dieses nun vorn und hinten geschlossen erscheint.

Die *Cyclostomen* haben diese ursprünglichsten Verhältnisse der Nasenbildung ihrer Acranier-Ahnen bereits theilweise verloren. Der Neuroporus schliesst sich frühzeitig, und die erste Anlage der unpaaren Riechgrube ist von der oberen auf die untere Stirnfläche des Kopfes herabgerückt; sie liegt hier bei den Petromyzon-Larven (*Ammocoetes*) vor der damit zusammenhängenden Einstülpung der *Hypophysis*, hinter welcher sich die Mundgrube einstülpt. Aber auch hier ist noch das Rudiment eines unpaaren medianen Riechnerven (*Olfactorius impar*) nachweisbar, der ursprünglich als vorderster Ausläufer des Vorderhirns zu der unpaaren frontalen Riechplatte tritt; erst später entwickeln sich auf seine Kosten die beiden paarigen Riechnerven und die beiden zugehörigen Riechlappen des Vorderhirns. Zugleich wird der obere Theil des unpaaren Riechsackes durch eine Median-Falte unvollständig in ein Paar Rinnen getheilt.

In beiden Ordnungen der Monorhinen, den Myxinoiden und Petromyzonten, treten die paarigen Geruchsnerven getrennt durch die hintere Wand der knorpeligen Nasenkapsel hindurch und verbreiten sich auf derselben symmetrisch. Die unpaare Nasenkapsel verlängert sich nach vorn in ein knorpeliges Nasenrohr, welches auf der Stirnfläche durch ein unpaares Nasenloch ausmündet und bei den *Myxinoiden* durch Knorpelringe gestützt wird. Nach hinten verlängert sich die Nasenkapsel in einen Nasengaumengang, welcher zwischen dem vorderen Ende der Chorda und dem Schlunde liegt; bei den *Petromyzonten* erweitert sich derselbe in einen geschlossenen Blindsack (*Hyperoartia*, Cyclostomen mit undurchbohrtem Gaumen); bei den *Myxinoiden* hingegen öffnet er sich durch ein unpaares Loch in den Gaumen (*Hyperotretra*, Cyclostomen mit durchbohrtem Gaumen). Dieses Gaumenloch ist eine spätere, durch die eigenthümliche, parasitische Lebensweise der *Myxinoiden* erworbene Anpassung, und darf nicht mit den inneren Nasenlöchern (*Choanen*) der luftathmenden Vertebraten verglichen werden.

§ 117. Amphirhina. Paarnasen.

Bei sämmtlichen *Gnathostomen*, von den niedersten Fischen aufwärts bis zum Menschen, wird das Geruchsorgan ursprünglich in Gestalt von einem Paar blinder Hautgruben der dorsalen Kopffläche angelegt; wir haben sie desshalb als Paarnasen (*Amphirhina*) den älteren *Monorhinen* gegenübergestellt. Dass die paarige Nasenbildung der ersteren aus der unpaaren Bildung der letzteren durch Spaltung (in praesilurischer Zeit) entstanden ist, scheint durch die erwähnten Rudimente einer unpaaren Riechplatte bei den Embryonen niederer Fische (Selachier, Ganoiden) bewiesen zu werden. Die paarigen Riechgruben der Amphirhinen werden zwar überall in gleicher Weise und an derselben Stelle des embryonalen Vorderkopfes angelegt; sie entwickeln sich aber später durch Anpassung an verschiedene Lebensweise sehr divergent. Die vergleichende Anatomie und Ontogenie der mannichfaltigen, daraus hervorgehenden Nasenbildungen ist insofern sehr interessant, als sie unmittelbar die klarsten Aufschlüsse über deren Phylogenie giebt, und zugleich vorzügliche Beweise für die Bedeutung des biogenetischen Grundgesetzes liefert. Mit Beziehung hierauf können wir in der Stammesgeschichte der Amphirhinen-Nase drei verschiedene Hauptstufen unterscheiden: 1) die blinden Nasengruben der *Fische* (silurisch); 2) die einfachen Nasencanäle der *Dipneusten* und *Amphibien*, welche direct in die Mundhöhle sich öffnen (devonisch, carbonisch); 3) die von der Mundhöhle durch das Gaumendach getrennten Nasengänge der *Amnioten* (permisch). Während auf der ersten Stufe die Nasengruben bloss Sinnes-Organe der äusseren Haut sind und mit der Athmung nichts zu thun haben, öffnen sie sich auf der zweiten Stufe in die Mundhöhle und gewinnen die Bedeutung von Luftwegen; vollständig wird diese erst auf der dritten Stufe, wo die Luftwege vom Speisewege durch das Gaumendach getrennt werden.

§ 118. Nasengruben der Fische.

Bei allen echten Fischen (— nach Ausschluss der *Cyclostomen* und *Dipneusten* —) besteht das Geruchsorgan zeitlebens aus einem Paar blinder Nasengruben, welche nicht durch Canäle in die Mundhöhle sich öffnen. Auf der Schleimhaut dieser Nasengruben, welche durch vielgestaltige Faltenbildung eine bedeutende Oberfläche im engen Raume der Grube entfaltet, breiten sich jederseits die Aeste des Geruchsnerven aus. Die rundlichen, ovalen oder langgestreckten Nasengruben liegen bei den *Selachiern* meistens an der ventralen Fläche der abplatteten Schnauze, vor dem Querspalt des Mundes; bei den *Ganoiden* und *Teleostiern* hingegen zwischen Auge und Schnauze, bald mehr seitlich, bald mehr dorsal. Schon bei den Selachiern erheben sich am Rande jeder Geruchsgrube ein paar Hautlappen, welche über deren Mitte sich wölben und einander entgegenwachsen (innerer und äusserer Nasenfortsatz). Bei den Ganoiden und Teleostiern verschmelzen dieselben mit einander und bilden eine quere Hautbrücke über der Grube, wodurch dieselbe eine vordere und hintere Oeffnung erhält. Beide Oeffnungen (am häufigsten die vordere) können röhrenförmig vorspringen und oft weit auseinanderrücken, so dass manche Knochenfische (z. B. Muraenoiden) jederseits zwei getrennte Nasenröhren tragen, die vordere nahe der Schnauzenspitze, die hintere über dem Auge gelegen; beide münden innen jederseits in einen langgestreckten Nasengang der dorsalen Schnauzenfläche. Bei einigen Teleostiern (*Tetrodon* und anderen Plectognathen) wird die Nasengrube rudimentär, oder es entwickelt sich an ihrer Stelle ein vorspringender, bisweilen getheilter Hautlappen. Bei vielen Selachiern tritt die Nasengrube jederseits durch eine oberflächliche Hautrinne mit dem Mundwinkel in Verbindung, und bei einigen Rochen verwandelt sich sogar diese offene »Nasenrinne« durch Verwachsen ihrer Ränder in einen geschlossenen »Nasencanal«.

§ 119. Nasencanäle der Dipneusten und Amphibien.

Die Verbindung der blinden Nasengruben mit der Mundhöhle, welche bereits bei den *Selachiern* durch die eben erwähnte »Nasenrinne« (*Sulcus nasalis*) angebahnt ist, wird vollständig bei den luftathmenden *Dipneusten* und *Amphibien*. Die offene Nasenrinne verwandelt sich hier jederseits in einen geschlossenen »Nasencanal« (*Canalis nasalis*), indem ihre Ränder verwachsen. Der mediale Rand oder »innere Nasenfortsatz« wird als Nasenklappe bezeichnet (*Valvula nasalis*), der laterale Rand oder »äussere Nasenfortsatz« dagegen als Nasendach (*Tectum nasale*), Der Nasencanal, welcher durch ihre Verwachsung entsteht, ist anfangs kurz, wird durch ein knorpeliges, gitterförmiges Nasenskelet gestützt und mündet innen am Mundwinkel noch innerhalb des weichen Randes der Oberlippe (bei *Dipneusten* und *Perennibranchien*). Erst bei den *Salamandrinen* und *Batrachiern* wird die innere Mündung von festen Skelettheilen umgeben und rückt allmählich weiter nach hinten in die Mundhöhle hinein. Die innere Nasenöffnung wird dann als *Choana* bezeichnet, die äussere als *Narina*. Bei diesen höheren Amphibien — und zwar beginnend bei Salamandrinen, stärker entwickelt bei Batrachiern — treten dann auch zuerst zwei Neubildungen an den erweiterten Nasencanälen auf: Nasenmuscheln und Nasendrüsen. Die Nasenmuscheln (*Conchae nasales*) sind mannichfach gefaltete Vorsprünge des knorpeligen Nasenskelets, welche von der Geruchsschleimhaut überzogen sind und sich im erweiterten Raume der Nasenhöhlen später labyrinthartig entwickeln; sie vermitteln eine beträchtliche Vergrösserung der Riechfläche, welche bei den Fischen, Dipneusten und Perennibranchien durch zahlreiche radiale Falten erreicht war; letztere verschwinden nun. Die Nasendrüsen sind diffuse, unter der Riechschleimhaut gelegene Drüsen, deren schleimiges Secret dieselbe bei den luftathmenden Vertebraten feucht und schlüpfrig erhält.

§ 120. Nasengänge der Amnioten.

Während die Nasencanäle der Dipneusten und Amphibien direct in die Mundhöhle münden (— anfangs ganz vorn, später weiter hinten —), werden sie dagegen bei den Amnioten von dieser abgetrennt durch die Ausbildung des horizontalen Gaumendaches; damit ist die dritte Hauptstufe in der Phylogenie der Gnathostomen-Nase erreicht. Von den Oberkieferfortsätzen des ersten Schlundbogens wachsen horizontale Gaumenplatten hervor, welche sich schliesslich in der Mittellinie vereinigen; anfangs (bei niederen Amnioten) erfolgt diese Vereinigung nur vorn, später dehnt sie sich nach hinten aus. Dadurch verlängert sich das Gaumendach, welches nunmehr die primitive »Mundnasenhöhle« in eine obere secundäre Nasenhöhle und eine untere secundäre Mundhöhle scheidet; beide münden hinten in die Schlundhöhle (*Pharynx*). Die secundäre Nasenhöhle wird durch eine senkrechte dünne Scheidewand in ein Paar lange Nasengänge (*Ductus nasales*) getheilt. Diese zerfallen wiederum durch die weitere Ausbildung der Nasenmuscheln in obere, mittlere und untere Nasengänge; erstere, vom Riechnerven versorgt, dienen als Riechhöhlen (*Regio olfactoria*), letztere nur als Luftwege (*Regio respiratoria*). Indem der untere Rand des verticalen *Septum narium* in der Mittellinie sich mit der Naht der horizontal zusammenstossenden Gaumenplatten verbindet, werden die paarigen Nasenhöhlen völlig getrennt und münden hinten (durch die Choanen) gesondert in den Pharynx ein. Innerhalb der Amnioten-Gruppe ist die Phylogenie dieser Ausbildung der Nasengänge und Nasenmuscheln durch eine Reihe von Stufen hindurch zu verfolgen, ebenso wie diejenige der accessorischen Nasen-Organe, der Nasendrüsen, des JACOBSONschen Organes (*Stenson'sche Gänge*, *Canales incisivi*) und der Nebenhöhlen der Nase (Ausstülpungen der Nasenhöhlen in die Schädelknochen hinein: *Sinus frontales*, *ethmoidales*, *maxillares* etc.). Die Ontogenie des Geruchsorganes behält aber bei allen Amnioten den palingenetischen Character, indem zuerst nur ein paar Nasengruben auftreten, dann Nasencanäle und zuletzt Nasengänge.

§ 121. Phylogenie des Gesichts-Organes.

Die Organisation und Entwickelung des paarigen Auges bietet bei den Wirbelthieren nur ein sehr beschränktes Interesse für die Stammesgeschichte. Denn bei den Acraniern (*Amphioxus*) finden wir nur ein ganz unbedeutendes Augen-Rudiment, dessen Deutung zweifelhaft ist; bei allen Cranioten hingegen zeigt das paarige Auge überall dieselbe typische Zusammensetzung und Entwickelungsweise; die zahlreichen Modificationen derselben sind nur von untergeordneter Bedeutung und geben uns keinerlei Aufschluss über seine ursprüngliche phyletische Entwickelung. In der Zusammensetzung des complicirten optischen Apparates zeigt das Auge der Wirbelthiere zwar grosse Aehnlichkeit mit vielen wirbellosen Thieren (insbesondere den Mollusken); allein die eingehende Vergleichung lehrt, dass eine wahre, auf gemeinsame Abstammung gegründete Homologie zwischen beiden nicht besteht. Schon die erste Anlage des Vertebraten-Auges, als Ausstülpung aus einem paarigen Abschnitte des Vorderhirns, erscheint ganz eigenthümlich, und ebenso der weitere Gang seiner ontetischen

Entwickelung und feineren Differenzirung. Die Ontogenie allein giebt uns über die Vorgeschichte dieses wichtigsten Sinnesorganes einige Andeutungen, während vergleichende Anatomie und Palaeontologie keine Beiträge dazu liefern. Die einzigen Anhaltspunkte für eine Vergleichung des *Cranioten*-Auges mit demjenigen wirbelloser Thiere liefert das unpaare rudimentäre Auge des *Amphioxus* einerseits und einzelner *Tunicaten* anderseits. Jedoch ist dessen Bildung so einfach (entweder ursprünglich primitiv oder durch Rückbildung rudimentär), dass es keine Aufschlüsse über die Entstehung und eigenthümliche Differenzirung des paarigen Cranioten-Auges giebt. Das letztere muss schon bei den Stammformen der letzteren, den Archicraniern, in seiner wesentlichen Zusammensetzung bestanden haben und von den unbekannten ausgestorbenen Stammformen derselben (*Prochordonien*) erworben oder ererbt sein.

§ 122. Auge der Acranier.

Das Gesichtsorgan des *Amphioxus* besteht bloss aus einem unpaaren, runden, schwarzbraunen Pigmentfleck am Vorderende des Medullar-Rohrs. Das schwarze Pigment ist in den cylindrischen Exodermzellen abgelagert, welche die Vorderwand der rudimentären »Hirnblase« bilden, jener unbedeutenden blasenförmigen Anschwellung des vordersten Nervenrohr-Abschnittes, welcher dem »Vorderhirn« der Cranioten verglichen wird. Die eigenthümliche Lebensweise des lichtscheuen Amphioxus, der tagsüber im Meeressande vergraben liegt und nur Nachts denselben verlässt, gestattet die Annahme, dass es sich beim Auge dieses einzigen überlebenden Acranier-Epigonen um eine hochgradige Rückbildung des Sehorgans handelt, ebenso wie bei den Myxinoiden und vielen unterirdisch lebenden Gnathostomen. Diese Annahme gewinnt an Wahrscheinlichkeit dadurch, dass bei vielen Tunicaten (*Ascidien-Larven, Pyrosomen, Salpen*) ein unpaares Auge an einer entsprechenden Stelle der Vorderwand des Hirnbläschens (Acroganglion) sich findet, und dass dieses innere Hirnauge nicht bloss aus Pigment-Ablagerung in den Ganglienzellen desselben besteht, sondern auch eine einfache Linse (oder selbst einen zusammengesetzten lichtbrechenden Körper) besitzt. Wahrscheinlich haben demnach schon die Prochordonien (die gemeinsamen Stammformen der Tunicaten und Vertebraten) ein solches unpaares Hirnauge besessen und durch Vererbung von einer älteren Helminthen-Gruppe erhalten. Die stufenweise phyletische Ausbildung desselben wird in der letzteren durch viele Beispiele erläutert.

§ 123. Auge der Cranioten.

Das Gesichtsorgan besteht bei allen Schädelthieren aus einem Paar Augen, welche in typischer Weise als blasenförmige Ausstülpungen aus dem primären Vorderhirn hervorwachsen. Diese »primären Augenblasen« schnüren sich späterhin von der hinteren Hälfte des letzteren dergestalt ab, dass ihr dünner Stiel zum Sehnerv wird und aus der Basis des Zwischenhirns seinen Ursprung nimmt (vergl. § 102). Die convexe äussere Fläche der primären Augenblasen (deren Hohlraum demnach in den dritten Ventrikel mündet) erreicht vorwachsend die Hornplatte (das Exoderm der Kopfseite). Letztere verdickt sich an dieser Berührungsstelle, bildet durch Einsenkung ein Grübchen (Linsengrube) und gestaltet sich durch Abschnürung von der Epidermis zum »Linsensäckchen«. Die Krystall-Linse, welche sich aus diesem entwickelt, stülpt die convexe Aussenfläche der Augenblase ein und verwandelt dieselbe in einen zweischichtigen »Augenbecher«; seine äussere, eingestülpte (laterale) Schicht wird zur Retina, die innere, nicht eingestülpte (mediale) Schicht zur Pigmenthaut oder Farbentapete (Pigmentosa, *Tapetum nigrum*). Während der medullare Augenbecher durch die epidermale Linse von aussen her eingestülpt wird, wächst zwischen Beide von unten her ein gefässhaltiger Fortsatz der Lederhaut hinein; diese mesodermale Cutisleiste entwickelt sich zum Glaskörper. Indem dieser sich ausdehnt, gestaltet sich der eingestülpte Augenbecher zur »secundären Augenblase«. Die mesodermale Umhüllung der Kopfplatte, welche diese rings umschliesst, wird zur bindegewebigen Faserkapsel des Auges. Durch Flächenspaltung sondert sich dieselbe in eine gefässreiche Hülle (*Choroidea*) und eine äussere festere, oft knorpelige oder theilweise verknöchernde Kapsel (*Sclerotica* nebst *Cornea*). Die ontogenetischen Beziehungen, welche demgemäss die einzelnen Theile des Cranioten-Auges zu den Keimblättern des Embryo besitzen, sind sehr eigenthümlich und verwickelt. Inwiefern dieselben phylogenetisch zu deuten sind, lässt sich zur Zeit nur sehr schwer bestimmen; Paläontologie und vergleichende Anatomie bieten uns dafür noch keine Handhaben.

§ 124. Parietal-Auge (Unpaares Pineal-Auge).

Ausser den paarigen Augen, deren Anlage sich bei sämmtlichen Cranioten erblich erhält, tritt bei einzelnen Reptilien noch ein drittes unpaares Auge auf, welches oben auf dem Scheitel liegt, eingebettet in das Foramen parietale der Schädelfläche. Dieses unpaare Scheitel-

Auge (*Oculus parietalis*) unterscheidet sich in seiner Structur und Entwickelung wesentlich von den typischen paarigen Augen und gleicht vielmehr dem Auge mancher Wirbellosen. Der oberflächliche (äussere) Theil der parietalen Augenblase bildet durch Verdickung seiner Wand eine Linse, während der tiefere (innere) Theil eine pigmentirte Retina darstellt. Diese hängt durch einen Sehnerven mit der Spitze der Epiphysis (*Glandula pinealis*) zusammen. Durch Abschnürung eines distalen Fortsatzes der letzteren (am Gipfel des Zwischenhirns) entsteht dieses unpaare Sinnesorgan, welches daher auch Pineal-Auge genannt wird. Am besten entwickelt erscheint es unter den lebenden Vertebraten bei einigen Reptilien (*Hatteria, Lacerta, Varanus*). Indessen ist dasselbe möglicherweise in früheren Perioden stärker entwickelt und weiter verbreitet gewesen; dafür scheint namentlich die Constanz und die ansehnlichere Grösse des *Foramen parietale* bei paläozoischen Amphibien (Stegocephalen) und bei älteren Reptilien zu sprechen. Bei der grossen Mehrzahl der Wirbelthiere findet sich über der Epiphyse keine Spur desselben mehr vor; seine Bedeutung bleibt daher noch zweifelhaft. Einige Autoren bringen dasselbe mit dem unpaaren, rudimentären Auge von *Amphioxus* und den *Tunicaten* in phylogenetischen Zusammenhang. Im Embryo von *Lacerta* erscheint die Anlage der Epiphysen-Ausstülpung erst, nachdem die Entwickelung der paarigen Augenblasen schon weit vorgeschritten ist. Vielleicht handelt es sich demnach um ein rudimentäres Sinnesorgan, welches von einer einzelnen Gruppe erst später erworben wurde.

§ 125. Phylogenie des Gehörorganes.

Das Gehörorgan entfaltet bei den Wirbelthieren eine viel vollkommnere physiologische Leistung und dementsprechend eine viel höhere morphologische Differenzirung, als sie irgendwo bei Wirbellosen zu finden ist. Dasselbe fehlt nur dem *Amphioxus*; es ist jedoch sehr wahrscheinlich, dass sein gänzlicher Mangel bei diesem einzigen bekannten Vertreter der Acranier auf Rückbildung beruht, veranlasst durch seine eigenthümliche Lebensweise (ebenso wie die Reduction des rudimentären Auges). Dagegen ist es sehr wahrscheinlich, dass die älteren Schädellosen (— jene Provertebraten, von denen wir einerseits die *Leptocardier,* anderseits die *Archicranier* ableiten —) ein Paar einfache Hörblasen mit Otolithen besassen, ähnlich denjenigen vieler Evertebraten, namentlich *Helminthen*. Diese Hypothese erscheint einerseits begründet durch den Hinweis auf den nahe verwandten Stamm der Tunicaten, von denen viele bereits solche einfache Hörblasen besitzen (*Copelaten, Ascidien*-Larven, *Doliolum*); sie wird anderseits gestützt durch die Ontogenie des paarigen Gehörorganes der Cranioten, welches überall in gleicher Weise sich entwickelt. Da insbesondere bei sämmtlichen Gnathostomen das Gehör-Labyrinth eine ganz typische, specialisirte und complicirte Ausbildung besitzt, und da nur die Cyclostomen eine Stufe tiefer stehen, so müssen wir annehmen, dass bei den unbekannten, ausgestorbenen Ahnen derselben eine Reihe von phyletischen Entwickelungsformen bestand, welche jenen ontetischen entsprach, und welche von den einfachen, offenen Hörgrübchen und den durch Verschluss derselben entstandenen Hörbläschen der wirbellosen Vorfahren und Acranier zu den specialisirten Bildungen der Cranioten hinführte. Die typische Uebereinstimmung seiner Anlage und Entwickelung bei sämmtlichen Schädelthieren ist nur durch Vererbung von einer gemeinsamen Stammform (*Archicranier*) zu erklären, während die vielfach verschiedenen Stufen seiner Differenzirung durch Anpassung allmählich entstanden sind.

§ 126. Acustisches Labyrinth und Paukenraum.

Die drei niederen Classen der Cranioten: Cyclostomen, Fische und Dipneusten, leben im Wasser, welches für die Schall-Leitung sehr günstige Verhältnisse darbietet. Ihr Gehör-Organ besteht daher bloss aus dem acustischen Labyrinth oder dem »Schall-Empfindungs-Apparat«, einer Modification der ursprünglich einfachen, mit Hörwasser gefüllten Hörblase. Erst bei den luftathmenden Amphibien entwickelt sich daneben zweitens ein besonderer »Schall-Leitungs-Apparat«, der acustische Paukenraum (*Tympanum*), ein luftgefüllter Hohlraum, der aus der ersten Kiemenspalte hervorgeht und sich von den Amphibien auf sämmtliche Amnioten vererbt. Sein Haupttheil ist die Paukenhöhle, welche nach aussen durch das Trommelfell abgeschlossen ist, nach innen durch die Eustachische Ohrtrompete in den Schlund sich öffnet. Dazu kommt bei den Säugethieren noch als äusserer Zuleitungs-Canal der Schallwellen der äussere Gehörgang, sowie die bewegliche Ohrmuschel, welche zu deren Auffangen dient. Die innere Wand der Paukenhöhle stösst überall an die äussere Wand des Labyrinthes, welches bei allen Cranioten in die Seitenwand des Schädels eingebettet ist. Der Gehörnerv (*N. acusticus*), welcher als VIII. Hirnnerv aus dem Nachhirn am Boden der Rautengrube entspringt und sich auf der Labyrinth-Wand ausbreitet, ist der sensible Dorsal-Ast eines Spinal-Nerven aus der *Trigeminus*-Gruppe (§ 109).

Die gemeinsame erbliche Grundlage des acustischen Labyrinthes bildet bei sämmtlichen Cranioten ein einfaches rundliches primitives Hörbläschen (*Otocystis*). Dasselbe liegt jederseits neben dem Nachhirn, oberhalb des ersten Schlundbogens. Es entsteht durch Abschnürung aus einem Grübchen der Hornplatte (*Epidermis*), ähnlich wie die Linse des Auges; seine Wand bildet eine Schicht von Exoderm-Zellen. Indem das Hörbläschen in die Tiefe rückt und sich von seinem exodermalen Mutterboden entfernt, bleibt es oft noch durch einen stielförmigen Canal mit letzterem in Zusammenhang; aus diesem entwickelt sich der Recessus labyrinthi (*Ductus endolymphaticus* oder *Aquaeductus vestibuli*), ein Canal, der noch bei vielen Fischen seine äussere Oeffnung an der oberen Kopffläche behält; bei vielen Amphibien und Reptilien bildet derselbe ausgedehnte, mit Kalkkrystallen gefüllte Fortsätze. Die rundliche Wand des primitiven Hörbläschens bildet ebenfalls Ausstülpungen und Fortsätze, welche bei den Amnioten eine sehr complicirte Gestalt annehmen nnd das membranöse Labyrinth darstellen. Dieses ist locker eingeschlossen von ebenso gestalteten Hohlräumen der Schädelwand, dem »knorpeligen oder knöchernen Labyrinth«. Wässerige Flüssigkeit (»Hörwasser«) füllt sowohl den inneren Hohlraum des Labyrinthes (*Endolympha*), als den peripheren Hohlraum, welcher dessen Theile von der umhüllenden Schädelwand trennt (*Perilympha*).

§ 127. Entwickelungs-Stufen des Gehör-Labyrinthes.

Das Gehör-Labyrinth erfährt in der Stammesgeschichte der Cranioten eine lange Reihe mannichfacher Veränderungen, welche in der Keimesgeschichte der höheren Formen des Stammes durch Vererbung theilweise recapitulirt werden. Die ursprüngliche, einfachste Form, in der dieser wichtigste Theil des acustischen Apparates im Keime überall angelegt wird, ist diejenige eines paarigen, ungetheilten, rundlichen Hörbläschens, entstanden durch Abschnürung und Verschluss eines oberflächlichen Hörgrübchens (jederseits neben dem Hinterhirn gelegen). Diese ursprüngliche einfache Form, die wir bei vielen Wirbellosen, auch *Tunicaten* finden und bei den hypothetischen *Archicraniern* voraussetzen dürfen, hat sich unter den lebenden *Cranioten* nirgends mehr erhalten; vielmehr hat das primitive einfache Hörbläschen hier immer schon complicirtere Formen angenommen, welche ihm die Bezeichnung des »Gehör-Labyrinthes« verschafft haben. Fünf verschiedene Stufen seiner historischen Ausbildung können unterschieden werden: I. Stufe: Gehörblase der Cyclostomen: Die einfache Hörblase bildet durch Abschnürung einer Ausstülpung bei den *Myxinoiden* einen, bei den *Petromyzonten* zwei Ringcanäle, oder halbkreisförmige Bogengänge; alle übrigen Cranioten (— die *Gnathostomen* —) entwickeln drei solche Ringcanäle: einen vorderen (sagittalen), hinteren (frontalen) und äusseren (horizontalen). II. Stufe: Gehörblase der Fische und Dipneusten: Die einfache Hörblase sondert sich in einen oberen Theil: *Utriculus* (Hörschlauch), und in einen unteren Theil: *Sacculus* (Hörsäckchen); jedes der beiden Bläschen erhält einen besonderen Hauptast des Hörnerven. Aus dem Utriculus wachsen die drei Ringcanäle hervor, aus dem Sacculus die *Lagena* (Hörflasche). III. Stufe: Gehörblase der Amphibien: Die Lagena, welche bei den Fischen noch eine unbedeutende Ausbuchtung des *Sacculus* vorstellt, wird grösser und selbständiger; als besonderer Nerven-Endapparat erscheint an ihrer Wand die *Papilla acustica basilaris cochleae.* Zugleich bildet sich in der Aussenwand der knöchernen Gehörkapsel eine Lücke, welche durch eine besondere Knorpelplatte geschlossen wird: *Fenestra ovalis.* IV. Stufe: Gehörblase der Sauropsiden (*Reptilien*, *Draconen*, *Vögel*): Indem die Lagena sich zu einem weiteren Schlauch ausdehnt und vom Sacculus mehr oder weniger abschnürt, wird sie zur Schnecke (*Cochlea*); der *Ductus cochlearis* wird von den Anlagen zweier perilymphatischer Canäle umgeben: *Scala vestibuli* und *Scala tympani.* In der knöchernen Wand des letzteren bildet sich eine runde, von einer Membran verschlossene Lücke: *Fenestra rotunda.* V. Stufe: Gehörblase der Mammalia: Die Schnecke wächst in einen langen Schlauch aus und legt sich gewöhnlich in mehrere (2—4) Spiralwindungen zusammen, ähnlich einem spiralen Schneckengehäuse; die Endausbreitung des Schnecken-Nerven in der *Papilla acustica* erleidet beträchtliche histologische Differenzirungen und wird zum CORTI'schen Organ Der Sacculus ist vom Utriculus bei den Säugethieren völlig abgeschnürt; beide stehen nur noch durch die zwei Basal-Aeste des *Ductus endolymphaticus* in Verbindung.

§ 128. Schall-Leitungs-Apparat.

Zu dem acustischen Labyrinth oder dem Schall-Empfindungs-Apparat, welcher bei den drei niederen Vertebraten-Classen als »inneres Ohr« allein das Gehörorgan bildet, tritt bei den Amphibien ein besonderer Schall-Leitungs-Apparat als »mittleres Ohr«; er vererbt sich von ihnen auf sämmtliche Amnioten. Derselbe besteht aus dem luftgefüllten Paukenraum (*Tympanum*) und aus besonderen Gehörknochen (*Ossicula auditus*). Der Paukenraum entsteht aus dem Dorsal-Theil der ersten Schlundspalte, welche bei Selachiern und Ganoiden als »Spritzloch« fortbesteht. Indem dieselbe an dem Aussenrand des Labyrinths vorüberzieht, erweitert sie sich zur Paukenhöhle (*Cavum tympani*); ihr innerer und unterer Theil ist enger, und mündet als Ohrtrompete (*Tuba Eustachii*) in die Schlundhöhle ein. Die ursprünglich noch bestehende äussere Oeffnung der ersten Schlundspalte wird durch das Trommelfell (*Membrana tympani*) geschlossen. Die von aussen durch die Luft (oder bei wasserbewohnenden Amphibien und Amnioten durch das Wasser) zugeführten Schallwellen versetzen das Trommelfell in Schwingungen; diese wandern zum Labyrinth, fortgepflanzt theils durch die in der Paukenhöhle enthaltene Luft, theils durch die Gehörknochen, welche in deren Umgebung aus benachbarten Theilen des Pharyngeal-Skelets sich entwickeln. Der älteste Theil derselben ist ein kleines *Operculum fenestrae*, das schon bei niederen Amphibien auftritt; es verschliesst als scheibenförmiges Knorpel- oder Knochenplättchen die *Fenestra ovalis* der Labyrinth-Wand. Ein stabförmiger Fortsatz, der aus diesem Fensterdeckel hervorwächst, wird zum knöchernen Hörsäulchen (*Columella*); sie entsteht aus dem obersten Stück des zweiten Kiemenbogens und erstreckt sich bei manchen Amphibien und Reptilien bis zum Quadratbein. Sobald an der Verschlussstelle der ersten Kiemenspalte das Trommelfell sich bildet, tritt die Columella mit ihm in Verbindung; sie liegt anfangs in der Wand der Paukenhöhle, wird aber später frei durch Resorption des umgebenden Gallertgewebes. Die einfache *Columella* der Amphibien und Sauropsiden verwandelt sich bei den Säugethieren in den Steigbügel (*Stapes*); dieser erreicht nicht mehr das Trommelfell, sondern verbindet sich mit ihm indirect durch zwei neu eingeschaltete Gehörknöchelchen, Amboss (*Incus*) und Hammer (*Malleus*). Ersterer entsteht im Embryo der Mammalien aus dem obersten Stück, letzterer aus dem mittleren Stück des ersten Kiemenbogens. Die Entstehung dieser beiden, den Säugethieren eigenthümlichen Gehörknochen hängt mit der beträchtlichen Umbildung zusammen, welche ihr Unterkiefer-Gelenk während der Entwickelung aus Reptilien (Protamnioten) erlitten hat. Der Amboss der Säugethiere ist aus dem Quadratbein der Reptilien entstanden, der Hammer aus dem anstossenden Gelenkstück des Unterkiefers.

Der Schall-Leitungs-Apparat, welchen bei den *Amphibien* und *Amnioten* das »mittlere Ohr« darstellt, wird bei den Säugethieren vervollständigt durch das »äussere Ohr«. Dasselbe entsteht aus einer Hautfalte, welche sich in der Umrandung der äusseren Oeffnung der ersten Kiemenspalte erhebt. Indem der so umgrenzte und vom Tympanicum umschlossene Hohlraum sich in die Tiefe senkt, wird er zum äusseren Gehörgang, der anfangs knorpelig, später knöchern ist. Die ringförmige Hautfalte selbst wird zur Ohrmuschel; die characteristischen, durch Knorpel gestützten Vorsprünge derselben, *Tragus* und *Antitragus*, *Helix* und *Anthelix*, entwickeln sich aus sechs Höckern. Indem sich kleine Muskeln an ihnen ausbilden, wird die Gestalt der Ohrmuschel veränderlich; grössere Muskeln, in sehr verschiedenem

Maasse ausgebildet, dienen zur Bewegung des ganzen Organs. Beim Menschen und anderen Primaten werden dieselben rudimentär. Das ganze Organ wird rückgebildet bei den im Wasser lebenden Säugethieren (Pinnipedien, Cetaceen, Sirenen).

§ 129. Phylogenie des Darm-Systems.

Die Stammesgeschichte des Darm-Systems bietet bei den Wirbelthieren zahlreiche Verhältnisse, welche sowohl für die Entwickelung und Differenzirung des ganzen Stammes, als für die Verwandtschafts-Beziehungen seiner einzelnen Abtheilungen von Interesse sind. Da bei den Vertebraten, ebenso wie bei allen andern Metazoen, der einfache Urdarm das älteste Organ des vielzelligen Thierkörpers ist und im Embryo stets zuerst angelegt wird, so kann aus dieser fundamentalen Thatsache zunächst auf eine gemeinsame Abstammung der Wirbellosen und Wirbelthiere geschlossen werden. Weiterhin ist sodann von höchster Bedeutung die frühzeitige Sonderung des embryonalen Darmrohrs in zwei Hauptabschnitte, einen respiratorischen Kopfdarm und einen digestiven Rumpfdarm. Diese characteristische Anpassung fehlt allen Wirbellosen, mit einziger Ausnahme der nächstverwandten Mantelthiere, und jener alten isolirten Helminthen-Gattung *Balanoglossus*, welche die besondere Classe der Enteropneusten repräsentirt. Die bedeutungsvolle Uebereinstimmung, welche diese drei Thiergruppen in der Umbildung des Kopfdarms zu einem Athmungs-Organe darbieten, ist um so wichtiger, als sie mit anderen eigenthümlichen Organisations-Verhältnissen zusammenfällt; sie deutet auf die Stelle des Metazoen-Stammbaums hin, wo sich die beiden Stämme der Chordonier (einerseits die *Vertebraten*, anderseits die *Tunicaten*) von einer gemeinsamen, enteropneusten Helminthen-Gruppe abgezweigt haben. Diese hypothetische Stammgruppe sind die praesilurischen *Prochordonier*, deren entferntes Urbild uns in den lebenden Copelaten (*Appendicarien*) noch theilweise erhalten ist (vergl. § 9).

Als gemeinsame typische Eigenthümlichkeiten aller Chordonier werden gewöhnlich die axiale Chorda und das dorsale Medullarrohr an erster Stelle hervorgehoben. Aber nicht weniger ist für diese Hauptgruppe die durchgreifende Sonderung des Darmrohrs in jene beiden Hauptabschnitte: Kopfdarm (*Cephalogaster*) und Rumpfdarm (*Truncogaster*) von höchster Bedeutung. Morphologisch sind beide Theile geschieden durch ihre Lage in den beiden Hauptabschnitten des Körpers: Kopf und Rumpf. Physiologisch sind beide sehr verschiedenen Functionen angepasst: der Kopfdarm führt die Nahrung durch den Mund ein und vermittelt hauptsächlich die Respiration; der Rumpfdarm hingegen besorgt die Digestion und führt die Excremente durch den After aus. Ersterer kann daher auch als Athmungsdarm bezeichnet werden (*Tractus respiratorius*); letzterer als Verdauungsdarm (*Tractus digestivus*). Da ferner für den Athmungsdarm ursprünglich die Kiemenbildung bezeichnend ist und da sich »Kiemenspalten« durch Vererbung in sämmtlichen Vertebraten (wenigstens in der Embryonal-Anlage) erhalten haben, wird der Kopfdarm auch passend Kiemendarm (*Branchiogaster*) genannt; in der Mittellinie seiner Bauchseite verläuft bei den ältesten Wirbelthieren (— ebenso wie bei den Mantelthieren —) die *Hypobranchial-Rinne*, das eigenthümliche Organ, aus dem die *Thyreoidea* der höheren Vertebraten entstanden ist. Der Rumpfdarm heisst im Gegensatze dazu Leberdarm (*Hepatogaster*), weil die Leber den wichtigsten Anhang desselben bildet, und weil die Einmündung der Gallengänge in den Rumpfdarm allein mit Sicherheit dessen Anfangs-Abschnitt vom Kopfdarm abgrenzt. Die Grenze zwischen beiden Hauptabschnitten des Darmsystems ist oft sehr schwer zu bestimmen, besonders bei höheren Wirbelthieren; hier wachsen wichtige Theile, die ursprünglich zum Kopfdarm gehören und auch heute noch vom Gehirn innervirt werden (*N. vagus*), nach hinten und dringen oft weit in die Rumpfhöhle ein (Luftröhre und Lungen, Speiseröhre und Magen); anderseits differenzirt sich der Rumpfdarm so mannichfaltig, dass oft allein die Leberlage uns über die Bedeutung seiner Theile und seine Grenzen autklärt.

§ 130. Urdarm und Urmund.

Während das Darmsystem der erwachsenen Wirbelthiere allgemein einen verwickelten Bau zeigt und besonders bei den höheren Gruppen in viele verschiedene Organe gesondert ist, bleibt dagegen seine erste Anlage im Embryo überall höchst einfach und erfolgt wesentlich in gleicher Weise. Ueberall bildet sich zunächst ein einfacher Urdarm (*Progaster* oder *Archenteron*); jenes älteste Ernährungsorgan des thierischen Organismus, welches wir (1872) als das gemeinsame Primitiv-Organ aller Metazoen nachgewiesen haben. Aber nur bei den Acraniern (*Amphioxus*) erscheint die embryonale Anlage desselben noch heute in ihrer ursprünglichen Einfachheit, weil hier allein die palingenetische Keimform der *Archigastrula* sich durch zähe Vererbung bis zur Gegenwart erhalten hat. Der Urdarm ist hier ein einfaches medianes Rohr, aus einer einfachen Schicht von Entoderm-Zellen gebildet; vorn blind geschlossen, hinten geöffnet durch den Urmund (*Prostoma* oder *Blastoporus*). Bei den Embryonen aller übrigen Wirbelthiere — bei sämmtlichen Cranioten — ist diese einfache

Urform der Darm-Anlage mehr oder minder abgeändert, weil der Keim cenogenetische Modificationen erlitten hat und durch Ausbildung eines Nahrungsdotters in eine *Metagastrula* verwandelt ist. Zunächst haben sich die Entoderm-Zellen in der Bauchwand des Urdarms vermehrt und bilden eine mehrschichtige Dotterdrüse. Später entwickelt sich aus dieser ein voluminöser Dottersack (vergl. § 28).

Die primitive einzige Oeffnung des Darmrohrs, der Urmund, liegt ursprünglich hinten, am Aboral-Pol der Längsaxe. Während dieses *Prostoma* bei den palingenetischen *Acraniern* hier eine einfache runde Oeffnung unmittelbar unter dem hinteren Chorda-Ende bildet, wird seine Gestalt und Lage bei den cenogenetischen *Cranioten* mehr oder weniger modificirt. Der Urmund wandert namentlich bei den *Amnioten* auf die Rückenfläche des Keimes hinauf und erscheint hier als ein Längsspalt, der oft die ganze Hinterhälfte derselben einnimmt (Primitivrinne des Keimschildes). Das Vorderende dieser Primitivrinne stösst hier an das Hinterende der Medullar-Furche und wird von den beiden, letztere einfassenden Leisten (den Medullar-Wülsten) dergestalt umwachsen, dass beide Rinnen unmittelbar in einander übergehen. Indem über denselben die Medullar-Wülste zum Verschluss gelangen, verwandelt sich das Verbindungsstück zwischen beiden in einen engen Canal, den Markdarmgang (*Canalis neurentericus*). Bei den niederen Wirbelthieren, wo der Urmund seine aborale Lage am Hinterende behalten hat, erscheint dieser Verbindungscanal als ein verticaler Bogengang, dessen vordere Concavität das hintere Chorda-Ende umfasst. Nachdem der Urmund dann vollkommen geschlossen ist, steht eine Zeitlang noch das ventrale Darmrohr durch jenen neurenterischen Bogengang in offener Communication mit dem dorsalen Nervenrohr. Bald verwachsen aber auch die Wände des Bogenganges, und nun erscheint bei den Embryonen aller Vertebraten (und ebenso der Tunicaten) der Urdarm einige Zeit völlig geschlossen. Erst nachträglich entstehen die beiden späteren Oeffnungen desselben, vorn der Mund, hinten der After. Beide werden durch grubenförmige Einstülpungen der äusseren Haut erst secundär gebildet, vorn das *Stomodaeum*, hinten das *Proctodaeum*.

§ 131. Stomodaeum, Mesodaeum, Proctodaeum.

Die beiden bleibenden Oeffnungen des Vertebraten-Darmes, Mund und After, gehören ursprünglich der Ventralseite des Körpers an. Hier bildet sich vorn am Hyposom des Kopfes eine unpaare mediane Grube der Epidermis, die Mundgrube. Indem sich dieselbe vertieft, wächst sie als »Mundbucht« dem blind geschlossenen Vorderende des Urdarms entgegen und verschmilzt mit ihm. Die dünne Zwischenwand zwischen beiden Höhlen, die »primitive Rachenhaut«, wird durchbrochen, und beide stehen nunmehr in offener Verbindung. An der Grenze zwischen beiden stösst das *Exoderm* der Mundbucht unmittelbar an das *Entoderm* des Urdarms. Ganz derselbe Vorgang wiederholt sich hinten, am Hyposom des Rumpfes; hier entsteht ebenso durch Einstülpung der Epidermis die Aftergrube; sie wächst als »Afterbucht« dem blinden Hinterende des Urdarms entgegen und verschmilzt mit ihm; indem die trennende Zwischenwand zwischen beiden, die »primitive Afterhaut« durchbrochen wird, treten beide in Communication. Indessen erfolgt ihre Verbindung nicht ganz am Hinterende des Urdarms, sondern eine Strecke vor demselben, an der Bauchseite. Der hinterste (blinde) Theil des Urdarms, welcher sich noch über den neugebildeten After nach hinten eine kleine Strecke weit fortsetzt, ist der Schwanzdarm oder Postanal-Darm. Bei den Embryonen vieler niederer Vertebraten ist dieses rudimentäre Organ noch ziemlich stark entwickelt, während es bei den höheren Gruppen ganz verkümmert oder verschwunden ist. In allen Fällen wird es auch bei den ersteren später rückgebildet, so dass der bleibende After das Ende des Dauerdarms bezeichnet. Der bleibende Darmcanal oder Dauerdarm (*Metagaster*) ist demnach bei allen *Vertebraten* (und ebenso bei den *Tunicaten*) aus drei genetisch verschiedenen Abschnitten zusammengesetzt: I. vorn der Munddarm (*Stomodaeum*), aus der exodermalen Mundbucht entstanden; II. der primitive Hauptdarm (*Mesodaeum*), dem Urdarm entsprechend, entodermal; III. hinten der Afterdarm (*Proctodaeum*), aus der exodermalen Afterbucht hervorgegangen.

Die Wand des Darmrohrs ist in seiner ganzen Ausdehnung aus zwei ursprünglich verschiedenen Schichten zusammengesetzt, die sich genetisch ganz ähnlich verhalten wie die beiden Schichten des äusseren Tegumentes. Wie hier die Hautdecke aus der exodermalen Epidermis und dem mesodermalen Corium gebildet wird, so entsteht dort die Darmdecke durch die Verbindung des entodermalen Darmdrüsen-Epitels und der mesodermalen Darmfaser-Hülle. Dies gilt jedoch bloss für das primitive eigentliche Darmrohr, den Urdarm (*Progaster*) und alle daraus hervorgehenden Theile; somit für das ganze *Mesodaeum*. Dagegen ist sowohl vorn in der Mundhöhle (dem *Stomodaeum*), als hinten in der Afterhöhle (dem *Proctodaeum*) das Epitel exodermalen Urprungs, und die darunter liegende Faserschicht nebst ihren Producten gehört dem Corium an. An der Mundöffnung sowohl als an der Afteröffnung gehen beide Schichten der Darmwand unmittelbar in die entsprechenden Schichten des äusseren Tegumentes über.

Wie das biogenetische Grundgesetz überall in der Bildungsgeschichte des Darmsystems seine Anwendung findet, so auch in der Differenzirung der Darmwand und ihrer Producte. So verschiedenartig auch die Organe sind, welche aus denselben hervorsprossen, so entstehen sie doch überall in gleicher Weise und aus derselben Grundlage; ihre heutige Ontogenese zeigt uns deutlich den Weg ihrer einstigen Phylogenese. Das Entoderm des *Urdarms* (— und ebenso im *Stomodaeum* und *Proctodaeum* das substituirende Exoderm —) bildet ausschliesslich Epitelien des Darmrohrs und seiner Drüsen. Das connective Mesoderm hingegen, welches diese Epitel-Schicht trägt, liefert alle übrigen Gewebe der Darmwand, Bindegewebe und Muskeln, Blutgefässe und Lymphgefässe. Da die Gewebe dieser mesodermalen Darmschicht grösstentheils faseriger Natur sind, bezeichnet man dieselbe als Darmfaserblatt, im Gegensatze zu dem epitelialen Darmdrüsenblatt.

§ 132. Kopfdarm. Cephalogaster.

Der erste Hauptabschnitt des Darmrohrs liegt bei allen Wirbelthieren ursprünglich im Kopfe und wird daher passend als Kopfdarm bezeichnet (*Cephalogaster* oder *Cephalodaeum*). Sein vorderes Ende öffnet sich durch den Mund, der ursprünglich vorn an der Bauchseite des Kopfes liegt; sein hinteres Ende ist gewöhnlich durch einen Pfortenring (Pylorus) vom Rumpfdarm abgegrenzt. Bei den *Acraniern* nimmt der Kopfdarm noch die ganze vordere Hälfte des Darmrohrs ein und ist zugleich bedeutend voluminöser als der engere Rumpfdarm; bei den *Cranioten* hingegen dehnt sich stets der letztere auf Kosten des ersteren aus. Wie die wichtigste Function des Rumpfdarms in der Verdauung liegt, so besteht diejenige des Kopfdarms in der Athmung; und zwar gehen aus ihm beiderlei Respirations-Organe der Wirbelthiere hervor, die Kiemen der niederen und die Lungen der höheren Vertebraten; der Cephalogaster wird daher auch mit Recht als Athmungsdarm bezeichnet (*Pneustodaeum*).

Am Kopfdarm aller Wirbelthiere können ursprünglich drei Abschnitte unterschieden werden: 1) Der Munddarm (*Stomodaeum*), 2) der Schlunddarm (*Pharyngaeum*), 3) der Magendarm (*Autogaster*). Der erste Abschnitt geht aus der ursprünglichen Mundbucht des Tegumentes hervor und ist also ectoblastisch; die beiden anderen dagegen sind endoblastischen Ursprungs und bilden den anfänglich blind geschlossenen Kopftheil des Urdarms. Erst nachdem die embryonale Rachenhaut durchbrochen ist, stehen Munddarm und Schlunddarm in offener Verbindung, durch die primitive Gaumenpforte (*Porta palatina*). Die wichtigste und voluminöseste von den drei Abtheilungen des Kopfdarms ist ursprünglich der Schlunddarm, mit seinem Kiemen-Apparat (*Brancharium*), wesshalb auch der ganze Kopfdarm als Kiemendarm (*Branchiogaster*) aufgefasst wird. Erst bei den höheren Wirbelthieren tritt seine Bedeutung mehr zurück, während dagegen Munddarm und Magendarm zu grösserer Entfaltung gelangen.

§ 133. Stomodaeum. Munddarm.

Die erste Abtheilung des Kopfdarms bildet der Munddarm (*Stomodaeum*), ontogenetisch scharf abgegrenzt gegen den folgenden zweiten Abschnitt, den Schlunddarm, da der erstere aus der *ectoblastischen* Mundbucht des Tegumentes entsteht (§ 131), der zweite aus dem vordersten, anfangs blind geschlossenen Ende des *endoblastischen* Urdarms (§ 130). Die Grenze zwischen beiden Abtheilungen bildet die primitive Gaumenpforte (*Porta palatina*), häufig durch eine ringförmige Strictur oder eine vorspringende Falte der Schleimhaut angedeutet: Mundsegel oder »primitives Gaumensegel« (*Velum palatinum*). Ein solches ist schon bei den Acraniern und Cyclostomen entwickelt, und zeigt in vielen Gruppen der Gnathostomen eine verschiedenartige Differenzirung; oft verschwindet es spurlos, so dass die Grenze zwischen Stomodaeum und Pharyngaeum ganz verwischt wird.

Der Eingang in den Munddarm wird bei allen Vertebraten durch ein Mundskelet gestützt, welches bei den niederen Gruppen aus Knorpelstücken, bei den höheren aus Knochenstücken sich zusammensetzt. Bei den kieferlosen Acraniern und Cyclostomen sind diese Mundknorpel oberflächliche dermale Bildungen, ohne Beziehung zum Endoskelet (bei *Amphioxus* ein knorpeliger Mundring mit zwanzig Mundfäden, bei den *Cyclostomen* ein complicirter, aus Lippen- und Gaumen-Knorpeln bestehender Apparat). Bei allen Gnathostomen hingegen wird der Mund durch Kieferbogen gestützt, welche aus der Gliederung des ersten Schlundbogen-Paares entstehen; das obere Stück desselben (*Palatoquadratum*) entwickelt sich zum Oberkiefer, das untere (*Praemandibula*) zum Unterkiefer (§ 67). Sowohl diese Kieferbogen, als auch die übrigen Grenzflächen der Mundhöhle tragen schon bei den ältesten Gnathostomen Zähne, entstanden aus »Placoid-Schuppen« des ectoblastischen Tegumentes; ihre Entwickelung schlägt die mannichfaltigsten Richtungen ein.

§ 134. Mundhöhle und Nasenhöhle.

Die weitere Ausbildung des *Stomodaeum* unter den Gnathostomen zeigt zwei verschiedene Hauptstufen, bedingt durch das verschiedene

Verhalten zum Geruchsorgan. Bei den kiemenathmenden *Fischen* bleibt die Mundhöhle einfach, ohne Beziehungen zu den blinden äusseren Nasengruben des Tegumentes. Diese beginnen sich erst bei den lungenathmenden *Dipneusten* und *Amphibien* zu bilden, wo die Nasenhöhlen durch innere Oeffnungen (*Choanen*) in die Mundhöhle münden; letztere wird dadurch zugleich zum Luftweg für die Lungen. Diese primitive »Mundnasenhöhle« tritt ontogenetisch auch bei allen höheren Wirbelthieren vorübergehend auf; sie zerfällt dann bei den *Amnioten* bald in zwei verschiedene Höhlen, die obere Nasenhöhle (*Cavitas nasalis*) und die untere Mundhöhle (*Cavitas oralis*). Beide werden getrennt durch das horizontale Gaumendach (*Palatum*). Die erstere fungirt als »Luftweg«, die letztere als »Speiseweg«. Beide Höhlen münden hinten in den Schlunddarm ein. Die Nasenhöhle selbst zerfällt wieder in ein Paar seitliche Nasengänge, indem vom Ethmoid-Knorpel ein verticales Septum nach abwärts wächst und sich in der Median-Linie mit dem Gaumen verbindet.

Der bedeutungsvolle carbonische Uebergang vom Wasserleben zum Landleben bedingt ausserdem noch eine neue Erwerbung der terrestrischen Vertebraten, nämlich die Entwickelung von Drüsen in der Schleimhaut beider Höhlen. Diese erhalten durch ihr schleimiges Secret die zarten Epitelien feucht und weich, welche sonst durch den Einfluss der atmosphärischen Luft eintrocknen würden. Bei den niederen im Wasser lebenden Wirbelthieren waren diese Drüsen überflüssig. Sie erscheinen zuerst bei den *Amphibien* noch in sehr einfacher und indifferenter Form, ebensowohl die »Nasendrüsen«, als die »Munddrüsen«. Mannichfach differenziren sie sich bei den *Amnioten*, am meisten bei den Säugethieren. Unter den Reptilien sind die Nasendrüsen namentlich bei den Cheloniern entwickelt, die Speicheldrüsen und Lippendrüsen bei vielen Sauriern. Aus der Oberlippendrüse entwickelt sich bei den Giftschlangen die Giftdrüse. Bei den Mammalien sind drei Paar Speicheldrüsen vorhanden, ihre *Parotis* hat sich aus einer Lippendrüse, ihre *Submaxillaris* und *Sublingualis* hingegen aus der Unterzungendrüse der älteren Reptilien entwickelt.

§ 135. Dentura. Gebiss.

Die Mundhöhle ist bei der grossen Mehrzahl der Vertebraten mit Zähnen bewaffnet, welche zum Ergreifen und Festhalten, oft auch zum Zerkleinern der Nahrung dienen. Diese harten Zähne (*Dentes, Odontes*) sind ursprünglich Theile des Hautskeletes. Da die ganze Mundhöhle ursprünglich eine Einstülpung der äusseren Hautdecke darstellt und ihr Epitel demnach dem Exoderm angehört, erklärt sich einfach die

Thatsache, dass auch die dermalen Skeletbildungen beider ganz übereinstimmen. Die Mundzähne sind demnach modificirte Hautzähne (oder Placoid-Schuppen), ebenso nach ihrer Structur und Gestalt, wie nach ihrem ontogenetischen und phylogenetischen Ursprung. Auch entstehen die inneren Deckknochen, welche in der Mundhöhle sich den Knorpel-Wänden des Urschädels auflagern, ganz ebenso wie die äusseren Belegknochen seiner Oberfläche: durch Zusammenfliessen zahlreicher Knochenplättchen, welche ursprünglich *Placodien* waren. Die echten Zähne sind demnach ossificirte Hautpapillen, zu unterscheiden von den falschen Hornzähnen, welche nur bei einer geringen Zahl von Wirbelthieren zur Ausbildung kommen. Die *Acranier* sind die einzigen Wirbelthiere, bei denen das Gebiss überhaupt ursprünglich fehlt: sie haben weder Horn- noch Knochen-Zähne. Wo in anderen Gruppen das Gebiss fehlt, beruht dessen Mangel auf Rückbildung.

§ 136. Ceratodontes. Hornzähne.

In verschiedenen Gruppen der Wirbelthiere, in welchen echte Knochenzähne fehlen, werden dieselben vertreten durch Hornzähne. Diese *Ceratodontes* (oder *Cornudentes*) sind harte Hornproducte des Exoderms, welches das Epitel der Mundhöhle bildet, und setzen sich demnach aus verhornten Epidermis-Zellen zusammen. Bald erscheinen sie in Form conischer Papillen, bald in Gestalt breiter Platten, bald überziehen sie die schneidenden Kieferränder in Gestalt von Hornscheiden. Danach unterscheiden wir als drei Hauptformen der Ceratodonten: I. Conische Hornzähne (der Cyclostomen); II. Plattenförmige Hornzähne (einiger Mammalien); III. Hornscheiden der Kieferränder (bei Reptilien und Vögeln).

I. Conische Hornzähne characterisiren die Classe der Cyclostomen, bei welchen echte Zähne ebenso wie andere kalkige Skeletbildungen gänzlich fehlen. Die Hornzähne sitzen bei diesen niederen Wirbelthieren, deren Mund zum Ansaugen dient, zahlreich im Saugmunde vertheilt, in verschiedener Grösse und Anordnung. Jeder Zahn bildet eine spitze und harte kegelförmige Papille, deren Basis von gefässreicher Pulpa eingenommen wird und der Mundschleimhaut aufsitzt. Die innerste Schicht besteht aus conischen Zellen, die am verjüngten Innen-Ende eine schmelzartige Cuticula abscheiden.

II. Plattenförmige Hornzähne entwickeln sich bei einigen niederen Säugethieren, an Stelle der verloren gegangenen Knochenzähne, deren Keim-Reste bisweilen noch in den Kiefern der Embryonen eingeschlossen sich finden. *Ornithorhynchus* trägt auf der Kaufläche einer jeden Kieferhälfte (oben und unten) zwei solche Hornplatten, die Sirene *Rhytine* je eine. Bei den Bartenwalen (*Mysticeta*) entwickeln sich ein Paar Längsreihen von grossen, querstehenden, dreieckigen Hornplatten am Oberkiefer und Gaumen, aus dem verhornten Epitel von Gaumenfalten entstanden (Barten).

III. Hornscheiden der Kieferränder, oder „Hornschnäbel" entwickeln sich als harte, schneidende Horn-Ueberzüge der knöchernen Kieferränder unter den Reptilien (*Anomodontien*, *Chelonier* u. A.) und bei den Vögeln. Auch hier liegt stets eine secundäre Verhornung des exodermalen Mundhöhlen-Epitels vor. Die älteren Vorfahren aller dieser Gruppen besassen echte Knochenzähne.

§ 137. Osteodontes. Knochenzähne.

Die echten knöchernen Zähne fehlen den beiden niedersten Vertebraten-Classen, *Acraniern* und *Cyclostomen*, noch gänzlich. Auch zeigen diese beiden Gruppen keine Andeutung, dass ihre Vorfahren Zähne besessen und etwa durch Rückbildung verloren hätten. Dagegen treffen wir Zähne allgemein verbreitet in der Classe der Fische an, und zwar schon bei deren ältesten Vertretern, den silurischen Selachiern und Ganoiden. Im einfachsten Falle ist hier die ganze Schleimhaut der Mundhöhle mit kleinen, gleichgestalteten Zähnen bedeckt, und zwar von derselben Gestalt, Grösse und Structur wie die Placodien (*Lepides*), welche als „Hautzähne" die ganze äussere Oberfläche dieser ältesten Gnathostomen bedecken. Am Kieferrande lässt sich der unmittelbare Uebergang der letzteren in die ersteren beobachten. Jeder Mundzahn besteht, ebenso wie jede homologe Placoid-Schuppe, aus drei wesentlichen Bestandtheilen: 1) einer verknöcherten Corium-Papille, mit Dentin-Structur (*Dermodon*); 2) einer verknöcherten, als Grundlage der ersteren dienenden Basal-Platte, mit Caement-Structur (*Placobasis*); und 3) einer conischen Schmelz-Kappe (*Ganomitra*), welche die Spitze der Zahn-Papille bedeckt und eine cuticulare Ausscheidung der tiefsten Schicht der Epidermis-Zellen darstellt (der „Schmelz-Membran"). Vergl. § 55.

Die ursprüngliche Identität der ossificirten Hautpapillen, die in der Mundhöhle als „Fangzähne" zum Festhalten der Beute dienen, an der äusseren Körperoberfläche als „Hautzähne" zum Schutze des Tegumentes, hat sich nur bei wenigen der ältesten Selachier erhalten. Schon frühzeitig trat in Folge dieser verschiedenen Function eine Differenzirung der beiderlei homologen Gebilde ein: bei den Mundzähnen entwickelte sich stärker die spitze Zahnpapille, während die Basalplatte rückgebildet wurde, bei den Hautzähnen umgekehrt. Letztere wurden bei den meisten Fischen zu platten Schuppen ohne Stachel, erstere zu spitzen Fangzähnen, deren Basal-Platte nur noch einen unbedeutenden Caement-Ueberzug der Zahnbasis darstellt. Vielfache weitere Veränderungen der Zähne, welche für die Phylogenie der Wirbelthiere grosse Bedeutung haben, betreffen hauptsächlich: 1) die Vertheilung der Zähne in der Mundhöhle; 2) ihr Verhalten zu den Kiefern und Knochen der Mundhöhle; 3) ihren Wechsel; 4) ihre Gestalt und Structur; 5) ihre Arbeitstheilung; 6) ihre Rückbildung.

§ 138. Vertheilung der Zähne.

Ursprünglich war die ganze Mundhöhle der Gnathostomen gleichmässig mit kleinen spitzen Zähnen bedeckt, die sich ganz ähnlich verhielten, wie die homologen Hautzähne des Tegumentes. Diese primäre Verbreitung hat sich durch Vererbung von den ältesten Fischen auf die ältesten Ichthyopsiden aller Classen übertragen, auf die primitivsten Formen der Selachier, Ganoiden, Dipneusten und Amphibien (Stegocephalen). Alle Knorpelflächen, welche hier die Mundhöhle begrenzen, sind ursprünglich mit homodonten Placoid-Schuppen bedeckt gewesen, und aus der Concrescenz ihrer Basalplatten sind die „Deckknochen der Mundhöhle" entstanden, welche sich auf jenen Knorpelflächen des Primordial-Schädels ablagern. Demnach sind bei sehr vielen Fischen sämmtliche Knochen der Mundhöhle bezahnt, oben Praemaxillare, Maxillare, Vomer, Palatinum, Pterygoideum etc., unten Dentale, Spleniale etc. Dieses primäre Verhalten hat sich durch Vererbung von den ältesten Amphibien (Stegocephalen) auch noch auf die primitivsten Formen der Amnioten — die ältesten Reptilien (Tocosaurier) — übertragen. Bei den meisten Amnioten jedoch, wie schon bei sehr vielen Ichthyopsiden, beschränkt sich die Zahnbildung auf die Kieferränder, während sie auf den übrigen Knochen der Mundhöhle verloren geht. Jeder Kieferrand (oben und unten) trägt dann meistens nur eine Reihe von Zähnen. Diese gnathodonte Dentur ist also aus den ursprünglichen pantodonten durch Reduction entstanden; sie findet sich schon bei vielen Fischen, Dipneusten, Amphibien und Reptilien. Die gnathodonte Bezahnung ist ferner typisch für die drei Classen der warmblütigen Wirbelthiere (Drachen, Vögel und Säugethiere). Hier ist dieselbe zugleich thecodont; sämmtliche Zähne sitzen in die Kiefer eingekeilt, in einer Reihe, entweder in einzelnen Alveolen, oder (nach deren Schwunde) in einer Alveolar-Rinne.

§ 139. Befestigung der Zähne.

Ursprünglich sitzen die Zähne der Mundhöhle ebenso locker und frei im Corium der Mundschleimhaut und entbehren ebenso des Zusammenhanges mit Skelettheilen, wie die homologen Placoid-Schuppen der äusseren Haut. Dieses Verhalten (*Autodontes*) besteht noch heute bei den ältesten Gnathostomen (einem Theile der Selachier). Bei der grossen Mehrzahl derselben aber entsteht schon frühzeitig eine innige, räumliche und functionelle Beziehung zu den unterliegenden Skelettheilen. Sobald sich die Basalplatten der Zähne zur Bildung von Deckknochen vereinigen und den unterliegenden knorpeligen Skelettheilen auflagern, entsteht auch eine feste Verbindung beider. Die Zähne erscheinen dann fest aufgewachsen (*Pectodontes*); das ist der Fall bei der grossen Mehrzahl der Ichthyopsiden und Reptilien. Gewöhnlich sitzen dann die Kieferzähne mit ihrer Basis oben auf der Schneide der Kieferränder (kammgewachsen, *Acrodontes*), seltener der Innenseite des vorragenden Kieferrandes angewachsen (*Pleurodontes*). Bisweilen erhebt sich der Kieferrand unter dem kammgewachsenen Zahn in Gestalt eines besonderen abgesetzten Zahnsockels (*Odontopodium*), so bei einigen Stegocephalen, Tocosauriern und besonders ausgeprägt bei den Pythonomorphen (sockelständig, *Stelodontes*). Bei einem Theile der Stegocephalen und Tocosaurier beginnt der Kieferrand sich rings um die aufgewachsene Zahnbasis in Gestalt einer Umwallung zu erheben, so dass dieselbe in einem kleinen Grübchen steht. Indem dieses Grübchen sich vertieft und in den Kieferrand einsenkt, entwickelt es sich zur Alveole (eingekeilte Zähne, *Thecodontes*). Damit ist die vollkommenste Form der Zahn-Insertion erreicht, die sich schon bei einzelnen Reptilien-Ordnungen findet (Progonosauriern, Theromoren, Crocodilen); und ganz typisch und ausschliesslich bei den drei warmblütigen Wirbelthier-Classen: Drachen, Vögeln und Säugethieren. An den Zähnen dieses thecodonten Gebisses wird dann der frei vorragende Theil als Zahnkrone unterschieden (*Denticorona*), der in die Alveole des Kiefers eingesenkte Theil als Zahnwurzel (*Odontorhiza*). In einigen Gruppen der Amnioten werden die Scheidewände der Alveolen später aufgelöst, so dass die Zähne frei in einer gemeinsamen Rinne des Kieferrandes hinter einander stehen (rinnenständig, *Holcodontes*); das ist der Fall bei den Ichthyosauriern und den odontolken Vögeln (Hesperornithes).

§ 140. Dentition und Zahnwechsel.

Bei den niederen Wirbelthieren findet allgemein ein unbeschränkter Zahnwechsel statt, indem die abgenutzten und ausfallenden Zähne durch neue ersetzt werden; diese entstehen neben oder unter den alten, ebenso wie die homologen Placoid-Schuppen des äusseren

Tegumentes. Solche *Polyphyodontes* sind fast sämmtlich Anamnien oder Ichthyopsiden, mit einzelnen (durch specielle Anpassungs-Verhältnisse bedingten) Ausnahmen. Auch bei den meisten Reptilien (insbesondere den *Tocosauriern*, *Pholidoten* und *Crocodilen*) wiederholt sich der Zahnwechsel oftmals. Die neuen Ersatzzähne werden schon frühzeitig unter den alten angelegt und verdrängen dieselben gewöhnlich von innen her, seltener von unten her. Letzteres ist z. B. bei den Crocodilen der Fall, wo der junge conische Zahn von unten her mit der Spitze in die basale Pulpahöhle des alten eindringt und von diesem noch einige Zeit kappenförmig bedeckt bleibt, ehe er ihn abstösst. In seine eigene Basis kann gleichzeitig schon ein neuer Ersatz-Zahn dritter Generation eindringen. Bei den meisten Säugethieren erscheinen nur noch zwei Zahngenerationen (*Diphyodontes*); die erste Dentition, als »Milchzähne« bezeichnet (*Lactidentura*), wird gewöhnlich durch eine geringere Zahl von kleineren Zähnen dargestellt; die zweite Generation: »Dauerzähne« (*Postedentura*) durch eine ansehnlichere Zahl von grösseren Zähnen. In einigen Gruppen der Säugethiere besteht überhaupt kein Zahnwechsel mehr, und die zuerst durchbrechenden Zähne bleiben dann zeitlebens bestehen (*Monophyodontes*). Gewöhnlich scheint hier das permanente monophyodonte Gebiss dem Milchgebiss der übrigen Säugethiere zu entsprechen, da nach innen von demselben noch Rudimente von Ersatzzähnen erscheinen, die aber nie zum Durchbruch gelangen; so bei vielen Marsupialien und Denticeten. In anderen Fällen scheint das Milchgebiss ganz verloren gegangen zu sein; so bei Pinnipedien und Chiropteren. Sehr verwickelt wird die phylogenetische Beurtheilung dieser Verhältnisse dadurch, dass auch schon eine alte Reptilien-Gruppe monophyodont zu sein scheint, und zwar diejenige, welche auch sonst den Mammalien am nächsten steht, die Theromoren (*Pelycosauria*). Uebrigens unterbleibt der Zahnwechsel auch schon bei einzelnen Fischen und Dipneusten, bei welchen sich die Zähne zu grossen, eigenthümlich differenzirten Platten entwickelt haben (*Chimaera*, *Cochliodus*, *Ceratodus* etc.).

§ 141. Einfache und zusammengesetzte Zähne.

Die meisten echten Zähne der Vertebraten sind einfache Zähne (*Dentes simplices*), insofern jeder einer einfachen Placoid-Schuppe des Tegumentes entspricht und phylogenetisch aus einer einfachen Corium-Papille durch Ossification entstanden ist. Wie aber häufig im Tegumente viele Placolepiden durch Concrescenz verschmelzen und grössere »Hautknochen« darstellen, so entstehen durch denselben Process auch in der Mundhöhle zusammengesetzte Zähne

(*Dentes compositi*). Solche finden sich schon bei den palaeozoischen Fischen und Dipneusten; bald als kammförmige Zähne, bei welchen mehrere (ursprünglich getrennte) Kegel in einer Reihe neben einander liegen (oft ein mittlerer Hauptzahn zwischen mehreren kleineren Nebenzähnen: *Hybodus*, *Cladodus* etc.); bald als grosse Zahnplatten, auf denen mehrere solche zusammengesetzte Kammzähne hinter einander stehen (*Ctenodus*, *Dipterus* etc.). Indem die Zacken oder einzelnen Zahnspitzen der Kämme verschwinden, entstehen Querleisten oder glatte Kämme auf den grossen Zahnplatten (*Ceratodus*, *Palaedaphus* etc.). Bei anderen Fischen bilden sich wenige grosse Zahnplatten mit glatter Oberfläche, entweder indem die vorgedachten Kämme ganz verschwinden, oder indem mehrere Pflasterzähne verschmelzen. Ebenso entstehen zusammengesetzte Zähne (durch Verwachsung einfacher) bei höheren Wirbelthieren. Vielleicht sind die zweiwurzeligen Backzähne der Säugethiere ursprünglich durch paarweise Verwachsung von je zwei einfachen Nachbarzähnen entstanden. Der umgekehrte Process tritt in einigen Gruppen niederer Säugethiere auf, nämlich die Zahnvermehrung durch Theilung. Diese scheint stattzufinden bei den Delphinen und Gürtelthieren, bei welchen äusserst zahlreiche (gegen hundert oder mehr) kleine und gleichartig gebildete, conische Zähne in den verlängerten Kiefern sitzen. Die eocaenen Vorfahren dieser polyodonten Placentalien besassen wahrscheinlich das typische Placental-Gebiss von 44 differenzirten Zähnen. (Vergl. § 363.)

Die ursprüngliche Gestalt der Zähne gleicht dem Hautzahne oder der Placoid-Schuppe: ein einfacher Kegel, der sich auf der Basalplatte schräg erhebt, und dessen Spitze oft schief nach hinten gerichtet ist. Diese primitiven Kegelzähne zeigen schon bei den palaeozoischen Fischen sehr mannigfaltige Veränderungen; bald verwandeln sie sich in dünne Borstenzähne, bald in dicke Fangzähne; durch sichelförmige Krümmung werden sie zu Hakenzähnen. Wenn die conische Pulpa im Inneren des hohlen Kegelzahnes radiale Falten bildet und diese sich verästeln, so wird auch das ausgeschiedene Dentin und der überziehende Schmelz entsprechend gefaltet; die Zähne zeigen an der Aussenfläche Längsfurchen oder Streifen und auf dem Querschnitt das zierliche Bild radialer Labyrinth-Structur, so bei palaeozoischen Ganoiden (*Dendrodus*) und Stegocephalen, am höchsten entwickelt bei den triassischen Labyrinthodonten.

Aus den Kegelzähnen entstehen durch frontale Compression der Krone (parallel der Kiefer-Axe) Schneidezähne, meist mit schaufelförmiger oder meisselförmiger Krone (besonders bei Säugethieren im vordersten Kiefertheil characteristisch ausgebildet). Wenn hingegen die Kegelkrone sagittal comprimirt wird, entstehen Messerzähne, deren scharfe Ränder (vorderer und hinterer) oft gezackt sind (besonders bei Dinosauriern, bei einigen Feliden u. s. w.).

Durch Abplattung der Zahnkrone entstehen breite Pflasterzähne oder Mahlzähne; die ebene Kaufläche derselben ist entweder glatt, oder mit Leisten oder Höckern besetzt. Die grösste Mannichfaltigkeit in dieser Beziehung, und besondere Bedeutung für die phylogenetische Systematik, besitzt die würfelförmige Krone der Molaren oder echten Backzähne bei den Säugethieren.

§ 142. Fortbildung und Rückbildung des Gebisses.

Ursprünglich sind die Zähne, welche das Gebiss der ältesten Gnathostomen bilden und deren ganze Mundhöhle auskleiden, alle von gleicher Grösse und Gestalt, ebenso wie die homologen Placoid-Schuppen des Tegumentes. Diese ursprüngliche Gleichheit erhält sich bei den meisten niederen Vertebraten auch dann, wenn ihre Zahl und Verbreitung reducirt wird. Häufig erreichen dann aber schon an einzelnen Stellen die Zähne eine beträchtliche Grösse. So treten namentlich einzelne grössere Fangzähne zwischen den kleineren Kegelzähnen hervor schon bei verschiedenen Ichthyopsiden, und noch mehr bei Reptilien. Die stärkste Differenzirung erfährt das Gebiss in dieser Classe bei den Theromoren, und namentlich bei den Theriodontien (Pelycosauria). Hier sondern sich bereits die drei Gruppen von Zähnen, welche bei der grossen Mehrzahl der Säugethiere sich so scharf unterscheiden: Schneidezähne (*Incisivi*), Eckzähne (*Canini*) und Backzähne (*Buccales*); letztere zerfallen meist wieder in zwei Gruppen, die vorderen Lückenzähne (*Praemolares*), welche nebst den ersteren gewechselt werden; und die hinteren Mahlzähne (*Molares*), welche im Milchgebiss fehlen und nicht gewechselt werden.

Partielle Rückbildung der Zähne (in phylogenetischem Sinne) findet sich bei der grossen Mehrzahl der Wirbelthiere, da nur in wenigen Gruppen die ursprüngliche totale Auskleidung der Mundhöhle mit gleichartigen Kegelzähnen erhalten bleibt (bei den ältesten Gruppen der Selachier, Dipneusten und Amphibien). In allen übrigen Gruppen wird der grössere Theil der ursprünglichen Bezahnung rückgebildet; bei der Mehrzahl der Amnioten (wie bei vielen Ichthyopsiden) bleiben Zähne nur auf den Kieferrändern stehen.

Totale Rückbildung des Gebisses findet sich in vielen verschiedenen Gruppen: bei den Fischen nur selten (*Accipenser, Lophobranchii*), ebenso bei den Amphibien (*Pipa* und einigen Kröten). Dagegen sind völlig zahnlos unter den Reptilien die *Udenodontia* und *Schildkröten*, sowie die *Baptanodontia*; unter den Drachen die *Pteran-*

odontia. Die allermeisten Vögel haben zahnlose Kiefer, welche gleich denen der Schildkröten, mit harten Hornscheiden bedeckt sind (»Hornschnäbel«); aber unter den ausgestorbenen Vögeln waren die ältesten, die jurassischen *Saururae*, sowie mehrere cretassische Gruppen bezahnt; unter den Ratiten die Hesperornithen (*Odontolcae*), unter den Carinaten die Ichthyornithen (*Odontormae*). In der Classe der Säugethiere ist das Gebiss ebenfalls mehrere Male, in verschiedenen von einander unabhängigen Gruppen verloren gegangen: bei *Echidna* unter den Monotremen, *Manis* und *Myrmecophaga* unter den Edentaten, ferner bei den Bartenwalen oder Mysticeten. Bei diesen letzteren, wie bei manchen anderen zahnlosen Wirbelthieren, haben sich noch innerhalb der Kieferknochen embryonale Rudimente von Zähnen erhalten, die jedoch nie mehr zum Durchbruch gelangen: ein sicheres Zeugniss, dass sie von bezahnten Vorfahren abstammen.

§ 143. Pharyngaeum. Schlunddarm.

Die zweite Abtheilung des Kopfdarms bildet der Schlunddarm (*Pharyngaeum*) oder Kiemendarm (*Branchienteron*); er entsteht aus dem vordersten, blind geschlossenen Theile des embryonalen endoblastischen Urdarms und tritt erst nach Durchbruch der Rachenhaut mit dem ectoblastischen, davor gelegenen Munddarm in Verbindung (§ 130). Die Grenze zwischen beiden bildet dann die primitive Gaumenpforte (*Porta palatina*), schon bei den niedersten Wirbelthieren durch ein Mundsegel bezeichnet (§ 132). Die hintere Grenze des Pharyngaeum, gegen den Autogaster oder Magendarm, wird bei den niederen Vertebraten durch die letzten Kiemenspalten bezeichnet, bei den höheren durch die Einmündung des Lungendarms (Stimmritze).

Bei den *Acraniern* ist der Schlunddarm als voluminöser Kiemenkorb entwickelt, in dessen ventraler Mittellinie die Schlundrinne verläuft, ganz ähnlich wie bei den nächstverwandten *Tunicaten*; er ist hier umfangreicher als alle anderen Abtheilungen des Darmrohrs. Nachdem ursprünglich beim jungen *Amphioxus* zwölf Paar primäre Kiemenspalten in metamerer Ordnung (den Myomeren entsprechend) gebildet sind, wird späterhin deren Zahl sehr vermehrt, ohne Beziehung zu Metameren. Bei den *Cyclostomen*, und noch mehr bei den *Fischen*, wird der Umfang des Kiemendarms sehr beschränkt und die Zahl der Kiemenspalten reducirt (höchstens sieben bis acht, gewöhnlich nur fünf oder vier Paare). Bei den *Dipneusten* und *Amphibien* geht die Reduction des Kiemendarms weiter, indem sich neben der primären Kiemenathmung die secundäre Lungenathmung entwickelt und bald das Uebergewicht über erstere gewinnt. Während bei den niederen Amphibien noch Beide neben einander bestehen, verwachsen die Kiemenspalten bei den höheren (*Batrachier*) während der Metamorphose. Bei den *Amnioten* endlich sind die Kiemen ganz verschwunden; aber trotzdem treten im Embryo derselben ganz allgemein vorübergehend Kiemenspalten auf — eine Folge zäher Vererbung. Bald schliessen sich diese »Schlundspalten«, und als Rest des respiratorischen Schlunddarms bleibt nur der Schlundkopf (*Pharynx*) übrig. Derselbe communicirt bei den Amnioten vorn durch die Gaumenpforte mit der Mundhöhle, durch die Choanen mit den paarigen, darüber gelegenen Nasenhöhlen, oben durch die Eustachischen Röhren mit der Paukenhöhle (dem Rest der ersten Kiemenspalte); hinten geht er unmittelbar in die Speiseröhre über (den Amfang des Autogaster).

Die Schlundrinne (*Sulcus hypobranchialis*), welche bei den Acraniern (ähnlich wie bei den Tunicaten) in der ventralen Mittellinie des Pharyngaeum verläuft, verwandelt sich schon bei den Cyclostomen in die unpaare Schilddrüse (*Thyreoidea*), die sich von da auf alle Gnathostomen vererbt. Aus Epitel-Sprossen der Kiemenspalten entwickeln sich bei sämmtlichen Gnathostomen die paarigen Thymusdrüsen (*Thymi*), welche den Acraniern und Cyclostomen noch fehlen. Ebenso fehlt diesen beiden niedersten Classen noch ein höchst wichtigstes Organ, welches erst bei den Fischen aus dem hintersten Abschnitt des Pharyngaeum hervorwächst, die Schwimmblase (*Nectocystis*). Während diese luftgefüllte Ausstülpung des Schlundes bei den Fischen nur hydrostatische Bedeutung besitzt, übernimmt sie bei den Dipneusten bereits respiratorische Functionen und hat sich von ihnen als Lunge (*Pulmo*) auf alle höheren Wirbelthiere vererbt.

§ 144. Branchiae. Kiemen.

In der Stammesgeschichte des Kiemendarms lassen sich vier Abschnitte unterscheiden: 1) Kiemendarm der Acranier; der Kiemenkorb ist sehr voluminös und nimmt fast die vordere Hälfte des Körpers ein; die Kiemenspalten sind sehr zahlreich, in der ganzen Ausdehnung des Kiemenkorbes durch ein complicirtes Gitterwerk gestützt. In der ventralen Medianlinie verläuft eine permanente Flimmerrinne (Hypobranchial-Rinne). Diese primitive Bildung des Kopfdarms ist bei *Amphioxus* im Wesentlichen noch dieselbe wie bei den Tunicaten (*Ascidien*). 2) Kiemendarm der Cyclostomen. Die Zahl der Kiemenspalten wird bedeutend reducirt, so dass 7—8 Paar Kiemengänge übrig bleiben, welche innen in die Schlundwand, aussen auf der Halsseite münden; in der Mitte erweitert sich jeder Kiemengang zu einem Kiemenbeutel, auf dessen Innenfläche sich blattförmige Falten erheben. Zur Stütze dient ein äusseres knorpeliges Kiemen-Gerüst. Die Hypobranchial-Rinne (in der Jugend noch vorhanden) wird theils rückgebildet, theils in die Thyreoidea verwandelt. 3) Kiemendarm der Ichthyopsiden. Während das äussere Knorpelgerüst des Kiemenkorbes rückgebildet wird, entwickeln sich zur Stütze der Kiementaschen segmentale innere Knorpelbogen, die ventralen »Kiemenbogen« (§ 67). Die Zahl der Kiemengänge wird reducirt; selten bleiben 7 oder 6 bestehen (Notidaniden); gewöhnlich bei den Fischen nur 5. Als getrennte Kiementaschen, welche innen in den Schlund, aussen auf der Halsseite münden, erhalten sie sich nur bei den Selachiern; bei den übrigen Fischen (Ganoiden, Teleostiern) werden die Scheidewände der Kiemengänge theilweise rückgebildet und von der Haut abgelöst, so dass die Kiemenblättchen nun frei auf den Kiemenbogen aufsitzen. Diese Einrichtung bleibt auch dann noch bestehen, wenn neben der Kiemenathmung die Lungenathmung sich entwickelt, bei den *Dipneusten* und den niedersten Amphibien (*Perennibranchien*). Bei den übrigen Amphibien erhält sie sich oft noch kurze Zeit in der frühesten Jugend. Bei den Larven der Salamandrinen und Batrachier erlangen ectodermale und dorsale »äussere Kiemenbüschel« oft eine sehr ansehnliche Entwickelung. Aehnliche Bildungen kommen auch bei den Larven mancher Fische vor (Selachier, Polypterus). 4) Kiemendarm der Amnioten. Die Kiemenathmung ist gänzlich aufgegeben und kömmt auch nicht in der Jugend mehr vorübergehend vor. Aber bei den Embryonen aller Amnionthiere haben sich trotzdem 4 Paar Kiemenspalten, in Folge zäher Vererbung, erhalten. Dieselben haben keine weitere Bedeutung, sondern verwachsen bald; nur die erste erweitert sich und bildet die Paukenhöhle. Aus den Kiemenbogen zwischen denselben entstehen wichtige Skelettheile (§ 128).

§ 145. Sulcus pharyngalis. Schlundrinne.

Ein eigenthümliches uraltes Drüsen-Organ des Kopfdarms, welches die Vertebraten mit den Tunicaten theilen, und welches beide Stämme von der gemeinsamen Wurzelgruppe der Prochordonien geerbt haben, ist die Schlundrinne oder Kiemenrinne (*Sulcus pharyngalis vel hypobranchialis*). Dieselbe bildet ursprünglich eine unpaare mediane Furche, welche gestreckt in der ventralen Mittellinie des Kiemendarms verläuft; ihre drüsigen Wände secerniren eine schleimige Masse, welche die kleinen, durch den Mund eingedrungenen Nahrungsbestandtheile aufnimmt. Durch das sehr entwickelte Flimmer-Epitel der Schlundrinne (die desshalb auch »Flimmerrinne« heisst) werden die so geformten Bissen durch den Kiemenkorb hindurch dem Magen zugeführt.

Die parallelen Ränder der Flimmerrinne nähern sich aber schon bei vielen Tunicaten bis zur Berührung, so dass ein fast geschlossener »Bauchcanal« entsteht; nur vorne bleibt derselbe geöffnet und steht in Verbindung mit den weiten, den Schlund umfassenden »Flimmerschlingen«. Mit der secretorischen Thätigkeit der Schlundrinne (als Ernährungs-Organ) ist vielleicht zugleich eine sensorische (als Geschmacks-Organ) verknüpft. Im Grunde der Schlundrinne erheben sich bei vielen Tunicaten parallele Längswülste, die grössere Flimmerzellen tragen (zwei bei *Doliolum*, drei bei *Ascidien* und *Salpen*). Einfach ist die Hypobranchial-Rinne bei den ältesten Tunicaten (*Copelaten*) und ebenso bei den Acraniern (*Amphioxus*). Auf ihre ursprüngliche Ausdehnung bei den gemeinsamen älteren Helminthen-Ahnen beider Stämme wirft einiges Licht der *Balanoglossus*. Bei diesem einzigen überlebenden Reste der darmathmenden Wurmthiere (*Enteropneusta*) ist der ganze Kopfdarm durch ein Paar seitliche Längsfalten in zwei communicirende Kammern von fast gleicher Grösse geschieden; die dorsale wird zum Kiemenrohr, die ventrale zur Schlundrinne.

§ 146. Thyreoidea. Schilddrüse.

Bei den Cranioten hat sich die Schlundrinne in ein anderes Organ verwandelt, die Schilddrüse (*Glandula thyreoidea*). Nur bei den niedersten Schädelthieren, den Cyclostomen, tritt ihre Anlage ursprünglich noch in derselben Form auf, wie bei den Tunicaten und Acraniern, als eine mediane Längsfurche an der Bauchseite des Kiemenkorbes; sie nimmt aber nicht mehr dessen ganze Länge ein, sondern ist bereits verkürzt. Während sich die *Ammocoetes*-Larve in *Petromyzon* verwandelt, schnürt sich die Kiemenrinne vom Schlunde vollkommen ab, und ihr Canal gestaltet sich zu einem geschlossenen Drüsenschlauche; dieser erstreckt sich vom zweiten bis zum vierten Paar der Kiementaschen und bildet durch Sprossung zahlreiche, von Entoderm-Epitel ausgekleidete Follikel.

Bei den Gnathostomen ist die Entstehung der Schilddrüse cenogenetisch abgekürzt; ihre Anlage bildet nicht mehr eine längere Zeit bestehende embryonale Schlundrinne, sondern scheidet sich frühzeitig ganz vom Kopfdarm ab und bildet einen geschlossenen unpaaren Follikel. Seine Anlage erfolgt in der Gegend des zweiten Kiemenbogens, wo die Schlundwand in ihrer ventralen Medianlinie eine bläschenförmige Ausstülpung bildet. Indem das kugelige Bläschen durch Sprossung zahlreiche sich abschnürende Follikel bildet, entsteht eine traubenförmige Gruppe von geschlossenen entodermalen Drüsenbläschen, die durch gefässreiches mesodermales Connectiv zu einer unpaaren

»Schilddrüse« vereinigt werden. Durch mediane Spaltung kann dieselbe später in zwei laterale Lappen zerfallen.

Zu der ursprünglichen unpaaren Anlage der Schilddrüse, welche nachweislich aus der medianen Schlundrinne der Acranier und Tunicaten entstanden ist, tritt bei vielen Gnathostomen noch eine paarige, weiter hinten gelegene Anlage, die Nebenschilddrüsen oder *Corpora suprapericardialia.* Diese paarigen Schilddrüsen entstehen als laterale Ausstülpungen des ventralen Schlund-Epitels hinter dem letzten Kiemenbogen (— aber nicht aus dem Epitel der letzten Kiementaschen —). Sie erreichen namentlich bei den Säugethieren eine bedeutende Entwickelung und verbinden sich secundär mit der unpaaren Haupt-Schilddrüse; durch Verschmelzung mit dieser entsteht die hufeisenförmige, vor dem Kehlkopf gelegene Thyreoidea. Wahrscheinlich ist diese Verschmelzung ein tertiärer Process, und sind die selbständigen lateralen Anlagen der Nebenschilddrüsen oder Suprapericardial-Körper nur die secundär abgelösten hinteren Schenkel der primär einheitlichen Anlage der medianen Schilddrüse. Dann würde der mittlere Theil der continuirlichen Schlundrinne im Laufe der Phylogenese obliterirt sein; aus dem unpaaren Vorderstück entwickelt sich die unpaare Hauptschilddrüse, aus dem gespaltenen Hinterstück die beiden lateralen Nebenschilddrüsen. Dafür spricht auch die Thatsache, dass die Abschnürung, Follikelbildung und histologische Differenzirung bei den letzteren genau so wie bei der ersteren erfolgt, und dass sie später wieder zu einem einheitlichen Gebilde verschmelzen. Die physiologische Bedeutung desselben ist für gewisse Ernährungs-Vorgänge nicht gering, aber noch nicht näher bekannt und jedenfalls sehr verschieden von der ursprünglichen Function der Schlundrinne (Arbeitswechsel oder Functionswechsel, Metergie).

§ 147. Thymus. Thymdrüse.

Bei allen Gnathostomen findet sich am Kopfdarm, wenigstens in der Jugend, ein drüsiges Organ, dessen physiologische Bedeutung wahrscheinlich zum Stoffwechsel (Blutbildung?) in Beziehung steht, aber noch nicht näher bekannt ist: die Thymdrüse (*Thymus*). Den beiden niedersten Vertebraten-Classen (*Acraniern* und *Cyclostomen*) fehlt dieselbe. Die Thymus entsteht aus Epitel-Sprossen von Kiemenspalten, die sich abschnüren und in Verbindung mit eingewanderten Lymphzellen, Blutgefässen und umgebendem Connective zu einem lymphadenoiden Organ gestalten. Bei den Fischen nimmt ursprünglich das entodermale Epitel aller Kiemenspalten, und zwar ihres dorsalen Stückes, an der Kiemenbildung Theil, die vorderen mehr als die hinteren. Die erste Anlage ist somit eine paarige und segmentale. Die abgeschnürten Epitel-Sprossen verschmelzen mit einander und mit dem umgebenden gefässreichen Bindegewebe zur Bildung einer compacten spindelförmigen Drüsenmasse, welche bei den Fischen an der Schädelbasis, nach aussen von den Dorsaltheilen der Kiemenbögen liegt. Durch massenhafte Einwanderung von Lymphzellen und Bildung von Lymph-Follikeln nimmt die Drüse immer mehr den Character eines Lymphoid-Organs an, während die ursprünglichen Epitel-Follikel zurücktreten. Bei den Amphibien liegen die paarigen Thymus-Drüsen hinter dem Unterkiefer-Gelenk, bei den meisten Reptilien am Halse längs der Carotis, bald weiter vorn, bald mehr hinten, dicht vor dem Herzen. Bei Crocodilen und Vögeln dehnen sie sich als ein Paar lange, gelappte Bänder, beiderseits der Luftröhre, vom Kiefergelenk bis zum Herzbeutel aus. Dagegen sind bei den Säugethieren mehr die hinteren, distalen Theile entwickelt, welche weit nach hinten in die Brusthöhle hineinwachsen, oft zu einer unpaaren gelappten Drüse verschmelzen und zwischen Sternum und Pericardium liegen. Stets ist die Thymus der Mammalien in früher Jugend am stärksten entwickelt; später unterliegt sie einer mehr oder weniger weitgehenden Rückbildung.

§ 148. Pneumaticon (Pneumogaster). Luftdarm.

Bei allen Gnathostomen findet sich ursprünglich am Ende des Schlundes die Anlage zu einer lufthaltigen Ausstülpung desselben, welche wir allgemein als Luftdarm (*Pneumaticon* oder *Pneumogaster*) bezeichnen können. Die beiden niedersten Vertebraten-Classen: *Acranier* und *Cyclostomen*, besitzen davon keine Spur. Morphologisch ist die Anlage dieses Luftdarms (der nur bei einem Theile der Fische nicht zur Ausbildung gelangt) überall dieselbe: eine blasenförmige Ausstülpung der Schlundwand, unmittelbar hinter der letzten Kiemenspalte. Physiologisch dagegen erscheint das Pneumaticon in zwei sehr verschiedenen Formen: bei den Fischen als Schwimmblase (*Nectocystis*), bei allen übrigen Gnathostomen als Lungen-Apparat (*Pulmoneum*). Die Function der ersteren ist hydrostatisch, die des letzteren respiratorisch. Die hydrostatische Schwimmblase ist die ältere Form des Pneumaticon und wohl bereits bei allen Fischen der silurischen und devonischen Zeit in Thätigkeit gewesen. Erst bei den devonischen Dipneusten begann der Arbeitswechsel des Pneumaticon, indem die Blutgefässe der lufthaltigen Blasenwand sich dem Gaswechsel anpassten und somit zur hydrostatischen Function die respiratorische sich gesellte. Damit wurde die Schwimmblase zur Lunge. Die phylogenetische Entwickelung dieses pneumatischen Darm-

Apparates lässt sich von physiologischen Gesichtspunkten aus durch folgende Hypothesen erklären: 1. Die älteren (silurischen) Fische begannen Luft zu verschlucken und dadurch ihr specifisches Gewicht zu vermindern. 2. Die verschluckte Luft wurde in einer Schleimhautfalte der Schlundwand festgehalten, und diese entwickelte sich allmählich zu einer taschenförmigen Aussackung, da jene Gewichtsverminderung vom Vortheil für die Schwimmbewegung war. 3. Durch natürliche Züchtung entstand so aus dieser Aussackung eine erbliche Schwimmblase. 4. Die Blutgefässe in der Wand der letzteren, ursprünglich nur zu ihrer Ernährung dienend, übernahmen später (in der Devon-Zeit) die Function der Gas-Secretion; besonders für Tiefsee-Fische, welche nicht direct von aussen Luft aufnehmen konnten, war diese Anpassung vortheilhaft, da sie durch Regulirung der Gas-Ausscheidung die Schwimmblase mehr oder weniger ausgedehnt erhalten konnten; so wurde letztere zur secernirenden Luftdrüse (*Pneumadenia*). 5. Während ursprünglich alle Luft der Schwimmblase von aussen (durch Luftschnappen am Meeresspiegel) aufgenommen wurde, später ein Theil derselben von den Blutgefässen ihrer Wand abgesondert wurde, gestaltete sich noch viel später (erst während der Kreide-Zeit?) der letztere Vorgang zur ausschliesslichen Luftquelle; bei den *Physoclisten* schnürte sich die Schwimmblase vollständig (durch Verlust ihres Stiels, des Luftganges) vom Schlunde ab, und somit wurde nun alle Luft nur von den Gefässen ihrer Wand abgesondert. 6. Dagegen begann schon bei den devonischen *Dipneusten* eine andere Richtung der Entwickelung, indem die Blutgefässe der Blasenwand nicht allein Kohlensäure aus dem Blute abschieden, sondern auch Sauerstoff aus der von aussen aufgenommenen atmosphärischen Luft absorbirten. 7. Indem dieser respiratorische Gaswechsel erblich wurde und sich bald zur ausschliesslichen Thätigkeit der Schwimmblase gestaltete, verwandelte sich diese in die Lunge.

§ 149. Nectocystis. Schwimmblase.

Die Schwimmblase als solche, d. h. als rein hydrostatisches Organ, ist ausschliesslich der Classe der Fische eigenthümlich. Da dieselbe schon bei palaeozoischen Ganoiden (*Crossópterygiern*) sich in hohem Maasse entwickelt zeigt und bei verknöcherter Wand vortrefflich in fossilem Zustande erhalten ist (*Coelacanthinen*), so ist der Schluss gestattet, dass sie schon bei den ältesten Fisch-Gruppen sehr verbreitet, vielleicht allgemein vorhanden war. Wo sie den Fischen der Gegenwart fehlt, liegt grossentheils nachweislich Rückbildung vor (bei verschiedenen Teleostiern). Die heutigen Selachier besitzen meistens nur ein unbedeutendes Rudiment derselben, in Gestalt eines dorsalen

Divertikels der Schlundwand; auch dieses deutet auf Verlust durch Rückbildung. Dagegen ist die Schwimmblase sehr gut entwickelt bei allen lebenden *Ganoiden* und *Physostomen* (den älteren Knochenfischen); und in diesen Gruppen ist auch stets der offene Luftgang (*Pneumoductus*) vorhanden, welcher die Nectocyste mit ihrem Mutterboden, dem Schlunde, in offener Verbindung erhält. Dieser Luftgang obliterirt erst bei einem Theile der jüngeren Knochenfische, bei den zuerst in der Kreide-Zeit auftretenden *Physoclisten*; hier erscheint die Schwimmblase völlig geschlossen. Bei vielen Formen dieser Gruppe geht sie durch Rückbildung ganz verloren; selbst bei verschiedenen Arten einer Gattung (z. B. *Scomber*) ist sie bald erhalten, bald verschwunden.

Die Schwimmblase entsteht bei allen Fischen als eine unpaare, blindsackförmige Ausstülpung der Schlundwand, gleich hinter den letzten Kiemenbogen. Ihre ursprüngliche Abgangsstelle (wahrscheinlich in der Mitte der ventralen Schlundwand) ist vielen cenogenetischen Ortsveränderungen unterworfen; bald liegt sie mehr seitlich, bald mehr dorsal. Häufig rückt sie am Vorderdarm weiter nach hinten, selbst bis zum Ende des Magens. Bei den meisten Fischen liegt sie im mittleren Theile der Leibeshöhle, gleich unter der Wirbelsäule. Bisweilen (bei den Cyprinoiden) ist sie durch eine quere Strictur in eine vordere und hintere Blase getheilt, und dann mündet der verlängerte Luftgang in die hintere ein. Seltener ist die Längstheilung, wodurch sie in eine rechte und linke Schwimmblase zerfällt (bei *Polypterus*). Auch wenn diese Spaltung (ähnlich der der Lunge) äusserlich nicht sichtbar ist, kann sie innerlich durch eine unvollständige Längsscheidewand in zwei paarige Hälften geschieden sein (*Lepidosteus*). In anderen Fällen bildet sie paarige symmetrische Divertikel (*Corvina*) oder selbst eine Doppelreihe von gefiederten Anhängen (*Johnius*). Auch innerlich kann der einfache Hohlraum durch zahlreiche Vorsprünge und Balken gefächert sein. Diese mannichfaltigen Differenzirungen der Schwimmblase bei den Fischen sind deshalb interessant, weil sich durchaus analoge Verschiedenheiten auch in der homologen Lunge der luftathmenden Wirbelthiere wiederfinden.

Bei den ausgestorbenen Fischen des palaeozoischen und mesozoischen Zeitalters haben wahrscheinlich noch mannichfaltigere Differenzirungen der Schwimmblase stattgefunden und verschiedenen physiologischen Anpassungen entsprochen. Darauf deutet namentlich die merkwürdige Verknöcherung der Schwimmblase hin, welche sich bei vielen Ganoiden aus der Gruppe der Crossopterygier (insbesondere bei den *Coelacanthinen*) findet und vortrefflich fossil erhalten hat. Gewöhnlich finden sich hier jederseits in der Blasenwand drei Reihen von rhombischen, theilweise schuppenartig sich deckenden

Kalkblättern, deren Innenseite ein rhombisches Netzwerk von Leisten trägt; jede Schuppe ist aus mehreren knöchernen Lamellen zusammengesetzt. Ihre Anordnung erinnert an die Faltenbildung der Lungenwand bei den nahe verwandten Dipneusten.

§ 150. Pulmoneum. Lungen-Apparat.

Der Luftathmungs-Apparat der Dipneusten und der von ihnen abstammenden Tetrapoden ist schon während der Devon-Zeit aus der Schwimmblase der Ganoiden (*Crossopterygier*) hervorgegangen. Dieser Lungen-Apparat (*Pulmoneum*) setzt sich ähnlich wie die Schwimmblase aus zwei Hauptorganen zusammen, der zuführenden Luftröhre (*Trachea*) und der respiratorischen Lunge (*Pulmo*); jene entspricht dem *Pneumoductus* der Fische, diese der eigentlichen *Nectocystis*. Dazu kommt noch bei den Amphibien drittens das Stimmorgan, der Kehlkopf (*Larynx*), welcher sich am oberen (vorderen) Ende der Luftröhre, unmittelbar hinter ihrer Einmündung in den Schlund entwickelt und von den Amphibien auf sämmtliche Amnioten vererbt hat. Durch die Neubildung eines vierten wichtigen Abschnittes des Pulmoneum zeichnen sich die Vögel und die nahe verwandten Drachen aus (Dinosaurier und Pterosaurier); in diesen Classen bildet die Lunge an ihrer Oberfläche zahlreiche Aussackungen: Luftsäcke (*Pneumosacculi*); diese wachsen theils in die Leibeshöhle hinein, theils in die Knochenhöhlen des Skelets und bewirken dessen eigenthümliche Pneumaticität. Durch die Ausbildung dieses aërostatischen Apparates wird nicht allein das specifische Gewicht jener Sauropsiden wesentlich vermindert, sondern auch die Intensität ihrer Respiration und damit ihre Körper-Temperatur erhöht.

Dass der Lungen-Apparat thatsächlich durch die vorerwähnten Processe des Arbeitswechsels aus der Schwimmblase der Fische hervorgegangen ist, ergiebt sich ebenso aus der vergleichenden Anatomie wie Ontogenie dieser Organe. Das *Pulmoneum* entsteht durch Ausstülpung an derselben Stelle der Schlundwand (gleich hinter dem lezten Kiemenbogen und der Anlage der Thyreoidea), wie die *Nectocystis* der Fische. Gleich der letzteren ist auch die erstere zunächst eine unpaare mediane Aussackung der Schlundwand und theilt sich erst secundär in eine paarige, rechte und linke Hälfte. Selbst die besondere Differenzirung der Wand bietet in der Phylogenese der hydrostatischen Schwimmblase und der respiratorischen Lunge durchaus analoge Erscheinungen dar. Jedoch werden die Structurverhältnisse, welche durch Vererbung von der Schwimmblase auf die Lunge übertragen waren, durch Anpassung der letzteren vielfach modificirt.

§ 151. Trachea. Luftröhre.

Die primitive Anlage des Pulmoneum im Embryo der luftathmenden Wirbelthiere bildet ein birnförmiges unpaares Bläschen, welches gleich hinter den letzten Kiemenspalten und der Thyreoidea-Anlage aus der ventralen Schlundwand hervorwächst. Indem der erweiterte blinde Distal-Theil jener birnförmigen *Vesicula pulmonea* durch eine mediane Längsstrictur in ein paar laterale Bläschen zerfällt, sondern sich diese paarigen Lungen-Keime von dem unpaaren, engeren, davor gelegenen Bläschenstiel; dieser wird zur Luftröhre (*Trachea*). Sie entspricht dem *Pneumoductus*, der bei den Fischen als enger »Luftgang« aus dem Schlunde in die Schwimmblase führt. Anfänglich (bei den Dipneusten und Amphibien) ist die Luftröhre noch kurz und weit; später wird sie immer länger und enger, besonders bei den langhalsigen Amnioten. Während sie ursprünglich als gerades Medianrohr gestreckt unterhalb der Speiseröhre verläuft, bildet sie bei weiterem Wachsthum einfache Krümmungen oder selbst mehrfache Schlingen; so schon bei einzelnen Reptilien (*Cynixis, Crocodilus*), bei vielen Vögeln (Hühnern, Stelzvögeln, Schwimmvögeln) und einzelnen Säugethieren (*Bradypus*). Die Schlingen liegen dann bald frei in der Brusthöhle, bald eingeschlossen in deren Skelettheile (Furcula, Sternum). Zur Stütze der cylindrischen Luftröhre, und um dieselbe beständig offen zu erhalten, entwickeln sich in ihrer Wand schon frühzeitig elastische Knorpelstäbe. Schon bei niedersten Amphibien (*Proteus*) treten ein Paar solcher lateraler Knorpelstreifen auf, zu beiden Seiten der »Stimmritze«, welche sich aus dem *Ostium pharyngeum* der Trachea entwickelt. Die Muskeln, die sich an diesen »Stellknorpeln« ansetzen, können die Stimmritze erweitern und verengern. Bei Salamandern und anderen Amphibien zerfällt jeder Stellknorpel in ein vorderes proximales Stück: Giessbecken-Knorpel (*C. arytaenoidea*), und in ein hinteres distales Stück, das sich bis in die Stiele der Lungenbläschen (*Bronchi*) hineinerstreckt. Durch Verbindung der Distal-Stücke entsteht der Ringknorpel des Kehlkopfes (§ 364).

§ 152. Larynx. Kehlkopf.

Als Kehlkopf (*Larynx*) wird bei allen Amphibien und Amnioten jenes oberste (oder vorderste) proximale Stück der Luftröhre bezeichnet, welches deren Einmündung in den Schlund (die »Stimmritze«) umschliesst, und in dessen Wand sich durch Differenzirung von Muskeln, Bändern und Knorpeln das Stimmorgan ausbildet. Der wichtigste Theil desselben sind die elastischen Stimmbänder (*Chordae vocales*), paarige laterale Schleimhautfalten, welche die Stimmritze (*Glottis*) zwischen sich offen lassen. Letztere wird verengert oder erweitert, je nach der verschiedenen Stellung der Kehlkopf-Knorpel, und der Action der sie bewegenden Muskeln. Da die erste Anlage des Larynx eigentlich schon mit Ausbildung der paarigen Stellknorpel bei den ältesten Amphibien (*Proteus*) gegeben ist, so kann man sagen, dass letztere die phylogenetisch ältesten knorpeligen Skeletstützen des ganzen *Pulmoneums* darstellen; möglicherweise sind dieselben ursprünglich (bei primitiven Stegocephalen der Carbon-Zeit) aus Resten von primitiven hinteren Kiemenbogen entstanden. Die Knorpelringe, welche sich in der Trachea und den Bronchien ausbilden, sind phyletisch jüngere Organe, welche erst mit der Streckung und Verlängerung der Luftröhre zu deren Stütze sich später ausgebildet haben. Indem die anfangs einfachen Stellknorpel sich verlängern und in mehrere Stücke zerfallen, entstehen zahlreiche Knorpelstäbe, und durch transversale Verbindung derselben Ringe. So bildet sich schon bei Batrachiern und Reptilien durch Verbindung der distalen Stellknorpel-Stücke ein Ringknorpel (*Cartilago cricoidea*), und dieser trägt vorn die getrennten proximalen Stücke (*C. arytaenoideae*). Bei den höheren Amnioten treten dazu noch als grössere Laryngal-Knorpel der Schildknorpel (*C. thyreoidea*) und bei den Säugethieren der Kehldeckel (*Epiglottis*).

§ 153. Pulmones. Lungen.

Ebenso wie die Schwimmblase der Fische, ist auch die aus ihr entstandene Lunge der luftathmenden Wirbelthiere ursprünglich eine unpaare mediane Aussackung der Schlundwand. Diese primäre Bildung besitzt heute nur noch ein einziges Wirbelthier, der australische *Ceratodus*, jene eigenthümliche niederste Dipneusten-Form, die auch noch in vielen anderen Beziehungen (z. B. durch das primitive *Archipterygium*) als eines der phyletisch ältesten Vertebraten der Gegenwart erscheint; er repräsentirt noch allein die uralte (devonische) Gruppe der Einlunger (*Monopneumones*). Alle übrigen luftathmenden Wirbelthiere der Jetztzeit sind dagegen Zweilunger (*Dipneumones*), indem die unpaare primäre Lungen-Anlage des Embryo schon frühzeitig in zwei paarige Hälften sich spaltet: rechte und linke Lunge (ähnlich der Zweitheilung der Schwimmblase bei *Polypterus* und einigen anderen Fischen). Allerdings kommt auch später noch bei einigen Vertebraten-Gruppen ein einfacher, sehr verlängerter Lungensack vor, so bei den Coecilien unter den Amphibien, bei den Schlangen und den schlangenähnlichen Eidechsen unter den Reptilien. Allein in diesen Fällen liegt nachweislich Rückbildung der zweiten, frühzeitig verkümmerten Lunge vor, in Anpassung an die langgestreckte, cylindrische Körperform und die enge Leibeshöhle; auch sind häufig noch rudimentäre Reste der zweiten Lunge auf verschiedenen Stufen der Rückbildung vorhanden.

Ursprünglich ist auch die Lunge, ebenso wie die homologe Schwimmblase, ein einfacher langgestreckter Sack mit dünner und ganz glatter Innenwand. Dieses Verhalten zeigen noch heute einige der niedersten Amphibien (*Menobranchus*, *Proteus*, *Triton* u. A.). Bei allen übrigen luftathmenden Vertebraten bilden sich an der Innenfläche der Lungensäcke ähnliche Falten und netzförmige Maschen, wie sie auch schon bei der Schwimmblase einiger Fische (*Lepidosteus*) auftreten; sehr ähnlich den letzteren sind namentlich die Lungen der Dipneusten und einiger Amphibien (*Siren*, *Amphiuma*, *Menopoma*). Die Anordnung dieser Schleimhautfalten und Balkennetze, die zur Vergrösserung der respiratorischen Oberfläche dienen, ist grossentheils durch den Verlauf der Lungen-Gefässe bestimmt. Je weiter sie sich entwickeln, desto mehr wird der ursprünglich einfache Hohlraum des Lungensackes beschränkt, so dass bald die ganze Lunge eine spongiöse oder schaumige Structur erhält. Die weitere Ausbildung des so entstehenden Bronchial-Systems gestaltet sich zum Theil in den höheren Wirbelthier-Gruppen verschieden und wird namentlich durch zwei Verhältnisse bedingt: erstens den Verlauf der respiratorischen Blutgefässe und zweitens das Verhalten der Stammbronchen, d. h. jener Hauptäste der Luftröhre, die als directe Fortsetzung ihrer distalen Gabeläste erscheinen. Eigenthümliche feinere Structur-Verhältnisse zeigen insbesondere einerseits die höheren Reptilien und Vögel, anderseits die Säugethiere; beide Richtungen sind phyletisch hervorgegangen aus zwei verschiedenen Gruppen älterer (permischer und triassischer) Reptilien. Die Respirationsfläche der Säugethiere wird dadurch ungeheuer ausgedehnt, dass die trichterförmigen Endbläschen der Bronchialäste (Infundibula) sich in zahlreiche Alveolen ausbuchten.

Die Lage der Lungen erleidet ebenfalls mehrfach divergente Veränderungen. Ursprünglich zum Kopfdarm gehörig und gleich diesem im hinteren Theile des Kopfcoeloms gelegen, wachsen die Lungen bald weit nach hinten in das Rumpfcoelom hinein, ebenso wie die homologe Schwimmblase. Gleich dieser nehmen sie (als Eingeweide des geringsten specifischen Gewichts) soweit möglich eine dorsale Lage in der Leibeshöhle ein, unmittelbar unter der Wirbelsäule. Hier liegen sie bei den Cheloniern und Vögeln im Dorsaltheil der Brusthöhle, fest mit der Wirbelsäule verbunden, an der freien Ventralfläche vom Peritoneum überzogen. Bei den Crocodilen und Säugethieren liegt jede Lunge für sich in einem serösen »Pleurasack«, in den paarigen Seitenhälften der Brusthöhle, zwischen ihnen das Herz im Pericardium.

§ 154. Pneumoperae. Luftsäcke.

Drei grössere Gruppen von Sauropsiden, die *Dinosaurier, Pterosaurier* und *Vögel*, zeichnen sich vor den übrigen Wirbelthieren durch den Besitz von Luftsäcken aus (*Pneumoperae, Pneumosacculi*). Diese eigenthümliche und physiologisch sehr wichtige Einrichtung entsteht dadurch, dass die Lungen an ihrer Oberfläche sackförmige Ausstülpungen bilden. Dieselben wachsen zunächst in das Coelom hinein, in die Zwischenräume der Eingeweide. Sodann dringen sie in die Knochen des Skelets ein und verdrängen deren Knochenmark. Feinere Fortsätze erstrecken sich in die Zwischenräume der Muskeln und anderer Organe; sogar zwischen den Muskeln eines Bündels können sie sich ausbreiten. Endlich erreichen die Luftsäcke auch die Haut und breiten sich im Corium (z. B. bei Schwimmvögeln) so reichlich aus, dass Druck auf die pneumatische Haut ein knisterndes Geräusch erzeugt.

Die ersten Ansätze zur Bildung von Luftsäcken zeigen bereits einige Reptilien, am ausgesprochensten die Chamaeleonten. Der ventrale Rand und der ganze distale hintere Abschnitt der Lungen bildet hier durch Ausstülpung eine wechselnde Zahl von Blindsäcken, deren Grösse und Gestalt unregelmässig und mannichfaltig ist: keulenförmige, spindelförmige, gelappte Luftsäcke. Dieselben erstrecken sich nach hinten zwischen die Eingeweide und füllen einen grossen Theil der Leibeshöhle aus. Indem die Chamaeleonten willkürlich Luft in dieselben eintreiben und dadurch den Körper aufblähen, benutzen sie die Luftsäcke als Protectiv-Organe, als Schreckmittel gegen Angreifer; ihre erschreckende Schutzwirkung wird noch verstärkt durch einen Kehlsack, bei dessen Zusammenpressen die exspirirte Luft unter lautem Zischen ausgestossen wird.

Die Vögel zeigen die Pneumaticität im höchsten Grade ausgebildet, zum Theil in ganz analoger Weise wie die Insecten mit voluminösen Tracheenblasen. In diesen beiden Classen fliegender Thiere hat die natürliche Züchtung eine Reihe von ganz ähnlichen Einrichtungen hervorgerufen. Die Tracheenblasen der Insecten dienen ebenso wie die Luftsäcke der Vögel in erster Linie dazu, einen grossen Theil des Körpers mit Luft zu füllen. Die physiologischen Wirkungen dieser Einrichtung, die den Flug ausserordentlich erleichtert und unterstützt, sind mehrfache: 1) Verminderung des specifischen Körpergewichts; 2) Steigerung und Ausbreitung der Respirations-Thätigkeit; 3) damit verknüpfte Erhöhung der Körper-Temperatur; 4) Rückwirkung dieser vermehrten vegetalen Thätigkeit (insbesondere der gesteigerten Oxydation) auf die animalen Organe: Muskeln und Nerven. Durch höhere Entwickelung des Nervensystems und somit des Seelenlebens erheben sich die Vögel ebenso über ihre Reptilien-Ahnen, wie die Insecten über ihre Myriapoden-Vorfahren. In beiden Classen hat nicht allein die fliegende Lebensweise an sich, sondern auch die sie fördernde Pneumaticität direct und indirect eine vollkommenere Entfaltung der vegetalen und animalen Functionen bewirkt.

§ 155. Coelomale und skeletale Luftsäcke.

Die Luftsäcke entstehen bei allen Vögeln schon in früher Embryonal-Zeit als zarte, dünnwandige Aussackungen der Lungenbläschen. Sehr rasch wachsen sie zu ansehnlicher Grösse heran, übertreffen die Lungen selbst vielfach an Volumen und erfüllen einen grossen Theil des Coeloms. Gewöhnlich lassen sich neun grössere Luftsäcke unterscheiden, ein vorderer unpaarer peritrachealer (zwischen Trachea und Furcula), und vier Paar symmetrischer Blasen; die grössten von diesen sind die hinteren abdominalen Luftsäcke. Diese coelomalen Luftsäcke, die sich unmittelbar durch weitere Ausbildung von denjenigen gewisser Reptilien (ähnlich denen der Chamaeleonten) ableiten lassen, sind als die ältesten und zuerst gebildeten anzusehen. Erst in zweiter Linie haben sich später die skeletalen Luftsäcke ausgebildet, welche in die Knochen des Skelets eindringen und deren Knochenmark verdrängen. Bei der grossen Mehrzahl der Vögel füllen sich zunächst mit Luft: Sternum, Wirbelsäule und Stelepodien (Humerus und Femur); weniger allgemein dringt Luft in Scapula und Furcula ein, selten in die Zeugopodien (Knochen des Vorderarms und Unterschenkels). Im höchsten Grade der Pneumaticität können aber fast alle Knochen des Skelets, bis in die Zehenspitzen hinein, Luft aufnehmen. Ein Theil des Skelets (besonders der Schädelknochen) wird dann zugleich durch ein zweites System von Lufträumen pneumatisirt, welches nicht von der Lunge, sondern von der Nasenrachenhöhle und ihren Ausstülpungen ausgeht (Paukenhöhle, Tuba Eustachii u. s. w.). Die Pneumatisation ergreift dann in vielen Fällen (besonders bei grossen und gut fliegenden Wasservögeln) auch die Haut, die Muskeln und andere Organe (dermale Luftsäcke etc.).

Die ausgestorbene Classe der Drachen (*Dinosauria* und *Pterosauria*) hat die wichtige Einrichtung der Luftsäcke in nicht geringerem Grade besessen, als ihre nahen Verwandten, die Vögel. Obwohl wir von jenen merkwürdigen, auf das mesozoische Zeitalter beschränkten *Draconen* nur die fossilen Skeletreste kennen, dürfen wir doch aus deren hochgradiger Pneumaticität mit Sicherheit auf die einstmalige Existenz entsprechender Luftsäcke schliessen; und da die Knochen vieler Drachen in nicht geringerem, manche (Coeluriden u. a.) sogar in höherem Grade pneumatisch sind, als die der Vögel, so müssen wir annehmen, dass auch die mehrfache physiologische Bedeutung dieser pneumatischen Einrichtung für die Drachen nicht weniger hoch gewesen sein wird. Für die fliegenden Pterosaurier liegt das auf der Hand und bedarf keiner Erläuterung. Aber auch für die colossalen Dinosaurier (— die nächsten Verwandten der Vögel —) ist die Ausbildung coelomatischer und skeletaler Luftsäcke sicher höchst wichtig gewesen, vor Allem durch Verminderung des specifischen Gewichts und Erhöhung der Körper-Temperatur.

§ 156. Stomachion. Magendarm.

(*Autogaster*, *Peptogaster*, *Vorderdarm im engeren Sinne*).

Der Abschnitt des Vertebraten-Darms, den wir hier als *Stomachion* oder Magendarm bezeichnen, ist ursprünglich der hinterste Abschnitt des Kopfdarms; seine Grenze gegen den Rumpfdarm wird durch die eine ringförmige Strictur, den Pfortenring (*Pylorus*) gebildet. Während dieser Abschnitt bei den niedersten Wirbelthieren ganz unbedeutend oder überhaupt nicht selbständig entwickelt ist, erreicht er bei den höheren Vertebraten eine mächtige Ausdehnung und die höchste physiologische Bedeutung. Bei den *Acraniern* und *Cyclostomen*, ebenso auch noch bei vielen *Fischen* und *Dipneusten*, fehlt ein eigentlicher Magen (nebst Speiseröhre) noch ganz, und der ihm entsprechende Abschnitt des Tractus wird durch die kurze indifferente Strecke dargestellt, welche zwischen dem hinteren Ende der Kiemenhöhle und dem vorderen Ende des Mitteldarms (bezüglich dem Porus choledochus) liegt. Eine besondere physiologische Bedeutung besitzt bei jenen niedersten Vertebraten diese Vorderdarm-Strecke noch gar nicht, da bei ihnen als das wichtigste Verdauungs-Organ der Mitteldarm (*Mesogaster*) thätig ist. Erst wenn eine grössere Menge von Nahrung aufgenommen und vor Eintritt in letzteren vorläufig in dem sich ausdehnenden Vorderdarm aufgespeichert wird, beginnt dessen Wandung sich auch an der Verdauung zu betheiligen. So sondert sich schon bei vielen Fischen der erweiterte hintere Abschnitt des Vorderdarms zu einem Magen (*Stomachus*), während der engere vordere als Speiseröhre (*Oesophagus*) nur zum Durchtritt der Nahrung dient. Bei den *Amphibien* und noch mehr bei den *Amnioten* geht diese Sonderung weiter. Die Speiseröhre wird zu einem engen, oft sehr langen Canal und grenzt sich durch einen »Magenmund« (*Cardial-Ostium*) von dem erweiterten Magen ab. Dieser entwickelt in seiner Wand die wichtigen Labdrüsen und erreicht bei höheren Amnioten eine hohe physiologische Bedeutung; oft zerfällt er dann in zwei Abtheilungen: *Pars cardiaca* und *Pars pylorica*; seltener in drei oder vier Magensäcke (Wiederkäuer). Die wichtige Thatsache, dass in allen Fällen Speiseröhre und Magen vom *Nervus vagus* innervirt bleiben, beweist, dass sie phylogenetisch ursprünglich zum Kopfdarm gehören.

§ 157. Truncogaster. Rumpfdarm.

Der zweite Hauptabschnitt des Vertebraten-Darms, der Rumpfdarm (*Truncogaster*), liegt in der Rumpfhöhle und grenzt vorn unmittelbar an das Hinterende des Kopfdarms. Wie die wichtigste Function des letzteren in der Athmung, so liegt die des ersteren in der Verdauung. Die Grenze zwischen beiden Hauptabschnitten entspricht ursprünglich der Grenze zwischen Kopf und Rumpf; häufig ist sie durch einen Pfortenring (*Pylorus*) bezeichnet. In allen Fällen aber wird der erste Abschnitt des Rumpfdarms mit Sicherheit durch den Porus choledochus bestimmt, die constante und höchst wichtige Stelle, an welcher der Gallengang in das Darmrohr mündet; desshalb kann ja der Rumpfdarm auch als Leberdarm (*Hepatogaster*) bezeichnet werden. Magen und Speiseröhre, welche vor demselben liegen und secundär mit ihm in die engste physiologische Verbindung treten, gehören dagegen primär zum Kopfdarm. Der erbliche feste Punkt des *Porus choledochus* ist bei allen Vertebraten identisch.

Der Rumpfdarm ist ursprünglich ein ganz einfacher gerader Schlauch von fast gleichmässiger Weite, welcher unterhalb der Chorda (und durch ein kurzes Gekröse an der Perichorda befestigt) in der Medianlinie gestreckt vom Pylorus bis zum After läuft. Diese primitive Bildung behält er bei den Acraniern, den niederen Cyclostomen und vielen Fischen. Bei der grossen Mehrzahl der Ichthyopsiden jedoch und bei allen Amnioten verlängert sich der Rumpfdarm bedeutend und legt sich innerhalb der Leibeshöhle in Windungen zusammen; oft wird er vielmals länger als der Körper. Zugleich sondert er sich meistens in zwei Abschnitte, von denen der vordere als Mitteldarm, der hintere als Hinterdarm bezeichnet wird. Der Mitteldarm (*Mesogaster*) ist gewöhnlich bedeutend länger und zugleich dünner; er wird daher auch als Dünndarm (*Ileon*) im weiteren Sinne unterschieden; in seinen vordersten Theil mündet allgemein der Gallengang der Leber ein, und bei den Gnathostomen zugleich das Pancreas. Der Hinterdarm dagegen (*Opisthogaster*) ist meistens viel kürzer und dicker; er heisst daher auch Dickdarm (*Colon*). Die Grenze zwischen Dünndarm und Dickdarm wird meistens durch eine besondere Schleimhautfalte oder Klappe bestimmt (*Valvula coli*).

§ 158. Mesogaster. Mitteldarm.
(*Dünndarm*, *Ileon*, *Mesodaeum*, *Mesenteron*.)

Der Mitteldarm (*Mesogaster*) ist der grösste und wichtigste Abschnitt des Rumpfdarms. Bei den niedersten Wirbelthieren (*Acraniern*, *Cyclostomen* und vielen Fischen) vertritt er den Truncogaster fast allein und bildet ein einfaches, kurzes, cylindrisches Rohr, welches gerade gestreckt, unterhalb der Chorda, in der Median-Ebene vom Pylorus zum After läuft. Gewöhnlich aber wächst dieser Dünndarm (*Ileon*) zu bedeutender Länge aus und legt sich in vielen Windungen zusammen; meistens ist er vorn gegen den Vorderdarm durch die Pylorus-Klappe abgegrenzt, hinten gegen den kurzen Dickdarm durch eine Colon-Klappe. Bei allen Vertebraten mündet in den vordersten Abschnitt des Mitteldarms die Leber ein, und bei den *Gnathostomen* ausserdem das Pancreas. Bei denjenigen Wirbelthieren, deren Embryo einen Dottersack bildet, öffnet sich auch dieser in den Mitteldarm. Da der Mesogaster allgemein eine hohe physiologische Bedeutung für die Verdauung besitzt, erscheint seine innere Oberfläche meistens bedeutend vergrössert, durch Bildung entweder von Falten oder von Ausstülpungen (Blindsäcken). Falten des Dünndarms finden sich schon allgemein bei den *Selachiern*, seltener als eingerollte Längsfalte (*Carcharias*), gewöhnlich als sogenannte »Spiralklappe«, als ein grosses, spiralig gewundenes Blatt, welches in engeren oder weiteren Umgängen das Darmlumen durchzieht. Diese Spiralklappe vererbt sich von den *Selachiern* auf die *Ganoiden* und *Dipneusten*. Dagegen ist sie bei den *Teleostiern* rückgebildet. Bei den *Amphibien* treten an ihre Stelle zahlreiche feine Längsfalten der Schleimhaut, oft in zierlicher, zickzackförmiger Bildung. Bei den Vögeln und Säugethieren sind dagegen Querfalten vorherrschend, meistens dicht mit feinen Zotten besetzt. Die Schleimhaut ist hier auch reich an kleinen Drüsen. Grosse drüsige Ausstülpungen des Dünndarms, in Form von Blindsäcken, finden sich an seinem Anfang schon bei einigen Ganoiden und haben sich von diesen auf die Teleostier vererbt. Diese fingerförmigen, oft büschelweis vereinigten Pförtner-Anhänge (*Appendices pyloricae*) sind oft sehr zahlreich (bei Gadoiden und Scomberoiden gegen 200). Anderen Familien der Knochenfische fehlen sie ganz.

§ 159. Hepar. Leber.

Der wichtigste und voluminöseste Drüsen-Anhang des Mitteldarms ist bei allen Wirbelthieren die Leber (*Hepar*). Die constante Einmündungsstelle ihres Ausführungsganges in den vordersten Theil des Mitteldarms, der *Porus choledochus*, bezeichnet zugleich mit Sicherheit das vordere Stück des Rumpfdarms, während der davor gelegene »Vorderdarm« (mit dem Magen) noch zum Kopfdarm zu rechnen ist (§ 156). Die Leber ist also phylogenetisch älter und physiologisch für den Verdauungsprocess wichtiger als der Magen, welcher vielen niederen Vertebraten noch ganz fehlt.

Die Leber tritt bei den Wirbelthieren in zwei verschiedenen Formen auf: als einfacher unpaarer Blindsack bei den *Acraniern*, als paarige compacte Drüse bei den *Cranioten*. Der unpaare Leberschlauch des *Amphioxus* geht als einfacher cylindrischer Blindsack vom vordersten Theile des Rumpfdarms (gleich hinter dem Kiemendarm) ab und erstreckt sich in unsymmetrischer Lage, auf der rechten Seite des Kiemenkorbes, weit nach vorn; sein grünlich gefärbtes Epitel secernirt die Galle. Auch bei den *Cranioten* ist ursprünglich die erste Anlage der Leber ein einfacher Schlauch, der aus dem Vordertheil des Mitteldarms hervorwächst. Beim Embryo tritt zwar diese Ausstülpung meistens paarig auf, seltener (bei Cyclostomen, Selachiern und Amphibien) unpaar; indessen stellt dieses letztere Verhalten wohl das ursprüngliche dar, und erst durch Spaltung eines primitiv unpaaren Lebersackes ist die paarige Leber secundär entstanden (ähnlich wie die Lunge). Die beiden Leberschläuche verästeln sich bald und treiben baumförmige Sprossen, deren Aeste (oder Leberbalken) sich zu einem Netzwerk verbinden. Die Maschen dieses Netzwerks werden durch ein mächtiges Blutgefässnetz (das Wundernetz des Pfortader-Systems) ausgefüllt. Nur bei den *Cyclostomen* bleiben beide Lebern (rechte und linke) getrennt. Bei sämmtlichen *Gnathostomen* verschmelzen sie zu einem compacten Organ von ganz unsymmetrischer Gestalt und Lage (auf der rechten Seite). Die beiden Lappen (rechte und linke Leber) entwickeln sich sehr verschiedenartig. Die Aeste der Leberschläuche sind ursprünglich h o h l (*palingenetisch*, bei vielen Ichthyopsiden); später werden sie s o l i d angelegt (*cenogenetisch*, bei den Amnioten). Die zwei primitiven Ausbuchtungen der Darmwand, aus welchen die verästelten Schläuche des Lebernetzes hervorwuchsen, bleiben als primäre Gallengänge bestehen; bei vielen niederen Vertebraten bleiben sie getrennt, gewöhnlich aber verschmelzen sie zu einem unpaaren Gang (*Ductus hepato-entericus*). Als Ausstülpung aus letzterem entsteht die Gallenblase (*Vesica fellea*); dieser Behälter wird jedoch sehr häufig wieder rückgebildet. Die Strecke des Gallenganges, welche zwischen seiner Mündung in den Darm und der Einmündung des Gallenblasenganges (*Ductus cysticus*) liegt, ist der *Ductus choledochus*. Im Allgemeinen erreicht die Leber eine stärkere Entwickelung bei den fleischfressenden (fettverdauenden), als bei den pflanzenfressenden Wirbelthieren, und ist sie relativ voluminöser bei den *Ichthyopsiden* als bei den *Amnioten*.

§ 160. Pancreas. Bauchspeicheldrüse.

Neben dem Gallengange mündet in den Mitteldarm bei sämmtlichen Gnathostomen der Ausführgang einer voluminösen Darmdrüse ein, welche ausschliesslich dieser Thiergruppe eigenthümlich ist, der Bauchspeicheldrüse (*Pancreas*). Sowohl den *Cyclostomen* und *Acraniern*, als auch den *Tunicaten* — und den Wirbellosen überhaupt — fehlt diese Drüse gänzlich. Bei der Mehrzahl der *Gnathostomen* ist das Pancreas als ansehnliche, gelappte Drüse entwickelt, mit einem Ausführgang, der unmittelbar neben dem Gallengang in den Mitteldarm mündet; häufig tritt secundär eine Verbindung beider Gänge ein. Seltener spaltet sich der *Ductus pancreaticus* in zwei Gänge. Eine Verkümmerung (durch partielle Rückbildung) erleidet das Pancreas nur in einigen Gruppen der Fische (Teleostier) und Dipneusten. Doch ist die Anlage allgemein vorhanden; bei den Amphibien ist dieselbe dreifach, indem sich eine unpaare dorsale Anlage im Mesenterium entwickelt, zwei paarige ventrale zwischen Darm und Leber.

§ 161. Lecithoma. Dotterorgan.

Der Anhang des Mitteldarms, welcher gewöhnlich »Dottersack« genannt wird, und welcher in der Ontogenie der meisten Wirbelthiere eine bedeutende physiologische Rolle spielt, ist ein vergängliches Keimorgan ohne alle morphologische Bedeutung, ein cenogenetisches *Embryorgan*. Dieses embryonale Dotterorgan (*Lecithoma*) fehlt den palingenetischen Acraniern vollständig. Von Anfang an ist und bleibt hier das Entoderm des Urdarms ein einfaches, einschichtiges Epitel; ein gesonderter »Nahrungsdotter« fehlt dem archiblastischen Ei und der palingenetischen Larve von *Amphioxus* gänzlich. Dagegen sammelt sich bei sämmtlichen Cranioten schon im Ei eine mehr oder minder ansehnliche Menge von Nahrungsdotter an, eine Emulsion von albuminösen und adipösen Substanzen, welche lediglich zur Ernährung des sich entwickelnden Embryo dienen. Die Furchung dieser metablastischen Eier ist stets mehr oder minder inäqual; denn die Ansammlung des Nahrungsdotters geschieht am vegetalen (und ventralen) Pole der Eier, und die damit belasteten vegetalen Zellen der ventralen Hemisphäre theilen sich langsamer und bleiben daher grösser, als die dotterfreien, animalen Zellen der dorsalen Hemisphäre. Daher erscheint bei der Darmbildung der Cranioten die Ventralwand des

Urdarms von Anfang an verdickt und ihr Epitel mehrschichtig, im Gegensatze zu dem einfachen, einschichtigen Epitel der dorsalen Darmwand. Die schwielenförmige Verdickung der ventralen Darmwand entspricht nach ihrer Lage dem späteren Mitteldarm und kann als Dotterschwiele (*Lecithotylus*) bezeichnet werden, oder auch als Dotterdrüse (*Lecithadenia*). Mehr oder minder ausgebildet findet sich dieselbe bei den Cyclostomen, den ältesten Fischen (Proselachier, Ganoiden) und den Amphibien. Bei den meisten Fischen (auch schon bei älteren Selachiern) ist die Dotterdrüse so ansehnlich gewachsen, dass sie als ein gestielter »Dottersack« frei aus der Leibeshöhle des Embryo nach aussen vortritt.

§ 162. Lecithosaccus. Dottersack.

Der eigentliche Dottersack (*Lecithosaccus* oder *Saccus vitellinus*) erscheint als ein beutelförmiger Anhang des Embryo, welcher von der Mitte seiner Bauchseite frei herabhängt und durch einen dünnen Stiel mit dem Mitteldarm zusammenhängt. Ein solcher »freier Dottersack« findet sich bei den meisten Fischen, einzelnen Amphibien, den Reptilien und Vögeln; sowie eigenthümlich reducirt (als »Nabelblase«) bei den Säugethieren. Er ist phylogenetisch durch Vergrösserung aus der inneren Dotterschwiele (*Tylus vitellinus*) entstanden, welche sich bei den Cyclostomen und Amphibien findet. Bei fortdauerndem Wachsthum des Nahrungsdotters bleibt ein Theil desselben ungefurcht, da die ventralen Furchungszellen nicht mehr seine vollständige Theilung zu bewältigen vermochten. Da ferner die voluminöse Masse in der engen Leibeshöhle keinen Platz mehr fand, blieb beim Verschlusse derselben ein Theil ausserhalb liegen. Im Laufe der weiteren embryonalen Entwickelung wird derselbe vollständig aufgezehrt. Der enge Gang, durch welchen der Dottersack mit dem Mitteldarm in offener Verbindung stand, — der Dottergang (*Ductus vitellinus*) — obliterirt, und die Stelle seiner Insertion schliesst sich als »Darmnabel« (*Umbilicus entericus*).

In Anpassung an die verschiedenen Bedingungen der embryonalen Entwickelung unterliegt die cenogenetische Ausbildung des Dottersackes, seines Volumens und seiner Gestalt beträchtlichen Schwankungen; da innerhalb des Vertebraten-Stammes wiederholt eine phylogenetische Fortbildung, aber auch Rückbildung des Nahrungsdotters stattgefunden hat, so sind bei Vergleichung der verschiedenen Gruppen seine Verhältnisse mit vorsichtiger und umfassender Kritik zu beurtheilen. Den grössten Dottersack bilden die voluminösen Eier der Selachier, Reptilien und Vögel. Dagegen verhält sich die »Dotterdrüse« der Ganoiden,

Dipneusten und Amphibien ähnlich, wie diejenige der amphiblastischen Cyclostomen. Unter den Säugethieren haben nur die oviparen Monotremen den Dottersack ihrer Proreptilien-Ahnen conservirt; bei den viviparen Didelphien und Placentalien wird derselbe früher oder später rückgebildet; meistens hat sich nur ein kleines Rudiment des Lecithosaccus als »Nabelblase« erhalten (*Vesicula umbilicalis*).

§ 163. Telogaster. Hinterdarm.

(*Dickdarm*, *Enddarm*, *Colon*, *Proctogaster*).

Der Hinterdarm oder Enddarm bildet den letzten Abschnitt des Darmrohrs, welcher sich durch den After öffnet. Bei den niedersten Vertebraten (Acraniern, Cyclostomen, vielen Fischen) ist er noch nicht als besonderer Abschnitt zu unterscheiden, da hier der Rumpfdarm als ein einfaches Rohr von gleicher Weite gestreckt vom Pylorus bis zum After läuft. Bei den meisten *Ichthyopsiden* aber, und bei allen *Amnioten*, setzt sich der Enddarm als ein weiterer Abschnitt deutlich vom engeren Mitteldarm ab und ist gewöhnlich durch ein Klappe (*Valvula coli*) von ihm getrennt. Wegen seiner grösseren Weite wird er dem letzteren als Dickdarm (*Colon*) gegenübergestellt, und weil er meistens kurz ist und ganz gerade zum After verläuft, als Mastdarm (*Rectum*) bezeichnet. Bei den meisten *Amnioten* bildet der Hinterdarm gleich am Anfang eine ansehnliche Ausstülpung, den Blinddarm (*Coecum*); bei den Reptilien und Mammalien ist dieselbe gewöhnlich unpaar, bei den Vögeln paarig; sie fehlt bei vielen fleischfressenden Amnioten. Die Säugethiere zeichnen sich besonders durch Verlängerung und Differenzirung des Hinterdarms aus; der längere und vordere Theil bildet Windungen und Ausbuchtungen (*Haustra*) und sondert sich als eigentlicher Dickdarm (*Colon*) von dem hinteren Abschnitt, dem engeren, geraden und einfacher gebildeten Mastdarm (*Rectum*). Der letzte Abschnitt des Enddarms bildet bei den meisten Vertebraten eine Kloake, indem er vor dem After noch die Ausmündung der Harn- und Geschlechtsleiter in sich aufnimmt. Den niedersten beiden Classen (*Acraniern* und *Cyclostomen*) fehlt diese Verbindung noch. Bei den Säugethieren behalten sie bloss die *Monotremen* bei, während bei den übrigen durch Ausbildung des Dammes (*Perineum*) die vordere Urogenital-Oeffnung von der hinteren After-Oeffnung getrennt wird. Bei den Knochenfischen öffnet sich eine Urogenital-Papille hinter dem After. Eine blasenförmige Ausstülpung aus der Ventral-Wand des Enddarms bildet die Harnblase (*Urocystis*); sie tritt zuerst bei den Amphibien auf und wächst bei den Embryonen aller Amnioten zur *Allantois* aus.

§ 164. Urocystis und Allantois.

Die Harnblase (*Urocystis*), als Behälter für den sich ansammelnden Harn, tritt bei den Wirbelthieren in zwei verschiedenen Formen auf. Die falsche Harnblase (*Urocystis spuria*), welche viele Fische besitzen und welche auf der Dorsalseite des Hinterdarms liegt, ist bloss eine Erweiterung des Harnleiters; sie entsteht unabhängig vom Darm und mündet ursprünglich hinter dem After aus, meist auf einer Urogenital-Papille. Davon verschieden ist die echte Harnblase (*Urocystis vera*); diese tritt erst bei den luftathmenden Dipneusten und Amphibien auf und hat sich von diesen auf die Amnioten vererbt. Sie entsteht überall als eine Ausstülpung der Ventralwand des Hinterdarms und mündet ursprünglich in diesen ein. Schon bei vielen *Amphibien* erscheint sie als ein voluminöser, dünnwandiger Sack, auf welchem sich zahlreiche Blutgefässe ausbreiten; bald ist sie einfach und unpaar, bald in ein Paar Lappen gespalten. Im Embryo der *Amnioten* übernehmen die Blutgefässe der Harnblase die Function des Gaswechsels; sie wächst aus der Leibeshöhle des Embryo heraus, dehnt sich an der Innenfläche der Eihaut mächtig aus und wird so zum respiratorischen Harnsack (*Allantois*). Dieser Arbeitswechsel und die Bedeutung der Allantois als embryonales Athmungsorgan sind für die Amnioten um so wichtiger, als dieselben die embryonalen Kiemen der Amphibien gänzlich verloren baben. Bei den placentalen Säugethiereu treten die ernährenden Gefässe der Allantois in die engste Wechsel-Beziehung zu den Blutgefässen der mütterlichen Uterus-Schleimhaut; indem der Hohlraum des peripheren Harnsackes verschwindet, verwandelt er sich in die *Placenta*. Die bleibende Harnblase der Amnioten entwickelt sich aus dem hintersten Abschnitte des Allantoisstieles; sie wird in mehreren Gruppen der Sauropsiden rückgebildet.

§ 165. Coeloma. Leibeshöhle.

Die Leibeshöhle (*Coeloma*) bildet bei den Wirbelthieren, ebenso wie bei den höheren Stämmen der Wirbellosen, einen weiten Hohlraum, welcher den grössten Theil der Eingeweide umschliesst. Die Lücken zwischen letzteren und seiner Wand sind mit farbloser Flüssigkeit (Lymphe) erfüllt; auch bestehen Verbindungen mit den Lymphbahnen. Bei allen Cranioten erscheint das Coelom als ein einfacher Hohlraum, der ungetheilt oder nur in wenige grössere Abtheilungen durch Scheidewände getheilt ist. Bei den Acraniern hingegen ist derselbe metamer getheilt; die vergleichende Ontogenie lehrt, dass ursprünglich die scheinbar einfache Leibeshöhle aus ein paar lateralen Taschen entstanden ist, und dass diese Coelom-Taschen durch transversale Gliederung in Metameren zerfielen. Da sie ursprünglich als Ausstülpungen des Urdarms (in der Nähe des Urmundes) entstehen, so ist ihr Epitel vom Entoderm abzuleiten. Weil dieses Coelom-Epitel aber frühzeitig eine selbständige und mannichfaltige Entwickelung einschlägt, und da der voluminöseste Theil des Vertebraten-Körpers aus ihm hervorgeht, so bezeichnet man dasselbe als mittleres Keimblatt (*Mesoderm* oder *Mesoblast*). Die segmentale Gliederung, welche die Coelom-Taschen frühzeitig erleiden, bezeichnet überhaupt den Beginn der Metamerie für den Organismus der Wirbelthiere. Damit erfolgt zugleich die Scheidung vom Bruder-Stamme der Mantelthiere. Beide Stämme der Chordonier-Gruppe sind bis zur Ausbildung der gemeinsamen und höchst characteristischen Keimform der Chordula (§ 30) noch nicht geschieden; die letztere besitzt noch ein Paar einfache Coelom-Taschen. Sobald deren Gliederung (bei den ältesten Acraniern) beginnt, trennt sich der Stamm der gegliederten, hoch aufstrebenden Vertebraten von dem niederen Phylon der ungegliederten Tunicaten.

§ 166. Einfache Coelom-Taschen.

Die ursprüngliche Entstehung der Leibeshöhle aus einem Paar einfachen Coelom-Taschen oder Coelom-Säcken (*Coeloperae*) wird in unzweideutiger Klarheit durch die palingenetische Keimesgeschichte der Acranier bewiesen. Schon an der einfachen Gastrula des Amphioxus zeichnen sich ein Paar bedeutungsvolle Entoderm-Zellen durch besondere Grösse, rundliche Form und feinkörniges Protoplasma aus; sie liegen am Aboral-Pole der Längsaxe, am hinteren und unteren Rande des aufwärts gerichteten Gastrula-Mundes. Diese paarigen Promesoblasten sind die Mutterzellen des mittleren Keimblattes, die »Polzellen des Mesoderms«. Von ihnen geht die Bildung von einem Paar Längsfalten des Mesoderms aus, an der Rückenwand des Urdarms (zu beiden Seiten der Chorda). Indem diese Mesoderm-Falten sich vom Urdarm abschnüren, werden sie zu einem Paar lateraler Coelom-Taschen; vorn sind dieselben blind geschlossen; hinten stehen sie noch eine Zeit lang in offener Verbindung mit der Urdarm-Höhle, schnüren sich dann aber auch von dieser vollständig ab. Die Chordula-Larve des *Amphioxus* besitzt nunmehr ein Paar einfache langgestreckte Coelom-Säcke, welche geschlossen beiderseits der Chorda liegen, unter dem Markrohr, über dem Darmrohr, seitlich an das Exoderm anstossend.

In ganz derselben Weise entwickeln sich auch die ursprünglich einfachen Coelom-Taschen der Cranioten, nur mit dem Unterschiede, dass hier cenogenetische Verhältnisse (— vor Allem die Ausbreitung des Keims auf dem grossen Nahrungsdotter —) das Bild ihrer Entstehungs-Weise trüben oder modificiren, so dass man früher die einfache Leibeshöhle jederseits als schmalen Spalt in einer soliden Mesoderm-Anlage entstehen liess. Genau in derselben palingenetischen Weise, wie bei den *Acraniern*, entwickeln sich die einfachen Coelom-Taschen auch bei den *Tunicaten* und der Mehrzahl der übrigen *Bilaterien*, die man desshalb alle unter dem Begriffe der Enterocoelier zusammengefasst hat. Wir schliessen daraus auf eine gemeinsame Abstammung derselben von einer alten Helminthen-Form.

§ 167. Gliederung der Coelom-Taschen.

Die paarigen einfachen Coelom-Taschen, welche die Wirbelthiere durch Vererbung von ihren wirbellosen Vorfahren (*Prochordoniern*) erhalten haben, erleiden schon frühzeitig (— gleich nach ihrer Abschnürung vom Urdarm —) durch quere Einschnürung eine segmentale Gliederung. Dieser ontogenetische, bei allen Vertebraten in gleicher Weise sich wiederholende Process ist desshalb von höchster phylogenetischer Bedeutung für unseren Stamm, weil damit überhaupt erst die Vertebration oder die typische Metamerie desselben beginnt. Indem der ungegliederte Chordula-Keim durch eine Reihe von transversalen Stricturen des Mesoderms sich gliedert, erreicht er die höhere Individualitäts-Stufe der »gegliederten Person« oder der Metameren-Kette; in jedem einzelnen homodynamen Segmente oder Metamere wiederholt sich nun die Anlage derselben Organe. Die älteste phylogenetische Ursache dieser segmentalen Gliederung ist wahrscheinlich in einem zunehmenden Längen-Wachsthum, verbunden mit energischerer Schwimm-Bewegung der pelagischen *Prochordonier*-Ahnen zu suchen. Für die letztere, besonders für eine lebhaft schlängelnde Bewegung des langgestreckten Helminthen-Körpers, war die Gliederung des Muskel-Systems offenbar von grossem Vortheil. Entsprechend der primären Gliederung der Musculatur mussten dann aber auch die voluminöseren Eingeweide, namentlich die Gonaden, in Segmente zerfallen, wie das Beispiel der *Nemertinen* zeigt. Indem sich dann die Muskeln überwiegend im *Episom*, der Dorsal-Hälfte des Körpers entwickelten, die Geschlechtsdrüsen dagegen im *Hyposom*, der Ventral-Hälfte, prägte sich der functionelle Unterschied der Episomiten (der dorsalen Muskeltaschen) und der Hyposomiten (der ventralen Geschlechtstaschen) stärker aus. Die Gliederung des Mesoderms beginnt bei allen

Vertebraten im vordersten Abschnitte der Coelom-Säcke und schreitet von da aus nach dem hinteren Körpertheil fort, welcher durch Wachsthum sich stetig verlängert.

§ 168. Dorsale und ventrale Coelom-Taschen.

Episomiten (Myotome) und Hyposomiten (Gonotome).

Von den verschiedenen mesodermalen Organen, welche sich bei den Wirbelthieren — ebenso wie bei den wirbellosen *Enterocoeliern* — aus dem Zellen-Material der Coelom-Taschen entwickeln, sind ursprünglich die wichtigsten erstens die Gonaden oder Geschlechtsdrüsen als Werkzeuge der Fortpflanzung, und zweitens die Muskeln als Organe der Ortsbewegung; jene entwickeln sich gewöhnlich vorwiegend auf der Bauchseite, diese auf der Rückenseite des bilateralen Metazoon. Dem entsprechend sehen wir bei allen Vertebraten schon frühzeitig die Mesoderm-Anlage durch eine laterale (oder frontale) Falte in zwei Hauptstücke sich sondern, ein dorsales Metamer oder Episomit und ein ventrales Segment oder Hyposomit; die Zellen des ersteren verwandeln sich in Muskeln, die des letzteren in Sexual-Zellen (Gonidien). Aeusserst klar zeigt diese wichtigen Verhältnisse wieder der palingenetische *Amphioxus*, bei welchem schon frühzeitig die Dorsal-Hälfte jeder Coelom-Tasche in ein Muskelsäckchen (*Myotom*), die Ventral-Hälfte dagegen in die Anlage eines Geschlechtssäckchens (*Gonotom*) sich verwandelt. Die ontogenetische Thatsache, dass beim *Amphioxus* diese Sonderung der dorsalen und ventralen Somiten erst eintritt, nachdem die transversale Gliederung des Mesoderms bis zu einem gewissen Grade vorgeschritten ist, zeigt, dass das entgegengesetzte Verhalten der *Cranioten* als cenogenetisches zu beurtheilen ist. Zugleich ergiebt sich daraus die wahrscheinliche Annahme, dass die einfachen Coelom-Taschen der *Prochordonier* (und wohl der meisten älteren *Helminthen*) nur Gonaden waren und dass die Muskeltaschen (als dorsale Anhänge derselben) sich erst später ganz von ihnen abschnürten. Für den phyletischen Ursprung der Geschlechtsdrüsen bei jenen alten Helminthen folgt daraus, dass sie als entodermale Aussackungen aus dem hinteren Theile des Urdarms entstanden sind (wie bei den Chaetognathen und Acraspeden).

§ 169. Coelom der Acranier.

Die Leibeshöhle des *Amphioxus*, als des einzigen bekannten Vertreters der Acranier, ist von' höchstem phylogenetischen Interesse, insofern sie wichtige ursprüngliche Verhältnisse in ihrer Ontogenese und Structur noch heute erhalten zeigt, während dieselben bei den Cranioten theils stark modificirt, theils ganz verschwunden sind. Als hervorragende Eigenthümlichkeiten in der Coelombildung des *Amphioxus* sind namentlich folgende wichtige Thatsachen hervorzuheben: 1) Die paarigen Coelom-Taschen sind von Anfang an hohle Ausstülpungen der Dorsal-Wand des Urdarms, deren Zusammenhang mit letzterem selbst nach Beginn ihrer Segmentirung eine Zeit lang erhalten bleibt. 2) Die Leibeshöhlen sind daher leicht als ursprüngliche, von der Urdarm-Höhle abgeschnürte Hohlräume zu erkennen, und jeder Anschein einer Entstehung durch Mesoblast-Spaltung ist ausgeschlossen. 3) Die beiden Coelom-Säcke zerfallen gleich nach Beginn ihrer Abschnürung durch metamere Transversal-Stricturen in eine Reihe von paarigen Ursegmenten oder *Somiten* (»Urwirbel-Säckchen«). 4) Erst nachdem eine Anzahl von Ursegmenten im Kopftheil abgeschnürt sind, zerfallen dieselben durch eine Frontal-Strictur (*Nephridial-Septum*) in je einen *Episomiten* (dorsale Urwirbel-Tasche, mit Muskel-Anlage) und einen *Hyposomiten* (ventrale Coelom-Tasche, mit Gonaden-Anlage). 5) Die Hohlräume der *Episomiten* bleiben als Myocoele erhalten, da die aus ihrer Medial-Wand sich entwickelnden Rumpfmuskeln nicht ihren ganzen Hohlraum erfüllen. 6) Die Hohlräume der *Hyposomiten* fliessen am oberen Theile (durch Schwund ihrer Scheidewände) zusammen und bilden ein einfaches, enges Metacoel; im unteren Theile bleiben sie getrennt und bilden die segmentalen Gonaden.

§ 170. Coelom der Cranioten.

Die Leibeshöhle der Schädelthiere ist phylogenetisch aus derjenigen der Schädellosen hervorgegangen und stimmt demgemäss in allen Haupt-Verhältnissen der Structur und Ontogenese mit derselben überein, hat aber im Laufe der Zeit mehr oder weniger bedeutende Veränderungen erlitten. Die wichtigsten Unterschiede in der Coelomation der Schädelthiere sind folgende: 1) Die Abschnürung der paarigen Coelom-Taschen vom Urdarm ist schwierig oder gar nicht direct nachzuweisen, weil die cenogenetischen Verhältnisse der Darm-Ontogenese (besonders bei den discoblastischen Cranioten mit grossem Nahrungsdotter) den ursprünglichen Bildungs-Modus mehr oder weniger verdecken. 2) Daher liegen häufig (besonders bei Cranioten, deren Embryonen sich unter starkem Drucke der Eihüllen entwickeln) die äussere (laterale) und innere (mediale) Wand der Coelom-Taschen von Anfang an eng an einander; es entsteht der Anschein, als ob die Leibeshöhle durch Spaltung einer soliden Mesoblast-Anlage und Auseinanderweichen ihrer beiden Blätter entstünde. 3) Die paarigen

Mesoblast-Anlagen (oder die ursprünglichen beiden Coelom-Säcke) zerfallen vor Beginn ihrer Gliederung jederseits durch eine Frontal-Strictur (Nephridial-Septum) in einen Dorsal-Mesoblast (*Episoma* oder dorsale »Urwirbelplatte« = Stammzone) und einen Ventral-Mesoblast (*Hyposoma* oder »Seitenplatte« = Parietalzone). 4) Der Dorsal-Mesoblast (*Episoma*) zerfällt durch metamere Transversal-Stricturen jederseits in eine Reihe von Ursegmenten oder Episomiten (»Urwirbel-Säckchen«). 5) Die Hohlräume dieser letzteren (die *Myocoele* oder Urwirbel-Höhlen) verschwinden später; sie werden ausgefüllt durch die Rumpfmuskeln, welche sich aus ihrer Medial-Wand entwickeln. 6) Der Ventral-Mesoblast der Cranioten (*Hyposoma*) wird nicht segmentirt, wie derjenige der Acranier; vielmehr bleibt sein Hohlraum einfach und entwickelt sich zum Metacoel; nur bei einigen älteren Gruppen (Selachiern u. A.) bleibt eine Andeutung der ursprünglichen Metamerie erhalten in der vorübergehenden segmentalen Anlage der Gonaden.

§ 171. Kopf-Coelom und Rumpf-Coelom.

Die Leibeshöhle der Wirbelthiere erstreckt sich ursprünglich als paariger Coelomsack durch den ganzen Körper, wie bei den wirbellosen Enterocoeliern. Das blinde, vordere Ende der beiden Säcke stösst vorn an die exodermale Kopfwand an, während das hintere Ende anfänglich noch mit dem Urdarm communicirt und erst im Laufe der embryonalen Entwickelung von ihm abgeschnürt wird. Demnach zerfällt das Coelom aller Vertebraten in einen capitalen und einen truncalen Hauptabschnitt. Kopf-Coelom und Rumpf-Coelom zeigen bei den *Acraniern* noch geringe, bei den *Cranioten* hingegen sehr bedeutende Verschiedenheiten; die Zahl der angelegten Kopf-Somiten scheint bei den Schädellosen 12—18 und darüber zu betragen, bei den Schädelthieren ursprünglich 9—12, später weniger. Die Zahl der Rumpf-Somiten ist äusserst variabel. Vermuthlich hat schon bei den *Provertebraten* eine Arbeitstheilung in der Weise stattgefunden, dass im Kopfe die *Episomiten* die dorsale Musculatur und die Grundlage des Kopf-Skelets lieferten, die *Hyposomiten* hingegen die ventralen Muskeln und Skelettheile des Kiemen-Korbes. Im Rumpfe dieser ältesten Wirbelthiere werden dagegen die *Episomiten* sich zu den Rumpfmuskeln und zur Perichorda, die *Hyposomiten* zu den metameren Gonaden umgebildet haben. Die segmentalen Anlagen der Excretions-Organe, welche aus dem lateralen Verbindungscanal zwischen dem dorsalen Myocoel und dem ventralen Gonocoel jedes Metameres hervorgehen, entwickeln sich zu den segmentalen Nephridien, welche im Kopfe die Vorniere oder Kopfniere (*Pronephros*), im Rumpfe die Urniere (*Mesonephros*) zusammensetzen.

§ 172. Viscerales und parietales Coelom-Epitel.

Die Coelom-Taschen der Vertebraten wachsen, ebenso wie diejenigen der meisten wirbellosen Enterocoelier, dergestalt zwischen Darm und Leibeswand aus, dass sie jederseits eine hohe und schmale Tasche mit medialer und lateraler Wand darstellen. Das einfache Coelom-Epitel (oder *Coelotelium*), welches ursprünglich allein die Wand derselben bildet, scheidet sich demnach in zwei gegenüberstehende Platten, eine innere (mediale) und äussere (laterale). Die innere oder mediale Platte, der entodermalen Darmwand anliegend, ist das viscerale Coelom-Epitel und bildet später mit letzterem vereinigt die *Splanchnopleura*; die äussere oder laterale Platte hingegen wird als parietales Coelom-Epitel bezeichnet; sie liegt der exodermalen Leibeswand an und bildet später, mit ihr verbunden, die *Somatopleura*. Die Producte beider Platten sind verschieden. In den Episomiten oder dorsalen Coelom-Taschen entsteht aus dem *parietalen* Coelom-Epitel die Lederplatte (*Cutisplatte*), aus dem *visceralen* die Muskelplatte (*Myotom*) und darunter die Skeletplatte (*Sclerotom*). In den Hyposomiten oder ventralen Coelom-Taschen verhält sich das Coelom-Epitel des Kopfes und Rumpfes verschieden. Im Kopfe werden Muskeln und Skelettheile sowohl aus dem dorsalen Epitel der Episomiten, als aus dem ventralen Epitel der Hyposomiten gebildet. Im Rumpfe dagegen liefern bloss die Episomiten (als »Urwirbel«) je eine Muskel- und Skelet-Platte; das Epitel der Hyposomiten dagegen verwandelt sich zum grösseren Theile in das »seröse Coelom-Epitel« oder das »Peritoneal-Epitel« der bleibenden Leibeshöhle (des Metacoelom); aus dem kleineren (oberen) Theile desselben entstehen die Nieren-Epitelien (*Nephrotome*) und die Sexual-Zellen (*Gonotome*).

§ 173. Mesenteria. Gekröse.

Aus der vergleichenden Ontogenie der *Vertebraten* und der wirbellosen *Enterocoelier* (Helminthen, Echinodermen etc.) ergiebt sich die wichtige Thatsache, dass die beiden Coelom-Säcke bei allen diesen Coelomarien ursprünglich getrennt, als ein Paar laterale Taschen, aus dem Urdarm hervorwachsen. Daher kann die einfache Leibeshöhle der Wirbelthiere, in welcher später der grösste Theil ihrer Eingeweide liegt, erst secundär entstanden sein, durch Verschmelzung der rechten und linken Tasche. Die verticale, in der Median-Ebene liegende connective Scheidewand, welche ursprünglich die beiden Coelom-Taschen als Sagittal-Septum trennt, wird als Gekröse (*Mesenterium*) bezeichnet. Bei den älteren, zum Helminthen-Stamme gehörigen Vorfahren der Wirbelthiere wird dasselbe als vollständiges Median-Septum bestanden haben, wie es bei *Sagitta* und anderen Wirbellosen noch heute besteht. Alle diese älteren Enterocoelier besassen gleich *Sagitta* ein dorsales und ein ventrales Mesenterium, von denen jenes das einfache, gerade gestreckte Darmrohr an der Rückenwand befestigt, dieses an der Bauchwand. Die Production von Sexualzellen im Epitel der beiden paarigen Coelomtaschen (— die selbst ursprünglich nichts Anderes als Gonaden waren! —) fand anfänglich noch in grosser Ausdehnung statt; später zog sie sich auf einen beschränkten Theil der beiden Coelomsäcke zurück.

Bei den Wirbelthieren blieb später nur das dorsale Gekröse in seiner ganzen Ausdehnung bestehen, als ein dünnes Aufhängeband (*Suspensorium*), welches den Darmcanal und seine Anhänge an der festen Skeletaxe befestigt. In der Connectiv-Membran dieses Dorsal-Mesenterium blieb die Aorta eingeschlossen. Das ventrale Gekröse dagegen wurde zum grössten Theile aufgelöst, indem die beidem Cölomtaschen unterhalb des Darmes verwuchsen und nach Resorption ihrer Scheidewand sich vereinigten. Nur einzelne Theile des ventralen Mesenterium blieben bestehen: das *Mediastinum anterius*, *Omentum minus* und *Ligamentum suspensorium hepatis*.

Die Phylogenie des Mesenterium führt innerhalb des Vertebraten-Stammes von sehr einfachen, an jene ursprüngliche Bildung sich anschliessenden Zuständen zu sehr mannichfaltigen und morphologisch verwickelten Verhältnissen hinauf. Dabei spielt eine wichtige Causal-Rolle die frühzeitige Entwickelung der Leber, als eines voluminösen Organs, welches ursprünglich eine zweilappige Aussackung in der Bauchwand des Rumpfdarms bildete; später legte sie sich auf die rechte Seite hinüber und veranlasste eine bedeutende Asymmetrie der Gekrösbildungen. Am verwickeltsten sind die Verhältnisse der Mesenterial-Bildungen bei den Amnioten, wo einerseits die *Sauropsiden*, anderseits die *Mammalien* analoge Ausbildungsstufen zeigen.

§ 174. Kammern der Leibeshöhle.

Die Hohlräume des Coeloms, welche mit Lymphe oder seröser Flüssigkeit gefüllt sind, zeigen in den Hauptgruppen des Wirbelthier-Stammes wesentliche Unterschiede. Nur bei den Acraniern (*Amphioxus*) hat sich die segmentale Gliederung derselben theilweise erhalten; in ihren Episomiten besteht ein Rest des Myocoels fort; die Hyposomiten verschmelzen zwar im oberen Theile zu einem einfachen perienterischen Coelom; im unteren Theile aber zeigen die metameren Gonaden dauernd die ursprüngliche Gliederung an. Bei den Cranioten ist letztere nur selten (bei *Selachiern*) durch die segmentalen Gonaden-Anlagen im Embryo vorübergehend angedeutet; bald verschmelzen dieselben zu einem einfachen Gonaden-Paar. Aber auch bei den Schädelthieren bleibt überall im Embryo die primäre Metamerie des Coeloms durch die segmentalen Nephridien angedeutet, die wir ursprünglich als laterale Coeloductus auffassen, als Verbindungs-Canäle zwischen dem *Myocoel* der Episomiten und dem *Gonocoel* der Hyposomiten. Die dorsalen *Myocoele* verschwinden bei den Cranioten frühzeitig, indem die Höhlen der Episomiten ganz von Muskel-Substanz ausgefüllt werden. Die ventralen *Gonocoele* dagegen fliessen zur Bildung des einfachen Metacoeloms zusammen, der secundären Leibeshöhle, welche den grössten Theil der Eingeweide umschliesst. Das Epitel derselben (*Coelotel*, sogenanntes »*Endotel*«) ist zum grössten Theile »seröses Platten-Epitel«; nur in einem beschränkten Bezirke (beiderseits zwischen der Basis des Mesenterium und den Nephridien) bleibt der ursprüngliche Character als »Sexual-Epitel« erhalten; aus dieser »Geschlechtsleiste« (*Callus germinalis*) entstehen die Gonaden. Das *Metacoelom* des Kopfes umschliesst als »Cardiocoel« das Herz, entwickelt sich später zum Herzbeutel (*Pericardium*) und sondert sich ab von der secundären Leibeshöhle des Rumpfes (*Cavum peritoneale*). Bei einigen älteren Fischen bleiben beide noch in offener Verbindung. Eine weitere Kammerbildung der Peritonealhöhle wird bei den lungenathmenden Wirbelthieren durch die Entwickelung des Zwerchfells eingeleitet; indem dieses *Diaphragma* bei den Säugethieren vollständig wird, trennt es die Brusthöhle (*Cavum pleurae*) von der Bauchhöhle (*Cavum abdominale*).

§ 175. Phylogenie des Gefäss-Systems.

(Dorsales und ventrales Principal-Gefäss.)

Das Gefäss-System oder Vasculat der Wirbelthiere besteht aus einem geschlossenen System von communicirenden Röhren, welche die ernährende Flüssigkeit, das Blut, im Körper umherführen. Als Central-Organ desselben ist allgemein ein unpaares medianes Rohr zu betrachten, welches den Darm der Länge nach umfasst, das »Principal-Gefäss«. Der obere Theil dieses centralen Canal-Ringes läuft über der dorsalen Mittellinie des Darmrohrs (unterhalb der Chorda) und entspricht dem Dorsal-Gefäss vieler Helminthen; er wird als *Aorta* oder *Principal-Arterie* bezeichnet. Ihm gegenüber verläuft unter der ventralen Mittellinie des Darmes ursprünglich der untere Theil des

Canal-Ringes, entsprechend dem Ventral-Gefäss der Wurmthiere: die *Subintestinal-Vene* oder *Principal-Vene.* Dieselben beiden Principal-Gefässe, dorsales und ventrales, treffen wir in gleicher Lage und Beziehung, wie bei allen Wirbelthieren, auch bei den *Tunicaten, Articulaten* und vielen *Helminthen* an. Wir dürfen daher diese typische Organisation als eine uralte (*praesilurische*) Einrichtung betrachten, welche zuerst von einer Gruppe der Helminthen (*Nemertinen*?) erworben und von diesen einerseits auf die *Articulaten* (Anneliden und Arthropoden), anderseits auf die Enteropneusten und *Chordonier* (Tunicaten und Vertebraten) vererbt wurde.

Die Fortbewegung des Blutes in dem geschlossenen Röhren-System der Blutgefässe wird in den beiden Hauptgruppen der Vertebraten auf verschiedene Weise vermittelt. *Amphioxus*, als der einzige uns bekannte Vertreter der Acranier, besitzt kein centralisirtes Herz; die Blut-Circulation wird hier durch die peristaltischen Contractionen der Principal-Gefässe bewirkt, ähnlich wie bei Helminthen (*Nemertinen, Enteropneusten*) und *Anneliden.* Der mediane, das Darmrohr der Länge nach umschliessende Canal-Ring zieht sich hier im Laufe einer Minute dergestalt peristaltisch zusammen, dass das farblose Blut in Dorsal-Gefässe (Aorta) von vorn nach hinten strömt, im Ventral-Gefässe (Principal-Vene) umgekehrt von hinten nach vorne. Die Gruppe der Acranier, welche *Amphioxus* vertritt, wird demnach als die der Rohrherzen (*Leptocardia*) bezeichnet. Im Gegensatze dazu sind sämmtliche Cranioten Beutelherzen (*Pachycardia*). Als Central-Organ der Circulation fungirt hier ein localisirtes Herz, welches eine constante musculöse Erweiterung des Ventral-Gefässes darstellt und in einen Herzbeutel (*Pericardium*) eingeschlossen ist. Letzterer ist ein abgeschnürter Theil des Coeloms. An einer entsprechenden Stelle des Bauchgefässes besitzen auch die Tunicaten ein einfaches, spindelförmiges Herz. Es besteht daher die Wahrscheinlichkeit, dass auch die Prospondylier, die gemeinsamen Urahnen aller Vertebraten, ein solches einfaches Ventral-Herz besassen, und dass der Mangel desselben bei den *Leptocardiern* auf einer Rückbildung beruht. Das homologe Herz der *Tunicaten* und *Vertebraten* würde dann von der gemeinsamen Stammgruppe der Prochordonier geerbt sein. Andernfalls müsste man annehmen, dass das ähnliche Herz in den beiden Stämmen der Mantelthiere und Schädelthiere unabhängig von einander entstanden sei.

§ 176. Blutgefässe und Lymphgefässe.

Das Gefäss-System der Acranier (*Amphioxus*) bildet, ebenso wie bei den *Tunicaten* und allen blutführenden Wirbellosen, ein einheitliches

Canal-System, gefüllt mit einer und derselben als Blut bezeichneten Flüssigkeit. Die Cranioten dagegen zeichnen sich aus durch Differenzirung desselben und Trennung von zwei verschiedenen Circulations-Bahnen, von denen die einen als Blutgefässe, die anderen als Lymphgefässe bezeichnet werden. Das Blutgefäss-System ist mit rothem Blut gefüllt; seine Hauptcanäle (sowohl die zuführenden Venen, als die abführenden Arterien) stehen direct mit dem Herzen in Verbindung. Das Lymphgefäss-System dagegen enthält entweder farblose Lymphe oder weissen Milchsaft (Chylus); seine Hauptstämme stehen in keiner directen Verbindung mit dem Herzen, sondern münden in die grossen, zu letzterem hinführenden Venen-Stämme ein. Die Lymphgefässe sammeln theils aus der Darmwand den weissen Milchsaft (*Chylus*), welcher durch die Verdauung gewonnen wurde, theils aus den verschiedenen Geweben einen Theil des sie durchtränkenden Gewebsaftes (*Lymphe*). Bei niederen Vertebraten (namentlich Amphibien) entwickeln sich besondere Lymphherzen, contractile Erweiterungen der grösseren Lymphgefäss-Stämme, welche die Fortbewegung der Lymphe gegen das Herz hin befördern. Die Ausbildung des Lymphgefäss-Systems ist eine besondere, physiologisch wichtige Erwerbung der Cranioten, welche sowohl der *Acraniern*, als sämmtlichen *Evertebraten* fehlt.

§ 177. Blut und Lymphe.

Sowohl das rothe Blut, als die farblose Lymphe der Cranioten enthalten in der Flüssigkeit suspendirt Milliarden von besonderen Zellen. Beiden Flüssigkeiten gemeinsam ist der Besitz von Lymphzellen oder »farblosen Blutzellen« (*Leucocyta*); das rothe Blut enthält aber ausserdem noch die eigenthümlichen, seine rothe Farbe bedingenden Rothzellen oder »rothen Blutzellen« (*Rhodocyta* oder *Erythrocyta*). Die Lymphzellen der Wirbelthiere sind, ebenso wie die farblosen Blutzellen der Wirbellosen, amöboide Zellen von veränderlicher Gestalt; vermöge ihrer amöbenartigen Bewegungen können sie durch die Gewebe hinduchwandern und Stoffe transportiren (Wanderzellen, *Planocyta*). Ausserdem können sie auch geformte Körper mittels derselben amöboiden Bewegungen in ihr Inneres aufnehmen (Fresszellen, *Phagocyta*). Für den Stoffwechsel, sowohl in physiologischer als pathologischer Beziehung, sind sie daher von hervorragender Bedeutung. Die rothen Blutzellen dagegen sind von besonderer Wichtigkeit für die Respiration, da der rothe in ihnen enthaltene Farbstoff (*Haemoglobin*) zum Gaswechsel in directer Beziehung steht; das sauerstoffhaltige (oxydische oder arterielle) Blut ist hellroth gefärbt, das kohlensäurehaltige (carbonische oder venöse) dunkelroth. Die Rothzellen der Wirbelthiere haben allgemein die Gestalt von rundlichen Scheiben, gewöhnlich von elliptischer Form; nur bei den meisten Säugethieren sind dieselben kreisrund. Hier sind die Scheiben zugleich biconcav, da der Zellkern rückgebildet ist. Bei den elliptischen Blutzellen der übrigen Vertebraten ist der centrale Kern permanent und springt gewöhnlich in der Mitte biconvex vor. In einer kleinen Gruppe der Teleostier, bei den *Leptocephaliden* (die neuerdings als permanente Larven von Congeraceen erkannt sind) ist die rothe Farbe des Blutes — zugleich mit allen anderen Farben des Körpers — secundär verschwunden, durch Anpassung an pelagische Lebensweise. Wie bei anderen pelagischen »Glasthieren« ist hier der ganze Leib glasartig, durchsichtig und farblos.

§ 178. Arterien und Venen.

Bei den Wirbelthieren werden allgemein, ebenso wie bei den herzführenden Wirbellosen, diejenigen Blutgefäße, welche Blut vom Herzen wegführen, als Arterien oder »Pulsadern« bezeichnet; hingegen diejenigen, welche Blut dem Herzen zuführen, als Venen oder »Blutadern«. Diese althergebrachte Bezeichnung gilt aber nicht für das in ihnen enthaltene Blut; denn dieses wird *arteriell* nur dann genannt, wenn es sauerstoffhaltig und hellroth ist, dagegen *venös*, wenn es kohlensäurereich und dunkelroth ist. Daher enthält die Lungen-Arterie der Säugethiere venöses und ihre Lungen-Vene arterielles Blut. Um die häufigen Verwechslungen zu vermeiden, welche aus dieser widersinnigen Bezeichnung entspringen, würde es besser sein, das *arterielle* Blut oxydisch und das *venöse* Blut carbonisch zu nennen. Die Verwandlung der einen Blutart in die andere geschieht in den Capillar-Gefässen, den äusserst zarten, engen und dünnwandigen »Haargefässen«, welche die Verbindung zwischen den feinsten Endästen der Arterien und Venen herstellen. Die Capillaren der Athmungs-Organe nehmen aus diesen Sauerstoff auf und geben Kohlensäure ab; umgekehrt verhalten sich die Körper-Capillaren, welche den Stoffwechsel in den verschiedenen Geweben vermitteln. Die zarte und äusserst dünne Wand der Capillaren wird nur durch eine einzige (ihrem Ursprung nach wahrscheinlich mesodermale), sehr dünne Epitel-Schicht gebildet. Zu dieser »*Intima*« kommt bei den Arterien und Venen noch eine äussere mesodermale Hülle, aus Bindegewebe (mit vielen elastischen Fasern) und glatten Muskeln gebildet. Diese sondert sich meistens in eine *Media*, deren Faser-Elemente vorwiegend transversal, und eine äussere *Adventitia*, in der sie mehr longitudinal verlaufen. Die Arterien (besonders die grösseren) sind viel reicher an elastischen und musculösen Fasern, als die Venen.

§ 179. Herz der Cranioten.

Das Herz der Schädelthiere ist ursprünglich, ebenso wie das homologe Herz der *Tunicaten*, eine einfache spindelförmige Erweiterung des Bauchgefässes (der *Vena principalis* = *Vas ventrale*). Hierin liegt ein fundamentaler und uralter Gegensatz zu mehreren Hauptstämmen der Wirbellosen, insbesondere den *Mollusken* einerseits, den *Arthropoden* anderseits; bei diesen ist das Herz umgekehrt aus dem Rückengefäss entstanden (der *Arteria principalis* = *Vas dorsale*). Die Bedeutung dieses durchgreifenden Gegensatzes ist nicht geringer als die desjenigen zwischen dem Rückenmark der Wirbelthiere und dem Bauchmark der Gliederthiere (vergl. § 8). Beide entgegengesetzte Bildungs-Richtungen können nicht von einander phylogenetisch abgeleitet werden, sondern nur von einer gemeinsamen, älteren und indifferenteren Stammform. Eine solche liegt in dem einfachen Verhalten mancher Helminthen vor (*Nemertinen*, *Enteropneusten* u. A.); hier wird das Centrum des Gefäss-Systems noch einfach durch die beiden contractilen Principal-Gefässe dargestellt, von denen weder das *Dorsale* (= *Aorta*), noch das *Ventrale* (= *Subintestinal-Vene*) eine herzartige Erweiterung und locale Verstärkung erfahren hat. Von grösster Wichtigkeit für die Deutung des Cranioten-Herzens und seiner Beziehung zum Tunicaten-Herzen ist die ontogenetische Thatsache, dass die erste embryonale Anlage des Herzens bei sämmtlichen Schädelthieren einen einfachen spindelförmigen Schlauch darstellt, und dass diese Anlage im Hyposom des Kopfes an einer ganz bestimmten Stelle liegt, gleich hinter dem Kiemenkorbe, am hinteren Ende der Hypobranchial-Rinne. Lage, Gestalt und Verhalten zum Respirations-Organ sind also für diese spindelförmige Erweiterung des Bauchgefässes dieselben bei sämmtlichen *Cranioten* und bei den *Tunicaten*. Ein physiologischer Unterschied besteht nur noch insofern, als die Contractions-Richtung des Herzens bei den *Tunicaten* beständigen periodischen Wechsel zeigt; bei den *Cranioten* dagegen ist dieselbe bereits fixirt, so dass das hintere, vom Herzschlauch ausgehende Gefäss als Vene fungirt, das vordere als Arterie.

§ 180. Einfacher Kreislauf der Leptocardier.

Das Gefäss-System des *Amphioxus* zeigt, abgesehen vom Mangel des centralisirten Herzens und des Lymphgefäss-Systems, denselben characteristischen Typus der Structur und Zusammensetzung, wie dasjenige der *Cyclostomen* und *Fische*. Insbesondere kann das Verhalten der grossen Gefäss-Bezirke als einfachster Typus der Vertebraten-Circulation überhaupt angesehen werden. Danach zerfallt dasselbe zunächst in zwei Hauptgebiete, ein *dorsales* und *ventrales*, und jedes von diesen wieder in zwei untergeordnete Bezirke, einen vorderen (*capitalen*) und einen hinteren (*truncalen*). Das Central-Organ des dorsalen Gebietes bildet die mediane Principal-Arterie, welche zwischen Chorda und Darmrohr liegt und nur arterielles (oxydisches) Blut enthält. Ihr vorderer Abschnitt liegt im Kopfe, oberhalb des Kiemendarms, nimmt die Kiemenvenen auf und kann als *Aorta capitalis* bezeichnet werden. Der hintere Abschnitt dagegen verläuft oberhalb des Leberdarms und weiterhin bis zum Schwanzende; er bildet eine *Aorta truncalis* und giebt Aeste theils an den Darm, theils an die Rumpfwand ab. Das Central-Organ des ventralen Gebietes bildet die unpaare Principal-Vene; sie verläuft unterhalb des Darmrohrs (»Subintestinal-Vene«), enthält nur venöses (carbonisches) Blut und zeigt ein etwas complicirteres Verhalten. Der hintere Abschnitt bildet die eigentliche *Vena intestinalis* oder *truncalis*; sie nimmt die Gefässe der Darmwand auf. Vorn folgt dieselbe dem Blindsacke des Mitteldarms, welcher an der rechten Körperseite von *Amphioxus* einseitig nach vorn abgeht und die Leber darstellt; der untere zuführende Theil dieser venösen Gefäss-Schlinge kann als Pfortader (*Vena portae*), der obere, abführende als Lebervene (*Vena hepatica* — und zugleich Hohlvene) bezeichnet werden. Letztere biegt sich wieder nach vorn um und setzt sich in den capitalen Abschnitt der Principal-Vene fort. Dieser verläuft als *Vena capitalis* — oder als »centrale Kiemenarterie« — in der Bauchwand des Kiemenkorbes und giebt an diesen die Kiemen-Arterien ab (beim jungen Amphioxus 20—25, beim älteren 50 und mehr jederseits). Jede derselben ist an ihrer Basis in eine contractile Bulbille angeschwollen. Ausserdem spaltet sich das vorderste Ende der centralen Kiemen-Arterie in ein Paar aufsteigender Gefässbogen (»Aorten-Bogen«), welche den Mund ringförmig umfassen und sich oberhalb im vorderen Ende der Aorta vereinigen.

§ 181. Einfacher Kreislauf der Ichthyocardier.

Die beiden niedersten *Cranioten*-Classen, Cyclostomen und Fische, schliessen sich in der einfachen Organisation ihres Kreislaufs unmittelbar an die *Leptocardier* an, nur mit dem wichtigen Unterschiede, dass letzteren das centralisirte Herz fehlt. Dasselbe liegt bei den Cyclostomen und Fischen vorn an der Kehle, gleich hinter dem Kiemen-Apparat, und enthält nur venöses oder carbonisches Blut, welches ihm durch die Venen des Körpers und des Darmes zugeführt wird. Es wird desshalb als venöses (besser carbonisches) Herz oder »Körperherz« bezeichnet. Dasselbe zerfällt allgemein durch eine Transversal-Strictur in zwei verschiedene Hauptabschnitte, eine hintere dünnwandige Vorkammer (*Atrium*) und eine vordere dickwandige Hauptkammer (*Ventriculus*). Ein Paar membranöse Klappen liegen an der engeren Verbindungsstelle beider Kammern (am *Ostium atrio-ventriculare*) und verhindern die Rückstauung des Blutes. Der vordere Abschnitt der Hauptkammer, aus welchem der branchiale Arterien-Stamm (*Truncus arteriosus*) entspringt, sondert sich schon bei den älteren Fischen (Selachiern und Ganoiden) als ein selbständiger kegelförmiger Abschnitt und wird vom hinteren Theile, dem eigentlichen Ventrikel, durch drei Klappen-Reihen getrennt. Bei den Teleostiern erscheint dieser musculöse *Conus arteriosus* rückgebildet, und an seine Stelle tritt eine ähnliche basale Anschwellung des Arterien-Stammes, der *Bulbus arteriosus*. Aus dem Truncus entspringen mehrere (ursprünglich acht, sieben oder sechs, später fünf oder vier) Paar Gefäss-Bogen, welche an der Innenseite der Kiemenbogen emporsteigen und den Schlund (zwischen je zwei Kiemenspalten) umfassen. Der ventrale Abschnitt dieser »Aorten-Bogen« liefert die zuführenden Kiemen-Arterien, der dorsale Abschnitt die abführenden Kiemen-Venen. Durch Vereinigung der letzteren entsteht oberhalb des Schlundes die Aorta, welche nun unterhalb der Wirbelsäule das oxydische Blut im Körper vertheilt. Das carbonische Blut sammelt sich aus letzterem in den Körpervenen, welche dasselbe zum Herzen zurückführen. Vor der Einmündung in das Atrium erweitert sich der gemeinsame Venen-Stamm (*Vena cava*) und bildet einen *Sinus venosus*.

§ 182. Gemischter Kreislauf der Amphicardier.

Der einfache Kreislauf der Ichthyocardier (*Cyclostomi* und *Pisces*), mit einem venösen zweikammerigen Herzen, stellt die ursprüngliche (silurische) Circulations-Form der *Cranioten* vor. Aus dieser hat sich schon in devonischer Zeit eine zweite complicirtere Form entwickelt, welche wir als gemischten Kreislauf bezeichnen; er characterisirt die Gruppe der Amphicardier, welche sich aus den drei Classen der *Dipneusten*, *Amphibien* und *Reptilien* zusammensetzt. Die erste Ursache seiner Entstehung war der Arbeitswechsel der Schwimmblase, deren Gefässe zuerst bei den devonischen Dipneusten begannen, sich dem Gaswechsel anzupassen. Indem dadurch die Nectocyste zur Lunge wurde, entwickelten sich zugleich die wichtigen Lungengefässe. *Arteriae branchiales*, welche aus dem letzten Paare der Aorten-Bogen entspringen, führen nunmehr einen

Theil des Herzblutes aus der Kammer in die Lungen; *Venae branchiales* führen von da das oxydische Blut zum Herzen zurück. Die Vorkammer des letzteren theilt sich nunmehr durch eine Längsscheidewand in zwei Hälften; das linke Atrium nimmt das oxydische Blut der Lungen-Venen auf, das rechte Atrium das carbonische Blut der Körper-Venen. Da beide Blutarten aus den Vorkammern in die einfache Kammer übertreten, enthält diese gemischtes Blut, welches durch den Truncus in die Aortenbogen übertritt. Die vorderen Bogen vereinigen sich zur Aorta und führen das gemischte Blut in den Körper, die hintersten durch die Lungen-Arterien in die Lungen. Das *Septum atriorum* ist noch sehr unvollständig bei den *Dipneusten*; es wird vollständig bei den *Amphibien*. Bei den von ihnen abstammenden Reptilien beginnt sich eine Längsscheidewand auch im Ventrikel und im Conus arteriosus zu entwickeln; sie wird aber nur selten vollständig (bei den Crocodilen); und auch dann bleibt noch eine Communication zwischen den arteriellen und venösen Bogen bestehen (*Foramen Panizzae*).

§ 183. Doppelter Kreislauf der Thermocardier.

Die Trennung des grossen (*somatischen*) und des kleinen (*pulmonalen*) Kreislaufs, welche schon bei einigen Reptilien (Crocodilen) durch Ausbildung der Herzscheidewand beinahe vollendet war, wird ganz vollständig bei den drei höheren Wirbelthier-Classen, den Drachen, Vögeln und Säugethieren. Von den *Dracones* können wir dies allerdings nur mit Wahrscheinlichkeit behaupten, da beide Ordnungen derselben, *Dinosaurier* und *Pterosaurier*, uns nur in fossilem Zustande bekannt sind. Da jedoch beide den Vögeln nächst verwandt sind und mit ihnen die bedeutungsvolle Pneumaticität des Skelets theilen, dürfen wir den Schluss ziehen, dass sie ebenfalls warmblütig waren. Denn nur dann, wenn die Körper-Temperatur der riesigen Dinosaurier und der fliegenden Pterosaurier erhöht und unabhängig von dem äusseren Medium war, konnte der Luftgehalt des Skelets für sie die hohe physiologische Bedeutung gewinnen, welche er thatsächlich bei den Vögeln besitzt. Für diese Warmblütigkeit (*Thermocardia* oder *Homoeothermia*) ist aber die vollständige Trennung beider Kreislaufs-Bahnen unerlässlich. Dass diese mehrmals im Reptilien-Stamme sich wiederholte, dass also der doppelte Kreislauf polyphyletisch entstand, wird schon durch die warmblütigen Vögel und Säugethiere bewiesen, die beide von verschiedenen Gruppen kaltblütiger Reptilien abstammen. So wird auch bei den Drachen nicht allein die Trennung des Herzens in eine arterielle linke und eine venöse rechte Hälfte vollständig gewesen sein, sondern auch die Scheidung der arteriellen und venösen Aorten-Bogen und des Truncus arteriosus, aus dem sie entspringen. Die Lungen-Arterie führt nunmehr rein *venöses* Blut aus der rechten Herzkammer in die Lungen; von da kehrt das rein *arterielle* Blut durch die Lungen-Venen in die linke Vorkammer zurück und tritt von da in die linke Kammer, um durch die Aorta im Körper vertheilt zu werden. Die Körper-Venen sammeln dann wieder das venöse Blut und führen es in die rechte Vorkammer.

§ 184. Arterien-System der Cranioten.

Ebenso wie das Herz der Schädelthiere, so zeigen auch die aus ihr entspringenden Arterien-Stämme einerseits eine mannichfaltige Entwickelung, welche durch Anpassung bedingt ist, anderseits eine Constanz der typischen Anlage und Organisation, die sich nur durch Vererbung erklärt. Bei allen *Cranioten* existiren mindestens fünf (bisweilen sechs) Paar Aortenbogen, welche aus der symmetrischen Verzweigung des *Truncus arteriosus* hervorgehen. Ursprünglich war ihre Zahl grösser; sie beträgt noch heute sieben Paar bei den Cyclostomen und einigen Selachiern (*Heptanchus*); bei den älteren (ausgestorbenen) *Archicraniern* betrug sie wahrscheinlich acht bis neun Paar oder mehr. Bei den Acraniern (*Amphioxus*) ist die Zahl der entsprechenden Gefässbogen, die den Kiemenkorb umfassen, noch viel grösser, 20—50 und mehr; hier ist aber diese Ueberzahl durch die secundäre Multiplication der Kiemenspalten bedingt, von denen ursprünglich zwölf Paar angelegt werden (s. § 143). Bei den höheren Vertebraten wird ihre Zahl allmählig immer mehr reducirt; zwar werden auch fünf Paar (durch Vererbung) im Embryo angelegt; aber nur drei Paar gelangen zur Verwendung, da die beiden ersten frühzeitig rückgebildet werden. Immer steigen die Aortenbogen an der Innenseite der Schlundbogen (zwischen je zwei Kiemenspalten) empor, umfassen den Schlund und vereinigen sich oben, um die Aorta zu bilden. Der ventrale Theil der Aortenbogen, welcher die Kiemen-Arterien an die Kiemenblättchen abgiebt, enthält ursprünglich venöses Blut, der dorsale Theil, welcher die Kiemen-Venen sammelt, arterielles Blut. Letzteres tritt von da in die Aorta, welche als unpaares Rückengefäss zwischen Wirbelsäule und Darm verläuft und die Arterien-Aeste an den Körper abgiebt. Sobald (bei den Dipneusten) die Lungenathmung beginnt und somit der einfache Kreislauf der *Ichthyocardier* in den gemischten der *Amphicardier* übergeht, wird durch die Bildung der respiratorischen Lungen-Gefässe das System der Aortenbogen modificirt; immer ist es dann das letzte oder hinterste (— sechste oder fünfte —) Paar der Aortenbogen, aus welchem sich die Lungen-Arterien entwickeln. Die zahlreichen einzelnen Veränderungen, welche das Arterien-System in den verschiedenen Cranioten-Gruppen erleidet, liefern schöne Belege für die Wahrheit der Descendenz-Theorie, und namentlich für die hohe Bedeutung der progressiven Vererbung, für die erbliche Uebertragung von Produkten der functionellen Anpassung.

§ 185. Venen-System der Cranioten.

In höherem Maasse als das Arterien-System unterliegt das Venen-System der Cranioten dem Einflusse der Anpassung. Trotzdem enthüllt eine kritisch vergleichende Anatomie und Ontogenie auch hier eine Fülle von typischen Einrichtungen, die sich durch Vererbung innerhalb grösserer und kleinerer Gruppen erklären und somit ebenfalls Argumente zu Gunsten der Abstammungslehre liefern. Als ältestes und ursprünglichstes Centrum betrachten wir auch für das Venen-System der Vertebraten ein unpaares Median-Gefäss, die *Vena principalis* oder *V. subintestinalis*. Sie entspricht dem *Vas ventrale* der *Tunicaten* und *Helminthen* und verläuft ursprünglich an der Unterseite des Darmrohres. Bei den Acraniern (*Amphioxus*) erscheint sie als selbständiger contractiler Stamm (»Pfortaderherz«), bildet vorn die Wundernetz-Schlinge des Leberschlauches (mit ventraler Pfortader und dorsaler Leber-Vene) und setzt sich dann direct nach vorn in die Kiemenarterie fort. Bei den Cyclostomen besteht eine ansehnliche Subintestinal-Vene zeitlebens; aber auch bei den älteren Gnathostomen erhält sich noch ein beträchtlicher Theil dieser Principal-Vene längere oder kürzere Zeit. Bei den Embryonen der Fische erscheint ihr hinterer Theil als Caudal-Vene (eingeschlossen in den Haemal-Canal der unteren Wirbel-Bogen, unterhalb der Caudal-Arterie oder Aorta gelegen); der vordere Theil verläuft als einfacher Venen-Stamm am unteren Umfang des Darmes, als eigentliche Subintestinal-Vene. Ein Theil derselben versorgt bei der Ausbildung des Dottersackes diesen letzteren und bildet so die *Vena omphalo-mesenterica* oder *V. vitello-intestinalis*. Ein anderer Abschnitt tritt als Pfortader in die Leber und bildet das Wundernetz, aus dem die Leber-Vene hervorgeht. Permanent erhält sich die Subintestinal-Vene in der Spiral-Klappe vieler Selachier. Bei den Embryonen der meisten Fische aber wird sie frühzeitig durch die Ausbildung eines zweiten paarigen Venen-Systems verdrängt, welches von nun an die Hauptrolle spielt, der lateralen *Venae cardinales*, welche als zwei grosse parallele Längsstämme den Körper durchziehen. Die vorderen Cardinal-Venen (*V. jugulares*) und die hinteren (*V. postcardinales*) vereinigen sich jederseits zu einem kurzen Querstamm (*Ductus Cuvieri*), welcher in den *Sinus venosus* mündet.

§ 186. Lymph-System der Cranioten.

Das besondere, physiologisch wichtige System von Hohlräumen, welches mit der farblosen Lymphe erfüllt ist und daher als »Lymphgefäss-System« bezeichnet wird, ist ein eigenthümlicher Besitz der *Cranioten*; es fehlt ebenso vollständig den *Acraniern* und *Tunicaten*, wie sämmtlichen *Evertebraten*. Das mit farblosem Blute erfüllte Gefäss-System der letzteren ist nicht dem Lymph-, sondern dem Blutgefäss-System der Cranioten zu vergleichen. Auch in der Ontogenie der letzteren kommt das Lymph-System erst spät zur Anlage, so dass es als verhältnissmässig spät erworbener Separat-Abschnitt des Ernährungs-Apparates zu betrachten ist. Ursprünglich ist dasselbe wohl aus Lücken in den Zwischenräumen der verschiedenen Gewebe entstanden, in denen sich der unbrauchbare Bestandtheil des sie durchtränkenden Saftes ansammelte. Indem diese zerstreuten Lücken in Verbindung traten und dadurch die Fortbewegung des Lymph-Saftes gegen die venösen Blutgefässe hin befördert wurde, entstanden die eigentlichen Lymphgefässe; sie gelangten vorzugsweise in der Umgebung der Blutgefässe zur Ausbildung, oft umgeben sie diese (besonders die Arterien) selbst scheidenartig. Andere Gefässe entstehen auf ähnliche Weise in der Darmwand und sammeln den milchweissen, durch die Verdauung unmittelbar gewonnenen und durch die Darmwand transsudirten Saft, den »Milchsaft« oder Chylus. Diese Chylusgefässe münden bei den höheren Cranioten in einen besonderen, subvertebralen Chylusgang, der als unpaarer Stamm (*Ductus chylicus*, »Milchbrustgang« oder *Ductus thoracicus*) neben der Aorta emporsteigt, die Hauptstämme der grösseren Lymphgefässe aufnimmt und dann nahe dem Herzen in das Körper-Venen-System mündet. Die Verbindung, in welcher die Lymphbahnen mit den »serösen Höhlen« des Körpers stehen, mit dem Coelom, den Gelenkhöhlen u. s. w. ist secundär erworben, da diese serösen Hohlräume ganz anderen Ursprungs sind.

Ausser diesen vereinigten Lymphbahnen gehören aber zweitens zum Lymph-System aller *Cranioten* noch besondere Organe, welche dem Blutgefäss-System fremd sind, die Lymph-Follikel, in denen neue Lymph-Zellen aus cytogenem Bindegewebe gebildet werden; ihre höchste Ausbildung erlangen sie in den »Lymphdrüsen« der Säugethiere. Ein besonderer ansehnlicher Complex von Lymph-Follikeln, welcher sich bei allen *Cranioten* in der Nähe des Leberdarms (meistens an der Cardia des Magens) entwickelt, ist die Milz; dieselbe fehlt den *Acraniern*.

Die Ausbildung des Lymphgefäss-Systems und seiner einzelnen Theile durchläuft innerhalb des *Cranioten*-Stammes verschiedene Stufen, deren wichtigste die drei folgenden sind: I. Lymph-System der Ichthyocardier (*Cyclostomen* und *Fische*). Als Hauptstämme des Lymph-Systems erscheinen ein unpaarer (selten paariger) *Sinus subvertebralis* und zwei paarige *Sinus laterales* (unter der Seitenlinie). Contractile Lymphherzen fehlen oder erscheinen als paarige *Sinus caudales*, welche in die Vena caudalis münden. II. Lymph-System der Amphicardier (*Dipneusten, Amphibien* und *Reptilien*). Es entwickeln sich grosse subcutane Lymphräume, so dass besonders bei den Amphibien die Haut nur locker dem Körper aufliegt. Ein paar hintere Lymphherzen liegen in der Sacral-Gegend und bewirken durch rhythmische Contractionen die Fortbewegung der Lymphe. Bei den Amphibien treten dazu noch ein Paar vordere Lymphherzen (in der Schultergegend) oder eine laterale Reihe von paarigen Lymphherzen, längs der Seitenlinie. Die Entwickelung von lymphoidem Gewebe in der Leibeshöhle (Adenoid-Lappen, Fettkörper u. s. w.) erreicht in dieser Gruppe besondere Ausdehnung. III. Lymph-System der Thermocardier (*Drachen, Vögel* und *Säugethiere*). Subcutane Lymphräume und Lymphherzen verschwinden oder sind nur ausnahmsweise (bei einigen älteren Gruppen der Vögel) noch erhalten. Um so mehr entwickelt sich dagegen in diesen höchststehenden Hauptgruppen der Apparat der Lymph-Follikel. Indem viele derselben zu grösseren Gruppen zusammentreten und durch besondere *Vasa afferentia* und *efferentia* sich mit den Lymphbahnen verbinden, entstehen die characteristischen Lymphdrüsen. Diese erreichen ihre höchste Ausbildung in der Classe der Säugethiere, bei welchen allein auch in der Schlundwand sich die eigenthümlichen Tonsillen entwickeln.

§ 187. Phylogenie des Urogenital-Systems.

Das System der Harn- und Geschlechts-Organe zeigt in seiner Entstehung und Ausbildung bei den Wirbelthieren sehr verwickelte und eigenthümliche Verhältnisse, die zum grossen Theile wichtig für die Stammesgeschichte sind. Bei der grossen Mehrzahl der Vertebraten besteht zwischen den sexuellen Organen der Fortpflanzung und den excretorischen Organen der Harnausscheidung ein so inniger morphologischer und physiologischer Zusammenhang, dass man sie seit langer Zeit unter dem gemeinsamen Begriffe des Urogenital-Systems zusammenfasst. Dieser Zusammenhang fehlt nur in wenigen Gruppen: erstens in den *Monorhinen*, den beiden niedersten Classen des Stammes (*Acraniern* und *Cyclostomen*), und zweitens in der jüngeren Fisch-Gruppe der Teleostier. Bei diesen letzteren ist unzweifelhaft die Trennung der Harn- und Geschlechts-

Organe erst secundär erworben; denn sie fehlt den älteren Selachiern und Ganoiden, von denen die Knochenfische abstammen. Aber auch bei den Acraniern und Cyclostomen ist jene Trennung wahrscheinlich nicht ursprünglich, wie die vergleichende Ontogenie lehrt. Die wichtige Frage nach dem ursprünglichen Verhalten der beiderlei Organe ist desshalb schwer zu entscheiden, weil ihre typischen Einrichtungen bei den Wirbelthieren nicht unmittelbar von einer bestimmten ähnlichen Einrichtung wirbelloser Thiere abgeleitet werden können. Die auffallende Aehnlichkeit, welche gerade die segmentalen Nephridien und Gonaden der *Anneliden* mit den ähnlichen Organen der *Vertebraten* zeigen, darf nicht als wahre Homologie und als Beweis der Verwandtschaft beider Gruppen gedeutet werden (§ 8). Denn sie beruht auf Convergenz. Die Metamerie der Nephridien ist in beiden Gruppen lediglich die Folge der segmentalen Gliederung überhaupt (die vom Muskel-System ausgeht!), sie beweist ebensowenig ihre nähere Verwandtschaft, als die ähnliche Gliederung des Bauchmarks und des Rückenmarks. Anderseits sind die betreffenden Verhältnisse der nächstverwandten, ungegliederten *Tunicaten* noch nicht genügend aufgeklärt.

§ 188. Coelom und Urogenital-Organe.

Die vergleichende Anatomie und Ontogenie ergiebt bei allen Wirbelthieren die Thatsache, dass ihre Harn- und Geschlechts-Organe dem Mesoderm angehören und ursprünglich nichts Anderes sind als Theile der Coelom-Taschen. Nachdem die Gliederung des Mesoderms eingetreten und jeder der beiden Coelom-Säcke in eine Reihe von Somiten oder »Ursegmenten« zerfallen ist, wird jedes dieser segmentalen Somiten durch eine laterale (oder frontale) Strictur in eine obere dorsale und untere ventrale Tasche getheilt. Die Episomiten oder dorsalen Taschen liefern das Material für die Muskeln und Skelet-Platten, während die Hyposomiten oder ventralen Taschen zur Bildung des Metacoeloms, der bleibenden Leibeshöhle, zusammenfliessen; aus einem Theile ihres Coelom-Epitels entstehen die Geschlechtsdrüsen (*Gonades*). Von besonderer Bedeutung ist nun aber jener mittlere Theil der lateral comprimirten und in der Mitte eingeschnürten Coelom-Taschen, welcher noch einige Zeit hindurch als engerer Verbindungs-Canal das dorsale *Myocoel* des Episomiten mit dem ventralen *Gonocoel* (oder Splanchnocoel) des Hyposomiten in offener Verbindung erhält. Dieser engere Canal, das »*Mesocoel*«, nimmt sowohl das Muskel-Secret des dorsalen *Myotoms* auf, als die Geschlechts-Producte des ventralen *Gonotoms*. Indem seine Epitel-Wand selbst sich an der Abscheidung des Harns betheiligt, wird er zum Urnieren-Canälchen (*Pronephridium*). Der betreffende

Bezirk des Mesoderms, welcher oft als Mittelplatte oder *Mesomer* bezeichnet wird, kann demnach auch *Nephrotom* heissen. Die äussere Mündung der segmentalen Pronephridien fand bei den ältesten Wirbelthieren (*Prospondylien*) wahrscheinlich auf der äusseren Haut statt, jederseits in einer Längsrinne, welche der »Seitenlinie« entsprach (?). Indem diese laterale Nierenrinne (*Nephrosulcus*) sich zu einem exodermalen Canale schloss und von der Hornplatte (Epidermis) abschnürte, konnte daraus vielleicht der Vornierengang entstehen (*Nephroductus*).

§ 189. Nephroma. Nierensystem.

Das Nieren-System setzt sich bei allen Wirbelthieren ursprünglich aus zwei wesentlich verschiedenen Theilen zusammen, aus einem paarigen ungegliederten Vornierengang (*Nephroductus*) und aus einer paarigen Reihe von segmentalen Vornieren-Canälchen (*Pronephridia*). Die phylogenetischen Beziehungen Beider zu einander und zu den analogen Organen wirbelloser Thiere sind äusserst schwierig zu beurtheilen und werden sehr verschieden gedeutet. Der ungegliederte Nephroductus (»Vornierengang oder Urnierengang«) ist wahrscheinlich aus dem *Exoderm* abzuleiten und tritt im Embryo der Cranioten früher auf als die metamere Doppel-Kette der Nephridien oder »Segmental-Canälchen«, welche erst mit der Gliederung des *Mesoderms* angelegt werden. Daraus darf geschlossen werden, dass der unsegmentirte Vornierengang, ebenso wie die ungegliederte Chorda und das Medullar-Rohr, zu den phylogenetisch-ältesten Organen des Vertebraten-Organismus gehört und dass ihn der letztere aus dem ungegliederten Körper wirbelloser Vorfahren durch Vererbung überkommen hat. Man könnte ihn von den einfachen »*Excretions-Canälen*« oder »Wassergefässen« ableiten, welche bei vielen Helminthen als Harnorgane fungiren und als ein Paar einfache Längscanäle (ursprünglich Hautdrüsen?) den Körper durchziehen (?). In diese Stammniere (*Archinephros*) mündeten dann vielleicht erst secundär die segmentalen Nephridien ein, welche aus dem Nephrotom oder Mittelstück der eingeschnürten Somiten hervorgingen und sowohl den Harn aus dem Myocoel der Episomiten abführten, als die Geschlechts-Producte aus dem Gonocoel der Hyposomiten. Bei *Amphioxus* scheint der Nephroduct sich in abweichender Weise entwickelt zu haben; er bildet die »Mantelhöhle oder Peribranchial-Höhle«, welche der Mantel (*Pallium*) umgiebt.

§ 190. Nephridia. Nieren-Canälchen.

Die Harncanälchen oder *Nephridien*, welche den Harn absondern, sind ursprünglich streng segmental geordnet; auf jedes Metamer kommen ein paar Canälchen, welche mit ihrem inneren oder medialen, trichterförmig erweiterten Ende (»Flimmertrichter«) in die Leibeshöhle münden, mit dem äusseren oder lateralen Ende in den Nephroductus (oder vielleicht ursprünglich direct in eine laterale Rinne des Tegmentes). Indem die Harncanälchen sich verlängern, in Windungen lagern und vermehren, sowie in eigenthümlicher Weise mit Blutgefäss-Knäueln oder Wundernetzen (Glomeruli) verbinden, entstehen compacte, blutreiche Drüsen, welche beiderseits der Wirbelsäule gestreckt verlaufen. In der Stammesgeschichte dieser Nieren (*Nephri*) folgen drei Generationen auf einander, welche als Vornieren, Urnieren und Nachnieren unterschieden werden. Die Vornieren fungiren als einzige Harnorgane bei den *Acraniern*, die Urnieren bei den *Cyclostomen* und *Anamnien*, die Nachnieren bei den *Amnioten*. In der Ontogenie der letzteren wiederholt sich die Phylogenie des Excretions-Organes.

§ 191. Pronephros. Vorniere.

Die Vornieren oder »Kopfnieren« (*Pronephri*) erscheinen in der einfachsten Form bei den Acraniern; sie bilden bei *Amphioxus* eine paarige Reihe von segmentalen Canälchen, welche innen durch einen Flimmertrichter in den oberen Theil der segmentalen Leibeshöhle münden, aussen in die Mantelhöhle (entsprechend dem Nephroductus). Bei den Cyclostomen bilden diese Vornieren-Canälchen (*Pronephridia*) ein Paar kleine, traubenförmige Drüsen im hintersten Theile des Kopfabschnittes, permanent bei den *Myxinoiden*, frühzeitig rückgebildet bei den *Petromyzonten*. Die Gnathostomen zeigen die rudimentäre Anlage der Vorniere (als Erbstück von den Cyclostomen) vorübergehend in früher Jugend; sie tritt aber meistens nicht in Function und wird frühzeitig rückgebildet. Der eigenthümliche Abschnitt des renalen Gefäss-Systems, welcher als »Malpighi'scher Glomerulus« bezeichnet wird, ist bei der Vorniere noch nicht so entwickelt und abgegliedert, als es bei der Urniere der Fall ist. In höherem Grade als die Mesonephridien gleichen die Pronephridien jenen einfachen Einrichtungen der excretorischen »Segmental-Organe«, wie sie sich bei Anneliden und anderen Wirbellosen finden.

§ 192. Mesonephros. Urniere.

Während das Harnorgan der Acranier allein durch die Vorniere (*Pronephros*) gebildet wird, tritt dazu bei den Cranioten ein zweites, vervollkommnetes Excretions-Organ, die Urniere (*Mesonephros*). Die segmentalen Urnieren-Canälchen (*Mesonephridia*), welche dieselbe zusammensetzen, entstehen aus dem dorsalen Theile derselben

Nephrotome (oder Mittelplatten), deren ventraler Theil die Urnieren-Canälchen (*Pronephridia*) lieferte. Wie bei den letzteren, mündet auch bei den ersteren die innere (mediale) Oeffnung der Harncanälchen mit einem Flimmertrichter in die Leibeshöhle, die äussere (laterale) in den Vornieren - Gang, der nunmehr als Urnieren - Gang bezeichnet wird. Die Ausstülpung des Coeloms, in welche der Flimmertrichter einmündet, schnürt sich von der Leibeshöhle vollständig ab und bildet ein »MALPIGHI'sches Nierenbläschen«; in dieses Coelom-Divertikel wächst von innen ein »Gefässknäuel« (*Glomerulus*) hinein, entstanden aus einem Aorten-Aste. Während die Vorniere ursprünglich nur wenige Nephridien umfasst und nur im Kopftheile der ältesten Vertebraten entwickelt war (daher auch als »Kopfniere« bezeichnet wird), erstreckt sich die Urniere, mit einer weit grösseren Zahl von segmentalen Canälchen, ursprünglich durch die ganze Länge des Rumpfes (»Rumpfniere«). Schon frühzeitig tritt bei den *Gnathostomen* der vordere Theil der Urniere (wenigstens beim männlichen Geschlechte) in eine bestimmte Beziehung zur Geschlechtsdrüse. Die Samencanälchen treten aus dem Hoden in den ersteren ein, und der Urnierengang ist somit nicht nur Harnleiter, sondern auch Geschlechtsleiter. Dieses Verhalten zeigen besonders klar die *Selachier* und *Amphibien*, bei denen auch die Flimmertrichter (Nephrostomen), durch welche die Urnieren-Canälchen in die Leibeshöhle münden, bestehen bleiben. Die Function der Harnabscheidung wird nun immer mehr in den hinteren Abschnitt der Drüse verlegt. Die Urniere zerfällt demnach in einen vorderen Germinal-Theil (Geschlechts-Niere) und einen hinteren Urinal-Theil (Becken-Niere).

§ 193. Metanephros. Nachniere.

Die dritte und jüngste Generation der Harnorgane, erst in der permischen Periode entstanden, ist ausschliesslich der Hauptgruppe den Amnioten eigenthümlich. Diese Nachniere oder Dauerniere (*Metanephros*) entwickelt sich aus dem hintersten Abschnitte des Urinal-Theiles der Urniere und setzt sich aus gewundenen Harncanälchen von derselben Structur wie bei letzterer zusammen, nur mit dem Unterschiede, dass die Flimmertrichter (Nephrostomen) verschwunden sind. Diese Nachnieren-Canälchen (*Metanephridia*) setzen mit ihren MALPIGHI'schen Bläschen die sogenannte »Rindensubstanz« der Dauerniere zusammen, während deren »Marksubstanz« (Pyramiden mit den geraden Harncanälchen) nebst dem Nierenbecken und Harnleiter (*Ureter*) zum Ausführungs-Apparate des Metanephros gehört und aus dem hintersten Abschnitte des Urnieren-Ganges hervorwächst. Während der hintere Abschnitt der Urniere (Urinal-Theil) bei allen Amnioten durch die Dauerniere vollständig verdrängt und ersetzt wird, verwandelt sich ihr vorderes Stück (Germinal-Theil) in ein Nebenorgan des Geschlechts-Apparates, beim männlichen Geschlechte in den Nebenhoden (*Epididymis*) und die rudimentäre *Paradidymis*, beim weiblichen Geschlechte in zwei entsprechende rudimentäre Organe (*Epovarium* und *Parovarium*, Nebeneierstock). Die Stammesgeschichte dieser Organe bei den Amnioten wird noch heute in deren Keimesgeschichte durch zähe Vererbung grösstentheils wiederholt.

§ 194. Nephroductus. Nierengänge.

Wie die harnabsondernde Drüse selbst, so erleidet auch deren Ausführgang in der Stammesgeschichte der Wirbelthiere eine Reihe von wichtigen Veränderungen. Den drei successiven Generationen der ersteren entsprechen drei verschiedene Zustände des letzteren. Der einfache Vornierengang (*Pronephroductus*), welcher bei *Amphioxus* bloss die Vornieren-Canälchen (*Pronephridia*) aufnimmt und durch die »Mantelhöhle« (Peribranchial-Höhle) repräsentirt wird, verwandelt sich bei den Cranioten in den Urnierengang, in welchen ausser den ventro-lateralen Vornieren-Canälchen (I. Generation) nunmehr auch die dorso-lateralen Urnieren-Canälchen (II. Generation) einmünden. Der Urnierengang mündet hinten am Analpol bald in den letzten Darmabschnitt (Cloake), bald hinter diesem auf der äusseren Haut. Frühzeitig spaltet er sich bei den Gnathostomen (zuerst bei den *Selachiern*) in zwei getrennte, nahe bei einander liegende Canäle, den Wolff'schen und Müller'schen Gang. Der laterale Urnierengang oder *Ductus Wolffii* fungirt als Harnleiter und beim männlichen Geschlechte zugleich als Samenleiter (*Spermaductus*). Der mediale Urnierengang oder *Ductus Mülleri* wird nur im weiblichen Geschlechte als Eileiter (*Oviductus*) verwendet; im männlichen Geschlechte bleibt er bisweilen (bei Amphibien) als rudimentäres Organ erhalten (Rathke'scher Gang). Diese physiologische Function der beiden Urnierengänge überträgt sich von den Anamnien durch Vererbung auch auf die Amnioten. Dagegen tritt bei ihnen als Ausführgang des Harnes ein neuer Canal in Thätigkeit, der sich vom hintersten Ende des Wolff'schen Ganges abspaltet, der Harnleiter (*Ureter*).

§ 195. Gonades. Geschlechtsdrüsen.

Die einzigen unentbehrlichen und ursprünglich typischen Organe des Geschlechts-Apparates sind bei den Wirbelthieren ebenso wie bei den Wirbellosen die »Keimdrüsen« oder Geschlechtsdrüsen (*Gonades*). In den beiden niedersten Classen des Vertebraten-Stammes, bei *Acraniern* und *Cyclostomen*, vertreten sie allein den ganzen Apparat, da besondere Ausführgänge hier fehlen. Bei den *Gnathostomen* treten dazu jene Ableitungs-Canäle, welche ursprünglich dem Urinal-System angehören. Die embryonale Anlage der Geschlechtsdrüsen ist allgemein in beiden Geschlechtern dieselbe; aus einer und derselben indifferenten Gonade entwickelt sich beim weiblichen Geschlechte der Eierstock (*Ovarium*), beim männlichen der Hoden (*Spermarium*). Wie bereits früher angeführt wurde (§§ 167—174), entstehen dieselben aus dem Coelom-Epitel, und zwar aus jenem obersten Theile der ventralen Coelom-Taschen, welcher beiderseits des Darmes und Mesenteriums unterhalb der Chorda liegt. Die beiden Hauptgruppen des Vertebraten-Stammes zeigen hier einen sehr wichtigen Unterschied insofern, als die Acranier zahlreiche metamere Gonaden-Paare besitzen, hingegen die Cranioten nur ein einziges Paar. Aber bei den ältesten Gnathostomen, den *Selachiern*, ist die erste Anlage der paarigen Geschlechtsdrüsen ebenfalls noch segmental, und erst durch Zusammenfliessen der zahlreichen Anlagen entsteht jederseits die einfache Geschlechtsleiste (*Callus germinalis*), aus der sich beim männlichen Geschlechte der Hoden, beim weiblichen der Eierstock entwickelt. *Amphioxus* hat demnach in diesen, wie in so vielen anderen wichtigen Verhältnissen allein die ursprünglichen Verhältnisse des Vertebraten-Stammes durch beständige Vererbung bis heute bewahrt.

§ 196. Metamere Gonaden des Acranier.

Ursprünglich ist sowohl der Hoden des männlichen, als der Eierstock des weiblichen Wirbelthieres ein metameres Organ, zusammengesetzt aus einer paarigen Reihe von segmentalen Gonaden, welche jederseits der Wirbelsäule im oberen Theile der Leibeshöhle liegen. Dieses ursprüngliche Verhalten besassen die *Acranier*, und dasselbe hat sich auch bei dem letzten lebenden Ueberreste dieser ältesten Wirbelthiere, bei *Amphioxus*, durch zähe Vererbung bis heute erhalten. An der inneren Fläche seiner lateralen Mantellappen (in der ventralen Hälfte der Mantelhöhle oder »Peribranchial-Höhle«) liegt zu beiden Seiten des Kiemendarms eine Reihe von 20—30 elliptischen oder rundlich-viereckigen Germinal-Säckchen, in beiden Geschlechtern von gleicher Form und Grösse. Die Zellen des Coelom-Epitels, welche dieselben zusammensetzen, werden beim Weibchen zu einfachen Eizellen, beim Männchen zu Spermatoblasten, welche durch wiederholte Theilung die kleinen beweglichen Geisselzellen des Sperma liefern. Wenn dieselben reif sind, fallen sie in die Mantelhöhle, gerathen durch die Kiemenspalten in den Kopfdarm und werden durch die Mundöffnung (oder durch den Mantel-Porus) entleert. Die segmentalen Gonaden des *Amphioxus* liegen im mittleren Drittel des Körpers und sind ventrale Coelomtaschen; sie entstehen aus dem unteren Theile der Hyposomiten, während der obere Theil derselben zur Bildung des engen Metacoeloms zusammenfliesst. Letzteres bleibt mit ersteren durch eine mesodermale Epitel-Lamelle in Verbindung, welche zwischen dem inneren Exoderm der Mantellappen und deren Muskelplatte liegt.

Während bei dem europäischen *Amphioxus lanceolatus* die metameren Gonaden in beiden Antimeren gleichmässig entwickelt erscheinen, sind sie dagegen bei einigen verwandten Leptocardier-Arten auf der linken Seite rückgebildet worden; zwei australische Arten (*Paramphioxus bassanus* und *P. cultellus*) besitzen nur eine Reihe von Gonaden auf der rechten Seite, und dasselbe ist der Fall bei dem neuerdings beschriebenen atlantischen *Asymmetron lucayanum*.

§ 197. Paarige Gonaden der Cranioten.

Im Gegensatze zu den *Acraniern*, welche ein Paar Längsreihen von segmentalen Gonaden conservirt haben, besitzen die *Cranioten* nur ein Paar Geschlechtsdrüsen. Dass aber auch diese ursprünglich auf die erstere Bildung zurückzuführen und durch secundäre Verschmelzung aus zahlreichen metameren Gonaden entstanden sind, zeigt deren segmentale Anlage bei den Embryonen der ältesten Gnathostomen, der *Selachier*. Hier entstehen frühzeitig beiderseits der Wirbelsäule Reihen von getrennten Anschwellungen des »Keimepitels« oder des sexualen Coelom-Epitels; dieselben entsprechen einem oberen Theile von Hyposomiten des Rumpfes und verschmelzen erst secundär zur Bildung einer einfachen Geschlechtsleiste (*Callus germinalis*) in jedem Antimer; aus dieser entsteht beim weiblichen Geschlechte das *Ovarium*, beim männlichen das *Spermarium*. Interessante Anklänge an diese ursprüngliche »Metamerie der Gonaden« haben sich auch noch bei einigen Gliedern der *Amphibien* erhalten, jener wichtigen Classe, die auch noch in anderen Beziehungen (z. B. in den Fällen von morphologischem Hermaphroditismus) Erinnerungen an die primitive Vertebraten-Organisation bewahrt hat. Bei den männlichen *Peromelen* (oder *Caecilien*) besteht der Hoden jederseits aus einer perlschnurförmigen Kette von segmentalen Testikeln, welche durch einen gemeinsamen Sammelgang verknüpft sind; aus diesem tritt zwischen je zwei Hodenkapseln ein segmentaler Samengang hervor, der quer herüber zur Urniere läuft. Diese (atavistische) Metamerie der männlichen Gonaden ist doppelt bemerkenswerth, weil die *Caecilien* die einzigen lebenden Ueberreste der alten Phractamphibien sind, und weil sie auch in anderen Beziehungen sehr primitive Bildungs-Verhältnisse gerade im Urogenital-System zeigen. Uebrigens entwickelt sich auch das langgestreckte Ovarium vieler Batrachier aus einer paarigen Reihe von 10—20 getrennten, segmentalen Gonaden. Bei den meisten übrigen *Gnathostomen* ist diese ursprüngliche Bildung durch abgekürzte Vererbung verloren gegangen, und die paarige Geschlechtsleiste wird im Coelom gleich anfangs ungegliedert angelegt.

§ 198. Hermaphroditismus und Gonochorismus.

Die grosse Mehrzahl aller jetzt lebenden Wirbelthiere ist getrennten Geschlechts. Es bestehen aber mehrfache Gründe für die Annahme, dass dieser Gonochorismus secundär entstanden ist, und dass die ältesten Vertebraten (*Prospondylia*) ursprünglich einen primären Hermaphroditismus besassen, wie er noch heute bei den stammverwandten *Tunicaten* sich findet. Die verschiedenen Fälle von Zwitterbildung, welche noch heute bei einzelnen Gruppen der Wirbelthiere sich finden, vertheilen wir auf drei Gruppen, welche wir als *symmetrischen, morphologischen* und *lateralen Hermaphroditismus* unterscheiden. 1) Symmetrischer Hermaphroditismus. In beiden Antimeren (rechts und links) liegt eine reife Zwitterdrüse (*Amphigonade*), indem der vordere Theil der paarigen Gonade zu einem Ovarium, der hintere Theil zu einem Spermarium sich entwickelt hat; so bei den *Myxinoiden* und einigen *Teleostiern*. *Myxine* scheint proterandrisch zu sein, indem zuerst der Hoden und erst später der Eierstock reif wird. Unter den Knochenfischen werden die beiderlei Geschlechtsdrüsen gleichzeitig reif bei einigen Arten von *Serranus* (Percoiden) und *Chrysophrys* (Sparoiden); bei ersteren geschieht Selbstbefruchtung, bei letzteren gegenseitige (Wechselkreuzung). Auch bei einigen anderen Fischen scheint normal solche symmetrische Zwitterbildung vorzukommen; und ausnahmsweise (— als Atavismus? —) findet sie sich bei einzelnen Individuen von Fisch-Arten, welche normaler Weise Gonochoristen sind (Scomberoiden, Clupeoiden u. A.). 2) Morphologischer Hermaphroditismus. Beide Geschlechtsdrüsen (rechte und linke) sind hermaphroditisch angelegt, der vordere Theil weiblich, der hintere männlich, wie im ersten Falle. Während aber bei der symmetrischen Zwitterbildung beide Geschlechts-Anlagen jederseits zur Ausbildung gelangen und physiologisch fungiren, ist dies hier bei dem morphologischen Hermaphroditismus nicht der Fall. Entweder entwickeln sich bloss die Ovarien, und die dahinter gelegenen Spermarien bleiben rudimentär (wie es ausnahmsweise bei einzelnen Teleostiern und Amphibien vorkommt) — oder die Hoden werden reif, während die davor gelegenen Eierstöcke bloss als rudimentäre Organe (»BIDDER'sche Organe«) persistiren (so bei den echten Kröten, vielleicht auch bei einigen Myxinoiden und Teleostiern). 3) Lateraler Hermaphroditismus (einseitige oder asymmetrische Zwitterbildung). Das eine Antimer des Wirbelthieres ist männlich, das andere weiblich. Entweder entwickelt sich die indifferente Anlage der Gonade rechts zum Ovarium, links zum Spermarium, oder umgekehrt. Dieser einseitige Hermaphroditismus findet sich nicht selten bei verschiedenen Fischen (Cyprinoiden, Clupeoiden, Scomberoiden, Gadoiden u. A.), bisweilen aber auch bei höheren Wirbelthieren (Amphibien, Reptilien, Mammalien); er ist aber immer nur eine individuelle Ausnahme, da die betreffende Art normaler Weise getrenntes Geschlecht besitzt. Als Atavismus (wie er wohl beim symmetrischen und morphologischen Hermaphroditismus vorliegt) ist diese laterale Zwitterbildung nicht zu deuten; wohl aber als Zeugniss dafür, dass die indifferente Anlage der Gonaden für beide Geschlechter ursprünglich dieselbe ist. Jedenfalls deuten alle drei Formen dieses echten Hermaphroditismus darauf hin, dass die ältesten Urwirbelthiere (*Provertebraten*) Zwitter waren; vermuthlich besassen sie ein Paar Reihen von zahlreichen segmentalen Gonaden (ähnlich wie bei *Amphioxus*), von denen die vorderen zu Ovarien, die hinteren aber zu Spermarien sich ausbildeten (— auch bei den Chaetognathen *Sagitta* liegen die paarigen Hoden hinter den Ovarien —). Zweifelhaft ist es dagegen noch, ob in gleichem Sinne auch die verschiedenen Formen des Pseudo-Hermaphroditismus zu deuten sind, welche bei verschiedenen Vertebraten ausnahmsweise vorkommen und in der hermaphroditischen Bildung der beiderlei Ausführgänge sich zeigen. (*Spermaductus* = WOLFF'scher Gang, und *Oviductus* = MÜLLER'scher Gang).

§ 199. Gonoductus. Geschlechtsgänge.

Samenleiter (Spermaductus) und Eileiter (Oviductus).

Die Entleerung der reifen Geschlechts-Producte (Sperma und Eier) geschieht in den niedersten beiden Classen der Vertebraten auf die einfachste Weise. Bei den Acraniern (*Amphioxus*) fallen dieselben aus den Gonaden in die Mantelhöhle, treten durch die Kiemenspalten in den Kiemendarm und werden durch den Mund ausgeworfen. (Diese besondere Form der Entleerung ist wahrscheinlich secundär von den *Leptocardiern* erworben; ursprünglich — bei den *Prospondylien* — sind wohl die Sexualzellen durch einen *Porus abdominalis* [oder durch die Nephridien?] entleert worden.) Bei den Cyclostomen (wenigstens bei den heute lebenden *Marsipobranchien*) fallen die reifen Geschlechts-Zellen in die Leibeshöhle und werden durch einen *Porus abdominalis* ausgeführt. Diese Form der Entleerung findet sich auch noch bei einzelnen *Selachiern* (Laemargus) und *Teleostiern* (weiblichen Aalen und Salmoniden); sie ist aber hier nicht als die ursprüngliche anzusehen. Denn schon bei den älteren *Selachiern* und *Ganoiden*, sowie bei allen übrigen Gnathostomen, dienen zur Ausführung der beiderlei Geschlechts-Producte die Urnierengänge (*Nephroductus*) und die beiden durch Spaltung derselben entstandenen Canäle (WOLFF'scher und MÜLLER'scher Gang). Es scheint, dass bei den ältesten Gnathostomen (*Proselachiern*) der ursprüngliche Urnieren-Gang in beiden Geschlechtern als *Gonoductus* fungirte und sowohl Eier als Sperma ausführte. Diese primitive Einrichtung hat sich noch bei einem Theile der älteren Ganoiden erhalten (*Chondroganoiden*). Hier werden sowohl bei Männchen als Weibchen die reifen Geschlechts-Producte durch einen MÜLLER'schen Gang abgeführt, welcher vorn frei in die Leibeshöhle mündet, hinten in den Nephroductus (den WOLFF'schen Gang). Der hintere Abschnitt dieses letzteren dient als vereinigter Harngeschlechtsleiter (*Ductus urogenitalis*). Bei den *Dipneusten* ist die Spaltung desselben in zwei getrennte Canäle jederseits vollständig geworden. Der innere (mediale) Canal, der *Ductus Mülleri*, fungirt nur als Eileiter; der äussere (laterale), der *Ductus Wolffii*, als Harnleiter, und beim Männchen zugleich als Samenleiter. Diese Differenzirung findet sich auch bei den jüngeren *Selachiern* und *Amphibien*, und hat sich durch Vererbung auf den Embryo aller Amnioten übertragen; später wird dieselbe modificirt.

§ 200. Copulativa. Begattungs-Organe.

Die Befruchtung der Eier geschieht in den niedersten beiden Classen der Vertebraten, und ebenso bei den meisten Fischen, frei im Wasser, ohne Begattung. Die reifen beiderlei Geschlechts-Producte werden von den gesellig schwimmenden Thieren massenhaft in das Wasser entleert und treffen hier zufällig zusammen. Aber schon bei vielen Fischen tritt eine wirkliche Begattung und innere Befruchtung ein, indem das Männchen sein Sperma direct auf das Weibchen überträgt. Bei den meisten Gnathostomen erfolgt dieselbe durch die Mündung der Cloake, da die Geschlechtsgänge in den Hinterdarm einmünden. Die Mündungen der Cloaken werden von beiden Geschlechtern auf einander gepresst, worauf die Ueberleitung des Sperma erfolgt. Besondere *Copulativa*, als reizende Hülfs-Organe der Begattung, treten zuerst bei den männlichen Selachiern auf, als ein Paar grosse *Phallus*-Anhänge der Bauchflossen (*Mixipterygia*); sie fehlen den übrigen Fischen und den Dipneusten. Unter den Amphibien besitzen nur die *Peromelen* (Caecilien) einen Penis, indem die ganze Cloakenwand des Männchens als erectiler Schlauch ausgestülpt wird. In der Classe der Reptilien finden sich zwei verschiedene Formen der Copulativa. Die Pholidoten (*Lacertilia* und *Ophidia*) besitzen in beiden Geschlechtern einen paarigen erectilen *Phallus*, der unter der Haut der Schwanzwurzel liegt und von der Dorsalwand der Cloake aus hervorgestülpt wird; der doppelte *Penis* des Männchens ist stärker als die ebenfalls paarige *Clitoris* des Weibchens. Dagegen findet sich bei den *Cheloniern* und *Crocodilen* an der dorsalen Cloakenwand ein unpaarer Phallus, der aus ein Paar fibrösen Schwellkörpern sich zusammensetzt. Aehnlich ist auch der unpaare Penis der älteren Vögel (*Ratiten* und einzelne *Carinaten*) gebildet; während bei der Mehrzahl der Vögel derselbe durch Rückbildung rudimentär oder ganz verschwunden ist.

Der unpaare Phallus der Mammalien entwickelt sich aus einem Genitalhöcker der ventralen Cloakenwand und zeigt drei verschiedene Bildungsstufen in den drei Subclassen der Monotremen, Marsupialien und Placentalien. Diejenige der ältesten Subclasse, der *Monotremen*, schliesst sich unmittelbar an die Phallusbildung der *Reptilien* an (Crocodile und Schildkröten); die Samenrinne der letzteren hat sich in einen Canal verwandelt, dessen vordere Oeffnung das Sperma aus dem Urogenital-Canal aufnimmt; der kurze Penis liegt in der Ventralwand der Cloake. Bei den *Marsupialien* ist die Cloake verschwunden, indem der Urogenital-Canal sich vom Enddarm getrennt hat und vor dem After selbständig mündet; die paarigen Schwellkörper seiner Wand verschmelzen zu einem Corpus cavernosum urethrae, dessen Endstück die Eichel bildet (Glans penis). Bei den *Placentalien* gewinnt der Penis feste Verbindung mit dem Becken, indem die paarigen Corpora cavernosa penis sich mit ihrer Wurzel am Ventralrande der Sitzbeine anheften. Die Ontogenie dieser Copulations-Organe wiederholt (— ebenso wie diejenige der inneren Urogenital-Organe —) bei den höheren Säugethieren die Grundzüge ihrer Phylogenie, und liefert so interessante Beweise für das biogenetische Grundgesetz.

Drittes Kapitel.

Systematische Phylogenie der Monorhinen.

§ 201. Begriff der Monorhinen.

Monorhina (Unpaarnasen) = *Agnathona* (Kieferlose) = *Adactylia* (Impinnata, ohne paarige Gliedmaassen. Vergl. §§ 5, 14).

Unpaarnasige, kieferlose und fusslose Stammgruppe der Wirbelthiere.

(Schädellose [*Acrania*] und Rundmäuler [*Cyclostoma*].)

Vertebraten ohne Wirbelsäule und Zygomelen, ohne innere Kiemenbogen, Kieferbogen und Rippen, ohne innere oder äussere Knochenbildungen; mit permanenter Chorda und mit unpaarem Nasenrohr.

Die Hauptgruppe der Unpaarnasen (*Monorhina* im weiteren Sinne!) — oder der Kieferlosen (*Agnathona*) umfasst jene beiden ältesten Classen des Vertebraten-Stammes, welche wir als *Acranier* und *Cyclostomen* von den Fischen abgetrennt haben (vergl. §§ 4—6, 14—16). Ursprünglich (1866) beschränkten wir den Begriff der *Monorhinen* (im engeren Sinne) auf die Gruppe der Cyclostomen. Nachdem jedoch neuerdings die vollständige palingenetische Uebereinstimmung in der unpaaren Nasenbildung und deren ursprüngliche Beziehung zum Neuroporus in beiden Classen der kieferlosen Wirbelthiere nachgewiesen ist, dürfte es zweckmässig sein, jenen Begriff auch auf die Acranier auszudehnen. Eine tiefe morphologische Kluft und ein entsprechend langer historischer Zwischenraum trennt beide Classen der Agnathonen nicht bloss von den echten Fischen, sondern auch von allen übrigen Vertebraten, die wir in der Hauptgruppe der Amphirhinen oder *Gnatho-*

stomen zusammenfassen. Die gesammte Organisation der Ersteren ist weit einfacher als diejenige der Letzteren; und der grösste Theil dieser primitiven Einfachheit ist palingenetisch aufzufassen, als erbliche Wiederholung eines uralten Urzustandes der Vertebraten-Bildung.

Die wichtigsten Eigenthümlichkeiten, durch welche sich alle *Agnathonen* von allen *Gnathostomen* unterscheiden, sind folgende: I. Die Chorda ist permanent einfach; ihre skeletbildende Scheide (*Perichorda*) producirt entweder noch gar keine Knorpeltheile (*Acranier*) oder nur ein einfaches Knorpel-Cranium mit eigenthümlichem Visceral-Skelet im Kopfe, bisweilen auch unvollständige knorpelige Wirbelbogen am Rumpfe (*Cyclostomen*). II. Echte innere (subchordale) Kiemenbogen und Rippen fehlen vollständig, ebenso Kiefer. III. Von Zygomelen oder paarigen Gliedmaassen fehlt noch jede Spur, ebenso von deren Gürtel. IV. Knochenbildung fehlt noch vollständig und findet sich weder in der Haut (Placoid-Schuppen), noch in der Perichorda (Wirbelsäule). V. Das Pulmoneum (Schwimmblase, später Lunge) ist noch nicht angelegt. VI. Die Nase ist ein unpaares (ursprünglich medianes) Rohr am Vorderkopfe, in palingenetischem Zusammenhange mit dem Neuroporus; paarige Nasengruben fehlen noch ganz (daher *Monorhina* ss. ampl.).

Die Kiefermäuler (*Gnathostoma*) oder Paarnasen (*Amphirhina*) — d. h. alle Wirbelthiere von den niedersten Fischen aufwärts bis zum Menschen — besitzen dagegen gemeinsam folgende, erst später erworbene Eigenschaften: I. Eine Wirbelsäule, deren Metamerie mindestens durch Ausbildung oberer und unterer Wirbelbogen angedeutet ist; die Chorda kann dabei persistiren oder später verschwinden. II. Echte innere subchordale Kiemenbogen (5—9 Paar) und Kiefer sind stets vorhanden, meistens auch Rippen. III. Zygomelen sind meistens als zwei Paar Gliedmaassen ausgebildet; wenn eines oder beide Paare fehlen, liegt nachweislich Rückbildung vor. IV. Knochenbildung ist stets nachweisbar, entweder in der Haut (Hautzähnchen) oder im Binnenskelet (Wirbelsäule). V. Das Pulmoneum (Schwimmblase, später Lunge) ist in der Anlage stets vorhanden. VI. Die Nase ist von Anfang an paarig angelegt, in Form von ein Paar lateralen Hautgruben (daher: *Amphirhina*).

Eine unbefangene Prüfung und kritische Vergleichung ihrer Anatomie und Ontogenie ergiebt, dass diese durchgreifenden Unterschiede der Agnathonen und Gnathostomen eine hohe historische Bedeutung haben: die ersteren bilden eine niedere und ältere, die letzteren eine höhere und jüngere Abtheilung der Wirbelthiere; die Stammform der letzteren ist erst secundär (spätestens in der Silur-Zeit) aus einem Zweige der ersteren hervorgegangen. Dieser Auffassung gegenüber hat sich eine andere Hypothese grossen Beifall erworben, die Behauptung nämlich, dass die *Agnathonen* (sowohl die *Acranier* als die *Cyclostomen*) durch Degeneration aus *Gnathostomen* (Fischen) secundär entstanden seien. Diese »Degenerations-Hypothese« beruht auf einer schiefen und ganz unhaltbaren Beurtheilung der natürlichen morphologischen Beziehungen; sie wurde ersonnen zu Gunsten der falschen Theorie von der Anneliden-Descendenz der Vertebraten (§ 8); sie widerspricht den wichtigsten Ergebnissen der vergleichenden Anatomie und Ontogenie.

§ 202. Acranier und Cyclostomen.

Die hohe phylogenetische Bedeutung, welche wir der Hauptgruppe der *Agnathonen* oder *Monorhinen* zuschreiben, beruht darauf, dass dieselben wichtige Merkmale der ältesten ursprünglichen Vertebraten-Organisation bis heute conservirt haben. Sowohl in anatomischer als in ontogenetischer Beziehung erscheinen beide Classen derselben, ebenso die *Acranier* wie die *Cyclostomen*, als bedeutungsvolle Ueberreste einer uralten praesilurischen Abtheilung des Vertebraten-Stammes. Beide unterscheiden sich durch die angeführten wichtigen Merkmale, sowie durch zahlreiche einzelne Verhältnisse niederer Organisation von allen übrigen Vertebraten, den *Gnathostomen* oder *Amphirhinen*. Aber nicht geringer, als die Differenzen zwischen diesen beiden Hauptabtheilungen des Vertebraten-Stammes, sind auch diejenigen zwischen den beiden Classen der *Acranier* und *Cyclostomen*; auch diese Beiden müssen wir wieder als zwei selbständige Bildungsstufen des Stammes ansehen, deren bedeutende morphologische Unterschiede einem langen historischen Intervall entsprechen.

Die Acranier oder *Schädellosen* unterscheiden sich von allen übrigen Wirbelthieren, sowohl den *Cyclostomen* als den *Gnathostomen*, durch folgende wichtige Merkmale primitiver Organisation: I. Die Perichorda bleibt membranös und bildet noch keinerlei Knorpel, namentlich keinen Schädel. II. Die Hypobranchial-Rinne bleibt offen und bildet noch keine Thyreoidea. III. Die Leber bleibt ein einfacher Blindsack und bildet noch kein Drüsen-Parenchym. IV. Die Epidermis bleibt eine einfache Zellenschicht. V. Die Gewebe behalten noch den ursprünglichen Epitelial-Character und bilden kein eigentliches Mesenchym (vergl. § 48).

Die Cranioten oder *Schädelthiere* hingegen — ebenso die *Cyclostomen* wie die *Gnathostomen* — zeigen in dieser fünffachen Beziehung bedeutungsvolle historische Fortschritte, indem sie Alle in folgenden wichtigen Merkmalen übereinstimmen: I. Die Perichorda und ihre Fortsätze bilden stets knorpelige Skelettheile, und zwar im Kopfe einen

Knorpelschädel, im Rumpfe obere und untere Wirbelbogen. II. Die Hypobranchial-Rinne ist nur kurze Zeit in der Anlage offen und bildet später die abgeschnürte Thyreoidea. III. Die Leber entwickelt sich zu einer voluminösen Drüse mit compactem Parenchym. IV. Die Epidermis besteht nur in der ersten Anlage (Hautsinnesblatt) aus einer einfachen, später aus mehreren Zellenschichten. V. Die Gewebe behalten nur zum Theil den ursprünglichen Epitelial-Character bei; zum anderen Theil bilden sie modificirte Apotelien, und namentlich ein mannichfaltiges Mesenchym.

Die Cyclostomen sind in allen diesen Beziehungen echte *Cranioten* und unterscheiden sich dadurch von ihren *Acranier*-Ahnen ebenso durchgreifend, wie sämmtliche *Gnathostomen*. Anderseits stimmen aber dieselben Cyclostomen in den vorher (§ 201) aufgeführten wichtigen Merkmalen vollkommen mit den Acraniern überein und können daher mit ihnen als *Agnathonen* zusammengefasst werden, im bedeutungsvollen Gegensatze zu den *Gnathostomen*. Hieraus folgt, dass die Cyclostomen eine selbständige historische Bildungsstufe des Vertebraten-Stammes repräsentiren, jünger und höher organisirt als ihre Vorfahren, die *Acranier*; älter und unvollkommener ausgebildet als ihre Nachkommen, die *Gnathostomen*.

Wenn auch die heutigen Ueberreste der Cyclostomen (— die *Marsipobranchier* —), ebenso wie die modernen Ueberbleibsel der Acranier (— die *Leptocardier* —) in Folge ihrer Lebensweise vielfach umgebildet und theilweise degenerirt sind, so sind sie dennoch Beide von unschätzbarem palingenetischen Werthe, als die einzigen, direct der Beobachtung zugänglichen Ueberbleibsel von zwei ältesten, längst ausgestorbenen Hauptabtheilungen des Vertebraten-Stammes. Die Cyclostomen füllen thatsächlich in den wichtigsten morphologischen Beziehungen die tiefe historische Kluft aus, welche zwischen den *Acraniern* und *Gnathostomen* besteht; ebenso wie die Acranier ihrerseits die weite Kluft zwischen Wirbelthieren (*Cyclostomen*) und Wirbellosen (*Prochordonien*) ausfüllen. Wenn heute gar keine Cyclostomen mehr existirten, so würden wir auf Grund der vergleichenden Anatomie und Ontogenie uns ein annäherndes Bild der fehlenden Uebergangsgruppe von den *Acraniern* zu den *Gnathostomen* entwerfen können, und dieses Schema würde der Typus der Cyclostomen sein.

§ 203. Reale und hypothetische Monorhinen.

Wenn die vergleichende Anatomie und Ontogenie der Monorhinen uns einerseits von der hohen phylogenetischen Bedeutung derselben, als Ueberresten der ältesten Wirbelthier-Gruppen, überzeugt, so führt uns eine kritische Prüfung derselben doch anderseits zu der Erkenntniss, dass dieselben nur als modificirte, durch Anpassung stark veränderte, moderne Epigonen jener archozoischen Stammgruppen betrachtet werden dürfen. Bei der Abschätzung ihres phylogenetischen Werthes und der Verwandtschaftsbeziehungen zu den nächstverwandten Chordathieren ist daher grosse Vorsicht geboten; wir haben sowohl bei der Vergleichung ihres anatomischen Körperbaues scharf zwischen den *primären* (heredive n) und *secundären* (adaptiven) Eigenthümlichkeiten zu unterscheiden, als auch bei der Vergleichung ihrer Keimesgeschichte ebenso scharf zwischen den *primären* (palingenetischen) und den *secundären* (cenogenetischen) Erscheinungen der individuellen Entwickelung. Eine umsichtige und unbefangene Vergleichung aller Beziehungen muss uns dann zu der Ueberzeugung führen, dass die wenigen, heute noch lebenden Formen der Monorhinen nur die dürftigen Ueberreste einer uralten und vielgestaltigen Hauptgruppe von älteren Agnathonen sind, und dass die ausgestorbenen archozoischen Vertreter derselben vielfach von ihren lebenden Epigonen verschieden waren. Diese Erwägung gilt ebenso für die wenigen, uns bekannten Vertreter der Acranier (die *Leptocardier*), als für diejenigen der Cyclostomen (die *Marsipobranchier*).

Vor und neben diesen realen modernen Repräsentanten der Monorhinen haben jedenfalls in silurischer und cambrischer Zeit zahlreiche Vertreter der ältesten Wirbelthiere gelebt, unter welchen sich die gemeinsamen Vorfahren sowohl der *Cyclostomen* als der *Gnathostomen* befanden. Die Organisation dieser älteren hypothetischen Monorhinen können wir bis zu einem gewissen Grade der Sicherheit reconstruiren, indem wir die phylogenetischen Methoden der vergleichenden Anatomie und Ontogenie sowohl auf die *Acranier* und *Cyclostomen* selbst anwenden, als auch auf die nächsten Verwandten beider Monorhinen-Classen — einerseits die *Prochordonier* (§ 206), anderseits auf die *Proselachier*, als die ältesten *Gnathostomen* (§ 229). — Wir gelangen dann zu der Reconstruction von mindestens zwei ausgestorbenen Subclassen der Monorhinen, die uns zwar wegen Mangels fester Skelettheile keine fossilen Reste hinterlassen konnten, deren cambrische oder silurische Existenz aber mit absoluter Sicherheit angenommen werden darf. Die älteren derselben sind die *Prospondylien* oder Urwirbelthiere, die gemeinsame Stammgruppe der *Leptocardier* und *Cyclostomen* (§ 207); die jüngere Ahnen-Gruppe sind die *Archicranier* oder Urschädelthiere, die gemeinsame Stammgruppe der *Marsipobranchier* und *Gnathostomen* (§ 212). Die hypothetischen *Prospondylien* verhalten sich zu den realen *Leptocardiern* ähnlich wie die hypothetischen *Archicranier* zu den realen *Marsipobranchien*. Wie die ersteren beiden Subclassen in der Classe der Acranier zu vereinigen sind, so die letzteren beiden in der Classe der Cyclostomen.

Die Berechtigung zu der systematischen Aufstellung und der morphologischen Definition solcher hypothetischer Stammgruppen wird zwar heute noch vielfach bestritten; sie muss aber jedem denkenden Morphologen, der die Aufgaben der phylogenetischen Systematik klar erkannt und ihre Methoden begriffen hat, als selbstverständlich erscheinen. Im vorliegenden Falle wird die nachstehend versuchte Characteristik der beiden hypothetischen Monorhinen-Subclassen schon durch die Erwägung gerechtfertigt, dass die beiden realen, noch heute existirenden Subclassen keinesfalls als unveränderte Stammgruppen der übrigen Wirbelthiere betrachtet werden können.

(§ 204 auf S. 207.)

§ 205. Erste Classe der Wirbelthiere: **Acrania. Schädellose.**

Aelteste Hauptgruppe der Vertebraten.

Vertebraten ohne Schädel und Wirbelsäule, ohne Kieferbogen, Rippen und Zygomelen. Chorda permanent, mit einfacher Perichorda, ohne Bogenknorpel. Nase unpaar, median. Kiemendarm mit permanenter Hypobronchialrinne. Leber ein hohler Blindsack. Niere durch metamere Pronephridien vertreten. Gonaden in vielen metameren Paaren getrennt. Epidermis durch eine einfache Zellenschicht gebildet.

Die Classe der Schädellosen oder *Acranier* umfasst die älteste Hauptgruppe der echten Wirbelthiere und schliesst sich unmittelbar an ihre *Prochordonier*-Ahnen an. Wir kennen von dieser bedeutungsvollen Stammgruppe unseres Phylon nur noch eine einzige lebende Familie, die kleine Gruppe der Leptocardier oder *Amphioxinen* (mit der genau bekannten Gattung *Amphioxus*, und der naheverwandten, erst neuerdings entdeckten Nebenform *Paramphioxus*, § 209). Dieselben zeichnen sich durch ungewöhnliche Lebenszähigkeit und Resistenz ihres zarten Körpers, sowie durch grosses Reproductions-Vermögen aus und haben diesen physiologischen Eigenschaften, sowie ihrer benthonischen Lebensweise wohl hauptsächlich ihre moderne Existenz zu verdanken. Die ausserordentlich hohe Bedeutung dieser niedersten Vertebraten-Formen für unsere Stammesgeschichte und für das ganze Vertebraten-System gründet sich auf folgende Thatsachen: I. Der entwickelte *Amphioxus* besitzt zwar alle Organe eines echten Wirbelthieres, in derjenigen characteristischen Lagerung und Anordnung, welche diesem

§ 204. Vier Subclassen der Agnathonen (= Monorhinen s. ampl.).

I. Acrania = Schädellose.		II. Cyclostoma = Kieferlose.	
Cranium und Kiefer fehlen ganz. Perichorda ohne Knorpelbogen. Epidermis eine einfache Zellenschicht. Schlundrinne permanent offen. Leber ein hohler Blindsack.		Cranium knorpelig, ohne Kiefer. Perichorda bildet metamere Knorpelbogen. Epidermis mit mehreren Zellenschichten. Schlundrinne bildet eine Thyreoidea. Leber eine compacte Drüse.	
1. Prospondylia	**2. Leptocardia**	**3 Archicrania**	**4. Marsipobranchia**
Urwirbelthiere ⊙	Lanzetthiere V	Urschädelthiere ⊙	Rundmaulthiere V
Hypothetische Stammgruppe aller Wirbelthiere (progressiver Stamm)	Moderner lebender Ueberrest der Prospondylien (regressiver Zweig)	Hypothetische Stammgruppe aller Schädelthiere (progressiver Stamm)	Moderner lebender Ueberrest der Archicranier (regressiver Zweig)
Gehirn ein einfaches kolbenförmiges Bläschen (vordere Anschwellung des Markrohrs)	Gehirn rückgebildet (in der embryonalen Anlage bläschenförmig, später verkümmernd)	Gehirn kolbenförmig, anfangs ungetheilt, später in drei Blasen getheilt	Gehirn mit drei primären Blasen, die später in fünf secundäre zerfallen
Nasentrichter hinten in das Markrohr geöffnet (permanenter Neuroporus)	Nasentrichter hinten anfangs in das Markrohr geöffnet, später abgeschnürt	Nasengang hinten gegen das Markrohr abgeschlossen	Nasengang hinten geschlossen (Petromyzonten) oder secundär in den Schlund geöffnet (Myxinoiden)
Augen gut entwickelt	Augen rückgebildet (Pigment-Rudimente)	Augen gut entwickelt	Augen klein oder rückgebildet
Hörbläschen einfach, kugelig	Hörbläschen ganz verloren gegangen	Hörbläschen einfach, kugelig, ohne Ringcanäle	Hörbläschen mit einem oder zwei Ringcanälen
Schlundrinne (Endostyl) permanent, weit	Schlundrinne (Endostyl) permanent, eng	Schlundrinne in die Thyreoidea sich umbildend	Schlundrinne in die Thyreoidea verwandelt
Kiemen zahlreich (mindestens 8 bis 12 Paar Schlundspalten), mit freien äusseren Oeffnungen	Kiemenspalten sehr zahlreich, in eine Peribranchial-Höhle geöffnet	Kiemen 8 bis 12 Paar Taschen (oder mehr), mit freien äusseren Oeffnungen	Kiemen 6 bis 8 Paar Beutel, mit freien (getrennten oder vereinigten) Oeffnungen
Herz spindelförmig, einkammerig	Herz rückgebildet, rohrförmig	Herz mit Kammer u. Vorkammer	Herz mit Kammer u. Vorkammer
Leber ein medianer unpaarer Blindsack	Leber ein rechtsseitiger unpaarer Blindsack	Leber compact, zwei symmetrische Lappen bildend	Leber compact, zwei ungleiche Lappen bildend
Gonaden zahlreich in metameren Paaren	Gonaden zahlreich in metameren Paaren	Gonaden mehrfach oder zu einem Paare verschmolzen?	Gonaden zu einer unpaaren Masse verschmolzen

Stamm eigenthümlich ist, aber in einfachster und ursprünglichster Form. II. Diese entspricht im Grossen und Ganzen derjenigen Bildung, welche die Embryonen der *Cranioten* in frühester Jugend vorübergehend zeigen (im *Spondula*-Stadium). III. Daher kann dieselbe als die erbliche Wiederholung einer uralten (präsilurischen) Stammgruppe der Wirbelthiere angesehen werden. IV. Anderseits zeigen die jüngsten Larven des Amphioxus die grösste Uebereinstimmung mit denjenigen vieler Tunicaten, besonders der Ascidien; sie beweisen demnach die gemeinsame Abstammung der Vertebraten und Tunicaten. V. Auch der Gewebebau des Amphioxus bleibt auf einer ursprünglichen Bildungsstufe stehen, indem alle Gewebe den epitelialen Character beibehalten (ohne Mesenchym-Bildung); demnach ist auch in histologischer Beziehung (ebenso wie in organologischer) der Amphioxus noch heute der Typus eines »Urwirbelthieres«. VI. Dasselbe gilt auch von seiner Gastrulation und Ontogenie.

Wir betrachten demnach die heutigen Leptocardier als die letzten lebenden Ueberreste einer uralten, präsilurischen Gruppe von niedersten Schädellosen; und wir dürfen annehmen, dass diese während des archozoischen und paläozoischen Zeitalters durch zahlreiche und mannichfaltige Formen vertreten war. Aber wegen Mangels aller festen Skelettheile konnten sie keine fossilen Reste hinterlassen. Dennoch würde es unrichtig sein, den heutigen *Amphioxus* oder *Paramphioxus* als das getreue oder auch nur als das wenig veränderte Urbild jener ältesten Acranier-Gruppe anzusehen. Vielmehr müssen wir annehmen, dass die durch ihn vertretene Classe der modernen *Leptocardier* durch Anpassung an eigenthümliche Lebensweise (im Meeres-Sande) vielfach abgeändert und theilweise degenerirt ist; und dass ihr eine Classe von gänzlich ausgestorbenen älteren Schädellosen vorausging. Wir bezeichnen diese hypothetische Subclasse, die gemeinsame Stammgruppe der *Leptocardier* und *Archicranier*, als Urwirbelthiere (*Prospondylia* oder *Provertebrata*).

§ 206. Acrania und Prochordonia.

Die vergleichende Anatomie und Ontogenie der Chordathiere (*Chordonia*) berechtigt uns zu der Annahme, dass die beiden Stämme dieser grossen Metazoen-Gruppe, *Vertebraten* und *Tunicaten*, an der Wurzel zusammenhängen. Daraus dürfen wir weiter schliessen, dass deren gemeinsame Stammgruppe, die *Prochordonier*, durch eine Reihe von Uebergangsformen mit den ältesten Wirbelthieren, den *Acraniern*, verbunden war. Für die phylogenetische Beurtheilung dieser letzteren ist es von hoher Wichtigkeit, festzustellen, welche Merkmale ihrer

Organisation von den ersteren durch Vererbung übertragen, und welche durch Anpassung neu erworben sind.

Die Acranier haben von den Prochordoniern durch Vererbung erhalten: I. Die bilateral-symmetrische Grundform der Person. II. Eine axiale ungegliederte Chorda, mit Chordolemma. III. Ein dorsales Nervenrohr (Medullar-Rohr) oberhalb der Chorda. IV. Ein ventrales Darmrohr, unterhalb der Chorda. V. Die Sonderung des geraden Darmrohres in zwei Hauptstücke: Kiemendarm (mit Mund und Kiemenspalten) und Leberdarm (mit Lebersack und After). VI. Ein Paar Coelom-Taschen, aus deren Wand oben im Dorsaltheil Muskeln gebildet werden, unten im Ventraltheil Geschlechtszellen. VII. Ein Blutgefäss-System mit zwei medianen Hauptstämmen, einem arteriellen über dem Darm (Aorta) und einem venösen unter dem Darm (Principal-Vene). VIII. Eine primitive, epiteliale Beschaffenheit aller Gewebe. Die vergleichende Histologie der *Acranier* und *Copelaten* berechtigt uns zu der Annahme, dass auch der Gewebebau im Körper ihrer gemeinsamen Prochordonier-Ahnen ein ganz primitiver war, von rein epitelialem Character (ähnlich wie bei *Sagitta*). Eigentliche Mesenchym-Bildung fehlte noch ganz oder war auf ein sehr geringes Maass beschränkt. Die Connectiv-Platten trugen noch den Character einseitiger Ausscheidungen von Coelom-Epitelien.

Unter den wichtigen Fortschritten der Organisation, welche die *Acranier* durch Anpassung neu erwarben, und durch welche sie sich von ihren *Prochordonier*-Ahnen entfernten, steht obenan die Gliederung des Körpers (Metamerie). Diese transversale Segmentation ging aus vom Mesoderm, von der Wand der Coelom-Taschen; sie betraf wahrscheinlich gleichzeitig die lateralen Muskelplatten im Episom und die ventralen Gonaden im Hyposom.

In Folge von lebhaften Schwimmbewegungen der Prochordonier-Ahnen und Längenwachsthum ihres sich schlängelnden Körpers entstand die Metamerie dieser Organe wohl in der Weise, dass die dorsale Hälfte ihrer Coelom-Taschen in eine Reihe von Muskelplatten zerfiel (*Episomiten*), die ventrale Hälfte dagegen in eine Reihe von Geschlechtsdrüsen (*Hyposomiten*). Für die Höhlungen der beiderlei Taschen bildete sich in jedem Segmente seitlich eine gemeinsame Ausmündung, durch welche der Harn (Muskel-Secret) aus den Episomiten, und die Geschlechts-Producte (Eier und Sperma) aus den Hyposomiten nach aussen entleert wurden. Indem diese lateralen Mündungsröhren sich zu selbständigen Canälchen ausbildeten und zu Blutgefässen in Beziehung traten, entstanden die segmentalen Vornieren-Canälchen (*Pronephridien*). Aus der lateralen Hautrinne, in welcher die letzteren ausmündeten, entstand vermuthlich später durch Schliessung der oberflächlich gelegene »Urnierengang«.

Die Metamerie der Muskeln, in Folge von lebhaften schlängelnden Bewegungen des langgestreckten Körpers, betrachten wir als die wichtigste primäre Ursache für die Verwandlung der *Prochordonier* in *Acranier* — oder was dasselbe ist, für die Entstehung des Wirbelthier-Stammes —. Diese primäre Quergliederung der Muskeln im Episom (— oder die »Entstehung von Urwirbelplatten« —) hatte aber nicht allein eine entsprechende Metamerie der Gonaden und Nephridien im Hyposom zur Folge (— »Gliederung der Seitenplatten« —), sondern auch eine correlative Gliederung der zugehörigen Theile des Nerven-Systems und Gefäss-Systems. Erst später folgte diesen auch die Metamerie des Skelets nach, als »Urwirbelbildung« im eigentlichsten Sinne.

§ 207. Erste Subclasse der Acranier:

Prospondylia (= Provertebrata). Urwirbelthiere.

Hypothetische Stamm-Gruppe aller Wirbelthiere.

Acranier mit vollkommener Symmetrie der beiden Antimeren, mit spindelförmigem, einkammerigem Central-Herzen (zwischen Lebervene und Kiemenarterie), mit ein Paar Augen und Gehörbläschen. Kopf frei entwickelt, ohne Kiemendeckel und Mantelhöhle; Kiemenspalten unbedeckt und frei an den Kopfseiten. Leber durch einen medianen Blindsack oder ein Paar laterale Schläuche gebildet.

Die Subclasse der Urwirbelthiere (*Prospondylia* oder *Provertebrata*) gründen wir für die ausgestorbene gemeinsame Stammgruppe aller Wirbelthiere; sie existirte jedenfalls noch in der cambrischen und silurischen Zeit, vielleicht noch viel später. Da sie aber keine harten und versteinerungsfähigen Skelettheile besass, konnte sie uns keine fossilen Reste hinterlassen; ebensowenig als die Leptocardier und Cyclostomen. Obgleich uns nun von dieser hypothetischen Stammgruppe der Vertebraten kein einziger lebender oder ausgestorbener Vertreter bekannt ist, dürfen wir uns doch von ihrer archozoischen Existenz und ihrer typischen Organisation auf Grund der vergleichenden Anatomie und Ontogenie eine klare Vorstellung bilden. Mit Hülfe derselben können wir uns von Prospondylus, dem hypothetischen Typus der »Urwirbelthiere«, folgendes Bild entwerfen: Der langgestreckte

Körper ist vollkommen eudipleurisch, die beiden Antimeren symmetrisch gleich; Querschnitt oval. In der Median-Ebene erhebt sich eine dünne Hautfalte, welche als zusammenhängende Vertical-Flosse den grössten Theil des Körpers umzieht (zwischen Mund und After auf der Bauchseite fehlend). Die dünne, glatte Epidermis ist aus einer einfachen Zellenschicht gebildet. Auf dem medianen Längsschnitt zeigt sich in der Längsaxe eine einfache cylindrische Chorda, welche fast die ganze Länge des Körpers durchzieht und vorn und hinten zugespitzt endet. Das dünne Connectiv-Rohr, welches als Perichorda die axiale Chorda umgiebt, bildet oben eine Perineuralröhre und darüber ein Median-Septum, welches rechten und linken Seitenmuskel trennt. In der »Seitenlinie« der Haut verläuft aussen rechts und links eine Längsrinne oder ein Halbcanal, in welchen die segmentalen Nephridien münden. Die horizontale Ebene, welche wir durch diese lateralen »Seitencanäle« und die axiale Chorda legen, ist die Frontal-Ebene. Sie trennt als Frontal-Septum den Rückenleib (Episoma) vom Bauchleib (Hyposoma). Anderseits zerfällt der Körper durch die Cardial-Strictur des geraden Darmrohrs (eine leichte gürtelförmige Einschnürung der Herzgegend) in einen vorderen Kopftheil und hinteren Rumpftheil. Das dorsale Nervenrohr ist im Kopftheil leicht angeschwollen (kolbenförmiges Gehirn), im Rumpftheil dünner (cylindrisches Rückenmark). Das ventrale Darmrohr zeigt im Kopf jederseits zahlreiche Kiemenspalten, die direct auf der Kopfhaut seitlich ausmünden (Kiemendarm). Das Darmrohr des Rumpfes hingegen bildet an seiner Ventralseite durch Ausstülpung einen medianen Blindsack (den unpaaren Leberschlauch). Vor dem Leberdarm liegt an der Ventralseite des Kiemendarms ein spindelförmiges Herz, als postbranchiale Anschwellung der ventralen Principal-Vene. Zu beiden Seiten des Leberdarms liegen in der einfachen Leibeshöhle (Metacoel) ein Paar Reihen von Gonaden. Vervollständigen können wir unser hypothetisches Urbild noch durch die Annahme, dass am Kopfe drei Sinnesorgane liegen; eine unpaare trichterförmige Nase am Vorderende des Gehirns (als permanenter Neuroporus), ein Paar einfache Augen und ein Paar einfache Hörbläschen; der Mund ist kein Saugmund, aber vielleicht von einem Tentakelkranz umgeben. Paarige Gliedmaassen sind nicht vorhanden.

Als Anhaltspunkt zur hypothetischen Reconstruction dieses typischen Urwirbelthieres dient uns in erster Linie die Anatomie und Ontogenie des *Amphioxus*, in zweiter Linie aber diejenige der Cyclostomen (*Petromyzon*). Von höchster Bedeutung dafür ist namentlich die *Petromyzon-Larve* (Ammocoetes) in dem bedeutungsvollen *Spondula*-Stadium (§ 33) und in dem späteren Stadium, in welchem der Kopf das vordere Drittel der Körperlänge einnimmt und eine kolbenförmige einfache Hirnblase umschliesst; an ihrem Vorderende liegt (über dem Gaumensegel) ein unpaarer Nasentrichter (Neuroporus), seitlich ein Paar Augen und dahinter ein Paar Hörbläschen. Wir glauben, dass dieses Archicranula-Stadium von *Ammocoetes* manche wichtige Züge der *Prospondylier*-Bildung getreuer bewahrt hat, als der moderne *Amphioxus*.

§ 208. Zweite Subclasse der Acranier: Leptocardia. Lanzetthiere.

Amphioxina. Branchiostomida. Pharyngobranchia. Cirrostomi. Lanzeloten.

Moderner Ueberrest der Prospondylier.

Acranier mit Asymmetrie der beiden Antimeren, ohne Centralherz (— statt dessen mit contractilen medianen Gefässstämmen —). Augen rudimentär. Gehörbläschen fehlen. Kopf rückgebildet, mit ein Paar grossen Kiemendeckeln (Mantelfalten), welche eine Mantelhöhle (Atrium) umschliessen; in diese öffnen sich zahlreiche Kiemenspalten und Nephridien. Leber einseitig (rechts) als ein lateraler Blindsack entwickelt.

Die Subclasse der Lanzetthiere oder Lanzeloten (*Leptocardia*) umfasst die einzigen, heute noch lebenden Ueberreste der Acranier, die bedeutungsvolle Gattung Amphioxus (= *Branchiostoma*) und den nahe verwandten, erst 1893 entdeckten Paramphioxus (nebst *Asymmetron*). Sowohl die Anatomie (1844) als die Ontogenie (1866) dieses letzten Acranier-Restes besitzt für die Phylogenie der Wirbelthiere unschätzbare Bedeutung; doch ist für die richtige Beurtheilung und Verwerthung desselben ein hoher Grad von Kritik erforderlich. Vor Allem sind dabei die eigenthümlichen Verhältnisse seiner benthonischen Lebensweise in Betracht zu ziehen; der Lanzelot vergräbt sich im Sande des Meeres und flieht das Licht. Gewöhnlich liegt er flach auf einer Seite, und zwar auf der rechten; auch beim Schwimmen bewegt sich der Körper undulirend in dieser Lage (mit horizontaler Median-Ebene).

Die Folgen dieser eigenthümlichen Gewohnheiten und Abweichungen von der Stammgruppe der *Prospondylier* sind ähnlich wie bei den kopflosen Muscheln (*Acephala*) unter den *Mollusken*, und bestehen zunächst in einer partiellen Rückbildung des Kopfes. Als weitere Wirkungen derselben betrachten wir folgende Adaptiv-Bildungen: I. Die Asymmetrie der bilateralen Grundform, welche sich in vielen

Merkmalen ausspricht: Verschiebung der rechten und linken Somiten-Hälften, ungleiche Abgangsweise der Spinal-Nerven, seitliche Lage der Riechgrube, der ersten Kiemenspalte, des Afters u. s. w. II. Die Rückbildung der Sinnesorgane, die theils verschwinden, theils nur als Rudimente bestehen bleiben. III. Die Rückbildung des spindelförmigen Central-Herzens. IV. Die einseitige Lage des Leberschlauches (auf der rechten Seite des Kiemenkorbes). V. Die Ausbildung der seitlichen Mantelfalten oder Metapleuren (als schützender Kiemendeckel) und die Verwachsung derselben in der Ventral-Naht, wodurch die eigenthümliche »Mantelhöhle« oder Peribranchial-Höhle entsteht (*Atrium* oder *Epicoel*, früher irrthümlich als »Leibeshöhle« aufgefasst). VI. Die Dislocation der Gonaden, welche aus dem centralen Theile des Hypocoeloms auswandern und in die Mantelfalten hineintreten. Die ventrale Verwachsung der beiden lateralen Mantellappen oder Metapleuren gleicht ganz derjenigen vieler Muscheln (z. B. der Bohrmuscheln, *Inclusa*); überhaupt bestehen zwischen diesen *Acephalen* und den *Leptocardiern* viele Analogien, bewirkt durch Anpassung an die gleiche benthonische Lebensweise (Converganz).

In diesen und einigen anderen, weniger wichtigen Eigenthümlichkeiten weichen die modernen *Leptocardier* von dem idealen Urbilde der typischen Urwirbelthiere wesentlich ab, und zwar *Paramphioxus* noch mehr als *Amphioxus*. Dagegen ist um so mehr zu betonen, dass dieselben in den meisten und wichtigsten Verhältnissen die typische Organisation der *Prospondylier* durch zähe Vererbung bis heute getreu bewahrt haben. Insbesondere gilt dies auch von ihrer Ontogenie, welche noch heute Schritt für Schritt die wichtigsten Ereignisse in der Phylogenie der Vertebraten wiederholt. Ohne ihre Kenntniss würden uns viele wichtige Fragen der letzteren kaum lösbar erscheinen. Die Gastrulation des *Amphioxus* führt durch Invagination einer *Archiblastula* zur Bildung einer typischen Archigastrula; die beiden primären Keimblätter derselben sind einfache Zellschichten, während bei allen Cranioten mindestens das innere mehrschichtig geworden ist. Weiterhin entwickelt sich aus denselben in typischer Weise eine *Coelomula*, *Chordula* und *Spondula* (§§ 29—31); ihre Bildung ist grösstentheils palingenetisch. Alle Organe der Amphioxus-Larve entstehen in fast schematischer Einfachheit, als Fortsätze und Producte von einfachen Epitelien. Auch die weitere Differenzirung der epitelialen Gewebe selbst erfolgt in so typischer Einfachheit, dass wir den nachstehenden ontogenetischen Zellenstammbaum des Amphioxus (§ 210) zugleich als allgemeines Schema für die Phylogenie der Vertebraten-Gewebe überhaupt betrachten dürfen.

§ 209. Amphioxus und Paramphioxus.

Die wenigen, heute noch lebenden Arten der Leptocardier (8—9 Species) sind alle sehr nahe verwandt und wurden bis vor Kurzem in einem Genus vereinigt: Amphioxus (= *Branchiostoma*); dieselben wurden hauptsächlich durch die Zahl der Metameren unterschieden, die zwischen 50 und 80 beträgt; ausserdem durch unbedeutende Differenzirungen in der Bildung der Sagittalflosse und der Mundcirren. In neuester Zeit (1893) fanden wir, dass nur bei einem Theile dieser Arten die zahlreichen Gonaden auf beiden Seiten symmetrisch entwickelt sind, wie bei dem europäischen *Amphioxus lanceolatus*, dem bestbekannten Prototypus der Gruppe. Bei einem anderen Theile der Species dagegen sind nur die Gonaden des rechten Antimeres entwickelt, diejenigen des linken rückgebildet oder ganz verloren gegangen. (Bei einzelnen Individuen des tasmanischen *A. bassanus* fanden wir noch die Rudimente von Gonaden des linken Antimeres theilweise erhalten; gewöhnlich sind sie ganz verschwunden.) Mit dieser weitgehenden Asymmetrie sind auch noch einige correlative Veränderungen in der Bildung anderer Organe, besonders der Flossen und Mundcirren verbunden; es schien uns daher gerechtfertigt, diese stärker modificirten Species unter dem Gattungsbegriffe *Paramphioxus* zusammenzufassen und von dem typischen *Amphioxus* zu trennen (Austral. Fauna, 1893).

Das Genus *Amphioxus* (mit zwei Gonaden-Reihen, in beiden Antimeren entwickelt) umfasst folgende Arten: 1) *A. lanceolatus* (Europa, mit 60—62 Metameren); 2) *A. prototypus* (Meerenge von Messina, mit 63—65 Metameren); 3) *A. caribaeus* (Antillen, mit 58—60 Metameren); 4) *A. belcheri* (Java, Borneo, mit 64—65 Metameren); 5) *A. elongatus* (= *A. californicus?*, Westküste von America, mit 65—73 Metameren).

Das Genus *Paramphioxus* (mit einer Gonaden-Reihe, nur im rechten Antimere, unterhalb der Leber gelegen, mit stärkerer Differenzirung des Flossensaumes) umfasst folgende Arten: 1) *P. bassanus* (Bass-Strasse, Tasmanien, mit 75—78 Metameren); 2) *P. cultellus* (= *Epigonichthys cultellus*, Torres-Strasse, mit 50—52 Metameren); 3) *P. ceylanicus* (Ceylon, mit 62—64 Metameren); 4) *P. lucayanus* (= *Asymmetron lucayanum*, mit 66—67 Metameren, Bahamas). Das Genus *Paramphioxus* zeigt nicht nur in der unilateralen Ausbildung der rechten Gonaden-Reihe, sondern auch in der Reduction der Sagittalflosse und der stärkeren Asymmetrie anderer Organe, dass es mehr specialisirt und späterer Entstehung ist; es besitzt daher geringere phylogenetische Bedeutung, als der typische *Amphioxus*, für dessen genaue Kenntniss namentlich die beiden europäischen Arten classische Bedeutung gewonnen haben.

§ 210. Zellenstammbaum des Amphioxus.

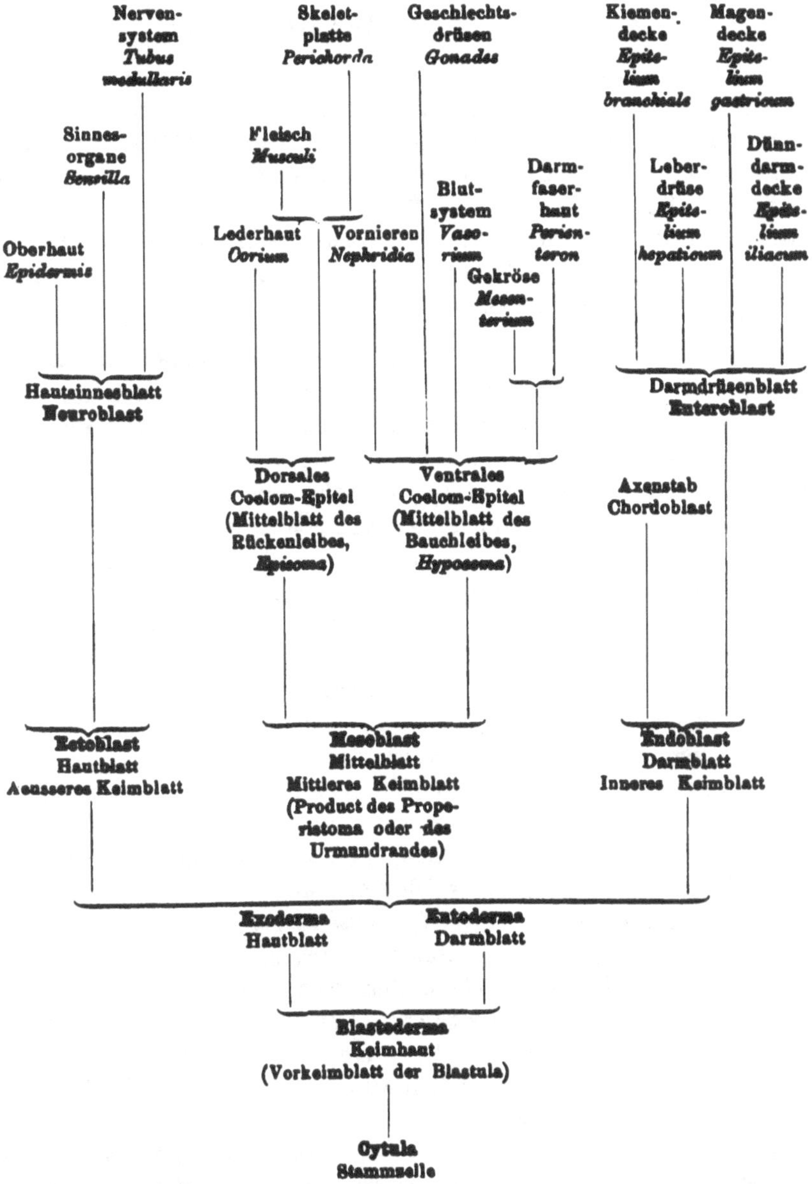

§ 211. Zweite Classe der Wirbelthiere:

Cyclostoma. Rundmäuler.

Aelteste Gruppe der Cranioten.

Vertebraten ohne Wirbelsäule und Kieferbogen, ohne Rippen und Zygomelen. Chorda permanent, Perichorda-Fortsätze mit knorpeligen Bogenhälften. Schädel knorpelig, mit subdermalem Schlundskelet, ohne subchordale Kiemenbogen. Nasenrohr unpaar, median. Kiemendarm mit Thyreoidea. Leber eine compacte Drüse. Urniere vorhanden. Gonaden verschmolzen. Epidermis aus mehreren Zellenschichten gebildet.

Die Classe der Cyclostomen oder *Rundmäuler*, die wichtige Stammgruppe der Schädelthiere, ist uns in der Gegenwart nur durch zwei isolirte lebende Familien bekannt, die *Myxinoiden* und *Petromyzonten*. Dieselben werden gewöhnlich zu den Fischen gestellt; indessen weicht ihre einfache Organisation so sehr von derjenigen der echten Fische ab, dass die Unterschiede zwischen beiden weit grösser sind, als die Unterschiede im Körperbau der Fische und des Menschen. Anderseits nähern sich die Cyclostomen (besonders in frühen Jugend-Zuständen) durch wichtige Eigenthümlichkeiten so sehr dem *Amphioxus*, dass wir sie in morphologischer und phylogenetischer Beziehung als eine wirkliche Zwischenstufe zwischen den *Acraniern* und *Gnathostomen* betrachten dürfen. Um jedoch diese Mittelstellung richtig zu würdigen, muss zugleich hervorgehoben werden, dass die einzigen uns bekannten Cyclostomen der Gegenwart vielfach in Folge ihrer eigenthümlichen Lebensweise umgebildet und theilweise durch Parasitismus degenerirt sind. Wir müssen daher annehmen, dass sie von einer älteren Vertebraten-Classe abstammen, aus welcher sich nach einer anderen Richtung hin die gemeinsamen Vorfahren der *Gnathostomen* entwickelten. Wir bezeichnen diese hypothetische Stammgruppe, die wegen Mangels harter Skelettheile keine fossilen Reste hinterlassen konnte, als Urschädelthiere (*Archicrania* oder *Procraniota*). Für den degenerirten Seitenzweig des Stammes, welcher durch die kleine Restgruppe der modernen Cyclostomen vertreten wird, behalten wir den älteren Begriff der Beutelkiemer bei (*Marsipobranchia*).

Für das richtige Verständniss der *Cyclostomen* im Ganzen, und ihrer Mittelstellung zwischen *Acraniern* und *Gnathostomen* im Besonderen, ist von grösster Bedeutung ihre Ontogenie. Allerdings ist diese bisher nur von einer Gattung, *Petromyzon*, beobachtet. Aber die wichtigsten Erscheinungen derselben sind uns jetzt vollständig bekannt, und zwar ebensowohl ihre *Embryologie*, als ihre *Metamorphologie* (die merkwürdige Verwandlung der *Ammocoetes*-Larve). Dieselben verlaufen im Wesentlichen so palingenetisch, dass wir daraus die wichtigsten Schlüsse für viele schwierige Probleme der älteren Vertebraten-Geschichte ziehen können. Da die kleinen Eier von *Petromyzon* ziemlich viel Nahrungsdotter enthalten, ist ihre Furchung nicht adaequal, wie bei *Amphioxus*, sondern inaequal, sehr ähnlich derjenigen der *Ganoiden*, *Dipneusten* und *Amphibien*. Die Amphigastrula, welche daraus durch Gastrulation entsteht, besitzt in der Bauchwand des Urdarms eine Dotterschwiele (§ 35). Die daraus hervorgehende Chordula (§ 30), und ebenso die gegliederte, durch Metamerie ihrer beiden Coelomtaschen entstehende Spondula (§ 33) zeigen eine typische Organisation von höchster Wichtigkeit. Einerseits gleichen sie den entsprechenden Keimformen der *Acranier*, anderseits denjenigen der ältesten *Cranioten* (*Selachier*). Später verwandelt sich die *Spondula* in die Larvenform der Archicranula; in demjenigen Stadium, in welchem ihr einfaches, kolbenförmiges Gehirn das vordere Drittel der Körperlänge einnimmt, kann diese bedeutungsvolle Keimform von *Ammocoetes* geradezu als ein palingenetisches Abbild einer uralten *Archicranier*-Form betrachtet werden (vergl. § 207).

§ 212. Erste Subclasse der Cyclostomen: **Archicrania. Urschädelthiere.**

Hypothetische Stammgruppe aller Schädelthiere.

Cyclostomen mit zahlreichen (12—16 Paar oder mehr) einfachen Kiemengängen und mit einfachem Pharyngeal-Skelet(?). Kein Saugmund. Schädel langgestreckt, aus metameren Knorpelbogen zusammengesetzt. Gehörblasen einfach, ohne Ringcanäle.

Die Subclasse der Urschädelthiere (*Archicrania* oder *Procraniota*) haben wir für jene wichtige Gruppe von archozoischen Cyclostomen aufgestellt, bei denen zuerst der knorpelige Schädel, als Schutzkapsel des Gehirns, zu selbständiger Entwickelung gelangte. Allerdings ist uns diese Stammgruppe der Cranioten weder durch ein fossiles Document, noch durch einen lebenden Ueberrest bekannt. Trotzdem können wir auf ihre einstmalige Existenz mit voller Sicherheit schliessen, und mit Hülfe der vergleichenden Anatomie und Ontogenie uns ein Bild von den wichtigsten Zügen ihrer spurlos entschwundenen Organisation entwerfen. Danach werden die ausgestorbenen Urschädelthiere langgestreckte, frei schwimmende Wirbelthiere mit vollkommener bilateraler Symmetrie gewesen sein, nicht cylindrisch wie die heutigen *Marsipobranchier*, sondern seitlich comprimirt, wie *Amphioxus*; ein continuirlicher medianer Flossensaum umfasste den grössten Theil des Körpers, die vordere Kopf- und Bauchgegend ausgenommen. Sonstige äussere Anhänge fehlten. Der Kopf war äusserlich durch die lateralen Kiemenspalten kenntlich, welche in grosser Zahl (jederseits in einer Reihe) hinter einander auf der Haut sich öffneten, mindestens 8—12 Paar. Vorn am Kopfe lag eine unpaare Nasenröhre, dahinter ein Paar einfache kleine Augen; auf der Bauchseite vorn ein nackter oder von Tentakeln umgebener Mund. Das Axen-Skelet bildete eine einfache ungegliederte Chorda, deren Vorderende spitz in der Basis einer engen und langgestreckten Schädelkapsel endete. Die membranöse Wand dieses kolbenförmigen Cranium war durch metamere, theilweise verschmelzende Knorpelbogen gestützt (9—11 Paare?). An der Seitenwand des Schädels lagen aussen ein Paar knorpelige Ohrkapseln, welche ein einfaches rundes Gehörbläschen (ohne Ringcanäle) umschlossen. Von knorpeligen Skelettheilen waren ausserdem wahrscheinlich entwickelt: in jedem Branchial-Septum (zwischen je zwei segmentalen Kiemengängen) eine oberflächlich gelegene Knorpelspange (ein äusserer, subdermaler Kiemenbogen); ferner an den Rohr-Fortsätzen der Perichorda knorpelige obere und untere Bogenhälften; vielleicht auch vorn Lippenknorpel und Nasenknorpel. Das Gehirn war sehr klein und einfach, bei den älteren Archicraniern eine ungetheilte kolbenförmige Anschwellung des Medullarrohrs, bei den jüngeren durch zwei transversale Einschnürungen in drei (später in fünf) Blasen zerfallen.

Der Kopfdarm der Archicranier besass nicht die eigenthümlichen »Beutelkiemen« der Cyclostomen, sondern einfache laterale Kiemengänge, als metamere Ausstülpungen der Schlundwand, welche die seitliche Kopfwand durchbrochen hatten (8—12 Paar, oder mehr). Jeder Kiemengang mündete für sich innen in den Schlund, aussen auf der äusseren Haut. Bei den jüngeren Urschädelthieren wird sich die Schleimhaut der Kiemensäcke in Form von Falten erhoben haben, die einerseits zu den Beutelkiemen der *Marsipobranchier*, anderseits zu den Blätterkiemen der *Elasmobranchier* hinführten. Indem sich der Kiemendarm der *Archicranier* aus demjenigen der *Prospondylier* hervorbildete, wird eine beträchtliche Reduction in der Zahl, aber eine Fortbildung in der Form der Kiemenspalten eingetreten sein. Die Leber bestand bei den älteren Urschädelthieren vielleicht noch aus ein Paar symmetrischen Blindsäcken der ventralen Darmwand (wie bei *Prospondyliern*?); bei den jüngeren Formen bildete sich durch Verästelung derselben und netzförmige Verbindung der dichotomen Aeste eine compacte Leberdrüse mit zwei symmetrischen Lappen aus.

Das Herz der *Archicranier* wird wohl schon diejenige Bildung besessen haben, die wir bei den heutigen *Marsipobranchiern* finden, mit einer Vorkammer und einer Kammer. Die segmentalen Urnieren-Canälchen und ihre Einmündung in den lateralen paarigen Urnierengang werden sich ähnlich wie bei *Bdellostoma* verhalten haben. Die Gonaden bestanden bei den älteren Archicraniern wahrscheinlich als eine Doppelreihe von metameren Hyposom-Taschen fort, da wir diese nicht nur bei den modernen *Leptocardiern*, sondern in der Anlage auch bei den *Selachier*-Embryonen finden. Bei den jüngeren Urschädelthieren verschmolzen sie wohl und führten zur Bildung eines einfachen Metacoels. Die Eier werden klein und holoblastisch gewesen sein.

§ 213. Zweite Subclasse der Cyclostomen: **Marsipobranchia. Beutelkiemer.** Moderner Ueberrest der Archicranier.

Cyclostomen mit 6—8 Paar (selten 12—14 Paar) beutelförmigen Kiementaschen, und mit complicirtem Pharyngeal-Skelet. Ein Saugmund. Schädel kurz, gedrungen, eine einfache, ungegliederte Knorpelblase. Gehörblasen mit einem oder zwei Ringcanälen.

Die Subclasse der Marsipobranchier (Beutelkiemer) oder der *Monorhinen* (im engeren Sinne!) wird durch die einzigen heute noch lebenden Cyclostomen gebildet, die modernen *Myxinoiden* und *Petromyzonten*; ausserdem müssen wir dazu jedoch noch eine grosse Zahl von ausgestorbenen Rundmäulern rechnen, welche theils diese beiden sehr isolirten Familien untereinander, theils mit ihren gemeinsamen Stammformen, den *Archicraniern*, in Verbindung setzten. Die *Marsipobranchier* entfernen sich von diesen letzteren bedeutend, und zwar durch Veränderungen, welche auf ihre eigenthümliche Lebensweise zurückzuführen sind. Alle Beutelkiemer, welche wir kennen, besitzen die Gewohnheit, mit dem Munde sich an Steine, Fische und andere Gegenstände anzusaugen (— *Petromyzon* = Steinsauger —). Zum Theil sind sie vollkommene Parasiten geworden, die sich in den Leib von Fischen einbohren (*Myxinoiden*). In Folge dessen ist ihre Mundöffnung ein echtes rundes Saugmaul geworden, ein musculöser Ring, mittelst dessen die Thiere längere Zeit angeheftet verharren können, ohne ihre Athmung zu unterbrechen. Das Athemwasser tritt dann nicht mehr (— wie ursprünglich der Fall war —) durch die Mundöffnung ein, sondern durch die Kiemenspalten, oder (bei den Myxinoiden) durch das Nasenrohr. Die einfachen Kiemengänge der *Archicranier* sind dadurch wesentlich verändert und in die eigenthümlichen »Kiemenbeutel« verwandelt worden, welche diese *Marsipobranchier* auszeichnen. Die Zahl dieser faltigen Kiementaschen beträgt meistens 6 oder 7 Paare; bei einer Bdellostomiden-Gattung (*Polytrema*) steigt dieselbe auf 12—14 Paare. Bei dieser ältesten Form und bei *Bdellostoma* besitzt noch jeder Kiemenbeutel die ursprünglichen beiden Oeffnungen, eine innere in den Schlund, eine äussere an den Seiten des Halses; bei *Myxine* sind diese letzteren verschmolzen und jederseits in einem kurzen Gange vereinigt. Bei den *Petromyzonten* münden umgekehrt die inneren Oeffnungen in einen gemeinsamen medianen Canal, und durch diesen in die Mundhöhle. Eine weitere Folge jener saugenden Lebensweise ist auch die Bildung des langen unpaaren Nasenrohres. Zur Stütze der Kiemenbeutel und der kräftigen Muskeln, welche das Ansaugen und Athmen vermitteln, hat sich am Kopfe ein complicirter Apparat von Knorpelstäben entwickelt. Die *subdermalen* Knorpelbogen dieses Kiemenkorbes liegen ganz oberflächlich und sind verschieden von den inneren (subchordalen) Kiemenbogen der Fische. Jedoch haben sich Reste der ersteren auch noch bei einem Theile der ältesten Selachier bis heute erhalten (z. B. bei *Cestracion*, *Centrophorus*). Wir können daraus schliessen, dass der ältere, subdermale Kiemenkorb der *Archicranier* sich noch auf ihre *Proselachier*-Epigonen vererbt hat, aber allmählich durch den davon abgezweigten inneren, subchordalen Kiemenkorb verdrängt worden ist.

§ 214. Erste Ordnung der Marsipobranchier: **Myxinoides (= Hyperotreta). Inger.**

Aeltere Gruppe der modernen Cyclostomen.

Marsipobranchier mit Nasenöffnung im Gaumendach.

Die Ordnung der Inger oder *Myxinoiden* gilt allgemein als die niedere Ordnung der Cyclostomen; jedoch ist dabei zu berücksichtigen, dass sie durch parasitische Lebensweise stärker degenerirt sind als die *Petromyzonten*. Bei diesen letzteren zeigt der unpaare Nasencanal das ursprünglichere Verhalten und ist hinten blind geschlossen (*Hyperoartia*); die Oeffnung dagegen, welche derselbe bei den Myxinoiden an seinem Hinterende in die Rachenhöhle zeigt, ist eine spätere, secundäre Erwerbung dieser Gruppe (*Hyperotreta*); diese hintere Nasenöffnung darf nicht den »Choanen« der luftathmenden Gnathostomen verglichen werden. Die verschiedene Bildung, welche der Saugmund und seine

Hornzähne bei den *Myxinoiden* und *Petromyzonten* zeigen, ist in beiden Ordnungen selbständig differenzirt. Dagegen zeigt die Gruppe der *Bdellostomiden* die ursprünglichsten Verhältnisse in der Bildung der Kiemen und der Urnieren. Diese palingenetischen Eigenthümlichkeiten erscheinen uns so wichtig, dass wir die allgemeiu angenommene Zusammenstellung aller *Myxinoiden* in eine einzige Familie nicht beibehalten können. Wir trennen vielmehr die älteren *Bdellostomiden* von den jüngeren *Gastrobranchiden*. Die Familie der Bdellostomiden (*Bdellostoma*, *Heptatrema*, *Polytrema*) hat noch das ursprüngliche Verhältniss der getrennten Kiemengänge conservirt; jeder einzelne mündet für sich innen in den Schlund, aussen auf der Kopfseite. Bei den Gastrobranchiden hingegen (*Myxine, Gastrobranchus*) sind nur die inneren Kiemenlöcher getrennt geblieben; die äusseren sind in Canäle ausgezogen, welche sich hinten jederseits in einem gemeinsamen äusseren Kiemenloch öffnen. Die Zahl der Kiementaschen beträgt bei *Myxine* 6, bei *Bdellostoma* bald 6, bald 7—9 Paare; die pacifische Bdellostomide *Polytrema Dombeyi* hat sogar 12—14 Paar Kiemenbeutel. Ausserdem sind die *Bdellostomiden* dadurch von hervorragendem Interesse, dass sie unter allen lebenden Cranioten die ursprünglichste Nierenbildung bewahrt haben; die segmentalen Urnieren-Canälchen bleiben getrennt und münden einzeln in die langgestreckten lateralen Urnierengänge ein.

§ 215. Zweite Ordnung der Marsipobranchien: Petromyzontes (= Hyperoartia). Lampreten.

Jüngere Gruppe der modernen Cyclostomen.

Marsipobranchier ohne innere Nasenöffnung in dem geschlossenen Gaumendach.

Die Ordnung der Lampreten oder *Petromyzonten* erscheint, im Ganzen betrachtet, als eine jüngere und höhere Abtheilung der Beutelkiemer, insbesondere insofern Gehirn und Sinnesorgane besser entwickelt sind; auch beginnen in den medianen, von der Chorda-Scheide ausgehenden Röhren sich obere und untere Knorpelbogen zu entwickeln. Die Gehörblase zeigt zwei Ringcanäle, während die Myxinoiden nur einen besitzen; und im Darm findet sich eine Spiralklappe, welche den letzteren fehlt. Die sieben Paar Kiemenbeutel münden aussen getrennt, während sie sich innen in einen unpaaren Canal öffnen, welcher unter der Speiseröhre verläuft, hinten blind geschlossen ist und sich vorn in die Mundhöhle öffnet. Die permanente Trennung der äusseren Kiemenspalten bei den *Petromyzonten* ist ebenso von der primitiven Bildung der *Bdellostomiden* abzuleiten, wie anderseits die Verschmelzung der ersteren bei den *Gastrobranchiden* (§ 214). Hingegen ist die Bildung des einfachen, hinten blind endigenden Nasenrohres der *Petromyzonten* als eine ältere Bildung aufzufassen, gegenüber demjenigen der *Myxinoiden*, welches den Gaumen durchbohrt. Ausserdem sind auch manche Eigenschaften der letzteren offenbar erst spätere Folgen ihrer parasitischen Lebensweise, so namentlich die Rückbildung der Augen und der Rückenflossen. Wir dürfen daher nicht die *Petromyzonten* direct von den *Myxinoiden* ableiten, sondern müssen annehmen, dass beide Ordnungen der Marsipobranchier getrennt aus einer gemeinsamen ausgestorbenen Stammgruppe hervorgegangen sind, die wir als *Archimyzontes* bezeichnen können. Diese praesilurischen Stammformen der Marsipobranchier werden in der Bildung der Kiemen und Nieren den *Bdellostomiden* geglichen haben, dagegen in der Bildung der Nase und der Augen den *Petromyzonten*.

Stammbaum der Monorhinen.

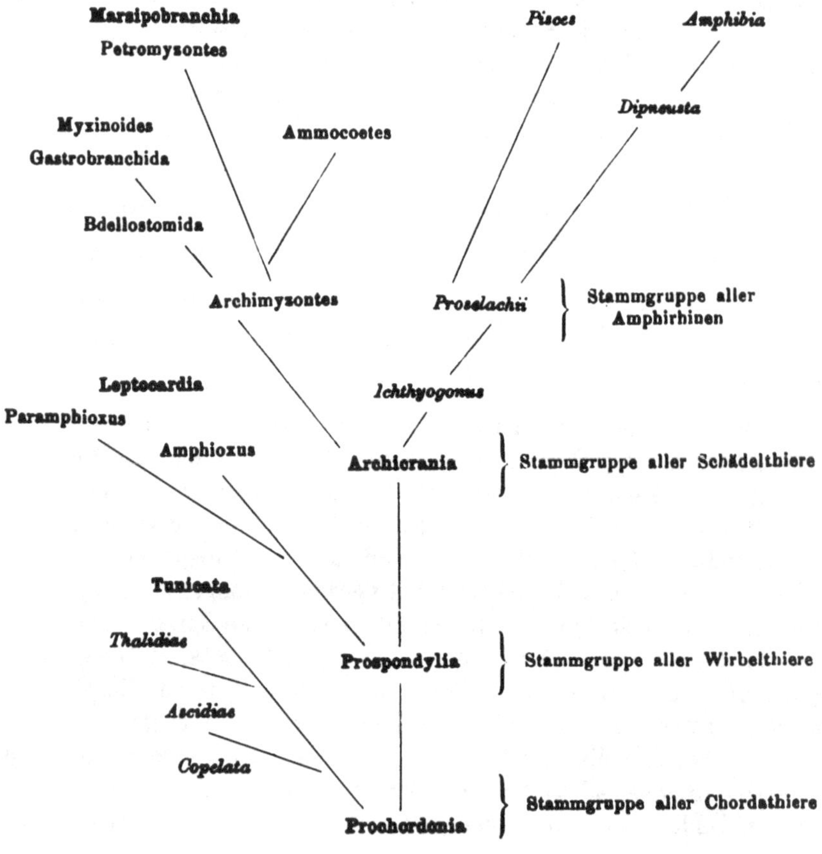

§ 216. Cyclostomen und Gnathostomen.
(Monorhinen und Amphirhinen.)

Die weite morphologische Kluft, welche heute die lebenden *Cyclostomen* von den *Gnathostomen* trennt, wird durch keine fossilen Ueberreste von connectenten Zwischenformen ausgefüllt. Doch gelingt es der vergleichenden Anatomie und Ontogenie, diese Lücke grossentheils zu ergänzen, wobei namentlich die kritische Vergleichung der jungen Petromyzon-Larven (*Ammocoetes*) und der *Selachier*-Embryonen von hohem Werthe ist. Danach dürfen wir schliessen, dass zwischen den *Archicraniern* (§ 212) und den *Proselachiern* (§ 229) eine lange Reihe von connectenten Uebergangsformen existirt hat, welche in der praesilurischen Zeit die allmähliche Verwandlung der Cyclostomen-Form in die Selachier-Form stufenweise vermittelten. Die wichtigsten Veränderungen, welche der Cranioten-Organismus dabei erlitt, bestanden in dem Erwerbe von fünf wichtigen neuen Organen: I. dem Dermal-Skelet (Hautzähnchen), II. dem Schlundkorb (mit Kiefern und inneren Kiemenbogen); III. zwei Paar Zygomelen (Brustflossen und Bauchflossen); IV. einem Paar lateraler Nasengruben; V. einer Schwimmblase. Wir dürfen wohl annehmen, dass diese und andere, damit theilweise zusammenhängende Umbildungen erst während langer Zeiträume allmählich sich vollzogen.

Die Gegenüberstellung der älteren Monorhinen und der jüngeren Amphirhinen drückt einen der wichtigsten Gegensätze aus, welcher zwischen diesen beiden Hauptabtheilungen des Vertebraten-Stammes besteht. Die vergleichende Ontogenie des Geruchsorganes beweist, dass die unpaare Nase der Acranier (*Amphioxus*) und der Cyclostomen (*Ammocoetes*) den ursprünglichen Zustand darstellt, und dass aus diesem erst später (durch Spaltung des hinteren Theils der unpaaren Riechplatte?) die paarige Nase der Fische entstand (Embryonen von Accipenser, § 115).

Nicht minder wichtig erscheint der Gegensatz, welcher zwischen jenen beiden Hauptabtheilungen in der Bildung des Kopfskelets besteht, und welcher in der Gegenüberstellung von Cyclostomen und Gnathostomen seinen Ausdruck findet. Nur diese letzteren besitzen das innere Visceral-Skelet oder Pharyngal-Skelet, aus welchem die Kiefer, die inneren (subchordalen) Kiemenbogen, und wahrscheinlich auch (aus zwei hinteren Schlundbogen) die Zygomelen der Amphirhinen entstanden. Doch ist die Frage noch offen, wie weit dieser »innere oder subchordale Kiemenkorb« der *Gnathostomen* ursprünglich mit dem »äusseren oder subdermalen Kiemenkorb« der *Cyclostomen* im

Zusammenhang gestanden hat; jedenfalls hat derselbe bei letzteren nachträglich starke Umbildungen durch Anpassung erlitten.

§ 217. Ichthygonus, Stammform der Amphirhinen.

Die Uebereinstimmung, welche zwischen den Ergebnissen der vergleichenden Anatomie und Ontogenie, wie auch der Paläontologie, in Bezug auf die wichtigsten Probleme der Vertebraten-Morphologie besteht, hat uns zu der Ueberzeugung geführt, dass die Hauptgruppe der *Gnathostomen* oder Amphirhinen monophyletisch ist; der Organismus der Fische (und zwar der *Selachier*), welche die silurische Wurzel dieses Stammes bilden, ist nur einmal entstanden und ist nur von einer Gruppe der Monorhinen (und zwar von den *Archicraniern*) abzuleiten. Wir können die gemeinsame Stammform der Fische als *Ichthygonus* bezeichnen und bis zu einem gewissen Grade der Sicherheit die Organisation dieses ausgestorbenen (silurischen oder cambrischen) »Stammfisches« uns reconstruiren. Da wir diesen hypothetischen Ichthygonus nicht allein als die gemeinsame Stammform aller Fische, sondern überhaupt aller *Gnathostomen* betrachten, ist es von grosser Wichtigkeit, sich möglichst klare Vorstellungen von den wesentlichen Verhältnissen seines Körperbaues zu bilden. Indem wir uns dabei auf die vorausgeschickten Erörterungen beziehen, betonen wir zunächst folgende Grundsätze: I. Die Organisation des *Ichthygonus* bildete jedenfalls ein Mittelding zwischen seinen *Archicranier*-Ahnen (Cyclostomen) und seinen *Proselachier*-Epigonen (Selachiern); zwischen diesen beiden bekannten, ziemlich weit entfernten Bildungsstufen der ältesten Cranioten hat jedenfalls in silurischer (und cambrischer?) Zeit eine lange Reihe von connectenten Zwischenformen existirt; ihr Knorpelskelet war nicht der Versteinerung fähig. II. Von den *Cyclostomen*-Ahnen (Archicrania) hatten die *Ichthygoniden* bereits die wesentlichsten Verhältnisse des Körperbaues durch Vererbung erhalten, wie sie in der allgemeinen Körperbildung der heutigen *Myxinoiden* und *Petromyzonten* erkennbar sind. III. Dagegen hatten sie bereits durch Anpassung wichtige neue Organe erworben, welche den Cyclostomen noch fehlten, so das Dermal-Skelet, die Kiefer, die beiden Zygomelen-Paare, die paarige Nase und die Schwimmblase. IV. Unter den bekannten Ueberresten der Proselachier haben die fossilen Pleuracanthiden (*Xenacanthus*, *Orthacanthus*) und die lebenden Notidaniden (*Chlamydoselachus*, *Hexanchus*) die primitiven Verhältnisse am getreuesten bewahrt; immerhin sind auch diese ältesten bekannten Fische nur als bedeutend modificirte Epigonen ihrer Ichthygoniden-Stammform zu betrachten.

Ichthygonus primordialis, als hypothetische Stammform der Gnathostomen einem gewissen Stadium jener connectenten Umbildungs-Kette entnommen, vereinigte demnach wahrscheinlich folgende Merkmale: I. Der bilateral-symmetrische Körper ist langgestreckt, subcylindrisch, mehr oder weniger lateral comprimirt. II. In der Median-Ebene erhebt sich ein continuirlicher Flossensaum, welcher oben hinter dem Kopfe beginnt und unten vor dem After endigt. III. Die ganze Oberfläche ist gleichmässig chagrinirt, mit dicken, spitzen Hautzähnchen besetzt, welche die primitivste Form der Placoidschuppen darstellen. IV. Dasselbe Placoid-Pflaster kleidet auch die ganze Mundhöhle aus. V. Der Kopf ist vorn abgerundet (ohne Rostrum) und trägt vorn ein Paar einfache Nasengruben, über der breiten Mundspalte ein Paar Augen. VI. Seitlich am Kopfe ist der Schlund von 7 oder 8 Paar grossen verticalen Kiemenspalten durchbrochen, die frei liegen (ohne Kiemendeckel). VII. Hinter der letzten Kiemenspalte sitzen zwei Paar kleine Zygomelen von Archipterygium-Structur; die vordere (Brustflosse) ist von der hinteren (Bauchflosse) wenig verschieden, und nur durch einen kleinen Zwischenraum getrennt; die Copulativen, welche an den grossen, nach hinten gewanderten Bauchflossen der lebenden Selachier sich finden (Mixipterygium) sind bei Ichthygonus noch nicht vorhanden. VIII. Das Gehirn ist bedeutend kleiner und von viel primitiverer Organisation als dasjenige der heutigen Selachier; es schliesst sich mehr an dasjenige der Cyclostomen an. Auch in der Bildung der übrigen Weichtheile wird Ichthygonus noch vielfach den hypothetischen *Archicranier*-Ahnen näher gestanden haben, als den bekannten, niedersten Formen der heute noch lebenden *Selachier*, der ältesten Fische.

Die Ontogenie der Ichthygoniden wird ebenfalls bis zu einem gewissen Stadium nach derjenigen der *Archicranier*, bezüglich der *Petromyzonten* geglichen haben. Insbesondere dürfen wir annehmen, dass ihre Eier klein waren, eine geringe Menge Nahrungsdotter besassen und einer totalen, inaequalen Furchung unterlagen. Die grossen Eier der modernen Selachier, mit ihrem voluminösen Nahrungsdotter und der dadurch bedingten partiellen, discoidalen Furchung, betrachten wir als eine secundaere Erwerbung, erst später durch allmähliges Wachsthum des Nahrungsdotters entstanden. Demgemäss wird auch die Gastrula von Ichthygonus nicht der *Discogastrula* der heutigen Selachier, sondern der *Amphigastrula* von Petromyzon geglichen haben, an welche sich auch diejenige von Accipenser und von Ceratodus anschliesst. Die Keimstufen der *Chordula*, der *Spondula* und der bedeutungsvollen *Archicranula* werden bei dem silurischen Ichthygonus eine ähnliche Bildung besessen haben, wie bei dem heutigen Petromyzon (— *Ammocoetes*, vergl. §§ 207, 211).

Viertes Kapitel.

Systematische Phylogenie der Fische.

§ 218. Dritte Classe der Wirbelthiere:

Pisces. Fische.

Aelteste Hauptgruppe der Gnathostomen.

Anamnien mit zwei Paar Fischflossen (polydactylen, bisweilen rückgebildeten, lateralen Gliedmaassen); ohne Lungen, mit zweikammerigem Herzen (einer Hauptkammer und einer Vorkammer). Herzblut carbonisch (venös). Athmung nur durch Kiemen. Nasengruben blind, ohne Verbindung mit der Mundhöhle.

Die Classe der echten Fische (*Pisces*) umfasste früher alle niederen Wirbelthiere, welche noch nicht die fünfzehigen Gliedmaassen der *Pentadactylen* (Amphibien und Amnioten) besassen. Entsprechend dem phylogenetischen System der Wirbelthiere, das wir 1866 aufgestellt hatten, und das jetzt von den meisten Zoologen angenommen ist (§ 4), beschränken wir die Classe auf die drei Gruppen der *Selachier*, *Ganoiden* und *Teleostier*; dagegen schliessen wir drei andere Gruppen aus, welche selbst jetzt noch häufig zu dieser Classe gestellt werden, die *Acranier*, *Cyclostomen* und *Dipneusten*. Die beiden tiefstehenden Gruppen der *Acranier* und *Cyclostomen* entfernen sich in den wichtigsten Eigenthümlichkeiten ihrer Bildung so weit von den echten Fischen, dass sie diesen ferner stehen als die Säugethiere; ihre Abtrennung bedarf nach dem vorher Gesagten keiner weiteren Rechtfertigung. Aber auch die *Dipneusten* oder *Dipnoi*, welche gegenwärtig noch fast allgemein in die Fisch-Classe eingezwängt erscheinen, werden zweckmässig aus derselben entfernt. Denn die Verwandlung der hydrostatischen Schwimmblase in die respiratorische Lunge, und die damit verknüpfte Umbildung des Herzens und der Luftwege sind phylogenetische Ereignisse von höchster Bedeutung, sowohl in physiologischer als morphologischer Beziehung. Die *Dipneusten* bilden dadurch den unmittelbaren Uebergang von den wasserathmenden Fischen zu den luftathmenden Amphibien. Ausserdem gewinnen wir durch die Ausscheidung der Dipneusten den grossen logischen Vortheil, den Begriff der Fische viel schärfer und klarer definiren zu können. Selbstverständlich wird durch diese Trennung die nahe Verwandtschaft der *Dipneusten* und *Ganoiden*, ihre hypothetische Abstammung von dieser älteren Fisch-Gruppe, in keiner Weise alterirt.

Wenn wir demnach den Umfang der Fisch-Classe auf jene drei Subclassen beschränken, so ergiebt sich als Inhalt ihres Begriffes die obige Definition. In erster Linie tritt dabei die ausschliessliche Kiemen-Athmung hervor, und die Thatsache, dass das Herz bloss carbonisches Blut enthält, wie bei den Cyclostomen; demnach besitzt das Herz auch nur eine Vorkammer und eine Hauptkammer. Da die Lungen-Athmung noch ganz fehlt, so bleiben auch die beiden Nasen-Gruben noch von der Mundhöhle getrennt. Der Besitz dieser paarigen blinden Nasengruben gehört zu den beständigen Character-Zügen sämmtlicher echten Fische.

Ein weiterer höchst wichtiger Unterschied der echten Fische von den vorhergehenden beiden Classen liegt in dem Besitze paariger Gliedmaassen (*Zygomela*): ein Paar Brustflossen und ein Paar Bauchflossen. Allerdings fehlen die letzteren (— sehr selten auch die ersteren —) in einigen kleinen Gruppen; allein dann liegt nachweislich Rückbildung vor. Es unterliegt keinem Zweifel, dass bereits die gemeinsame Stammgruppe der Fische, die *Proselachier*, diese zwei Paar Extremitäten besassen, während ihren Vorfahren, den *Cyclostomen* und *Acraniern*, noch jede Spur davon fehlt. Die besondere Form, in welcher die Zygomelen sowohl bei den ältesten Selachiern (*Pleuracanthiden*), als bei vielen älteren Ganoiden (*Crossopterygiern* u. A.) auftreten, ist das ursprüngliche Archipterygium; dasselbe stützt die Annahme, dass jede paarige Gliedmaasse aus einem hinteren Kiemenbogen (der *Ichthygoniden*) entstanden ist (vergl. § 80).

§ 219. Skelet der Fische.

Die Skeletbildung der Fisch-Classe ist äusserst mannichfaltig und sehr reich differenzirt, zeigt aber dennoch überall denselben fundamentalen Typus. Zu dem primitiven inneren Knorpel-Skelet der *Cyclostomen* treten am echten Fisch-Skelet wichtige Neubildungen, welche den letzteren noch gänzlich fehlen: erstens die segmentalen inneren

Kiemenbogen, mit Zungenbein und Kiefer-Apparat; und zweitens das vielgliedrige Binnen-Skelet der *Zygomelen* oder paarigen Gliedmaassen. Nicht minder wichtig ist ein anderer neuer Erwerb, die Bildung eines Hautskelets durch Ablagerung von Kalksalzen in der Lederhaut. Wir begegnen also bei den Fischen (— und zwar schon bei der Stammgruppe der *Proselachier* —) zum ersten Male dem Gegensatze zwischen zwei verschiedenen Skelet-Formationen, den inneren und äusseren Hartgebilden. Das knorpelige Binnenskelet (*Endoskeleton*), von der Chordascheide ausgehend, ist phylogenetisch älter als das Hautskelet oder Dermalskelet (*Exoskeleton*); denn das erstere findet sich ja schon bei den *Cyclostomen*, denen noch jede Spur des letzteren fehlt. Die Verkalkung hingegen tritt früher und ausgedehnter im Hautskelet der Fische auf, als im Binnenskelet. Viele ältere Fische, bei denen noch keine Kalkablagerung im Endoskelet auftritt, besitzen einen festen Hautpanzer, welcher durch Verknöcherung der Lederhaut entsteht. Weiterhin treten dann aber inneres und äusseres Skelet in sehr innige Beziehungen, indem sich an der Zusammensetzung des ersteren auch Deckknochen der Haut reichlich betheiligen. Zuletzt wird die Verbindung der beiden, ursprünglich ganz verschiedenen Skelet-Formationen (z. B. am Schädel) so vollständig, dass die beiderlei Hartgebilde, die vom *Corium* stammenden »Deckknochen« und die von der *Perichorda* abgeleiteten »Binnenknochen«, nur durch ihre Ontogenese zu unterscheiden sind.

§ 220. Endoskelet der Fische.

Die Phylogenie des Binnenskelets der Fische, durch eine grosse Zahl gut conservirter Versteinerungen bekannt, lässt uns eine lange Reihe mannichfaltiger Entwickelungsstufen erkennen. Als gemeinsamer Ausgangspunkt für Alle dient das relativ einfache Knorpel-Skelet der *Proselachier*, welches sich unmittelbar an dasjenige der *Cyclostomen* anschliesst. Da bei einem Theile dieser ältesten Fische das innere Knorpel-Skelet mit körnchenartigen Kalkablagerungen erfüllt ist (ohne jedoch zu verknöchern), so ist uns seine Gestalt sehr genau bekannt (*Pleuracanthiden*). Die Chorda ist hier noch ganz einfach, ein ungegliederter Cylinder, mit unverkalkter Scheide. Dagegen sind obere und untere Wirbelbogen entwickelt, ihre Hälften noch getrennt. Die Dornfortsätze stehen in Verbindung mit Flossenträgern, auf denen Flossenstrahlen aufsitzen. An knorpeligen Primordial-Schädel hängt ein Kieferbogen mit oberer Hälfte (*Palatoquadratum*) und unterer Hälfte (*Praemandibula*); dahinter ein Hyoidbogen und 5—7 Paar Kiemenbogen. Bei allen Selachiern bleibt das Endoskelet knorpelig;

es treten zwar vielfach Verkalkungen in seiner Oberfläche auf, aber niemals echte Verknöcherungen; auch tritt es niemals mit Deckknochen der Haut in Beziehung (daher »Knorpelfische«, *Chondropterygii*). Schon bei einem Theile der ältesten *Ganoiden* entwickeln sich mächtige Deckknochen in der Haut, welche theilweise in directe Beziehung zum Binnen-Skelet treten (*Osteodermi*). Insbesondere sind diejenigen wichtig, welche sich auf der äusseren Schädelfläche entwickeln und später zu integrirenden »Deckknochen des Schädels« werden. Auch das Branchial-Skelet und die paarigen Gliedmaassen werden theilweise durch solche Deckknochen geschützt. Bei einem Theile der *Ganoiden* beginnt dann auch später, aber erst in der Carbon-Periode, die Verknöcherung des primären knorpeligen Binnen-Skelets. In der Jura-Periode, und besonders in der Kreide-Periode, wird diese Ossification des Endoskelets vollständiger und allgemeiner, während gleichzeitig das Dermal-Skelet in entsprechendem Maasse rückgebildet wird. Endlich in der Tertiär-Zeit gewinnen die Herrschaft die echten *Teleostier*, mit vollkommener Verknöcherung der Wirbelsäule, des Schädels und des Meloskelets.

§ 221. Dermal-Skelet der Fische.

Die zahlreichen verschiedenen Bestandtheile des Hautskelets, welche ursprünglich unter den Begriff der »Hautzähnchen« fallen, gewöhnlich aber als »Fisch-Schuppen« bezeichnet werden, lassen sich auf drei verschiedene Hauptformen zurückführen. Diese sind im Grossen und Ganzen (— abgesehen von Uebergangsformen und Ausnahmen —) characteristisch für die drei Subclassen der Fische: I. Die *Placoid*-Schuppen der Selachier, II. die *Ganoid*-Schuppen der Ganoiden, III. die *Diaphan*-Schuppen der Teleostier. Diese drei Hauptformen bezeichnen zugleich die historische Reihenfolge, in der die drei Gruppen aus einander hervorgegangen sind. Die ältesten sind die Placoid-Schuppen oder Pflasterschuppen der *Selachier*: ursprünglich sehr kleine »Hautzähnchen«, welche durch Ossification von Lederhaut-Papillen entstehen; gewöhnlich erhebt sich auf einem kleinen flachen Knochenplättchen von rhombischer Form ein konischer Dentin-Stachel, dessen Oberfläche mit einer dünnen Schmelzkappe (Ausscheidung der überliegenden Epidermis-Zellen) bedeckt ist. Durch Vergrösserung dieser Hautzähnchen, mannichfache Differenzirung ihrer drei Bestandtheile (Basalplatte, Dentinkegel und Schmelzkappe) und gruppenweise Verwachsung derselben entstehen alle anderen, höchst mannichfaltig geformten Skelet-Bildungen der Fischhaut. Bei den meisten Selachiern erscheint die Haut gepflastert oder schagrinirt, indem zahllose kleine Hautzähnchen neben einander liegen. Aber schon bei alten Selachiern kommt es zu localen Ausbildungen grösserer »Hautzähne«, Dornen und Hautstacheln, insbesondere grosser Flossenstacheln (*Ichthyodorulithen*); auch die Zähne der Mundhöhle sind desselben Ursprungs. Grössere Knochentafeln entstehen dann namentlich bei den älteren Ganoiden und treten oft zu mächtigen Panzerplatten zusammen (*Osteodermen*); auch ein Theil der Knochenfische besitzt noch solchen Hautpanzer (*Siluroiden, Plectognathen, Lophobranchier*). Die Mehrzahl der Ganoiden hingegen ist characterisirt durch die Ausbildung der typischen Ganoid-Schuppen oder Schmelz-Schuppen. Diese erscheinen meistens als viereckige, rhombische oder quadratische, später oft abgerundete Cutis-Knochen, welche sich durch die mächtige Entwickelung des glasartigen, sehr harten Schmelz-Ueberzuges auszeichnen; oft sind dieselben durch Schuppen-Gelenke verbunden. Die Zähnchen der Schuppen sind reducirt oder ganz verschwunden. Durch Rückbildung der Schmelzdecke und Verdünnung der verknöcherten Hautplatte entstehen die Diaphan-Schuppen der Teleostier, die gewöhnlich dünnen und biegsamen »Glasschuppen« der Knochenfische, die sich mit ihren hinteren Rändern dachziegelartig decken; meistens ist dieser freie Hinterrand glatt (Cycloid-Schuppen), seltener gezähnt (Ctenoid-Schuppen).

§ 222. Malacom der Fische.

Für unsere Kenntniss der zahlreichen ausgestorbenen Fische und ihre phylogenetische Beurtheilung entsteht ein grosser Nachtheil aus dem Umstande, dass in der Regel nur die harten Skelettheile, die Schuppen und Zähne des Dermal-Skelets und die Knochen des Endoskelets sich versteinert erhalten haben; ausserdem häufig auch der Umriss des Körpers und seiner Anhänge. Dagegen erhalten wir durch die Petrefacten keinen oder nur sehr wenig Aufschluss über die Bildung der wichtigsten Weichtheile, insbesondere des Gehirns, des Herzens, der Kiemen, des Darms u. s. w. Und doch wissen wir aus der vergleichenden Anatomie der lebenden Fische, dass diese Organe zum Theil sehr auffallende und characteristische Unterschiede in den Hauptgruppen zeigen. Gerade bei den *Ganoiden*, der wichtigen Uebergangsgruppe zwischen den *Selachiern* und *Teleostiern*, macht sich dieser Mangel der palaeontologischen Urkunde in empfindlichster Weise fühlbar. Wir werden daher über die wahre Stellung und Verwandtschaft eines Theils dieser Gruppe, insbesondere vieler *Osteodermen* (Cephalaspiden, Placodermen etc.), niemals volle Sicherheit erlangen. Auch über die Weichtheile der wichtigen *Crossopterygier* giebt uns deren einziger moderner Ueberrest, *Polypterus*, nur unvollständigen

Aufschluss. Anderseits werden jene Lücken oft in erfreulicher Weise durch die vergleichende Anatomie und Ontogenie ausgefüllt. Daraus ergeben sich namentlich folgende wichtige Anhaltspunkte für die Phylogenie des Fisch-Malacoms: I. Der Kiemendarm tritt uns in seiner ursprünglichen Gestalt bei den *Selachiern* entgegen, mit sieben Paar (später sechs oder fünf Paar) getrennten Kiementaschen, jede mit einer inneren Mündung in den Schlund, einer äusseren Mündung auf der Kopfseite; durch Reduction der Septen und Ablösung der Kiemenbogen von der Hautdecke sind aus jenen die vier (oder drei) Paar freien Kiemen der *Ganoiden* und *Teleostier* entstanden. II. Der Leberdarm ist bei *Selachiern* und *Ganoiden* durch Bildung einer Spiral-Klappe ausgezeichnet, welche bei den *Teleostiern* fehlt (durch Rückbildung verschwunden ist). III. Das Herz der *Selachier* und *Ganoiden* besitzt einen starken musculösen Herzkegel (*Conus arteriosus*); dieser schwindet bei den *Teleostiern* und wird ersetzt durch einen dicken *Bulbus arteriosus*, eine basale Anschwellung des Arterien-Stiels. IV. Auch in der Bildung des Nerven-Systems zeigen die *Selachier* die ältesten und ursprünglichsten Verhältnisse, die *Teleostier* dagegen die jüngsten und abweichendsten Umbildungen; die *Ganoiden* stehen auch hier vielfach zwischen Beiden als connectente Gruppe.

§ 223. Palaeontologie der Fische.

Die Fische eignen sich vermöge ihrer Lebensweise im Wasser besser zur Erhaltung in versteinertem Zustande, als die meisten übrigen, grösstentheils terrestrischen Wirbelthiere. Sie fehlen in keiner Petrefacten führenden Formation, vom Silur bis zur Gegenwart — nur die älteste, das Cambrium, ausgenommen. Auch ist die Zahl der fossilen Species thatsächlich sehr bedeutend und viele kommen in grossen Mengen in einzelnen Gesteinen vor. Dennoch ist die palaeontologische Urkunde auch hier, wie überall sehr unvollständig, theils aus geologischen, theils aus biologischen Gründen. Gegenüber den 10 000 lebenden Fisch-Arten repräsentiren die kaum 3000 fossilen Species sicher nur den kleineren Theil von der gesammten Arten-Zahl, die überhaupt gelebt hat. In der Regel finden sich vollständige Fisch-Abdrücke und -Skelete nur in solchen Formationen gut erhalten, die als feiner Schlamm auf dem Boden ruhiger Gewässer abgelagert wurden. In grobkörnigen Gesteinen dagegen bleiben gewöhnlich nur einzelne Theile, besonders abgelöste grössere Hartgebilde: Zähne, Flossenstacheln, Hautknochen u. s. w. erhalten. Viele Küstenfische erfüllten schon wegen ihrer Lebensweise und Umgebung nicht die Bedingungen zur Versteinerung. Anch von älteren Knorpelfischen, deren Haut nackt oder nur fein schagrinirt, deren Skelet nicht verknöchert oder nicht mit Kalk incrustirt war, konnten keine Spuren übrig bleiben.

Trotz diesen empfindlichen negativen Lücken liefert uns die Palaeontologie der Fische so zahlreiche positive Daten und so werthvolle Anhaltspunkte für den Verlauf ihrer Stammesgeschichte, dass wir denselben — im Grossen und Ganzen — vollkommen klar übersehen können. Manche Lücken werden in befriedigender Weise durch die Ergebnisse der vergleichenden Anatomie und Ontogenie ausgefüllt. Entsprechend den Anforderungen der Descendenz-Theorie nimmt nicht allein die Zahl der Gattungen und Arten, sondern auch die Differenzirung und die Vervollkommung ihrer Organisation von Periode zu Periode stetig zu. In den ältesten fossiliferen Formationen, im Silur und Devon, finden sich nur Vertreter der primitivsten Gruppen aus den Subclassen der *Selachier* und *Ganoiden*, sämmtlich mit permanenter Chorda, ohne verknöcherte Wirbelsäule. Diese letztere beginnt erst in der Carbonzeit sich zu entwickeln. Die primitivsten Fischformen, die wir kennen, und die der hypothetischen Stammform der Classe (§ 217), dem *Ichthyogonus* am nächsten stehen, sind die Pleuracanthiden, sie zeigen in wichtigen Beziehungen noch ursprünglichere Verhältnisse als die niedersten lebenden Fische, die Notidaniden (*Chlamydoselachus*, *Heptanchus*). Zwar kennen wir fossile wohlerhaltene Reste von *Pleuracanthiden* nur aus dem carbonischen und permischen System; indessen unterliegt es keinem Zweifel, dass diese Proselachier auch schon in devonischer und silurischer Zeit existirten; denn hier finden sich schon *Plagiostomen*, *Acanthodinen* und *Osteodermen*, und diesen müssen jene primitiveren Formen vorausgegangen sein. Insbesondere erscheinen die Panzer-Ganoiden (*Cephalaspiden* und *Placodermen*), die im Silur und besonders häufig im Devon auftreten, bereits als sehr specialisirte Formen; die zahlreichen Zwischenformen, welche von den älteren *Proselachiern* zu diesen Epigonen der Proganoiden während der Silur-Zeit hinübergeführt haben, sind uns leider nicht näher bekannt.

Zu diesen ältesten Gruppen der Selachier und Ganoiden gesellen sich im Devon und im Carbon noch zahlreiche und characteristische Formen der Crossopterygier, einer Ganoiden-Ordnung, deren reiche Entfaltung für diese Zeit besonders characteristisch ist; und zwar sowohl *Rhombodipterinen*, als *Cyclodipterinen* und *Coelacanthinen*. Die devonischen Crossopterygier sind um so wichtiger, als sich unter ihren älteren Familien auch die Stammformen der Euganoiden (*Lysopterygier*) und somit auch der *Teleostier* befinden. Auch die Stammformen der Dipneusten (*Phaneropleuriden*) und der von diesen abzuleitenden Amphibien (*Stegocephalen*) stehen den ältesten Crossopterygiern sehr nahe. Daneben kommen im Carbon noch zahlreiche Plagiostomen vor (sowohl *Squalaceen* als von diesen abgeleitete *Rajaceen*); im Perm hingegen sind die *Euganoiden* (besonders die *Lysopterygier*) ganz überwiegend.

Die bedeutungsvolle Transformation, welche am Ende der Perm-Periode die meisten Thierclassen betrifft, und welche mit dem Abschluss der palaeozoischen Aera den Beginn des mesozoischen Zeitalters anzeigt, ändert auch den Character der Fischclasse vollständig. Die typischen Familien der palaeozoischen Selachier und Ganoiden verschwinden grösstentheils oder ganz, und an ihre Stelle treten neue Familien, deren Abstammung von jenen sich zum Theil klar erkennen lässt. So sind namentlich unter den Euganoiden die *Lepidostonen* der Trias unmittelbar von den heterocerken *Lysopterygiern* des Perm, von den *Palaeonisciden*, abzuleiten; ebenso die plattgedrückten mesozoischen *Pycnodontiden* von den palaeozoischen *Platysomiden*. Die Hauptrolle spielen in der Trias- und Jura-Zeit die Lepidostonen. Von ihnen stammen auch die *Amiaceen* ab, jene wichtigen jüngeren Ganoiden mit dünnen runden Schuppen, die sich unmittelbar an die ältesten Teleostier, die jurassischen *Clupeaceen*, anschliessen. Der allmähliche Uebergang zwischen diesen beiden Subclassen der Fische ist in der Jura-Zeit ein so continuirlicher, dass die Stellung mehrerer connectenter Familien ganz zweifelhaft ist. Ein Theil der Amiaceen (*Hoplopleuriden, Halecomorphen*) und ebenso anderseits ein Theil der Clupeaceen (*Thrissopiden, Leptolepiden*) wird von den einen Ichthyologen noch zu den Ganoiden gerechnet, von den anderen schon zu den Teleostiern, je nachdem man die Begriffe dieser beiden innig verknüpften Subclassen definirt. Jedenfalls spielen die ältesten Teleostier im Jura, wo die Euganoiden vorherrschen, immer noch eine untergeordnete Rolle; sie verdrängen ihre Ganoiden-Ahnen erst in der nachfolgenden Kreide-Periode. Dieses Uebergewicht nimmt beständig zu von der älteren gegen die jüngere Kreide-Zeit.

Die mesozoischen Teleostier gehören im Jura ausschliesslich, in der Kreide grösstentheils zu der älteren Ordnung der *Physostomen*, überwiegend zu den *Clupeaceen*. Die formenreiche Ordnung der *Physoclisten*, welche sich während der Kreide-Zeit aus den ersteren entwickelt hat, spielt anfangs noch eine untergeordnete Rolle. Erst während der Tertiär-Zeit erhebt sie sich durch Differenzirung zahlreicher Familien und Gattungen zu jener herrschenden Stellung, welche sie noch in den Meeren der Gegenwart besitzt. Dagegen zogen sich die schwächeren Physostomen immer mehr in das Süsswasser zurück. Die beiden Specialisten-Gruppen der *Plectognathen* und *Lophobranchier* haben sich erst im Beginn der Tertiär-Zeit aus Physoclisten entwickelt.

Die schwachen Ueberreste der *Ganoiden*, die gegen Ende der Secundär-Zeit grösstentheils ausstarben, sind in der Tertiär-Zeit schon ebenso unbedeutend wie in der Gegenwart. Die modernen *Selachier* sind zwar noch zahlreich, gehören aber grösstentheils anderen Familien an, als ihre mesozoischen und palaeozoischen Vorfahren.

§ 224. Stammesgeschichte der Fisch-Ordnungen.

Alle echten Fische, d. h. alle *Selachier*, *Ganoiden* und *Teleostier*, stimmen trotz grosser Mannichfaltigkeit ihrer äusseren Gestalt dennoch in allen wesentlichen Verhältnissen der inneren Organisation so sehr überein, dass wir ohne Bedenken für die ganze Classe eine einheitliche Abstammung annehmen dürfen. An der Wurzel dieses vielverzweigten Stammbaumes stehen die silurischen Proselachier (*Pleuracanthiden*), welche unter allen bekannten Fischen die Charactere ihrer Ahnen, der *Archicranier*, am getreuesten bewahrt haben. Aus den *Ichthygoniden*, der hypothetischen Stammform der Proselachier, lassen sich als drei divergente Aeste die *Plagiostomen*, *Holocephalen* und *Proganoiden* ableiten. Als die älteste und wichtigste Gruppe der Plagiostomen sind die Raubhaifische (*Squalacei*) zu betrachten, welche mit den Proselachiern durch die *Notidaniden* verknüpft sind. Schon im Silur und Devon sind ihre Spuren zahlreich zu finden. Erst später sind aus ihnen (polyphyletisch) die Rochen (*Rajacei*) hervorgegangen. Die Holocephalen (*Chimaeracei*), deren erste (unsichere) Spuren im Devon, sichere erst später im Jura sich finden, erscheinen jenem Hauptzweige der Selachier gegenüber als ein unbedeutender Seitenast. Im Ganzen haben uns die Selachier — unzweifelhaft die Stammgruppe aller anderen Fische — wegen der mangelhaften Verkalkung ihrer isolirten Skelettheile, keine so wichtigen und vollständigen fossilen Documente hinterlassen, wie die beiden anderen Subclassen. Wir können jedoch als wahrscheinlich annehmen, dass sie während der silurischen, devonischen und carbonischen Zeit eine sehr grosse Rolle spielten und dann erst zu Ende des palaeozoischen Zeitalters gegen die Ganoiden zurücktraten.

Die vielgestaltige Subclasse der Ganoiden bietet der phylogenetischen Classification zwar viele äusserst werthvolle Thatsachen, aber auch grosse innere Schwierigkeiten. Von der grossen Masse der ausgestorbenen Formen kennen wir nur die äussere Körperform und die Skeletbildungen. Auf die innere Organisation des Malacoms dürfen wir nur mit grosser Vorsicht aus der vergleichenden Anatomie ihrer wenigen noch lebenden Epigonen schliessen. Als gemeinsame Stammgruppe aller Ganoiden betrachten wir — bei monophyletischer

§ 225. Historische Stammfolge der Fisch-Gruppen.

Unterordnungen der Fische	Palaeozoische Perioden				Mesozoische Per.			Caenozoische	
	Silur	Devon	Carbon	Perm	Trias	Jura	Kreide	Tertiär	Quartär
	Sil.	Dev.	Carb.	Prm.	Trs.	Jur.	Crt.	Ttr.	Qtr.
Ichthygonides	⊙	⊙	…	…	…	…	…	…	+
Pleuracanthides	⊙	⊙	—	—	…	…	…	…	+
Squalacei	—	—	—	—	—	—	—	—	—
Rajacei	…	…	—	—	—	—	—	—	—
Trachyacanthides	…	?	?	—	…	…	…	…	+
Chimaeracei	…	?	?	?	?	—	—	—	—
Proganoides	⊙	⊙	?	?	…	…	…	…	+
Acanthodini	—	—	—	—	…	…	…	…	+
Cephalaspides	—	—	…	…	…	…	…	…	+
Placodermi	—	—	?	?	…	…	…	…	+
Sturiones	…	…	…	…	—	—	—	—	—
Rhombodipterini	…	—	—	—	⊙	⊙	…	…	+
Polypterini	…	…	…	…	…	⊙	⊙	—	—
Cyclodipterini	…	—	—	…	…	…	…	…	+
Coelacanthini	…	—	—	—	—	—	—	…	+
Lysopterygii	…	—	—	—	—	—	…	…	+
Lepidostonea	…	…	…	—	—	—	—	—	—
Platysomides	…	…	—	—	?	…	…	…	+
Pycnodontides	…	…	…	…	⊙	—	—	— . .	+
Hoplopleurides	…	…	…	…	—	—	—	…	+
Pachycormides	…	…	…	…	…	—	—	…	+
Amiacei	…	…	…	…	…	—	—	—	—
Physostomi	…	…	…	…	…	—	—	—	—
Physoclisti	…	…	…	…	…	…	—	—	—
Plectognathi	…	…	…	…	…	…	…	—	—
Lophobranchii	…	…	…	…	…	…	…	—	—

§ 226. System der Fische.

Subclassen	Ordnungen	Charactere	Unterordnungen
I. **Selachii** Urfische *Chondropterygii* Endoskelet knorpelig, ohne Deckknochen. Urschädel knorpelig. Taschenkiemen; Kiemenbog. i. d. Septen der Taschen. Herz mit Conus arteriosus	1. **Proselachii** Urhaifische Silur — Perm	Kiemenspalten 7 bis 8 Paar. Oberkiefer frei. Archipterygium	1. *Ichthygonides* ⊙ 2. *Pleuracanthides* +
	2. **Plagiostomi** Haifische Silur — Praesent	Kiemenspalten meist 5 Paar (selten 6 od. 7). Oberkiefer frei. Metapterygium	3. *Squalacei* V 4. *Rajacei* V
	3. **Holocephali** Katzenfische Devon — Praes.	Kiemenspalten 4 Paar. Oberkiefer verwachsen. Metapterygium.	5. *Trachyacanthi* + 6. *Chimaeracei* V
II. **Ganoides** Schmelzfische *Ganopterygii* Endoskelet verschied. entwickelt. Urschädel mit Deckknochen. Kammkiemen auf freien Kiemenbogen. Herz mit Conus arteriosus	4. **Proganoides** Urschmelzfische Silur — Perm	Chorda ungegliedert. Kleine Placoid-Schuppen. Archipterygium	7. *Onchodini* + 8. *Acanthodini* +
	5. **Osteodermi** Panzerfische Silur — Praesent	Chorda ungegliedert. Grosse knöcherne Panzerplatten. Metapterygium	9. *Cephalaspides* + 10. *Placodermi* + 11. *Sturiones* V
	6. **Crossopterygii** Quastenfische Devon — Praes. (Mit Archipterygium)	Brustfloss. quastenförmig Kiemendeckel mit Jugular-Platten: Schuppen cycloid Schuppen rhomboid	12. *Coelacanthini* + 13. *Cyclodipterini* + 14. *Rhombodipterini* + 15. *Polypterini* V
	7. **Euganoides** Rautenfische Devon — Praes. (Mit Metapterygium)	Brustflossen fächerförmig. Kiemenhautstrahlen. Schuppen rhomboid.	16. *Lysopterygii* + 17. *Lepidostonei* V 18. *Pycnodontes* +
	8. **Amiacei** Brückenfische Trias — Praesent	Schädel der Teleostier. Ganoidschuppen diaphan. (Metapterygium)	19. *Caturomorphi* + 20. *Halecomorphi* V
III. **Teleostei** Knochenfische *Osteopterygii* Endoskelet verknöchert. Urschädel rückgebildet. Kammkiemen auf freien Kiemenbogen. Herz ohne Conus arteriosus. (Zygomelen stets mit Metapterygium).	9. **Physostomi** Edelfische Jura — Praesent	Pneumoduct erhalten. Kammkiemen. Beweglicher Oberkiefer	21. *Leptolepides* + 22. *Clupeacei* V 23. *Siluracei* V 24. *Congeracei* V
	10. **Physoclisti** Massenfische Kreide — Praesent	Kein Pneumoduct. Kammkiemen. Beweglicher Oberkiefer	25. *Acanthopteri* V 26. *Pharyngognathi* V 27. *Anacanthini* V 28. *Pleuronectides* V
	11. **Plectognathi** Schnabelfische Tertiär — Praesent	Kein Pneumoduct. Kammkiemen. Unbeweglicher Oberkiefer	29. *Sclerodermi* V 30. *Gymnodontes* V
	12. **Lophobranchii** Büschelfische Tertiär — Praesent	Kein Pneumoduct. Büschelkiemen. Zahnlose Mundröhre	31. *Solenostomi* V 32. *Syngnathides* V

§ 227. Stammbaum der Fische.

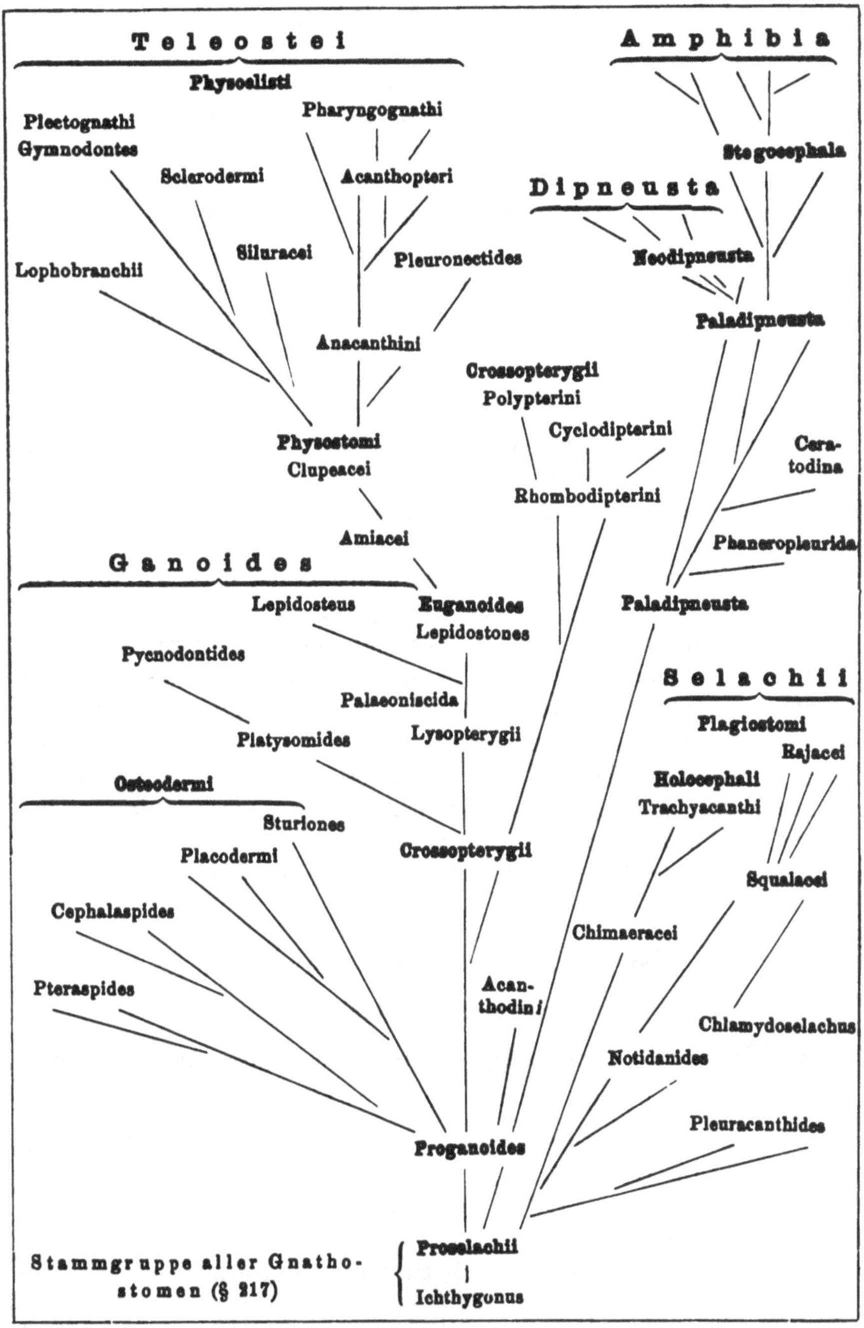

Auffassung dieser Subclasse! — die silurische Ordnung der Proganoiden. Von den ältesten Formen derselben, den *Onchodinen*, sind uns leider nur zerstreute Skelettheile, Flossenstacheln und Placoid-Schuppen bekannt, schwer zu unterscheiden von denjenigen ihrer *Proselachier*-Ahnen (*Onchus*, *Rhabdacanthus* u. s. w.). Ihnen nahe verwandt sind die besser bekannten silurischen und devonischen *Acanthodinen*, die wir als einen auslaufenden alten Seitenzweig der Proganoiden betrachten. Schon sehr frühzeitig (in der mittleren Silur-Zeit) haben sich von diesen die eigenthümlichen Panzerfische abgezweigt, die wir unter dem Begriffe der *Osteodermen* vereinigen: die hauptsächlich im Devon mächtig entwickelten *Cephalaspiden*, *Pteraspiden* und *Placodermen*; als vereinzelte moderne Ueberreste dieser uralten Gruppe betrachten wir die heutigen Störe (*Sturiones*). Der Hauptstamm der Ganoiden hat sich von den *Proganoiden* (oder Onchodinen) in die wichtige Ordnung der Crossopterygier fortgesetzt, als deren einzige lebende Repräsentanten wir die *Polypterinen* kennen. Einerseits sind ihnen die Stammformen der *Dipneusten* und *Amphibien* sehr nahe verwandt, anderseits die *Euganoiden*, mit den formenreichen Unterordnungen der *Lysopterygier* und *Lepidostonen*. Von letzteren sind direct die *Amiaceen* abzuleiten, die mesozoische Stammgruppe der *Teleostier*.

Die Subclasse der echten Knochenfische oder Teleostier bildet in der Gegenwart wie in der ganzen Tertiär-Zeit die Hauptmasse der Fische. Ihre ältesten Vertreter sind die Physostomen, und unter ihnen die häringsartigen Fische, die *Clupeaceen*; sie sind durch die triassischen *Thrissopiden* und die jurassischen *Leptolepiden* unmittelbar mit ihren Ganoiden-Ahnen, den Amiaceen, verknüpft. Erst später (in der Kreidezeit) sind aus den *Physostomen* (durch Rückbildung des Pneumoductus) die *Physoclisten* hervorgegangen, mit der formenreichen Gruppe der *Acanthopteri*. Als specialisirte Seitenzweige derselben erscheinen in der Tertiär-Zeit die *Plectognathen* und *Lophobranchier*.

§ 228. Erste Subclasse der Fische:

Selachii. Urfische.

Elasmobranchii. Chondropterygii p. p. *Placolepides. Knorpelfische.*

Stammgruppe aller Gnathostomen.

Fische mit knorpeligem Endoskelet und ungetheiltem permanentem Urschädel, stets ohne Deckknochen. Haut mit kleinen Placoid-Schuppen oder Hautzähnchen bedeckt. Kiemenbogen eingeschlossen in den Septen von vier bis sieben, meistens fünf Paar getrennten Kiementaschen, deren Schleimhautfalten die Kiemenblättchen bilden. Ebensoviele äussere Kiemenspalten. Darm mit Spiralklappe. Herz mit musculösem Conus arteriosus.

Die Subclasse der Selachier oder *Elasmobranchier* ist die älteste unter allen Hauptgruppen der *Gnathostomen* und besitzt als die ursprüngliche Stammgruppe dieser formenreichen Abtheilung die höchste Bedeutung. Als wahre »Urfische« haben sie in der Bildung der meisten Organe deren ursprüngliche Beschaffenheit am getreuesten bis heute conservirt. Das zeigt sich deutlich in der unvollkommenen Ausbildung ihres knorpeligen Binnen-Skelets, in der Permanenz des knorpeligen Primordial-Schädels, in der ursprünglichen Bildung ihrer placoiden Hautbedeckung, deren »Hautzähne« niemals als »Deckknochen« in Beziehung zum inneren Knorpelskelet und Urschädel treten. Ebenso primitiv ist die Beschaffenheit der Kiementaschen und des Herzens. In allen diesen wichtigen Beziehungen zeigen die Selachier eine ursprünglichere Beschaffenheit als die beiden anderen Subclassen; die *Ganoiden* und *Teleostier* können von den Selachiern durch fortschreitende Differenzirung der Organe und Anpassung an besondere Functionen abgeleitet werden, aber nicht umgekehrt.

Wir unterscheiden in der Subclasse der Selachier drei Ordnungen: die *Proselachier*, *Plagiostomen* und *Holocephalen*. Die älteste und niederste Ordnung bilden die *Proselachier*; sie sind als gemeinsame Stammgruppe aller Gnathostomen von hervorragender Wichtigkeit. Von ihrer ursprünglichen Organisation können uns die trefflich erhaltenen Reste des palaeozoischen *Pleuracanthus* eine annähernde Vorstellung geben. Unter ihren lebenden Epigonen scheinen ihnen die Notidaniden-Gattungen *Heptanchus* und *Chlamydoselachus* am nächsten zu stehen (§ 230). Die gemeinsamen ältesten Stammformen der Proselachier (— und zugleich aller übrigen Fische —) bezeichnen wir als *Ichthygoniden* (§ 217). Aus ihnen sind wahrscheinlich als drei divergirende Aeste die Stammformen der *Plagiostomen*, *Holocephalen* und *Ganoiden* hervorgegangen.

Die *Selachier* bilden nach unserer Ansicht eine monophyletische Gruppe, deren Ableitung von einem Zweige der *Archicranier* (§ 212) keinem Bedenken unterliegt. Sie haben von diesen Ahnen den grössten Theil ihrer Organisation schon geerbt. Die wichtigsten neuen Eigenschaften, welche die Stammformen der Selachier durch Anpassung erworben haben, sind folgende: I. Am Schädel 6—8 Paar knorpelige innere Kiemenbogen, als Stützen der Branchial-Septen; das vorderste Paar wurde zum Kieferbogen. II. An der Wirbelsäule die Ausbildung segmentaler oberer und unterer Wirbelbogen, mit Dornfortsätzen.

III. In der Lederhaut die Bildung kleiner plattenförmiger oder mit einem Stachel versehener Dentin-Stücke, der Placoid-Schuppen oder Hautzähnchen. IV. In der Mundhöhle die Bildung ebensolcher Placoid-Schuppen, die sich zu Zähnen entwickeln. V. Die Entstehung von zwei Paar lateralen Gliedmaassen, Brustflossen und Bauchflossen, mit knorpeligem Binnenskelet. Diese Zygomelen sind wohl aus zwei Paar hinteren Kiemenbogen entstanden und haben in den Proselachiern deren ursprüngliche Bildung noch bewahrt (Archipterygium).

Ausser diesen Neubildungen am Skelet, welche sowohl an den fossilen als an den lebenden Selachiern sichtbar sind, zeigen die letzteren eine Anzahl neuer Erwerbungen im Malacom, welche an ersteren nicht mehr nachweisbar sind. Als solche Neubildungen, welche den *Archicraniern* noch fehlten und welche stufenweise in der *Selachier*-Reihe sich ausbildeten, betrachten wir: I. das Chiasma opticum, II. den musculösen Conus arteriosus mit seinen Klappenreihen, III. die Spiralklappe im Darm, IV. die Verbindung der Harn- und Geschlechts-Organe zu einem Urogenital-System.

Die grosse Zahl und Bedeutung dieser wichtigen Charactere, welche die *Selachier* von ihren *Archicranier*-Ahnen trennen, zwingt uns zu der Annahme, dass in der Silur-Zeit eine lange Kette von verbindenden Uebergangsformen zwischen beiden Gruppen gelebt hat; in dieser Kette werden die bedeutungsvollen Transmutationen, deren Endresultat die Ausprägung des typischen Fischkörpers war, erst langsam, Schritt für Schritt, sich vollzogen haben. Das hypothetische älteste Urbild dieses Typus — die gemeinsame Stammform aller Gnathostomen — ist unser Ichthygonus (§ 217).

§ 229. Erste Ordnung der Selachier:

Proselachii. Urhaifische.

Stammgruppe der Elasmobranchier.

Selachier ohne vorspringendes Nasal-Rostrum, mit weiter, subterminaler Mundöffnung. Oberkiefer-Gaumen-Apparat frei beweglich. Kiefer mit zahlreichen kleinen Zähnen. Kiemenspalten frei, ohne Deckel (ursprünglich sieben oder acht Paare). Rückenflossen sehr lang, mit zahlreichen stabförmigen Flossenträgern. Paarige Flossen gefiedert, mit vielgliedrigem Flossenstamm (Archipterygium).

Die Ordnung der Proselachier oder *Urhaifische* umfasst die ältesten Fische, die gemeinsamen Stammformen sämmtlicher *Gnatho-*

stomen. Fossile Reste derselben finden sich schon im Ober-Silur, und weiter durch die ganze Reihe der palaeozoischen Formationen hindurch bis zum Perm. Neuere Ueberreste sind nicht bekannt. Die typische Gattung *Pleuracanthus* zeigt unter allen bekannten Fischen den ursprünglichsten Körperbau und steht der gemeinsamen Stammform der Gnathostomen am nächsten. Doch müssen wir annehmen, dass in der Silur-Zeit eine lange Reihe von connectenten Zwischenformen existirt hat, welche von den *Archicraniern* (§ 212) zu den ältesten Proselachiern, den Ichthygoniden, und später von diesen zu den *Pleuracanthiden* hinüberführte.

Das wohl erhaltene Skelet des permischen *Pleuracanthus* (= *Orthacanthus*, *Xenacanthus*) zeigt an dem langgestreckten Körper noch sehr deutlich den ursprünglichen, zusammenhängenden verticalen Flossensaum; derselbe ist durch zahlreiche segmentale Knorpelstrahlen gestützt. Bisweilen ist die lange Rückenflosse durch einen kleinen Einschnitt von der grossen diphyocerken Schwanzflosse getrennt. Die lateralen Hälften der knorpeligen Wirbelbogen bleiben getrennt. Die paarigen Flossen zeigen die ursprüngliche biseriale Bildung des Archipterygium mit vielgliederigem Flossenstamm. Kiementaschen waren sieben bis acht Paar vorhanden. Vielleicht waren auch permanente äussere Kiemenbüschel an den Kiemenbogen befestigt, wie sich dergleichen in embryonalen äusseren Kiemenanhängen verschiedener Epigonen - Zweige (Plagiostomen, Ganoiden, Amphibien) erhalten haben. Die Kieferbildung wird bei den älteren Formen, den *Ichthygoniden*, die ursprünglichste gewesen sein: Ein Kieferbogen, dessen oberes Stück der Uroberkiefer (*Palatoquadratum*), dessen unteres Stück der Urunterkiefer (*Praemandibula* oder »Meckel-Knorpel«) bildete; beide sind noch ganz selbständig und ohne Beziehung zum Hyoid-Bogen. Erst bei den jüngeren Proselachiern traten beide Bogenpaare in Verbindung (*Hyomandibulare*). Die Mundöffnung liegt vorn an der Schnauzenspitze, nicht auf der Unterseite wie bei den Plagiostomen; daher fehlt das Nasal-Rostrum der letzteren.

Chlamydoselachus anguineus, ein aalförmiger, 5 Fuss langer Selachier aus der Familie der Notidaniden (mit 6 Paar weiten Kiementaschen), welcher erst neuerdings im Japan-Meere entdeckt wurde, erscheint als der älteste von allen lebenden Fischen und könnte als ein modificirter Epigone der *Proselachier* betrachtet werden, als eine Uebergangsform von diesen zu den *Plagiostomen*. Die subterminale Mundöffnung, ohne Rostrum, gleicht derjenigen von *Pleuracanthus* mehr als der ventralen Mundspalte von *Notidanus*. Zu dieser connectenten Verbindungsgruppe scheint auch die devonische und carbonische Gattung *Cladodus* zu gehören.

§ 230. Zweite Ordnung der Selachier:

Plagiostomi. Haifische.

Polymorphe Hauptgruppe der Elasmobranchier.

Selachier mit vorspringendem Nasal-Rostrum und breiter, unterständiger Mundspalte. Oberkiefer-Gaumen-Apparat frei beweglich. Kiefer mit zahlreichen, in Reihen stehenden Zähnen. Kiemenspalten frei, ohne Deckel, meist fünf Paar (seltener sechs oder sieben Paar). Rückenflossen kurz, mit wenigen zusammengedrängten und vielfach verwachsenen Flossenträgern. Paarige Flossen meistens uniserial, mit wenigen grossen Basalplatten (Metapterygium).

Die Ordnung der Plagiostomen umfasst die beiden Unter-Ordnungen der Raub-Haifische (*Squalacei*) und der Rochen (*Rajacei*). Die Squalaceen (oder *Squaloiden*) bilden die ältere palaeozoische Gruppe und haben die ursprüngliche Bildung (namentlich im Schädel und in den Zygomelen) besser conservirt; es gehören dazu die ältesten unter allen lebenden Gnathostomen, die *Notidaniden*. Die Plagiostomen stimmen in den meisten und wichtigsten Characteren mit ihren Ahnen, den *Proselachiern*, überein, unterscheiden sich aber von ihnen durch folgende neue Erwerbungen: Das vordere Nasenstück des knorpeligen Primordial-Schädels wächst in einen langen Wasserbrecher aus, der zugleich Riechschnabel (*Rostrum nasale*) ist und an dessen lateraler und ventraler Seite die grossen Riechgruben liegen. Der Mund rückt daher nach hinten und bildet einen breiten ventralen Querspalt. Die Zahl der Kiementaschen ist gewöhnlich auf fünf Paare reducirt; nur selten sind noch sechs oder sieben Paare erhalten (*Notidanides*); oft ist das erste Paar in Spritzlöcher verwandelt. Die lange und continuirliche Rückenflosse der *Proselachier* ist bei den *Plagiostomen* meist stark verkürzt, ihre zahlreichen Flossenträger auf wenige reducirt und verwachsen. Ein sehr wichtiger Unterschied beider Ordnungen liegt in der Bildung der paarigen Flossen. Während die Proselachier das biseriale *Archipterygium* mit einer vielgliedrigen Flossenaxe mehr oder minder conservirt haben, ist dasselbe bei den Plagiostomen stark reducirt, gewöhnlich uniserial und mit drei grossen Basal-Platten versehen: *Propterygium*, *Mesopterygium*, *Metapterygium*; letzteres ist der ursprüngliche Stamm des modificirten Archipterygium.

Die Unterordnung der nektonischen Squalaceen (Raub-Haifische oder *Selachoiden* im engeren Sinne) schliesst sich durch die *Notidaniden* (namentlich Chlamydoselachus, § 229) unmittelbar an die *Proselachier* an. Der Körper ist langgestreckt-spindelförmig, für schnelle Schwimmbewegung angepasst; die Kiemenspalten liegen seitlich am Kopf, vor den Brustflossen. Das Raubthiergebiss trägt meist zahlreiche scharfe Zähne. Fossile Reste von Squalaceen (Zähne und Flossenstacheln) finden sich schon im Ober-Silur und Devon.

Die Unterordnung der benthonischen Rajaceen (Rochen, *Batoideen* oder Platthaifische) ist polyphyletisch von den schnell schwimmenden *Squalaceen* abzuleiten. Durch Anpassung an Liegen auf dem Meeresboden haben diese Küstenbewohner eine abgeplattete rhombische Körperform erworben; die Kiemenspalten sind auf die Bauchseite herabgetreten. Die Zähne sind meistens stumpfe, platte Pflasterzähne. Das Propterygium ist sehr vergrössert. Aeltere (carbonische) Rochen sind vielleicht die *Petalodonten* und *Psammodonten*, während echte *Rajaceen* mit Sicherheit erst im Jura versteinert auftreten.

§ 231. Dritte Ordnung der Selachier:

Holocephali. Katzenfische.

Alter Nebenzweig der Proselachier.

Selachier ohne vorspringendes Nasal-Rostrum, mit enger, subterminaler Mundöffnung. Oberkiefer-Gaumen-Apparat mit dem Schädel unbeweglich verwachsen. Kiefer mit wenigen sehr grossen Zähnen. Vier Paar Kiemenspalten versteckt unter einem seitlichen Deckel (Hautfalte). Rückenflossen sehr lang, mit zahlreichen Flossenträgern. Paarige Flossen mit wenigen grossen Basalplatten (Metapterygium).

Die Ordnung der Holocephalen oder *Katzenfische* umfasst nur eine einzige lebende Familie, die Chimaeriden. Sie entfernen sich durch die angeführten wichtigen Charactere von den *Plagiostomen* und sind als eine sehr alte Gruppe anzusehen, welche sich, unabhängig von letzteren, aus einem Zweige der *Proselachier* entwickelt hat. Sie theilen mit diesen die primitive Bildung der Wirbelsäule (ungegliederte Chordascheide), die sehr lange Rückenflosse und den Mangel des Nasal-Rostrum. Dagegen entfernen sie sich von den beiden anderen Ordnungen der Selachier durch die Umbildung des Kiefer- und Kiemen-Apparates. Palato-Quadratum und Hyo-Mandibulare verwachsen unbeweglich mit dem Primordial-Schädel, so dass der Unterkiefer direct mit diesem articulirt. Diese Bildung wiederholt sich später bei den *Dipneusten* und *Amphibien*, die in keiner directen Beziehung zu den *Holocephalen* stehen. Die Zahl der Kiemenspalten ist hier auf vier Paare reducirt, und diese sind versteckt unter einer Hautfalte, welche den Beginn eines Kiemendeckels vorstellt, mit einer hinteren Spalte als Zugang zur Kiemenhöhle. Die Haut ist nackt oder nur theilweise mit sehr kleinen Hautzähnchen versehen. Dagegen finden sich grosse Knochenstacheln vor den Flossen; diese und die eigenthümlichen grossen Zahnplatten (stets in sehr geringer Zahl vorhanden) finden sich sehr oft fossil, die ältesten schon im Devon; ganze Skelete erst im Jura (*Chimaeropsis*, *Ischyodus*). Die beiden noch lebenden Gattungen *Chimaera* und *Callorhynchus* bilden die letzten überlebenden Ausläufer dieser uralten, einstmals formenreichen Gruppe.

Eine zweite Gruppe von Selachiern, die wahrscheinlich den Chimaeren nächst verwandt ist, wurde neuerdings im permischen System entdeckt und als Familie (oder Unterordnung) der Trachyacanthides beschrieben. Die am besten bekannte Art, *Menaspis armata*, gleicht in der Körperform und Bildung der Placoid-Bedeckung gewissen Rochen; der flache Kopf war auf der Rückenseite mit drei Paar mächtigen, hornförmig gekrümmten Stacheln bewaffnet. Die Kiefer aber trugen wenige grosse Zahnplatten, wie bei den Chimaeren. Wahrscheinlich sind die *Trachyacanthiden* ein selbständiger, gleich den Rochen zum Benthos gehöriger Seitenzweig der Selachier, der sich von den Ahnen der *Chimaeraceen* abgezweigt hat.

§ 232. Zweite Subclasse der Fische:

Ganoides. Schmelzfische.

Ganolepides. Ganolepidoti. Ganopterygii.

Hauptgruppe der palaeozoischen Fische. Mittelgruppe zwischen den Selachiern und Teleostiern.

Fische mit Endoskelet von sehr verschiedener Bildungsstufe (bald knorpelig, bald mehr oder weniger verknöchert), stets mit Deckknochen des Urschädels. Haut mit sehr mannichfaltiger Bedeckung, meist typischen Ganoid-Schuppen (seltener Placoid- oder Diaphan-Schuppen), bisweilen mit grossen Knochentafeln gepanzert. Kiemenbogen (meist vier Paar) frei in einer Kiemenhöhle, mit kammförmigen freien Blättchen-Reihen, unter einem Kiemendeckel. Darm mit Spiralklappe. Herz mit musculösem Conus arteriosus.

Die Subclasse der Schmelzfische oder *Ganoiden* bildet eine grosse und höchst formenreiche Fisch-Gruppe, von der gegenwärtig nur sehr wenige Vertreter mehr leben, während dieselben im palaeozoischen und mesozoischen Zeitalter durch sehr zahlreiche und mannichfaltige Formen vertreten waren. Im Grossen und Ganzen betrachtet, erscheint die Unterclasse der Ganoiden als eine höchst interessante Verbindungs-Gruppe zwischen den beiden anderen Subclassen der Fische; und zwar ist diese anatomische Mittelstellung phylogenetisch so aufzufassen, dass die ältesten Ganoiden aus einem (oder mehreren?) Zweigen von silurischen Selachiern entsprungen sind. Aus diesen palaeozoischen, den *Acanthodinen* verwandten *Proganoiden* sind als divergirende Zweige mehrere grosse Ordnungen hervorgegangen; von diesen führt eine (*Euganoides*) zu den Teleostiern, eine andere (*Crossopterygii*) zu den Dipneusten und Amphibien hinüber, während eine dritte Gruppe (die *Osteodermen*) sich ganz eigenthümlich entwickelt und in den heutigen Sturionen einige letzte uralte Ausläufer hinterlassen hat.

Die systematische Eintheilung und phylogenetische Classification der zahlreichen Ganoiden — Familien ist sehr schwierig und hat sehr verschiedene Auffassungen hervorgerufen. Diese zum Theil unüberwindlichen Schwierigkeiten rühren in erster Linie von dem Umstande her, dass wir von dem grössten Theile der Subclasse, nämlich von allen ausgestorbenen Formen, nur die petrificirten Skelettheile und häufig auch die äusseren Umrisse kennen, hingegen von den wesentlichsten Structur-Verhältnissen der characteristischen Weichtheile nichts oder nur sehr wenig wissen. Diese letzteren kennen wir nur von den jetzt lebenden Schmelzfischen, deren Zahl sehr gering und auf die spärlichen Ueberreste von wenigen Familien beschränkt ist: Sturiones (von den *Osteodermen*), Polypterini (von den *Crossopterygiern*), Lepidostini (von den *Euganoiden*) und Amiadini (von den *Amiaceen*). Diese wenigen lebenden Formen, obwohl vier sehr verschiedenen Ordnungen angehörig, stimmen in hervorragenden Merkmalen des Malacoms auffallend überein und bestätigen gerade dadurch die Mittelstellung der Ganoiden zwischen *Selachiern* und *Teleostiern*; sie theilen nämlich mit den Selachiern folgende von diesen durch Vererbung übertragene Eigenthümlichkeiten: I. Die Spiralklappe im Darm, II. den Conus arteriosus am Herzen, III. das Chiasma opticum. Dagegen entfernen sie sich von den Selachiern durch die Umbildung des Kiemen-Apparates, welche sie mit den Teleostiern theilen. Die ursprünglichen breiten, von den Kiemenbogen gestützten Septen der Kiementaschen sind bei den Ganoiden durch Anpassung rückgebildet und dadurch die Kiemenblättchen, die den Taschenwänden aufsassen, in innigere Beziehung zu den frei gewordenen Kiemenbogen getreten, auf deren convexem Distalrande sie aufsitzen. Jeder Bogen trägt zwei Reihen von Blättchen; die vordere Reihe am Kiemenbogen der Ganoiden (und der von ihnen abstammenden Teleostier) entspricht der Kieme, welche an der Hinterwand einer Kiementasche ihrer Selachier-Ahnen sass; und die Kieme an der Vorderwand dieser letzteren ist zur hinteren Blättchenreihe der ersteren geworden. Die offene Kiemenhöhle, in der nunmehr die Kiemen frei liegen, wird durch einen Kiemendeckel gestützt, welcher sich vom Hinterrande des Kiefergerüstes aus entwickelt.

Die angeführten Charactere des Malacoms gestatten uns — auch ohne Rücksicht auf das Skelet — die lebenden *Ganoiden* scharf zu definiren und von den älteren *Selachiern* einerseits, den jüngeren *Teleostiern* anderseits abzuscheiden. Wie weit aber diese Definition auch auf die ausgestorbenen Gruppen ausgedehnt werden kann, von denen wir nur das Skelet kennen, ist sehr zweifelhaft.

§ 233. Erste Ordnung der Ganoiden:

Proganoides. Urschmelzfische.

Uebergangs-Gruppe von den Selachiern zu den Ganoiden.

Ganoiden mit ungegliederter Chorda und knorpeligem Urschädel, der nur sehr schwach mit dünnen Hautknochen theilweise bedeckt ist. Hautskelet schagrinirt, aus sehr kleinen Placoid-Schuppen gebildet. Kiemendeckel sehr schwach entwickelt. Zygomelen mit einem Stachel, ursprünglich mit Archipterygium.

Die Ordnung der Proganoiden oder »*Urschmelzfische*« betrachten wir als die gemeinsame Stammgruppe der Ganoiden, welche unmittelbar aus den altsilurischen *Proselachiern* hervorgegangen ist. Wir unterscheiden in dieser Ordnung zwei Unterordnungen, die älteren *Onchodinen* und die jüngeren *Acanthodinen*. Von der Stammgruppe der Onchodinen, die durch viele Zwischenformen von den Proselachiern abzuleiten sind, kennen wir leider nur sehr unvollständige (silurische und devonische) Reste: Placoid-Schuppen, Flossenstacheln und Zähne; diese sind oft schwer von denjenigen der nahe verwandten Selachier zu unterscheiden. Besser bekannt ist uns ein nahe stehender, etwas specialisirter Seitenzweig, die höchst wichtige Familie der palaeozoischen Acanthodinen. Auch sie erscheinen noch als unmittelbare Uebergangs-Formen von den *Selachiern* zu den *Ganoiden*. Sie theilen mit den Selachiern noch die Mehrzahl der Charactere: die persistente Chorda, die primitive Beschaffenheit des Knorpel-Skelets und des Haut-Skelets; die dicken, sehr kleinen (rhombischen oder quadratischen) Placoid-Schuppen des letzteren gleichen denjenigen mancher Haifische (*Mustelus*). Auch die grossen knöchernen Stacheln, welche vor den medianen und paarigen Flossen stehen, und frei im Fleische stecken, gleichen ganz denjenigen von manchen alten Selachiern. Sehr bemerkenswerth ist der Schultergürtel der *Acanthodinen*, welcher bisweilen noch auffallend einem Kiemenbogen gleicht. Der starke, säbelförmige Knochen, welcher sich an demselben inserirt und den Vorderrand der Brustflosse bildet, ist vielleicht das verknöcherte *Metapterygium* (?); hinter ihm liegt ein Bündel von kurzen ungegliederten Stäbchen, die Flossenstrahlen. Der schwache Kiemendeckel, der bisweilen kaum erkennbar ist, entbehrt noch der Deckknochen; er scheint häutig und sehr klein gewesen zu sein. Grosse Flossenstacheln von *Proganoiden* kommen schon im oberen Silur (*Onchus*) und Devon (*Climatius*) sehr verbreitet vor. Von letzterem und von *Acanthodes* finden sich vollständige Abdrücke im Devon und Carbon; im Perm stirbt diese Gruppe aus. Als zwei Familien der Acanthodinen könnten wir die älteren *Parexiden* und die jüngeren *Chiracanthiden* unterscheiden. Die Parexides (*Onchus*, *Climatius*, *Parexus*), von denen sich viele Flossenstacheln im Silur, ganze Abdrücke im Devon finden, besassen noch zahlreiche und kräftige Zähne in den Kiefern. Bei den Chiracanthides (die im Devon bis Perm vorkommen: *Acanthodes*, *Chiracanthus*) sind die Zähnchen verkümmert oder ganz verschwunden. Zwischen Brust- und Bauchflossen stehen oft vier oder mehr Paar starke Zwischenstacheln.

§ 234. Zweite Ordnung der Ganoiden:

Osteodermi. Panzerfische.

Pamphracti. Placoganoides. Tabuliferi. Panser-Ganoiden.

Alte Collectiv-Gruppe der Panzer-Ganoiden.

Ganoiden mit ungegliederter Chorda und knorpeligem Urschädel, der stark mit grossen Knochenplatten gepanzert ist. Hautskelet eigenthümlich differenzirt, theilweise aus grossen Knochenplatten, theilweise aus Placoid-Schuppen gebildet oder rudimentär. Gebiss meist rudimentär oder fehlend. Kiemendeckel meistens gross, gepanzert. Brustflossen bald gepanzert, bald fächerförmig (ohne erkennbares Archipterygium).

Die Ordnung der Osteodermen oder *Panzerfische* umfasst mehrere sehr verschiedene Unter-Ordnungen, die alle darin übereinstimmen, dass das knorpelige Endoskelet auf einer sehr primitiven Stufe stehen bleibt, während im Gegensatze dazu das Dermalskelet sehr entwickelt, verknöchert und eigenthümlich differenzirt ist. Gewöhnlich ist der Kopf und oft auch der Rumpf mit grossen Knochenplatten gepanzert, während der Schwanz mit kleinen Schuppen von verschiedener Form bedeckt oder auch ganz nackt ist; selten ist das Hautskelet rückgebildet (*Spatularia*). Da sich der feste und zusammenhängende Knochenpanzer vieler *Osteodermen* vorzüglich zur Petrification eignet, besitzen wir von diesen Panzerfischen viele silurische und devonische Versteinerungen. Hieraus darf jedoch nicht geschlossen werden, dass sie überhaupt die »ältesten Fische« sind.

Wir vereinigen in unserer Unterordnung der *Osteodermen* drei verschiedene Unterordnungen, die uns nahe verwandt erscheinen, die *Cephalaspiden, Placodermen* und *Sturionen*; nur die letzteren sind heute noch durch einige lebende Ueberreste vertreten. Dagegen sind die *Cephalaspiden* und *Placodermen* fast ganz auf das obersilurische und devonische Gebiet beschränkt; sie erscheinen als uralte specialisirte Gruppen, welche sich entweder von *Proganoiden* oder (vielleicht direct) von verschiedenen Selachier-Gruppen (*Holocephalen?*) abgezweigt haben. Die Placoid-Schuppen des Kopfes sind hier zur Bildung grosser Panzerplatten verschmolzen. Die eigenthümlichste Bildung zeigen die Cephalaspiden und die nahe verwandten Pteraspiden; bei *Cephalaspis* sind alle dorsalen Platten zu einem einfachen grossen Kopfschild vereinigt; die *Pteraspiden* besitzen einen Schildkröten-Panzer, mit Rückenschild und Bauchschild. Doch sind leider die übrigen wichtigsten Theile zu unvollständig bekannt, um sich ein klares Bild ihrer Organisation zu machen. Die Gruppe der Placodermen (*Asterolepiden* und *Coccosteiden*) ist im Devon sehr häufig und durch colossale Formen von 7—10 m Länge vertreten; sie setzt sich in einzelnen Formen durch die Steinkohlen-Zeit bis in die permische Periode fort. An einen Zweig dieser letzteren schliessen wir die Störfische an (Sturiones s. *Chondrostei*). Die ersten Spuren derselben erscheinen in der Trias und im unteren Jura (*Chondrosteus* im Lias). Obwohl sich die heutigen Störe, die gepanzerten *Accipenseriden* und die nackthäutigen *Spatulariden*, mehrfach von den Placodermen entfernen, scheinen sie doch ihnen nahe verwandt zu sein; sie gehören zu denjenigen Fischen der Gegenwart, welche in vielen organologischen und ontogenetischen Beziehungen die ältesten Verhältnisse bis heute bewahrt haben.

§ 235. Dritte Ordnung der Ganoiden:

Crossopterygii. Quastenfische.

Stammgruppe der Dipneusten.

Ganoiden mit stufenweise entwickelter Wirbelsäule (auf allen Stufen der Verknöcherung) und völlig gepanzertem Knochenschädel. Hautskelet aus echten (bald rhomboiden, bald cycloiden) Ganoid-Schuppen gebildet. Kiemendeckel verknöchert, ohne Kiemenhautstrahlen, mit einem Paar grosser Jugular-Platten. Brustflossen (und meist auch Bauchflossen) quastenförmig, mit Archipterygium-Structur und beschuppter Axe.

Die Ordnung der Crossopterygier oder *Quastenfische* bildet eine wichtige, wohl characterisirte Hauptgruppe der Ganoiden, welche während der ganzen palaeozoischen Periode stark entwickelt war, in der mesozoischen Periode allmählich abnimmt und in der Gegenwart nur noch durch zwei lebende Gattungen vertreten wird: *Polypterus* und *Calamichthys* (Flussfische des tropischen Africa). Am meisten characteristisch ist für diese Ordnung, wie ihr Name sagt, die uralte Bildung der Brustflossen (und meist ebenso der Bauchflossen). Diese sind stets quastenförmig oder saumstrahlig (mehr oder minder deutlich gefiedert), mit wohl erhaltenem primären Flossen-Skelet: An beiden Rändern einer starken beschuppten Flossen-Axe sitzen zahlreiche primäre Flossenstrahlen. Kein Flossenstrahl erreicht den Schultergürtel. Die Brustflosse der älteren Crossopterygier schloss sich unmittelbar an das Archipterygium der *Proselachier* an. Characteristisch ist ferner für alle Crossopterygier der Mangel der Kiemenhautstrahlen; an ihrer Stelle finden sich ein Paar grosse Kehlplatten zwischen den Unterkiefer-Hälften. Fulcra sind niemals vorhanden. Der Schwanz ist bei den älteren Formen diphyocerk, bei den jüngeren heterocerk. Die Wirbelsäule ist bei den älteren Formen meist eine persistente Chorda, bei den jüngeren unvollständig ossificirt; nur bei den lebenden *Polypterinen* sind die Wirbel vollständig verknöchert. Die Schuppen sind theils cycloid (*Cyclodipterini, Coelacanthini*), theils rhomboid (*Rhombodipterini, Polypterini*). Während die ältesten palaeozoischen Quastenflosser sich an die Proganoiden eng anschliessen, scheinen sich unter den Cyclodipterinen (*Holoptychides*) unmittelbare Uebergangsformen zu den Dipneusten zu finden. Die Rhombodipterinen haben in den heutigen Polypterinen einen letzten Ausläufer hinterlassen (*Polypterus, Calamichthys*).

§ 236. Vierte Ordnung der Ganoiden:

Euganoides. Rautenfische.

Rhombiferi. Rhomboganoides. Lepidosteides. Lepidostales. Fulcrati.

Hauptgruppe der typischen Ganoiden.

Ganoiden mit stufenweise entwickelter Wirbelsäule (auf allen Stufen der Verknöcherung) und völlig gepanzertem Knochenschädel. Hautskelet aus echten rhombischen oder rhomboidischen Ganoid-Schuppen gebildet. Kiemendeckel gross, meist mit mehreren Deckelknochen und vielen Kiemenhautstrahlen. Brustflossen mit Metapterygium, fächerförmig, mit rudimentärem Primär-Skelet und wenigen Strahlen (die alle den Schultergürtel erreichen).

Die formenreiche Ordnung der Euganoiden oder *Rautenfische* umfasst die Unterordnungen der *Lysopterygii* (= *Heterocerki*), *Lepidostones* und *Pycnodontes*, mit sehr zahlreichen Familien, Gattungen und Arten. Die Haut ist stets mit dicken, schmelzbedeckten, stark entwickelten Rauten-Schuppen gepanzert. Das innere Skelet ist sehr verschieden ausgebildet und zeigt eine ähnliche Reihe von Entwickelungs-Stufen wie bei der parallelen Legion der *Crossopterygier*. Der durchgreifende Unterschied beider Legionen liegt in der Bildung des Brustflossen-Skelets, welches bei letzteren quastenförmig, bei ersteren fächerförmig erscheint. Die älteren Crossopterygier zeigen noch eine sehr alte, wenn auch etwas modificirte Form des Archipterygium, während dieses bei den jüngeren Euganoiden sich in ein modificirtes Metapterygium verwandelt hat. Bei allen *Euganoiden* ist ferner ein secundäres Flossen-Skelet entwickelt, auf Kosten des rückgebildeten primären; die wenigen Radien des letzteren erreichen sämmtlich den Schultergürtel. Der grösste Theil der fächerförmigen Brustflossen besteht aus den stark entwickelten secundären Flossenstrahlen. Die meisten Euganoiden tragen Fulcra auf der Rückenfirste der Schwanzflosse und oft auch den anderen Flossen. Die Ordnung der Euganoiden zerfällt in die ältere Unterordnung der *Lysopterygii* (= *Heterocerki* p. p.) und die jüngeren Unterordnungen der *Lepidostones* und *Pycnodontes*. Die Lysopterygier (Familien der *Palaeoniscides* und *Platysomides*) sind heterocerk, mit persistenter Chorda; ihr knorpeliges Innenskelet ist wenig oder gar nicht verknöchert; sie finden sich massenhaft in den palaeozoischen Schichten und sind für diese sehr characteristisch (vom

Devon bis zum Perm). Durch die devonischen *Chirolepis* sind sie vielleicht mit der Stammgruppe der Acanthodinen verknüpft. Als zwei divergente mesozoische Aeste der Lysopterygier sind die Pycnodontides und Lepidostones anzusehen. Bei diesen geht der heterocerke Schwanz in den homocerken über, und das Skelet verknöchert zuletzt vollständig bei den Ginglymodi (*Lepidosteus*), dem einzigen lebenden Ueberreste dieser Ordnung.

§ 237. Fünfte Ordnung der Ganoiden:

Amiacei (Amioidei). Amiafische.

Mesozoische Uebergangs-Gruppe von den Euganoiden zu den Teleostiern.

Ganoiden mit mehr oder minder verknöcherter Wirbelsäule; Wirbelbogen frei, vom Wirbelkörper getrennt. Schädel wie bei den Teleostiern. Hautskelet aus sehr dünnen Ganoid-Schuppen gebildet, welche bald rhomboid, bald diaphan (cycloid) sind und dachziegelartig sich decken. Brustflossen fächerförmig (mit Metapterygium).

Die kleine Ordnung der Amiaceen ist von besonderem Interesse insofern, als sie ein unmittelbares Verbindungsglied zwischen den Euganoiden (*Lepidostones*) und den Physostomen (*Clupeacei*) herstellt. Die Verknöcherung der Wirbelsäule, des Schädels und der Gliedmaassen, bei den älteren Amiaceen unvollständig, wird bei den jüngeren Formen so vollständig wie bei den ältesten Teleostiern. Die Fortsetzung des hinteren Endes der Wirbelsäule in den oberen Lappen der homocerken Schwanzflosse erhält sich noch. Auch die Structur der Schuppen ist noch ganoid; sie werden aber so dünn und greifen mit den Rändern so dachziegelartig übereinander, dass sie den Diaphan-Schuppen alter Teleostier (besonders mancher Clupeaceen) gleichen; auch haben sie die Gelenkverbindung der Lepidostonen verloren. Bald sind die Schuppen noch rhomboid, bald cycloid. Der Kiemendeckel zeigt blattförmige Kiemenhautstrahlen und ausserdem eine mediane Jugular-Platte. Die Anatomie des Malacoms gleicht bei der einzigen lebenden Gattung (*Amia*) derjenigen der Ganoiden. *Amia* ist der letzte Ausläufer der rundschuppigen Halecomorphen (*Megalurus*), welche schon im Jura auftreten und durch Cyclolepiden (*Caturus*) mit den viereckschuppigen Microlepiden (*Pachycormus*) zusammenhängen. Letztere erscheinen schon in der Trias und sind unmittelbar von *Lepidostonen* abzuleiten.

§ 238. Dritte Subclasse der Fische:

Teleostei. Knochenfische.

Osteopterygii. Acanthopterygii et Malacopterygii.

Hauptgruppe der modernen Fische, mit reichster Formen-Divergenz in der Tertiär-Zeit.

Fische mit knöchernem Endoskelet und zusammengesetztem Knochenschädel, dessen Deckknochen meistens den knorpeligen Urschädel ganz oder fast ganz verdrängen. Haut meistens mit dünnen, dachziegelartig gelagerten Diaphan-Schuppen (Cycloiden oder Ctenoiden) bedeckt, seltener mit grösseren Knochentafeln, sehr selten durch deren Rückbildung nackt. Kiemenbogen meist vier Paar, frei in einer Kiemenhöhle, meistens mit kammförmigen, freien Blättchen-Reihen, unter einem Kiemendeckel. Darm ohne Spiralklappe. Herz mit Aorten-Bulbus, aber ohne musculösen Conus arteriosus.

Die Subclasse der Knochenfische oder *Teleostier* ist die jüngste von den drei Subclassen der Fische; sie tritt erst um die Mitte (oder frühestens im Beginne) der Secundär-Zeit auf, nachdem in der Primär-Zeit *Selachier* und *Ganoiden* allein diese Classe vertreten haben. Die Abstammung der Knochenfische von den Schmelzfischen unterliegt keinem Zweifel, da eine ununterbrochene Reihe von Zwischenformen von den *Lepidostonen* durch die *Amiaceen* (Microlepiden) zu den *Clupeaceen* (Leptolepiden) hinüberführt. Die letzteren bilden wahrscheinlich die gemeinsame Stammgruppe aller Knochenfische; indessen ist es möglich, dass ein Theil dieser letzteren (Siluraceen, Plectognathen, Lophobranchier?) nicht von den Lepidostonen (*Euganoiden*), sondern von unbekannten, den Sturionen verwandten *Osteodermen* abstammt. Vielleicht bilden die mesozoischen *Hoplopleuriden* den Ueberrest einer Verbindungsgruppe zwischen den palaeozoischen *Placodermen* und den caenozoischen *Siluraceen* (vielleicht auch den Plectognathen?). Doch können die Aehnlichkeiten dieser Gruppen (namentlich ihres knöchernen Hautpanzers) auch nur auf Convergenz beruhen.

Die neuen Erwerbungen, welche die *Teleostier* von ihren Vorfahren, den *Ganoiden* — und zugleich von den älteren Ahnen beider, den *Selachiern* — trennen, betreffen vorzugsweise die Weichtheile. Das Chiasma opticum ist aufgelöst und eine völlige Kreuzung beider Sehnerven eingetreten, so dass der rechte N. opticus zum linken Auge und der linke zum rechten Auge geht. Der Herzkegel (Conus arteriosus) ist rückgebildet und an seine Stelle eine basale Anschwellung der Kiemen-Arterie getreten (Bulbus arteriosus). Die Spiral-Klappe des Darmes ist verschwunden. Hingegen ist bei den Knochenfischen dieselbe Bildung des Kiemen-Apparates (durch Vererbung) erhalten, wie bei den Ganoiden; vier Paar (selten weniger) freie Kiemenbogen liegen in einer Kiemenhöhle, welche durch einen seitlichen Kiemendeckel geschützt ist. Die äussere Körper-Bedeckung bietet keinen durchgreifenden Unterschied zwischen den drei Subclassen der Fische. Allerdings ist die grosse Mehrzahl der Teleostier durch dünne, durchscheinende Diaphan-Schuppen ausgezeichnet, welche sich dachziegelartig decken (— meistens Cycloid-, seltener Ctenoid-Schuppen —). Allein zwischen diesen und den verdünnten (der gewöhnlichen Schmelzdecke verlustigen) Cycloid-Schuppen jüngerer Ganoiden besteht ein continuirlicher Uebergang. Ausserdem ist die Haut bei mehreren Gruppen von Knochenfischen (Siluraceen, Plectognathen etc.) mit Knochenplatten von derselben Structur gepanzert, wie bei manchen Panzer-Ganoiden (Osteodermen, § 234).

Das innere Skelet der *Teleostier*, insbesondere Wirbelsäule und Schädel, sind zwar meistens mehr oder weniger vollständig verknöchert; allein dasselbe gilt auch bereits von einigen Gruppen der jüngeren *Euganoiden* (Lepidostonen, Amiaceen); und ausserdem ist die Ossification bei den ältesten Teleostiern der Trias (einigen *Clupeaceen*) auch noch sehr unvollständig. Die stufenweise Verknöcherung des Binnen-Skelets vollzieht sich ja überhaupt in verschiedenen Gruppen der Ichthyopsiden unabhängig von einander. Ebenso wenig als die Bildung des Dermal-Skelets und des Axen-Skelets, ist auch diejenige der Gliedmaassen geeignet, eine scharfe Grenze zwischen *Teleostiern* und *Ganoiden* zu ziehen; und dasselbe gilt von der Form der Schwanzflosse, auf die man früher grosses Gewicht legte. Es bleiben also zur scharfen Trennung beider Subclassen nur die oben angeführten Merkmale des Malacoms übrig. Diese kennen wir aber nur von den wenigen lebenden, hingegen nicht von der grossen Zahl der ausgestorbenen Ganoiden. Es ist sehr wahrscheinlich, dass die älteren Teleostier der mesozoischen Formationen auch in diesen Beziehungen sich ihren Ganoiden-Ahnen genähert haben, und jedenfalls hat auch in dieser Hinsicht ein allmähliger Uebergang zwischen beiden Gruppen stattgefunden.

Die Subclasse der *Teleostier* zerfällt in vier Ordnungen, von denen diejenige der Physostomen die älteste — und zugleich die Stammgruppe der drei übrigen ist. Als älteste Unterordnung derselben sind die wichtigen *Clupeaceen* der Jura-Periode zu betrachten, welche sich unmittelbar an die *Amiaceen* anschliessen. Ihre Blüthezeit erreichte diese Ordnung in der Kreideperiode. Durch Verlust des Pneumoductus sind aus den Physostomen die drei übrigen Ordnungen der Knochenfische hervorgegangen. Die wichtigsten von diesen sind die Physoclisten, welche (mit den Beryciden) zuerst in der Kreide auftreten, aber ihre Massen-Entwickelung erst in der Tertiär-Zeit erlangen. Als zwei kleine, eigenthümlich umgebildete Seitenzweige scheinen sich aus ihnen in der Tertiär-Zeit die *Plectognathen* und *Lophobranchier* entwickelt zu haben.

§ 239. Erste Ordnung der Teleostier.

Physostomi. Edelfische.

Conservative Stammgruppe der Knochenfische.

Knochenfische mit permanentem Luftgang der Schwimmblase, mit kammförmigen Kiemen, mit beweglichem Kiefer-Apparat.

Die Ordnung der Physostomen oder »*Edelfische*« betrachten wir als die gemeinsame Stammgruppe aller Knochenfische; sie hat sich um die Mitte (— oder im Beginne?) des mesozoischen Zeitalters aus den Ganoiden entwickelt. Die jüngste Ordnung der letzteren, die *Amiaceen*, bilden den unmittelbaren Uebergang von den *Lepidostonen* (Euganoiden) zu den *Clupeaceen*. Die wichtigen Veränderungen, welche sich während dieses Ueberganges, im Beginne der Trias-Periode, vollzogen, bestanden in der Rückbildung des Herzkegels, sowie der Spiralklappe des Darmes, ferner der Auflösung des Chiasma opticum. Dazu gesellte sich vollständige Verknöcherung der Wirbelsäule und des Schädels, sowie eine eigenthümliche Umbildung des Gehirns.

Die Ordnung der Physostomen umfasst zahlreiche (16—20) Familien, mit mehr als 2500 Arten, von denen der grösste Theil gegenwärtig auf das Süsswasser beschränkt ist. Man kann diese Ordnung in drei Unterordnungen theilen: *Clupeaceen, Siluraceen* und *Congeraceen*. Die älteste von diesen ist die Gruppe der Clupeacei oder Häringsfische. Als unmittelbare Vorfahren derselben, die oft noch zu den Ganoiden (*Amiaceen*) gerechnet werden, treten zuerst in der Trias (Muschelkalk) die Thrissopiden auf (*Leptolepis, Megalopterus, Thrissops*) und daneben die Hoplopleuriden (*Saurichthys, Belonorhynchus*). Zahlreichere Formen erscheinen im Jura und besonders in der Kreide, wo die Scopeliden und die Lachsfische (*Salmonides*) auftreten; hier verdrängen die Physostomen bereits ihre Ganoiden-Ahnen. Jünger als die Clupeaceen sind die Siluraceen oder Welsfische. Diese *Siluroides* haben sich erst während der Tertiär-Zeit aus Clupeaceen (?) entwickelt, wobei die Verwachsung der vordersten Wirbel und ihre Beziehung zum Gehör-Labyrinth entstand. Die Mehrzahl der Physostomen erscheint erst im Beginne der Tertiärzeit, so namentlich die *Cyprinoiden*. Zu dieser Zeit entwickelte sich auch die Unterordnung der Congeraceen (*Anguilliformes*, Enchelygenes oder Aalfische); bei diesen wurden die Bauchflossen und theilweise auch die Brustflossen rückgebildet (Apodes). Die Acme der Physostomen fällt in die Kreide-Periode.

§ 240. Zweite Ordnung der Teleostier:

Physoclisti. Massenfische.

Moderne polymorphe Hauptgruppe der Knochenfische.

Knochenfische ohne Luftgang der Schwimmblase, mit kammförmigen Kiemen, mit beweglichem Kiefer-Apparat.

Die Ordnung der Physoclisten oder *Massenfische* ist die jüngste und am einseitigsten ausgebildete unter den grossen Hauptgruppen der Fischclasse. Sie haben sich erst während der Kreide-Periode aus *Physostomen* entwickelt, wobei die wichtigste Veränderung der Verlust des Luftganges der Schwimmblase war. Während der Tertiär-Zeit entwickelte diese Ordnung einen ausserordentlichen Reichthum an Gattungen und Arten und überflügelte auch an Massen-Entwickelung alle anderen Fisch-Ordnungen; wie sie auch noch gegenwärtig in der Fauna des Meeres dominiren. Von den vier Unterordnungen der Physoclisten sind weitaus die formenreichsten die Stachelflosser oder Acanthopteri, von denen mehrere Familien bereits in der Kreide auftreten, als älteste die *Berycides*, sodann die *Sparoides, Carangides, Gobioides* etc. Die grosse Mehrzahl der formenreichen Physoclisten-Familien (deren über 50 unterschieden werden) entwickelt sich erst während der Tertiär-Zeit und nimmt zu bis zur Gegenwart; die Zahl der lebenden Gattungen beträgt über 500, der Arten über 3000. Die ausserordentliche Mannichfaltigkeit ihrer Gestaltung ist grösstentheils durch oberflächliche Anpassung an besondere Existenz-Bedingungen verursacht und bewegt sich innerhalb sehr enger anatomischer Grenzen. Durch Verwachsung der unteren Schlundknochen ist schon während der Kreide-Zeit aus den Stachelflossern die Unterordnung der Pharyngognathi entstanden (Familien der *Labroides, Pomacentrides, Chromides* etc.). Hingegen erscheinen erst während der Tertiär-Zeit die Unterordnungen der Anacanthini (*Gadoides, Ophidini, Macrurides*), welche nur weiche Flossenstrahlen besitzen, und der Soleacei (*Pleuronectides*). Diese letzteren liefern ein schönes Beispiel für die Wirksamkeit der progressiven Vererbung; sie haben durch Anpassung an das Liegen auf einer Seite ihre schiefe, asymmetrische Form erhalten und beide Antimeren sehr ungleich entwickelt; beide Augen liegen auf der oberen dunkeln Körperseite (rechts oder links), der Schädel wird dadurch entsprechend schief. Die Jugendformen sind noch symmetrisch.

§ 241. Dritte Ordnung der Teleostier:

Plectognathi. Schnabelfische.

Physoclisten mit Schnabelbildung der Kiefer.

Knochenfische ohne Luftgang der Schwimmblase, mit kammförmigen Kiemen, mit unbeweglichem Oberkiefer-Apparat (»Schnabel«) und mit eigenthümlichem, meistens stark verknöchertem Tegument.

Die Ordnung der Plectognathen oder *Schnabelfische* sondert sich von den übrigen Teleostiern als ein kleiner, aber sehr eigenthümlich umgebildeter Seitenzweig ab, mit den beiden Familien der *Sclerodermi* (Kofferfische) und *Gymnodontes* (Igelfische). Die Bedeckung der Haut besteht bei den ersteren meistens aus rauhen Schildchen, Knochen-Platten oder polygonalen Tafeln, bei den letzteren aus Stacheln. Die späte und oft unvollkommene Verknöcherung der Wirbelsäule erinnert an ältere Fischgruppen, insbesondere an gewisse Ganoiden, mit denen sie auch früher vereinigt wurden. Trotzdem finden sich fossile Reste von Plectognathen nur in Tertiär-Schichten und auch da nur spärlich. Der verkürzte, oft fast kugelige oder scheibenförmige (lateral comprimirte) Körper zeichnet sich durch die geringe Zahl der Wirbel aus (höchstens zwanzig), sowie durch die feste Verwachsung des Schädels mit dem Oberkiefer und Zwischenkiefer, welche unbeweglich verbunden sind. Bei den *Sclerodermen* enthalten die Kiefer noch deutliche Zähne (in geringer Zahl). Bei den *Gymnodonten* dagegen sind die Zähne verschwunden, und die verschmolzenen Knochen des Oberkiefers sowohl als des Unterkiefers bilden einen harten Schnabel mit schneidenden Rändern. Mundspalte und Kiemenspalten sind sehr eng, der Kiemendeckel unter der Haut verborgen. Unmittelbare Anschlüsse der *Plectognathen* an andere Fisch-Gruppen sind nicht bekannt; es ist möglich, dass dieselben direct aus einem Ganoiden-Zweige hervorgegangen sind (Osteodermen?); wahrscheinlicher ist, dass sie einen eigenthümlich modificirten Zweig der *Acanthopteri* darstellen; die Aehnlichkeiten mit Panzer-Ganoiden beruhen dann nur auf Convergenz, oder vielleicht theilweise auf Rückschlag (Atavismus).

§ 242. Vierte Ordnung der Teleostier:

Lophobranchii. Buschkiemenfische.

Physoclisten mit Büschelkiemen und Mundrohr.

Knochenfische ohne Luftgang der Schwimmblase, mit büschelförmigen Kiemen, mit röhrenförmigem, zahnlosem Kiefer-Apparat und mit Knochenpanzer.

Die Ordnung der Lophobranchier oder *Büschelkiemer* entfernt sich in ähnlicher Weise wie die Plectognathen von den übrigen Teleostiern. Die drei kleinen Familien, welche diese abweichende Ordnung zusammensetzen, *Solenostomiden*, *Syngnathiden* und *Hippocampiden*, unterscheiden sich von allen anderen Fischen durch die eigenthümliche Bildung der Kiemen; diese bestehen nicht aus kammförmigen Reihen von Blättchen, sondern aus Büscheln von Läppchen oder kolbenförmigen Fäden. Die Kiemenöffnung ist sehr eng, und der einfache Kiemendeckel nur von einem einzigen grossen Knochen gestützt. Der enge zahnlose Mund liegt am Ende einer röhrenförmig verlängerten Schnauze. Nur die Brustflossen sind entwickelt, die übrigen Flossen verkümmert und oft rückgebildet. Die eigenthümliche Brutpflege übernimmt gewöhnlich das Männchen, indem die Eier in besonderen Bruttaschen (durch Hautfalten an der Bauchseite des Schwanzes gebildet) aufbewahrt werden. Die Zusammensetzung des Hautpanzers aus dünnen polygonalen Knochentafeln erinnert sowohl an *Siluroiden* und *Plectognathen*, als auch an gewisse Panzer-Ganoiden (*Osteodermen*). Wie bei den vorhergehenden Plectognathen, so ist auch bei den Büschelkiemern kein directer Anschluss an andere Teleostier vorhanden; und nur spärliche fossile Reste aus der Tertiär-Zeit sind bekannt. Es ist also möglich, dass die gepanzerten Stammformen der Lophobranchier (ebenso wie die der Plectognathen) nicht aus einem Zweige der *Physoclisten*, sondern der *Ganoiden* ihren Ursprung genommen haben.

§ 243. Vierte Classe der Wirbelthiere:

Dipneusta (= Dipnoa). Lurchfische.

Uebergangsgruppe von den Fischen zu den Amphibien.

Anamnien mit zwei Paar Fischflossen (polydactylen, bisweilen rückgebildeten, lateralen Gliedmaassen); mit Lungen und dreikammerigem Herzen (einer Hauptkammer und zwei Vorkammern). Herzblut gemischt. Nasengruben durch Nasengänge mit der Mundhöhle verbunden.

Die Classe der Dipneusta oder *Dipnoa* umfasst die wichtige Gruppe der ältesten Vertebraten, welche Luft durch Lungen athmen. Indem wir (1866) diese »Lungenfische oder Lurchfische« als eine selbständige Wirbelthier-Classe aufstellten und sie als verbindende phyletische Uebergangs-Gruppe von den älteren Fischen zu den jüngeren Amphibien auffassten, wurden wir in den Stand gesetzt, diese drei Classen des *Ichthyopsiden*-Stammes klar zu definiren und ihr Verwandtschafts-Verhältniss naturgemäss zu deuten. Sowohl in morphologischer und systematischer, als in phylogenetischer und physiologischer Beziehung bilden die Lurchfische als »Doppelathmer« ein sehr interessantes und wichtiges Zwischenglied zwischen der niederen Stufe der wasserathmenden Fische und der höheren Stufe der luftathmenden Lurche. Sie haben von den älteren Fischen (Selachiern) den grössten Theil der Organisation geerbt, unterscheiden sich aber von ihnen scharf durch die Lungenathmung und die damit verknüpfte Theilung der Herz-Vorkammer. In diesem bedeutungsvollen Fortschritte der Organisation stimmen die Dipneusten mit ihren Descendenten, den terrestrischen Amphibien überein; sie besitzen aber noch nicht die fünfzehigen Gangfüsse der letzteren, sondern haben die schwimmende Lebensweise und die Fischflossen beibehalten. Die ältere Auffassung der Dipneusten, nach welcher sie zu den Amphibien gehören, ist ebenso einseitig und unhaltbar, als die neuere, nach der sie unter die Fische versetzt werden. In Wirklichkeit bilden sie eine Intermediär-Classe zwischen Beiden.

Obgleich wir nur drei lebende Gattungen und zwei ausgestorbene Familien von Dipneusten kennen, weichen dieselben doch so vielfach von einander ab, dass wir sie auf drei verschiedene Ordnungen vertheilen können. Die ältesten von diesen bilden die devonischen Urlurchfische (*Paladipneusta*), mit den Familien der *Phaneropleurida* und *Ceratodina*. Aus diesen sind wahrscheinlich als zwei divergente Aeste die Kammlurchfische (Ctenodipneusta = *Ctenodipterina*) und die Neulurchfische (Neodipneusta = *Sirenoida*) hervorgegangen. Als einen dritten Zweig der Paladipneusten betrachten wir die Progonamphibien, jene ältesten *Stegocephalen*, welche die carbonische Stammgruppe der Amphibien und Amnioten bilden. Uebrigens ist es auch möglich, dass die Dipneusten-Classe, in dieser Ansdehnung aufgefasst, polyphyletischen Ursprungs und aus verschiedenen Fisch-Gruppen hervorgegangen ist. Die Paladipneusten zeigen gewisse nahe Verwandtschafts-Beziehungen nicht nur zu den *Crossopterygiern*, sondern auch zu einigen Gruppen der Selachier (namentlich den *Holocephalen*).

Die Ctenodipneusten hingegen schliessen sich sehr eng an gewisse Ganoiden an (*Coelacanthinen* und *Cyclodipterinen*, § 235).

§ 244. Skelet der Dipneusten.

Alle uns bekannten Lurchfische besitzen eine ganz primitive Wirbelsäule mit permanenter Chorda und ungegliederter Perichorda; nur die Wirbelbogen, Dornfortsätze und Flossenstrahlen sind segmental, bei den jüngeren verknöchert. Auch der knorpelige Primordial-Schädel bleibt erhalten und verknöchert nur theilweise, unter wechselnder Betheiligung zahlreicher Deckknochen. Der Oberkiefer-Gaumen-Apparat (Palato-Quadratum und Hyo-Mandibulare) ist *autostyl* und unbeweglich mit dem Schädel verwachsen, wie bei den Holocephalen und Amphibien. Wie sich die Dipneusten in diesen uralten Skelet-Formationen theils an die ältesten *Selachier*, theils an die *Crossopterygier* anschliessen, so gilt dasselbe auch von der Flossenbildung. Bei der Mehrzahl ist die primordiale Median-Flosse (*Pinna sagittalis*) erhalten, als ein continuirlicher vielstrahliger Hautsaum; bei dem carbonischen *Uronemus* beginnt diese verticale Kielflosse oben gleich hinter dem Kopfe und geht unten direct in die Afterflosse über. Bei der Minderzahl sondert sich dagegen die Schwanzflosse von der Rückenflosse und Afterflosse. Die *Paladipneusten*, welche den Stamm der Classe bilden, und ebenso die *Neodipneusten* (als moderne Epigonen derselben) conserviren die ursprüngliche diphyocerke oder protocerke Schwanzform; bei den *Ctenodipneusten* dagegen geht diese in die heterocerke über. Bei diesen Letzteren wird auch die Rückenflosse sehr reducirt und zerfällt in zwei kurze Lappen (daher *Dipterini*). Die *Paladipneusten* und *Ctenodipneusten* zeigen auch im Bau der paarigen Flossen die ursprüngliche biseriale Zusammensetzung des Archipterygium bald rein, bald quastenförmig modificirt (wie bei den *Crossopterygiern*). Bei den modernen *Neodipneusten* hingegen ist nur der dünne verlängerte Flossenstamm (als Stylopterygium-Stab) conservirt. Die Strahlen sind entweder auf kleine Rudimente an der einen Seite dieses Stabes reducirt (*Protopterus*) oder ganz verschwunden (*Lepidosiren*).

Dermal-Skelet. Die Schuppendecke des langgestreckten, fischförmigen Körpers besteht bei allen bekannten Dipneusten aus runden Cycloid-Schuppen, welche sich mit ihren Rändern dachziegelartig decken. Bei den *Paladipneusten* und *Neodipneusten* sind dieselben dünn und gross, den Diaphan-Schuppen der *Clupeaceen* ähnlich; bei den *Ctenodipneusten* hingegen sind sie dick und klein, von Ganoid-Structur, wie bei den *Cyclodipterinen*; ihre Oberfläche ist hier gekörnelt. Die Ctenodipneusten gleichen auch den Crossopterygiern in dem Besitze von ein

Paar grossen Jugular-Platten zwischen den Unterkiefer-Aesten, während diese den anderen beiden Ordnungen fehlen.

Dentition. Die Bezahnung der Dipneusten ist sehr characteristisch. Fast allgemein trägt der Gaumen ein Paar grosse Zahnplatten, welche kammförmig, mit transversalen Reihen von konischen Zacken oder Höckern oder mit fächerförmig divergirenden Kämmen ausgestattet sind. Ein Paar entsprechende, zwischen jene eingreifende Zahnplatten trägt meistens auch der Unterkiefer. Am Vomer sitzen bei Vielen ein Paar kleine konische oder meisselförmige Zähne. Ausserdem sind bei den ältesten Gattungen (*Phaneropleuriden*) die Kieferränder mit einer Reihe kurzer konischer Zähne bewaffnet; bei allen übrigen sind dieselben verschwunden. Die typische Bildung und fast constante Anwesenheit der grossen kammförmigen Palatin-Zähne ermöglicht es, viele ausgestorbene, nur fossil bekannte Genera mit den lebenden Dipneusten, ihren modificirten Epigonen, zu vereinigen. Jedoch müssen wir wohl annehmen, dass bei den ältesten (unbekannten) Stammformen der Classe, den altdevonischen *Archidipneusten*, die kammförmigen Zahnplatten weder am Gaumen noch am Unterkiefer ausgebildet, sondern durch Reihen von getrennten Kegelzähnen vertreten waren; erst durch Concrescenz der letzteren entstanden die ersteren.

§ 245. Malacom der Dipneusten.

In der inneren Organisation des Weichkörpers bekunden die Lurchfische ihre Mittelstellung zwischen den Fischen und Amphibien am deutlichsten; wir dürfen annehmen, dass die zahlreichen ausgestorbenen Verwandten der drei lebenden Gattungen sich hierin nicht wesentlich verschieden verhalten haben werden; denn die characteristischen Züge in der Bildung des Hautskelets, des Endoskelets und der Zähne bleiben überall dieselben. Allen anderen Merkmalen des Malacoms voran stehen diejenigen drei correlativen Eigenthümlichkeiten, welche die Stammformen der Dipneusten durch Anpassung an die Luftathmung erworben und durch Vererbung auf sämmtliche lungenathmenden Vertebraten übertragen haben: 1) die Verwandlung der Schwimmblase in die Lunge; 2) die Umbildung der Nasenfurchen in geschlossene Canäle, welche aussen in die Nasengruben, innen in die Mundhöhle münden; 3) die Theilung der Herzvorkammer, wodurch dieselbe in ein rechtes venöses und linkes arterielles Atrium zerfällt, entsprechend der Umbildung der respiratorischen Gefässe. In diesen höchst wichtigen Beziehungen verhalten sich die Dipneusten ganz gleich den *Amphibien*, während sie in den meisten übrigen Structur-Verhältnissen der Weichtheile vielmehr mit den älteren Fischen, *Ganoiden* und *Selachiern*, übereinstimmen. Die Bildung der Kiemen und des Kiemendeckels, ebenso auch der Genital-Organe, erinnert an die älteren Ganoiden, theilweise auch an die Holocephalen; die Spiral-Klappe im Darm bleibt wie bei den Ganoiden und Selachiern bestehen. Die Urogenital-Organe münden nicht getrennt vom After (wie bei den echten Ganoiden und den Teleostiern), sondern in eine Kloake (wie bei den Selachiern und Amphibien).

§ 246. Ursprung der Dipneusten.

Bei der hohen Bedeutung, welche die Dipneusten als die ältesten lungenathmenden Wirbelthiere und als die Vorfahren der Amphibien und Amnioten besitzen, ist die Frage ihres Ursprunges von besonderer Wichtigkeit. Unzweifelhaft ist es jetzt, dass diese »Lungenfische« von echten Fischen abstammen, und zwar von palaeozoischen (devonischen oder silurischen) Fischen. Ebenso unzweifelhaft ist es, dass zu der Reihe ihrer silurischen Ahnen unsere Proselachier gehören (§ 229). Dagegen ist die Frage noch offen, ob wir sie direct von einem (unbekannten!) ausgestorbenen Seitenzweige dieser ältesten Stammgruppe abzuleiten haben, oder ob wir dazwischen noch eine connectente Reihe von Ganoiden einzuschalten haben. Die auffallende Uebereinstimmung, welche in wichtigen morphologischen Beziehungen zwischen einem Theile der *Dipneusten* und den *Crossopterygiern* besteht, hat vielfach zu der Annahme geführt, dass die ersteren direct von einem Zweige der letzteren abstammen; dabei würden hauptsächlich die *Cyclodipterinen* und *Coelacanthinen* in Frage kommen. Für diese Ableitung spricht namentlich die ursprüngliche Beschaffenheit des Archipterygium in beiden Gruppen, ferner die auffallende Aehnlichkeit im Zahnbau; dagegen spricht aber der Besitz einer Cloake (die den echten Ganoiden fehlt), sowie namentlich die Beschaffenheit des Schädels, der bei (allen?) Crossopterygiern *hyostylisch* ist, dagegen bei (allen?) Dipneusten *autostylisch*, ähnlich wie bei den Chimaeren und Amphibien.

Anderseits ist zu erwägen, dass die *Dipneusten* bereits die elasmobranche Beschaffenheit der *Selachier*-Kiemen verloren haben und die typischen, freien Kammkiemen der *Ganoiden* (und der von diesen abstammenden *Teleostier*) erworben haben. Auch ist ihr knorpeliger Primordial-Schädel bereits mit entwickelten Deckknochen versehen, was bei keinem echten Selachier der Fall ist. Es dürfte daher am sichersten sein, vorläufig die ältesten Dipneusten von Proganoiden abzuleiten, von jener ältesten (silurischen) Stammgruppe der Ganoiden, welche sich noch sehr nahe an ihre Proselachier-Ahnen einerseits, an die Crossopterygier-Epigonen anderseits anschliesst. Jedenfalls zeigt die primordiale Beschaffenheit vieler Organe (Flossen, Skelet u. s. w.), dass diese Abzweigung der *Dipneusten* von ihren Fisch-Ahnen (— seien es nun *Proselachier* oder *Proganoiden* —) schon sehr frühzeitig in silurischer oder devonischer Zeit stattgefunden hat (vergl. § 225).

§ 247. Erste Ordnung der Dipneusten:

Paladipneusta (Paladipnoa). Urlurchfische.

Stammgruppe der luftathmenden Wirbelthiere.

Dipneusten mit primordialer, ungetheilter Sagittalflosse (mit diphyocerker Schwanzflosse). Paarige Flossen gefiedert, biserial (Archipterygium). Kehlhaut ohne Jugular-Platten. Lunge einfach, unpaar.

Die Ordnung der Paladipneusten umfasst zwei verschiedene Familien: 1) die Phaneropleuriden (mit den *Uronemiden*), fossil im Devon und Carbon; und 2) die Ceratodinen, von denen alte Formen schon in Trias und Jura erscheinen. Als dritte Familie könnte man noch die hypothetischen Archidipneusten (oder *Archidipnoa*) unterscheiden, mit denjenigen (devonischen oder silurischen) Formen, welche den unmittelbaren Anschluss an die parentalen Fische (*Proganoiden* oder *Proselachier*) vermittelten. Der merkwürdige *Ceratodus Forsteri*, erst 1870 in australischen Flüssen entdeckt, hat sich allein als lebender Ueberrest dieser Ordnung bis heute erhalten; er besitzt eine ganz hervorragende Bedeutung, indem er unter allen lungenathmenden Wirbelthieren der Gegenwart die phylogenetisch älteste Form darstellt und die Organisations-Verhältnisse der devonischen Paladipneusten Millionen von Jahren hindurch nur wenig verändert conservirt hat. Die primitive Chorda ist noch von einer ungegliederten Scheide umschlossen; der knorpelige Urschädel nur theilweise mit dünnen Hautknochen bedeckt. Die lange Rücken- und Afterflosse bilden zusammen mit der diphyocerken Schwanzflosse einen ununterbrochenen Sagittal-Kiel. Der gegliederte Axenstamm der grossen paarigen Flossen ist sowohl an der medialen als an der lateralen Seite in ganzer Ausdehnung mit Radien besetzt; Brustflosse und Bauchflosse zeigen das ursprüngliche Bild des biserialen Archipterygium in vollkommenster Form. Nur das grössere und freier bewegliche Basalglied des Pinnostyls entbehrt der Radien und zeigt einen Fortschritt nach den Amphibien hin, wo dasselbe vorn zum Humerus, hinten zum Femur wird. Die grossen dünnen Cycloid-Schuppen decken sich dachziegelförmig. Die ältere Stammgruppe der palaeozoischen Phaneropleuriden (*Uronemus, Phaneropleuron*) trug in den Kiefern eine Reihe kurzer konischer Zähne und ausserdem am Gaumen jederseits eine grosse dreieckige Zahnplatte, die mit Reihen von Zacken bewaffnet ist. Aus dieser letzteren hat sich der characteristische kammförmige Gaumenzahn der modernen Ceratodinen entwickelt, welche bereits in Trias und Jura auftreten; die konischen Kieferzähne sind hier verschwunden.

§ 248. Anhang zur Ordnung der Paladipneusten: **Ctenodipneusta (= Ctenodipterina). Kammlurchfische.**

Auslaufender Seitenzweig der Paladipneusten (?).

Dipneusten mit zwei kurzen Rückenflossen, getrennt von der heterocerken Schwanzflosse. Paarige Flossen gefiedert, quastenförmig (Archipterygium). Kehlhaut mit Jugular-Platten. (Lunge einfach, unpaar?)

Die Ordnung der Ctenodipneusten oder *Ctenodipterinen* ist durch zwei palaeozoische Familien vertreten, die *Ctenodinen* und *Dipterinen*. Von Beiden finden sich zahlreiche Petrefacten im Devon, Carbon und Perm; jüngere und lebende Ueberreste sind nicht bekannt. Die systematische und phylogenetische Stellung dieser interessanten Gruppe wird noch heute sehr verschieden beurtheilt; einerseits erscheinen sie nahe verwandt den *Paladipneusten*, anderseits den *Crossopterygiern*; insbesondere stehen unter letzteren die *Cyclodipterinen* ihnen so nahe, dass sie früher mit ihnen vereinigt wurden. Diesen Ganoiden gleichen die *Ctenodipterinen* nicht nur im äusseren Habitus, sondern auch in den meisten Verhältnissen der inneren Organisation, insbesondere im Bau des inneren und dermalen Skelets, sowie der paarigen Quastenflossen und der heterocerken Schwanzflosse. Auch besitzen die Ctenodipneusten die beiden kurzen Rückenflossen und die paarigen grossen Jugular-Platten, welche die meisten Crossopterygier zeigen. Hingegen theilen die Ctenodipneusten mit den übrigen Dipneusten die höchst characteristische Bildung der grossen kammförmigen oder fächerförmigen Zahnplatten am Gaumen und Unterkiefer; auch ist der Oberkiefer-Apparat hier wie dort fest mit dem Schädel verwachsen (ähnlich dem der *Chimaeren*). Man könnte hieraus den Schluss ziehen, dass die *Ctenodipterinen* einen auslaufenden Seitenzweig der alten Stammgruppe der *Paladipneusten* darstellen, während nach einer anderen Richtung hin sich aus jenen die *Neodipneusten* und *Amphibien* entwickelt haben. Anderseits ist es aber auch möglich, dass die *Ctenodipterinen* einen besonderen Seitenzweig der *Crossopterygier* darstellen, und dass sie nur durch Convergenz die Aehnlichkeit in der Schädelbildung mit *Dipneusten* erlangt haben.

§ 249. Zweite Ordnung der Dipneusten: Neodipneusta (Neodipnoa). Neulurchfische.

Sirenoides. Dipneumones. Protopterina.

Moderner Seitenzweig der Paladipneusten.

Dipneusten mit zusammenhängender Sagittal-Flosse (mit diphyocerker Schwanzflosse). Paarige Flossen bloss aus dem axialen Flossenstamm gebildet, ihre Strahlen theilweise oder ganz rückgebildet (Stylopterygium). Kehlhaut ohne Jugular-Platten. Lunge paarig.

Die Ordnung der Neodipneusten (oder *Sirenoiden*) ist uns nur durch zwei lebende Gattungen des Süsswassers bekannt, den africanischen *Protopterus annectens* und die südamerikanische *Lepidosiren paradoxa*. Beide erscheinen als letzte Ausläufer eines Seitenzweiges der *Paladipneusten*, der sich nicht in höhere Formen fortgesetzt hat. Die Skeletbildung der Wirbelsäule und die Schuppendecke, sowie die Bildung des unpaaren Flossensaumes zeigt grösstentheils bei diesen *Protopterinen* noch dieselben uralten Verhältnisse wie bei den *Paladipneusten*. Sehr verschieden aber ist die Bildung der paarigen Flossen, deren Fieder-Strahlen grösstentheils oder ganz verschwunden sind, so dass bloss das Axenskelet derselben in Gestalt eines gegliederten Knorpel-Stabes erhalten ist (des Pinnostyl oder »Stamm des Archipterygium«). Nur ein schmaler medialer Saum von kurzen, feinen Flossenstrahlen ist noch am Innenrande des Pinnostyls von *Protopterus* sichtbar; bei *Lepidosiren* ist auch dieser Saum verschwunden. Da die Lunge der lebenden *Neodipneusten* paarig, die des einzigen lebenden Restes der *Paladipneusten* (*Ceratodus*) unpaar ist, kann man letztere als *Monopneumones* den ersteren als *Dipneumones* gegenüberstellen. Ein weiterer Unterschied beider Ordnungen besteht in der Bildung des Herzkegels. Der Klappen-Apparat des Cardioconus besteht bei den *Ceratodinen* (wie bei den Ganoiden) aus mehreren transversalen Klappen-Reihen; hingegen bei den *Protopteriden* (wie bei den Amphibien) aus zwei longitudinalen Spiralfalten. Die brasilianische *Lepidosiren paradoxa* (mit 5 Paar Kiemenbogen) weicht mehr von der Stammgruppe ab, als der africanische *Protopterus annectens* (mit 6 Paar Kiemenbogen). Der Letztere zeichnet sich auch durch den Besitz von drei Paar accessorischen äusseren Kiemen-Anhängen aus, welche direct dem oberen Theile des Schultergürtels aufsitzen.

§ 250. Stammfolge der Dipneusten und Amphibien.

Die Hauptgruppen der Dipneusten und Pentanomen		Palaeozoisch			Mesozoisch			Caenozoisch	
		Devon	Carbon	Perm	Trias	Jura	Creta	Tertiär	Quartär
		Devon	Carb.	Perm	Trias	Jura	Crt.	Ttr.	Qtr.
I. Paladipnoa	Archidipnoa	⊙	?	?	. . . .	. . . .	. . . .	. . . .	+
	Phaneropleurida	——	——	⊙	. . . .	. . . .	. . . .	. . . .	+
	Ceratodina	. . . .	. . . .	. . . .	——	——	⊙	⊙	——
II. Ctenodipnoa	Ctenodina	——	——	——	. . . .	. . . .	. . . .	. . . .	+
	Dipterina	——	——	——	. . . .	. . . .	. . . .	. . . .	+
III. Neodipnoa	Neodipneusta (Protopterina)	. . . .	. . . .	. . . .	. . . .	. . . .	. . . .	⊙	——
IV. Stegocephala	Progonamphibia	. . . .	━━	——	. . . .	. . . .	. . . .	. . . .	+
	Ganocephala	. . . .	━━	━━	. . . .	. . . .	. . . .	. . . .	+
	Labyrinthodonta	. . . .	——	——	━━	. . . .	. . . .	. . . .	+
V. Peromela	Aistopoda	. . . .	——	——	. . . .	. . . .	. . . .	. . . .	+
	Gymnophiones	. . . .	. . . .	. . . .	⊙	⊙	⊙	⊙	——
VI. Urodela	Phanerobranchia	. . . .	. . . .	. . . .	⊙	⊙	——	——	——
	Cryptobranchia	. . . .	. . . .	. . . .	. . . .	⊙	⊙	——	━━
	Caducibranchia	. . . .	. . . .	. . . .	. . . .	?	?	——	——
VII. Batrachia	Phaneroglossa, Aglossa	. . . .	. . . .	. . . .	. . . .	. . . .	. . . .	━━	━━
VIII. Sauropsida	Reptilia	. . . .	. . . .	——	━━	━━	━━	——	——
	Dracones	. . . .	. . . .	. . . .	——	━━	━━	. . . .	+
	Aves	. . . .	. . . .	. . . .	⊙	——	——	━━	━━
IX Mammalia	Monotrema	. . . .	. . . .	. . . .	. . . .	——	——	——	——
	Marsupialia	. . . .	. . . .	. . . .	. . . .	━━	━━	——	——
	Placentalia	. . . .	. . . .	. . . .	. . . .	?	⊙	━━	━━

Fünftes Kapitel.

Systematische Phylogenie der Amphibien.

§ 251. Fünfte Classe der Wirbelthiere:

Amphibia. Lurche.

Stammgruppe der fünfzehigen Wirbelthiere: Pentanomia.

Anamnien mit zwei Paar Gangbeinen (pentadactylen, bisweilen ganz oder theilweise rückgebildeten, lateralen Gliedmaassen), mit Lungen und dreikammerigem Herzen (einer Hauptkammer und zwei Vorkammern). Herzblut gemischt. Nasengruben durch Nasengänge mit der Mundhöhle verbunden. Cloake mit Harnblase.

Die Classe der Amphibien oder *Lurche* ist von hervorragender phylogenetischer Bedeutung durch die Mittelstellung, welche sie zwischen den *Dipneusten* und *Amnioten* einnimmt. Nachdem die amnioten, früher mit den *Amphibien* vereinigten *Reptilien* ausgeschieden sind, erscheint der Umfang dieser wichtigen Classe nach unten und oben hin scharf begränzt. Von den *Dipneusten*, ihren unmittelbaren Vorfahren, unterscheiden sich die Amphibien durch ihre pentanomen paarigen Gliedmaassen; an die Stelle der *polydactylen* Fischflosse ist das *pentadactyle* Gangbein mit seiner characteristischen transversalen Dreigliederung getreten. Die *Reptilien*, die erst später aus den Amphibien hervorgegangen sind, unterscheiden sich von diesen durch gänzlichen Verlust der Kiemen, sowie durch Erwerbung von Amnion und Allantois.

Der Inhalt der so beschränkten Amphibien-Classe wird jetzt allgemein in die vier Ordnungen der *Stegocephalen, Peromelen, Urodelen* und *Batrachier* eingetheilt. Von diesen bildet die erste Ordnung die

Stammgruppe, aus welcher als divergente Zweige die drei letzteren hervorgegangen sind. Die ganze Classe ist monophyletisch, da alle Angehörigen derselben sich von der gemeinsamen Stammgruppe der carbonischen Stegocephalen, und zwar von der Unterordnung der *Progonamphibien*, ableiten lassen. Der Ursprung dieser alten Stammgruppe ist bei den *Paladipneusten* zu suchen und weiterhin in deren unmittelbaren Vorfahren, den *Proganoiden* und *Proselachiern* (vergl. § 246). Der weitaus wichtigste Fortschritt, welcher die phylogenetische Umbildung der Paladipneusten in Progonamphibien characterisirt, ist die Verwandlung der polydactylen Fischflosse in das fünfzehige Gangbein der Amphibien. Es tritt hier zum ersten Male jene höchst characteristische Gliederung und typische Zusammensetzung der zwei Gliedmaassen-Paare auf, welche wir mit einem Worte als Pentanomie bezeichnen und welche sich von jener Stammgruppe auf die vier höheren Wirbelthier-Classen vererbt hat. Man kann daher die *Amphibien* und *Amnioten* auch unter dem weiteren Begriffe der *Pentanomen* vereinigen oder der Vierfüsser (*Tetrapoden* oder *Quadrupeden*; vergl. §§ 14 und 84).

Unter den carbonischen und permischen *Stegocephalen* giebt es mehrere typische Progonamphibien (z. B. *Melanerpeton* und andere *Branchiosaurier*), welche sich noch sehr nahe an die devonischen Paladipneusten (*Phaneropleuriden* u. A.) anschliessen, namentlich im Bau der Wirbelsäule und des Schädels. Aber auch die Knochentafeln oder Schuppen, mit welchen die Haut der ersteren gepanzert ist, gleicht sowohl im Ganzen, als häufig auch im Einzelnen derjenigen der palaeozoischen *Dipneusten* und *Ganoiden*. Reste dieses Schuppenpanzers finden sich unter den lebendem Amphibien nur noch bei den *Peromelen*, die auch in anderen Beziehungen wichtige Eigenthümlichkeiten primitiver Organisation bewahrt haben. Wir haben daher schon früher (1866) die *Stegocephalen* und die *Peromelen* (welche direct oder indirect von ihnen abstammen) in der Subclasse der Panzerlurche oder Phractamphibien vereinigt. Als zweite Subclasse stellten wir dieser älteren Gruppe die jüngeren Nacktlurche oder Lissamphibien gegenüber, die beiden nahe verwandten Ordnungen der *Urodelen* und *Batrachier*.

§ 252. Skelet der Amphibien.

I. Dermal-Skelet. Die Hautdecke verhält sich in den beiden Subclassen der Amphibien sehr verschieden. Bei den alten Panzerlurchen (*Phractamphibia*) ist der grösste Theil der Haut mit Knochentafeln oder Schuppen, zum Theil sehr ähnlich gewissen Ganoidschuppen, besetzt, welche sich unmittelbar an diejenigen der *Paladipneusten* und

Ganoiden (*Crossopterygier*) anschliessen. Die Anordnung und Structur, zum Theil sogar die characteristische Sculptur der Deckknochen, welche den Panzer des knorpeligen Urschädels zusammensetzen, ist bei vielen Stegocephalen noch ganz ähnlich wie bei *Ceratodus*, bei *Polypterus*, *Coelacanthus* und anderen Crossopterygiern. Am Rumpfe ist vorzugsweise die Bauchseite mit starken Knochentafeln gepanzert, während das Corium der Rückenseite meist nur kleinere oder gar keine Ossificationen erkennen lässt. Sehr characteristisch sind für die Stegocephalen drei Brustplatten in der Kehlhaut, ein unpaares *Episternum* (= Interclavicula) und zwei paarige Seitenplatten (*Claviculae*), unten eingefügt zwischen den Hälften des Schultergürtels. Unter den lebenden Amphibien hat nur die Ordnung der Peromelen (*Caecilien*) jenes alte Schuppenkleid der Stammgruppe, wenn auch in reducirter Form, noch durch Vererbung conservirt. Alle übrigen haben dasselbe abgelegt und eine nackte, schlüpfrige Haut bekommen, die sich durch grossen Drüsen-Reichthum auszeichnet und durch deren Secret geschützt ist; sie bilden die Subclasse der Nacktlurche (*Lissamphibia*), mit den Ordnungen der *Urodelen* und *Batrachier*. Je mehr hier im Ganzen das Dermal-Skelet der Haut rückgebildet ist, desto weiter geht anderseits die Verknöcherung des Endoskeletes.

II. Endoskelet. Bei den alten Phractamphibien und namentlich bei den ältesten *Stegocephalen*, der gemeinsamen Stammgruppe der ganzen Classe, schliesst sich die Bildung sowohl des inneren als des äusseren Skelets unmittelbar an diejenige ihrer devonischen Vorfahren an, der *Paladipneusten* und *Proganoiden* (theilweise auch der *Crossopterygier*). Die Wirbelsäule zeigt bei den ältesten Formen eine permanente Chorda, an der nur dünne cylindrische Knochenscheiden die Wirbelkörper andeuten (Hülsenwirbel, *Lepospondyli*). Wenn die Knochenhülsen sich in der Mitte jedes Wirbelkörpers verdicken, entstehen amphicoele Fischwirbel, wie sie noch bei den jüngeren *Stegocephalen*, unter den lebenden Amphibien bei den *Caecilien* und den niedersten *Urodelen* sich finden. Die Unterordnung der *Temnospondylen* oder Ganocephalen zeichnet sich dadurch aus, dass die Wirbel sich aus getrennten Stücken zusammensetzen (ähnlich den Halbwirbeln mancher Ganoiden). Bei den höheren Amphibien verknöchern zuletzt die Wirbel vollständig (opisthocoel bei den Salamandrinen, procoel bei den Batrachiern). Die Zahl der Wirbel ist sehr verschieden, 50—150 bei den langschwänzigen, bis 200 bei den schlangenförmigen Caecilien, nur 10—12 bei den schwanzlosen Batrachiern. Der Schädel der älteren *Phractamphibien* lässt sich unmittelbar von demjenigen der *Dipneusten* ableiten. Wie bei diesen bleibt der knorpelige Urschädel bestehen und ist mit einer grossen Anzahl von Deckknochen gepanzert. Bei ihren jüngeren Nachkommen, den *Lissamphibien*, wird deren Zahl beträchtlich reducirt, theils durch Verschmelzung, theils durch Rückbildung; ein Theil des Knorpelschädels verknöchert hier direct. An der Schädel-Basis tritt das Parasphenoid als ansehnlicher Deckknochen auf. Nur bei wenigen der ältesten Amphibien ist der Schädel noch unmittelbar mit dem ersten Halswirbel verbunden; bei allen übrigen bildet sich das characteristische Doppelgelenk des Hinterhauptes aus, indem die beiden Occipitalia lateralia verknöchern und mit zwei grossen convexen Condylen in zwei entsprechende Gelenkgruben des Atlas eingreifen. Der Oberkiefer-Apparat ist autostyl und geht eine feste Verbindung mit dem plattgedrückten, dreieckigen oder fast halbkreisförmigen Schädel ein (wie bei den Dipneusten und Chimaeren). Die Rippen sind bei den älteren Amphibien meistens noch an allen Rumpfwirbeln und an den vorderen Schwanzwirbeln wohl entwickelt, während sie bei den jüngeren Formen reducirt und durch starke Querfortsätze ersetzt werden.

Ueber das Endoskelet der beiden pentanomen Gliedmaassen-Paare und seine bedeutungsvolle Transformation vergl. oben §§ 84—92.

§ 253. Malacom der Amphibien.

Die Organisation des Weichkörpers im Ganzen schliesst sich unmittelbar an diejenige der *Dipneusten* an, und auch viele einzelne Bildungs-Verhältnisse sind von diesen Vorfahren direct durch Vererbung übertragen. Insbesondere theilen die älteren Amphibien mit denselben die characteristische Bildung des Kreislaufs und des Herzens. Die älteren und niederen Formen der Classe (*Branchiosaurier*, *Perennibranchien* etc.) sind noch echte »Doppelathmer«, gleich ihren Vorfahren, den Dipneusten. Ihre vorderen Aorten-Bogen treiben das gemischte Herz-Blut in die Kiemen, während aus dem hintersten Bogen-Paare sich die Lungen-Arterien entwickeln, welche einen Theil des Blutes den Lungen zuführen; drei bis vier Paar Kiemenbogen und Kiemenbüschel bleiben hier zeitlebens erhalten. Bei den meisten Amphibien (Labyrinthodonten, Caecilien, Salamandrinen, Batrachier) tritt diese Einrichtung, als ein palingenetisches Erbstück von den *Dipneusten*, nur in früher Jugend auf, während des embryonalen und Larven-Lebens. Später findet hier jene höchst characteristische Metamorphose statt, welche die phylogenetische Entwickelung des Respirations- und Circulations-Apparates in der Ontogenese wiederholt. Die Kiemen verschwinden, die Kiemenbogen werden rückgebildet, die Athmung geschieht nur noch durch die Lunge. In einzelnen Fällen (Hylodes) kann selbst in Folge besonderer Anpassung die Entwickelung der Kiemen völlig unterdrückt werden. Die Lungen sind bei den niederen Urodelen noch einfache, dünnwandige Säcke, gleich der Schwimmblase der meisten Fische; bei den höheren Batrachiern entwickelt sich durch maschenförmige Ausstülpungen der Innenwand eine acinöse Structur, die in engem Raum eine bedeutende Vergrösserung der respiratorischen Oberfläche ermöglicht. Aus ein Paar lateralen Knorpelstreifen, die bei den niederen Urodelen an der kurzen Luftröhre auftreten, entsteht bei den höheren Batrachiern zum ersten Male ein wirklicher Kehlkopf als Stimmorgan.

In der Bildung der Urogenital-Organe zeigen die Amphibien zum grossen Theil noch sehr alte und primitive Verhältnisse, welche sich an die Bildung der *Dipneusten* und weiterhin besonders der *Selachier* anschliessen. Als Harnorgan fungirt eine permanente Urniere (*Mesonephros*), welche auf der Ventral-Seite noch offene Nephrostomen besitzt. Beim männlichen Geschlechte tritt Arbeitstheilung der beiden Abschnitte der Urnieren in der Weise ein, dass der vordere (als Germinal-Niere) mit den Hoden in Verbindung tritt, während der hintere (als Urinal-Niere) nur Harn absondert. Der primitive Urnierengang spaltet sich jederseits in zwei Canäle, von denen der mediane (MÜLLER-sche Gang) zum Eileiter wird, der laterale (WOLFF'sche Gang) beim Weibchen zum Harnleiter, beim Männchen zum Harnsamenleiter.

Ein wichtiger neuer Erwerb der Amphibien ist die Harnblase. Das Organ, welches bei ihren Dipneusten- und Fisch-Ahnen so genannt wird, ist eine caudale Erweiterung des Harnleiters. Dagegen ist die echte *Urocystis* der Amphibien eine Aussackung aus der Vorderwand der Cloake; sie wächst bei den Embryonen ihrer Amnioten-Epigonen aus der Bauchwand hervor und bildet im Distaltheile die *Allantois.*

§ 254. Ontogenie der Amphibien.

Die vergleichende Anatomie weist den Amphibien eine bedeutungsvolle Mittelstellung in der Stammesgeschichte der Wirbelthiere an; sie sind weit höher organisirt, als die älteren *Dipneusten,* bedeutend niedriger als die jüngeren *Amnioten.* Diese morphologische und phylogenetische Mittelstellung wird auch durch die Ontogenie der Amphibien bestätigt, welche reich an interessanten und lehrreichen Erscheinungen ist. Das gilt von beiden Theilen derselben, sowohl der *Embryologie,* als der *Metamorphologie*; die genau bekannte Entwicklungsgeschichte der *Urodelen* (Salamandrinen) und der *Anuren* (Frösche) hat uns zahlreiche Aufschlüsse über wichtige Probleme der Vertebraten-Phylogenie geliefert; und neuerdings hat auch diejenige der *Peromelen* (Caecilien) Vieles dazu beigetragen.

Die Embryologie der Amphibien erscheint uns desshalb so

bedeutungsvoll, weil ihr Character in vielen Beziehungen mehr palingenetisch ist als derjenige der meisten Fische; bei den letzteren hat nicht allein die Ausbildung eines starken Nahrungsdotters das ursprüngliche Bild der Cranioten-Keimung stark getrübt, sondern es sind auch bedeutende cenogenetische Veränderungen anderer Art secundär eingetreten. Die Mehrzahl der Amphibien besitzt dagegen nur eine geringe Menge von Nahrungsdotter, und die Gastrulation ihrer kleinen Eier führt zur Bildung einer *Amphigastrula*, die sich später in eine typische Chordula (§ 30) und Spondula (§ 33) verwandelt. Wichtige Verhältnisse der primitiven Ontogenese, wie z. B. die Bildung der Chorda und der beiden Coelomtaschen, die Umbildung des Urmundes, später die Anlage des Herzens, des Urogenital-Systems u. A., sind an diesen Amphibien-Keimen klarer zu erkennen, als an denjenigen der meisten Fische. Viele Vorgänge erinnern dabei an die ähnliche Ontogenese der Dipneusten (*Ceratodus*), der Ganoiden (*Accipenser*) und der Cyclostomen (*Petromyzon*).

Aber auch die Metamorphologie der Amphibien besitzt ein hohes phylogenetisches Interesse; denn die Verwandlung ihrer Larven enthält ebenfalls zahlreiche palingenetische Züge. Die Metamorphose der Kaulquappen (*Gyrini*), welche einige Zeit hindurch noch die Organisation des Fisches, später eines Dipneusten zeigen, wiederholt nach dem biogenetischen Grundgesetze wichtige Kapitel aus der Stammesgeschichte ihrer Vorfahren. Aber auch hier wieder ist es nothwendig, beide Seiten dieses Grundgesetzes im Auge zu behalten und scharf die *palingenetischen* von den *cenogenetischen* Bildungen zu trennen. So dürfen wir z. B. aus dem Saugmund, welchen einige Kaulquappen (— nicht Alle! —) besitzen, nicht schliessen, dass derselbe dem Saugmunde einiger Ganoiden-Larven und der Cyclostomen homolog ist; denn derselbe fehlt den Jugendformen der Dipneusten und der Selachier, welche doch direct in die Ahnen-Reihe gehören.

§ 255. Palaeontologie der Amphibien.

Die Bedeutung der phylogenetischen Urkunden, welche uns die fossilen Amphibien-Reste in die Hand geben, ist sehr hoch; sie wurde früher, wegen ihrer Lückenhaftigkeit, bedeutend unterschätzt. Zunächst treten uns im Carbon und Perm sehr zahlreiche und wohl erhaltene Reste von Stegocephalen entgegen, von der wichtigen palaeozoischen Stammgruppe der Amphibien. Die ältesten Formen (*Progonamphibien*) sind meistens noch von geringer Grösse, haben primitive Hülsenwirbel (ohne entwickelte Intercentra) und gleichen in der Bildung des Schuppenkleides theilweise noch sehr ihren devonischen Ahnen aus den Gruppen der *Crossopterygier* und *Dipneusten.* Aus dieser Stammgruppe der *Lepospondylen* sind von besonderem Interesse die zahlreichen wohlerhaltenen Skelete des *Branchiosaurus amblystomus*; über tausend Exemplare desselben fanden sich in dem Plattenkalke des mittleren Rothliegenden im Plauenschen Grunde bei Dresden, darunter auch kleine, noch mit vier Paar Kiemenbogen und Kiemen versehene Larven; der Lauf ihrer Metamorphose (durch Kiemen-Rückbildung) liess sich deutlich erkennen.

Von der gemeinsamen Stammgruppe der ältesten carbonischen *Progonamphibien* leiten wir mindestens vier divergente Zweige ab, die *Aistopoden, Ganocephalen, Sauromorphen* und *Palurodelen.* Die schlangenähnlichen Aistopoden (*Dolichosoma*) haben, gleich den Schlangen und vielen Lacertilien, die Gliedmaassen verloren, dafür aber an ihrem langen Rumpfe dünne, grätenartige Rippen entwickelt; sie sind wahrscheinlich die Vorläufer der modernen *Coecilien.* Die Sauromorphen oder *Microsaurier* (*Hylonomiden, Nectriden* u. A.) nähern sich vielfach den Eidechsen, namentlich auch in der dreieckigen, vorn zugespitzten Kopfform; unter ihnen dürften die Vorfahren der Reptilien (*Proreptilien*) und vielleicht aller Amnioten zu suchen sein. Die Ganocephalen bilden den Hauptstamm der Stegocephalen-Gruppe, welche nach der verschiedenen Wirbelbildung in die beiden Unterordnungen der *Rhachitomen* und *Embolomeren* zerfällt; beide sind durch zahlreiche und zum Theil stattliche Formen in Carbon und Perm der alten und neuen Welt vertreten. Unter den permischen Rhachitomen befinden sich grosse crocodilähnliche Lurche: der *Archegosaurus* von Saarbrücken, der 1 bis $1^1/_2$ m lang war; und *Eryops* von Texas, dessen Schädel allein 60 cm Länge erreichte. Von älteren carbonischen Rhachitomen sind die grossen Labyrinthodonten abzuleiten, welche in der Trias ihre höchste Blüthe erreichten (*Mastodonsaurus* mit einem Schädel von Meter-Länge). Mit ihnen starb zu Ende der Trias-Zeit der Stegocephalen-Stamm aus.

Aus der Jura-Periode sind gar keine fossilen Reste von Amphibien bekannt. Diese negative Lücke der palaeontologischen Urkunde erklärt sich, wie in anderen ähnlichen Fällen, theils aus geologischen, theils aus biologischen Gründen (besonders aus der Lebensweise der kleinen terrestrischen Thiere); selbstverständlich bedeutet dieselbe keine Unterbrechung in der Stammesgeschichte der Lurche. Schon in den untersten Schichten der Kreide (im belgischen Wälderthon) treten die ersten Urodelen auf (*Hylaeobatrachus*). Wir erblicken in denselben Ueberreste von den Stammformen der Lissamphibien, die wir als *Palurodelen* bezeichnen. Diese sind nicht von den hoch entwickelten und specialisirten *Labyrinthodonten* der Trias abzuleiten, sondern vielmehr von älteren (carbonischen oder permischen) *Progonamphibien.* Ihre

Ahnen besassen jedenfalls vorn und hinten fünf Zehen, wie es unter Anderen bei dem permischen Branchiosaurier ***Melanerpeton*** der Fall ist, einem salamander-ähnlichen Stegocephalen von 10—13 cm Länge.

Fossile Reste von Batrachiern finden sich erst in der Tertiär-Zeit, stellenweise häufig. Doch können wir annehmen, dass diese höchstentwickelte Amphibien-Ordnung schon während der Secundär-Zeit (Kreide?, Jura?) sich aus der Ahnen-Gruppe der Urodelen (*Salamandrinen*) entwickelt hat. Die vergleichende Ontogenie beider Gruppen lässt darüber wohl keinen Zweifel. Die tertiären Petrefacten beider Ordnungen sind für ihre Phylogenie nicht von besonderem Interesse.

§§ 256 und 257 auf S. 274 und 275.

§ 258. Erste Ordnung der Amphibien.

Stegocephala. Urlurche.

Stammgruppe der Amphibien und Amnioten.

Amphibien mit dermalem Knochenpanzer, namentlich auf der Bauchseite. Schädel mit festem Dach, aus zahlreichen Deckknochen gebildet. Schultergürtel mit drei Kehlbrustplatten. Rumpf gestreckt, mit entwickeltem Schwanz. Zwei Paar Gliedmaassen, die hinteren meist stärker als die vorderen entwickelt.

Die Ordnung der Stegocephalen umfasst die ältesten ausgestorbenen Amphibien, deren fossile Reste zuerst in der Steinkohle auftreten; sie werden schon im Perm sehr zahlreich, gelangen in der Trias zur höchsten Entwickelung, scheinen aber zu Ende dieser Periode ganz auszusterben, ohne gepanzerte Nachkommen zu hinterlassen. Diese Ordnung ist von hervorragender Bedeutung, da wir von ihr nicht allein alle übrigen Amphibien, sondern auch alle Amnioten ableiten müssen.

Die ältesten Stegocephalen der Carbonzeit, die wir als *Progonamphibien* bezeichnen, sind die Stammväter der Pentanomen, d. h. aller Wirbelthiere, bei denen die characteristische Gliederung der pentadactylen Gliedmaassen vorhanden ist, oder welche von solchen fünfzehigen Stammformen abzuleiten sind. Das ist der Fall bei allen *Amphibien* und *Amnioten*. Selbstverständlich ist die pentanome Extremität mit der polydactylen Fischflosse, aus der sie hervorging, ursprünglich durch eine Reihe von Zwischenstufen verbunden gewesen. Zwischen dem vielstrahligen biserialen Archipterygium der parentalen *Dipneusten* und dem daraus hervorgegangenen pentadactylen Gangbeine

§ 256. System der Amphibien.

Subclassen	Ordnungen	Unterordnungen	Familien
I. Subclassis: **Phractamphibia** (Panzerlurche) oder **Palaeamphibia** (Altlurche) ——— (*Archibatrachia*) Hautdecke mit Knochen-Plättchen (Schuppen oder Schilden) in der Lederhaut	1. **Stegocephala** (*Archamphibia*) Urlurche Schwanz vorhanden. Gliedmaassen entwickelt	1. **Progonamphibia** + (*Lepospondylia*)	*Protamphibia* ⊙ *Branchiosauria* *Microsauria*
		2. **Ganocephala** + (*Temnospondylia*)	*Rhachitoma* *Embolomera*
		3. **Labyrinthodonta** + (*Stereospondylia*)	*Anthracosauria* *Mastodonsauria*
	2. **Peromela** (*Caeciliae*) Schlangenlurche Schwanz fehlt Gliedmaass. fehlen	4. **Palaecaeciliae** + (*Aistopoda*)	*Ophiderpida* *Dolichosomida*
		5. **Neocaeciliae** V (*Gymnophiona*)	*Epicrida* *Siphonopida*
II. Subclassis: **Lissamphibia** (Nacktlurche) oder **Neonamphibia** (Neulurche) ——— (*Neobatrachia*) Hautdecke glatt und weich, drüsenreich, ohne Knochen-Plättchen in der Lederhaut	3. **Urodela** (*Caudata*) Schwanzlurche Rumpf lang Schwanz stark Gliedmaassen kurz und schwach	6. **Phanerobranchia** V (*Perennibranchia*) Mit bleibenden Kiemen	*Palurodela* ⊙ *Proteida* *Sirenida*
		7. **Cryptobranchia** V (*Derotrema*) Mit Kiemenloch	*Amphiumida* *Menopomida*
		8. **Caducibranchia** V (*Salamandrina*) Ohne Kiemen und Kiemenloch.	*Amblystomida* *Tritonida*
	4. **Batrachia** (*Anura*, *Ecaudata*) Froschlurche Rumpf kurz Schwanz fehlt Gliedmaassen lang und stark	9. **Aglossa** V Zungenlose Batrachier	*Probatrachia* ⊙ *Pipacea* *Dactylethrida*
		10. **Bufoniformia** V Erdkröten. Zahnlos, ohne Haftscheiben	*Phryniscida* *Bufonida*
		11. **Callulaeformia** V Laubkröten. Zahnlos, mit Haftscheiben	*Hylapterida* *Callulida*
		12. **Ranaeformia** V Erdfrösche. Bezahnt, ohne Haftscheiben	*Ranida* *Pelobatida*
		13. **Hylaeformia** V Laubfrösche. Bezahnt, mit Haftscheiben	*Ixalida* *Hylida*

§ 257. Stammbaum der Amphibien.

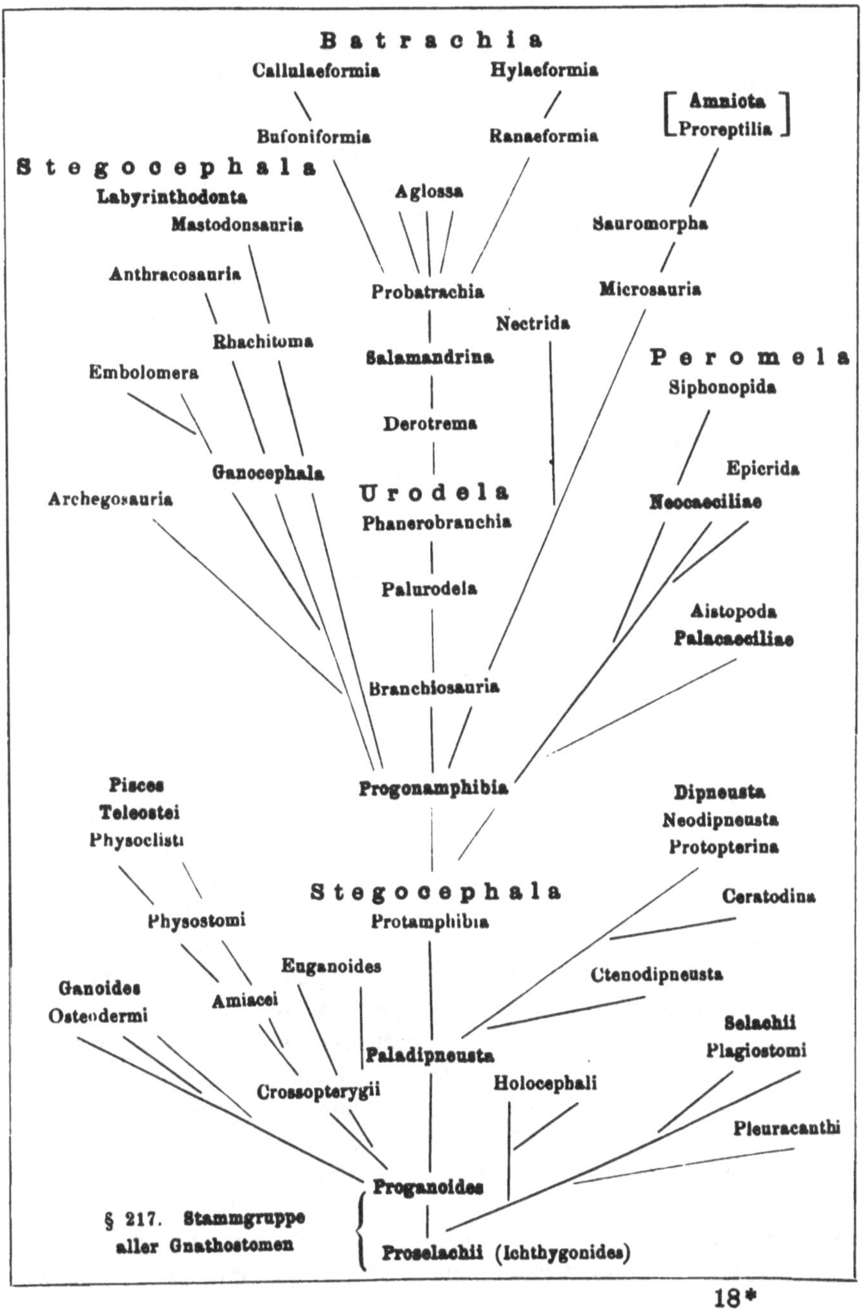

der *Amphibien* wird in der carbonischen (und vielleicht schon in der devonischen) Zeit eine lange Reihe von vermittelnden Uebergangs-Formen existirt haben; dem fünfzehigen Fusse ist eine sechszehige und siebenzehige Fussform vorausgegangen. Doch sind uns fossile Reste solcher Mittelglieder noch nicht bekannt. Unter den zahlreichen und wohlerhaltenen fossilen Stegocephalen findet sich keine einzige Form, welche mehr als fünf Zehen an den Zygomelen zeigt.

Die Gesammtform des Vertebraten-Körpers zeigt in den carbonischen *Stegocephalen* zum ersten Male jene characteristische »Molchform« oder den »Salamander-Typus«, welcher sich von ihnen einerseits auf die modernen *Salamandrinen*, anderseits auf die *Tocosaurier*, die Stammformen der Amnioten, vererbt hat. Der langgestreckte Körper ist nicht mehr seitlich comprimirt wie bei den Fischen und Dipneusten, sondern mehr oder weniger plattgedrückt; dort ist die Lateral-Axe verkürzt, hier die Sagittal-Axe. Während bei den Fischen und Dipneusten nur drei Hauptabschnitte des Leibes zu unterscheiden sind, Kopf, Rumpf und Schwanz, erscheint jetzt zwischen Kopf und Rumpf ein kurzer Hals gesondert, und am Becken markirt der Sacralwirbel scharf die Grenze von Rumpf und Schwanz. Diese bedeutungsvolle Umbildung der Fischform in die Molchform vollzogen die Stegocephalen während der Carbonzeit, indem sie vom Wasserleben zum Landleben übergingen. Die durch functionelle Anpassung erworbenen neuen Eigenschaften übertrugen sie durch progressive Vererbung auf ihre Nachkommen.

Das Skelet der Stegocephalen, ebensowohl das äussere dermale, wie das innere vertebrale, schliesst sich unmittelbar an dasjenige der *Dipneusten* und *Ganoiden* an. Die Haut ist stets mehr oder weniger gepanzert, mit knöchernen Schuppen oder Tafeln bedeckt, und zwar meistens stärker auf der Bauchseite. Unter den grösseren Hautknochen sind besonders characteristisch die zahlreichen Deckknochen des Kopfes, welche über dem knorpeligen Primordial-Schädel ein völlig geschlossenes Dach bilden. Dieses Kopfdach der »*Stegocephala*« ist nur von fünf Oeffnungen durchbrochen, vorn den beiden Nasenhöhlen, dahinter den grösseren Augenhöhlen, und oben von dem unpaaren Foramen parietale; letzteres ist oft gross und umschloss wahrscheinlich ein Parietal-Auge. Stets sind an diesem festen Schädeldach mehrere Knochen-Paare zu unterscheiden, welche den *Lissamphibien* fehlen, dagegen bei vielen Fischen und Reptilien sich finden: Postorbitale, Supratemporale, Epioticum, Supraoccipitale. Nicht weniger characteristisch sind für die Schuppenlurche drei grosse Kehlbrustplatten, welche unten in der Haut der Kehle liegen und zwischen die ventralen Hälften des Schuppengürtels sich einschalten: eine unpaare grosse Mittelplatte (*Episternum*, Interclavicula oder Entosternum) und zwei paarige Seitenplatten (*Clavi-*

culae). Am Schulter-Gürtel erscheinen hier zum ersten Male dessen drei typische Bestandtheile in jener Lagerung und Verbindung, welche für die fünf höheren Vertebraten-Classen characteristisch ist: dorsal die Scapula, ventral das Procoracoid und Coracoid; entsprechend hinten am Beckengürtel: dorsal das Ilium, ventral das Pubicum und Ischiale. Die typischen grossen Röhrenknochen der paarigen Gliedmaassen sind bei den Stegocephalen noch kurz und von sehr einfacher Gestalt, Humerus vorn und Femur hinten im ersten Abschnitt, Radius und Ulna vorn, Tibia und Fibula hinten im zweiten Abschnitt. Carpus und Tarsus waren bei den älteren Formen noch ganz knorpelig, hingegen die fünf Metacarpalia und Metatarsalia, ebenso wie die Phalangen verknöchert.

Die Wirbelsäule zeigt in der Stegocephalen-Reihe während der carbonischen, permischen und der Trias-Periode eine sehr mannichfaltige Stufenreihe divergenter Entwickelung. Bei der niedersten und ältesten Gruppe (*Progonamphibia*) ist die Chorda noch persistent, und nur eine dünne Knochenhülse deutet in jedem Segment derselben den Wirbelkörper an (*Lepospondyli*). Bei den *Ganocephalen* (*Temnospondyli*) ist jeder Wirbelkörper aus mehreren getrennten Knochenstücken zusammengesetzt, gewöhnlich rhachitom, seltener embolomer. Bei den jüngeren Stegocephalen der Trias, wozu die höchst entwickelten und grössten Formen, die riesigen *Labyrinthodonten* gehören, sind die Wirbelkörper mehr oder weniger vollständig verknöchert, feste Knochenscheiben (amphicoele Intercentra). Hierdurch hauptsächlich unterscheiden sich die drei Unterordnungen der Schuppenlurche; ausserdem auch durch die fortschreitende Ausbildung der Zähne. Bei den Progonamphibien (*Lepospondyli*) sind diese meistens einfache spitze Kegel. Bei den Ganocephalen (*Temnospondyli*) beginnt der Pulpakegel, welcher ihre Höhle ausfüllt, radiale Falten zu bilden; und bei den grossen Labyrinthodonten (*Stereospondyli*) werden die Lamellen dieser Falten so stark mäandrisch gewunden, dass die Oberfläche Längsfurchen zeigt und der Querschnitt die bekannte Form der »Labyrinth-Zähne«.

§ 259. Zweite Ordnung der Amphibien:

Peromela. Schlangenlurche.

Gymnophiona. Pseudophidia. Ophiosoma. Caeciliae.

Schlangenähnlich umgebildeter Seitenzweig der Stegocephalen.

Amphibien mit Schuppendecke der Lederhaut, ohne Schwanz, ohne Gliedmaassen. Wirbelsäule mit permanenter Chorda und amphicoelen Wirbeln.

Die Ordnung der Peromelen oder *Gymnophionen* wird gewöhnlich auf die Familie der *Caecilien* beschränkt, von der wir nur lebende, keine fossilen Vertreter kennen. Indessen lebte bereits zur Steinkohlen-Zeit eine Familie von schlangenähnlichen Amphibien, welche in der Gesammtbildung des sehr verlängerten Körpers, der amphicoelen Wirbel und dem völligen Verluste der rückgebildeten Gliedmaassen den heutigen Caecilien glich. Wir betrachten diese Aistopoda (*Dolichosoma, Ophiderpeton*) als Ueberreste derselben Stegocephalen-Gruppe, aus welcher auch die modernen Caecilien (*Epicrium, Siphonops*) abstammen. Allerdings bestehen zwischen jenen fossilen *Palacaecilien* und diesen lebenden *Neocaecilien* bedeutende Unterschiede in der Schädelbildung; indessen sind dieselben nicht so gross, dass wir nicht beide Unterordnungen als nächstverwandte Zweige eines fusslosen Astes der Amphibien-Classe auffassen dürfen, der schon frühzeitig während der Steinkohlen-Periode durch Rückbildung der Füsse aus älteren vierfüssigen *Stegocephalen* hervorging. Unter den Letzteren giebt es sogar einzelne Gattungen (*Discosaurus*), welche in der eigenthümlichen Bildung der kreisrunden Schuppen völlig mit einigen lebenden Caecilien (*Epicrium*) übereinstimmen. Diese letzteren zeigen auch in der primitiven Bildung mancher Weichtheile (z. B. des Urogenital-Systems) Spuren von hohem Alter und stehen tiefer als die übrigen lebenden Amphibien. Aus dem langen Zeitraum, welcher seit Ablagerung der Steinkohle verfloss, sind fossile Reste von Peromelen nicht bekannt; das erklärt sich aber ganz einfach durch die eigenthümliche unterirdische Lebensweise der Blindwühlen, welcher auch die Rückbildung der Augen und der Gliedmaassen zuzuschreiben ist. Die wenigen fossilen Reste, die wir von carbonischen Aistopoden kennen, gehörten wahrscheinlich wasserbewohnenden Formen an, wie es unter den lebenden Gymnophionen die *Typhlonectiden* sind.

Die Unterordnung der carbonischen Palacaecilien oder *Aistopoden* hatte einen sehr langgestreckten, schlangenförmigen Körper, dessen Wirbelsäule aus 100—150 gleichartigen amphicoelen Fischwirbeln zusammengesetzt war. Bei der Familie der Ophiderpiden war noch der ganze Körper mit Schuppen bedeckt, mit schmalen lanzetförmigen auf der Rückenseite, mit rundlichen kleineren auf der Bauchseite (*Ophiderpeton, Adenoderma*). Ihre Cloaken-Gegend war durch gekerbte Kammplatten ausgezeichnet (Copulativa?). Bei der Familie der Dolichosomiden war der Bauchpanzer rückgebildet; es scheinen Spuren von Kiemen vorhanden zu sein (*Dolichosoma, Molgophis*).

Die Unterordnung der lebenden Neocaecilien oder *Gymnophionen* ist jedenfalls aus irgend einem Zweige der *Stegocephalen* abzuleiten, wenn man sie nicht unmittelbar als die modificirten Epigonen der *Aistopoden* ansehen will; sie unterscheiden sich von letzteren hauptsächlich durch die beträchtliche Reduction der Deckknochen am Schädel; diese hat aber in gleicher Weise auch bei anderen modernen Amphibien stattgefunden. Gewöhnlich werden die lebenden Gymnophionen nur in einer Familie aufgeführt, den *Caeciliden*. Indessen unterscheiden sich die wenigen Gattungen derselben durch so wesentliche Merkmale, dass wir verschiedene Familien dafür aufstellen müssen. Die ältere Familie der asiatischen Epicriden (*Epicrium, Ichthyophis, Uraeotyphlus*) hat zwei Zahnreihen im Unterkiefer, zwei Klappenkreise im Herzkegel und einen offenen Ductus Botalli. Von ihnen stammt die jüngere Familie der südamericanischen Siphonopiden ab (*Siphonops*) mit einer Zahnreihe im Unterkiefer und einem Klappenkreise im Conus arteriosus; bei diesen letzteren ist auch meistens der Ductus Botalli obliterirt, und die Schuppen sind rückgebildet, bei *Typhlonectes* verschwunden.

§ 260. Dritte Ordnung der Amphibien: Urodela. Schwanzlurche.

Caudata. Salamandralia. Batrachia gradientia.

Moderne nackte Epigonen der Stegocephalen.

Amphibien mit nackter Haut, ohne Schuppen-Panzer mit entwickeltem Schwanze. Rumpf langgestreckt. Zwei Paar Gliedmaassen schwach, die hinteren oft kleiner, bisweilen rückgebildet.

Die Ordnung der Urodelen oder *Caudaten* (= Schwanzlurche) umfasst alle *Neonamphibien* mit langgestrecktem Rumpfe und wohl entwickeltem Schwanze. In der Gesammtform des Körpers schliessen sie sich unmittelbar an die älteren *Stegocephalen* an, aus denen sie hervorgegangen sind. Die wichtigste Veränderung, welche dabei stattfand, war die Rückbildung des Hautskelets und die entsprechend stärkere Ausbildung des Endoskeletes. Die Knochenplatten des dermalen Schuppenpanzers sind hier grösstentheils oder ganz durch Rückbildung verschwunden, ebenso die meisten Deckknochen des Schädels; Supraoccipitale, Postorbitale und Supratemporale fehlen; auch die Thoracal-Platten sind rückgebildet. Um so stärker ist dagegen das innere Knochenskelet ausgebildet; der Knorpel des Primordialschädels ist theilweis verknöchert. Nur bei den älteren *Menobranchinen*, den niedersten Urodelen, persistirt noch die Chorda, und die Wirbel sind noch amphicoel; bei den jüngeren *Salamandrinen* sind die Wirbelkörper völlig verknöchert und opistocoel. Stets besteht der Wirbelkörper nur aus einem Stück. In der Haut der Urodelen entwickeln sich starke Hautdrüsen mit giftigem Secret, ein wirksameres Schutzmittel als der verlorene Schuppenpanzer.

Während der Trias- und Jura-Periode werden zahlreiche Palurodelen gelebt haben, d. h. connectente Uebergangsformen von den gepanzerten *Progonamphibien* zu den panzerlosen *Urodelen*. Sie werden die Rückbildung des Hautpanzers (und die correlative Fortbildung des Endoskelets) Schritt für Schritt vollendet haben. Die ältesten Petrefacten von echten Urodelen finden sich in der unteren Kreide (*Hylaeobatrachus*, mit drei Paar permanenten Kiemen und verknöcherten Kiemenbogen). Unter den tertiären Resten ist der berühmte *Andrias Scheuchzeri* (miocaen) hervorzuheben, ein naher Verwandter des grössten heute lebenden Amphibiums, *Cryptobranchus japonicus*.

Die lebenden Urodelen, von denen spärliche Vertreter auch in den verschiedenen Tertiär-Schichten vorkommen, zerfallen in drei Unterordnungen, welche sowohl ontogenetisch, als phylogenetisch drei aufeinander folgende Entwickelungs-Stufen darstellen. I. Die Perennibranchia (oder *Phanerobranchia*) besitzen noch drei Paar äussere Kiemenbüschel und eine wechselnde Zahl von permanenten Kiemenspalten; die amphicoelen Fischwirbel enthalten bedeutende Chorda-Reste (*Proteus, Siren*). II. Die Cryptobranchia (oder *Derotrema*) bilden die Kiemen mehr oder weniger zurück und verstecken sie unter einem Kiemendeckel, hinter welchem ein Kiemenloch offen bleibt; auch hier bleibt die Chorda erhalten (*Amphiuma, Menopoma, Cryptobranchus*). III. Die Caducibranchia (oder *Salamandrina*) verlieren die Kiemen vollständig, und die Kiemenhöhle schliesst sich; die Wirbel verknöchern in dieser Gruppe vollständig und werden opistocoel (*Amblystoma, Triton, Salamandra*). Die Larven der Salamandrinen durchlaufen bei ihrer Verwandlung diese drei Stadien, indem sie anfangs äussere, dann innere Kiemenbüschel tragen und diese zuletzt verlieren. Die Ausbildung und Dauer der Kiemen sind bei den Urodelen (wie bei den Amphibien überhaupt) in hohem Maasse der Anpassung unterworfen. Schwanzlurche, welche gewöhnlich als *Perennibranchien* geschlechtsreif werden, verlieren unter Umständen die Kiemen und verwandeln sich in *Salamandrinen* (*Siredon* = *Amblystoma*; *Menobranchus* = *Batrachoseps*). Umgekehrt können echte Salamandrinen, die in der Regel erst nach Verlust der Kiemen die Geschlechts-Reife erreichen, unter besonderen Verhältnissen (zu dauerndem Wasserleben gezwungen) zeitlebens die Kiemen behalten und sich als Phanerobranchien fortpflanzen (*Triton, Salamandra atra*). Nichtsdestoweniger sind die äusseren Kiemen der Urodelen vielleicht als alte palingenetische Erbstücke zu betrachten, die sich bis heute bei den Larven der Selachier und Ganoiden theilweise durch Vererbung erhalten haben. Die abweichende Ontogenese kann durch secundäre Veränderungen cenogenetisch erklärt werden.

§ 261. Vierte Ordnung der Amphibien: Batrachia. Froschlurche.

Anura. Ecaudata. Batrachia salientia.

Moderner schwanzloser Hauptzweig der Urodelen.

Amphibien mit nackter Haut, ohne Schuppen-Panzer, ohne Schwanz. Rumpf verkürzt, gedrungen. Zwei Paar Gliedmaassen stark, die Hinterbeine grösser als die Vorderbeine.

Die Ordnung der Batrachier oder *Anuren* umfasst die schwanzlosen, froschartigen und krötenartigen Amphibien; sie erscheinen als die jüngste und höchst entwickelte Gruppe dieser Classe, mit welcher dieselbe zugleich ihren Abschluss erreicht. Die zahlreichen lebenden *Batrachier* (— und ebenso die spärlichen, nur wenig abweichenden Formen der Tertiär-Zeit —) stimmen alle in der characteristischen, auf den ersten Blick kenntlichen Form überein. Unter den älteren ausgestorbenen Froschlurchen der Secundär-Zeit, die wir noch nicht kennen, haben sich gewiss zahlreiche Uebergangsformen zu den *Urodelen*-Ahnen befunden. Wie die Batrachier der Gegenwart noch heute in ihrer Metamorphose die drei Urodelen-Stufen der *Phanerobranchier*, *Cryptobranchier* und *Caducibranchier* wiederholen, so sind auch in ihrer Ahnen-Reihe dieselben drei Stufen vertreten gewesen. Der wichtigste Vorgang, welcher die Umbildung der *Salamandrinen* in die Stammformen der *Batrachier* bewirkte, war die Rückbildung und der Verlust des Schwanzes. Hand in Hand damit ging die Verkürzung der Wirbelsäule und die stärkere Ausbildung der Gliedmaassen. Die übrig gebliebenen Schwanzwirbel verschmelzen zu einem einfachen Knochenstück, das zwischen den verlängerten Hüftbeinen eingeschlossen ist (Urostyl oder Coccyx). Die Zahl der Rumpfwirbel (zwischen Schädel und Kreuzwirbel) wird auf 8—10 reducirt. Die Wirbel sind meistens procoel und völlig verknöchert.

Die artenreiche Ordnung der Batrachier zerfällt zunächst in die beiden Unterordnungen der *Aglossa* und *Phaneroglossa*. Zu den Zungenlosen (Aglossa) gehören nur wenige ältere Formen (*Pipa, Dactylethra*). Alle übrigen besitzen eine freie, meist vorn angewachsene Zunge; diese Phaneroglossa theilen sich doppelt gabelspaltig in vier Sectionen, je zwei Gruppen von Kröten und Fröschen. Der Oberkiefer trägt bei den Fröschen (*Ranacea*) noch Zähne, während er bei den Kröten (*Bufonacea*) zahnlos ist. In jeder dieser beiden Gruppen giebt es Formen mit spitzen Zehen, ohne Haftscheiben (*Oxydactylia*) und mit breiten Zehen, welche Saugscheiben tragen (*Discodactylia*). Zu den letzteren gehören die Laubfrösche (*Hylaeformia*) und Laubkröten (*Callulae-*

formia); zu den ersteren die Erdfrösche (*Ranaeformia*) und die Erdkröten (*Bufoniformia*). Dieser zweifache Parallelismus ist wahrscheinlich so zu deuten, dass die Ausbildung von Haftscheiben durch kletternde Lebensweise bedingt und in den beiden Gruppen der Frösche und Kröten unabhängig von einander entstanden ist.

§ 262. Amphibien und Amnioten.

Aus einem älteren Zweige der Amphibien, und zwar den palaeozoischen *Stegocephalen*, ist die Stammform der Amnioten hervorgegangen, der formenreichen Hauptgruppe der höheren Wirbelthiere, *Sauropsiden* und *Mammalien*. Die ältesten Vertreter der Amnioten sind die kaltblütigen Reptilien, von denen fossile Reste schon im permischen System vorkommen, und zwar von zwei verschiedenen Legionen: *Tocosaurier* und *Theromoren*. Die bedeutungsvolle Umbildung der Amphibien-Form in die Amnioten-Form hat daher spätestens im älteren Theile der permischen Periode stattgefunden, vielleicht aber schon in der vorhergehenden carbonischen Periode (vergl. § 20 und § 250).

Die ältesten und niedersten Formen von Amnioten, welche wir kennen, sind die permischen Tocosaurier, und unter ihnen die *Proreptilien* (*Palaehatteria* und verwandte Protamnioten). Diese ältesten Reptilien, die uns in der *Hatteria* von Neuseeland einen einzigen lebenden, allerdings modificirten Ueberrest hinterlassen haben, schliessen sich im gesammten Körperbau noch eng an die älteren, carbonischen und permischen Stegocephalen an; namentlich an diejenigen *Progonamphibien*, welche zur Gruppe der Microsauria gehören (*Hylonomida* und andere *Sauromorpha*). Die gesammte äussere Körperform, die zwischen Salamander und Eidechse in der Mitte steht, ist in beiden Gruppen nicht wesentlich verschieden; auch die Skeletbildungen beider stehen sich so nahe, dass die Ableitung der ältesten Proreptilien von ihren Progonamphibien-Ahnen keine Schwierigkeiten darbietet. Die wichtigsten Veränderungen, welche bei der historischen Umbildung der letzteren in die ersteren stattfanden, waren: 1) der gänzliche Verlust der Kiemen; 2) die Umbildung der embryonalen Harnblase in die Allantois; 3) die Neubildung des Amnion und Serolemma, als einer wichtigen embryonalen Schutzhülle; 4) die Umbildung der Urniere (*Mesonephros*) und Ersatz dieses Harnorgans durch die neugebildete Nachniere (*Metanephros*); 5) Verhornung der Epidermis.

Die Ursachen dieser wichtigen phyletischen Transformation sind wohl vor Allem in der stärkeren Anpassung an terrestrische Lebensweise und namentlich an terrestrische Generation zu suchen. Indem der zeitweise Aufenthalt im Wasser, den die meisten Amphibien noch beibehalten, von einigen Formen ganz aufgegeben wurde, gingen die Kiemen verloren, und es bildete sich ausschliessliche Lungen-Athmung aus. Zugleich fingen die Thiere an ihre Eier nicht mehr im Wasser abzulegen, sondern an feuchten Stellen auf dem Lande; für die Entwickelung des Embryo war dabei die Ausstattung desselben mit schützenden Hüllen und mit einem Vorrath von Nahrungsdotter von grösstem Nutzen. Je grösser der letztere wurde, desto mehr sank der Embryo in denselben ein; durch Faltenbildung der Bauchhaut entwickelte sich die ringförmige Amnion-Falte; später wurde sie zu einem geschlossenen Sacke, dessen beide Faltenblätter sich als inneres *Amnion* und äusseres *Serolemma* (oder »seröse Hülle«) von einander ablösten. Gleichzeitig vergrösserte sich die embryonale Harnblase mit ihren ansehnlichen, der Ernährung und besonders der Athmung dienenden Blutgefässen; sie wuchs aus der offenen Bauchdecke des Keimes hervor und wurde zur *Allantois*.

Wir betrachten den formenreichen Amnioten-Stamm als eine monophyletische Gruppe, da wir nicht annehmen können, dass jene bedeutungsvollen, tiefgreifenden und mit vielen correlativen Umbildungen verknüpften Transmutationen mehrmals unabhängig von einander stattgefunden haben. Allerdings schlagen die beiden Hauptäste des Amnioten-Stammes, die *Sauropsiden* und die *Mammalien*, sehr verschiedene Bahnen der historischen Entwickelung ein; aber die niedersten und ältesten Vertreter beider Gruppen führen auf eine hypothetische gemeinsame Ausgangsform zurück, die wir als »Uramnioten« betrachten, als *Protamnion*. Diese »Protamnioten« waren identisch mit den ältesten Formen unserer *Proreptilien*.

Dieser monophyletischen Auffassung des Amnioten-Stammes steht eine diphyletische Hypothese gegenüber, welche die beiden Stämme der *Amnioten* von zwei verschiedenen *Amphibien*-Gruppen ableitet. Zu Gunsten dieser Hypothese sprechen die bedeutenden Differenzen, welche die *Sauropsiden* und *Mammalien* in vielen Verhältnissen ihrer Organisation darbieten, namentlich in der Bildung der Hautdecke und ihrer Epidermis-Anhänge, des Schädels und seines Kiefergelenkes, des Herzens und der grossen Gefässe etc. Allein den niedersten Säugethieren, welche wir kennen, den Monotremen, muss eine lange Reihe von mesozoischen Ahnen vorausgegangen sein, und die ältesten Formen dieser Sauromammalien werden den primitivsten Sauropsiden (den permischen *Theromoren* und *Tocosauriern*) so nahe gestanden haben, dass wir uns leicht eine gemeinsame Stammform für Beide reconstruiren können, und diese Protamnion-Form hat sich wohl nur einmal im Laufe der Stammesgeschichte aus älteren Amphibien-Ahnen hervorgebildet; sie wurde zur gemeinsamen Ahnen-Form aller Amnioten.

Sechstes Kapitel.

Systematische Phylogenie der Sauropsiden.

§ 263. Begriff der Sauropsiden.

Amnioten mit monocondylem Occipital-Gelenk des Schädels und mit Quadrat-Gelenk des zusammengesetzten Unterkiefers. Haut mit Schuppen, Federn oder Panzerplatten bedeckt, ohne Haare. Brust- und Bauchhöhle zusammenhängend. Diaphragma nicht vollständig. Larynx ohne Epiglottis. Keine Milchdrüsen zur Ernährung der Jungen.

Die Hauptclasse der Sauropsiden oder *Monocondylien* umfasst zwei lebende Wirbelthier-Classen, die Reptilien und Vögel, ausserdem aber eine sehr grosse Zahl von ausgestorbenen Amnioten, deren wichtigste und eigenthümlichste Formen nur während des mesozoischen Zeitalters lebten. Gewöhnlich werden alle diese ausgestorbenen mesozoischen Gruppen zur Classe der *Reptilien* gerechnet, und gewiss dürfen wir annehmen, dass die Mehrzahl derselben mit den echten, heute lebenden, kaltblütigen Reptilien in den wichtigsten Eigenthümlichkeiten des Körperbaues übereinstimmte, namentlich auch in der Beschaffenheit des Herzens und der unvollständigen, von den Amphibien-Ahnen ererbten Trennung beider Circulations-Gebiete. Wir haben aber guten Grund zu der Annahme, dass zwei formenreiche und sehr abweichende Gruppen davon eine Ausnahme bildeten: die gewaltigen *Dinosaurier* und die fliegenden *Pterosaurier*. Diese beiden Legionen besassen ein pneumatisches Skelet, gleich den nächstverwandten Vögeln; und wie bei diesen, sind auch bei jenen an zahlreichen Knochen (der Wirbelsäule und der Zygomelen) bestimmte Luftlöcher nachzuweisen, durch welche wahrscheinlich Luftsäcke (von den Lungen ausgestülpt) in die hohlen Knochen eintraten. Bei den Vögeln wird das specifische Körpergewicht nicht nur durch diesen Luftgehalt des Skelets und durch Ausbildung von Luftsäcken in der Leibeshöhle herabgesetzt, sondern auch durch die Verdünnung der darin enthaltenen Luft vermöge erhöhter Bluttemperatur; diese aber wird bewirkt durch die vollständige Trennung der beiden Kreislaufsgebiete, der linken (arteriellen) und rechten (venösen) Herzhälfte. Da jene beiden Gruppen auch in anderen Beziehungen den Vögeln nächst verwandt sind, dürfen wir annehmen, dass sie auch in dieser letzteren Hinsicht, in der Bildung einer vollständigen Herz-Scheidewand, mit ihnen übereinstimmten und demnach warmblütig waren. Eine wichtige Stütze erhält diese Hypothese durch die Erwägung der grossen physiologischen Vortheile, welche die Verminderung des Körpergewichts beiden Legionen bringen musste, den *Pterosauriern* wegen ihrer fliegenden Lebensweise, den *Dinosauriern* wegen der Schwerfälligkeit ihres massiven, häufig colossalen Körpers. Jedenfalls ist die »Warmblütigkeit«, *Idiothermie* oder Thermocardie, polyphyletisch entstanden, da die Säugethiere dieselbe ganz unabhängig von den Vögeln erworben haben. Somit bietet auch die Vorstellung keine Schwierigkeit, dass jene beiden Legionen, die den Vögeln ganz nahe stehen, sie ebenfalls besessen haben, gleichviel ob sie dieselbe in Zusammenhang mit ihnen oder selbständig erwarben.

Somit könnten wir den formenreichen Sauropsiden-Stamm in zwei Hauptgruppen theilen, eine kaltblütige und eine warmblütige Gruppe. Die ältere Gruppe der kaltblütigen Sauropsiden wird durch die *Reptilien* (im engeren Sinne) gebildet; wir theilen diese formenreiche Classe in sechs Subclassen oder Legionen (§ 272); davon sind drei ausgestorben, auf das mesozoische Zeitalter und theilweise noch die permische Periode beschränkt: die *Tocosaurier, Theromoren* und *Halisaurier*; drei andere Legionen leben noch heute: die *Chelonier, Crocodile* und *Pholidoten*. Ausserdem ragt noch ein einziger lebender Ueberrest der alten permischen Tocosaurier in die Gegenwart hinein: die isolirte *Hatteria* von Neuseeland.

Die warmblütigen Sauropsiden könnten wir ebenfalls in einer Classe vereinigen und für deren Bezeichnung entweder den neuen Begriff der Ornithocardier (»Vogelherzen«) oder der Ornithocranier (»Vogelschädel«) — oder auch den alten und volksthümlichen Namen der Drachen (*Dracones*) verwenden. Doch erscheint es practischer, unter diesem Begriffe bloss die beiden Legionen der *Dinosaurier* und *Pterosaurier* zusammenzufassen, dagegen für die *Aves* in hergebrachter Weise eine selbständige Classe bestehen zu lassen. Das phylogenetische Verhältniss der warmblütigen Sauropsiden zu ihren kaltblütigen Reptilien-Ahnen wird dadurch nicht berührt, ebenso wenig unsere monophyletische Auffassung des ganzen Sauropsiden-Stammes. (Der systematische Gattungsbegriff *Draco*, der bisher für eine einzelne Pholidoten-Form, einen indischen Leguan mit Fallschirm, verwendet wurde, kann durch *Eudraco* ersetzt werden.)

§ 264. Sauropsiden und Mammalien.

Trotz der ausserordentlichen Mannichfaltigkeit, welche die verschiedenen Formen der Sauropsiden darbieten, gelingt es doch der vergleichenden Anatomie und Ontogenie, einen gemeinsamen Typus des characteristischen Körperbaues in Allen nachzuweisen. Der mächtige und vielverzweigte *Sauropsiden*-Stamm verhält sich darin sehr ähnlich dem parallel aufsteigenden *Mammalien*-Stamm; wie bei dem letzteren, sind auch bei dem ersteren die Unterschiede der zahlreichen Formen-Gruppen durch die Anpassung an verschiedene Lebensweise bedingt, dagegen die Einheit der Fundamental-Structur durch die Vererbung. Die niedersten, ältesten und indifferentesten Formen beider Stämme, *Proreptilien* und *Promammalien*, sind sehr nahe verwandt und weisen auf die gemeinsame Abstammung von einer alten (permischen) *Protamnioten*-Gruppe hin. Diese Stammgruppe aller Amnioten hatte bereits den grössten Theil ihrer Organisation durch Vererbung von ihren Amphibien-Ahnen erhalten; sie hatte sich aber über sie erhoben durch den gänzlichen Verlust der Kiemen, sowie durch die Ausbildung von Amnion und Allantois (§ 262).

Aber nur an dieser untersten gemeinsamen Wurzel hängen die beiden grossen Amnioten-Stämme zusammen; weiterhin entwickeln sie sich alsbald divergent und erwerben die besonderen Merkmale, die für jeden von ihnen characteristisch sind. Unter diesen stehen an der Spitze die Eigenthümlichkeiten des Schädelbaues. Bei den Sauropsiden (oder den *Monocondylien*) articulirt das Hinterhaupt mit dem ersten Halswirbel durch einen unpaaren, medianen Condylus, der vorzugsweise durch das stark entwickelte Basioccipitale gebildet wird; der Unterkiefer ist jederseits aus mehreren getrennten Knochen zusammengesetzt und articulirt im Kiefergelenk mit einem selbständig entwickelten Quadratbein (wie bei den Amphibien-Ahnen). Bei den Mammalien hingegen (oder den *Dicondylien*) articulirt das Hinterhaupt mit dem Atlas durch ein Paar laterale Condylen (Exoccipitalia, wie bei den parentalen Amphibien); der Unterkiefer wird durch einen einfachen Knochen jederseits gebildet und articulirt mit dem Temporale, während das Quadratbein eine ganz andere Verwendung gefunden hat. Demnach haben die Sauropsiden im Kiefergelenk, die Mammalien im

Hinterhauptsgelenk die ursprüngliche Bildung der Amphibien-Ahnen durch Vererbung conservirt; umgekehrt ist der unpaare Occipital-Condylus der ersteren eine characteristische Neubildung, und ebenso das Kiefergelenk der letzteren.

Weitere typische Differenzen haben sich im Tegumente beider Amnioten-Stämme entwickelt. Die Sauropsiden haben zunächst die ererbte Hautbedeckung ihrer *Stegocephalen*-Ahnen beibehalten und dieselbe mannichfaltig ausgebildet: Knochenschuppen der Lederhaut (*Lepides*); die Epidermis über derselben verhärtet und bildet entsprechende Hornschuppen (*Pholides*). Die Mammalien dagegen entwickeln die Haare und die Milchdrüsen, zwei bedeutungsvolle Haut-Organe, welche für diese Classe höchst characteristisch sind und den Sauropsiden ganz fehlen. Ebenso fehlt den Sauropsiden die Epiglottis und das Gaumensegel, welches alle Mammalien besitzen. Ein weiterer wichtiger Unterschied beider Stämme besteht darin, dass die Säugethiere — als die Einzigen unter allen Wirbelthieren — ein vollständiges Zwerchfell ausbilden, ein musculöses Diaphragma, welches die Brusthöhle von der Bauchhöhle vollständig trennt. Dieses transversale Septum fehlt den übrigen Vertebraten entweder ganz oder ist nur unvollständig entwickelt und durch das Pericardium vertreten.

Ausser diesen fundamentalen und constanten Unterschieden in wichtigen Theilen des Körperbaues existiren auch noch in anderen Theilen (z. B. im Gehirn, im Herzen) bedeutungsvolle Differenzen zwischen beiden Amnioten-Stämmen. Es geht daraus hervor, dass dieselben schon sehr frühzeitig (— mindestens seit der Trias-Periode —) selbständige und divergente Entwickelungsbahnen eingeschlagen haben. Damit soll jedoch nicht behauptet werden, dass sie nicht in jener frühesten Periode des Amnioten-Lebens, zur Trias-Zeit oder schon zur Perm-Zeit, zusammengehangen haben. Vielmehr führen uns die wichtigen und tiefgreifenden Eigenthümlichkeiten, welche alle Amnioten in Körperbau und Entwickelung gemeinsam besitzen, immer wieder zu einer monophyletischen Auffassung der Amnioten-Gruppe. Die *Sauropsiden* müssen ebenso von Protamnioten abstammen, wie die *Mammalien*; und die *Proreptilien*, zu denen wir diese ältesten Amnionthiere stellen können, vereinigten in sich die characteristischen Merkmale der Tocosaurier und der Promammalien; ihre älteren Amphibien-Ahnen waren sicher permische *Stegocephalen*.

§ 265. Ontogenie der Amnioten.

Beide Stämme der Amnioten, die *Sauropsiden* und die *Mammalien*, stimmen in den eigenthümlichen Verhältnissen ihrer individuellen Entwickelung wesentlich überein; sie unterscheiden sich dadurch von allen übrigen Wirbelthieren, den Branchioten (*Anamnien* und *Monorhinen*, vergl. § 14). Die Embryonen aller Amnioten haben die Kiemen gänzlich verloren; dagegen bilden sie: 1) ein Amnion oder einen Wassersack, eine schützende, mit wässriger Flüssigkeit gefüllte innere Hülle; 2) ein Serolemma oder eine äussere »seröse Hülle«; 3) eine Allantois oder ein extraembryonales Respirations-Organ; 4) ein Lecithoma oder Dotterorgan, welches ursprünglich einen ernährenden Dottersack darstellt, und 5) ein Paar embryonale Urnieren (*Mesonephri*), aus deren hinterem Abschnitt sich später die typischen Dauernieren (*Metanephri*) entwickeln.

Von diesen fünf characteristischen Embryorganen der Amnioten ist das Lecithom ein Erbstück von den Amphibien-Ahnen, ebenso die Urnieren. Die Allantois ist aus der prolabirten Harnblase der Amphibien-Ahnen entstanden, welche sich beträchtlich vergrössert und vascularisirt hat und weit aus der Leibeshöhle des Embryo hervorgewachsen ist. Dagegen sind die beiden wichtigen, mit Flüssigkeit erfüllten Embryonal-Hüllen, *Amnion* und *Serolemma*, Neubildungen der Amnioten, welche den branchioten Vertebraten (Anamnien und Monorhinen) gänzlich fehlen. Beide Hüllen hängen ursprünglich zusammen und entstehen aus einer Hautfalte des Embryo, der in den Dotter einsinkt; das Amnion bildet das innere, das Serolemma das äussere Blatt der schützenden Hautfalte. Bei den *Cheloniern* unter den Sauropsiden, und bei *Echidna* unter den Mammalien, hat sich noch bis heute eine dorsale »Amnionnaht« erhalten, eine primäre longitudinale Verwachsungsnaht, welche bei allen übrigen Amnioten secundär aufgelöst worden ist.

Die phylogenetische Ursache dieser wichtigen embryonalen Umbildungen, durch welche sich alle *Amnioten* durchgreifend von den *Branchioten* unterscheiden, liegt in der Anpassung an terrestrische Generation. Alle niederen branchioten Wirbelthiere legen ihre Eier in das Wasser ab; das gilt ebensowohl von den im Wasser bleibenden Monorhinen, Fischen und Dipneusten, als von den Amphibien, welche sich bereits theilweise an die terrestrische Lebensweise angepasst haben. Nur einzelne unter den lebenden Amphibien haben begonnen, auch ihre Eier auf dem Lande abzulegen, so z. B. die Caecilie *Ichthyophis glutinosa*, die Urodele *Amphiuma*, sowie einige Batrachier (*Phyllomedusa* u. A.). Aber trotz dieser Anpassung an terrestrische Generation fehlt diesen Amphibien noch die Bildung von Amnion und Serolemma, durch welche erst die Amnioten-Gruppe characterisirt ist. Die erste Entstehung dieser wichtigen Schutzhüllen fällt wahrscheinlich in die Perm-Periode und steht in enger Correlation zu den übrigen Veränderungen, welche bei der Umbildung eines permischen *Stegocephalen*-Zweiges in die gemeinsame Stammform aller Amnioten (*Protamniota*) stattfanden.

Die terrestrische Generation der *Amnioten* setzt die abgelegten Eier viel stärkeren Gefahren aus, als die aquatische Generation der *Anamnien*. Die Natural-Selection musste daher Schutzeinrichtungen schaffen, vor allen voluminöse, mit Flüssigkeit gefüllte Hüllen, welche den zarten Embryo vor Erschütterungen, Druck und Stoss bewahrten. Der wichtigste und am meisten gefährdete Körpertheil, der Kopf mit dem Gehirn und den höheren Sinnesorganen, sank in den Dottersack ein und erfuhr dadurch die characteristische »Kopfbeuge«. Die prolabirte Harnblase vergrösserte sich, und ihre reich entwickelten Gefässe übernahmen die Respiration, während die ursprünglichen Athmungsorgane der Amphibien-Ahnen, die Kiemen, ganz verloren gingen. Die Gefässe, welche sich auf dem Dottersack ausbreiteten und mit dessen Vergrösserung ebenfalls sich stärker entwickelten, übernahmen für längere Zeit die Ernährung des Embryo. Die stärkere Harnausscheidung wurde dadurch ermöglicht, dass die Dauerniere (Metanephros) als ein zweites Excretions-Organ zu der primären Urniere (Mesonephros) hinzutrat.

Alle diese wichtigen Veränderungen stehen unter einander in engem Causal-Nexus, und sie zeigen in den beiden Stämmen der *Sauropsiden* und *Mammalien* genau dieselben Beziehungen. Diese Uebereinstimmung erstreckt sich in den niederen Formen beider Stämme sogar auf zahlreiche locale Einzel-Verhältnisse, so dass wir schon hieraus auf eine monophyletische Abstammung aller Amnioten schliessen müssen. Alle *Amnioten* (die Sauropsiden ebenso wie die Säugethiere) sind Metanephridier und haben zugleich mit der Bildung der Schutzhüllen auch die Umbildung der Nieren und der Allantois erworben; alle *Branchioten* dagegen sind Mesonephridier und entbehren jener wichtigen, erst in der Perm-Zeit entstandenen Embryorgane.

§ 266. Classification der Sauropsiden.

Die grosse Mannichfaltigkeit und starke Divergenz, welche die zahlreichen Sauropsiden-Gruppen uns darbieten, setzt ihrer natürlichen Classification grosse Schwierigkeiten entgegen. Diese werden dadurch sehr erhöht, dass wir von vielen ausgestorbenen Gruppen nur einzelne Repräsentanten und auch von diesen oft nur Fragmente kennen. Ferner ist uns von den meisten ausgestorbenen Formen nur das Skelet bekannt; wir wissen Nichts oder nur sehr Wenig von ihrem Malacom; und doch zeigen schon die wenigen lebenden Ordnungen sehr beträchtliche Unterschiede im Bau des Weichkörpers. Dazu kommt noch, dass die Verwandtschafts-Beziehungen der Sauropsiden-Ordnungen zwar sehr innige, aber auch vielfach gekreuzte und sehr verwickelte sind. Es gehen daher die Ansichten der besten Kenner dieser Hauptclasse bezüglich ihrer Classification weit auseinander. Wenn man nicht die drei, hier unterschiedenen Classen trennen will, die kaltblütigen Reptilien, die warmblütigen Drachen und Vögel, so könnte man in phylogenetischer Beziehung folgende fünf Hauptgruppen oder Subclassen unterscheiden:

I. Subclasse: **Tocosauria**; die gemeinsame Stammgruppe aller Sauropsiden; diese älteste und niederste Gruppe ist grösstentheils auf Perm- und Trias-Periode beschränkt und besteht aus (terrestrischen oder amphibischen) antiquaren Generalisten von Lacertil-Habitus; wir unterscheiden drei Ordnungen: 1) *Proreptilia*, gemeinsame Wurzelgruppe der Sauropsiden; 2) *Progonosauria*, Stammgruppe der meisten thecodonten Sauropsiden; 3) *Rhynchocephalia*, Stammgruppe der Pholidoten (mit dem modernen Ausläufer *Hatteria*).

II. Subclasse: **Pachycrania**; alte thecodonte Reptilien mit schwerfälligem Körperbau, massivem Skelet und eigenthümlicher Beckenbildung; die beiden Legionen der *Theromoren* und *Chelonier*. Die terrestrischen Theromoren sind alte Generalisten von lacertilem oder theromorphem Habitus, nur auf Perm- und Trias-Periode beschränkt; mit zwei Ordnungen: 1) *Theriodontia*, sehr ähnlich einigen Mammalien entwickelt, aber nicht als deren directe Stammgruppe zu betrachten; 2) *Anomodontia*, nahe verwandt den Cheloniern und vielleicht mit deren Stammform zusammenhängend. Die eigentlichen Chelonier bilden eine sehr eigenthümlich specialisirte Gruppe, mit einem festen, mit der Wirbelsäule verwachsenen Knochenpanzer; mit zwei Ordnungen: 1) den älteren *Bursochelya* und 2) den jüngeren *Cerachelya*; beide sind schon während des mesozoischen Zeitalters in vier Unterordnungen reich vertreten und setzen sich bis in die Gegenwart fort.

III. Subclasse: **Halisauria** (oder *Enaliosauria*); Gruppe der Seedrachen, marine Specialisten mit Schwimmfüssen; die beiden Ordnungen der microcephalen *Sauropterygier* und der macrocephalen *Ichthyopterygier*. Beide Ordnungen sind auf das mesozoische Zeitalter beschränkt und entwickeln sich zwar sehr divergent, lassen sich aber auf eine ähnliche (oder gemeinsame?) Stammform zurückführen: auf einen marinen Zweig der Progonosaurier, der sich an schwimmende Lebensweise angepasst und die Gangbeine in Ruderflossen verwandelt hat.

IV. Subclasse: **Pholidota** (oder *Lepidosauria*); die Hauptgruppe der modernen Reptilien, mit Hornschuppen-Panzer und beweglichem Quadratbein (*Streptostylica*). Nur durch wenige Formen in der Mesolith-Aera vertreten, kommt sie in der Tertiär-Zeit und Gegenwart zur reichsten Entwickelung. Die Hauptgruppe bildet die Ordnung der

Eidechsen (*Lacertilia*); als zwei divergente Seitenzweige sind aus ihr hervorgegangen: 1) die Ordnung der Seeschlangen (*Pythonomorpha*) mit Schwimmfüssen, auf die Kreide-Periode beschränkt; und 2) die Ordnung der fusslosen Schlangen (*Ophidia*).

V. Subclasse: **Ornithocrania**; die vollkommenste und höchst entwickelte Hauptabtheilung der Sauropsiden, mit vier formenreichen Legionen: 1) *Crocodilia*, kaltblütig, mit Knochenpanzer; in der Mesolith-Aera reich entwickelt, in der Gegenwart verkümmert; 2) *Dinosauria*, warmblütig, mit Laufbeinen; auf die Mesolith-Aera beschränkt, höchst grossartig und mannichfaltig differenzirt; 3) *Pterosauria*, warmblütig, mit Flughäuten; auf die Mesolith-Zeit beschränkt; 4) *Aves*, warmblütig, mit Federn und Flügeln; in der Mesolith-Zeit spärlich, in der Gegenwart äusserst reich entwickelt. Diese vier wichtigen Legionen sind im Bau des Skelets und besonders des Schädels so nahe verwandt, dass wir sie mit hoher Wahrscheinlichkeit von einer gemeinsamen (triassischen?) Stammgruppe ableiten können, und diese würde unter den ältesten Crocodilen (*Archisuchia*) zu suchen sein; ihnen sehr nahe verwandt sind die ältesten Dinosaurier (*Arctopoda*). Die Stammformen der Crocodile führen zurück auf die permischen *Progonosaurier*.

§§ 267 und 268 auf S. 292 und 293.

§ 269. Sechste Classe der Wirbelthiere:

Reptilia. Schleicher.

Hauptgruppe der kaltblütigen Sauropsiden.

Amnioten mit unvollkommener Trennung beider Circulations-Gebiete; Herz vierkammerig, mit unvollständigem Septum; Hauptkammern mit gemischtem Blut. Haut mit Hornschuppen oder Hornplatten bedeckt. Carpomelen nicht in Flügel verwandelt, ohne Schwungfedern. Schädel monocondyl, mit dem zusammengesetzten Unterkiefer durch ein Quadratgelenk verbunden.

Die Classe der Reptilien umfasst in der hier angenommenen Umgrenzung sämmtliche kaltblütige Sauropsiden. Wir theilen dieselben in 6 Legionen und 14 Ordnungen (§ 272). Die älteste von diesen ist die permische Stammgruppe der Tocosaurier. Aus dieser sind als 5 divergente Aeste hervorgegangen: 2) die Theromoren (auf Perm- und Trias-Periode beschränkt); 3) die Chelonier (mit etwa 300 lebenden Arten); 4) die mesozoischen Halisaurier (*Sauropterygier* und *Ichthyopterygier*); 5) die Pholidoten oder *Lepido-*

§ 267. System der Sauropsiden.

Fünf Subclassen der Sauropsiden	Ursprüngliche Skeletbildung	Ordnungen der Sauropsiden	Unter-Ordnungen der Sauropsiden
I. **Tocosauria** Gemeinsame Stammgruppe aller Sauropsiden (Perm und Trias) Ursprünglich terrestrisch	Skelet ursprünglich an das der Amphibien-Ahnen (Stegocephalen) angeschlossen, von primitiver Structur, später lacertil	1. **Proreptilia** + Occipital-Gelenk paarig 2. **Progonosauria** + Occipital-Gelenk unpaar. Pelv. breit 3. **Rhynchocephalia** V Occipital-Gelenk unpaar. Pelvis schmal	*Protamniota* *Palaehatterida* *Proterosauria* *Mesosauria* *Rhynchosauria* *Sphenodontida*
II. **Pachycrania** Alte terrestrische Gruppe mit schwerfälligen Gangbeinen und compactem Schädel	Skelet ursprünglich lacertil, an die Progonosaurier angeschlossen, später in verschiedener Weise specialisirt, sehr massiv	4. **Theromora** + (Perm und Trias) Ohne Knochenpanzer 5. **Chelonia** V (Trias bis Gegenwart) Mit Knochenpanz.	*Theriodontia* *Anomodontia* *Bursochelya* *Cerachelya*
III. **Halisauria** Mesozoische Specialisten-Gruppe mit flossenartigen Schwimmfüssen	Skelet ursprünglich lacertil, an die Rhynchocephalen angeschlossen, später dem pelagischen Leben angepasst	6. **Sauropterygia** + (Microcephale H.) 7. **Ichthyopterygia** + (Macrocephale H.)	*Nothosauria* *Plesiosauria* *Ichthyosauria* *Baptanodontia*
IV. **Pholidota** Moderne Specialisten-Gruppe mit Hornschuppen und beweglichem Quadratbein (Kreide bis Gegenwart)	Skelet ursprünglich lacertil, an die Rhynchocephalen angeschlossen, später durch Anpassung mannichfaltig differenzirt, oft schlangenförmig	8. **Lacertilia** V Spärlich in der Kreide, reich entwickelt in der Gegenwart 9. **Pythonomorpha** + (Nur Kreide) 10. **Ophidia** V Tertiär und Gegenwart	*Archilacertae* *Ascalobotae* *Cionocrania* *Chamaeleontes* *Glyptoderma* *Dolichosauria* *Mosasauria* *Asinophidia* *Toxicophidia* *Scolecophidia*
V. **Ornithocrania** Hauptgruppe d. höchst entwickelten Sauropsiden, mit ornithocephalem Schädel, meistens warmblütig, mit Vogel-Herz. Dinosaurier und Pterosaurier nur mesozoisch; Crocodile und Vögel bis zur Gegenwart	Skelet ursprünglich crocodil, an die Progonosaurier angeschlossen; später in das der Dinosaurier umgebildet. Aus dieser laufenden terrestrischen Gruppe sind durch Anpassung an fliegende Lebensweise einerseits die Pterosaurier, anderseits die Vögel hervorgegangen	11. **Crocodilia** V Kaltblütig, mit Laufbeinen 12. **Dinosauria** + Warmblütig, mit Laufbeinen 13. **Pterosauria** + Warmblütig, mit Flughäuten 14. **Aves** V Warmblütig, mit Flügeln und Federn	*Protosuchia* *Typosuchia* *Arctopoda* *Theropoda* *Sauropoda* *Pachypoda* *Ornithopoda* *Draconura* *Dracochira* *Saururae* *Ratitae* *Carinatae*

§ 268. Stammbaum der Sauropsiden.

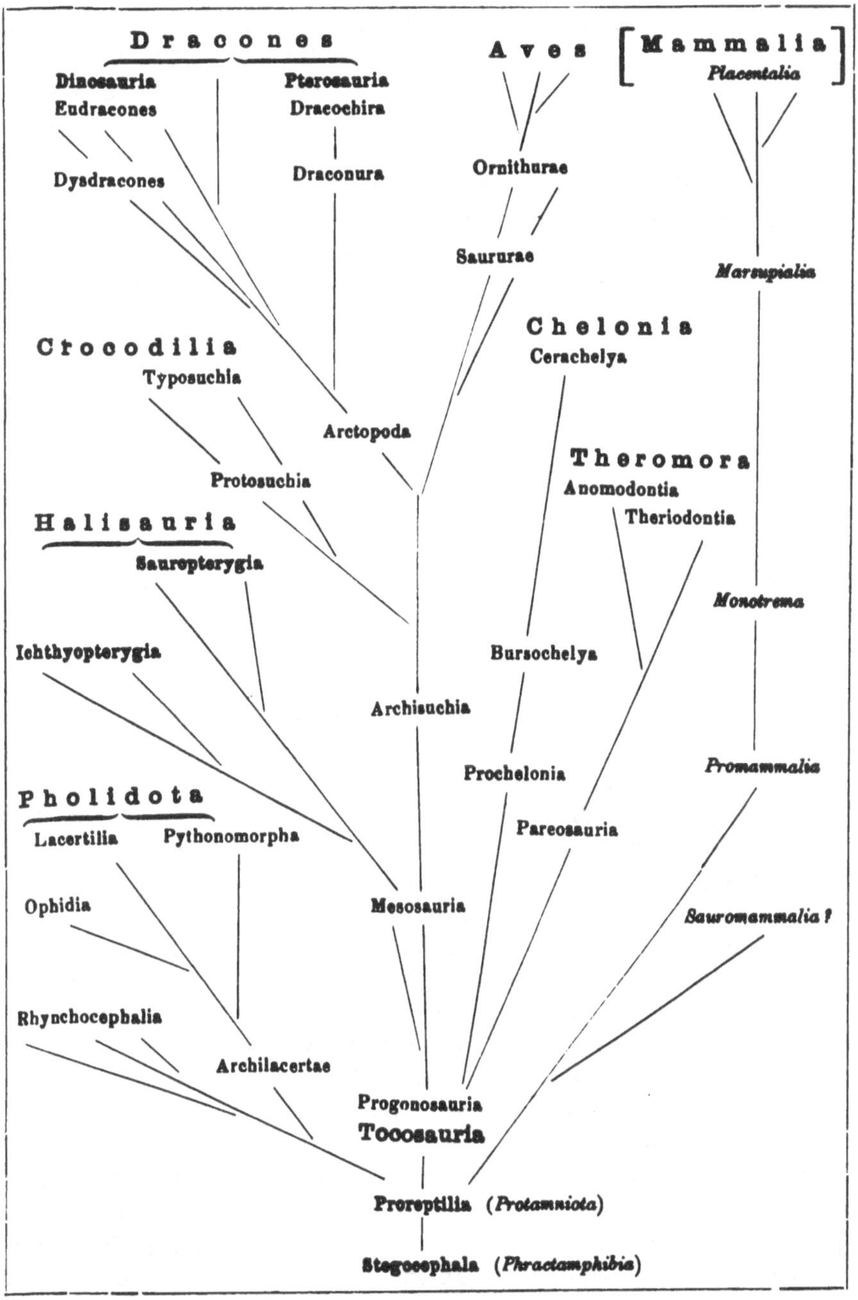

saurier, die formenreichste moderne Gruppe, die gegen 3000 lebende Arten enthält (*Lacertilier* und *Ophidier*, dazu die cretassischen *Pythonomorphen*); 6) die Crocodile, nahe verwandt den *Draconen* (vergl. § 326). Von der ältesten, gemeinsamen Stammgruppe der Reptilien, den Tocosauriern (und zwar von der Ordnung der *Rhynchocephalen*) hat sich ein einziger heute noch lebender Ueberrest durch den Wechsel der mesozoischen Jahr-Millionen hindurch bis zur Gegenwart gerettet, die *Hatteria punctata* von Neuseeland. Versteinerte Ueberreste von zahlreichen, sehr merkwürdigen Reptilien-Formen kennen wir aus der Mesolith-Aera, besonders aus dem Jura. Aber auch diese Reliquien können wir nur als schwache Ueberbleibsel von dem wunderbaren Formen-Reichthum betrachten, welchen die Classe innerhalb des mesozoischen Zeitalters entfaltete, und welcher Veranlassung gab, diese lange Periode der Erdgeschichte als »das Zeitalter der Reptilien« zu bezeichnen.

§ 270. Skelet der Reptilien.

Das innere Skelet der Reptilien zeigt bei den ältesten und niedersten Formen der Classe (bei einem Theile der permischen *Tocosaurier*) im Ganzen noch dieselbe Bildung, wie bei ihren unmittelbaren Amphibien-Ahnen, den *Stegocephalen* (besonders den *Microsauriern*). Bei der grossen Mehrzahl aber zeigen sich bald bedeutende Fortschritte der Entwickelung, und in den späteren divergenten Ordnungen sehr starke Differenzirungen, in Anpassung an die verschiedene Lebensweise. Die Wirbelsäule zeigt dann gewöhnlich schon die ausgesprochene Sonderung in fünf Hauptabschnitte, die wir bei den meisten Amnioten antreffen: Hals-, Brust-, Lenden-, Kreuz- und Schwanz-Wirbel. Diese Sonderung geht wieder grösstentheils verloren bei den fischähnlichen *Ichthyopterygiern*, sowie bei den Schlangen und zahlreichen schlangenähnlichen Eidechsen; indem der Beckengürtel hier rudimentär wird und zuletzt mit den Hinterbeinen ganz verschwindet, fehlt ihnen auch das Kreuzbein. Bei den Schlangen, wo auch noch das Brustbein und die Vorder-Gliedmaassen verloren gehen, kann man nur rippentragende Rumpfwirbel und rippenlose Schwanzwirbel unterscheiden.

Die Zahl der Wirbel ist sehr verschieden und vererbt sich oft an den einzelnen Abschnitten innerhalb der Ordnungen, so dass z. B. alle typischen Crocodile 24—25 praesacrale Wirbel besitzen, alle Schildkröten 8 Hals- und 10 Rückenwirbel, die meisten Eidechsen 8—9 Halswirbel. Die geringste Wirbelzahl haben einige Schildkröten (34—35), die höchste einige Riesenschlangen (über 400). Das Kreuzbein besteht meistens aus zwei getrennten Sacral-Wirbeln, die sich durch starke

Querfortsätze mit den Darmbeinen verbinden. Nur bei einem Theile der *Theromoren* (Anomodontia) steigt ihre Zahl auf 4—5, und sie verschmelzen zu einem festen Kreuzbein (ähnlich wie bei Säugethieren). Bei den ältesten Reptilien (*Tocosauriern* und *Theromoren*) haben die Wirbel noch die ursprüngliche amphicoele Form erhalten; amphicoel oder platycoel sind sie auch noch bei den meisten mesozoischen Reptilien, dagegen bei wenigen lebenden (*Hatteria*, *Ascalaboten*, *Uropeltiden*). Bei den meisten recenten und tertiären Reptilien (sowie bei den mesozoischen Pythonomorphen) sind die Wirbel procoel, selten hier und da opistocoel. Die Ober-Bogen sind meistens mit dem Centrum verwachsen, nur in wenigen Gruppen noch getrennt. Unter-Bogen finden sich meist nur am Schwanze.

Rippen können bei den Reptilien an sämmtlichen Wirbeln vorkommen, mit Ausnahme der hinteren Schwanzwirbel, und sind ursprünglich frei beweglich. In den höheren Gruppen treten an deren Stelle unbewegliche Querfortsätze, und auch diese können rudimentär werden. Bald sind die Rippen einköpfig, bald zweiköpfig. Bei den Schlangen und schlangenähnlichen Eidechsen sind sie äusserst beweglich und ersetzen physiologisch die fehlenden Gliedmaassen. Bei den Schildkröten hingegen sind sie unbeweglich mit den Hautknochen des Panzers erwachsen und durch Nähte fest verbunden. Die Thoracal-Rippen sind oft durch besondere Sternocostal-Stücke an dem Brustbein befestigt. Hinter diesem folgt bei Tocosauriern und Crocodilen noch ein Sternum abdominale, zusammengesetzt aus freien Bauchrippen; dasselbe gehört zum dermalen Bauchpanzer und ist von den Stegocephalen durch Vererbung auf erstere übertragen.

Schädel. Das Cranium der Reptilien ist meistens stark verknöchert, besonders im hinteren Theile; das knorpelige Primordial-Cranium der Amphibien wird zum grössten Theile durch Ossification verdrängt, während die Bedeutung der dermalen Deckknochen zurücktritt. Die Verbindung des Hinterhaupts mit dem Atlas durch zwei laterale Condylen, wie sie die Amphibien-Ahnen besitzen, besteht nur noch bei Wenigen der ältesten Reptilien fort: bei denjenigen *Tocosauriern*, die als *Proreptilien* sich unmittelbar an die *Stegocephalen* anschliessen; und bei denjenigen permischen Formen, welche den Uebergang von den *Protamnioten* zu den Säugethieren vermittelten. Bei allen übrigen Reptilien verschmelzen dieselben mit einer unpaaren (medianen) Gelenkfläche des Basioccipitale zur Bildung eines unpaaren (ursprünglich dreitheiligen) Gelenkkopfes; oder es wird dieser durch das letztere allein gebildet. Vor dem Basioccipitale entwickelt sich an der Schädel-Basis als echter Knorpelknochen das Basisphenoid, während der entsprechende Deckknochen der Amphibien, das Parasphenoid, verschwindet. Der Vomer ist fast immer unpaar. Bei allen Reptilien ist das Quadratbein gut entwickelt und vermittelt als selbständiger Knochen die Verbindung des Schädels mit dem Oberkiefer-Gaumen-Apparat; durch ein »Quadrat-Gelenk« articulirt dasselbe mit dem Unterkiefer, dessen Gelenkstück (Articulare) verknöchert ist. Bei den meisten Ordnungen ist das Quadratum fest und unbeweglich mit dem Schädel verbunden (wie bei den Amphibien). Nur in der Ordnung der Streptostylica (= Pholidota) ist dasselbe frei beweglich; bei den Eidechsen ist der Jochbogen schon reducirt, bei den Schlangen (wo die Lockerung am weitesten geht) ganz verschwunden. Die meisten Reptilien haben eine obere und eine untere Schläfengrube; die untere fehlt vielen Halisauriern und Crocodilen. Die paarigen Zwischenkiefer bleiben gewöhnlich getrennt; sie verschmelzen bei einem Theile der Theromoren und bei den Pholidoten. Das Maxillare wird hinten durch eine quere Knochenbrücke (Os transversum) mit dem Pterygoideum verbunden. Durch den Besitz eines Foramen parietale sind ausgezeichnet die Tocosaurier, Theromoren, Halisaurier und ein Theil der Pholidoten; bei den übrigen ist dasselbe verloren gegangen. Die einzelnen Knochen des Unterkiefers bleiben gewöhnlich durch Nähte getrennt, selten verschmelzen sie mit einander.

Gebiss. Die Zähne der Reptilien sind ursprünglich noch einfache kegelförmige Fangzähne, aufgewachsen auf allen oder vielen Knochen der Mundhöhle, wie bei den ältesten *Stegocephalen*; so bei den ältesten (permischen) Vertretern der Classe, einem Theile der *Tocosaurier* (*Proreptilien* und *Rhynchocephalen*). Bei der grossen Mehrzahl beschränken sich die Zähne auf eine Reihe am Kieferrande und sind hier entweder dem Rande aufgewachsen (*innati*, *Acrodontes*), oder innen angewachsen (*adnati, Pleurodontes*). In besonderen Alveolen des Kieferrandes stehen *thecodonte* Zähne bei den Progonosauriern, Theromoren, Sauropterygiern und Crocodilen. Bei den Ichthyopterygiern entsteht durch Schwund der Alveolen-Wände eine Zahnrinne. Die Theriodontia zeichnen sich dadurch aus, dass die Zähne nicht gewechselt werden und sich in Schneide-, Eck- und Back-Zähne differenziren, wie bei den Säugethieren. Bei einem Theile der Anomodontien und bei sämmtlichen Schildkröten sind die Zähne ganz verschwunden.

Extremitäten. Die ältesten Reptilien behalten noch dieselbe Gliederung und Zusammensetzung der beiden Gliedmaassen-Paare, welche sie von ihren Ahnen, den *Stegocephalen*, durch Vererbung überkommen haben. Vorderbeine (Carpomelen) und Hinterbeine (Tarsomelen) sind kurze, stämmige Gehfüsse, jeder ursprünglich mit fünf Zehen. Diese primitive Bildung der pentanomen Gehfüsse erhält sich mit verschiedenen Modificationen bei den Tocosauriern, Theromoren und Crocodilen, sowie bei einem Theile der Lacertilier und Chelonier. Bei einem anderen Theile der Schildkröten, sowie bei den Pythonomorphen und Halisauriern, verwandeln sie sich in kurze breite Schwimmfüsse; im Extrem werden diese zu fischähnlichen Flossen. Dagegen werden die Füsse vollständig rückgebildet bei den meisten Schlangen und schlangenähnlichen Eidechsen; bei ersteren erhalten sich bisweilen Reste der Hinterbeine, bei letzteren der Vorderbeine.

§ 271. Malacom der Reptilien.

Ebenso wie die Skeletbildung der *Reptilien*, schliesst sich auch die Organisation ihres Weichkörpers unmittelbar an diejenige ihrer Stammgruppe, der *Amphibien*, an. In den meisten Verhältnissen der Malacombildung bietet die Ableitung der ältesten lebenden Reptilien (*Hatteria, Ascalabotae*) von den Ueberresten der älteren Amphibien (*Urodelen*) keine Schwierigkeiten. Wie die typische äussere Körperform, die »Salamanderform« der *Stegocephalen*, sich durch Vererbung auf die ältesten Reptilien übertragen hat (— die »Lacertilform« der *Hatteria* —), so auch die meisten und wichtigsten Einrichtungen des inneren Körperbaues. Demnach können wir annehmen, dass schon bei den ältesten Reptilien (spätestens in der permischen Periode, vielleicht schon gegen Ende der Carbon-Zeit) sich diejenigen typischen Einrichtungen entwickelt hatten, welche die vier *Amnioten*-Classen auszeichnen und sie von den *Anamnien* trennen: die Kiemen sind gänzlich verloren gegangen, und die Athmung geschieht ausschliesslich durch die Lungen (*Ebranchiata*); in Zusammenhang damit werden die Kiemenbogen theils rückgebildet, theils in andere Theile umgewandelt. Die Theilung der beiden Circulations-Gebiete schreitet fort, indem die Trennung der linken und rechten Herzhälfte vollständiger wird; an das Septum atriorum cordis schliesst sich ein Septum ventriculorum an, welches jedoch nur bei den Crocodilen vollständig wird; und auch bei diesen besteht noch eine Communication beider Gebiete durch das Foramen Panizzae. In Folge dessen hängt bei den Reptilien die Bluttemperatur von derjenigen der Umgebung ab, wie bei allen niederen Wirbelthier-Classen; alle echten Reptilien sind kaltblütig (*Amphicardia*), im Gegensatze zu den drei höheren warmblütigen Amnioten-Classen: Draconen, Vögeln und Säugethieren (*Thermocardia*).

Unter den übrigen Fortschritten, welche die Organisation des Malacoms bei den Reptilien zeigt, gegenüber ihren Amphibien-Ahnen, ist besonders die höhere Ausbildung des Gehirns hervorzuheben. Das Grosshirn sowohl als das Kleinhirn erreicht quantitativ und qualitativ eine höhere Stufe der Vollkommenheit (am höchsten bei den Crocodilen), während das Mittelhirn dagegen mehr zurücktritt.

§ 272. System der Reptilien.

Bedeutung der Zeichen: + ausgestorben; V noch lebend; P = palaeozoisch (Perm); M = mesozoisch (Trias, Jura, Kreide).

Legionen	Ordnungen	Unterordnungen	
I. Tocosauria Stammreptilien. Antiquare Generalisten von Lacertil-Habitus. Wirbel amphicoel. Chorda permanent 2 getrennte Sacralwirbel. Alle Deckknochen des Schädels paarig. Zähne acrodont oder thecodont	**1. Proreptilia** Occipital-Gelenk dicondyl. Beckenknochen breit	1. Protamniota 2. Palaehatterida	+P +P
	2. Progonosauria Occipital-Gelenk monocondyl. Beckenknochen sehr breit	3. Proterosauria 4. Mesosauria	+P +M
	3. Rhynchocephalia Occipital-Gelenk monocondyl. Beckenknochen schlank, schmal	5. Rhynchosauria 6. Sphenodontida	+M V
II. Theromora Antiquare Generalisten von lacertilem oder theromorphem Habitus. Wirbel amphicoel. Schultergürtel und Beckengürtel sehr fest, mit partiell verschmolzenen Knochen. Zähne in Alveolen	**4. Theriodontia** Sacrum mit 2—3 Wirbeln. Gebiss gut entwickelt, oft stark differenzirt	7. Pareosauria 8. Pelycosauria 9. Palatosauria	+P +P +M
	5. Anomodontia Sacrum mit 4—5 Wirbeln. Gebiss verkümmert oder fehlend	10. Dicynodontia 11. Udenodontia	+P +M
III. Chelonia (*Testudinata*. Schildkröten) Gepanzerte Specialisten vom Habitus der Batrachier. Dorsalwirbel mit dem Rückenschild verwachsen. Kiefer zahnlos	**6. Bursochelya** Epidermis schwach verhornt, ohne grosse Horntafeln und Schilder	12. Dermochelya 13. Discostalia	V V
	7. Cerachelya Epidermis stark verhornt, mit grossen Schildern oder Tafeln	14. Cryptodera 15. Pleurodera	V V
IV. Halisauria (*Enaliosauria*. Seedrachen.) Mesozoische Specialisten vom Habitus der Schwimmvögel oder Delphine. Schwimmfüsse flossenartig. Wirbel amphicoel	**8. Sauropterygia** Kopf klein, mit kurzer Schnauze. Hals lang. Sacrum mit 2 Wirbeln	16. Nothosauria 17. Plesiosauria	+M +M
	9. Ichthyopterygia Kopf gross, mit langer Schnauze. Hals kurz. Sacrum fehlt	18. Ichthyosauria 19. Baptanodontia	+M +M
V. Phelidota (*Lepidosauria*) Moderne Specialisten vom Habitus der Lacerten oder Schlangen. Wirbel meist procoel, ganz verknöchert. Quadratbein am Schädel beweglich (Streptostylica). Zähne acrodont oder pleurodont. Haut mit Hornschuppen bedeckt (selten Knochenschuppen)	**10. Lacertilia** Schultergürtel vorhanden. Mandibular-Aeste fest durch Naht verbunden. Meistens 2 Paar Gehfüsse, mit Krallen (bisweilen rückgebildet)	20. Archilacertae 21. Ascalabotae 22. Cionocrania 23. Chamaeleontes 24. Glyptoderma	+M V V V V
	11. Pythonomorpha Schultergürtel vorhanden. Mandibular-Aeste locker verbunden. Schwimmfüsse	25. Dolichosauria 26. Mosasauria	+M +M
	12. Ophidia Schultergürtel fehlt. Mandibular-Aeste locker verbunden. Füsse fehlen	27. Asinophidia 28. Toxicophidia 29. Scolecophidia	V V V
VI. Crocodilia Gepanzerte Generalisten von Lacertil-Habitus. Knochenplatten des Hautpanzers nicht mit den Rückenwirbeln verwachsen. Zähne in Alveolen	**13. Protosuchia** Nasengänge kurz, aufrecht. Parietalia getrennt. Clavicula vorhanden	30. Archisuchia 31. Parasuchia 32. Pseudosuchia	+M +M +M
	14. Typosuchia Nasengänge lang, gestreckt. Parietalia verschmolzen. Clavicula fehlt	33. Mesosuchia 34. Eusuchia	+M V

§ 273. Historische Stammfolge der Reptilien.

Ordnungen der Reptilien	Unterordnungen der Reptilien	Palaeoz.	Mesozoische Reptilien			Caenozoische	
		Perm	Trias	Jura	Creta	Tert.	Praes.
I. Proreptilia Tocosaurier mit Stegocephalen-Schädel	1. Protamniota	━━	——	. . .	. . .	. . .	+
	2. Palaehatterida	━━	——	. . .	. . .	. . .	+
II. Progonosauria Tocosaurier mit breiten Beckenknochen	3. Proterosauria	━━	——	. . .	. . .	. . .	+
	4. Mesosauria	. . .	━━	——	——	. . .	+
III. Rhynchocephalia Tocosaurier mit schmalen Beckenknochen	5. Rhynchosauria	. . .	━━	——	. . .	. . .	+
	6. Sphenodontida	. . .	——	━━	——	⊙	——
IV. Theriodontia Mastocephale Theromoren	7. Pareosauria	━━	━━	. . .	. . .	. . .	+
	8. Pelycosauria	━━	━━	. . .	. . .	. . .	+
	9. Palatosauria	. . .	━━	. . .	. . .	. . .	+
V. Anomodontia Chelycephale Theromoren	10. Dicynodontia	━━	━━	. . .	. . .	. . .	+
	11. Udenodontia	. . .	——	. . .	. . .	. . .	+
VI. Bursochelya Chelonier ohne Hornschilder	12. Dermochelya	. . .	━━	——	——	——	——
	13. Diacostalia	. . .	. . .	⊙	——	━━	━━
VII. Carachelya Chelonier mit Hornschildern	14. Cryptodera	. . .	. . .	——	——	━━	━━
	15. Pleurodeca	. . .	. . .	——	——	━━	━━
VIII. Sauropterygia Microcephale Halisaurier	16. Nothosauria	. . .	━━	. . .	. . .	. . .	+
	17. Plesiosauria	. . .	. . .	━━	━━	. . .	+
IX. Ichthyopterygia Macrocephale Halisaurier	18. Ichthyosauria	. . .	——	━━	━━	. . .	+
	19. Baptanodontia	. . .	. . .	——	. . .	. . .	+
X. Lacertilia Pholidoten mit Gehfüssen, mit fest verbundenen Kieferhälften	20. Archilacertae	. . .	——	——	. . .	. . .	+
	21. Ascalabotae	. . .	. . .	. . .	⊙	⊙	——
	22. Cionocrania	. . .	. . .	. . .	——	━━	━━
	23. Chamaeleontes	. . .	. . .	. . .	. . .	⊙	——
	24. Glyptoderma	. . .	. . .	. . .	. . .	⊙	——
XI. Pythonomorpha Pholidoten mit Schwimmfüssen, mit lockeren Kiefern	25. Dolichosauria	. . .	. . .	. . .	——	. . .	+
	26. Mosasauria	. . .	. . .	. . .	━━	. . .	+
XII. Ophidia Pholidoten ohne Füsse, mit lockeren Kiefern	27. Asinophidia	. . .	. . .	. . .	——	━━	━━
	28. Toxicophidia	. . .	. . .	. . .	. . .	━━	━━
	29. Scolecophidia	. . .	. . .	. . .	. . .	⊙	——
XIII. Protosuchia Crocodile mit kurzen Nasengängen	30. Archisuchia	. . .	━━	. . .	. . .	. . .	+
	31. Parasuchia	. . .	━━	. . .	. . .	. . .	+
	32. Pseudosuchia	. . .	━━	. . .	. . .	. . .	+
XIV. Typosuchia Crocodile mit langen Nasengängen	33. Mesosuchia	. . .	. . .	━━	——	. . .	+
	34. Eusuchia	. . .	. . .	. . .	——	━━	━━

Die Urnieren (*Mesonephri*), welche bei allen Anamnien zeitlebens allein bestehen, treten bei den Reptilien, wie bei allen Amnioten, nur im Embryo vorübergehend auf; sie werden ersetzt durch die Dauernieren (*Metanephri*), welche aus dem hintersten Abschnitte der Urnieren hervorgehen. Der vordere Abschnitt der letzteren (Germinal-Niere) verwandelt sich in den Nebenhoden (*Epididymis*). Copulativa oder äussere Begattungsorgane sind bloss von den drei lebenden Legionen der *Pholidoten, Crocodile* und *Chelonier* bekannt; sie bieten auffallende Unterschiede in ihrer Bildung. Die Pholidota (Eidechsen und Schlangen) haben eine Cloake mit After-Querspalt (*Plagiotrema*), hinter welcher in einer Tasche zwei hohle, schlauchförmige, vorstülpbare Penes liegen. Die Schildkröten und Crocodile hingegen besitzen an der Vorderwand der Cloake einen unpaaren, erectilen Penis.

Tegument. Die äussere Hautdecke der Reptilien zeigt in den einzelnen Ordnungen dieser Classe sehr bedeutende Verschiedenheiten und mannichfache Differenzirungen, welche zum Theil für dieselben characteristisch sind. Als die ursprünglichen Verhältnisse müssen wir diejenigen betrachten, welche von den gepanzerten *Amphibien* (und weiter zurück von deren beschuppten *Dipneusten*-Ahnen) durch Vererbung übertragen wurden: Knochenschuppen der Lederhaut (*Lepides*). Ueber diesen entwickeln sich aber bei den Reptilien — als neue Erwerbung, durch Anpassung an den Aufenthalt in der athmosphärischen Luft — entsprechende Hornschuppen der Oberhaut (*Pholides*). Dieses doppelte Schuppenkleid finden wir schon bei einem Theile der gemeinsamen Stammgruppe, der *Tocosaurier*; ferner der *Theromoren*, der *Pholidoten* (Scincoida, Chalcidia). Am stärksten ist es aber entwickelt bei den höchststehenden beiden Ordnungen, den *Crocodilen* und *Cheloniern*. Der starke Knochenpanzer der Crocodile besteht aus Längs- und Quer-Reihen von dermalen Knochentafeln, die bald den ganzen Rumpf, bald nur den Rücken decken. Jedes Knochenschild des Corium ist von einer entsprechenden Horntafel der Epidermis überdeckt. Bei den Cheloniern verwachsen grosse Haut-Knochen mit wichtigen Theilen des Endoskeletes (Rippen, dorsalen Dornfortsätzen) und bilden zuletzt eine unbewegliche Knochenkapsel, die den grössten Theil des Körpers umschliesst. Auch bei einem Theile der fossilen *Halisaurier* haben sich noch Reste eines Knochenpanzers erhalten. Dagegen ist bei den meisten übrigen Reptilien das ursprüngliche Dermal-Skelet rückgebildet, insbesondere bei der grossen Mehrzahl der Pholidoten (den meisten Eidechsen und allen Schlangen). Hier bleibt nur das Hornschuppenkleid der Epidermis übrig, welches oft bei den wiederholten Häutungen im Zusammenhange abgestreift und durch ein neues ersetzt wird.

§ 274. Erste Legion der Reptilien: **Tocosauria. Stammreptilien.**

Stammgruppe der Sauropsiden; antiquare Generalisten.

Reptilien mit Lacertil-Habitus, mit kurzen, fünfzehigen Laufbeinen, langem Schwanze und primitivem Skeletbau. Wirbelsäule mit permanenter Chorda und mit zwei getrennten Sacralwirbeln. Alle oder die meisten Wirbel amphicoel, mit kleinen Intercentren. Rippen lang, einköpfig. Bauchrippen stark entwickelt. Schädel flach, länglich-dreieckig; mit oberem und unterem Schläfenbogen. Quadratbein unbeweglich. Zwischenkiefer getrennt. Unterkiefer getrennt, mit Symphysen-Ligament. Zähne acrodont oder thecodont. Haut beschuppt, ursprünglich mit Knochentäfelchen (Lepides) in der Lederhaut und darüber mit entsprechenden Hornschuppen (Pholides) in der Oberhaut.

Die Legion der Stammreptilien oder Tocosaurier bildet die alte gemeinsame Stammgruppe, aus welcher sich alle *Sauropsiden* und wahrscheinlich auch die *Mammalien*, somit sämmtliche *Amnioten* entwickelt haben. Sie sind nebst der folgenden Legion, den *Theromoren*, die einzigen Amnioten, von denen Reste schon aus dem palaeozoischen Zeitalter bekannt sind. Die ältesten bekannten Tocosaurier (und zugleich die ältesten fossilen Reptilien) sind die *Proreptilien* und *Proterosauriden* des permischen Systems. An diese schliessen sich die triassischen *Mesosauriden* und *Rhynchosauriden* an, und auf diese folgen im Jura die typischen *Rhynchocephalen*. Von dieser uralten Stammgruppe hat sich nur ein einziger überlebender Ausläufer wenig verändert bis zur Gegenwart erhalten, die höchst merkwürdige *Hatteria punctata* von Neuseeland (auch *Sphenodon* oder *Rhynchocephalus* genannt). Dieser einzige noch lebende Tocosaurier (— früher zu den echten Lacertilien gerechnet —) giebt uns allein unter allen Amnioten der Gegenwart unmittelbaren Aufschluss über wichtige Bildungsverhältnisse der uralten Stammformen dieser Gruppe. Im Aeusseren von gewöhnlichen Eidechsen wenig verschieden, schliessen sie sich im inneren Bau unmittelbar an ihre Amphibien-Ahnen, die Stegocephalen, an, und zwar an die älteren Formen, die *Progonamphibien*.

Die *Tocosaurier* sind in der äusseren Körperform theils mehr ähnlich den Stegocephalen und Salamandern, theils mehr den Hatterien und Lacertilien. Die meisten sind von geringer oder mittlerer Grösse,

§ 275. Ordnungen der Tocosaurier.

Drei Ordnungen:	I. Proreptilia	II. Progonosauria	III. Rhynchocephalia
Familien:	1. Protamniota 2. Palaehatterida	1. Proterosauria 2. Mesosauria	1. Rhynchosauria 2. Sphenodontida
Typische Form:	*Palaehatteria longicauda* (Unter-Permisch)	*Proterosaurus Speneri* (Ober-Permisch)	*Hatteria punctata* (lebend)
Wirbel-Körper	tief amphicoel, mit persistirender Chordal-Axe	amphicoel, vollständig verknöchert	amphicoel, mit persistentem Chordal-Strang
Eparcaden (Neural-Bogen)	von den Centren getrennt	mit den Centren verschmolzen	mit den Centren verschmolzen
Schädel (Occipital-Gelenk)	mit paarigen lateralen Condylen (Exoccipitalia gross, getrennt)	mit unpaarem basalem Condylus (Basioccipitale gross, verwachsen)	mit unpaarem basalem Condylus (Basioccipitale gross, verwachsen)
Gebiss	acrodont, primitiv (kleine konische Zähne auf allen Knochen der Mundhöhle)	theils acrodont, theils thecodont (Zähne mehrfach differenzirt)	acrodont, reducirt (Zähne theilweise differenzirt, nicht auf allen Knochen der Mundhöhle)
Beckenknochen (Ischium und Pubis)	gross und breit (Foramen obturatum sehr klein oder fehlend)	ziemlich breit (Foramen obturatum mittelgross)	schmal und schlank (Foramen obturatum gross, cordiform)
Stelepodien (Schenkelknochen)	mit knorpeligen Epiphysen	meistens mit verknöcherten Epiphysen	mit verknöcherten Epiphysen
Basipodien (Carpus und Tarsus)	mit completer Knochenzahl (ursprünglich je 10 oder 9)	mit reducirter Knochenzahl (durch Concrescenz)	mit reducirter Knochenzahl (durch Concrescenz)
Geologische Verbreitung:	Palaeozoisch: Perm (und Carbon?), Trias	Palaeozoisch und Mesozoisch (Perm bis Kreide)	Mesozoisch und Caenozoisch (Trias bis Praesent)
Phylogenetische Stellung:	Gemeinsame Stammgruppe aller Sauropsiden (und wahrscheinlich auch der Mammalien) = Protamnioten	Hauptast der Proreptilien, welcher zu einem Theile der thecodonten Reptilien hinführt (Crocodile, Halisaurier)	Nebenast der Proreptilien, welcher zu den Pholidoten hinführt (Lacertilien)

die kleineren nur 10—20 cm, die grösseren 1—2 m lang (selten bis 3 m oder darüber); die älteren sind sämmtlich Land- oder Süsswasser-Bewohner. Der flache dreieckige Kopf schliesst sich in seiner characteristischen Zusammensetzung und Gestalt unmittelbar an die *Stegocephalen* an; ebenso die Wirbelsäule, die aus biconcaven Wirbeln (ähnlich den Ringwirbeln) besteht; Chorda-Reste sind mehr oder weniger erhalten, oft durchgehend. Das Sacrum wird durch zwei getrennte Wirbel gebildet. Auch in der primitiven Bildung der fünfzehigen Gliedmassen, die meistens kurze starke Gehfüsse, seltener Schwimmfüsse sind, schliessen sich die *Proreptilien* eng an ihre Ahnen, die *Stegocephalen*, an. Die verhältnissmässig wenig zahlreichen Gattungen, die wir kennen, sind theils solche älteste Uebergangsformen, theils indifferente Generalisten und Mischtypen, in denen Merkmale verschiedener Reptilien-Ordnungen vereinigt sind (zum Theil Uebergangs-Formen zu anderen Ordnungen). Die Legion zerfällt in drei Ordnungen, die älteren *Proreptilien* und *Progonosaurier* und die jüngeren *Rhynchocephalen*. Wir betrachten die Proreptilien als die gemeinsame Stammgruppe aller Sauropsiden; als divergente Zweige sind aus ihnen die *Progonosaurier* und *Rhynchocephalen*, sowie die ältesten Stammformen anderer Reptilien-Ordnungen hervorgegangen.

§ 276. Erste Ordnung der Tocosaurier:

Proreptilia (= Protamniota).

Gemeinsame Stammgruppe aller Amnioten.

Tocosaurier mit paarigen (lateralen) Gelenkhöckern des Hinterhaupts, mit beweglichen einköpfigen Rippen am grössten Theile der Wirbelsäule (auch an Hals und Schwanz). Acrodonte Zähne auf allen Knochen der Mundhöhle. Beckenknochen (Pubis und Ischium) breit, plattenförmig; Foramen obturatum fehlend oder sehr klein. Zwei Reihen von Tarsalknochen mehr oder weniger vollständig (meistens 8—9 Knochen). Epiphysen der Beinknochen (Stelepodien und Zeugopodien) knorpelig.

Die Ordnung der Proreptilien bildet die bedeutungsvolle Stammgruppe aller Amnionthiere und kann deshalb auch wohl als die der Protamnioten bezeichnet werden. Ihre ältesten Reste (*Palaehatteria*) finden sich im permischen System und bezeugen, dass diese Gruppe spätestens während der permischen Periode aus einem Zweige der *Stegocephalen* hervorgegangen ist. Das ideale Bild, welches wir uns von den ältesten Typen dieser Stammgruppe — durch Vergleichung der fragmentarischen fossilen Reste mit dem Skelete der übrigen *Tocosaurier* einerseits, der *Stegocephalen* anderseits — entwerfen können, lässt dieselben als indifferente »Mischtypen« erscheinen, von denen die Stammformen aller übrigen *Sauropsiden*-Ordnungen durch Ausbildung besonderer Modificationen sich ableiten lassen. Die Wirbelsäule besitzt noch eine durchgehende Chorda, und die Centren sind unten durch deutliche Intercentren getrennt, oben durch Suturen von den Neuralbogen geschieden. Am Schädel sind alle Deckknochen paarig und alle (oder die meisten) Knochen der Mundhöhle mit acrodonten Zähnen besetzt. Das Hinterhaupt ist mit dem ersten Halswirbel noch durch ein Paar ganz getrennte Gelenkhöcker (laterale Exoccipitalia) verbunden (wie bei den *Amphibien* und *Mammalien*). Auch das Quadratbein zeigt noch eine primitivere Beschaffenheit als bei allen übrigen Reptilien. Die Bildung des Schultergürtels und Beckengürtels schliesst sich noch unmittelbar an diejenige der Stegocephalen an; auch sind die Epiphysen der Glieder-Knochen noch nicht verknöchert. Ausser *Palaehatteria longicauda* (aus dem permischen System von Sachsen) gehören hierher wahrscheinlich die Gattungen *Saurosternum*, *Batrachosaurus* und *Telerpeton* (aus der Trias), sowie eine Anzahl von unvollständig bekannten permischen Tocosauriern. Palaehatteria selbst, als die bestbekannte Form der Proreptilien, ist zwar von höchster Bedeutung für die Phylogenie der Sauropsiden, dürfte sich aber doch schon in mehrfacher Beziehung von deren ältester hypothetischer Stammform (*Protamnion*) entfernt haben.

§ 277. Zweite Ordnung der Tocosaurier: **Progonosauria (= Proterosauria).**

Stammgruppe vieler thecodonter Reptilien.

Tocosaurier mit unpaarem (basalem) Occipital-Condylus, mit beweglichen Rippen am grössten Theile der Wirbelsäule (auch an Hals und Schwanz). Zähne thecodont auf den Kieferrändern, acrodont auf den Gaumenplatten. Beckenknochen (Pubis und Ischium) breit, plattenförmig; Foramen obturatum sehr klein. Zwei Reihen von Tarsalknochen nicht vollständig (meistens 5—7 Knochen). Epiphysen der Beinknochen (Stelepodien und Zeugopodien) meistens knorpelig.

Die Progonosaurier gehören zu den ältesten *Amnioten* und bilden vielleicht die gemeinsame Stammgruppe vieler thecodonter

Reptilien (*Theromoren, Crocodile, Draconen, Halisaurier*). Dieselben sind unmittelbar aus einem Zweige der älteren *Proreptilien* hervorgegangen, spätestens während der älteren Perm-Zeit, vielleicht schon in der Carbon-Zeit. Einige Formen derselben schliessen sich noch eng an ihre carbonischen Amphibien-Ahnen an (Stegocephalen); andere Formen wieder erscheinen als uralte Mischtypen (Collectiv-Ahnen). Die älteste bekannte Familie sind die permischen Proterosaurida (*Proterosaurus Speneri*, aus dem Kupferschiefer von Eisenach, über 2 m lang, schon 1706 entdeckt). An diese schliesst sich vielleicht auch das permische *Stereosternum* an, sowie das triassische *Telerpeton elginense* (?). Die jüngeren Familien der Mesosaurida (Trias) und der Champsosaurida (Kreide) erscheinen als divergente Ausläufer der Stammgruppe. Den *Mesosauriden* nächstverwandt sind die Stammformen der Halisaurier und der Crocodile.

§ 278. Dritte Ordnung der Tocosaurier:

Rhynchocephalia (= Sphenodontia).

Stammgruppe der Lepidosaurier.

Tocosaurier mit unpaarem (basalem) Condylus occipitalis, mit beweglichen Rippen am mittleren Theile der Wirbelsäule (nicht am Schwanz). Acrodonte Zähne auf einem Theile der Mundhöhlen-Knochen. Beckenknochen (Pubis und Ischium) schmal und schlank; Foramen obturatum weit. Zahl der Tarsal-Knochen reducirt (meistens nur 4—5 Knochen). Epiphysen der Beinknochen (Stelepodien und Zeugopodien) verknöchert.

Die Rhynchocephalen stehen zwar im Ganzen der Stammgruppe der *Proreptilien* noch sehr nahe, erscheinen aber doch durch die angeführten Merkmale als etwas modificirte Formen; auch sind sie jüngeren Alters und treten erst in der Trias auf. Als eine verbindende Zwischenform zwischen beiden Ordnungen erscheint das *Hyperodapedon* der Trias; an diese schliesst sich zunächst die Familie der Rhynchosauriden an (ebenfalls Trias). Eine mehr specialisirte Familie sind die Sauranodonten aus dem oberen Jura; ihr Gebiss ist stark reducirt, Zwischenkiefer und Oberkiefer zugeschärft und zahnlos. Die typischen Sphenodontida sind namentlich im Jura durch mehrere Genera vertreten (*Homoeosaurus*, *Sapheosaurus*, *Pleurosaurus*). Als letzter isolirter Ueberrest dieser Gruppe hat sich bis zur Gegenwart die merkwürdige *Hatteria punctata* von Neuseeland erhalten, mit

53 amphicoelen Wirbeln (8 Hals-, 17 Rumpf-, 2 Sacral-, 26 Schwanz-Wirbeln). In der gesammten Bildung der Wirbelsäule und des Schädels, sowie auch theilweise der Gliedmaassen und des Malacoms, unterscheidet sich *Hatteria* wesentlich von den Lacertilien, mit denen sie früher wegen der äusseren Aehnlichkeit der Körperform vereinigt war; sie erscheint vielmehr als ein uralter Ueberrest der *Tocosaurier*.

§ 279. Zweite Legion der Reptilien: Theromora (= Theromorpha).

Alte, Mammalien-ähnliche, terrestrische Gruppe.

Reptilien mit lacertilem oder theromorphem Habitus, mit primitiver Wirbelsäule, oft mit permanenter Chorda. Wirbel biconcav, bisweilen mit den Neurapophysen verwachsen. Sacrum aus 2—6 verschmolzenen Wirbeln gebildet. Vordere Rippen zweiköpfig (mit einer Articulation des Tuberculum am Querfortsatze, an einer intervertebralen Gelenkgrube — bisweilen mit deutlichem Intercentrum). Schädel sehr kräftig, stark verknöchert, fest mit dem unbeweglichen Quadratbein verwachsen. Foramen parietale vorhanden. Kieferränder hoch, meistens mit eigenthümlich differenzirtem thecodonten Gebiss (monophyodonte Zähne in Alveolen). Knochen des Schultergürtels und Beckengürtels fest verwachsen, theilweise reducirt.

Die Legion der Theromoren (oder *Theromorphen*) ist auf die Perm- und Trias-Periode beschränkt; sie bildet eine sehr interessante und wichtige Hauptgruppe der Reptilien, die sich aus den beiden Ordnungen der Theriodontia (= *Pelycosauria*) und Anomodontia (= *Platyposauria*) zusammensetzt. Nächst den *Tocosauriern* sind sie die ältesten und primitivsten unter allen Reptilien und schliessen sich gleich ihnen noch in vielen Beziehungen eng an ihre *Stegocephalen*-Ahnen an. Anderseits erscheinen die Theromoren aber bereits eigenthümlich differenzirt, und Manche von ihnen zeigen die Characterzüge von *Amphibien*, *Proreptilien*, *Cheloniern* und *Mammalien* in merkwürdiger Weise combinirt. Insbesondere nähert sich ein Theil dieser Legion in dem eigenthümlichen Bau des Schädels und der Gliedmaassen auffallend den Schildkröten, ein anderer Theil den Säugethieren. Die merkwürdige Aehnlichkeit einiger *Theriodontien* mit älteren *Mammalien* (Monotremen) hat zu der Annahme geführt, dass die letzteren aus einem Zweige der ersteren hervorgegangen seien;

anderseits erscheinen die *Anomodontien* als Ueberreste derjenigen Gruppe, aus der die *Schildkröten* entsprungen sind. Wenn die nahe, von uns vermuthete Verwandtschaft der *Theromoren* und *Chelonier* sich bestätigt, könnte man beide Legionen in der Subclasse der Pachycrania zusammenfassen (vergl. § 266, 267).

Die Theromoren sind sämmtlich Land- und Süsswasser-Bewohner (mit einziger Ausnahme der marinen Placodontien). Sie scheinen im Habitus theils den *Proreptilien*, theils den *Cheloniern*, theils den *Monotremen* nahe gestanden zu haben. Ihr Skelet (— leider meistens nur unvollständig bekannt —) war, im Ganzen betrachtet, robuster und schwerfälliger als dasjenige ihrer Tocosaurier-Ahnen. Die Wirbelsäule war meistens wohl von mässiger oder selbst von geringer Länge (— Hals und Schwanz gewöhnlich kurz? —); das Kreuzbein bei den *Theriodontien* meistens aus 2—3, bei den *Anomodontien* aus 4—6 verschmolzenen Wirbeln zusammengesetzt. Die biconcaven Wirbel zeigen oft noch einen durchgehenden Chordarest, wie bei den Proreptilien. Der kräftige Schädel mit kleiner Hirnhöhle, fest verwachsenem Quadratbein und mächtigen Kiefern, sowie eigenthümlicher Gefäss-Bildung, zeigt mehrfache Anklänge an die Verhältnisse der Säugethiere einerseits, der Schildkröten anderseits. Dasselbe gilt von den Knochen des Schultergürtels und Beckengürtels, die stets mehr oder weniger verwachsen sind. Am Schultergürtel ist das Coracoid reducirt und mit der Scapula verschmolzen. Am Beckengürtel sind Pubis und Ischium, beide plattenförmig, zu einem einheitlichen Ischiopubis (oder Innominatum) verwachsen, oft auch mit dem Ilium verschmolzen. Die Beine (leider nur von wenigen Theromoren vollständig bekannt) scheinen kurze und starke, fünfzehige Gehfüsse gewesen zu sein; die Phalangen-Zahl wie bei Säugethieren: 2, 3, 3, 3, 3. Die Placodontien hatten wahrscheinlich Schwimmfüsse. Während die kleineren Theromoren nur 10—30 cm Länge erreichten, finden sich unter den zahlreichen grösseren Formen schwerfällige Riesen, deren Schädel allein 30—40 cm lang ist, der ganze Körper wahrscheinlich 2—3 m lang und darüber.

Das Tegument der Theromoren besass wahrscheinlich einen gut entwickelten Schuppenpanzer, unter dessen Hornschuppen (*Pholides*) in vielen Fällen noch Knochenschuppen (*Lepides*) verborgen waren (sehr entwickelt z. B. bei *Pareosaurus*, *Theropleura* u. A.). Die ausserordentliche Entwickelung der mächtigen Dornfortsätze der Rückenwirbel (ganz extrem z. B. bei *Naosaurus*, *Dimetrodon* und anderen Cynodontien) lässt vermuthen, dass ein colossaler Schuppenkamm den Rücken deckte. Leider sind diese und andere merkwürdige Eigenheiten nur sehr unvollständig bekannt.

§ 280. Provisorisches System der Theromoren.

Ordnungen	Unterordnungen	Familien
I. Ordo: **Theriodontia** Zwischenkiefer getrennt (paarig). Gebiss vollständig entwickelt, mit zahlreichen Zähnen. Sacrum mit 2 oder 3 verschmolzenen Wirbeln	I. Subordo: **Pareosauria** Gebiss homodont oder wenig differenzirt, ohne vorspringende Eckzähne. (Meist herbivor?)	1. **Pareotichida** Zähne konisch, in geschlossenen Reihen auf den Kieferrändern, auf Vomer und Gaumen
		2. **Pareosaurida** Zähne gezackt, in einer ununterbrochenen Reihe auf den Kieferrändern. Keine Gaumenzähne.
		3. **Diadectida** Zähne zusammengedrückt, hinten zweispitzig, vorn stumpf-konisch. Vomer mit kleinen Zähnchen
	II. Subordo: **Pelycosauria** Gebiss heterodont, stark differenzirt, mit Schneide-, Eck- und Backzähnen. Alle Zähne spitz-conisch. (Meist carnivor)	4. **Cynodontia** (*Binarialia*) Narinen paarig, durch ein Septum getrennt
		5. **Cynodracontia** (*Uninarialia*) Narinen unpaar (verschmolzen)
		6. **Gorgonopsida** (*Tectinarialia*) Narinen lateral, bedeckt durch die Nasenbeine
	III. Subordo: **Palatosauria** Gebiss heterodont, theilweise reducirt, ohne Eckzähne, mit vielen Gaumenzähnen. (Meist conchivor?)	7. **Placodontia** Kräftige Schneidezähne. Grosse palatine Pflasterzähne
		8. **Endothiodontia** Keine Schneidezähne. Viele kleine palatine Kauzähne
II. Ordo: **Anomodontia** Zwischenkiefer verschmolzen (unpaar). Gebiss verkümmert oder ganz rückgebildet; wenige grosse Zähne oder gar keine Zähne. Sacrum mit 4 oder 5 verschmolzenen Wirbeln	IV. Subordo: **Dicynodontia** Ein Paar grosse Stosszähne im Oberkiefer (Eckzähne)	9. **Dicynodontida** Schädel gewölbt, vorn bogenförmig, allmählich in die Stirn-Gegend übergehend
		10. **Ptychognathida** Schädel flach, vorn durch eine Kante von der steil abfallenden Stirngegend getrennt
	V. Subordo: **Udenodontia** Kiefer zahnlos, Chelonier-gleich	11. **Udenodontida** Schädel lang, gestreckt, mit schmalem Schläfendach (länger als breit). Narinen lateral
		12. **Cistecephalida** Schädel kurz und breit, mit sehr breitem Schläfendach (breiter als lang). Narinen vorn.

§ 281. Stammbaum der Theromoren.

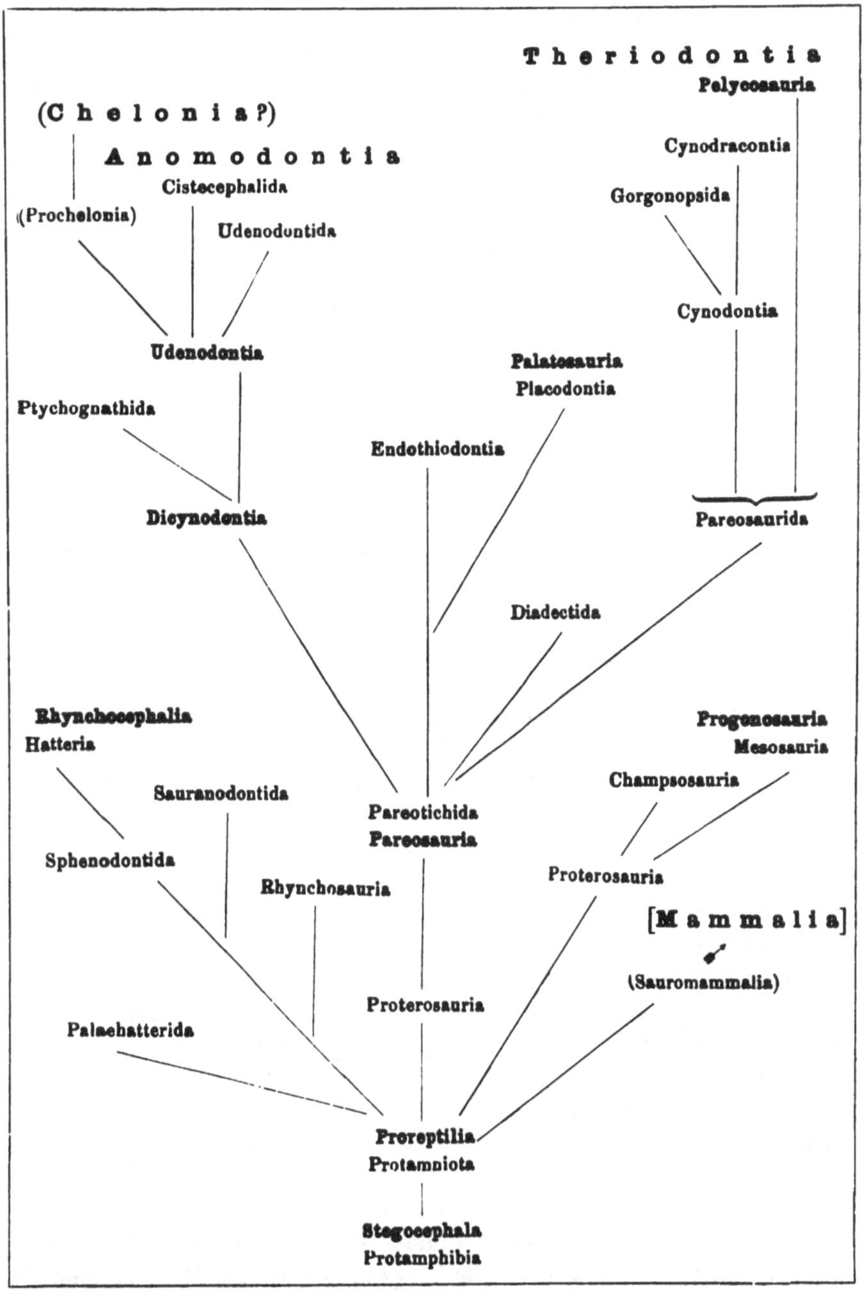

Die Legion der Theromoren ist auf Perm und Trias beschränkt. Die grosse Mehrzahl (besonders der colossalen Formen) gehört jener eigenthümlichen Local-Fauna an, welche sich in der Unter-Trias von Süd-Afrika (Karru-Formation) und von Süd-Indien (Panchet-Stufe) zu hoher Blüthe entwickelt hatte. Auch in Perm und Trias von Nord-Amerika sind neuerdings zahlreiche Formen gefunden, eine geringe Anzahl auch in Europa (Thüringen und Böhmen).

§ 282. Erste Ordnung der Theromoren:

Theriodontia. Mastocephale Theromoren.

Mammalien-ähnliche Gruppe mit differenzirter Dentur.

Theromoren mit vollständigem Gebiss und 2—3 verwachsenen Sacral-Wirbeln. Zwischenkiefer getrennt.

Die Ordnung der Theriodontia umfasst die weitaus grösste Zahl der bis jetzt bekannten Theromoren; sie ist sowohl im Perm als in der Trias, namentlich aber in der Uebergangs-Formation zwischen diesen alten Ablagerungen (in der Karru-Formation von Südafrika, in der Panchet-Stufe von Ostindien u. s. w.) durch zahlreiche, sehr merkwürdige Formen vertreten. Wir können unter diesen schon jetzt (— trotz der grossen Lückenhaftigkeit des palaeontologischen Materials —) 3 Unterordnungen mit etwa 8 Familien unterscheiden (§ 280). Unter diesen scheinen die indifferentesten, die am wenigsten specialisirten, die *Pareosauria* zu sein; sie bilden vermuthlich die gemeinsame Stammgruppe, aus welcher die beiden anderen Unterordnungen, die *Pelycosauria* und *Palatosauria*, hervorgegangen sind; erstere nähern sich auffallend den Mammalien; letztere den Anomodontien (und Cheloniern).

Als die gemeinsame Stammgruppe der *Pareosaurier* — und somit überhaupt aller Theromoren — betrachten wir die alte permische Familie der Pareotichida, bei welcher sich noch zahlreiche, gleichmässig geformte, konische Zähne in der ganzen Mundhöhle finden, sowohl in geschlossener Reihe auf Ober- und Unterkiefer, als am Gaumendach (auf Vomer, Palatinum und Pterygoideum). Wie diese Stammgruppe hierdurch noch an ihre alten Ahnen erinnert, die *Progonosaurier* und *Stegocephalen*, so auch durch den Besitz anderer primitiver Merkmale, welche die Letzteren durch Vererbung auf einzelne Gattungen der Ersteren übertragen haben. So zeichnet sich *Pareotichus* durch kurze Schnauze und kleine seitliche Augenhöhlen aus, *Ectocynodon* und *Pantylus* durch die rauhe Sculptur sämmtlicher Kopfknochen, *Procolophon* durch primitive Bildung des Schultergürtels (starkes Praecoracoid).

Das Generalisten-Gebiss der *Pareotichida* wird bei allen übrigen Familien der Theriodontien mehr oder weniger specialisirt und differenzirt, wobei die verschiedene Nahrungsweise in ähnlichem Grade wirksam ist, wie in den verschiedenen Ordnungen der Säugethiere. Bei den herbivoren *Pareosaurida* tragen die Kieferränder eine grosse Zahl von gleichartigen Zähnen mit gezackter Krone in einer Reihe hinter einander, während die Gaumenzähne verschwunden sind. Bei den *Palatosauria* umgekehrt ist der Gaumen mit zahlreichen Pflasterzähnen bewaffnet, die wahrscheinlich zum Zermalmen von Schalthieren, Muscheln und Crustaceen dienten.

In der formenreichen Unterordnung der carnivoren *Pelycosauria*, welche die grosse Mehrzahl der Theriodontien umfasst, ist das Gebiss ganz ähnlich wie bei den placentalen Carnivoren differenzirt, indem die meisselförmigen Schneidezähne und die spitzen Backzähne oben und unten durch einen starken vorspringenden Eckzahn getrennt werden. Auch die Bildung des Schädels und des Gliedmaassen-Skelets erinnert in dieser Gruppe auffallend an die Säugethiere. Doch sind diese Aehnlichkeiten nur als Analogien oder Convergenzen aufzufassen, welche auf eine gleichartige Anpassung dieser beiden parallel aufsteigenden Amnioten-Stämme hinweisen. Vielleicht sind die gemeinsamen permischen Ahnen der *Pelycosaurier* und der *Promammalien* in älteren *Pareosauriern* zu suchen, welche den altpermischen Proreptilien, der gemeinsamen Stammgruppe aller Amnioten, noch sehr nahe stehen. Als directe Vorfahren der Säugethiere betrachten wir die Theriodontien nicht.

§ 283. Erste Unterordnung der Theriodontien:

Pareosauria. Sphenognathe Theromoren.

Gemeinsame Stammgruppe der Theromoren.

Theriodontien mit homodontem Gebiss, an welchem die Zähne entweder gleichartig oder nur wenig differenzirt sind. Eckzähne von den Schneidezähnen wenig oder gar nicht verschieden.

Durch die mangelnde Differenzirung des homodonten Gebisses erscheint diese Ordnung als die Generalisten-Gruppe der Theromoren, aus welcher die Specialisten-Gruppen der *Pelycosauria* und *Palatosauria* erst secundär entstanden sind. Bei einigen Gattungen dieser ältesten Reptilien (z. B. dem permischen *Empedias*) besitzt das steil abfallende Hinterhaupt zwei getrennte seitliche Gelenkhöcker und gleicht somit einerseits dem der Amphibien-Ahnen (*Stegocephalen*), anderseits dem der Säugethier-Nachkommen (*Promammalien*). Bei *Pareosaurus* ist der Condylus occipitalis dreitheilig. Bei dieser Riesenform (deren Schädel 40 cm lang ist und deren Haut mit grossen dicken Schuppen bedeckt war) sind die Zähne sehr zahlreich, ganz gleichartig; sie stehen sowohl oben als unten, in tiefen Alveolen, in einer einfachen Reihe dicht gedrängt hinter einander. Bei Vielen dieser Pareosaurida (*Pareosaurus, Anthodon, Tapinocephalus*) sind die Kronen der Zähne gezackt oder gesägt, oft mit abgenutzter Kaufläche. Bei den permischen Pareotichida (*Pareotichus, Pantylus, Procolophon*) sind sehr zahlreiche konische Zähne nicht allein auf den Kiefern vorhanden, sondern auch auf dem Vomer, Pterygoid- und Gaumen-Beinen. Unter diesen letzteren dürfte namentlich *Procolophon* eine sehr alte Form sein; am Schultergürtel derselben ist ein auffallend starkes Praecoracoid mit dem Coracoid verbunden und ein T-förmiges Episternum vorhanden (Erbstück von den Stegocephalen). Diese und andere osteologische Eigenthümlichkeiten der permischen Pareotichiden gestatten die Vermuthung, dass sie Ueberreste jener alten Stammgruppe sind, aus welcher sowohl die übrigen Theromoren, als auch die Stammformen der Chelonier hervorgingen. In der Familie der Diadectida (*Empedias, Bolosaurus, Diadectes* u. A.) sind die Zähne des Zwischenkiefers (Schneidezähne) stumpf-konisch, die hinteren Oberkieferzähne dagegen (Backzähne) in die Breite ausgezogen, meist zweispitzig. Diese Familie, welche im Perm von Texas durch zahlreiche Gattungen und Arten vertreten ist, bildet den Uebergang von den *Pareotichiden* zu den *Pelycosauriern*.

§ 284. Zweite Unterordnung der Theriodontien:

Pelycosauria. Cynognathe Theromoren.

Theriodontien mit differenzirtem Gebiss, an welchem Schneidezähne, Eckzähne und Backenzähne deutlich zu unterscheiden sind; in jeder Oberkieferhälfte springt ein starker Eckzahn weit vor.

Durch diese auffallende Differenzirung des thecodonten und monophyodonten Gebisses, ganz ähnlich derjenigen der *Carnivoren* unter den Säugethieren, kennzeichnen sich die typischen *Pelycosauria* als eine hochentwickelte Specialisten-Gruppe, die durch Zwischenformen (*Diadectida*) mit ihrer Stammgruppe, den *Pareosauria*, verbunden ist. Am meisten ausgeprägt ist die typische Differenzirung des Raubthier-Gebisses in der formenreichen Familie der *Cynodontia* (oder *Clepsydropida*), welche darin alle anderen Reptilien übertreffen. Gewöhnlich finden sich hier im Zwischenkiefer jederseits 3—6 spitze oder meisselförmige Schneidezähne; der erste Zahn des Oberkiefers ist ein mächtiger, stark vorspringender, konischer Eckzahn, hinter welchem ein entsprechender Fangzahn des Unterkiefers eingreift; darauf folgen 4—12 Backzähne in jeder Kieferhälfte, die bald einfach kegelförmig, bald mehrspitzig oder gekerbt sind. Natürlich beruht diese Analogie in der specifischen Differenzirung des Raubthier-Gebisses bei den triassischen Land-Reptilien und den tertiären Säuger-Carnivoren auf blosser Convergenz. Aber auch die Bildung des Schultergürtels und Beckengürtels, des Humerus und Femur, ja sogar der Carpal- und Tarsal-Knochen, zeigt in beiden Gruppen eine auffallende Uebereinstimmung. Unter allen bekannten Reptilien besitzen die *Pelycosaurier* mit älteren *Säugethieren* die grösste Aehnlichkeit. Zum Theil waren es mächtige Raubthiere, mit enorm verlängerten (bisweilen — *Naosaurus* — sogar kreuzförmig mit Querfortsätzen versehenen) Dornfortsätzen der Rückenwirbel. Unter den Pelycosauriern werden drei Familien unterschieden: 1) Cynodontia oder *Binarialia* (*Clepsydrops, Dimetrodon, Lycosaurus*) mit Scheidewand der äusseren Nasenlöcher; 2) Cynodracontia oder *Uninarialia* (*Cynodraco, Rhopalodon, Galesaurus*) ohne Scheidewand der äusseren Nasenlöcher; 3) Gorgonopsida oder *Tectinarialia* (*Gorgonops, Titanosuchus*) mit mächtigen Nasenbeinen, welche die kleinen seitlichen Nasenlöcher verdecken.

§ 285. Dritte Unterordnung der Theriodontien:

Palatosauria. Palatognathe Theromoren.

Theriodontien mit differenzirtem und theilweise reducirtem Gebiss, ohne Eckzähne, mit starker Entwickelung der Gaumenzähne.

In der Unterordnung der Palatosauria vereinigen wir zwei bisher getrennte triassische Familien, deren systematische Stellung bisher sehr verschieden beurtheilt wurde: die *Placodontia* (mit Schneidezähnen) und die *Endothiodontia* (ohne Schneidezähne). Beide Familien zeichnen sich durch die starke Entwickelung des breiten, reich bezahnten, knöchernen Gaumendaches aus und unterscheiden sich von den beiden anderen Unterordnungen der Theriodontien durch ihr stark specialisirtes Gebiss, insbesondere den Mangel der Eckzähne. Wir betrachten die *Palatosaurier* als einen eigenthümlich differenzirten Seitenzweig, welcher von der gemeinsamen Stamm-Gruppe der *Pareosauria* sich frühzeitig abgelöst und in anderer Richtung entwickelt hat als die *Pelycosaurier*.

In der gesammten Schädelbildung nähern sie sich — namentlich die *Endothiodontia* — auffallend den *Anomodontia* und *Chelonia*; man kann sie daher als isolirte Ueberreste der Stammgruppe betrachten, aus welcher die beiden letztgenannten Abtheilungen sich entwickelt haben. Das primäre thecodonte Gebiss der Kieferränder ist bei den Endothiodontien ganz verschwunden, während sich sowohl oben (am Gaumen) als unten (an der verbreiterten Innenseite der Mandibula) mehrere Längsreihen von parallelen Kauzähnen erhalten haben. Die *Placodontia* dagegen besitzen grosse platte Pflasterzähne (von schwarzer Farbe) sowohl auf den Kieferrändern, als auf dem breiten Gaumendach, vor welchen vorn Schneidezähne stehen. Diese Familie (von der bloss Schädel aus dem deutschen Muschelkalk bekannt sind) scheint sich, abweichend von den meisten übrigen Theromoren, der marinen Lebensweise angepasst zu haben; sie wurde früher bald zu den Fischen, bald zu den Sauropterygiern gezogen.

§ 286. Zweite Ordnung der Theromoren:

Anomodontia. Chelycephale Theromoren.

Chelonier-ähnliche Gruppe mit reducirter Dentur.

Theromoren mit reducirtem Gebiss und 4—5 verwachsenen Sacral-Wirbeln. Zwischenkiefer verwachsen. Schädel stark verknöchert, Chelonier-ähnlich.

Die Unterordnung der Anomodontia oder *Platyposauria* enthält nur eine geringe Anzahl von grossen und merkwürdigen, leider aber unvollständig bekannten Theromoren; sie ist als ein besonderer Seitenast von dem Hauptstamme der *Theriodontien* abzuleiten. Gleich diesem letzteren bleibt sie auf Perm-Periode und Trias-Periode beschränkt. Drei phylogenetische Veränderungen treten bei dieser Abzweigung und Umbildung uns entgegen: I. Die Verwachsung von 4 oder 5 Sacral-Wirbeln (während bei den Theriodontien nur 2 oder 3 zur Bildung des Kreuzbeines zusammentreten). II. Die Verwachsung der paarigen Praemaxillaria (die bei den Theriodontien getrennt bleiben) zu einem unpaaren Stück. III. Die Reduction des Gebisses und die Umbildung der zahnlosen Kieferränder in Knochenkämme, welche von schneidenden Hornscheiden überzogen sind, wie bei den Schildkröten. In der Unterordnung der *Dicynodontia* haben sich noch ein Paar grosse Stosszähne im Oberkiefer erhalten (ähnlich wie beim Walross); in der Unterordnung der *Udenodontia* sind auch diese verschwunden und die Kiefer sind ganz zahnlos.

Wenn schon diese Umbildung der starken Kiefer in zahnlose Schnäbel an die Schildkröten erinnert, so gewinnt diese Aehnlichkeit eine höhere phylogenetische Bedeutung durch die auffallende und wesentliche übereinstimmende Schädel-Structur in beiden Gruppen (*Pachycrania*, §§ 266, 267). Wie bei den *Cheloniern*, so zeichnet sich auch bei den *Anomodontien* der massive Schädel durch die Breite des hinteren Theiles aus, durch die mächtige Entwickelung des Schläfendaches und Jochbogens und die feste Verbindung des Quadratbeins mit dem Schuppenbein. Die breiten Scheitelbeine treten stark nach vorn und drängen die Stirnbeine vor sich her. Auch die besondere Gestaltung des breiten knöchernen Gaumendaches sowie des festen Unterkiefers gleicht der der Chelonier. Am auffallendsten ist diese Aehnlichkeit bei den zahnlosen *Udenodontien* (namentlich den *Cistecephaliden*), während bei den *Dicynodontien* die Maxillar-Gegend wegen der beiden grossen Stosszähne noch stärker entwickelt erscheint.

Durch diese bedeutungsvolle, auch noch durch viele einzelne Structur-Verhältnisse begründete Uebereinstimmung im Schädelbau nähern sich die *Anomodontien* den *Cheloniern* mehr als alle übrigen Reptilien. Die nahe Verwandtschaft beider Gruppen wird bestätigt durch die ähnliche Bildung ihrer Gliedmaassen, obgleich diese leider von allen Theromoren nur sehr unvollständig bekannt sind. Ein ziemlich vollständig erhaltener Vorderfuss eines Dicynodonten erinnert sowohl durch die plumpe Bildung der beiden Vorderarmknochen und der Handwurzel, als auch durch Gestalt und Zahl der Phalangen (2 am Daumen, je 3 an den 4 übrigen, fast gleich langen Zehen) auffallend an die Landschildkröten. Die Rippen der Anomodontien sind lang und gebogen, die vorderen zweiköpfig.

Wir betrachten daher die *Anomodontien* (im weiteren Sinne!) vorläufig als die Stammgruppe der Chelonier; mindestens dürfen wir annehmen, dass beide Gruppen aus einer und derselben Wurzel entsprungen sind. Diese Wurzel ist in der Ordnung der *Theriodontien* zu suchen; unter diesen scheinen die Palatosaurier, insbesondere die *Endothiodontia*, durch ihre characteristische Schädelbildung den Uebergang zwischen beiden Legionen zu vermitteln.

Die meisten Reste von Anomodontien — darunter sehr grosse Formen mit einem Schädel von 50—60 cm Länge — stammen aus der Unter-Trias von Süd-Afrika (Karru-Formation). Einige andere Formen sind in der Trias von Süd-Indien (Panchet-Stufe) und von Schottland (Elgin) gefunden. Die ältesten Reste (von Udenodon) stammen aus dem russischen Perm (Ural).

§ 287. Erste Unterordnung der Anomodontien: **Dicynodontia. Trichecognathe Theromoren.**

Anomodontien mit ein Paar grossen Stosszähnen im Oberkiefer (ähnlich denen der Walrosse), im Uebrigen zahnlos. Unterkiefer ähnlich dem der Schildkröten.

Die Unterordnung der Dicynodontien enthält diejenigen Anomodontien, welche im Oberkiefer ein Paar mächtige Stosszähne tragen (wurzellose Eckzähne). Bald sind diese hauerartigen Fangzähne mehr nach vorn, bald mehr nach unten gerichtet, ähnlich wie beim Walross. Sie greifen weit über den Unterkiefer herüber. Im Uebrigen sind die Kieferränder, oben sowohl wie unten, zahnlos, mit schneidenden Hornscheiden bewaffnet, wie bei den Cheloniern. Wir können in dieser Unterordnung zwei Familien unterscheiden: Bei den *Dicynodontida* ist der Schädel oben sanft gewölbt, und die Scheitel-Stirn-Region geht vorn bogenförmig und allmählig in die Stirn-Nasen-Gegend über. Bei den *Ptychognathida* hingegen ist der Schädel oben abgeplattet, und die Stirnregion ist durch eine Kante von der steil abfallenden Nasengegend getrennt. Ausserdem sind bei den Letzteren Oberkiefer und Zwischenkiefer durch mehrere vortretende parallele Längskämme ausgezeichnet.

§ 288. Zweite Unterordnung der Anomodontien: **Udenodontia. Chelygnathe Theromoren.**

Anomodontien ohne Zähne, mit schneidenden Kieferrändern (ähnlich denen der Chelonier).

Die Unterordnung der zahnlosen Udenodontien ist aus der vorhergehenden Gruppe der *Dicynodontien* durch Rückbildung und Verlust der Eckzähne entstanden, so dass die zahnlosen Kiefer völlig denjenigen der *Chelonier* gleichen. Auch hier können wir zwei Familien unterscheiden. Bei den gewaltigen *Udenodontia* ist der Schädel langgestreckt, mit verhältnissmässig schmalem Schläfendach, und die Nasenlöcher liegen seitlich. Bei den kleinen *Cistecephalida* hingegen ist der Schädel hinten ungewöhnlich breit und das mächtige Schläfendach, welches durch Scheitel-, Stirn- und Schuppen-Bein gebildet wird, viel breiter als bei allen anderen Theromoren. Die Nasenlöcher liegen ganz vorn, am Ende der verschmälerten Schnauze. Hierin, wie in den gesammten Verhältnissen des Schädelbaues und insbesondere der Kieferbildung, nähern sich die unter-triassischen *Cistecephalen* am meisten unter allen Reptilien den Schildkröten; wir dürfen sie vielleicht als Ueberrest einer ausgestorbenen älteren (permischen) Theromoren-Gruppe betrachten, aus welcher die Chelonier im Beginne der Trias-Periode (oder gegen Ende der Perm-Zeit) hervorgegangen sind.

§ 289. Dritte Legion der Reptilien:

Chelonia. Schildkröten.

Testudines. Testudinata. Reptilia cataphracta.

Gepanzerte Specialisten mit unbeweglichen Rückenwirbeln und zahnlosen Kiefern.

Reptilien mit Batrachier-Habitus, mit zwei Paar kurzen und starken Gliedmaassen, zahnlosen schneidenden Kiefern und einem dermalen Knochenpanzer, welcher meistens in enge Verbindung mit der verkürzten Brustwirbelsäule tritt. Wirbel lang und stark, vollkommen verknöchert, mit mannichfaltiger Gelenk-Verbindung. Schädel stark gewölbt, mit fest verbundenen Knochen, unbeweglichem Quadratbein. Zähne fehlen ganz. Brustgürtel und Beckengürtel vollständig ausgebildet, jeder mit drei starken Knochen-Paaren.

Die Legion der Chelonier oder »Schildkröten« (*Testudinata*) erscheint nach der allgemein herrschenden und seit langer Zeit fest begründeten Anschauung als eine sehr isolirte Reptilien-Abtheilung und zugleich als eine der typisch abgeschlossensten Wirbelthier-Gruppen; sie wird allgemein characterisirt durch einen festen Knochenpanzer der Haut, welcher den grössten Theil des Körpers einschliesst und mit der Brustwirbelsäule unbeweglich verbunden ist. Diese allgemein gültige Definition ist allerdings richtig für die grosse Mehrzahl der Schildkröten, welche die Sublegion der Thecophora bilden; sie gilt jedoch nicht für jene kleine, aber höchst wichtige ältere Sublegion der Trias-Zeit, welche wir Atheconia nennen und welche in der heute noch lebenden Gattung *Sphargis* einen letzten Ausläufer hinterlassen hat. Bei diesen *Sphargidina* und den nächstverwandten ausgestorbenen Familien der *Psephodermida* und *Protostegida* besteht der Hautpanzer nur aus zahlreichen kleinen Knochentafeln der Lederhaut (wie bei den Crocodilen), und diese haben noch gar keine Beziehung zu dem Endoskelet. Daher sind hier auch die Rippen noch frei und unverbunden. Diese älteren Chelonier schliessen sich daher (— ebenso wie die

Crocodilier —) morphologisch und phylogenetisch noch eng an die *Tocosaurier* an; wahrscheinlich sind sie aus demselben Zweige dieser Stamm-Legion hervorgegangen, wie die *Theromoren*. Unter diesen letzteren stehen ihnen die Anomodontien (— und namentlich die *Udenodontien* —) sehr nahe; der Schädel und die zahnlosen Kiefer derselben sind denjenigen der Schildkröten so ähnlich, dass man auch die directe Abstammung der Chelonier von dieser Gruppe vermuthen darf (vergl. §§ 266 und 279; sowie 286 und 288).

Leider sind die zahlreichen versteinerten Reste von ausgestorbenen Cheloniern der früheren Erdperioden (— die ältesten bekannten stammen aus der Trias —) bei weitem nicht so vollständig erhalten als diejenigen der meisten übrigen Reptilien. Die grosse Mehrzahl der fossilen Schildkröten ist bloss durch ihren Panzer bekannt und gehört zu den *Thecophoren*; Schädel und Gliedmaassen sind nur selten vollständig conservirt. Auch von den älteren *Atheconien* sind meist nur einzelne Fragmente gefunden. Doch ist zu hoffen, dass weitere palaeozoische Entdeckungen die hier noch bestehende Lücke ausfüllen und den allmählichen Uebergang von Anomodontien (bezüglich von *Udenodontien*?) durch eine Reihe von *Atheconien* bis zu den Stammformen der *Thecophoren* (Diacostalien) nachweisen werden.

Das System der Chelonier ist (ebenso wie die Definition und Morphologie dieser interessanten Legion) bisher deshalb ungenügend geblieben, weil man fast ausschliesslich die jüngere Sublegion der *Thecophora* berücksichtigt und jene höchst wichtige ältere Sublegion der *Atheconia* vernachlässigt oder gar nicht beachtet hat. Letztere umfasst die einzige Ordnung der Lederschildkröten (*Dermochelya*). Unter den Thecophoren unterscheiden wir drei Ordnungen: die *Diacostalia*, *Cryptodera* und *Pleurodera*. Die älteste von diesen ist die Ordnung der Weichschildkröten (*Diacostalia* oder *Trionychoidea*); sie besitzt zwar bereits einen zusammenhängenden Knochenpanzer; er ist aber noch unvollständig ossificirt, Rückenschild und Bauchschild noch nicht durch Randknochen verbunden; die weiche Oberhaut entbehrt noch (wie bei den Atheconien) der festen Horntafeln. Man kann sie daher mit letzteren in der Gruppe der Hautschildkröten (*Bursochelya* oder *Escutata*) vereinigen. Diesen stehen alle anderen Chelonier als Hornschildkröten (*Cerachelya* oder *Scutata*) gegenüber; die Oberhaut bildet hier am Rumpfe grosse harte Horntafeln (»Schildpatt-Tafeln«), welche einen äusseren Hornpanzer über dem inneren Knochenpanzer herstellen; letzterer ist hier mehr oder minder vollständig ossificirt, Rückenschild und Bauchschild durch knöcherne Randplatten unbeweglich verbunden. Unter den Hornschildkröten unterscheiden wir zwei Ordnungen, *Cryptoderen* und *Pleuroderen*. Die

Cryptoderen oder Panzer-Schildkröten (*Emydonia*) bilden den Hauptstamm der Legion mit zahlreichen Aesten; ihr Becken bleibt frei und ohne Verbindung mit dem Bauchpanzer. Die Pleuroderen hingegen oder Becken-Schildkröten (*Chelydonia*) zeichnen sich dadurch aus, dass auch das Bauchschild — ebenso wie das Rückenschild — mit dem Becken unbeweglich verwächst; der starre Knochenpanzer erreicht hier seine höchste Ausbildung. Die gegenseitigen Beziehungen der vier Chelonier-Ordnungen werden durch folgende Uebersicht klar:

Uebersicht über die Sublegionen und Ordnungen der Chelonier:

<table>
<tr><td>I. Atheconia
Pflaster-Schildkröten.
Hautskelet aus zahlreichen kleinen Knochenplatten gebildet, ohne Verbindung mit dem Endoskelet. Rippen frei</td><td>1. Dermochelya
Lederschildkröten.</td><td rowspan="2">I. Bursochelya
Escutata
Hautschildkröten.
Epidermis weich, ohne grössere Horntafeln</td></tr>
<tr><td rowspan="3">II. Thecophora
Panzer-Schildkröten.
Hautskelet am Rumpfe aus grossen Knochenplatten gebildet, welche mit den Brustwirbeln und Rippen fest verwachsen. Rippen durch Naht verbunden</td><td>2. Diacostalia
Weichschildkröten.</td></tr>
<tr><td>3. Cryptodera
Hornpanzer-Schildkröten.
Becken frei</td><td rowspan="2">II. Cerachelya
Scutata
Hornschildkröten.
Epidermis hart, mit grossen Horntafeln. Rückenschild und Bauchschild verwachsen</td></tr>
<tr><td>4. Pleurodera
Beckenschildkröten.
Becken verwachsen</td></tr>
</table>

§ 290. Endoskelet der Chelonier.

Bei allen lebenden und fossilen Cheloniern zeigt sich die Bildung und Zusammensetzung des inneren Skeletes (— soweit bekannt! —) in so characteristischer Weise specialisirt, und dieser singuläre Typus — trotz zahlreichen Modificationen — so einförmig und beständig conservirt, dass über die monophyletische Abstammung aller Schildkröten von einer gemeinsamen Stammform, einem Prochelonier, kein Zweifel bestehen kann. Diese Stammform ist spätestens während der Trias-Zeit (— vielleicht schon in der permischen Periode —) aus einem Zweige der Tocosaurier (*Proreptilien*?) oder vielleicht der davon abgeleiteten Anomodontien (*Cistecephalia*, § 288) — hervorgegangen. Characteristisch für das Endoskelet aller Schildkröten sind folgende, streng erbliche Eigenthümlichkeiten: 1) ein langer, sehr beweglicher Hals, stets aus acht rippenlosen Halswirbeln zusammengesetzt, welche sich durch mannichfaltige Gelenkbildungen auszeichnen; 2) eine feste, meist unbewegliche Brustwirbelsäule, stets aus zehn rippentragenden Rückenwirbeln zusammengesetzt; 3) ein Kreuzbein mit zwei Sacralwirbeln, deren Rippen sich mit dem Darmbein verbinden; 4) ein kurzer oder mässig langer, beweglicher Schwanz, dessen procoele Wirbel meistens vorn Rippen, hinten statt deren kräftige Querfortsätze tragen.

Der Schädel der Schildkröten ist stark gewölbt, mit kurzer Schnauze, und durch feste Nahtverbindung aller Knochen, auch des unbeweglichen Quadratbeins, ausgezeichnet. Das breite Schädeldach läuft hinten in einen stark vorspringenden Hinterhauptskamm aus. Die grossen Augenhöhlen liegen seitlich vor der Mitte. Die weiten, verticalen Nasenlöcher öffnen sich vereinigt vorn an der Schnauze. Ein Foramen parietale fehlt. Der Gelenkhöcker des Hinterhauptes ist dreitheilig, aus dem unpaaren Basioccipitale und den beiden Exoccipitalia zusammengesetzt. Die beiden Unterkiefer-Aeste sind vollständig mit einander verwachsen; ihre Ränder sind ebenso wie die des Oberkiefers zugeschärft, schneidend und von harten Hornscheiden überzogen, gleich dem Vogelschnabel. Zähne fehlen vollständig; jedoch sind in den Kiefern der Embryonen bisweilen Zahnkeime eingeschlossen, welche nicht zum Durchbruch gelangen (Erbstück von thecodonten Tocosauriern).

Schultergürtel und Beckengürtel zeichnen sich bei den Schildkröten durch ihre Lage innerhalb des Brustpanzers aus und sind daher bei den Thecophoren von den Rippen umgeben. Beim Embryo zeigen dieselben jedoch noch die ursprüngliche Lage ausserhalb der Rippen, vor und hinter denselben. Erst indem die vorderste Costalplatte über das Schulterblatt und die hinteren über das Darmbein sich ausdehnen, entsteht secundär jene abnorme Lage-Veränderung. Die stabförmige Scapula verbindet sich oben mit dem Querfortsatz des ersten Brustwirbels; unten verwächst sie mit dem Praecoracoid, hinter welchem das breitere Coracoid liegt; die beiden Coracoide vereinigen sich unten nicht, während die beiden Praecoracoide durch die Interclavicula indirect in Verbindung stehen. Am Beckengürtel steht das starke Darmbein oben mit den Sacralwirbeln, unten mit Scham- und Sitzbein in Verbindung. Diese beiden Knochen-Paare stossen unten entweder in der Mitte in einer langen Symphyse zusammen oder bleiben getrennt, so dass bald zwei seitliche Foramina obturata, bald ein grosses medianes Beckenloch offen bleibt. Die Knochen der freien Gliedmaassen sind vollständig entwickelt, meist auch alle 5 Zehen an jedem Fusse. Durch Anpassung an schwimmende Lebensweise sind die ursprünglichen starken

Gehfüsse der Schildkröten in mehreren Gruppen (*Sphargidinen, Carettiden*) zu Ruderflossen geworden. Dann sind die verlängerten Zehen in einer vollständigen Schwimmhaut eingeschlossen, ihre Krallen verschwunden, ihre Phalangenzahl ist secundär vermehrt.

§ 291. Dermal-Skelet der Chelonier.

Das eigenthümliche Haut-Skelet der Schildkröten besitzt ursprünglich keine Verbindung mit dem inneren Skelet, sondern besteht aus zahlreichen kleinen Knochen-Tafeln, welche in der oberen Lederhaut-Schicht (Cutis), unmittelbar unter der Epidermis liegen, wie bei den Crocodilen. Dieses primäre Verhalten zeigt die ältere Sublegion der Atheconier, welche schon in der Trias auftreten; bald liegen hier polygonale Knochen-Schüppchen noch getrennt in der Cutis (*Protostegida*); bald hängen sie durch Nähte fest zusammen und bilden ein Mosaik-Pflaster (*Psephodermida*); bald sind dieselben in regelmässige Längsreihen geordnet (*Sphargidina*). Die weiche Oberhaut geht ursprünglich zusammenhängend über diese Lederhaut weg oder bildet nur kleine Hornplättchen, aber keine grossen Horntafeln.

Erst bei der zweiten Sublegion der Schildkröten, bei den Thecophoren, tritt secundär dieses Knochen-Skelet des Corium in Verbindung mit der Wirbelsäule und erzeugt so jenen characteristischen Chelonier-Panzer, welcher den älteren *Atheconiern* noch fehlt. Dieser feste Knochenpanzer ist aus einem gewölbten Rückenschild (*Carapax*) und einem flachen Bauchschild (*Plastron*) zusammengesetzt. Folgende vier Gruppen von Hautknochen erlangen darin hervorragende Bedeutung: I. In der Mittellinie des Rückens 8 mediane Neuralplatten, welche mit den verbreiterten Enden der Dornfortsätze des zweiten bis neunten Rückenwirbels verwachsen. II. Jederseits 8 Costalplatten, welche mit den verbreiterten Rippen (zweiter bis neunter) verwachsen; Costal- und Neural-Platten zusammen bilden die knöcherne Rückenscheibe der Schildkröten (*Chelodiscus*). III. Ein Kranz von 20—26 Marginalplatten, welcher den Chelodiscus rings umgiebt; in diesem sind meistens die unpaare vorderste Platte (Nuchalplatte) und die unpaare hinterste Platte (Pygalplatte) grösser als die paarigen Seitenplatten (9—12 Paar Lateralplatten). IV. Auf der Bauchseite das Bauchschild (*Plastron*), gewöhnlich aus 9 grossen, ursprünglich getrennten Knochentafeln zusammengesetzt; von diesen entspricht die vorderste unpaare Knochenplatte (*Entoplastron*) der Interclavicula oder dem Episternum der Proreptilien-Ahnen; das vorderste seitliche Paar hingegen (*Epiplastron*) der Clavicula. Von den drei darauf folgenden Paaren wird das erste als *Paraplastron* (oder Hyosternum)

§ 292. System der Chelonier.

Sublegiones	Ordines	Familiae	Genera
Erste Sublegion: **Bursochelya** Hautschildkröten *Escutata*. Epidermis weich oder nur schwach verhornt, ohne grössere Schilder oder Horntafeln	1. Ordnung: **Dermochelya** Lederschildkröten (*Atheconia*). Rippen frei. Entoplastron fehlt	1. **Prochelonida** ⊙ Urschildkröten	*Prochelone*
		2. **Protostegida** + Dachschildkröten	*Protostega*
		3. **Psephodermida** + Scherbenschildkröte	*Psephoderma*
		4. **Sphargidina** V Altschildkröten	*Sphargis*
	2. Ordnung: **Discostalia** Weichschildkröten (*Aspidonia*). Rippen mit dem Rückenschild verwachsen. Entoplastron bogenförmig	5. **Aspidonectida** V Schwimmschildkröten	*Aspidonectes* *Platypeltis*
		6. **Trionychida** V Lippenschildkröten	*Trionyx* *Cycloderma*
		7. **Plastomenida** V Brückenschildkröte	*Plastomenus*
Zweite Sublegion: **Cerachelya** Hornschildkröten *Scutata*. Epidermis stark verhornt, mit grossen Schildern oder Horntafeln. Rippen mit dermalen Costalplatten fest verwachsen. Entoplastron T-förmig, mit Median-Stamm	3. Ordnung: **Cryptodera** Panzerschildkröten (*Emydonia*). Becken nicht mit dem Bauchschild verwachsen	8. **Thalassemyda** V Küstenschildkröten	*Idiochelys* *Thalassemys*
		9. **Chelonemyda** V Meerschildkröten	*Chelonemys* *Propleura*
		10. **Carettida** V Seeschildkröten	*Caretta* *Halichelys*
		11. **Chelydrina** V Alligator-Schildkröten	*Chelydra* *Saurochelys*
		12. **Emydina** V Sumpfschildkröten	*Emys* *Cistudo*
		13. **Testudina** V Landschildkröten	*Colossochelys* *Testudo*
		14. **Platychelida** V Plattschildkröten	*Platychelys* *Bahena*
	4. Ordnung: **Pleurodera** Beckenschildkröten (*Chelydonia*). Becken mit dem Bauchschild fest verwachsen	15. **Pleurosternida** V Seitenschildkröten	*Pleurosternum* *Polysternum*
		16. **Plesiochelyda** V Randschildkröten	*Plesiochelys* *Craspedochelys*
		17. **Podocnemida** V Arra-Schildkröten	*Peltocephalus* *Podocnemis*
		18. **Neochelyda** V Neuschildkröten	*Neochelys* *Chelys*

§ 293. Stammbaum der Chelonier.

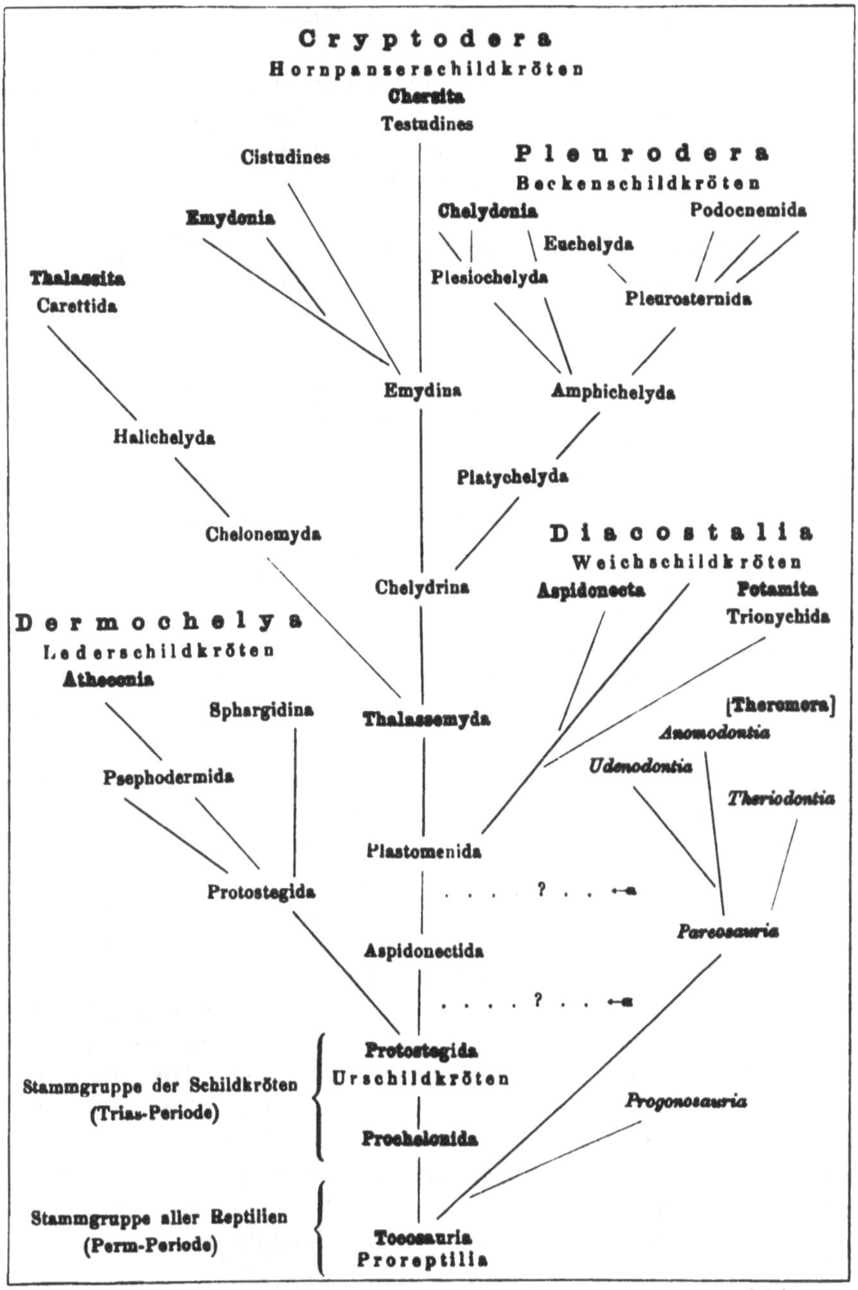

unterschieden, das zweite als *Hypoplastron* (Hyposternum), das dritte als *Xiphiplastron* (Xiphosternum). Ob nicht ursprünglich auch wirkliche Sternaltheile sich an der Bildung des Bauchschildes betheiligt haben, ist noch zweifelhaft; bei den Schildkröten der Gegenwart ist keine Spur eines echten Sternum mehr zu finden. Bei den *Diacostalien*, bei welchen Marginal-Platten ganz fehlen oder nur in Rudimenten sich finden, hat das Bauchschild noch gar keine Verbindung mit dem Rückenschild (Carapax), welches hier nur den Chelodiscus bildet; bei allen übrigen Thecophoren sind beide Schilder durch die Randplatten fest mit einander verbunden.

Die Oberhaut, welche den Knochenpanzer der Lederhaut überzieht, zeigt in den beiden Sublegionen der Chelonier ein sehr verschiedenes Verhalten. In der älteren Sublegion der Hautschildkröten (*Bursochelya*) ist die harte, feste Hornschale, welche gewöhnlich mit Unrecht als eine Eigenthümlichkeit der ganzen Legion betrachtet wird, noch gar nicht vorhanden. Vielmehr behält hier die Oberhaut entweder die ursprüngliche weiche Beschaffenheit bei, oder sie bedeckt sich nur mit kleinen dünnen Hornschüppchen. Bei den meisten älteren Formen der Atheconia (Dermochelya) war vermuthlich jede kleine Knochentafel der Lederhaut von einer entsprechenden Horntafel oder Schuppe der Oberhaut bedeckt. Durch Zusammenfliessen zahlreicher solcher kleiner Hornplättchen entstanden die grossen Hornschilder der zweiten Sublegion, der Hornschildkröten.

Der schützende Hornpanzer der Oberhaut, welcher die Sublegion der Hornschildkröten (*Cerachelya*) auszeichnet, besteht aus einer variablen Zahl von grossen, dicken und festen Horntafeln, welche unmittelbar dem Knochenpanzer der Lederhaut aufliegen. Diese »Hornschilder« (*Scuta*), welche das sogenannte »Schildpatt« liefern, zeigen in ähnlicher Weise eine regelmässige Anordnung und theilweise erbliche Gestaltung, wie die darunter liegenden Knochen-Platten des Hautpanzers. Allein die Nähte, in denen diese letzteren zusammenstossen, entsprechen durchaus nicht den Grenzlinien der ersteren. Vielmehr kreuzen sich beide, in bestimmter Weise; diese ist meist auch an der Oberfläche des fossilen Knochen-Panzers dadurch leicht kenntlich, dass die Ränder der verschwundenen Hornschilder tiefe Furchen auf der Aussenfläche der Panzerplatten hinterlassen haben. Die Horndecke des Rückenpanzers ist gewöhnlich aus 36—40 grossen Horntafeln zusammengesetzt: 5 medianen Centralschildern, 4—5 Paar seitlichen Pleuralschildern, und 24—25 Coronalschildern. Die Horndecke des Bauchpanzers hingegen wird meistens durch 5—6 Paar grosser Horntafeln gebildet, zu denen oft noch einige kleinere Schilder kommen.

§ 294. Erste Ordnung der Chelonier: Dermochelya (= Atheconia). Leder-Schildkröten.

(*Dermatochelydina. Athecaria. Atheca. Athecochelya*).

Triassische Stammgruppe aller Schildkröten.

Schildkröten mit weicher Hautdecke, ohne grössere Hornschilder, und ohne Verbindung des dermalen Knochenpanzers mit der Wirbelsäule. Rückenschild schwach gewölbt, aus zahlreichen Knochenplatten der Lederhaut gebildet. Rippen frei, nicht unter einander verbunden, keinen Carapax bildend. Bauchschild unvollständig, mit Fontanelle, ohne Entoplastron.

Die Ordnung der Dermochelyer (oder *Atheconier*) steht als selbständige Hauptgruppe den übrigen drei Ordnungen dieser Legion gegenüber, welche im Gegensatze zu jenen als *Thecophora* zusammengefasst wurden. Die feste Verbindung des Hautknochen-Panzers mit dem Endoskelet, welche die Thecophoren auszeichnet, ist bei den Atheconiern noch nicht vorhanden. Vielmehr ist der Knochenpanzer der Lederhaut nur aus zahlreichen kleinen polygonalen Knochenplatten zusammengesetzt, welche bald getrennt in dem Corium liegen (*Protostegida*), bald mosaikartig zusammenhängen (*Psephodermida*) oder in Längsreihen angeordnet sind (*Sphargidina*). Der so gebildete Knochenpanzer der Lederhaut hängt mit der Wirbelsäule und den Rippen nicht zusammen. Die Rippen sind frei, bei den ältesten Formen noch schmal, bei den jüngeren breiter (*Protosphargis*); die Knochentafeln des Plastron sind bei den ersteren noch sehr klein, bei den letzteren grösser, lassen aber immer in der Mitte eine weite Bauchöffnung (Plastral-Fontanelle) offen; ein Entoplastron fehlt. Die Epidermis ist weich und bildet keine harten Hornschilder.

Von dieser ältesten und niedersten Ordnung der Schildkröten existirt heute nur noch eine einzige Art, die merkwürdige pelagische Lederschildkröte, *Sphargis coriacea* (oder *Dermatochelys coriudo*). Wegen ihrer platten, in grosse Ruderschaufeln umgebildeten Schwimmfüsse wurde sie früher mit den echten Seeschildkröten (*Euchelonida*) vereinigt; allein die Aehnlichkeit beider Gruppen beruht nur auf Convergenz, bedingt durch die gleiche pelagische Lebensweise. Die freien Rippen der Atheconier sind als eine ursprüngliche Bildung anzusehen, ebenso wie die Unabhängigkeit des dermalen Knochen-Panzers vom inneren Skelet. Erst dadurch, dass die Letzteren in Verbindung traten und zugleich die verbreiterten Rippen sich vereinigten, entstand der characteristische feste Carapax der Thecophoren. Wir betrachten daher *Sphargis* (*Dermochelys*) als den letzten lebenden Ueberrest jener uralten mesozoischen Stammgruppe aller Chelonier, von welchen uns nur wenige zerstreute Ueberreste aus Trias und Jura, einzelne (zum Theil sehr grosse, über 3 m lange Formen) auch aus späteren Formationen erhalten sind: *Psephoderma alpinum* aus dem Dachsteinkalk der Trias; *Protostega gigas* aus der Kreide von Nordamerika; *Protosphargis veronensis* aus der Kreide von Venetien; *Psephophorus polygonus* u. A. tertiär. Die Vergleichung dieser spärlichen ältesten Reste von Schildkröten deutet auf eine noch ältere gemeinsame Stammform der ganzen Legion zurück, die hypothetische *Prochelone*.

§ 295. Zweite Ordnung der Chelonier: **Diacostalia. Weich-Schildkröten.**

(*Potamites. Diacostoidea. Aspidonia. Trionychida.*)

Weichhäutige Schildkröten ohne Horndecke.

Schildkröten mit weicher Hautdecke, ohne Hornschilder. Rippen mit dermalen Costalplatten verwachsen und durch Naht fest verbunden. Panzerplatten mit grubiger Oberfläche. Rückenschild schwach gewölbt, unvollständig verknöchert, ohne feste Verbindung mit dem Bauchschild. Entoplastron bogenförmig, ohne Median-Stamm. Bauchschild mit getrennten Knochenplatten, nicht mit dem Becken verwachsen.

Die Ordnung der Diacostalia oder *Trionychoidea* (auch Fluss-Schildkröten oder *Potamites* genannt) ist wahrscheinlich schon in der Trias-Periode aus einem Zweige der *Atheconia* entstanden und als die Stammgruppe der *Thecophora*, der mit Carapax gerüsteten Chelonier, anzusehen. Die Diacostalier theilen mit den Dermochelyern den Mangel der Hornschilder und die unvollständige Ausbildung des Knochenpanzers; aber die verbreiterten Rippen sind in dieser Ordnung bereits zur Berührung und Naht-Verbindung gelangt (wenigstens im proximalen Theile), und durch Verschmelzung derselben mit den Dermalknochen der Lederhaut ist ein echter Carapax entstanden. Dieser bleibt aber noch selbständig, unvollkommen ossificirt, und tritt niemals in feste dermoskeletale Verbindung mit dem Plastron, dessen Knochenplatten ihre ursprüngliche Trennung beibehalten. Auch noch durch andere Eigenthümlichkeiten des Skeletbaues unterscheiden sich die alten Diacostalier von allen übrigen Thecophoren: Das Entoplastron ist bogenförmig, ohne Median-Stamm; die Wirbelsäule ist weniger modificirt als bei den Uebrigen: der erste Brustwirbel, der einzige Lendenwirbel und die beiden Kreuzwirbel bleiben lang und frei beweglich, die erste Brustrippe und die beiden Sacralrippen behalten ebenso wie das Becken ihre freie Beweglichkeit. Ganz eigenthümlich ist, dass die Sacral- und Caudal-Rippen nur mit den Wirbelbögen articuliren, während sie sonst immer auch mit den Wirbelkörpern in Verbindung stehen.

Gegenwärtig lebt von der Ordnung der Diacostalien nur noch eine einzige Familie, die der Trionychida (*Trionyx, Cycloderma, Cryptopus* etc.); wegen ihres Aufenthaltes im süssen Wasser werden sie auch als Fluss-Schildkröten bezeichnet (*Potamites*), wegen der weichen Lippen als Lippenschildkröten (*Chilota*). Alle lebenden Trionychiden haben Schwimmfüsse, aus deren breiten Schwimmhäuten vorn und hinten nur drei Krallen frei vortreten; daher der Name (*Trionyx*). Bei den älteren Diacostalien der Kreide-Zeit, die wir als Aspidonectida zusammenfassen (*Aspidonectes, Platypeltis*), waren vermuthlich alle fünf Zehen mit Krallen bewaffnet, und ebenso bei den Plastomeniden der Tertiär-Zeit, welche den Uebergang zu den Cryptoderen (*Emyden*) vermitteln. Es ist zu hoffen, dass in Jura- und Trias-Schichten die noch fehlenden Zwischenglieder zwischen *Dermochelyen* und *Diacostalien* sich finden werden.

§ 296. Dritte Ordnung der Chelonier:

Cryptodera (= Osteochelya). Hornpanzer-Schildkröten.

Hauptgruppe der Panzer-Schildkröten mit Horndecke.

Schildkröten mit harter, aus Hornschildern zusammengesetzter Hautdecke. Panzerplatten darunter mit glatter Oberfläche. Rippen mit dermalen Costalplatten verwachsen und durch Naht fest verbunden. Rückenschild und Bauchschild mehr oder weniger vollständig verknöchert und fest verbunden. Becken mit dem Bauchschild nicht verwachsen. Entoplastron T-förmig, mit Median-Stamm. Hintere Halswirbel mit doppelten Gelenkflächen.

Die Ordnung der Cryptoderen oder Panzerschildkröten (auch *Emydonia* genannt) umfasst die grosse Mehrzahl der lebenden Chelonier und bildet die typische Hauptgruppe dieser Legion. Der eigenthümliche »Schildkröten-Panzer« gelangt hier zur vollen Ausbildung, indem sowohl Rückenschild (*Carapax*), als Bauchschild (*Plastron*) mehr oder weniger vollständig verknöchern und in feste Verbindung treten. In der Oberhaut über diesem festen Knochenpanzer entwickeln sich die dicken Hornschilder, welche das »Schildpatt« liefern.

Die gemeinsame Stammgruppe der Cryptoderen, welche wir von einem Zweige der Diacostalien (Aspidonectida) ableiten, bildet wahrscheinlich die ausgestorbene Familie der Küsten-Schildkröten, Thalassemyda, welche in Jura und Kreide durch zahlreiche Formen vertreten ist (*Idiochelys, Thalassemys, Hydropelta* etc.). Dieselben vereinigen in sich die Merkmale der beiden divergent aus ihnen hervorgegangenen Familien der *Carettiden* und *Emydinen.* Mit ersteren theilen sie die Panzerbildung, mit letzteren die Fussbildung. Die Carettiden oder die typischen Seeschildkröten (auch *Thalassiten* oder *Euchelonida* genannt) haben von den *Thalassemyden* den flachen, nur partiell verknöcherten und von grossen Fontanellen durchbrochenen Panzer geerbt; dagegen haben sie durch Anpassung an pelagische Lebensweise typische Schwimmfüsse erworben, deren verlängerte Zehen, ganz in die grossen Schwimmhäute eingeschlossen, sich durch Vermehrung der Phalangen-Zahl und partiellen Verlust der Gelenke und Krallen auszeichnen. Die Carettiden erscheinen zuerst in der Kreide (die riesige *Euchelone Hofmanni* in Belgien). Auch unter den tertiären und lebenden Thalassiten giebt es sehr grosse Formen (*Caretta imbricata, Thalassochelys cavana*).

Die Emydinen oder die typischen Sumpfschildkröten (*Emys, Clemmys, Cistudo*) sind mit ihrer Stammgruppe, den Thalassemyden, durch die Zwischengruppe der Alligator-Schildkröten (*Chelydrina*) verbunden. Die Emydinen haben von diesen beiden Familien die Beschaffenheit der dicken Gangbeine geerbt, deren Zehen zwar theilweise durch Schwimmhäute verbunden, aber frei beweglich sind und Krallen tragen. Dagegen ist der Panzer vollständig verknöchert und zeigt keine Fontanellen mehr. Die Emydinen treten zwar schon in der Kreide auf, werden aber erst im mittleren Tertiär häufiger.

Die typischen Landschildkröten, Chersiten oder Testudinen (*Testudo, Pyxis, Cynixis*), sind erst in der Tertiär-Zeit aus einem Zweige der amphibischen Emydinen entstanden. Sie unterscheiden sich von diesen hauptsächlich durch stärkere Wölbung und Verknöcherung des festen Panzers, sowie durch den Verlust der Schwimmhäute an den dicken und kurzen, säulenförmigen Beinen. Unter den tertiären Landschildkröten erreichte der Panzer der indischen *Colossochelys atlas* 4 m Länge und 3 m Höhe, das ganze Thier 6 m Länge.

Die ausgestorbene Familie der Platt-Schildkröten oder Platychelyda (*Platychelys* im Jura, *Adocus* in der Kreide, *Bahena* im Eocaen) bildet den Uebergang von den Chelydrinen zu den Pleuroderen.

§ 297. Vierte Ordnung der Chelonier: Pleurodera. Becken-Schildkröten.

(*Chelydaria. Chelydonia. Chelydina.*)

Specialisten-Gruppe mit fester Concrescenz des Beckens und des dermalen Knochen-Panzers.

Schildkröten mit harter, aus Hornschildern zusammengesetzter Hautdecke. Panzerplatten darunter mit glatter Oberfläche. Rippen mit dermalen Costalplatten verwachsen und durch Naht fest verbunden. Rückenschild und Bauchschild vollständig verknöchert, beide unter einander und mit dem Becken unbeweglich verwachsen. Entoplastron T-förmig, mit Median-Stamm. Halswirbel mit einfachen Gelenkflächen.

Die Ordnung der Pleuroderen oder Beckenschildkröten (auch *Chelydaria* oder *Chelydonia* genannt) entwickelt die typische Bildung des Schildkröten-Panzers zur höchsten Vollkommenheit, indem hier nicht allein Rücken- und Bauchschild unter einander, sondern auch mit dem Becken unbeweglich verwachsen. Das Darmbein verbindet sich mit der achten Costalplatte, das Schambein und oft auch das Sitzbein mit der hinteren Brustplatte (Xiphiplastron). Auch die Plastronbrücke zwischen Rücken- und Bauch-Panzer wird sehr stark, indem die aufsteigenden Pfeiler des letzteren sich fest mit den Randplatten verbinden und weit auf die Costalplatten übergreifen. Dagegen sind die Neuralplatten oft verkümmert. Die vollständige Verknöcherung des Hautpanzers erfolgt meistens schon in früher Jugend, dagegen die Verwachsung mit dem Becken oft erst später.

Die *Pleuroderen* stammen von einem Zweige der *Cryptoderen* ab, und zwar wahrscheinlich von der Familie der Platychelyden; unter diesen bildet *Adocus* (bei dem nur das Darmbein verwächst) den Uebergang von *Platychelys* (mit freiem Becken) zu *Plesiochelys* (wo Darmbein und Schambein mit dem Panzer verwachsen sind). Eine eigenthümliche Veränderung erlitt bei dieser Umbildung die Beweglichkeit des Halses. Die meisten *Cryptodera* können den Kopf ganz in die Schale zurückziehen, indem sie den Hals S-förmig biegen (daher der Name). Die Pleuroderen haben diese Fähigkeit verloren und verstecken den Kopf unter dem Rückenschild, indem sie den Hals seitlich zurückbiegen.

Die Abzweigung der *Pleuroderen* von den *Cryptoderen* hat spätestens während der Jura-Periode stattgefunden, da mehrere Familien derselben schon in Jura und Kreide erscheinen: Pleurosterniden (mit Mesoplastron, ohne Nuchalplatten, *Pleurosternum*) und Plesiochelyden (ohne Mesoplastron, mit Nuchalplatten, *Plesiochelys*). In der Kreide erscheinen auch die Podocnemiden (*Pelomedusa*, *Podocnemis*). Während dieser älteren Zeit (von Jura bis Eocaen) waren die Pleuroderen weit über die nördliche Erdhälfte verbreitet (Europa, Asien, Nordamerica); später, in der jüngeren Tertiärzeit, wurden sie ganz auf die südliche Erdhälfte zurückgedrängt, auf die sie auch gegenwärtig beschränkt sind (*Podocnemis* und *Euchelys* in Süd-America, *Pelusia* und *Anota* in Africa, *Platemys* und *Rhinemys* in Australien).

§ 298. Vierte Legion der Reptilien: **Halisauria. Seedrachen.**

Nexipodes. Enaliosauria. Sauropterygia et Ichthyopterygia.

Pelagische Specialisten-Gruppe mit Ruderflossen.

Reptilien mit dem Habitus von Schwimmvögeln oder von Delphinen, der schwimmenden Lebensweise angepasst, mit zwei Paar Ruderflossen. Wirbel kurz, scheibenförmig, amphicoel (bisweilen platycoel). Rippen zum Theil zweiköpfig, Bauchrippen zahlreich. Schädel fest mit dem unbeweglichen Quadratbein verwachsen. Foramen parietale vorhanden. Zwischenkiefer gross, getrennt. Nasenlöcher getrennt, weit hinten, vor den Augen liegend. Zähne zahlreich, spitz-kegelförmig, nur in die Kieferränder eingefügt. Vomer zahnlos. Sternum fehlt. Brustgürtel stark, mit kräftigen Coracoiden und Episternum zwischen den Schlüsselbeinen.

Die Legion der Halisaurier oder »Seedrachen« (*Enaliosauria*) umfasst eine sehr grosse Anzahl von höchst interessanten, zum Theil riesenhaften Reptilien, welche in evidenter Weise der schwimmenden Lebensweise im Meere angepasst und ausschliesslich auf das mesozoische Zeitalter beschränkt sind; sie haben diesen langen Zeitraum in seiner ganzen Ausdehnung durchlebt, von Beginn der Trias bis gegen Ende der Kreidezeit. Sie spielten während dieser langen Secundär-Zeit im Meere eine ähnliche Rolle, wie später während der Tertiär-Zeit die analoge Säugethier-Legion der *Cetaceen*. Der Ursprung der Legion fällt in die ältere Triaszeit (vielleicht schon in die Perm-Periode?); als ihre Stammformen betrachten wir einen Zweig der Tocosaurier. Mit diesen Stammreptilien, namentlich den *Meso-*

sauriern, scheinen sie durch unmittelbare Uebergangsformen verknüpft zu sein (*Lariosauria*). Die Schwimmfüsse dieser ältesten, wahrscheinlich amphibischen Halisaurier waren eigentlich noch fünfzehige Gangfüsse, und besassen noch theilweise Krallen, wenigstens an den Tarsomelen. Die meisten Seedrachen haben die Krallen verloren; die Zehen sind verlängert und durch vollständige Schwimmhäute fest verbunden. Die Füsse sind vorn und hinten vollständig in Flossen verwandelt, sehr ähnlich denen der *Cetaceen*.

Die formenreiche Legion der *Halisaurier* zerfällt in zwei verschiedene Ordnungen, die gewöhnlich ganz getrennt werden: Sauropterygia oder *Sauronecta* (früher *Plesiosauria*) und Ichthyopterygia oder *Ichthyonecta* (früher *Ichthyosauria* in weiterem Sinne genannt). Beide Ordnungen zeigen in der äusseren Körperform einen sehr verschiedenen Habitus: die »Schwandrachen« (*Sauropterygia*) gleichen in den typischen *Plesiosauren* fast riesigen Schwimmvögeln oder Tauchern, mit kleinem Kopf, langem Schwanenhals, kurzem Rumpf und verkürztem Schwanz; die Fischdrachen (*Ichthyopterygia*) hingegen gleichen in den typischen *Ichthyosauren* fast echten Delphinen, mit grossem Kopf, kurzem Hals, langem Rumpf und verlängertem Schwanz. Aber so auffallend auch diese habituellen Gegensätze (und gewisse anatomische, damit verknüpfte Unterschiede) in den Specialisten der beiden extremen Typen sich gegenüberstehen, so verschwinden sie doch mehr und mehr beim Zurückgehen auf die älteren Generalisten-Ahnen der Trias-Periode, von denen wohl beide Typen abzuleiten sind. Für die älteren Sauropterygier der Trias (*Lariosauria*) steht es bereits fest, dass sie durch eine Reihe von verbindenden Zwischenformen mit den permischen Tocosauriern (*Mesosauria*), ihren Ahnen, zusammenhängen. Aber auch für die Ichthyopterygier darf man dasselbe annehmen; unter den *Baptosauriern* der Trias sind die Zwischenformen zu suchen, welche die *Mixosaurier* und Verwandte entweder mit jenen Lariosauriern oder direct mit den Mesosauriern verbinden. Die jurassischen *Ichthyosaurier*, welche die *Cetaceen* (und namentlich die *Delphine*) unter den Reptilien darstellen, erscheinen nur desshalb so eigenthümlich, weil bei ihnen die Anpassung an die fischartige Lebensweise viel weiter gegangen ist als bei den *Plesiosauriern*. Immerhin ist es möglich, dass die Legion der Halisauria diphyletisch entstanden ist, ähnlich wie die analoge Gruppe der carnivoren Cetaceen (*Denticeta* und *Mysticeta*); dann würden die terrestrischen Ahnen der *Sauropterygier* und *Ichthyopterygier* wahrscheinlich in zwei verschiedenen Gruppen der permischen *Progonosaurier* zu suchen sein. Zur Entscheidung dieser Frage fehlt noch das palaeontologische Material.

§ 299. System der Halisaurier.

Ordnungen	Familien	Familien-Character	Typische Species
I. Ordo: **Sauropterygia** = *Halisauria microcephala* mit kleinem Kopf; *Enaliosauria macrodera* mit langem Hals und kurzem Schwanz. ——— Sacrum aus einem oder zwei Wirbeln gebildet. ——— Auge ohne knöchernem Sclerotical-Ring (= *Sauronecta*)	1. **Lariosauria** (Trias). Stammgruppe der Sauropterygia	Zygomelen Gangbeine, mit langen Zeugopodien und kurzen Fingern, Phalangen-Zahl normal. Hals relativ kurz, mit 12—16 Wirbeln	*Lariosaurus Balsami* *Neusticosaurus Edwardsii* *Dactylosaurus gracilis*
	2. **Nothosauria** (Trias). Brückengruppe von den Lariosauria zu den Plesiosauria	Gangbeine verwandeln sich in Ruderflossen. Hals verlängert sich (20 bis 30 Wirbel)	*Nothosaurus mirabilis* *Conchiosaurus clavatus* *Simosaurus Gaillardoti*
	3. **Plesiosauria** (Jura, Kreide). Hauptgruppe der Sauropterygia	Ruderflossen mit verkürzten Zeugopodien u. verlängerten Fingern. Phalangen-Zahl vermehrt. Hals sehr lang, mit 30—70 Wirbeln	*Plesiosaurus dolichoderus* *Elasmosaurus longicollis* *Cimolosaurus platyurus*
	4. **Pliosauria** (Jura, Kreide). Specialisten mit grossem Kopf und ungewöhnlich grossen Zähnen	Ruderflossen schmal und schlank. Hals relativ kurz, mit circa 20 scheibenförmigen Wirbeln. Konische Zähne colossal	*Pliosaurus grandis* *Thaumatosaurus megacephalus* *Polyptychodon interruptus*
II. Ordo: **Ichthyopterygia** = *Halisauria megacephala* mit grossem Kopf; *Enaliosauria brachydera* mit kurzem Hals und langem Schwanz. ——— Sacrum fehlt. ——— Auge sehr gross, mit knöchernem Sclerotical-Ring (= *Ichthyonecta*)	5. **Baptosauria** (*Mixosauria*). Trias. Stammgruppe der Ichthyopterygia	Zähne in Alveolen. Zeugopodien relativ lang, durch ein Intervall getrennt. Füsse pentadactyl (5 Zehen)	*Baptosaurus atavus* *Mixosaurus cornalianus*
	6. **Pontosauria** (*Longipinnata*). Hauptgruppe der typischen Ichthyopterygia	Zähne in einer Rinne. Zeugopodien sehr kurz, in Contact. Füsse pentadactyl. 5 Zehen (oder nur 4—3)	*Pontosaurus acutirostris* *Delphinosaurus platyodon* *Selachosaurus longirostris*
	7. **Ichthyosauria** (*Latipinnata*). Specialisten mit vermehrter Zehenzahl	Zähne in einer Rinne. Zeugopodien sehr kurz, in Contact. Füsse polydactyl (6—9 Zehen)	*Ichthyosaurus communis* *Campylosaurus campylodon*
	8. **Baptonodontia** (*Ophthalmosauria*). Jura, Kreide. Specialisten ohne Gebiss	Zähne ganz rudimentär oder fehlend. Os intermedium zwischen die beiden Zeugopodien eingekeilt. Füsse hexadactyl (6 Zehen)	*Ophthalmosaurus icenicus* *Baptanodon natans*

§ 300. Stammbaum der Halisaurier.

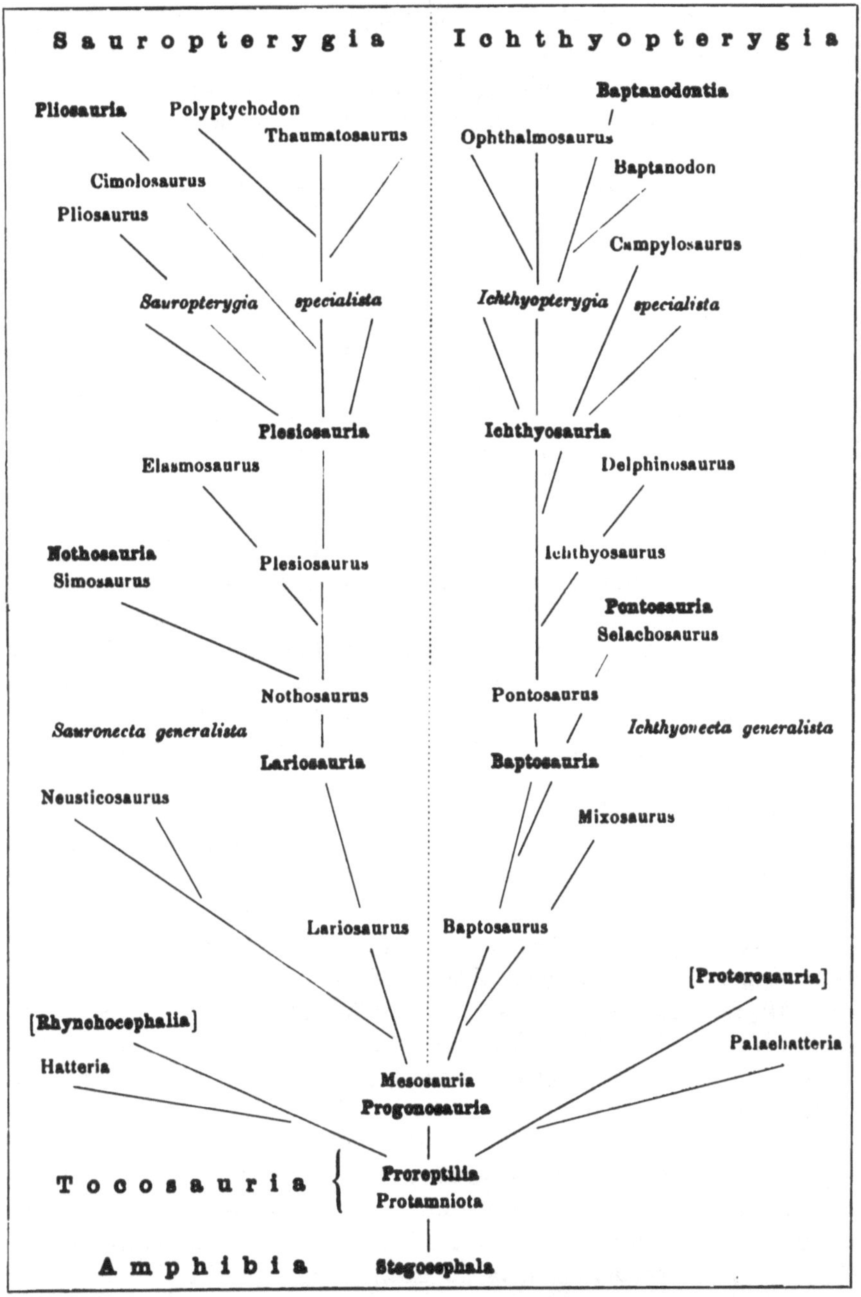

Skelet der Halisaurier. Alle Seedrachen besitzen im Skeletbau eine Anzahl von gemeinsamen Characteren, welche die nahe Verwandtschaft der *Sauropterygier* und *Ichthyopterygier* beweisen; es sind folgende: I. Die kurzen, scheibenförmigen, amphicoelen Wirbel. II. Die typische Bildung des Schädels, dessen getrennte Zwischenkiefer sehr stark entwickelt sind, daher die Nasenlöcher weit hinten, nahe vor den Augen liegen; das Quadratbein ist unbeweglich mit dem Schuppenbein verbunden; ein Scheitelloch ist stets vorhanden. III. Die Bezahnung ist immer auf die Kieferränder beschränkt, und zwar stehen die spitzen, kegelförmigen Zähne stets in einer Reihe hinter einander, ebenso unten im Unterkiefer, wie oben im Zwischenkiefer und Oberkiefer; bei den *Sauropterygiern* stehen sie getrennt in tiefen Alveolen; bei den meisten *Ichthyopterygiern* sind deren Scheidewände verschwunden, so dass sie in einer Rinne hinter einander stehen (Odontolca). IV. Der Schultergürtel ist allgemein sehr kräftig, durch sehr starke Coracoiden ausgezeichnet, die meistens grösser als die Schulterblätter sind; zwischen den Schlüsselbeinen ist meistens ein Episternum (Interclavicula) gut entwickelt. V. Die zwei Paar Gliedmaassen, bei den ältesten Stammformen der Halisaurier noch zum Gehen und Schwimmen verwendet, sind bei den meisten Formen dieser Legion nur zum Rudern benutzt, und somit in typische Schwimmfüsse, zuletzt in eigenthümliche Flossen verwandelt. Dabei wurden (— ganz ähnlich wie bei den *Cetaceen* —) die langen Röhrenknochen, ebenso in den Vorderbeinen (»Brustflossen«), wie in den Hinterbeinen (»Bauchflossen«), immer mehr verkürzt und verdickt, die Zeugopodien noch mehr als die Stelepodien; die bestimmte Form der Basipodien und der distalen kleineren Knochen wurde verwischt und äqualisirt, die Zahl der Phalangen vermehrt. Die ursprüngliche Fünfzahl der Zehen blieb bei den *Sauropterygiern* und den älteren *Ichthyopterygiern* erhalten; bei einem Theile der letzteren aber trat später eine secundäre Vermehrung (durch Spaltung) ein, so dass manche ihrer jüngeren Formen 6—7, einige sogar 8—9 Finger (oder Phalangen-Reihen) in die Ruderflosse eingeschmolzen zeigen. Diese und andere Fisch-Aehnlichkeiten der *Ichthyosauren* beruhen nicht, wie früher angenommen wurde, auf directer Verwandtschaft mit *Selachiern*, sondern auf Convergenz, bedingt durch Anpassung an gleiche pelagische Lebensweise; sie kehren zum Theil in gleicher Form bei den *Cetaceen* wieder.

Tegument der Halisaurier. Die Hautbedeckung der Seedrachen ist von der grossen Mehrzahl nicht bekannt und wird gewöhnlich als »nackt« beschrieben. Indessen dürfen wir als sicher annehmen, dass wenigstens die älteren Formen beider Ordnungen noch das Schuppenkleid ihrer *Tocosaurier*-Ahnen besassen (Vergl. § 302).

§ 301. Erste Ordnung der Halisaurier: Sauropterygia. Schwandrachen.

(*Plesiosauria* s. ampl.; *Macrodera*; *Sauronecta*.)

Gruppe der langhalsigen und kleinköpfigen Seedrachen.

Halisaurier mit langem, dünnem Hals und kurzem, schwachem Schwanz, vom Habitus der Schwäne. Wirbel kurz, flach-biconcav oder fast plan. Sacrum aus einem oder zwei Wirbeln gebildet. Rumpfrippen kräftig, einköpfig. Schädel relativ klein, mit kurzer, breiter Schnauze und grossen Schläfengrubenlöchern. Augen mässig gross, ohne Knochenring der Sklera. Zähne in getrennten Alveolen der Kieferknochen.

Die Ordnung der Sauropterygia oder *Sauronecta* (der *Plesiosauria* im weiteren Sinne) umfasst die schlanken, schwanförmigen Halisaurier, welche sich besonders durch die Verlängerung des Halses und Vermehrung seiner Wirbelzahl (20—70) auszeichnen. Ihre älteren triassischen Formen haben sich noch wenig von der Stammgruppe der lacertilen *Tocosaurier* entfernt und hängen durch eine Kette von verbindenden Zwischenformen direct mit ihr zusammen. Ueberhaupt erscheint der Skeletbau der *Sauronecten* im Ganzen conservativer als derjenige der *Ichthyonecten*. Sie besitzen noch grosse Schläfengruben, Zahn-Alveolen und ein oder zwei Sacralwirbel, während die Letzteren diese Bildungen verloren haben. Dagegen fehlt den Sauronecten der knöcherne Sclerotical-Ring in der Augenhöhle und die Hyperdactylie, welche die Ichthyonecten erst später erworben haben. Die Blüthezeit der mesozoischen Sauropterygier fällt in die Jura-Periode. Wir unterscheiden in dieser formenreichen Ordnung vier Familien, welche die stufenweise Umbildung der laufenden Eidechse in den schwimmenden Seedrachen illustriren: 1) die *Lariosaurier* der Trias, 2) die *Nothosaurier* der Trias, 3) die *Plesiosaurier* des Jura und der Kreide, und 4) die *Pliosaurier* (einige im Jura, die meisten in der Kreide).

I. Familie: **Lariosauria**. Als die alte gemeinsame Stammgruppe aller Sauropterygier betrachten wir die *Lariosaurier* der Trias, welche namentlich im unteren Muschelkalk durch interessante Gattungen von geringer Grösse vertreten sind. Diese ältesten Sauropterygier, von 20—30 cm Körperlänge, sind noch ganz eidechsenartig und schliessen sich sowohl in der gesammten Körperform und dem Skeletbau, als auch namentlich in der Bildung des thecodonten Gebisses und der Gliedmaassen eng an die permischen *Proterosaurier*, ihre Stammformen, an. Die triassischen *Mesosaurier* stehen ganz in der Mitte zwischen beiden Gruppen. Der Hals ist bei vielen von diesen Lariosauriern (*Neusticosaurus, Dactylosaurus*) noch kurz, nur aus 12—16 Wirbeln zusammengesetzt, wogegen der Schwanz halb so lang als der ganze Körper ist und 30—40 Wirbel besitzt. Die Gliedmaassen sind noch Gangbeine, mit schlanken und getrennten Röhrenknochen, die fünfzehigen Füsse noch ganz eidechsenartig; sie dienten ebenso wohl zum Laufen als zum Schwimmen, was auf amphibische Lebensweise hindeutet. Die Hinterfüsse (etwas schwächer als die Vorderfüsse) scheinen selbst noch Krallen getragen zu haben.

II. Familie: **Nothosauria.** An die primitiven *Lariosaurier* schliessen sich zunächst die echten *Nothosaurier* an, welche im Muschelkalk und Keuper weit verbreitet sind; Thiere von mittlerer Grösse, meistens 1—3 m lang (*Nothosaurus, Conchiosaurus, Simosaurus*). Der verlängerte Hals zeigt hier bereits 20—30 Wirbel, und ungefähr ebenso gross ist die Zahl der Rückenwirbel und der Schwanzwirbel. Die fünfzehigen Füsse sind bereits echte Schwimmfüsse ohne Krallen; aber der Brustgürtel hat noch selbständige Claviculae und ein Episternum, das nicht mit den mässig grossen Coracoiden sich verbindet. *Nothosaurus mirabilis*, welcher im deutschen Muschelkalk häufig ist, erreicht 3 m Länge.

III. Familie: **Plesiosauria.** Aus einem Zweige der triassischen *Nothosaurier* sind die echten *Plesiosaurier* des Jura hervorgegangen, welche namentlich im Lias massenhaft auftreten; in ihnen erscheint der Typus der Sauropterygier am reinsten ausgebildet: Der kleine Kopf wird von einem übermässig langen Halse getragen, der bei *Plesiosaurus* und *Cimolosaurus* aus 20—40, bei dem riesigen, 45 Fuss langen *Elasmosaurus* der oberen Kreide sogar aus 50—70 Wirbeln besteht. Viel kürzer ist der eiförmige Rumpf und der konische Schwanz; in beiden beträgt die Zahl der Wirbel gewöhnlich zwischen 20 und 30. Der Brustgürtel zeichnet sich durch übermässige Entwickelung der Coracoiden aus, während die Schlüsselbeine verschwinden oder mit dem Episternum verschmelzen. Die 4 fünfzehigen Gliedmaassen sind lange und schmale Flossen, mit verkürzten Knochen des Vorderarms und Unterschenkels; dagegen sind die Finger bedeutend verlängert und ihre Phalangen-Zahl steigt auf 6—9. Die kleinen Arten von *Plesiosaurus* sind 1—2, die grösseren 3—5 m lang.

IV. Familie: **Pliosauria.** Als ein eigenthümlicher Ausläufer der *Plesiosaurier* erscheinen die riesigen *Pliosaurier* des oberen Jura und der Kreide (*Thaumatosaurus, Pliosaurus, Polyptychodon*). Der mächtige

Kopf dieser kurzhalsigen Riesen erreichte 4—6 Fuss Länge und trug fusslange Zähne. Die Flossen waren ebenfalls 5—6 Fuss lang.

§ 302. Zweite Ordnung der Halisaurier:

Ichthyopterygia. Fischdrachen.

(*Ichthyosauria* s. ampl.; *Brachydera*; *Ichthyonecta*.)

Gruppe der kurzhalsigen und grossköpfigen Seedrachen.

Halisaurier mit kurzem, dickem Hals und langem, kräftigem Schwanz, vom Habitus der Delphine. Wirbel sehr kurz, tief biconcav. Sacrum fehlt. Rumpfrippen lang, zweiköpfig. Schädel relativ gross, mit langer, schmaler Schnauze und kleinen Schläfengruben. Augen sehr gross, mit Knochenring der Sklera. Zähne meist in gemeinsamer Alveolarrinne der Kieferknochen.

Die Ordnung der Ichthyopterygia oder *Ichthyonecta* (der *Ichthyosauria* im weiteren Sinne) enthält die gedrungenen, fischförmigen Halisaurier, welche sich durch die Reduction des kurzen Halses (mit wenigen Wirbeln) auszeichnen. Diese Ordnung entfernt sich weiter vom gemeinsamen Stamme der *Progonosaurier*, als die vorhergehende der *Sauropterygier*. Während diese letzteren mit ihrem langen Halse, kleinen Kopfe und kurzen Schwanze einem Taucher oder Schwane gleichen, nimmt dagegen der Körper der ersteren, mit grossem Kopfe, kurzem Halse und langem Schwanze die fischartige Gestalt der Cetaceen an. Insbesondere wird die Aehnlichkeit der *Ichthyosaurier* mit *Delphinen* noch verstärkt durch die schnabelartig verlängerte Schnauze, die homogene Bildung der Wirbelsäule (Mangel des Kreuzbeins) und die Structur der Flossen. So eigenthümlich aber auch diese und andere Verhältnisse im Bau der Ichthyopterygier erscheinen, so stehen sie doch nicht unvermittelt da, sondern lassen sich einfach erklären als die Folgen der weiter vorgeschrittenen Anpassung an die pelagische Lebensweise. Allerdings sind fossile Zwischenformen, welche die unmittelbare Verbindung zwischen *Ichthyopterygiern* und *Sauropterygiern* herstellen, noch nicht bekannt; aber dennoch dürfen wir sicher annehmen, dass die triassischen Stammformen beider Ordnungen sich sehr nahe standen. Vielleicht sind selbst die *Baptosaurier* aus einem Zweige der älteren *Lariosaurier* hervorgegangen. Einige Analogie dazu bietet die spätere Entwickelung der riesigen, durch kurzen Hals und grossen Kopf ausgezeichneten *Pliosaurier*, welche von den *Plesiosauriern*, mithin ebenfalls von den älteren *Lariosauriern* abzuleiten sind.

Die *Ichthyopterygier* stimmen mit den *Sauropterygiern* in allen allgemeinen Grundzügen des Körperbaues, sowie namentlich in jenen wichtigen Merkmalen überein, die wir oben als allgemeine Charactere aller Halisaurier hervorgehoben haben: scheibenförmige, amphicoele Wirbel, typische Schädelbildung und Bezahnung, eigenthümliche kräftige Ausbildung des Schultergürtels und Verwandlung der Gangfüsse in Ruderflossen. Diese wesentliche Uebereinstimmung der Halisaurier beider Ordnungen beruht wahrscheinlich auf der Vererbung von einer gemeinsamen Stammform. Hingegen lassen sich durch Anpassung an die fischartige, pelagische Lebensweise der Delphine jene auffallenden Eigenthümlichkeiten erklären, durch welche sich die *Ichthyopterygier* von den älteren *Sauropterygiern* entfernen. Als solche »pelagische Anpassmale« — zum Theil in höchst interessanter Analogie mit den Delphinen (*Denticeta*, § 421) — tritt vor Allem die typische Umbildung der Wirbelsäule, des Schädels und der Flossen in den Vordergrund. Die kräftige und freie Ruderbewegung der Gliedmaassen bedingt ihre Ablösung von der Wirbelsäule; in Folge dessen wird das Kreuzbein rückgebildet, und die scheibenförmigen, amphiocoelen Wirbel nehmen gleichartige Beschaffenheit an. Die Wirbel des verkürzten Halses werden reducirt und verschmelzen theilweise. Die Schnauze des vergrösserten Kopfes wird schnabelartig verlängert; dabei verschwinden die Scheidewände der Alveolen, in welche die Zähne eingekeilt sind. Die grossen Augen werden durch einen Scleroticalring geschützt. Die ursprüngliche Fünfzahl der Finger wird bei einem Theile der *Ichthyopterygier* durch Spaltung oder Einschaltung vermehrt (oft 6 oder 7, selten 8—9). Die Vermehrung ihrer Phalangen-Zahl, sowie die Abrundung und Aequalisirung der Wurzelknochen und Röhrenknochen waren bereits bei einem Theile der *Sauropterygier* vorbereitet (§ 301).

Das Tegument der *Ichthyopterygier* galt früher für nackt; neuerdings sind aber unzweifelhafte Reste eines Schuppenpanzers entdeckt worden, und dieser scheint demjenigen der älteren *Denticeten* (Zeugiodonten, § 421) sehr ähnlich gewesen zu sein. Wie bei diesen, scheint namentlich der scharfe, das Wasser durchschneidende Vorderrand der Flossen mit einer Lage von Schuppen bedeckt gewesen zu sein; vielleicht erklären sich dadurch auch die eigenthümlichen Kerben an den Phalangen des Radialrandes. Auch diese Anpassung bietet eine interessante Convergenz zu der analogen Gruppe der pisciformen Säugethiere. Gleich diesen waren auch die Ichthyosauren vivipar; fossile Embryonen im Mutterleibe sind nachgewiesen.

Die Blüthezeit der *Ichthyopterygier* fällt in die Jura-Periode, besonders in die Lias-Zeit; einige Specialisten gehen noch in die Kreide hinein. Aber die älteren Vertreter der Ordnung sind in der

Trias zu suchen; in dieser Periode wird die fischähnliche Transformation eines terrestrischen *Mesosaurier*-Zweiges in die pelagische *Baptosaurier*-Form erfolgt sein. Die zahlreichen Species (50—60), welche allgemein in der Gattung *Ichthyosaurus* vereinigt werden, weichen in der Bildung der Flossen, des Schädels und des Gebisses so sehr von einander ab, dass wir sie auf zwei Familien und mehrere Genera vertheilen. Im Ganzen hätten wir demnach in dieser Ordnung vier Familien zu unterscheiden: 1) die *Baptosaurier* der Trias (Stammgruppe); 2) die *Pontosaurier* des Jura (»longipinnate Ichthyosaurier«); 3) die eigentlichen *Ichthyosaurier* (»latipinnate« Formen, in Jura und Kreide), und 4) die zahnlosen *Baptanodontien* der Kreide.

I. Familie: **Baptosauria** (oder *Baptonosauria*). Diese alte gemeinsame Stammgruppe aller Ichthyopterygier umfasst die Uebergangsformen, welche diese pelagische Ordnung mit ihren terrestrischen *Tocosaurier*-Ahnen verknüpft, gleichviel ob wir diese unter den *Mesosauriern* oder den *Lariosauriern* suchen. Fossile Reste derselben sind noch sehr wenig und unvollständig bekannt; vielleicht sind zwei kleine Trias-Formen (*Baptosaurus atavus* aus dem schwäbischen Muschelkalk und *Mixosaurus cornalianus* aus der Lombardei) Ueberreste dieser Stammgruppe; dieselbe wird sich zu den späteren typischen Ichthyosauriern des Lias ähnlich verhalten haben, wie die triassischen Lariosaurier zu den jurassischen Plesiosauriern. Vielleicht gehören auch die ältesten Progonen der Baptosaurier und Lariosaurier zu einer und derselben Familie. Die Schwimmfüsse der *Baptosaurier* werden noch fünf Zehen mit der normalen Phalangen-Zahl besessen haben; die Zeugopodien waren noch relativ lang und durch einen Zwischenraum getrennt, wie *Mixosaurus* zeigt. Die Zähne standen wahrscheinlich noch in getrennten Alveolen.

II. Familie: **Pontosauria**. Unter diesem Begriffe fassen wir die älteren Ichthyosaurier zusammen, die sogenannten »*Longipinnata*«. Sie schliessen sich zunächst an ihre Baptosaurier-Ahnen an und haben deren ursprüngliche pentadactyle Fussform beibehalten. Aber die Zeugopodien sind bereits stark verkürzt und stossen ohne Zwischenraum an einander. Die Zahl der Phalangen ist vermehrt. Die knöchernen Septen der Zahn-Alveolen sind verschwunden, so dass die Zähne in einer Kieferrinne stehen (Odontolca). Bei den Stammformen dieser Pontosaurier (im unteren Lias) sind beide Flossenpaare noch an Grösse wenig verschieden, jede Flosse mit fünf vollständigen Zehen (*Pontosaurus acutirostris*, *P. pentadactylus* u. A.). Dagegen werden bei *Delphinosaurus* die Carpomelen bedeutend stärker als die Tarsomelen, und ein oder zwei Finger werden rückgebildet, so dass nur drei stärkere

»Flossenstrahlen« übrig bleiben (*D. tenuirostris, D. platyodon* u. A.). Selten wird umgekehrt die hintere Flosse grösser als die vordere (*Selachosaurus longirostris*).

III. Familie: **Ichthyosauria.** Diese Gruppe beschränken wir auf die jüngeren, polydactylen Ichthyosaurier, die sogenannten »*Latipinnata*«. Die ursprüngliche Fünfzahl der Finger wird hier durch secundäre Spaltung vermehrt (auf 6—9), ähnlich wie bei einigen Denticeten (§ 418). Der Mittelfinger, welcher vom Intermedium entspringt, spaltet sich in zwei Längsreihen von zahlreichen Phalangen, und auch das Centrale zerfällt in zwei. Der Radius wird sehr kurz (breiter als lang). Bei dem eigentlichen *Ichthyosaurus* (*I. communis, I. latimanus, I. intermedius, I. breviceps* u. A.) stehen sehr zahlreiche konische Zähne dicht gedrängt in der Kieferreihe, wie bei *Delphinus*. Bei dem grossen *Campylosaurus campylodon* dagegen (aus der Kreide) stehen in dem sehr verlängerten Kiefer die vergrösserten Fangzähne in weiten Abständen.

IV. Familìe: **Baptanodontia.** Als letzter Ausläufer der Ordnung erscheinen im oberen Jura und der Kreide einige Ichthyonecten, die sich durch Rückbildung des Gebisses auszeichnen. Ihre verlängerten, schnabelartigen Kiefer sind entweder zahnlos (*Baptanodon natans, B. discus*), oder sie tragen nur wenige, ganz verkümmerte Zahnrudimente (*Ophthalmosaurus icenicus, O. longirostris*). Das vergrösserte Intermedium der Tarsomelen schiebt sich bei *Baptanodon* zwischen Tibia und Fibula hinein, so dass das Femur mit drei Knochen articulirt.

§ 303. Fünfte Legion der Reptilien:

Lepidosauria (= Pholidota s. str.). Schuppenechsen.

(*Squamata. Streptostylia. Plagiotrema. Saurophidia.*)

Moderne Specialisten mit Hornschuppen-Decke.

Reptilien mit dem Habitus von Eidechsen oder Schlangen, meist terrestrisch, mit Horntegument. Wirbelsäule meist vollständig verknöchert, mit zahlreichen procoelen (sehr selten amphicoelen) Wirbeln. Sacrum mit zwei Wirbeln (bisweilen fehlend). Rippen stets einköpfig. Bauchrippen fehlen. Schädel ohne Quadratjochbein und ohne unteren Schläfenbogen. Quadratbein stets frei beweglich, nur proximal am Schädel eingelenkt. Zwischenkiefer verwachsen. Unterkiefer getrennt. Zähne acrodont oder pleurodont (niemals thecodont). **Gliedmaassen bald mehr oder weniger entwickelt, bald rückgebildet. Haut stets mit Hornschuppen oder Hornschildern der Oberhaut, ursprünglich auch mit Knochenschuppen der Lederhaut.**

Die Legion der Lepidosaurier (*Streptostylia*) oder Schuppenechsen (*Pholidota*) umfasst die Hauptmasse der ganzen Reptilien-Classe seit Beginn der Tertiär-Zeit bis zur Gegenwart. Nachdem die formenreichen, auf die Secundär-Zeit beschränkten Ordnungen ausgestorben waren, blieben von Specialisten-Gruppen nur die Crocodile und Chelonier übrig; neben diesen entwickelt sich aber in grosser Mannichfaltigkeit die Ordnung der Eidechsen (*Lacertilia*). Unter allen Ordnungen der Reptilien steht diese der gemeinsamen Stammgruppe der ganzen Classe, den Proreptilien (und sodann den *Rhynchocephalien*), am nächsten; so zwar, dass sie unmittelbar als deren wenig veränderte, nur in gewissen Zügen modernisirte Fortsetzung betrachtet werden darf. Sowohl der ganze Habitus des Körpers und seiner Haupttheile, als insbesondere die Bildung der Wirbelsäule, des Schädels und der Gliedmaassen ist von den *Proreptilien* durch Vererbung auf die *Lacertilien* übertragen worden; und nur in gewissen, an und für sich unbedeutenden Einzelheiten haben die Eidechsen durch Anpassung neue Merkmale erworben, welche ihren Stammformen, den *Tocosauriern* der Trias-Periode, fehlten. Die Entstehung der ersteren aus den letzteren fällt wahrscheinlich in die Jura-Periode; manche fossile Reste aus dieser Zeit tragen so deutlich das Gepräge des Ueberganges zwischen Beiden, dass es oft schwer hält, sie zu unterscheiden.

An die Eidechsen (*Lacertilia*), welche die Stammgruppe und den Hauptstamm der *Lepidosaurier* bilden, schliessen sich als zwei andere Ordnungen dieser Legion die Seeschlangen (*Pythonomorpha*) und die echten Schlangen (*Ophidia*) an. Beide sind nur als zwei specialisirte Seitenäste jenes vielverzweigten Hauptstammes aufzufassen, und zwar als zwei parallele Aeste, welche durch ähnliche Anpassungen analog umgebildet worden sind. Die Pythonomorphen entstanden aus einem Zweige der Lacertilien während der Kreide-Periode und blieben auf diesen Zeitraum beschränkt, ohne Nachkommen hinterlassen zu haben. Auch die echten Schlangen sind während der Kreide-Periode aus fusslosen Lacertilien entstanden, erreichen aber ihre eigentliche Entwickelung erst in der neueren Tertiär-Zeit, an Zahl der Gattungen und Arten zunehmend bis zur Gegenwart.

Beide Geschlechter der Pholidoten besitzen ein Paar Phallus-Schläuche, welche bei der Copulation aus einer Tasche der dorsalen Cloakenwand hervorgestülpt werden (vergl. § 200).

§ 304. System der Pholidoten.

Ordnungen	Unterordnungen	Sectionen	Familien
I. Ordnung: **Lacertilia** (*Autosauria*) Eidechsen Schultergürtel und Brustbein vorhanden. Gewöhnlich 2 Paar Gehfüsse, mit Krallen (bisweilen rückgebildet). Unterkiefer-Aeste fest durch Naht verbunden (Symphyse).	1. **Archilacertae** Wirbel amphicoel Haut mit Lepiden	1. **Prolacertilia** Ureidechsen	*Prolacertida* ⊙ *Acrosaurida* +
	2. **Ascalabotae** Wirbel amphicoel Haut weich, schuppenlos, ohne Lepiden	2. **Stenodactylia** Vorgeckonen 3. **Platydactylia** Geckonen	*Stenodactylida* *Platydactylida*
	3. **Cionocrania** Wirbel procoel. Haut mit Hornschuppen, selten mit Lepiden. Schädel mit Columnarbein (Pseudo-Columella)	4. **Monitores** Warneidechsen 5. **Lacertaria** Steineidechsen 6. **Leguanaria** Leguanechsen 7. **Chalcidea** Wirtelechsen 8. **Scincoidea** Scinkeidechsen	*Varanida* *Thinosaurida* *Lacertida* *Ameivida* *Iguanida* *Agamida* *Cercosaurida* *Zonurida* *Anguinida* *Typhlinida*
	4. **Chamaeleontes** Wirbel procoel. Haut granulirt, ohne Lepiden. Wurmzunge. Hohe Beine mit Kletterfüssen	9. **Vermilinguia** Schillerechsen	*Prochamaeleones* ⊙ *Chamaeleonida*
	5. **Glyptoderma** Wirbel procoel. Haut getäfelt, mit viereckigen Schildchen. Beine rudimentär	10. **Amphisbaenia** Ringelechsen	*Trogonophida* *Amphisbaenida*
II. Ordnung: **Pythonomorpha** Seeschlangen Schultergürtel und Brustbein vorhanden. 2 Paar kurze Schwimmfüsse, ohne Krallen. Unterkiefer-Aeste locker durch Band verbunden	6. **Pythonomorpha** Wirbel procoel, sehr zahlreich. Schwanz sehr lang. Haut mit Lepiden	1. **Dolichosauria** Aeltere Pythonomorphen, mit Sacrum	*Dolichosaurida* +
		2. **Mosasauria** Jüngere Pythonomorphen, ohne Sacrum	*Plioplatecarpida* + *Mosasaurida* +
III. Ordnung: **Ophidia** (*Serpentes*) Schlangen Schultergürtel und Brustbein verloren. Füsse verschwunden. Unterkiefer-Aeste locker durch Band verbunden	7. **Scolecophidia** (*Angiostomata*) Giftzähne und Giftdrüse fehlen. Mund sehr eng	1. **Opoterodonta** Wurmschlangen	*Typhlopida* *Uropeltida*
	8. **Asinophidia** (*Colubriformia*) Giftzähne und Giftdrüse fehlen. Mund weit.	2. **Aglyphodonta** Nattern 3. **Opisthoglypha** Trugnattern	*Pythonida* *Colubrida* *Scytalida* *Coelopeltida*
	9. **Toxicophidia** (*Venenosa*) Giftzähne und Giftdrüse vorhanden. Mund sehr weit	4. **Proteroglypha** Giftnattern 5. **Solenoglypha** Giftottern	*Elapida* *Hydrophida* *Viperida* *Crotalida*

§ 305. Stammbaum der Pholidoten.

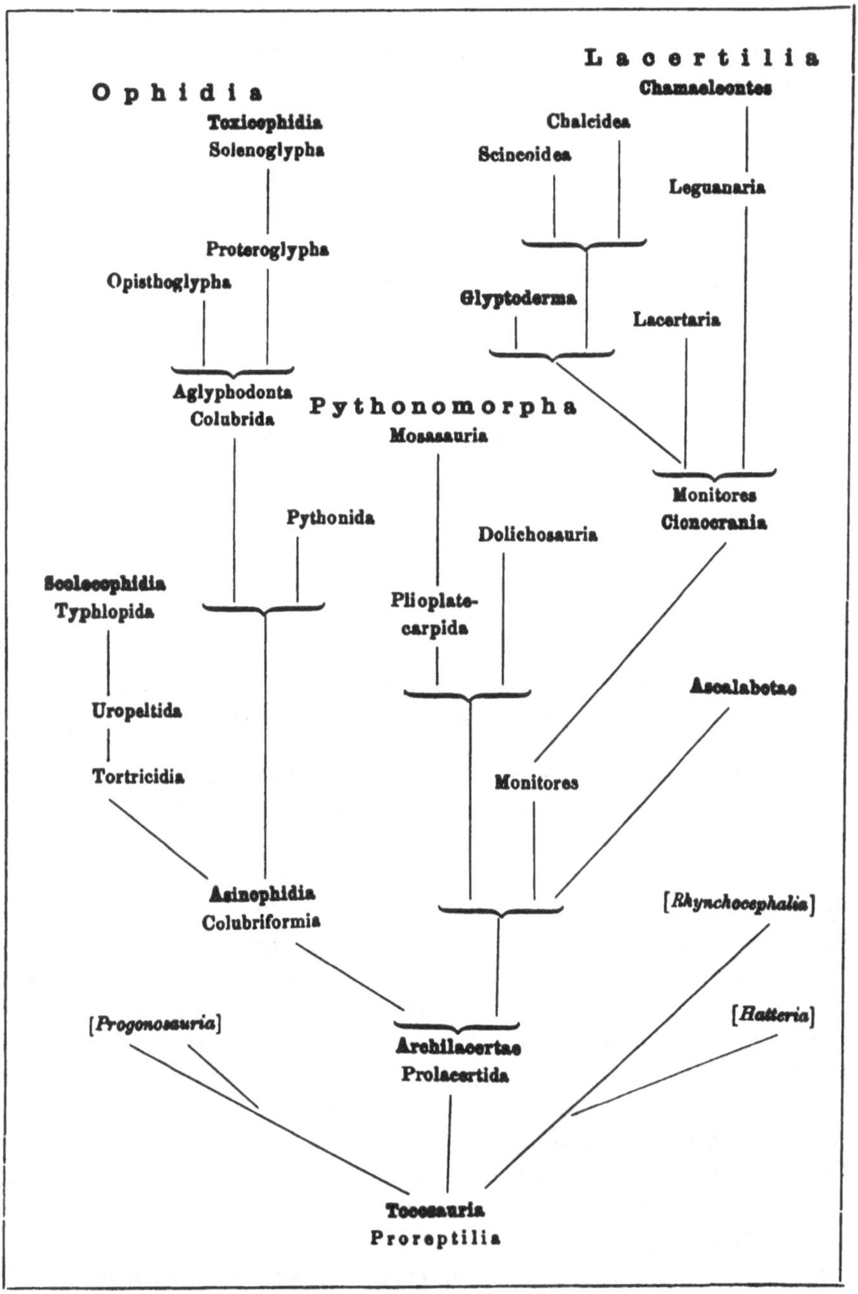

Die osteologischen Umbildungen, durch welche ein Zweig der Proreptilien während der Jura-Periode sich in die Stammform der Lepidosaurier verwandelte, bestehen hauptsächlich in zunehmender Verknöcherung des Skelets und Festigung der Wirbelsäule. Die Wirbelkörper verknöchern vollständig und werden procoel; nur die *Ascalaboten* (— die der gemeinsamen Stammgruppe der Legion sehr nahe stehen —) behalten die amphicoelen Wirbel noch bei. Bauchrippen werden nicht mehr ausgebildet. Das wichtigste gemeinsame Merkmal aller *Lepidosaurier*, durch welches sie sich von allen anderen Reptilien unterscheiden, ist die Beweglichkeit des Quadratbeins; dasselbe ist nur mit dem proximalen Ende am Schädel (am Squamosum) befestigt (*Streptostylia*). Von den *Tocosauriern* unterscheiden sie sich ausserdem durch die Rückbildung des unteren Schläfenbogens und die Verwachsung der beiden Zwischenkiefer.

§ 306. Erste Ordnung der Pholidoten:

Lacertilia. Eidechsen.

Stammgruppe und Hauptgruppe der Lepidosaurier.

Lepidosaurier mit Schultergürtel und Brustbein, gewöhnlich mit zwei Paar fünfzehigen, krallentragenden Gehfüssen. Aeste des Unterkiefers in der Symphyse fest durch Naht verbunden. Schädel lacertil, unvollständig verknöchert, mit Scheitelloch. Harnblase vorhanden.

Die Ordnung der Lacertilia oder *Antosauria* ist die formenreichste unter den drei Ordnungen der Streptostylier, die gemeinsame Stammgruppe dieser Legion, welche direct von *Proreptilien* abstammt, und aus welcher die beiden anderen Ordnungen, *Pythonomorphen* und *Ophidier*, erst später als specialisirte Seitenzweige hervorgegangen sind. Als Typus der Ordnung können wir unsere gewöhnlichen Eidechsen (*Lacertaria*) oder die nahe verwandten Warnechsen (*Monitores*) betrachten; in einigen Beziehungen, namentlich den biconcaven Wirbeln, stehen die Geckonen (*Ascalabotae*) der alten gemeinsamen Stammform der Ordnung nach näher. Bei allen diesen, wie bei der Mehrzahl der Lacertilien, ist der dreieckige Schädel durch mangelhafte Verknöcherung der Hirnkapsel ausgezeichnet, sowie durch feste Symphysen-Naht des Unterkiefers. Der kurze Hals ist meist nur aus 8 oder 9 Wirbeln zusammengesetzt. Die kräftige Brustwirbelsäule trägt gut entwickelte einköpfige Rippen. Der Schwanz ist meist lang. Beide Gliedmaassen-Paare sind bei der grossen Mehrzahl der Lacertilier kräftig entwickelt und mit fünfzehigen bekrallten Geh-Füssen versehen, die in mannichfaltiger Weise den Functionen des Kletterns, Laufens, Kriechens (selten auch des Schwimmens) angepasst sind. Bei voller Ausbildung der fünf Zehen ist die Zahl der Phalangen in denselben vorn folgende: $\begin{matrix} \text{I.} & \text{II.} & \text{III.} & \text{IV.} & \text{V.} \\ 2, & 3, & 4, & 5, & 3. \end{matrix}$ Hinten trägt die fünfte Zehe vier Phalangen. In mehreren Gruppen, in den Sectionen der *Scincoiden*, *Chalcidien* und *Glyptodermen*, wird der Leib verlängert und erscheinen die Gliedmaassen auf verschiedenen Stufen der Rückbildung, bis zum völligen Verlust; bald fehlen die Hinterbeine (*Chirotes*), bald die Vorderbeine (*Pseudopus*), bald beide Beinpaare (*Anguis*, *Ophiosaurus*, *Amphisbaena* u. A.). In allen Fällen aber, auch wenn äussere Gliedmaassen ganz fehlen, erhält sich durch Vererbung der Schultergürtel und das Brustbein. Hierdurch und durch den lacertilen Schädelbau unterscheiden sich die schlangenähnlichen Eidechsen von den echten Schlangen.

Die Hautdecke besass bei den ältesten Lacertilien (*Archilacertae* der Kreide-Zeit) jedenfalls noch die ursprüngliche, von den *Stegocephalen* geerbte Beschaffenheit der *Proreptilien*; d. h. die Lederhaut war mit kleinen Schüppchen oder Knochentäfelchen gepanzert, und diesen entsprachen ähnliche Hornschuppen der Oberhaut. Diese ursprüngliche Beschuppung hat sich nur bei einigen Gattungen verschiedener *Cionocranier* (Chalcidien und Scincoiden) durch Vererbung erhalten; bei den meisten Lacertilien sind die dermalen Knochenschüppchen (*Lepides*) durch Rückbildung verloren gegangen, und es haben sich nur die Hornschuppen der Epidermis (*Pholides*) als zusammenhängende, der Häutung unterworfene Horndecke erhalten.

Die meisten Lacertilien gehören zu den kleineren Reptilien; nur wenige Arten erreichen eine Länge von 1—2 m oder mehr; die grössten lebenden Formen sind die Monitoren (*Hydrosaurus*). Auch die ausgestorbenen Lacertilien der Kreide- und Tertiär-Zeit, von denen nur wenige vollständig bekannt sind, waren meist nicht grösser; sie weichen wenig von den lebenden ab. Die ältesten Formen, aus dem oberen Jura, schliessen sich unmittelbar an die Rhynchocephalien an.

§ 307. Erste Unterordnung der Lacertilien:

Archilacertae. Ureidechsen.

Lacertilien mit amphicoelen Wirbeln und mit Knochenschuppen der Lederhaut. Schädel ohne Columnarbein, mit Foramen parietale, mit Zähnen auf den meisten Knochen der Mundhöhle. Beide Beinpaare gut entwickelt, mit fünfzehigen Gehfüssen.

Die Unterordnung der Archilacerten umfasst die ältesten und primitivsten Lacertilien, welche der Stammgruppe der *Proreptilien* am nächsten stehen und während der Jura- und Kreide-Periode durch eine Reihe von Uebergangsformen mit jenen zusammenhängen. Unter den lebenden Eidechsen existirt keine Form mehr, welche in allen Merkmalen als eine echte *Archilacerta* zu bezeichnen wäre. Im Ganzen stehen ihnen die *Ascalaboten* am nächsten, welche noch amphicoele Wirbel besitzen, aber diese haben die Knochenschuppen der Lederhaut verloren, welche die gemeinsame Stammgruppe jedenfalls besass und welche sich in einigen Cionocraniern (*Chalcideen* und *Scincoideen*) bis heute erhalten haben. Unter den Cionocraniern stehen ihnen sonst im Skeletbau am nächsten die Monitoren (*Varaniden*), zu denen auch die ältesten fossilen Formen dieser Unterordnung gehören (*Hydrosaurus* der Kreide). Wahrscheinlich gehört zu den Archilacerten eine Anzahl von jenen mesozoischen Lacertilien-Resten, die zu unvollständig bekannt sind, um ihre systematische Stellung sicher zu bestimmen, und die bald an die Proreptilien (*Rhynchocephalia* und *Progonosauria*), bald an die eigentlichen Lacertilien angeschlossen werden (*Monitores* und *Ascalabotae*). Man kann diese mesozoischen Stammformen der Lepidosaurier (*Basilosaurus* und *Saurosternum* der Trias, *Ardeosaurus* und *Acrosaurus* des Jura etc.) vorläufig als *Prolacertilia* auffassen.

§ 308. Zweite Unterordnung der Lacertilier: **Ascalabotae. Geckonen.**

Lacertilier mit amphicoelen Wirbeln, ohne Knochenschuppen der Lederhaut. Oberhaut weich, granulirt, grösstentheils ohne Hornschuppen und Tafeln. Schädel mit Columnar-Bein, ohne Schläfenbogen und ohne geschlossenen Orbitalring. Zähne schneidend, an die Kieferränder angewachsen. Keine Gaumenzähne. Beide Beinpaare gut entwickelt, von den Seiten des plattgedrückten Leibes abstehend, fünfzehig; die platten, fast gleich langen Zehen meistens verbreitert und an der Unterseite mit einem eigenthümlichen Haftapparat versehen. Augen meistens ohne Augenlider, mit senkrechter Pupille. Zunge kurz, dick. Schwanz lang, sehr zerbrechlich, mit Wirteln von Schuppen oder Körnern.

Die Unterordnung der Ascalaboten oder Geckonen steht unter den lebenden Lacertilien der gemeinsamen Stammgruppe der *Archilacerten* am nächsten; sie theilt mit diesen den allgemeinen Stegocephalen-

Habitus, die amphicoelen Wirbel, den Mangel des Columnar-Beines und die mangelhafte Verknöcherung des Schädels; das Postfrontale ist mit dem Squamosum und das Maxillare mit dem Quadratum nur durch Bänder vereinigt. Augenlider fehlen. Dagegen unterscheiden sich die *Ascalaboten* von den *Archilacerten* durch den Verlust der dermalen Knochenschuppen, die eigenthümliche, den Chamaeleonten ähnliche Granulation der weichen Epidermis und die Umbildung der Zehen, an deren Unterseite sich ein besonderer Haftapparat entwickelt, bestehend aus einer Reihe quergestellter Hautblättchen. Fossile Reste sind nicht sicher bekannt.

§ 309. Dritte Unterordnung der Lacertilien:

Cionocrania. Säulen-Eidechsen.

Lacertilien mit procoelen Wirbeln, meistens ohne Knochenschuppen der Lederhaut. Oberhaut mit kleineren Hornschuppen oder grösseren Horntafeln gepanzert. Schädel mit Columnar-Bein, mit oberem Schläfenbogen und geschlossenem Orbitalring. Zähne auf den Kieferrändern, seltener auch auf Gaumen- und Flügelbeinen. Beide Beinpaare gewöhnlich mässig entwickelt, fünfzehig, oft mehr oder weniger rückgebildet, bisweilen ganz fehlend.

Die Unterordnung der Cionocranier ist die formenreichste und typische Hauptgruppe unter den Lacertilien; sie unterscheidet sich von den vier anderen Unterordnungen durch die eigenthümliche Bildung der Columnar-Knochen (oder Pseudo-Columellen), ein Paar schlanke, stabförmige Knochen, welche jederseits vom Scheitelbein zum Flügelbein herabsteigen. Die oberen Schläfenbogen und der Orbitalring sind mehr oder weniger verknöchert. Das Scheitelbein ist meistens unpaar, mit Parietal-Auge; das Stirnbein paarig. Augenlider (oben und unten) sind gewöhnlich gut entwickelt. Die Hornschuppen der Epidermis sind meistens regelmässig geordnet, in Querreihen, Wirtel oder Quincunx. Die Knochenschüppchen der Lederhaut sind nur noch in einigen Familien conservirt (bei einem Theile der Scincoideen und Chalcideen). Die grosse Mehrzahl der Cionocranier besitzt die typische Eidechsen-Form, mit langem Schwanz und zwei Paar mässig entwickelten Gliedmaassen, deren fünf Zehen nicht verbreitert sind und scharfe Krallen tragen. Aber in mehreren Sectionen (*Chalcideen*, *Scincoideen*) verkümmern die Beine an dem verlängerten, schlangenförmigen Leibe und verschwinden zuletzt ganz. Unter den fünf Sectionen der Cionocranier stehen die Monitores (*Varanida*) der gemeinsamen Stammgruppe am nächsten; ihnen nahe verwandt sind die Typen-Eidechsen oder Lacertaria (*Lacertida, Ameivida*). Mehr differenzirt ist die formenreiche Section der Leguane (Leguanaria: *Iguanida* und *Agamida*). Noch mehr specialisirt sind die beiden Sectionen der Chalcidea (*Ptychopleura*) und der Scincoidea (*Saurophthalmus, Ophiopthalmus*). In vielen Gruppen der formenreichen Unterordnung entwickeln sich die Aeste des Stammbaumes parallel in der östlichen und westlichen Hemisphäre. Die ältesten vollständigen fossilen Reste, welche man von echten Cionocraniern kennt, sind typische Monitoren der unteren Kreide (*Hydrosaurus lesinensis*); aus derselben Varaniden-Gruppe, zu welcher auch die grössten jetzt lebenden Lacertilien gehören (*Varanus niloticus*, 2 m lang). Die älteren, praecretaceischen Reste von Lacertilien, aus dem oberen Jura (*Macellodon* u. A.), sind zu unvollständig bekannt und theilweise nicht von *Archilacerten* und *Proreptilien* zu unterscheiden. Dagegen treten zahlreiche und mannichfaltige Vertreter der Lacertilien schon im älteren Tertiär auf; schon im Eocaen finden sich ausser den Monitoren auch typische Lacertarien und Leguane, sowie einzelne Scincoideen (*Glyptosaurus*). Die Dolichosaurier der Kreide, die meist an die *Monitoren* angeschlossen werden, dürften als Uebergangsformen zu den *Pythonomorphen* (Mosasaurida) zu deuten sein.

§ 310. Vierte Unterordnung der Lacertilien: **Chamaeleontes (= Vermilinguia).**

Lacertilien mit procoelen Wirbeln, ohne Knochenschuppen der Lederhaut. Oberhaut weich, granulirt, statt der Hornschuppen mit kleinen Knötchen bedeckt. Schädel ohne Columnar-Bein, pyramidal oder sturmhaubenförmig, mit einem hoch vorspringenden Sagittalkamm. Zähne nur an den Kieferrändern, innen fest angewachsen. Beide Beinpaare hoch und dünn, mit fünfzehigen Kletterfüssen, an denen je 2 Zehen verwachsen sind und den 3 übrigen, ebenfalls verwachsenen Zehen gegenüberstehen. Augen mit ringförmigem Augenlid. Zunge wurmförmig, weit vorschnellbar. Schwanz lang, als Greifschwanz dienend.

Die Unterordnung der Chamaeleonten, fossil nicht bekannt, ist in der Gegenwart nur durch die einzige Familie der *Chamaeleonida* vertreten und auf die heisse Zone der alten Welt beschränkt. Durch die angeführten eigenthümlichen Merkmale entfernt sie sich weit von den übrigen Lacertilien, unter denen *Chamaeleopsis*, ein kletternder Baum-Leguan, ihr am nächsten steht. Sie stellt einen modernen, eigenthümlich specialisirten Seitenzweig der Leguanarien dar.

§ 311. Fünfte Unterordnung der Lacertilien:

Glyptoderma (= Amphisbaenia). Ringelechsen.

Lacertilien mit procoelen Wirbeln, ohne Knochenschuppen der Lederhaut. Oberhaut ohne Schuppen, getäfelt, mit Ringfurchen und parallelen Längsfurchen, durch welche die Hautringe in zahlreiche kleine viereckige Schildchen getheilt werden. Schädel ohne Columnar-Bein und ohne Interorbital-Septum. Gaumenzähne fehlen. Beine fehlen meistens; bisweilen ein Paar kleine Vorderbeine. Augen klein, ohne Augenlider. Schwanz rudimentär.

Die Unterordnung der Glyptodermen oder *Amphisbaenen*, fossil nicht bekannt, wiederholt in der Reptilien-Classe die characteristische Special-Form, welche unter den Amphibien durch die Caecilien dargestellt wird, und ist gleich diesen durch Anpassung an unterirdische Lebensweise (meistens in Ameisenhaufen) entstanden. Der cylindrische, schlangenähnliche Körper ist durch Verkümmerung des Schwanzes ausgezeichnet, so dass der After (wie bei den ähnlichen Caecilien) fast am Ende des Körpers liegt. Die Beine sind gewöhnlich ganz verschwunden; nur die Chirotiden haben noch ein Paar kleine fünfzehige Vorderfüsse erhalten. Aber Schultergürtel und Sternum sind stets vorhanden, wie bei allen echten Eidechsen; auch der Schädelbau stimmt mit diesen überein, und ebenso der Besitz der Harnblase. Die Glyptodermen sind also als ein specialisirter Seitenzweig des Lacertilien-Stammes aufzufassen; äusserlich sind sie sogleich an der rechteckigen Täfelung der geringelten Haut zu erkennen.

§ 312. Zweite Ordnung der Pholidoten:

Pythonomorpha. Seeschlangen.

Pinnipedaler Seitenzweig der Lepidosaurier.

Lepidosaurier mit Schultergürtel und Brustbein, mit zwei Paar kurzen fünfzehigen Schwimmfüssen, ohne Krallen. Aeste des Unterkiefers in der Symphyse nur locker durch Band zusammenhängend. Schädel lacertil, vorn unvollständig verknöchert, mit Scheitelloch. (Harnblase wahrscheinlich verschwunden?).

Die Ordnung der Pythonomorpha bildet eine kleine, aber eigenthümlich specialisirte Ordnung der *Lepidosaurier*, hervorgegangen aus einem Zweige der *Lacertilier* durch Anpassung an pelagische Lebensweise; man kann sie als Eidechsen betrachten, welche sich in riesige „Seeschlangen" verwandelt haben. Die Ordnung ist beschränkt auf die Kreide-Periode und für diese sehr characteristisch.

Der langgestreckte Körper der Pythonomorphen gleicht einer Riesenschlange mit vier kurzen, aber wohl ausgebildeten Schwimmfüssen; *Mosasaurus* erreicht eine Länge von 7—8 m, *Hainosaurus* von 13 m, *Clidastes* von 20—24 m, *Liodon* sogar von 30 m und darüber (gegen 100 Fuss). Die Haut scheint mit einem vollständigen Schuppenpanzer bedeckt gewesen zu sein; unter den Hornschuppen der Oberhaut (Pholides) befanden sich bei vielen (vielleicht bei allen) Pythonomorphen kleine Knochentafeln der Lederhaut (Lepides).

Die Wirbelsäule besteht mindestens aus 100—150, bei den Riesenformen aus mehreren hundert Wirbeln und ist wie bei den Lacertiliern in Hals-, Brust-, Lenden- und Schwanzwirbel geschieden. Zwei Sacralwirbel sind bei den *Dolichosauriden* unterscheidbar, bei den *Plioplatecarpiden* verschmolzen, bei den übrigen (*Mosasauriden*) nicht gesondert. Die oberen Wirbelbogen (Eparcaden) sind fest mit den procoelen Wirbelcentren verschmolzen. Die sehr zahlreichen Schwanzwirbel tragen auch entwickelte untere Wirbelbogen (Hyparcaden). Da ihre Querfortsätze schwach, obere und untere Dornfortsätze aber sehr lang sind, so darf man schliessen, dass diese Thiere einen mächtigen, zweiseitig comprimirten, hohen und schmalen Ruderschwanz besessen haben und ausgezeichnete Schwimmer waren; die kurzen und breiten Schwimmfüsse dienten dabei zum Steuern. Mit Ausnahme der beiden ersten (Atlas und Epistropheus) tragen alle Halswirbel, ebenso wie die Brustwirbel, einfache, cylindrische, einköpfige Rippen, deren Länge von vorn nach hinten allmählig abnimmt. In der Lendengegend und im vorderen Schwanztheil sind sie durch Querfortsätze vertreten. Bauchrippen fehlen.

Der Schädel der Pythonomorphen ist im Allgemeinen sehr ähnlich dem der *Lacertilien*, besonders der *Monitoren*, schmal und schlank, mit verlängerter Schnauze; er erreicht bei *Mosasaurus* eine Länge von 1,2, bei *Hainosaurus* von 1,5, bei *Clidastes* von 0,7 m. Die Betheiligung der einzelnen Knochen am Aufbau des Schädels ist im Ganzen dieselbe wie bei den *Lacertilien* (namentlich *Varanus*) und verschieden von der der *Ophidien*. Dagegen erinnern die Pythonomorphen an die Schlangen durch die lockere Verbindung und Beweglichkeit des Unterkiefers und seiner Theile. Während die beiden Aeste des Unterkiefers bei den echten Lacertilien durch Symphyse fest verbunden sind, werden sie dagegen bei den Pythonomorphen (wie bei den Rhynchocephalen und Ophidiern) nur locker zusammengehalten durch ein dehnbares Band. Ausserdem ist bei den Meisten (— nur die älteren Dolichosaurier ausgenommen —) jeder Unterkiefer-Ast in der Mitte durch ein Gelenk in zwei bewegliche Hälften getheilt; die vordere Hälfte (aus Dentale und Operculare bestehend) kann gegen die hintere (aus Coronoideum und Angulare zusammengesetzt) herabgebogen und der Rachen dadurch bedeutend erweitert werden.

Die Zähne sind gross, spitz, kegelförmig und stehen in grosser Zahl hinter einander auf den Rändern der langen Kiefer (Maxillare und Dentale, ausserdem auch auf dem Pterygoideum). Bei den Dolichosauriern sind sie pleurodont, bei den Mosasauriern dagegen acrodont, auf einem besonderen Knochensockel befestigt. In diesem entwickelt sich der Ersatzzahn, welcher seinen Vorgänger von innen her ausstösst.

Gliedmaassen. Vordere und hintere Extremitäten sind im Verhältniss zu dem langen, schlangenartigen Leibe sehr klein und in breite, kurze Ruderflossen verwandelt; in der inneren Structur gleichen sie aber nicht den Flossen der *Halisaurier*, sondern den gewöhnlichen Beinen der *Lacertilien*. Namentlich gilt dies von *Dolichosauriern*, während bei den typischen *Mosasauriern* die einzelnen Hauptknochen der Glieder zwar wohl ausgebildet, aber sehr verkürzt und verdickt sind; die vorderen sind hier stärker als die hinteren.

Der Schultergürtel zeichnet sich durch ein grosses, scheibenförmiges, am Innenrande tief eingeschnittenes Coracoid aus, welches zwischen der schwächeren Scapula und dem schildförmigen Sternum liegt. Der gedrungene Humerus, ebenso breit als lang, trägt am Distal-Ende zwei seitliche Gelenkfacetten für die beiden getrennten Armknochen.

Der Beckengürtel ist schwächer als der Schultergürtel, seine drei Knochen-Paare getrennt, ähnlich denen der Eidechsen, aber schlanker. Auch Femur, Tibia und Fibula sind schlanker und schwächer als die ähnlichen Knochen des Vorderbeins. Die fünf Zehen sind vorn und hinten lang, gespreizt, meist krallenlos (durch Schwimmhaut verbunden), gewöhnlich mit folgender Phalangen-Zahl:

I.	II.	III.	IV.	V.
3,	5,	5,	4,	3.

Die gewaltigen Seeschlangen scheinen als furchtbare Raubthiere die Meere der Kreidezeit in grosser Ausdehnung bevölkert zu haben. Nachdem schon 1780 der Schädel des belgischen *Mosasaurus* in den Steinbrüchen des Petersberges bei Mastricht gefunden war, sind neuerdings zahlreiche, zum Theil colossale Arten in der Kreide von Nordamerika und von Neuseeland entdeckt worden.

§ 313. Erste Unterordnung der Pythonomorphen: **Dolichosauria. Urseeschlangen.**

Pythonomorphen ohne Intramandibular-Gelenk (Dentale und Coronoideum fest verbunden), mit Episternum und mit zwei Sacral-Wirbeln.

Die Unterordnung der Dolichosaurier wird durch eine geringe Zahl von unvollständig bekannten Pholidoten der unteren und mittleren Kreide gebildet, welche als Uebergangsformen von den Lacertilien (*Monitores*) zu den echten typischen Pythonomorphen (*Mosasauria*) erscheinen. Sie besitzen in der Bildung des Schädels und der Gliedmaassen noch die wesentlichen Eigenthümlichkeiten der Monitoren (*Varanus, Hydrosaurus*), entfernen sich aber von ihnen durch den langgestreckten, schlangenartigen Körper und die starke Vermehrung der Wirbelzahl, namentlich des Halses; *Dolichosaurus* (aus England) und *Acteosaurus* haben 60—70 Praesacral-Wirbel, darunter 17—20 Halswirbel, während die echten Lacertilien fast immer nur 9 Halswirbel besitzen. Doch fehlt den Dolichosauriern noch die Gelenkbildung in der Mitte der beiden Unterkiefer-Aeste, welche die typischen Pythonomorphen auszeichnet.

§ 314. Zweite Unterordnung der Pythonomorphen: **Mosasauria. Hauptseeschlangen.**

Pythonomorphen mit Intramandibular-Gelenk (zwischen Dentale und Coronoideum), meist ohne Episternum und ohne Sacral-Wirbel.

Die Unterordnung der Mosasaurier wird durch die typischen *Pythonomorphen* gebildet, welche sich von den vorhergehenden *Dolichosauriern* (— ihren vermuthlichen Ahnen —) hauptsächlich durch die Ausbildung des eigenthümlichen Intramandibular-Gelenkes auszeichnen, vermöge dessen die Vorderhälfte jedes Unterkiefer-Astes herabgebogen und dadurch der Schlund stark erweitert werden kann (wie bei den Schlangen). Als Uebergangsgruppe zwischen beiden Unterordnungen erscheinen die *Plioplatecarpida* (aus der Ober-Kreide von Holland), welche die Kieferbildung mit den echten *Mosasauriern* theilen, dagegen den Besitz von Episternum und von 2 Sacralwirbeln mit den *Dolichosauriern*. Von den riesengrossen echten Mosasauriern findet sich die

Mehrzahl in der oberen Kreide von Nordamerica (*Clidastes, Liodon, Edestosaurus* etc.), ähnliche auch in Neuseeland. Die älteste bekannte Form (schon 1786 beschrieben, als Cetacee) ist der berühmte *Mosasaurus Camperi* aus der oberen Kreide von Mastricht.

§ 315. Dritte Ordnung der Pholidoten:

Ophidia (= Serpentes). Schlangen.

Apodaler Seitenzweig der Lepidosaurier.

Lepidosaurier ohne Schultergürtel und Brustbein, ohne Füsse. Aeste des Unterkiefers in der Symphyse nur locker durch Band zusammenhängend. Schädel nicht lacertil, vollständig verknöchert, ohne Scheitelloch. Harnblase verschwunden.

Die Ordnung der Ophidia ist gleich der vorhergehenden nur ein specialisirter Zweig der *Lacertilien*-Ordnung, der aber wegen der zahlreichen Gattungen und Arten, in welche sich der einförmige Schlangen-Typus differenzirt hat, seit Langem als eine selbständige Ordnung betrachtet und in zahlreiche Familien eingetheilt wird. Die Ordnung der Schlangen ist erst sehr spät, frühestens während der Kreide-Zeit, aus einem Zweige der Lacertilien hervorgegangen. Fast alle fossilen Reste gehören der Tertiär-Zeit an; in der Kreide sind nur einzelne Wirbel einer einzigen angeblichen Schlange (*Cimoliophis*) gefunden worden (?). Der wesentliche Unterschied der Schlangen von ihrer Stammgruppe, den Eidechsen, besteht nicht in der bedeutenden Verlängerung des cylindrischen Körpers und dem damit verknüpften Verluste der Gliedmaassen (— welche in gleicher Weise auch bei manchen *Scincoiden* und *Chalcidien* erscheint —), sondern in der eigenthümlichen Lockerung des Kiefer-Apparates, entstanden durch Anpassung an das Verschlingen grosser Beutethiere. Der Mund ist dadurch in ungewöhnlichem Maasse erweiterungsfähig, dass die beiden Unterkiefer-Hälften nur durch ein elastisches Band zusammenhängen und sich weit von einander entfernen können. Das grosse Quadratbein, dessen Distal-Ende den Unterkiefer trägt, ist auch am Proximal-Ende sehr beweglich, eingelenkt am Hinterende eines grossen Schuppenbeins (Squamosum oder Supratemporale, auch Opisthoticum genannt); das Vorderende dieses letzteren ist ebenfalls beweglich, eingelenkt an der Seitenwand des Hirnschädels (zwischen Parietale und Prosoticum). Nicht minder frei beweglich ist der Oberkiefer-Apparat, dessen paarige Knochen weit auseinandertreten können. Der Oberkiefer hängt vorn nur durch ein

Band mit dem kleinen unpaaren Zwischenkiefer zusammen; hinten verbindet er sich durch ein Transversum mit dem sehr verlängerten Pterygoid-Bein, und dieses stösst hinten an das Distal-Ende des Quadratbeins, vorn an das lange Palatinum. Flügel- und Gaumen-Beine, jederseits dem Oberkiefer immer parallel laufend, berühren sich meistens nicht in der Mittellinie und können ebenfalls weit auseinandertreten. Ausser dieser characteristischen Lockerung des ganzen Kiefer-Apparates unterscheidet sich der Ophidier-Schädel von dem der Lacertilien auch durch die vollständige Verknöcherung der Hirnkapsel, den Mangel des Columnar-Beins und der Temporal-Bögen; Jugale und Quadrato-Jugale sind ganz rückgebildet; ebenso fehlt das Foramen parietale. Die Zähne sind bei allen Schlangen acrodont, spitz, kegelförmig und in den einzelnen Gruppen so mannichfach differenzirt, dass die Gebiss-Bildung in erster Linie zur systematischen Unterscheidung benützt wird.

Die Wirbelsäule der Ophidier zeichnet sich durch die grosse Zahl der Wirbel (meist mehrere Hundert, bisweilen über 400), ihre feste und zugleich sehr freie Gelenkverbindung und die Aequalisation der Wirbel aus. Da mit dem Wegfalle der Gliedmaassen und ihrer Gürtel auch Brustbein und Kreuzbein verschwinden, so können nur praecaudale (rippentragende) und caudale (rippenlose) Wirbel unterschieden werden. Alle Wirbel sind procoel, vollständig verknöchert, vorn mit halbkugeliger Gelenkfläche, hinten mit entsprechendem, kugeligem Gelenkkopf; der neurale Wirbelbogen trägt vorn ein Paar Gelenkleisten (Zygosphene), welche in ein Paar entsprechende Gelenkhöhlen (Zygantra) an der Hinterfläche des nächstvorderen Wirbelbogens passen. Die zahlreichen gut entwickelten Rippen sind stark gekrümmt, sehr beweglich und oben am Wirbelkörper frei eingelenkt, unten an den Bauchschildern der Haut befestigt, so dass die Schlangen durch abwechselndes Vorschieben der Rippen und Nachziehen der Bauchschilder auf diesen wie auf Beinen laufen.

Die Gliedmaassen sind bei den meisten Schlangen nebst ihren Gürteln völlig rückgebildet, in gleicher Weise wie bei den schlangenähnlichen Eidechsen (*Anguis, Acontias, Ophiosaurus, Amphisbaena etc.*). Aber bei diesen letzteren bleiben stets Reste des Schultergürtels und Brustbeins erhalten, während diese bei den Ophidiern ganz allgemein verschwunden sind. Dagegen bleiben bei einigen Schlangen Reste des Beckengürtels erhalten (*Tortricida, Pythonida, Typhlopida*), und einige Wickelschlangen und Riesenschlangen besitzen sogar noch rudimentäre Hinterbeine, die mit Krallen endigen (*Peropoda*).

Das Tegument der Ophidier gleicht dem der meisten Lacertilier, indem die Knochenschuppen der Lederhaut (Lepides) ganz verschwunden, um so mehr aber die Hornschuppen der Oberhaut (Pholides) entwickelt sind. Die mannichfaltige Differenzirung und Anordnung dieser hornigen Schuppen und Schilder (— die bei der Häutung im Zusammenhang abgestreift werden —) dient hauptsächlich zur Unterscheidung der zahlreichen Gattungen (250) und Arten (über 1000). Im übrigen Körperbau der Schlangen herrscht grosse Einförmigkeit; der streng erbliche Typus ist von dem der schlangenähnlichen Lacertilien nicht wesentlich verschieden; jedoch ist die Harnblase der letzteren bei den Ophidiern nicht mehr vorhanden.

§ 316. Erste Unterordnung der Ophidier:

Asinophidia. Lindschlangen.

(*Colubriformia. Invenenosa. Aglyphodonta et Opisthoglypha.*)

Stammgruppe und Hauptgruppe der Schlangen.

Ophidier ohne Giftdrüse und ohne Giftzähne, mit soliden Fangzähnen in dem langen Oberkiefer und Unterkiefer. Gaumenzähne vorhanden. Gaumenbeine zusammenstossend. Mund sehr erweiterungsfähig.

Die Unterordnung der Asinophidier umfasst die Hauptmasse der Schlangen und zugleich diejenigen Formen, die wir als die ältesten und weniger differenzirten ansehen können. Der Oberkiefer ist hier stets lang und ebenso wie der Unterkiefer mit zahlreichen soliden Fangzähnen besetzt; niemals trägt der Oberkiefer vorn einen echten Giftzahn; wohl aber ist bisweilen der letzte Zahn des Oberkiefers in einen Furchenzahn verwandelt (Suspecta). Diese Asinophidier mit Furchenzähnen bilden die Section der Opisthoglypha (oder Trugnattern), mit den Familien der *Homalopsida, Scytalida, Coelopeltida* u. s. w. Viel umfangreicher ist die Section der Aglyphodonta, bei welchen nur glatte, furchenlose Zähne im Oberkiefer und Unterkiefer stehen. Dazu gehören die wichtigen Familien der Riesenschlangen (*Pythonida*) und Wickelschlangen (*Tortricida*), welche beide Rudimente von Becken und Hinterbeinen conservirt haben. Die grössten Riesenschlangen der Gegenwart (*Python reticulatus* in Ostindien, *Eunectes murinus* in Südamerika) erreichen eine Länge von 8—10 m. Bei den übrigen Aglyphodonten sind gewöhnlich keine Reste der Hintergliedmaassen mehr zu finden; so bei den Nattern (*Colubrina*), den Baumschlangen (*Dendrophida*), den durch granulirte Haut ausgezeichneten Körnerschlangen (*Acrochordina*) u. s. w. Zu den Colubrinen gehören die häufigsten Lindschlangen Europas (*Coronella laevis, Coluber natrix* etc.).

§ 317. Zweite Unterordnung der Ophidier: **Toxicophidia. Giftschlangen.**

(*Viperiformia. Venenosa. Proteroglypha et Solenoglypha.*)

Moderner Specialisten-Zweig der Asinophidier.

Ophidier mit Giftdrüse und mit Giftzähnen in dem kurzen Oberkiefer, mit soliden Fangzähnen im Unterkiefer. Gaumenzähne vorhanden. Gaumenbeine getrennt. Mund sehr erweiterungsfähig.

Die Unterordnung der Toxicophidier stellt eine Specialisten-Gruppe dar, welche aus den ungiftigen *Asinophidiern* durch Verwandlung einer Speicheldrüse in eine Giftsdrüse entstanden ist; stets ist wenigstens der vorderste Zahn des Oberkiefers (oft mehrere) in einen Giftzahn verwandelt, mit einer Furche an der Vorderseite (oder mit einem Canal) versehen, durch welche das der Giftdrüse entstammende Gift abfliesst. Mit dieser Umbildung ist eine Verkürzung des Oberkiefers verbunden, sowie eine Reduction der Zahl seiner Zähne. Die Giftschlangen zerfallen in zwei Sectionen, die *Proteroglypha* und *Solenoglypha*. Die ältere von Beiden ist die Section der Proteroglyphen oder Giftnattern (*Colubrina venenosa*). Sie schliessen sich eng an die ungiftigen Aglyphodonta (*Colubrina innocua*) an, aus denen sie hervorgegangen sind. Der Oberkiefer ist von mässiger Länge und trägt vorn mehrere offene Giftzähne, an deren Vorderseite eine tiefe Furche (oder Giftrinne) zum Abfluss des Giftes verläuft; meistens stehen hinter den gefurchten Giftzähnen noch mehrere kleine solide Hakenzähne. Zu den Proteroglyphen gehören die Prunknattern (*Elapida*) mit rundem Schwanze (*Elaps*, *Naja*) und die Meerschlangen des Indischen Oceans (*Hydrophida*), mit seitlich zusammengedrücktem Ruderschwanze (*Hydrophis, Platurus*). Von den Elapiden stammt die Section der Solenoglyphen oder Giftnattern ab (*Viperina venenosa*). Der Oberkiefer ist hier sehr verkürzt und trägt nur einen oder wenige Giftzähne, aber keine soliden Hakenzähne dahinter. Die Giftrinne, welche bei den *Proteroglyphen* an der Vorderseite der Giftzähne herabläuft, ist bei den *Solenoglyphen* durch Verwachsung ihrer Ränder in einen Canal verwandelt, der sich nur unten gegen die Spitze des Giftzahnes öffnet. Gewöhnlich steht nur ein grosser Giftzahn im Oberkiefer und dahinter einige kleine Ersatzzähne. Zu dieser höchst specialisirten Section gehören die Familien der Vipern (*Viperida*) ohne Augengruben (*Vipera, Cerastes*) und der Grubenottern (*Crotalida*) mit Augengruben (*Crotalus, Lachesis*).

§ 318. Dritte Unter-Ordnung der Ophidier: Scolecophidia. Wurmschlangen.

(*Angiostomata. Uropeltida et Typhlopida*).

Regressiver Seitenzweig der Asinophidier.

Ophidier ohne Giftdrüse und ohne Giftzähne, auch ohne Gaumenzähne; mit wenigen und kleinen Zähnen nur auf Oberkiefer oder Unterkiefer, oder auf beiden. Augen und Schwanz rudimentär. Gaumenbeine zusammenstossend. Mund wenig erweiterungsfähig.

Die Unterordnung der Scolecophidia, mit den kleinen Familien der *Uropeltiden* und *Typhlopiden*, ist als eine verkümmerte Specialisten-Gruppe aufzufassen, welche aus den Asinophidiern durch Rückbildung, und zwar durch Anpassung an unterirdische Lebensweise entstanden ist; in Folge dessen sind die Augen und der Schwanz ganz rudimentär, das Gebiss verkümmert. Die *Scolecophidier* zeigen also unter den Schlangen ganz den nämlichen Process der Rückbildung, wie die *Glyptodermen* unter den Eidechsen, die *Caecilien* unter den Amphibien. Unter den Asinophidiern sind die *Tortriciden* oder Minirschlangen, welche ebenfalls in der Erde wühlend leben, den Scolecophidiern am nächsten verwandt; sie theilen mit ihnen die Rückbildung des Schwanzes und der Augen und besitzen auch noch, gleich den *Typhlopiden*, ein Becken-Rudiment. Ferner ist der Mund der *Tortriciden*, ebenso wie der der *Scolecophidier*, nur sehr wenig erweiterungsfähig; im Schädelbau stehen die ersteren zwischen den *Uropeltiden* und *Pythoniden* in der Mitte.

Abweichend von allen anderen Schlangen, ist hier das Quadratbein nicht an einem beweglichen Squamosum aufgehängt, sondern am Schädel selbst befestigt; und die Gaumenbeine treten hier in der Mittellinie zusammen, während sie sonst getrennt bleiben. Man könnte geneigt sein, diese und andere Eigenthümlichkeiten der engmündigen Wurmschlangen (*Angiostoma*) als ursprüngliche anzusehen; indessen ist es wahrscheinlicher, dass sie durch die eigenthümliche Lebensweise (Wühlen unter der Erde und Ernährung von Ameisen) erworben sind. Die kleine Familie der Uropeltiden (*Rhinophis, Uropeltis*) ist auf Süd-Indien und Ceylon beschränkt und trägt noch kleine Zähne in beiden Kiefern; hingegen die kleinen, regenwurmähnlichen Typhlopiden tragen Zähne entweder nur im Oberkiefer (*Typhlops*) oder im Unterkiefer (*Stenostoma*).

§ 319. Sechste Legion der Reptilien: **Crocodilia. Crocodile.**

Amphibische Generalisten mit getäfeltem Knochenpanzer und thecodontem Gebiss.

Reptilien mit Lacertilien-Habitus, mit dermalem, aus Längsreihen von Knochenplatten zusammengesetztem Panzer, kurzem Hals, langem Schwanz und zwei Paar kräftigen kurzen Gehfüssen. Wirbel amphicoel, platycoel oder procoel; zwei Sacralwirbel nicht verschmolzen. Rippen zweiköpfig. Schädel platt, mit unbeweglichem Quadratbein und verknöchertem Gaumendach. Scheitelloch fehlt. Kiefer sehr verlängert, mit thecodontem Gebiss. Zähne kräftig, in einer Reihe auf den Kieferrändern, in tiefe Alveolen eingekeilt. Brustgürtel ohne Praecoracoid. Beckengürtel mit drei getrennten Knochen-Paaren.

Die Legion der Crocodile umfasst eine grosse Anzahl von ausgestorbenen neben einer geringen Zahl von lebenden Formen, alle nach einem und demselben Typus gebaut, der nur innerhalb enger Grenzen sich weiter fortbildet. Nur die Protosuchier, die älteren Crocodile der Trias-Zeit (*Belodontia* und *Aëtosauria*) schliessen sich noch eng an die *Tocosaurier*, und zwar an die *Progonosaurier* an. Die Hauptmasse der Legion bildet die Ordnung der Typosuchier, der typischen Crocodile (*Mesosuchia* und *Eusuchia*); diese treten schon im Lias auf, sind in Kreide und Tertiärzeit reich vertreten und bis zur Gegenwart fortgesetzt. Die älteren mesozoischen Crocodile waren grösstentheils Meeresbewohner, die neueren und tertiären Formen, wie die der Gegenwart, Süsswasser-Thiere von amphibischer Lebensweise. Die Mehrzahl der Arten sind grosse, zum Theil colossale Thiere; einige lebende Arten bis 10 m, einige fossile gegen 20 m lang. Nur unter den älteren Gruppen finden sich auch solche von geringer Grösse, sehr ähnlich grösseren Eidechsen (*Monitoren*); die kleinsten Arten sind 0,5—0,8 m lang.

Im äusseren Habitus, wie in den wesentlichen Grundzügen des Körperbaues schliessen sich die Crocodile zunächst an ihre Stammgruppe, die *Tocosaurier* an, demnächst auch an die *Lacertilien*, mit denen sie früher vereinigt waren. Sie unterscheiden sich von diesen hauptsächlich durch das unbewegliche Quadratbein, das thecodonte

Gebiss und den starken Knochen-Panzer der Haut, welcher aus grossen, in Längs- und Quer-Reihen geordneten, meist viereckigen Knochentafeln zusammengesetzt ist. Der After ist bei allen lebenden Crocodilen eine Längsspalte, während er bei den Lacertilien eine Querspalte darstellt. Der unpaare Penis liegt (wie bei den Schildkröten) an der Vorderwand der Cloake, während die Eidechsen und Schlangen an deren Hinterwand einen doppelten Penis tragen.

Tegument. Der characteristische Hautpanzer der Crocodile ist stets aus mehreren (mindestens zwei dorsalen) Längsreihen von grossen Knochentafeln (Scuta) der Lederhaut zusammengesetzt, hervorgegangen aus den kleineren und dünneren Knochenschuppen der *Tocosaurier*. Bisweilen ist der ganze Körper in einen festen Knochen-Panzer eingeschlossen, der aus zahlreichen Längs- und Quer-Reihen von viereckigen Tafeln besteht (2—6 dorsale, 4—8 ventrale Längsreihen); meistens ist aber der Panzer der Bauchseite schwach oder gar nicht entwickelt. Die Knochenschilder der Lederhaut zeigen meist eine grubige oder narbige Oberfläche und sind bedeckt von entsprechenden Horntafeln der Oberhaut. Die gürtelförmigen Querreihen des Rumpfes sind ursprünglich metamer, entsprechend den Myomeren. Auch die Schilder des starken, seitlich zusammengedrückten Schwanzes sind segmental geordnet und bilden Wirtel, je einen um jeden Wirbel. Meistens erheben sich die Kiele der dorsalen Schwanzschilder zur Bildung eines Kammes, welcher in der vorderen Schwanzhälfte paarig, in der hinteren dagegen unpaar ist.

§ 320. Skelet der Crocodile.

Wirbelsäule. Bei allen Crocodilen ist die Wirbelsäule vollständig verknöchert und aus einer sehr constanten Zahl von kräftigen Wirbeln zusammengesetzt. Die Zahl der praesacralen Wirbel erhält sich bei allen typischen Crocodilen auf 24; davon kommen meistens 9 auf die Hals-, 11—12 auf die Brust-, und 3—4 auf die Lenden-Region. Auf letztere folgen stets 2 getrennte Sacral-Wirbel. Die Zahl der Schwanzwirbel ist variabel, beträgt aber mindestens 35. Die älteren, vor der Kreide lebenden Crocodile (in Jura- und Trias-Zeit) besassen amphicoele oder platycoele Wirbel, später wurden dieselben procoel (während der mittleren Kreide-Zeit); alle tertiären und recenten Crocodile haben nur procoele Wirbel. Die Wirbel-Centren sind durch Faserknorpel verbunden und gewöhnlich zeitlebens von den Neuralbögen durch eine Sutur getrennt. Die Rippen sind zweiköpfig, die kurzen Halsrippen beweglich und beilförmig verbreitert. Die Brustrippen werden von langen, staffelförmigen Querfortsätzen der Brustwirbel getragen und besitzen zum Theil nach oben und hinten gerichtete Hakenfortsätze (wie bei den Vögeln). In der Bauchwand des Abdomen liegen meistens sieben Paar spangenförmige Hautknochen, die als »Bauchrippen« bekannt und unten durch ein Sternum abdominale verbunden sind. Vor dem Sternum pectorale liegt stets ein schmales Episternum.

Schädel. Das Cranium aller Crocodile ist dreieckig, mit schmaler Basis und breitem Kiefer-Apparat, flach und niedrig, mit kleiner Hirnhöhle. Alle Schädelknochen bleiben das ganze Leben hindurch in fester Naht-Verbindung; insbesondere ist das unbewegliche Quadratbein sehr gross und fest, der seitlichen Schädelwand eingefügt. Ein Foramen parietale fehlt. Beide Schläfenbögen sind verknöchert und meistens auch beide Schläfengruben vorhanden. Die vollständig verknöcherte Paukenhöhle zeichnet sich durch eigenthümliche Structur aus. Die paarigen Knochen des Zwischenkiefers und Unterkiefers bleiben durch Naht getrennt. Ein grosser Theil der festen, aber leichten Schädelknochen (auch der Unterkiefer) ist pneumatisch, und ihre Lufträume communiciren theils mit den Nasenhöhlen, theils mit der Paukenhöhle und Eustachischen Röhre. Da alle diese Hohlräume beim Untertauchen durch Klappen abgeschlossen werden können, so dass die Luft nicht entweichen kann, so bewirkt diese Pneumaticität des Schädels eine beträchtliche Verminderung des specifischen Gewichts.

Von besonderer Wichtigkeit ist am Schädel der Crocodile das Gaumendach und dessen Verhältniss zu den Nasenhöhlen. Bei den *Protosuchia* der Trias-Zeit ist dessen Bildung noch ähnlich, wie bei den Tocosauriern, von denen sie abstammen, und wie bei den Lacertilien (Monitoren). Die äusseren Nasenlöcher (Narina) liegen hier über den inneren (Choana), bald seitlich ganz vorn (*Pseudosuchia*), bald mehr gegen die Mitte des Schädeldachs (*Parasuchia*); die Axe der Nasengänge ist mehr oder weniger senkrecht. Die Choanen münden vor den Gaumenbeinen, welche nicht zur Bildung des knöchernen Gaumendaches in der Mitte zusammenstossen. Bei den post-triassischen *Typosuchia* hingegen verlängert sich das letztere nach hinten, indem zunächst die Gaumenbeine (*Mesosuchia*), später auch die Flügelbeine (*Eusuchia*) in der Mitte des Gaumens sich vereinigen Dadurch verlängern sich die Nasengänge beträchtlich, und ihre Axe nähert sich der Horizontalen; die Choanen münden nun weit hinten aus, zuletzt fast unter dem Hinterhauptsloch (*Eusuchia*).

Die Zähne der Crocodile sind kräftige, kegelförmige, spitze Fangzähne und stehen immer in einfacher Reihe hinter einander auf den verlängerten Kieferbogen, eingekeilt in tiefe Alveolen. Die Krone ist oft etwas zusammengedrückt und gefurcht, bisweilen zweischneidig. Der Zahnwechsel geschieht bei den Typosuchiern in der Weise, dass die

Keime der Ersatzzähne sich im Grunde der Alveolen (an der Innenseite) entwickeln, dann in die konische Pulpa der langen hohlen Wurzeln eindringen und die alten Zähne kappenförmig abheben. Bei den älteren Crocodilen sind die Zähne wenig, bei den neueren stärker differenzirt; oft bilden sich hier einzelne Vorderzähne (besonders der vierte Zahn des Unterkiefers) zu stärkeren Fangzähnen aus.

Gliedmaassen. Die Extremitäten der Crocodile sind zwei Paar kurze, aber starke Gehbeine, die sowohl zum Laufen als zum Schwimmen dienen, entsprechend ihrer amphibischen Lebensweise. Die Hinterbeine sind etwas länger und stärker als die Vorderbeine. Ursprünglich sind alle vier Füsse fünfzehig; aber bei vielen jüngeren Formen (auch bei allen jetzt lebenden) ist die fünfte Zehe der Hinterfüsse verloren gegangen; letztere tragen meistens eine mehr oder weniger vollständige Schwimmhaut.

Der Schultergürtel conservirt bei den *Protosuchiern* der Trias-Zeit noch wesentlich die Bildung der *Tocosaurier*; insbesondere gleichen Coracoid und Clavicula denjenigen der *Rhynchocephalen.* Die lange Scapula ist hier schmäler als das scheibenförmige Coracoid. Bei den *Typosuchiern* der post-triassischen Perioden hingegen ist die Scapula breiter als das ähnliche verlängerte Coracoid; die Clavicula ist bei dieser zweiten Ordnung verschwunden.

Der Beckengürtel zeigt bei allen Crocodilen die drei Knochen paare wohl entwickelt und stets getrennt. Sowohl die Schambeine als die Sitzbeine sind schmal, unten verbreitert und durch Symphyse vereinigt. Die breiteren Darmbeine sind bei den *Protosuchia* ähnlich denen von *Monitor* und besitzen zwei Gelenkflächen, eine vordere für das Pubis, eine hintere für das Ischium; bei den *Typosuchia* hingegen verbindet sich das Sitzbein durch zwei Fortsätze mit dem Darmbein, wodurch das Schambein von der Bildung der Hüftgelenkpfanne ausgeschlossen wird.

Die Knochen der Gliedmaassen, alle wohl entwickelt, sind hinten etwas länger und stärker als vorn; sie gleichen bei den meisten *Protosuchia* mehr denjenigen der *Tocosauria* als der *Typosuchia*, und zeigen theilweise eine vollkommene Uebergangs-Bildung zwischen beiden Gruppen. Gewöhnlich ist vorn die Ulna etwas grösser als der Radius, beide wenig kürzer als der starke Humerus; hinten die Fibula etwas länger als die stärkere Tibia, beide etwas kürzer als das schlanke Femur. Die entsprechenden Knochen der Hinterbeine sind bei den älteren Crocodilen bedeutend, bei den jüngeren wenig stärker als die der Vorderbeine. Bei den triassischen *Protosuchiern*, welche (meistens?) vorn und hinten 5 Zehen trugen, war deren Phalangen-Zahl vermuthlich ähnlich derjenigen der Tocosaurier und Lacertilien; bei den *Typo-*

suchiern beträgt die Zahl der Phalangen an den 5 Fingern der Hand 2, 3, 4, 4, 3, an den 4 Zehen des Hinterfusses 2, 3, 4, 4, die fünfte fehlt hier; auch der fünfte Metatarsus ist hinten rudimentär. Vorn und hinten tragen die drei inneren Zehen spitze Krallen.

An jungen (8 cm langen) Embryonen des heutigen *Eucrocodilus* (*biporcatus*) ist vor kurzem die interessante Beobachtung gemacht worden, dass die beiden ulnaren Finger der Hand sich vorübergehend durch Hyperphalangie auszeichnen; der IV. zeigt 7, der V. 5 bis 6 Phalangen. Mit Recht wurde daraus der Schluss gezogen, dass die älteren (mesozoischen) Ahnen derselben Schwimmfüsse besassen und eine pelagische Lebensweise führten. Das ist in der That der Fall bei ihren Lias-Ahnen, den *Pelagosauriern*. Diese selbst stammen aber wieder von älteren Ahnen der Trias-Zeit ab, welche Gangfüsse mit der normalen Phalangen-Zahl besassen (*Archisuchia*, *Tocosauria*).

§ 321. Malacom der Crocodile.

Der Bau des Weichkörpers der Crocodile — soweit er durch das Studium der lebenden *Eusuchier* allein bekannt ist — entfernt sich in vielen Beziehungen von demjenigen der *Lacertilien*; er nähert sich vielmehr in einigen wichtigen Punkten demjenigen der *Chelonier*, in anderen dem der Vögel. Mit den Schildkröten theilen die Crocodile die besondere Bildung des Afters, der einen Längsspalt darstellt, und des unpaaren spongiösen Penis, der von der vorderen Cloakenwand entspringt. Beide Legionen unterscheiden sich dadurch wesentlich von den *Pholidoten* (= Plagiotremen), bei welchen der After einen Querspalt bildet und paarige, schlauchförmige Penes in einer Tasche der hinteren Cloakenwand liegen. Den Vögeln nähern sich die Crocodile durch die Rückbildung der Harnblase, die Bildung des musculösen Magens und des höher differenzirten Gehirns; insbesondere durch die starke Entwickelung des Cerebellum, an welchem ein quergefurchtes Mittelstück (»Wurm«) von zwei seitlichen »kleinen Hemisphären« geschieden ist. Ferner sind die Crocodile die einzigen Reptilien, bei welchen die beiden Herzhälften (rechte und linke) durch ein vollständiges Septum ganz getrennt sind; trotzdem bleiben sie »kaltblütig«, weil im Arterien-Bulbus eine offene Communication zwischen dem linken und rechten Aortenbogen bestehen bleibt, das Foramen Panizzae. Auch in besonderen Verhältnissen der Ontogenese gleichen die Crocodile mehr den Cheloniern und Vögeln, als den Pholidoten.

Die Lebensweise der Crocodile ist bald mehr, bald minder amphibisch. Die ältesten Formen der Trias (*Protosuchia*) waren theils Land-, theils Süsswasser-Bewohner. Die nachfolgenden *Mesosuchier* des

Jura gingen grösstentheils zu dem Aufenthalt im Meere (besonders an den Küsten) über. Aber schon zu Ende der Jura- und im Anfang der Kreide-Periode wanderten viele Formen wieder in das Süsswasser über und wurden limnetisch. Die amphibische Lebensweise der jüngeren Crocodile (*Eusuchia*), die sich abwechselnd in Flüssen und Seen und auf den Ufern aufhalten, hat durch Anpassung eine Anzahl besonderer Eigenschaften ausgebildet. Beim Untertauchen sind die Hautklappen von grossem Nutzen, durch welche vorn die Narinen, hinten die Choanen und aussen die Trommelfelle geschützt werden, ebenso die drei Augenlider (oberes, unteres und inneres). Obwohl auch die modernen Crocodile gut schwimmen und tauchen, zeigen doch ihre Gehfüsse niemals mehr die Bildung von eigentlichen Schwimmfüssen, wie sie bei ihren jurassischen Vorfahren, den *Pelagosauriern*, bestand, und noch ausgesprochener bei den gleichzeitig lebenden *Halisauriern*.

(§§ 322 und 223 auf S. 364 und 365.)

§ 324. Erste Ordnung der Crocodile:

Protosuchia. Urcrocodile.

Stammgruppe der Crocodile, in der Trias-Periode.

Nasengänge kurz, mehr oder weniger aufrecht oder vertical. Aeussere Nasenlöcher (Narina) vorn, seitlich oder oben gegen die Mitte des Schädels gelegen, getrennt. Innere Nasenlöcher (Choana) direct unter den äusseren gelegen, am Vorderende der Gaumenbeine, welche ebenso wie die Flügelbeine nicht in der Mitte zusammenstossen. Scheitelbeine und Stirnbeine paarig (die Knochen beider Seiten getrennt). Clavicula vorhanden. Hüftgelenk-Pfanne von allen drei Becken-Knochen gebildet.

Die Ordnung der Protosuchier oder Urcrocodile ist nur durch wenige, aber sehr eigenthümliche und interessante Familien vertreten, welche in der Trias-Zeit lebten. Sie bildet die Stammgruppe der Legion, aus welcher erst gegen Ende dieser Periode oder im Beginne der Jura-Periode sich die Hauptgruppe der *Typosuchier* entwickelt hat. Wir unterscheiden in dieser Ordnung drei verschiedene Unterordnungen: die erste wird durch die Archisuchia der Trias gebildet, die gemeinsame Stammgruppe aller Crocodile; von dieser leiten sich als zwei verschiedene Seitenzweige, tief unten vom gemeinsamen Stamm abgehend, einerseits die Parasuchia (*Belodontia*), anderseits die

§ 322. System der Crocodile.

Ordines	Subordines	Sectiones	Familiae
I. Protosuchia (*Crocodilarcha*) **Urcrocodile** Nasengänge kurz, aufrecht. Choanen vorn. Parietalia paarig (durch Naht verbunden). Clavicula vorhanden. Hüftgelenk-Pfanne von Ilium, Ischium und Pubis gebildet Trias	**1. Archisuchia** Gemeinsame Stamm-Gruppe aller Crocodile Trias	**1. Procrocodilia** + (*Protosuchia progonosauria*)	1. *Procrocodilus primigenius* ⊙ (hypothetisch) 2. *Stagonolepis Robertsoni* (Keuper v. Schottland)
	2. Parasuchia Urcrocodile mit langer Schnauze Trias	**2. Belodontida** + (*Protosuchia longirostra*)	1. *Belodon Kapfii* (Keuper v. Stuttgart) 2. *Parasuchus Hislopi* (Trias v. Ostindien)
	3. Pseudosuchia Urcrocodile mit kurzer Schnauze Trias	**3. Aëtosaurida** + (*Protosuchia brevirostra*)	1. *Aëtosaurus ferratus* (Keuper v. Stuttgart) 2. *Typothorax coccinarium* (Trias von Mexico)
II. Typosuchia (*Crocodilura*) **Hauptcrocodile** Nasengänge lang, gestreckt. Choanen mitten oder hinten. Parietalia unpaar (verschmolzen). Clavicula fehlt. Hüftgelenk-Pfanne nur von Ilium u. Ischium gebildet (Pubis ausgeschlossen) Jura, Kreide, Tertiär, Praesent	**4. Mesosuchia** Gaumendach lang. Palatina vereinigt. Pterygoidea getrennt. Choanen in der Mitte des Schädels. Wirbel amphicoel (Lias bis Neocom)	**4 A. Teleosauria** + (*Mesosuchia longirostra*)	1. *Pelagosaurida* 2. *Telidosaurida* 3. *Teleosaurida* und 4. *Metriorhynchida* (alle vier marin, im Jura) 5. *Macrorhynchida* (limnetisch in der Unter-Kreide)
		4 B. Goniopholida + (et Bernissartida) (*Mesosuchia brevirostra*)	1. *Atoposaurida* (marin im Ober-Jura) 2. *Goniopholida* und 3. *Bernissartida* (beide limnetisch in Ober-Jura und Unter-Kreide)
	5. Eusuchia Gaumendach sehr lang. Palatina vereinigt. Pterygoidea vereinigt. Choanen hinten an der Schädelbasis. Wirbel procoel (Neocom, Tertiär, Recent)	**5 A. Gaviales** V (*Eusuchia longirostra*)	1. *Rhynchosuchida* (marin in Ober-Kreide und Tertiär; lebend in Flüssen von Borneo (Tomistoma) 2. *Gavialida* (limnetisch; tertiär und lebend in Ostindien)
		5 B. Alligatores V (et Eucrocodilida) (*Eusuchia brevirostra*)	1. *Eucrocodilida* und 2. *Alligatorida* (beide limnetisch in Kreide, Tertiär und lebend)

§ 323. Stammbaum der Crocodile.

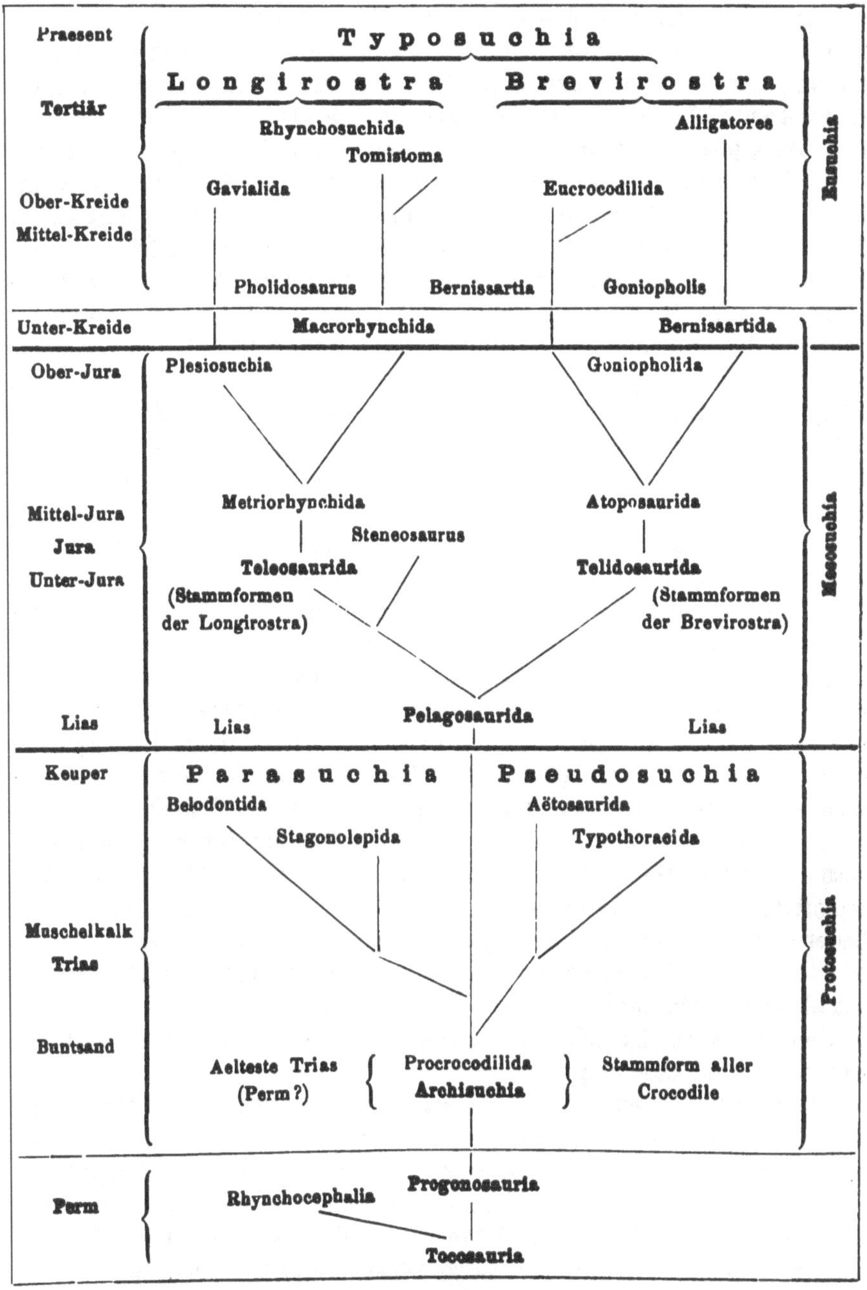

Pseudosuchia (*Aëtosauria*) ab. Der Hauptstamm setzt sich oben in die *Typosuchier* fort. Im gesammten Skeletbau sowohl, als besonders in der Bildung des Schädels und der Gliedergürtel erinnern diese »Urcrocodile« noch vielfach an die Tocosaurier (*Progonosaurier* und *Rhynchocephalen*), von denen sie abzuleiten sind; aber in der Panzerbildung der Hautdecke und dem thecodonten, auf die Kieferränder beschränkten Gebisse erweisen sie sich bereits als echte »*Loricata*«.

Als typische Merkmale der *Protosuchier*, durch welche sie sich von ihren Epigonen, den *Typosuchiern*, scheiden, sind hervorzuheben die Bildung des Schultergürtels und Beckengürtels, ähnlich derjenigen der *Tocosaurier*; insbesondere ist noch die Clavicula vorhanden, und die Pfanne des Hüftgelenkes setzt sich aus allen drei Beckenknochen zusammen: oben Ilium, vorn Pubis, hinten Ischium. Ferner bleiben die paarigen Scheitelbeine und Stirnbeine durch Naht getrennt. Das Gaumendach ist nur vorn geschlossen, hinten weit offen, indem Gaumen- und Flügelbeine nicht in der Mitte zusammenstossen. Daher liegen die inneren Nasenöffnungen unter (oder nur wenig hinter) den äusseren. Die Wirbel sind wahrscheinlich bei allen Protosuchiern amphicoel, die Füsse vorn und hinten fünfzehig.

Die drei Unterordnungen der *Protosuchier* sind bis jetzt nur durch wenige Gattungen bekannt, welche ebenso viele Familien repräsentiren. Die Archisuchia (= *Procrocodilia*) enthalten die ältesten gemeinsamen Stammformen aller Crocodile, welche wahrscheinlich schon im Beginne der Trias-Periode (— oder vielleicht selbst gegen Ende der Perm-Zeit —) sich von den *Tocosauriern* abgezweigt haben; unter letzteren nähern sie sich theils den *Progonosauriern*, theils den *Rhynchocephalen*. Ausser *Episcoposaurus* und *Stagonolepis* scheint auch *Parasuchus* ein Ueberrest jener Stammgruppe zu sein; ihr Schädel (— soweit bekannt —) glich mehr dem der Tocosaurier, als der übrigen Protosuchier. Namentlich erinnert bei *Parasuchus* die Bildung des Basioccipitale an Rhynchocephalen. Bei *Stagonolepis* scheint die ganze Lederhaut mit Knochen-Schüppchen erfüllt gewesen zu sein, wie es bei den meisten Tocosauriern vorauszusetzen ist; ausser 2 Längsreihen von oblongen Rückenplatten und 8 Längsreihen von quadratischen Bauchplatten war auch der Schwanz ringsum gepanzert, und auch die Gliedmaassen waren beschuppt.

Die Unterordnung der triassischen Parasuchia ist am besten durch die Familie der *Belodontida* bekannt; grosse, gavialähnliche Thiere mit hohem Nasenkamm. *Belodon Kapfi* (aus dem oberen Keuper von Stuttgart) erreichte 3 m Länge. Eine besondere Eigenthümlichkeit dieser Gruppe ist die beträchtliche Länge der schmalen Zwischenkiefer, die sich in Gestalt eines hohen, seitlich zusammengedrückten, vorn herabgekrümmten Knochenkammes erheben; wahrscheinlich trug derselbe ein schneidendes Nashorn oder eine kammförmige Reihe von Stacheln. Dadurch sind die äusseren Nasenlöcher (abweichend von allen anderen Crocodilen) weit nach hinten gerückt und liegen oben in der Mitte des Schädeldaches nahe bei einander, gerade über den Choanen. Unterhalb derselben liegen seitlich ein Paar grosse Thränen-Höhlen (Antorbital-Gruben).

Während die langschnautzigen *Parasuchia* an die *Longirostra* unter den Typosuchiern erinnern, gleichen dagegen die *Pseudosuchia* durch ihre kurze Schnauze den *Brevirostra*. Diese Unterordnung ist fast nur durch *Aëtosaurus ferratus* bekannt, ein kleines »Urcrocodil« aus dem Keupersandstein von Heslach bei Stuttgart, 0,8—0,9 m lang. Eine einzige Platte dieses Sandsteins (fast 2 Quadratmeter gross) enthielt 24 wohl erhaltene Individuen — ein lehrreiches Beispiel für die Bedeutung des Zufalls, von welchem unsere Kenntniss der lückenreichen palaeontologischen Urkunden abhängt. Der zusammenhängende Knochenpanzer von *Aëtosaurus* reicht vom Hinterhaupt bis zur Schwanzspitze und ist oben aus 2 dorsalen, unten aus 8 ventralen Längsreihen von rechteckigen Tafeln zusammengesetzt. — Nahe verwandt scheint *Typothorax coccinarium* (aus der Trias von Neu-Mexico) zu sein; bei diesem merkwürdigen Urcrocodil sind die Rippen so stark verbreitert, dass sie sich mit ihren Rändern berühren, und jede ist von einem bandförmigen Hautknochen bedeckt, wie am Carapax der Chelonier (!).

§ 325. Zweite Ordnung der Crocodile:

Typosuchia. Hauptcrocodile.

Typische Hauptgruppe der echten Crocodile, von der Lias-Periode bis zur Gegenwart.

Nasengänge lang, gestreckt oder horizontal. Aeussere Nasenlöcher (Narina) ganz vorn, am Vorderende der Schnauze vereinigt. Innere Nasenlöcher (Choana) weit nach hinten gerückt, am Hinterende eines geschlossenen breiten Gaumendaches, zu dessen Bildung stets die Gaumenbeine, oft auch die Flügelbeine in der Mitte zusammenstossen. Scheitelbeine (und meist auch Stirnbeine) unpaar (die paarigen Knochen verschmolzen). Clavicula verschwunden. Hüftgelenk-Pfanne nur von zwei Beckenknochen gebildet (Darmbein und Sitzbein); Schambein ausgeschlossen.

Die formenreiche Ordnung der **Typosuchia** umfasst die typischen Crocodile, von Beginn der Jura-Periode bis zur Gegenwart. Diese Ordnung ist durch zahlreiche fossile und eine geringere Zahl lebender Formen vertreten, welche alle nur als mannichfach, aber leicht modificirte Variationen eines und desselben Themas gelten können. Die systematischen Merkmale, durch welche die zahlreichen Familien und Gattungen der Typosuchier getrennt werden, sind an sich sehr geringfügiger Natur. Trotzdem ist die Phylogenie dieser monophyletischen Ordnung von hohem Interesse, weil die palaeontologischen Documente vom Lias bis zur Gegenwart reichhaltig vorliegen und sich die allmählige morphologische Umbildung des ursprünglichen Typus — und zwar in parallelen Astgruppen — Schritt für Schritt verfolgen lässt.

Die **Entstehung der Typosuchier**, durch Umbildung eines Zweiges der Protosuchier (der *Archisuchia*) fällt spätestens in den Beginn der Jura-Periode (Lias), vielleicht schon in das Ende der Keuper-Periode. Die osteologischen Veränderungen, welche sich während dieser Transformation vollzogen, bestanden hauptsächlich 1) in der Ausbildung eines langen, knöchernen Gaumendaches, durch mediane Symphyse der Palatina, später auch der Pterygoidea; 2) in der dadurch bewirkten Ausbildung langer Nasengänge, die hinten in die Mundhöhle münden; 3) in der medianen Verschmelzung der paarigen Scheitelbeine (später auch der Stirnbeine); 4) in dem Verluste der Clavicula; 5) in der Bildung eines Schamfortsatzes des Darmbeins, durch welchen das Schambein von der Bildung der Hüftgelenkpfanne ausgeschlossen wird.

Als gemeinsame Stammgruppe der Typosuchier betrachten wir die **Pelagosauria** des Lias, welche aus einer älteren Gruppe der Archisuchier der Trias (*Procrocodilia*) abzuleiten sind. Unter den wenigen, unvollständig bekannten Ueberresten dieser letzteren sind vielleicht die als *Stagonolepis* und *Parasuchus* beschriebenen Formen jener ersteren am nächsten verwandt. Die *Pelagosaurier* waren vortreffliche Schwimmer und hatten durch Anpassung an pelagische Lebensweise zum Theil Schwimmfüsse erworben; ein Zeugniss dafür giebt noch heute die Hyperphalangie der beiden ulnaren Finger bei den Embryonen ihrer modernen Epigonen, der heutigen Eucrocodile (§ 320). Der alte, nur wenig bekannte Stamm der liassischen *Pelagosaurier* spaltete sich schon frühzeitig in zwei divergente Hauptäste, welche bei ihrer weiteren Entwickelung vollkommen parallel laufen, die langschnauzigen *Teleosaurida* und die kurzschnauzigen *Telidosaurida*; erstere die Stammformen der *Longirostra*, letztere der *Brevirostra*. Bei den **Longirostra**, den Typosuchiern mit verlängerter schmaler Schnauze, erreichen die Nasenbeine niemals die äusseren Nasenlöcher und sind meistens durch einen weiten Zwischenraum davon getrennt; die Symphyse des Unterkiefers ist lang, vom Dentale und Operculare gebildet; die Zähne sind wenig differenzirt. Dies ist der Fall bei den *Teleosauriern* und *Gavialen*. Dagegen bei den Brevirostra, den Typosuchiern mit kürzerer, vorn breiter Schnauze, erreichen die Nasenbeine die äusseren Nasenlöcher oder sind nur durch einen schmalen Zwischenraum davon getrennt; die Symphyse des Unterkiefers ist kurz, nur vom Dentale gebildet; die Zähne sind stärker differenzirt. Dies ist der Fall bei den *Goniopholen* und *Alligatoren*.

Während diese phylogenetische Zweitheilung der Typosuchier sich auf die frühzeitige liassische Scheidung der *Longirostra* und *Brevirostra* gründet, können in jeder dieser beiden Ordnungen wieder zwei Unterordnungen palaeontologisch und morphologisch getrennt werden, die *Mesosuchia* und *Eusuchia*. Die Gruppe der Mesosuchia umfasst die älteren Typosuchier, vom Lias bis zur Wälderkreide (oder Unterkreide). Ihre Wirbel sind noch amphicoel; das knöcherne Gaumendach ist noch von mässiger Länge, nur die Palatina (nicht die Pterygoidea) stossen zu seiner Bildung in der Mitte zusammen; die Choanen liegen daher in der Mitte der unteren Schädelfläche. Das ist der Fall bei den *Teleosaurien* und *Goniopholen*. Die Gruppe der Eusuchia hingegen umfasst die jüngeren Typosuchier, von der Mittelkreide an bis zur Gegenwart. Ihre Wirbel sind procoel geworden, und zur Bildung des sehr langen knöchernen Gaumendaches treten bei ihnen nicht nur die Palatina, sondern auch die Pterygoidea in der Mitte zusammen; die Choanen liegen daher ganz hinten an der Schädelbasis. Das ist der Fall bei den *Gavialen* und *Alligatoren*. Die wichtigen Veränderungen der Wirbel und des Schädels, welche die Umbildung der älteren *Mesosuchia* in die jüngeren *Eusuchia* bewirkten, vollzogen sich während der mittleren Kreidezeit, und zwar ganz gleichlaufend in den beiden Astgruppen der *Longirostra* und *Brevirostra*; sie stehen in ursächlichem physiologischen Zusammenhang mit der veränderten Lebensweise beider Gruppen. Alle älteren jurassischen Typosuchier, vom Lias bis zum Ende der Jura-Periode, waren Seethiere (wahrscheinlich Küstenbewohner) und nährten sich von Fischen. Im Beginne der Kreide-Periode verliessen sie das Meer, wanderten in die Flüsse und gewöhnten sich an gemischte Nahrung. Dieser Uebergang von der marinen zur limnetischen und amphibischen Lebensweise vollzog sich unabhängig und gleichzeitig in den beiden Gruppen der *Longirostra* und *Brevirostra*. Die Crocodile der Tertiär-Zeit und der Gegenwart sind Bewohner des süssen Wassers. Ausser der angeführten zeigen auch noch andere, geringfügigere Veränderungen der Schädelstructur den Verlauf jener phyletischen Metamorphose an, welcher durch folgende Tabelle übersichtlich wird:

Uebersicht über die vier Hauptgruppen der Typosuchier:

Typosuchia	**I. Longirostra**	**II. Brevirostra**
Post-triassische Crocodile, ohne Clavicula. Pubis vom Acetabulum ausgeschlossen	Schnauze lang. Mandibular-Symphyse lang, von Dentale und Operculare gebildet	Schnauze kurz. Mandibular-Symphyse kurz, nur vom Dentale gebildet
A. Mesosuchia	**1. Teleosauria**	**2. Goniopholes**
Wirbel amphicoel, Pterygoidea getrennt. Vom Lias bis zur Unterkreide, meistens marin	Familien der *Pelagosaurida*, *Telidosaurida*, *Teleosaurida*, *Metriorhynchida*, *Macrorhynchida*	Familien der *Atoposaurida*, *Goniopholida*, *Bernissartida*
B. Eusuchia	**3. Gaviales**	**4. Alligatores**
Wirbel procoel. Pterygoidea vereinigt. Von der Mittelkreide bis zur Gegenwart, meistens limnetisch	Familien der *Rhynchosuchida* und *Gavialida*	Familien der *Eucrocodilida* und *Alligatorida*

§ 326. Siebente Classe der Wirbelthiere:

Dracones. Drachen.

Warmblütige Sauropsiden ohne Flügel und Schwungfedern.

Amnioten mit vollkommener Trennung beider Circulations-Gebiete (daher warmblütig: Thermocardia). Herz vierkammerig: linke Hälfte mit oxydischem, rechte mit carbonischem Blut. Haut mit Schuppen oder Knochentafeln bedeckt, bisweilen nackt(?). Carpomelen nicht in Flügel verwandelt, ohne Schwungfedern. Schädel ohne Scheitelloch, monocondyl, mit dem zusammengesetzten Unterkiefer durch ein Quadratgelenk verbunden.

Die Classe der Drachen (*Dracones*) umfasst die beiden Legionen der Dinosaurier und Pterosaurier, zwei ausgestorbene Amnioten-Gruppen der Secundär-Zeit, welche bisher allgemein zu den ***Reptilien*** gestellt wurden. Sie entfernen sich aber von den echten, kaltblütigen Reptilien durch manche eigenthümliche Besonderheiten ihrer Organisation; die Verhältnisse ihrer Skelet-Structur und ihrer Lebensweise machen es im hohen Grade wahrscheinlich, dass diese längst ausgestorbenen Amnioten warmblütig waren, gleich den nahe verwandten Vögeln, und dass ihre Hautdecke mit Federn, Haaren oder ähnlichen, gut Wärme haltenden Epidermis-Bildungen bedeckt war. Für diese Annahme spricht in erster Linie die Pneumaticität des Skeletes.

Sowohl bei einem grossen Theile der Dinosaurier als der Pterosaurier ist diese Eigenthümlichkeit in nicht geringerem Grade ausgebildet als bei den Vögeln, bei manchen sogar im allerhöchsten Grade (*Coeluriden*). Sowohl die hohlen, lufthaltigen Röhrenknochen der Gliedmaassen als die Wirbel und ein Theil der Schädelknochen zeigen Oeffnungen zum Eintritt von Luftsäcken, und diese werden, wie bei den Vögeln, durch Ausstülpungen der Lunge entstanden sein. Man darf sogar vermuthen, dass ähnliche Luftsäcke auch einen Theil der Leibeshöhle erfüllt haben, gleich denen der Vögel; und dass dadurch das specifische Gewicht bedeutend herabgesetzt wurde. Für die fliegenden *Pterosaurier* musste diese Einrichtung von grösstem Nutzen sein wegen ihrer vogelähnlichen Lebensweise; für die riesigen *Dinosaurier* wegen der ungeheuren Dimensionen, welche ihr colossaler Körper erreichte. Für diese gewaltigen Riesen, die alle übrigen landbewohnenden Thiere der Erde bei weitem an Masse und Gewicht übertrafen, erscheint die Entwickelung von Einrichtungen zur Verminderung des specifischen Gewichts geradezu nothwendig; und diese wurde am einfachsten erreicht durch Bildung ausgedehnter Lufträume. Der Annahme, dass diese, ganz ebenso wie bei den Vögeln, durch Ausstülpung aus den Lungen entstanden, steht keine bekannte Thatsache im Wege; im Gegentheil wird sie durch die regelmässige Vertheilung der Luft-Löcher an den Wirbeln und Gliederknochen direct erwiesen.

Mit der Pneumaticität des Skeletes steht eine zweite Einrichtung in Correlation, welche derselben erst ihren vollen Werth verleiht. Das ist die Warmblütigkeit (Thermocardie), die Erhaltung einer hohen, beständigen und von der Umgebung unabhängigen Bluttemperatur. Diese ist aber nur erreichbar durch die vollkommene Scheidung beider Circulations-Bahnen, des grossen Körper- und des kleinen Lungen-Kreislaufs. Für diese wiederum ist Vorbedingung die vollkommene Trennung beider Herzhälften durch eine perfecte Längsscheidewand; bei den Crocodilen, die den Dinosauriern so nahe verwandt erscheinen, ist dieselbe bereits ausgeführt, und wir zweifeln nicht, dass sie auch bei sämmtlichen Drachen bestand. Auch müssen wir annehmen, dass die bei den kaltblütigen Crocodilen noch fortbestehende Verbindung zwischen Aorta und Lungenarterie hier bei den Draconen ebenfalls aufgehoben war, so dass ihr Kreislauf physiologisch dem der Vögel glich. Wie bei diesen, hat die hohe und constante Blut-Temperatur wesentlich dazu beigetragen, die Luft in den Lungen, den Luftcanälen des Skeletes und den Luftsäcken der Leibeshöhle zu erwärmen und zu verdünnen, und dadurch das specifische Gewicht des Körpers bedeutend herabzusetzen. Die herrschende Ansicht, dass Dinosaurier und Pterosaurier kaltblütig waren, ist auch nur eine Hypothese.

§ 327. Historische Stammfolge der Draconen.

Ordnungen der Drachen	Familien der Drachen	Trias	Jura-Periode (Unter) Lias	Jura-Periode (Mittel) Dogger	Jura-Periode (Ober) Malm	Kreide Unter-Kreide	Kreide Ober-Kreide
I. **Arctopoda** Dinosauria carnivora *plantigrada*	Prodinosauria	━━━	. . .	. . .	. . .	. . .	. . .
	Palaeosauria	━━━	. . .	. . .	. . .	. . .	. . .
	Zanclodontida	━━━	. . .	. . .	. . .	. . .	. . .
	Anchisauria	━━━	. . .	. . .	. . .	. . .	. . .
II. **Theropoda** Dinosauria carnivora *digitigrada*	Megalosauria	?	———	━━━	━━━	———	———
	Ceratosauria	. . .	. . .	⊙	━━━	. . .	. . .
	Coelurida	?	?	⊙	———	———	. . .
	Compsognathida	. . .	. . .	⊙	———	. . .	. . .
III. **Sauropoda** Dinosauria herbivora *plantigrada* *sine lorica ossea*	Cetiosauria	?	⊙	———	. . .	. . .	. . .
	Morosauria	. . .	. . .	. . .	———	———	. . .
	Atlantosauria	. . .	. . .	. . .	━━━	. . .	. . .
	Diplodocida	. . .	. . .	. . .	———	. . .	. . .
IV. **Pachypoda** Dinosauria herbivora *plantigrada* *cum lorica ossea*	Scelidosauria	?	———	———	———	———	———
	Stegosauria	. . .	. . .	. . .	━━━	———	———
	Ceratopsia	. . .	. . .	. . .	. . .	. . .	━━━
V. **Ornithopoda** Dinosauria herbivora *digitigrada*	Camptosauria	. . .	. . .	⊙	━━━	———	. . .
	Iguanodontia	. . .	. . .	. . .	———	━━━	———
	Hadrosauria	. . .	. . .	. . .	. . .	———	━━━
	Nanosauria	. . .	. . .	. . .	———	. . .	. . .
	Ornithomimida	. . .	. . .	. . .	. . .	. . .	———
VI. **Draconura** Pterosauria macrura *metacarpo brevi*	Rhamphodontida	———	. . .	. . .	. . .	. . .	. . .
	Dimorphodontida	. . .	———	⊙	———	. . .	. . .
	Rhamphorhynchida	. . .	. . .	. . .	———	. . .	. . .
	Ornithochirida	. . .	. . .	. . .	. . .	———	. . .
VII. **Dracochira** Pterosauria brachyura *metacarpo elongato*	Pterodraconida	. . .	?	⊙	———	. . .	. . .
	Pterodactylida	. . .	. . .	⊙	━━━	. . .	. . .
	Nyctodactylida	. . .	. . .	. . .	. . .	———	. . .
	Pteranodontida	. . .	. . .	. . .	. . .	———	———

§ 328. Stammbaum der Draconen.

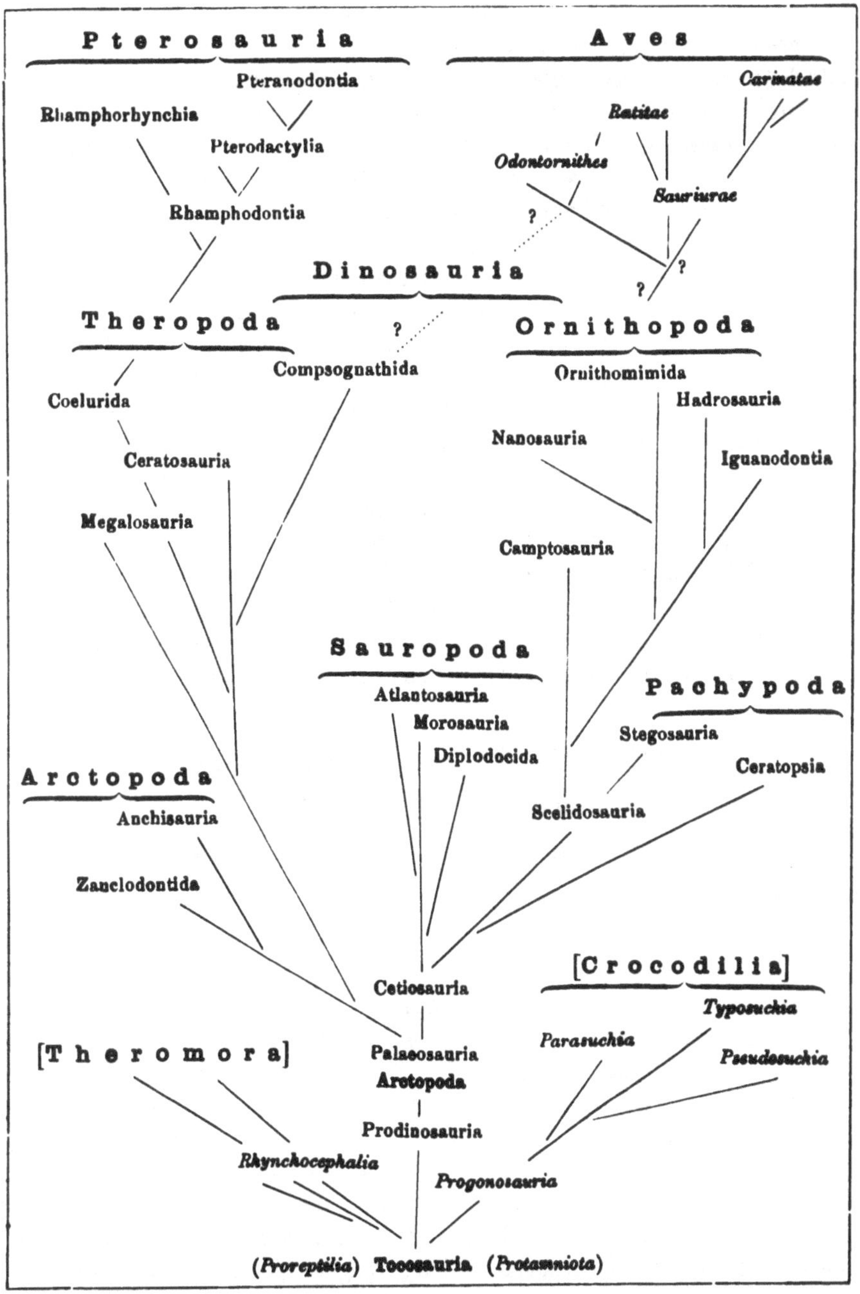

Eine dritte, sehr wichtige Eigenschaft, welche mit der Pneumaticität und der Thermocardie in Wechselbeziehung steht, ist ein warmes Hautkleid. Wir halten es für sehr wahrscheinlich, dass das Tegument der meisten Drachen, besonders der jüngeren und grösseren Formen, mit Federn oder haarähnlichen Epidermis-Bildungen bedeckt war, hervorgegangen aus den Hornschuppen der älteren Formen.

Die colossale Grösse, welche die landbewohnenden Dinosaurier erreichen, lässt weiterhin vermuthen, dass diese schwerfälligen Giganten nicht ovipar waren, wie die meisten *Reptilien*, sondern vivipar, wie die meisten *Mammalien*; auch in den Verhältnissen der Fortpflanzung, der Brutpflege u. s. w. werden sie mehr Aehnlichkeit mit diesen letzteren, als mit jenen ersteren besessen haben.

Unter den übrigen *Sauropsiden* besitzen einerseits die Crocodile, anderseits die Vögel die nächste Verwandtschaft mit den Drachen; man könnte diese drei Gruppen auch in einer Classe vereinigen, unter dem Begriffe der Ornithocrania (vergl. § 263). Der Ursprung dieser hoch entwickelten Sauropsiden-Gruppe fällt spätestens in den Beginn der Trias-Periode und ist in der alten Stammgruppe der Tocosaurier zu suchen, entweder den *Progonosauriern* oder den *Rhynchocephalen*. Die ältesten triassischen Formen der Crocodile (*Protosuchia*) und der Dinosaurier (*Arctopoda*) sind sowohl mit dieser Stammgruppe, als auch unter einander, nahe verwandt. Die *Pterosaurier* sind wahrscheinlich schon um die Mitte der Trias-Zeit aus einem Zweige der Dinosaurier (Arctopoden? Theropoden?) hervorgegangen.

§ 329. Erste Legion der Draconen:

Dinosauria. Laufdrachen

Geodracones. Pachypodes. Ornithoscelides.

Hauptgruppe der laufenden Drachen, mit Gangbeinen.

Draconen mit mannichfaltigem Habitus (bald lacertil oder crocodil, bald ornithod oder macropod). Skelet mehr oder weniger pneumatisch. Kopf sehr mannichfaltig gebildet. Wirbel amphicoel, platycoel oder opisthocoel. Sacrum mit 3—6 verschmolzenen Wirbeln (sehr selten nur 2, oder bis 10). Rumpfrippen zweiköpfig. Schädel polymorph, crocodilartig, mit unbeweglichem Quadratbein und mit doppeltem Schläfenbogen. Zwischenkiefer getrennt. Unterkiefer-Aeste getrennt. Kiefer thecodont. Zähne mit zusammengedrückter, mehr oder weniger zweischneidiger Krone. Brustbein unvollständig verknöchert. Clavicula fehlt (immer?). Hinterbeine (meistens viel) stärker als Vorderbeine.

Die Legion der Dinosaurier bildet den Hauptstamm der Drachen-Classe; sie ist ausgezeichnet durch Production sehr eigenthümlicher und grossartiger Formen, welche zwar sehr mannichfaltig differenzirt sind, aber dennoch gewisse characteristische Grundzüge der Organisation durch zähe Vererbung überall beibehalten. Wir dürfen demnach diese Subclasse monophyletisch auffassen und von einer gemeinsamen Urform (*Prodinosaurus*) ableiten; sie ist auf das mesozoische Zeitalter beschränkt, aber innerhalb dieses langen Zeitraumes äusserst reich differenzirt. Die gemeinsame Stammform scheint schon im Beginne der Trias-Periode (— vielleicht sogar schon gegen Ende der Perm-Periode? —) sich aus einem Zweige der Tocosaurier (*Progonosaurier* oder *Rhynchocephalen*?) entwickelt zu haben; vielleicht im Zusammenhang mit den ältesten Crocodilen. In der Trias-Zeit ist die Gruppe nur durch eine geringe Zahl von Formen — meistens von indifferentem Character und unbedeutender Grösse — vertreten; indessen machen zahlreiche Fussspuren (namentlich im Trias-Sandstein von Connecticut) es wahrscheinlich, dass auch damals schon viele und zum Theil riesige Formen existirten. Ihre eigentliche Blüthe erreicht die Subclasse erst in der Jura-Periode; auch in der Kreide-Periode ist sie noch reich entwickelt, scheint aber gegen Schluss derselben völlig auszusterben, ohne irgend einen directen Nachkommen zu hinterlassen. Vielfach werden zwar als solche die Vögel betrachtet; allein es ist wahrscheinlicher, dass diese Classe nur an der Wurzel mit dem Dinosaurier-Stamm zusammenhängt (vergl. § 268 und 345).

Sämmtliche Dinosaurier waren Landbewohner, viele allerdings mit amphibischer Lebensweise, indem sie abwechselnd im Wasser und auf dem Lande sich aufhielten; die meisten scheinen sumpfige, pflanzenreiche Niederungen bevorzugt zu haben; die Füsse sind oft dem Waten im Sumpfe, aber niemals dem Schwimmen angepasst. Eigentliche Meeresbewohner kommen in dieser formenreichen Gruppe nicht vor. Nach der Nahrung und der entsprechenden Differenzirung des Gebisses kann man die ganze Legion in zwei Sublegionen scheiden, Pflanzenfresser und Fleischfresser; die herbivoren Dinosaurier (*Eudracones*) entsprechen im Ganzen den Hufthieren unter den placentalen Säugethieren, die carnivoren hingegen (*Dysdracones*) den Raubthieren. Unter den pflanzenfressenden Eudraconen unterscheiden wir drei Ordnungen, die *Sauropoda*, *Pachypoda* und *Ornithopoda*; unter den fleischfressenden Dysdraconen zwei Ordnungen, *Arctopoda* und *Theropoda*. Die Arctopoden der Trias scheinen die gemeinsame Stammgruppe zu bilden, aus deren älteren Formen (*Prodinosauria*, *Palaeosauria*) sich die übrigen Ordnungen divergent entwickelt haben.

Der Habitus der Dinosaurier war sehr mannichfaltig, je nachdem die Gliedmaassen mehr oder weniger differenzirt waren. Die älteren und niederen Dinosaurier, sowohl unter den carnivoren (*Arctopoda*), als herbivoren (*Sauropoda*), besassen noch kurze und niedrige Gliedmaassen von geringer Differenzirung; die Vorderbeine waren wenig kleiner als die Hinterbeine, und die Wirbelsäule wurde, wie bei den Reptilien, mehr oder weniger horizontal getragen. Die allgemeine Körperform war daher im Ganzen lacertil oder crocodil; sie liefen »auf allen Vieren« (*Tetrapoda*). Die jüngeren und höheren Dinosaurier hingegen — ebensowohl die carnivoren (*Theropoda*) wie die herbivoren (*Pachypoda, Ornithopoda*) — gewöhnten sich daran, den Rumpf aufzurichten und ihre Nahrung (Eichhörnchen und Känguruh ähnlich) mit den kleineren Vorderfüssen zu erfassen, während ihnen die stärkeren Hinterbeine und der mächtige Schwanz als Stütze beim Schreiten und Sitzen dienten; viele führten auch mit aufrechtem Körper Sprünge aus. In Folge dessen wurden die Hinterbeine viel stärker als die Vorderbeine, und es entwickelte sich jene characteristische Haltung, welche wir bei den Vögeln und Känguruhs finden (der ornithode oder macropode Habitus). Dabei wurde Schultergürtel und namentlich Beckengürtel vogelähnlich umgebildet, und den hohen Hinterbeinen entsprechend verlängerte sich auch der Hals vogelartig. Im Verhältniss zur Länge des Rumpfes sind die Gliedmaassen (namentlich die hinteren) bei den Dinosauriern viel höher und stärker entwickelt als bei den echten Reptilien. Bei den fleischfressenden sind die Zehen noch mit den (von Reptilien ererbten) scharfen Krallen bewaffnet, während bei den pflanzenfressenden die Krallen sich meistens in breite Hufe verwandelt haben.

An Körpergrösse übertreffen die Dinosaurier bei weitem alle anderen landbewohnenden Wirbelthiere, die jemals auf dem Erdball gelebt haben. Zahlreiche Formen erreichen eine Länge von 5—10 m, so unter den Carnivoren *Megalosaurus*, unter den Herbivoren *Stegosaurus, Iguanodon*. Unter letzteren giebt es aber auch schwerfällige Riesen, welche eine Länge von 15—20 m und mehr erreichten (*Brontosaurus, Morosaurus*); die grössten von allen Riesen waren einige Arten von *Atlantosaurus*, von 30—40 m Länge. Die Fähigkeit solcher Giganten, ihre ungeheuren Körpermassen auf dem Lande fortzuschleppen, würde räthselhaft erscheinen, wenn nicht die Pneumaticität des Skeletes und die damit verknüpfte Thermocardie ihr specifisches Gewicht ausserordentlich vermindert hätte. Uebrigens existirten neben jenen Riesen auch zahlreiche Dinosaurier von mittlerer oder geringer Körpergrösse; vielleicht die Mehrzahl wird eine Länge von wenigen Metern (2—3) erreicht haben. Manche Zwergformen (*Nanosaurus, Compsognathus*) erreichten nur die Grösse eines Kaninchens (0,2—0,5 m).

§ 330. Skelet der Dinosaurier.

Die bedeutungsvolle Pneumaticität des Skeletes, welche die Dinosaurier mit den Pterosauriern und Vögeln theilen, ist zwar längst bekannt, aber nicht ausreichend in ihrer hohen physiologischen Bedeutung für ihren Organismus gewürdigt worden. Bei den meisten Dinosauriern sind die Knochen der Gliedmaassen hohle Röhren; bei vielen sind auch die Wirbel hohl und lufthaltig; ja bei einigen (*Coelurida*) sind sämmtliche Knochen des Skeletes hohl (sogar die Schwanzwirbel); ihre lufthaltigen Höhlen sind nur von einer dünnen, aber sehr festen Knochenhülle umgeben, wie von einer Metallkapsel. Dieser extreme Grad von Pneumaticität (— der selbst diejenige der Pterosaurier und Vögel übertrifft —) ist nur erklärbar durch die Annahme, dass (wie bei letzteren) die Lungen Luftsäcke ausbildeten, welche sich in die Skelettheile fortsetzten, und dass die Luft in diesen Hohlräumen in Folge hoher Bluttemperatur verdünnt war. Diese letztere aber konnte nur dadurch erreicht werden, dass die Scheidewand der rechten und linken Herzhälfte vollständig und der kleine Kreislauf vom grossen vollständig getrennt war, wie bei den Vögeln und Säugethieren. Dafür sprechen auch andere Eigenthümlichkeiten der Organisation. Nur durch die so erlangte Verminderung des specifischen Gewichtes konnten jene warmblütigen Riesenthiere befähigt werden, ihre ungeheuren Fleischmassen auf dem Lande fortzubewegen.

Wirbelsäule. Die Zahl der Wirbel ist bei der Mehrzahl der Dinosaurier (— soweit die Wirbelsäule vollständig bekannt ist —) sehr constant, indem gewöhnlich auf den Schädel 28 praesacrale Wirbel folgen (10 Hals- und 18 Dorsolumbar-Wirbel); das Kreuzbein ist meistens aus 3—6 starken, verschmolzenen Sacral-Wirbeln zusammengesetzt; nur die ältesten und niedersten Formen haben 2, einzelne jüngere mehr als 6 Sacral-Wirbel (die *Ceratopsia* 7—10). Der Schwanz ist von sehr variabler Länge und besitzt meistens 30—50 Wirbel (selten weniger, bisweilen mehr). Die Wirbel sind selten ganz massiv, meistens mehr oder weniger cavernös oder spongiös, oft von weiten Lufthöhlen erfüllt und bisweilen dünnwandige, hohle Knochenkapseln. Bei den älteren und niederen Formen sind oft noch alle Wirbel amphicoel oder platycoel, wahrscheinlich durch Faserknorpel (ähnlich den Zwischenwirbelscheiben der Säugethiere) verbunden gewesen. Bei vielen jüngeren und höheren Formen werden die vorderen (cervicale und vordere Brustwirbel) opisthocoel; selten kommen (im vorderen Schwanztheil) procoele Wirbel vor.

Die Wirbelbögen bleiben meistens durch Naht mit den Centren verbunden oder verwachsen erst spät mit ihnen.

Die Rippen sind sämmtlich zweiköpfig, die Halsrippen meistens kurz und durch Naht oder Verwachsung mit den Centren verbunden. Die Brustrippen werden meist von einem langen Querfortsatz getragen; die Distal-Enden der vorderen verbinden sich wahrscheinlich meist mit dem kleinen Brustbein. Bauchrippen kommen selten vor, nur bei einigen Theropoden (*Compsognathus*). Ein Sternum ist nur bei wenigen Dinosauriern nachgewiesen, vielleicht desshalb, weil es knorpelig bleibt oder nur unvollständig verknöchert. Bei einigen älteren Arctopoden (*Cetiosaurus*) und Sauropoden (*Brontosaurus*) finden sich ein Paar symmetrische, sternale Knochenplatten mit rauhen Rändern, welche den lateralen Ossificationen im Brustbein junger Ratiten gleichen. Diesen homolog sind vielleicht auch ein Paar scheibenförmige Knochen von *Iguanodon*, welche von Anderen für Schlüsselbeine erklärt wurden.

Schädel. Das Cranium der meisten Dinosaurier ist von geringer Grösse, besonders bei den Riesenformen unverhältnissmässig klein, und bei einigen derselben, im Verhältniss zum Körper, kleiner als bei allen anderen landbewohnenden Wirbelthieren. Im Ganzen betrachtet, ist der Schädel von mässiger Grösse bei den *Theropoden*, *Pachypoden* und *Ornithopoden*, dagegen sehr klein bei *Arctopoden* und *Sauropoden*. Der allgemeine Character des Schädelbaues bleibt bei allen Dinosauriern — trotz mannichfaltiger Differenzirung im Einzelnen! — derselbe und schliesst sich am nächsten an denjenigen der Crocodile, sowie der gemeinsamen Stammgruppe der Tocosaurier an. Das Cranium ist vollständig verknöchert, mit fester Verbindung der einzelnen Theile; insbesondere ist das Quadratbein stark, unbeweglich zwischen das Squamosum und Quadrato-Jugale eingefügt, mit beiden durch feste Sutur verbunden. Das Foramen parietale fehlt stets. Die beiden Temporal-Bögen sind vollständig und die beiden Schläfenhöhlen (obere und untere) von einem vollkommenen Knochenring begrenzt. Zwischen der grossen Augenhöhle und der Nasenhöhle liegt bei den Theropoden und Sauropoden eine sehr grosse Praeorbitalhöhle; bei den Arctopoden, Pachypoden und Ornithopoden ist diese Thränenhöhle klein oder fehlt ganz. Die beiden Zwischenkiefer sind gross, stets getrennt; ebenso die beiden Unterkiefer-Aeste, welche nur durch Naht verbunden sind.

§ 331. Gliedmaassen der Dinosaurier.

Die Dinosaurier besitzen zwei Paar gut entwickelte, oft mächtige Extremitäten, die aber im Einzelnen sehr mannichfaltig differenzirt sind. Stets sind die Hinterbeine stärker als die Vorderbeine. Bei den prostraten Gruppen (Arctopoden, Sauropoden), welche gestreckt auf allen Vieren laufen, ist dieser Unterschied nicht bedeutend; dagegen mehr oder weniger gross bei den erecten Gruppen, welche sich auf den starken Hinterbeinen aufrichten und die schwachen Vorderbeine (Arme) nur zum Greifen benutzen. Bei diesen erecten Formen (mit ornithodem oder macropodem Habitus) geht auch die Differenzirung der einzelnen Gliedertheile viel weiter als bei jenen prostraten Formen (mit crocodilem oder lacertilem Habitus).

Schultergürtel. Die Scapulozona der Dinosaurier unterscheidet sich sehr von derjenigen der meisten Reptilien und besteht immer nur aus zwei Stücken, aus einer sehr grossen, langen, unten stark verbreiterten Scapula und einem kleinen, scheibenförmigen Coracoid; letzteres ist von rundlich-vierseitiger Gestalt und in der Nähe der Gelenkpfanne von einer Gefäss-Oeffnung durchbrochen. Praecoracoid und Clavicula fehlen stets(?). Die paarigen Knochen, die bei einzelnen hochstehenden Formen (*Iguanodon*) für Schlüsselbeine gehalten wurden, sind wahrscheinlich echte Sternalknochen.

Der Humerus ist gewöhnlich kürzer (oder höchstens ebenso lang) als die Scapula und als die beiden Knochen des Vorderarmes, welche stets gut entwickelt und nicht mit einander verschmolzen sind. Der Carpus ist von den meisten Dinosauriern nur unvollständig bekannt und häufig unvollkommen ossificirt. Im Metacarpus sind gewöhnlich alle fünf Knochen vorhanden, selten ein oder zwei rudimentär; sie sind von ziemlich gleicher Länge bei den plantigraden ***Arctopoden***, ***Sauropoden*** und ***Pachypoden***, hingegen differenzirt bei den digitigraden ***Theropoden*** und ***Ornithopoden***. Bei diesen letzteren ist der Mittelfinger der Hand länger als II. und IV. Finger; I. und V. sind kürzer, bisweilen rudimentär. Bei ***Compsognathus*** ist die Hand dreizehig.

Beckengürtel. Die drei Knochen der Pelycozona sind bei allen Dinosauriern gut entwickelt und in eigenthümlicher Weise differenzirt. Jeder der drei Beckenknochen hat zwei acetabulare Fortsätze, durch welche er sich mit den beiden anderen verbindet; fast immer bleiben sie in den Symphysen getrennt, sehr selten verschmelzen sie. Dieselben treten zur Bildung der Gelenkpfanne dergestalt zusammen, dass sie durchbrochen erscheint (»durchbohrtes Hüftgelenk«). Bei den älteren Arctopoden und Sauropoden schliesst sich die Beckenbildung noch eng an die der Crocodile und Tocosaurier an; während sie sich bei den Theropoden, und noch mehr bei den Pachypoden und Ornithopoden, der der Vögel nähert; bei ersteren sind die Beckenknochen breit und kurz, bei letzteren lang und schmal. Das Darmbein ist niedrig und lang, in einen vorderen (praeacetabularen) und hinteren (postacetabularen) Fortsatz verlängert, wie bei den Vögeln. Die Sitzbeine sind lang, schräg nach hinten, innen und unten gerichtet und stossen unten stets in einer Symphyse zusammen. Die Schambeine hingegen zeigen auffallende Verschiedenheiten. Bei den *Arctopoden*, *Theropoden* und *Sauropoden* sind dieselben stark, nach vorn, unten und innen gerichtet und stossen hier in einer Symphyse zusammen, welche bei den Sauropoden knorpelig bleibt, bei den übrigen verknöchert. Dagegen gelangen die Schambeine bei den *Pachypoden* und *Ornithopoden* unten nicht zur Vereinigung; sie entsenden hier einen langen, schlanken Fortsatz nach hinten, welcher dem Ischium parallel läuft (Postpubis).

Die Hinterbeine behalten nur bei den älteren plantigraden Dinosauriern den ursprünglichen lacertilen oder crocodilen Character bei und sind wenig länger als die Vorderbeine; so bei den carnivoren Arctopoden und den herbivoren Sauropoden. Bei der grossen Mehrzahl hingegen, wo der Körper sich auf den verlängerten Hinterbeinen aufrichtet und die prostrate Haltung in die erecte übergeht, werden dieselben viel stärker und nehmen einen vogelartigen Character an. Der Gelenkkopf des grossen Femur steht bei diesen letzteren senkrecht zur Längsaxe des Knochens, bei den ersteren dagegen schief. Auch die beiden Knochen des Unterschenkels sind bei jenen älteren plantigraden Formen mehr crocodilartig, bei diesen jüngeren digitigraden mehr vogelartig. Während bei jenen sauroiden Formen Tibia und Fibula ziemlich stark und erheblich kürzer als das Femur sind, werden sie bei diesen ornithoiden Formen ziemlich so lang oder (bei *Compsognathus*, *Hypsilophodon* u. A.) selbst länger als der Oberschenkel; die stärkere Tibia entwickelt hier am Proximal-Ende einen vorspringenden Procnemial-Kamm, während die schwächere Fibula nach dem Distal-Ende hin sehr dünn wird.

Noch mehr spricht sich der ornithoide Character der höheren erecten Dinosaurier in der Bildung der Fusswurzel aus. Der Tarsus zeigt immer zwei Knochenreihen, von denen die erste nur aus zwei Knochen besteht: Tibiale (Astragalus) und Fibulare (Calcaneus). Beide Knochen sind bei den erecten Dinosauriern dicht verbunden und nur durch eine feine Naht getrennt. Bei den Pachypoden verwächst der Astragalus mit der Tibia; bei manchen Theropoden und Ornithopoden entwickelt er einen aufsteigenden Fortsatz, wie bei den Vögeln. Die zweite Reihe der Tarsalia bleibt oft knorpelig, oder es verschmelzen ihre Knöchelchen zu einem Stück.

Der Hinterfuss zeigt bei den Dinosauriern eine ähnliche Reihe von Differenzirungen, wie bei den carnivoren Placentalthieren. Die älteren prostraten Formen sind plantigrad (wie die Bären) und treten hinten wie vorn mit der ganzen Sohle auf; ihre 5 Metatarsalien sind kurz und gleichmässig entwickelt. Die jüngeren Formen gewöhnen sich an aufrechte Körperhaltung, verlängern dadurch die Metatarsen und werden digitigrad (wie die Hunde); hier verkümmern dann meistens I. und V. Zehe; der Hinterfuss wird dreizehig, mit stärkerer Mittelzehe. Bei einigen Theropoden (*Ceratosaurus*) und Ornithopoden (*Ornithomimus*) verschmelzen die drei Metatarsen im Proximal-Theil und bilden einen »Laufknochen« mit drei Distal-Rollen, wie bei den Vögeln.

Die End-Phalangen der Füsse sind bei den carnivoren Dinosauriern schmal und tragen scharfe Krallen, wie bei den Crocodilen und Eidechsen. Bei den schwerfälligen plantigraden Herbivoren (Sauropoden und Pachypoden) werden dieselben breiter, und die Krallen verwandeln sich in Hufe. Die digitigraden Ornithopoden tragen spitze Krallen an den Füssen, wie die Theropoden.

§ 332. Tegument und Gebiss der Dinosaurier.

Hautdecke. Das Tegument hat bei den Dinosauriern jedenfalls mannichfaltige Differenzirungen gezeigt; leider sind uns dieselben aber nur zum kleineren Theile durch fossile Reste bekannt. Als sicher dürfen wir annehmen, dass die triassischen Arctopoden — jene älteste Ordnung der Subclasse, welche wir als deren gemeinsame Stammgruppe betrachten — Knochenschuppen in der Lederhaut (*Lepides*) besassen, und über diesen Hornschuppen der Oberhaut (*Pholides*); ähnlich wie die ältesten Pholidoten (Scincoiden). Beiderlei Schuppenbildungen waren ererbt von ihren permischen Vorfahren, den *Tocosauriern*. Wahrscheinlich hat sich dieser ursprüngliche Schuppenpanzer von den Arctopoden durch Vererbung nur auf einen Theil ihrer Nachkommen übertragen. Eine characteristische Fortbildung und excessive Entwickelung erfuhr derselbe nur bei einer Ordnung, bei den schwerfälligen Panzerdrachen (*Pachypoden*). In den übrigen drei Ordnungen scheinen die Knochenschuppen der Lederhaut ganz oder grösstentheils verloren gegangen zu sein (wie bei der Mehrzahl der Lacertilier). Die Hornschuppen der Oberhaut dagegen blieben wahrscheinlich erhalten, oder sie verwandelten sich durch Spaltung in wärmehaltende Anhänge, ähnlich den Federn der Vögel oder den Haaren der Säugethiere. Doch ist nicht ausgeschlossen, dass die verdickte Haut auch bei einigen Gruppen ganz nackt wurde (wie bei den Pachydermen).

Gebiss. Sämmtliche Dinosaurier sind thecodont und tragen Zähne nur in Höhlen oder Rinnen der Kieferränder, niemals am Gaumendach. Die Zähne sind stets zahlreich, ihre Krone mehr oder weniger seitlich comprimirt und daher zweischneidig; bei der grossen Mehrzahl sind die schneidenden Ränder der Zähne fein gekerbt oder gesägt (bei den Sauropoden glatt). Im Allgemeinen unterscheidet sich das Gebiss der

§ 333. System der Dinosaurier.

Sublegionen der Dinosaurier	Ordnungen der Dinosaurier	Skelet der Gliedmaassen	Familien der Dinosaurier
Erste Sublegion: **Dysdracones** *Dinosauria carnivora* (Harpagosauria) Fleischfressende Laufdrachen, mit spitzen, kegelförmigen Zähnen und mit scharfen Krallen	**I. Arctopoda** Bärendrachen Stammgruppe der Dinosaurier, aus der Trias-Periode; Sohlengänger mit kurzen Beinen	Carpomelen und Tarsomelen kurz, an Länge wenig verschieden, plantigrad, mit spitzen Krallen. Becken mit Knochen-Symphyse, ohne Postpubes. Beinknochen solid	1. ***Prodinosauria*** (Trias) 2. ***Palaeosauria*** (Trias) 3. ***Zanclodontida*** (Trias) 4. ***Anchisauria*** (Trias)
	II. Theropoda Tigerdrachen Hauptgruppe der fleischfressenden Dinosaurier, aus der Jura-Periode; Zehengänger mit langen Hinterbeinen	Tarsomelen viel länger als die schwachen Carpomelen, digitigrad, mit scharfen Krallen. Becken mit Knochen-Symphyse, ohne Postpubes. Beinknochen hohl	5. ***Megalosauria*** (Jura, Kreide) 6. ***Ceratosauria*** (Ober-Jura) 7. ***Coelurida*** (Ober-Jura) 8. ***Compsognathida*** (Ober-Jura)
Zweite Sublegion: **Eudracones** *Dinosauria herbivora* (Pachysauria) Pflanzenfressende Laufdrachen, mit spatelförmigen oder blattförmigen Zähnen und mit stumpfen Krallen oder Hufen	**III. Sauropoda** Riesendrachen Hauptgruppe der pflanzenfressenden Dinosaurier, mit kurzen Beinen, Sohlengänger (Jura-Periode)	Tarsomelen und Carpomelen an Länge wenig verschieden, plantigrad, mit stumpfen Krallen oder Hufen. Becken mit Knorpel-Symphyse, ohne Postpubes. Beinknochen solid	9. ***Cetiosauria*** (Lias, Dogger) 10. ***Morosauria*** (Ober-Jura) 11. ***Atlantosauria*** (Ober-Jura) 12. ***Diplodocida*** (Ober-Jura)
	IV. Pachypoda Panzerdrachen Gruppe der gepanzerten Dinosaurier, pflanzenfressend und Sohlengänger (Jura und Kreide)	Tarsomelen stärker als die kürzeren Carpomelen, plantigrad, mit Hufen. Becken offen, ohne Symphyse, mit langen Postpubes. Beinknochen solid	13. ***Scelidosauria*** (Jura, Kreide) 14. ***Stegosauria*** (Ober-Jura, Kreide) 15. ***Ceratopsia*** (Ober-Kreide)
	V. Ornithopoda Vogeldrachen Hauptgruppe der (herbivoren oder omnivoren) Dinosaurier mit langen Vogelbeinen, Zehengänger (Ober-Jura und Kreide)	Tarsomelen viel länger als die schwachen Carpomelen, digitigrad, mit spitzen Krallen. Becken offen, ohne Symphyse, mit langen Postpubes. Beinknochen hohl	16. ***Camptosauria*** (Ober-Jura) 17. ***Iguanodontia*** (Ober-Jura, Kreide) 18. ***Hadrosauria*** (Kreide) 19. ***Nanosauria*** (Ober-Jura) 20. ***Ornithomimida*** (Kreide)

beiden grossen Legionen, ihrer verschiedenen Nahrung entsprechend, dadurch, dass bei den fleischfressenden Raubdrachen (*Dysdracones*) die Zähne spitz und dolchförmig sind, hingegen bei den pflanzenfressenden Hufdrachen (*Eudracones*) spatelförmig, löffelförmig oder blattförmig, oft mit deutlich abgeriebener Kaufläche. Die Zahnwurzeln stehen meistens in getrennten Alveolen, nur bei den Ornithopoden verschwinden deren Zwischenwände, so dass die Zähne in einer offenen Alveolar-Rinne des Kieferrandes stehen (wie bei den Ichthyosauren und Odontolken).

Bei vielen Pachypoden und Ornithopoden gehen die Zähne im Zwischenkiefer und im vordersten Abschnitte des Unterkiefers verloren, und die scharfen, zahnlosen Ränder dieser Vordertheile bedecken sich mit schnabelartigen Hornscheiden. Bei manchen Herbivoren dieser Gruppe (*Ceratopsia*) entwickeln sich sogar hier im Vorderkiefer ein Paar besondere zahnlose Schnabelknochen: oben ein Rostrale (vor dem Zwischenkiefer), unten ein Praedentale (vor dem Dentale). Während gewöhnlich die Zähne der Dinosaurier oben und unten nur in einer einfachen Reihe hinter einander stehen, zeichnet sich die merkwürdige Ornithopoden-Familie der *Hadrosauria* (— neben den *Ceratopsia* die jüngsten Formen der Gruppe —) dadurch aus, dass die Kiefer platt und löffelförmig verbreitert sind (wie bei dem Löffelreiher), und dass die kleinen Zähne in vielen Reihen hinter einander stehen. Die Ersatzzähne kommen hier bereits zur Verwendung, während die älteren Zähne noch functioniren; dadurch entsteht eine breite, pflasterförmige Kaufläche. Bei dem riesigen *Diclonius* (von 13 m Länge) steigt die Zahl dieser Pflasterzähne bis über 2000.

§ 334. Erste Ordnung der Dinosaurier:

Arctopoda. Bären-Drachen.

Carnivore Dinosaurier mit plantigraden, vorn und hinten fünfzehigen Füssen. Zehen mit scharfen, krummen Klauen bewaffnet. Hinterbeine wenig grösser als die Vorderbeine. Becken mit Knochen-Symphyse, ohne Postpubes, mit schmalen, schlanken, nach unten gerichteten Schambeinen. Beinknochen solid.

Die Ordnung der Arctopoden oder »Bärendrachen« gründen wir für die älteste und indifferenteste Gruppe der Dinosaurier, welche wir als die gemeinsame Stammgruppe der ganzen Legion betrachten; die hypothetische (alttriassische) Wurzel derselben können wir als

Prodinosauria bezeichnen. Einerseits schliessen sich dieselben am nächsten an ihre vermuthlichen Reptilien-Ahnen an, die Tocosaurier (namentlich ***Progonosaurier***, theilweise auch ***Rhynchocephalien***); anderseits sind sie auch den ältesten (triassischen) Crocodilen sehr nahe verwandt (***Protosuchia***); und endlich stellen wir zu den Arctopoden einige alte indifferente Mischtypen, welche zu den übrigen Ordnungen der Legion hinüberführen. Unter diesen stehen ihnen am nächsten die Theropoden, mit denen sie die carnivore Lebensweise theilen, und demgemäss das Raubthier-Gebiss und die scharfen Krallen der Füsse. Die ***Arctopoden*** unterscheiden sich von den ***Theropoden***, mit denen sie bisher vereinigt waren, durch folgende wichtige Merkmale: Sämmtliche Wirbel sind amphicoel (bei den älteren Formen, Palaeosauriern und Zanclodontien, massiv, bei den jüngeren, Anchisauriern, hohl). Die Gliedmaassen sind kürzer und weniger differenzirt als bei den Theropoden, die Vorderbeine wenig kürzer als die hinteren. Alle Füsse sind fünfzehig, mehr oder weniger plantigrad. Der Astragalus der Arctopoden besitzt nicht den characteristischen, aufsteigenden Fortsatz, welcher allen echten Theropoden zukommt; auch sind die Schambeine der ersteren breite Platten, nicht so schlank wie bei den letzteren. Die Arctopoden sind wahrscheinlich schon im Beginne der Secundär-Zeit aus einem Zweige der Tocosaurier (*Progonosauria*?) hervorgegangen; die Ordnung scheint auf die Trias beschränkt zu sein. Die ***Palaeosauria*** sind kleinere, die ***Anchisauria*** mittlere und die ***Zanclodontia*** sehr grosse Arctopoden.

§ 335. Zweite Ordnung der Dinosaurier:

Theropoda. Tiger-Drachen.

Carnivore Dinosaurier mit digitigraden Füssen, deren Zehenzahl meist reducirt ist (drei oder vier). Zehen mit scharfen, krummen Klauen bewaffnet. Hinterbeine meist viel grösser als die Vorderbeine. Becken mit Knochen-Symphyse, ohne Postpubes, mit schlanken, nach vorn und unten gerichteten Schambeinen. Beinknochen hohl.

Die Ordnung der Theropoden oder »Tigerdrachen« umfasst den grössten Theil der fleischfressenden Dinosaurier und ist während der ganzen Secundär-Zeit, in Trias, Jura und Kreide durch zahlreiche Raubthier-Formen vertreten gewesen. Von der Ordnung der triassischen Arctopoden, ihren directen Vorfahren, entfernen sich die Theropoden durch die Differenzirung der Wirbel (von denen wenigstens die vorderen, cervicalen, opisthocoel sind), ferner durch die schlanken Schambeine und die Ausbildung eines aufsteigenden Fortsatzes am Astragalus (wie bei jungen Vögeln). Die vorderen und hinteren Gliedmaassen sind bei den *Theropoden* viel stärker differenzirt als bei den *Arctopoden*; die plantigraden oder semiplantigraden Füsse der letzteren sind durch Verlängerung und Aufrichtung der Metatarsen in digitigrade umgewandelt worden. Die meisten Theropoden werden daher eine aufrechte Körperhaltung bewahrt haben, indem sie känguruh-ähnlich auf den verlängerten Hinterbeinen und dem starken Schwanze sassen und schritten, oder auch mittelst dieser drei Stützen Sprünge ausführten. Die schwachen Vorderbeine, meist viel kleiner als die hinteren, dienten hauptsächlich als Greiforgane. Die Zahl der Zehen an den kleinen Händen beträgt 5 oder 4, an den grossen Hinterfüssen 3 oder 4; die mittlere ist meist viel stärker. Erstere sind mit langen, spitzen Klauen, letztere mit starken, stumpfen Krallen bewaffnet. Beim Sitzen dienten als Stütze die starken Beckenknochen; die schlanken Schambeine verbinden sich am Distalende durch einen langen, nach hinten gerichteten Fortsatz in einer starken Knochen-Symphyse Y-förmig; ähnlich die nach hinten gerichteten Sitzbeine. Sowohl die grossen Knochen der Beine, als auch meistens die Wirbel sind hohl, pneumatisch. Das kräftige Raubthiergebiss besteht aus zahlreichen dolchförmigen Zähnen, welche seitlich zusammengedrückt, am vorderen und hinteren Rande geschärft und gekerbt und mit der Spitze zurückgekrümmt sind.

Die kleineren Theropoden hatten nur $^1/_2$—1 m Länge, die grossen 5—10 m und darüber. Unter den colossalen Raubthieren dieser Ordnung sind am längsten bekannt die Megalosaurier, aus Jura und Kreide, von 7—10 m Länge und darüber (*Megalosaurus* und *Streptospondylus* in West-Europa, *Allosaurus* und *Laelaps* in Nord-America); der Oberschenkel von *Megalosaurus* ist 1 m lang, das Schulterblatt 0,8 m, das Kreuzbein 0,5 m. Eine sehr merkwürdige Familie sind die Ceratosaurier, deren Beckenknochen — und ebenso auch die drei Metatarsal-Knochen — unter einander verwachsen sind; *Ceratosaurus nasicornis*, 6 m lang (— aus dem oberen Jura von Nord-America —), trug auf den starken Nasenbeinen des grossen Schädels einen schmalen, hohen Knochenkamm und auf diesem wahrscheinlich ein zweischneidiges, grosses Nashorn. Nicht minder interessant sind zwei andere Familien, von denen wir nur wenige kleine Formen kennen. Die Coeluriden (*Coelurus fragilis* aus Jura von Nord-America, *Tanystropheus longicollis* aus Trias von Bayreuth und Texas) sind nur wenige Meter lang, ausgezeichnet durch sehr langen Hals und Schwanz, besonders aber durch die extreme Pneumaticität des Skeletes, welche selbst diejenige der Pterosaurier und Vögel übertrifft; alle Knochen des Skeletes (selbst die Schwanzwirbel) sind hohl, ausserordentlich leicht, mit dünner, aber fester Knochenwand. Leider sind die Gliedmaassen der Coeluriden noch unbekannt; vielleicht bildeten sie den Uebergang zu den *Pterosauriern* und besassen eine Flughaut.

Die Familie der Compsognathiden schliesst sich unter allen bekannten carnivoren Dinosauriern vielleicht am engsten an die Vögel an. *Compsognathus longipes* (nur durch einen Abdruck aus dem Jura von Solenhofen bekannt) war wenig über $^1/_2$ m lang, lebendig gebärend.

§ 336. Dritte Ordnung der Dinosaurier:

Sauropoda. Riesen-Drachen.

Herbivore Dinosaurier mit plantigraden, vorn und hinten fünfzehigen Füssen. Zehen mit stumpfen Krallen oder Hufen versehen. Hinterbeine wenig grösser als die Vorderbeine. Becken mit Knorpel-Symphyse, ohne Postpubes, mit starken, nach vorn gerichteten Pubes. Beinknochen solid.

Die Ordnung der Sauropoden ist die älteste und am wenigsten differenzirte Gruppe unter den pflanzenfressenden Dinosauriern; sie verhält sich zu den höher differenzirten Orthopoden (*Pachypoden* und *Ornithopoden*) ähnlich, wie unter den fleischfressenden die *Arctopoden* zu den *Theropoden*. Alle vier Füsse sind bei den Sauropoden noch plantigrad und fünfzehig, die Vorderbeine nur wenig kleiner als die Hinterbeine. Die Beinknochen sind solid, aber die praecaudalen Wirbelkörper enthalten grosse Lufthöhlen. Das Sacrum ist aus 4—5 Wirbeln zusammengesetzt. Die Schambeine sind nach vorn gerichtet und verbinden sich am Distal-Ende durch eine Knorpel-Symphyse. Das Brustbein ist paarig. Im Bau des Schulter- und Becken-Gürtels gleichen die *Sauropoden* — am meisten unter allen Dinosauriern — den *Crocodilen* und *Tocosauriern*. Die spatelförmigen Zähne, welche auch im Zwischenkiefer nicht fehlen, sind zweischneidig, ihre schneidenden Ränder scharf, nicht gekerbt.

Die grössten und bestbekannten Sauropoden stammen aus dem Jura der Felsengebirge von Nord-America; die meisten europäischen Formen (aus Jura und Kreide) sind nur sehr unvollständig bekannt. Zu ersteren gehören die grössten aller Landthiere, welche jemals den Erdball bewohnt haben. Die mächtigsten von allen sind die Atlantosaurier, deren Sitzbeine nach unten und innen gerichtet sind, der Kopf sehr klein, mit winziger Hirnhöhle, welche durch einen weiten Hypophysen-Canal mit der Mundhöhle communicirt. *Atlantosaurus immanis*, das grösste bekannte Landthier, erreichte die ungeheure Länge von 35—40 m; der Oberschenkel allein ist 2,7 m lang, oben 0,63 m dick; Schambein und Sitzbein sind 1,2 m lang. *Brontosaurus excelsus*, dessen Skelet vollständig bekannt ist, war 16 m lang; der Durchmesser des winzig kleinen Schädels ist geringer als der des vierten Halswirbels. Bei *Diplodocus longus* (von derselben Grösse) ist der Schädel sehr ähnlich dem des Pferdes; die Nasenlöcher liegen oben auf dem Scheitel, die Augenhöhlen über dem Kiefergelenk.

Die Morosaurier, bei denen die Sitzbeine nach hinten und innen gerichtet, das Gehirn winzig klein ist, erreichen ebenfalls eine Länge von 40—50 Fuss; sie finden sich in Jura und Kreide von Indien, Europa und Nord-America. Viel kleiner ist *Pleurocoelus*. Sowohl kleine als grosse Arten finden sich in der Familie der Cetiosaurier, welche die ältesten und wenigst differenzirten Formen der Sauropoden darstellen; ihr Habitus ist mehr lacertil oder crocodil als bei allen anderen herbivoren Dinosauriern, und sie scheinen deren gemeinsamen Stammformen am nächsten zu stehen; ihre Beine sind kürzer und plumper, Vorder- und Hinterbeine wenig verschieden. Aus älteren Cetiosauriern dürften auch die Stammformen der Orthopoden (Pachypoden und Ornithopoden) abzuleiten sein.

§ 337. Vierte Ordnung der Dinosaurier:

Pachypoda (= Stegosauria). Panzer-Drachen.

Herbivore Dinosaurier mit plantigraden, bald fünfzehigen, bald vier- oder dreizehigen Füssen. Zehen mit Hufen versehen. Hinterbeine viel grösser als die Vorderbeine. Becken offen, ohne Symphyse, mit langen Postpubes und schlanken, nach vorn gerichteten Pubes. Beinknochen solid.

Die Ordnung der Pachypoden oder Stegosaurier zeichnet sich vor den übrigen Dinosauriern durch ihren starken Knochen-Panzer aus, über welchem wahrscheinlich ein entsprechender Horn-Panzer lag. Gewöhnlich werden diese pflanzenfressenden Dinosaurier mit der folgenden Ordnung, den *Ornithopoda*, unter dem Begriffe der Orthopoda vereinigt. Allerdings stimmen sie durch einen Theil ihrer morphologischen Eigenschaften mit den letzteren überein; anderseits aber gleichen sie auch in vielen Merkmalen den vorhergehenden Sauropoda, so dass sie zwischen diesen beiden Ordnungen der herbivoren

Dinosaurier in der Mitte stehen. Die *Pachypoden* haben von den *Sauropoden*, ihren vermuthlichen Ahnen, folgende Eigenthümlichkeiten geerbt: solide (nicht hohle) Beinknochen, plantigrade Füsse, kurze Metatarsen und Hufbekleidung der Zehen; in diesen wichtigen Merkmalen entfernen sie sich von den *Ornithopoden*, welche hohle Beinknochen und digitigrade Füsse besitzen, sowie lange Metatarsen und Krallen an den Zehen. Hingegen theilen die *Pachypoden* mit den *Ornithopoden* das offene Becken und die eigenthümlichen Postpubes, sowie die starke Differenzirung der Beine; die Hinterbeine sind viel länger als die Vorderbeine.

Unter den bekannten Formen der Pachypoden scheinen sich die Scelidosaurier am nächsten an ihre Stammgruppe, die Sauropoden, anzuschliessen. Diese ältesten Pachypoden, bisher nur in Mittel-Europa gefunden (meistens in England), treten schon im Lias auf und setzen sich durch den Jura bis zur mittleren Kreide fort. Es sind schwerfällige Thiere von mässiger Grösse (2—4 m), mit einem sehr entwickelten Knochenpanzer, dessen Platten und Stacheln bald isolirt in der Haut liegen, oder wie bei den Crocodilen in Längsreihen geordnet sind, bald fest zusammenhängen und einen geschlossenen Panzer herstellen. Der kleine Vorderfuss trägt 4—5 Zehen, der grössere Hinterfuss 3—4 Zehen, mit 4 starken Metatarsal-Knochen. Der Astragalus ist nicht mit der Tibia verwachsen (*Scelidosaurus, Hylaeosaurus, Acanthopholis* etc.).

Die Familie der Stegosaurier (aus dem Jura von Nord-America und England) umfasst grössere, zum Theil colossale Stegopoden, welche sich von den Scelidosauriern durch die Reduction der Zehen (nur drei entwickelte Metatarsen) und die Verwachsung des Astragalus mit der Tibia unterscheiden. Der Körper war mit mächtigen Knochenplatten gepanzert (zum Theil von mehr als einem Fuss Durchmesser), welche in der Mitte des Rückens einen senkrechten Kamm, vom Kopfe bis zur Schwanzspitze bildeten und hinten in paarige Stacheln übergingen; die Gefässeindrücke und Gruben an der Oberfläche dieser Knochentafeln beweisen, dass sie von entsprechenden dicken Hornplatten bedeckt waren. Bei dem colossalen *Stegosaurus ungulatus* (von 10 m Länge und 6 m Höhe) war der gepanzerte Kopf sehr klein und das Gehirn so winzig, dass die Neuralkammer des mächtigen, aus 4 Wirbeln zusammengesetzten Kreuzbeins 10-mal so gross ist als die enge Hirnhöhle.

Die Familie der Ceratopsiden, aus der Kreide von Nord-America, zeichnet sich durch den Besitz mächtiger Hörner aus. Die Stirnbeine von *Ceratops* tragen ein Paar mächtige Knochenzapfen, zu denen sich bei *Triceratops* noch ein dritter starker Knochenzapfen auf den verwachsenen Nasenbeinen gesellt. Der Hinterhauptskamm ist in einen starken Nackenpanzer ausgebreitet, dessen Rand einen Stachelkranz trug. Die Kiefer, vorn zahnlos, waren mit einem Hornschnabel bewaffnet.

§ 338. Fünfte Ordnung der Dinosaurier: Ornithopoda. Vogel-Drachen.

Herbivore Dinosaurier mit digitigraden, anderszehigen Füssen. Zehen vorn meist vier oder fünf, hinten vier oder drei, mit spitzen Krallen bewaffnet. Hinterbeine viel grösser als die Vorderbeine. Becken offen, ohne Symphyse, mit langen Postpubes und schlanken, nach vorn gerichteten Pubes. Beinknochen hohl.

Die Ordnung der Ornithopoden ist der vorhergehenden Gruppe der Pachypoden nächstverwandt und von einem älteren Zweige derselben (Scelidosauria?) abzuleiten; beide Ordnungen werden oft unter dem Namen *Orthopoda* vereinigt und dabei die übereinstimmende Bildung des offenen Beckens und seiner langen, dem Ischium parallel laufenden Postpubes vorangestellt. Allein die *Ornithopoda* unterscheiden sich von den *Pachypoda* sehr wesentlich durch die hohlen Beinknochen, die sehr verlängerten Metatarsen und den digitigraden Fuss, dessen Zehen nicht mit Hufen, sondern mit Krallen versehen sind. Gestützt auf den mächtigen Schwanz und die langen Hinterfüsse standen und gingen die vogelähnlichen Thiere aufrecht, während die schwachen Vorderfüsse wohl zum Greifen dienten. Der dermale Knochenpanzer der Pachypoden scheint den Ornithopoden zu fehlen; wahrscheinlich war ihre Haut mit Federn oder haarähnlichen Anhängen bedeckt. Unter den jüngeren, herbivoren Ornithopoden schliessen sich einige specialisirte Familien auffallend nahe an die Vögel an, ebenso wie unter den jüngeren Carnivoren die Coeluriden und Compsognathiden.

Unter den divergenten Familien der Ornithopoden sind die Camptosauria (aus Jura und Kreide) die wenigst differenzirten, und daher als Ueberrest ihrer Stammgruppe zu betrachten. Sie erreichten nur mässige Grösse (1—3 m Länge). Die Zwischenkiefer sind bezahnt. Am kleinen Vorderfusse sind 4 Zehen wohl entwickelt, die fünfte mehr oder weniger reducirt; am starken Hinterfusse sind nur 4 Zehen vorhanden; doch findet sich bisweilen noch ein Rudiment der fünften.

Die ansehnlichste und typisch höchst entwickelte Gruppe unter den Ornithopoden sind die riesigen Iguanodontia, von denen einzelne Reste (aus der Kreide von England) schon 1824 zugleich mit dem carnivoren *Megalosaurus* beschrieben wurden; diese beiden Genera waren 16 Jahre hindurch die einzigen bekannten Vertreter der Dinosaurier. Erst viel später (1882) wurden die vollständigen Skelete von zwei riesigen, in Belgien (bei Bernissart) gefundenen Arten von *Iguanodon* beschrieben, 9—10 m lang, 4—5 m hoch. Die mächtigen Hinterbeine, die zusammen mit dem gewaltigen Schwanze den aufrechten Körper stützen, tragen nur drei entwickelte Zehen, deren Abdrücke sich in vielen Fussspuren des cretassischen Wälder-Sandsteins erhalten haben. An den breiten Händen ist der Daumen in einen dolchförmigen Sporn umgebildet; zweiter und dritter Finger tragen schaufelförmige Endphalangen, vierter und fünfter Finger sind schwach. Die characteristischen spatelförmigen Zähne, mit schiefer Kaufläche, haben starke Längsfalten auf den zusammengedrückten Seitenflächen, vorn und hinten einen scharfen, gekerbten Rand.

Eine höchst eigenthümliche Familie sind die Hadrosauria (in der oberen Kreide von Nordamerica), in Grösse und Skeletbau den Iguanodonten sehr ähnlich, aber mit merkwürdig specialisirtem herbivoren Gebiss. Ober- und Unterkiefer sind breit und platt, sandalenförmig-löffelartig (wie beim Löffelreiher) und mit einem Pflaster von vielen Reihen kleiner Stiftzähne bedeckt (bei *Diclonius* über 2000).

Zwei kleinere Familien der Ornithopoden, die Nanosauria (von geringer Grösse, 0,3—0,6 m lang) und die Ornithomimida (mit ansehnlichen Formen) haben stark pneumatische Knochen mit dünnen Wänden und nähern sich auffallend den Vögeln. Die langen Hinterbeine von *Ornithomimus* zeigen einen langen, unten dreiköpfigen Laufknochen, durch Verschmelzung der drei Metatarsalia entstanden.

§ 339. Zweite Legion der Draconen:

Pterosauria. Flugdrachen.

(*Pterodracones. Pterodactylia. Ornithosauria*).

Fliegende Drachen, Specialisten mit Flughäuten.

Draconen mit Chiropteren-Habitus, mit einer grossen Flughaut, welche zwischen den Seiten des Rumpfes und dem enorm verlängerten fünften Finger der Hand ausgespannt war. Skelet pneumatisch. Kopf vogelähnlich, mit dem starken Halse rechtwinkelig verbunden. Hals- und Brustwirbel procoel. Schwanzwirbel amphicoel. Sacrum mit 3—6 verschmolzenen Wirbeln. Vordere Brustrippen zweiköpfig. Schädel ornithoid, mit verschmelzenden Nähten und spitzem Schnabel. Zwischenkiefer verschmolzen. Unterkiefer-Aeste verschmolzen. Kiefer thecodont oder zahnlos. Zähne konisch oder hakenförmig. Quadratbein unbeweglich. Beide Schläfenbögen ausgebildet. Brustbein gross, schildförmig. Clavicula fehlt. Hinterbeine schwächer als Vorderbeine.

Die Legion der Pterosaurier bildet eine sehr merkwürdige, eigenthümlich specialisirte Gruppe von fliegenden Amnioten, welche ausschliesslich auf die Secundär-Zeit beschränkt ist. Die meisten Formen derselben finden sich im Jura vor, einzelne älteste in der oberen Trias, einige jüngere Specialisten in der Kreide. Nachdem man dieselben früher bald mit den Vögeln, bald mit den Säugern (Chiropteren) vereinigt hatte, stellen die meisten Zoologen sie jetzt zu den Reptilien und betrachten sie als eine selbständige Ordnung (oder Unterclasse) dieser kaltblütigen Classe; sie verhält sich zu den Lacertilien oder Rhynchocephalen etwa ähnlich, wie unter den Mammalien die fliegenden Chiropteren zu den laufenden Insectivoren oder Didelphien. Wir glauben jedoch, auf Grund der ausgedehnten Pneumaticität ihres Skeletes und der sonstigen Eigenthümlichkeiten ihrer Organisation, annehmen zu müssen, dass die *Pterosaurier* warmblütige Amnioten mit doppeltem Kreislauf waren, gleich den Vögeln und Säugethieren. Gleich den *Dinosauriern*, von denen wir dasselbe annehmen, führen wie sie hier als eine selbständige Unterklasse oder Legion der Draconen auf. Obgleich der Ursprung der Pterosaurier noch sehr dunkel erscheint, glauben wir doch, dass ihre nächsten Vorfahren entweder unter den älteren Dinosauriern zu suchen sind (*Arctopoden? Coeluriden?*) oder unter den Tocosauriern (*Progonosaurier? Rhynchocephalen?*).

Der Habitus der Pterosaurier, entsprechend ihrer fliegenden Lebensweise, ist so characteristisch, dass sie auf den ersten Blick von allen anderen Wirbelthieren zu unterscheiden sind. Der vogelähnliche Kopf ist mit einem langen, meist bezahnten, seltener zahnlosen Schnabel bewaffnet und wird von einem ungewöhnlich starken Halse getragen. Dagegen erscheint der Rumpf verhältnissmässig klein, ist übrigens mit einem wohlentwickelten, vogelähnlichen Brustkorb ausgestattet. Der Schwanz verhält sich sehr verschieden in den beiden Ordnungen der Subclasse: bei den älteren *Draconura* ist er sehr lang, viel länger als der Rumpf, bei den jüngeren *Dracochira* hingegen kürzer oder ganz rudimentär. Am meisten characteristisch ist die Bildung der kräftigen Vorder-Gliedmaassen, deren fünfter Finger ausserordentlich verlängert ist und zur Stütze einer langen, zwischen ihm und dem Rumpfe ausgespannten Flughaut dient. Dagegen erscheint die Hinter-Extremität verhältnissmässig schwach, besonders bei den jüngeren Formen.

Tegument. Die Hautdecke der Pterosaurier wird gewöhnlich als nackt beschrieben; indessen ist es höchst wahrscheinlich, dass dieselbe mit Federn oder mit haarähnlichen Appendicular-Organen bedeckt war, welche durch Spaltung der von den Reptilien-Ahnen (Tocosauriern) ererbten Hornschuppen entstanden waren. Ausser den angeführten Andeutungen derselben auf Abdrücken der Flughaut spricht dafür vor Allem die wohlbegründete Vermuthung, dass diese Thiere warmblütig waren und dass die erwärmte Luft, welche aus den Lungen in die (abdominalen?) Luftsäcke und die Luftcanäle der pneumatischen Knochen einströmte, das specifische Gewicht verminderte, wie bei den Vögeln. Wie bei diesen, werden die Herzhälften völlig getrennt, der grosse und kleine Kreislauf ganz geschieden gewesen sein. Kopf und Füsse dürften mit Hornschuppen bedeckt gewesen sein, die Endphalangen mit scharfen Hornkrallen. Die Pterosaurier waren Fleischfresser, die wahrscheinlich kletternd auf Bäumen lebten und die Flughaut beim Sprunge von Baum zu Baum als »Fallschirm« erworben haben, ähnlich wie die *Volitantien* (§ 431).

§ 340. Skelet der Pterosaurier.

Das leichte und dabei feste Knochengerüst der Pterosaurier erinnert in vielen allgemeinen Verhältnissen an dasjenige der Vögel; es lässt sich aber keineswegs im Einzelnen mit diesem vergleichen. Die Aehnlichkeiten zwischen Beiden beruhen auf Convergenz und sind Folge der ähnlichen Anpassung an fliegende Lebensweise. Dies gilt in erster Linie von dem eigenthümlichen Schädelbau und von der Pneumaticität des Skeletes, welche den Flug so wesentlich erleichtert und jedenfalls auch hier mit Warmblütigkeit verknüpft war. Die spongiösen Wirbel zeigen grosse seitliche Oeffnungen, in welche die von der Lunge ausgehenden Luftsäcke eintraten, und die dünne, aber feste Wand der Röhrenknochen umschloss einen weiten Luftcanal.

Wirbelsäule. Die pneumatischen Wirbel sind völlig verknöchert und am Halse, sowie im vorderen Theile der Brust-Wirbelsäule procoel, im mittleren Theile der letzteren platycoel, am Schwanze amphicoel. Die Zahl der Praesacral-Wirbel beträgt meistens (oder immer?) 22; darunter sind 7 Hals-, 13 Brust- und 2 Lenden-Wirbel. Die beiden ersten Halswirbel verhalten sich wie bei Dinosauriern und Vögeln, indem das Centrum des Atlas zum Zahn des Epistropheus wird. Die fünf folgenden Halswirbel sind ausserordentlich gross, die stärksten von allen Wirbeln, vorn tief ausgehöhlt, hinten convex, meist ohne Querfortsätze und Rippen. Die 13 Brustwirbel sind viel schwächer und tragen schlanke Rippen, deren Länge von vorn bis zur Mitte des konischen Brustkorbes zunimmt; die 2 oder 3 vordersten Rippen-Paare sind stärker und zweiköpfig, die übrigen einköpfig. Den 2 Lendenwirbeln fehlen die Rippen. Bei den *Pterodactylien* ist der Bauch durch Bauchrippen geschützt, welche auffallend denen der *Rhynchocephalien* gleichen. Das pneumatische Sacrum besteht meistens aus 3 oder 4, seltener (bei den jüngeren Riesenformen) aus 5 oder 6 verschmolzenen Wirbeln. Der Schwanz ist ursprünglich (— bei den *Draconura* —) sehr lang (oft doppelt so lang als Kopf und Rumpf zusammen) und aus 20—40 oder mehr amphicoelen, schlank cylindrischen Wirbeln zusammengesetzt; bei der gemeinsamen Stammgruppe (den *Rhamphodontia*) sind dieselben noch frei beweglich, bei den *Rhamphorhynchia* dagegen in eine Scheide von verknöcherten Sehnen eingeschlossen, so dass der Schwanz dieser letzteren ganz steif war und wahrscheinlich als feste Stütze zum Abspringen beim Fluge diente. Bei den *Dracochira* hingegen ist der Schwanz verkümmert, sehr kurz und nur aus 5—15 kleinen Wirbeln zusammengesetzt.

Schädel. Das Cranium der Pterosaurier zeigt auffallende, auf Convergenz beruhende Aehnlichkeiten mit dem der Vögel. Wie bei diesen, verschmelzen die dünnen, aber festen Knochen frühzeitig mit einander, so dass ihre Nahtgrenzen meist schwer zu erkennen sind. Der Gelenkhöcker des Hinterhauptes liegt am Grunde, nicht an der Hinterseite des Schädels, da die Längsaxe des Kopfes mit derjenigen des aufrechten Halses nahezu einen rechten Winkel bildet. Zwischen den weiten Augenhöhlen und den seitlichen Nasenlöchern liegt bei den langschwänzigen *Draconuren* jederseits eine rings abgeschlossene Thränenhöhle (oder Praeorbitalgrube); bei den kurzschwänzigen *Dracochiren* ist dieselbe theilweise oder ganz mit der Nasenhöhle verschmolzen. Die verlängerten Zwischenkiefer sind sehr gross und in der Mitte verwachsen, ebenso wie die schlanken Aeste des Unterkiefers. Die gewölbte und hinten abgerundete Hirnschale ist ebenfalls vogelähnlich, und der Ausguss der Hirnhöhle (der die Hirnform annähernd wiedergiebt) mehr dem der Vögel als der Reptilien ähnlich. Das Foramen parietale fehlt.

Während der Schädelbau der Pterosaurier in diesen und anderen Merkmalen sich auffallend dem der Vögel nähert und von der Stammgruppe der Reptilien entfernt, gleicht er dagegen dem der letzteren darin, dass das lange Quadratbein unbeweglich am Schädel befestigt und dass ausser dem unteren auch der obere Schläfenbogen vollständig erhalten ist; ein besonderes Postfrontale verbindet sich hinten mit dem Squamosum, unten mit dem Jugale und schliesst so die obere Schläfengrube von der Augenhöhle ab; letztere enthält meistens einen Sclerotical-Ring. Die vergleichende Osteologie der Pterosaurier und der Vögel wiederlegt entschieden die Annahme, dass die letzteren sich direct aus den ersteren entwickelt hätten.

§ 341. Gliedmaassen der Pterosaurier.

Carpomelen. Die Vorder-Gliedmaassen sind in dieser Subclasse ganz eigenthümlich entwickelt, so dass ihre Kenntniss allein schon zur sicheren Bestimmung genügt. Der Schultergürtel besteht bloss aus zwei Knochen, aus einer schmalen, säbelförmigen Scapula und einem ebenfalls schlanken, aber kräftigeren Coracoid. Beide sind wie bei den Vögeln gelagert und stossen vorn unter einem spitzen (ventral offenen) Winkel zusammen. Clavicula und Procoracoid fehlen vollständig. Das Distalende des Coracoids articulirt unten mit dem Vorderende des Brustbeins, welches eine grosse, rundliche, schwach convexe Platte darstellt, bald nahezu kreisrund, bald mehr fünfeckig oder herzförmig, hinten gestutzt und vorn in einen spitzen Kiel ausgezogen. Dieser Median-Kiel diente zum Ansatze der starken Flugmuskeln (Pectorales) und erinnert an das dolchförmige Episternum der Crocodile. Hinter demselben setzen sich meistens zwei Rippenpaare am Seitenrande des Sternum an.

Die vordere Extremität ist ursprünglich (bei den ältesten Rhamphodontien) schwächer als die hintere, wie bei den Tocosauriern und Dinosauriern. Bei allen übrigen Pterosauriern aber hat sie sich stärker entwickelt. Der Humerus ist kräftiger als das schlanke Femur, Radius und Ulna oft doppelt so lang als der Humerus, beide fast von gleicher Stärke. Am Carpus lassen sich zwei Reihen von kleinen Knochen unterscheiden. Der Metacarpus besteht aus 4 langen und schlanken Knochen, welche dicht zusammen liegen, aber nicht verwachsen sind. Der äusserste (Ulnare), welcher den langen Flugfinger (V.) trägt, ist 3—4-mal so stark als die drei anderen (II. III. IV.). Ursprünglich (bei den langschwänzigen *Draconura*) ist der Metacarpus mässig lang, kürzer als die Hälfte des Vorderarms; später aber (bei den kurzschwänzigen *Dracochira*) wird er länger, oft so lang als der Vorderarm. Ein dünner, stabförmiger Knochen, welcher am Radiale des Carpus eingelenkt und proximalwärts gerichtet ist, dient zum Spannen der Flughaut; dieser »Spannknochen« ist wahrscheinlich der Metacarpus des ersten rückgebildeten Fingers. Die Zahl der Phalangen an den 4 entwickelten Fingern (II.—V.) beträgt 2, 3, 4, 4. Die drei ersten Finger (II. III. IV.) sind kurz, tragen scharfe, krumme Krallen und scheinen frei aus der Flughaut vorgeragt zu haben. Dagegen ist der äusserste (V.) Finger krallenlos und ausserordentlich verlängert, meist länger als Hals und Rumpf zusammengenommen; die 4 Phalangen dieses »Flugfingers«, der Hauptstütze der Flughaut, sind ausserordentlich lange und starke Knochen, oft nahezu von gleicher Grösse wie die Vorderarm-Knochen; ihre Stärke nimmt gewöhnlich distalwärts ab.

Tarsomelen. Die Hinter-Gliedmaassen sind nur bei den ursprünglichsten Formen der Pterosaurier (bei den ältesten Rhamphodontien) noch stärker als die vorderen; bei den übrigen werden sie um so schwächer, je mehr sich die vorderen Extremitäten zu Flugwerkzeugen entwickeln. Der Beckengürtel ist auffallend klein, seine drei Knochenpaare nicht verschmolzen. Die Darmbeine sind ähnlich denen der Vögel und der Dinosaurier (Ornithopoden), vorn und hinten in einen (der Kreuzbein-Axe parallelen) Fortsatz ausgezogen. Die Hüftgelenk-Pfanne wird bloss von dem Darmbein (dorsal) und von dem breiten, plattenförmigen Sitzbein (ventral) umschlossen; die spatelförmigen Schambeine sind von ihrer Zusammensetzung ausgeschlossen, wie bei den post-triassischen Crocodilen (Typosuchia). Nach anderer Deutung wären die beiden ventralen Knochen, welche nur locker durch Band mit dem verdickten vorderen und unteren Ende des Sitzbeines verbunden sind, nicht als Pubes, sondern als Praepubes aufzufassen und den Beutelknochen der Marsupialien zu vergleichen; dann würde das wahre Pubis der vordere, durch einen Einschnitt gesonderte Theil des breiten Ischium sein.

Die hintere Gliedmaasse ist meistens beträchtlich schwächer als die vordere; ihre Röhrenknochen sind zwar oft etwas länger, aber dünner. Die Tibia ist meistens bedeutend länger als das Femur; die Fibula in der Distalhälfte rückgebildet, in der Proximalhälfte dünn, griffelförmig, mit der Tibia verwachsen. Am Tarsus sind zwei Reihen von kleinen Knochen zu unterscheiden. Der Metatarsus besteht immer aus fünf schlanken Knochen, von denen jedoch der äusserste (V.) oft sehr schwach ist. Die Zahl der Phalangen beträgt von der ersten bis zur vierten Zehe: 2, 3, 4, 5; die Endphalanx trägt eine spitze Kralle. Die fünfte (fibulare) Zehe ist bei den langschwänzigen *Draconura* lang, gut entwickelt und dient zur Stütze der Flughaut. Dagegen ist dieselbe bei den kurzschwänzigen *Dracochira* mehr oder weniger rudimentär.

Patagium. Die characteristische Flughaut der Pterosaurier diente diesen »fliegenden Drachen« in ähnlicher Weise zur Ortsbewegung durch die Luft, wie den Chiropteren unter den Säugethieren. Während aber bei letzteren die breite Flughaut zwischen sämmtlichen verlängerten Fingern und der Seite des Rumpfes ausgespannt ist, wirkt bei den Pterosauriern als Hauptstütze des Patagium nur der enorm verlängerte fünfte Finger. Zwischen diesem nach hinten gerichteten Flugfinger und dem lateralen (ulnaren) Seitenrande des Armes, sowie dem Seitenrande des Rumpfes spannte sich, ähnlich dem langen, schmalen Flügel einer Schwalbe oder Möve, die Flughaut aus, welche an einigen Abdrücken des langschwänzigen *Rhamphorhynchus* (aus dem lithographi-

§ 342. System der Pterosauria.

Ordines	Subordines	Familiae
I. Ordo: **Draconura** (Pterosauria macrura) Schwanz lang und stark (mit 20—40 Wirbeln), länger als der Rumpf. Metacarpus kurz (kürzer als der halbe Vorderarm). Fünfte Zehe des Hinterfusses gut entwickelt. Septum zwischen Nasenhöhle und Thränenhöhle vollständig ——— Aeltere Ordnung der langschwänzigen Flugdrachen	1. Subordo: **Rhamphodontia** Kopf kurz. Kiefer vollständig bezahnt, nicht verlängert, vorn ohne zahnlosen Schnabelfortsatz. Carpomelen schwächer als die Tarsomelen	1. Rhamphodontida (*Rhamphodon*, *Propterosaurus*) Gebiss homodont. Flugfinger kürzer als Ober- und Unterarm zusammen
		2. Dimorphodontida (*Dimorphodon*, *Scaphognathus*) Gebiss heterodont. Flugfinger länger als Ober- und Unterarm zusammen
	2. Subordo: **Rhamphorhynchia** Kopf lang. Kiefer unvollständig bezahnt, vorn verlängert, mit zahnlosem Schnabelfortsatz oder mit Stosszähnen. Carpomelen stärker als die Tarsomelen	3. Rhamphorhynchida (*Rhamphorhynchus*, *Rhamphocephalus*) Scapula und Coracoid getrennt. Schwanz steif
		4. Ornithochirida (*Ornithochirus*, *Doratorhynchus*) Scapula und Coracoid verschmolzen. Schwanz beweglich
II. Ordo: **Dracochira** (Pterosauria brachyura) Schwanz kurz und schwach (mit 5—15 Wirbeln), kürzer als der Rumpf. Metacarpus lang (länger als der halbe Vorderarm). Fünfte Zehe des Hinterfusses rudimentär oder fehlend. Septum zwischen Nasenhöhle und Thränenhöhle unvollständig oder verschwunden ——— Jüngere Ordnung der kurzschwänzigen Flugdrachen	3. Subordo: **Pterodactylia** Kopf ohne kielförmigen Hinterhaupts-Kamm. Kiefer bezahnt	5. Pterodraconida (*Pterodraco*, *Ornithocephalus*) Kiefer in der ganzen Länge bezahnt
		6. Pterodactylida (*Pterodactylus*, *Cycnorhamphus*) Kiefer nur in der vorderen Hälfte bezahnt
	4. Subordo: **Pteranodontia** Kopf mit kielförmigem Hinterhaupts-Kamm. Kiefer zahnlos	7. Nyctodactylida (*Nyctosaurus*, *Nyctodactylus*) Scapula frei, ohne Verbindung mit Rückenwirbeln
		8. Pteranodontida (*Dracanodon*, *Pteranodon*) Scapula durch ein Gelenk mit den verschmolzenen Rückenwirbeln verbunden

schen Schiefer von Solenhofen) deutlich erhalten ist. An den besten Abdrücken sind feine Adern an derselben sichtbar, sowie unzählige feine Streifen, die von den Einen als dünne Sehnen, von den Anderen (wohl richtiger) als haarähnliche Epidermis-Anhänge oder Federschäfte gedeutet werden. Bei den kurzschwänzigen Dracochiren ist die Ausdehnung der Flughaut noch unbekannt; vermuthlich war dieselbe bei diesen jüngeren und grösseren Formen (namentlich bei den riesigen Pteranodontien) noch mächtiger entwickelt und wahrscheinlich auch vorn zwischen dem starken Halse und dem radialen Vorderrande des Armes ausgespannt.

§ 343. Erste Ordnung der Pterosauria: **Draconura (= Pterosauria macrura).**

Aeltere Flugdrachen, mit langem Schwanze.

Pterosaurier mit langem, starkem Schwanze, welcher länger als der Rumpf und aus 20—40 langen Wirbeln zusammengesetzt ist. Nasenlöcher von der Thränen-Höhle durch eine vollständige Scheidewand getrennt. Metacarpalia kurz, stets kürzer als der halbe Vorderarm. Fünfte Zehe des Hinterfusses gut entwickelt, nach aussen zurückgekrümmt.

Die Ordnung der Draconuren oder der langschwänzigen Flugdrachen (*Pterosauria macrura*) umfasst die älteren und niederen Formen der Subclasse; ihre ältesten Glieder schliessen sich unmittelbar an die nicht fliegenden Vorfahren an, entweder an ältere Dinosaurier (*Arctopoden* der Trias) oder Tocosaurier (*Progonosaurier* der Trias). Leider sind uns die ältesten Vertreter dieser Gruppe, die Rhamphodontien aus der oberen Trias (Rhätische Stufe von Baden und Ober-Keuper von Württemberg) nur in einzelnen Bruchstücken bekannt. Die ältesten vollständigen Abdrücke finden sich erst im Unter-Jura (Lias); zahlreichere im Ober-Jura (lithographischer Schiefer). Grössere, zum Theil colossale Formen (aber nur unvollständig erhalten) finden sich in der Unter-Kreide, mit welcher diese Ordnung zu erlöschen scheint.

Alle Draconuren sind zunächst an dem langen Schwanz erkennbar, der stets länger als der Rumpf und aus 20—40 langen Wirbeln zusammengesetzt ist. Der Metacarpus ist in dieser Ordnung verhältnissmässig noch kurz (stets kürzer als die Hälfte des Vorderarmes). Die fünfte Zehe des Hinterfusses ist gut ausgebildet, gekrümmt und nach hinten zurückgeschlagen. Die Nasenhöhle ist von der Thränenhöhle durch ein vollständiges Septum abgeschlossen.

Wir unterscheiden in der Ordnung der Draconuren zwei Unterordnungen, die älteren *Rhamphodontia* und die jüngeren *Rhamphorhynchia*. Die Unterordnung der Rhamphodontien bildet die gemeinsame Stammgruppe der Pterosaurier, welche während der Trias-Periode aus einem Zweige der *Dinosaurier* (Coeluriden?) oder der *Tocosaurier* (Rhynchocephalen?) hervorgegangen war. Sie schliessen sich in der gesammten Körperform noch am nächsten an die letzteren an. Die Hinterbeine sind im Ganzen noch stärker als die Vorderbeine, deren Flugfinger kürzer als bei allen übrigen Pterosauriern ist. Der Kopf ist relativ kurz, die Kiefer nicht schnabelartig verlängert, aber in ihrer ganzen Länge mit Zähnen besetzt. Zu dieser Unterordnung rechnen wir zwei Familien; die älteste bilden die Rhamphodontida (*Propterosaurus*, *Rhamphodon*), nur sehr unvollständig bekannt durch unbedeutende Reste aus der oberen Trias (Ober-Keuper, Rhätische Stufe von Süd-Deutschland). Der Flugfinger ist hier noch kürzer als Ober- und Unterarm zusammen, das Gebiss homodont; die Kiefer sind in der ganzen Länge mit kleinen, gleichartigen, kegelförmigen Zähnen besetzt. Bei den nahe verwandten Dimorphodontida ist der Flugfinger länger, und das Gebiss heterodont; die vorderen Zähne sind sowohl oben als unten sehr kräftige hakenförmige Fangzähne, die hinteren klein und dichtgedrängt (*Dimorphodon macronyx*, aus dem Unter-Lias, *Scaphognathus crassirostris*, aus dem Ober-Jura).

Die Unterordnung der Rhamphorhynchia, die sich zunächst an die Stammgruppe der Rhamphodontia anschliesst, unterscheidet sich von ihr durch stärkere Entwickelung der Vorderbeine und Verlängerung der Kiefer, welche vorn zahnlos, schnabelartig, bisweilen mit horizontal vorragenden Stosszähnen bewaffnet sind. Die eigentlichen Rhamphorhynchida (aus dem Ober-Jura) zeichnen sich durch einen sehr langen und starken Schwanz aus, welcher ganz gerade, steif, von einer kegelförmigen Scheide verknöcherter Sehnen eingeschlossen war und wahrscheinlich als Stütze beim Abspringen zum Fluge diente (*Rhamphorhynchus Gemmingii*, *Rhamphocephalus Bucklandi*, sehr gross). Bei den Ornithochiriden, welche namentlich in der Unterkreide von England vorkommen, war der lange Schwanz beweglich; jedoch ist diese Familie, die sehr grosse Arten enthält, nur unvollständig bekannt.

§ 344. Zweite Ordnung der Pterosauria: **Dracochira (= Pterosauria brachyura).**

Jüngere Flugdrachen, mit kurzem Schwanze.

Pterosaurier mit kurzem und schwachem Schwanze, welcher kürzer als der Rumpf und aus 5—15 kleinen

Wirbeln zusammengesetzt ist. Nasenlöcher von der Thränenhöhle nicht durch eine vollständige Scheidewand getrennt. Metacarpalia lang, stets länger als der halbe Vorderarm. Fünfte Zehe des Hinterfusses rudimentär oder ganz rückgebildet.

Die Ordnung der Dracochiren oder der kurzschwänzigen Flugdrachen (*Pterosauria brachyura*) enthält die jüngeren und höheren Formen der Subclasse, welche erst während der Jura-Periode aus einem Zweige der Draconuren entstanden sind. Sie sind durch zahlreiche kleinere und mittelgrosse Formen namentlich im Ober-Jura (Solenhofen) vertreten, erreichen aber ihre volle Ausbildung erst während der Kreide-Zeit; in der mittleren und oberen Kreide von Europa, und noch mehr von Nord-America, erscheinen hier die colossalen Formen, deren grösste Arten eine Flügel-Spannweite von 6 m erreichten.

Alle *Dracochiren* unterscheiden sich von den langschwänzigen *Draconuren* sofort durch ihren kurzen, oft ganz rudimentären Schwanz, an dem sich nur 5—15 kleine Wirbel unterscheiden lassen. Ihre Flughand ist stärker ausgebildet, so dass der lange Metacarpus stets länger ist, als die Hälfte des Vorderarms. Die fünfte Zehe des Hinterfusses ist rudimentär oder ganz verschwunden. Die hinteren Gliedmaassen sind meistens viel schwächer als die vorderen. Die Nasenhöhle ist mit der dahinter gelegenen Thränenhöhle theilweise oder ganz zusammengeflossen.

Wir können in der Ordnung der Dracochiren ebenfalls zwei Unterordnungen unterscheiden, die älteren bezahnten *Pterodactylia*, und die jüngeren zahnlosen *Pteranodontia*. Die Unterordnung der Pterodactylien enthält viele Arten, meist aus dem oberen Jura; darunter befinden sich die am längsten und am besten bekannten Formen der ganzen Subclasse, insbesondere die schönen Abdrücke aus dem lithographischen Schiefer von Solenhofen; kleine Species, die nicht grösser als ein Sperling sind, und grosse, welche die Flügel-Spannweite eines Adlers erreichen. Bei den Pterodraconida (*Pterodraco*) waren die Kiefer noch in der ganzen Länge bezahnt, während bei den eigentlichen Pterodactylida (*Pterodactylus*, *Cycnorhamphus*) die Zähne auf die vordere Hälfte der Kiefer beschränkt, in der hinteren verloren gegangen sind.

Die Unterordnung der Pteranodontien zeichnet sich vor allen anderen Pterosauriern durch den gänzlichen Verlust der Zähne aus, so dass die langen spitzen Kiefer, seitlich zusammengedrückt und von Hornscheiden überzogen, einem mächtigen, aber sehr leichten Vogelschnabel gleichen. Diese zahnlosen Flugdrachen sind bisher nur aus der Kreide von Nord-America bekannt (Mittel-Kreide von Kansas) und erreichen meist eine ansehnliche Grösse (eine Flügel-Spannweite von 4—6 m und darüber). Das Hinterhaupt ist oben in einen langen Kamm ausgezogen, von welchem sich ein Median-Kiel bis zur Schnabelspitze fortsetzt. Der pneumatische Schädel ist trotz seiner Grösse (0,6—0,8 m, bisweilen über 1 m lang) äusserst leicht und zart gebaut. Die eigentlichen Pteranodontida (*Pteranodon*) zeichnen sich ausserdem dadurch aus, dass die Scapula durch einen Proximal-Fortsatz mit den verschmolzenen Dornfortsätzen einiger Brustwirbel articulirt und so eine feste Flügelstütze bildet. Diese singuläre Bildung fehlt den Nyctodactylida (*Nyctodactylus*), von denen die Pteranodontia abzuleiten sind.

§ 345. Achte Classe der Wirbelthiere:

Aves. Vögel.

Warmblütige Sauropsiden mit Flügeln und Schwungfedern.

Amnioten mit vollkommener Trennung beider Circulations-Gebiete; Herz vierkammerig: linke Hälfte mit oxydischem, rechte Hälfte mit carbonischem Blut. Haut mit Federn bedeckt. Carpomelen in Flügel verwandelt, mit Schwungfedern. Tarsomelen mit Intertarsal-Gelenk. Schädel monocondyl, mit dem zusammengesetzten Unterkiefer durch ein Quadratgelenk verbunden.

Die Classe der Vögel (*Aves*) umfasst alle Sauropsiden mit Federn und Flügeln. Trotzdem die Zahl der lebenden Arten sehr gross ist (über 10000), also diejenige aller übrigen Sauropsiden weit übersteigt, zeigen dieselben doch im Ganzen eine auffallende Einförmigkeit der inneren Organisation; ihre Unterschiede beruhen zum grössten Theile auf unbedeutenden Abweichungeu in äusseren Merkmalen (Form des Schnabels und der Füsse, Bildung der Flügel und des Gefieders). Die Unterschiede der am meisten von einander abweichenden Vögel sind innerhalb dieser Classe nicht grösser als diejenigen, welche innerhalb der Legion der Lepidosaurier oder der Chelonier sich finden. Auch die Warmblütigkeit, welche die Vögel vor den echten, kaltblütigen Reptilien auszeichnet, theilen sie wahrscheinlich mit den Draconen (sowohl *Dinosauriern* als *Pterosauriern*, vergl. § 263). Daher ist es eigentlich richtiger, der Vogel-Classe bloss den Rang einer Sauropsiden-Legion anzuweisen, entsprechend der Legion der Pterosaurier oder der Dinosaurier. Wenn wir sie dennoch hier, dem alten Herkommen gemäss, als Classe aufführen, so soll diese Auszeichnung den hohen

Grad ihrer eigenthümlichen Specialisation ausdrücken, sowie die bedeutungsvolle und vielseitig interessante Rolle, welche diese modernen fliegenden Luftbewohner im letzten Hauptabschnitt unserer Stammesgeschichte, seit Beginn der Tertiär-Zeit spielen. Die wenigen älteren Formen lassen zwar schliessen, dass auch in der Secundär-Zeit (besonders in der Kreide-Periode) schon viele Vögel existirten; sie erscheinen aber damals ganz untergeordnet gegenüber der gewaltigen Formenwelt der übrigen Sauropsiden.

Die nächsten Verwandten der Vögel unter den übrigen Sauropsiden sind, wie schon früher betont wurde, die Draconen, und insbesondere die *Dinosaurier*. Nahe Beziehungen bestehen auch zu den *Crocodilen*, weitere zu den *Lacertilien*. Unter den Dinosauriern zeigen zwei verschiedene Gruppen auffallende Annäherung an den Körperbau der Vögel, einerseits die carnivoren *Compsognathida* (aus der Ordnung der Theropoden, § 335), anderseits die herbivoren *Ornithomimida* (aus der Ordnung der Ornithopoden, § 338). Manche Forscher haben daher aus diesen hoch entwickelten (jüngeren!) Dinosauriern direct die Stammformen der Vögel ableiten wollen. Wir halten dieselben jedoch für zu sehr specialisirt und nehmen an, dass die wirklichen Stammvögel (*Tocornithes*) aus einer älteren Gruppe von Trias-Reptilien abzuleiten sind; diese können entweder schon primitive Dinosaurier gewesen sein (*Prodinosaurier* aus der Ordnung der Arctopoden, § 334) oder doch diesen und den Crocodilen nächst verwandt. Vielleicht gehen aber auch die Wurzeln des Vogelstammes noch tiefer in den älteren Reptilien-Stamm hinab, bis zu jenen Tocosauriern (*Rhynchocephalen* oder *Progonosauriern*?), aus welchen auch die Crocodile und Dinosaurier entsprossen sind (vergl. § 268).

Die systematische Phylogenie der Vögel hat neuerdings eine ausführlichere und gründlichere Bearbeitung erfahren, als diejenige der meisten anderen Thierclassen. Die ausgezeichneten »Untersuchungen zur Morphologie und Systematik der Vögel« (— zugleich ein Beitrag zur Anatomie der Stütz- nnd Bewegungsorgane — 1888) haben nicht nur die specielle Stammesgeschichte dieser formenreichen Classe in hohem Maasse gefördert, sondern auch auf viele wichtige Fragen der generellen Phylogenie ein helles Licht geworfen. Zugleich ist in diesem fundamentalen Werke der erste glückliche Versuch gemacht worden, den stereometrischen Stammbaum einer grossen Classe monophyletisch auszuführen; mehrfache verticale Ansichten desselben sind durch horizontale Projectionen (— »Querschnitte des Stammbaums« —) erläutert, und so »das mannichfache Gewirr der phylogenetischen Entwickelungsbahnen graphisch von verschiedenen Seiten« in mustergültiger Weise dargestellt.

§ 346. Classification der Vögel.

Die ältere Systematik der Vögel-Classe stützte sich fast nur auf äusserliche Merkmale, in erster Linie auf die verschiedene Form des Schnabels und der Füsse, sowie die Bildung des Gefieders. Erst innerhalb der letzten dreissig Jahre wurde diese künstliche, hauptsächlich durch Vergleichung der ausgestopften Vögel gewonnene Eintheilung mehr und mehr durch eine phylogenetische, auf die vergleichende Anatomie gegründete Classification verdrängt. Die historische und morphologische Würdigung des einzigen bekannten Jura-Vogels, der höchst wichtigen *Archaeopteryx*, veranlasste uns (1866), die durch ihn vertretene Abtheilung der älteren, an die Reptilien anschliessenden Vögel als besondere Subclasse der Fiederschwänzigen (*Saururae*) abzutrennen und ihnen alle übrigen jüngeren Vögel als Fächerschwänzige (*Ornithurae*) gegenüberzustellen. Unter diesen letzteren erwiesen sich dann weiterhin die Laufvögel (*Cursores*) oder Straussvögel (*Ratitae*) als eine sehr eigenthümliche Gruppe, welcher schon früher alle übrigen als Kielvögel (*Carinatae*) entgegengestellt worden waren. Obgleich die Zahl der letzteren viel grösser ist als die der ersteren, zeigen doch alle Carinaten (über 10000 Arten) einen und denselben erblichen Bildungstypus; die Unterschiede zwischen den entferntesten Kielvögeln sind geringer als diejenigen zwischen den wenigen bekannten Ratiten. Man kann demnach die ganze Vogel-Classe in zwei Subclassen oder in drei Legionen eintheilen, deren wichtigste Unterschiede aus folgender Uebersicht klar werden:

Hauptgruppen der Vögel:

Zwei Subclassen	Drei Legionen	Zwei Subclassen
A. Saururae Fiederschwänze Schwanz lang, mit getrennten Wirbeln, ohne Pygostyl. Metacarpen getrennt	**I. Saururae** (Primipennes oder *Saurocoracoideae*)	**A. Volantes** Flugvögel Flügel entwickelt, zum Fluge tauglich, mit activen Schwungfedern. Schwanz mit activen Steuerfedern. Sternum mit Carina
B. Ornithurae Fächerschwänze Schwanz kurz, die hinteren Wirbel zum Pygostyl verwachsen oder verkümmert. Metacarpen mit einander verwachsen	**II. Carinatae** (Alipennes oder *Acrocoracoideae*)	
	III. Ratitae (Brevipennes oder *Platycoracoideae*)	**B. Cursores** Laufvögel Flügel und Schwanz verkümmert, nicht zum Fluge tauglich. Sternum ohne Carina

Die Legion der Saururae oder Urvögel (*Primipennes*), bis jetzt bloss durch die jurassische *Archaeopteryx* bekannt, umfasst die älteren mesozoischen Vögel, welche aus nicht-fliegenden Sauropsiden (entweder primitiven *Dinosauriern* oder *Tocosauriern*), wahrscheinlich während der Trias-Periode, hervorgegangen sind. Ihr Körperbau ist zwar in der Hauptsache schon der des echten Vogels, und der Flügel trägt bereits starke Schwungfedern; sonst aber schliesst er sich in vielen Beziehungen noch an den der älteren Reptilien-Ahnen an; die Metacarpal-Knochen sind noch getrennt und ebenso die Wirbel des langen, gefiederten Schwanzes, deren jeder ein Paar starke Steuerfedern trägt.

Die Legion der Carinatae oder Kielvögel (*Alipennes*) umfasst den weitaus grössten Theil der bekannten Vögel; alle lebenden Aves, welche ein Brustbein mit Kiel und entwickelte Flügel besitzen. Von ihren Saururen-Ahnen unterscheiden sie sich besonders durch zwei wichtige Fortschritte im Flug-Apparate: die Metacarpal-Knochen des Flügels sind mit einander verschmolzen und ebenso die hinteren Wirbel des verkürzten Schwanzes; letztere bilden eine verticale Knochenplatte (Pygostyl), an welcher die Steuerfedern fächerförmig ansitzen. Die zahlreichen Familien der Carinaten (ungefähr 80) vertheilen sich auf 4 Ordnungen und 16—20 Unterordnungen; ihre nahen, vielfach gekreuzten und verwickelten Verwandtschafts-Beziehungen bereiten der phylogenetischen Systematik die grössten Schwierigkeiten.

Die Legion der Ratitae oder Straussvögel (*Brevipennes*) enthält nur eine geringe Anzahl von lebenden und fossilen (tertiären) Vögeln; alle stimmen überein in der Verkümmerung der Flügel und des Schwanzes, während ihre Tarsomelen zu starken Laufbeinen entwickelt sind. Da active Schwungfedern und Schwanzfedern fehlen, können sie nicht mehr fliegen; dass sie aber von fliegenden *Carinaten* abstammen und erst secundär das Flugvermögen verloren haben, beweist der Skeletbau ihres rudimentären Flügels. Auch der Mangel der Crista sterni ist kein ursprünglicher, sondern beruht auf Rückbildung. Die wenigen Familien der lebenden und fossilen Ratiten weichen übrigens so sehr von einander ab, dass wir einen polyphyletischen Ursprung derselben aus der Carinaten-Gruppe annehmen müssen. Zu verschiedenen Zeiten haben verschiedene Gruppen von fliegenden Kielvögeln die Gewohnheit des Fliegens aufgegeben und den Flügel rückgebildet.

§ 347. Tegument und Gebiss der Vögel.

Die Hautdecke der Vögel ist durch ihr Federkleid ausgezeichnet; dasselbe fehlt gewöhnlich nur am Schnabel, der von einer harten Hornscheide überzogen ist, und an den Füssen, die mit Hornschuppen oder

Horntafeln bedeckt sind. Wie diese letzteren in Bau und Entwickelung noch ganz den Hornschuppen (*Pholides*) der Reptilien-Ahnen gleichen, so sind auch die Federn selbst aus solchen hervorgegangen. Jede Feder entsteht ursprünglich aus einer konischen Hautpapille, einem Vorsprunge des Corium, der von der Epidermis überzogen ist. Die gefässreiche Papille der Lederhaut schrumpft später nach beendetem Wachsthum der Feder zusammen (»Federseele«). Die hornige Epidermis-Kappe dagegen wächst zu einem langen Fortsatze aus und wird so zum Federschaft (*Scapus*). Beim weiteren Wachsthum wird dessen Basal-Theil in die dünne Lederhaut eingesenkt und bildet die Spule (*Calamus*); dagegen wird der freie Acral-Theil gefiedert, und sein axialer Stamm (Spindel, *Rhachis*) bildet zusammen mit den biserialen Aesten die Fahne (*Vexillum*). Bei den harten Contourfedern (*Pennae*) sind die Fiederäste (*Radii*) selbst wieder gefiedert, so dass die ganze Feder einem doppelt gefiederten Blatte gleicht. Dabei greifen die secundären Aestchen (*Radioli*) mit Randzähnchen fest in einander, so dass die ganze Fahne ein festes und doch leichtes, zum Fluge geeignetes Blatt bildet. Die vollkommenste Ausbildung erreicht diese »Flugfeder« in den Schwungfedern und Steuerfedern der Carinaten; jene sind an den Knochen der Carpomelen, diese an den Schwanzwirbeln befestigt. Einfacher gebildet sind die weichen Flaumfedern oder Dunen (*Plumae*). Durch Verkümmerung der Fahne entstehen die haarförmigen oder borstenförmigen Fadenfedern (*Filoplumae*). Da schon bei dem ältesten bekannten fossilen Vogel, bei der *Archaeopteryx* des Ober-Jura, die Contourfedern an Hand und Schwanz vollkommen entwickelt sind, müssen wir schliessen, dass die Entstehung der Federn aus Hornschuppen schon in früherer Jura-Zeit (Lias), oder wahrscheinlich in der Trias-Periode stattgefunden hat. Die grossen Steuerfedern (*Rectrices*) sind bei diesen älteren »Fiederschwänzen« oder *Saururen* paarweise an den einzelnen getrennten Wirbeln des langen Schwanzes angeheftet; bei den jüngeren *Ornithuren* oder »Fächerschwänzen« breiten sie sich fächerförmig aus, indem die hinteren Wirbel des verkürzten Schwanzes zu einem Pygostyl verschmelzen. Die Zahl der Steuerfedern ist hier meistens auf 12 oder 10 reducirt, während sie ursprünglich 20—24 oder mehr betrug. Die Schwungfedern (*Remiges*) zerfallen in drei Gruppen: A. die Schwingen erster Ordnung (*R. primarii* s. *digitales*) sitzen an den Handknochen (Metacarpen und Phalangen); ihre Zahl beträgt gewöhnlich 10—12, bei *Archaeopteryx* nur 6 oder 7, bei *Struthio* dagegen 18; B. die Schwingen zweiter Ordnung (*R. secundarii* s. *cubitales*) sitzen an der Ulna, meistens zu 12—24; C. die Schwingen dritter Ordnung (*R. tertiarii* s. *humerales*) sitzen am Oberarm und bilden den »Schulterfittich« (*Parapterum*).

Die äusserst mannichfaltige Entwickelung des Gefieders, in Bezug auf Gestaltung, Zeichnung und Färbung, ist nicht allein für die Systematik der Vögel von grösster Bedeutung, sondern auch für allgemeine Probleme der Stammesgeschichte. Viele ihrer merkwürdigsten Erscheinungen erklären sich durch protective und mimetische Anpassung, andere durch sexuelle Selection. Dabei ist von besonderem Interesse die stufenweise Entwickelung der ästhetischen Seelenthätigkeiten bei den höheren Carinaten, besonders den Coracornithen (musikalische Selection der Singvögel, kosmetische Selection derjenigen Kielvögel, bei denen sich das Männchen durch schönes Gefieder auszeichnet, u. s. w.).

Dasselbe gilt auch für die Phylogenie des Schnabels (*Rostrum*), dessen besondere Form durch Anpassung an die Lebensweise in mannichfachster Art umgebildet wird. Die älteren Vögel besassen in beiden Kiefern Zähne, in einer Reihe in Alveolen eingesenkt. Diese Erbstücke der Reptilien-Ahnen sind klein bei der jurassischen *Archaeopteryx*, ansehnlicher bei den cretassischen »Zahnvögeln« (*Odontornithes*). Unter den letzteren besitzt der carinate *Ichthyornis* noch getrennte Alveolen (*Odontormae*); dagegen sind bei dem ratiten *Hesperornis* die Scheidewände derselben verschwunden, so dass die Zähne in einer Kieferrinne stehen (*Odontalcae*). Ob die Hornzähne, welche sich am Schnabelrande einiger Carinaten finden (*Lamellirostres*, Embryonen von Papageien), phylogenetische Beziehungen zu echten Zähnen älterer Odontornithen besitzen, ist noch zweifelhaft. Die übrigen Vögel haben die Zähne ganz verloren und dafür harte, schneidende Hornscheiden auf den Kieferrändern erhalten, ebenso wie die Chelonier und die jüngeren Pterosaurier (*Pteranodontia*, § 344).

§ 348. Skelet der Vögel.

Alle wesentlichen Eigenthümlichkeiten, durch welche sich das Skelet der Vögel von demjenigen der übrigen Sauropsiden unterscheidet, sind in erster Linie durch die Ausbildung des Flugvermögens bedingt. Die *Carpomelen* sind in Flügel verwandelt und mit Schwungfedern ausgerüstet, während die *Tarsomelen* allein als Gangfüsse dienen. Daher wurden die Vögel schon vom Vater der Naturgeschichte vor 2200 Jahren richtig als *Dipoda ptetica* characterisirt. Der typische Vogelflügel unterscheidet sich sowohl von den Flugwerkzeugen der Pterosaurier, als aller anderen fliegenden Thiere durch seinen eigenthümlichen Skeletbau und den Ansatz der Schwungfedern an Hand und Vorderarm. Der Schultergürtel besitzt einen hohen Grad von Festigkeit. Eine lange, säbelförmige Scapula verbindet sich im Schultergelenk mit einem starken, säulenförmigen Coracoid, dessen Distalende sich unten auf den breiten Vorderrand des Sternum stützt. Mit letzterem verbindet sich vorn durch Band das untere Ende der Furcula, des eigenthümlichen »Gabelknochens«, welcher durch Verwachsung der Distal-Enden beider Claviculae entsteht. Je besser der Vogel fliegt, desto grösser ist das starke Brustbein und der verticale Kiel, der sich unten in dessen Mittellinie erhebt; nur bei den *Ratiten* ist (in Folge von Abgewöhnung des Fliegens) dieser characteristische Brustbeinkamm (*Carina* oder *Crista sterni*) verschwunden. Sehr fest ist auch der geräumige, kegelförmige Brustkorb, dessen Brustrippen aus zwei gelenkig verbundenen Stücken bestehen, einem sternalen und einem vertebralen; ein Hakenfortsatz (Processus uncinatus), der vom Hinterrande der Vertebral-Rippe abgeht, legt sich über die nächsthintere Rippe herüber.

Der Flügel selbst zeigt bei allen Vögeln eine höchst characteristische, durch die ganze Classe erblich conservirte Skeletbildung. Der starke Humerus ist meistens kürzer als der lange Vorderarm, an welchem die Ulna stärker als der Radius ist. Das Handskelet ist sehr reducirt und enthält nur 2 kleine Carpalknochen. Der IV. und V. Metacarpus sind ganz verschwunden. Von den drei vorhandenen Metacarpen ist der mittlere (II.) der längste; nur bei den *Saururae* bleiben dieselben frei; bei den *Ornithurae* verwachsen sie. Die Phalangen-Zahl der drei Finger beträgt ursprünglich 2, 3, 4. Bei den Ratiten sind die Carpomelen mehr oder weniger verkümmert, bei den Apteryges sogar ganz verschwunden. Bei der schwerfälligen *Palapteryx* ist ausserdem auch der ganze Schultergürtel verloren gegangen.

Die Tarsomelen der Vögel sind nicht weniger durch eigenthümliche Umbildung des Skeletes ausgezeichnet, als die Carpomelen. Da die Vögel nur auf den Hinterbeinen gehen und die Körperlast tragen, auch als »Dipodes« mehr oder weniger aufrecht stehen, so ist das Kreuzbein ausserordentlich vergrössert; ausser den zwei ursprünglichen Sacral-Wirbeln gehen noch zahlreiche (bei den meisten Ornithuren 8—20) davor und dahinter gelegene Wirbel in dessen Bildung ein und setzen durch Verwachsung mit den verlängerten Darmbeinen ein sehr grosses und festes Knochendach für das Kreuz zusammen; an den unteren Seiten-Rändern dieses »Sacral-Daches« erstrecken sich die beiden, ebenfalls verwachsenen, ventralen Beckenknochen (Scham- und Sitzbein) weit nach hinten. Nur bei den älteren *Saururae* bleiben dieselben getrennt, und hier ist auch das Kreuzbein noch klein (nur aus 5—6 Wirbeln zusammengesetzt). Nur bei *Struthio* (der auch in anderer Hinsicht sehr isolirt steht) verbinden sich die beiden Schambeine unten in einer Symphyse.

Der starke Oberschenkel ist stets viel kürzer als der lange Unterschenkel, an welchem nur die Tibia gut entwickelt ist. Die Fibula ist viel schwächer und nur bei den *Saururae* vollständig ausgebildet, dagegen bei den *Ornithurae* im Distal-Theil rudimentär. Das Distal-Ende der Tibia verwächst mit dem Proximal-Theil des Tarsus; dagegen verwächst der Distal-Theil des letzteren mit den verlängerten Knochen des Metatarsus zu einem einzigen, langen Stück, dem characteristischen Laufknochen (*Os tarso-metatarseum*). Derselbe articulirt demnach am Proximal-Ende durch das (den Vögeln eigenthümliche) Intertarsal-Gelenk mit dem Tibio-Tarsus; dagegen besitzt er am Distal-Ende 3 Rollen, an welchen die 3 Vorderzehen eingelenkt sind (II. III. und IV.). Wenn noch eine vierte Zehe vorhanden ist (I.), so ist dieselbe an einem besonderen, kleinen Metatarsus primus (am Innenrande des Laufes) eingelenkt. Die Zahl der Phalangen an den 4 Zehen beträgt (von innen nach aussen) 2, 3, 4, 5. Die fünfte (ulnare) Zehe ist bei allen Vögeln verschwunden. *Struthio* allein besitzt nur 2 Zehen (III. und IV.).

Die Wirbelsäule der Vögel zeichnet sich allgemein durch die Länge des sehr beweglichen Halses aus (mit 9—23 Wirbeln). Die feste und starre Brustwirbelsäule (deren hinterer Theil in der Bildung des Kreuzbeines aufgeht) ist meist beträchtlich kürzer. Der Schwanz ist nur bei den *Saururae* länger als der Rumpf und aus 20—21 langen, freien Wirbeln zusammengesetzt. Bei den *Ornithurae* verschmelzen die vorderen (4—6) Schwanzwirbel mit dem Sacrum; die mittleren (5—7) bleiben frei beweglich; die hinteren (4—6) verwachsen zur Bildung einer senkrechten Knochenplatte, an welcher sich die Steuerfedern ansetzen (Pygostylus).

Der Schädel der Vögel behält zwar im Allgemeinen die typische Zusammensetzung der *Reptilien*-Ahnen bei, erhebt sich aber über dieselben namentlich durch die bedeutende Erweiterung der Gehirnhöhle. Das Quadratbein zeichnet sich durch Beweglichkeit aus, ähnlich wie bei den *Pholidoten*. Die meisten Schädelknochen verwachsen gewöhnlich frühzeitig mit einander, ähnlich wie bei den *Pterosauriern*. Analog diesen letzteren werden auch bei den Vögeln die meisten Knochen des Schädels pneumatisch, von der Nasenhöhle und dem Gehörgang aus mit Luft gefüllt. Die Pneumaticität der übrigen Skelettheile wird durch verzweigte Luftsäcke bewirkt, welche von den Lungen aus in die Leibeshöhle und in die Knochen hineinwachsen.

§ 349. Malacom der Vögel.

Der anatomische Bau der inneren Weichtheile zeigt im Allgemeinen bei den Vögeln grosse Einförmigkeit und bekundet ebenso wie derjenige des Skeletes erstens die monophyletische Entstehung dieser formenreichen Classe, und zweitens ihre Abstammung von den Reptilien. Insbesondere finden sich diejenigen typischen Bildungs-Verhältnisse des Malacoms, welche die Reptilien von den Mammalien unterscheiden, auch bei den Vögeln wieder; nur erscheinen bei diesen letzteren viele Bildungen eigenthümlich specialisirt und einseitig höher entwickelt. Offenbar ist auch hier wieder als wichtigste bewirkende Ursache die Anpassung an fliegende Lebensweise anzusehen; ferner die damit verknüpfte Steigerung der Intelligenz und Ausbildung socialer Verhältnisse, insbesondere des Familienlebens (Ehe und Brutpflege).

Die historische Anpassung an diese civilisirtere Lebensart hat die Vögel hoch über ihre wilden Reptilien-Ahnen erhoben und zu einer weit vollkommeneren Form der Seelenthätigkeit geführt; diese spricht sich sowohl in der hohen Vollkommenheit ihrer Sinnesorgane als ihrer Gehirn-Structur aus. Zwar behält das Gehirn im Ganzen den Reptilien-Typus bei, zeigt aber eine weit höhere Ausbildungsstufe, sowohl in quantitativer als in qualitativer Beziehung; dies gilt namentlich von den Hemisphären des Grosshirns (als Organ der höheren psychischen Functionen) und von dem Mediantheil des Kleinhirns (dem »Wurm«, als dem Centralorgan der Coordinations-Bewegungen). Das grosse und sehr bewegliche Auge der Vögel zeichnet sich sowohl durch die Complication des feineren Baues aus, als auch durch den entsprechenden ausserordentlichen Grad der Sehschärfe und der Accommodationsfähigkeit; es erhebt sich dadurch so sehr über dasjenige aller anderen Thiere, dass es als das vollkommenste aller Sehorgane angesehen werden muss. Ebenso ist auch das Gehörorgan durch Grösse und hohe Differenzirung seiner Theile ausgezeichnet, besonders durch die Ausbildung einer grossen, schlauchförmigen Schnecke (Lagena) und eines vorzüglichen Schall-Leitungsapparates. Die feinere Structur des Labyrinthes ist besonders vollkommen bei denjenigen Vögeln, welche eine hohe Modulations-Fähigkeit der Stimme erworben haben, vor Allen den Singvögeln. Das Geruchsorgan enthält in seiner geräumigen Höhle drei Muscheln, von denen bloss die mittlere ein Erbstück von den Reptilien-Ahnen ist (und der unteren Muschel der Mammalien entspricht); die obere Muschel (»Riechhügel«) und die untere (»Vorhofsmuschel«) sind den Vögeln eigenthümlich.

Der Circulations-Apparat der Vögel, insbesondere die Bildung des Herzens und der grossen Gefässe, schliesst sich zwar im Allgemeinen an den ihrer Reptilien-Ahnen an, zeichnet sich aber durch vollkommene Trennung seiner beiden Gebiete aus; eine vollständige Scheidewand trennt die dickwandige linke von der dünnwandigen rechten Herzkammer. Die Vögel besitzen daher eine hohe Eigenwärme des Blutes. Von den beiden Aorten-Bögen der Reptilien ist nur der rechte offen geblieben, der linke obliterirt (umgekehrt wie bei den Säugethieren). Die schwammigen Lungen bilden voluminöse Ausstülpungen, welche als »Luftsäcke« theils in die Leibeshöhle und unter die Haut, theils in die pneumatischen Skelettheile hineinwachsen. Die lange Luftröhre ist durch den Besitz von zwei Kehlköpfen ausgezeichnet; nur der obere (*Larynx*) entspricht demjenigen der übrigen Vertebraten; der untere (*Syrinx*), welcher allein die Stimme der Vögel bildet, ist eine besondere Eigenthümlichkeit dieser Classe; er sitzt am unteren Ende der Trachea, wo sie sich in die beiden Bronchen theilt, und wird gewöhnlich von ihnen gemeinschaftlich gebildet. Seine Stimmbänder werden durch Muskeln gespannt, welche bei den Singvögeln eine besonders verwickelte Ausbildung erfahren. Der Darmcanal der Vögel zeichnet sich meistens dadurch aus, dass die Speiseröhre oben einen Kropf, unten (vor dem Muskelmagen) einen Drüsenmagen bildet. An der Grenze von Dünndarm und Dickdarm gehen von letzterem ein Paar Blinddärme ab. In der Hinterwand des Enddarmes, der eine Cloake bildet, liegt eine eigenthümliche Drüse, die *Bursa Fabricii*.

Auch der Urogenital-Apparat der Vögel schliesst sich im wesentlichen Bau eng an denjenigen ihrer *Reptilien*-Ahnen an und zeigt viel Aehnlichkeit mit dem der Crocodile. Der spongiöse Penis, welcher hier beim Männchen in der Vorderwand der Cloake liegt, hat sich aber nur bei einem Theile der älteren Carinaten und bei den Ratiten erhalten; bei den übrigen ist er verloren gegangen. Beim Weibchen ist gewöhnlich nur das linke Ovarium entwickelt, das rechte verkümmert. Die Bildung der grossen Eier und deren discoidale Gastrulation gleicht derjenigen der *Reptilien*.

(§§ 350 und 351 auf S. 410 und 411.)

§ 352. Erste Legion der Vögel:

Saururae. Urvögel.

Saurocoracoideae. Primipennes. Fiederschwänze.

Mesozoische Stammgruppe aller Vögel.

Vögel mit getrennten Metacarpal-Knochen und mit activen Schwungfedern an den entwickelten Flügeln. Sternum mit Kiel (?). Schwanz lang, mit zahlreichen getrennten Wirbeln (20 oder mehr), ohne Pygostyl.

Die Legion der Urvögel oder *Saururen* umfasst die älteste gemeinsame Stammgruppe aller Vögel. Wir kennen davon bis jetzt nur eine einzige, aber höchst wichtige, fossile Art: *Archaeopteryx lithographica*. Zwei Exemplare derselben, die beide unvollständig sind, sich

§ 350. System der Vögel.

Legionen	Ordnungen	Unter-Ordnungen	Familien
I. Saururae Flügel entwickelt. Metacarpen getrennt. Sternum mit Crista. Schwanz lang, ohne Pygostyl	1. **Tocornithes**	Aelteste hypothetische Stammgruppe aller Vögel, in Trias (?) und Jura	
	2. **Archornithes**	Einziger bekannter Ueberrest der Archornithes *Archaeopteryx lithographica*, Jura	
II. Carinatae Flügel entwickelt. Metacarpen fest verwachsen. Sternum mit starker Crista. Schwanz mit Pygostyl (die hinteren Schwanzwirbel zu einer verticalen Platte verwachsen)	3. **Pelargornithes** (*Hygrornithes*) Wasservögel (Der grösste Theil der früheren *Natatores*)	**Ichthyornithes**	*Odontormae*
		Pygopodes	*Columbidae* *Podicipites*
		Sphenisciformes	*Aptenodytes*
		Anseriformes	*Palamedeae* *Lamellirostres*
		Ciconiformes	*Pelargales* *Steganopodes*
		Falconiformes	*Cathartidae* *Accipitres*
	4. **Charadriornithes** (*Aegialornithes*) Stelzvögel (Der grösste Theil der früheren *Grallatores*)	**Charadriformes**	*Limicolae* *Laridae* *Otides*
		Gruiformes	*Grues* *Eurypygae*
		Ralliformes	*Fulicariae* *Hemipodii*
(Auch unter den Carinaten sind bisweilen die Flügel rückgebildet und die Flugfähigkeit erloschen: *Stringops* unter den Psittacidae, *Didus* unter den Columbidae. Bei *Aptenodytes* sind die Flügel in Flossen verwandelt)	5. **Alectoronithes** (*Chamaerornithes*) Hühnervögel (Der grösste Theil der früheren *Rasores*)	**Galliformes**	*Crypturidae* *Gallidae* *Opisthocomidae*
		Columbiformes	*Pteroclinae* *Didinae* *Columbinae*
	6. **Coracornithes** (*Dendrornithes*) Baumvögel [Die Hauptmasse der *Carinaten*, umfassend die früheren Klettervögel (*Scansores*), Schreivögel (*Clamatores*) und Singvögel (*Oscines*)]	**Psittaciformes**	*Stringopidae* *Psittacidae*
		Cuculiformes	*Musophagidae* *Cuculidae*
		Passeriformes	*Clamatores* *Oscines*
		Halcyoformes	*Picidae* *Halcyones* *Bucerotes* *Meropes*
		Coraciformes	*Coraciae* *Caprimulgi* *Striges*
III. Ratitae Flügel verkümmert. Metacarpen verwachsen. Sternum ohne Crista. Schwanz kurz, ohne Pygostyl	7. **Hesperornithes**	*Hesperornis regalis* (Kreide, N.-Amer.)	
	8. **Dromaeornithes**	*Apteryges* et *Dinornithes* *Dromaei* et *Casuarii*	Australien
	9. **Rheornithes**	(*Rhea americana*) Süd-America	
	10. **Struthiornithes**	(*Struthio camelus*) Afrika	

§ 351. Stammbaum der Vögel.

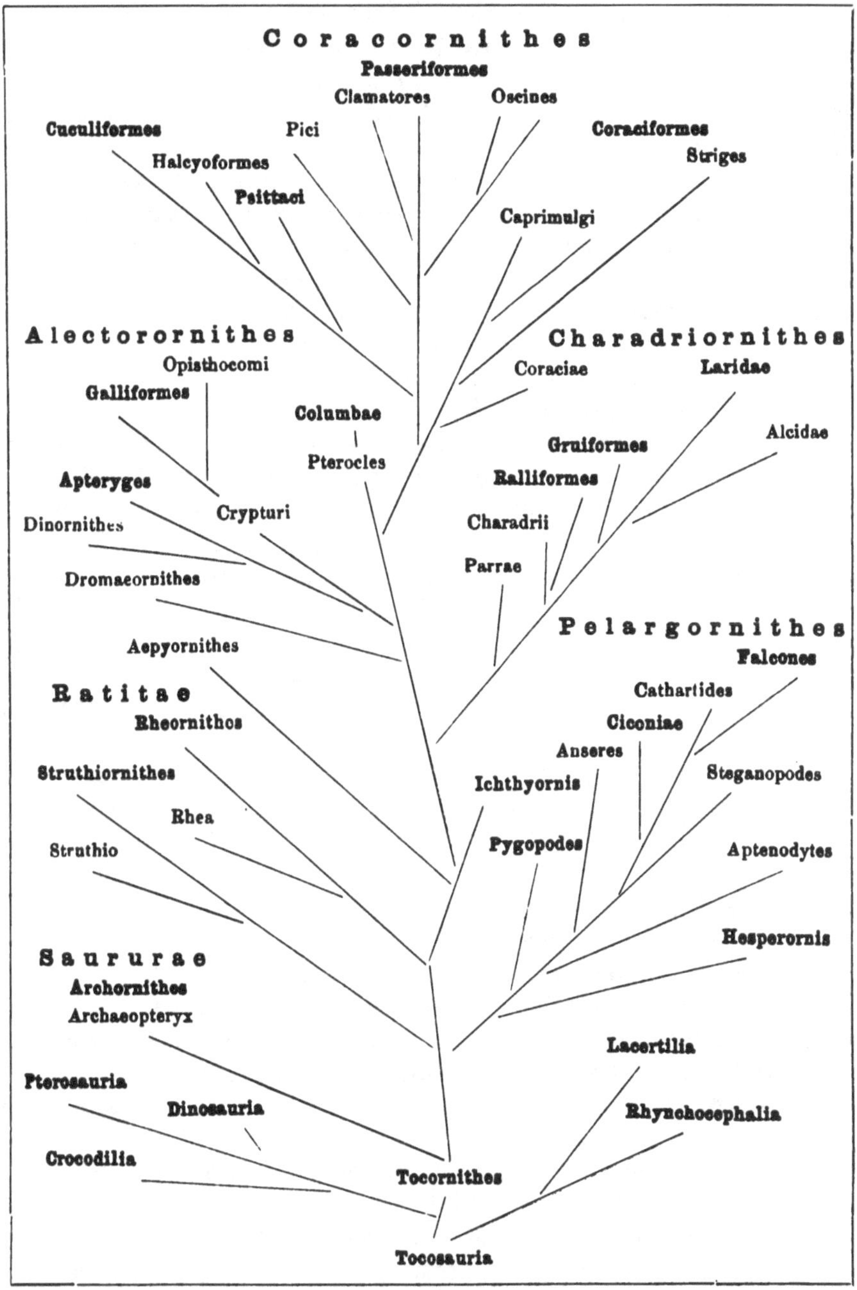

aber in glücklicher Weise ergänzen, wurden im oberen Jura gefunden, im lithographischen Schiefer von Solenhofen; das erste (1861) befindet sich jetzt in London, das zweite (1877) in Berlin. Nicht nur die meisten und wichtigsten Theile des Skelets, sondern auch ein grosser Theil des Gefieders, namentlich die wichtigen Schwungfedern und Steuerfedern sind vortrefflich erhalten, so dass wir uns ein ganz befriedigendes Bild vom Körperbau dieses ältesten bekannten Vogels — des einzigen aus der Jura-Periode — entwerfen können. Danach ist *Archaeopteryx* als der Vertreter einer älteren Subclasse zu betrachten, die allen übrigen (zuerst in der Kreide auftretenden) Vögeln gegenübersteht; wir haben diese Auffassung (1866) darin ausgedrückt, dass wir die ganze Classe in zwei Subclassen theilten, die älteren Saururae (*Archaeopteryges*) und die jüngeren Ornithurae (*Carinatae* und *Ratitae*). Unter den Saururae können wir weiterhin die ältere Stammgruppe als *Tocornithes* bezeichnen, dagegen den jüngeren Seitenzweig derselben, welchen *Archaeopteryx* vertritt, als *Archornithes*.

Archaeopteryx, als einziger bekannter Vertreter der *Saururae*, unterscheidet sich von den übrigen Vögeln (*Ornithurae*) hauptsächlich durch die Bildung der Carpomelen und des gefiederten Schwanzes, in deren Skelettheilen wichtige primäre Eigenschaften der *Reptilien*-Ahnen sich durch Vererbung erhalten haben. Dagegen ist die Bildung des Kopfes und der Tarsomelen nicht wesentlich von derjenigen der *Ornithuren* verschieden. Die Grösse und allgemeine Körperform dieses Urvogels glich ungefähr einem starken Raben. Der Kopf enthält einen typischen Vogelschädel, mit grossentheils verschmolzenen Knochen; im Oberkiefer sind jederseits 13, im vorderen Theile des Unterkiefers 3 konische Zähne erhalten (ähnlich denen der Odontornithen). Die Wirbelsäule besteht aus etwa 50 (meistens amphicoelen) Wirbeln; davon kommen auf den Hals 11, Thorax 12, Lumbo 2, Sacrum 5—6 und Schwanz 20—21. Die Rippen an Hals und Brust sind sehr dünne, nadelartige Knochenspangen, ohne Hakenfortsätze. 12 Paar feine Bauchrippen (welche den *Ornithuren* fehlen) erinnern an die *Reptilien*-Ahnen; ebenso die getrennten Wirbel des langen Schwanzes, von denen jeder ein Paar lange, laterale Steuerfedern trägt. Die 3 Metacarpal-Knochen bleiben getrennt, während sie bei allen Ornithuren verwachsen sind; und die 3 Finger (mit 2, 3, 4 Phalangen) tragen starke, eidechsenähnliche Krallen. Von den 17 starken Schwungfedern sitzen 6—7 an der Hand, 10—11 am Vorderarm. Das Brustbein ist nicht bekannt, trug aber unzweifelhaft einen Kiel, wie bei den *Carinaten*; es ergiebt sich dies aus dem ähnlichen Bau des Humerus und des Schultergürtels. Auch die Tarsomelen haben die gewöhnliche Bildung der *Carinaten*, indem die 4 Knochen des Metatarsus unter einander und mit den proximalen Tarsalknochen verschmolzen sind. Die Zahl der Phalangen an den vier Zehen (I.—IV.) ist, wie gewöhnlich, 2, 3, 4, 5. Jede Zehe trägt eine scharfe, krumme Kralle.

Archaeopteryx ist ein höchst lehrreiches Beispiel für den Werth der palaeontologischen Urkunden, und zwar nach beiden Seiten hin. Die positiven Daten, welche uns dieser einzige Ueberrest der Saururen für die Stammesgeschichte der Vögel liefert, sind von höchster Bedeutung. Zugleich beleuchtet aber die isolirte Stellung desselben, sowie die zufällige Erhaltung der beiden gefundenen Schieferplatten, die weiten negativen Lücken in der Palaeontologie der Vögel. Jedenfalls ist der Ausbildung der *Archaeopteryx* eine lange Reihe von Vorstufen vorausgegangen, welche die stufenweise Verwandlung der Reptilien-Ahnen in die ersten fliegenden Vögel allmählich vermittelten. Wir bezeichnen diese hypothetische älteste Stammgruppe der Vögel, von der uns fossile Reste zur Zeit noch nicht bekannt sind, als Stammvögel (*Tocornithes*).

§ 353. Zweite Legion der Vögel:

Carinatae. Kielvögel.

Acrocoracoideae. Alipennes. Fächerschwänze.

Moderne Hauptgruppe der fliegenden Vögel.

Vögel mit verwachsenen Metacarpalknochen und mit activen Schwungfedern an den gut entwickelten Flügeln. Sternum mit Kiel. Schwanz kurz, mit höchstens 13 Wirbeln, deren hintere verwachsen sind zu einem Pygostyl.

Die Legion der Kielvögel oder *Carinaten* umfasst die Hauptmasse der bekannten Vögel, über 10000 Arten. Die bunte Mannichfaltigkeit der Formen, welche diese Legion entwickelt, ist zum grössten Theile nur durch Anpassung an specielle Bedingungen der Lebensweise hervorgerufen, besonders die Verschiedenheit der Nahrung und des Wohnortes, sowie des Familienlebens und der Brutpflege. Im Uebrigen erscheinen alle Carinaten so nahe verwandt, dass sie nur Variationen eines einzigen Themas darstellen. Die wichtigsten Verhältnisse des inneren Körperbaues, namentlich des Skelets, bleiben überall durch Vererbung erhalten, während die relative Grösse und die besondere Form der äusseren Körpertheile (Schnabel, Flügel, Füsse) den mannichfaltigsten Umbildungen durch Anpassung unterliegt. Daher erscheint zwar eine monophyletische Ableitung aller *Carinaten* von einer älteren *Saururen*-Gruppe im Princip zulässig, aber die Verfolgung der reichen Verästelungen des grossen Stammbaumes im Einzelnen unterliegt ausserordentlichen Schwierigkeiten (vergl. § 345).

Von ihren *Saururen*-Ahnen unterscheiden sich die *Carinaten* hauptsächlich durch zwei wichtige Fortschritte in der Skeletbildung, welche beide für die höhere Ausbildung des Fluges vortheilhaft sind: I. durch Verwachsung der Metacarpal-Knochen und Reduction der Finger erhält der Flügel ein festeres Gefüge; II. durch Verwachsung der hinteren Schwanzwirbel zu einem Pygostyl verkürzt sich der lange Fiederschwanz und verwandelt sich in den practischeren, zur Steuerung besser geeigneten Fächerschwanz. Auch in anderen Theilen des Skelets schreitet die Neigung zur festen Verwachsung der Knochen und zur Pneumaticität fort. Dagegen bleibt die Bezahnung der Kiefer, welche die Saururen von ihren Reptilien-Ahnen geerbt hatten, nur bei wenigen (in der Kreide-Zeit lebenden) Carinaten erhalten (*Ichthyornithes*); bei den übrigen verliert sie sich ganz, indem sich die schneidenden Kieferränder mit harten Hornscheiden überziehen.

Auf Grund der sorgfältigen osteologischen und myologischen »Untersuchungen zur Morphologie und Systematik der Vögel« (1888) werden jetzt vier Ordnungen von Carinaten unterschieden, welche in ungefähr 16—20 Unterordnungen und 80—90 Familien zerfallen. Obwohl die vier Ordnungen im Wesentlichen als natürliche Hauptäste des Carinaten-Stammbaumes angesehen werden können, ist es doch wegen der grossen Divergenz und parallelen Ramification ihrer zahlreichen Zweige (— theilweise auch wegen vielfacher Convergenzen —) nicht gelungen, dieselben durch bestimmte morphologische Merkmale scharf zu characterisiren. Im Grossen und Ganzen betrachtet, erscheinen die *Pelargornithes* als die älteste und niederste Ordnung, die *Charadriornithes* und *Alectorornithes* als zwei mittlere Bildungsstufen, und die *Coracornithes* als jüngste und höchste Gruppe, in welcher der specielle Vogel-Typus zur vollkommensten Ausbildung gelangt ist.

I. Ordnung: **Pelargornithes** (oder *Hygrornithes*), Wasservögel; die Hauptmasse der wasserbewohnenden Vögel, die früher als Schwimmvögel (*Natatores*) bezeichnet wurden (nach Ausschluss der Möven, Laridae). Die grosse Mehrzahl besitzt lange Flügel und kurze Schwimmfüsse. Unterordnungen: *Ichthyornithes* (fossile Zahnvögel der Kreide); *Colymbiformes* oder *Pygopodes* (Taucher), *Anseriformes* (Gänse), *Procellariae* (Sturmvögel), *Steganopodes* (Ruderfüsser) und *Ciconiformes* (Störche). Diesen letzteren nächst verwandt sind die Tagraubvögel (*Falconiformes*); die Geyer (*Cathartidae*) bilden den Uebergang zu den Falken (*Accipitres*).

II. Ordnung: **Charadriornithes** (oder *Aegialornithes*), Sumpfvögel; die Hauptmasse der früheren Wat- oder Stelzvögel (*Grallatores*) mit langen Watbeinen und langem Halse (— nach Ausschluss der Storchvögel, *Ciconiformes* —). Die drei Unterordnungen der *Limicolae* oder *Charadriformes* (Charadrinae, mit den Laridae und Alcidae), der *Gruiformes* (mit den Eurypygae und Otides) und der *Ralliformes* (welche durch die Hemipodii mit der folgenden Ordnung zusammenhängen).

III. Ordnung: **Alectorornithes** (oder *Chamaeornithes*), Hühnervögel; der grösste Theil der früheren *Rasores* oder *Gallinacei*: Nestflüchter von gedrungenem Körperbau, mit kurzen, abgerundeten Flügeln, starkem Schnabel und kräftigen Sitzfüssen. Ausser der formenreichen Gruppe der eigentlichen Hühner (*Galliformes*) gehören hierher die *Opisthocomi*, welche sich den Kukuken nähern; sowie die uralte Gruppe der Tinamiden (*Crypturi*); letztere stehen unter allen lebenden Carinaten am nächsten der gemeinsamen Stammform der Hühner und der *Apteryges*, sowie der Mehrzahl der Ratiten (*Dromaeornithes*). Viele Ornithologen stellen auch die Tauben (*Columbinae*) zu dieser Ordnung, während andere Neuere sie von den *Limicolae* ableiten.

IV. Ordnung: **Coracornithes** (Rabenvögel) oder *Dendrornithes* (Baumvögel); die Hauptmasse der Nesthocker (*Insessores*) und der typischen Carinaten überhaupt; meistens mit langen Flügeln und kurzen Beinen. Diese formenreichste Unterordnung umfasst den grössten Theil der früheren Klettervögel (*Scansores*) und der Gangvögel (*Passeres*); zu letzteren gehört mehr als die Hälfte aller lebenden Vogel-Arten (gegen 6000), früher eingetheilt in Schreivögel (*Clamatores*) und Singvögel (*Oscines*). In dem neueren phylogenetischen System der Vögel (1888) werden als Unterordnungen der Coracornithes unterschieden: 1) Psittaciformes, 2) Cuculiformes, 3) Piciformes, 4) Passeriformes, 5) Cypseliformes, 6) Trogoniformes, 7) Halcyoformes, 8) Todiformes und 9) Coraciformes (unter letzteren die Coraciden, Caprimulgiden und Strigiden). Obgleich der stereometrische Stammbaum, der 1888 von der Phylogenie der Vögel entworfen wurde, die Verwandtschaften dieser formenreichsten Carinaten-Gruppe vielfach aufgeklärt hat, bleibt doch noch die specielle Stammesgeschichte der Carinaten einer der schwierigsten Theile der Vertebraten-Phylogenie.

§ 354. Dritte Legion der Vögel: Ratitae. Straussvögel.

Platycoracoideae. Brevipennes. Büschelschwänze.

Polyphyletische Gruppe der laufenden Vögel.

Vögel mit verwachsenen Metacarpal-Knochen, ohne active Schwungfedern an den kleinen rudimentären

Flügeln. Sternum eine breite und kurze Platte, ohne Kiel. Schwanz kurz, verkümmert, mit wenigen kleinen Wirbeln (unter 13), ohne entwickeltes Pygostyl.

Die Legion der Straussvögel oder *Ratiten* umfasst diejenigen Vögel, bei denen die Flügel verkümmert und nicht zum Fluge tauglich, dafür aber die Tarsomelen in starke Laufbeine (— bei den *Hesperornithes* in Schwimmfüsse —) verwandelt sind: daher wurde die Gruppe früher als Laufvögel bezeichnet (*Cursores*). Obgleich die Zahl der bekannten Gattungen und Arten sehr gering ist, weichen dieselben unter einander doch in so hohem Maasse von einander ab, dass die vier Ordnungen derselben durch weitere phylogenetische Intervalle getrennt erscheinen, als die vier Ordnungen der *Carinaten*.

Die mustergültigen »Untersuchungen zur Morphologie und Systematik der Vögel« aus neuester Zeit (1888) haben zu der sicheren Erkenntniss geführt, dass die Ratiten eine polyphyletische Gruppe sind, und dass die verschiedenen Unterordnungen und Familien derselben zu verschiedener Zeit und an verschiedenen Orten aus mehreren Gruppen von *Carinaten* entstanden sind; die gleiche Lebensgewohnheit, der Verlust der fliegenden und die Ausbildung der laufenden Locomotion, hat mehrmals durch Convergenz zu ähnlicher Umbildung der Gliedmaassen geführt, zu Rückbildung der *Carpomelen* und Fortbildung der *Tarsomelen*. Die Flügel sind mehr oder weniger verkümmert, zum Fluge unfähig; bisweilen sind sie sogar ganz verloren (bei den *Apteryidae*); und bei einem Zweige dieser letzteren Gruppe (den *Palapterygidae*) sind nicht nur die Flügel selbst, sondern der ganze Schultergürtel spurlos verschwunden. In Correlation zu der Rückbildung der Flügel ist auch die Crista sterni der Carinaten-Ahnen verschwunden; das kurze und breite Brustbein stellt eine gewölbte Platte ohne Kiel dar. Um so stärker entwickelt sind die kräftigen Hinterbeine, welche meistens zum Laufen oder (bei den Dinornithen) zum Scharren dienen, seltener zum Schwimmen (*Hesperornithes*). Die vier Ordnungen, welche wir unter den Ratiten hier unterscheiden, bilden jedenfalls nur einen kleinen Theil dieser Legion, welche sicher während der Tertiär-Zeit (und wahrscheinlich schon in der Secundär-Zeit) zahlreiche ausgestorbene Vertreter besass.

I. Ordnung: **Hesperornithes** (*Odontolcae*). Marine, schwimmende Ratiten aus der Mittel-Kreide von Nordamerika. *Hesperornis regalis*, 1 m hoch, mit sehr kräftigen Tarsomelen und vierzehigen Schwimmfüssen; sehr gross ist die Tibia, dagegen das Femur auffallend kurz, die Carpomelen sind ganz verkümmert und nur durch einen dünnen, langen Humerus vertreten. Oberkiefer und Unterkiefer tragen zahlreiche Zähne, welche in einer gemeinsamen Rinne stehen. Diese »schwimmenden Straussvögel« stammen von den bezahnten Vorfahren der *Pelargornithes* ab, und zwar von der Unterordnung der Taucher (*Colymbiformes* oder Pygopodes).

II. Ordnung: **Dromaeornithes** (*Hippalectryornithes* oder *Casuariformes*). Zahnlose Laufvögel der südlichen Hemisphäre, mit weiter Verbreitung; besonders ausgezeichnet durch die Kürze des Humerus, der kürzer als die Scapula ist (daher *Brevihumerales*, im Gegensatze zu den übrigen Ratiten, als *Longihumerales*). Die Carpomelen sind sehr reducirt, bei den *Apteryges* ganz verschwunden. Um so stärker entwickelt, oft höchst schwerfällig sind die Tarsomelen, welche 3 oder 4 Zehen tragen. In dieser Ordnung können als Unterordnungen unterschieden werden: 1) Die *Apterygidae* von Neuseeland, mit langem, dünnem Schnabel, mässigen Tarsomelen und rudimentären Carpomelen, nahe verwandt den carinaten *Crypturiformes*; 2) die *Dinornithes* von Neuseeland, mit kurzem Schnabel, ohne Carpomelen, mit sehr starken Tarsomelen; 3) die *Aepyornithes* von Madagascar, wohl den letzteren am nächsten verwandt, aber unvollständig bekannt, vielleicht die grössten aller Vögel (mit Eiern von 34 cm Länge); 4) die *Casuaridae* von Australien, mit Flügel-Rudimenten und schlanken dreizehigen Füssen (*Casuarius* in Neu-Guinea, *Dromaeus* in Neuholland, fossil im Pliocaen von Ostindien). Wahrscheinlich gehören alle diese *Dromaeornithes* zu einem einzigen Stamme, dessen Basis mit dem Stamme der Hühnervögel (*Alectoromorphae*) zusammenhängt. Unter letzteren stehen die Tinamiden (*Crypturi*) den *Apteryges* sehr nahe.

III. Ordnung: **Rheornithes** (*Rheiformes*), die Strausse von Südamerika. Zahnlose Laufvögel mit langem Humerus, sehr langem Laufe und dreizehigem Fusse. Die Sitzbeine stossen unter dem Sacrum zusammen, die Schambeine nicht. Diese neotropischen Ratiten nehmen eine sehr isolirte Stellung ein und scheinen von carinaten Charadriornithes abzustammen, die in der Nähe der *Otides* und *Gruidae* stehen.

IV. Ordnung: **Struthiornithes** (*Struthionidae*), nur durch eine einzige lebende Art vertreten, den afrikanischen zweizehigen Strauss (*Struthio camelus*). Dieser grösste der lebenden Vögel weicht von allen anderen durch viele Eigenthümlichkeiten stark ab und nimmt eine sehr isolirte Stellung ein. Während er in vielen Beziehungen sehr hoch entwickelt und specialisirt ist, zeigt er gleichzeitig in anderer Hinsicht sehr primitive Merkmale, ja sogar ältere Bildungsverhältnisse als alle übrigen Vögel. So ist namentlich das Coracoid ganz reptilienartig, verschieden von dem aller anderen Vögel; es ist ein vollständiges

Procoracoid entwickelt, während die Claviculae ganz fehlen. Die Schambeine sind unten durch Symphyse verbunden. Die Zahl der Remiges primariae (18) übertrifft die aller anderen *Ornithuren*. Viele Bildungs-Verhältnisse des Schädels und der Musculatur stehen denjenigen der Reptilien näher als bei den übrigen Ornithuren. Eigenthümlich ist auch die Bildung des Darms und des Penis. An dem sehr langen Fusse sind nur zwei Zehen entwickelt (III. und IV.). Die weite morphologische Distanz zwischen *Struthio* und allen übrigen Vögeln führt zu der Annahme, dass er sich sehr frühzeitig (in der Jura-Periode? oder selbst zur Trias-Zeit?) aus einem Zweige der älteren Carinaten, vielleicht den Vorfahren der *Pelargornithes*, entwickelt hat; unter den lebenden erscheinen noch am nächsten verwandt die Palamedeen und Otiden. Sowohl im Tertiär von Indien (Sivalik) als von Griechenland (Samos) finden sich fossile Reste von *Struthionen*.

Die polyphyletische Descendenz der wenigen uns bekannten *Ratiten*, der unabhängige Ursprung ihrer vier Ordnungen aus vier (oder mehr!) verschiedenen Gruppen von fliegenden *Carinaten*, ist desshalb besonders interessant, weil er uns lehrt, bis zu welchem Grade der Aehnlichkeit die Transformation von divergenten Zweigen eines Stammes durch parallele Anpassung an gleiche Lebensweise zuletzt führen kann. Wenn wir die zahlreichen connectenten Zwischenformen zwischen den vier dürftigen *Ratiten*-Ordnungen der Gegenwart und ihren längst ausgestorbenen *Carinaten*-Ahnen vollständig kennen würden, so könnten wir die ersteren im natürlichen System an die entsprechenden Ahnen-Reihen der letzteren direct anschliessen. Da sie uns aber zum grössten Theile unbekannt sind, dieser Anschluss daher nur im Allgemeinen vermuthet werden kann, rechtfertigt es sich, die Ratiten als eine polyphyletische »künstliche Gruppe« der monophyletischen »natürlichen Legion« der Carinaten provisorisch gegenüber zu stellen. Wir gewinnen durch diese Anordnung eine klarere Uebersicht über das verwickelte phylogenetische System der Vögel.

Siebentes Kapitel.

Systematische Phylogenie der Mammalien.

§ 355. Neunte Classe der Wirbelthiere:

Mammalia. Säugethiere.

(*Mammifera. Dicondylia. Pilosa. Haarthiere. Milchthiere.*)

Hauptgruppe der behaarten Amnioten, mit Milchdrüsen.

Amnioten mit dicondylem Occipital-Gelenk des Schädels und mit Temporal-Gelenk des einfachen Unterkiefers. Haut mit Haaren bedeckt. Herz vierkammerig, linke Hälfte mit oxydischem, rechte Hälfte mit carbonischem Blut. Brust- und Bauch-Höhle durch ein vollständiges Diaphragma getrennt. Larynx mit Epiglottis. Ventrale Milchdrüsen zur Ernährung der Jungen.

Die Classe der Säugethiere oder *Mammalien* bildet den zweiten und höchst entwickelten Stamm der *Amnioten*-Gruppe; derselbe unterscheidet sich von dem ersten Stamme, den *Sauropsiden* (— und zugleich von allen übrigen Wirbelthieren —), durch zahlreiche hervorragende Eigenthümlichkeiten. Da wir dieselben theilweise bereits früher (§ 264) erörtert haben und in Folgendem darauf noch zurückkommen (§§ 362 u. f.) beschränken wir uns hier darauf, kurz die wichtigen phylogenetischen Processe hervorzuheben, durch welche im Beginn der Trias-Periode (— oder frühestens in der vorhergehenden permischen Zeit —) der *Mammalien*-Stamm aus dem *Proreptilien*-Stamm sich allmählich und stufenweise entwickelte (vergl. § 268).

I. Die Haut bedeckte sich mit Haaren; wahrscheinlich entstanden dieselben durch Verhornung von konisch sich erhebenden

Hautsinnes-Papillen, welche unter dem Schutze der conservirten (von den *Proreptilien* ererbten!) Hornschuppen sich entwickelten. II. Die Drüsen der Haut sonderten sich in zwei typische Hauptgruppen, tubulöse, unverästelte Schweissdrüsen und acinöse, verästelte Talgdrüsen; beide scheinen sich ursprünglich in Zusammenhang mit den Haaren entwickelt zu haben. III. Ein Theil dieser beiderlei Drüsen, welcher an der Bauchhaut gelegen war, verwandelte sich in Milchdrüsen, indem ihr Secret von den neugeborenen Jungen abgeleckt und als Milch zur Ernährung benutzt wurde. IV. Diese besondere Art der Brutpflege wurde unterstützt durch die Bildung von ein Paar Längsfalten der Bauchhaut, welche als Mammar-Taschen einen schützenden Wohnort für das milchleckende Junge bildeten. V. Durch Theilung und Arbeitstheilung der Mammar-Falten (»Milchlinien oder Marsupial-Leisten«) entstanden zwei wichtige neue Organe: Indem die hinteren convergenten Theile der Taschen verschmolzen und sich vertieften, entstand der Beutel (*Marsupium*), während die vorderen, zum Saugen der Milch benutzten Theile zu Zitzen wurden (*Masta*); dadurch erst wurde das »Säugen« der Jungen möglich. VI. Vielleicht in Correlation zu diesen eigenthümlichen Saugbewegungen des Mundes trat eine wichtige Veränderung des Gaumens ein, indem sich das Gaumensegel (*Velum palatinum*) und als Stütze desselben eine paarige Knorpelplatte entwickelte, die dann zum Kehldeckel (*Epiglottis*) wurde; diese Schlundorgane sind für die Säugethiere ganz characteristisch und fehlen allen anderen Wirbelthieren. VII. Dasselbe gilt von dem completen Zwerchfell (*Diaphragma*), welches nur in dieser höchsten Vertebraten-Classe die Brusthöhle (*Cavum pleurae*) von der Bauchhöhle (*Cavum peritonei*) vollständig trennt; dieses *Septum transversum* entstand durch Verwachsung von zwei getrennten Muskel-Gruppen der Reptilien-Ahnen, einer älteren ventralen Falte des *M. transversus abdominis*, und einer jüngeren dorsalen Gruppe von *M. subvertrebales* (vergl. § 364). VIII. Die Vervollkommnung des Respirations-Mechanismus, welche das Zwerchfell als Athmungs-Muskel bewirkte, war direct von Einfluss auf die Fortbildung der Lunge, deren lobulärer Bau ganz eigenthümlich complicirt wird; die Endäste der dendritisch verzweigten Bronchial-Röhren erweitern sich zu terminalen Infundibula, die traubig angeordnet und mit Alveolen besetzt werden. IX. In Correlation zur Athmung wird auch der Kreislauf vervollkommnet; das *Septum cordis*, das bei den Reptilien noch unvollständig war, wird bei den Säugethieren vollständig und trennt die rechte (venöse) Herzhälfte von der linken (arteriellen). Die Mammalien sind daher warmblütig, wie die Vögel und Draconen, bei denen sich derselbe Process unabhängig von jenen vollzieht. X. Mit diesen Fortschritten in der vegetalen Oeconomie, welche eine gesteigerte Thätigkeit der Lungen und des Herzens, sowie eine höhere und constante Körper-Temperatur ermöglichten, gingen Hand in Hand Vervollkommnungen in der Ausbildung der Sinnesorgane (besonders des Geruchsorgans und der Gehör-Schnecke), sowie des Gehirns, als Seelen-Organs (§ 364). XI. In der Paukenhöhle wurde die Schallleitung dadurch vervollkommnet, dass zu der ursprünglichen, von den Reptilien ererbten *Columella* noch zwei andere Gehörknöchelchen traten: Amboss (*Incus*) und Hammer (*Malleus*); ersterer entstand aus dem Quadratbein, letzterer aus dem Gelenkstück des Unterkiefers; die Columella selbst wurde zum Steigbügel (*Stapes*). XII. Diese Veränderung stand in Zusammenhang mit der ganz eigenthümlichen Umbildung des Kiefer-Apparates, welcher die Säugethiere besonders auszeichnet. Das ursprüngliche Kiefergelenk der Reptilien (Quadrat-Gelenk) wurde nunmehr zum Hammer-Amboss-Gelenk innerhalb der Paukenhöhle. Dafür entwickelte sich ein neues Temporal-Gelenk (zwischen Squamosum und Dentale mandibulae); sowohl das Schläfenbein als auch der Unterkiefer selbst erlitten dabei gleichzeitig tiefgreifende Transformationen.

§ 356. Ursprung der Mammalien.

Die wichtige phylogenetische Frage vom Ursprung der Säugethiere ist sowohl aus allgemeinen, wie aus besonderen Gründen von hervorragendem Interesse. Für die generelle Phylogenie ist deren Beantwortung desshalb so bedeutungsvoll, weil sie uns die gemeinsame Quelle aufdeckt, aus welcher entspringend sich innerhalb des höchstorganisirten Thier-Stammes die beträchtlichsten und mannichfachsten Transformationen vollzogen haben. Für die specielle Phylogenie aber enthält die klare Beantwortung jener Frage den Schlüssel zu dem wichtigsten aller menschlichen Probleme, die Lösung der »Frage aller Fragen«, derjenigen vom Ursprunge und vom wahren Wesen des Menschen selbst. Es ist daher von grösster Bedeutung, dass wir in unserer systematischen Phylogenie der Mammalien gleich von vornherein zu derselben Stellung nehmen und die Punkte scharf hervorheben, auf deren Erkenntniss es vor Allem ankommt.

Als festen Ausgangspunkt dieser kritischen Untersuchung stellen wir den Satz voran, dass die Vorfahren der Säugethiere während der Carbon-Periode jedenfalls Amphibien waren, und zwar gepanzerte Amphibien aus jener ältesten Tetrapoden-Gruppe, die wir als Unterordnung der *Progonamphibien*, aus der Ordnung der Stegocephalen geschildert haben (§ 258). In der Anerkennung dieses fundamentalen Satzes stimmen gegenwärtig wohl alle sachkundigen und urtheilsfähigen Zoologen überein, gleichviel ob sie *Branchiosaurier, Microsaurier* oder eine nahe verwandte Familie von Phractamphibien als älteste Stammgruppe der Pentanomen oder Tetrapoden ansehen. Dagegen sind die Ansichten noch heute divergent in der Beantwortung der weiteren Frage, ob die Mammalien direct aus einem Zweige der *Amphibien*-Classe hervorgegangen sind, oder indirect durch eine Reihe von Zwischenformen, welche als *Reptilien* zu beurtheilen sein würden. Wir haben bereits früher die Gründe dargelegt, welche uns zu einer monophyletischen Auffassung des Amnioten-Stammes führen, und wenn man diese gelten lässt, muss man zugleich älteste Reptilien von primitiver Organisation als die gemeinsamen Stammformen aller Amnionthiere betrachten (vergl. §§ 255—262). Als solche älteste, in der Perm-Periode lebende Stammgruppe haben wir die Legion der Tocosaurier aufgestellt (§ 274), und unter diesen wieder die Ordnung der Proreptilien, die Familie der *Protamnioten*; ihnen nächstverwandt erscheinen die permischen Formen *Palaehatteria* und *Proterosaurus*, sowie unter den lebenden Amnioten als einziger Ueberrest jener ältesten Reptilien die merkwürdige *Hatteria punctata* von Neuseeland. Nach unserer Ansicht sind aber schon an der Wurzel des Reptilien-Stammes die beiden grossen Amnioten-Stämme divergent auseinandergegangen; einerseits führten die *monocondylien* Progonosaurier (*Proterosaurus* etc.) zu den *Sauropsiden*, anderseits die *dicondylien* Sauromammalien zu den *Mammalien*.

Als *Sauromammalien* oder Hypotherien bezeichnen wir jene Kette von ausgestorbenen Amnioten, welche den Uebergang von den Proreptilien (*Protamnioten*) zu den Promammalien (*Architherien*) vermittelten. Diese wichtige Uebergangsgruppe wird schon gegen Ende der Palaeolith-Aera (in der Perm-Zeit) und im Beginn der Mesolith-Aera (in der Trias-Periode) durch viele connectente Formen vertreten gewesen sein; welche von den spärlichen, uns bekannten fossilen Resten dieser Uebergangszeit etwa zu derselben gehören, lässt sich wegen Unkenntniss ihres Malacoms und ihrer Ontogenie nicht ermitteln. Wie wir uns aber auch das hypothetische Bild derselben in unserer Phantasie gestalten mögen, immer wird dasselbe bei dem ältesten Theile jener langen Kette unter den Begriff der Protamnioten fallen, und diese können wir nicht von den ältesten Reptilien trennen (*Tocosauria*).

Wollten wir dagegen versuchen, die Säugethiere von den Amphibien abzuleiten, so würden wir gezwungen sein, einen diphyletischen Ursprung den *Amnioten* anzunehmen; gegen diesen sprechen aber die bekannten Thatsachen der vergleichenden Ontogenie. Wenn wir indessen auch hiervon absehen wollten, so würden wir genöthigt sein, eine viel längere Kette von völlig unbekannten Zwischenformen hypothetisch zu construiren, und bei einem Theile dieser connectenten Kette würden wir abermals auf eine Gruppe von Formen kommen, welche unserem Begriff der *Proreptilien* oder *Protamnioten* entsprechen würden. Die vielen und tiefgreifenden Veränderungen, welche der Uebergang von der amphibischen zur rein terrestrischen Lebensweise und Generation bei den carbonischen *Stegocephalen*-Ahnen der Amnioten herbeiführen musste, können nicht plötzlich und mit einem Male zu Stande gekommen sein, sondern sie werden sich langsam und allmählich in einer langen Kette von connectenten Uebergangsformen vollzogen haben; und in dieser phyletischen Kette erscheint uns die permische *Proreptilien*-Stufe als ein nothwendiges Zwischenglied zwischen der carbonischen *Progonamphibien*-Stufe und der triassischen *Promammalien*-Stufe.

Wir selbst haben früher (1866), als wir zuerst die Stammesgeschichte der Vertebraten zu entwerfen versuchten, die beiden Classen der *Sauropsiden* und der *Mammalien* als zwei Amnioten-Stämme betrachtet, welche unabhängig von einander aus der gemeinsamen Ahnen-Classe der *Amphibien* hervorgegangen seien. Als dann später die fossilen Theromoren bekannt wurden, unter denen namentlich die *Theriodontien* durch die Structur der Gliedmaassen und die Differenzirung des Gebisses in so auffälliger Weise sich den *Mammalien* nähern, glaubten wir jenen Palaeontologen Recht geben zu müssen, welche diese merkwürdige Reptilien-Gruppe am genauesten kannten und aus ihr direct die Säugethiere ableiteten. Indessen sind wir bei genauerer Erwägung und kritischer Vergleichung aller betreffenden Verhältnisse von dieser Auffassung wieder zurückgekommen. Die Theromoren sind schon zu sehr specialisirt, um als Stammform der Mammalien gelten zu können; wir betrachten jetzt die auffallenden Aehnlichkeiten beider Gruppen als Convergenz-Erscheinungen. Zwar stehen die Theromoren den Mammalien näher als alle anderen Reptilien und sind vielleicht aus derselben Gruppe der Proreptilien hervorgegangen; aber sie gehören nicht zu den directen Vorfahren der Säugethiere.

Wenn wir demnach an folgender Ahnen-Reihe festhalten: 1) Progonamphibien (*Stegocephalen*), 2) Proreptilien (*Tocosaurier*), 3) Sauromammalien (*Hypotherien*), 4) Promammalien (*Architherien*), so müssen wir doch gestehen, dass wir die Continuität dieser Stammfolge nur in den allgemeinen Hauptpunkten begründen können, dass uns aber zu einer speciellen Fixirung einzelner Stufen die palaeontologische Begründung noch fehlt. Hoffentlich werden bald weitere Entdeckungen von fossilen Verbindungs-Formen diese empfindliche Lücke theilweise ausfüllen.

§ 357. Subclassen der Mammalien.

Das natürliche System der Säugethiere, insofern es den hypothetischen Stammbaum dieser höchstentwickelten Thierclasse darstellen soll, ist eine ebenso wichtige und interessante als schwierige und verwickelte Aufgabe. Diu Zahl der beschriebenen Species beläuft sich jetzt auf ungefähr 6000, davon circa 2400 lebende und 3600 fossile Arten. Indessen muss angesichts der grossen Lücken der Versteinerungs-Urkunden die wirkliche Gesammtzahl der ausgestorbenen Säugethiere viel höher angeschlagen werden, mindestens auf das Dreifache; sie wird sich zur Zahl der lebenden nicht wie 3 zu 2 verhalten haben, sondern mindestens wie 9 zu 2 und darüber. Immerhin ist die Artenzahl der Säugethiere gering, verglichen mit derjenigen anderer Classen, z. B. der Vögel oder der Fische. Jede dieser beiden letzteren Classen zählt gegen 10000 lebende Arten, also etwa 4 mal so viel als die erstere. Allein die morphologischen Differenzirungen der grösseren Gruppen, der Legionen und Ordnungen, sind bei den Mammalien viel grösser und reichhaltiger als in jeder anderen Wirbelthier-Classe.

Nachdem man früher die Säugethiere in 6—8 Ordnungen auf Grund der verschiedenen Bildung des Gebisses und der Füsse eingetheilt hatte, wurden erst 1816 die wichtigen anatomischen Unterschiede der drei Subclassen erkannt, welche wir auch heute noch beibehalten: *Monotrema, Marsupialia* und *Placentalia*. Die Trennung derselben gewann noch an Gewicht, nachdem neuerdings (1884) die vergleichende Ontogenie tiefgreifende Verschiedenheiten in ihrer Keimbildung nachgewiesen hatte, und gleichzeitig auch die Zahl der fossilen Formen in allen drei Subclassen sehr vermehrt worden war. Dagegen herrscht noch heute keineswegs Einstimmigkeit in der Auffassung der phylogenetischen Beziehungen der drei Subclassen. Nach unserer (schon 1866 begründeten) Auffassung sind dieselben als drei coordinirte Hauptgruppen aufzufassen, welche drei aufeinander folgende historische Entwickelungsstufen der Classe repräsentiren. Die *Marsupialia* bilden eine nothwendige Zwichenstufe zwischen den älteren *Monotremen* und den jüngeren *Placentalien*. Zuerst sind aus den Proreptilien (oder den *Sauromammalien*) nur ovipare Monotremen (oder »Gabelthiere«) entstanden; sie repräsentirten lange Zeit hindurch (in der Trias-Periode) allein die ganze Classe der Mammalien. Erst später entwickelten sich aus ihnen die viviparen Marsupialien (oder »Beutelthiere«), welche während der Jura-Periode schon in mehrere Ordnungen differenzirt sind. Noch viel später gingen aus diesen die Placentalien (oder »Zottenthiere«) hervor; ihre Entstehung fällt erst in die Kreide-Periode, ihre volle Entfaltung in die Tertiär-Zeit. Mithin vertheilt sich die allmähliche Entwickelung der drei Bildungsstufen der Säugethiere auf die drei grossen Hauptabschnitte des mesozoischen Zeitalters, welches sicher mehr als eine Million Jahre umfasst hat. Da aber während dieses ungeheuren Zeitraumes die gewaltigen Reptilien die Herrschaft führten, konnten die kleinen (meist sehr unansehnlichen) primitiven Mammalien noch zu keiner grossen Geltung gelangen. Diese erlangten sie erst, nachdem jene grösstentheils ausgestorben waren, und entfalteten dann in dem caenozoischen Zeitalter einen Formenreichthum von erstaunlicher Mannichfaltigkeit und Vollkommenheit. Dabei ist besonders interessant, zu sehen, wie die Säugethier-Ordnungen in der Tertiär-Zeit — durch mannichfache Anpassung an verschiedene Lebensbedingungen — sich ganz ähnlich differenzirt haben, wie die Sauropsiden-Ordnungen in der Secundär-Zeit. So entsprechen die schwimmenden Cetaceen in auffälliger Weise den Halisauriern, die fliegenden Chiropteren den Pterosauriern, die fleischfressenden Carnivoren den Theriodontien, die zahnarmen Edentaten den Anomodontien u. s. w. Indem die analoge functionelle Anpassung in den correspondirenden Ordnungen beider Classen sich ganz ähnlich vollzieht, und indem die neuen, durch die Thätigkeit der Organe erworbenen Eigenschaften in beiden Classen dann gleicherweise durch Vererbung übertragen werden, liefert dieser Parallelismus glänzende Beispiele für die Bedeutung der progressiven Vererbung.

Gegenüber unserer Dreitheilung der Säugethier-Classe ist neuerdings wieder die ältere, schon 1841 versuchte Zweitheilung derselben als natürlicher und zweckmässiger vertheidigt worden. Diese kann in zweifach verschiedener Weise geschehen: I. *Monotrema* (= Ornithodelphia) und *Marsupialia* (= Didelphia) werden unter dem Begriffe der Zottenlosen oder Implacentalia vereinigt und der zweiten Subclasse der Placentalien (oder Zottenthiere) gegenüber gestellt; diese letzteren allein bilden ein zottiges Chorion, eine Placenta, und entwickeln im Gehirn ein starkes Corpus callosum, während die ersteren die ursprüngliche Bildung des glatten Chorion und der einfachen Allantois beibehalten. Dagegen haben die Placentalien die »Beutelknochen« verloren, welche die Implacentalien besitzen. II. Die *Monotremen* werden als ovipare Säugethiere ohne Milchwarzen, Amasta (»Zitzenlose«), den beiden anderen Subclassen gegenüber gestellt, welche als vivipare Mastophora (oder »Zitzenthiere«) vereinigt werden können; die *Marsupialien* und *Placentalien* stimmen nicht allein in dem Besitze der Milchwarzen überein, sondern auch in dem Verluste des Nahrungsdotters, der Cloakenbildung, des autonomen Coracoid u. A. Wenn man kritisch diese beiden Versuche der Zweitheilung der Säugethier-Classe vergleicht, kann man sagen, dass beide gleichberechtigt seien; das beweist aber zugleich, dass sie beide künstlich und unbrauchbar sind, denn die Zwischengruppe der *Marsupialien* stimmt ebenso einerseits in wichtigen Merkmalen mit den älteren Monotremen überein, wie anderseits mit den jüngeren Placentalien.

Auch die phylogenetische Beurtheilung der drei natürlichen Subclassen ist neuerdings verschieden ausgeführt worden. Zwar ist jetzt allgemein anerkannt, dass die Monotremen die älteste und niederste Classe sind; sie stehen den Reptilien und Amphibien am nächsten und enthalten ohne Zweifel die Stammformen der beiden anderen Subclassen. Während wir aber von den Monotremen direct nur die Marsupialien ableiten und aus diesen erst später die Placentalien, ist dagegen die Ansicht aufgestellt worden, dass Marsupialien und Placentalien zwei divergente selbständige Subclassen seien, die sich, unabhängig von einander, aus Monotremen entwickelt hätten. Wir müssen diese Ansicht für ganz unhaltbar erklären; denn wir können uns nicht vorstellen, wie selbst das einfachste Placentalthier direct aus einem oviparen Monotremen entstanden sein kann. Vielmehr erscheint uns das vivipare Marsupialthier, das noch eine einfache Allantois und keine Chorionzotten besitzt, als eine nothwendige Verbindungsbrücke zwischen jenen beiden, weit entfernten Bildungsstufen. Die tiefe anatomische und ontogenetische Kluft, welche die oviparen Ornithodelphien (= *Monotremen*) von den viviparen Monodelphien (= *Placentalien*) trennt, kann phylogenetisch nur durch eine lange Kette von connectenten Zwischenstufen ausgefüllt werden, und ein grosser Abschnitt dieser hypothetischen Kette muss unter den Begriff der Didelphien (= *Marsupialien*) fallen.

Ausdrücklich mag dabei in Erinnerung gebracht werden, dass man bei dieser kritischen Vergleichung der drei Subclassen nicht bloss an ihre lebenden Repräsentanten denken darf, die durch moderne Anpassung vielfach specialisirt sind; vielmehr muss man auf ihre älteren, einfacher gebauten und mehr generalisirten Vorfahren zurückgehen. Daher dürfen auch nicht die speciellen Anpassungs-Merkmale der modernen Vertreter (z. B. das Gebiss!, die Kieferbildung!, die Beutelbildung! u. s. w.) in die generelle Definition der drei Subclassen aufgenommen werden. Dass dieselben wirklich drei historische auf einander folgende Bildungsstufen der Säugethiere darstellen, und dass die *Marsupialien* die verbindende Zwischenstufe zwischen den *Monotremen* und *Placentalien* bilden, ergiebt sich aus folgender Uebersicht ihrer Merkmale.

Charactere der drei Subclassen:

I. Gabelthiere *Ornithodelphia* **Monotrema** (*Prototheria*)	II. Beutelthiere *Didelphia* **Marsupialia** (*Metatheria*)	III. Zottenthiere *Monodelphia* **Placentalia** (*Epitheria*)
1. **Ovipara** Eierlegende Säugethiere Eier gross, mit Schale und mit Nahrungsdotter Furchung partiell: *Discogastrula*	1. **Vivipara** Lebendig gebärende Säugethiere Eier klein, ohne harte Schale und ohne selbständigen Nahrungsdotter Furchung total, subäqual: Bildung einer *Epigastrula*	
2. **Amasta** Zitzenlose Die Milch wird abgeleckt	2. **Mastophora**; Zitzenthiere Milchwarzen oder Zitzen (*Masta*) sind ausgebildet. Die Milch wird vom Jungen gesaugt	
3. **Monotrema** Cloakenthiere Urogenital-Sinus mündet in den Mastdarm	3. **Perineosa**; Dammthiere Die Cloake ist verschwunden, der Damm (*Perineum*) trennt den After von der Urogenital-Oeffnung	
4. **Coracomena** Coracoid permanent autonom	4. **Coracobola** Schultergürtel ohne autonomes Coracoid; Rest desselben mit der Scapula verschmolzen	
5. **Epipubales** Ein Paar Beutelknochen (*Epipubica*) stehen auf der Becken-Symphyse		5. **Anepipubes** Beutelknochen verschwunden
6. **Implacentalia** Serolemma und Allantois glatt, ohne Zotten. Chorion und Placenta fehlen		6. **Placentalia** Serolemma und Allantois mit Zotten, bilden ein Chorion und eine Placenta

§ 358. Classification der Mammalien.

Die systematische Unterscheidung und phylogenetische Gruppirung der zahlreichen Ordnungen und Familien in der Säugethier-Classe ist in sehr verschiedener Weise versucht worden. Gewöhnlich werden noch heute 12—16 verschiedene Ordnungen einfach der Reihe nach mit ihren Merkmalen aufgeführt, oder es werden höchstens die zwei oder drei Subclassen (§ 357) noch in Betracht gezogen. Wir haben dagegen schon in unserem ersten Entwurfe eines phylogenetischen

Systems (1866) darauf hingewiesen, wie wichtig es für das genealogische Verständniss solcher grossen und formenreichen Gruppen ist, eine grössere Anzahl von subordinirten Kategorien des Systems zu unterscheiden, Legionen und Sublegionen, Ordnungen und Unterordnungen u. s. w. Indem wir uns auf die theoretischen, damals schon erörterten Betrachtungen stützen, unterscheiden wir in dem reformirten, hier vorgelegten System der Mammalien 33 Ordnungen und vertheilen dieselben auf die bekannten 3 Subclassen dergestalt, dass 4 Ordnungen auf die *Monotremen* fallen, 3 Ordnungen auf die *Marsupialien* und 26 Ordnungen auf die *Placentalien*. Diese letzteren vertheilen wir wieder auf acht Legionen, wie es das System in § 385 zeigt.

Die wichtige Frage von dem phylogenetischen Zusammenhange dieser zahlreichen Gruppen ist natürlich bei unserer unvollständigen Kenntniss derselben — und besonders der vielen fossilen Formen — nur annähernd hypothetisch zu beantworten. Unsere jetzige subjective Vorstellung von demselben geben die Stammbäume in § 374 und § 386. Besonders wichtig und sehr verschieden beantwortet ist die Frage, ob die drei Subclassen monophyletische oder polyphyletische Gruppen sind, ob sie natürliche (genealogische) oder künstliche (logische) Einheiten darstellen. Von hervorragenden Zoologen wird noch jetzt die Ansicht vertheidigt, dass die verschiedenen Hauptgruppen der Placentalien aus entsprechenden älteren Gruppen der Marsupialien unabhängig von einander entstanden seien, z. B. die Carnivoren aus Dasyuriden, die Primaten aus Didelphyiden, die Ungulaten aus Macropodiden, die Rodentien aus Rhizophagen u. s. w. Man könnte auch in entsprechender Weise die verschiedenen Ordnungen der Marsupialien aus entsprechenden Ordnungen von Monotremen ableiten, z. B. die fleischfressenden Polyprotodontien von Pantotherien, die pflanzenfressenden Diprotodontien von Allotherien u. s. w. Wir halten alle diese polyphyletischen Versuche für unnatürlich und sind durch reifliche Erwägung aller betreffenden Verhältnisse zu der Ueberzeugung gelangt, dass alle drei Subclassen der Mammalien monophyletisch entstanden sind. Die Monotremen (*Promammalien*) sind nur einmal — im Beginn der Trias-Periode? — aus einem Zweige der Protamnioten, bezüglich Sauromammalien, hervorgegangen; die Marsupialien (*Prodidelphien*) haben sich nur einmal — während der Jura-Periode? — aus einem Zweige der Monotremen entwickelt; die Placentalien (*Prochoriaten*) sind nur einmal — während der Kreide-Periode? — aus einem Zweige der Marsupialien entstanden. Diese letztere, sehr wichtige Erkenntniss wird uns aufgedrängt durch die bedeutungsvollen palaeontologischen Entdeckungen der letzten beiden Decennien. Die acht Legionen der Placentalien, welche in der Gegenwart und in der jüngeren Tertiär-

Zeit so scharf characterisirt und ganz getrennt erscheinen, verlieren ihre typischen Merkmale, je weiter wir in der Tertiär-Zeit zurückgehen, und in der ältesten Eocaen-Zeit convergiren sie dergestalt gegen einen gemeinsamen Ausgangspunkt, dass man ihre ältesten Stammformen kaum auseinanderhalten kann. Wir zweifeln nicht, dass alle Placentalien während der Kreide-Periode aus einem einzigen Zweige der älteren Marsupialien — und zwar der Prodidelphien (*Amblotheriden*?) — sich entwickelt haben; wir haben dieser monophyletischen Auffassung einen systematischen Ausdruck gegeben, indem wir als primitive Stammgruppe der Placentalien die Legion der Prochoriaten (oder *Mallotherien*) aufstellten, mit den beiden Ordnungen der *Bunotherien* und *Idotherien* (vergl. § 387).

§ 359. Tegument der Mammalien.

Die Hautdecke der Säugethiere gehört vermöge ihrer eigenthümlichen Differenzirung zu den Character-Organen dieser höchst entwickelten Vertebraten-Classe; sie zeichnet sich durch drei besondere Merkmale vor derjenigen aller anderen Wirbelthiere aus: 1) Bildung eines Haarkleides; 2) Differenzirung von zwei constanten typischen Drüsenformen: tubulöse Schweissdrüsen und acinöse Talgdrüsen; 3) locale Umbildung eines Theiles dieser Drüsen zu den specifischen Milchdrüsen, welche die Milch zur Ernährung des Jungen liefern und die Ausbildung besonderer Mammar-Organe veranlassen. Die phylogenetische Beurtheilung dieser bedeutungsvollen Tegument-Organe ist ebenso wichtig als schwierig; als maassgebender und leitender Gesichtspunkt ist dabei nach unserer Ansicht der Satz festzuhalten, dass die Mammalien von amnioten terrestrischen Vertebraten der Trias-Periode (oder vielleicht der Perm-Zeit?) abstammen, deren unbehaarte Haut mit Hornschuppen (*Pholides*) bedeckt war; ob diese nächsten Vorfahren der ältesten Promammalien bereits echte Reptilien (*Proreptilien, Proterosaurier*?) waren oder diesen vorausgehende beschuppte Amphibien (*Stegocephalen, Microsaurier*?), ist dabei zunächst gleichgültig. Für sehr wesentlich halten wir aber dabei die Auffassung, dass weder die Haare, noch die Schuppen, noch die Hautdrüsen der Säugethiere vollständige Neubildungen dieser Classe sind, sondern dass sie sich durch Transformation aus ähnlichen, aber einfacheren Bildungen ihrer kaltblütigen Vorfahren entwickelt haben. Auch die characteristische Differenzirung des Tegumentes ist bereits durch Vererbung von jenen *Protamnioten*-Ahnen übertragen; überall besteht die geschichtete Epidermis aus einer äusseren, erhärteten Hornschicht (*Cerodermis*) und einer tieferen, weichen Schleimschicht (*Mucodermis*). Ebenso sondert sich in dem verdickten Corium die äussere, festere Papillarschicht (*Cutis*) von der tieferen Reticularschicht (*Subcutis*). Diese verschiedenen Tegument-Schichten erfahren jedoch in der Mammalien-Classe eine voluminösere Entfaltung und eine weit höhere Differenzirung als bei allen übrigen Wirbelthieren.

§ 360. Schuppen und Haare der Mammalien.

I. **Hornschuppen (Pholides).** Echte Hornschuppen, gleich denjenigen der *Pholidoten* unter den Reptilien, sind heute noch bei einer grossen Anzahl von Säugethieren conservirt, besonders am Schwanze und an den Füssen, seltener an der Schnauze oder über den grössten Theil des Körpers ausgebreitet. Dabei ist sehr bemerkenswerth, dass diese schuppentragenden Säugethiere gerade zu den ältesten Ordnungen der Classe gehören, nämlich: *Monotremen, Marsupialien, Edentaten, Rodentien* und *Insectivoren*. Während die Pholidoten-Bedeckung in diesen fünf alten Gruppen noch heute sehr verbreitet und zum Theil kräftig entwickelt ist, finden sich schwächere Ueberreste oder Andeutungen derselben auch noch in einigen anderen Ordnungen vor, so bei den *Denticeten* (Neomeris, Phocaena), den *Carnivoren* (Viverren, Procyonten), den *Prosimien* (Tarsius, Lemur) u. A. Die stärkste Ausbildung des Pholiden-Kleides zeigen die Edentaten, die zu den ältesten und niedersten Gruppen der Placentalien gehören. In zwei verschiedenen Ordnungen dieser Legion ist der grösste Theil des Körpers mit ansehnlichen Hornschuppen gepanzert, bei den palagaeischen Schuppenthieren (*Manides*) und bei den südamerikanischen Gürtelthieren (*Dasypodina*); bei letzteren sind ausserdem noch Knochenschuppen (*Lepides*) im Corium vorhanden. Viel stärker als bei den lebenden Gürtelthieren war dieser Knochenpanzer bei den ausgestorbenen Riesenformen der Tertiär-Zeit entwickelt, bei den Gravigraden, Glyptodonten und anderen Notophracten. Der starke Schuppenpanzer dieser Edentaten ist um so bemerkenswerther, als die beiden Ordnungen dieser Legion, die Manitherien in der Palagaea (*Manis*) und die Bradytherien in der Austrocolumbia, sich unabhängig von einander aus älteren Placentalien entwickelt zu haben scheinen (vergl. § 396). Wir dürfen annehmen, dass ein ähnliches Schuppenkleid (— welches bei Abwesenheit von Knochen-Basis der Versteinerung nicht fähig war —) auch bei vielen älteren Säugethieren bestand; bei den mesozoischen Formen war es vielleicht allgemein vorhanden und bei den ältesten nicht von dem der Reptilien verschieden. Histologie und Ontogenie dieser Mammalien-Schuppen ergeben übereinstimmend, dass dieselben in keiner Beziehung von den Hornschuppen der Sauropsiden verschieden sind; ebenso wie bei den Pholidoten (Eidechsen, Schlangen) und bei den Vögeln (an den Füssen) entsteht auch bei den squamaten Säugethieren die Hornschuppe (*Pholis*) als verhornte Epidermis-Decke einer flachen, mit der Spitze nach hinten gerichteten Corium-Papille, welche bilateral-symmetrisch geformt, an der Dorsalfläche pigmentirt, an der Ventralfläche pigmentfrei ist. Auch die Vertheilung der Schuppen in bestimmt geordneten Reihen und Feldern (am Schwanze in Ringen), ihre dachziegelförmige Deckung oder mosaikartige Täfelung u. s. w. erfolgt bei allen beschuppten Amnioten nach denselben Gesetzen. Wir haben demnach keinen Grund zu der Annahme, dass die Hornschuppen der Säugethiere Neubildungen eigenthümlicher Art sind; vielmehr müssen wir eine historische Continuität derselben mit den homologen Epidermis-Anhängen ihrer älteren Vorfahren, der Sauromammalien und Protamnioten, behaupten und den Satz unterstützen, dass die Pholiden-Decke durch Vererbung von den *Protamnioten* auf die *Promammalien* übertragen wurde.

II. **Knochenschuppen (Lepides).** Kalktafeln der Lederhaut, welche Knochenstructur besitzen und als wahre »Hautknochen« in grosser Ausdehnung im Corium vertheilt sind, kommen nur in zwei verschiedenen Gruppen der Säugethiere vor, bei den Bradytherien (= *Xenarthra*), den eigenthümlichen Edentaten von Süd-Amerika, und bei den Denticeten, den Zahnwalen. Bei diesen letzteren scheinen die eocaenen *Zeuglodonten* einen sehr entwickelten, aus ansehnlichen Knochentafeln zusammengesetzten Hautpanzer besessen zu haben, Reste desselben finden sich auch noch bei einigen lebenden Delphinen (*Neomeris, Phocaena* u. A., vergl. § 421). Viel reicher und mannichfaltiger entwickelt erscheint aber der Knochenpanzer bei den zahlreichen und zum Theil colossalen *Bradytherien*, die während der Tertiär- und Diluvial-Zeit Süd-Amerika bevölkerten und von denen die heutigen Gürtelthiere die letzten schwachen Ueberreste darstellen. Bei den älteren *Gravigraden* scheint der grösste Theil der Haut mit einem dichten Pflaster von kleinen Knochentafeln bedeckt gewesen zu sein (*Mylodon, Lestodon* u. A.). Bei den eocaenen *Stegotherien* deckten sich die Knochenschuppen sogar dachziegelartig. Dagegen ordneten sie sich bei den jüngeren *Cingulaten* in eine Reihe von Gürteln, und diese konnten theilweise, vorn und hinten, zu grösseren Panzerplatten verschmelzen. Die vollkommenste Ausbildung, ähnlich dem Rückenschilde der Schildkröten, erreichte der starre, halbkugelige oder tonnenförmige Knochenpanzer bei den gewaltigen Panzerthieren (*Notophracta* vel *Glyptodontia*); die polygonalen Knochentafeln der Rückenhaut waren hier unbeweglich durch Naht verbunden oder verschmolzen. Bei allen diesen Bradytherien wird der Knochenpanzer des Corium von einem harten Hornpanzer der Epidermis bedeckt gewesen sein, wie es noch heute bei ihren verkümmerten Epigonen, den Gürtelthieren, der Fall ist. Wenn dieses Hautskelet, wie fast allgemein angenommen wird, eine eigenthümliche, innerhalb der *Bradytherien*-Ordnung entwickelte Neubildung darstellt, dann ist wahrscheinlich der ähnliche Schuppenpanzer der *Denticeta* ebenfalls als solche aufzufassen; es läge dann Convergenz beider Gruppen vor. Eine etwaige erbliche Beziehung zu den Knochenschuppen der älteren Reptilien (*Tocosaurier*) und Amphibien (*Stegocephalen*) könnte dann höchstens durch entfernten Atavismus (in den Corium-Papillen) erklärt werden. Jedoch ist zu bedenken, dass wir für die Protamnioten (die gemeinsamen Vorfahren der *Sauropsiden* und der *Mammalien*) den Besitz des ursprünglichen, von ihren *Stegocephalen*-Ahnen ererbten Schuppenkleides (mit Lepiden und Pholiden) annehmen müssen; diese beiderlei Schuppen können sich durch Vererbung ebenso gut auf die Linie der älteren Säugethiere übertragen haben, wie sie unzweifelhaft auf die divergente Linie der Reptilien übergegangen sind.

III. **Haare (Pili).** Die echten Haare der Säugethiere sind ganz eigenthümliche Epidermis-Anhänge dieser Classe und für dieselbe so characteristisch, dass man sie mit Recht auch als Haarthiere (*Pilosa*) bezeichnet hat. Alle haarähnlichen Bildungen, welche bei anderen Organismen als fadenförmige Oberhaut-Anhänge vorkommen, sind nach Bau und Entwickelung von den Haaren der Mammalien verschieden. Da die Haare nur aus verhornten Epidermis-Zellen zusammengesetzt sind, verglich man sie früher allgemein mit den Federn der Vögel und den Hornschuppen der Reptilien; aus diesen letzteren sollten ebenso die Haare wie die Federn durch phyletische Transformation entstanden sein. Ausgedehnte neuere Untersuchungen über die vergleichende Histologie und Ontogenie dieser Epidermis-Anhänge haben ergeben, dass jene herrschende Ansicht wahrscheinlich nicht richtig ist, sondern dass die Haare der Pilosen aus Hautsinnesorganen niederer Wirbelthiere entstanden sind; solche finden sich sehr verbreitet in der Haut von *Ichtyopsiden* sowohl als von *Reptilien*, bei letzteren zwischen oder unter den Schuppen, bisweilen auch auf denselben. Diese »Nervenendhügel, Sinnesknospen, Sinnesbecher« u. s. w., in der Haut der Fische und Dipneusten, der Amphibien und Reptilien, zeigen in Structur und Entwickelung auffallende Uebereinstimmung mit den Anlagen der Haare; sie sind reine *Epidermis*-Organe und beginnen mit einer warzenförmigen Verdickung der Oberhaut, die sich in die Lederhaut einsenkt. Die Hornschuppen der Reptilien dagegen, sowie die von ihnen abgeleiteten Federn der Vögel und Pholiden der Säugethiere sind *Tegument*-Organe, deren Anlage mit der Bildung einer

Corium-Papille beginnt, während die Hornkappe der Epidermis über derselben nach aussen vorwächst. Die Haarpapille, welche als Ernährungs-Organ erst secundär in die Basis der Epidermis-Knospe einwächst, ist daher verschieden von der Schuppenpapille, welche primär (bei den ältesten Fischen) die Bildung der Schuppen (oder »Hautzähne«) zuerst veranlasst. Auch die besondere Structur der Haare, die Bildung ihrer inneren und äusseren Wurzelscheide, sowie deren Beziehung zur Epidermis und zu ihren Drüsen lassen sich leichter phylogenetisch aus jenen Hautsinnesknospen als aus den Hornschuppen ableiten. Dabei stellen wir uns vor, dass die Sinnesknospen ursprünglich unter den Schuppen geschützt lagen, dann aber unter diesen als konische Zapfen hervorwuchsen und verhornten, während ihre physiologische Function einem Arbeitswechsel unterlag.

IV. **Haare und Schuppen.** Für die Phylogenie dieser beiderlei Tegument-Organe und die richtige Beurtheilung ihrer Beziehungen ist nach unserer Ansicht die Erwägung sehr wichtig, dass Beide äussere Hornanhänge der Epidermis sind, dass aber als solche die *Pholides* älter sind als die *Pili*. Die Umbildung und Verhornung beider Organe wurde in erster Linie durch die Anpassung eines Zweiges der wasserbewohnenden *Stegocephalen* an die terrestrische Lebensweise bedingt. Dagegen entwickelte sich zunächst in der permischen Periode bei den *Tocosauriern* die Hornschuppe, indem der weiche Epidermis-Ueberzug der älteren, von den Fischen ererbten Knochenschuppe verhärtete und verhornte. Erst später wuchs dann unter dem Schutze dieser Hornschuppe die kegelförmig sich erhebende Sinnesknospe hervor und wurde durch Verhornung zum Haare. Dieser Arbeitswechsel fand wahrscheinlich erst in der Trias-Periode statt, als die ältesten Säugethiere durch eine lange Reihe von connectenten Zwischenformen (*Sauromammalien* oder Hypotherien) aus den *Protamnioten* sich entwickelten. Da wir an der monophyletischen Descendenz der Amnioten festhalten, müssen wir annehmen, dass deren permische Stammgruppe (*Proreptilia*, § 273) noch das vollständige, von den *Stegocephalen* ererbte Schuppenkleid trug, zusammengesetzt aus den primären Knochenschuppen (*Lepides*) des Corium und den secundär darüber ausgebildeten Hornschuppen (*Pholides*) der Epidermis. Beide Schuppenbildungen vererbten sich auf die Linie der Reptilien, während in der Linie der Mammalien die Lepiden verschwanden, dafür aber die Sinnesknospen unter den Pholiden verhornten und als Haare hervorwuchsen. Die characteristische Anordnung und Vertheilung der Haare ist daher durch diejenige der vorher schon bestehenden Deckschuppen bedingt, unter deren Schutze sie sich entwickelten. Um diese wichtigen Verhältnisse richtig zu verstehen, darf man in der Phylogenie der Haare nicht direct von den heutigen nackten Amphibien ausgehen (Urodelen), sondern muss auf deren beschuppte Ahnen zurückgehen, die *Stegocephalen*, und auf die ältesten Tocosaurier, die *Proreptilien*, welche den Uebergang von den ersteren zu den Amnioten vermittelten (§ 264).

Die Rückbildung, welche das Schuppenkleid bei der Mehrzahl der modernen Säugethiere erlitten hat, betraf auch bei einem Theile derselben das Haarkleid. Fast ganz verschwunden ist dasselbe, durch Anpassung an aquatische Lebensweise, bei den drei Gruppen der Cetomorphen; nur spärliche Ueberreste desselben sind hier an einzelnen Körpertheilen oder nur beim Embryo zu finden. Ebenso haben viele pachyderme Ungulaten (Elephant, Rhinoceros, Hippopotamus etc.) die Haarbedeckung grösstentheils verloren. In anderen Gruppen derselben haben sich die Haare in harte und starre Borsten verwandelt (Setigera). Die Stacheln der Igel, Stachelschweine, Echidna u. s. w. sind nur sehr vergrösserte Haare; theilweise sind die grossen Stacheln wohl ursprünglich durch Verschmelzung von mehreren Haaren entstanden; diese kann ebenso vorkommen, wie in anderen Fällen Vermehrung durch Theilung (analog wie bei den Hautknochen, Schuppen und Zähnen). Die functionelle Anpassung der Haare an verschiedene Thätigkeiten und Existenz-Bedingungen führt im Verein mit der progressiven Vererbung zu höchst mannichfaltigen Differenzirungen dieser Tegument-Anhänge.

V. **Krallen, Hufe, Nägel.** Die terminale Phalanx der Zehen ist bei den Säugethieren wie bei allen Amnioten mit einer verdickten Horndecke versehen, deren älteste Form die Kralle (*Falcula* vel *Unguicula*) darstellt. Dieser Schutzapparat der Zehenspitze, dessen Ausbildung schon bei einigen Amphibien beginnt (z. B. *Dactylethra*), war jedenfalls schon bei den permischen Stammformen der Amnioten vorhanden und hat sich von ihnen einerseits auf die *Sauropsiden*, anderseits auf die *Mammalien* durch Vererbung übertragen. Da bei jenen *Protamnioten* ein vollständiges Schuppenkleid vorauszusetzen ist, darf man annehmen, dass auch die Krallen ursprünglich zur Kategorie der *Pholiden* gehörten und durch Ausdehnung (oder Verschmelzung?) von terminalen Hornschuppen entstanden. Die primitive Falcula war nur eine vergrösserte Kegelschuppe (*Conopholis*), in Structur und Wachsthum von gewöhnlichen Schindelschuppen nicht wesentlich verschieden. Die grosse Mehrzahl der Säugethiere sind echte Krallenthiere (*Falculata*); ihre Hornkrallen umschliessen die letzte Phalanx der Zehen in Gestalt einer konischen Düte, von der das Distal-Ende zugespitzt, das offene Proximal-Ende schräg abgestutzt und die Seitenflächen zusammengedrückt sind; die dorsale, obere, convexe Fläche (»Krallenplatte«) ist grösser und fester, die ventrale, untere, concave

Fläche (»Krallensohle«) kleiner und weicher. An letztere schliesst sich hinten der »Sohlenballen« an, eine dicke, aber weiche Platte der Epidermis, die haarlos, aber reich an Schweissdrüsen ist. Die Hufe (*Ungulae*) characterisiren vorzugsweise die formenreiche Legion der Hufthiere (*Ungulata*), kommen aber auch in einzelnen Zweigen der Krallenthiere zur Ausbildung, so bei den Hufnagern (*Subungulata*), einigen grabenden Edentaten u. A. Sie unterscheiden sich von den Krallen, aus denen sie entstanden sind, dadurch, dass sie sehr dick, breit und stumpf sind; die Krallenplatte ist nicht oder nur wenig seitlich comprimirt und nur der Quere nach gebogen, nicht der Länge nach; der Sohlenballen ist klein, schmal, sehr fest und geht in die sehr dicke und feste Krallensohle über, so dass der Huf schuhförmig die letzte Phalanx umschliesst. Umgekehrt verhalten sich die Nägel (*Tegulae* s. *Ungues*), die characteristischen Zehendecken der *Primaten*, sowie einzelner anderer Säugethiere). Bei diesen Nagelthieren (*Tegulata*) ist die Krallenplatte breit, flacher gewölbt, am Distalrande abgerundet; die Krallensohle ist sehr verkürzt und weich (beim Menschen und einigen Affen fast verschwunden); um so mehr ausgedehnt ist dafür der Sohlenballen. Während die Nägel bei den meisten Primaten als »Kuppennägel« quer stärker gewölbt sind, werden sie bei vielen zu flacheren »Plattennägeln« (*Lamnae*), wie beim Menschen. Uebrigens sind sowohl die Nägel als die Hufe mit den Krallen, aus denen sie entstanden sind, durch viele Uebergangsformen verbunden. Völlige Rückbildung dieser terminalen Horngebilde, bewirkt durch Anpassung an das beständige Wasserleben, hat in allen drei Ordnungen der *Cetomorpha* stattgefunden (*Exungulata*, § 417); nur bei einer Sirene (*Manatus*) haben sich noch Rudimente von hufartigen Nägeln bis zur Gegenwart erhalten.

§ 361. Drüsen des Mammalien-Tegumentes.

Die Haut der Säugethiere zeichnet sich durch reichere und mannichfaltiger differenzirte Drüsenbildungen vor der der übrigen Wirbelthiere aus. Fast allgemein kommen zwei verschiedene Hauptformen von Hautdrüsen vor: I. Schweissdrüsen oder Schlauchdrüsen (*Glandulae tubulosae*), lange, unverästelte, oft am Ende knäuelförmig aufgewickelte Schläuche; und II. Talgdrüsen oder Traubendrüsen (*Glandulae acinosae*), traubenförmige, verästelte oder gelappte Bildungen, deren Endästchen rundliche Drüsenbläschen tragen. Die Talgdrüsen stehen fast immer, die Schweissdrüsen häufig in ursprünglicher Verbindung mit den Haarbälgen. Die Secrete beider Drüsenformen sind höchst mannichfach differenzirt, ebenso wie ihre locale Massenentwickelung sehr verschieden ist. Ursprünglich waren wohl beide Drüsengruppen wenig verschieden und beide betheiligt an der Secretion der Milch, jener Ernährungsflüssigkeit der jungen Säugethiere, welche für diese Classe ganz besonders characteristisch ist. Partielle oder totale Rückbildung der Hautdrüsen (ebenso wie der Haare und der Nägel) ist durch Anpassung an das Wasserleben bei den fischförmigen *Cetomorphen* bewirkt worden (— ebenso bei den herbivoren Sirenen, wie bei den carnivoren Denticeten und den planktivoren Mysticeten, § 417).

Milchdrüsen. Mammar-Organe. Die Milchdrüsen (*Mammae*), welche als typische Organe der Brutpflege den *Mammalia* ihren Namen gegeben haben, treten in zwei verschiedenen Hauptformen auf. Bei den Oviparen (*Monotrema*) sind es modificirte Hautdrüsen der Bauchfläche, deren Secret vom jungen Thiere abgeleckt wird (Zitzenlose, *Amasta*). Hingegen besitzen die Viviparen (*Marsupialia* und *Placentalia*) allgemein besondere Saugorgane oder Zitzen (*Masti*), konische oder cylindrische Hautpapillen, welche das neugeborene Säugethier mit dem Munde umfasst, um durch Saugen die Milch aufzunehmen. Ein weiterer Unterschied beider Gruppen besteht darin, dass die Mammardrüsen bei den heutigen oviparen *Monotremen* Schweissdrüsen sind, bei den viviparen Zitzenthieren (*Mastophora*) dagegen Talgdrüsen; wir schliessen daraus, dass bei den älteren, mesozoischen Säugethieren (*Promammalien* und nächstverwandten Gruppen) beide Arten von Hautdrüsen die Mammae zusammensetzten und an der Milchsecretion betheiligt waren. Später trat divergente Entwickelung ein; bei dem Stamme der jüngeren Monotremen, deren letzte Ueberreste die heutigen *Ornitherien* sind, verkümmerten in der Mamma die acinösen Drüsen, und die tubulösen entwickelten sich um so stärker, zuletzt allein. Das Umgekehrte geschah bei der anderen Stammlinie, welche zu den *Prodidelphien* führte, der gemeinsamen Stammgruppe der Mastophoren (Marsupialien und Placentalien); hier wurden die Schweissdrüsen der Mammae rückgebildet und verschwanden zuletzt ganz, so dass bloss die Talgdrüsen die Milch lieferten.

Mammartaschen und Marsupium. Ein wichtiges Organ der Brutpflege entstand frühzeitig an der Bauchseite der Säugethiere, in unmittelbarer Nähe der Mammardrüsen. Aus ein Paar lateralen Längsfalten der Bauchhaut, welche sich hier am Aussenrande der Milchdrüsen erhoben, entwickelten sich in mehrfach divergenter Form verschiedene Bildungen, welche als Mammartaschen, Beutel, Zitzen u. s. w. eine hohe Bedeutung erlangten. Wir unterscheiden in der Phylogenie dieser Tegument-Falten folgende Hauptstufen: I. Mammarfalten fehlen noch ganz, wie es unter den lebenden Säugethieren allein die niederste

Form, *Ornithorhynchus*, zeigt. Das »Gesäuge« (*Mammarium*) besteht hier allein aus einem Drüsenfeld in der Mitte der Bauchdecke, welches sich durch dünnere Behaarung und dunklere Färbung von der umgebenden Bauchhaut unterscheidet; auf diesem Milchfelde (*Mammochora*) münden mit getrennten Ausführgängen zahlreiche tubulöse Milchdrüsen und sondern die Milch ab, welche das Junge einfach ableckt. II. An der lateralen Aussenseite des Milchfeldes erheben sich ein Paar longitudinale Hautfalten, welche sich während der Säugeperiode zu einer Mammartasche (*Mammopera*) vertiefen; innerhalb dieser münden die Milchdrüsen aus, welche auf ein Paar Gruppen in der Inguinalgegend zusammengerückt sind. Zitzen fehlen noch. Diesen Zustand repräsentirt die zweite, noch lebende Monotremen-Form, *Echidna*; das aus dem Ei gekrochene Junge bleibt einige Zeit in der Mammartasche und leckt die Milch ab, welche durch Muskeldruck ausgepresst wird. III. Die paarigen Mammartaschen differenziren sich durch Ergonomie, indem die hinteren, convergenten Theile sich vereinigen, vertiefen und einen Beutel (*Marsupium*) herstellen, während die vorderen Theile zur Bildung von Zitzen (*Masti*) verwendet werden; der Cutiswall, welcher die Basis des Milchfeldes jederseits umgiebt, erhebt sich in Gestalt einer röhrenförmigen Papille, welche als primäre Zitze vom Munde des Jungen umfasst und zum Saugen der Milch benutzt wird; dies tritt ein bei den älteren Marsupialien. IV. Der Beutel vertieft sich hinten und dient längere Zeit zum Aufenthalt des neugeborenen Jungen, während die vorderen Theile der Mammartaschen sich nach vorn ausdehnen und die von ihnen geschützten Milchdrüsen sich durch Theilung vermehren, ebenso wie ihre Zitzen; dies tritt ein bei den jüngeren Marsupialien; es bestehen nunmehr ein Paar Längsreihen von Mammarorganen, welche sich immer weiter nach vorn hin ausdehnen. V. Der Beutel wird rückgebildet, während der Embryo längere Zeit im Uterus verweilt und dort durch die Placenta ernährt wird; das Junge wird in vollkommenem Zustande geboren und nimmt erst später die Milchnahrung an, bei den *Placentalien*. Jedoch können auch hier noch Reste des Beutels in Form von rudimentären Mammartaschen erhalten bleiben, wie es bei einigen Ungulaten der Fall ist. Bei Schafen, Antilopen und anderen Wiederkäuern finden sich vor den functionirenden Mammardrüsen ein Paar inguinale Hauttaschen, in welche oberflächliche Talgdrüsen und tiefer gelegene Schweissdrüsen einmünden; diese »Leistengruben« liegen an denselben Stellen, an welchen bei anderen Ruminantien (Cervinen) ein zweites Paar Zitzen sich findet. VI. Die lateralen Mammarfalten dehnen sich über die ganze Bauchhaut aus, so dass ihr vorderes Ende die Achselhöhle, das hintere Ende den Oberschenkel erreicht; von den zahlreichen Mammardrüsen (oft bis 6 oder 7 Paar), welche sich, in Anpassung an eine grössere Anzahl von Jungen, im Laufe derselben entwickeln, bleibt bei höheren Placentalien, welche nur ein Junges gebären, nur ein Paar bestehen; entweder ein pectorales Paar (bei Menschen, Affen, Fledermäusen, Elephanten, Sirenen u. s. w.), oder ein inguinales Paar (bei vielen Ungulaten, Edentaten, Cetaceen u. A.). Sehr variabel ist Zahl und Lage der Mammae bei den Prosimien. VII. Die paarigen Längsfalten der Bauchhaut, welche als Mammartaschen bei den *Monotremen*, als Marsupium und primäre Zitzen bei den *Marsupialien* bestehen, vererben sich auf die Embryonen der *Placentalien* als rudimentäre Milchlinien oder *Marsupialleisten*; die papillären »Milchpunkte«, welche in bestimmten Abständen an denselben auftreten, sind rudimentäre »Mammartaschen-Anlagen«; sie entsprechen den später sich entwickelnden Milchdrüsen. Auch wenn normaler Weise nur ein Paar derselben zur Entwickelung gelangt, wie beim Menschen, treten dennoch oft atavistische Reste eines Theiles der übrigen auf (Hypermastie, Hyperthelie). VIII. Die primären Zitzen der älteren Säugethiere, welche aus dem erhöhten Cutiswall der Mammartaschen (*Mammoperae*) hervorgehen, verschwinden bei den Primaten und anderen jüngeren Mammalien; sie werden hier durch secundäre Zitzen ersetzt, welche durch papilläre Erhebung des Milchfeldes (*Mammochora*) selbst entstehen; die Drüsencanäle münden hier unmittelbar auf der Spitze der Milchwarzen aus. Daher fehlt den secundären Zitzen der weite, centrale »Strichcanal« oder die »Milchcysterne«, welche in der Axe der primären Zitze verläuft. IX. Die mannichfaltigen Differenzirungen, welche die Milchdrüsen und ihre Zitzen, überhaupt alle Theile der Mammarorgane, in Bezug auf Lage, Grösse, Zahl, Form und feinere Structur zeigen, erklären sich durch Anpassung an die verschiedenen Bedingungen und Gewohnheiten der Brutpflege; sie lassen sich aber alle phylogenetisch ableiten von den primären Verhältnissen, welche die einfachen, zitzenlosen Milchdrüsen und Mammartaschen der oviparen Monotremen noch heute zeigen. Sie liefern zugleich vorzügliche Beispiele für die Macht der progressiven Vererbung.

§ 362. Skelet der Mammalien.

Das Knochengerüst der Säugethiere ist im Grossen und Ganzen ebenso zusammengesetzt und typisch differenzirt, wie dasjenige ihrer älteren, kaltblütigen Vorfahren, der permischen Proreptilien (*Protamnioten*) und der carbonischen Stegocephalen (*Microsaurier*). Die zahlreichen Eigenthümlichkeiten, durch welche diese ältesten Amphibien und Reptilien — als typische terrestrische *Tetrapoden* — sich über ihre aquatischen Vorfahren, die Dipneusten und Fische, erhoben hatten, sind von ihnen durch Vererbung auch auf die *Mammalien* übertragen worden, vor Allem die typische Bildung des Schädels, die Gliederung der Wirbelsäule, die homodyname Zusammensetzung der beiden Zygomelen-Paare und ihrer Gürtel. Dagegen haben die Säugethiere durch Anpassung eine Anzahl von neuen Einrichtungen im Skeletbau erworben, welche für diese höchst entwickelte Vertebraten-Classe ganz characteristisch sind und welche den übrigen Vertebraten fehlen, vor Allem die eigenthümliche Umbildung des Kiefer-Apparates.

Cranium. Der Schädel der Säugethiere entwickelt sich zwar aus derselben erblichen Grundlage und ist aus denselben Knochen in wesentlich gleicher Weise zusammengesetzt, wie bei ihren Reptilien- und Amphibien-Ahnen. Er unterscheidet sich aber von diesen sehr wesentlich durch eigenthümliche, frühzeitig auftretende Umbildungen, insbesondere durch einen Fortschritt zu festerem Gefüge, welcher mit Reduction und gruppenweiser Verschmelzung einer grossen Anzahl von Knochen verknüpft ist. Die wichtigsten Processe dieser Transformation, welche wahrscheinlich im Beginn der Trias-Periode (vielleicht schon gegen Ende der vorhergehenden permischen Zeit) sich vollzog, sind folgende: I. Festere Verbindung des Hirnschädels mit dem Gesichtsschädel, die zu einem einheitlichen Ganzen verschmelzen; im Laufe der Phylogenese gewinnt dabei das wachsende Cranium cerebrale immer mehr das Uebergewicht über das Cranium faciale, welches von der vorderen an die untere Seite rückt. II. Umbildung des Oberkiefer-Gerüstes, welches sich fest und unbeweglich mit dem Frontal-Theile des Hirnschädels verbindet; Maxillare und Intermaxillare entwickeln sich besonders stark, während Palatinum und Pterygoideum zurücktreten. III. Auffallende und ganz eigenthümliche Umbildung des Unterkiefer-Apparates, indem an die Stelle des Quadrat-Gelenkes ein Temporal-Gelenk tritt. Die ursprüngliche (bei Amphibien und Reptilien vorhandene) Zusammensetzung des Unterkiefers wird sehr einfach, indem nur ein einziger Deckknochen, das Dentale, über der knorpeligen Praemandibula sich entwickelt, und dieser articulirt direct mit der Gelenkgrube des Schläfenbeines. IV. Zusammensetzung dieses Schläfenbeines (Temporale) durch Verschmelzung mehrerer verschiedener Knochen, welche bei den niederen Vertebraten getrennt sind, nämlich Petrosum (zusammengesetzt aus den Otica: Epiotica, Prosotica, Opisthotica), und zwei Belegknochen: Squamosum und Tympanicum. V. Rückbildung des Kieferstiels: das Quadratum verwandelt sich in den Amboss (Incus), dagegen das Gelenkstück des Unterkiefers (Articulare) in den Hammer (Malleus); beide kleine Knochen treten nach innen und werden zu Gehörknochen, indem sich der Amboss mit der Columella (= Stapes) verbindet. VI. Verschmelzung der basalen, knorpelig präformirten Schädelknochen (Occipitalia, Sphenoidalia), während die Deckknochen der membranösen Schädeldecke (Parietalia, Frontalia) sich sehr ausdehnen. VII. Wachsthum der Schädelhöhle, entsprechend der stärkeren Ausbildung des Gehirns, welche bei der Mehrzahl der Säugethiere (besonders der jüngeren) diejenige der übrigen Wirbelthiere weit übertrifft. VIII. Die Gelenkverbindung des Hinterhauptes mit ein Paar Gelenkhöckern des Atlas (durch die Exoccipitalia), wie bei den Amphibien, bleibt dagegen bei den Mammalien erhalten; in dieser Beziehung sind sie conservativer als die Sauropsiden, bei denen nur die ältesten Proreptilien und einzelne Theromoren (Empedias, § 283) diese ursprüngliche Bildung beibehalten (Dicondylia, § 264).

Wirbelsäule. Die Wirbel sind bei den erwachsenen Säugethieren stets vollständig verknöchert; ihre Centren fast immer biplane Knochenscheiben, welche dureh elastische Knorpelscheiben (Ligamenta intervertebralia) getrennt werden. Die Zahl der Halswirbel beträgt fast immer 7 (nur bei einigen Edentaten und Cetaceen bald 6, bald 8 oder 9); ihre Querfortsätze (unbewegliche Halsrippen) sind von einem Foramen transversarium durchbohrt. Die Brustwirbel (meistens 12—13, sonst zwischen 10 und 20) haben starke Dornfortsätze und tragen vorn meist zweiköpfige Rippen (bei Monotremen und Cetaceen einköpfige). Die Zahl der starken Lendenwirbel (meistens 5—7, sonst zwischen 2 und 9) steht in umgekehrtem Verhältniss zu der der Brustwirbel; die variable Zahl der vereinigten Dorsolumbar-Wirbel ist oft innerhalb einzelner Ordnungen constant und erblich. Das Kreuzbein besteht ursprünglich nur aus 2 Sacralwirbeln (wie bei den Sauropsiden); indem aber bei vielen Placentalien mehrere hintere Lenden- und vordere Schwanzwirbel mit ihnen verschmelzen, kann die Zahl im Kreuzbein auf 10—12 steigen. Bei den fischförmigen Cetomorphen sind die Kreuzwirbel mit den Tarsomelen verschwunden. Sehr wechselnd ist die Zahl der Schwanzwirbel; sie kann auf 40—50 steigen (bei den langschwänzigen Edentaten); anderseits sinkt sie auf 3—6 bei den schwanzlosen Affen u. A., sowie beim Menschen; hier sind wenige rudimentäre Vertebrae coccygeae unter dem Gesäss verborgen.

Gliedmaassen. Das Skelet der Zygomelen zeigt bei den meisten älteren Säugethieren noch die typische Zusammensetzung, welche sie von den parentalen Reptilien und Amphibien durch Vererbung erhalten haben. Jedoch ist am Schultergürtel das *Coracoid* als selbständiger Knochen nur noch bei den Monotremen erhalten; bei allen übrigen ist es rückgebildet oder verschwunden; sein Rest verschmilzt als *Processus coracoides* mit der Scapula. Die *Clavicula* ist bei allen älteren Mammalien vollständig entwickelt; dagegen ist sie rückgebildet oder ganz verschwunden bei einem Theile der jüngeren Placentalien, bei sämmtlichen Ungulaten und Cetomorphen, einem Theile der Edentaten und Trogontien, und bei den meisten Carnivoren. Die Verbindung der Schlüsselbeine mit dem Vorderende des Brustbeines (Manubrium sterni) wird ursprünglich noch durch das Episternum (oder die *Interclavicula*) vermittelt. Dieses ist nur noch bei den Monotremen (wie bei den älteren Reptilien) ein selbständiger, ansehnlicher, T-förmiger Knochen. Bei den Epigonen derselben zerfällt er in drei Stücke, ein mediales und zwei laterale; letztere liegen oft (besonders bei Nagern und bei anderen älteren Placentalien) noch als selbständige, kleine Knochen zwischen den Sternal-Enden der Schlüsselbeine und dem Manubrium; bei den Affen und beim Menschen sind sie als Zwischenknorpel des Sternoclavicular-Gelenkes erhalten. Bei anderen Placentalien verschwindet das Episternum ganz. Das Sternum selbst bildet bei den Mammalien gewöhnlich keine einheitliche Knochenplatte, wie bei den Sauropsiden, sondern die Elemente desselben stellen eine Reihe von segmentalen Knochenstücken dar, welche den entsprechenden Rippenpaaren zum Ansatze dienen. Das vorderste (meist breitere) Stück wird als Manubrium, das letzte (meist knorpelig bleibende) als Xiphisternum bezeichnet.

Der Beckengürtel der Säugethiere zeichnet sich dadurch aus, dass die drei Knochen desselben gewöhnlich jederseits frühzeitig mit einander verwachsen und einen einheitlichen Beckenknochen oder ein »Hüftbein« (Os coxae, pelvicum oder innominatum) herstellen; derselbe zeigt in der Mitte der Aussenseite die Gelenkpfanne für den Oberschenkel, an deren Bildung meist alle drei Knochen Theil nehmen. Die Darmbeine (Ilia) sind nach hinten gerichtet. Die Schambeine (Pubica) vereinigen sich unten in einer knorpeligen Symphysis pubis. Die zweiästigen Sitzbeine (Ischia) verbinden sich durch ihren vorderen Ast mit den Schambeinen, durch den hinteren mit den Sitzbeinen. So entsteht ein grosses, ovales Hüftbeinloch (Foramen obturatum), welches durch eine Membrana obturatoria verschlossen wird. Die beiden älteren Subclassen der Säugethiere, *Monotremen* und *Marsupialien*, zeichnen sich durch den constanten Besitz von ein Paar stabförmigen Beutelknochen aus (*Ossa marsupialia*); dieselben sitzen auf dem vorderen Beckenrande neben der Schambein-Symphyse und dienen als Stütze der Bauchdecken, bezüglich des Beutels. Nach einer neueren Auffassung sind dieselben als *Epipubes* zu deuten, als Erbstücke von Reptilien- und Amphibien-Ahnen; früher galten sie bloss als verknöcherte Sehnen der äusseren, schiefen Bauchmuskeln. Bei der Subclasse der *Placentalien* sind die Beutelknochen verschwunden. Rückbildung des ganzen Beckens findet bei den Säugethieren nur in der Legion der fischförmigen Cetomorphen statt, in Zusammenhang mit dem Verluste der Tarsomelen; als Rudimente bleiben hier nur ein Paar kleine Knochen in den Bauchdecken übrig (Reste von Schamsitzbeinen).

Die freien Gliedmaassen selbst zeigen bei den Säugethieren eine ausserordentlich mannichfaltige Ausbildung, entsprechend den verschiedenen Functionen, die sie übernommen haben; sie liefern vorzügliche Beispiele für die Macht der functionellen Anpassung und der progressiven Vererbung. Die Tarsomelen sind gewöhnlich stärker als die Carpomelen (besonders gross bei springenden Känguruhs u. s. w.); seltener sind die Vorderbeine stärker als die Hinterbeine (bei grabenden Edentaten u. A.). Nur bei den aquatischen Cetomorphen sind die Carpomelen in vollständige Ruderflossen (mit vermehrter Phalangen-Zahl der Finger) umgewandelt, die Tarsomelen dagegen rückgebildet, meistens ganz verschwunden. Die starken Stelepodien (*Humerus, Femur*) sind meistens kürzer als die Zeugopodien, deren beide Knochen gewöhnlich ungleich entwickelt sind (*Radius* und *Tibia* stärker, *Ulna* und *Fibula* schwächer oder ganz verkümmert). Die Knochen der Basipodien (*Carpus* und *Tarsus*) sind selten vollzählig, meistens durch Concrescenz stark reducirt und modificirt; ihre besondere Differenzirung, Anordnung und Umbildung ist oft sehr characteristisch für die einzelnen Ordnungen. Dasselbe gilt für die Metapodien (*Metacarpus, Metatarsus*) und für die fünf Zehen, die in höchstem Maasse der Anpassung unterliegen. Sehr oft geht die I. Zehe verloren, häufig auch die V. Seltener wird auch die II. und bisweilen die IV. Zehe rückgebildet, so dass zuletzt (beim Pferde) nur die sehr starke III. Zehe übrig bleibt.

§ 363. Gebiss der Mammalien.

Die Bezahnung der Säugethiere besitzt für die Phylogenie dieser Classe eine ausserordentliche Wichtigkeit. Schon die ältere Systematik erkannte in der mannichfaltigen und characteristischen Form des Gebisses die brauchbarsten Merkmale zur Unterscheidung grösserer und kleinerer Gruppen. Die neuere, auf die Descendenz-Theorie gestützte Classification begründete und vertiefte diese Anschauung; sie wies nach, dass einerseits durch Anpassung an die verschiedene Nahrung die Zusammensetzung und Form des Gebisses in mannichfaltigster Weise beeinflusst werde, und dass anderseits dennoch durch Vererbung ein bestimmter Bildungstypus trotz aller Umbildungen sich erhält. Dazu kommt noch der äussere Umstand, dass die harten Kalkzähne der Säugethiere sich vorzüglich zur fossilen Erhaltung eignen, und dass sie bei sehr vielen (z. B. den meisten mesozoischen) Mammalien überhaupt die einzigen uns bekannten Körpertheile sind.

Die zahlreichen und wichtigen Entdeckungen, durch welche die Palaeontologie der Säugethiere im letzten Decennium bereichert wurde, haben unsere früheren Vorstellungen über die Entstehung und Umbildung ihres Gebisses wesentlich geklärt; namentlich die Entdeckung zahlreicher mesozoischer Monotremen und Marsupialien (Allotherien, Triconodonten etc.) ist in dieser Hinsicht bedeutungsvoll geworden. Wir leiten jetzt das älteste Mammalien-Gebiss von einem triassischen oder permischen Reptilien-Gebiss ab, wie es bei einigen Progonosauriern und andern *Tocosauriern* zu finden ist: mehrere (mindestens drei) Reihen von kegelförmigen thecodonten Zähnen. Durch gruppenweise Verschmelzung solcher einfachen Kegelzähne (*Conodontes*) entstanden die zusammengesetzten mehrspitzigen Zähne (namentlich Backzähne), welche sich weiterhin so mannichfach differenziren.

Für das Verständniss der phyletischen Entstehung des eigenthümlichen Mammalien-Gebisses aus dem einfacheren Reptilien-Gebiss ist die Betrachtung der Veränderungen wichtig, welche die Lebensweise, die Ernährungsform und die entsprechende Bildung anderer Körpertheile bei den ältesten Uebergangsformen zwischen beiden Classen (bei den *Sauromammalien* und *Promammalien*) erfuhr. Die gesteigerten Anforderungen, welche die bessere Ernährung an den Organismus des warmblütigen und terrestrischen Säugethieres stellte, begünstigten die bedeutungsvolle Gewohnheit, die Nahrung mit den Zähnen nicht bloss zu fassen, sondern auch zu kauen. Während die Zähne bei den meisten Reptilien — und überhaupt bei der grossen Mehrzahl der niederen Wirbelthiere — nur als Fangzähne dienten, zum Ergreifen und Festhalten der Nahrung, verwandelten sie sich schon bei den ältesten Mammalien in Kauzähne. Die hinteren Zähne in beiden Kiefern bildeten durch Verschmelzung mehrerer Kegelzähne breite Kauplatten, zwischen denen die, mittelst der vorderen Zähne ergriffene Nahrung zerkleinert werden konnte. Da für diese Kauthätigkeit die Verstärkung und besonders die Verkürzung der Kiefer, als langer Hebelarme, von grösstem Nutzen ist, schuf die Natural-Selection jene festen, hohen und kurzen Kiefer, welche die Säugethiere vor den übrigen Wirbelthieren auszeichnen. Die einzelnen Knochen des Unterkiefers, die bei den Reptilien noch getrennt waren, verschmolzen mit einander, und das Proximalstück desselben wurde, ebenso wie das Quadratbein, in die Paukenhöhle hineingezogen und zur Schalleitung verwendet (Hammer und Ambos). So entstand das neue Temporal-Gelenk des verkürzten Unterkiefers, welches für die Mammalien in so hohem Grade characteristisch ist.

Hand in Hand mit diesen wichtigen Umbildungen des Kiefer-Apparates ging eine Abnahme in der Zahl der Zähne und eine entsprechende

Differenzirung ihrer Form und Structur. Die Reduction der Zahl wurde theils durch gruppenweise Verschmelzung einzelner Kegelzähne bewirkt, theils durch einfache Rückbildung in Folge von Nichtgebrauch; alle Stadien dieser letzteren sind in den verschiedensten Ordnungen und Familien der Classe anzutreffen und liefern einleuchtende Beispiele für die Macht der regressiven Vererbung. Die Differenzirung der Zahnformen in dem vorderen, mittleren und hinteren Theile der Kiefer führte schon bei den ältesten Säugethieren durch physiologische Arbeitstheilung zu ähnlichen Formspaltungen, wie wir sie (— unabhängig davon —) bei den *Theromoren* unter den Reptilien getroffen haben (§ 279). Auch die feinere Structur der Zähne, die Ausbildung ihrer einzelnen Bestandtheile erfuhr dabei die mannichfaltigsten Modificationen. Bei den meisten Mammalien wird, wie beim Menschen, die Hauptmasse jedes Zahnes durch das Dentin gebildet, welches in seiner Pulpahöhle die Pulpa dentis einschliesst, die weiche ernährende Connectiv-Papille mit Blutgefässen und Nerven. Die frei vorragende Krone des Zahnes ist von der Schmelzkappe überzogen, dagegen die Zahnwurzel (welche fest in dem Kiefer-Alveolus sitzt) von einer Caement-Schicht. Die quantitative Theilnahme dieser drei verschiedenen Kalkgebilde an der Zusammensetzung des Zahnes unterliegt dem mannichfaltigsten Wechsel.

Zahnserien und Dentitionen. Die grosse Mehrzahl der Säugethiere besitzt, wie der Mensch, gleichzeitig nur eine actuelle Reihe von Zähnen im Oberkiefer sowohl als im Unterkiefer; die zuerst aufgetretene Reihe (»Milchgebiss«) fällt aber später aus und wird ersetzt durch eine zweite bleibende Reihe, welche hinter der ersteren aus der Zahnleiste sich entwickelt (»Dauergebiss«). Neuerdings werden beide Zahnreihen gewöhnlich als »erste und zweite Dentition« unterschieden. Die vergleichende Ontogenie des Gebisses, unterstützt durch neue Entdeckungen der Palaeontologie, hat aber in neuester Zeit gelehrt, dass ursprünglich nicht zwei, sondern drei Dentitionen oder »Zahnreihen« im Kiefer hinter einander standen; ja sogar von einer vierten (vordersten) Reihe sind sichere Andeutungen gefunden worden. Jedoch ist diese letztere nur insofern von Interesse, als sie unmittelbar an die mehrfachen, gedrängt hinter einander stehenden Zahnreihen älterer Reptilien und Fische erinnert. Es genügt für unsere allgemeine Uebersicht über die Phylogenie des Mammalien-Gebisses, drei »Dentitionen« oder Denturen, d. h. drei hinter einander gelegene, ursprünglich selbständige Zahnreihen zu unterscheiden. Da die dritte, erst jüngst entdeckte Serie vor der sogenannten »ersten Dentition« (dem »Milchgebiss«) liegt, also als »allererste« bezeichnet werden müsste, erscheint es als zweckmässig, die drei Serien durch bestimmte, ihrer Lage entsprechende Benennungen zu bezeichnen. Wir nennen die vorderste das Vorgebiss oder die Antedentur (*Dentitio praelactealis*, eventuell: Lippenserie: *Dentes labiales*), die mittlere das Milchgebiss oder Mittelgebiss, Mesodentur oder Lactidentur (*Dentitio lactealis*), die hinterste das Dauergebiss oder die Postedentur (*Dentitio postlactealis*, eventuell: Zungenserie: *Dentes linguales*). Alle drei Serien sind ursprünglich coordinirt und entsprechen drei hinter einander gelegenen (und von einander unabhängigen) Zahnreihen niederer Wirbelthiere. Sie werden aber bei den Säugethieren insofern historisch subordinirt, als sie nicht mehr gleichzeitig, sondern eine nach der anderen, zur actuellen Ausbildung gelangen; sie ersetzen sich successiv in der Ontogenese, wie es auch schon bei vielen mit Zahnwechsel ausgestatteten Reptilien der Fall ist.

Alle drei Zahnserien erscheinen gleichzeitig entwickelt in den merkwürdigen, wohl conservirten Backzähnen der mesozoischen Allotherien oder *Multituberculaten*. Die lange und breite Krone dieser grossen, mehrwurzligen Molaren ist zusammengesetzt aus zwei oder drei parallelen Längsreihen von spitzen kegelförmigen Höckern; jeder dieser Höcker war ursprünglich ein selbständiger konischer »Reptilien-Zahn«. Wir müssen annehmen, dass bei den älteren Ahnen dieser Allotherien, den *Promammalien* der Trias (oder der Perm-Periode) die zahlreichen einzelnen Kegelzähne noch getrennt in drei Reihen hinter einander standen; erst später ist ihre Verwachsung eingetreten. Bei den übrigen Säugethieren ist nur selten ein einzelner Zahn einer Serie in die andere übergetreten und dadurch erhalten geblieben (z. B. der dritte Praemolare der Postedentur bei den Marsupialien); nur die echten Molaren sind wahrscheinlich meistens (oder immer?) ursprünglich dadurch entstanden, dass die hintersten Zähne der lactealen und der lingualen Serie mit einander verschmolzen.

Antedentura. Das ursprüngliche Vorgebiss (*Dentitio labialis* s. *praelactealis*) ist bei den meisten Säugethieren — abgesehen von den erwähnten Allotherien — ganz verschwunden; nur selten haben sich Rudimente desselben im Embryo älterer Säugethiere erhalten, so bei den *Mysticeten*, bei *Didelphys* und *Erinaceus*. Die vergleichende Ontogenie der Zähne wird ihre Spuren wahrscheinlich auch noch bei anderen älteren Formen aufdecken.

Mesodentura. Das Mittelgebiss, die Lactidentur oder das sogenannte »Milchgebiss« (*Dentitio lactealis* s. *secundaria*) hat sich zeitlebens permanent erhalten bei mehreren älteren Gruppen, bei den *Marsupialien* und *Cetaceen* (sowohl *Denticeten* als *Mysticeten*). Die Postedentur ist in diesen (und wahrscheinlich auch in mehreren anderen fossilen Gruppen) ebenso verloren gegangen, wie die Antedentur; nur einzelne Lingual-Zähne haben sich noch bisweilen erhalten (so der dritte Praemolare bei den Beutelthieren). Die grosse Mehrzahl der Säugethiere besitzt in früher Jugend längere oder kürzere Zeit das Milchgebiss; später fällt dasselbe aus und wird allmählich durch das Dauergebiss ersetzt. Es giebt jedoch auch einige jüngere Gruppen, bei denen das Milchgebiss gar nicht mehr zum Durchbruch kommt, sondern von Anfang an das Dauergebiss auftritt (viele *Chiropteren*, *Pinnipedien* u. A.).

Postedentura. Das Hintergebiss, *Dentitio lingualis* s. *postlactealis* (die sogenannte zweite, eigentlich dritte Dentition) spielt bei den meisten übrigen Säugethieren die Hauptrolle, indem es während des jugendlichen »Zahnwechsels« allmählich an die Stelle der Lactidentur tritt und dieselbe ersetzt (daher »Ersatzgebiss« oder Dauergebiss). Man bezeichnete alle diese Mammalien mit Zahnwechsel bisher als *Diphyodontes*, im Gegensatze zu den *Monophyodontes*, den Formen ohne Zahnwechsel (Cetaceen, Marsupialien, ein Theil der Edentaten u. A.). Diese Gegenüberstellung hat jetzt ihre frühere Bedeutung verloren; denn es hat sich ergeben, dass die letzteren durch Rückbildung einer Serie aus ersteren entstanden sind, und dass ursprünglich alle Mammalien *Diphyodonten* waren, die älteren sogar *Triphyodonten*. Ausserdem müsste man unter den Monophyodonten (ohne Zahnwechsel) zwei ganz verschiedene Gruppen unterscheiden; bei den älteren (*lactealen Monophyodonten*) kommt bloss das Milchgebiss zur Entwickelung, das Dauergebiss ist unterdrückt, so bei Marsupialien und Cetaceen; bei den jüngeren (*lingualen Monophydonten*) ist umgekehrt das Milchgebiss unterdrückt, und nur das Dauergebiss kommt sofort zur Ausbildung, so bei Pinnipedien und Chiropteren.

Ergonomie der Zähne. Die Arbeitstheilung der Zähne im vorderen, mittleren und hinteren Theile der Kiefer hat bei den meisten Säugethieren, wie beim Menschen, zu einer characteristischen Formspaltung derselben geführt und zur Eintheilung in vier verschiedene Gruppen: 1) Schneidezähne (*Incisores*), 2) Eckzähne (*Canini*), 3) Lückenzähne (*Praemolares*) und 4) Mahlzähne (*Molares*). Die beiden letzteren Gruppen werden auch oft unter dem weiteren Begriff der Backzähne zusammengefasst (*Buccales*). Ein ähnlicher, durch Ergonomie bedingter Polymorphismus der Zähne hat sich auch schon mehrfach bei niederen Wirbelthieren polyphyletisch entwickelt, so bei einigen Fischen und besonders bei Reptilien (Theromoren). Jedoch müssen wir annehmen, dass derselbe bei den Mammalien (unabhängig von den ähnlichen Theromoren) schon während der Trias-Periode zu selbständiger Ausbildung gelangt ist. Die ältesten *Promammalien* (und die ihnen vorausgehenden *Sauromammalien*) waren wahrscheinlich homoeodont und besassen zahlreiche einfache Kegelzähne, welche in zwei oder drei Reihen hinter einander in jedem Kiefer sassen, an Grösse und Gestalt wenig verschieden. Ein ähnliches, homoeodontes (jedoch einreihiges) Gebiss besitzen unter den heute lebenden Säugethieren nur die *Denticeten* und *Cingulaten*; doch stellt dasselbe hier nicht eine primitive Bildung dar, sondern es ist secundär entstanden, indem die differenzirten Zähne des ursprünglichen heterodonten Gebisses sich theilten und die Theilstücke nachher durch Convergenz gleichartig wurden (vergl. §§ 397 und 421).

Die Abgrenzung jener vier verschiedenen Zahngruppen ist zwar in der systematischen Praxis meistens leicht, stösst aber bei dem Versuche einer scharfen theoretischen Begriffs-Bestimmung auf grosse Schwierigkeiten. Nur für die Schneidezähne (*Incisores*) ist dieselbe insofern absolut sicher, als zu diesen alle Zähne gerechnet werden, welche oben im Zwischenkiefer sitzen (daher Dentes intermaxillares), unten aber in demjenigen Mittelstück des Unterkiefers, welches ersterem gegenüberliegt. Der erste Zahn, welcher unmittelbar auf diese einfachen, meistens meisselförmigen Schneidezähne folgt (ohne Lücke), ist ein Eckzahn (*Caninus*); oben wie unten giebt es daher stets nur einen Eckzahn; er ist gewöhnlich einfach kegelförmig, oft schwach gekrümmt, grösser als die folgenden Zähne, und springt demgemäss so weit vor, dass der untere Eckzahn in eine Lücke zwischen oberem Eckzahn und letztem oberen Schneidezahn hineinpasst. Alle übrigen folgenden Zähne werden im weiteren Sinne als Backzähne bezeichnet (*Buccales* s. *Tritores*); gewöhnlich aber werden unter ihnen wieder zwei Gruppen unterschieden, die vorderen Lückenzähne und die hinteren Mahlzähne. Die Lückenzähne (*Praemolares*) sind gewöhnlich kleiner und einfacher gebaut, mit schmaler Krone und einfacher Wurzel. Die Mahlzähne (*Molares*) sind dagegen meistens grösser und von complicirterem Bau, mit breiter Krone und mehrfacher Wurzel. Bei den *diphyodonten* Mammalien wurde der Unterschied zwischen diesen beiden Gruppen der Backzähne meistens dadurch definirt, dass die Praemolaren dem Zahnwechsel unterworfen seien, die Molaren dagegen nicht. Diese übliche Begriffsbestimmung hat aber ihren Werth dadurch verloren, dass durch die neuesten Forschungen die ontogenetischen Vorgänge des Zahnwechsels in ein ganz neues Licht gerückt und die phylogenetischen Beziehungen der mehrfachen Dentitionen als viel complicirtere erkannt sind. Beim Menschen wie bei der Mehrzahl der Placentalthiere entwickeln sich die Molaren am hinteren Ende der Zahnleiste und sind durch Verschmelzung von mehreren Backzähnen der Lactidentur und Postedentur entstanden, gehören also beiden Generationen an (der »ersten und zweiten Dentition«). Bei anderen Säugethieren (*Marsupialien* und *Cetaceen*) kommt die Postedentur nicht mehr zur Entwickelung, alle oder fast alle Backzähne gehören zur Lactidentur; gerade umgekehrt bei manchen jüngeren Gruppen (*Pinnipedien* und *Chiropteren*). Ausserdem treten in vielen Gruppen einzelne Zähne der einen Serie in die andere hinüber und nehmen somit der scharfen Unterscheidung von *Monophyodonten* und *Diphyodonten* allen absoluten Werth. Somit wird es für die künftige Odontologie der Mammalien nöthig werden, die Unterscheidung von Praemolaren und Molaren in jeder einzelnen Gruppe scharf ontogenetisch zu beleuchten und nach besonderen Normen zu fixiren. Im Allgemeinen genügt es bei der Mehrzahl, die Praemolaren durch geringere Grösse und einfacheren Bau von den Molaren zu unterscheiden; scharf durchgreifend ist dies aber nicht möglich.

Zahl der Zähne. Ursprünglich, bei den älteren Säugethieren der Mesolith-Aera, war die Zahl der Zähne sehr gross und unbestimmt. Bei den jüngeren Gruppen ist sie stark reducirt und zum Theil in sehr characteristischer Weise fixirt. Man schreibt die Zahnformel jetzt gewöhnlich in Gestalt eines Bruches, dessen Zähler die Zähne des (halben) Oberkiefers, dessen Nenner diejenigen des (halben) Unterkiefers sind; also beim erwachsenen Menschen $\frac{2\cdot1\cdot2\cdot3}{2\cdot1\cdot2\cdot3}$ (in jeder Kieferhälfte 2 Incisores, 1 Caninus, 2 Praemolares und 3 Molares). Zu diesen 32 Zähnen würden noch 20 Zähne des Milchgebisses kommen nach der Formel $\frac{2\cdot1\cdot2\cdot0}{2\cdot1\cdot2\cdot0}$. Die schon vorher erörterten Thatsachen haben aber ergeben, dass die Beziehungen der Lactidentur zur Postedentur (— oder der »ersten zur zweiten Dentition« —) in den verschiedenen Gruppen mannichfach verschieden und oft stark cenogenetisch abgeändert sind. Mithin können die Zahnformeln der erwachsenen Säugethiere zwar in der systematischen Praxis zur Unterscheidung der kleineren Formen-Gruppen (besonders Genera) mit Vortheil benutzt, aber nicht ohne Weiteres direct verglichen werden; vielmehr ist hierzu eine gründliche kritische Vergleichung ihrer Ontogenie und Phylogenie erforderlich.

Für die grosse Mehrzahl der Placentalthiere (oder vielleicht selbst für diese ganze Subclasse) hat sich als gemeinsame Ausgangsform in der ältesten Tertiär-Zeit die Zahl von 44 Zähnen in der Postedentur ergeben: $\frac{3\cdot1\cdot4\cdot3}{3\cdot1\cdot4\cdot3}$; dazu würden dann wohl noch 32 Zähne der Lactidentur kommen: $\frac{3\cdot1\cdot4\cdot0}{3\cdot1\cdot4\cdot0}$, im Ganzen also 76 Zähne. Andere Odontologen nehmen neuerdings 80 an, indem sie in jeder Kieferhälfte nicht 3, sondern 4 Molaren rechnen, also: $\frac{3\cdot1\cdot4\cdot4}{3\cdot1\cdot4\cdot4}$. Auch diese Formel ist erst durch Reduction entstanden; die ursprüngliche Zahl war viel grösser.

Division der Zähne. Die grosse Mannichfaltigkeit in der Gebissbildung der Säugethiere wird einerseits durch die verschiedene Zahl der Zähne in den einzelnen Gruppen, anderseits durch die wechselnde Gestaltung derselben hervorgebracht. Die bedeutenden Verschiedenheiten in der Zahl werden durch drei Ursachen bewirkt: 1) Theilung der Zähne, 2) Verwachsung der Zähne, 3) Verlust der Zähne; durch die erste Ursache wird die ursprüngliche Zahl vermehrt, durch die letzteren beiden vermindert. Theilung der Zähne, und damit beträchtliche Vermehrung derselben, ist nachgewiesen bei den Cetaceen, und zwar sowohl *Denticeten* als *Mysticeten*; die Kiefer sind bei diesen marinen »Fisch-Säugern« stark verlängert und tragen sehr zahlreiche kleine konische Zähne von gleicher Grösse und Form (oft mehrere hundert). Die Ursache dieser eigenthümlichen Umbildung liegt in der Lebensweise und Fischnahrung dieser Wasserbewohner; sie benutzen ihre Zähne, gleich den meisten Fischen, nur zum Fangen der Beute, nicht zum Kauen derselben. Die älteren Vorfahren der heutigen homoeodonten Denticeten (— die eocaenen Zeuglodonten und Squalodonten —) besassen noch das heterodonte Gebiss, einfache konische Incisoren und Caninen, einwurzelige Praemolaren und zweiwurzelige Molaren. Die Vermehrung der Zahl durch Zerfall der letzteren lässt sich schrittweise verfolgen. Auch bei manchen Pinnipedien (*Phoca*) beginnt sich der Kiefer hinten zu verlängern und die Molaren zu theilen; ebenso ist bei einigen Edentaten (*Tatusia* u. A.) neuerdings die Entstehung der zahlreichen, kleinen und gleichartigen Backzähne durch Spaltung von ursprünglichen (Doppelzähnen) nachgewiesen worden.

Concrescenz der Zähne. Die Entstehung grösserer »zusammengesetzter Zähne« durch Verwachsung von mehreren, ursprünglich einfachen Kegelzähnen ist ein sehr wichtiger und in der Mammalien-Classe weit verbreiteter Vorgang. Die Verwachsung betrifft sowohl benachbarte, hinter einander gelegene Zähne einer Reihe (longitudinale Concrescenz), als auch die anstossenden, ursprünglich neben einander gelegenen Zähne von zwei verschiedenen Reihen (transversale Concrescenz); so sind z. B. die meisten Molaren durch Verwachsung der hinteren Zähne der lactealen und lingualen Serie, am Ende der embryonalen Zahnleiste, entstanden. In den grossen Mahlzähnen der mesozoischen *Multituberculaten* sind 2 oder 3 Reihen von konischen Kegelzähnen vollständig mit einander verschmolzen; die Krone jedes einzelnen tritt über die Kaufläche als ein Höcker hervor. Die Neigung zur Verwachsung ist am grössten in den hinteren Theilen der Kiefer, welche vorzugsweise der Kaubewegung dienen, also vor Allen bei den Molaren, demnächst bei den Praemolaren. Dagegen bleiben die kegelförmigen Eckzähne und die meisselförmigen Schneidezähne gewöhnlich ganz einfach und haben auch nur eine Wurzel.

Die wichtigste und die am weitesten verbreitete Form der Zahn-Verwachsung ist der Dreierzahn (*Triodon*), entstanden durch Concrescenz von drei einfachen Kegelzähnen. Derselbe tritt in zwei verschiedenen Formen auf, als Dreikegelzahn (*Triconodon*) und als Dreihöckerzahn (*Tritubercodon*); bei ersterem liegen die drei Kegel, einer Serie angehörig, hinter einander und bilden drei Zacken einer schmalen Krone, von welchen der mittlere grösser ist als der vordere und der hintere. Beim Dreihöckerzahn dagegen oder dem Tritubercular-Zahn ist der mittlere Kegel aus der Reihe gerückt, im Oberkiefer nach innen, im Unterkiefer nach aussen; die Wurzel ist gewöhnlich noch dreifach. Der wichtige Trituberkel-Zahn (der in sehr reiner und ursprünglicher Form bei mesozoischen Marsupialien sich findet) ist wahrscheinlich meistens aus dem älteren Triconodonten-Zahn entstanden, und zwar dadurch, dass bei der Kaubewegung der beiden Kiefer gegen einander die grösseren Mittelhöcker sich gegenseitig verdrängten; der obere wurde nach innen, der untere nach aussen verschoben. Da jedoch für die hinteren Molaren jetzt meistens eine Entstehung aus zwei Nachbarzähnen beider Serien angenommen wird, wäre es auch möglich, dass der vorragende Mittelhöcker oben ursprünglich einem Lingual-Zahn, unten einem Lacteal-Zahn angehörte, während die beiden kleineren Höcker (vorderer und hinterer) oben zur Lactidentur, unten zur Postedentur gehören würden. Neben den drei ursprünglichen Höckern treten gewöhnlich später noch ein oder mehrere andere auf. Diese sind wahrscheinlich meistens durch Differenzirung von Vorsprüngen an der Kaufläche entstanden, nicht durch Verwachsung von mehreren Zähnen. Die weitere Differenzirung der Backzahn-Kronen, insbesondere die Divergenz der secodonten (carnivoren) und der bunodonten (herbivoren) Reihen führt zu äusserst mannichfaltigen Bildungen; es wird Aufgabe der phylogenetischen Odontologie sein, in jedem einzelnen Falle nachzuweisen, wie weit dabei Concrescenzen, wie weit Differenzirungen von Kronenhöckern im Spiele sind.

§ 364. Malacom der Mammalien.

Der innere Bau des Weichkörpers der Säugethiere, im Grossen und Ganzen betrachtet, erscheint als ein Erbstück der Proreptilien-Ahnen; er zeigt wenige besondere Eigenthümlichkeiten, weit weniger als die Bildung des Schädels, des Gebisses und des Tegumentes. Als characteristische innere Bildungen, welche allen Säugethieren zukommen und allen anderen Wirbelthieren fehlen, verdienen eigentlich nur folgende drei hervorgehoben zu werden: 1) das complete Diaphragma, 2) das Gaumensegel mit Epiglottis, 3) die kernlosen, rothen Blutzellen.

I. Das Zwerchfell (*Diaphragma*) erscheint bei den Säugethieren als eine transversale Scheidewand, welche die Brusthöhle (*Cavum pleurae* vel *thoracale*) von der Bauchhöhle (*Cavum peritonei* vel *abdominale*) vollständig scheidet; erstere ist vom Brustfell (*Pleura*) ausgekleidet und umschliesst Herz, Lungen, Luftröhre und Speiseröhre; letztere enthält alle übrigen vegetalen Organe und ist vom Bauchfell (*Peritoneum*) überzogen. Bei allen anderen Vertebraten sind beide Höhlen nicht getrennt, sondern erscheinen als zusammenhängende Theile eines einheitlichen Coeloms. Bei den *Amphibien* beginnt die Zwerchfell-Bildung, indem eine musculöse Querfalte der Bauchwand vom Vorderende des queren Bauchmuskels sich erhebt und zwischen Herzbeutel (Kopf-Coelom) und Leber hineinwächst. Zu diesem Ventral-Theil der Diaphragma-Anlage kommt bei den *Reptilien* ein Dorsal-Theil, indem ein Paar Subvertebral-Muskeln nach unten vorspringen und jenem Septum transversum als »Zwerchpfeiler« entgegenwachsen. Erst bei den *Mammalien* verbindet sich jene ältere ventrale mit dieser jüngeren dorsalen Anlage; beide verschmelzen und stellen nun ein vollständiges Zwerchfell her. Dasselbe ist als Respirations-Muskel für die besondere Athmungsform dieser Classe von hoher Bedeutung.

II. Der Kehldeckel (*Epiglottis*) und das in Correlation damit entwickelte Gaumensegel (*Velum palatinum*) sind ebenfalls wichtige Organe, welche für die Säugethier-Classe ausschliesslich characteristisch sind; sie entstehen im Anschluss an die Ausbildung eines besonderen *Cavum pharyngo-nasale* und die verticale Stellung der hinteren Nasenöffnungen (*Choanae*). Ursprünglich, bei den *Monotremen*, besteht die Epiglottis aus ein Paar lateralen, oben verschmolzenen Knorpelplatten, welche als Stütze für den weichen Gaumen dienen und vielleicht Ueberreste des vierten Kiemenbogens der Amphibien darstellen. Bei den *Marsupialien* verwandelt sich der hyaline Knorpel derselben in elastischen Faserknorpel, und die Pharyngonasal-Tasche, in welche sie eingelagert sind, wird von einem dorsalen Muskelbogen (des *M. palato-pharyngeus*) so umschlossen, dass sie nur durch eine mediane Spalte mit dem Larynx communicirt. Erst bei den *Placentalien* wird die besondere Anpassung der Epiglottis an den Kehlkopf vollständig, indem die Schleimhautfalten ihrer Ränder (als *Plicae ary-epiglotticae*) mit den Ary-Knorpeln in Verbindung treten. Gleichzeitig kommt auch der einheitliche Schildknorpel zu voller Ausbildung und verbindet sich mit dem Kehldeckel. Dieser bildet nunmehr eine schützende Klappe für den Kehlkopf-Eingang, über welchen sie sich hinablegt, wenn Nahrung aus der Mundhöhle durch den

Schlund in die Speiseröhre tritt. So zeigen auch in der Ausbildung dieses eigenthümlichen Apparates die drei Subclassen der Säugethiere drei Stufen aufsteigender Entwickelung.

III. Die rothen Blutzellen (*Rhodocyten* oder ***Erythrocyten***) zeichnen sich bei den Säugethieren allgemein durch den Verlust des Zellkernes aus, welcher bei allen übrigen Wirbelthieren erhalten bleibt. Zugleich geht dabei die gewöhnliche elliptische Form in diejenige einer kreisrunden, biconcaven Scheibe über. Die jüngsten, im Embryo sich zuerst bildenden Rhodocyten besitzen noch den Kern und vermehren sich durch Theilung. Bei einzelnen Säugethieren (z. B. dem Camel) tritt secundär wieder die elliptische Form auf (durch Atavismus?). Die Ursachen dieser eigenthümlichen Rückbildung sind uns noch ganz unbekannt.

IV. Das Gehirn der Säugethiere erhebt sich im Allgemeinen durch seine quantitative und qualitative Ausbildung weit über dasjenige der meisten anderen Wirbelthiere; namentlich gilt dies von der überwiegenden Ausbildung der ersten und vierten Blase, der grossen und kleinen Hemisphären. Indessen kann man keinen einzelnen Character hervorheben, welcher dem Gehirn aller Mammalien gemeinsam zukäme und dasselbe von demjenigen aller anderen Vertebraten unterschiede. Vielmehr schliesst sich das Gehirn der älteren und niederen Gruppen (Monotremen, Marsupialien und älteste Placentalien) noch eng an dasjenige der Reptilien an und erscheint als ein wenig modificirtes Erbstück der gemeinsamen Proreptilien-Ahnen. Erst in der Tertiär-Zeit beginnt jener mächtige Aufschwung des Mammalien-Stammes, der besonders in der fortschreitenden Ausbildung des Grosshirns bei den Placentalien zu so erstaunlichen Endergebnissen führt. Vor Allem entwickelt sich mächtig der graue Hirnmantel, welcher die grossen Hemisphären bedeckt; die Ausbildung zahlreicher Furchen und Windungen an seiner Oberfläche wird zum Gradmesser für den stufenweisen Fortschritt der Intelligenz und der höheren Seelenthätigkeiten überhaupt. Aehnlich entwickeln sich bei den höheren Säugethieren auch die kleinen Hemisphären des Cerebellum, während sein medianer Theil, der bei Reptilien und Vögeln überwiegende Vermis, zurücktritt. Indessen auch in dieser Beziehung schliessen sich die niederen Mammalien, die Monotremen, Marsupialien und Prochoriaten, noch eng an die Reptilien an; sie stehen auch hierin diesen viel näher als den höheren Placentalien.

V. Das Urogenital-System verhält sich in dieser Beziehung ähnlich dem Gehirn. Die älteste Subclasse, die oviparen Monotremen, besitzen noch eine permanente Cloake, beschalte Eier mit grossem Nahrungsdotter und partielle Furchung, sowie eine primitive, von den Proreptilien ererbte Bildung der inneren Genitalien (*Ornitho-*

delphia). Bei der zweiten Subclasse, den Marsupialien, verliert sich die Cloakenbildung, indem der Urogenital-Sinus durch Ausbildung des Perineum vom Enddarm getrennt wird. Indem ferner die ovipare Fortpflanzung sich in die vivipare verwandelt, wird der Nahrungsdotter der grossen Eier rückgebildet, ihre Schale verschwindet, und an die Stelle der partiellen tritt wieder die totale Furchung. Aber in der Duplicität der Vagina und anderen primitiven Verhältnissen bleiben sie noch auf einer niederen Stufe stehen (*Didelphia*). Erst die dritte und jüngste Subclasse, die Placentalien, erreicht die vollkommenste Ausbildung des Urogenital-Systems, indem die Vagina einfach wird und auch die beiden Uteri theilweise oder ganz verschmelzen (*Monodelphia*). Zugleich bilden Chorion und Allantois die eigenthümlichen Zotten (*Malli*), welche sich zur Placenta entwickeln (*Choriata*).

§ 365. Ontogenie der Mammalien.

Die individuelle Entwickelungsgeschichte der Säugethiere bietet nach verschiedenen Richtungen hin ein hohes Interesse für ihre Stammesgeschichte. Eine umsichtige und kritisch vergleichende Ontogenie dieser Classe führt uns an der Hand des biogenetischen Grundgesetzes zu den wichtigsten Aufschlüssen über ihre Phylogenie. Dabei zeigt sich allenthalben die Nothwendigkeit, beide Seiten dieses fundamentalen Entwickelungsgesetzes im Auge zu behalten, die *Palingenie* und die *Cenogenie*. Die allgemeinen Grundzüge in der Bildungsgeschichte des Embryo und der Anlage seiner Organe bleiben hier wie bei allen Vertebraten palingenetisch; sie legen als primäre, durch Vererbung bedingte Processe unmittelbar das klarste Zeugniss für die monophyletische Entwickelung des ganzen Stammes ab, sowie für die directe Abstammung der Säugethiere von niederen Wirbelthieren (Reptilien, Amphibien, Fischen). Dagegen sind viele Einzelheiten des embryologischen Processes mehr oder weniger cenogenetisch modificirt, secundär durch Anpassung an die veränderten Bedingungen der Keimung abgeändert; sie verlangen vorsichtige Kritik bei ihrer phylogenetischen Beurtheilung, können aber oft auch für die systematische Phylogenie werthvoll sein. Dies gilt schon von den ersten Vorgängen der Keimung, von der Gastrulation und der Bildung der Embryorgane, besonders der Eihüllen. In diesen wichtigen Beziehungen sind von hervorragendem Interesse die *Monotremen* oder *Amasten*, da sie als ovipare und meroblastische Säugethiere ihren Reptilien-Ahnen näher stehen als ihren viviparen und holoblastischen Epigonen, den Mastophoren (*Marsupialien* und *Placentalien*); sie bilden eine connectente Zwischengruppe zwischen ersteren und letzteren.

I. **Eier der Monotremen.** Die ursprünglichsten Verhältnisse unter den Säugethieren zeigen die Eizellen der oviparen Amasten, die heute nur noch durch die australischen *Ornitherien* vertreten werden; sie sind gross (im Uterus 4—5, später im Beutel 12—15 mm Durchmesser und darüber). Sie besitzen einen voluminösen selbständigen Nahrungsdotter, wie bei den *Sauropsiden*, und sind wie bei diesen von einer festen, pergamentartigen Schale umgeben. Die befruchteten Eier unterliegen einer partiellen (discoidalen) Furchung und bilden eine Keimscheibe (*Discogastrula*). In dieser besonderen Form der discoidalen Gastrulation stimmen die Monotremen mit den Sauropsiden überein, und da wir den ganzen Amnioten-Stamm monophyletisch auffassen, können wir nicht zweifeln, dass beide Hauptgruppen desselben jene discoidale Gastrulation von der gemeinsamen Wurzelgruppe der Protamnioten (oder *Proreptilien*) durch Vererbung erhalten haben. Diese discoblastische Keimungsform erlitt beträchtliche Veränderungen, als ein Zweig der *oviparen* Monotremen sich daran gewöhnte, die Eier längere Zeit im Uterus zu behalten, und so zu der *viviparen* Generation der Prodidelphien überging, der Stammgruppe der Mastophoren (vergl. § 357, S. 427).

II. **Eier der Mastophoren.** Die Eizellen der viviparen *Perineosen* oder Mastophoren (*Marsupialien* und *Placentalien*) sind klein (meistens zwischen 0,2 und 0,4 mm Durchmesser). Ihr Nahrungsdotter ist zurückgebildet, ebenso wie die feste Eischale; beide sind überflüssig geworden, da der längere Aufenthalt im Uterus dem Ei genügende Nahrung und Schutz gewährt. In Folge dessen hat sich auch die partielle (discoidale) Eifurchung wieder in die totale (adaequale) verwandelt, und die Discogastrula hat die besondere, den Mastophoren eigenthümliche Form der *Epigastrula* angenommen. Trotzdem bleibt das Verhalten des Keimschildes (*Embryaspis*) zu den vergänglichen Keimorganen (*Embryorgana*) bei diesen cenogenetischen Mastophoren dasselbe wie bei den palingenetischen Monotremen. Der Rest des rückgebildeten Dottersacks (*Lecithoma*) bleibt bestehen als Nabelblase (*Vesicula umbilicalis*); die Bildung der Allantois und der Keimhüllen (*Embryolemma*) — sowohl des Amnion als des Serolemma — erfolgt in derselben Weise wie bei den übrigen Amnioten. Schon hieraus müssen wir schliessen, dass die holoblastischen *Mastophoren* (mit Epigastrula) ursprünglich abstammen von meroblastischen *Amasten* und *Protamnioten* (mit Discogastrula). [— Gastrulation, 1876. —]

III. **Eier der Marsupialien.** Die kleinen holoblastischen Eier der viviparen Marsupialien (oder *Didelphien*) verweilen im Uterus zwar länger als die der *Monotremen*, aber kürzer als die der *Placen-*

talien. Ihr Serolemma bleibt glatt, bildet kein Chorion und geht keine nähere Verbindung mit der Schleimhaut des mütterlichen Uterus ein. Sie bilden daher auch keine Placenta und sind ebenso *Implacentalia* wie ihre Monotremen-Ahnen. Die Jungen werden sehr frühzeitig und in sehr unentwickeltem Zustande geboren und verweilen längere Zeit im Beutel der Mutter, wo sie erst ihre volle Ausbildung erlangen. Wie in ihren gesammten anatomischen Verhältnissen, so nehmen die *Marsupialien* demnach auch in ontogenetischer Beziehung eine connectente Mittelstellung zwischen ihren *Monotremen*-Ahnen und ihren *Placentalien*-Epigonen ein; sie gleichen den ersteren im Mangel von Chorion und und Placenta, den letzteren im Mangel des Nahrungsdotters und der Eischale, sowie in der viviparen Generation.

IV. **Eier der Placentalien.** Die kleinen holoblastischen Eier der viviparen Placentalien (oder *Monodelphien*) zeichnen sich durch die Bildung eines zottigen Chorion und einer Placenta aus. Ihr Serolemma (oder die »seröse Hülle«) bildet zottenförmige Ausstülpungen oder verästelte Auswüchse, welche in entsprechende Vertiefungen der Uterus-Schleimhaut hineinragen: Chorionzotten (*Choriomalli*). Indem zugleich die connective Faserschicht der anliegenden Allantois Fortsätze ihrer Umbilical-Gefässe in die hohlen Zotten hineinschickt, bilden sie vereinigt ein wichtiges Ernährungsorgan für den Embryo, die Zottenhaut (*Chorion*). Indem ferner die embryonalen Blutgefässe der Zotten mit den benachbarten mütterlichen Blutgefässen des Uterus in engen Stoffaustausch treten und die trennende Zwischenwand zwischen beiden sich sehr verdünnt, entsteht der Gefässkuchen oder Mutterkuchen (*Placenta*). Die günstigeren Verhältnisse der Ernährung, welche hierdurch dem Embryo der Zottenthiere (*Choriata* oder *Placentalia*) geboten werden, gestatten ihm einen längeren Aufenthalt im Uterus, bis zu seiner vollen Ausbildung.

V. **Indecidua und Deciduata.** Die innige Verbindung des embryonalen Chorion mit der mütterlichen Uterus-Schleimhaut zeigt im Stamm der Placentalien zwei Abstufungen. Bei den älteren Placentalien bleibt sie relativ locker, so dass bei der Geburt die Zotten aus den Uterus-Crypten ohne Substanz-Verlust von dessen Schleimhaut herausgezogen werden; dies war jedenfalls die ursprüngliche Bildung bei allen älteren Gruppen der Placentalien, bei den Prochoriaten (*Bunotherien*, *Idotherien* u. s. w.) und ist noch heute der Fall bei den meisten Ungulaten und Cetomorphen, bei manchen Edentaten (*Manitherien*) und den Halbaffen (*Prosimiae*). Alle diese älteren Formen können als Indecidua bezeichnet werden. Ihnen stehen alle übrigen Placentalien als Deciduata gegenüber; die Verbindung der embryonalen

Chorion-Zotten mit der Uterus-Mucosa wird hier sehr innig und führt zu einer partiellen Verwachsung beider Placenta-Theile, so dass bei der Geburt eine glatte Ablösung der Zotten unmöglich ist und ein Theil der Uterus-Schleimhaut mit abgestossen wird; dieser Theil ist die »hinfällige Haut« (*Decidua*). Zugleich wird die Placenta-Bildung bei allen diesen Deciduaten auf einen Theil des Chorion beschränkt (*Chorion frondosum*), während ein anderer Theil desselben davon frei bleibt (*Chorion laeve*).

VI. **Malloplacenta und Cotyloplacenta.** Wenn die Chorion-Zotten der Indeciduaten ihre ursprüngliche gleichmässige Vertheilung über die ganze Chorion-Fläche beibehalten, bezeichnet man diese Bildung als »*Placenta diffusa*« oder Malloplacenta (= *Mallochorion*). Solche Malloplacentalia sind viele Hufthiere (Schwein, Hippopotamus, Pferd, Camel; die Sirenen und Cetaceen; Manis, Prosimiae u. A.). Dagegen findet bei den meisten Ruminantien eine eigenthümliche Differenzierung in der Weise statt, dass die Zotten zahlreiche kleine, knopfförmige oder pinselförmige Gruppen bilden (*Cotyledones*), zwischen welchen das Chorion zottenlos ist: Cotyloplacentalia. Die Zahl dieser kleinen Placenten scheint bei den höheren Wiederkäuern sehr verschieden zu sein, geringer bei den Cervicornien (5—10), höher bei den Cavicornien (60—90 und darüber).

VII. **Zonoplacenta, Domoplacenta, Discoplacenta.** Die Placentation unterscheidet sich in den verschiedenen Gruppen durch die besondere Form, welcher der Mutterkuchen annimmt: bald ein Gürtel, bald eine Glocke, bald eine Scheibe. A. Zonoplacentalia; die Placenta hat die Gestalt eines breiten Gürtels, welcher die Mitte des ellipsoiden Chorion umfasst, während beide Pole frei bleiben: dies ist der Fall bei den meisten Raubthieren (allen *Carnivoren* und *Pinnipedien*), bei *Hyrax* und *Elephas* unter den Ungulaten, bei *Orycteropus* unter den Edentaten. B. Domoplacentalia; die Placenta hat die Form einer Glocke oder eines Doms; sie bedeckt den einen Pol des länglich-runden Chorion, während der andere frei bleibt; so bei den meisten südamerikanischen Edentaten, den *Bradytherien* (Bradypus, Dasypus etc.). C. Discoplacentalia; die Placenta bildet eine runde, meistens kreisrunde Scheibe, welche auf einer Seite des Chorion liegt: bei den Insectivoren, Rodentien, Chiropteren, Affen und Menschen. Viele catarhine Affen aus der Gruppe der *Cynopitheken* besitzen zwei discoidale Placenten, eine grössere dorsale und eine kleinere ventrale; dagegen besitzen die anthropoiden Affen und der Mensch nur eine scheibenförmige Placenta, und diese zeichnet sich vor derjenigen aller anderen Säugethiere durch die Bildung einer Decidua reflexa aus (*Placenta circumvallata*).

VIII. **Phylogenie der Placenta.** Aus der vorstehenden Uebersicht ergiebt sich, dass die verschiedene Form und Structur der Placenta keine hohe systematische Bedeutung besitzt und nicht in dem Maasse zur Characteristik der verschiedenen Placentalien-Ordnungen benutzt werden darf, wie wir es vor 30 Jahren bei unvollkommener Kenntniss ihrer Bildungs-Verhältnisse vermuthen durften. Dazu kommt noch der Umstand, dass wir gar Nichts darüber wissen können bei der grossen Masse der ausgestorbenen Säugethiere, deren fossile Skelet-Reste uns erst seitdem bekannt geworden sind. Trotzdem glauben wir einige allgemeine Sätze von Bedeutung für die phylogenetische Beurtheilung der Placenta durch ihr vergleichendes Studium gewonnen zu haben; wir fassen dieselben hier kurz zusammen: 1) Alle älteren Placentalien (wahrscheinlich noch während der ganzen Eocaen-Zeit) besassen eine diffuse Placenta oder Malloplacenta ohne *Decidua*; diese primitive Placentation blieb durch Vererbung bis heute erhalten bei den meisten Ungulaten, den Cetomorphen, Maniden und Prosimien. 2) Durch partielle Hypertrophie der Chorion-Zotten an einigen Stellen, Atrophie derselben an anderen Stellen des Chorion verwandelte sich die primäre Malloplacenta in die secundäre, ebenfalls noch *indeciduate* Cotyloplacenta; dies geschah nur bei einem Zweige der jüngeren Ruminantien. 3) Die *Deciduaten* sind polyphyletisch aus älteren *Indeciduaten* entstanden, indem in mehreren verschiedenen Ordnungen durch festere Verwachsung der foetalen und der uterinen Placenta sich ein Decidua bildete. 4) Die Form der deciduaten Placenta (Gürtel, Dom, Scheibe) ist ebenfalls polyphyletisch in verschiedenen Ordnungen modificirt worden. 5) Dagegen sind manche feinere Structur-Differenzen in einzelnen Gruppen erblich (z. B. die Decidua reflexa der Anthropoiden und des Menschen).

§ 366. Palaeontologie der Säugethiere.

Versteinerte und gut erhaltene Reste von ausgestorbenen Säugethieren sind neuerdings in überraschender Anzahl und Mannichfaltigkeit in den Ablagerungen der neueren Erdgeschichte aufgefunden worden, besonders in denjenigen der Tertiär-Zeit. Die Bedeutung dieser reichhaltigen Petrefacten-Documente ist ausserordentlich gross, und zwar in sechsfacher Beziehung: 1) Sie füllen in erwünschtester Weise die meisten Lücken aus, welche zwischen den zahlreichen Ordnungen der lebenden Säugethiere theilweise bestehen. 2) Sie stellen grossentheils die Vorfahren der heutigen Mammalien dar und gestatten zusammenhängende Entwickelungsreihen der stammverwandten Gruppen zu construiren. 3) Sie sind theilweise so vollständig erhalten, dass die Transformation der Species, entsprechend den Principien der Descendenztheorie, sich unmittelbar an der Petrefacten-Reihe Schritt für Schritt verfolgen lässt. 4) Sie liefern dadurch zugleich einleuchtende Beweise für die Macht der progressiven Vererbung; denn viele Veränderungen der Organe, welche durch ihre eigene Thätigkeit, durch functionelle Anpassung, erworben wurden, sind offenbar durch Vererbung auf ihre Nachkommen übertragen. 5) Sie liefern der Geologie die werthvollsten Anhaltspunkte für die historische Unterscheidung der einzelnen tertiären Schichtengruppen und sind die zuverlässigsten terrestrischen »Leitfossilien« für die »Caenolith-Aera«. 6) Sie legen die sicherste und handgreiflichste empirische Basis für die Stammesgeschichte des Menschen, da dessen unmittelbare Vorfahren, die Affen und Halbaffen, in gleicher Weise tertiäre Petrefacten hinterlassen haben, wie die übrigen Säugethiere.

Die positiven Daten, welche uns die fossilen Reste der ausgestorbenen Säugethiere in die Hand geben, sind demnach von hervorragender Bedeutung. Dennoch dürfen wir nicht vergessen, dass sie von sehr ungleichem Werthe und im Ganzen sehr unvollständig sind. Die Zahl der Mammalien-Species, welche in früheren Perioden der Erdgeschichte gelebt haben, ohne Spuren zu hinterlassen, ist sicher viel grösser als die Zahl derjenigen, von welchen wir wirklich versteinerte Ueberreste besitzen. Demnach müssen wir hier, wie überall, mit den empfindlichen negativen Lücken rechnen, welche durch die Unvollständigkeit des palaeontologischen Archives nothwendig bedingt sind. Das zeigt schon allein die ausserordentliche Ungleichheit der Erhaltung in den verschiedenen Gruppen. Die festen Knochen von grossen Säugethieren werden viel besser und leichter conservirt, als die zerbrechlichen Skelete von kleinen Arten, die harten Zähne und Kiefer besser, als die übrigen Skelettheile. Von den zahlreichen älteren Säugethieren der Secundär-Zeit kennen wir meistens nur Unterkiefer und Zähne, seltener Oberkiefer oder ganze Schädel, und noch viel seltener Theile des übrigen Skeletes. Die fliegenden Volitantien (Dermoptera und Chiroptera), die baumbewohnenden Primaten (Affen und Halbaffen) konnten schon wegen ihrer Lebensweise nur selten Gelegenheit zur fossilen Erhaltung ihrer Reste geben. Aber auch von den grossen Meersäugethieren, den gewaltigen Cetomorphen (sowohl den Sirenien, als den Denticeten und Mysticeten), kennen wir verhältnissmässig nur wenige und unvollständige Reste, trotzdem wir gerade von ihnen sehr reiche Aufschlüsse erwarten sollten. Oft hat nur ein glücklicher Zufall zur Erhaltung eines ausserordentlich reichen Lagers von fossilen Säugethieren geführt, so z. B. bei einigen von den ausgedehnten und höchst wichtigen eocaenen Fundgruben, welche erst im Laufe des letzten Decenniums in Nord-America (Puerco, Wasatsch, Bridger) und anderseits in Süd-America (Santacruz, Patagonien) entdeckt worden sind. Ausserdem liegt jetzt ein grosser Theil der Erdrinde unter dem Spiegel des Oceans begraben, der während der Tertiär-Zeit ausgedehnte Continental-Flächen für reiche Entwickelung von Säugethier-Formen darbot; so z. B. die eocaenen Verbindungs-Brücken zwischen dem palaearktischen und nearktischen Gebiete, zwischen Nord-America und Europa einerseits, Asien anderseits.

Die allgemeinen Ergebnisse der Palaeontologie gestatten uns, Hand in Hand mit denjenigen der Chorologie und Morphologie, folgende fundamentale Sätze für die Stammesgeschichte der Säugethiere aufzustellen: I. Im palaeozoischen Zeitalter existirten noch keine Säugethiere; nicht allein sind keine fossilen Reste derselben aus permischer und carbonischer Zeit bekannt, sondern es ist auch nicht nöthig, die Existenz der Classe in dieser Zeit vorauszusetzen. Denn die sehr bedeutende Länge der Trias-Periode, gegen deren Ende erst die ältesten Mammalien erscheinen, genügt vollkommen, um die allmähliche Entstehung der *Promammalien* (oder Architherien) aus *Sauromammalien* (oder Hypotherien), bezüglich *Protamnioten* (oder Proreptilien), begreiflich zu machen. II. Die ältesten bekannten Säugethier-Reste, aus der Trias-Periode, gehören zwei verschiedenen Ordnungen von Monotremen an, carnivoren *Pantotherien* und herbivoren *Allotherien*; wir dürfen annehmen, dass beide als divergente Aeste aus einer gemeinsamen triassischen Stammgruppe hervorgegangen sind, den *Promammalien* (= Architherien). III. Im zweiten Abschnitt des mesozoischen Zeitalters, in der Jura-Periode, entwickelte sich aus jenen die zweite Subclasse, die Marsupialien; fossile Reste von ihrer ältesten Ordnung, den *Prodidelphien*, sind neuerdings in verschiedenen Schichten des Jura gefunden worden, einige auch in der Kreide. IV. Im dritten Abschnitt der Mesolith-Aera, in der Kreide-Periode, vollzog sich die Entstehung der dritten Subclasse, der Placentalien. Leider bietet gerade hier die Palaeontologie der Säugethiere viele empfindliche Lücken. Da aber schon im Beginn der folgenden Tertiärzeit die vier Hauptformen der *Prochoriaten*, der ältesten Placentalthiere, neben einander auftreten, müssen wir schliessen, dass die Ausbildung von deren gemeinsamer Stammform, die Transformation von *Prodidelphien* (Amblotheriden) in *Proplacentalien*, schon während der Kreidezeit geschah (wahrscheinlich in Nord-America). V. Die Tertiär-Zeit ist die Blüthe-Periode der Säugethiere, derjenige jüngste Abschnitt der Erdgeschichte, in welchem dieser vollkommenste Zweig des Vertebraten-Stammes seine höchste und mannichfaltigste Ausbildung erreichte. Dieselbe vollzog sich von jetzt an in drei verschiedenen, von einander getrennten Gebieten des Festlandes, in Australien, in

Südamerica und in der Eurygaea (vergl. § 368). VI. Die ältesten bekannten Placentalien sind die Prochoriaten oder *Mallotherien* der frühesten Eocaen-Zeit; dieselben erscheinen bereits in vier verschiedenen Familien-Typen, den carnivoren Bunotherien (*Ictopsales* und *Esthonychales*) und den herbivoren Idotherien (*Condylarthrales* und *Lemuravales*). Obgleich dieselben die Stammformen von vier divergenten, später sehr verschiedenen Legionen darstellen, hängen sie in der frühesten Eocaen-Zeit doch noch so eng zusammen, dass wir sie in einer einzigen Ordnung vereinigen können (§ 387). VII. Die fossilen Reste dieser alteocaenen Prochoriaten, der Stammformen aller *Placentalien*, sind bis jetzt nur im nördlichen Theile der Eurygaea gefunden worden, im ältesten Eocaen von Nordamerica (*Puerco*-Schichten von Neu-Mexico) und von Europa (*Cernas*-Lager von Reims in Frankreich); da an diesen beiden Fundorten Vertreter jener vier Familien in auffallender Aehnlichkeit sich vorfinden, müssen wir annehmen, dass damals Europa und Nordamerica zusammenhingen und dass Beide vereinigt das primitive »Schöpfungscentrum« oder die Urheimath der Placentalien darstellten, von welchem diese Subclasse sich über die ganze Erde verbreitete. VIII. Von den vier alteocaenen Familien der *Prochoriaten* erweisen sich A. die *Ictopsales* als Stammgruppe der Insectivoren, und somit aller *Carnassier*, sowie der *Volitantien*; B. die *Esthonychales* als Stammgruppe der Tillodontien, und somit aller *Trogontien* und *Edentaten*; C. die *Condylarthrales* als Stammgruppe der Condylarthren und somit aller *Ungulaten*; D. die *Lemuravales* als Stammgruppe der Prosimiae und somit aller *Primates*. Ganz unsicher erscheint zur Zeit noch der Ursprung nur einer Placentalien-Legion, der Cetomorphen; diese aquatische, triphyletische Gruppe ist jedenfalls aus älteren (eocaenen) terrestrischen Placentalien hervorgegangen (die *Sirenen* wahrscheinlich aus Ungulaten, die *Denticeten* und *Mysticeten* vielleicht aus Carnassiern?). IX. Für den weiteren Verlauf der Phylogenese in diesen Hauptgruppen der Placentalien ist die Palaeontologie von sehr verschiedenem Werthe, je nach der Vollständigkeit und Reichhaltigkeit ihrer positiven Daten; wir können in dieser Beziehung drei verschiedene Werthstufen abschätzen: A. Höchst wichtig, weil höchst vollständig, ist die palaeontologische Urkunde für die Phylogenie der *Ungulaten* und *Carnassier*; B. von mittlerem Werthe, theilweise vollständig, aber doch lückenhaft, ist sie für die Stammesgeschichte der *Trogontien, Edentaten* und *Primaten*; C. von geringer Bedeutung, weil sehr arm und dürftig, ist dieselbe für die Phylogenie der aquatischen *Cetomorphen* und der fliegenden *Volitantien*. Die Lücken der palaeontologischen Urkunde werden hier glücklicher Weise vielfach ergänzt und ausgefüllt durch die Ergebnisse der vergleichenden Anatomie und Ontogenie.

§ 367. Chorologie der Mammalien.

Die geographische und topographische Verbreitung der Säugethiere bietet für die Stammesgeschichte dieser Classe eine Fülle von wichtigen Urkunden. In höherem Maasse als bei allen anderen Wirbelthieren ist es hier möglich, die verwickelten Wanderungen der einzelnen Gruppen zu verfolgen, ihre Ausbreitung über bestimmte, durch natürliche Schranken begrenzte Bezirke und die Entstehung der Stammgruppen in einer localen Urheimath. Zugleich haben sich dabei ganz bestimmte phylogenetische Beziehungen ergeben zwischen denjenigen Mammalien-Gruppen, welche gegenwärtig das Festland der Erde bevölkern, und denjenigen, welche dasselbe in den verschiedenen Abschnitten der Tertiärzeit bevölkert haben. Diese Beziehungen haben zugleich wichtige Aufschlüsse über die beträchtlichen geographischen Veränderungen geliefert, welche die Continente und Inseln während dieser relativ modernen »Caenolith-Aera«, während des langen, mehr als eine Million Jahre umfassenden, caenozoischen Zeitalters erlitten haben. Indem benachbarte Continente und Inseln bald durch Ausbildung einer Meerstrasse getrennt, bald durch Herstellung einer Verbindungsbrücke wieder vereinigt wurden, erfuhren die Wanderungen der terrestrischen, sie bewohnenden Säugethiere die bedeutendsten Veränderungen. Die grösseren und kleineren chorologischen Provinzen, welche dabei in wechselnder Zahl und Umgrenzung entstanden, werden daher nur dann verständlich, wenn man die geographische Verbreitung Hand in Hand mit der geologischen betrachtet.

Während des langen mesozoischen Zeitalters spielten die Säugethiere, gegenüber den herrschenden Sauropsiden, eine so unbedeutende Rolle, dass ihre dürftig erhaltenen Reste uns keine sichere Vorstellung über die mesolithische Chorologie dieser Classe gestatten. Weder die spärlichen Spuren der triassischen *Monotremen*, noch die reichlicheren Ueberbleibsel der jurassischen *Marsupialien* lassen bedeutende Differenzen in der geographischen Verbreitung jener *Implacentalien* erkennen. Die cretassischen Mammalien sind uns leider erst durch wenige unvollständige Reste bekannt; diese grosse Lücke ist um so mehr zu bedauern, als gerade in die jüngere Kreidezeit, in den letzten Abschnitt der Mesolith-Aera, die Transformation eines *Marsupialien*-Zweiges in die ältesten *Placentalien* fällt. Diese Prochoriaten (oder Mallotherien) haben sich vermuthlich schon vor Ende der Kreide-Periode in die Stammformen der Hauptgruppen der Placentalien differenzirt; denn schon im Beginne der Tertiär-Zeit, vom ältesten Eocaen an, begegnen uns neben einander Bunotherien (*Ictopsalen* und *Esthonychalen*) und Idotherien (*Condylarthralen* und *Lemuravalen*).

Jetzt treten nun aber schon drei grosse Continente als gesonderte Landmassen der ältesten Eocaen-Zeit deutlich hervor: I. Australien (oder *Australasien*), II. Südamerica (oder *Austrocolumbien*) und III. das ganze übrige Festland, welches wir unter dem Begriffe der Eurygaea zusammenfassen (*Nordamerica*, *Eurasien* und *Africa*). Jeder dieser drei grossen Caenolith-Continente besass schon im Beginne der Tertiär-Zeit eine characteristische Mammalien-Fauna und bildete ein autonomes Phylocentrum, ein phylogenetisches Gebiet oder »Schöpfungscentrum«, innerhalb dessen die höchstentwickelte Vertebraten-Classe ihre Herrschaft über die terrestrische Lebewelt in eigenthümlicher Weise entwickelte. Der ursprüngliche Zusammenhang dieser drei Tertiär-Continente, welcher während des mesozoischen Zeitalters bestand, war sicher schon gegen Ende der Kreide-Zeit aufgehoben. Australien blieb seitdem isolirt, bis zum Eindringen des Menschen in der Diluvial-Zeit, während Südamerica schon gegen Ende des caenozoischen Zeitalters, während der Pliocaen-Zeit, mit Nordamerica in Verbindung trat.

I. **Australien** oder Australasien. Dieser isolirte Erdtheil besitzt noch heute die alterthümlichste Fauna und Flora, welche zu derjenigen der ganzen übrigen Erde in auffallendem Gegensatze steht. Schon gegen Ende der Kreide-Zeit von dieser abgeschnitten, hat sich in ihm ein Rest von jenen mesozoischen Lebensformen conservirt, welche in den übrigen Erdtheilen durch die höher entwickelten Epigonen verdrängt und vernichtet wurden. Von Säugethieren finden wir in diesem Ostcontinente der tertiären Austrogaea fast nur Vertreter der beiden ältesten Subclassen vor, der *Monotremen* und *Marsupialien*, letztere sowohl durch viele Formen von carnivoren Polyprotodontien als von herbivoren Diprotodontien reich vertreten. Die wenigen und unbedeutenden Formen von terrestrischen *Placentalien*, welche daneben heute in Australien vorkommen, sind erst spät eingewandert und gehören zu den kosmopolitischen Vagabunden: fliegende Chiropteren und kleine Mäuse; der wilde Hund (Canis dingo) ist erst mit dem Menschen (in der Diluvial-Zeit?) hinübergekommen. Die beiden grösseren Subregionen des australischen Gebietes, Neuholland und Neuguinea, hingen früher zusammen und bildeten Theile eines grösseren Continentes, welcher vielleicht noch während der älteren Kreide-Zeit mit Südamerica zusammenhing. Dagegen bestand wahrscheinlich keine Continuität jenes tertiären Austral-Continentes mit zwei anderen Provinzen des heutigen Australiens, mit Neuseeland und mit Polynesien (mit seinen unzähligen kleinen Inselgruppen); denn diese beiden Subregionen besitzen gar keine einheimischen Säugethiere.

Einzelne fliegende Chiropteren und schwimmende Pinnipedien sind als kosmopolitische Vagabunden erst spät hier eingedrungen.

II. **Südamerica** oder Austrocolumbien. Obgleich nicht so ganz von der übrigen Welt abgeschlossen wie Australien, behauptete doch auch dieser Westcontinent der tertiären Austrogaea fast während des ganzen caenozoischen Zeitalters seine Selbständigkeit; zeitweilig scheinen einzelne Einwanderer aus Nordamerica eingedrungen zu sein; aber erst während der Pliocaen-Zeit trat es mit diesem in ausgedehnte und bleibende Verbindung. Von Säugethieren entwickelten sich in diesem tertiären Austrocolumbien sehr eigenthümliche niedere Placentalien, vor Allen die Bradytherien (die xenarthren *Edentaten*), ferner die Trogontien (*Typotherien* und hystrichomorphe *Rodentien*), von Hufthieren die *Liopternen* (Toxodontien), ferner die Platyrhinen. Auch ist Südamerica der einzige Erdtheil (ausser Australien), in welchem sich Marsupialien bis zur Gegenwart lebend erhalten haben, und zwar in der eigenthümlichen carnivoren Familie der *Didelphyiden*. Von den vier Provinzen, in welche Austrocolumbien jetzt eingetheilt wird, ist jede durch eigenthümliche Formen von Placentalien characterisirt: Patagonien (oder Chilenien) durch die *Chinchilliden* und *Auchenia* Brasilien durch die zahlreichen *Platyrhinen* und *Bradytherien*, Mexico durch einen Tapir (*Elasmognathus*) und eine Maus (*Myxomys*), die Antillen durch einen Insectenfresser (*Solenodon*) und einen Nager (*Capromys*).

III. **Eurygaea,** der grosse Nordcontinent der Tertiär-Zeit. Dieser weitaus grösste Theil des caenolithischen Festlandes umfasst nicht allein die ganze Arctogaea (*Nordamerica* und *Eurasien*), sondern auch ganz Africa (nebst *Madagascar* und *Sundanesien*). Die Phylogenie der Mammalien hat sich in diesem ungeheuren Landgebiete der nördlichen Erdhälfte während der Tertiär-Zeit in einheitlichem Zusammenhang vollzogen, obwohl die Configuration und der Zusammenhang seiner einzelnen Regionen und Provinzen innerhalb dieses langen Zeitraumes vielfachem Wechsel unterworfen war. Von den vier Regionen oder Hauptprovinzen der Eurygaea scheint sich zunächst Nordamerica (die *Nearctica*) gegen Ende der Eocaen-Zeit von Eurasien (der *Palaearctica*) getrennt zu haben. Schon in der Miocaen-Zeit entwickelt sich die Placentalien-Fauna in beiden Regionen selbständig, während sie in der Eocaen-Periode noch zusammenhängen. Später tritt dann auch eine Scheidung Eurasiens von Indo-Africa ein, von jenem südlichen, früher weit ausgedehnteren Theile der Eurygaea, welcher heute die beiden Regionen von Africa (*Aethiopien*) und Indien (*Orientalien*) umfasst. Der engere Zusammen-

§ 368. System der Verbreitungs-Regionen.

Chorologische Regionen	Tertiär-Gebiete	Subregionen der Gegenwart	Lebende Character-Formen
I. Region: **Australia** (*Australasia*) Reich der Monotremen und Marsupialien	Ost-Continent der tertiären Austrogaea, seit Ende der Kreide-Periode von den übrigen Continenten abgeschnitten	1. **Neuholland** (*Neorania*) 2. **Neuguinea** (*Papuania*) 3. **Neuseeland** (*Maoria*) 4. **Polynesia** (*Oceania*)	*Monotrema* *Marsupialia* *Parechidna* *Dendrolagus* [*Chiroptera*] [*Pinnipedia*] [*Chiroptera*] [*Pinnipedia*]
II. Region: **Südamerica** Neotropia (*Austrocolumbia*) Reich der Edentaten und Trogontien	West-Continent der tertiären Austrogaea, während des grössten Theiles der caenozoischen Aera von den übrigen Continenten abgeschnitten	5. **Patagonia** (*Chilenia*) 6. **Brasilia** 7. **Mexico** (Central-America) 8. **Antilla** (West-Indien)	*Chinchillida* *Auchenia* *Platyrhinae* *Bradytheria* *Elasmognathus* *Myxomys* *Solenodon* *Capromys*
III. Region: **Eurygaea** Haupt-Continent der tertiären Arctogaea, während des grössten Theiles der caenozoischen Aera von den beiden südlichen Continenten der Austrogaea (— *Australia* und *Austrocolumbia* —) getrennt. Reich der Ungulaten und Carnassier	I. **Nordamerica** (*Nearktika*) (ausgeschlossen das Südstück von Mexico)	9. **California** (Westl. N.-Amer.) 10. **Roccamontia** (Felsgebirge) 11. **Alleghania** (Oestl. N.-Amer.) 12. **Canadia**	*Enhydra* *Haplodon* *Antilocapra* *Cynomys* *Condylura* *Scalops* *Ovibos* *Mephitis*
	II. **Eurasia** *Palaearktika* (Hauptmasse der Palagaea)	13. **Mediterrania** 14. **Europa** (excl. Mediterr.) 15. **Sibiria** 16. **Japania** (*Manschuria*)	*Dama* *Genetta* *Rupicapra* *Myogale* *Moschus* *Procapra* *Rhinopithecus* *Aeluropus*
	III. **India** (*Orientalia*) (inclus. Himalaya)	17. **Indochina** (*Himalaya*) 18. **Sundanesia** (*Indomalaya*) 19. **Ceylon** 20. **Hindustania**	*Aelurus* *Arctonyx* *Satyrus* *Galeopithecus* *Loris* *Presbytis* *Macacus* *Paradoxurus*
	IV. **Africa** (*Aethiopia*) (ausgeschlossen das mediterrane Nordstück)	21. **Madagascar** 22. **Natalia** (Capland) 23. **Sudania** 24. **Guinea**	*Prosimiae* *Insectivora* *Proteles* *Chrysochloris* *Cynocephalus* *Neotragus* *Perodicticus* *Gorilla*

§ 369. Historische Stammfolge der Säugethiere.

Ordnungen der Mammalien	Mesozoische Perioden			Eogene Perioden Alttertiär-Zeit				Neogene Per. Neutertiär		Pleistocaen = Quartär	
	Trias	Jura	Creta	Unter-Eocaen	Mittel-Eocaen	Ober-Eocaen	Oligocaen	Miocaen	Pliocaen	Diluvium	Pr.
1. Promammalia	⊙	⊙	?	. . .	. . .	. . .	. . .	. . .	. . .	. . .	+
2. Pantotheria	—	━	?	. . .	. . .	. . .	. . .	. . .	. . .	. . .	+
3. Allotheria	—	━	—	—	. . .	. . .	. . .	. . .	. . .	. . .	+
4. Ornitheria	. . .	. . .	?	⊙	⊙	⊙	⊙	⊙	⊙	━	━
5. Prodidelphia	. . .	—	━	. . .	. . .	. . .	. . .	. . .	. . .	. . .	+
6. Polyprotodont.	. . .	. . .	—	━	━	━	━	—	—	—	—
7. Diprotodontia	. . .	. . .	. . .	?	?	?	?	⊙	⊙	━	━
8. Bunotheria	. . .	?	⊙	━	━	—	—	—	. . .	. . .	+
9. Idotheria	. . .	?	⊙	━	━	—	—	—	. . .	. . .	+
10. Tillodontia	. . .	. . .	⊙	━	—	—	. . .	. . .	. . .	. . .	+
11. Typotheria	. . .	. . .	. . .	. . .	?	━	—	—	—	—	+
12. Rodentia	. . .	. . .	. . .	—	—	—	—	━	━	━	━
13. Manitheria	. . .	. . .	. . .	?	?	⊙	⊙	—	—	—	—
14. Bradytheria	. . .	. . .	. . .	. . .	?	—	—	—	━	━	—
15. Condylarthra	. . .	. . .	⊙	━	—	. . .	. . .	. . .	. . .	. . .	+
16. Hyracea	. . .	. . .	. . .	?	?	⊙	⊙	⊙	⊙	⊙	—
17. Liopterna	. . .	. . .	. . .	. . .	. . .	—	—	━	━	—	+
18. Proboscidea	. . .	. . .	. . .	. . .	. . .	⊙	⊙	━	━	━	—
19. Amblypoda	. . .	. . .	. . .	—	—	━	. . .	. . .	. . .	. . .	+
20. Perissodactyla	. . .	. . .	. . .	—	—	━	━	━	━	━	—
21. Artiodactyla	. . .	. . .	. . .	—	—	—	—	━	━	━	━
22. Sirenia	. . .	. . .	. . .	?	⊙	—	—	—	—	—	—
23. Denticeta	. . .	. . .	. . .	?	⊙	—	—	━	━	━	━
24. Mysticeta	. . .	. . .	. . .	?	?	⊙	⊙	—	—	━	━
25. Insectivora	. . .	. . .	⊙	━	━	━	━	—	—	—	—
26. Creodontia	. . .	. . .	⊙	—	—	━	—	. . .	. . .	. . .	+
27. Carnivora	. . .	. . .	. . .	. . .	. . .	—	—	━	━	━	━
28. Pinnipedia	. . .	. . .	. . .	. . .	. . .	⊙	⊙	—	—	━	━
29. Dermoptera	. . .	. . .	. . .	?	⊙	⊙	⊙	⊙	⊙	⊙	—
30. Chiroptera	. . .	. . .	. . .	?	?	—	—	—	—	━	━
31. Prosimiae	. . .	. . .	. . .	—	—	━	━	—	—	—	—
32. Simiae	. . .	. . .	. . .	. . .	. . .	. . .	⊙	—	—	━	━
33. Anthropi	. . .	. . .	. . .	. . .	. . .	. . .	. . .	. . .	—	━	━

§ 370. System der Mammalien (vergl. §§ 357, 358, 385).

Subclassen (vergl. § 357)	**Hypothetische Stamm-Gattung**	**Engere Stamm-Gruppe**	**Ordnung oder Legion**
I. **Monotrema** Amasta ovipara, implacentalia. Epipubales sine perineo. Caracoideo permanente. Discogastrula.	Architherium ⊙ (Trias)	1. **Architherida** ⊙ (Monotrema primitiva)	1. **Promammalia** Ursäugethiere
	Dromatherium ? (Trias)	2. **Tricuspidata** + (Monotrema carnivora)	2. **Pantotheria** Dreispitzthiere
	Tritylodon ? (Trias)	3. **Multituberculata** (Monotrema herbivora) +	3. **Allotheria** Vielspitzthiere
	Protechidna (Kreide?) ⊙	4. **Ornithostoma** V (Monotrema edentata)	4. **Ornitheria** Schnabelthiere
II. **Marsupialia** Mastophora vivipara, implacentalia. Epipubales. Perineosa. Coracoideo reducto. Epigastrula.	Peragonium ⊙ (Lias ?)	5. **Peragonida** + (Marsupialia primitiva)	5. **Prodidelphia** Urbeutelthiere
	Archididelphys ? (Jura)	6. **Didelphyida** V (Marsupialia carnivora)	6. **Polyprotodontia** Raubbeutelthiere
	Prophalangista ? (Jura)	7. **Phalangistida** V (Marsupialia herbivora)	7. **Diprotodontia** Krautbeutelthiere
III. **Placentalia** Mastophora vivipara, choriata, cum placenta. Anepipubes (sine ossibus marsupialibus). Perineosa. Coracoideo reducto. Epigastrula.	Choriotherium ? (Kreide)	8. **Bunotheria** + (Ictopsida)	8. **Prochoriata** Urzottenthiere
	Architrogon ⊙ (Alt-Eocaen)	9. **Tillodontia** + (Esthonychida)	9. **Trogontia** Nagethiere
	Archimanis ⊙ (Eocaen)	10 A. **Palamanida** ⊙ (Manitheria)	10. **Edentata** Zahnarmthiere
	Entelops ? (Eocaen)	10 B. **Entelopsida** + (Bradytheria)	
	Archungulatum ⊙ (Alt-Eocaen)	11. **Condylarthra** + (Protungulata)	11. **Ungulata** Hufthiere
	Protosirena ? Protodelphinus ? Protobalaena ?	12. **Precheriata** ? ⊙ (Procetomorpha) (Triphyletisch ?)	12. **Cetomorpha** Walthiere
	Procarnassium ⊙ (Alt-Eocaen)	13. **Ictopsida** + (Insectivora)	13. **Carnassia** Raubthiere
	Archipatagus ⊙ (Eocaen)	14. **Patagiata** ⊙ (Dermoptera)	14. **Volitantia** Flatterthiere
	Lemuravus ? (Alt-Eocaen)	15. **Pachylemures** + (Lemuravida)	15. **Primates** Herrenthiere

§ 371. Stammbaum der Säugethiere.

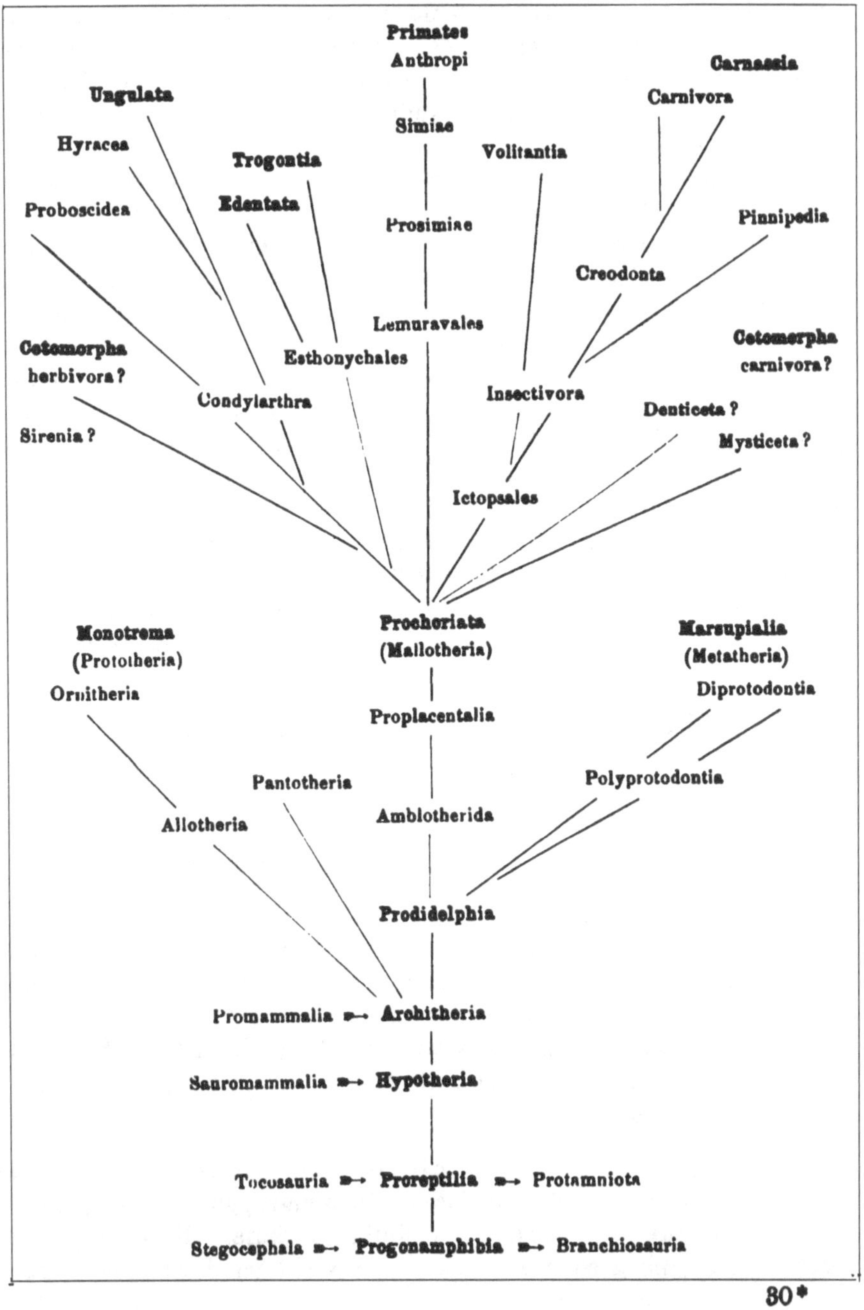

hang dieser beiden letzteren Regionen wird durch die Phylogenie der Säugethiere in der jüngeren Tertiär- und Diluvial-Zeit klar erwiesen; zugleich aber auch dargethan, dass damals hier ein weit ausgedehnterer Continent sich nach Süden in den Indischen Ocean erstreckte (*Lemurien*). Noch in der jüngeren Tertiär-Zeit hingen im Osten von Lemurien die Sunda-Inseln (*Sundanesien*) und Ceylon mit dem benachbarten Continente (Indochina und Hindostan) zusammen, ebenso wie im Westen Madagascar mit Africa und mit einem westlichen Ausläufer von Lemurien. Aus der älteren Tertiär-Zeit sind uns bis jetzt fossile Reste weder aus Asien noch aus Africa bekannt. Aber die ganze Chorologie der lebenden und fossilen Mammalien deutet darauf hin, dass damals das blühende Entwickelungs-Centrum dieser Classe in Europa und Nordamerica lag; von hier aus drang die Mehrzahl der Placentalien-Stämme, namentlich die beiden grossen Gruppen der herbivoren *Ungulaten* und der carnivoren *Carnassier* erst dann weiter nach Süden vor, als die Temperatur-Abnahme in der nördlichen Erdhälfte die Eis-Zeit herbeiführte. Die ausgedehnten und wechselnden **Wanderungen,** welche die Placentalien-Ordnungen während der Tertiär-Zeit in den 4 Regionen und 16 Subregionen der Eurygaea ausführten (§ 368), der Austausch und die Wechsel-Beziehungen der Nachbargebiete u. s. w. sind ebenso verwickelt als lehrreich; Hand in Hand mit den Resultaten der Palaeontologie und Morphologie liefern sie die werthvollsten Aufschlüsse über die Phylogenie der Mammalien.

§ 372. Erste Subclasse der Säugethiere:

Monotrema. Gabelthiere.

Prototheria. Ornithodelphia. Amasta. Mammalia ovipara.

Aelteste ovipare Hauptgruppe der Säugethiere.

Ovipare Mammalien ohne Placenta, ohne Perineum, mit permanenter Cloake. Serolemma und Allantois glatt, ohne Zotten. Eier gross, mit fester Schale und voluminösem Nahrungsdotter; Furchung partiell, mit Bildung einer Discogastrula. Mammae ohne Zitzen. Beutelknochen vorhanden. Schultergürtel mit permanent autonomem Coracoid.

Die Subclasse der Gabelthiere oder *Monotremen* bildet die älteste Hauptgruppe und gemeinsame Stammgruppe der Säugethiere, aus welcher alle verschiedenen Ordnungen dieser Classe hervorgegangen sind. Sie stehen in vielen und wichtigen Beziehungen noch den Protamnioten (oder *Proreptilien*) sehr nahe und waren ursprünglich mit ihnen durch eine lange Reihe von triassischen Zwischenformen verknüpft (*Sauromammalia* oder Hypotheria). Fossile Ueberreste jener ältesten Mammalien sind neuerdings ziemlich zahlreich in mesozoischen Sedimenten gefunden und auf zwei Ordnungen vertheilt worden: Pantotherien (oder *Tricuspidata*, mit completem carnivoren Gebiss) und Allotherien (oder *Multituberculata*, mit incompletem herbivoren Gebiss). Leider bestehen aber diese werthvollen Documente aus der ältesten Zeit der Säugethier-Geschichte fast bloss aus isolirten Unterkiefern oder einzelnen Zähnen, seltener aus Schädel-Fragmenten und Oberkiefer-Stücken, sowie einzelnen Theilen des übrigen Skeletes. Wir würden daher von der eigenthümlichen Organisation der Monotremen nur sehr wenig wissen, wenn uns nicht in zwei lebenden Epigonen jener mesozoischen Ahnen, in den australischen Schnabelthieren: *Ornithorhynchus* und *Echidna*, unschätzbare Ueberreste dieser Subclasse erhalten geblieben wären; sie besitzen als »lebende Fossilien« für die Phylogenie des Säugethier-Stammes einen ähnlichen Urkunden-Werth, wie *Hatteria* für diejenige des Reptilien-Stammes oder *Amphioxus* für die Geschichte des ganzen Vertebraten-Stammes. Die besondere, durch Zahnverlust ausgezeichnete Gruppe der Monotremen, welche diese beiden lebenden Repräsentanten der Subclasse bilden, bezeichnen wir als Ordnung der Ornitherien oder *Ornithostomen*. Die gemeinsame hypothetische Stammgruppe, von welcher wir sowohl diese lebenden, als jene ausgestorbenen Monotremen ableiten, nennen wir Promammalien, Ursäugethiere oder *Architherien*. Diese älteste Gruppe der Säugethiere, von der wir auch alle übrigen Ordnungen der Classe ableiten, muss während der Trias-Periode gelebt haben und wird durch eine lange Kette von connectenten Uebergangsformen (*Sauromammalien*) mit der Ahnen-Gruppe der *Protamnioten* (Proreptilien) zusammengehangen haben (vergl. §§ 264 und 356).

Die *Monotremen* haben in ihrem Körperbau, besonders in der Bildung des Skeletes und des Urogenital-Systems, anatomische Merkmale niederer Organisation bewahrt, welche sie von ihren Reptilien- und Amphibien-Ahnen durch Vererbung erhalten haben, welche aber bei allen übrigen Säugethieren — sowohl Marsupialien als Placentalien — verschwunden sind. Als solche wichtige Zeugnisse ihres Ursprunges betrachten wir: I. Die Bildung des Schultergürtels, die bleibende Selbständigkeit von Coracoid und Interclavicula. II. Die permanente Cloakenbildung; Ureteren und Gonoducte münden gesondert in einen Sinus urogenitalis, in welchen auch die Harnblase mit getrennter Mündung sich öffnet; hinten mündet der Sinus in den Enddarm, ein Perineum existirt nicht. III. Die primitive Bildung des Penis, der in einer be-

§ 373. System der Monotremen.

Ordnungen der Monotremen	Gebiss-Character der Ordnungen	Familien der Monotremen	Typische Genera
I. **Promammalia** (*Architheria*) ⊙ Gemeinsame Stammgruppe aller Säugethiere, mit primitivem Reptilien-Gebiss	Gebiss homodont, complet. Kegelförmige Reptilien-Zähne nicht oder wenig differenzirt, in 1 oder 2—3 Reihen	1. **Architherida** ⊙ Kegelzähne in 2 oder 3 Längsreihen	*Architherium* ⊙ Hypothetische Stammgattung aller Säugethiere
		2. **Patrotherida** ⊙ Kegelzähne in einer Reihe (Milchgebiss)	*Patrotherium* ⊙ Aelteste Mammalien mit einer Zahnreihe
II. **Pantotheria** (*Tricuspidata*) + Generalisten mit completem carnivoren Gebiss	Gebiss heterodont, complet. Incisores und Canini einfach konisch. Praemolares bald einfach, bald tricuspidal. Molares stets tricuspidal	3. **Dromatherida** + (Protodontida) Praemolares einspitzig. Molares dreispitzig	*Microconodon* + *Dromatherium* + (beide Ober-Trias von Nord-America)
		4. **Triconodontida** + Praemolares dreispitzig, ähnlich den tricuspidalen Molares	*Triconodon* + *Amphilestes* + *Phascolotherium* + (Jura von England und Nord-America)
III. **Allotheria** (*Multituberculata*) + Specialisten mit incompletem herbivoren Gebiss	Gebiss heterodont, incomplet. Incisores: ein Paar sehr gross, rodent. Canini fehlen (Grosses Diastema.) Praemolares verschieden. Molares wenige, sehr gross, mit 2 oder 3 Längsreihen von Höckern	5. **Tritylodontida** + Incisores 2. Praemolares klein, ähnlich Molares. Obere Mol. mit 3 Höckerreihen	*Tritylodon* *Triglyphus* *Theriodesmus* (Trias, Süd-Africa
		6. **Bolodontida** + Incisores 2—3. Praemolares klein, mit 2—4 Höckern. Obere Mol. 2 Höckerreihen	*Bolodon* *Allodon* *Allacodon* (Jura bis Tertiär)
		7. **Plagiaulacida** + Incisor 1. Letzter Praemolaris gross, schneidend, gerieft	*Microlestes* (Trias) *Plagiaulax* (Jura) *Tripriodon* (Kreide) *Dipriodon* (Kreide)
		8. **Polymastodontida** + Incisor 1. Praemolares fehlen. Molares 2, sehr gross	*Polymastodon* Alt-Eocaen (Puerco), Nord-America
IV. **Ornithostoma** (*Ornitheria*) V Einziger lebender Ueberrest der Monotremen (in Australien). Specialisten ohne permanentes Gebiss	Gebiss reducirt (nur als Milchgebiss vorübergehend in der Jugend) oder ganz verschwunden	9. **Ornithorhynchida** In der Jugend 2 multituberculate Molares in jeder Kieferhälfte, später durch Hornplatten ersetzt V	*Ornithorhynchus* V (*paradoxus*) lebt in Flüssen Australiens, mit Schwimmhäuten
		10. **Echidnida** Zähne sind ganz verschwunden V	*Echidna* (*hystrix*) V lebt als Ameisenfresser in Australien, mit Grabekrallen

§ 374. Stammbaum der Implacentalien.

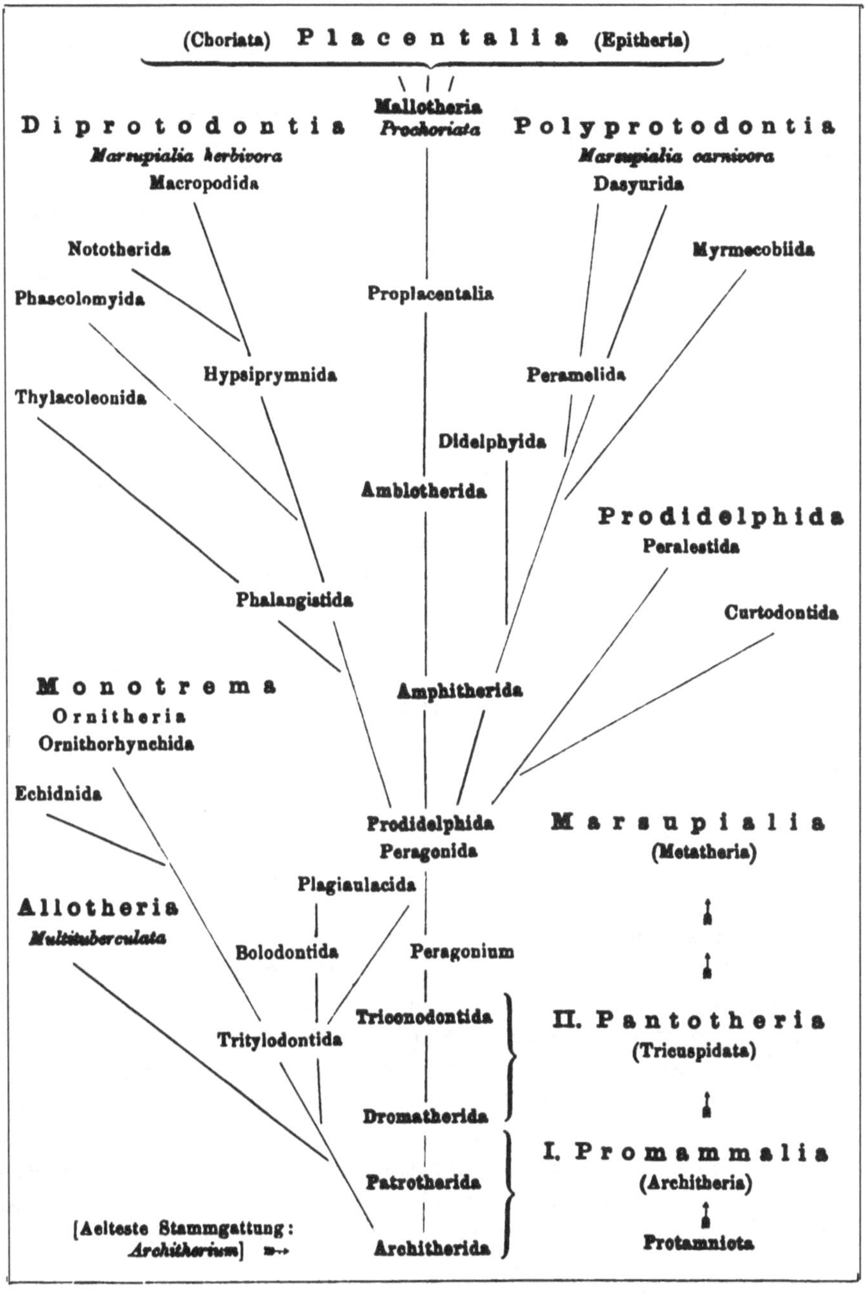

sonderen Tasche an der Bauchwand der Cloake liegt; die vordere Oeffnung seiner Röhre mündet in den Sinus. IV. Der Mangel der Zitzen (*Amasta*); die zahlreichen tubulösen Drüsen der Mammae (modificirte Schweissdrüsen) münden auf einem kreisrunden, siebförmig durchbrochenen Mammarfelde. V. Die sauropside Eibildung; die Eier sind gross, mit ansehnlichem Nahrungsdotter ausgestattet und werden, von einer pergamentartigen Schale umschlossen, abgelegt. VI. Die partielle Furchung und discoidale Gastrulation der Eier (wie bei Vögeln und Reptilien).

Während durch diese primitiven, von den Proreptilien-Ahnen überkommenen Merkmale sich die Monotremen von allen anderen Mammalien unterscheiden, stimmen sie dagegen mit den *Marsupialien* in folgenden Eigenschaften überein, welche den *Placentalien* fehlen: I. Besitz von ein Paar Beutelknochen, welche auf dem Vorderrande des Beckens sitzen und die Bauchwand stützen (*Epipubes*). II. Glatte Oberfläche des Serolemma und der Allantois; Mangel der Chorion-Zotten und somit der Placenta. III. Schwache Ausbildung des Corpus callosum im Grosshirn. Da diese drei wichtigen Merkmale allen Monotremen und Marsupialien gemeinsam zukommen, wurden beide Subclassen auch unter dem Collectiv-Begriff der Implacentalien (oder *Eplacentalien*) zusammengefasst und den Placentalien gegenübergestellt.

Das Gebiss der Monotremen verhält sich in den vier Ordnungen dieser Subclasse sehr verschieden. Bei der ältesten Stammgruppe, den Promammalien (den hypothetischen *Architherien*), müssen wir annehmen, dass das primitive homöodonte Gebiss noch dem der Proreptilien-Ahnen ähnlich war, aus einer oder zwei bis drei Reihen von einfachen Kegelzähnen gebildet. Die zweite Ordnung, die carnivoren Tricuspidaten (oder *Pantotherien*), zeigt bereits die typische Differenzirung des completen Mammalien-Gebisses in vier heterodonte Gruppen, *Incisores, Canini, Praemolares* und *Molares*; letztere sind triconodont, jeder einzelne Molaris aus drei verschmolzenen Kegelzähnen zusammengesetzt. Eine dritte Ordnung bilden die herbivoren Multituberculaten (oder *Allotherien*); ihr Gebiss ist incomplet und stark differenzirt, dem der Nagethiere ähnlich, mit grossen Incisores und vielhöckerigen Molares, ohne Canini. Die Ornithostomen endlich (oder *Ornitherien*) haben das Gebiss entweder ganz verloren oder besitzen nur in früher Jugend noch ein Rudiment desselben; die einzigen Monotremen der Gegenwart: *Ornithorhynchus* und *Echidna*. Da diese beiden lebenden Ueberreste der Subclasse auch in anderen Beziehungen stark specialisirt und unter sich sehr verschieden sind, dürfen sie nur mit kritischer Reserve als Typen derselben betrachtet werden.

§ 375. Erste Ordnung der Monotremen: **Promammalia (= Architheria). Ursäuger.**

Hypothetische Stammgruppe aller Säugethiere:

Monotremen mit primitivem, completem, homöodontem Proreptilien-Gebiss. Die einfachen, mit Wurzeln versehenen, gleichartigen Kegelzähne standen bei den älteren Promammalien (Architheriden) wahrscheinlich in drei oder zwei Reihen hinter einander, bei den jüngeren (Patrotheriden) nur in einer einfachen Reihe.

Die Ordnung der Promammalien (oder »Ursäugethiere«) haben wir für die älteste Gruppe dieser Classe aufgestellt. Dazu rechnen wir zunächst die gemeinsame hypothetische Stammform der Mammalien-Classe, die wir als Architherium bezeichnen; weiterhin aber auch eine Anzahl von niedersten Monotremen, welche den Uebergang von diesem *Architherium* zu den übrigen Ordnungen der Monotremen einerseits, zu den *Prodidelphien*, den Stammformen der Marsupialien, anderseits vermittelten. Durch eine lange Reihe von unbekannten Uebergangsformen (*Sauromammalien* oder *Hypotherien*) wird diese Stammgruppe während der Trias-Periode mit den *Proreptilien*-Ahnen der Säugethiere verknüpft gewesen sein (vergl. § 356). Diese connectenten Zwischenformen zwischen den *Protamnioten*-Ahnen und ihren *Promammalien*-Epigonen müssen durch stufenweise Umbildung des Schädels, des Herzens, des Urogenital-Systems u. s. w. die tiefe historische Kluft ausgefüllt haben, welche die ältesten bekannten Proreptilien und Promammalien trennt. Wir nehmen an, dass die ältesten Formen der triassischen Promammalien kleine, terrestrische Thiere von Grösse und Habitus einer Eidechse oder eines Salamanders waren (*Branchiosaurus* und *Proterosaurus* ähnlich): Schädel platt, dreieckig, aber bereits mit Temporal-Gelenk; Hals kurz, Schwanz lang, Beine kurz und kräftig, mit completem Tetrapoden-Skelet, mit plantigraden, fünfzehigen Füssen; Gehirn klein und glatt. Das Gebiss der *Promammalien* war nach unserer Ansicht noch nicht differenzirt, sondern homöodont und haplodont; es bestand aus einer sehr grossen Anzahl von einfachen, konischen Reptilien-Zähnen (mit einfachen Wurzeln). Diese standen vermuthlich bei den *Architheriden* noch in mehreren (2 oder 3 Reihen) gleichzeitig hinter einander; bei den jüngeren *Patrotheriden* nur in einer einzigen Reihe.

Die hypothetische Familie der Architheriden umfasst die ältesten echten Säugethiere, d. h. diejenigen Stammformen, in welchen der typische Character der Classe zuerst rein ausgeprägt wurde (§ 355). Ihre zahlreichen einfachen Kegelzähne standen ursprünglich wahrscheinlich in drei Reihen hinter einander (*Tristichotherida*); später verschwand unten eine Reihe, so dass nun im Oberkiefer 3, im Unterkiefer 2 Zahnreihen standen (*Eustichotherida*); endlich ging auch im Oberkiefer eine Reihe verloren, so dass in beiden Kiefern nur 2 Reihen standen (*Distichotherida*). Wir gründen diese Hypothese auf drei Thatsachen: I. Den Nachweis der ursprünglichen Existenz von drei Zahnserien (oder »Dentitionen«) bei einigen Marsupialien und den ältesten Placentalien (*Insectivoren*). II. Die Succession von zwei Serien bei der Mehrzahl der Placentalien (Milchgebiss und Dauergebiss). III. Auf die bedeutungsvolle multituberculate Zahnbildung der Allotherien, deren biseriale oder triseriale Backzähne nach unserer Auffassung 2 oder 3 verschmolzenen parallelen Längsreihen von einfachen Kegelzähnen entsprechen. Die vorderste (oder äusserste) Reihe entspricht der labialen, die mittlere Reihe der lactealen, die hinterste (oder innerste) Reihe der lingualen Dentition der Placentalien. Diese drei Zahnserien sind bisher nur bei wenigen (aber gerade bei den phyletisch ältesten!) Placentalien in der Anlage nachgewiesen (*Triphyodontes*); bei der Mehrzahl derselben (*Diphyodontes*) erscheinen nur noch II. und III. Serie (sogenannte »erste und zweite Dentition«). Endlich ist bei einigen jüngeren specialisirten Gruppen nur noch eine Reihe übrig geblieben, und es finden sich von der zweiten höchstens Spuren (*Monophyodontes*). Die einzige restirende Dentition ist bei den Marsupialien und Cetaceen die lacteale, bei den Pinnipedien und Chiropteren die linguale (vergl. § 363).

Die Patrotheriden, die zweite hypothetische Familie der *Promammalien*, haben zwar die Anlage aller drei Dentitionen von ihren *Architheriden*-Ahnen geerbt (— denn sonst könnte sie nicht bei ihren Epigonen, den *Marsupialien* und *Placentalien*, erhalten geblieben sein! —); sie bringen aber nur eine Serie gleichzeitig zur Ausbildung, wie es auch bei den letzteren beiden Subclassen der Fall ist. Von ihnen stammen die Prodidelphien ab (§ 381).

§ 376. Zweite Ordnung der Monotremen:

Pantotheria = Tricuspidata.

Generalisten-Gruppe der triconodonten Prototherien.

Monotremen mit completem heterodonten Carnivoren-Gebiss, mit einer Reihe von zahlreichen Zähnen, die in vier Gruppen gesondert sind, kleine konische Incisoren, starke konische Caninen, einfache oder dreispitzige Praemolaren und starke dreispitzige Molaren.

Die Ordnung der Pantotherien oder *Tricuspidaten* schliesst sich unter den bekannten ausgestorbenen Säugethieren am nächsten an die hypothetische Stammgruppe der *Promammalien* an; sie umfasst nach unserer Ansicht diejenigen Monotremen, die morphologisch sich am wenigsten von den Architherien- und Patrotherien-Ahnen entfernt haben, und die zugleich phylogenetisch von hervorragender Bedeutung sind, als Stammformen der meisten übrigen Mammalien, sowohl vieler Monotremen als der Marsupialien, und somit auch der Placentalien. Wir kennen jetzt eine ziemliche Anzahl von fossilen Resten dieser Ordnung, leider fast nur Unterkiefer; alle gehören der älteren und mittleren Secundär-Zeit an (Trias und Jura); die meisten sind in Nord-America, einige auch in Europa (England) gefunden worden. Bei den Pantotherien tritt zuerst die typische Differenzirung des Gebisses auf, welche ihren *Promammalien*-Ahnen noch fehlte, und welche für die Classe der Säugethiere so characteristisch ist, die Sonderung der vier Zahngruppen in *Incisores*, *Canini*, *Praemolares*, *Molares*. Das homöodonte, uniseriale Gebiss der *Patrotherien*-Ahnen verwandelt sich in das heterodonte viergruppige Gebiss der *Tricuspidaten*. Dabei ist nach unserer Ansicht der erste und wichtigste Vorgang die Concrescenz von je drei Kegelzähnen im hinteren Abschnitte der langen Kiefer. Indem hier je drei hinter einander stehende, einfache Reptilien-Zähne verschmelzen, entsteht der typische triconodonte Zahn, die ursprüngliche Grundform der Backzähne. Bei den ältesten Pantotherien (z. B. *Microconodon*, *Triconodon*, *Triacanthodon*) sind die Kegelkronen der drei verschmolzenen Zähne fast noch von gleicher Grösse; bei den meisten aber wird der Mittelzahn oder Hauptkegel (Protoconus) stärker, während der vordere (Paraconus) und hintere (Metaconus) zurückbleiben. Während so in der hinteren Kieferhälfte die zusammengesetzten dreispitzigen Mahlzähne (*Molares*) sich von den einfach kegelförmigen, davor stehenden Lückzähnen (*Praemolares*) sondern, wächst gleichzeitig der vorderste von den letzteren zu besonderer Grösse heran und wird zum Eckzahn (*Caninus*); vielleicht ist auch dieser ursprünglich nicht durch einfache Vergrösserung des ersten, sondern durch (embryonale) Verschmelzung der beiden ersten Praemolaren entstanden; denn er hat bei diesen ältesten Pantotherien noch häufig zwei Wurzeln. Die einfachen konischen Zähne, welche vor diesen vordersten Praemolaren übrig bleiben (— oben durch ihre Stellung im Zwischenkiefer ausgezeichnet —) sind die Schneidezähne (*Incisores*); ihre Zahl in jeder Kieferhälfte schwankt bei den ältesten Pantotherien zwischen 5, 4 und 3; die Meisten haben nur 3, gleich der Mehrzahl der Marsupialien und Placentalien.

Als zwei Familien der *Panthotherien* können wir die Dromatheriden und Triconodontiden unterscheiden. Die Dromatherida (oder *Protodontia*) sind die älteren Formen aus der Trias; ihre Praemolaren sind noch einfach, einspitzig, griffelförmig (*Dromatherium sylvestre* und *Microconodon tenuirostris*, beide aus der Ober-Trias von Nord-Carolina). Dentur: $\overline{3}\cdot\overline{1}\cdot\overline{3}\cdot\overline{7}$. Dagegen nehmen bei den jüngeren Triconodontida (oder *Phascolotherida*) die Praemolaren allmählig die dreispitzige Form der Molaren an; sie finden sich im mittleren und oberen Jura von Nordamerica (*Triconodon mordax, Dicrocynodon victor*); einige auch in England (*Phascolotherium Bucklandi*, *Amphilestes Broderipi*). Die Zahl der Zähne ist in dem Gebisse dieser jurassischen Triconodonten noch sehr bedeutend, meistens: $\frac{(5-)3}{(4-)3}\cdot\frac{1}{1}\cdot\frac{5(-2)}{4(-2)}\cdot\frac{7(-4)}{7(-4)}$. Die ältesten Pantotherien haben wahrscheinlich die Maximal-Zahl von Zähnen besessen, welche wir bei den ältesten Marsupialien finden, 72—76 oder selbst 80, nach der hypothetischen Formel: $\frac{5}{5}\cdot\frac{1}{1}\cdot\frac{6}{6}\cdot\frac{8}{8}$.

§ 377. Dritte Ordnung der Monotremen: Allotheria = Multituberculata.

Specialisten-Gruppe der rodenten Prototherien.

Monotremen mit incompletem, differenzirtem Trogontien-Gebiss, mit starken, nagerartigen Schneidezähnen, ohne Eckzähne, mit wenigen, sehr grossen Backzähnen, welche zwei oder drei Längsreihen von kegelförmigen Höckern tragen.

Die Ordnung der Allotherien oder *Multituberculaten* bildet eine eigenthümliche Gruppe von specialisirten herbivoren Monotremen, welche von der Trias-Zeit bis zur älteren Tertiär-Zeit in weiter Verbreitung die Erde bevölkerte. Sie zeigt zum ersten Male jene eigenthümliche Differenzirung des herbivoren Gebisses, welche ausgezeichnet ist durch hypertrophische Ausbildung eines grossen Nagezahns (Incisor) in jeder Kieferhälfte, Rückbildung der übrigen Incisoren und der vorderen Praemolaren, gänzlichen Verlust der Canini und Ausbildung von einer geringen Anzahl grosser Molaren mit Längsreihen von Höckern. Dieses typische Rodentien-Gebiss wiederholt sich in ähnlicher Weise unter den diprotodonten Marsupialien bei den *Rhizophagen* (Phascolomys) und den *Nototherien* (Diprotodon), ebenso unter den herbivoren Placentalien bei den *Toxodontien* und *Trogontien*. Die auffallende Aehnlichkeit bedeutet keinen phylogenetischen Zusammenhang dieser drei Gruppen, sondern beruht auf Convergenz und ist durch Anpassung an gleiche Nahrungsform bedingt. Wir betrachten die Allotherien als einen selbständigen mesozoischen Zweig der Monotremen, der weder in jene nagenden Marsupialien noch in diese ähnlichen Placentalien sich fortgesetzt hat. Als ein letzter specialisirter Ueberrest dieser Ordnung könnte nur der lebende *Ornithorhynchus* betrachtet werden, da bei ihm in der Jugend vorübergehend Backzähne auftreten, welche denen der Multituberculaten ähnlich sind.

Man kann unter den *Allotherien* vier Familien unterscheiden; jedoch sind leider Alle nur unvollständig bekannt. Von den zahlreichen Gattungen derselben liegt meistens nur der Unterkiefer vor, seltener der Oberkiefer und ein Schädelfragment. Die meisten sind von sehr geringer Grösse, einer Maus oder Ratte ähnlich, die grössten einem Hasen oder Stachelschwein. Die ältesten fossilen Reste derselben sind in der oberen Trias gefunden, die meisten in Jura und Kreide (von England und Nordamerica), einzelne jüngere auch im Eocaen. Die grossen Incisoren sind denjenigen der Diprotodonten und der Nagethiere ähnlich, oft wurzellos und nur an der Vorderseite mit Schmelz bedeckt. Im Unterkiefer steht immer nur ein grosser *Incisor*, im Oberkiefer oft noch 1 oder 2 kleinere (nach aussen von jenem). Die *Praemolaren*, welche durch eine grosse Zahnlücke von den *Incisoren* getrennt sind, verhalten sich verschieden: Bei den *Bolodontida* sind sie klein, mit 3 oder 4 konischen Höckern; bei den *Tritylodontida* gross, den Molaren ähnlich, mit 3 Höckerreihen; bei den *Plagiaulacida* lateral comprimirt, mit schneidender Kante, der letzte sehr gross, gerieft; bei den *Polymastodontida* rückgebildet. Die Zahl der grossen *Molaren* ist gering, 2—3, höchstens 4 in jeder Kieferhälfte. Ihre verlängerte Krone zeigt eine breite, meist rechteckige oder ovale Kaufläche, auf welcher zahlreiche konische Höckerchen stehen. Diese Tuberkeln sind regelmässig in 2 oder 3 Längsreihen geordnet, welche durch 1 oder 2 tiefe Längsrinnen getrennt sind. Die phylogenetische Deutung dieser eigenthümlichen Multitubercular-Molaren ist von hohem Interesse; man könnte sie mit den vergrösserten hinteren Molaren der Schweine und anderer Hufthiere, sowie mancher Nagethiere vergleichen, bei denen die ursprüngliche Zahl der Hügel (3, dann 4) beträchtlich secundär vermehrt ist. Wir halten diesen Vergleich nicht für richtig, sondern nehmen an, dass jeder einzelne Höcker einem ursprünglich konischen Reptilien-Zahne entspricht. Die 2 oder 3 Längsreihen von solchen haplodonten Zähnen, welche wir bei unseren hypothetischen Architherien (§ 375) voraussetzen, und welche die 2 oder 3 successiven Dentitionen der Placentalien simultan entwickelt darstellen, sind bei den Allotherien gruppenweise verschmolzen, sowohl der Länge als der Quere nach verwachsen; daher haben dieselben auch keinen Zahnwechsel. Demnach leiten wir die Multituberculaten direct von einem Zweige der triserialen Architherien ab; die äussere Höckerreihe entspricht der labialen Dentition, die mittlere der lactealen und die innere der lingualen Dentition der Placentalien.

§ 378. Vierte Ordnung der Monotremen:

Ornitheria (= Ornithostoma). Schnabelthiere.

Specialisten-Gruppe der zahnlosen Prototherien.

Monotremen ohne permanentes Gebiss, theilweise noch mit hinfälligem, nur in früher Jugend vorhandenem Milchgebiss, welches ähnlich dem der Allotherien aus wenigen grossen multituberculaten Backzähnen besteht.

Die Ordnung der Schnabelthiere (*Ornithostoma* oder *Ornitheria*) wird durch die einzigen heute noch lebenden Monotremen gebildet, *Echidna* und *Ornithorhynchus*, beide auf Australien beschränkt. Sie unterscheiden sich von allen übrigen Monotremen durch die Rückbildung des Gebisses, welches bei *Echidna* ganz verschwunden ist, bei *Ornithorhynchus* durch Hornplatten ersetzt wird. Die Schnauze ist in einen vogelähnlichen, von haariger Epidermis überzogenen Schnabel verlängert, der bei ersterer zugespitzt, dünn und lang, bei letzterem platt, stumpf und breit ist. An die Vögel erinnert auch die frühzeitige Verschmelzung der dünnen Schädelknochen, die Rückbildung des rechten Eierstockes u. A. Natürlich beruhen diese Vogel-Anklänge nur auf Convergenz. Im Uebrigen bekunden die *Ornitherien* durch ihren gesammten Körperbau, dass sie eine alte Specialisten-Gruppe darstellen, welche sich frühzeitig vom Stamme der älteren Monotremen abgezweigt und durch Anpassung an eigenthümliche Lebensweise vom Untergange gerettet hat (ähnlich wie die Edentaten). Wahrscheinlich sind sie direct von einem Zweige der *Allotherien* abzuleiten; denn der junge *Ornithorhynchus* trägt in jeder Kieferhälfte zwei flache Backzähne mit schwachen Wurzeln, welche den Molaren einiger *Multituberculaten* sehr ähnlich sind. Jeder Molar trägt im Oberkiefer zwei stumpfe Hügel am inneren und eine Reihe kleiner Höcker am äusseren Rande; im Unterkiefer stehen umgekehrt die beiden Hügel aussen, die Höckerreihe innen. Später fallen diese Zahnrudimente aus und werden durch Hornplatten ersetzt. Die Nahrung des *Ornithorhynchus*, der amphibisch in Flüssen lebt, besteht aus kleinen Wasserthieren. Dagegen hat *Echidna*, die sich von Ameisen ernährt, die Schnauzenbildung der echten Myrmecophagen angenommen; die Zähne sind ganz verloren, und aus der engen Mundöffnung wird eine lange, wurmförmige Zunge herausgestreckt, die mit rückwärts gerichteten Stacheln besetzt ist. Die fünf Zehen der kurzen und starken Füsse sind bei den *Ornithorhynchida* durch Schwimmhaut verbunden, bei den *Echidnida* mit mächtigen Grabekrallen bewaffnet.

§ 379. Zweite Subclasse der Säugethiere: **Marsupialia. Beutelthiere.**

Metatheria. Didelphia. Mammalia perophora.

Vermittelnde Uebergangsgruppe von den oviparen Monotremen zu den viviparen Placentalien.

Vivipare Mammalien ohne Placenta, mit Perineum, ohne permanente Cloake. Serolemma und Allantois glatt, ohne Zotten. Eier klein, ohne gesonderten Nahrungsdotter; Furchung total, mit Bildung einer Epigastrula. Mammae mit Zitzen. Beutelknochen vorhanden. Schultergürtel ohne autonomes Coracoid.

Die Subclasse der Beutelthiere oder *Marsupialien* wird durch jene wichtige Gruppe von Säugethieren mittlerer Bildungsstufe dargestellt, welche ursprünglich den Uebergang von den niederen (triassischen) *Monotremen* zu den höheren (cretassischen) *Placentalien* vermittelten. Sie sind gegenwärtig noch durch eine ansehnliche Zahl von lebenden Formen vertreten, welche fast ausschliesslich auf Australien beschränkt erscheinen; nur die einzige Familie der Didelphyiden findet sich in America vor. Anders war die Verbreitung der Beutelthiere in der Tertiär- und Secundär-Zeit, wo sie sowohl in der alten als in der neuen Welt das Festland in zahlreichen Familien bevölkerten, darunter colossale Formen, Fleischfresser vom Wuchse des Löwen, Pflanzenfresser von der Grösse des Rhinoceros. Dass die Marsupialien sich allein in Australien formenreich erhielten, verdanken sie dem Umstande, dass dieser Erdtheil bis auf die Diluvial-Zeit von der Einwanderung der Placentalthiere verschont blieb, welche in allen anderen Erdtheilen ihre Marsupialien-Ahnen im Kampf ums Dasein vernichteten. Wir unterscheiden in der Subclasse der Beutelthiere drei Ordnungen, von denen die erste, Prodidelphia, nur ausgestorbene (meist insectivore) Formen der Secundär-Zeit umfasst (Jura und Kreide); ihr Gebiss ist primitiv und schliesst sich unmittelbar an dasjenige ihrer Pantotherien-Ahnen an (*Triconodontia*). Die beiden anderen Ordnungen, divergent aus jenen hervorgegangen, leben noch heute: die Polyprotodontia mit completem carnivoren Gebiss, und die Diprotodontia mit incompletem herbivoren Gebiss.

Die Marsupialien stimmen mit ihren Monotremen-Ahnen noch in drei wichtigen Merkmalen überein, welche den höher entwickelten Placentalien fehlen: I. Besitz von ein Paar Beutelknochen, welche auf dem vorderen Schambeinrand aufsitzen und die Bauchwand stützen (Ossa marsupialia vel epipubica). II. Glatte Oberfläche des Serolemma und der Allantois; Mangel der Chorion-Zotten und somit der Placenta; III. Schwache Ausbildung des Corpus callosum im Grosshirn. Diese drei Monotremen-Charactere der Marsupialien, welche den Placentalien fehlen, bekunden deutlich die phylogenetische Mittelstellung der Beutelthiere zwischen den beiden letzteren Subclassen.

Die bedeutungsvollen Fortschritte, durch welche sich die Marsupialien über ihre Monotremen-Ahnen erheben und in denen sie mit ihren Placentalien-Epigonen übereinstimmen, sind folgende: I. Der Schultergürtel wird vereinfacht; das Coracoid büsst seine Selbständigkeit ein, verschmilzt entweder (als Processus coracoides) mit der Scapula oder verschwindet ganz; ebenso wird die Interclavicula rückgebildet. II. Die Cloake verschwindet, indem sich der Sinus urogenitalis vom Enddarm trennt und das Perineum als Scheidewand zwischen After und Urogenital-Oeffnung ausbildet; die Mündungen der Harnleiter rücken weiter vor und öffnen sich direct in die Dorsalwand der Harnblase. III. Die Röhre des Penis erscheint daher als directe Fortsetzung des Urogenital-Canals und fungirt permanent als Harnsamenrohr; zugleich verlängert sich der Penis und springt frei an der Ventralseite des Afters vor. IV. Die Umwallung des Mammarfeldes, auf welchem die Schläuche der acinösen Milchdrüsen (modificirte Talgdrüsen) ausmünden, erhebt sich und entwickelt sich zu Zitzen; gewöhnlich sind die Zitzen in einem Beutel (Marsupium) verborgen, welcher aus dem vergrösserten und verschmolzenen Hintertheil der Mammartaschen gebildet wird. V. Da die Eier nicht mehr abgelegt werden, sondern sich im Uterus zum Embryo entwickeln, wird ihr Nahrungsdotter rückgebildet; sie werden sehr klein und sind von keiner Schale mehr umschlossen. VI. Die partielle Furchung der Eier geht in Folge dessen wieder zurück zur totalen, und die *Discogastrula* der Monotremen-Ahnen verwandelt sich in die *Epigastrula*.

Als hervorragende Eigenthümlichkeiten der Marsupialien werden ausserdem noch mehrere Charactere hervorgehoben, welche nach unserer Ansicht keine typische Bedeutung für die ganze Subclasse besitzen, oder welche theilweise erst später erworben sind. Als solche Merkmale von secundärer Bedeutung betrachten wir: I. Die Beutelbildung

§ 380. System der Marsupialien.

Ordnungen der Beutelthiere	Gebiss-Character der Ordnungen	Familien der Beutelthiere	Typische Genera
I. **Prodidelphia** (*Marsupialia insectivora*) Gemeinsame Stammgruppe aller viviparen Mammalien (fossil in Jura und Kreide von England und Nord-America)	Gebiss primitiv, omnivor, complet, an das der Pantotherien anschliessend. Incisores konisch. Canini stark, zweiwurzlig. Praemolares klein, mit Cingulum. Molares zahlreich, 6—8, trituberat, zweiwurzlig	1. **Peragonida** ⊙ Dentur-Typus $\frac{5\cdot1\cdot6\cdot8}{5\cdot1\cdot6\cdot8}$ = 80 Zähne Molares trituberculares, primitiv 2. **Amphitherida** + Dentur-Typus $\frac{4\cdot1\cdot5\cdot(7-)8}{4\cdot1\cdot5\,(7-)8}$ = 72 Zähne Molares trituberculares, ohne Leisten 3. **Amblotherida** + Dentur-Typus $\frac{4(-3)\cdot1\cdot4\cdot(6-)8}{4(-3)\cdot1\cdot4\cdot(6-)8}$ = 64 Zähne Molares trituberculares, mit Leisten	Peragonium ⊙ Promarsupium Lias? Jura? Amphitherium + Peralestes Jura und Kreide, England Amblotherium + Dryolestes Stylacodon Jura und Kreide
II. **Polyprotodontia** (*Marsupialia carnivora*) Hauptgruppe der fleischfressenden Beutelthiere ——— Lebend in Süd-America und Australien; fossil weit verbreitet	Gebiss carnivor, complet. *Incisores* klein, schwach, oben 4—5, unten 3—4 jederseits. *Canini* stark, spitz. *Praemolares* klein, einfacher als die trituberaten *Molares*	4. **Didelphyida** V Dentur $\frac{5\cdot1\cdot5(-3)\cdot4}{4\cdot1\cdot5(-3)\cdot4}$ Gebiss carnivor 5. **Dasyurida** V Dentur $\frac{4\cdot1\cdot3(-2)\cdot4}{3\cdot1\cdot3(-2)\cdot4}$ Gebiss carnivor 6. **Myrmecobiida** V Dentur $\frac{4\cdot1\cdot3\cdot6(-5)}{3\cdot1\cdot3\cdot6(-5)}$ Gebiss insectivor	= **Pedimana** *Didelphys* Süd-America V = **Creophaga** *Thylacinus* Australien V = **Cantharophaga** *Perameles* Australien V
III. **Diprotodontia** (*Marsupialia herbivora*) Hauptgruppe der pflanzenfressenden Beutelthiere ——— Lebend und fossil nur in Australien	Gebiss herbivor, incomplet. *Incisores* in jeder Kieferhälfte ein sehr grosser (oben oft noch zwei kleine). *Canini* fehlen unten stets, oben meistens. *Praemolares* gross, meist den *Molares* ähnlich, oder specialisirt. *Molares* meistens tetragonodont	7. **Phalangistida** V Dentur $\frac{3\cdot1\cdot3(-2)\cdot4}{1\cdot0\cdot2(-1)\cdot4}$ Gebiss frugivor 8. **Thylacoleonida** + Dentur $\frac{3\cdot1\cdot3\cdot1}{1\cdot0\cdot3\cdot2}$ Gebiss carnivor? 9. **Hypsiprymnida** V Dentur $\frac{3\cdot1\cdot1\cdot4}{1\cdot0\cdot1\cdot4}$ Gebiss herbivor 10. **Macropodida** V Dentur $\frac{3\cdot1\cdot(2-)1\cdot4}{1\cdot0\cdot(2-)1\cdot4}$ Gebiss graminivor 11. **Nototherida** + Dentur $\frac{3\cdot0\cdot1\cdot4}{1\cdot0\cdot1\cdot4}$ Gebiss herbivor 12. **Phascolomyida** V Dentur $\frac{1\cdot0\cdot1\cdot4}{1\cdot0\cdot1\cdot4}$ Gebiss der Rodentia	= **Carpophaga** *Petaurus* Australien V = **Borophaga** *Thylacoleo* Diluv. Austral. + = **Poëphaga** *Hypsiprymnus* Australien V = **Macropoda** *Halmaturus* Australien V = **Diprotodontida** Diluv. Austral. + *Diprotodon* = **Rhizophaga** *Phascolomys* Australien V

selbst; das Marsupium hat zwar der ganzen Subclasse den Namen gegeben, ist aber weder constant, noch ihr ausschliesslich eigenthümlich (Mammartasche von Echidna, von einigen Ungulaten u. s. w.). II. Die eigenthümliche Bildung der verlängerten Vagina und die partielle Concrescenz der Müller'schen Gänge (im mittleren Theile der Scheidencanäle). III. Die entsprechende Gabelspaltung des Penis. IV. Die Ausbildung eines inneren, oft hakenförmig gekrümmten Fortsatzes am Winkel des Unterkiefers (derselbe ist bald stark, bald schwach oder kaum angedeutet, nicht mehr als auch bei einigen Nagethieren). V. Die vielseitig differenzirte Gebissbildung.

Das Gebiss der *Marsupialien* ist für die ganze Subclasse an sich ebenso wenig characteristisch als dasjenige der *Monotremen* und der *Placentalien* für diese beiden Subclassen. Allerdings zeichnen sich die meisten jetzt lebenden Marsupialien dadurch aus, dass ihr zahnreiches Gebiss das permanente Lacteal-Gebiss darstellt und dass gewöhnlich (— nicht immer! —) nur ein Zahn (Praemolaris III.) aus der lingualen oder postlactealen (»zweiten«) Dentition in jene vordere Serie eintritt, während die knospenförmigen Schmelzkeime dieser letzteren nicht zur Entwickelung gelangen. Wir müssen aber annehmen, dass die älteren mesozoischen Gruppen, namentlich die Stammgruppe der insectivoren *Prodidelphien*, sich in dieser Beziehung anders verhielten als die lebenden carnivoren *Polyprotodontien* und die herbivoren *Diprotodontien*. Das zahnreiche Gebiss jener Prodidelphien (*Peragoniden*, *Amphitheriden*, *Amblotheriden*) war vermuthlich aus Zähnen beider Dentitionen in wechselnder Zahl zusammengesetzt; und einige von ihnen werden bereits jenen completen Zahnwechsel ausgebildet haben, den sie dann auf ihre Placentalien-Epigonen vererbten.

§ 381. Erste Ordnung der Marsupialien:

Prodidelphia. Urbeutler.

Gemeinsame Stammgruppe der Marsupialien und Placentalien.

Marsupialien mit completem omnivoren oder insectivoren Gebiss von primitiver Structur: Zähne zahlreich (60—80), in der vorderen Kieferhälfte einfach, wenig differenzirt, in der hinteren trituberat. Eckzähne und Mahlzähne meist zweiwurzelig. Das Gebiss ist aus Zähnen beider Dentitionen zusammengesetzt (der lactealen und der lingualen Serie).

Die Ordnung der Urbeutler oder *Prodidelphia* wird durch jene wichtige Gruppe von ausgestorbenen Säugethieren gebildet, welche wir für die gemeinsame Stammgruppe aller viviparen Mammalien halten (vergl. § 358). Einerseits haben sich aus dieser mesozoischen Stammgruppe alle übrigen Marsupialien entwickelt (zunächst die *Polyprotodontien*); anderseits die ältesten Placentalien (zunächst die *Prochoriaten* oder *Mallotherien*). Die Prodidelphien selbst sind aus einem Zweige der Pantotherien (zunächst der *Triconodontia*, § 376) hervorgegangen; sie stehen diesen so nahe, dass sie eine unmittelbare Verbindungsbrücke von den Monotremen zu den Marsupialien und Placentalien herstellen. Dass diese connectente Brücke während der Mesolith-Aera durch zahlreiche ausgestorbene Zwischenstufen hergestellt wurde, kann nicht bezweifelt werden; leider sind uns aber die fossilen Ueberreste derselben nur sehr spärlich bekannt, meistens nur einzelne Unterkiefer. Nach den geringfügigen Unterschieden in deren Bezahnung können wir als drei Familien unterscheiden die *Peragoniden*, *Amphitheriden* und *Amblotheriden*.

Die vergleichende Anatomie und Ontogenie der drei Subclassen der Mammalien füllt die grossen Lücken der Palaeontologie in dieser wichtigen Gruppe grossentheils aus und gestattet uns folgende Hypothesen über die Beschaffenheit dieser ältesten viviparen Säugethiere, sowie über ihre Entstehung aus triassischen oviparen Monotremen (Triconodonten): 1) Die Prodidelphien waren kleine, terrestrische Säugethiere mit kurzen Beinen, plantigraden fünfzehigen Füssen und Krallen an allen Zehen. 2) Den grössten Theil ihrer Organisation erhielten sie durch Vererbung von den Pantotherien-Ahnen (Triconodonten). 3) Dagegen entfernten sie sich von ihnen durch die Rückbildung des Coracoid und die Ausbildung von Zitzen an den Mammardrüsen, sowie 4) durch Uebergang von der oviparen zur viviparen Fortpflanzung; damit verknüpft war 5) Rückbildung des Nahrungsdotters in den Eiern, und 6) Uebergang von der discoidalen zur amphiblastischen Gastrulation. 7) Durch Ausbildung eines Perineum verlor sich die Cloakenbildung. 8) Im Gebiss war die wichtigste Veränderung der Uebergang von der triconodonten zur trituberaten (oder trituberularen) Bildung der Backzähne. 9) Mit vieler Wahrscheinlichkeit können wir endlich die Vermuthung aufstellen, dass die ältesten Prodidelphien einen completen Zahnwechsel und zwei successive ausgebildete Dentitionen besassen, eine erste lacteale und eine zweite, später diese verdrängende, labiale Zahnreihe. Diese Einrichtung vererbte sich von ihnen auf die *Prochoriaten*, die Stammformen der Placentalien, während bei den übrigen Marsupialien die zweite (linguale) Dentition rückgebildet wurde (mit einziger Ausnahme des III. Praemolaris), dagegen die erste (labiale) Zahnreihe sich zur bleibenden Dentur entwickelte.

Als Familie der Peragoniden können wir die hypothetische älteste Familie der *Prodidelphien* unterscheiden; ihre ursprüngliche Stammform, *Peragonium promarsupium*, entstand wohl schon zur Lias-Zeit aus einem Zweige der *Triconodonten*. Sie besass wahrscheinlich sehr zahlreiche Zähne, zwischen 70 und 80. Denn so hoch beläuft sich die Maximal-Zahl der gesammten Zähne, wenn man dieselbe in den einzelnen Zahngruppen ihrer zahlreichen Epigonen addirt; bei einigen bekannten Marsupialien finden sich *Incisores* 5, *Caninus* 1, *Praemolares* 6, *Molares* 8. Es wäre jedoch möglich, dass in einigen Fällen diese hohe Zahl durch eine secundäre Vermehrung der Zähne (wie bei Dasypodinen und Delphinen) bedingt war; mehr wahrscheinlich ist es, dass verschiedene Zähne der II. Dentition in die Serie der I. eintraten (gleich dem III. Praemolaris). Bei den meisten fossilen Marsupialien, die wir zu den Prodidelphien rechnen, ist jene hohe Zahl schon reducirt: die Amphitheriden zeigen Incisores 3—4, Caninus 1, Praemolares 5—6 (selten 4), Molares 8 (oder 7—6); in maximo also 18 Zähne in jeder Kieferhälfte; zusammen 72. Ihre Molaren sind typisch »trituberculár«, ohne Leisten. Dagegen bilden sich Leisten aus bei den Amblotheriden, deren Maximal-Dentur 68 Zähne zeigt, mit der typischen Formel $\frac{4.1.4.8}{4.1.4.8}$; oft sind nur 60—64 (3 Incisoren, 7 Molaren) vorhanden. Viele Unterkiefer dieser *Prodidelphien* sind im mittleren und oberen Jura von England (neuerdings auch von Nord-America) gefunden worden: Ein Theil derselben schliesst sich eng an die *Triconodonten* an, ein anderer Theil an die *Polyprotodonten*.

§ 382. Zweite Ordnung der Marsupialien: **Polyprotodontia (= Zoophaga). Raubbeutler.**

Hauptgruppe der modernen, fleischfressenden Beutler.

Marsupialien mit completem carnivoren Gebiss von typischer Structur: Schneidezähne zahlreich, klein und schwach, oben 5 oder 4, unten 4 oder 3 jederseits; Eckzahn oben und unten gross, konisch, gebogen; Lückenzähne klein, einfach, meist zahlreich, verschieden von den trituberaten Mahlzähnen. Die meisten Zähne gehören der lactealen, einzelne der lingualen Serie an.

Die Ordnung der Zoophagen oder *Polyprotodontia* umfasst die Gruppe der fleischfressenden Beutelthiere der Gegenwart, sowie eine geringe Anzahl von ausgestorbenen, nahe verwandten Formen. Sie schliesst sich unmittelbar an die Stammgruppe der Prodidelphien, und zwar an die älteren *Amphitheriden* an, aus denen sie wahrscheinlich hervorgegangen ist. Ihr Gebiss ist complet, ähnlich dem der vorigen, aber meistens in höherem Grade der Fleischnahrung angepasst. Die Incisoren sind klein und zahlreich; der Caninus gross, konisch gebogen, dem der Carnassier ähnlich; wie bei diesen greift der untere Caninus in eine Lücke zwischen oberem Caninus und oberem äusseren Incisor. Die älteren Zoophagen haben oben 5, unten 4 Incisores; die jüngeren einen weniger. Die Zahl der Praemolares beträgt meistens 3, wechselt aber zwischen 2 und 5 in jeder Kieferhälfte; die der Molares zwischen 4 und 6 (meistens 4). Die Praemolaren sind vorn klein, einfach; sie nehmen nach hinten an Grösse zu. Die Molaren sind vorwiegend trituberculär, mit 2 oder 3 quergestellten Wurzeln; von ihren 3 Kegelspitzen ist die eine im Oberkiefer nach innen, im Unterkiefer nach aussen gerückt.

Wir unterscheiden unter den Zoophagen drei Familien, von denen zwei auf Australien beschränkt sind (*Myrmecobiida* und *Dasyurida*). Die dritte Familie, Didelphyida, findet sich lebend nur in America; in der Tertiär-Zeit war sie auch in Europa nicht selten (*Didelphys Cuvieri* im Eocaen von Paris). Ihr Gebiss ist sehr zahlreich (48 bis 60 Zähne); die meisten haben 54 Zähne: $\frac{5 \cdot 1 \cdot 4 \cdot 4}{4 \cdot 1 \cdot 4 \cdot 4}$. Ihr langer Wickelschwanz ist beschuppt, der Hinterdaumen opponibel. Unter den lebenden Marsupialien scheinen die Didelphyiden die älteste Gruppe darzustellen, welche sich am wenigsten von der Stammgruppe der Prodidelphien entfernt hat. Die beiden anderen Familien haben einen Incisor weniger, und der Hinterdaumen ist nicht opponirbar. Die Myrmecobiiden (mit 5 oder 6 Molaren) sind kleine Insectenfresser. Bei den Dasyuriden (und den nahe verwandten Perameliden, mit 4 Molaren) ist das carnivore Gebiss am meisten ausgebildet. Hierher gehört der grösste lebende Zoophage, *Thylacinus cynocephalus*, von der Statur des Wolfes; eine diluviale Art (*Th. spelaeus*) war noch stärker.

§ 383. Dritte Ordnung der Marsupialien:

Diprotodontia (= Phytophaga). Krautbeutler.

Hauptgruppe der modernen, pflanzenfressenden Beutler.

Marsupialien mit incompletem, meist herbivorem Gebiss von differenzirter Structur; Schneidezähne nur ein sehr grosser in jeder Kieferhälfte (— oben meist noch ein oder zwei kleinere —); Eckzähne unten fehlend

(— oben oft ein kleiner —); Lückenzähne gross, wenig zahlreich, meistens den tetragonodonten Mahlzähnen ähnlich; der letzte Praemolar oft sehr gross, schneidend.

Die Ordnung der Phytophagen oder *Diprotodontia* enthält die formenreiche Gruppe der pflanzenfressenden Beutelthiere der Gegenwart, sowie eine Anzahl von eigenthümlichen, ausgestorbenen Formen der Diluvialzeit; sowohl die ersteren als die letzteren sind ausschliesslich auf Australien beschränkt. Wahrscheinlich ist diese Ordnung polyphyletisch aus der vorigen hervorgegangen, vielleicht auch theilweise direct aus Zweigen der *Prodidelphien*. Im Gegensatze zu den fleischfressenden *Polyprotodontien* ist bei diesen pflanzenfressenden *Diprotodontien* das Gebiss incomplet und stark differenzirt. Im Unterkiefer steht immer nur ein einziger, sehr grosser Incisor, meistens mehr oder weniger horizontal geneigt. Auch im Oberkiefer zeichnet sich der erste (innere) Incisor durch besondere Stärke aus; meistens stehen aber dahinter noch ein oder zwei kleine Incisoren. Der Caninus fehlt unten allgemein; oben ist meistens noch ein kleines Rudiment erhalten. Von Praemolaren ist meistens nur 1 erhalten, seltener 2 oder 3; sie sind gewöhnlich den Molaren ähnlich, bisweilen eigenthümlich differenzirt. Die Molaren sind gewöhnlich vier (selten weniger), mit cubischer Krone und platter Kaufläche, auf welcher 2 Paar Höcker oder 2 Querjoche stehen (»Quadritubercular-Typus«).

Unter den Phytophagen können sechs Familien unterschieden werden. Von diesen schliessen sich die Carpophagen oder *Phalangistiden* zunächst an die Polyprotodontien an. Wie bei den Didelphyiden, welche eine ähnliche kletternde Lebensweise auf Bäumen führen, ist der Hinterdaumen opponibel, der Schwanz ein langer Wickelschwanz. Eine sehr eigenthümliche Familie sind die Löwenbeutler (Thylacoleonida), nur bekannt durch eine einzige fossile Art, *Thylacoleo carnifex*, von der Grösse des Löwen, aus dem Diluvium von Australien. Der Schädel ist rundlich, katzenartig, mit mächtigem Jochbogen. Die kurzen, hohen Kiefer tragen jederseits nur zwei gewaltige Zähne, vorn einen spitzen, dreiseitig-pyramidalen Incisor, dahinter einen colossalen Praemolaris (IV), mit scharfer, langer Schneide und innerer Abkauungsfläche. Die übrigen Zähne (2 kleine, vordere Praemolaren, 1 kleiner Molar und oben 2 kleine Incisoren) sind rudimentär. Die Füsse trugen gewaltige, krumme Krallen. Obwohl dieser löwenähnliche Beutler wahrscheinlich ein gewaltiges Raubthier war, erscheint er doch nächstverwandt den Hypsiprymniden oder Känguruh-Ratten, kleinen, springenden Phytophagen mit verlängerten Hinterbeinen. Auch bei diesen ist nur ein einziger Praemolar entwickelt und durch colossale Grösse ausgezeichnet; seine

Seitenflächen sind vertical gerieft und erinnern an die ähnliche Bildung der Allotherien-Form *Plagiaulax*; doch sind die 4 Molaren (mit cubischer Krone und 2 Paar Höckern) sehr verschieden.

Die Kängurubs, Macropoda oder *Halmaturida*, sind die grössten unter den lebenden Marsupialien, gleich den Hypsiprymniden ausgezeichnet durch sehr verlängerte Hinterbeine, an denen die IV. Zehe ausserordentlich stark ist, die V. etwas schwächer, dagegen III. und II. verkümmert, ihre Haut verwachsen. Der Hinterdaumen ist rückgebildet. Die mächtigen Hinterfüsse dienen nebst dem sehr langen und starken Schwanze zum Springen. Dagegen sind die kleinen, fünfzehigen Vorderfüsse sehr schwach entwickelt. Der grösste Zahn ist der untere, kantige Incisor, welcher fast horizontal vorspringt; er ist durch eine lange Lücke von den Backenzähnen getrennt, die 2 Querjoche zeigen. Ein ähnliches Gebiss besitzen die diluvialen Nototherida oder *Diprotodontida* (s. rest.!), wegen ihrer plumpen Füsse auch *Barypoda* genannt; schwerfällige Grasfresser von der Grösse des Rhinoceros; der Schädel von *Diprotodon australis* erreichte 1 m Länge. Etwas kleiner war *Nototherium Mitchellii*, welches sich in mancher Hinsicht *Phascolomys* nähert. Diese Gattung, die einzige Vertreterin der Phascolomyida oder *Rhizophaga*, zeichnet sich vor den übrigen Marsupialien durch die Entwickelung eines typischen Rodentien-Gebisses aus: $\frac{1 \cdot 0 \cdot 1 \cdot 4}{1 \cdot 0 \cdot 1 \cdot 4}$. In jeder Kieferhälfte steht nur ein einziger grosser Incisor, ein echter Nagezahn, der nur aussen von Schmelz bedeckt ist. Dann folgt nach einer langen Lücke 1 kleiner Praemolar und 4 prismatische Backzähne, die 2 Querjoche tragen. Unter den fossilen Formen erreichte *Ph. gigas* die Grösse des Tapir. Der Vergleich mit dem Nagethier-Gebiss ergiebt ein auffälliges Beispiel von Convergenz.

§ 384. Dritte Subclassse der Säugethiere:

Placentalia. Zottenthiere.

Epitheria. Eutheria. Monodelphia. Mammalia choriata.

Hauptgruppe der modernen choriaten Säugethiere.

Vivipare Mammalien mit Placenta, mit Perineum, ohne permanente Cloake. Serolemma in eine Zottenhaut (Chorion) verwandelt, mit hohlen Zotten, in welche Allantois-Gefässe hineinwachsen. Eier klein, ohne gesonderten Nahrungsdotter; Furchung total, mit Bildung einer Epigastrula. Mammae mit Zitzen. Beutelknochen fehlen. Schultergürtel ohne autonomes Coracoid, oft auch ohne Clavicula.

Die Subclasse der Zottenthiere oder *Placentalien* (— auch als *Monodelphien*, *Choriaten* oder *Epitherien* bezeichnet —) umfasst die dritte, jüngste und höchst entwickelte Hauptgruppe der Säugethiere; hierher gehört der weitaus grösste Theil derselben, jene umfangreichen und vielseitig differenzirten Ordnungen, welche erst während der Tertiär-Zeit in grösster Mannichfaltigkeit zu vollkommener Ausbildung gelangten. Da aber schon im Beginne der Caenolith-Aera — in der ältesten Eocaen-Zeit — mehrere verschiedene Hauptgruppen von Placentalien differenzirt erscheinen, ist es höchst wahrscheinlich, dass die Entstehung dieser Subclasse, ihre Abzweigung von den mesozoischen Marsupialien-Ahnen, schon in der vorhergehenden Kreide-Periode stattfand. Es ist selbst möglich, dass einige von den unvollständig bekannten Mammalien-Resten der Kreide-Zeit — oder sogar der Jura-Periode —, welche wir zu den Marsupialien rechnen (z. B. *Amphitheriden*, *Amblotheriden*), schon echte Placentalien waren.

Mit den *Marsupialien*-Ahnen theilen die *Placentalien* noch folgende wichtige, durch Vererbung von ihnen erhaltene Eigenschaften, welche den älteren *Monotremen*-Ahnen fehlten: I. Mangel des Coracoid und der Interclavicula als selbständiger Skelettheile; II. Mangel der Cloake und Ausbildung des Perineum zwischen After und Sinus urogenitalis; III. Einmündung der Harnleiter in die Harnblase, aus welcher der Urogenital-Sinus sich in die Penisröhre fortsetzt (Harnsamenrohr); IV. Bildung von Zitzen an den Milchdrüsen; V. Mangel eines getrennten Nahrungsdotters und einer festen Schale an den Eiern, welche sehr klein sind und sich im Uterus entwickeln; VI. totale Furchung der Eier und Bildung einer Epigastrula.

Dagegen erheben sich die Placentalien über ihre beiden Ahnen-Gruppen, die Marsupialien und Monotremen, durch folgende bedeutungsvollen Fortschritte: I. Ausbildung des Chorion und der Placenta; das Serolemma bedeckt sich an der Aussenfläche mit Zotten (Choriomalli), welche in Vertiefungen der Uterus-Mucosa hineinwachsen; die Bindegewebsschicht der Allantois dringt mit den Aesten ihrer Umbilical-Gefässe in diese Zotten ein und gestaltet sie zu wichtigen Ernährungs-Organen des Embryo. II. Die Beutelknochen (Ossa marsupialia s. Epipubes), welche bei allen Monotremen und Marsupialien vorn an der Schambein-Symphyse des Beckens aufsitzen, gehen bei den Placentalien ganz verloren oder erhalten sich nur selten in schwachen Rudimenten. III. Das Gehirn der Placentalien erreicht eine viel höhere Ausbildungsstufe als dasjenige der Marsupialien und Monotremen; insbesondere zeichnen sich die jüngeren Gruppen dieser Subclasse durch die starke Entwickelung des Corpus callosum und des grauen Hirnmantels an den grossen Hemisphären aus.

Der Reichthum an verschiedenen, mannichfaltig und hoch organisirten Formen ist im Uebrigen bei den Placentalien so gross, dass weitere allgemeine, allen Gliedern der Subclasse eigenthümliche Merkmale nicht angegeben werden können. Die Anpassung an sehr verschiedene Lebens-Bedingungen und die entsprechend mannichfaltige Thätigkeit der Organe erzeugt hier so grosse Differenzen, wie sie bei keiner anderen Subclasse der Wirbelthiere gefunden werden. Trotzdem dürfen wir die ganze Gruppe der Placentalien monophyletisch auffassen, da die ältesten Repräsentanten aller Legionen sich bis zur Berührung nähern und auf eine gemeinsame Stammgruppe hinweisen, auf die cretassische Legion der *Mallotherien* oder *Prochoriaten*.

Das Gebiss der Placentalien war schon bei dieser Stammgruppe diphyodont und hatte wahrscheinlich schon bei den ältesten Formen, den Mallotherien, die typische Zahl von 44 Zähnen erreicht, nach der bekannten Formel $\frac{3.1.4.3}{3.1.4.3}$ (vielleicht auch 48, da ursprünglich 4 Molaren hinten standen). Rechnet man dazu noch die 32 Zähne des Milchgebisses, so steigt die Gesammt-Anzahl der Zahn-Anlagen auf 76 bis 80 — genau so viel, wie wir auch für die *Peragoniden* angenommen haben, die ältesten *Prodidelphien* (als gemeinsame Vorfahren der *Marsupialien* und *Placentalien*). Die zahlreichen verschiedenen Formen des Gebisses, durch mannichfaltige Anpassung an verschiedene Nahrung und Lebensgewohnheiten innerhalb des Placentalien-Stammes entwickelt, sind äusserst werthvoll zur Characteristik der Ordnungen.

Die phylogenetische Classification der zahlreichen Ordnungen der Placentalien ist eine ebenso interessante und wichtige als schwierige und verwickelte Aufgabe. Nach unserer Ansicht wird deren Lösung dadurch sehr erleichtert, dass zunächst die wenigen grösseren Gruppen, die wir Legionen nennen, scharf characterisirt und umgrenzt werden; gleichviel ob dieselben natürliche monophyletische Zweige des Stammbaumes, oder ob sie morphologische, bezüglich des Ursprungs aber vielleicht polyphyletische Einheiten darstellen. Wir haben in unserem System der Placentalien (§ 385) die 26 Ordnungen dieser Subclasse auf 8 solche Legionen vertheilt und stellen uns die Stammverwandtschaft derselben, sowie ihren Ursprung aus der gemeinsamen Stammgruppe der *Prochoriaten* (= *Mallotherien*) ungefähr so vor, wie der Stammbaum in § 386 zeigt. Für die Characteristik dieser Legionen verwenden wir in erster Linie die Bildung und Bewaffnung der Gliedmaassen, in zweiter Linie die Differenzirung des Gebisses. Dagegen kommt die besondere Bildung des Gehirns und der Placenta erst in dritter und vierter Linie in Betracht, da sie innerhalb der Legionen stark abgestuft erscheint und nur zur Characteristik der Ordnungen theilweise verwendbar ist.

§ 385. System der Placentalien.

Legionen	Character	Ordnungen	Stammfamilien
I **Procheriata** (*Mallotheria*) Ursottenthiere Stammgruppe aller Placentalien	Falculate Zehen, kurze Gehbeine. Gebiss complet, primitiv, insectivor oder omnivor	1. **Bunotheria** + 2. **Idotheria** +	*Ictopsales* + *Esthonychales* + *Condylarthrales* + *Lemuravales* +
II. **Trogontia** (*Trogotheria*) Nagethiere Nagende Specialisten	Falculate Zehen, meistens Laufbeine, seltener specialisirt. Gebiss meist ohne Canini, stets mit Nager-Incisores	1. **Tillodontia** + 2. **Typotheria** + 3. **Rodentia** V	*Esthonychida* + *Protypotherida* + *Prolagomorpha* +
III. **Edentata** (*Paratheria*) Zahnarmthiere Grabende Specialisten	Falculate Zehen, meist kurze starke Grabfüsse, selten Kletterfüsse. Gebiss sehr reducirt, meist ohne Incisores und Canini	1. **Manitheria** V (Nomarthra) 2. **Bradytheria** V (Xenarthra)	*Palamanida* ⊙ *Entelopsida* +
IV. **Ungulata** (*Chelotheria*) Hufthiere Herbivore, gut laufende Specialisten	Ungulate Zehen, lange Laufbeine (meistens sehr specialisirt) Gebiss herbivor, bald complet, bald ohne Incisores und Canini	1. **Condylarthra** + 2. **Hyracea** V 3. **Liopterna** + 4. **Proboscidea** V 5. **Amblypoda** + 6. **Perissodactyla** V 7. **Artiodactyla** V	*Protungulata* + *Palhyracea* ⊙ *Homalotherida* + *Aligontida* ⊙ *Pantolambdina* + *Hyracotherida* + *Pantolestida* +
V. **Cetomorpha** (*Cetotheria*) Walthiere Fischförmige Specialisten, marin	Exungulate Zehen, flossenförmige Schwimmfüsse. Gebiss meist reducirt, oder piscivor special.	1. **Sirenia** V 2. **Denticeta** V 3. **Mysticeta** V	*Archisirenes* + *Archidelphines* ⊙ *Archibalaenae* +
VI. **Carnassia** (*Sarcotheria*) Raubthiere Carnivore Specialisten	Falculate Zehen, lange Laufbeine (seltener Grabfüsse oder Schwimmfüsse) Gebiss complet, carnivor	1. **Insectivora** V 2. **Creodonta** + 3. **Carnivora** V 4. **Pinnipedia** V	*Ictopsida* + *Arctocyonida* + *Cynodictida* + *Archiphocida* ⊙
VII. **Volitantia** (*Pterotheria*) Flatterthiere Fliegende Specialisten	Falculate Zehen, lange Flugbeine, mit Flughaut. Gebiss complet, meist insectivor	1. **Dermoptera** V 2. **Chiroptera** V	*Patagiata* ⊙ *Pterocyna* V
VIII **Primates** (*Acmatheria*) Herrenthiere Generalisten mit Kletterbeinen, grossem Gehirn	Tegulate Zehen, lange Kletterbeine. Gebiss complet, meist omnivor oder frugivor	1. **Prosimiae** V 2. **Simiae** V 3. **Anthropi** V	*Pachylemures* + *Archipitheca* ⊙ *Pithecanthropi* ⊙

§ 386. Stammbaum der Placentalien.

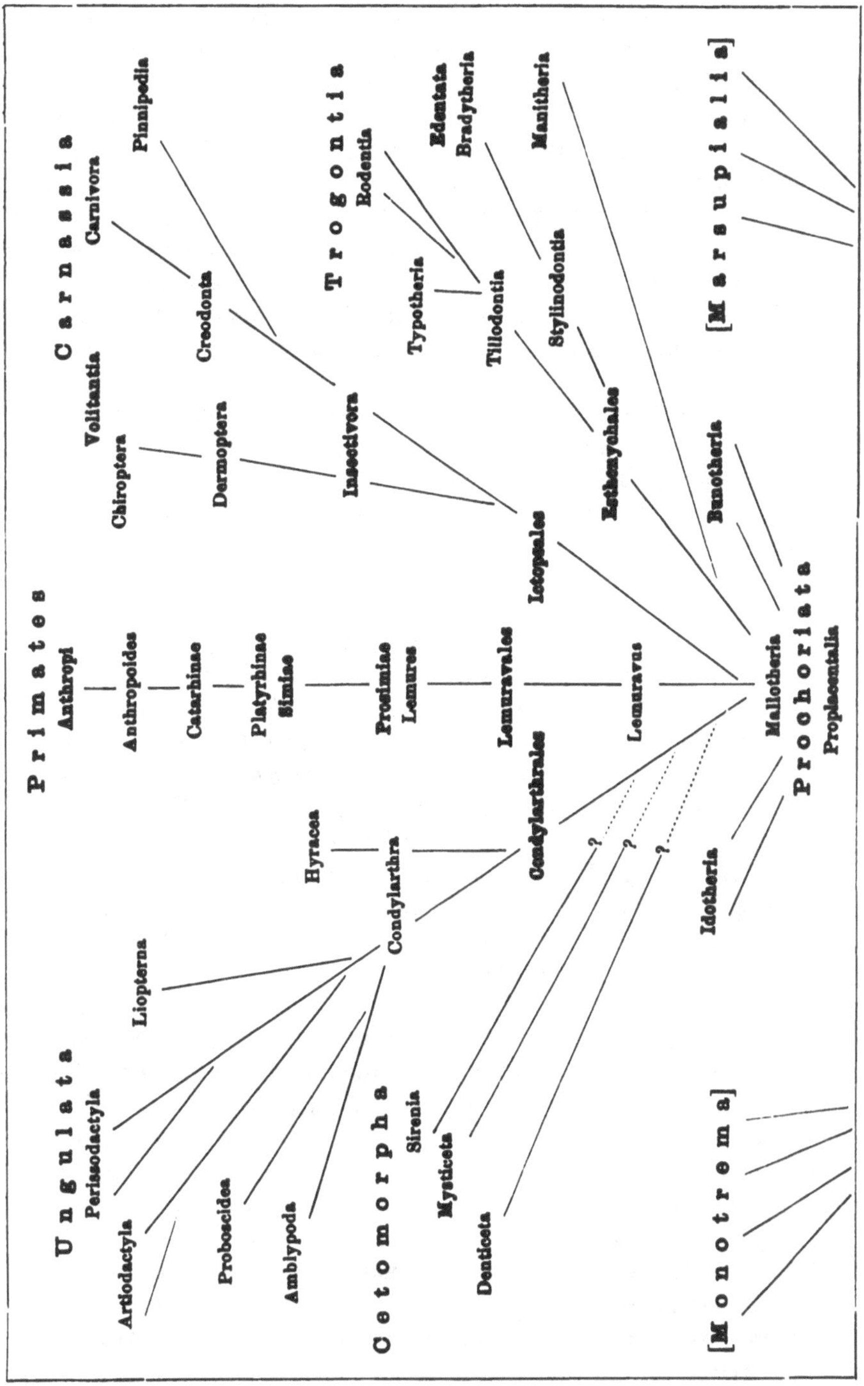

Als vier grosse natürliche Hauptgruppen der Placentalien betrachten wir die vier Legionen der Trogontien, Ungulaten, Carnassier und Primaten; sie haben sich wohl als vier divergente Stämme aus der gemeinsamen Stammgruppe der Prochoriaten entwickelt; ihre vier Stammformen sind entsprechend die *Esthonychales*, *Condylarthrales*, *Ictopsales* und *Lemuravales* (§ 388). Von den drei übrigen, mehr abweichenden Legionen nehmen wir vorläufig an, dass die Edentaten aus den *Stylinodontien* entstanden sind, einem alten Zweige der *Tillodontien* (der Stammgruppe der Trogontien). Die Volitantien leiten wir von einem alten Zweige der *Insectivoren* ab, der Stammgruppe der Carnassier. Am dunkelsten ist der Ursprung der Cetomorphen (oder der *Cetaceen* im weiteren Sinne). Jedenfalls stammen diese pisciformen Meerbewohner von älteren terrestrischen Placentalien ab, wahrscheinlich theilweise von *Ungulaten* (die Sirenien), theilweise von *Carnassiern* (die Denticeten und Mysticeten). Die Cetaceen, deren Aehnlichkeit auf Convergenz beruht, scheinen eine triphyletische Legion zu bilden, ebenso wie die Edentaten eine diphyletische Gruppe.

Falculate Placentalien, welche an den Endgliedern der Zehen Krallen tragen, sind (im Grossen und Ganzen betrachtet!) die fünf Legionen der *Prochoriaten*, *Trogontien*, *Edentaten*, *Carnassier* und *Volitantien*. Ungulate Placentalien, mit Hufen an den Zehen, sind alle sieben Ordnungen der umfangreichen *Ungulaten*-Legion, ausserdem aber auch einige Trogontien und Edentaten. Exungulate Placentalien sind die drei Ordnungen der *Cetomorphen*; sie haben bei der Umbildung der Gehfüsse zu Schwimmfüssen die Krallen oder Hufe ganz eingebüsst. Tegulate Placentalien endlich sind die *Primaten*; sie tragen entweder an allen Fingern und Zehen Nägel (die Mehrzahl der Affen und der Mensch) oder doch an einem Theile derselben (Arctopitheken und Halbaffen).

Die Placenta, deren verschiedene Form und Structur vor dreissig Jahren als ein sehr werthvolles Merkmal zur natürlichen Classification der Placentalien galt, hat diese taxonomische Bedeutung durch die neueren Untersuchungen zum grössten Theil eingebüsst. Wir müssen jetzt annehmen, dass alle älteren Placentalien eine Malloplacenta indeciduata besassen, und dass die verschiedenen Formen der deciduaten Placenta (Zona, Domus, Discus) sich polyphyletisch in den jüngeren Gruppen der verschiedenen Legionen und Ordnungen entwickelt haben. Für die Systematik der fossilen Säugethiere, von deren Placenta wir Nichts wissen, ist sie ohnehin nicht zu verwerthen. Für deren Beurtheilung ist fast ausschliesslich maassgebend die Morphologie des Skeletes.

§ 387. Erste Legion der Placentalien: Prochoriata (= Mallotheria). Urzottenthiere.

Cretassische Stammgruppe aller Zottenthiere.

Placentalien mit insectivorem oder omnivorem Gebiss und krallentragenden Füssen, von primitiver, an die Marsupialien anschliessender Organisation. Gebiss complet, vollzählig, meist mit 44 (oder ursprünglich 48) Zähnen, wenig differenzirt; am meisten dem der primitiven Insectivoren ähnlich. Clavicula vorhanden. Gliedmaassen kurz und stark, mit completem primitiven Skelet. Füsse plantigrad, fünfzehig, mit hufähnlichen stumpfen Krallen bewaffnet.

Die Legion der Prochoriaten oder *Mallotherien* stellen wir für die wichtige Gruppe der ältesten Placentalthiere auf; jener ancestralen Stammgruppe, welche in der Kreide-Periode und der ältesten Tertiär-Zeit lebte, und von welcher wir alle Legionen und Ordnungen derselben als divergente Aeste ableiten. Die auffällige Uebereinstimmung in der ganzen Organisation der ältesten bekannten (untereocaenen) Vertreter der verschiedensten Placentalien-Gruppen ist so gross, dass wir dieselben kaum auseinanderhalten können, und dass wir gerade desshalb eine monophyletische Descendenz der ganzen Subclasse annehmen müssen (vergl. § 358). Der Ursprung dieser ancestralen *Mallotherien* ist unter den älteren mesozoischen Beutelthieren zu suchen, den *Prodidelphien* der Jura- und Kreide-Periode, und zunächst in den Amblotheriden. Die meisten fossilen Reste, welche uns zur Aufstellung der Prochoriaten-Legion berechtigen, sind erst im Laufe des letzten Decenniums in den untersten, der Kreide aufliegenden Eocaen-Schichten von Europa und Nord-America aufgefunden worden; und zwar bilden die Hauptfundstätten erstens die Puerco-Schichten in Neu-Mexico (1888) und zweitens die Cernays-Schichten bei Reims in Frankreich (1891). Die auffallenden Aehnlichkeiten, welche diese beiden ältesten Faunen der Caenolith-Aera in der ganzen Zusammensetzung und in dem eigenthümlichen primitiven Character zeigen, führen uns zu der Annahme, dass die ganze nördliche Erdhälfte im Beginn der Tertiär-Zeit (und wohl schon in der jüngeren Kreide-Zeit) von einer ziemlich einförmigen Placentalien-Gruppe bevölkert war; und dass diese Prochoriaten, hervorgegangen aus Prodidelphien, die gemeinsame Stammgruppe der ganzen Subclasse der Placentalien darstellten.

Aus praktischen Gründen, und besonders um die Einsicht in den gemeinsamen Ursprung aller Placentalien aus dieser Stammgruppe zu erleichtern, haben wir im Folgenden die einzelnen Glieder derselben, welche wir als wirkliche Stammformen der einzelnen Legionen betrachten, bei diesen selbst aufgeführt. Wir hätten aber ebenso gut dieselben von ihren Epigonen trennen und hier vereinigt als Familien der Mallotherien aufführen können. Als solche wären etwa folgende zu unterscheiden, welche sämmtlich das gleiche typische Gebiss der Prochoriaten besitzen, mit 32 Milchzähnen und 44 Dauerzähnen, nach der ganz characteristischen Formel $\frac{3}{3}\cdot\frac{1}{1}\cdot\frac{4}{4}\cdot\frac{3}{3}$.

I. Familie: **Esthonychales**, unter der Bezeichnung *Esthonychida* oder *Architrogontia* als die Stammgruppe der Trogontien oder Nagethiere aufgeführt, und zwar zunächst der *Tillodontien*. Aus ihnen sind abzuleiten einerseits die *Stylinodontien*, als Ahnen der *Edentaten*, anderseits die *Tillotheriden*, als Vorfahren der Rodentien. Auch die eocaenen *Protypotherien*, die Stammformen der Typotherien, haben noch 44 Zähne und stehen den Esthonychiden sehr nahe.

II. Familie: **Condylarthrales**, als *Condylarthra* oder *Protungulata* für die Stammgruppe aller Ungulaten erklärt. Fast alle echten Condylarthren besitzen das complete typische Prochoriaten-Gebiss, mit 44 Zähnen; insbesondere die Phenacodonten, aus denen die *Perissodactylen*, und die Periptychiden, aus denen die *Artiodactylen* hervorgegangen sind. Aber dasselbe ist auch noch vorhanden bei den ältesten eocaenen Stammformen von zwei anderen Hufthier-Ordnungen, bei den Homalotheriden, den Ahnen der *Liopternen* (oder Toxodontien), und bei den Pantolambdinen, den Vorfahren der Amblypoden.

III. Familie: **Ictopsales**, als *Ictopsida* oder Procarnassia für die Stammgruppe aller Carnassier gehalten. Bei zahlreichen älteren Formen der Raubthiere ist noch das complete typische Prochoriaten-Gebiss zu finden, mit 44 Zähnen, so bei eocaenen Insectivoren (*Ictopsiden*; älteste Formen der Igel, *Neurogymnura*; der Rüsselmäuse, *Myogale*; der Maulwürfe, *Talpavus*); ferner bei den meisten Creodonten und selbst bei einigen älteren Formen der echten Carnivoren (*Amphicyon* u. A.). Da wir von diesen auch die Pinnipedien ableiten, und von den Insectivoren die Volitantien, so haben jene ältesten Procarnassier als die gemeinsamen Stammformen aller dieser Fleischfresser eine besondere Wichtigkeit.

IV. Familie: **Lemuravales**, als Pachylemures oder *Hyopsodina* unter den Lemuraviden aufgeführt, der Stammgruppe aller Primaten. Viele dieser alteocaenen *Prosimien* haben noch das complete typische Prochoriaten-Gebiss, so Lemuravus, Pelycodus, Hyopsodus u. A. Da von diesen ältesten Halbaffen nicht allein alle übrigen Prosimien, sondern auch die echten Affen und der Mensch abstammen, besitzt die Uebereinstimmung ihres Gebisses mit den drei übrigen Familien der Mallotherien ganz besondere Bedeutung.

Das Gebiss dieser vier verschiedenen Familien von Prochoriaten stimmt in sieben wichtigen Merkmalen überein: I. Die Dentur ist complet, vollzählig, mit 44 Zähnen (oder bei den ältesten 48); die typische Formel $\frac{3 \cdot 1 \cdot 4 \cdot 3}{3 \cdot 1 \cdot 4 \cdot 3}$. II. Die Zähne stehen alle in geschlossener Reihe oder sind nur durch unbedeutende Lücken getrennt. III. Die Zähne sind zwar deutlich differenzirt und in die vier typischen Gruppen gesondert; jedoch sind die Differenzen in Grösse und Form derselben noch unbedeutend und nicht so characteristisch wie in den einzelnen Ordnungen der Placentalien. IV. Die Schneidezähne sind einfach kegelförmig, spitz, wenig von den Eckzähnen verschieden. V. Die Eckzähne treten wenig aus der Reihe der ähnlichen Incisoren und Praemolaren hervor; jedoch ragt meistens der untere Caninus in eine Lücke zwischen dem oberen Caninus und dem letzten oberen Incisor hinein. VI. Die Praemolaren sind einfach, klein, kegelförmig; meistens nimmt ihre Grösse von vorn nach hinten zu und der letzte (vierte) Praemolar wird oft schon dem Molar ähnlich. VII. Die Molaren sind im Oberkiefer trituberat (oder »tritubercular«), im Unterkiefer trisectorat (oder »tritubercular-sectorial«); von den drei konischen Hügeln des Mahlzahnes stehen im Oberkiefer zwei am äusseren, einer am inneren Rande der Krone, im Unterkiefer umgekehrt; ausserdem sind unten die beiden inneren Spitzen durch einen scharfen Kamm verbunden, und am Hinterrande desselben tritt oft noch ein vierter Hügel auf (Talon).

Die Gliedmaassen besitzen bei allen diesen alt-eocaenen Prochoriaten noch sehr primitive Beschaffenheit, sind kurz und stark, mit fünfzehigen, plantigraden Füssen. Die Clavicula ist gut entwickelt. Der Humerus zeigt ein Foramen entocondylium und das Femur einen Trochanter tertius. Die beiden Zeugopodien sind im Unterarm und Unterschenkel wohl entwickelt, frei, nicht verwachsen. Der Carpus besitzt ein freies Centrale. Der Schädel ist niedrig und langgestreckt, die Kiefer stark, die Hirnhöhle sehr klein. Die Hemisphären des Grosshirns sind klein, glatt und bedecken das Kleinhirn nicht.

In allen diesen wichtigen Verhältnissen bekunden die angeführten vier Familien der Prochoriaten eine ganz primitive und generaliste Organisation und stimmen zugleich unter sich so sehr überein, dass man sie ohne Bedenken in einer einzigen Ordnung — Mallotheria — vereinigen könnte. Dies würde auch sicher geschehen sein, wenn alle ihre zahlreichen, so mannichfach differenzirten Epigonen unbekannt

§ 388. System der Prochoriaten (= Mallotherien) und ihrer placentalen Descendenten.

Ordnungen der Prochoriaten	Familien der Prochoriaten	Legionen der Placentalien	Ordnungen der Placentalien
I. Ordnung: **Bunotheria** oder *Mallotheria falculata* Endphalangen der Zehen schmal, seitlich comprimirt, meistens gekrümmt, aber an der Basis ohne Seitenböcker. Horndecke meistens in Form von scharfen Krallen, seltener von hufartigen Nägeln	**1. Ictopsales** (*Ictopsida* oder *Procarnassia*) als Stammgruppe der Carnassier; zunächst der *Insectivoren* und der von diesen abgeleiteten *Volitantien*	**1. Carnassia** (*Sarcotheria*) Zehen falculat, Beine lang, meistens zum Laufen	1. *Insectivora* 2. *Creodontia* 3. *Carnivora* 4. *Pinnipedia*
		2. Volitantia (*Pterotheria*) Zehen falculat, Beine zum Fliegen	1. *Dermoptera* 2. *Chiroptera*
	2. Esthonychales (*Esthonychida*) als Stammgruppe der Trogontien (*Tillodontia*) und der von diesen abgeleiteten Edentaten (*Aganodontia*)	**3. Trogontia** (*Trogotheria*) Zehen falculat, Beine meistens zum Laufen	1. *Tillodontia* 2. *Typotheria* 3. *Rodentia*
		4. Edentata (*Paratheria*) Zehen falculat, Beine meistens zum Graben	1. *Manitheria* (*Nomarthra*) 2. *Bradytheria* (*Xenarthra*)
II. Ordnung: **Idotheria** oder *Mallotheria unguicata* Endphalangen der Zehen breit, nicht seitlich comprimirt, meistens nicht gekrümmt, aber an der Basis mit Seitenhöckern. Horndecke meistens in Form von Hufen oder Nägeln, selten von stumpfen Krallen (bei den Cetomorphen rückgebildet)	**3. Condylarthrales** (*Protungulata*) als Stammgruppe der Ungulaten und der von diesen abgeleiteten Sirenien (vielleicht aller Cetomorphen?)	**5. Ungulata** (*Chelotheria*) Zehen ungulat, Beine zum Laufen, meistens lang und specialisirt	1. *Condylarthra* 2. *Hyracea* 3. *Liopterna* 4. *Proboscidea* 5. *Amblypoda* 6. *Perissodactyla* 7. *Artiodactyla*
		6. Cetomorpha (*Cetotheria*) Zehen exungulat, Beine zum Schwimmen	1. *Sirenia* 2. *Denticeta* 3. *Mysticeta*
	4. Lemuravales (*Lemuravida*) als Stammgruppe der Primaten, zunächst der Prosimien, sodann der Simien und der von diesen abstammenden Menschen	**7. Primates** (*Acmatheria*) Zehen tegulat, Beine zum Klettern	1. *Prosimiae* 2. *Simiae* 3. *Anthropi*

wären, und wenn nicht der phylogenetische Zusammenhang mit den vier Hauptgruppen dieser jüngeren Epigonen nachweisbar wäre. Die denkende Betrachtung dieser Doppelstellung der Prochoriaten — einerseits der nahen Verwandtschaft ihrer vier Familien, anderseits deren enger Beziehungen zu den divergenten Legionen und Ordnungen der Placentalien — führt uns zu klarer Einsicht in den cretassischen Ursprung des *Placentalien*-Stammes und macht eine monophyletische Descendenz desselben von einer Marsupialien-Gruppe (— den insectivoren *Amblotheriden*? —) höchst wahrscheinlich.

Die vier Familien der Prochoriaten könnten paarweise in zwei Ordnungen zusammengestellt werden, welche sich durch die Zehenbildung unterscheiden und directe phylogenetische Beziehungen zu den zwei Hauptgruppen der Placentalien besitzen: *Bunotheria* und *Idotheria*. Die Endphalangen der Zehen sind bei den ersteren schmal, seitlich comprimirt, mit Krallen versehen, bei den letzteren breit, dreieckig, mit Hufen oder Nägeln bedeckt.

Die Ordnung der Bunotherien (oder »Hügelthiere«) umfasst die beiden Familien der *Ictopsalen* und *Esthonychalen*, welche überwiegend *Falculata* sind, mit Krallen an den Zehen; ihre Endphalangen sind schmal, gekrümmt, seitlich zusammengedrückt, ohne Seitenhöcker. Die Familie der Ictopsalen enthält die Stammformen: 1) der Insectivoren, und 2) der von diesen abgeleiteten Carnassier und Volitantien. Aus der Familie der Esthonychalen sind die Tillodontien hervorgegangen, sowie die von diesen abgeleiteten Trogontien und Edentaten.

Die Ordnung der Idotherien (oder »Gipfelthiere«) begreift die beiden Familien der *Condylarthralen* und *Lemuravalen*; ihre Endphalangen sind breit, nicht gekrümmt, dreieckig, nicht seitlich comprimirt, mit basalen Seitenhöckern, zum Tragen von Hufen oder Nägeln geeignet (*Unguicata*). Zur Familie der Condylarthralen gehören die Stammformen der *Ungulaten* und der von diesen abgeleiteten Sirenien (vielleicht aller Cetomorphen?). Die Familie der Lemuravalen ist die Stammgruppe der *Primaten*, mit Inbegriff des Menschen.

§ 389. Zweite Legion der Placentalien:

Trogontia (= Trogotheria). Nagethiere.

Monophyletische Gruppe der falculaten Placentalien mit incompletem Nager-Gebiss.

Placentalien mit Pronal-Gebiss, ausgezeichnet durch grosse, wurzellose, nur theilweise mit Schmelz bekleidete Schneidezähne. Eckzähne klein oder fehlend. Back-

zähne bunodont oder prismodont, oft wurzellos. Clavicula meist stark (selten rückgebildet). Gliedmaassen meistens kurze Gangbeine mit plantigraden fünfzehigen Füssen, selten reducirt oder specialisirt. Zehen gewöhnlich mit Krallen, selten mit Halbhufen oder Hufen.

Die Legion der Trogontien oder *Trogotherien* (der Nagethiere im weiteren Sinne!) umfasst in der hier versuchten Zusammenstellung drei verschiedene Ordnungen: 1) die *Rodentien*, die eigentlichen »Nagethiere« der Gegenwart (im engeren Sinne!); 2) die ausgestorbenen, alt-tertiären *Tillodontien* von Nord-Amerika, und 3) die ausgestorbenen, tertiären *Typotherien* von Süd-Amerika. Die beiden letzteren Ordnungen, die erst neuerdings näher bekannt geworden sind, werden jetzt gewöhnlich zu den Hufthieren gestellt, denen sie in manchen Beziehungen nahezustehen scheinen. Allein den echten Ungulaten (auch schon der Stammgruppe: *Condylarthra* —) fehlt stets die Clavicula, während diese bei allen drei Ordnungen der *Trogotherien* wohl entwickelt ist, wenn auch in einzelnen Gattungen rückgebildet. Auch der allgemeine Character des Skelet-Baues, und namentlich der Zygomelen, nähert sich sowohl bei den *Tillodontien* als bei den *Typotherien* mehr demjenigen der Rodentien, als dem der Ungulaten. Wir fassen die besonderen Aehnlichkeiten, die einige Trogotherien mit letzteren zeigen, als Convergenz-Erscheinungen auf. Dagegen scheinen uns die phylogenetischen Beziehungen der beiden fossilen Trogotherien-Ordnungen zu den lebenden Rodentien sehr innige und wichtige zu sein, soweit sie überhaupt bei unserer unvollständigen Kenntniss der ersteren beurtheilt werden können. Wir betrachten die älteren Tillodontien (— und unter ihnen die alt-eocaenen *Esthonychiden* —) als die gemeinsame Stammgruppe aller Nagethiere; sie steht den *Prochoriata* (§ 387) noch so nahe, dass sie mit den primitiven *Bunotheria* (§ 388) vereinigt, und dass sogar *Esthonyx* selbst, wegen seines Igel-ähnlichen Gebisses, zu den *Insectivoren* gestellt wurde. Aus diesen älteren Tillodontien haben sich wahrscheinlich einerseits die *Protypotheria* entwickelt, als Stammformen der Typotherien, anderseits die *Prolagomorpha*, als Stammformen der Rodentien.

Der gemeinsame Character aller Trogotherien liegt vor Allem in dem Umstande, dass einerseits der gesammte Körperbau, und namentlich die Bildung des Gehirns und der Gliedmaassen, eine sehr ursprüngliche Bildung bewahrt, während anderseits das trogodonte Gebiss durch die besondere Ausbildung der Schneide- und Mahlzähne, sowie die Rückbildung der Eckzähne und oft auch der Lückenzahne, eigenthümlich specialisirt erscheint. Ueberall zeichnet sich in jeder Kieferhälfte ein hypertrophischer Schneidezahn durch excessive Entwickelung aus; derselbe verliert die ursprüngliche Wurzel und wächst unten immerwährend fort, während seine Pulpahöhle offen bleibt und während seine Krone oben meisselförmig zugeschärft wird. Die »Meisselbildung« dieses starken »Nagezahns« (*Trogonodon*) wird dadurch bewirkt, dass der Schmelzüberzug nur an der Vorderseite der Krone erhalten bleibt und sich verdickt, während er an der Hinterseite verschwindet. Da das weichere Dentin hier sich rascher abnutzt, als der härtere Schmelz, bleibt die meisselartige Schneide beständig scharf und zum Nagen der härtesten Pflanzentheile geeignet. Nur bei den ältesten Formen der Trogotherien, bei *Esthonychiden* und *Protypotherien*, sind oben und unten noch alle 3 *Incisoren* vorhanden, relativ klein und wenig differenzirt. Bei allen übrigen Familien der Legion wird wenigstens 1 Schneidezahn rückgebildet und von den beiden übrigen wächst der eine viel stärker als der andere. Bei den meisten Trogotherien — vielleicht allgemein! — verwandelt sich der zweite ursprüngliche Incisor in den Nagezahn, während der I. und III. rückgebildet werden. Bei den *Rodentien* kommt fast allgemein nur dieser eine Incisor zur Entwickelung, während I. und III. verschwunden sind. Nur die Hasen (*Lagomorpha*) machen hier eine interessante Ausnahme, indem oben noch ein kleiner Incisor (III.) neben dem grossen (II.) erhalten bleibt und hinter denselben rückt (ähnlich wie bei *Tillotherium*); bei den jungen Hasen erscheinen sogar im Milchgebiss noch alle 3 Incisoren.

Im Gegensatze zu dieser excessiven Ausbildung der Incisoren (die in ähnlicher Weise sich auch bei einigen Ungulaten, Marsupialien und Monotremen wiederholt) steht bei den Trogotherien die Rückbildung der Eckzähne. Diese sind nur noch bei den *Tillodontien* und den älteren *Protypotherien* erhalten, immer klein und schwach; bei den jüngeren *Typotherien* und allen *Rodentien* sind sie ganz verschwunden. Sehr mannichfaltig ist die Differenzirung der Backzähne. Die ursprüngliche Siebenzahl (4 Praemolaren, 3 Molaren) ist in jeder Kieferhälfte noch erhalten bei den ältesten Formen der Tillodontien (*Architrogontia*) und der Typotherien (*Protypotheria*); diese zeichnen sich auch durch eine ganz geschlossene Zahnreihe aus. Manche älteren Tillodontien (*Esthonychida*) und einige von den ältesten Rodentien (*Paramys*, *Arctomys*) haben noch sehr primitive, der der Insectivoren ähnliche Bildung der Backzähne; die oberen sind trigonodont (oder tritubercular), die unteren lophodont (oder tritubercular-sectorial); die vorderen Praemolaren sind kleiner und einfacher gebaut als die hinteren und die Molaren. Bei den den meisten übrigen Trogotherien werden die Backzähne stark reducirt und specialisirt. Fast immer verschwindet der erste Praemolar, häufig auch noch der II. und III.; die Myomorphen haben sogar alle Praemolaren verloren. Gewöhnlich nehmen die Praemolaren und die Molaren die gleiche Beschaffenheit an, verlieren ihre Wurzeln und werden zu hohen prismatischen Zähnen mit offener basaler Pulpahöhle und queren Schmelzfalten. Die Umbildung der brachyodonten bewurzelten in die hypsodonten wurzellosen Backzähne erfolgt in den verschiedenen Gruppen der Rodentien in paralleler Stufenfolge. Zuletzt werden (bei den jüngeren *Rodentien* und den meisten *Typotherien*) alle Backzähne hohe Prismen mit offener Basis. Zugleich wird die Zahl der Backzähne reducirt, auf 5 oder 4 in jeder Kieferhälfte; bei den *Myomorphen* sind nur 3 erhalten, bisweilen sogar nur 2 (die beiden ersten Molaren).

Das Kiefergelenk und die specielle Form der Kiefer ist bei den Trogotherien durch die Anpassung an die Nage-Bewegung eigenthümlich umgebildet. Nur bei den älteren Formen ist die ursprüngliche Bildung des Condylus des Unterkiefers noch erhalten, rundlich (bei den *Typotherien*), oder eine transversale Rolle (bei den *Tillodontien*). Dagegen hat derselbe bei den meisten *Rodentien* die Gestalt einer longitudinalen Rolle angenommen, die sich in einer entsprechenden halbcylindrischen Gelenkgrube von vorn nach hinten bewegt. Hier ist auch der Processus postglenoidalis am Hinterrande der Gelenkgrube verschwunden, welcher bei den ersten beiden Ordnungen noch erhalten ist. Im Verhältniss zu dem grossen Kraftaufwande, welchen das Nagen und Zerkleinern der harten Pflanzen-Nahrung erfordert, sind die Kiefer sehr stark entwickelt und oft eigenthümlich umgebildet; der Jochbogen ist sehr kräftig, die Nasenbeine sehr gross. Eine geradlinige Quernaht trennt die Scheitelbeine von den Stirnbeinen. Dagegen ist der Hirnschädel bei allen Trogotherien sehr klein, niedrig und hinten abgestutzt. Das Gehirn ist von primitiver Bildung, das Grosshirn sehr klein, glatt oder nur schwach gefurcht, das Kleinhirn unbedeckt und durch starke Entwickelung des medianen Wurmtheils ausgezeichnet. Dementsprechend bleibt die Seele der Nagethiere meistens auf einer tiefen Entwickelungs-Stufe stehen.

Auch die Bildungs-Verhältnisse des Malacoms — soweit dieselben von der einzigen lebenden Ordnung, den Rodentien, bekannt sind, beweisen die tiefe Stellung und den conservativen Character der Nagethiere, sowie ihre nahe Verwandtschaft mit den Beutelthieren. Das gilt namentlich von den Genitalien. Harn- und Geschlechts-Oeffnung liegen so nahe zusammen, dass bisweilen fast noch die Cloakenbildung erhalten scheint. Die beiden Uteri münden oft noch getrennt in die Scheide oder sind nur im hinteren Abschnitte verschmolzen. Die Männchen haben meistens grosse Samenblasen und behalten die Hoden in der Bauchhöhle; bisweilen treten sie periodisch in ein Scrotum. Die Zahl der abdominalen Zitzen ist meist gross, 4—7 Paare, selten weniger. Die Placenta ist discoidal, mit Decidua. Die Allantois bleibt häufig (z. B. bei Kaninchen und Eichhörnchen) klein, während der Dottersack sehr ansehnlich ist.

Die Gliedmaassen der Trogotherien sind zwar ziemlich mannichfaltig entwickelt in Bezug auf relative Grösse und specielle Anpassung an die Art der Ortsbewegung. Aber im Ganzen zeigen sie einen sehr einförmigen und primitiven Bau, im auffallenden Gegensatze zu den Hufthieren. Sowohl die fossilen *Tillodontien* und *Typotherien*, als die grosse Mehrzahl der *Rodentien* haben plantigrade fünfzehige Füsse, deren Zehen mit scharfen Krallen bewaffnet sind; nur in einzelnen Gruppen verwandeln sich die Krallen in hufähnliche Bildungen (*Eutypotherien*, Subungulate Hystrichomorphen). Bisweilen wird die erste Zehe vorn oder hinten rückgebildet. Das Skelet der Zygomelen zeigt meistens die ursprüngliche Bildung der älteren Placentalien vollständig erhalten; nur in einzelnen jüngeren Formen ist es adaptiv verändert. Bei manchen Typotherien (Pachyrucos) und kletternden Rodentien werden die Vorderarm-Knochen rotabel und der Daumen opponibel, so dass die Hand auch zum Greifen benutzt werden kann.

(§§ 390 und 391 auf S. 502 und 503.)

§ 392. Erste Ordnung der Trogontien:
Tillodontia (= Tillotheria). Urnager.

Stammgruppe der Nagethiere (und Edentaten?)

Trogotherien mit vollständigem, ursprünglich geschlossenem Gebiss: Schneidezähne trogodont, Eckzähne klein; Diastema fehlt bei älteren Formen. Backzähne bunodont oder trigonodont (bisweilen prismodont). Condylus mandibulae transversal.

Die Ordnung der Tillodontien (Urnager oder *Tillotheria*) bildet die gemeinsame Stammgruppe der *Trogotherien*, aus welcher wir einerseits die *Typotherien*, anderseits die *Rodentien* ableiten; als ein dritter Zweig haben sich vielleicht aus derselben die *Edentaten* entwickelt. Die Tillodontien sind Landbewohner von sehr verschiedener Grösse, die älteren klein (etwa einem Marder gleich), die jüngeren ansehnlich (so gross wie ein Tapir und darüber). Ihre fossilen Reste finden sich fast ausschliesslich im Eocaen von Nord-America; einzelne dürftige Ueberbleibsel (Zähne und Kieferfragmente) scheinen auch im unteren Eocaen (Londonthon) von Europa vorzukommen (?).

§ 390. System der Trogontien.

Ordnungen	Unterordnungen	Character	Familien
I. **Tillodontia** (Tillotheria) Dentur complet, ursprünglich geschlossen, Eckzähne klein. Backzähne oben trigonodont, unten lophodont. Condylus mandibulae transversal.	1. **Archilrogontia** ⊙ Hypothetische cretassische Stammgruppe der Trogotherien.	Dentur 44 = $\frac{3 \cdot 1 \cdot 4 \cdot 3}{3 \cdot 1 \cdot 4 \cdot 3}$ Primitives Placental-Gebiss.	Archilrogon ⊙ (Hypothetische Stammform)
	2. **Esthonychida** + Eocaen, Nordamerica.	Dentur 40 = $\frac{3 \cdot 1 \cdot 3 \cdot 3}{3 \cdot 1 \cdot 3 \cdot 3}$ Insectivores Gebiss.	Esthonyx Platychoerops
	3. **Stylinodontia** + Eocaen, Nordamerica.	Dentur 36 = $\frac{2 \cdot 1 \cdot 3 \cdot 3}{2 \cdot 1 \cdot 3 \cdot 3}$ Zahnreihe geschlossen.	Stylinodon Calamodon Psittacotherium
	4. **Tillotherida** + Eocaen, Nordamerica.	Dentur 36 = $\frac{2 \cdot 1 \cdot 3 \cdot 3}{2 \cdot 1 \cdot 3 \cdot 3}$ Mehrere kleine Zahnlücken.	Anchippodus Tillotherium
II. **Typotheria** Dentur complet, ursprünglich geschlossen. Eckzähne schwach oder fehlend Backzähne hoch, prismatisch. Condylus mandibulae rundlich.	1. **Protypotherida** + Eocaen, Südamerica	Dentur 44 = $\frac{3 \cdot 1 \cdot 4 \cdot 3}{3 \cdot 1 \cdot 4 \cdot 3}$ Carpalia serial, Zehen mit Krallen	Protypotherium Interotherium Icochilus
	2. **Pestypotherida** + Miocaen, Südamerica	Dentur 30 = $\frac{1 \cdot 0 \cdot ? \cdot 3}{2 \cdot 0 \cdot 3 \cdot 3}$ Carpalia alternal, Zehen mit Nägeln	Pachyrucos Tremacyllus Pestypotherium
	3. **Eutypotherida** + Pliocaen, Südamerica	Dentur 24 = $\frac{1 \cdot 0 \cdot 2 \cdot 3}{2 \cdot 0 \cdot 1 \cdot 3}$ Carpalia alternal, Zehen mit Hufen?	Typotherium Eutypotherium Mesotherium
III. **Rodentia** Dentur incomplet, mit grossem Diastema. Eckzähne fehlen. Backzähne polymorph, selten bunodant, meist prismatisch. Condylus mandibulae longitudinal.	1. **Prolagomorpha** + Hypothetische Stammgruppe der Rodentien	Canalis infraorbital. eng, Incisores $\frac{2}{2}$. Molares general. Diphyodont Processus orbitalis da	Tocomyida ⊙ Archilagus ⊙ (Atavus omnium Rodentium) Tillomys?
	2. **Lagomorpha** V Kosmopolitisch	Can. infraorb. eng, Incisores $\frac{2}{1}$. Mol. spec. Diphyod. Proc. orbit. da	Palaeolagida Lagomyida Leporida
	3. **Sciuromorpha** V Nur einige Geomyida in Südamerika	Can. infraorb. eng, Incisores $\frac{1}{1}$. Mol. general. Diphyod. Proc. orb. da	Sciurida Castorida Geomyida
III. A. **Palarodentia** (1, 2, 3) Generalisten mit engem Infraorbital-Canal.	4. **Protrogomorpha** V Fehlen in Südamerica	Can. infraorb. weit, Incisores $\frac{1}{1}$. Mol. general. Diphyod. Proc. orb. 0.	Paramyida Myoxida Theridomyida Dipodida
III. B. **Neorodentia** (4, 5, 6) Specialisten mit weitem Infraorbital-Canal.	5. **Myomorpha** V Erst neuerdings auch in Südamerica	Can. infraorb. weit, Incisores $\frac{1}{1}$. Mol. reducirt Monophyod. Proc. orb. 0.	Cricetida Arvicolida Murida
	6. **Hystrichomorpha** V Urheimath und Hauptsitz Südamerica	Canalis infraorbit. weit, Incisores $\frac{1}{1}$. Mol. spec. Monophyodont. Processus orbitalis 0.	Hystricida Capromyida Octodontida Caviada Lagostomida

§ 391. Stammbaum der Nagethiere.

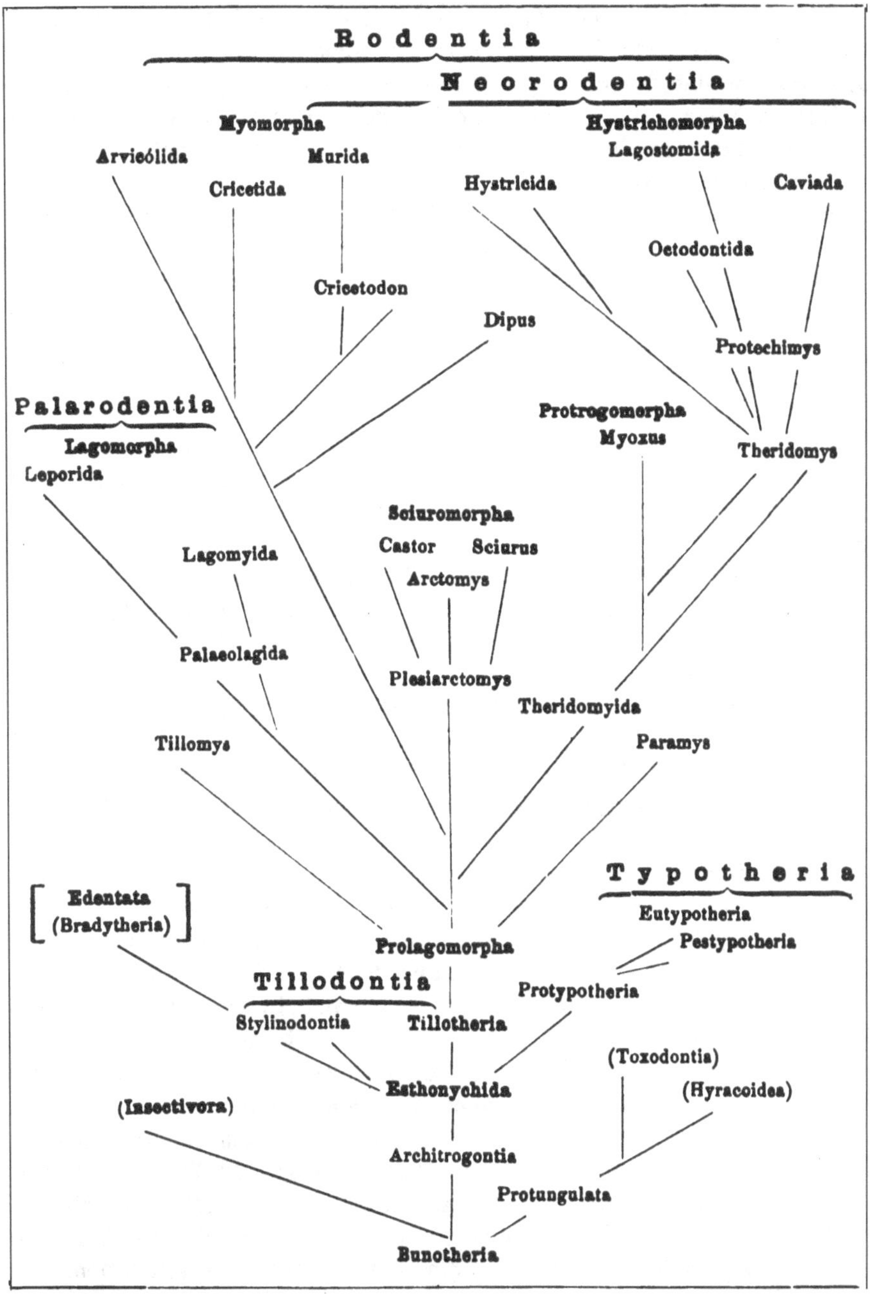

Bei den älteren Formen der Tillodontien, den kleinen *Esthonychida*, zeigt sowohl der ganze Skeletbau als auch namentlich die Bildung des Gebisses noch sehr einfache Verhältnisse; die primitive Gebiss-Formel der Placentalien, mit 44 Zähnen: $\frac{3}{3}\cdot\frac{1}{1}\cdot\frac{4}{4}\cdot\frac{3}{3}$, ist vollständig erhalten, oder es ist nur der erste Backzahn verschwunden. Bei dem alt-eocaenen *Esthonyx* besitzt das complete Gebiss noch eine so primitive und indifferente Form mit geschlossener Zahnreihe und ist dem des Igels so ähnlich, dass man ihn zu den *Insectivoren* stellen konnte; nur der II. *Incisor* ist grösser und zeigt den Beginn der Umbildung zum Nagezahn. Die trituberculären Backzähne zeigen noch sehr primitiven Typus und gehen oben in die trigonodonte, unten in die lophodonte Form über. Das hypothetische Urnagethier (*Architrogon*), von dem wir alle Trogotherien ableiten, wird zwischen diesen *Esthonychiden* und den ältesten *Prochoriaten* (§ 387) in der Mitte gestanden haben.

Als zwei divergente Zweige haben sich wahrscheinlich aus den Esthonychiden einerseits die *Stylinodonten*, anderseits die *Tillotheriden* entwickelt; von ersteren lassen sich die *Edentaten*, von letzteren die *Rodentien* ableiten. Die Unterordnung der Stylinodonten (oder *Calamodonten*) zeichnet sich durch die partielle Rückbildung der Schmelzdecke der Zähne aus, welche dafür stellenweise mit Caement bekleidet werden, ähnlich wie bei *Edentaten*. Von den 3 Incisoren sind I. und II. sehr gross, besonders II. sehr lang und stark, wurzellos, nur auf der convexen Vorderseite mit Schmelz bedeckt. Der III. Incisor ist bei *Calamodon* sehr klein, bei *Psittacotherium* verschwunden; dagegen ist derselbe bei *Dryptodon* (das die Grösse des Tapir erreicht) in einen grossen Nagezahn verwandelt, während I. und II. klein bleiben. Der Eckzahn ist immer klein, bisweilen wurzellos. Die 5 oder 6 Backzähne sind vierseitig-prismatisch oder cylindrisch, theilweise schmelzlos. Der Unterkiefer ist auffallend hoch und kurz.

Die Unterordnung der Tillotheriden ist hauptsächlich durch das mittel-eocaene *Tillotherium fodiens* (von Schafgrösse) bekannt, dessen niedriger Schädel 34 cm lang ist. Das Gebiss ist hier schon stark reducirt und wird dem der Rodentien ähnlich. Oben und unten ist nur ein grosser Nagezahn (Incisor II) entwickelt, während der innere (Incisor I) verschwunden und der äussere (Incisor III) klein und hinter ersteren gerückt ist. Der rudimentäre Caninus ist sehr klein und durch eine Lücke von dem ähnlichen Praemolar I getrennt. Die beiden folgenden Praemolaren sind den drei Molaren ähnlich, kurz, breit und trigonodont. Die fünfzehigen, plantigraden Füsse waren mit scharfen, seitlich zusammengedrückten Krallen bewaffnet. Aus älteren Tillotherien sind wahrscheinlich in der frühesten Eocaen-Zeit die *Prolagomorphen* hervorgegangen, die Stammformen der Rodentien.

§ 393. Zweite Ordnung der Trogontien:

Typotheria (= Typodontia). Stiftnager.

Vermuthliche Stammgruppe der Edentaten?

Trogotherien mit ursprünglich vollständigem und geschlossenem Gebiss: Schneidezähne trogodont; Eckzähne klein oder fehlend, Diastema verschieden. Backzähne hypsodont, prismatisch. Meist alle Zähne wurzellos. Condylus mandibulae rundlich.

Die Ordnung der Typotherien (Stiftnager oder *Typodontia*) umfasst eine Anzahl von eigenthümlichen herbivoren Landthieren, deren Reste bisher nur in Tertiär-Ablagerungen von Süd-America gefunden wurden (die ersten 1854 beschrieben). Gewöhnlich werden dieselben zu den Ungulaten gestellt, neben die Toxodontien, deren Gebiss sehr ähnlich ist. Allein die Typotherien besitzen einen Schultergürtel, der ganz demjenigen mancher Rodentien gleicht, dagegen sehr von dem der Hufthiere verschieden ist. Die Clavicula, die allen echten Ungulaten fehlt, ist wohl ausgebildet; die Scapula besitzt einen langen Acromial-Fortsatz und einen Coracoid-Fortsatz. Die Zeugopodien sind gut entwickelt, frei beweglich und ähnlich wie bei vielen Rodentien geformt. Auch findet sich oft ein Radius rotabilis und ein opponibler Daumen, so dass die Hand zum Greifen geschickt war und an diejenige der *Pachylemuren* erinnert (z. B. bei *Ixochilus*). Die älteren Protypotherien (von der Grösse des Hasen) schliessen sich in dem Gesammtcharacter der Skeletbildung einerseits an die ältesten *Tillodontien*, anderseits an die niedersten *Rodentien* an. Auch das Gebiss der *Protypotherien* hat noch die ursprüngliche Zahl von 44 Zähnen in geschlossener Reihe: $\frac{3}{3}.\frac{1}{1}.\frac{4}{4}.\frac{3}{3}$; es unterscheidet sich jedoch von demjenigen der *Esthonychiden* dadurch, dass die Backzähne bereits grösstentheils die Wurzel verloren und prismatische Form angenommen haben; dagegen haben die 3 kleinen Incisoren noch fast gleiche Grösse und primitive Form; ihre meisselförmige Krone ist rings von Schmelz bedeckt und von der schmelzlosen Wurzel abgesetzt. Bei *Ixochilus* vergrössert sich bereits Incisor I auf Kosten von II und III.

Der Carpus besitzt bei diesen älteren eocaenen *Protypotherien* noch eine primitive Serial-Structur mit getrenntem Centrale. Diese wird stark modificirt bei den jüngeren, miocaenen und pliocaenen Typotherien, indem das Centrale verschwindet und beide Knochenreihen sich alternal ordnen. Auch das Gebiss wird hier stark reducirt; von den drei Incisoren bleibt oben und unten nur ein sehr grosser, wurzelloser Nagezahn übrig, wie bei den Rodentien; im Unterkiefer daneben oft noch das Rudiment eines kleinen äusseren Incisor. Die Eckzähne sind ganz verschwunden, und eine weite Lücke trennt die grossen Nagezähne von den prismatischen wurzellosen Backzähnen. Die Zahl der letzteren beträgt bei den Pestypotherien (*Pachyrucos, Tremacyllus*) noch 6 in jeder Kieferhälfte, 3 Praemolaren und 3 Molaren. Dagegen sind bei den Eutypotherien (*Mesotherium*, *Typotherium*), welche die Grösse eines Schweines erreichen, nur noch 1 oder 2 Praemolaren erhalten. Diese jüngsten und grössten Formen scheinen an den breiten, gespaltenen Endphalangen der Zehen Grabekrallen oder Hufe getragen zu haben.

§ 394. Dritte Ordnung der Trogontien: **Rodentia (= Trogodontia). Hauptnager.**

Hauptgruppe der modernen Nagethiere.

Trogotherien mit reducirtem Specialisten-Gebiss: nur ein grosser, wurzelloser Schneidezahn in jeder Kieferhälfte (selten dahinter noch ein zweiter kleiner). Eckzähne fehlen stets, Diastema gross. Backzähne selten bunodont, meist prismatisch, mit ebener Kaufläche. Condylus mandibulae longitudinal.

Die Ordnung der Rodentia oder *Trogodontia* (»Nagethiere« im engeren Sinne, oder »Hauptnager«) umfasst alle jetzt lebenden Formen der *Trogotherien*, sowie eine grosse Anzahl von ausgestorbenen Formen, deren älteste sich an die *Tillotherien* anschliessen. Obgleich diese Ordnung sehr formenreich ist und über 900 Arten umfasst (mehr als ein Drittel aller lebenden Säugethier-Species: 2400), erscheint sie dennoch in Bezug auf den inneren Bau sehr einheitlich organisirt, viel einförmiger als die kleinere und vielseitig specialisirte Gruppe der Hufthiere. Die allgemeinen Structur-Verhältnisse des Skeletes, des Schädels und der Gliedmaassen bleiben auf derselben conservativen und alten Bildungs-Stufe stehen, wie bei ihren *Tillodontien*-Ahnen und bei der Schwester-Ordnung der *Typotherien*. Insbesondere sind auch bei den Rodentien die Füsse meistens plantigrad und fünfzehig, mit frei entwickelten Zeugopodien und Metapodien; nur in wenigen Gruppen tritt eine partielle Reduction, Verwachsung oder starke Differenzirung dieser Beinknochen ein. Den eocaenen *Tillotherien*-Ahnen stehen die älteren

Formen der *Rodentien* so nahe, dass es schwer hält, einen durchgreifenden Unterschied zu finden. Zwar wird als solcher angegeben, dass die Gelenkgrube des Unterkiefers bei den ersteren eine transversale, bei den letzteren eine longitudinale Rinne bilde; und dass der Processus postglenoidalis der ersteren bei den letzteren verschwunden sei; aber auch diese Differenz besitzt keine allgemeine Geltung (bei den Hasen z. B. ist die Gelenkgrube quer-oval). Die wichtigste Auszeichnung der *Rodentien* besteht darin, dass in jeder Kieferhälfte nur ein einziger, grosser Schneidezahn als wurzelloser Nagezahn ausgebildet und durch eine weite Lücke von den Backzähnen getrennt ist. Aber auch diese Regel hat ihre Ausnahme, indem bei den Hasen oben im Zwischenkiefer noch ein kleiner zweiter Incisor besteht, welcher ganz hinter den ersten gerückt ist. Diese ältere Bildung lässt sich leicht von *Tillotherium* ableiten, bei welchem auch unten noch ein zweiter rudimentärer Incisor hinter dem grossen Nagezahn steht. Wie bei den *Tillotherien*, ist auch bei den *Rodentien* der grosse, wurzellose Nagezahn nur an seiner Vorderseite mit Schmelz bekleidet; das winzige Rudiment des Eckzahnes, welches die ersteren noch behalten haben, ist bei den letzteren ganz verschwunden. Der I. Praemolar fehlt den *Rodentien* stets, meist auch der II.; die folgenden Praemolaren nehmen gewöhnlich die gleiche Form an wie die Molaren. Wenn der hinterste Molar und alle Praemolaren verschwinden, so bleiben in jeder Kieferhälfte nur 3 Zähne übrig, der Incisor und 2 Molaren $(\frac{1}{1} : \frac{0}{0} : \frac{0}{0} : \frac{2}{2})$. Die specielle Umbildung der Molaren ist in dieser Ordnung höchst mannichfaltig; in vielen verschiedenen Familien haben die älteren Formen brachyodonte Backzähne mit geschlossener Wurzel, die jüngeren dagegen hypsodonte, prismatische und wurzellose Backzähne. Ihre phyletische Transformation erfolgt in paralleler Stufenreihe.

Die Zahl der fossilen Rodentien entspricht nicht derjenigen der lebenden Arten, da die zerbrechlichen Skelete der grösstentheils kleinen Thiere sich wenig zur Versteinerung eignen. Immerhin ist eine bedeutende Anzahl von ausgestorbenen Arten bekannt und wirft, im Verein mit der Chorologie der lebenden Nagethiere, vielfach erklärendes Licht auf ihre Phylogenie. Die ältesten spärlichen Fragmente kommen schon im unteren und mittleren Eocaen vor (*Paramys, Tillomys, Toxomys* etc.). Sehr zahlreich sind verschiedene Familien schon im oberen Eocaen und Oligocaen vertreten; die Mannichfaltigkeit nimmt beträchtlich zu im Miocaen und steigert sich bis zur Gegenwart. Dabei stehen sich als zwei selbständige Entwickelungs-Centren Süd-America und die Eurygaea gegenüber; und in der letzteren wieder als drei Provinzen: Nord-America, Eurasien und Africa. Viele Familien oder Subfamilien sind auf einzelne dieser Provinzen beschränkt.

§ 395. Classification der Rodentien.

Ein phylogenetisches System der Nagethiere ist zur Zeit noch nicht durchführbar, obgleich die morphologischen, chorologischen und palaeontologischen Thatsachen auf einzelne Theile ihrer Stammesgeschichte vielfache Streiflichter werfen. Die zahlreichen (20—30) Familien dieser Ordnung werden gewöhnlich in 4, 5 oder 6 Unterordnungen gruppirt, die sich hauptsächlich im Schädelbau unterscheiden. Wir können diese in zwei grössere Gruppen zusammenfassen, die wir als *Palarodentia* und *Neorodentia* gegenüberstellen: erstere umfassen die älteren und generalisten Familien, letztere die jüngeren und specialisten. Zu den Palarodentien rechnen wir die drei Unterordnungen der *Prolagomorphen, Lagomorphen* und *Sciuromorphen*; diese haben alle eine primitivere Schädelbildung, mit engem Infraorbital-Canal und mit einem Postorbital-Fortsatz des Stirnbeines; auch haben sie das diphyodonte Gebiss mehr oder weniger vollständig bewahrt. Zu den Neorodentien stellen wir die *Protrogomorphen*, *Myomorphen* und *Hystrichomorphen*; ihr Schädelbau ist stärker modificirt, hat meistens den Postorbital-Fortsatz des Stirnbeines verloren und ist namentlich ausgezeichnet durch eine auffallende Erweiterung des grossen Infraorbital-Canals, durch welchen der vordere Ast des Masseter-Muskels hindurchtritt; ausserdem sind diese Specialisten meistens monophyodont und haben das Milchgebiss grösstentheils oder ganz verloren; auch sind ihre Backzähne am meisten differenzirt.

I. Subordo: Prolagomorpha oder *Prorodentia* (Altnager). Stammgruppe der Rodentien, alt-eocaen. Ursprüngliche Zahnformel: $\frac{2 \cdot 0 \cdot 3 \cdot 3}{2 \cdot 0 \cdot 3 \cdot 3}$. Schädel von primitiver Form, *Tillotherium* ähnlich; Infraorbital-Canal eng, Stirnbein mit Postorbital-Fortsatz, Gebiss diphyodont. Hinter dem grossen Nagezahn steht oben und unten noch ein kleiner Incisor. Die 3 Praemolaren sind im Milchgebiss ebenso vertreten, wie 3 Incisoren. Sämmtliche Backzähne sind brachyodont, mit selbständigen Wurzeln, ähnlich den Tillotherien-Ahnen, von denen sich *Archilagus* (die Stammform der Rodentien) hauptsächlich durch Verlust der Eckzähne unterscheidet. Da keine von den lebenden Formen der Rodentien in jeder Beziehung die primitivste Gruppe darstellt und als gemeinsamer Ausgangspunkt für alle übrigen angesehen werden kann, müssen wir bei monophyletischer Auffassung dieser Ordnung annehmen, dass in frühester Eocaen-Zeit eine ausgestorbene Stammgruppe mit den angeführten Merkmalen existirt hat und dass diese durch connectente Zwischenformen mit den *Tillotherien* verbunden war. Vielleicht gehören zu den Ueberresten dieser *Prolagomorphen* die Fragmente der unvollständig bekannten eocaenen Genera *Tillomys, Toxomys, Ischyromys, Paramys* u. A. Aus den Prolagomorphen haben sich mindestens zwei divergente Zweige entwickelt, einerseits die *Lagomorphen*, anderseits die *Sciuromorphen*.

II. Subordo: Lagomorpha oder *Pliodonta* (Hasennager). Ursprüngliche Zahnformel: $\frac{2.0.3.3}{1.0.2.3}$. Schädel von alter Form, Infraorbital-Canal eng, Stirnbein mit Postorbital-Fortsatz, Gebiss diphyodont. Die Hasen-Gruppe entfernt sich von allen übrigen Rodentien durch folgende fünf Merkmale primitiver Art: 1) Der zweite (rudimentäre) Schneidezahn ist im Oberkiefer noch conservirt und an die Hinterseite des grossen, ersten Nagezahnes verschoben (— bei allen folgenden Rodentien verschwunden —). 2) Im Milchgebiss treten vorübergehend 3 Incisoren auf, was bei keinem anderen Nagethiere der Fall ist. 3) Bisweilen sind noch 3 Praemolaren in jeder Kieferhälfte (öfter nur oben) conservirt; alle anderen Rodentien haben weniger Praemolaren, meistens nur 1, höchstens 2 (manche gar keine). 4) Die Schmelzbedeckung der Nagezähne erstreckt sich auch auf die Seitenflächen (bei allen übrigen bloss auf die Vorderfläche). 5) Die Gelenkgrube des Kiefers ist quer-oval (bei allen übrigen längs-oval oder halbcylindrisch). Durch diese primitiven Bildungs-Verhältnisse des Gebisses beweisen die Hasen deutlich, dass sie den anderen Rodentien (— den *Miodonta* —) gegenüberstehen und sich aus einem anderen Zweige der Prolagomorphen entwickelt haben, als diese. Dagegen sind die Lagomorpha in anderer Hinsicht mehr specialisirt, so in der besonderen Form der wurzellosen, prismatischen Backzähne und in der Differenzirung der Zygomelen. Von den beiden bekannten Familien (die beide fossil im unteren Miocaen vorkommen) haben die *Lagomyiden* noch complete Clavicula, während diese bei den *Leporiden* unvollständig ist; letztere besitzen zum Theil noch 3 Praemolaren in jeder Kieferhälfte (*Palaeolagus*); *Lepus* hat $\frac{3.3}{2.3}$, *Lagomys* $\frac{2.3}{2.3}$, *Titanomys* $\frac{1.3}{1.3}$ Backzähne.

III. Subordo: Sciuromorpha (Eichhornnager). Ursprüngliche Zahnformel: $\frac{1.0.2.3}{1.0.1.3}$. Schädel von alter Form, Infraorbital-Canal eng, Stirnbein meist mit Postorbital-Fortsatz. Gebiss diphyodont. Die Sciuromorphen nehmen unter den *Miodonten* (oder den Nagern mit nur einem Schneidezahne) die unterste Stellung ein, da sie sich sowohl in der Bildung des Schädels als der Extremitäten am wenigsten von der Stammgruppe entfernt haben. Bisweilen haben sie auch noch 2 Praemolaren (alle übrigen Miodonten höchstens 1). Die Eichhörnchen (*Sciurida*) erscheinen fossil schon im Ober-Eocaen, die Biber (*Castorida*) im Unter-Miocaen, die amerikanischen Taschenratten (*Geomyida*) ebenfalls im Unter-Miocaen. Als divergente Zweige haben sich aus älteren Sciuromorphen einerseits die Myomorphen, anderseits die Protrogomorphen und Hystrichomorphen entwickelt.

IV. Subordo: **Protrogomorpha** oder *Myoxomorpha* (Bilchnager). Ursprüngliche Zahnformel: $\frac{1 \cdot 0 \cdot 1 \cdot 3}{1 \cdot 0 \cdot 1 \cdot 3}$. Schädel von modificirter Form, Infraorbital-Canal weit, Stirnbein ohne Postorbital-Fortsatz. Hierin entfernen sich die *Protrogomorphen* von ihren Stammformen, den *Sciuromorphen*. Dagegen haben sie noch den Zahnwechsel bewahrt; auch sind die Backzähne meistens noch von primitiver Form, brachyodont (selten hypsodont). Die ausgestorbenen *Pseudosciuriden* und *Theridomyiden* finden sich schon im unteren Eocaen, die lebenden Bilche (Haselmäuse und Siebenschläfer, *Myoxiden*) im Ober-Eocaen. Durch starke Verlängerung der Hinterbeine und Verwachsung der Metatarsen zeichnen sich die Springmäuse aus (*Dipodina*).

V. Subordo: **Myomorpha** oder *Murina* (Mausnager). Ursprüngliche Zahnformel: $\frac{1 \cdot 0 \cdot 0 \cdot 3}{1 \cdot 0 \cdot 0 \cdot 3}$. Schädel von modificirter Form, Infraorbital-Canal weit, hoch gelegen; Stirnbein ohne Postorbital-Fortsatz. Gebiss sehr reducirt, ohne Zahnwechsel. Die Praemolaren sind ganz verschwunden; bisweilen geht auch (bei *Hydromys* und *Xeromys*) der letzte Molar verloren, so dass nur 2 Backzähne in jeder Kieferhälfte sich finden. Einzelne Hamster (*Cricetida*) kommen schon im Ober-Eocaen und Miocaen vor. Der grösste Theil dieser formenreichen Gruppe, namentlich die Wühlmäuse (*Arvicolida*) und die Ratten (*Murida*) kommt erst viel später zur Entfaltung, in der Diluvial-Zeit. Einige Gattungen haben sich neuerdings über die ganze Erde verbreitet.

VI. Subordo: **Hystrichomorpha** (Schweinenager). Ursprüngliche Zahnformel: $\frac{1 \cdot 0 \cdot 1 \cdot 3}{1 \cdot 0 \cdot 1 \cdot 3}$. Schädel von sehr modificirter Form, Infraorbital-Canal sehr weit, bisweilen grösser als die Orbita; Stirnbein ohne Postorbital-Fortsatz. Gebiss specialisirt, ohne Zahnwechsel. Der einzige Praemolar (— der nur bei einigen afrikanischen Ctenodactylen fehlt —) gleicht den drei Molaren. Nur bei einzelnen älteren Formen sind die Backzähne noch brachyodont, sonst immer hypsodont, wurzellose Prismen, die aus hohen comprimirten Pfeilern zusammengesetzt erscheinen. Die zahlreichen Familien und Gattungen dieser grossen Unterordnung sind stärker differenzirt als die übrigen Rodentien und erreichen zum Theil viel bedeutendere Körpergrösse. Zu den *Caviaden* gehört das grösste lebende Nagethier, *Hydrochoerus capybara* in Süd-America; hier findet sich auch fossil im Miocaen der colossale, zu den *Lagostomiden* gehörige *Megamys potamarchus*, von der Grösse des Hippopotamus. Ueberhaupt haben die Hystrichomorphen in Süd-America (wo sie schon im Ober-Eocaen auftreten) ihre reichste und mannichfaltigste Entwickelung erlangt. Viel geringer ist die Zahl der lebenden und fossilen Formen in der alten Welt, und diese repräsentiren meistens besondere Familien.

§ 396. Dritte Legion der Placentalien: **Edentata (= Paratheria). Zahnarme.**

Polyphyletische Gruppe von falculaten Placentalien mit reducirtem aganodonten Gebiss.

Placentalien mit schmelzlosem, meist reducirtem und eigenthümlich transformirten Gebiss, von plumpem, schwerfälligem Körperbau. Dentura unvollständig, meistens nur aus schmelzlosen und wurzellosen Backzähnen bestehend, bisweilen ganz verschwunden. Füsse gewöhnlich sehr stark und plump, plantigrad, mit langen und starken, seitlich zusammengedrückten Krallen. Clavicula meist vorhanden. Hautbedeckung meist eigenthümlich, oft gepanzert.

Die Legion der Zahnarmen oder *Edentaten* bildet eine eigenthümliche Gruppe von niederen Placentalthieren, deren gemeinsamer Character in der Vereinigung von sechs eigenthümlichen Merkmalen liegt: 1) Starke Umbildung und Rückbildung des Gebisses. 2) Primitive Beschaffenheit des Gehirns, dessen Grösse unbedeutend und die Oberfläche meistens glatt ist. 3) Primitive Bildung der Gliedmaassen, welche meistens sehr kräftig und mit starken Krallen bewaffnet sind. 4) Massiver, oft sehr plumper Bau der Wirbelsäule und des Gürtelskelets. 5) Primitive Structur der Genitalien und der Placenta. 6) Abnorme Bedeckung der Haut, meistens mit Schuppen oder Knochentafeln, seltener mit groben Haaren. Die meisten Edentaten unterscheiden sich dadurch auffallend von den übrigen Placentalien. Dennoch ist die ganze Legion wahrscheinlich nicht monophyletisch. Wir müssen mindestens zwei Ordnungen unterscheiden, die unabhängig von einander aus zwei verschiedenen Stämmen von älteren Placentalien entsprungen sind, und deren Aehnlichkeiten sich durch Convergenz erklären, durch Anpassung an ähnliche Ernährungs- und Lebensweise. Auf der einen Seite stehen die Manitherien oder *Nomarthra*, die Zahnarmen der alten Welt, welche bloss durch zwei lebende Familien und Genera vertreten sind: die Schuppenthiere (*Manis*) und die Rohrzahnthiere (*Orycteropus*); ihre Vorfahren sind wahrscheinlich unter den älteren Ungulaten oder den Mallotherien zu suchen. Auf der anderen Seite steht die Hauptmasse der Legion, die Bradytherien oder *Xenarthra*, die Edentaten der neuen Welt, mit zahlreichen, sehr mannichfach differenzirten Formengruppen; sie stammen wahrscheinlich von Trogotherien ab, und zwar von Stylinodontien (§ 392). Die Unterschiede der beiden Ordnungen betreffen hauptsächlich die Bildung der Wirbelsäule, der Genitalien und der Placenta; sie sind so tiefgreifend, dass wir nicht die eine Ordnung von der anderen ableiten können. Die zahlreichen (12—15) Familien der Bradytherien vertheilen wir auf vier Ordnungen: 1) Faulthiere (*Tardigrada*), 2) Schwerthiere (*Gravigrada*), 3) Gürtelthüre (*Cingulata*) und 4) Panzerthiere (*Notophracta*). Die zweite und vierte Familie ist ganz ausgestorben, während von der ersten und dritten noch einzelne Ueberreste sich erhalten haben.

Tegument der Edentaten. Die äussere Körperbedeckung der meisten Zahnarmen weicht auffallend von derjenigen der übrigen Säugethiere ab; nur die Cetomorphen zeigen theilweise ähnliche Verhältnisse. Statt der gewöhnlichen Haare finden sich meistens Horngebilde der Epidermis, welche an die Pholiden der Reptilien erinnern, und unter denselben oft Knochentafeln der Lederhaut, welche den Lepiden der letzteren gleichen. Bei vielen Bradytherien vereinigen sich diese Hautknochen zur Bildung eines schweren und festen Panzers, welcher an denjenigen der Crocodile, Dinosaurier und Chelonier erinnert. Das Haarkleid ist daneben meistens nur dürftig oder in eigenthümlichen Modificationen entwickelt.

Skelet. Im Allgemeinen zeichnet sich das Knochengerüst der Zahnarmen durch einen hohen, bisweilen ausserordentlichen Grad von Schwerfälligkeit und Festigkeit aus, besonders bei den ausgestorbenen Riesenformen (Gravigraden, Notophracten). Sowohl die Knochen der Wirbelsäule als des Brustkorbes sind ungemein kräftig, und nicht minder diejenigen des Gürtelskelets und der Gliedmaassen; diese sind offenbar der Verrichtung schwerer mechanischer Arbeit (Graben, Klettern, Umreissen von Bäumen u. s. w.) angepasst. Die normale Zahl der Halswirbel (7) ist bei einigen Faulthieren variabel, bald vermindert (6 bei *Choloepus*), bald vermehrt (8 oder 9 bei *Bradypus*). Die hinteren Rücken- und Lendenwirbel zeichnen sich bei den *Xenarthra* durch die Entwickelung eigenthümlicher Gelenkfortsätze aus, der Sphenapophysen. Bei den Notophracten verschmelzen sämmtliche Rückenwirbel zu einer unbeweglichen Röhre, und ebenso verwachsen die Lendenwirbel mit dem Sacrum. Das Kreuzbein ist meistens sehr stark und lang, die Zahl seiner Wirbel beträgt seltener 3—5, häufiger 6—13. Der Schwanz ist von sehr verschiedener Länge; bisweilen steigt die Zahl seiner Wirbel auf 40 (*Cyclothurus didactylus*) oder selbst auf 50 (*Manis macrura*); eine höhere Zahl als bei allen anderen Säugethieren zu finden ist.

Die Gliedmaassen sind bei der Mehrzahl der Edentaten sehr gedrungen und kräftig, von mittlerer Länge, kürzer als der Rumpf;

selten werden sie länger und schlanker, so bei den kletternden Faulthieren. Meistens sind die vorderen und hinteren Zygomelen an Stärke und Länge wenig verschieden; häufig sind die vorderen etwas länger, seltener die hinteren. Am Schultergürtel ist die Scapula durch ungewöhnliche Grösse ausgezeichnet; häufig verläuft hinter der mächtigen Spina noch eine zweite, schwächere, oft parallele Crista. Die Clavicula ist bei der Mehrzahl vorhanden, in mehreren Familien rückgebildet. Auch der Beckengürtel ist stets sehr kräftig, bei den Tardigraden und Gravigraden nach vorn weit geöffnet, mit sehr breitem Ilium; bei den übrigen Zahnarmen verlängert, mit schmalem dreikantigen Ilium. Die Sitzbeine sind bei allen *Xenarthra* ungewöhnlich stark und verbinden sich oben mit den Querfortsätzen der Kreuzwirbel, so dass ein Foramen sacro-ischiadicum gebildet wird. Humerus und Femur sind stets sehr kräftig, bei den kletternden Tardigraden verlängert; ebenso die beiden Knochen der Zeugopodien, die hinten häufig verschmelzen. Die Metapodien sind gewöhnlich kurz. Die meisten Edentaten sind Sohlengänger, mit breiten, fünfzehigen Füssen, deren letzte Phalanx vergrössert ist und eine starke Kralle trägt. Oft wird eine Zehe rückgebildet, seltener zwei. Bei einigen Tardigraden kommen nur zwei Zehen zur Entwickelung (*Choloepus didactylus, Myrmecophaga didactyla*). Beim Gehen wird häufig der plantigrade Fuss (— besonders vorn —) so gedreht, dass nicht die Sohle auftritt, sondern der Aussenrand oder die Rückenfläche. Die Krallen sind stets gross, oft ungewöhnlich stark, besonders wenn sie zum Graben dienen; bisweilen werden sie hufartig; bei den kletternden Faulthieren sind die sichelförmigen Krallen sehr verlängert.

Der Schädel ist von sehr verschiedener Form, je nachdem die Kiefer und das Gebiss mehr oder weniger umgebildet und der besonderen Nahrungsform angepasst sind. Bei den insectenfressenden Edentaten sind die Kiefer lang und schmal, besonders bei den ameisenfressenden, welche die Zähne ganz verloren haben: *Manis* unter den Nomarthren, *Myrmecophaga* unter den Xenarthren; bei letzterem ist der lange Schädel fast cylindrisch, bei ersterem konisch. Dagegen sind die Kiefer kürzer und der Schädel mehr abgerundet bei den meisten pflanzenfressenden Edentaten; fast kugelig und durch sehr hohe und kurze Kiefer ausgezeichnet ist er bei vielen Faulthieren und Panzerthieren; hier steigt oft am unteren Rande des Jochbogens ein starker Processus buccalis herab und deckt die äussere Fläche des Unterkiefers. Der Hirnschädel ist gewöhnlich sehr klein und flach, entsprechend der geringen Ausbildung des Gehirns.

Das Malacom der Edentaten ist durch mancherlei Eigenthümlichkeiten ausgezeichnet, welche theils auf die Vererbung von primitiven und alterthümlichen Bildungs-Verhältnissen, theils auf die Anpassung an die besonderen Bedingungen der Lebensweise und Ernährung zurückzuführen sind. Dabei erinnern die Ostzahnarmen (*Manitheria*) vielfach an die älteren Hufthiere, die Westzahnarmen (*Bradytheria*) an die Nagethiere. Das Gehirn ist meistens von geringer Grösse, das Grosshirn von primitiver Bildung, glatt oder mit schwacher Furchenbildung; das Kleinhirn ansehnlich, besonders der Mitteltheil. Die Genitalien zeigen in beiden Ordnungen auffallende Unterschiede. Die Hoden liegen bei den *Manitherien* im Leistencanal, bei den *Bradytherien* in der Bauchhöhle. Der Uterus ist bei den ersteren zweihörnig, die Vagina ungetheilt; bei den letzteren ist umgekehrt der Uterus einfach (meist kugelig), die Vagina dagegen zweitheilig. Die Placenta besitzt bei den palagaeischen Manitherien die primitive Beschaffenheit der älteren Hufthiere (Schweine, Tapire); sie ist diffus, mit grosser Allantois-Blase, ohne Decidua. Dagegen gleicht die Placenta der americanischen Bradytherien derjenigen der Nagethiere; sie ist scheibenförmig oder domförmig, mit kleiner Allantois, mit Decidua.

§ 397. Gebiss der Edentaten.

Obwohl die Rückbildung der Dentur bei den meisten Zahnarmen beträchtlich und ihre Umbildung oft sehr auffallend ist, so nimmt dieselbe doch keineswegs eine so isolirte Stellung ein, wie es nach der gewöhnlichen Darstellung scheinen könnte. Diese letztere stützt sich meistens nur auf die Odontographie der lebenden Formen und generalisirt in unzulässiger Weise Eigenthümlichkeiten, welche nur der grossen Mehrzahl zukommen. Nun haben uns aber die glänzenden Entdeckungen des letzten Decenniums mit einer grossen Anzahl von Zahnarmen Südamericas bekannt gemacht, welche eine viel grössere Mannichfaltigkeit der Gebissbidung (— wenigstens für die *Xenarthra* —) offenbaren und zugleich phylogenetische Anknüpfungspunkte an die Trogotherien, und zwar an die americanischen Tillodontien und Typotherien erkennen lassen, speciell die Stylinodontia oder Calamodontia. Bei diesen tritt bereits der Verlust der Schmelzbedeckung und die secundäre Umhüllung mit Cement ein, welche für die Zähne der meisten Edentaten characteristisch sind, sowie die Reduction der vorderen Zähne und die Umbildung der hinteren Zähne in gleichartige, prismatische und wurzellose Backzähne. Ausserdem führt uns aber die vergleichende Odontologie der fossilen und lebenden Zahnarmen zu folgenden Sätzen, die zunächst für die Hauptgruppe gelten, die Ordnung der americanischen *Bradytherien* oder *Xenarthra*.

I. Die ältesten Bradytherien, die eocaenen Entelopsiden aus Patagonien (*Entelops*, *Didelotherium*) besassen ein vollständiges Placental-Gebiss von der ursprünglichen Formel: 44 Zähne = $\frac{3 \cdot 1 \cdot 4 \cdot 3}{3 \cdot 1 \cdot 4 \cdot 3}$; in jeder Kieferhälfte standen — in geschlossener Reihe — 3 cylindrisch-conische Schneidezähne, deren Spitze noch mit dünnem Schmelz bedeckt war; dann folgte ein ähnlicher Eckzahn, sowie eine (wechselnde) Anzahl cylindrischer Backzähne. Der Schädel dieser ältesten Tardigraden hatte am meisten Aehnlichkeit mit dem der heutigen Faulthiere einerseits, der Gürtelthiere andererseits. II. Auch unter den heutigen Gürtelthieren giebt es noch einzelne Arten, welche jenes primitive Placental-Gebiss nahezu vollständig erhalten, nur einige *Ic.* verloren haben: *Dasypus sexcinctus* und *D. vellerosus*: Dentes $\frac{1 \cdot 1 \cdot 4 \cdot 3}{2 \cdot 1 \cdot 4 \cdot 3}$; einzelne Individuen haben sogar unten noch 3 *Ic.*, mithin die volle Zahl von 11 Zähnen in jeder Kieferhälfte. III. Dieses primitive Bradytherien-Gebiss, aus dem sich alle anderen Formen ableiten lassen, war wenig verschieden von demjenigen der ältesten Trogotherien, sowohl der eocaenen Tillodontien (*Esthonychida*), als der Typotherien (*Protypotheria*); durch weitere Rückbildung des Schmelzes und Verlust der Wurzel lässt sich das erstere von dem letzteren ableiten. Uebrigens behalten nicht nur die Milchzähne, sondern auch einzelne Dauerzähne bisweilen Reste der Schmelzdecke, so *Entelops, Promegatherium, Palaehoplophorus* u. A. Die Reduction des Gebisses schritt von vorn nach hinten fort. IV. Die Richtigkeit dieser Deutung wird dadurch bestätigt, dass neuerdings bei einigen Gürtelthieren (*Tatusia peba*, *T. hybrida*) und Anderen Zahnwechsel nachgewiesen worden ist und dass die Lacteal-Zähne (der »ersten Dentition«) die gewöhnliche Beschaffenheit besitzen, mit Schmelzdecke der Krone und mit geschlossener Wurzel; erst die Lingual-Zähne (der »zweiten Dentition«) nehmen die schmelzlose und wurzellose Beschaffenheit an; das Milchgebiss hat bisweilen noch die typische Vollzahl von 32 Zähnen conservirt: $\frac{3 \cdot 1 \cdot 4 \cdot 0}{3 \cdot 1 \cdot 4 \cdot 0}$; der Zahnwechsel tritt dann erst beim erwachsenen Thiere ein. V. Einzelne echte, wenn auch kleine, Schneidezähne (oben im Zwischenkiefer stehend, unten diesem gegenüber) haben sich auch noch bei einigen älteren ausgestorbenen Gattungen in verschiedenen Familien erhalten, so bei *Peltophilus* und *Chlamydotherium* unter den Cingulaten, bei *Paloplophorus* und *Glyptodon* unter den Notophracten. VI. Echte Eckzähne werden den Edentaten häufig abgesprochen; dennoch finden sie sich bei einzelnen lebenden und vielen fossilen Formen; sie werden hier gewöhnlich für vorderste Backzähne gehalten, weil sie diesen in Form und Grösse ganz ähnlich sind. Dennoch lässt ihre Stellung über die wahre Caninen-Natur keinen Zweifel: oben stehen sie am vordersten Ende des Oberkiefers, unten diesem gegenüber. Häufig sind die Eckzähne durch eine grosse Lücke von den Backzähnen getrennt. Bisweilen sind die *Cn.* auch durch conische Form oder durch besondere

§ 398. System der Edentaten.

Ordnungen	Unterordnungen	Familien	Gattungen
I. Ordnung: **Nomarthra** **vel Manitheria** Palagaeische Edentaten (Ostzahnarme) Rückenwirbel normal, ohne Sphenapophysen. Hoden inguinal. Vagina ungetheilt. Placenta diffus oder zonar, ohne Decidua, Allantois gross	I. **Pholidotheria** (= *Squamosa*) Schuppenthiere Haut mit Hornschuppen	1. **Palamanida** ⊙ Rudimentäres Gebiss vorhanden	*Archimanis* ⊙ (Hypothet. Stammform der Nomarthra)
		2. **Neomanida** Gebiss verschwunden	*Manis* V (Moderner Ueberrest der Palamaniden)
	II. **Oryctotheria** (= *Tubulidentia*) Rohrzahnthiere Haut behaart, ohne Hornschuppen	3. **Paloryctida** ⊙ Mit Incisoren	*Archorycterus* ⊙ (Hypothet. Stammform der Oryctotherien)
		4. **Neoryctida** Ohne Incisoren	*Orycteropus* V (Moderner Ueberrest)
II. Ordnung: **Xenarthra** **vel** **Bradytheria** Americanische Edentaten (Westzahnarme) Rückenwirbel abnorm, mit Sphenapophysen. Hoden abdominal. Vagina zweitheilig. Placenta discoidal oder domförmig, mit Decidua. Allantois klein	I. **Tardigrada** (= *Bradypodales*) Faulthiere Kein Knochenpanzer. Haut grob behaart	1. **Palabradyna** ⊙ Gebiss der Stylinodontien	*Archibradys* ⊙ (Hypothet. Stammform der Xenarthra)
		2. **Entelopsida** Gebiss complet	*Entelops* + *Didelotherium* +
		3. **Bradypodida** Gebiss reducirt	*Bradypus* V *Choloepus* V
		4. **Vermilinguia** Gebiss verschwunden	*Myrmecophaga* V *Phororhacos* +
	II. **Gravigrada** (= *Megatherales*) Schwerthiere Haut behaart, meist mit kleinen Knochenplättchen, die jedoch keinen zusammenhängenden Panzer bilden	5. **Mylodontida** Eckzahn da. Mol. dreiseitig	*Lestodon* + *Mylodon* +
		6. **Megalonychida** Eckzahn da. Mol. elliptisch	*Hyperleptus* + *Megalonyx* +
		7. **Megatherida** Eckzahn fehlt. Mol. vierseitig	*Nothrotherium* + *Megatherium* +
	III. **Cingulata** (= *Dasypodales*) Gürtelthiere Rückenpanzer aus beweglichen Gürteln zusammengesetzt. Rückenwirbel frei	8. **Stegotherida** Panzerplatten sich dachziegelartig deckend	*Stegotherium* + (Eocaen)
		9. **Dasypodida** Mitte des Rückenpanzers mit bewegl. Gürteln	*Tatusia* V *Dasypus* V
		10. **Chlamydophorida** Panzer mit einem Paar lateraler Mantellappen	*Chlamydophorus* V
		11. **Chlamydotherida** Uebergang zu den Glyptodonten	*Peltophilus* + *Chlamydotherium* +
	IV. **Notophracta** (= *Loricata*) (= *Glyptodontales*) Panzerthiere Rückenpanzer unbeweglich, fest. Rückenwirbel verschmolzen	12. **Glyptodontida** Panzerplatten mit Rosette. Schwanz ohne Tubus	*Thoracophorus* + *Glyptodon* +
		13. **Hoplophorida** Panzerplatten mit Rosette. Schwanz mit Tubus	*Hoplophorus* + *Panochthus* +
		14. **Doedicurida** Panzerplatten ohne Rosette. Schwanz mit Tubus und Endkolben	*Neuryurus* + *Doedicurus* +

§ 399. Stammbaum der Edentaten.

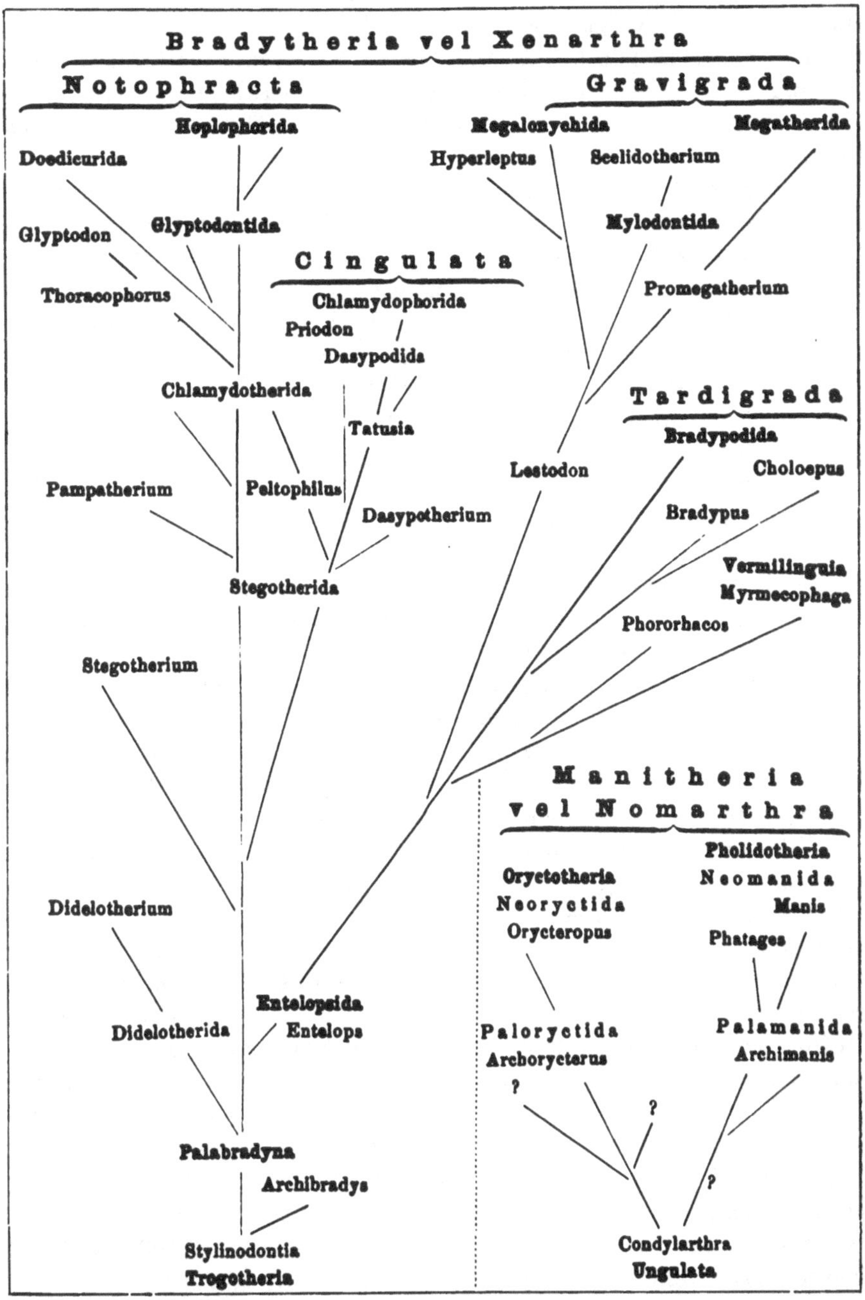

Grösse ausgezeichnet, so bei *Eucholoeops*, *Megalonyx*, *Lestodon* u. a. Gravigraden. Unter den lebenden Faulthieren hat *Choloepus* den Eckzahn conservirt, während *Bradypus* ihn verloren hat. VII. Die Uebereinstimmung in Grösse und Form, welch die *Ic.* und *Cn.* bei den meisen Edentaten mit den *Bucc.* besitzen (— ebenso die Gleichheit der *Pr.* und *Ml.* —) beruht auf secundärer Angleichung oder Convergenz (ähnlich wie bei den Denticeten). VIII. Bisweilen tritt bei den Edentaten, im Zusammenhang mit Verlängerung der Kiefer, eine secundäre Vermehrung der Zahnzahl ein, indem die kleinen, stiftförmigen Backzähne sich theilen. Bei dem lebenden Riesengürtelthier (*Priodon gigas*) steigt dieselbe bis auf hundert. Dieser Fall bietet eine vollkommene Analogie zu der exceptionellen Gebissbildung der Delphine (§ 421). In beiden Fällen ist das homodonte überzählige Gebiss erst secundär aus dem heterodonten mit normaler Zahnzahl entstanden. IX. Bei einzelnen ameisenfressenden Edentaten ist das Gebiss in den schnabelförmig verlängerten Kiefern ganz verschwunden, so bei *Myrmecophaga* und *Manis*; auch hier lässt sich im Kiefer der Embryonen gewöhnlich noch die Anlage der Zahnleisten (— bisweilen selbst einzelner Zahnknospen —) nachweisen, als palingenetischer Ueberreste der Ahnen-Dentur. Dieser Fall von totalem Zahnverlust bietet ebenfalls eine vollständige Analogie zu demjenigen der zahnlosen Cetomorphen (§ 417). Er ist um so interessanter, als die beiden Familien der zahnlosen Ameisenfresser auch die gleiche Umbildung der wurmförmig verlängerten Zunge zeigen, die mit kleinen Widerhäkchen (oder rückwärts gerichteten Hornpapillen) dicht besetzt ist. Auch diese Uebereinstimmung beruht auf Convergenz, da die palagaeischen Maniden und die americanischen Myrmecophagiden nicht stammverwandt, sondern verschiedenen Ursprungs sind.

Die vergleichende Odontologie ergiebt somit, dass das Gebiss der Edentaten keineswegs die exceptionelle Stellung einnimmt, die man ihm gewöhnlich zuschreibt. Es ist nicht monophyodont, sondern diphyodont. Die Rückbildung einzelner Zahngruppen ist nicht allgemein; ausserdem findet sich dieselbe auch in anderen Ordnungen der Placentalthiere: die Schneidezähne gehen verloren bei manchen jüngeren Hufthieren, Pinnipedien und Cetaceen; die Eckzähne verschwinden bei den Rodentien und vielen Hufthieren; die *Pr.* gehen in vielen jüngeren Familien zu Grunde oder werden den *Ml.* gleich. Die secundäre Umbildung der ursprünglichen, mit Schmelzkrone und Wurzel versehenen Backzähne in prismatische, schmelzlose und wurzellose Zähne erfolgt ebenso auch bei vielen Hufthieren, Nagethieren u. s. w. Die homodonte Bezahnung der jüngeren Edentaten ist überall erst secundär aus der heterodonten Dentur ihrer älteren Ahnen hervorgegangen.

§ 400. Erste Ordnung der Edentaten: **Manitheria (= Nomarthra). Ostzahnarme.**

Palagaeische Zahnarme, von Ungulaten abstammend (?).

Edentaten mit normalen Rückenwirbeln, welche zwei Paar Gelenkflächen tragen, ohne Sphenapophysen. Hoden inguinal. Uterus zweitheilig. Vagina einfach. Allantois gross. Placenta diffus oder zonar, ohne Decidua (ähnlich derjenigen des Pferdes).

Die Ordnung der Manitherien oder *Nomarthra* umfasst die Edentaten der alten Welt, welche nur noch durch zwei lebende Familien und Gattungen vertreten sind: *Manis* und *Orycteropus*; von der ersteren leben mehrere Arten in Süd-Asien und Africa, von der letzteren nur in Africa. Auch einige fossile Species sind von beiden Genera bekannt, aber keine einzige ausgestorbene Verwandte, welche ein Licht auf ihre Abstammung werfen könnte. Wir sind daher beim Aufsuchen der letzteren nur auf die Zeugnisse der vergleichenden Anatomie und der wenig bekannten Ontogenie angewiesen. Danach scheint es, dass die *Manitherien* in keiner directen Verwandtschafts-Beziehung zu den *Bradytherien* stehen, und dass die Aehnlichkeiten zwischen Beiden auf Convergenz beruhen und durch Anpassung an gleiche Lebensweise und Ernährung verursacht sind. Die Stammformen der Manitherien sind wahrscheinlich unter den ältesten Hufthieren (Condylarthra) oder unter deren cretassischen Vorfahren aus der Gruppe der Mallotherien (den Bunotherien) zu suchen. Uebrigens sind auch die beiden Genera, die wir allein kennen, unter sich so sehr verschieden, dass ihre gemeinsame Abstammung zweifelhaft ist; man kann sie als Vertreter von zwei verschiedenen Unterordnungen oder selbst Ordnungen ansehen, *Pholidotherien* und *Oryctotherien*.

Die Unterordnung der Schuppenthiere (*Pholidotheria* oder *Squamosa*) zeichnet sich vor allen übrigen Säugethieren durch ihren hochentwickelten Schuppenpanzer aus. Die grossen, dorsalen, sich dachziegelartig deckenden Hornschuppen haben den histologischen Bau der Nägel und werden im Embryo sehr frühzeitig angelegt, viel früher als die borstenartigen, marklosen Haare, welche die unbeschuppten Hauttheile bedecken, aber auch zwischen den Schuppen sich spärlich finden. Die Hornschuppen entwickeln sich über grossen Lederhautpapillen und sind vielleicht phyletisch sehr alte Bildungen, durch Vererbung oder durch Atavismus auf das Reptilien-Schuppenkleid der ältesten Amnioten zu beziehen (vergl. § 360). Auch in der primitiven Bildung des Gehirns, der Gliedmaassen und der Genitalien zeigen die Schuppenthiere Merkmale einer sehr alten Placentalien-Gruppe. Die fünfzehigen Füsse sind kurz und kräftig. Das Schlüsselbein fehlt, ebenso das Jochbein. Die Aehnlichkeiten, welche sie durch Verlust des Gebisses und eigenthümliche Bildung der zahnlosen Kiefer, sowie der stacheligen, wurmförmigen Zunge mit den südamericanischen Myrmecophagen zeigen, beruhen auf Convergenz. Dieselben sind um so interessanter, als sie in gleicher Form auch bei dem ameisenfressenden Zweige der modernen Ornitherien sich ausgebildet haben (*Echidna*, § 378).

Die modernen Schuppenthiere, Neomaniden, sind heute durch mehrere Arten der Gattung *Manis* im südlichen Asien und Africa vertreten. Sie stammen von ausgestorbenen hypothetischen Palamaniden ab, welche noch ein verkümmertes Gebiss besassen und deren Stammform (*Archimanis*) ihre Vorfahren wahrscheinlich unter den ältesten Hufthieren (*Condylarthra*) oder den *Bunotherien* besass.

Die Unterordnung der Rohrzahnthiere (*Oryctotheria* oder *Tubulidentia*) wird durch die einzige Gattung *Orycteropus* gebildet, von welcher einige Arten in Süd-Africa leben. Sie stimmen mit den Schuppenthieren überein in der normalen Bildung der Wirbelsäule, in der primitiven Bildung des Gehirns und der Genitalien. Dagegen unterscheiden sie sich von ihnen durch den Besitz eines Schlüsselbeines und eines gut entwickelten Jochbeins. Die Haut ist nicht mit Hornschuppen, sondern mit groben, borstigen Haaren bedeckt. Zwei Paar Zitzen liegen hinten am Bauche und in der Leistengegend, während die Schuppenthiere nur ein Paar Zitzen vorn in der Achselhöhle besitzen. Letzteren fehlt auch der grosse Blinddarm, der *Orycteropus* auszeichnet. Ganz eigenthümlich ist das Gebiss. Das rudimentäre Milchgebiss, welches jederseits oben 7, unten 4 winzige Milchzähne im Kiefer zeigt, kommt nie zum Durchbruch. Das Dauergebiss besteht aus 2 kleinen *Pr.* und aus 2 grossen *Ml.*, zu denen oben noch ein kleiner hinterster kommt. Diese Backzähne bestehen ganz aus Vasodentin und werden durch Bündel von sehr zahlreichen und feinen, vertical stehenden Prismen gebildet, von deren centraler Röhre allseitig feine Dentincanäle ausstrahlen. Da kein anderes bekanntes Säugethier dieselbe Bildung zeigt, und da auch ausgestorbene Verwandte des *Orycteropus* nicht gefunden sind, so steht dieses merkwürdige Thier einstweilen ebenso isolirt, wie die Schuppenthiere. Die hypothetischen *Paloryctiden*, oder die unbekannten tertiären Vorfahren der modernen Rohrzahnthiere (der *Neoryctida*) sind vielleicht direct aus einem aberranten Zweige der ältesten Placentalien (*Bunotherien*) hervorgegangen.

§ 401. Zweite Ordnung der Edentaten:

Bradytheria (= Xenarthra). Westzahnarme.

Americanische Zahnarme, von Trogotherien (Tillodontien?) abstammend.

Edentaten mit abnormen Rückenwirbeln, welche Sphenapophysen und drei Paar Gelenkflächen tragen. Hoden abdominal. Uterus einfach. Vagina zweitheilig. Allantois klein. Placenta discoidal oder domförmig, mit Decidua.

Die Ordnung der Bradytherien oder *Xenarthra* umfasst alle lebenden und fossilen Edentaten von America. In der Gegenwart sind sie nur durch eine kleine Anzahl von Gattungen und Arten von geringer oder mittlerer Körpergrösse vertreten; in der Tertiär-Zeit und noch in der nachfolgenden Diluvial-Zeit bevölkerten sie die neue Welt mit einer grossen Anzahl von merkwürdigen Formen, welche zum Theil colossale Grösse erreichten und sich durch auffallende Eigenthümlichkeiten weit von allen übrigen Säugethieren entfernen. Viele von ihnen bilden einen dermalen Knochenpanzer, dessen mannichfaltige und hohe Ausbildung, verbunden mit riesiger Körpergrösse, die abenteuerliche Bildung der gepanzerten, mesozoischen Reptilien, der Crocodile, Dinosaurier und selbst der Schildkröten wiederholt. Die Heimath dieser merkwürdigen Bradytherien und der Schauplatz ihrer erstaunlichen Entwickelung war während der älteren und mittleren Tertiär-Zeit ausschliesslich Süd-America. Erst als dieser selbständige Continent während der jüngeren Tertiär-Zeit mit Nord-America in Verbindung trat, wanderten verschiedene Familien von Bradytherien in Letzeres hinüber. Jedoch blieb bis heute die ganze Ordnung ausschliesslich auf America beschränkt.

Wir theilen die Ordnung der Bradytherien in vier verschiedene Unterordnungen, welche Alle während der Tertiär-Zeit in Süd-America durch zahlreiche und vielfach divergente Formen vertreten waren. Aber trotz der beträchtlichen Differenzen in Grösse, Gestalt, Körperbedeckung und specieller Ausbildung, und trotz der weiten Abstände der noch heute lebenden Ausläufer — der modernen Faulthiere, Ameisenbären und Gürtelthiere — erscheinen dennoch alle Bradytherien im inneren Körperbau so nahe verwandt, dass wir sie monophyletisch auffassen und von einer gemeinsamen alt-tertiären Stammform ableiten können. Diese hypothetische Stammgruppe bezeichnen wir als *Palabradyna* und nehmen an, dass sie mit den ältesten Formen der Trogotherien nahe verwandt war; sowohl die *Esthonychiden* (— als Stammformen der Tillodontien —), wie die davon abgeleiteten *Stylinodontien* (oder Calamodontien) bieten hier vielfache Anknüpfungspunkte; ebenso aber auch anderseits die von ersteren abzuleitenden *Protypotherien* (als Stammgruppe der Typotherien). Diese ältesten Trogotherien besassen noch das vollständige typische Placental-Gebiss von 44 Zähnen, die wenig differenzirt waren und in geschlossener Reihe standen. Und dasselbe gilt von den nächstverwandten *Entelopsiden*, den ältesten bekannten Vertretern der Bradytherien. Aus diesen oder aus verwandten alt-eocaenen Formen von geringer Grösse und primitiver Organisation gingen wahrscheinlich die divergenten Stammformen der Faulthiere, Ameisenbären, Gürtelthiere und Schwerthiere hervor; die höchste und einseitigste Entwickelung erreichten letztere dann in den Panzerthieren.

I. Unterordnung: Faulthiere (*Tardigrada* oder *Bradypodales*). Die Haut ist mit langen, groben Haaren bedeckt, ohne Knochentafeln in der Lederhaut. Zu dieser Gruppe rechnen wir die hypothetische Stammgruppe der Bradytherien, die alt-eocaenen *Palabradyna*, und die *Entelopsida*, welche diesen wahrscheinlich sehr nahe standen. Letztere sind die einzigen bekannten Zahnarmen, welche noch das vollzählige Placental-Gebiss (44 Zähne) in geschlossener Reihe besassen (vergl. § 397): *Entelops* und *Didclotherium* im Eocaen von Patagonien: Dent. $\frac{3 \cdot 1 \cdot 4 \cdot 3(-2?)}{3 \cdot 1 \cdot 4 \cdot 3(-2?)}$. Als zwei divergente Ausläufer dieser Gruppe betrachten wir die modernen Faulthiere (*Bradypodida*) und Ameisenbären (*Myrmecophagida*). Erstere haben durch kletternde Lebensweise lange und schlanke Gliedmaassen bekommen, die 2 oder 3 sehr grosse Sichelkrallen tragen; der Schwanz ist verkümmert, der Schädel rundlich, die Kiefer kurz und hoch, ohne Schneidezähne. Die Myrmecophagen dagegen haben sehr verlängerte, schnabelähnliche Kiefer, aus denen die Zähne ganz verschwunden sind. Der Schädel ist beinahe cylindrisch; der Schwanz ist lang und buschig; die Füsse sind kräftig, mit grossen Grabekrallen.

II. Unterordnung: Schwerthiere (*Gravigrada* oder *Megatherales*). Die Haut dieser ausgestorbenen, grössten und plumpesten Edentaten, welche die Grösse des Rhinoceros und Elephanten erreichten, war vermuthlich mit Haaren bedeckt; daneben aber finden sich bei Vielen (— ursprünglich vielleicht bei Allen? —) in der Lederhaut viele kleine Knochentafeln, die oft ein förmliches Pflaster bilden (bei *Mylodon*, *Lestodon* u. A.) Die Schneidezähne fehlen stets, oft auch die Eckzähne. Die Gliedmaassen sind ausserordentlich stämmig und plump, mit grossen, gekrümmten Klauen. In der Bildung des Gebisses und des Schädels (von dessen Jochbogen ein starker Backenfortsatz herabsteigt) stehen sie den Bradypoden sehr nahe; in anderen Merkmalen auch den Dasypoden und Notophracten. Eine ältere Gattung, *Lestodon*, scheint den Stammformen der Bradypodiden nahe zu stehen, *Scelidotherium* dagegen den Ahnen der Myrmecophagen. Die drei Familien der Gravigraden unterscheiden sich hauptsächlich durch die Bildung der Backzähne, deren Zahl in jeder Kieferhälfte meistens 4, seltener 5 oder 3 beträgt. Es sind hohe, wurzellose Prismen, deren Kaufläche bei den *Mylodontiden* dreieckig ist, bei den *Megalonychiden* quer-elliptisch oder vierseitig, bei den *Megatheriden* vierseitig, mit zwei Querjochen. Die beiden ersteren Familien haben starke Eckzähne; bei den Megatheriden sind diese verschwunden. Die Gravigraden können nicht als Stammgruppe der Bradytherien betrachtet werden, da ihr Gebiss mehr reducirt und der Skeletbau mehr modificirt ist als bei den Tardigraden und Cingulaten.

III. Unterordnung: Gürtelthiere (*Cingulata* oder *Dasypodales*). Die Haut ist auf der Rückenseite mit Knochenplatten gepanzert, welche in der Mitte des Rumpfes bewegliche Querreihen und am Schwanze bewegliche Ringe bilden. Bei den eocaenen *Stegotherien* bildeten die viereckigen Knochentafeln ein förmliches Schuppenkleid, indem sie sich mit den freien Rändern dachziegelartig über einander legten (!). Diese ältesten Gürtelthiere besassen noch das typische Placental-Gebiss von 44 Zähnen, das sie von ihren *Entelopsiden*-Ahnen geerbt hatten. Dasselbe hat sich auch noch auf einzelne moderne *Dasypodinen* fast vollständig übertragen (*Dasypus sexcinctus* und *D. vellerosus*, vergl. § 397). Bei den meisten Cingulaten sind die Schneidezähne und bei anderen auch die Eckzähne verschwunden. *Chlamydophorus*, die Gürtelmaus, das kleinste lebende Edentat, zeichnet sich dadurch aus, dass die Rückenhaut eine zweilappige Mantelfalte bildet, welche als getäfelter Panzer über die behaarten Seiten des Rumpfes frei herabhängt. Bei dem fossilen *Chlamydotherium*, welches die Grösse des Rhinoceros erreichte, verwuchsen die Knochengürtel vorn und hinten zu einer grossen Panzerplatte; durch die besondere Sculptur der polygonalen Knochentafeln, wie durch die Bildung des Gebisses, bildet diese Gattung bereits den Uebergang zu den Glyptodonten.

IV. Unterordnung: Panzerthiere (*Notophracta* oder *Loricata*, auch *Glyptodontales* im weiteren Sinne genannt). Die Haut ist auf der Rückenseite des Rumpfes mit einem festen, unbeweglichen Knochenpanzer von halbkugeliger oder fast tonnenförmiger Gestalt bedeckt, der aus polygonalen, verschmolzenen oder durch Naht verbundenen Knochenplatten sich zusammensetzt. Unter diesem dicken, von Hornplatten der Epidermis bedeckten Knochenpanzer bildet die Wirbelsäule ein unbewegliches Rohr, indem alle Rückenwirbel verwachsen sind. Ebenso sind die Lendenwirbel mit dem mächtigen Kreuzbein verschmolzen. Der kurze Hals trägt einen rundlichen Kopf, der sich durch hohe Kiefer, abgestutzte Nase und sehr kleine Hirnhöhle auszeichnet; seine Oberseite ist mit kleinen Knochentafeln bedeckt. Der grosse, kräftige Schwanz ist bei den älteren *Glyptodontiden* von beweglichen, aus Knochentafeln zusammengesetzten Ringen umgeben, wie bei ihren Gürtelthier-Ahnen. Dagegen verschmelzen dieselben bei den jüngeren *Hoplophoriden* und *Doedicuriden* zu einer cylindrischen oder konischen Schwanzröhre. Bei den letzteren ist dieser Caudal-Tubus, welcher die hintere Schwanzhälfte einschliesst, hinten abgeplattet und am Ende kolbenförmig angeschwollen. Die Gliedmaassen sind äusserst plump und schwerfällig, die hinteren grösser und robuster als die vorderen. Das Gebiss besitzt bei einigen älteren Formen (*Paloplophorus* u. A.) noch kleine, stiftförmige Schneidezähne. Meistens finden sich in jeder Kieferhälfte 7 Backzähne von gleicher Bildung (4 *Pr.* und 3 *Ml.*) und vor diesen ein kleinerer Eckzahn von ähnlicher Form. Alle Zähne sind hohe, wurzellose Prismen, durch 2 Paar longitudinale, tiefe Furchen in 3 parallele Pfeiler getheilt. Im Habitus gleichen diese schwerfälligen Panzerthiere, deren Riesenformen die Grösse des Rhinoceros erreichen, colossalen Landschildkröten. Sie bilden einen einseitig specialisirten Seitenzweig des Gürtelthier-Stammes, mit dem sie durch die Chlamydotherien verknüpft sind. Lebende Nachkommen haben die Notophracten nicht hinterlassen.

§ 402. Vierte Legion der Placentalien:

Ungulata. Hufthiere.

Monophyletische Gruppe der ungulaten Zottenthiere.

Placentalien mit langen, meist schlanken und nur zum Laufen dienenden Gliedmaassen. Füsse ursprünglich plantigrad und fünfzehig, später meist digitigrad oder unguligrad, stark specialisirt, mit reducirter Zehenzahl; Zehen mit stumpfen Hufen. Clavicula fehlt stets. Gebiss ursprünglich complet, omnivor oder herbivor, später oft theilweise reducirt und stark specialisirt. Molaren bunodont oder lophodont.

Die Legion der Hufthiere oder *Ungulata* ist die wichtigste, formenreichste und interessanteste unter allen Gruppen der herbivoren Mammalien. Von einer gemeinsamen alt-eocaenen Stammgruppe ausgehend, hat sich der vielverzweigte Stamm dieser Legion während der Tertiär-Zeit in stetig zunehmender Mannichfaltigkeit und Vollkommenheit bis zur Gegenwart entwickelt. Es gehören dazu die grössten aller lebenden und ausgestorbenen Landsäugethiere (Elephant, Rhinoceros, Hippopotamus, Dinoceras etc.); ferner diejenigen, welche als nützlichste Hausthiere für die fortschreitende Entwickelung des Menschen und seiner Cultur die höchste Bedeutung erlangt haben (Pferd, Rind, Schaf, Ziege, Camel, Schwein etc.).

Die palaeontologischen Urkunden sind wegen ihrer ausserordentlichen Reichhaltigkeit und Vollständigkeit in der Legion der Hufthiere von grösserer allgemeiner und besonderer Bedeutung als bei allen anderen Säugethieren. Schon im ältesten Tertiär-Gebirge finden sich fossile Reste mehrerer Ordnungen, alle von sehr primitiver Bildung. Diesen alt-eocaenen Stammformen folgt dann in jedem jüngeren Tertiär-Sediment eine grössere Zahl von Epigonen, deren Mannichfaltigkeit und Vollkommenheit schrittweise zunimmt. Der Stammbaum der Legion hat sich daher, mit Unterstützung der vergleichenden Anatomie und Ontogenie, auf Grund der reichen Petrefacten-Schätze hier in seltener Vollständigkeit und Klarheit erkennen lassen, insbesondere in den beiden formenreichen Hauptstämmen der *Perissodactylen* und *Artiodactylen*. Die palaeontologische Entwickelung einzelner Hauptzweige (z. B. der Pferde-Gruppe, der Schweine, Wiederkäuer u. A.) ist uns jetzt in so vollkommener Klarheit bekannt, die historische Umbildung der einzelnen Körpertheile so im Zusammenhange verfolgt, dass die Stammesgeschichte der Ungulaten einen der lehrreichsten Theile der ganzen Phylogenie bildet.

Wir unterscheiden in der Legion der *Ungulaten* sieben Ordnungen. Die gemeinsame Stammgruppe derselben bildet die alteocaene Ordnung der nordamericanischen Urhufer, Condylarthra: kleine Hufthiere von sehr primitivem Bau, welche den eocaenen Stammformen der übrigen Placentalien (namentlich Creodonten, Insectivoren und Prosimien) noch ganz nahe stehen. Aus dieser Stamm-Ordnung sind als zwei divergirende, hoch entwickelte Hauptstämme die Unpaarhufer, Perissodactyla, und die Paarhufer, Artiodactyla, hervorgegangen; erstere von *Phenacodonten*, letztere von *Periptychiden* abstammend. Ausser diesen beiden mächtigen und vielverzweigten Hauptstämmen sind aber aus der gemeinsamen Wurzel der Condylarthra noch vier andere, kleinere Stämme von Hufthieren hervorgegangen, die Hyraceen (Platthufer), die Liopternen oder Toxodontien (Nagehufer), die Proboscideen (Rüsselhufer) und die Amblypoden (Plumphufer). Von diesen vier niederen Stämmen der Ungulaten erscheinen einerseits die *Hyraceen* und *Toxodontien*, anderseits die *Proboscideen* und *Amblypoden* näher mit einander verwandt.

Alle Ungulaten sind typische »Laufthiere«, mit zwei Paar wohlentwickelten Gliedmaassen, die ausschliesslich zur Locomotion auf dem Erdboden dienen. Niemals werden dieselben mehr zu anderen Functionen (Tasten, Greifen, Klettern, Graben u. s. w.) verwendet. Gewöhnlich sind die Zygomelen dem schnellen und anhaltenden Laufe auf festem Boden, seltener dem Waten in Sumpfboden angepasst; nur in einzelnen Fällen dienen sie auch der amphibischen Lebensweise, ohne dass aber die Laufbeine dadurch zu Schwimmfüssen würden. Schwimmhäute sind niemals entwickelt. Schlüsselbeine fehlen allen Hufthieren. Während bei den ältesten Ungulaten der Fuss noch *plantigrad* ist und mit der ganzen Sohle auftritt, erhebt er sich bei der grossen Mehrzahl über dem Boden; entweder tritt nur noch der vordere Theil der Sohle auf (*Semiplantigrada*), oder es berühren nur die Enden der Metapodien und die Zehen den Boden (Zehengänger, *Digitigrada*), oder nur die letzte Phalanx der Zehen (Hufgänger, *Unguligrada*). Dem entsprechend verwandelt sich die ursprüngliche stumpfe Kralle in eine taschenförmige Hornbedeckung, welche die letzte Phalanx fast vollständig umschliesst (Huf, *Ungula*). Plantigrad sind die *Condylarthren* und *Hyraceen*, sowie die älteren *Toxodontien*, semiplantigrad die *Proboscideen* und *Amblypoden*, digitigrad die jüngeren *Toxodontien*, die älteren Formen der *Perissodactylen* und *Artiodactylen*; vollkommen unguligrad ist die grosse Mehrzahl der beiden letzten Ordnungen. Hier wird auch der Huf meistens zu einer sehr dicken und harten Horntasche, welche die breite und abgeplattete Endphalanx der Zehen allseitig umgiebt. Dagegen ist der Huf bei plantigraden Hufthieren oft noch platt, nur dorsal entwickelt, nagelartig (so bei den Hyraceen, Proboscideen u. A.).

Je vollkommener sich die Laufbeine der Hufthiere ausbilden, desto mehr wird die Zahl der functionirenden Zehen reducirt, diese selbst aber um so stärker entwickelt. Insbesondere werden die Metapodien verlängert und fast vertical aufgerichtet. Bei den *Condylarthra*, *Proboscidea* und *Amblypoda*, sowie bei den älteren *Toxodontia* bleiben alle vier Füsse fünfzehig, und die Mittelzehe (III.) ist nur wenig stärker als die vier anderen. Bei allen übrigen Ungulaten ist die I. Zehe ganz verloren gegangen und die V. meistens mehr oder weniger rückgebildet. Bei den *Artiodactylen* entwickeln sich zwei Hauptzehen (III. und IV.) gleich stark, während die beiden Nebenzehen (Afterzehen, II. und V.) zunächst schwächer bleiben, später ganz verschwinden. Die Metapodien der beiden Hauptzehen verschmelzen zuletzt zu einem einzigen starken Laufknochen (Canon). Während sich hier die ganze Körperlast auf die beiden Hauptzehen gleichmässig vertheilt, ruht sie dagegen bei den *Perissodactylen* anfänglich auf 3 Zehen, später bloss auf der Mittelzehe (III.), während die schwächeren Nebenzehen (II. und IV.) verkümmern und zuletzt ganz verschwinden (*Equina*). Das einzehige Laufbein erreicht im Pferde die höchste Bildungsstufe.

Die Basipodien (*Carpus* und *Tarsus*) erleiden bei der fortschreitenden Entwickelung des Lauffusses ebenfalls eine lange Reihe von wichtigen Veränderungen. Die kleinen Knochen, welche dieselben, in zwei Querreihen geordnet, zusammensetzen, verändern ihre relative Lage und damit auch ihre Gestalt. Bei den älteren und niederen Ungulaten behalten die Basipodien noch ganz oder theilweise die ursprüngliche Serial-Structur; jedes Carpale und Tarsale der distalen Reihe besitzt nur eine proximale Gelenkfläche, da es nur mit einem Knochen der proximalen Reihe articulirt. Bei den jüngeren und höher entwickelten Gruppen der Hufthiere geht dieser primitive Bau allmählich in die Alternal-Structur über, indem die distale Reihe gegen die proximale nach innen verschoben wird; daher besitzen wenigstens einige Knochen der Distal-Reihe zwei proximale Gelenkflächen, durch welche sie sich mit zwei Knochen der Proximal-Reihe verbinden. Diese alternale Anordnung der Wurzelknochen giebt dem Lauffusse eine weit grössere Festigkeit und mechanische Vollkommenheit, als die ursprüngliche seriale. Auf Grund dieser wichtigen Umbildungen der Basipodien können wir drei Sublegionen der Ungulaten unterscheiden: I. Taxearthra (oder *Taxeopoda* im engeren Sinne!) sind die drei Ordnungen der *Condylarthren*, *Hyraceen* und *Toxodontien* (mit Ausnahme einiger jüngerer Formen); ihre Basipodien zeigen vorn und hinten die ursprüngliche Serial-Structur. II. Pachyarthra (oder *Crotopoda*) sind die beiden Ordnungen der *Proboscideen* und *Amblypoden*; sie nehmen eine Mittelstellung ein, indem der Carpus (mehr conservativ) die Serial-Structur beibehält, der Tarsus dagegen die Alternal-Structur annimmt. III. Diplarthra (oder *Tachypoda*) sind die beiden höchst entwickelten Ordnungen der *Perissodactylen* und *Artiodactylen*, mit vollkommener Alternal-Structur der Basipodien.

Auch noch in anderen Einzelheiten des Fussbaues sind mechanische Fortschritte von den älteren zu den jüngeren Hufthieren zu verfolgen. Der Astragalus zeigt ursprünglich ein einfach convexes Proximal-Gelenk und ein flaches Distal-Gelenk; später wird das erstere kopfartig abgesetzt, rollenartig, mit mittlerer Furche, das letztere ebenfalls rollenförmig. Der Calcaneus articulirt anfänglich noch mit der Fibula, später nicht mehr. Bei den älteren Hufthieren besitzt der Humerus noch ein Foramen entocondylium und das Femur einen Trochanter tertius; bei den jüngeren gehen beide verloren. Ulna und Fibula sind ursprünglich gut entwickelt, frei und so lang als Radius und Tibia; später verkümmern die ersteren und verwachsen mit den letzteren.

Gebiss. Von grösster Wichtigkeit für die Phylogenie und Systematik der Hufthiere ist die Differenzirung des Gebisses, welches in sehr verschiedenem Grade der vegetalen Nahrung angepasst und theilweise in Correlation zur Fussbildung entwickelt ist. Die ältesten, untereocaenen Ungulaten sind omnivore Formen mit completem Placental-Gebiss von 44 Zähnen: $\frac{3 \cdot 1 \cdot 4 \cdot 3}{3 \cdot 1 \cdot 4 \cdot 3}$. Der Character desselben ist noch sehr primitiv und indifferent, wenig verschieden von demjenigen der ältesten Carnassier und Primaten. Bei der grossen Mehrzahl der Hufthiere wird aber die Dentur in mannichfachster Weise reducirt und modificirt, gewöhnlich in zweckmässigster Form der harten Pflanzennahrung angepasst. Die Schneidezähne entwickeln sich bei den *Hyraceen* und *Liopternen* zu Nagezähnen, bei den *Proboscideen* zu Stosszähnen. Bei den übrigen Gruppen werden sie meistens zum Theil rückgebildet, zum Theil eigenthümlich umgebildet; bei vielen Artiodactylen fallen sie oben ganz weg. Die Eckzähne hingegen fallen bei den *Hyraceen* und *Proboscideen* ganz aus, ebenso wie bei einem Theile der übrigen Ordnungen; während sie in einzelnen Gruppen (besonders beim Männchen) zu grossen Fangzähnen oder mächtigen Hauern sich entwickeln (so bei den *Amblypoden*, *Hippopotamiden*, vielen Schweinen, Moschusthieren u. A.). Die Backzähne sind bei den ältesten Ungulaten noch vollzählig, sieben in jeder Kieferhälfte; bei den meisten aber kommt der erste Praemolar nicht mehr zur Ausbildung. Die Lückenzähne sind ursprünglich einfach, kegelförmig, kleiner als die *Ml.*; später werden sie letzteren ähnlich und nehmen zuletzt die gleiche verwickelte Structur an. Die Kronen der Molaren sind anfangs niedrig, bunodont, später hoch, lophodont; bei manchen jüngeren Formen werden sie hypsodont, prismatisch und verlieren die Wurzel. Einige älteste Hufthiere haben noch trigonodonte, die meisten aber tetragonodonte Backzähne; die vier Höcker der cubischen Krone verbinden sich oft paarweise in sehr characteristischer Form; bei den Wiederkäuern werden sie halbmondförmig. Oft wird die Zahl der Höcker auf den hinteren, stark vergrösserten *Ml.* sehr vermehrt; die selbständigen Zwischenhöcker werden allmählich den vier Haupthöckern gleich. Die historische Umbildung aller einzelnen Zahntheile lässt sich in den einzelnen Gruppen genau verfolgen und ist höchst wichtig für deren Phylogenie. Das Milchgebiss ist bei den meisten Ungulaten noch vollständig erhalten, mit 32 Zähnen ($\frac{3 \cdot 1 \cdot 4}{3 \cdot 1 \cdot 4}$).

Tegument. Die Mehrzahl der lebenden Hufthiere trägt ein straffes, dichtes Haarkleid. Viele besitzen darunter einen dichten Wollpelz. Bei anderen (z. B. Schweinen) werden die Haare in harte Borsten verwandelt. Bei sehr grossen dickhäutigen Formen (Pachydermen) wird das Haarkleid grossentheils rückgebildet. Bei vielen polygamen, in Herden lebenden Hufthieren hat die sexuelle Selection zur Ausbildung von Schutz- und Angriffswaffen geführt (Mähnen, Wammen, Hörner, Geweihe u. s. w.).

§ 403. Ordnungen der Hufthiere.

Drei Sublegionen nach der Structur der Füsse	Character der Ordnungen	Drei Sublegionen nach der Structur des Gebisses
I. **Taxearthra** (*Taxeopoda*) Basipodien mit Serial-Structur. Carpus und Tarsus von primitivem Bau. Metapodien kurz, getrennt. Füsse ursprünglich kurz, plantigrad, fünfzehig; später bisweilen digitigrad, 4- oder 3-zehig	1. **Condylarthra** Urhufer Femur mit Trochanter tertius. Zehen complet. Gebiss complet	I. **Archungulata** Gebiss von primitiver und indifferenter Structur, ursprünglich 44 Zähne in geschlossener Reihe: $\frac{3.1.4.3}{3.1.4.3}$
	2. **Hyracea** Platthufer Femur mit Trochanter tertius. Zehen reducirt. Eckzähne fehlen 3. **Liopterna** Nagehufer Femur ohne Trochanter tertius. Zehen meist reducirt. Gebiss typisch differenzirt	II. **Rodungulata** Gebiss differenzirt, mit Neigung zur Bildung von ein Paar grossen Nagezähnen oder Stosszähnen (hypertrophischen Schneidezähnen). Eckzähne klein oder verschwunden. Backzähne bunodont oder lophodont
II. **Pachyarthra** (*Orotopoda*) Basipodien vorn und hinten verschieden. Carpus serial, Tarsus alternal. Metapodien kurz, getrennt. Füsse plump, semiplantigrad, stets fünfzehig	4. **Proboscidea** Rüsselhufer Schneidezähne stark. Eckzähne fehlen	
	5. **Amblypoda** Plumphufer Schneidezähne schwach. Eckzähne stark	III. **Typungulata** Gebiss differenzirt, mit überwiegender Ausbildung der Backzähne, die bei den älteren meist tetragonodont, bei den jüngeren selenodont sind. Schneidezähne meist schwach, oben oft rückgebildet. Eckzähne verschieden, bald sehr stark, bald mässig entwickelt, bald verschwunden
III. **Diplarthra** (*Tachypoda*) Basipodien mit vollkommener Alternal-Structur. Carpus und Tarsus von sehr modificirtem Bau. Metapodien verlängert, oft verschmolzen. Füsse lang und hoch, unguligrad, niemals fünfzehig; I. Zehe stets rückgebildet	6. **Perissodactyla** Unpaarhufer III. Zehe dominirend, stärker als II. und IV. 7. **Artiodactyla** Paarhufer III. und IV. Zehe gleich stark entwickelt, stärker als II. und V.	

§ 404. System der Ungulaten.

Ordnungen der Hufthiere	Familien der Hufthiere		Wichtige ältere Stamm-Gattung	Beginn der Familie im
I. **Condylarthra** Basipodien serial. Fünf Zehen complet. Gebiss primitiv, vollständig	1. Protungulata	⊙	*Archungula*	(Kreide ?)
	2. Periptychida	+	*Haploconus*	Unter-Eocaen
	3. Phenacodontida	+	*Protogonia*	Unter-Eocaen
	4. Meniscotherida	+	*Meniscotherium*	Unter-Eocaen
II. **Hyracea** Basipodien serial. Zehenzahl reducirt. Eckzähne fehlen	1. Palhyracea	⊙	*Palahyrax*	(Eocaen ?)
	2. Authyracea	V	*Hyrax*	(Miocaen ?)
III. **Liopterna** Basipodien serial. Zehen meist reducirt. Trochanter tertius fehlt	1. Homalotherida	+	*Homalodon*	Ober-Eocaen
	2. Toxodontida	+	*Toxodon*	Unter-Miocaen
	3. Proterotherida	+	*Proterotherium*	Ober-Eocaen
	4. Macrauchenida	+	*Macrauchenia*	Unter-Miocaen
IV. **Proboscidea** Carpus serial, Tarsus alternal. Eckzähne fehlen	1. Aligontida	⊙	*Aligon*	(Ober-Eocaen ?)
	2. Dinotherida	+	*Dinotherium*	Mittel-Miocaen
	3. Mastodontida	+	*Mastodon*	Mittel-Miocaen
	4. Elephantida	V	*Elephas*	Ober-Miocaen
V. **Amblypoda** Carpus serial, Tarsus alternal. Eckzähne stark	1. Pantolambdina	+	*Pantolambda*	Unter-Eocaen
	2. Coryphodontida	+	*Coryphodon*	Mittel-Eocaen
	3. Dinoceratida	+	*Dinoceras*	Ober-Eocaen
VI. **Perissodactyla** Basipodien alternal, Metapodien verlängert. Füsse unguligrad, III. Zehe dominirt, ist am stärksten entwickelt	1. Hyracotherida	+	*Eohippus*	Unter-Eocaen
	2. Tapirida	V	*Systemodon*	Unter-Eocaen
	3. Rhinocerida	V	*Amynodon*	Ober-Eocaen
	4. Brontotherida	+	*Palaeosyops*	Unter-Eocaen
	5. Chalicotherida	+	*Macrotherium*	Ober-Eocaen
	6. Palaeotherida	+	*Pachynolophus*	Unter-Eocaen
	7. Hippotherida	V	*Merychippus*	Pliocaen
VII. **Artiodactyla** Basipodien alternal, Metapodien verlängert, Füsse unguligrad. III. und IV. Zehe gleich stark, II. und V. Zehe schwächer	1. Pantolestida	+	*Pantolestes*	Unter-Eocaen
	2. Anthracotherida	+	*Anthracotherium*	Ober-Eocaen
	3. Suillida	V	*Cebochoerus*	Ober-Eocaen
	4. Hippopotamida	V	*Hippopotamus*	Pliocaen
	5. Anoplotherida	+	*Anoplotherium*	Ober-Eocaen
	6. Dichobunida	+	*Prodichobunus*	Unter-Eocaen
	7. Xiphodontida	+	*Amphimeryx*	Ober-Eocaen
	8. Oreodontida	+	*Oreodon*	Ober-Eocaen
	9. Camelida	V	*Leptotragulus*	Ober-Eocaen
	10. Tragulida	V	*Gelocus*	Ober-Eocaen
	11. Cervicornia	V	*Palaeomeryx*	Unter-Miocaen
	12. Cavicornia	V	*Dremotherium*	Mittel-Miocaen

§ 405. Stammbaum der Hufthiere.

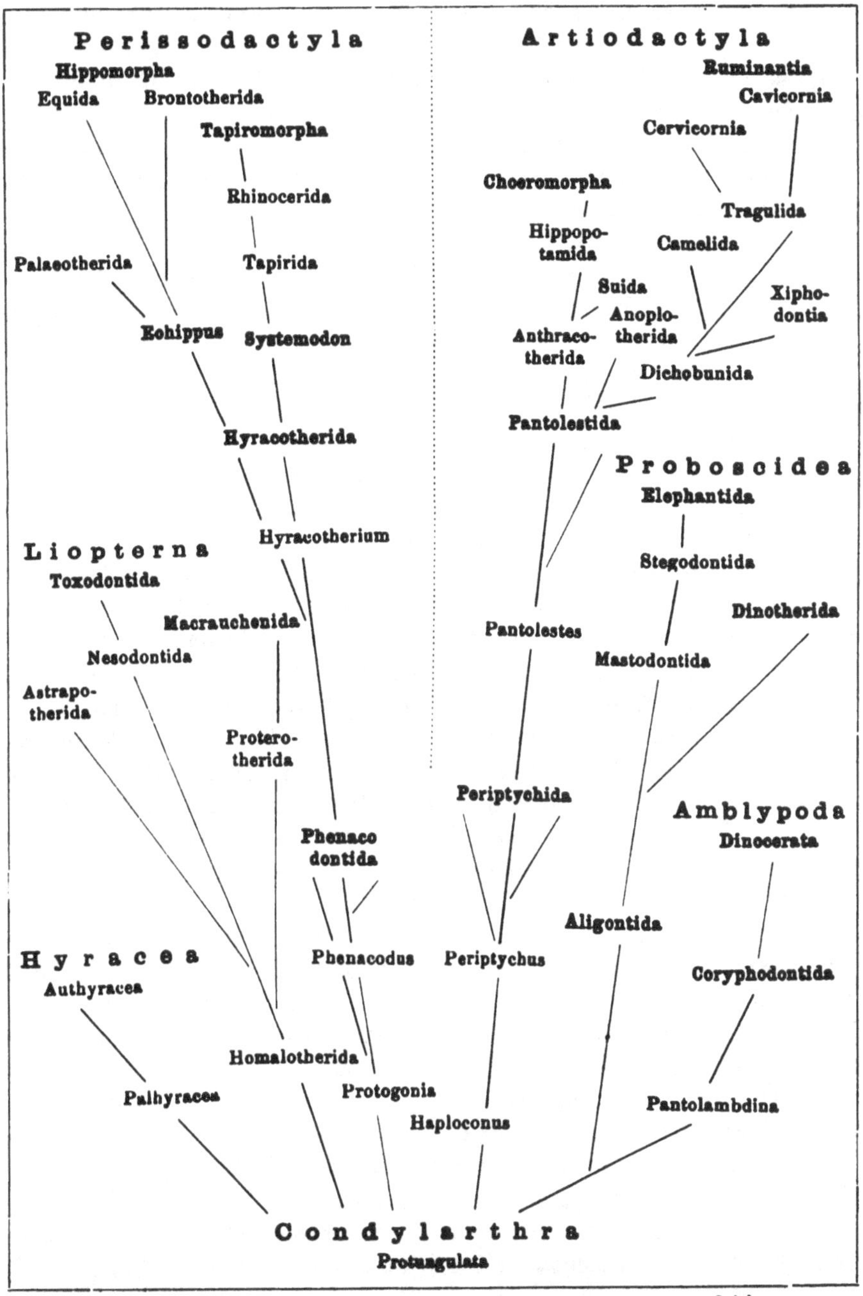

Gehirn. Die stufenweise Ausbildung und Vervollkommnung des Gehirns, seine quantitative und qualitative Zunahme lässt sich durch alle Abschnitte der Tertiär-Zeit hindurch bei allen Hauptzweigen des Hufthier-Stammes in ausgezeichneter Weise verfolgen. Bei den jüngeren Ungulaten ist das Gehirn im Verhältniss zur Körpermasse 4—8-mal so gross als bei ihren älteren Vorfahren; und während die Oberfläche der grossen Hemisphären bei letzteren ganz glatt ist, erscheint sie bei ersteren mehr oder weniger windungsreich. Einige der grössten und plumpesten Amblypoden (Dinocerata) haben relativ das kleinste Gehirn unter allen Placentalien; sein Durchmesser ist kleiner als der des Foramen magnum occipitis.

Die Sinnesorgane sind bei den Ungulaten im Allgemeinen sehr gut entwickelt, im Einzelnen durch mancherlei besondere Anpassungen ausgezeichnet, besonders bei den höheren und jüngeren Gruppen. Die Nase ist häufig in einen Rüssel verlängert. Die Ohrmuscheln sind meistens gross und sehr beweglich.

Die Verdauungs-Organe der Hufthiere erreichen sowohl in quantitativer als in qualitativer Beziehung eine sehr hohe Stufe der Ausbildung, entsprechend den hohen Anforderungen, welche die schwer verdauliche Pflanzennahrung stellt. Die Verdauungsdrüsen sind sehr voluminös, der Dünndarm sehr lang, der Blinddarm meistens sehr umfangreich. Der grosse Magen zerfällt oft in 2 oder 3, bei den meisten Ruminantien sogar in 4 Abtheilungen, deren Schleimhaut sehr verschieden entwickelt ist. Bei den Letzteren sind dazu noch durch die Gewohnheit des Wiederkauens besondere Einrichtungen entstanden.

Das Genital-System zeigt in den verschiedenen Abtheilungen der lebenden Hufthiere mancherlei Differenzirungen. Die Hoden bleiben bei den *Hyraceen* und *Proboscideen* in der Bauchhöhle liegen, unterhalb der Nieren; bei den Camelen liegen sie in der Leistengegend. Die übrigen lebenden Ungulaten besitzen ein Scrotum. Der Uterus ist stets bicornis. Die Milchdrüsen haben bei den älteren und kleineren multiparen Hufthieren wohl in zwei Reihen am Bauche gelegen, wie noch heute die Schweine zeigen. Die grösseren Formen (meistens unipar) haben nur ein oder zwei Paar Zitzen; sie liegen beim Elephanten an der Brust, bei den übrigen in der Leistengegend. Die Placenta ist bei der Mehrzahl der Ungulaten diffus, ohne Decidua; so bei allen Perissodactylen und den älteren Artiodactylen (Schweinen, Traguliden). Dagegen sind die Chorion-Zotten bei den jüngeren Hauptgruppen der Wiederkäuer (*Cervicornia* und *Cavicornia*) nicht mehr gleichmässig zerstreut, sondern gruppenweise in Knöpfe oder Büschel geordnet (*Cotyledonen*). Bei den *Hyraceen* und *Proboscideen* besteht eine gürtelförmige Placenta mit Decidua (ähnlich wie bei Carnivoren).

§ 406. Erste Ordnung der Hufthiere: Condylarthra. Urhufer.

Gemeinsame Stammgruppe aller Ungulaten.
(Taxearthrale fünfzehige Archungulaten.)

Ungulaten mit plantigraden (selten digitigraden), homodactylen, fünfzehigen Füssen. Metapodien kurz, getrennt. Basipodien mit primitiver Serial-Structur. Astragalus mit kurzem, kopfförmig abgesetztem Tibial-Gelenk und einfachem (nicht rollenförmigem) Distal-Gelenk. Der Medianschnitt des Fussses halbirt die dritte (längste) Zehe. Femur mit Trochanter tertius. Gebiss primitiv, indifferent, complet, mit 44 Zähnen (Mallotherien-Dentur). Gehirn klein, glatt.

Die Ordnung der Condylarthra oder *Mesodactyla* (»Urhufthiere«), die gemeinsame Stammgruppe sämmtlicher Ungulaten, wurde 1882 für eine Anzahl alt-eocaener Hufthiere von Neu-Mexico gegründet. Sie lebte während der älteren Eocaen-Periode (— vielleicht schon während der Kreide-Zeit —) in Europa (Frankreich) und in Nord-America (in der Puerco- und Wasatsch-Epoche). Diese wichtige ancestrale Gruppe umfasst eine Anzahl von alterthümlichen Hufthieren, die wegen ihrer primitiven Organisation, sowie wegen ihrer nahen Verwandtschaft mit den alt-eocaenen Stammformen der Raubthiere und der Primaten von ganz besonderem Interesse sind. Die kleineren Formen näherten sich in Grösse und Wuchs einem Marder oder Kaninchen, die grösseren einem Schaf oder Bären; das vollständig erhaltene Skelet des *Phenacodus primaevus* (aus dem Unter-Eocaen von Wyoming) erreicht fast die Grösse des Tapir. Verglichen mit der Masse der übrigen Hufthiere, ist der Körper dieser Urahnen ziemlich schlank, der Schädel klein, mit primitiver Bildung des Gebisses und sehr kleinem Gehirn; die plantigraden fünfzehigen Füsse sind von indifferenter Form. Sowohl im gesammten Körperbau, wie namentlich in der primitiven Structur des ganzen Gebisses und der Gliedmaassen nähern sich die Condylarthra auffallend den ältesten Vertretern der übrigen Placentalien-Gruppen, namentlich den *Insectivoren* (*Ictopsiden*), den *Lemuraviden* und den *Esthonychiden* (vergl. § 387).

An den Gliedmaassen der *Condylarthren* sind alle den älteren Ungulaten zukommenden Theile vollzählig entwickelt und von der ursprünglichen Bildung. Die fünfzehigen Füsse sind mittellang, plantigrad, ungefähr von derselben Länge, wie die Zeugopodien und die Stelepodien. Die Hinterbeine sind etwas grösser und stärker als die Vorderbeine. Die Metapodien sind kaum länger als die schlanken Zehen, deren Endphalangen nagelartige Hufe trugen. II. und IV. Zehe sind kleiner als III., grösser als I. und V. Die vollzähligen Knochen des Carpus und Tarsus sind noch vollkommen serial geordnet: das Cuboideum articulirt proximal nur mit Calcaneus, Astragalus distal nur mit Naviculare. An Vorderarm und Unterschenkel sind beide Knochen gut entwickelt. Der Humerus besitzt noch ein Foramen entocondylium (das den übrigen Hufthieren fehlt). Am Femur ist ein dritter Trochanter erhalten. Das Gebiss zeigt unter allen Ungulaten die ursprünglichste Bildung; die 44 Zähne des typischen Placental-Gebisses sind vollzählig entwickelt und ähnlich denen der ältesten Carnivoren: 3 *Ic.* klein, meisselförmig, 1 *Cn.* kräftig, 4 *Pr.* einfach konisch (oder nur mit wenigen kleinen Höckern), 3 *Ml.* vom Carnivoren-Typus, bei den einen mehr mehr trigonodont, bei den anderen mehr tetragonodont.

Man kann unter den Condylarthra mehrere Familien unterscheiden, von denen die Protungulata die gemeinsame älteste Wurzelgruppe der ganzen Legion darstellen. Zu ihr gehören die hypothetischen (wahrscheinlich cretassischen) Stammformen: *Archungula*, vielleicht auch *Protogonia* und *Haploconus* (aus dem Puerco-Eocaen von Neu-Mexico). Aus diesen ältesten Urhufthieren entwickelten sich zunächst zwei divergente Hauptzweige: einerseits die Phenacodontida (*Phenacodus, Trispondylus*), die gemeinsame Stammgruppe der Amblypoden, Proboscideen und Perissodactylen; anderseits die Periptychida (*Periptychus, Hemithlaeus*), die Stammgruppe der Artiodactylen. Zwischen diesen beiden astreichen Hauptstämmen der Hufthiere scheinen sich sehr frühzeitig noch einige kleinere Aeste von dem Protungulaten-Stamm abgezweigt zu haben: insbesondere die unbekannten Ahnen der heutigen *Hyraceen* und der verwandten ausgestorbenen *Toxodontien*. Eine sehr primitive Familie von Condylarthren sind die *Pleuraspidotherida*, aus dem untersten Eocaen von Reims (*Pleuraspidotherium*, *Orthaspidotherium*). Dagegen erscheinen die *Meniscotherien* durch ihr stark lophodontes Gebiss als Specialisten unter den Condylarthren.

§ 407. Zweite Ordnung der Hufthiere:
Hyracea (= Lamnungia). Platthufer.

Taxearthrale Gruppe der gliriformen Rodungulaten.

Ungulaten mit plantigraden, heterodactylen Füssen. Metapodien kurz, getrennt. Basipodien mit Serial-

Structur. Astragalus articulirt distal nur mit Naviculare, Cuboid proximal nur mit Calcaneus. Fibula zwischen Astragalus und Calcaneus eingekeilt. Carpus mit Centrale. Der Medianschnitt des Fusses halbirt die dritte Zehe. Femur mit Trochanter tertius. Gebiss differenzirt, mit incisiven Nagezähnen, ohne Eckzähne; Backzähne vollzählig ($\frac{7}{7}$). Gehirn ziemlich gross und windungsreich.

Die Ordnung der Hyracea oder Platthufer (— auch *Lamnungia* oder *Hyracoidea* genannt —) ist nur durch eine einzige lebende Familie bekannt, die Hyracida (oder *Authyracea*), mit der einzigen Gattung *Hyrax*. Auch von diesem Genus sind nur zwei Species bekannt, der westasiatische *Hyrax syriacus* (in Syrien und an den Küsten des Rothen Meeres) und der ostafricanische *Hyrax capensis* (Ost-Africa von Abyssinien bis zum Cap). Beide sind kleine, dicht behaarte, pflanzenfressende Hufthiere, an Gestalt und Grösse den Kaninchen und Murmelthieren ähnlich.

Fossile Formen von *Hyracea* sind bisher nicht bekannt. Wir wollen die ausgestorbene Stammgruppe derselben, welche höchst wahrscheinlich direct von einem Zweige der *Condylarthra* abzuleiten ist, einstweilen als Palhyracea bezeichnen (mit der Ahnen-Gattung *Palahyrax*). Während die lebenden Hyraciden jener uralten gemeinsamen Stammgruppe der Hufthiere in den meisten und wichtigsten Beziehungen (namentlich des Skelet-Baues) am nächsten stehen, entfernen sie sich dagegen von ihnen in der Differenzirung des Gebisses (ähnlich der der Nagethiere) und in der relativ hohen Ausbildung des Gehirns. Mit den Elephanten theilen sie die deciduate Zonoplacenta und den Mangel der Eckzähne.

Die Gliedmaassen der Hyraceen haben unter allen lebenden Hufthieren die primitiven Structur-Verhältnisse der *Condylarthra* am getreuesten durch zähe Vererbung conservirt; sie übertreffen dieselben sogar dadurch, dass sie ein Centrale carpi im erwachsenen Zustande behalten. Wir müssen jedoch annehmen, dass diese primitive (sonst den bekannten Hufthieren fehlende) Bildung auch noch bei den ältesten *Protungulata* erhalten war. Wie bei diesen ist Carpus und Tarsus vollkommen serial geordnet; die Knochen des Metacarpus und Metatarsus sind kurz, ungefähr so lang als die Zehen. Von diesen ist vorn die I. verkümmert, hinten I. und V. verschwunden, Die End-Phalangen tragen kleine platte Hufe, nur die II. Hinterzehe eine Kralle. Die ausgestorbenen Palhyraceen hatten wahrscheinlich vorn und hinten 5 Zehen.

Das Gebiss der lebenden Hyraceen ist eigenthümlich differenzirt, theils dem der Nagethiere, theils dem der älteren Proboscideen und Nashörner ähnlich: $\frac{1 \cdot 0 \cdot 4 \cdot 3}{2 \cdot 0 \cdot 4 \cdot 3}$. Die vollzähligen lophodonten Backzähne gleichen in der speciellen Bildung denen des Rhinoceros, *Pr.* und *Ml.* sind wenig verschieden. Eckzähne fehlen ganz. Die Schneidezähne waren bei den ausgestorbenen Palhyraceen vermuthlich vollzählig, drei in jeder Kieferhälfte; bei den lebenden Hyraciden sind nur noch je zwei vorhanden, und der äussere *Ic.* des Zwischenkiefers fällt früh aus, so dass nur noch der mittlere übrig bleibt; dieser ist gross und wurzellos, gleich denjenigen des Unterkiefers; er erinnert an die Nagezähne der Rodentien, ist aber vorn und hinten mit Schmelz bedeckt.

§ 408. Dritte Ordnung der Hufthiere: Liopterna (= Toxodontia). Nagehufer.

Taxearthrale Gruppe der schmelzarmen Rodungulaten.

Ungulaten mit plantigraden, fünfzehigen (später digitigraden, dreizehigen), heterodactylen Füssen. Metapodien kurz, getrennt. Basipodien mit modificirter Serial-Structur. Astragalus articulirt distal nur mit Naviculare, Cuboid proximal nur mit Calcaneus. Der Median-Schnitt des Fusses halbirt die dritte (stärkste) Zehe. Femur ohne Trochanter tertius. Gebiss differenzirt, mit grossen incisiven Nagezähnen, schwachen Eckzähnen und eigenthümlich umgebildeten, lophodonten Backzähnen. Gehirn klein und glatt oder windungsarm.

Die Ordnung der Toxodontien oder *Liopternen* (»Nagehufer«) umfasst eine eigenthümliche Gruppe von ausgestorbenen Ungulaten, welche ausschliesslich Süd-America angehören; die meisten finden sich im älteren Tertiär (Eocaen und Oligocaen) von Patagonien; jüngere Formen kommen auch im Pliocaen und Diluvium von Argentinien und Süd-Brasilien vor. Die ältesten Toxodontien waren kleine Hufthiere von primitiver Organisation welche sich zunächst an die Stammgruppe der *Condylarthren* und an die *Hyraceen* anschliessen; sie zeigen aber im Körperbau auch manche Anklänge an die *Proboscidien* und selbst an die *Perissodactylen*. Das Gebiss dagegen nähert sich so sehr dem der Nagethiere, dass man sie mit diesen (und namentlich mit den *Typotherien*) vereinigt hat. Unter den jüngeren Gliedern der Ordnung finden sich sehr grosse und plumpe Formen, welche in Habitus und Grösse dem lebenden Rhinoceros glichen (*Toxodon*). Andere

Formen (*Macrauchenia*) hatten einen langen Hals und glichen mehr dem Camel. Die meisten Toxodontien scheinen sumpfige Ebenen bewohnt oder auch (— nach Art des Hippopotamus —) eine amphibische Lebensweise in grossen Flüssen geführt zu haben. Ihre Nahrung bestand vorwiegend aus härteren Pflanzentheilen.

Als Stammgruppe der Toxodontien können wir (vorläufig!) die Familie der eocaenen und oligocaenen Homalotherida betrachten (*Colpodon, Homalodontotherium*). Die Bildung des Schädels und der Gliedmaassen scheint sich bei diesen ältesten eocaenen Formen noch eng an diejenige der *Condylarthra* anzuschliessen; auch besitzen sie noch das vollständige typische Placental-Gebiss in geschlossener Reihe: $\frac{3 \cdot 1 \cdot 4 \cdot 3}{3 \cdot 1 \cdot 4 \cdot 3}$. *Ic.* und *Cn.* sind conisch und ziemlich gleichmässig ausgebildet; die *Pr.* sind kleiner und einfacher gebildet, als die *Ml.* Die Füsse sind verhältnissmässig kurz, fünfzehig, plantigrad, die Endphalangen der Zehen tief gespalten. Von dieser Stammgruppe aus scheinen sich mehrere sehr divergente Zweige entwickelt zu haben, bei denen sowohl Schädel und Gebiss, als auch Rumpf und Gliedmaassen stark modificirt wurden. Eine erste Linie führte zu den oligocaenen *Nesodontien* und den miocaenen *Toxodontien* (der Hauptgruppe der Ordnung); eine zweite zu den oligocaenen *Astrapotherien*, eine dritte zu den eocaenen *Proterotherien*, und durch diese zu den *Theosodontien* und den miocaenen *Macraucheniden*. Die letztere (dritte) Gruppe wird von Manchen zu den Perissodactylen gestellt (in die Nähe von *Palaeotherium*).

Die Füsse der älteren Toxodontien sind plantigrad und tragen fünf ziemlich gleich entwickelte Zehen. Bei den Meisten werden I. und V. Zehe rückgebildet, und die III. wird oft stärker, als die II. und IV., so dass die Fussbildung sich den *Perissodactylen* nähert. Auch erhebt sich der plumpe Fuss allmählich, wird semiplantigrad und später digitigrad, oder selbst unguligrad. Die Endphalangen, die starke Hufe trugen, sind meist distal abgeplattet. Die Vorderbeine sind oft bedeutend stärker (— wenn auch nicht länger —) als die Hinterbeine. Bei den älteren Toxodontien ist die Structur der Basipodien serial und derjenigen von *Hyrax* sehr ähnlich; bei den jüngeren beginnt sie mehr oder weniger alternal zu werden.

Das Gebiss der *Toxodontien* hat bei der Mehrzahl noch die volle Zahl 44 des typischen Placental-Gebisses conservirt, so bei *Homalotherium*, *Nesodon*, *Macrauchenia* u. A. Die Zähne stehen ursprünglich in geschlossener Reihe und sind in ihrer indifferenten Form wenig von denjenigen der ältesten *Condylarthra*-Ahnen (— und den Bunotherien überhaupt —) verschieden. Später macht sich eine Divergenz geltend, welche schliesslich in *Toxodon* zu einer auffallenden Convergenz mit dem Gebiss der Nagethiere (namentlich der *Typotherien*) führt. Ein Paar Schneidezähne wachsen zu bedeutender Grösse heran, verlieren theilweise ihren Schmelz und werden zu offenen, wurzellosen Nagezähnen. Die anderen *Ic.* und die *Cn.* verkümmern oder fallen aus; es entsteht ein Diastema. Bei den echten *Toxodontiden* verlieren auch die Backzähne ihre Wurzeln und theilweise den Schmelz; sie bekommen die Form der hohen prismatischen *Ml.* der Nagethiere.

§ 409. Vierte Ordnung der Hufthiere: **Proboscidea. Rüsselhufer.**

Pachyarthrale Hauptgruppe der fünfzehigen Rodungulaten.

Ungulaten mit semiplantigraden oder digitigraden, homodactylen, plumpen, fünfzehigen Füssen. Metapodien kurz und breit, getrennt. Basipodien differenzirt; Carpus mit Serial-Structur, Tarsus mit eigenthümlicher Alternal-Structur: Astragalus ganz flach, oben mit einfach convexem Tibial-Gelenk, unten durch das verbreiterte Naviculare ganz vom Cuboid getrennt. Der Median-Schnitt des Fusses halbirt die dritte Zehe. Femur ohne Trochanter tertius. Gebiss differenzirt, mit incisiven Stosszähnen und ohne Eckzähne. Nase in einen Rüssel verlängert. Gehirn gross, windungsreich.

Die Ordnung der Proboscideen oder Rüsselthiere umfasst ausser den lebenden Elephanten noch eine geringe Zahl von ausgestorbenen Gattungen, von denen die ältesten im mittleren Miocaen auftreten. Durch mancherlei Eigenthümlichkeiten im Bau des Schädels und der Fusswurzel, sowie des Gebisses, entfernen sich die Proboscidien ziemlich weit von den übrigen Hufthieren, unter denen ihnen die *Amblypoden* sowohl in der Gesammtform als auch namentlich in der Structur der plumpen fünfzehigen Beine am nächsten stehen. Gleich diesen sind sie von einem Zweige der *Protungulaten* abzuleiten, vielleicht von demselben, aus dem auch die *Hyraceen* hervorgegangen sind. Die noch unbekannten Stammformen der Ordnung, die vermuthlich im oberen Eocaen oder unteren Miocaen lebten, bezeichnen wir provisorisch als *Aligontida*; aus ihnen sind als zwei divergente Zweige die *Dinotherida* und *Mastodontida* hervorgegangen (beide zuerst im Ober-Miocaen); aus letzteren entstanden etwas später die echten *Elephantida*.

Die Gliedmaassen der Proboscidien haben im Bau noch viele Aehnlichkeit einerseits mit der älteren Stammgruppe der *Condylarthra*, anderseits mit der jüngeren Ordnung der *Amblydactyla*. Ober- und Unterschenkel sind verhältnissmässig lang und stark, die Metapodien dagegen sehr kurz, die 5 Zehen alle wohl entwickelt, die 3 mittleren an Grösse wenig verschieden. Bei den lebenden Elephanten, deren Beine höher sind, als die der meisten ausgestorbenen Formen, sind die 5 kurzen Zehen von einer gemeinsamen Hauthülle umschlossen und mit kleinen platten Hufen versehen. Sehr characteristisch ist der alternale Bau des Tarsus.

Der mächtige, sehr hohe und kurze Schädel der Rüsselthiere ist durch viele besondere Eigenthümlichkeiten ausgezeichnet: Zwischenkiefer sehr gross, Nasenbeine sehr klein oder rudimentär, Stirnhöhlen meist sehr ausgedehnt, Hinterhaupt sehr hoch und steil abfallend, Unterkiefer-Gelenk ohne Processus postglenoides, Kiefer sehr kurz und hoch. Der Unterkiefer bewegt sich von hinten nach vorn. Das Gebiss (ursprünglich mit 28 Zähnen: $\frac{1}{1}.\frac{0}{0}.\frac{3}{3}.\frac{3}{3}$) zeichnet sich aus durch gänzlichen Verlust der Eckzähne und starke Entwickelung von ein oder zwei Paar Schneidezähnen (entweder im Oberkiefer, oder im Unterkiefer, oder in Beiden). Die Backzähne sind ursprünglich bunodont; die Höcker verschmelzen aber meistens zu Querleisten, deren Zahl sich ausserordentlich vermehren kann (am letzten Backzahn bis auf 27).

Die Aligontida, die gemeinsame, zur Zeit noch unbekannte Stammgruppe der *Proboscidea*, hat sich wahrscheinlich schon zu Ende der Eocaen-Zeit von den *Protungulaten* oder von primitiven, *Pantolambda* verwandten Amblydactylen abgezweigt. Die wesentlichsten dabei stattfindenden Umbildungen betrafen den Schädel und das Gebiss; Verlust der inneren und mittleren Schneidezähne, der Eckzähne und der ersten *Pr.*; dagegen Wachsthum der äusseren *Ic.*, die sich (oben und unten) zu starken Stosszähnen ausbildeten: $\frac{1}{1}.\frac{0}{0}.\frac{3}{3}.\frac{3}{3}$. Der Zwischenkiefer entwickelte sich stärker auf Kosten der Nasenbeine. Der Tarsus begann seine seriale Structur in die den Proboscidien eigenthümliche alternale zu verwandeln. (*Aliga* nennen die Singalesen den Elephanten.)

Aus der Stammgruppe der *Aligontida* entwickelten sich im Beginne der Miocaen-Zeit als zwei divergente Linien einerseits die *Dinotherida*, anderseits die *Mastodontida*; bei den ersteren trat Verlust der oberen, bei den letzteren der unteren Stosszähne ein. Bei den Dinotherida blieben noch alle 5 definitiven Backzähne jeder Kieferhälfte (2 *Pr.* und 3 *Ml.*) gleichzeitig in Gebrauch und behielten die lophodonte (Tapirähnliche) Bildung bei; die niedrige, caementlose Krone besitzt nur 2—3 Querjoche. Der Unterkiefer bog sich knieförmig herab in Folge der mächtigen Ausbildung der unteren Stosszähne. Verschiedene Arten von *Dinotherium* (darunter schwerfällige Riesen von 4—5 m Höhe) lebten im oberen Miocaen und unteren Pliocaen von Europa und Indien.

Die älteren Formen (*Prodinotherium*) hatten auch noch kleine Stosszähne oben im Zwischenkiefer.

Die Mastodontida behielten anfänglich auch noch Stosszähne in beiden Kiefern bei (*Promastodon angustidens* und *P. turicensis*); aber die Backzähne vergrösserten sich in der Weise, dass niemals mehr als drei in jeder Kieferhälfte gleichzeitig zur Ausbildung gelangten. Bei den echten Mastodonten bleibt die Krone der *Ml.* noch niedrig und besitzt entweder 3 Querreihen von Höckern oder Querleisten (*Trilophodon americanus, T. Humboldti* etc.), oder 4 dergleichen (*Tetralophodon arvernensis*, *T. sivalensis* etc.). Die Thäler zwischen den Querleisten bleiben hier noch frei von Caement. Bei den jüngeren *Stegodon* hingegen (*St. ganesa*, *St. insignis* etc.) vergrössern sich die Backzähne so, dass die Zahl ihrer Querleisten auf 5—8 steigt, und die Thäler zwischen ihnen beginnen sich mit Caement zu füllen. Diese Gruppe bildet den Uebergang zu den echten Elephantiden.

Die Elephantida haben sich erst während der Pliocaen-Zeit im südlichen Asien aus Stegodonten entwickelt, sind von da aus zunächst nach Africa und Europa hinüber gewandert, und später (während der Diluvial-Zeit) auch nach Nord-America. Sie unterscheiden sich von den Mastodonten durch noch weiter gehende Ausbildung der riesigen Backzähne, der grössten unter allen Säugethieren. Die Zahl der Querleisten auf ihrer Krone steigt noch höher (auf 10—20, bisweilen gegen 30), während die zitzenförmigen Höcker derselben vollständig zu hohen Schmelzleisten zusammenfliessen, und die tiefen Thäler zwischen diesen mit Caement ausgefüllt werden. Durch Abnutzung derselben entsteht eine ebene Kaufläche, deren Schmelzfiguren sehr characteristisch für die einzelnen Arten sind. In der Regel ist gleichzeitig in jeder Kieferhälfte nur ein einziger Backzahn entwickelt, der nach seiner Abnutzung ausfällt und durch einen von hinten nachwachsenden ersetzt wird; im Ganzen kommen 6 Backzähne nach einander zur Ausbildung (3 *Pr.* und 3 *Ml.*); daneben finden sich im Zwischenkiefer stets ein Paar mächtige Stosszähne.

Die echten *Elephantida*, die einzigen Vertreter der *Proboscidea* in der Gegenwart — und die grössten unter allen lebenden Landthieren — sind im Pliocaen und Diluvium durch eine grosse Anzahl ausgestorbener Formen vertreten. Bei den älteren Formen (*Loxodon*) sind die Backzähne noch von mässiger Höhe, der Querschnitt ihrer Schmelzleisten rhombisch und ihre Zahl mässig (meist 9—12). Hierher gehört der fossile europäische *Loxodon meridionalis* (15' hoch) und der lebende *L. africanus* (12' hoch). Bei den jüngeren Formen (*Elephas*) wird die Krone der Backzähne sehr hoch und die Zahl ihrer schmalen Schmelzfalten sehr gross (oft 12—20, bisweilen 24—27); die Wände der letzteren laufen parallel. Unter den zahlreichen fossilen Formen derselben ist der Zwerg-Elephant von Malta (*E. melitensis*) nur 3—4' hoch, während *E. antiquus* (im Diluvium von Europa) und der lebende *E. asiaticus* 12' Höhe erreichen. Die interressante Phylogenie der *Ml.* zeigt, wie einfache Zähne durch Multiplication der Schmelzfalten den Anschein von zusammengesetzten Zähnen gewinnen können.

§ 410. Fünfte Ordnung der Hufthiere: **Amblypoda (= Amblydactyla). Plumphufer.**

Pachyarthrale Hauptgruppe der fünfzehigen Typungulaten.

Ungulaten mit semiplantigraden und homodactylen, plumpen, fünfzehigen Füssen. Metapodien kurz und stark, getrennt. Basipodien modificirt; Carpus mit Serial-Structur, Tarsus mit eigenthümlicher Alternal-Structur. Astragalus mit proximalem Tibial-Gelenk und einfachem (nicht rollenförmigem) Distal-Gelenk. Calcaneus mit Fibular-Gelenk. Der Median-Schnitt des Fusses halbirt die dritte (stärkste) Zehe. Femur anfangs mit, später ohne Trochanter tertius. Gebiss meist primitiv und complet, mit 44 Zähnen (bisweilen reducirt, bis auf 34). Schneidezähne schwach, Eckzähne stark. Gehirn sehr klein, glatt.

Die Ordnung der Amblypoden oder *Amblydactylen* (Plumphufer) umfasst eine geringe Anzahl von alten Hufthieren, die auf die Eocaen-Zeit beschränkt sind, innerhalb dieser alt-tertiären Epoche aber eine hohe Entwickelung erreichten und die gewaltigsten Säugethiere derselben ausbildeten. In manchen Beziehungen bleiben die Amblypoden auf einer sehr tiefen Stufe stehen. Unter allen Placentalien haben sie die kleinste Hirnhöhle; das Grosshirn ist sehr schwach entwickelt, fast glatt; es bedeckt weder die grossen Riechlappen, noch das Cerebellum. Die drei Familien dieser Ordnung, grösstentheils auf Nord-America beschränkt, folgen in den drei Abschnitten der Eocaen-Zeit dergestalt auf einander, dass die älteste und niederste Familie, *Pantolambdina*, zuerst in der Puerco-Stufe auftritt; dann folgt in der Wasatsch-Stufe die Familie der plumpen *Coryphodonten* (— spärlich auch in Europa vertreten —); endlich erreicht sie die höchste Ausbildung in der Bridger-Stufe, in den nachfolgenden *Dinocerata*, riesigen gehörnten Landthieren von der Grösse des Rhinoceros und Elephanten.

Die Pantolambdina oder *Taligrada*, die ältesten Amblypoden, stehen den *Condylarthren* noch sehr nahe, von denen sie abzuleiten sind. Sie theilen mit diesen im Ganzen die primitive Bildung des Fusses und des Gebisses, unterscheiden sich aber durch die abweichende Bildung des Tarsus; das Cuboid articulirt proximal nicht nur mit dem Calcaneus, sondern auch mit dem Astragalus. Die Beine sind kürzer und plumper als bei ihren *Protungulaten*-Ahnen. Die *Pantolambdina* besitzen noch das vollständige typische Placental-Gebiss: $\frac{3.1.4.3}{3.1.4.3}$. Die oberen *Ml.* haben aber bereits ihre Tritubercular-Form verändert; jeder der drei Höcker ist V-förmig; die unteren *Ml.* sind lophodont, mit zwei Halbmonden. *Pantolambda bathmodon* (aus dem Puerco von Neu-Mexico) hatte Grösse und Wuchs des Schweines; es besass noch den dritten Trochanter am Femur und das Foramen entocondylium am Humerus.

Die Coryphodontida oder *Pantodonta* stehen in der Mitte zwischen der vorigen und der folgenden Familie. In ihrem Gebiss sind die *Cn.* oben und unten stark entwickelt, vorspringend, die *Ml.* stärker modificirt. Die Beine sind gedrungen, kurz, vorn digitigrad, hinten plantigrad. Die Coryphodonten waren omnivore, sehr schwerfällige, plumpe Hufthiere, mit sehr kleinem Gehirn, vom Habitus des Bären und der Grösse des Tapirs oder des Stieres. Sie wurden zuerst im europäischen Eocaen entdeckt (*Coryphodon eocaenus* im Londonthon). Am reichsten vertreten sind dieselben im Wasatsch-Eocaen von Nord-America; sie sind die grössten Säugethiere dieser Periode.

Die Dinocerata, die dritte und höchst entwickelte Familie der Amblypoden, unterscheidet sich von den beiden vorhergehenden durch Verlust der oberen Schneidezähne, des Foramen entocondylium am Humerus und des Trochanter tertius am Femur. Diese riesigen Hufthiere, die seltsamsten und grössten unter allen eocaenen Landsäugethieren, waren in Grösse und Gesammtform den Elephanten sehr ähnlich; namentlich in der Bildung der plumpen Gliedmaassen. *Dinoceras mirabilis* (aus dem Bridger-Eocaen von Wyoming) hatte eine Rückenhöhe von 2 m, eine Länge von 4 m. Sie unterscheiden sich aber von den Proboscidien und von allen anderen Ungulaten durch die höchst eigenthümliche Bildung des Schädels. Dieser trägt 3 Paar Knochenzapfen, auf denen wahrscheinlich Hörner sassen; die vorderen kleinsten sitzen auf den Nasalia, die mittleren auf den Maxillaria, die hinteren grössten auf den Frontalia. Der Hinterrand des Schädels erhebt sich in Form eines transversalen Kammes. Die oberen *Cn.* sind zu starken, absteigenden Stosszähnen entwickelt, während die unteren den kleinen unteren *Ic.* gleichen; *Ml.* ähnlich wie bei *Coryphodon*.

§ 411. Sechste Ordnung der Hufthiere:
Perissodactyla. Unpaarhufer.

Diplarthrale Hauptgruppe der unpaarzehigen Typungulaten.

Ungulaten mit unguligraden und perissodactylen (meistens dreizehigen, höchstens vierzehigen) Füssen. Metapodien verlängert, niemals vollzählig, dicht genähert und oft verschmolzen. Basipodien mit vollkommener Alternal-Structur. Astragalus mit proximaler, tief eingeschnittener Gelenkrolle für die Tibia und mit distalem, ebenem Navicular-Gelenk (ohne Rolle). Calcaneus ohne Fibular-Gelenk. Der Median-Schnitt des Fusses halbirt die dritte (stärkste) Zehe. Femur mit Trochanter tertius. Gehirn der grösseren und jüngeren Formen gross und windungsreich.

Die Ordnung der Perissodactyla oder »Unpaarhufer«, eine der wichtigsten und formenreichsten Gruppen der Hufthiere, schliesst sich durch die eocaenen *Hyracotherida* unmittelbar an die gemeinsame Stammgruppe der *Condylarthra* an, und zwar an den Zweig der *Phenacodontida*. Aus den Hyracotherien sind zwei divergirende Hauptäste hervorgegangen, einerseits die Tapirthiere (*Tapiromorpha* oder *Ortholophodonta*), mit den Familien der *Tapirida* und *Rhinocerida*; anderseits die Pferdethiere (*Hippomorpha* oder *Selenolophodonta*), mit den Familien der *Chalicotherida* (*Brontotherida*), *Palaeotherida* und *Equida* oder *Hippotherida*). Die ausserordentlich reichen und bedeutungsvollen Entdeckungen, welche die Palaeontologie der Perissodactylen im Laufe der letzten Decennien (besonders in Nord-America) gemacht hat, lassen nicht nur die allgemeinen Verwandtschafts-Beziehungen der genannten Hauptgruppen in klarem Lichte erscheinen, sondern gestatten selbst die phylogenetischen Verhältnisse der einzelnen Genera mit mehr oder weniger Sicherheit zu erkennen, wie es unser Stammbaum (§ 412) annähernd andeutet.

Die Gliedmaassen der Perissodactylen unterscheiden sich von denen der anderen Ungulaten durch die in ihrem Namen ausgedrückte unpaare Zehenbildung der unguligraden Füsse; stets ist die mittlere (III.) Zehe dominirend ausgebildet, und ihre Axe ist zugleich die Fussaxe, gleichviel wie die übrigen Zehen sich verhalten. Von diesen ist die I. Zehe immer rückgebildet, meistens auch die V., so dass der aufgerichtete unguligrade Fuss auf den Spitzen von 3 Zehen läuft, unter denen immer die III. stärker ist als II. und IV. Auch wenn daneben noch die V. verkümmerte Zehe fortbesteht, ändert sie nicht jenes Verhältniss. In der Pferde-Gruppe werden auch die beiden Nebenzehen (II. und IV.) Schritt für Schritt rückgebildet, so dass als einzige Stütze des Fusses allein die ausserordentlich verstärkte III. Zehe übrig bleibt; der höchste Grad von Specialisation des Lauffusses in der Classe der Säugethiere.

Während bei den ältesten Periossodactylen die Metapodien noch verhältnissmässig kurz sind, wie bei den Condylarthren, werden sie bei den jüngeren Formen immer länger und stärker, zugleich tritt immer mehr das Uebergewicht des dritten Metapodiums über die anderen hervor; zuletzt bleiben von dem II. und IV. Mittelfuss-Knochen nur noch schwache Rudimente übrig, und das ganze Gewicht des Körpers wird von den mächtigen dritten Metapodien getragen, deren Axe in der directen Verlängerung der Tibia (Radius) und des Femur (Humerus) liegt. Zugleich wird eine besondere Festigkeit des Fussgelenkes durch die vollkommen alternale Ordnung der Basipodien erreicht. Die Endphalangen der Zehen sind verbreitert, vom Hufe umkleidet, und berühren allein beim Auftreten den Boden.

Das Gebiss der Perissodactylen ist ursprünglich das volle typische Placental-Gebiss (44 Zähne). Bei den jüngeren Gruppen fehlt meist nur der erste *Pr.* (40 Zähne). In einigen Gruppen jedoch gehen die Eckzähne und theilweise auch die Schneidezähne verloren. Bei den älteren Formen sind die *Pr.* noch sehr einfach gebaut und von den *Ml.* verschieden; im Laufe der Stammesentwickelung werden sie den letzteren immer ähnlicher und zuletzt ganz gleich. Die Krone der *Ml.* ist ursprünglich stets tetragonodont, ihre Kaufläche quadratisch. Die 4 Höcker derselben bleiben theilweise bei den ältesten Formen noch getrennt; meistens aber verbinden sich oben die beiden Aussenhöcker zu einer Aussenwand, die entweder einfach oder in der Mitte durch eine Längskante halbirt ist.

I. Familie: **Hyracotherida**; sie enthält die gemeinsamen Stammformen aller Perissodactylen und lässt sich direct von den Condylarthra (*Phenacodus*) ableiten. Sie ist auf die Eocaen-Periode beschränkt und findet sich schon im unteren, besonders aber im mittleren Eocaen von Europa und Nord-America. Die kleineren Formen glichen an Wuchs und Grösse einem Fuchse, die grösseren einem Schafe. Die Bildung des vollzähligen Gebisses (44 Zähne) hat hier den ursprünglichen tetragonodonten Character der *Ml.* noch am getreuesten bewahrt. Die V. Zehe ist noch erhalten, während die I. bereits verschwunden ist. Von den Gattungen dieser Familie ist

Systemodon als die Stammform der *Tapiromorphen* (der Tapiriden und der von ihnen abgeleiteten Rhinoceriden) anzusehen, während *Eohippus* (= *Ectocion*) die Stammform der übrigen Perissodactylen (*Hippomorpha*) darstellt.

II. Familie: **Tapirida**; sie schliesst sich zunächst an die *Hyracotherien* an (durch *Systemodon*) und zeigt in den älteren Formen meistens auch noch das volle Gebiss (44 Zähne); bei *Protapirus* und *Tapirus* geht der erste *Pr.* unten verloren, bei *Lophiodon* auch oben. Die Subfamilie der Lophiodonten (durch *Heptodon* mit *Systemodon* verknüpft?) bildet eine besondere eocaene Seitenlinie. Die Füsse haben vorn noch 4, hinten 3 Zehen. Die kleineren Tapiriden erreichen die Grösse des Fuchses, die grösseren des Rhinoceros. Die Familie tritt schon im unteren Eocaen auf und verschwindet in Nord-America im Pleistocaen, in Europa im Pliocaen. Die wenigen Arten von *Tapirus*, welche heute noch (in Indien und Süd-America) existiren, stehen unter den lebenden Perissodactylen der gemeinsamen Stammform dieser Ordnung am nächsten.

III. Familie: **Rhinocerida**; sie ist von alt-eocaenen Tapiriden abzuleiten, welche den Gattungen *Systemodon*, *Heptodon* und *Lophiodon* sehr nahe standen. Es sind meistens plumpe, sehr grosse und schwerfällige Thiere, mit kurzem Hals und kurzen Beinen. Die älteren Nashörner haben noch vorn 4, hinten 3 Zehen; bei den jüngeren verschwindet die V. Vorderzehe. Die ältesten Formen der Familie, *Hyrachus* und *Amynodon* (= *Orthocynodon*), im Ober-Eocaen und Oligocaen von Nord-America, besitzen noch das vollständige typische Placental-Gebiss (44 Zähne). Die jüngeren (eigentlichen) *Rhinoceriden*, deren oligocaene Stammform (*Aceratherium*) sich an *Amynodon* anschliesst, verlieren einzelne *Ic.*, *Cn.* und *Pr.*, und die *Pr.* nehmen die Form der *Ml.* an. Ihre Hauptentwickelung erreicht die Familie im Miocaen von Europa und Asien; hier erscheinen auch zuerst die riesengrossen Formen, welche ein oder zwei unpaare Hörner auf der Nase tragen, und von denen heute noch mehrere Arten in Indien und Africa leben. Die älteren Rhinoceriden (*Caenopus*, *Aceratherium*) waren viel kleiner und schlanker und besassen noch keine Hörner. Besonders zierlich und hochbeinig waren die pferdeähnlichen Hyracodonten, welche einen besonderen Wurzel-Ausläufer der Familie darstellen. Sie erscheinen im Ober-Eocaen von Nord-America (*Hyrachus*, *Triplopus*) und sterben schon im Unter-Miocaen wieder aus (*Hyracodon*). Dagegen erscheint als eine schwerfällige Riesenform, von extremster Bildung, das gewaltige *Elasmotherium sibiricum* (aus dem Diluvium von Nord-Asien und Europa); sein Schädel erreichte fast 1 m Länge und trug hinten auf der Stirn ein sehr grosses, vorn nur ein kleines Horn. *Ic.* und *Cn.* sind hier ganz verloren: Dent. 20 = $\frac{0 \cdot 0 \cdot 2 \cdot 3}{0 \cdot 0 \cdot 2 \cdot 3}$.

IV. Familie: **Brontotherida**; sie ist nahe verwandt den *Hippotherida* und gleich ihnen von Hyracotherien (*Eohippus*) abzuleiten. Sie ist durch zahlreiche Formen im Eocaen und Miocaen von Nord-America vertreten, wo sie ihre höchste Entwickelung in den riesigen *Brontotherium* und *Titanotherium* des Oligocaen erreicht. Diese gewaltigen Thiere (die grössten und auffallendsten Säugethiere der »White-River-Epoche«) waren ähnlich dem heutigen Rhinoceros, aber bedeutend grösser; einige erreichten die Grösse des Elephanten. Der niedrige und langgestreckte, mächtige Schädel war vorn mit einem Paar grosser Hörner bewaffnet. *Ic.* und *Cn.* sind rudimentär oder fehlen ganz bei der Subfamilie der Titanotheriden, den colossalen, echten *Brontotherien* (oder »Donnerthieren«). Diese miocaenen Brontotheriden (meistens mit der Zahnformel: $\frac{2 \cdot 1 \cdot 4 \cdot 3}{0 \cdot 1 \cdot 3 \cdot 3}$) stammen ab von der eocaenen Subfamilie der Palaeosyopiden, Tapir-ähnlichen Thieren, welche an Grösse, Form und Schädelbildung sich noch eng an die Hyracotherien anschliessen; sie besassen noch das volle Placental-Gebiss: $\frac{3 \cdot 1 \cdot 4 \cdot 3}{3 \cdot 1 \cdot 4 \cdot 3}$. Das unter-eocaene *Lambdotherium*, welches sich an *Eohippus* anschliesst, führt durch das mittel-eocaene, Tapir-gleiche *Palaeosyops* hinauf zu dem ober-eocaenen, Rhinoceros gleichenden *Diplacodon*, der Stammform der *Titanotheriden*.

V. Familie: **Chalicotherida**; sie schliessen sich im Bau des Schädels und des Gebisses aufs engste an die vorhergehenden *Brontotherida* an und sind wahrscheinlich, gleich diesen, von *Lambdotherium* oder *Palaeosyops* abzuleiten. Sie entfernen sich aber von ihnen (und von allen anderen Hufthieren) durch die eigenthümliche Umbildung der plantigraden, dreizehigen Füsse, deren Endphalangen gespalten, gekrümmt und mit Klauen bewaffnet sind. Daher wurden sie früher zu den Edentaten gestellt (in die Nähe von *Manis*) oder als besondere Ordnung (*Ancylopoda*) abgetrennt. Die Chalicotheriden erreichten zum Theil die Grösse des Rhinoceros; sie finden sich fossil in Europa, Asien und Nord-America, vom Ober-Eocaen bis zum Pliocaen.

VI. Familie: **Palaeotherida**. Diese und die folgende Familie (*Hippotherida*) bilden zusammen die wichtige Gruppe der Hippomorpha, einen selbständigen Hauptzweig des Perissodactylen-Stammes, der nur an der gemeinsamen Wurzel der *Hyracotherida* mit den übrigen zusammenhängt (durch *Eohippus*). Das höchst entwickelte und am vollkommensten specialisirte Endglied dieses Hippomorphen-Stammes ist unser heutiges Pferd, welches durch eine lange Reihe von vollständig bekannten Zwischenformen mit den alten eocaenen Stammformen der

Palaeotherida zusammenhängt. Unter diesen können wir als zwei Subfamilien die *Pachynolophida* und die *Anchitherida* unterscheiden. Die älteren Pachynolophiden finden sich im mittleren und oberen Eocaen, sowie im unteren Oligocaen, sowohl von Europa (*Pachynolophus*, *Propalaeotherium*), als von Nord-America (*Epihippus* der Vintah-Epoche). Diese ältesten Palaeotheriden, von kleiner Statur, schliessen sich noch unmittelbar an ihre Stammgruppe, die Hyracotherien, an und besitzen gleich ihnen das vollzählige Gebiss (44 Zähne) und vorn 4, hinten 3 Zehen; auch sind die *Pr.* noch einfacher gebaut als die *Ml.* Sie unterscheiden sich von Letzteren aber dadurch, dass die oberen *Ml.* bereits eine einfache Aussenwand, ohne mittlere Kante besitzen. Die Anchitherida hingegen haben vorn und hinten nur 3 Zehen (die alle noch den Boden berühren); die V. Vorderzehe ist verschwunden. Die *Pr.* sind den *Ml.* ähnlich geworden. Das echte, Tapir-ähnliche *Palaeotherium* (characteristisch für das Unter-Oligocaen von Europa) hat noch das vollzählige Gebiss erhalten (44 Zähne), während bei dem nahe verwandten *Puloplotherium* die ersten *Pr.* verschwunden sind. *Palaeotherium minus* erreichte die Grösse des Rehes, *P. magnum* die des Pferdes. Im Miocaen von Europa, viel reieher aber von Nord-America erscheint die Gattung *Anchitherium* (= *Miohippus*), welche direct von den Palaeotherien zu den Equinen hinüberführt.

VII. Familie: **Hippotherida** oder Equina. Die Pferde-Familie erscheint als die letzte und höchst entwickelte Ausbildung des Perissodactylen-Stammes; in ihr erreicht das schlanke, flüchtige und doch kräftige Laufthier seine höchste Vollendung. Vor allen anderen Hufthieren zeichnet sie sich dadurch aus, dass vorn und hinten nur eine einzige, die mittlere (III.) Zehe den Boden berührt und zur höchsten Vollkommenheit des unguligraden Laufes entwickelt ist. Bei den älteren Formen der Equina (*Merychippus*, *Hippotherium*, *Protohippus* — alle aus dem Pliocaen —) sind zwar noch 3 Zehen an jedem Fusse vorhanden, wie bei ihrer Stammform, dem miocaenen *Anchitherium*; während aber bei diesem letzteren noch alle 3 Zehen den Boden berühren, ist das bei ersteren nicht mehr der Fall; die beiden lateralen Nebenzehen (II. und IV.) treten hier nicht mehr auf und werden immer schwächer. Bei den neueren echten Pferden (*Hippidium*, *Equus*) verkümmern sie in der jüngeren Pliocaen-Zeit ganz, und nur unbedeutende Rudimente der lateralen Metapodien (II. und IV.) bleiben hier als »Griffelknochen« übrig. Bei diesen wird auch der untere Theil der Ulna und Fibula rudimentär, und der vordere *Pr.* fällt frühzeitig aus. Während bei der Stammgruppe der *Palaeotherida* (bis zum miocaenen *Anchitherium* hinauf) die *Ml.* niedrige Kronen beibehielten und die Thäler zwischen ihren dachförmigen Leisten nicht mit Caement ausgefüllt waren, wird

§ 412. Stammbaum der Perissodactylen.

bei den *Equinen* (vom Pliocaen an) diese Ausfüllung so vollständig, dass die hohen Kronen der *Ml.* (und der ihnen ähnlich gewordenen *Pr.*) vierkantige Prismen mit ebener Kaufläche darstellen.

Die bedeutungsvolle phyletische Entwickelungsreihe der Pferde ist jetzt von den ältesten eocaenen Condylarthren (*Phenacodus*) bis zum heutigen Equus durch die ganze Reihe der tertiären und quartären Formationen hindurch so vollständig bekannt, dass sie mit vollem Rechte als das imposante »Parade-Pferd der Descendenz-Theorie« gilt, als eines der wichtigsten und vollkommensten Beispiele von palaeontologisch bewiesener allmählicher Umbildung: von dem fünfzehigen, eocaenen *Phenacodus* durch *Hyracotherium* und durch das dreizehige *Anchitherium* bis zum einzehigen *Equus*. Nachdem schon früher die wichtigsten Stufen dieser phyletischen Stufenleiter aus dem Tertiär-Gebirge von Europa bekannt geworden waren, sind sie neuerdings in lückenloser Vollständigkeit und überraschender Reichhaltigkeit in den verschiedenen Tertiär-Schichten von Nord-America gefunden worden. Obgleich dieser Erdtheil bei seiner Entdeckung vor 400 Jahren keine einheimischen Pferde mehr besass, ist er doch die Urheimath der Familie, in der sie ihre vollständigste Ausbildung erlangt hat.

§ 413. Siebente Ordnung der Hufthiere:

Artiodactyla. Paarhufer.

Diplarthrale Hauptgruppe der paarzehigen Typungulaten.

Ungulaten mit digitigraden oder unguligraden, artiodactylen (meistens vierzehigen oder zweizehigen) Füssen. Metapodien verlängert (niemals vollzählig), oft verschmolzen. Basipodien mit vollkommener Alternal-Structur. Astragalus mit proximaler, tief ausgehöhlter Gelenkrolle für die Tibia, und mit distaler convexer Gelenkrolle für das Naviculare. Calcaneus mit Fibular-Gelenk. Der Median-Schnitt des Fusses fällt zwischen dritte und vierte (gleich starke) Zehe. Femur ohne Trochanter tertius. Gehirn der grösseren und jüngeren Formen gross und windungsreich.

Die Ordnung der Artiodactyla oder »Paarhufer« ist die weitaus formenreichste von den sieben Ordnungen der Ungulaten, und diejenige, welche sich in der Neuzeit zur höchsten Blüthe entwickelt hat. Alle Zweige derselben lassen sich auf eine gemeinsame eocaene

Stammgruppe zurückführen, die *Pantolestida,* und diese lässt sich unmittelbar von den *Periptychida* ableiten, einem Zweige der Condylarthra. Aus den alt-eocaenen Pantolestiden haben sich einerseits die *Anthracotherida* entwickelt, die Stammformen der Schweine und Flusspferde, anderseits die *Anoplotherida* und *Dichobunida,* die Vorfahren der vielgestaltigen Gruppe der Wiederkäuer (*Ruminantia*). Die letzteren werden als Unterordnung der Mondzähnigen (*Selenodontia*) allen jenen anderen Artiodactylen — der Unterordnung der Höckerzähnigen (*Bunodontia*) — gegenübergestellt; diese werden auch unter dem Begriffe den Schweinthiere (*Choeronia* oder *Choeromorpha*) vereinigt. In beiden Unterordnungen — die zusammen ein Dutzend Familien enthalten — sind die phylogenetischen Beziehungen der kleineren und grösseren Gruppen, dank der Reichhaltigkeit des palaeontologischen Materials, schon sehr befriedigend aufgeklärt, so dass wir auf Grund derselben einen ziemlich sicheren Stammbaum (§ 414) aufstellen können.

Die Gliedmaassen der *Artiodactylen* sind, wie schon ihr Name sagt, durch die paarzehige Fussbildung ausgezeichnet; dritte und vierte Zehe sind gleich stark entwickelt, stärker als die übrigen Zehen. Von diesen ist die erste fast ganz verschwunden; nur am Vorderfusse einzelner ältester Paarzeher (einiger *Pantolestiden*, *Anoplotherien* und *Oreodonten*) hat sich noch ein schwaches Rudiment derselben conservirt. Zweite und fünfte Zehe sind bei den meisten älteren Formen noch erhalten und berühren bisweilen auch noch den Boden. Meistens aber sind sie blosse »Afterzehen«, bedeutend schwächer als die beiden Hautzehen (III. und IV.), welche allein die Last des Körpers tragen. In Folge dessen schneidet die Median-Ebene (oder Axe) des Fusses nicht durch die Mitte der dritten Zehe (wie bei allen übrigen Hufthieren, am ausgeprägtesten bei den *Perissodactylen*), sondern durch den Zwischenraum zwischen III. und IV. Zehe. Je flüchtiger der Lauf der modernen Paarzeher wird, je höher die Beine, desto stärker werden diese beiden Hauptzehen, desto schwächer die Reste der beiden verkümmerten Afterzehen.

Die Metapodien sind bei den ältesten Choeromorphen oder Bunodontien noch verhältnissmässig kurz, wie bei den Condylarthren, ihren Stammformen. Bald werden sie aber verlängert und zuletzt ebenso lang oder selbst länger, als die beiden Knochen des Unterschenkels (resp. Vorderarms). Diese letzteren sind meistens bedeutend länger als der Oberschenkel (resp. Oberarm); nur bei einigen älteren Gruppen ist letzterer noch ungefähr gleich lang. Von den beiden Knochen des Unterschenkels ist fast immer die Tibia (vorn der Radius) viel stärker entwickelt als sein Nachbar (hinten Fibula, vorn Ulna); meistens sind bei den höheren Gruppen von letzteren nur noch schwache Rudimente vorhanden und mit den ersteren verwachsen. Der Trochanter tertius, welcher fast allen übrigen Hufthieren zukommt, ist bei den Artiodactylen ganz verschwunden. Die beiden starken Metapodien der III. und IV. Zehe verschmelzen bei den jüngeren Ruminantien zu einem einzigen langen und starken Laufknochen (Os canon), an dessen unterem Ende innen und aussen nur noch ein Paar kleine Griffelknochen hängen, als Rudimente des II. und IV. Metacarpus und Metatarsus. Die Last des schweren Körpers ruht demnach bei diesen Wiederkäuern auf einer einfachen Säule, deren Axe durch drei starke Röhrenknochen gebildet wird: I. ein *Stelopodium* (Humerus, Femur), II. ein *Zeugopodium* (Radius, Tibia), III. ein *Metapodium* (Canon). Erst im distalen Mittelfuss-Gelenk wird die Last gleichmässig auf die beiden gleich starken Hauptzehen vertheilt. Eine besondere Festigkeit des Fussgelenks (am Proximalende der Metapodien) wird auch hier durch die vollkommene alternale Ordnung der Basipodien erreicht (wie bei den Perissodactylen). Ein Theil der Carpal- und Tarsal-Knochen geht bei den Wiederkäuern ebenfalls eine Verschmelzung ein.

Das Gebiss der Artiodactylen zeigt in den älteren Gruppen noch die volle Zahl der typischen Placental-Dentur: $\frac{3.1.4.3}{3.1.4.3}$. In einigen Fällen treten diese 44 Zähne noch in geschlossener lückenloser Reihenfolge auf (z. B. bei der *Anoplotherida*). Bei den meisten Gruppen bilden sich jedoch Lücken aus, und zwar erstens durch die Verlängerung der Kiefer, zweitens dadurch, dass der erste *Pr.* verschwindet, und dass der Eckzahn entweder ebenfalls ausfällt oder aber sich zu einem starken Hauer entwickelt (oft nur beim Männchen). Bei den meisten jüngeren Ruminantien verschwinden die oberen *Ic.* und *Cn.* völlig, während die unteren *Cn.* den meisselförmigen unteren *Ic.* ganz ähnlich werden und sich eng an sie anschliessen. Die *Ml.* sind nur bei der Stammgruppe der *Pantolestida* noch trigonodont, bei allen übrigen tetragonodont; in den meisten jüngeren Zweigen des Stammes erleiden sie characteristische Umbildungen. Bei den meisten Choeromorphen bleiben die ursprünglichen Unterschiede der kleineren *Pr.* und der grösseren *Ml.* noch sehr bedeutend, während sie bei den meisten Ruminantien mehr verschwinden; doch werden die ersteren den letzteren selten so ähnlich, wie es bei den Perissodactylen der Fall ist. Die Unterordnung der *Choeromorpha* wird desshalb als Bunodontia (Hügelzähner) bezeichnet, weil hier die Höckerbildung der Backzähne erhalten bleibt; oft entwickeln sich hier neben den (4 oder 5) Haupthöckern noch zahlreiche Nebenhöcker. Die Unterordnung der *Ruminantia* wird im Gegensatze dazu Selenodontia (Mondzähner) genannt, weil hier die 4 Höcker der *Ml.* sich in halbmondförmige Leisten umwandeln: Jeder der drei *Ml.* trägt hier

§ 414. Stammbaum der Artiodactylen.

vier paarweise angeordnete Halbmonde, deren Concavität im Oberkiefer auswärts, im Unterkiefer einwärts gerichtet ist. Meistens zeigt dann jeder *Pr.* nur ein Paar solcher Halbmonde (einem halben *Ml.* ähnlich).

Die Gegensätze in der Organisation der ***Artiodactylen*** und ***Perissodactylen***, welche bis auf die Wurzeln beider Stämme in der Condylarthren-Gruppe zurückreichen, prägen sich nicht nur in den angeführten Eigenthümlichkeiten der Fussbildung und des Gebisses aus, sondern auch in anderen Eigenthümlichkeiten. So fehlt den ersteren der dritte Trochanter, welchen die letzteren am Femur besitzen. Die Zahl der Dorsolumbar-Wirbel beträgt bei den Artiodactylen fast immer 19 und steigt niemals auf 21, während sie bei den Perissodactylen stets 22 oder mehr beträgt. Der Magen dieser letzteren ist stets einfach, der Blinddarm gross und sacculirt, während das Coecum der ersteren einfach und der Magen meist zusammengesetzt (bei den Wiederkäuern gewöhnlich vierkammerig) ist. Ausserdem zeichnen sich die meisten Ruminantien durch Bildung von Hörnern, Geweihen oder anderen Schutzwaffen aus.

§ 415. Erste Unterordnung der Artiodactylen:

Choeromorpha (= Bunodontia). Schweinthiere.

Artiodactylen mit bunodonten Backzähnen, meistens mit vollständigem Gebiss. Molaren mit 4 oder 5 (ursprünglich 3) Hügeln, sehr verschieden von den kleinen Praemolaren. Eckzähne stets vorhanden. Metapodien stets getrennt, nicht zu einem Canon verwachsen; meistens alle vier Zehen entwickelt.

Die Unterordnung der Schweinthiere (*Choeronia*, *Choeromorpha* oder *Nonruminantia*) umfasst die ältere Hauptgruppe der Paarzeher, die sich weniger von ihrer gemeinsamen eocaenen Stammgruppe (*Pantolestida*) entfernt hat und besonders in der Oligocaen- und Miocaen-Zeit durch zahlreiche schweineförmige Thiere vertreten war; in der Neuzeit ist sie weit hinter den aufstrebenden Wiederkäuern zurückgeblieben. Die ursprüngliche Bildung des bunodonten vollzähligen Gebisses (44 Zähne) ist bei den älteren Choeromorphen noch allgemein erhalten, während bei den jüngeren Rückbildung einzelner *Ic.* und *Pr.* häufig eintritt, dagegen die *Cn.* sich zu starken Hauern entwickeln. Die *Ml.* haben nur bei der Stammgruppe der *Pantolestida* die ursprüngliche trigonodonte Form bewahrt, während sie bei den übrigen meist ausgeprägt tetragonodont sind; doch zeigen ihre 4 Hügel oft schon Neigung zum Uebergang in Halbmonde. Die 4 Zehen sind bei den älteren Choeromorphen (*Pantolestiden*), aber auch bei dem wasserlebenden *Hippopotamus* noch fast gleich stark entwickelt; bei den meisten treten die beiden lateralen (II. und V.) zurück, während die beiden medialen (III. und IV.) sich um so stärker entwickeln. Wir können in der Unterordnung der Choeromorphen zwei Sectionen unterscheiden, *Prochoeronia* und *Euchoeronia*. Die älteren Prochoeronien (oder *Prochoeromorpha*) sind Generalisten, mit bunolophodonten Backzähnen; die drei Familien der *Pantolestiden*, *Anthracotheriden* und *Anoplotheriden*. Dagegen die jüngeren Euchoeronia (oder *Euchoeromorpha*) sind Specialisten, mit differenzirten, rein bunodonten Backzähnen und mehr specialisirtem Fussbau; die beiden Familien der *Suilliden* und *Hippopotamiden*.

I. Familie: **Pantolestida**; kleine Hufthiere von primitivem Bau, *Periptychus* ähnlich, auf das untere und mittlere Eocaen von Nord-America beschränkt. Sie sind als gemeinsame Stammgruppe aller Artiodactylen zu betrachten und schliessen sich noch eng an die Condylarthra, und zwar an die *Periptychida* an. Von diesen Generalisten-Ahnen unterscheiden sie sich hauptsächlich durch die beginnende Alternal-Structur der Basipodien, sowie durch die Rückbildung der ersten, die schwächere Entwickelung der zweiten und fünften Zehe, zwischen denen dritte und vierte gleich stark hervortreten. Die Pantolestiden sind die einzigen Artiodactylen, bei denen die *Ml.* noch die ursprüngliche trigonodonte Beschaffenheit bewahrt haben, oben mit zwei Zwischenhöckern; bei allen übrigen sind sie tetragonodont, oben mit vier oder fünf Haupthöckern. Als drei divergente Hauptlinien sind aus dieser Stammgruppe wohl die *Anthracotherien*, *Anoplotherien* und *Dichobuniden* hervorgegangen.

II. Familie: **Anthracotherida** (oder *Hyopotamida*): Stammgruppe der *Choeromorpha*. Diese formenreiche und wichtige Gruppe hat sich während der älteren Eocaen-Zeit aus einem Zweige der *Pantolestiden* entwickelt und ist schon im Ober-Eocaen, besonders aber in Oligocaen von Nord-America, noch mehr von Europa stark vertreten; in der Miocaen-Zeit erlischt sie. Aus dieser Familie sind als divergente Linien die Schweine (*Setigera*) und die Flusspferde (*Hippopotamida*) hervorgegangen. Die meisten Anthracotherien (oder »Kohlenschweine«) gleichen in Gestalt und Grösse einem schlanken Schweine; doch giebt es auch kleinere Formen (von der Grösse des Kaninchens) und riesige (von der Statur des Rhinoceros). Ihre 4 Zehen sind meistens wohl entwickelt, die äusseren oft schwächer als die inneren (bei dem grossen *Entelodon* durch inadaptive Reduction rudimentär). Das Gebiss ist meistens noch vollzählig (44 Zähne), mit grossen Lücken in der Zahnreihe und starken Eckzähnen. Die *Pr.* sind noch ziemlich einfach gebaut, die 5 Höcker der *Ml.* zeigen mehrfache Uebergänge vom bunodonten zum selenodonten Typus.

III. Familie: **Suida**, Schweine, auch als Borstenthiere, *Setigera* oder *Suillida* bezeichnet. Diese formenreiche Familie ist durch ihre ältesten und primitivsten Genera (*Achaenodon*, *Cebochoerus*) mit der Ahnenreihe der *Anthracotherien* eng verknüpft. Ihre ältesten Vertreter erscheinen im oberen Eocaen von Europa. Die Schweine sind durch zahlreiche oligocaene und miocaene, sowie jüngere Formen besonders in der alten Welt vertreten (*Suina*); während der Miocaen-Periode auch in Asien und Nord-America. Erst in der Diluvial-Zeit erscheint eine Subfamilie auch in Süd-America (*Dicotylina*). Bei diesen letzteren werden II. und V. Zehe stark reducirt, während bei den meisten übrigen alle 4 Zehen wohl entwickelt sind, ihre Metapodien getrennt. Die Schweine haben den bunodonten Character des omnivoren Gebisses unter den lebenden Artiodactylen am getreuesten bewahrt. Bei den älteren Subfamilien (den meisten *Achaenodontida* und *Hyotherida*) ist die Dentur noch vollzählig (44) und zeigt oft noch viel Aehnlichkeit mit der von älteren Raubthieren. Dagegen ist im Gebiss der jüngeren Subfamilien (*Suina*, *Phacochoerida* und *Dicotylina*) häufig ein Theil der *Cn.* und *Pr.* verloren gegangen. Ursprünglich sind die 4 Haupthöcker der tetragonodonten *Ml.* gross, getrennt und kegelförmig; später werden sie niedrig, runzelig, und es entstehen zahlreiche Nebenhöcker, besonders auf dem sehr vergrösserten letzten *Ml.* Dieser letztere wird bei dem extrem entwickelten *Phacochoerus* enorm gross, säulenförmig und bleibt im Alter allein übrig, während *Ic.* und *Pr.* ausfallen; *Cn.* entwickeln sich zu riesigen Hauern.

IV. Familie: **Hippopotamida**, Flusspferde (oder *Obesa*). Diese kleine und moderne, auf die alte Welt beschränkte Gruppe stammt wahrscheinlich von einem Zweige der *Anthracotheriden* ab (vielleicht den miocaenen *Merycopotamiden* von Ost-Indien). Ihre ältesten Formen erscheinen im Pliocaen von Indien und haben noch 3 *Ic.* in jeder Kieferhälfte (*Hexaprotodon*); bei den jüngeren ist ein Theil der *Ic.* rückgebildet, während die übrigen *Ic.*, ebenso wie die *Cn.*, zu grossen wurzellosen Stosszähnen entwickelt sind. Das grosse lebende Nilpferd (*Hippopotamus amphibius*) hat noch 2 *Ic.*, das kleine Liberia-Flusspferd (*Choeropsis liberiensis*) nur einen einzigen unteren Schneidezahn. Die 4 Höcker der *Ml.* sind stark gefaltet und bilden bei der Abnutzung kleeblattähnliche Figuren. In Anpassung an die amphibische Lebensweise ist der Schädel sehr flach und breit, die 4 Zehen fast gleich stark entwickelt.

V. Familie: **Anoplotherida.** Diese eocaene, nur in Europa gefundene Gruppe erscheint als ein selbständiger alter Wurzelspross der Artiodactylen, welcher zwischen den Stammformen der typischen Choeromorphen (*Anthracotherida*) und der typischen Ruminantien (*Dichobunida*) in der Mitte steht; er hat im Skeletbau die ursprünglichen Charactere der gemeinsamen Stammgruppe (*Pantolestida*) noch grösstentheils bewahrt, aber I. und V. Zehe verloren. Das Gebiss ist vollzählig (44 Zähne) und ganz lückenlos; die *Cn.* sind nicht vergrössert; die conischen Höcker der *Ml.* werden nur theilweise halbmondförmig; die *Pr.* nehmen von vorn nach hinten an Grösse zu. Dagegen ist der kurze dreizehige Fuss ganz eigenthümlich specialisirt, mit inadaptiver Reduction der Basipodien. Neben den beiden getrennten und gleich starken Metapodien (III. und IV.) ist gewöhnlich noch ein breites Rudiment der abstehenden II. Zehe vorhanden. Der lange Schwanz trägt Hyparcaden. Die schlank gebauten, echten *Anoplotherien* sind im Eocaen und Oligocaen von Europa durch viele verschiedene Arten vertreten, die kleineren von der Grösse des Kaninchens, die grösseren von der des Esels.

§ 416. Zweite Unterordnung der Artiodactylen:

Ruminantia (= Selenodontia). Wiederkäuer.

Artiodactylen mit selenodonten Backzähnen, meistens mit unvollständigem Gebiss. Molaren mit zwei Paar halbmondförmigen Schmelzfalten, die ähnlichen Praemolaren mit einem Paar. Eckzähne bald fehlend, bald eigenthümlich umgebildet. Metapodien der Hauptzehen (III. und IV.) meistens zu einem Canon verwachsen, die der rückgebildeten Afterzehen (II. und V.) rudimentär.

Die Unterordnung der Ruminantia oder »Wiederkäuer« umfasst die grosse Mehrzahl der artiodactylen Ungulaten und diejenigen jüngeren Familien, in welchen dieser Typus seine vollkommenste und mannichfaltigste Ausbildung erreicht. Die gemeinsame Stammgruppe der Wiederkäuer bildet die Familie der Dichobuniden, welche sich schon im unteren Eocaen von den *Pantolestiden* abgezweigt hat. Der alt-eocaene *Prodichobunus* bildet das Mittelglied zwischen *Pantolestes* und dem mitteleocaenen *Dichobunus.* Von dieser Stammgruppe aus haben sich nach verschiedenen Richtungen hin mehrere Aeste divergirend entwickelt. Als zwei Sectionen unterscheiden wir die älteren *Proruminantia* und die jüngeren *Euruminantia.* Erstere stehen den *Choeromorphen* näher und haben als Generalisten viele Merkmale primitiver Organisation bewahrt; es gehören zu diesen Proruminantien oder ***Meryconien*** (»Urwiederkäuern«) vier Familien: die ***Dichobunida, Xiphodontida, Oreodontida*** und ***Camelida***. Dagegen sind die Euruminantien oder ***Geloconien*** (»Hauptwiederkäuer«) mehr differenzirt und haben als Specialisten den Typus der Ordnung am einseitigsten und vollkommensten ausgebildet; dazu gehören drei Familien, die älteren ***Tragulida*** und die beiden, aus diesen divergent entwickelten ***Cervicornia*** und ***Cavicornia***. Das Gebiss der älteren Proruminantien schliesst sich noch eng an dasjenige der Choeromorphen (und speciell der ***Pantolestiden***) an und zeigt alle Uebergänge von der bunodonten zur selenodonten Bildung; bei den typischen Euruminantien ist letztere rein ausgeprägt. Ebenso ist auch die vierzehige Fussbildung der ***Meryconien*** noch vielfach derjenigen der Choeromorphen ähnlich, während bei den ***Geloconien*** der zweizehige Typus vollkommen ausgebildet ist.

VI. Familie: **Dichobunida** (oder ***Caenotherida***). Diese Familie ist auf das Eocaen von Europa beschränkt und steht sowohl den ***Pantolestiden*** und ***Anoplotherien***, als den ***Xiphodontiden*** und ***Traguliden*** sehr nahe; sie darf als die gemeinsame Stamm-Gruppe der Wiederkäuer betrachtet werden. Die 4 Zehen sind vorn und hinten noch wohl entwickelt, die beiden seitlichen (II. und V.) wenig schwächer als die beiden mittleren (III. und IV.) Das Gebiss ist noch vollzählig und fast lückenlos, die oberen ***Cn.*** wenig verlängert. Die ***Pr.*** sind scharf und langgestreckt; die vordere Hälfte der oberen ***Ml.*** hat 2, die hintere 3 Höcker, die bald mehr conisch (***Dichobunus***), bald mehr semilunar sind (***Caenotherium***). Die kleinen, zierlichen Thiere (meist von Grösse und Gestalt der Traguliden) lebten heerdenweise; ***Prodichobunus*** schon im unteren Eocaen, ***Dichobunus*** u. A. im mittleren und oberen Eocaen. ***Caenotherium*** und ***Plesiomeryx*** folgen ihnen im unteren Miocaen.

VII. Familie: **Xiphodontida**. Sie steht den beiden vorigen Familien noch sehr nahe und besitzt gleich ihnen ein vollzähliges, fast lückenloses Gebiss (44 Zähne). Aber die unteren ***Ml.*** nehmen bereits die Bildung der echten Ruminantien an (mit 4 Halbmonden), während die oberen ***Ml.*** in der Vorderhälfte noch 3, in der hinteren 2 Halbmonde zeigen. Die vorderen ***Pr.*** sind bei ***Xiphodon*** auffallend lang, mit scharfer Klinge. Aber bei ***Dichodon*** werden die hinteren ***Pr.*** schon den ***Ml.*** ähnlich, mit Halbmonden. Die ***Cn.*** sind klein und werden oft den ***Ic.*** ähnlich. Die Beine sind schlank und hoch, zweizehig; nur III. und IV. Metapodien sind entwickelt, II. und V. ganz verkümmert. Der Fuss ist inadaptativ reducirt. Die Xiphodonten sind die schlanksten und zierlichsten unter den älteren Wiederkäuern, ähnlich Zwerghirschen oder gehörnten Antilopen. Die Familie ist auf das Ober-Eocaen und Oligocaen von Europa beschränkt. Während sie einerseits den *Dichobunen* und *Anoplotherien* sehr nahe stehen, zeigen sie anderseits auch viele Annäherung an die *Oreodonten* und *Cameliden*. Wahrscheinlich hängt ihr Stamm unten mit der gemeinsamen Wurzel der beiden letzteren Familien zusammen und ist aus einem älteren Zweige der *Dichobuniden* abzuleiten. Als directe Vorfahren der ähnlichen Traguliden dürfen sie nicht betrachtet werden.

VIII. Familie: **Oreodontida.** Diese formenreiche Familie steht unter allen Wiederkäuern der gemeinsamen Stammform am nächsten und ist auf das Ober-Eocaen, Oligocaen und Miocaen von Nord-America beschränkt. Das kleine *Protoreodon*, die älteste Form (aus dem Vinta-Eocaen), schliesst sich eng an die *Xiphodonten* an. Ihre Blüthe erreicht die Familie im Miocaen; *Oreodon* kam an Grösse und Wuchs *Dicotyles* gleich, *Merycochoerus* dem Tapir. Das Gebiss der Oreodonten ist noch vollzählig und meist lückenlos, wie bei den vorhergehenden drei Familien; aber sämmtliche *Ml.* besitzen bereits die typische Bildung der Ruminantien, mit 4 paarweise geordneten Halbmonden, deren Concavität im Oberkiefer nach aussen, im Unterkiefer nach innen gerichtet ist. Alle vier Zehen sind wohl ausgebildet, vorn bisweilen sogar eine fünfte (I.) Zehe. Das Erscheinen dieser ersten Zehe, die sonst schon bei den ältesten Artiodactylen rückgebildet war (auch den meisten *Pantolestiden* zu fehlen scheint), ist wohl als Atavismus zu deuten. Die Zeugopodien und Basipodien gehen in dieser Familie noch keine Verschmelzung ein.

IX. Familie: **Camelida** (oder *Tylopoda*). Auch diese Familie gehört zu den ältesten Ruminantien und ist als eigenthümlich specialisirter Wurzelspross dieser Unterordnung zu betrachten. Ihre ältesten Formen (*Leptotragulus*) treten, gleich jenen der *Oreodonten*, im Oligocaen (Vinta) von Nord-America auf und stehen sowohl diesen als auch den *Traguliden* und *Xiphodonten* sehr nahe. Wahrscheinlich haben Cameliden und Oreodonten eine gemeinsame Wurzel im mittleren Eocaen. Die reichste Entwickelung der Camele fand (in der jüngeren Tertiär-Zeit) in Nord-America statt, wo sie erst im Beginn der Diluvial-Zeit erlöschen. In der jüngeren Pliocaen-Zeit sind sie von dort nach Süd-America und Asien ausgewandert, wo sie jetzt allein noch leben. Die Camele unterscheiden sich von den übrigen Wiederkäuern durch mancherlei Eigenthümlichkeiten; so fehlt ihnen z. B. das Foramen transversarium der Halswirbel. Die Basipodien verschmelzen nicht, während die mittleren Metapodien (III. und IV.) sehr bald verschmelzen und die seitlichen (II. und V.) gänzlich schwinden. Nur die ältesten Camele im oberen Eocaen, Oligocaen und Miocaen (von *Leptotragulus* und *Poëbrotherium* bis zu *Protolabis*) haben noch das vollzählige Gebiss (44 Zähne). Bei den jüngeren erleiden die *Pr.* eine weiter gehende Reduction als bei den meisten übrigen Artiodactylen. Von den oberen Schneidezähnen bleibt wenigstens einer stets erhalten. Der Fuss der lebenden Gattungen (*Auchenia* in Süd-America und *Camelus* in der alten Welt) zeichnet sich durch eine dicke, schwielige Sohle aus, auf welcher alle drei Phalangen ruhen, so dass die kleinen Hufe den Boden nicht berühren.

X. Familie: **Tragulida.** Diese wichtige Familie ist die Stammgruppe der höheren typischen Wiederkäuer (*Euruminantia* oder *Geloconia*); aus ihr sind die beiden formenreichen Familien der *Cervicornien* und *Cavicornien* entsprungen. Die *Traguliden* selbst sind während der jüngeren Eocaen-Zeit in der alten Welt aus einem Zweige der *Dichobuniden* hervorgegangen; ihre ältesten Formen (*Gelocus*, *Lophiomeryx*) stehen sowohl diesen, als auch den ältesten *Cameliden*, *Oreodonten* und *Xiphodonten* noch sehr nahe. Die wenigen heute noch lebenden »Zwergmoschusthiere« (*Tragulus* in Süd-Indien und *Hyaemoschus* in West-Africa) sind die letzten Ueberreste einer grossen Gruppe, die in der älteren und mittleren Tertiär-Zeit durch viele Formen in Asien und Europa vertreten war; während der Miocaen-Zeit erscheint sie auch in Nord-America (*Leptomeryx*, *Hypertragalus*). Mit den Traguliden beginnt jene typische Umbildung des Gebisses und der Füsse, welche die höheren Ruminantien auszeichnet. Die Schneidezähne verschwinden oben gänzlich, während sie unten vollzählig bleiben und der untere Eckzahn, ihnen gleichgebildet, sich anschmiegt. Anfangs ist der obere Eckzahn noch erhalten und (beim Männchen) als Hauer entwickelt. Der erste *Pr.* fehlt stets oben und verschwindet meistens auch unten. Am Carpus verschmilzt das Magnum mit dem Trapezoid, am Tarsus das Naviculare mit dem Cuboid. Die Metapodien beginnen ebenfalls zu verschmelzen, ebenso Radius und Ulna. Alle Traguliden sind kleine Hufthiere von zierlichem Wuchse. Ihre diffuse Placenta besteht, wie wohl bei allen vorhergehenden *Artiodactylen*, noch aus einfachen Zotten, welche über die ganze Allantois-Fläche zerstreut sind. Es fehlt noch die Cotyledonen-Bildung, welche die beiden letzten und höchst entwickelten Familien auszeichnet, die *Cervicornien* und *Cavicornien*.

XI. Familie: **Cervicornia** (oder *Elaphidia*). Die formenreiche Familie der Hirschthiere oder »Geweihthiere« lässt sich auf die gemeinsame Stammform *Palaeomeryx* (oder *Amphitragulus*) zurückführen, welche im Unter-Miocaen von Europa und Indien vorkommt.

Diese kann unmittelbar von der oligocaenen Traguliden-Gattung *Prodremotherium* und durch diese von *Gelocus* abgeleitet werden. Der wesentlichste Unterschied von letzterer besteht darin, dass alle drei *Pr.* des Oberkiefers (P_2—P_4) einen äusseren und einen inneren Halbmond besitzen (einem halben *Ml.* ähnlich), während dieser bei den Traguliden noch gar nicht oder nur am letzten *Pr.* angedeutet ist. Die Familie der Hirschthiere hat sich neuerdings über die meisten Continente (mit Ausnahme von Australien und Süd-Africa) verbreitet, hat aber ihren Ursprung und ihre Blüthe in der alten Welt. Die Stammgruppe der Elaphiden (im unteren Miocaen), *Dremotherida*, besass noch kein Geweih, während die oberen Eckzähne hauerartig entwickelt waren (wie bei den Traguliden); dieses Verhalten hat sich unter den heute noch lebenden Elaphiden nur bei den echten Moschusthieren erhalten (*Moschina*, in Asien). Die Bildung des characteristischen Geweihes begann erst in der Ober-Miocaen-Zeit, mit der Subfamilie der *Cervulina* (*Micromeryx*, *Blastomeryx* u. A.); lebende Ueberreste dieser Spiesshirsche sind die Muntjak-Hirsche des Sunda-Archipels (*Cervulus muntjac* etc.). Auch hier hat das Männchen noch die grossen Eckzähne erhalten und trägt auf den Stirnbeinen ein Paar lange Knochenzapfen (»Rosenstock«) mit kranzförmig verdicktem Ende (»Rose«), während das auf letzterem sitzende »Geweih« noch klein und einfach ist: ein solider Hautknochen ohne Aeste oder nur mit kurzen Basalsprossen.

Aus den *Cervulinen* sind erst gegen Ende der Miocaen-Zeit die echten Hirsche (*Cervina*) enstanden, durch Rückbildung der oberen Eckzähne und Fortbildung des Geweihes, welches jährlich abgeworfen wird. Erst in der jüngeren Pliocaen-Zeit werden die Geweihe länger und treiben zahlreichere Sprossen, während der sie tragende Rosenstock sich verkürzt. Um diese Zeit sind auch die Hirsche erst aus der alten in die neue Welt hinübergewandert. Erst im obersten Pliocaen beginnt die Entwickelung der mächtigen, oft reich verzweigten und schaufelförmigen Geweihe, durch welche zahlreiche Cervinen der Gegenwart sich auszeichnen. Gewöhnlich bleibt die Geweihbildung — als eine durch sexuelle Selection entstandene Waffe des Männchens — auf die männlichen Hirsche beschränkt; nur bei den Rennthieren (*Tarandus*) vererbt sie sich auf beide Geschlechter.

Einen eigenthümlichen Seitenzweig der Cervicornien bildet die Subfamilie der Protocerida, nur durch eine einzige Art bekannt, welche im Unter-Miocaen von Nord-America vorkommt (*Protoceras celer*, ungefähr von der Grösse des Schafes). Gebiss und Gliedmaassen schliessen sich eng an die ältesten Dremotherien und Traguliden an, während der langgestreckte Schädel drei Paar kurzer Hörner trägt (auf Scheitelbein, Stirnbein und Oberkiefer); er erinnert an die Giraffen.

Die Subfamilie der Giraffen (*Giraffina* oder *Devexa*) stellt einen anderen eigenthümlichen Seitenzweig der *Cervicornien* dar, welcher spätestens gegen Ende der Miocaen-Zeit aus einem Zweige der *Dremotherida* entstanden ist, und von welchem heute nur noch ein einziger seltsamer Ueberrest, die africanische Giraffe lebt (*Camelopardalis giraffa*). Die ältesten Formen der Giraffen besassen noch keine Stirnzapfen (*Helladotherium*, im Ober-Miocaen von Griechenland; *Alcicephalus*, im Ober-Miocaen von Persien). Erst später entwickelten sich (zunächst nur beim Männchen, *Samotherium*) ein Paar einfache, kurze Hörner oder von behaarter Haut überzogene Stirnzapfen; bei der heutigen Giraffe tragen beide Geschlechter diese Stirnhörner. Sonst ist der Schädel und besonders das Gebiss sehr ähnlich *Alces*.

An die Giraffen schliesst sich die Subfamilie der Sivatherida an, in welcher der Cervicornien-Stamm seine ansehnlichste und eigenthümlichste Entwickelung erreicht. Das Stirnbein ist hier ungemein ausgedehnt, pneumatisch und trägt auf den hinteren Aussenecken ein Paar mächtige, verzweigte, schaufelförmige Hörner (*Sivatherium giganteum* aus dem indischen Miocaen — Sivalik — grösser und stärker als *Alces*). *Bramatherium* (mit zwei Paar Hörnern) und *Hydaspitherium* (mit einer grossen, vierseitigen Stirnplatte) lebten während der Tertiär-Zeit in Ost-Indien.

XII. Familie: **Cavicornia**. Die grosse und formenreiche Familie der »Hornthiere« ist die jüngste und am einseitigsten specialisirte unter allen Familien der *Artiodactylen*; sie bezeichnet unter diesen in ähnlichem Sinne die höchste Stufe der typischen Entwickelung, wie die Pferdethiere (*Hippotherida*) unter den Perissodactylen. Gleich diesen letzteren gehören auch jene ersteren zu unseren wichtigsten Hausthieren und haben auf die Cultur-Entwickelung des Menschen einen grösseren Einfluss ausgeübt als alle übrigen Thiere. Die gemeinsame Stammgruppe der *Cavicornia* bilden die Antilopen, deren älteste Formen im Ober-Miocaen von Europa und Indien auftreten; sie stammen ab von dem unter-miocaenen *Dremotherium* oder von ähnlichen, *Palaeomeryx* verwandten *Traguliden*. Aus der formenreichen Gruppe der *Antilopina* sind als divergente Hauptzweige einerseits die Ziegen und Schafe (*Caprina, Ovina*), anderseits die Rinder (*Bovina*) hervorgegangen. An Zahl der Arten, Masse der Individuen, Mannichfaltigfaltigkeit der Formen und Bedeutung für den Naturhaushalt übertreffen diese drei Subfamilien der Cavicornien gegenwärtig alle übrigen Hufthiere. Sie haben sich ursprünglich nur in der alten Welt entwickelt; erst in der jüngsten Zeit sind einzelne Formen nach Nord-America ausgewandert; nach Süd-America ist keine gekommen. Die zahlreichen Formen werden hauptsächlich nach der Bildung, Stellung und Gestalt der hohlen Hörner unterschieden und der Bildung der knöchernen Hornzapfen des Stirnbeines, auf denen diese Epidermis-Hörner aufsitzen. Die Stirnbeine selbst, deren ausgedehnte Stirnhöhlen in die Knochenzapfen hineinwachsen, erreichen in Folge ihrer starken Ausbildung eine so mächtige Entwickelung wie bei keiner anderen Säugethier-Gruppe. Im Uebrigen ist die erbliche Organisation der Hornthiere sehr einförmig. Die constante Gebiss-Formel ist: $\frac{0.0.3.3}{3.1.3.3}$. *Ic.* und *Cn.* sind oben ganz verloren gegangen; unten sind sie vollzählig und ganz gleichförmig. Der selenodonte Character der Backzähne, die sehr aequalisirt sind, ist stets dergestalt ausgesprochen, dass die 3 *Pr.* ein Paar, die 3 *Ml.* zwei Paar Halbmonde zeigen. An den hohen Beinen sind die verlängerten Medial-Metapodien (III. und IV.) stets zu einem einfachen Canon-Bein verschmolzen, während die lateralen (II. und V.) meist ganz verschwunden sind. Die *Cavicornien* theilen mit ihrer Schwester-Gruppe, den *Cervicornien*, die besondere Eigenthümlichkeit der Cotylo-Placenta und werden daher auch wohl mit ihnen als Cotylophora vereinigt. Die zerstreuten Chorion-Zotten sind bei ihnen in zahlreiche getrennte Bündel geordnet (*Cotyledonen*).

§ 417. Fünfte Legion der Placentalien:

Cetomorpha. Walthiere.

Cetacea ss. ampl. Natantia. Fischsäugethiere.

Polyphyletische Gruppe der pisciformen Meersäugethiere.

Placentalien mit fischförmigem Körper, mit kegelförmigem Rumpf und horizontaler Schwanzflosse, ohne Tarsomelen. Carpomelen in breite und kurze Ruderflossen verwandelt, mit vollständiger, derber Schwimmhaut, ohne Krallen. Clavicula fehlt. Kreuzbein fehlt. Haut nackt oder fast nackt, mit dicker, subcutaner Specklage. Gebiss stark modificirt, oft rückgebildet.

Die Legion der Cetomorphen (— oder der *Cetaceen* im älteren, weiteren Sinne —) umfasst eine grosse Anzahl von Säugethieren, welche durch vollständige Anpassung an das Wasserleben ihren Körper fischähnlich umgebildet und dabei viele eigenthümliche Eigenschaften erworben haben. Alle Cetomorphen stammen von landbewohnenden Placentalien ab, wahrscheinlich von zwei oder drei verschiedenen Ordnungen. Die *Sirenia* oder Rinderwale sind aus herbivoren, die *Denticeta* oder Zahnwale aus carnivoren Placentalien-

Ahnen hervorgegangen. Eine dritte Ordnung bilden die *Mysticeta* oder Bartenwale; zwar werden sie gewöhnlich mit den Denticeten in einer Ordnung zusammengefasst, unter dem Begriffe der *Cetacea* im engeren (neueren) Sinne; allein viele Thatsachen sprechen für die Annahme, dass diese beiden carnivoren Ordnungen in keinem directen phylogenetischen Zusammenhange stehen, sondern von zwei verschiedenen Gruppen terrestrischer Ahnen abstammen. Leider fehlen zur Zeit noch die palaeontologischen Urkunden, welche gestatten würden, den Ursprung dieser zwei oder drei Gruppen von Cetomorphen in die Kreide-Zeit hinein zu verfolgen. Die ältesten bekannten Formen, sowohl der herbivoren Sirenen (*Prorastomus*), als der carnivoren Denticeten (*Zeuglodon*) treten schon fertig im Beginn der Tertiär-Zeit auf, im alten Eocaen; die Mysticeten (*Plesiocetus*) im Miocaen. Da die tiefgehende Umbildung der terrestrischen Ahnen in die fischartigen Walformen sehr lange Zeit erfordert haben muss, dürfen wir annehmen, dass eine lange Kette von connectenten Zwischenformen zwischen den ersteren und letzteren während der Kreide-Periode gelebt haben muss; aber fossile Reste derselben sind bisher nicht gefunden.

Jedenfalls ist die Legion der *Cetomorphen* in dem Sinne, in welchem wir sie hier aufführen. eine polyphyletische Gruppe; mindestens zweimal oder dreimal haben sich cretassische Placentalien an die schwimmende Lebensweise und den beständigen Wasser-Aufenthalt angepasst und ihren Körperbau demgemäss fischähnlich umgebildet. Wenn aber heute häufig die herbivoren *Sirenen* direct von *Ungulaten*, die carnivoren Cetaceen (*Denticeten* und *Mysticeten*) anderseits direct von placentalen *Carnassiern* abgeleitet werden, so ist dagegen zu bemerken, dass die cretassischen Vorfahren beider Gruppen nicht unter den uns bekannten ältesten Formen jener terrestrischen Placentalien zu suchen sind; denn die Ahnen dieser alt-eocaenen Formen, sowohl der herbivoren Condylarthra, als der carnivoren Creodontia, sind in der Kreide noch nicht gefunden.

Für wichtige Fragen der generellen sowohl als der speciellen Phylogenie ist die Legion der *Cetomorphen* von grösstem Interesse; und dieses wächst noch, wenn wir sie mit der ähnlich entwickelten Gruppe der *pisciformen Reptilien* vergleichen, der Halisaurier. Bei diesen letzteren, und zwar ebensowohl bei den *Sauropterygiern* als bei den *Ichthyopterygiern*, begegnen wir ganz ähnlichen tiefgreifenden Umbildungen der Organisation, wie bei den *Sirenen* und *Cetaceen*. Hier wie dort hat der gesammte Körperbau der terrestrischen Ahnen durch Anpassung an die schwimmende, fischartige Lebensweise die bedeutendsten Veränderungen erlitten: der langgestreckte Körper ist fischähnlich geworden, die Kiefer schnabelartig vorgestreckt, die pentadactylen Gliedmaassen in Ruderflossen verwandelt, die Finger durch Hyperphalangie ausgezeichnet. Die Convergenz der fischähnlichen Bildung geht selbst in vielen Einzelheiten so weit, dass man an einen directen phylogenetischen Zusammenhang aller dieser *pisciformen Amnioten* denken konnte; und doch hat sich jetzt sicher herausgestellt, dass dieser nicht besteht. Vielmehr sind die ähnlichen Formen durch Angleichung entstanden, durch Anpassung an die gleiche aquatische Lebensweise; ein glänzender Beweis für die mechanischen Erfolge der functionellen Anpassung und der progressiven Vererbung.

§ 418. Triphyletische Convergenz der Cetomorphen.

Die tiefgreifenden und auffallenden Veränderungen der Organisation, welche die vollständige Anpassung an das Wasserleben in der Legion der Cetomorphen hervorgebracht hat, sind desshalb besonders wichtig und lehrreich, weil sie in drei verschiedenen Gruppen von terrestrischen Placentalien zu ganz ähnlichen Resultaten geführt haben. Diese phyletische Convergenz betrifft nicht nur die äussere fischähnliche Körperform und das Tegument, sondern auch die inneren Weichtheile und das Skelet. Als wichtigstes Schwimmorgan entwickelt sich bei allen Cetomorphen der kräftige, kegelförmige Schwanz, an dessen Ende eine breite, horizontale, zweilappige Schwanzflosse ähnlich einer Dampfschiffs-Schraube arbeitet. Die höchst zweckmässige, ganz den Gesetzen der Mechanik entsprechende Connectiv-Structur dieser Schwanzflosse liefert ein ausgezeichnetes Beispiel für die Wirksamkeit der teleologischen Mechanik; um so mehr, als hier die functionelle Anpassung, im Verein mit der progressiven Vererbung, unter dem Einflusse der Cellular-Selection dreimal dasselbe Product erzielt hat. Dagegen dienen die schwachen Brustflossen nicht mehr als Ruder, sondern nur als Steuer. Das Skelet dieser blattförmigen Carpomelen ist zwar vollständig erhalten, aber die Knochen des Oberarms und Vorderarms sehr verkürzt. Die Finger umgekehrt sind verlängert und durch eine vollständige Schwimmhaut zu einer festen Platte verbunden. Bei den *Denticeten* und *Mysticeten* zeichnen sich die Finger durch Hyperphalangie aus, so dass die normale Dreizahl der Phalangen bis auf zwölf steigen kann; diese Vermehrung wird durch Verdoppelung der Epiphysen erreicht, während die Verknöcherung der knorpeligen Anlagen verlangsamt wird. Bisweilen erfolgt sogar Hyperdactylie, indem einzelne Finger sich longitudinal spalten, ähnlich wie bei Ichthyosauriern (vergl. § 302).

Die Rückbildung der Tarsomelen, von denen nur in der Bauchwand ein paar rudimentäre Beckenknochen übrig bleiben (und bei älteren Sirenen ein Femur-Rudiment), erklärt sich durch ihren Nichtgebrauch und durch die alleinige Ausbildung des Schwanzes als Schwimmorganes. In Folge dessen ist auch das Kreuzbein verschwunden, und die Sacralwirbel, welche bei den terrestrischen Vorfahren dasselbe zusammensetzten, sind durch Angleichung den vorhergehenden Lendenwirbeln und den nachfolgenden Schwanzwirbeln völlig ähnlich geworden. Zugleich entwickeln sich oben sehr gleichmässig kräftige Epispinen, unten am Schwanze Hyparcaden mit Hypospinen, in der Mitte der Wirbelsäule kräftige Querfortsätze, und im vorderen Theile ein Rippenkorb, welcher dem der Fische gleicht. Diese eingreifende Umbildung der Wirbelsäule, welche zu dem alten Urbilde der Fische zurückführt, ist um so interessanter, als sie sich bei allen drei Ordnungen der Legion in ganz gleicher Weise vollzieht.

Dieselbe Convergenz zeigt sich auch im Tegument aller Cetomorphen. In allen drei Ordnungen ist die Haut nackt und glatt, oder nur theilweise spärlich behaart; dagegen hat sich zum Ersatze als guter Wärmehalter bei Allen eine dicke Speckschicht unter der Lederhaut entwickelt. Das ursprüngliche Haarkleid der terrestrischen Vorfahren ist grösstentheils oder ganz verloren gegangen; nur bei einigen Sirenen haben sich dürftige Ueberreste desselben erhalten. Die Embryonen der *Sirenen* und der *Mysticeten* besitzen aber noch die rudimentäre Anlage des vollständigen Haarkleides. Die *Denticeten* hingegen lassen Rudimente eines Schuppenpanzers erkennen, der bei ihren alt-tertiären Ahnen (*Zeuglodon*) noch vollkommen entwickelt war.

Die auffallenden Aehnlichkeiten, welche durch diese und andere Convergenz-Erscheinungen in den drei Ordnungen der Cetomorphen hervorgerufen werden, könnten zu der Annahme eines monophyletischen Ursprungs dieser Legion führen. Diese wird aber widerlegt durch tiefgreifende Unterschiede in der Bildung anderer Organe. So ist namentlich die Bildung der Nasengänge in den drei Ordnungen sehr verschieden: Die *Sirenen* haben dieselben am wenigsten verändert; sie besitzen gleich ihren terrestrischen Ahnen weite horizontale Nasencanäle, die sich vorn an der kurzen, abgerundeten Schnauze öffnen. Auch bei den *Mysticeten* bleiben die Nasencanäle weit, sind aber nach oben hinaufgerückt, in Folge der schaufelförmigen Kiefer-Verlängerung. Noch weiter geht die Umbildung der vertical aufsteigenden Nasencanäle bei den *Denticeten*; sie werden hier eng, verschmelzen oben und öffnen sich durch einen gemeinsamen Querspalt; ausserdem aber entwickeln sie weite Nebenhöhlen oder »Spritzsäcke«, die weder bei den Mysticeten noch bei den Sirenen sich finden. Ebenso wie diese dreifache Verschiedenheit in der Nasenbildung, lässt sich auch diejenige in der speciellen Skeletbildung der Brustflossen nicht auf eine ge-

§ 419. System der Cetomorphen.

Ordnungen	Familien	Gebiss-Bildung	Genera
I. **Sirenia** (*Phycoceta*) Cetacea herbivora. Kiefer nicht verlängert. Nasengänge horizontal, weit, ohne Spritzsäcke. Narinen vorn. Mammae pectorales. Haut dünn behaart	1. **Archisirenae** 2. **Prorastomida**	Gebiss herbivor, complet, mit 4 Zahn-Gruppen: $\frac{3 \cdot 1 \cdot 4 \cdot 3}{3 \cdot 1 \cdot 4 \cdot 3}$	Protosirena (Hypothet.) ⊙ Prorastomus (Eocaen) +
	3. **Manatida**	*Ic.* und *Cn.* verloren, *Ml.* in jeder Kieferhälfte 8—10, äqual.	Manatherium (Oligocaen) + Manatus V
	4. **Halicorida**	Gebiss reducirt. *Ic.* ein Paar Stosszähne. Kein *Cn.* *Ml.* differenzirt	Halitherium + Felsinotherium + Halicore V
	5. **Rhytinida**	Zähne verschwunden. (Hornige Kauplatten an ihrer Stelle)	Rhytina (lebend bekannt 1741—1768) +
II. **Denticeta** (*Odontoceta*) Cetacea carnivora. Kiefer sehr verlängert, schnabelförmig. Nasengänge eng, subvertical, mit Spritzsäcken. Narinen oben. Mammae inguinales. Haut nackt, ursprünglich mit Schuppenpanzer	1. **Archidelphines** (1 + 2 *Archiceta*) 2. **Zeuglodontida**	Gebiss carnivor mit normaler Zahl; Zähne in 4 Gruppen	Protodelphinus ⊙ Zeuglodon + Doryodon +
	3. **Squalodontida** (*Mesoceta*)	Gebiss carnivor, Zähne in 3—4 Gruppen, Zahl durch Theilung vermehrt	Phocodon + Squalodon +
	4. **Delphinida** (4—7 *Delphinoceta*)	Beide Kiefer mit sehr zahlreichen gleichart. conischen Zähnen	Phocaena V Delphinus V Inia V Platanista V
	5. **Monodontida**	Oberkiefer mit einem Stosszahn, Unterkiefer zahnlos	Monodon V
	6. **Ziphioida** (*Hyperoodontida*)	Oberkiefer zahnlos. Unterkiefer mit ein oder zwei Paar Zähnen	Choneziphius + Ziphius V Hyperoodon V
	7. **Physeterida** (*Catodontida*)	Oberkiefer zahnlos. Unterkiefer mit sehr zahlreichen gleichen conischen Zähnen	Physeter V Catodon V
III. **Mysticeta** (*Mystacoceta*) Cetacea planctivora. Kiefer sehr verlängert, schaufelförmig. Nasengänge weit, aufsteigend, ohne Spritzsäcke. Narinen oben. Mammae inguinales. Haut nackt, ursprünglich behaart.	1. **Archibalaenae** (*Protobalaenida*)	Zähne in beiden Kiefern zahlreich. Barten sehr niedrig. Keine Bauchfurchen	Protobalaena (Hypoth.) ⊙ Plesiocetus (Miocaen) +
	2. **Ogmobalaenae** (*Balaenopterida*)	Zähne nur embryonal. Barten kurz und breit. Bauchfurchen	Cetotherium (Miocaen) + Balaenoptera V
	3. **Liobalaenae** (*Eubalaenida*)	Zähne nur embryonal. Barten lang u. schmal. Keine Bauchfurchen	Balaenotus (Pliocaen) + Balaena V

meinsame cetomorphe Stammform zurückführen. Dazu kommt, dass die beiden Milchdrüsen bei den *Sirenen* vorn an der Brust liegen, bei den *Denticeten* und *Mysticeten* hinten neben dem After. Endlich sprechen auch die bedeutenden Unterschiede in der Tegumentbildung und in der Bezahnung für einen triphyletischen Ursprung der Cetomorphen.

§ 420. Erste Ordnung der Cetomorphen: **Sirenia. Rinderwale.**

Cetacea herbivora. Natantia phytophaga. Phycoceta.

Stamm der pfanzenfressenden Walthiere.

Cetomorphen mit kurzer, rundlicher Schnauze und hohen, nicht schnabelförmig verlängerten Kiefern. Nasengänge weit, horizontal, ohne Spritzsäcke; Nasenöffnungen vorn an der Schnauze, getrennt. Gaumen ohne Barten. Haut nackt oder borstig, ursprünglich behaart. Ein Paar Milchdrüsen pectoral.

Die Ordnung der Rinderwale (*Sirenia* oder *Phycoceta*) umfasst die herbivoren Cetomorphen; Bewohner der Meeresküsten und der grösseren Ströme, welche sich von Wasserpflanzen, besonders Algen, ernähren. Die auffallenden Eigenthümlichkeiten, welche die ganze Legion der Walthiere auszeichnen: Fischgestalt des Körpers, Flossenbildung der Carpomelen, Verlust der Tarsomelen, Rückbildung des Kreuzbeines, Ausbildung der horizontalen Schwanzflosse u. s. w. — theilen die *Sirenen* mit den eigentlichen Cetaceen (den carnivoren *Denticeten* und den planctivoren *Mysticeten*); sie unterscheiden sich aber von diesen in vielen anatomischen Beziehungen und sind anderen Ursprunges. Wir leiten die Sirenen, deren älteste fossile Formen (*Prorastomus*) schon im Eocaen vorkommen, von alten herbivoren Placentalien der Kreide-Zeit ab; diese terrestrischen Ahnen standen wahrscheinlich den ältesten Hufthieren (*Condylarthra*) sehr nahe. Die specielle Aehnlichkeit, welche die Backzähne einiger Sirenen und einiger Ungulaten besitzen, ist wohl durch Convergenz und gleichartige Ernährung zu erklären.

Die Umbildung der terrestrischen Säugethier-Form in die aquatische, fischähnliche Form geht bei den littoralen und herbivoren Sirenen nicht so weit, wie bei den pelagischen und carnivoren Cetaceen. Insbesondere unterliegt die Form des Schädels nicht so tiefgreifenden Veränderungen; die Kiefer bleiben kurz und hoch und verlängern sich nicht schnabelartig; die weiten Nasengänge bleiben horizontal und steigen nicht in die Höhe; daher liegt auch die äussere Nasenöffnung vorn, nicht oben. Die specielle Configuration des Schädels, namentlich des Hirnschädels, weicht auch in anderen Beziehungen vielfach von derjenigen der carnivoren Cetaceen ab und gleicht mehr derjenigen der Ungulaten. Ferner ist die flossenartige Umbildung der Carpomelen nicht so vollständig, indem der Humerus am Distal-Ende eine Trochlea besitzt und das Ellbogen-Gelenk beweglich bleibt. Die fünf Finger sind gut entwickelt, aber nicht übermässig verlängert, und zeigen gewöhnlich keine Hyperphalangie. Bei den älteren Sirenen (*Halitherium*) ist auch noch ein Rudiment der Tarsomelen vorhanden; ein stabförmiges Femur ist an der Pfanne des einfachen Beckenknochens eingelenkt. Gegenüber dem leichten und sehr spongiösen Skelet der carnivoren Cetaceen zeichnet sich dasjenige der Sirenen durch ausserordentlich massive Structur und elfenbeinartige Beschaffenheit der schweren Knochen aus. Die Ursache davon ist theilweise wohl in der verschiedenen Abstammung zu suchen, zum grösseren Theil aber wohl in der verschiedenen Lebensweise, die bei den ersteren pelagisch, bei den letzteren littoral ist.

Auch das Malacom der Sirenen, namentlich die Bildung des Gehirns, der fleischigen Lippenwülste, des Magens, der Genitalien, der Placenta u. s. w., ist vielfach von demjenigen der Denticeten und Mysticeten verschieden. Die beiden Milchdrüsen liegen bei den letzteren hinten neben dem After, bei den ersteren vorn zwischen den Brustflossen. Ebenso divergent ist die Gebissbildung, offenbar der Pflanzennahrung angepasst. Die ältesten Sirenen haben noch ein completes Herbivoren-Gebiss, ähnlich demjenigen älterer Hufthiere: $\frac{3 \cdot 1 \cdot 4 \cdot 4}{3 \cdot 1 \cdot 4 \cdot 4}$. Bei den jüngeren Formen findet eine starke Reduction desselben statt. Die Eckzähne und die meisten Schneidezähne verschwinden, während die Backzähne sich zu Mahlzähnen mit breiter Kaufläche und transversalen Schmelzleisten umbilden. Ein Paar obere Schneidezähne entwickeln sich bei den Männchen vieler Sirenen zu starken Stosszähnen. Das Gebiss kann aber auch ganz verschwinden, so bei *Rhytine*; bei dieser verliert auch die dicke Haut die spärliche Behaarung, welche sich bei den meisten Sirenen erhalten hat.

Die älteste bekannte Sirene, *Prorastomus sirenoides*, ist im Eocaen von Jamaica gefunden worden, leider nur ein Schädel nebst Atlas. Derselbe zeigt die besonderen Eigenthümlichkeiten des Sirenen-Schädels weit weniger ausgeprägt als die übrigen bekannten Vertreter dieser Ordnung. Das Gebiss ist complet, mit 48 Zähnen, von der ursprünglichen Formel: $\frac{3 \cdot 1 \cdot 4 \cdot 4}{3 \cdot 1 \cdot 4 \cdot 4}$. Wir dürfen diese *Prorastomiden* als wenig veränderte Epigonen der hypothetischen *Archisirenen* auffassen, der cretassischen Stammformen der ganzen Ordnung. Von ihnen aus scheinen sich zwei divergente Linien entwickelt zu haben, von denen die eine schwächere zu den atlantischen *Manatiden* führt, die andere stärkere zu den *Halitheriden*. Von den Manatiden tritt *Manatherium* schon im Oligocaen auf; mehrere Arten von *Manatus* leben noch heute an den wärmeren Küsten und Flussmündungen des Atlantik; Schneidezähne und Eckzähne sind rückgebildet, während in jeder Kieferhälfte 8—10 gleichgebildete Backzähne stehen, mit je 2 dreihöckerigen Querjochen. Reicher entwickelt sind die Halicoriden, von denen *Halitherium* bereits im Eocaen auftritt. Von diesem führen die miocaenen Genera *Metaxytherium, Felsinotherium* und *Prohalicore* in stufenweiser Umbildung zu *Halicore* hinüber, welche noch heute im Indischen Ocean lebt. Das Gebiss wird in dieser Stufenreihe allmählich rückgebildet, und zwar fortschreitend in der Richtung von vorn nach hinten. Nur im Zwischenkiefer des Männchens bleiben ein Paar *Ic.* stehen und entwickeln sich zu starken Stosszähnen; die übrigen Schneidezähne und die Eckzähne verschwinden, ebenso die vorderen Backzähne. Ganz verloren gegangen ist das Gebiss bei *Rhytine* (*Stelleri*), bei welcher auch das Haarkleid der borkenartigen Haut ganz rückgebildet ist. Diese eigenthümliche Sirene, die 8 m lang und 80 Centner schwer war, wurde 1741 in der Behrings-Strasse entdeckt; sie lebte an der Küste von Kamtschatka und Alaska in grossen Heerden, wurde aber so rasch ausgerottet, dass sie schon nach 27 Jahren verschwunden war (1768).

§ 421. Zweite Ordnung der Cetomorphen:

Denticeta. Zahnwale.

Cetacea carnivora. Natantia zoophaga. Odontoceta.

Stamm der fleischfressenden Walthiere.

Cetomorphen mit langer, konischer Schnauze und schnabelförmig verlängerten Kiefern. Nasengänge eng, subvertical, mit weiten Spritzsäcken; Nasenöffnungen weit nach oben und hinten gerückt, meistens in einem Querschlitz vereinigt. Gaumen ohne Barten. Haut meistens nackt, ursprünglich mit einem Schuppenpanzer. Ein Paar Milchdrüsen inguinal.

Die Ordnung der Zahnwale (*Denticeta* oder *Odontoceta*) umfasst die carnivoren Cetomorphen, die grosse Mehrzahl dieser Legion (gegen 200 lebende und viele fossile Arten). Die meisten Denticeten sind schnelle Schwimmer, die sich ganz der pelagischen Lebensweise und der Fischnahrung angepasst haben. Die pisciforme Transformation des terrestrischen Säugethier-Körpers hat daher hier einen weit höheren

Grad erreicht als bei den littoralen *Sirenen*. Die spitze Schnauze ist schnabelähnlich, kegelförmig verlängert und zu einem vortrefflichen Wasserbrecher umgebildet; der Hals, dessen kurze, scheibenförmige Wirbel grösstentheils verwachsen sind, ist so verkürzt, dass der Kopf nicht vom Rumpfe abgesetzt erscheint. Die beiden Nasencanäle sind verengt, aus der horizontalen in die verticale Lage übergegangen und öffnen sich daher oben auf dem Kopfe, hinter der Basis des Schnabels; meistens sind die beiden Narinen oben in einer geräumigen Höhle vereinigt, die sich durch einen Querschlitz öffnet (»Spiracular-Höhle«). Die knorpeligen Nasenmuscheln sind rückgebildet, dafür aber eigenthümliche Spritzsäcke entwickelt: geräumige Nebenhöhlen der Nase, welche sowohl den Mysticeten als den Sirenen fehlen.

Die Carpomelen sind in kurze und breite Brustflossen verwandelt, deren einzelne Skelettheile fest verbunden und von einem lederartigen Hautfutteral umschlossen sind. Ihr convexer Radialrand giebt der Brustflosse eine sichelförmige Gestalt, wesentlich verschieden von der ovalen Form der länger gestreckten Mysticeten-Hand; auch ist die Zahl der Carpal-Knochen bei letzteren viel geringer als bei ersteren. Die Hyperphalangie ist bei den Denticeten viel weiter entwickelt als bei den Mysticeten. Ein wichtiger Unterschied beider Ordnungen besteht auch in der Hautbedeckung. Die *Mysticeten* waren ursprünglich, wie die *Sirenen*, spärlich behaart. Die *Denticeten* dagegen trugen einen Schuppenpanzer, dessen Knochentafeln (*Lepides*) von Hornschuppen (*Pholides*) bedeckt waren. Fossile Reste desselben haben sich von den ältesten eocaenen Denticeten (*Zeuglodon*) erhalten. Aber auch einige lebende Arten tragen noch Ueberreste desselben; der indische Süsswasser-Delphin *Neomeris phocaenoides* zeigt auf dem Rücken zahlreiche platte Tuberkeln, regelmässig in Reihen geordnet, andere am Vorderrande der Brustflossen; einige Arten von *Phocaena* besitzen ähnliche Schuppen-Reste am Vorderrande der Rückenflosse.

Diese und andere auffallende Eigenthümlichkeiten der *Denticeten* machen es wahrscheinlich, dass dieselben weder zu den *Mysticeten* noch zu den *Sirenen* in directer Verwandtschafts-Beziehung stehen. Die pisciforme Umbildung der beiden letzteren Ordnungen ist nicht so weit gegangen und scheint jüngeren Datums zu sein als die der ersteren. Die unbekannten terrestrischen Placentalien, die wir als die directen Vorfahren der Denticeten betrachten und als *Archidelphines* bezeichnen (oder *Archiceta*), lebten in der Kreide-Zeit und sind älter als die Carnassier; vielleicht waren sie den gepanzerten Edentaten nahe verwandt.

Bildungs-Stufen der Denticeten. Die Zahnwale bieten uns in der grösseren Zahl von lebenden und fossilen Vertretern, sowie in der mannichfaltigen Bildung ihres Schädels und ihres Gebisses, mehrfache

Anhaltspunkte zur Beleuchtung ihrer Stammesgeschichte während der Tertiär-Zeit, weit mehr als die Bartenwale und Rinderwale. Wir können als drei Unterordnungen die *Archiceten*, *Mesoceten* und *Delphinoceten* unterscheiden. Die Gruppe der Archiceten umfasst die hypothetische Stammgruppe der Ordnung, die wir als *Archidelphines* bezeichnen, und die *Zeuglodontes* der Eocaen-Zeit, die jenen noch sehr nahe stehen. Ihr Schädel zeigt noch in vielen und wichtigen Eigenthümlichkeiten die erbliche Conformation ihrer terrestrischen Vorfahren, während alle übrigen Denticeten dieselben verloren haben. Die Nasenbeine sind lang und schmal, und die äussere Oeffnung der schräg aufsteigenden Nasengänge liegt noch weit vorn. Die Halswirbel sind lang, frei und noch nicht verwachsen. Der Humerus ist ziemlich lang und die Finger noch etwas beweglich. Die Haut der mächtigen Raubthiere, die eine Länge von 20 m erreichten, bedeckte ein Knochenpanzer. Das Gebiss besteht bei *Zeuglodon* in jeder Kieferhälfte aus drei konischen Schneidezähnen, einem stärkeren Eckzahn und fünf Backzähnen, welche seitlich comprimirt, zweiwurzelig und am schneidenden Rande tief gezackt sind.

Die Unterordnung der Mesoceten oder *Squalodonten* bildet den Uebergang von den älteren *Archiceten* zu den jüngeren *Delphinoceten* Der Schädel nimmt hier bereits die characteristische Form der letzteren an, indem die kleinen Nasenbeine verkümmern und die engen Nasengänge, senkrecht aufsteigend, sich weit hinten und oben in einem gemeinsamen Querschlitz öffnen. Dagegen hat sich die heterodonte Bezahnung der Archiceten-Ahnen noch theilweise bei dem oligocaenen und miocaenen *Squalodon* erhalten; der Zwischenkiefer trägt noch 3 *Ic.*, 1 *Cn.* und 4 *Pr.*; diese 8 vorderen Zähne sind einwurzelig, conisch; dann folgen 6—7 zweiwurzelige *Ml.* von ähnlicher Form wie bei Zeuglodon; die Zahl derselben ist schon vermehrt.

Die Unterordnung der Neoceten oder *Delphinoceten* (= *Euodontoceta*) umfasst alle übrigen Denticeten; die Backzähne sind hier durch Theilung vermehrt, und durch Angleichung haben alle Zähne dieselbe einfache conische Form angenommen; ihre Gesammtzahl steigt bis auf 200 und darüber. Die Hauptmasse dieser modernen, erst im Miocaen auftretenden Gruppe bilden die echten *Delphiniden* (mit den nahe verwandten *Platanistiden*); in beiden Kiefern stehen gleichartige, kegelförmige, einwurzelige Zähne in sehr grosser Zahl. Dieses permanente Gebiss ist (gleich dem ähnlichen embryonalen Gebiss der Mysticeten) die lacteale Dentur. Bei den grossen *Physeteriden* verschwinden die Zähne im Oberkiefer; die *Ziphioiden* behalten auch im Unterkiefer nur noch 1 oder 2 Paar Zähne. Die *Monodonten* sind zahnlos, bis auf einen grossen Stosszahn im Oberkiefer.

§ 422. Dritte Ordnung der Cetomorphen: **Mysticeta. Bartenwale.**

Cetacea planctivora. Natantia edentata. Mystacoceta.

Stamm der planktonfressenden Walthiere.

Cetaceen mit sehr grosser, breiter Schnauze und schaufelförmig verlängerten Kiefern. Nasengänge weit, aufsteigend, ohne Spritzsäcke; Nasenöffnungen nach oben gerückt, getrennt. Gaumen mit ein Paar Reihen von hornigen Barten. Haut nackt, ursprünglich behaart. Ein Paar Milchdrüsen inguinal.

Die Ordnung der Bartenwale (*Mysticeta* oder *Mystacoceta*) umfasst die planctivoren Cetomorphen; sie haben das ursprüngliche, dem der Denticeten ähnliche Gebiss verloren und die eigenthümlichen Barten entwickelt, ein Paar Längsreihen von dreieckigen Hornplatten, welche aus den transversalen, auch bei anderen Säugethieren vorkommenden »Gaumenleisten« entstanden sind. Während der äussere verticale Rand dieser grossen Hornplatten glatt ist und bei geschlossenem Munde von dem Unterkiefer schützend umfasst wird, erscheint dagegen der innere, schräg gegen die Mitte aufsteigende Rand derselben zerfasert; die kleinen Plankton-Thiere, welche, zu Tausenden verschluckt, die Nahrung der grossen Mysticeten bilden, bleiben zwischen den Hornfasern der Barten hängen und werden zurückgehalten. Uebrigens besassen die älteren Bartenwale, die wir als *Archibalaenen* bezeichnen, daneben noch ein reiches Gebiss, bestehend aus zahlreichen konischen Zähnen in beiden Kiefern; dies ergiebt sich unzweifelhaft aus der ontogenetischen Thatsache, dass heute noch die Embryonen der *Mysticeten* zahlreiche Kegelzähne in den Kiefern eingeschlossen zeigen, die niemals zum Durchbruch gelangen und später verschwinden. Dieses embryonale Gebiss ist ähnlich dem permanenten Gebiss der *Denticeten*, und gleich diesem eine Lacteal-Dentur; auch zeigen sich in beiden Gruppen noch Andeutungen von zwei anderen Dentitionen, die früher neben dieser bestanden, einer labialen Antedentur und einer lingualen Postedentur.

In der Umbildung des fischförmigen Körpers zeigen die planctivoren *Mysticeten* mehr Aehnlichkeit mit den carnivoren *Denticeten* als mit den herbivoren *Sirenen*; insbesondere ist auch hier wieder die Schnauze sehr verlängert, die Kieferbogen schnabelförmig, und die Nasengänge emporgerichtet. Genauere Vergleichung ergiebt jedoch tiefgehende Unterschiede. Die verticalen Nasengänge der *Mysticeten* bleiben weit und öffnen sich oben getrennt in zwei Längsspalten; sie haben die knorpeligen Nasenmuscheln conservirt und entbehren der eigenthümlichen Nebenhöhlen (Spritzsäcke), durch welche sich die *Denticeten* auszeichnen. Auch die Bildung der Carpomelen ist wesentlich verschieden. Obgleich die Brustflosse der Bartenwale relativ länger und weniger modificirt ist, als die der Zahnwale, namentlich auch die Hyperphalangie weniger ausgesprochen, ist dennoch der Carpus-Bau stärker verändert, die Zahl der Carpal-Knochen reducirt. Die Asymmetrie der Schädelbildung, welche die Zahnwale auszeichnet, ist bei den Bartenwalen nicht vorhanden. Ebenso zeigen die letzteren keine Andeutung von dem Schuppenpanzer, welcher die ersteren auszeichnet. Vielmehr besassen die älteren Bartenwale ein spärliches Haarkleid, ähnlich wie die Sirenen.

Aus diesen und anderen Thatsachen der vergleichenden Anatomie und Ontogenie müssen wir schliessen, dass die *Mysticeten* aus einer anderen Gruppe von terrestrischen Placentalien sich entwickelt haben als die *Denticeten*, und dass die Aehnlichkeit beider Ordnungen auf Convergenz beruht. Leider geben uns die spärlichen fossilen Reste der Bartenwale über ihren Ursprung keine Auskunft. Die ältesten fossilen Reste, welche wir von dieser Ordnung kennen, *Plesiocetus, Aulocetus, Cetotherium* u. A. aus dem Miocaen, zeigen den characteristischen Typus der Mysticeten schon vollständig ausgebildet; nur ist die Brustflosse (— namentlich der Humerus —) noch länger, und die längeren Halswirbel sind theilweise noch nicht verwachsen. Die hypothetischen (eocaenen) Vorfahren derselben (*Archibalaenae*) sind vermuthlich bezahnt und behaart gewesen. Zahlreiche fossile Formen finden sich im Pliocaen (darunter kleine Arten von 5—6 m Länge). Unter den lebenden Bartenwalen erscheinen als zwei divergente Aeste die Furchenwale (*Balaenopterida*), mit Rückenflosse und Kehlfurchen, mit kurzen und breiten Barten, und die Glattwale (*Balaenida*), ohne Rückenflosse und Kehlfurchen, mit langen und schmalen Barten. Zu ersteren gehört *Balaenoptera antiquorum* (30 m lang), zu letzteren *Balaena mysticetus* (20—25 m lang), die grössten aller lebenden Thiere.

§ 423. Sechste Legion der Placentalien: **Carnassia (= Sarcotheria). Raubthiere.**

Monophyletische Gruppe der falculaten Placentalien mit completem carnivoren Gebiss.

Placentalien mit starken Gliedmaassen, welche meistens zum Laufen, seltener zum Graben oder Schwimmen dienen. Füsse mit scharfen, krummen Krallen bewaffnet, ursprünglich plantigrad und fünfzehig, später oft semiplantigrad oder digitigrad; erste Zehe nicht opponibel. Clavicula meist fehlend. Gebiss complet, carnivor; meistens mit kleinen meisselförmigen Schneidezähnen, mit kräftigen, krummen Eckzähnen und mit secodonten (seltener bunodonten oder lophodonten) Backzähnen.

Die Legion der Carnassier oder Sarcotherien — der »Raubthiere« in dem weiteren Sinne der älteren Systeme — bildet eine sehr grosse und artenreiche Hauptgruppe der Mammalien; sie erscheint in ähnlicher Weise als Hauptast ihres Stammes unter den *carnivoren Placentalien*, wie die Hufthiere unter den herbivoren. Während aber die letzteren durch Anpassung an sehr verschiedene Formen der Lebensweise und der Ernährung in zahlreiche, schon äusserlich sehr divergente, grössere und kleinere Gruppen zerfallen, ist das bei den Raubthieren nicht der Fall. Ihr morphologischer Character ist weit einförmiger, entsprechend der relativen Einförmigkeit ihrer räuberischen Lebensweise. Nur ihre Angriffswaffen, Gebiss und Krallen, erscheinen im Einzelnen vielfach modificirt; dagegen entbehren sie der mannichfaltigen Schutzwaffen, welche die Hufthiere in Form von Hörnern, Geweihen u. s. w. besitzen, und der besonderen Eigenthümlichkeiten (Rüssel, Langhälse u. s. w.), welche viele Ungulaten auszeichnen. An Grösse stehen die Carnassier durchschnittlich hinter letzteren bedeutend zurück. Um so mehr übertreffen sie dieselben dagegen durch höhere Entwickelung des Gehirns und der Intelligenz.

Wir unterscheiden in der Legion der Carnassier vier Ordnungen. Die älteste und niederste Ordnung sind die Insectenfresser (*Insectivora*); die niedersten Formen dieser Ordnung zeichnen sich durch sehr primitive Organisation aus und schliessen sich unmittelbar an *mesozoische Didelphien* an; sie können als die gemeinsame Stammgruppe der ganzen Legion betrachtet werden (Procarnassia). Aus diesen cretassischen »Stammraubthieren« haben sich einerseits die heutigen Insectivoren entwickelt, anderseits die eocaenen Altraubthiere (*Creodontia*). In der älteren Tertiär-Zeit entwickelte sich diese Ordnung sowohl in Europa als in Nord-America zu hoher Blüthe, besonders im Eocaen; sie starb aber schon zu Ende der Oligocaen-Zeit aus und unterlag der Uebermacht ihrer Nachkommen, der echten Fleischfresser (*Carnivora*). Von diesen haben sich in der Folgezeit einerseits die Hunde und Bären, anderseits die Viverren und Katzen in stetig zunehmender Vollkommenheit und Mannichfaltigkeit bis zur Gegenwart entwickelt. Während alle diese angeführten Carnassier Landbewohner sind und nur ausnahmsweise ins Wasser gehen, hat sich dagegen die vierte Ordnung dieser formenreichen Legion vollständig der schwimmenden Lebensweise angepasst. Die Laufbeine sind bei den Robben (*Pinnipedia*) zu flossenartigen Schwimmfüssen geworden, und die äussere Gestalt des kegelförmigen Körpers erscheint wesentlich verändert; dagegen stimmen sie im inneren Bau, in der Gehirnbildung (— und speciell in der Gürtelform der deciduaten Placenta —) mit den nächstverwandten Carnivoren (oder »Fissipedien«) überein. Gleich diesen sind sie von den Creodonten abzuleiten.

Transformation der Carnassier. Die palaeontologischen Documente sind für den grössten Theil der Carnassier, insbesondere für die beiden Ordnungen der *Creodonten* und *Carnivoren*, während der Tertiär-Zeit sehr reichhaltig und gestatten für viele Gruppen eine ähnliche Sicherheit und annähernde Vollständigkeit in der Construction des Stammbaumes, wie es bei vielen Ungulaten der Fall ist. Dabei kommen namentlich die minutiösen Umbildungen des Gebisses in Betracht, welche sich durch die tertiären Formationen hindurch Schritt für Schritt, Zahn für Zahn verfolgen lassen. Dagegen zeigt die correlative Anpassung der Füsse in den einzelnen Carnassier-Gruppen weit weniger Mannichfaltigkeit, als es bei den Hufthieren der Fall ist. Auch im Bau der meisten Weichtheile (namentlich des Darmcanals) treffen wir bei ersteren viel grössere Einförmigkeit als bei letzteren.

Die grosse Mehrzahl der Carnassier sind typische »Laufthiere« und besitzen schlanke Gliedmaassen, die für raschen und anhaltenden Lauf taugen. Nur bei wenigen Gattungen sind die Gliedmaassen speciellen Functionen angepasst, so z. B. unter den Insectivoren bei den grabenden Maulwürfen, den kletternden Cladobates, den springenden Macroscelides. Die abweichendste Bildung zeigen die schwimmenden Pinnipedien, mit ihren flossenartigen Ruderfüssen. Am Schultergürtel ist die Clavicula noch erhalten in der ältesten Ordnung der *Insectivoren*; hingegen ist sie durch Rückbildung theilweise oder ganz verschwunden bei den *Creodonten* und ebenso in den beiden jüngeren Ordnungen der *Carnivoren* und *Pinnipedien*. In diesen beiden letzteren Gruppen sind auch an der Handwurzel Scaphoideum und Lunare stets zu einem einzigen Knochen, dem Scapholunare, verschmolzen, mit welchem auch das Centrale sich verbindet. Dagegen bleiben diese Carpalknochen getrennt bei den Creodonten und den meisten Insectivoren. Hier sind gewöhnlich auch an allen vier Füssen die 5 Zehen erhalten, ebenso bei den Pinnipedien. Hiergegen ist bei fast allen Carnivoren hinten die erste Zehe rückgebildet, bei einzelnen Insectivoren vorn. Niemals ist die erste Zehe den anderen opponirbar.

Alle älteren Carnassier, die Insectivoren und Creodontien, sind Sohlengänger (*Plantigrada*) und treten mit der ganzen Fusssohle auf. Unter den jüngeren Carnivoren hat sich diese ursprüngliche Sohlen-Gangart nur bei der Stammgruppe der Cynodictiden und bei den Bären erhalten; die Viverren sind »Halbsohlengänger« (*Semiplantigrada*), indem sie mit den Zehen und den Metapodien den Boden berühren. Alle übrigen Carnivoren sind Zehengänger (*Digitigrada*) und treten nur mit den Zehen auf den Boden. Bei diesen sind auch die Gliedmaassen sehr verlängert und für flüchtigen Lauf am besten angepasst. Die allmähliche Umbildung des Fusses, welche mit der Erhebung auf die Zehen Hand in Hand geht, ist schrittweise zu verfolgen.

Die Endglieder der Zehen tragen bei allen Carnassiern Krallen (*Falculae*). Diese sind meistens breit und ziemlich stumpf (bisweilen fast nagelartig abgeplattet) bei den älteren Ordnungen, den Insectivoren und Creodonten. Hingegen sind sie meistens scharfe, zusammengedrückte und gekrümmte, spitze Klauen bei den Carnivoren, insbesondere bei den Katzen und den Viverren, wo sie mehr oder weniger zurückgezogen werden können. Bei den Pinnipedien sind die Krallen schlank, konisch und stehen auf der Rückseite der Zehen, die durch derbe, über das letzte Glied hinausragende Schwimmhäute vollständig verbunden sind.

Gehirn. Die Intelligenz zeigt innerhalb der Carnassier-Legion eine lange Stufenreihe aufsteigender Entwickelung und entsprechend sehr bedeutende Unterschiede in der Grösse und quantitativen Ausbildung des Gehirns. Dasselbe ist in den beiden älteren Ordnungen, Insectivoren und Creodonten, noch sehr klein und ohne Windungen. Dagegen erreicht es bei den jüngeren Carnivoren und Pinnipedien eine verhältnissmässig bedeutende Grösse, und an der Oberfläche des Grosshirns treten mehr oder weniger zahlreiche Windungen auf. Von den Sinnes-Organen ist ziemlich allgemein am schärfsten das Geruchs-Organ entwickelt; die unteren Nasenmuscheln zeichnen sich durch ungemein reiche dendritische Verästelung ihrer Lamellen aus. Dagegen unterliegt die Ausbildung des Gesichts- und Gehörs-Sinnes beträchtlichen Schwankungen.

Genitalien. Der Uterus ist bei den lebenden Carnassiern bicornis. Sie werfen meistens mehrere Junge, und dem entsprechend liegen am Bauche mehrere Zitzenpaare. Die Placenta ist bei allen lebenden Carnassiern mit Decidua versehen; dieselbe ist scheibenförmig bei den *Insectivoren*, gürtelförmig bei den *Carnivoren* und *Pinnipedien*. Dagegen war dieselbe bei den alt-tertiären Creodonten und den älteren Insectivoren (den Procarnassiern) wahrscheinlich diffus und ohne Decidua; jedenfalls besass sie diese Beschaffenheit bei den zahlreichen Uebergangsformen, welche während der Kreidezeit von den Didelphien zu den Insectivoren hinüberführten.

§ 424. Gebiss der Carnassier.

Von grösster Bedeutung für die Phylogenie der Raubthiere und ihre darauf gegründete Systematik ist die Differenzirung ihres Gebisses. Obgleich dasselbe im Einzelnen unendlich mannichfaltigen Modifikationen, durch Anpassung an sehr verschiedene Fleischnahrung, unterliegt, erhält sich doch im Allgemeinen sein typischer Carnivoren-Character durch zähe Vererbung. Auch weichen die verschiedenen Hauptgruppen der Carnassier darin nicht in so hohem Maasse von einander ab, als es bei den zahlreichen Abtheilungen der Ungulaten der Fall ist. Die ältesten Raubthiere besitzen noch das vollständige typische Placental-Gebiss mit 44 Zähnen ($\frac{3.1.4.3}{3.1.4.3}$) und schliessen sich in dem insectivoren Typus und in der besonderen Differenzirung der Zahngruppen unmittelbar an die *Amblotheriden* an (§ 381), an jene kretassischen Didelphien, von denen wir die *Procarnassier* unmittelbar ableiten. Bei der grossen Mehrzahl aller Raubthiere bleiben auch alle vier Zahngruppen erhalten, und zwar in der Form, dass die *Ic.* klein und meisselartig sind, die *Cn.* stark und kegelförmig (der untere Eckzahn vorspringend und oben eingreifend in eine Lücke zwischen oberem *Cn.* und letztem oberen *Ic.*); die *Pr.* conisch, von vorn nach hinten an Grösse und Spitzenzahl zunehmend; die *Ml.* sehr stark, mit mehreren spitzen, kegelförmigen Höckern versehen. Während die Unterschiede der Backzähne bei den älteren Ordnungen verhältnissmässig unbedeutend sind und bei den Pinnipedien wieder (secundär) verwischt werden, bilden sich dagegen bei den typischen Carnivoren, als dem Hauptstamme der Legion, höchst characteristische Unterschiede in Grösse und Form der einzelnen Backzähne aus. In jeder Kieferhälfte entwickelt sich ein einziger Backzahn von hervorragender Grösse und eigenthümlicher Form, der Reisszahn oder Fleischzahn (*Dens sectorius* vel *carnassius*); oben ist es der hinterste *Pr.*, unten der vorderste *Ml.* Je mehr sich der typische Carnivoren-Character rein ausbildet (am meisten bei den Katzen), desto vollkommener und grösser wird der Reisszahn, desto geringer Zahl und Grösse der übrigen Backzähne. Zugleich werden die Kiefer immer mehr verkürzt.

Das Kiefergelenk ist bei allen Carnassiern ein sehr festes Rollen-Gelenk, in welchem bloss die Bewegung in einer Vertical-Ebene möglich ist. Der Condylus der Mandibula ist eine cylindrische Rolle mit transversaler Axe und passt genau in eine entsprechende Gelenkgrube des Schläfenbeins. Dadurch ist jede Verschiebung nach vorn und hinten (wie sie bei den Ungulaten besteht) und ebenso jede Rotation bei der Kaubewegung ausgeschlossen. Auch die Gelenkkapsel

§ 425. System der Carnassier.

Ordnungen	Familien der Raubthiere			Beginn:
I. **Insectivora** Insectenfresser. Clavicula vorhanden, Carpalknochen frei, Füsse plantigrad. Gehirn klein, glatt	Stammraubthiere	1. *Procarnassia*	⊙	Kreide ? Unter-Eocaen ?
	Altigel	2. *Ictopsida*	+	Unter-Eocaen
	Altspitzmäuse	3. *Adapisoricida*	+	Unter-Eocaen
	Borstenigel	4. *Erinacida*	V	Oligocaen
		5. *Centetida*	V	Oligocaen
	Spitzmäuse	6. *Soricida*	V	Ober-Eocaen
	Maulwürfe	7. *Talpida*	V	Oligocaen
II. **Creodonta** Altraubthiere. Clavicula fehlt, Carpalknochen frei, Füsse plantigrad. Gehirn klein, glatt	Althunde	1. *Arctocyonida*	+	Unter-Eocaen
	Altviverren	2. *Proviverrida*	+	Unter-Eocaen
	Altbären	3. *Mesonychida*	+	Unter-Eocaen
	Althyaenen	4. *Hyaenodontida*	+	Unter-Eocaen
	Altkatzen	5. *Palaeonictida*	+	Unter-Eocaen
	Brückenhunde	6. *Miacida*	+	Unter-Eocaen
III. **Carnivora** Fleischfresser. Clavicula fehlt, Carpalknochen partiell verwachsen, Füsse plantigrad bis digitigrad. Gehirn gross, windungsreich	Viverrenhunde	1. *Cynodictida*	+	Ober-Eocaen
	Hunde	2. *Canida*	V	Oligocaen
	Bären	3. *Ursida*	V	Mittel-Miocaen
	Kleinbären	4. *Procyonida*	V	Pliocaen
	Viverren	5. *Viverrida*	V	Ober-Eocaen
	Marder	6. *Mustelida*	V	Ober-Eocaen
	Hyaenen	7. *Hyaenida*	V	Ober-Miocaen
	Katzen	8. *Felida*	V	Ober-Eocaen
IV. **Pinnipedia** Robben. Clavicula fehlt, Carpalknochen partiell verwachsen, Füsse in Ruderflossen verwandelt. Gehirn gross, windungsreich	Altrobben	1. *Archiphocida*	⊙	Eocaen ? Oligocaen ?
	Ohrenrobben	2. *Otarida*	V	Eocaen ? Oligocaen ?
	Walrosse	3. *Trichecida*	V	Pliocaen
	Seehunde	4. *Phocida*	V	Miocaen

§ 426. Stammbaum der Carnassier.

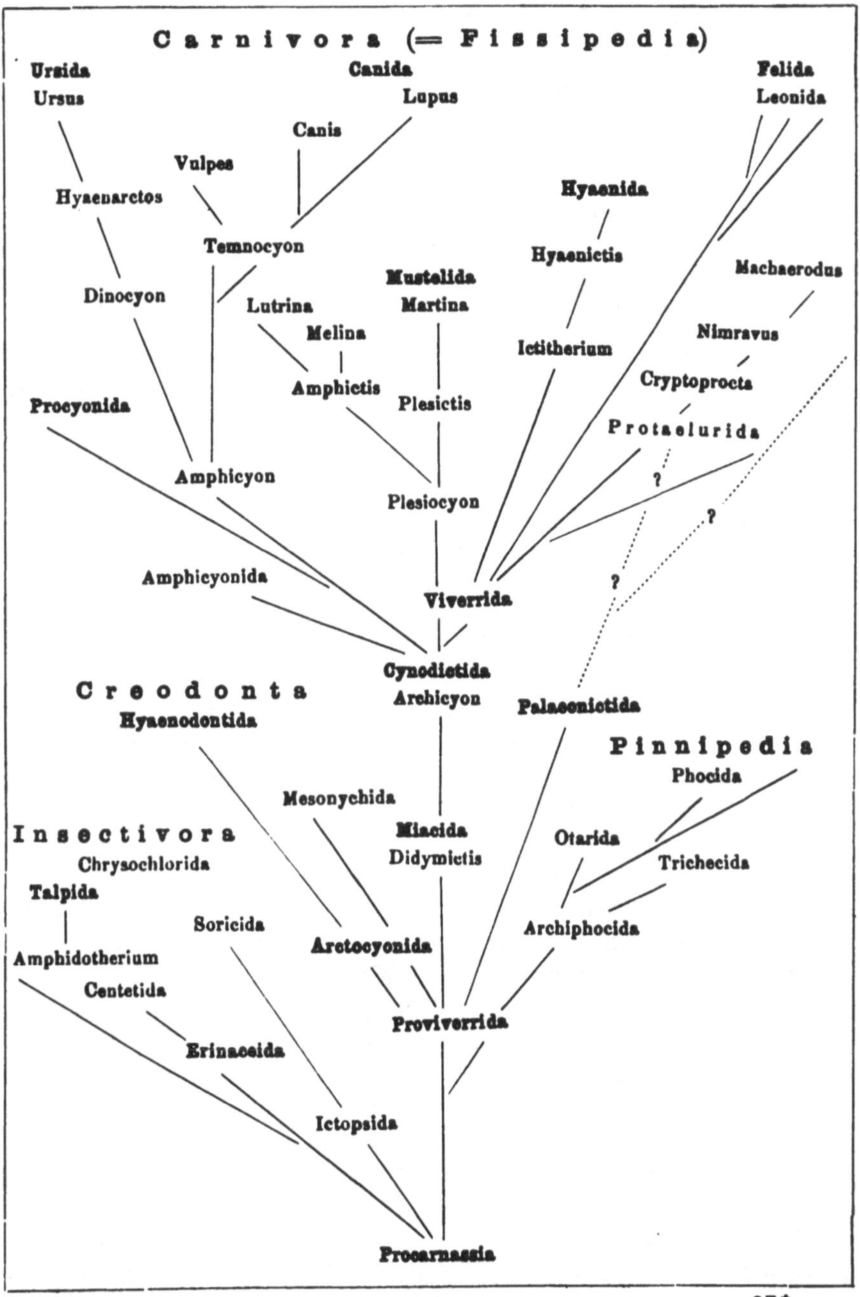

des Ginglymus gestattet keinen weiteren Spielraum. Daher passen auch bei geschlossenem Munde die conischen Spitzen und Vorsprünge der Zähne des Oberkiefers genau in die entsprechenden Vertiefungen des Unterkiefers. Entsprechend den mächtigen Beissmuskeln sind die Jochbogen stark nach aussen gekrümmt, und in der Sagittal-Linie des Schädels erhebt sich zum Ansatze der ersteren meistens ein starker Vertical-Kamm.

§ 427. Erste Ordnung der Carnassier: **Insectivora. Insectenfresser.**

Gemeinsame Stammgruppe aller Raubthiere.

Carnassier mit Clavicula und mit kurzen Gehbeinen (seltener modificirten Grab- oder Kletter-Beinen). Füsse plantigrad, mit nackten Sohlen, meist fünfzehig, mit starken Krallen. Carpalknochen meist frei (Scaphoid und Lunare selten verschmolzen). Gebiss complet, insectivor, mit grossen Incisoren, kleinen Caninen und gleichartigen, spitzhöckerigen Backzähnen, ohne Reisszahn. Gehirn sehr klein und glatt.

Die Ordnung der Insectivoren (im weiteren Sinne!) betrachten wir als die gemeinsame Stammgruppe aller Raubthiere. Ihre ältesten eocaenen Formen stehen unter allen Placentalien mit auf der tiefsten Stufe und noch sehr nahe den *insectivoren Didelphien* (— den cretassischen *Amblotherien* —), von denen man sie ableiten kann. Zugleich sind dieselben aber auch den ältesten eocaenen Formen der Nagethiere, Hufthiere und Halbaffen so nahe verwandt, dass alle diese alt-tertiären Placentalien in einer Legion der *Mallotheria* oder Prochoriata (§ 387) zusammengefasst werden konnten. Die wenigen und wenig umfangreichen Gruppen von Insectenfressern, welche heute noch leben, gehen ziemlich weit auseinander und sind als einzelne überlebende Aeste eines vielverzweigten Stammes zu betrachten, der in der älteren Tertiär-Zeit (— und wahrscheinlich schon in der Kreide-Zeit —) durch sehr zahlreiche Formen vertreten war. Aber die geringe Grösse der meisten Arten und die Zerbrechlichkeit ihres Skeletes sind wohl Schuld daran, dass ihre fossilen Reste verhältnissmässig wenig zahlreich sind und bei weitem nicht in der Vollständigkeit erhalten wie die jüngeren, stärkeren und grösseren Carnivoren.

Die Insectivoren zeigen sowohl in der Bildung des Skeletes als des Malacoms primitivere Verhältnisse als die übrigen Carnassier und als die grosse Mehrzahl der Placentalien überhaupt. Das Gehirn ist noch sehr klein und hat eine glatte Hirnrinde (ohne Windungen). Der Schädel und der Kieferapparat gleicht noch vielfach demjenigen der nächstverwandten Beutelthiere; ebenso besondere Eigenthümlichkeiten in der Bildung der Geschlechts-Organe. Das Schlüsselbein ist noch am Schultergürtel erhalten, während es bei den übrigen Carnassiern verloren gegangen ist. Die Beine sind meistens kurz und die Füsse plantigrad, mit fünf Zehen; selten ist die grosse Zehe der Hinterfüsse rückgebildet. Im Besitze von grossen Samenblasen (welche den Carnivoren fehlen) stimmen die Insectivoren mit den Nagethieren überein, ebenso auch in gewissen Bildungs-Verhältnissen des Schädels und der Genitalien. Die Hoden liegen entweder in der Bauchhöhle oder im Leistencanal, bleiben aber niemals dauernd in einem Scrotum liegen; häufig treten sie ausser der Brunst-Zeit wieder in die Bauchhöhle zurück. Der Uterus ist zweihörnig. Zahlreiche Milchdrüsen liegen am Bauch. Die Placenta ist bei den Insectenfressern der Gegenwart discoidal und deciduat, wie bei den Nagethieren; aber bei den älteren Formen (im unteren Tertiär) war sie vermuthlich von primitiver Structur, diffus und ohne Decidua.

Das Gebiss der Insectivoren ist primitiver und weniger differenzirt als dasjenige der übrigen Carnassier; es schliesst sich unmittelbar an dasjenige der cretassischen Prodidelphien, namentlich der *Amblotherien*, an, jener insectenfressenden Beutelthiere, die wir als ihre directen Vorfahren betrachten. Nur die grössere Zahl der Zähne unterscheidet die letzteren von den ersteren. Die *Procarnassier*, die ältesten, eocaenen, echten Insectivoren, besassen noch das vollständige typische Placental-Gebiss mit 44 Zähnen; bei den meisten ihrer Nachkommen ist dasselbe mehr oder weniger reducirt. Die *Ic.* sind meist kegelförmig, verhältnissmässig gross, hingegen die *Cn.* klein und oft wenig vortretend. Die Backzähne sind stets spitzhöckerig, und zwar die *Pr.* mit je einem, die *Ml.* mit 3 oder 4 spitzen, konischen Höckern. Ein Reisszahn ist nicht differenzirt. Die volle ursprüngliche Zahnformel der Mallotherien: $\frac{3}{3}\cdot\frac{1}{1}\cdot\frac{4}{4}\cdot\frac{3}{3}$ besitzen nicht nur viele ältere Insectivoren (*Galerix, Neurogymnura, Talpavus* u. A.), sondern auch mehrere lebende Epigonen (*Hylomys, Gymnura, Myogale* u. A.).

Die phylogenetische Classification der Insectivoren ist sehr schwierig und zur Zeit fast unmöglich. Die lebenden Vertreter dieser Ordnung sind nicht zahlreich, aber gehen weit auseinander; und die Dürftigkeit der fossilen Reste gestattet uns keinen tieferen Einblick in ihre Verwandtschafts-Beziehungen. Fast jede Familie hat gewisse alte Structur-Verhältnisse von niederer Stufe conservirt; aber keine derselben ist in jeder Beziehung als die primitivste zu bezeichnen.

Am ersten könnte noch die Familie der Igel (*Erinacida*) auf diesen ancestralen Rang Anspruch machen, einerseits der gemeine europäische *Erinaceus*, anderseits die malayische *Gymnura* (mit vollständigem Placental-Gebiss: 44 Zähne). Aber in anderen Beziehungen scheinen wieder die *Centetida* einerseits, die *Soricida* anderseits die primitiven Charactere der alt-tertiären (oder cretassischen) Stammgruppe besser conservirt zu haben. Diese alte Stammgruppe können wir als Procarnassia bezeichnen, da sie zugleich die Vorfahren sämmtlicher Carnassier umfasst. Durch eine Reihe von cretassischen Zwischenformen war dieselbe unmittelbar mit den insectivoren Prodidelphien (Amblotheriden) verknüpft. Als wenig modificirte Ueberreste derselben können wir vielleicht die eocaenen *Ictopsiden*, *Lepictiden* und *Adapisoriciden* betrachten. Aus einem Zweige dieser Stammgruppe sind die *Arctocyoniden* und *Proviverriden* hervorgegangen, die eocaenen Stammformen der Creodonten.

Aus anderen Zweigen jener Procarnassier haben sich die specialisirten Formen der heutigen Insectenfresser entwickelt, die indischen, eichhornähnlichen, auf Bäumen kletternden Tupajen (*Cladobatida*) und die nahe verwandten, Springmaus-ähnlichen, springenden *Macroscelida*; beide verknüpft durch die miocaene Gattung *Parasorex*; ferner die schwimmenden Wasserspitzmäuse (*Myogalida*) und Maulwürfe (*Talpida*); Stammform der letzteren ist das eocaene *Amphidotherium*.

§ 428. Zweite Ordnung der Carnassier: **Creodonta. Altraubthiere.**

Aeltere Generalisten-Gruppe der Landraubthiere.

Carnassier ohne Clavicula, mit kurzen Laufbeinen. Füsse plantigrad, meist fünfzehig, mit stumpfen Krallen. Carpalknochen stets frei (Scaphoid, Lunare und Centrale getrennt). Gebiss carnivor, mit kleinen Incisoren, starken Caninen, einfachen Praemolaren und gleichförmigen, trigonodonten Molaren, ohne Reisszahn. Gehirn klein und glatt.

Die Ordnung der Creodonten bildet die Stammgruppe der echten Carnivoren und zugleich die vermittelnde Uebergangs-Gruppe, welche diese letzteren mit den Insectivoren und Didelphien verbindet. Sie sind im Alt-Tertiär, sowohl in Europa als in Nord-America, durch zahlreiche Formen vertreten, erreichen die Höhe ihrer Bildung im oberen Eocaen und sterben im Oligocaen allmählich aus, verdrängt durch ihre vollkommneren Epigonen, die Carnivoren. Die meisten Creodonten sind von mittlerer oder geringer Grösse, die kleineren dem Wiesel ähnlich; die grössten erreichen die Statur des grauen Bären. In der allgemeinen Körperform und im Habitus, wie in der carnivoren Gebissbildung, gleichen sie bereits den echten Fleischfressern; es fehlt ihnen aber die eigenthümliche Ausbildung des Reisszahnes, welche für letztere characteristisch ist. Die Beine sind meistens niedrig, plantigrad, mit fünf stumpfen Krallen. Das Schlüsselbein ist rückgebildet, wie bei den echten Carnivoren. Während aber die Carpalknochen der letzteren fest verschmolzen sind (Scapholunare), bleiben sie bei den Creodonten getrennt, wie bei ihren Ahnen, den Insectivoren. Diesen letzteren gleichen sie auch in der Schädel- und Gehirnbildung. Das Gehirn ist klein, mit glatter Oberfläche; die Kiefer lang.

In diesen und anderen Beziehungen, insbesondere der Form der Backzähne, erinnern die Creodonten zugleich sehr an ihre älteren Vorfahren, die insectivoren und carnivoren Didelphien; sie unterscheiden sich aber von diesen durch den Besitz eines vollständigen Milchgebisses und durch die ursprüngliche Zahnformel der ältesten Placentalien: $\frac{3 \cdot 1 \cdot 4 \cdot 3}{3 \cdot 1 \cdot 4 \cdot 3}$. Bei vielen Creodonten ist diese letztere noch vollständig erhalten, während bei anderen Reductionen eintreten, sowohl in der Zahl der Schneidezähne als der Backzähne. Gewöhnlich sind die *Ic.* denen der echten Carnivoren ähnlich, scharf schneidend und dicht gedrängt; die *Cn.* stark, oft verlängert; die *Pr.* meist einfach, die *Ml.* meist trigonodont und gleichmässig ausgebildet. Ein echter Reisszahn ist niemals so wie bei den Carnivoren ausgebildet, wenn auch der Ansatz dazu bei einer Uebergangsgruppe, den Miaciden, deutlich wird.

Man vertheilt die zahlreichen alt-tertiären Formen der Creodonten auf sechs verschiedene Familien. Von diesen scheinen die eocaenen Proviverrida die gemeinsame Stammgruppe zu sein; ihre Stammgattung, *Mioclaenus*, umfasst ein paar Dutzend Arten, von der Grösse des Iltis bis Wolfes; sie ist unmittelbar von der Insectivoren-Familie der *Procarnassier* abzuleiten. In der Familie der Mesonychiden zeichnet sich der starke *Mesonyx ossifragus* aus, das grösste Raubthier der Wasatsch-Periode von Wyoming, ein Wasserbär mit starken Hinterbeinen und langem Schwanze, der sich wahrscheinlich auf dem Lande hüpfend bewegte. Nahe verwandt ist die Familie der Hyaenodonten, von denen einige (*Pterodon* u. A.) gleich den Hyaenen von Aas lebten und Knochen zerkauten, wie aus den dicken und stark abgenutzten Zähnen zu schliessen ist. Die alt-eocaenen Arctocyoniden hatten tetragonodonte Backzähne mit vielen warzenförmigen Höckern (Bärenähnlich) und wurden früher als Stammgruppe der Carnivoren betrachtet. Gegenwärtig sieht man als solche die Miaciden an (*Didymictis* u. A.), bei denen bereits der Reisszahn sich vor den übrigen Backzähnen deutlich ausprägt; aber der Carpus und Tarsus ist noch der der echten Creodonten.

§ 429. Dritte Ordnung der Carnassier: **Carnivora (= Fissipedia). Fleischfresser.**

Jüngere Specialisten-Gruppe der Landraubthiere.

Carnassier ohne Clavicula, mit schlanken Laufbeinen. Füsse plantigrad bis digitigrad, mit fünf oder vier Zehen, mit scharfen Krallen. Carpalknochen theilweise verschmolzen (Scaphoid, Lunare und Centrale stets verwachsen). Gebiss typisch carnivor, mit kleinen Schneidezähnen, grossen Eckzähnen und sehr ungleichartigen Backzähnen, von denen (jederseits oben und unten) je einer als eigenthümlicher Reisszahn entwickelt ist. Gehirn gross und windungsreich.

Die Ordnung der Carnivoren hat sich während der jüngsten Eocaen-Zeit aus derjenigen der Creodonten entwickelt. Die *Cynodictiden* unter den ersteren (*Amphicyon* u. A.) sind mit den *Miaciden* unter den letzteren (*Didymictis* u. A.) sehr nahe verwandt, so dass eine scharfe Grenze zwischen beiden Ordnungen kaum zu ziehen ist. Die allgemeine Körperbildung zeigt in den verbindenden Zwischenformen keine wesentlichen Unterschiede. Auch bei den ältesten Carnivoren (Cynodictiden) sind die Beine noch plump, plantigrad und fünfzehig. Das Gebiss zeigt noch die vollständige Formel der alten Placentalien (44 Zähne); der Reisszahn ist zwar bereits deutlich differenzirt (wie auch schon bei einigen Miaciden), tritt aber nicht stark hervor.

Je mehr sich aber die älteren Carnivoren von der gemeinsamen Stammfamilie der *Cynodictiden* (oder »Viverrenhunde«) entfernen, desto schärfer treten die Charactere hervor, welche sie von den Creodonten (*Miaciden*) trennen. Die Backzähne differenziren sich stärker; der besondere Character des Reisszahnes wird immer deutlicher ausgeprägt; die Zahl der Backzähne wird reducirt, die Kiefer werden verkürzt. Dagegen dehnt sich die Hirnhöhle aus; das Gehirn wird grösser, und die Zahl der Windungen an seiner Oberfläche nimmt zu. Carpus und Tarsus erlangen festere Structur. In der Handwurzel schmelzen Scaphoideum, Lunare und Centrale zu einem einzigen Knochen zusammen (Scapholunare). In der Fusswurzel werden die Gelenkflächen von Astragalus und Calcaneus schärfer ausgeprägt, und Beide verbinden sich durch festeren Anschluss. Die ursprüngliche plantigrade Gangart der älteren Carnivoren (Cynodictiden, Bären) verwandelt sich in die semiplantigrade (Viverren und die meisten Musteliden) und später in die digitigrade (Hunde, Hyaenen, Katzen).

Die Umbildung aller einzelnen Skelettheile (insbesondere des Schädels und der Beine) und ebenso aller Zähne (von letzteren sogar die Transformation jedes einzelnen Höckers und Vorsprunges) lässt sich in der formenreichen Ordnung der Fleischfresser stufenweise Schritt für Schritt verfolgen, ähnlich wie bei den Hufthieren. Die allmählichen Uebergänge einer Form in die andere sind hier massenhaft vorhanden, wie es die Descendenz-Theorie fordert; ja diese unmerklichen Uebergänge sind so zahlreich und continuirlich, dass dadurch selbst die systematische Trennung der Gruppen erschwert wird.

Der Stammbaum der Carnivora stellt einen umfangreichen, dicht verästelten Baum dar, dessen zahlreiche noch lebende Zweige alle nahe verwandt und ausserdem durch sehr viele fossile Verwandte so eng verknüpft sind, dass es schwierig ist, die kleineren und grösseren Astgruppen auseinanderzuhalten. Als gemeinsame Stammgruppe aller Fleischfresser betrachten wir die oligocaenen Cynodictida oder *Amphicyonida*, die »Viverrenhunde«; sie verbinden den plantigraden Bau der kurzen, fünfzehigen Bärenfüsse mit der Schädelbildung der Viverren und dem Gebiss der Hunde. Sie sind unmittelbar von den Creodonten und zwar den *Miaciden* abzuleiten. *Amphicyon* besitzt noch das ursprüngliche Placental-Gebiss (44 Zähne). Bei *Cynodictis* ist bereits, wie bei *Canis*, der letzte *Ml.* oben verschwunden. Der miocaene *Temnocyon* verbindet diese beiden Gattungen. Als drei verschiedene Hauptzweige sind aus den *Cynodictida* die Viverren, die Bären und die Hunde hervorgegangen. Die plumpen, plantigraden Bären (*Ursida*) und die schlanken, digitigraden, echten Hunde (*Canida*) sind an ihrer oligocaenen Wurzel nicht allein durch die gemeinsame Stammgattung *Amphicyon*, sondern noch durch mehrere verwandte Genera eng verknüpft. Von *Amphicyon* aus geht die Bären-Linie durch *Dinocyon* und *Hyaenarctos* (Miocaen) zu dem echten, omnivoren *Ursus*, der zuerst im Ober-Pliocaen erscheint. Einen alten Seitenzweig des Bärenstammes bilden die Halbbären (*Procyonida*). Anderseits geht die Hunde-Linie von *Amphicyon* durch *Cynodictis* und *Temnocyon* zum echten *Canis*, welcher ebenfalls zuerst im Ober-Pliocaen auftritt.

Der Zweig der echten Canis-Gruppe spaltet sich in die beiden Hauptäste der Füchse (*Alopecoiden* oder *Vulpida*) und Wölfe (nebst Schakalen, *Thooida* oder *Lupida*); von letzteren stammen (polyphyletisch) sämmtliche Rassen unseres Haushundes ab. Unabhängig von einander haben an vielen verschiedenen Punkten der Erde wilde Naturvölker mit Erfolg den Versuch gemacht, schakalartige Lupiden zu zähmen; und aus der vielseitigen Züchtung und der vielfachen Kreuzung der so domesticirten Formen sind die zahlreichen Rassen des Haushundes entstanden. So stammt z. B. wahrscheinlich der orientalische Strassenhund, der altägyptische Hund und der africanische Windhund von dem grossen Schakal Nord-Africas ab (*C. lupaster*). Der indische Wolf (*C. pallipes*) gilt als Stammvater vom Bronzehund, Schäferhund, Fleischerhund, Pudel und Bulldogge. Vom mediterranen Schakal (*C. aureus*) sind dagegen abzuleiten: der Torfhund, Spitz, Pintscher, Wachtelhund und Dachshund. Der Prärie-Wolf in Nord-America (*C. latrans*) kann als Stammform des Indianer-Hundes betrachtet werden u. s. w. Die vielseitige Amphimixis dieser polyphyletisch entstandenen, sehr verschiedenen Haushund-Formen und die starke Fruchtbarkeit ihrer Bastarde erklärt den ausserordentlichen Polymorphismus des Haushundes; er übertrifft darin, und in der weiten Divergenz seiner Kreuzungs-Producte, alle anderen Gattungen der Säugethiere. Die zahlreichen Varietäten, Rassen und Subspecies des sogenannten *Canis familiaris* weichen nicht allein im Aeusseren, sondern auch in der Skeletbildung viel mehr von einander ab, als die sogenannten »guten Genera und Species« sämmtlicher Caniden; sie liefern vorzügliche Argumente für wichtige Fragen der Descendenz-Theorie.

Die Caniden-Gattung *Otocyon*, der südafricanische Löffelhund, zeichnet sich vor allen anderen Carnivoren dadurch aus, dass er 48 Zähne besitzt, also 4 *Ml.* mehr, als das typische Gebiss der Placentalien zeigt (44). Diese auffallende Gebissformel von *Otocyon*: $\frac{3.1.4.4}{3.1.4.4}$ gestattet eine dreifache Deutung. Man kann sie entweder direct durch ununterbrochene Descendenz von carnivoren Prodidelphien-Ahnen erklären, welche eine grössere Zahl von *Ml.* besassen; oder als Rückschlag in die Gebissbildung einer solchen älteren Vorfahren-Form; oder endlich entstanden durch secundäre Theilung eines hinteren Höckerzahnes in jeder Kieferhälfte (wie sie bei Cetaceen und Pinnipedien sich findet); letztere Deutung hat wohl am meisten für sich.

Die Viverrida erscheinen als eine besonders wichtige Familie der Carnivoren; sie nehmen durch ihre vielseitigen Beziehungen zu den Stammformen der übrigen Carnivoren eine centrale Stellung im Stamme dieser Ordnung ein. Die ältesten Formen von *Viverra* (im Oligocaen) schliessen sich unmittelbar an *Cynodictis* an. Als drei divergente Aeste lassen sich von den Viverriden die Familien der Hyaeniden, Musteliden und Feliden ableiten. Die Linie der aasfressenden Hyaeniden führt von *Viverra* durch die pliocaenen Genera *Ictitherium* und *Hyaenictis* zu *Hyaena* hinüber. Anderseits steht *Viverra* nach ganz nahe das oligocaene Genus *Plesiocyon*, die gemeinsame Stammform aller Mustelida. Die Linie der eigentlichen Marder (*Martina*) führt von *Plesiocyon* durch *Plesictis*, *Stenoplesictis* und *Palaprionodon* zu *Mustela* und *Gulo* hinauf, während *Palaeogale* die Stammform der Iltisse (*Putorius*) zu sein scheint. Anderseits führt die Linie der

Dachse (*Melina*) von *Plesiocyon* durch die untermiocaene *Amphictis* zu *Meles* und ein Seitenzweig durch das ebenfalls untermiocaene, wasserbewohnende *Potamotherium* zur Fischotter (*Lutra*) und Seeotter (*Enhydris*).

Als ein dritter Hauptast der Carnivoren hat sich von den Viverren die Familie der Katzen abgezweigt (*Felida*), diejenige Gruppe, in welcher der reine Fleischfresser-Typus seine höchste und vollkommenste Ausbildung erreicht. Die Zahl der Zähne wird hier am meisten reducirt und damit zugleich der Kiefer verkürzt, der Schädel abgerundet; um so stärker entwickelt sich in jeder Kieferhälfte der mächtige Reisszahn, dessen zwei grosse Lappen mit schneidender Kante, gleich den beiden Klingen einer geöffneten Scheere, hinter einander stehen. Die scharfen Klingen der oberen Reisszähne greifen so über die Aussenfläche der unteren herüber, dass sie zum Zerschneiden von Fleisch und zähen Sehnen besonders geeignet sind. Ausserdem erreichen auch die mächtigen kegelförmigen und säbelartig gekrümmten Eckzähne in der Katzenfamilie den höchsten Grad der Entwickelung. Dagegen treten die hinteren Höckerzähne und die vorderen Lückenzähne an Zahl, Grösse und Bedeutung ganz zurück; auch die kleinen Schneidezähne sind oft reducirt.

Der Uebergang von den Viverriden zu den Feliden wird durch die plantigraden *Cryptoproctida* gebildet, welche zugleich auch den Stammformen der *Mustelida* noch sehr nahe stehen. Die oligocaenen und miocaenen Genera *Aelurogale*, *Protaelurus*, *Pseudaelurus* und *Dinictis* zeigen die allmähliche Umbildung des Gebisses und der Füsse bis zum Anschluss an die echten, digitigraden Katzen, die *Leonida*. Ihre typische Zahnformel ist: $\frac{3}{3}.\frac{1}{1}.\frac{3}{2}.\frac{1}{1} = 30$; im Oberkiefer stehen vor dem mächtigen Reisszahn nur 2 Lückenzähne, dahinter 1 schwacher Höckerzahn; im Unterkiefer ebenfalls vor dem Reisszahn 2 kleine Lückenzähne, dahinter kein Höckerzahn.

Noch mehr specialisirt und in der Zahl der Zähne reducirt wird das Katzengebiss in der merkwürdigen, ausgestorbenen Familie der »Säbeltiger oder Schwertlöwen«, den oligocaenen *Nimraviden* und ihren miocaenen Nachkommen, den *Machaerodinen*. Hier erreicht der obere Eckzahn eine ganz ausserordentliche Grösse, ist säbelartig gekrümmt und seitlich comprimirt (oft mit gezähnelter Schneide des concaven Hinterrandes) und springt als gewaltiger Fangzahn weit über den unteren Rand des nach innen eingebogenen Unterkiefers vor. Dagegen sind die Schneidezähne klein, kegelförmig, und vor dem mächtigen Reisszahn stehen nur 1 oder 2 Lückenzähne; Höckerzähne können hier ganz fehlen. Die *Nimraviden* und *Machaerodinen* weichen auch im Schädelbau von den echten *Feliden* ab; sie sind vielleicht direct aus einem Zweige der Creodonten entsprungen (*Palaeonictida*).

§ 430. Vierte Ordnung der Carnassier:

Pinnipedia. Robben.

Nektonische Specialisten-Gruppe der Seeraubthiere.

Carnassier ohne Clavicula, mit kurzen Schwimmbeinen. Füsse breite Ruderflossen, deren fünf Zehen durch Schwimmhäute vollständig verbunden sind, mit Krallen. Carpalknochen theilweise verschmolzen (Scaphoid, Lunare und Centrale stets verwachsen). Gebiss piscivor, mit kleinen Incisoren, starken Caninen und gleichartigen, spitz-konischen Backzähnen, ohne Reisszahn. Gehirn gross und windungsreich.

Die Ordnung der wasserbewohnenden Pinnipedien weicht in der äusseren Körperform am meisten von den übrigen Carnassiern ab, ist dagegen im inneren Bau und der besonderen Ausbildung der Organe den Carnivoren und deren Vorfahren, den Creodonten, so nahe verwandt, dass wir sie ohne Schwierigkeit von diesen landbewohnenden Raubthieren ableiten können. Lediglich der Aufenthalt im Wasser und die schwimmende Ortsbewegung sind es, welche die äussere Gestalt der letzteren so auffallend umgestaltet haben. Die schlanken Laufbeine sind zu kurzen und breiten Ruderflossen geworden, die Zehen verlängert und durch vollständige Schwimmhäute bis zur Spitze verbunden. Der schlanke Rumpf der Carnivoren ist bei den Pinnipedien zu einem plumpen, nach hinten sich allmählich verjüngenden Kegel geworden. Hals und Schwanz sind verkürzt, der Kopf abgerundet.

Das Skelet der Robben, insbesondere Schädel und Wirbelsäule, Nasenhöhle und Kiefergelenk stimmen in der typischen Ausbildung mit denjenigen der Carnivoren und Creodonten überein. Wie bei diesen, fehlt das Schlüsselbein. Am abweichendsten gestaltet sich die Ausbildung der Gliedmaassen. Humerus und Femur sind auffallend verkürzt, wie bei den Cetomorphen. Auch die beiden Knochen am Vorderarm und Unterschenkel sind kurz, übrigens gut entwickelt und frei. Dagegen sind die Knochen der fünfzehigen Füsse und besonders die Phalangen der verlängerten Zehen verhältnissmässig gross. An der Hand nimmt die Länge der Zehen von der ersten bis zur fünften ab. Am Hinterfuss dagegen sind erste und fünfte Zehe die längsten, die Mittelzehe die kürzeste. In der Handwurzel sind Scaphoideum, Lunare und Centrale zu einem Knochen verschmolzen, wie bei den Carnivoren. Die Hinterbeine sind weit nach hinten gerückt und nach rückwärts gerichtet.

Das **Gehirn** ist gross und seine zahlreichen Windungen nach demselben Typus entwickelt, wie bei den Carnivoren. Dasselbe gilt von den zahlreichen Blättern der grossen und stark verästelten Riechmuscheln. Das äussere Ohr ist meistens rückgebildet, nur bei den Otariden conservirt. Das Malacom besitzt grösstentheils dieselbe typische Bildung wie bei den Carnivoren, insbesondere auch die Genitalien; auch die Placenta besitzt dieselbe Gürtelform, mit Decidua.

Das Gebiss der Pinnipedien ist zwar von dem der Carnassier (und wahrscheinlich direct von dem der Creodonten) abzuleiten, aber durch Anpassung an Fischnahrung in eigenthümlicher Weise umgebildet. Die Schneidezähne sind gewöhnlich klein, besonders die medialen, und ihre Zahl oft reducirt (namentlich unten); die lateralen oberen *Ic.* sind oft stark und ähnlich den grossen Eckzähnen, welche oben und unten stets gut entwickelt sind; bei *Trichecus* sind die oberen zu mächtigen Hauern verlängert. Die Backzähne sind meistens gleichartig entwickelt, *Pr.* und *Ml.* von gleicher Form, auch an Grösse wenig oder nicht verschieden; ein Reisszahn ist nicht ausgebildet. Bald sind alle Backzähne kegelförmig, spitz, oder zweischneidig comprimirt, bald mit mehreren spitzen Kegeln besetzt; oft jeder mit einem mittleren Hauptzacken, vor und hinter welchem kleinere Zacken stehen. Meistens stehen in jeder Kieferhälfte 5 oder 6 gleichartige Backzähne, durch Lücken getrennt; die 3 oder 4 vorderen sind *Pr.* Bei solchen Robben, welche harte Schalthiere zerkauen, werden die Kronen der zweiwurzeligen Backzähne bisweilen so abgenutzt (z. B. bei *Phoca barbata*), dass ihre Hälften als isolirte, kurze Stifte stehen bleiben. Es erscheinen dann beim alten Thier zahlreichere kleine Backzähne von einfacher Gestalt, 7—9 in jeder Kieferhälfte. Denkt man sich diese Theilung durch Züchtung gesteigert, so erhält man ein Delphin-ähnliches Gebiss, mit zahlreichen stiftförmigen Backzähnen. Das Milchgebiss zeigt die *Ic.* ($\frac{3}{3}$) und *Cn.* ($\frac{1}{1}$) gewöhnlich vollzählig; die Zahl seiner *Pr.* wechselt zwischen $\frac{4}{4}$ (Trichecida) und $\frac{3}{3}$ (viele Phocida); der Zahnwechsel geschieht sehr früh, oft schon während des embryonalen Lebens.

Fossile Reste von Pinnipedien sind im Ganzen spärlich und ohne besonderes Interesse; die ältesten sind im Miocaen gefunden worden, und zwar bereits differenzirte Phociden (*Prophoca*). Daraus dürfen wir schliessen, dass sich die Ordnung bereits früher, vermuthlich in der Eocaen-Zeit, aus älteren *Carnassiern* entwickelt hat, und zwar wahrscheinlich aus wasserbewohnenden Creodonten (*Mesonychiden*?). Allerdings stehen auch unter den jüngeren *Carnivoren* die schwimmenden Fischottern (*Lutra, Enhydris*) den Pinnipedien sehr nahe und sind bereits im unteren Miocaen durch ähnliche Vorfahren vertreten (*Potamotherium*). Die Abweichungen, welche diese fischenden Carnivoren von ihren landbewohnenden Vorfahren, den *Musteliden*, zeigen, erläutern sehr schön die auffallende Umbildung des Gebisses und der Körperform, besonders der Gliedmaassen, durch die Anpassung an schwimmende Lebensweise. Doch erscheinen dieselben im Ganzen schon zu stark differenzirt, insbesondere durch die Ausbildung des typischen Reisszahnes. Wahrscheinlich bilden sie also nur eine convergente Parallel-Gruppe zu den Pinnipedien, und diese sind von indifferenteren eocaenen Creodonten, mit gleichartigen, spitzhöckerigen Backzähnen, abzuleiten.

Als gemeinsame Stammgruppe aller Pinnipedien können wir eine ausgestorbene Familie von Archiphociden ansehen, eocaene oder oligocaene Raubthiere, welche eine Reihe Uebergangsstufen von wasserbewohnenden *Creodonten* zu schwimmfüssigen *Otariden* dargestellt haben werden. Unter den drei Robben-Familien haben die Otariden oder die »bärenköpfigen Ohrenrobben« (*Arctocephalida*) die ursprüngliche Bildung der älteren Robben noch am treuesten bewahrt. Ihr Schädel erinnert in vielen Eigenthümlichkeiten an den des Bären. Das äussere Ohr ist noch in einer deutlichen Muschel conservirt. Der Hals ist verhältnissmässig lang, ebenso die Beine, auf welchen die Ohrenrobben noch aufrecht gehen können. Die Sohlen sind kahl, die Länge der Hinterzehen wenig verschieden.

Die beiden anderen noch lebenden Familien der Pinnipedien, *Tricheciden* und *Phociden*, erscheinen als zwei jüngere und mehr specialisirte Gruppen; sie sind von zwei verschiedenen Linien der älteren *Otariden* oder *Archiphociden* abzuleiten; alle haben die äussere Ohrmuschel völlig eingebüsst. Die Tricheciden sind bloss durch die eine lebende Gattung *Trichecus* bekannt (fossil auch im Pliocaen); sie stehen den *Otariden* noch ziemlich nahe und können auch, gleich diesen, sich noch aufrecht auf die vier Beine erheben. Auch erinnern ihre Schädelbildung und einige anatomische Eigenthümlichkeiten des Malacoms (so im Gehirn und im überzähligen rechten Bronchus) noch mehrfach an die Bären. Dagegen ist der Kiefer dadurch stark umgebildet, dass sich der obere Eckzahn zu einem mächtigen, weit nach unten vorragenden Hauer entwickelt hat. Der untere *Cn.* ist klein. Die Schneidezähne sind fast ganz ausgefallen; nur oben hat sich ein kleiner, konischer, lateraler *Ic.* erhalten. Backzähne finden sich in jeder Kieferhälfte 3 oder 4, von einfacher Gestalt. Die Sohlen sind schwielig.

Die Familie der echten Phociden umfasst die grosse Mehrzahl aller lebenden Pinnipedien und zeigt den typischen Character dieser »Schwimm-Raubthiere« am reinsten ausgebildet. Ihre kurzen Füsse sind zu reinen Ruder-Organen geworden; sie können sich nicht mehr auf denselben über den Boden erheben. Die Hinterfüsse sind nach hinten ausgestreckt und dienen ausschliesslich zum Schwimmen; ihre Mittelzehe ist stark verkürzt. Sohlen und Schwimmhäute sind behaart.

§ 431. Siebente Legion der Placentalien: **Volitantia (= Pterotheria). Flatterthiere.**

Monophyletische Gruppe der fliegenden Säugethiere.

Placentalien mit grosser Flughaut, welche als behaartes oder nacktes Patagium zwischen den langen Gliedmaassen und den Rumpfseiten ausgespannt ist. Beine verlängert (der Vorderarm länger als der Unterschenkel), mit Krallen an den fünfzehigen Füssen. Clavicula stark. Ulna rudimentär (nur das Proximal-Stück erhalten). Gebiss vollständig, meist insectivor, mit secodonten oder lophodonten Molaren.

Die Legion der Flatterthiere (*Volitantia* oder *Pterotheria*) umfasst die fliegenden Säugethiere, bei welchen eine ansehnliche Flughaut (*Patagium*) zwischen den Seitenflächen des Rumpfes und den verlängerten Gliedmaassen ausgespannt ist. Eine ähnliche Flughaut kommt auch bei einzelnen Gattungen anderer Säugethier-Ordnungen zur Ausbildung, so bei den arboralen »fliegenden« Eichhörnchen (*Pteromys*, *Anomalurus*) unter den Nagethieren, und bei den »fliegenden« Beutelthieren (*Petaurus*). Allein die Flughaut ist hier viel schwächer entwickelt, beschränkt sich auf eine laterale Hautfalte zwischen Oberarm und Oberschenkel, und dient nur als Fallschirm bei weiten Sprüngen von Baum zu Baum. Dagegen ist das Patagium bei den Volitantien viel stärker ausgebildet und zu einem wirklichen »Flügel« in physiologischem Sinne geworden. Es wiederholt die ähnliche Flügelbildung der »fliegenden Reptilien« (*Pterosauria*, § 339); jedoch dient bei den letzteren als Stütze der Flughaut besonders der sehr verlängerte fünfte Finger, während die vier übrigen Finger der Hand sehr schwach sind. Bei den Flatterthieren dagegen ist das breite Patagium zwischen vorderen und hinteren Gliedmaassen in ihrer ganzen Länge ausgespannt, breitet sich auch zwischen den Fingern aus und schliesst hinten den Schwanz ein.

Wir unterscheiden in der Legion der Volitantien zwei Ordnungen, die älteren Pelzflatterer (*Dermoptera*) und die jüngeren Handflatterer (*Chiroptera*). Von den ersteren ist uns nur eine einzige Gattung bekannt, die noch heute auf den Sunda-Inseln lebt: *Galeopithecus* (*volans*); alle übrigen, uns bekannten Flatterthiere gehören zur zweiten Ordnung. Wir betrachten Galeopithecus als eine uralte Placentalien-Form, als den einzigen übrig gebliebenen Rest der Patagioten, der hypothetischen gemeinsamen Stammgruppe der ganzen Legion. Diese Stammgruppe selbst ist nach unserer Ansicht aus einem Zweige der Insectivoren hervorgegangen, und zwar aus jener Abtheilung derselben, zu welcher die kletternden, eichhornähnlichen Tupajas gehören (*Cladobates*). Die Umbildung der kletternden Insectivoren-Ahnen in die fliegenden Patagioten muss schon in früher Eocaen-Zeit (— vielleicht schon in der Kreide-Zeit —) stattgefunden haben; denn im Eocaen (sowohl von Europa, als von Nord-America) kommen typische Chiropteren bereits in völlig entwickelter Form vor. Fossile Reste dieser Ordnung sind im Ganzen selten und unvollständig; das erklärt sich sowohl durch ihre Lebensweise, wie durch die Zerbrechlichkeit ihres zarten Skelets. Soweit wir die dürftigen Ueberreste der ausgestorbenen Chiropteren kennen, zeigen sie keine tiefgreifenden Unterschiede von ihren lebenden Epigonen und werfen kein Licht auf ihre Stammesgeschichte. Wir sind daher für deren Erkenntniss ganz auf die vergleichende Anatomie und Ontogenie angewiesen. Für diese ist *Galeopithecus* von hohem Werthe, da er in willkommenster Weise viele Eigenschaften seiner *Insectivoren*-Ahnen mit besonderen Eigenthümlichkeiten seiner *Chiropteren*-Epigonen verbindet. Mit den Prosimien, zu denen *Galeopithecus* oft gestellt wird, steht er in keiner directen Stammverwandtschaft; einige vorhandene Aehnlichkeiten zwischen beiden beruhen auf Convergenz.

Der gesammte Skeletbau von *Galeopithecus*, und ebenso die eigenthümliche Ausbildung seiner Musculatur, lässt sich leicht von derjenigen der Insectivoren ableiten; auch die Bildung des Gehirns, der Genitalien (— besonders des Uterus —) und der discoidalen Placenta (mit Decidua) ist dieselbe. Die wesentlichsten Umbildungen, welche die Entstehung der Volitantien-Form bewirkten, wurden durch die Gewohnheit herbeigeführt, grosse Sprünge von Baum zu Baum auszuführen und dabei ein Paar laterale Hautfalten zwischen Vorder- und Hinter-Beinen als Fallschirm auszuspannen. Dabei verlängerten sich die Gliedmaassen beträchtlich, besonders Vorderarm und Unterschenkel. Erst später trat dann bei den *Chiropteren* die ausserordentliche Verlängerung der Finger ein, welche den *Dermopteren* noch fehlt, sowie die weitere Ausdehnung der Flughaut und der Verlust ihres Haarkleides. Die vergleichende Anatomie der *Volitantien* und der *Pterosaurier* ist sehr lehrreich; denn sie zeigt, wie die Anpassung an die fliegende Lebensweise in diesen beiden Amnioten-Gruppen eine ähnliche und doch zugleich verschiedene Transformation bewirkt hat. Die ähnlichen Flugeinrichtungen sind ebenso dort unter den *Sauropsiden*, wie hier unter den *Placentalien* durch functionelle Anpassung stufenweise erworben und durch progressive Vererbung in typische Form gegossen.

§ 432. System der Volitantien.

Ordnungen	Character	Unterordnungen	Typisches Genus
I. **Dermoptera** Pelzflatterer (Flughaut dick, behaart.) Krallen an allen fünf Fingern	Finger kurz (kürzer als der Humerus). Uterus duplex. Zwei Paar pectorale Zitzen. Coecum gross	1. **Patagiata** Gebiss primitiv, insectivor, *Ic.* einfach, conisch	*Archipatagus* ⊙ Stammform aller Flatterthiere
		2. **Ptenopleura** Gebiss modern, stark specialisirt. *Ic.* kammförmig	*Galeopithecus* V Moderner Ueberrest der Patagiaten
II. **Chiroptera** Handflatterer (Flughaut dünn, unbehaart.) Krallen nicht an allen fünf Fingern	Finger lang (länger als der Humerus). Uterus bicornis oder simplex. Ein Paar pectorale Zitzen. Coecum fehlt	3. **Pterocyna** (*Ch. frugivora*) Backzähne glatt, Index mit Kralle	*Pteropus* V Aeltere Chiropteren, mit Uterus bicornis
		4. **Nycterina** (*Ch. insectivora*) Backzähne spitzhöckerig. Index ohne Kralle	*Nycteris* etc. V Jüngere Chiropteren, mit Uterus simplex

Stammbaum der Flatterthiere.

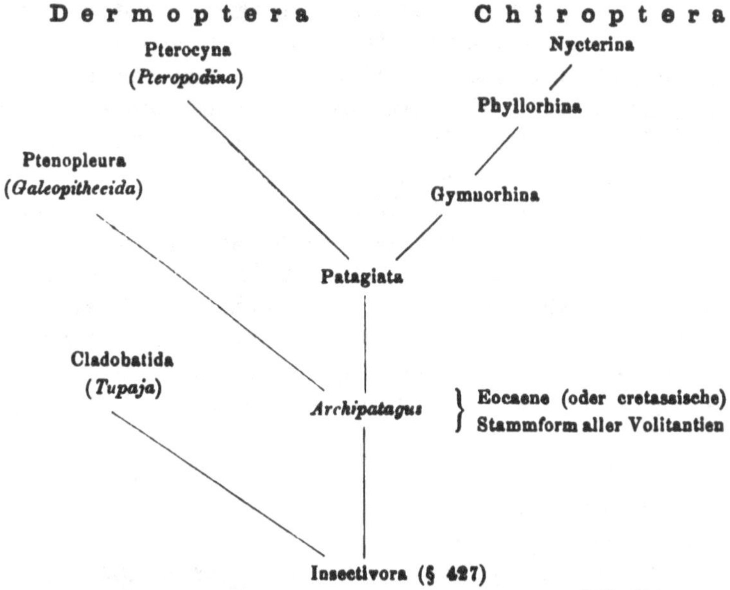

§ 433. Erste Ordnung der Flatterthiere: **Dermoptera. Pelzflatterer.**

Aeltere Gruppe der brachydactylen Volitantien.

Volitantien mit kurzen Fingern (kürzer als der Humerus). Krallen an allen fünf Zehen (vorn und hinten). Flughaut dick, dicht behaart, auch zwischen den Zehen der Hinterfüsse. Zwei Paar pectorale Zitzen. Blinddarm gross. Uterus duplex.

Die Ordnung der Pelzflatterer oder *Dermoptera* umfasst die ältere Gruppe der Volitantien, welche sich unmittelbar an ihre *Insectivoren*-Ahnen anschliesst und noch viele Merkmale dieser uralten Carnassier-Gruppe durch Vererbung bis heute bewahrt hat. Wir können in dieser Ordnung zwei Unterordnungen unterscheiden, die *Patagiaten* und die *Ptenopleuren*; nur die letztere ist uns durch den heute noch lebenden *Galeopithecus* der Sunda-Inseln bekannt. Die hypothetische Unterordnung der Patagiaten (mit der Stammgattung *Archipatagus*) wird durch jene ältesten Volitantien gebildet, welche den Uebergang von den *Insectivoren*-Ahnen vermittelten. Da Galeopithecus einigen Insectivoren, besonders *Cladobates*, noch sehr nahe verwandt ist, kann man sich sehr leicht vorstellen, wie ein Zweig der letzteren durch Ausbildung eines Fallschirmes sich zur Stammgruppe der ersteren entwickelte. In analoger Weise sind schon früher die Flugbeutler (*Petaurus*) aus Kletterbeutlern entstanden (*Phalangista*); und ebenso später die fliegenden Eichhörnchen (*Pteromys*) aus kletternden älteren Eichhörnchen (*Sciuromorpha*). Paralleler Gang der Anpassung hat hier durch Convergenz zu ähnlichen Resultaten geführt.

Die Unterordnung der Patagiaten wird in der Eocaen-Zeit (— oder schon in der Kreide-Zeit —) durch eine Reihe von Uebergangsformen vertreten gewesen sein, von denen sich die ältesten unmittelbar an die kletternden und baumbewohnenden Insectivoren (*Cladobatida*) anschlossen, die jüngsten an den heutigen *Galeopithecus*. Der Nutzen, welchen die seitlich ausgespannte Hautfalte als Fallschirm beim Sprunge von Baum zu Baum bot, führte durch Selection und progressive Vererbung allmählich zu ihrer Vergrösserung. Sie erstreckte sich schliesslich von der Schulter bis zur Schwanzspitze und breitete sich auch zwischen den Zehen vorn und hinten aus. Dabei verlängerten sich beide Gliedmaassen-Paare, besonders das vordere. Während Radius und Tibia sich stärker ausbildeten, wurden Ulna und Fibula schwächer und theilweise rückgebildet (Ulna im distalen, Fibula im proximalen Theile). Das Gebiss dieser ältesten Volitantien wird noch nicht von demjenigen älterer Insectenfresser verschieden gewesen sein, wahrscheinlich mit 40 Zähnen = $\frac{3}{3} \cdot \frac{1}{1} \cdot \frac{3}{3} \cdot \frac{3}{3}$. Als zwei divergente Aeste entwickelten sich aus den *Patagiaten* einerseits die *Ptenopleura*, anderseits die *Pterocyna*.

Die Unterordnung der Ptenopleura wird durch den lebenden *Galeopithecus* vertreten, als einzigen Vertreter der Familie *Galeopithecida*. Im gesammten Körperbau scheint dieser moderne Ueberrest der alttertiären *Patagiaten* sich wenig von seinen hypothetischen, insectivoren Ahnen entfernt zu haben. Der wichtigste Unterschied dürfte in der Umbildung des Gebisses bestehen, welches in eigenthümlicher Weise specialisirt und der Pflanzen-Nahrung angepasst ist. Das vollständige Milchgebiss besteht lange, ist dem Dauergebiss ähnlich und wird erst beim erwachsenen Thier allmählich durch letzteres ersetzt. Die Zahnformel des letzteren ist: $\frac{1}{2} \cdot \frac{1}{1} \cdot \frac{3}{3} \cdot \frac{3}{3}$. Der obere *Ic.* hat eine gelappte Kante. Die unteren *Ic.* sind breit, zeigen Längsfurchen und sind am Rande kammförmig eingeschnitten. (Aehnliche Bildung zeigen auch die Schneidezähne bei *Cladobates* und einigen Chiropteren.) Im inneren Bau hat *Galeopithecus* noch manche Merkmale alter Insectivoren-Organisation bewahrt, welche die jüngeren Chiropteren theilweise oder ganz verloren haben. Die beiden Uteri sind ganz getrennt und münden einzeln in die Vagina. Der Blinddarm ist gross. Es sind noch zwei Paar pectorale Milchdrüsen vorhanden, von denen das vordere in der Höhe der Achselhöhle liegt.

§ 434. Zweite Ordnung der Flatterthiere:

Chiroptera. Handflatterer.

Jüngere Gruppe der macrodactylen Volitantien:

Volitantien mit langen Fingern (länger als der Humerus). Krallen vorn nur am ersten (selten auch am zweiten) Finger, hinten an allen fünf Zehen. Flughaut dünn, fast haarlos, fehlt zwischen den Zehen der Hinterfüsse. Ein Paar pectorale Zitzen. Blinddarm fehlt. Uterus simplex (selten bicornis).

Die Ordnung der Handflatterer oder *Chiroptera* umfasst die jüngere Gruppe der Volitantien, welche sich mehr specialisirt und die fliegende Lebensweise viel weiter ausgebildet hat, als die ältere Stammgruppe der *Dermoptera*. Directe Verbindungsglieder mit den letzteren sind nicht bekannt. Man kann sich aber sehr leicht die historischen Umbildungen vorstellen, durch welche die Stammform der Chiropteren aus einem Zweige der Patagiaten hervorgegangen ist. Die Umbildungen, welche mit der stärkeren Entwickelung der Flughaut verknüpft waren, betrafen in erster Linie die Hand, von der vier Finger (II.—V.) sich ausserordentlich verlängerten und zu dünnen, elastischen Knochenstützen des Patagium ausbildeten; ihre Krallen gingen dabei theilweise oder ganz verloren. Nur der Daumen, der in der Flughaut nicht eingeschlossen ist, blieb frei und klein und behielt auch seine Kralle. Der vordere Rand der breiten, ausgespannten Flughaut wird durch Humerus, Radius und Index gestützt, welche sehr lang und stark sind, ebenso wie die Clavicula. Dagegen sind um so schwächer die zarten Hinterbeine ausgebildet, deren fünf kurze Zehen frei und mit Krallen bewaffnet sind. Der hintere Theil der Flughaut ist zwischen den Hinterbeinen und dem Schwanze ausgespannt, welcher meist ungefähr so lang als der Rumpf, selten verkümmert ist. Bei dem andauernden Fluge der Chiropteren sind besonders die sehr starken Brustmuskeln thätig, zu deren Ansatz sich am Sternum eine verticale Crista entwickelt hat (ähnlich wie bei Pterosauriern und Vögeln). Die dichte Behaarung der Flughaut, welche bei den *Dermoptera* bestand, ist bei den *Chiroptera* verloren gegangen. Ausserdem entfernen sich die letzteren von den ersteren durch den Verlust des Blinddarmes und des vorderen (axillaren) Zitzen-Paares; nur das zweite Paar hat sich erhalten. Die beiden lateralen Fruchtbehälter, welche bei den Dermopteren-Ahnen noch ganz getrennt in die Scheide mündeten, sind bei den Chiropteren-Epigonen verschmolzen; ihre Verwachsung ist bei den jüngeren Nycterinen vollständig geworden.

Das Gebiss der ältesten eocaenen *Chiropteren* wird wahrscheinlich noch dieselbe Bildung besessen haben, wie bei ihren *Patagiaten*-Ahnen und wie bei deren *Insectivoren*-Vorfahren, mit 40 Zähnen: $\frac{3 \cdot 1 \cdot 3 \cdot 3}{3 \cdot 1 \cdot 3 \cdot 3}$; nur der erste *Pr.* fehlte am completen typischen Placental-Gebiss. Bei den lebenden Chiropteren ist aber meistens eine mehr oder minder starke Reduction eingetreten; gewöhnlich fehlt oben (oft auch unten) der erste *Ic.*; bisweilen fehlt auch der zweite. Ebenso geht stets der erste, bisweilen auch der dritte *Pr.* verloren (so dass nur II. und IV. übrig bleiben). Der allgemeine Character des Gebisses hat bei der Mehrzahl der Chiropteren denjenigen ihrer Insectivoren-Ahnen bewahrt (— viel mehr als das specialisirte Gebiss von *Galeopithecus* —); die *Ic.* sind klein, conisch, die *Cn.* kräftig, die *Pr.* einfach, die *Ml.* spitzhöckerig. Der Zahnwechsel geschieht in dieser Ordnung sehr früh, oft schon im Embryo; bisweilen werden die kleinen Milchzähne zum Festhängen der Jungen an der mütterlichen Brustwarze benutzt; durch diesen

Arbeitswechsel ist das Milchgebiss reducirt und homodont geworden. Die Backzähne verhalten sich verschieden in den beiden Unterordnungen der *Pterocynen* und *Nycterinen*.

Die Unterordnung der Flederhunde (*Pterocyna* oder *Macrochiroptera*) umfasst die ältere Gruppe der *Chiroptera frugivora*; sie ist auf die heisse Zone der alten Welt beschränkt. Im gesammten Körperbau steht diese Gruppe den *Dermoptera* und den gemeinsamen *Insectivoren*-Ahnen näher als die folgende Unterordnung. Der Schädel ist dem von *Galeopithecus* ähnlich, mit gestreckter Schnauze. Der Uterus ist noch bicornis. Ausser dem Daumen trägt meistens auch der Zeigefinger eine Kralle. Dagegen sind die Backzähne der Früchte-Nahrung angepasst und haben eine platte Krone mit einer mittleren Längsfurche bekommen.

Die Unterordnung der Fledermäuse (*Nycterina* oder *Microchiroptera*) enthält die *Chiroptera insectivora*, die Hauptmasse dieser Ordnung, die über die ganze Erde verbreitet ist. In der Bildung des insectivoren Gebisses, namentlich der spitzhöckerigen Backzähne, stehen sie den Patagiaten-Ahnen näher als die Pterocynen. Im Uebrigen aber haben sie sich von ihnen weiter entfernt. Der Schädel ist mehr abgerundet, die Schnauze verkürzt. Der Uterus ist einfach. Der Zeigefinger hat die Kralle verloren. Die zahlreichen Arten dieser Unterordnung (über 400) werden auf 8—10 Familien vertheilt, die sich hauptsächlich durch die Production eigenthümlicher Hautfortsätze an Nase und Ohr unterscheiden. Die Glattnasen (*Gymnorhina*) haben einfache Nasenbildung, während die Blattnasen (*Phyllorhina*) membranöse Nasenaufsätze entwickeln. Die fossilen Reste beider Gruppen erscheinen schon im Eocaen.

§ 435. Achte Legion der Placentalien:

Primates (= Acmatheria). Herrenthiere.

Monophyletische Gruppe der tegulaten Placentalien.

Placentalien mit langen Kletterbeinen und Greifhänden. Zeugopodien schlank und vollständig getrennt. Füsse lang, plantigrad, fünfzehig, mit opponibler erster Zehe. Alle oder einzelne Zehen mit Nägeln. Clavicula stets vorhanden. Orbita von der Temporal-Grube theilweise oder ganz getrennt. Gebiss vollständig, mit bunodonten Molaren.

Die Legion der Herrenthiere oder *Primates* umfasst den Menschen und die menschenähnlichsten Säugethiere, Affen und Halbaffen. In mancher Beziehung, vor Allem in der hohen Entwickelung des Gehirns und der Sinnesorgane, sowie in der entsprechenden Ausbildung der höheren Seelenthätigkeiten, erreichen die Affen — und an ihrer Spitze der Mensch — die höchste Stufe unter den Säugethieren, wie unter allen Thieren überhaupt (— daher *Acmatheria* —). In anderen Beziehungen hingegen erscheint die Organisation der Primaten ursprünglicher und hat die primitiven Bildungs-Verhältnisse durch zähe Vererbung getreuer bewahrt als diejenige vieler anderer Säugethiere. So sind z. B. die Beine der Hufthiere und der Walthiere viel stärker umgebildet, differenzirt und specialisirt als diejenigen der Herrenthiere; und dasselbe gilt vom Gebisse der Nagethiere und Walthiere, von den Verdauungsorganen der Hufthiere u. s. w.

Wir unterscheiden in der Legion der Primaten nur zwei Ordnungen, die Halbaffen (*Prosimiae*) und die Affen (*Simiae*); erstere stellen die ältere und niedere, letztere dagegen die jüngere und höhere Abtheilung des Primaten-Stammes dar. Beide Ordnungen sind sowohl in der Gegenwart noch durch viele lebende Arten vertreten, als in der Tertiär-Zeit durch zahlreiche ausgestorbene Formen. Unter den letzteren sind von hervorragender Wichtigkeit eine Anzahl von eocaenen Prosimien, deren älteste Formen sowohl den primitivsten Vertretern der Raubthiere (*Insectivora, Creodonta*) sehr nahe stehen, als auch denjenigen der Hufthiere (*Condylarthra*). Die Beziehungen zwischen den ältesten (unter-eocaenen) Repräsentanten dieser drei Hauptgruppen von Placentalien sind so innige, dass man sie alle in einer gemeinsamen Ordnung unter dem Begriffe *Mallotheria* zusammenfassen kann. Dieselben schliessen sich unmittelbar an die hypothetische gemeinsame Stammgruppe der Placentalien an, die cretassischen *Prochoriata* (§ 387).

Obgleich die ausgestorbenen tertiären Primaten uns nur sehr unvollständig bekannt sind, erscheinen sie doch mit den lebenden Formen dieser Legion so nahe verwandt, dass die monophyletische Descendenz aller Primaten keinem Zweifel unterliegt. Allerdings erscheinen die Unterschiede der ältesten und jüngsten Vertreter dieser Legion sehr bedeutend; eine tiefe Kluft scheint die niedersten Halbaffen, die eocaenen *Lemuraviden*, von den höchsten Affen, den modernen *Anthropomorphen*, zu trennen. Aber diese morphologische Kluft wird ausgefüllt durch eine lange Reihe von vermittelnden Zwischenformen. Wir können somit sämmtliche Primaten von einer hypothetischen gemeinsamen Stammform ableiten, einem *Archiprimas*, und dieser wird einerseits der Stammform der Ungulaten (*Condylarthra*), anderseits den Vorfahren der Carnassier (*Insectivora*) nahe verwandt gewesen sein; er hat sich wahrscheinlich im Beginne der Eocaen-Zeit, oder schon in der vorausgegangenen Kreide-Periode, aus einem Zweige der cretassischen *Prochoriaten* entwickelt.

Die typischen Eigenthümlichkeiten, welche den Primaten-Organismus auszeichnen und von den übrigen Placentalien trennen, sind offenbar in erster Linie durch Anpassung an die arborale Lebensweise bedingt. Indem die Prochoriaten-Ahnen der Primaten sich an das Klettern auf Bäumen und Umfassen von deren Aesten gewöhnten, wurden ihre Zygomelen zu Kletterbeinen und ihre plantigraden Füsse zu »Greifhänden« umgebildet. Dabei wurde ebenso vorn der Daumen (*Pollex*), wie hinten die Grosszehe (*Hallux*), den übrigen vier Zehen entgegengesetzt, opponibel. Zugleich wurden die Greifhände in höherem Maasse als bei allen anderen Säugern dazu benutzt, die Nahrung zu ergreifen und zum Munde zu führen. Dabei entwickelte sich die Drehbarkeit der Zeugopodien um die Armaxe, die Fähigkeit der Pronation und Supination. Sowohl die Stelepodien als die Zeugopodien verlängern sich, und die beiden Knochen der letzteren sind gut entwickelt, getrennt und frei beweglich. Die Basipodien sind meistens kurz, die Metapodien mässig lang. Die Zehen sind gewöhnlich alle fünf entwickelt; bisweilen wird der Daumen rudimentär. Die ursprünglich vorhandenen Krallen sind bei den niederen Primaten theilweise, bei den höheren sämmtlich in Nägel verwandelt. Die Clavicula ist stets vorhanden und gut entwickelt.

Das Gebiss der Primaten ist ursprünglich omnivor, besitzt die primitive Bildung der ältesten Placentalien und ist von demjenigen der niedersten Carnassier und Ungulaten nur wenig verschieden. Da jedoch die Hauptnahrung der kletternden Baumthiere vorzugsweise aus Früchten besteht, wurde auch die Zahnbildung diesem Nahrungsmaterial angepasst. Das Gebiss ist fast immer complet, mit meisselförmigen Schneidezähnen, spitzen, conischen Eckzähnen, höckerigen Lückenzähnen und Mahlzähnen. Die ursprüngliche Gebissformel: $\frac{3}{3}\cdot\frac{1}{1}\cdot\frac{4}{4}\cdot\frac{3}{3}$ (= 44 Dauerzähne, dazu 32 Milchzähne, Summa 76) hat sich noch bei den ältesten Prosimien erhalten (bei den eocaenen *Pachylemures*). Sonst ist stets die Zahl der Schneidezähne reducirt und meistens auch die Zahl der Backzähne. Bei der Mehrzahl der modernen Primaten (Autolemuren und Dysmopitheken) finden sich 36 Zähne, nach der Formel: $\frac{2}{2}\cdot\frac{1}{1}\cdot\frac{3}{3}\cdot\frac{3}{3}$. Nur in einzelnen Gattungen (*Chiromys*) wird das Gebiss stark reducirt.

Characteristisch für den Schädel der Primaten ist die Trennung der Augenhöhle von der Schläfengrube; sie wird bei den *Prosimien* durch eine Knochen-Brücke (Stirnfortsatz des Jochbogens) bewirkt, bei den *Simien* durch eine complete Knochen-Scheidewand. Sonst unterliegt die Schädelbildung innerhalb dieser Legion einer sehr weitgehenden Umbildung, Hand in Hand mit der fortschreitenden Ausbildung des Gehirns. Je grösser und vollkommener der Gehirnschädel wird, desto mehr tritt der Gesichtsschädel zurück und verkürzen sich die Kiefer.

§ 436. System der Primaten.

Ordnungen	Unterordnungen	Familien	Gattungen
I. **Prosimiae** Halbaffen (*Hemipitheci* vel *Lemures*) Orbita von der Temporal-Grube durch einen Knochenbogen unvollständig getrennt. Uterus duplex oder bicornis. Placenta diffusa indecidua (meistens!). Grosshirn relativ klein, glatt oder schwach gefurcht	1. **Lemuravida** (*Palalemures*) Alte Halbaffen (Generalisten) Ursprünglich Krallen an allen oder den meisten Fingern, später Uebergang zur Nagelbildung. Tarsus primitiv	1. **Pachylemures** + (*Hyopsodina*) Dent. (44) = $\frac{3 \cdot 1 \cdot 4 \cdot 3}{3 \cdot 1 \cdot 4 \cdot 3}$ Primitive Dentur	*Archiprimas* ⊙ *Lemuravus* + Alt-Eocaen *Pelycodus* + Alt-Eocaen *Hyopsodus* + Jung Eocaen
		2. **Necrolemures** + (*Anaptomorpha*) Dent. (40) = $\frac{2 \cdot 1 \cdot 4 \cdot 3}{2 \cdot 1 \cdot 4 \cdot 3}$ Reducirte Dentur	*Adapis* + *Plesiadapis* + *Necrolemur* +
	2. **Lemurogona** (*Neolemures*) Moderne Halbaffen (Specialisten) Gewöhnlich alle Finger mit Nägeln (ausgenommen die II. Hinterzehe). Tarsus modificirt	3. **Autolemures** V (*Lemurida*) Dent. (36) = $\frac{2 \cdot 1 \cdot 3 \cdot 3}{2 \cdot 1 \cdot 3 \cdot 3}$ Specialisirte Dentur	*Eulemur* *Hapalemur* *Lepilemur* *Nycticebus* *Stenops* *Galago*
		4. **Chirolemures** V (*Chiromyida*) Dent. (18) = $\frac{1 \cdot 0 \cdot 1 \cdot 3}{1 \cdot 0 \cdot 0 \cdot 3}$ Rodentien-Dentur	*Chiromys* (Krallen an allen Fingern, excepto Hallux)
II. **Simiae** Affen (*Pitheci* vel *Pithecales*) Orbita von der Temporal-Grube durch ein Knochen-Septum vollständig getrennt. Uterus simplex, pyriformis. Placenta discoidea, deciduata. Grosshirn relativ gross, stark gefurcht	3. **Platyrhinae** Plattnasige Affen *Hesperopitheca* Westaffen (Süd-America) Nasenlöcher seitlich, mit breitem Septum. 3 *Pr.*	5. **Arctopitheca** V Dent. (32) = $\frac{2 \cdot 1 \cdot 3 \cdot 2}{2 \cdot 1 \cdot 3 \cdot 2}$ Nur am Hallux ein Nagel	*Hapale* *Midas*
		6. **Dysmopitheca** V Dent. (36) = $\frac{2 \cdot 1 \cdot 3 \cdot 3}{2 \cdot 1 \cdot 3 \cdot 3}$ Nägel an allen Fingern	*Callithrix* *Nyctipithecus* *Cebus* *Mycetes* *Ateles*
	4. **Catarhinae** Schmalnasige Affen *Eopitheca* Ostaffen (Arctogaea) Eurasien und Africa. Nasenlöcher vorn, mit schmalem Septum 2 *Pr.* Nägel an allen Fingern	7. **Cynopitheca** V Dent. (32) = $\frac{2 \cdot 1 \cdot 2 \cdot 3}{2 \cdot 1 \cdot 2 \cdot 3}$ Meist mit Schwanz und Backentaschen. Kreuzbein mit 3 oder 4 Wirbeln	*Cynocephalus* *Cercopithecus* *Inuus* *Semnopithecus* *Colobus* *Nasalis*
		8. **Anthropomorpha** V Dent. (32) = $\frac{2 \cdot 1 \cdot 2 \cdot 3}{2 \cdot 1 \cdot 2 \cdot 3}$ Ohne Schwanz und ohne Backentaschen. Kreuzbein mit 5 Wirbeln	*Hylobates* *Satyrus* *Pliopithecus* + *Gorilla* *Anthropithecus* *Dryopithecus* + *Pithecanthropus* + *Homo*

§ 437. Stammbaum der Primaten.

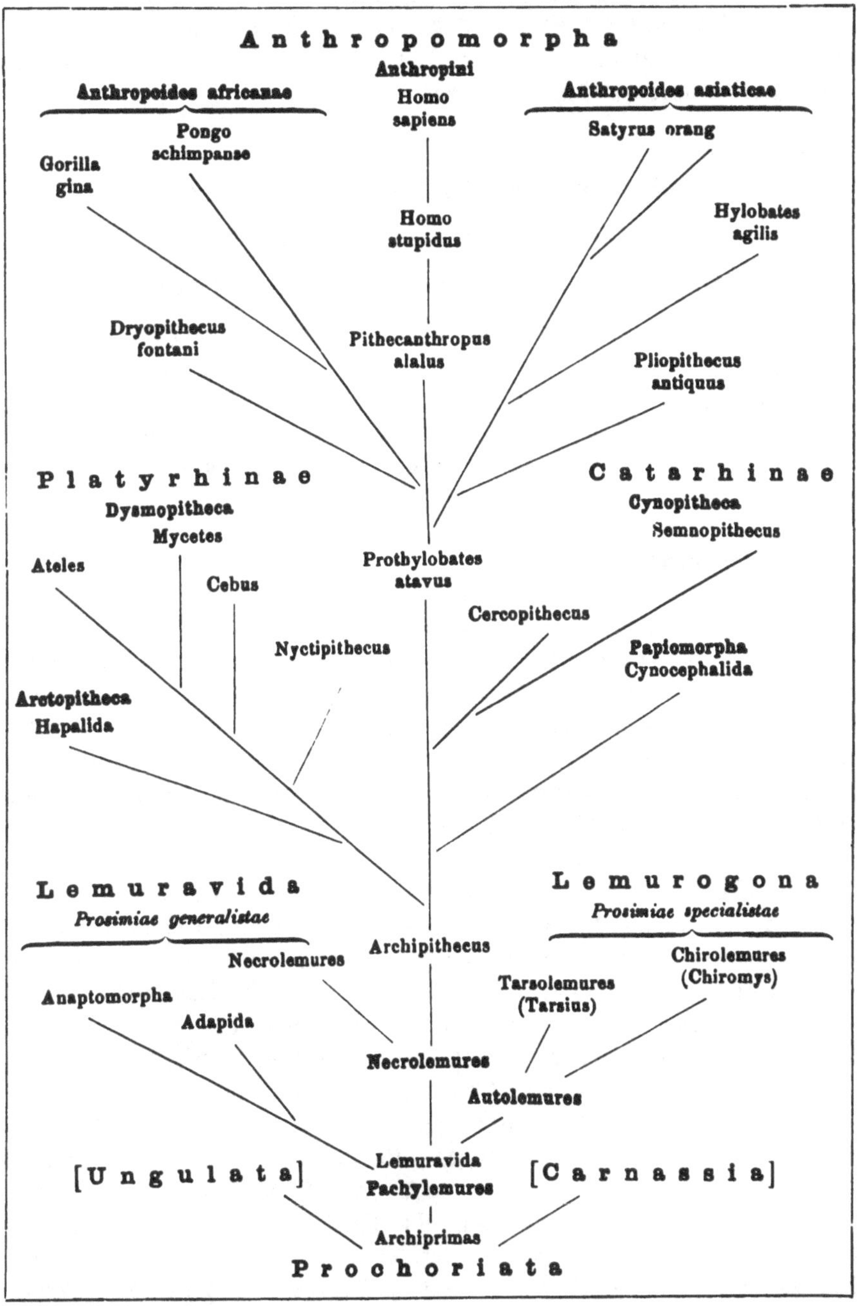

Das Gehirn selbst ist bei den *Prosimien* relativ klein und glatt, bei den *Simien* dagegen gross und gefurcht. Während das Gehirn der ältesten Halbaffen sich wenig von demjenigen der niedersten Placentalien unterscheidet, erreicht es bei den höchsten Anthropomorphen sowohl in quantitativer als in qualitativer Hinsicht eine vollkommnere Bildungsstufe als bei allen anderen Thieren.

§ 438. Erste Ordnung der Primaten: **Prosimiae (= Hemipitheci). Halbaffen.**

Aeltere, niedere Stammgruppe der Primaten.

Primaten mit kleinem und schwach entwickeltem Gehirn, dessen Grosshirnrinde glatt oder wenig gefurcht ist. Augenhöhle von der Schläfengrube durch eine Knochenbrücke unvollständig abgeschlossen. Uterus duplex oder bicornis. Placenta meistens diffus, ohne Decidua; bisweilen domförmig, mit Decidua.

Die Ordnung der Halbaffen oder *Prosimiae* umfasst die ältere und niedriger organisirte Abtheilung der Herrenthiere. Ihre ältesten (alt-eocaenen) Vertreter schliessen sich sehr eng an die ältesten Formen der Raubthiere (*Insectivora*) einerseits, der Hufthiere (*Condylarthra*) anderseits an; eine scharfe Grenze zwischen diesen drei ältesten und primitivsten Gruppen der Placentalien ist im Beginne der Tertiär-Zeit kaum zu ziehen. Wir bezeichnen die gemeinsame Stammgruppe aller Primaten als Pachylemures (oder *Hyopsodina*) und leiten von ihnen einerseits die übrigen Halbaffen, anderseits die Stammformen der echten Affen ab.

Die Umbildung der Zygomelen zu Kletterbeinen mit opponibler erster Zehe, welche für alle Primaten in erster Linie characteristisch ist, erscheint bei den *Prosimien* gewöhnlich schon ebenso ausgeprägt, wie bei den *Simien*; sowohl die Stelepodien als die Zeugopodien sind verhältnissmässig lang und schlank, die beiden Knochen der letzteren frei verbunden und sehr beweglich. An den langen, fünfzehigen Füssen ist die vierte Zehe vorn und hinten die längste; die erste Zehe steht weit ab, ist sehr frei beweglich und zum Greifen geschickt. Bei den meisten lebenden Halbaffen tragen alle Zehen Nägel, mit Ausnahme der zweiten hinteren Zehe, die noch eine Kralle behalten hat. Bei einigen Prosimien ist auch noch ein Theil der anderen Zehen mit Krallen bewaffnet; der Hallux trägt stets einen Plattnagel. Bei der Mehrzahl der lebenden Halbaffen sind die Tarsomelen länger und stärker als die Carpomelen. Bei einigen jüngeren Formen sind Beide von ziemlich gleicher Länge.

Der Schädel der *Prosimien* ist bei den ältesten Vertretern der Ordnung (und auch bei einem Theile der modernen) noch wenig verschieden von dem der ältesten Carnassier (*Insectivoren* und *Creodonten*); ebenso auch das Gebiss. Der Hirnschädel ist noch verhältnissmässig niedrig und klein, der Gesichtsschädel gross und vorgestreckt, mit langen, kräftigen Kiefern. Bisweilen werden aber letztere schon stark verkürzt (bei reducirtem Gebiss), und dann wird der rundliche Kopf mehr affenartig (so bei dem eocaenen *Anaptomorphus homunculus*, dem lebenden *Tarsius spectrum*). Die knöcherne Scheidewand, welche die Orbita von der Temporal-Grube trennt, bleibt bei allen Prosimien unvollständig und wird nur durch eine schmale Knochenbrücke (den Stirn-Jochbogen) gebildet.

Das Gehirn ist bei den Halbaffen relativ kleiner und unvollkommener entwickelt als bei den echten Affen; die Oberfläche des grauen Hirnmantels bleibt glatt und zeigt noch nicht die Furchenbildung der letzteren. Auch bleibt der Hinterlappen des Grosshirns kurz und bedeckt nicht das Kleinhirn. Die ursprüngliche Duplicität des Uterus ist bisweilen noch ganz erhalten (bei *Stenops*); sonst im vorderen Theile (*Uterus bicornis*). Die völlige Verschmelzung beider Uteri, welche die Affen auszeichnet, fehlt den Halbaffen. Auch die Placenta zeigt eine primitive Bildung und ist meistens diffus, ohne Decidua; bei einigen jüngeren Lemuren ist sie domförmig. Ausser den beiden pectoralen Zitzen sind häufig noch abdominale vorhanden.

Wir theilen die Ordnung der Prosimien in zwei Unterordnungen, die älteren Lemuraviden (oder *Palalemures*) und die jüngeren Lemurogonen (oder *Neolemures*). Die *Lemuraviden* waren in der älteren Tertiär-Zeit, sowohl in der östlichen als westlichen Hemisphäre, durch zahlreiche Formen vertreten und zeigten im Allgemeinen den Generalisten-Character der ältesten Placentalthiere. Die *Lemurogonen* dagegen sind Specialisten, welche sich erst später aus verschiedenen Zweigen der ersteren polyphyletisch entwickelt haben.

§ 439. Erste Unterordnung der Halbaffen:

Lemuravida. Urhalbaffen.

Eocaene Stammgruppe aller Primaten (Generalisten).

Prosimien der älteren Tertiär-Zeit, von Generalisten-Typus. Primitives Prochoriaten-Gebiss, mit 44 oder 40 Zähnen (ursprünglich: $\frac{3.1.4.3}{3.1.4.3}$). Tarsus von pri-

mitiver Structur. Zehen wohl ursprünglich alle mit Krallen bewaffnet, oder nur an einzelnen Fingern ein Nagel; später Umbildung der Krallen in Nägel.

Die Unterordnung der Lemuraviden (Urhalbaffen oder *Palalemures*) umfasst die Gruppe der älteren Prosimien, welche während der Eocaen-Zeit durch zahlreiche und auch noch in der folgenden Tertiär-Zeit durch einzelne Gattungen vertreten war, und zwar in beiden Hemisphären. Lebende Vertreter derselben sind nicht mehr vorhanden. Zu ihnen gehören die gemeinsamen eocaenen Stammformen aller Primaten, also auch des Menschen. Sie zeigen im gesammten Körperbau (— soweit derselbe aus den unvollständig erhaltenen fossilen Resten beurtheilt werden kann —) zwar schon die typische Primaten-Bildung, namentlich die Kletterbeine mit opponibler erster Zehe; aber zugleich auch engen Anschluss an die ältesten Carnassier (*Insectivora*) einerseits, an die ältesten Ungulaten (*Condylarthra*) anderseits. Die gemeinsame Stammgruppe dieser ältesten Placentalien war vermuthlich in der Kreide-Periode durch viele Formen repräsentirt, und eine ununterbrochene Kette von connectenten Zwischenformen führte damals von einem Zweige dieser *Prochoriaten* zu der gemeinsamen Stammform der Primaten, dem hypothetischen *Archiprimas*, hinüber. Die eocaene Stammgruppe, welche zunächst aus den divergenten Nachkommen des Letzteren sich entwickelte, bezeichnen wir als Pachylemures oder *Hyopsodina*. Fossile Vertreter derselben finden sich schon im unteren Eocaen von Europa und zahlreicher von Nord-America (*Lemuravus, Pelycodus, Hyopsodus* u. A.). Ihr Gebiss zeigt noch eine ganz ursprüngliche und indifferente Bildung, von der typischen Prochoriaten-Formel: $\frac{3 \cdot 1 \cdot 4 \cdot 3}{3 \cdot 1 \cdot 4 \cdot 3}$. Bei *Lemuravus distans* ist die Zahnreihe noch ganz geschlossen, da der Eckzahn wenig vorspringt; die Bildung der spitzhöckerigen Backzähne ist noch sehr ähnlich derjenigen der *Insectivoren*. Die Kletterbeine sind kürzer und plumper als bei den übrigen Primaten und scheinen an allen Zehen noch Krallen getragen zu haben (?). Die Familie der Adapida (eocaen und oligocaen) unterscheidet sich von ihren Hyopsodinen-Ahnen durch den Verlust eines Schneidezahnes in jeder Kieferhälfte (*Adapis parisiensis, Tomitherium rostratum*).

Die Familie der Necrolemures oder *Anaptomorpha* entfernt sich von den vorhergehenden durch weitere Rückbildung des Gebisses (40—32 Zähne). Doch tritt auch bei diesen alt-tertiären (eocaenen und oligocaenen) Formen noch nicht die eigenthümliche Specialisten-Bildung im vorderen Theile des Gebisses ein, welche die modernen *Lemurogonen* auszeichnet. Unter letzteren scheint sich *Tarsius* nahe an den rundköpfigen *Anaptomorphus homunculus* anzuschliessen.

§ 440. Zweite Unterordnung der Halbaffen:
Lemurogona. Neuhalbaffen.

Jüngere Gruppe der modernen Prosimien (Specialisten).

Prosimien der jüngeren Tertiär-Zeit und der Gegenwart, von Specialisten-Typus. Modificirtes Lemuren-Gebiss, mit höchstens 36 Zähnen (ursprünglich: $\frac{2 \cdot 1 \cdot 3 \cdot 3}{2 \cdot 1 \cdot 3 \cdot 3}$). Tarsus von modificirter Structur. Zehen gewöhnlich alle mit Nägeln versehen, oder nur an einzelnen Fingern eine Kralle.

Die Unterordnung der Lemurogonen (Neuhalbaffen oder *Neolemures*) enthält die jüngeren Prosimien, welche durch Anpassung an besondere Lebensweise einen Specialisten-Character erworben und sich wahrscheinlich polyphyletisch aus mehreren Zweigen der älteren *Lemuraviden* entwickelt haben. Es gehören hierher alle lebenden Halbaffen der Gegenwart und ausserdem eine Anzahl von fossilen Formen der jüngeren Tertiär-Zeit. Unter diesen letzteren schliessen sich Einige noch eng an ihre *Lemuraviden*-Ahnen an. Die speciellen Umbildungen, durch welche sich die ersteren von den letzteren entfernen, betreffen sowohl die Zygomelen als das Gebiss. Die Maximal-Zahl der Zähne, welche sich bei der Mehrzahl der lebenden Lemuren findet, beträgt 36, nach der Formel: $\frac{2 \cdot 1 \cdot 3 \cdot 3}{2 \cdot 1 \cdot 3 \cdot 3}$. Verglichen mit der ursprünglichen completen Zahl der *Pachylemuren*, sind bei diesen modernen Autolemuren in jeder Kieferhälfte 2 Zähne verloren, 1 Schneidezahn und 1 Lückenzahn. Zugleich ist das Gebiss in eigenthümlicher Weise specialisirt: Die 2 oberen *Ic.* sind sehr klein und durch eine mediane Lücke von denen der anderen Seite getrennt. Auf sie folgt 1 kräftiger, scharfer Eckzahn. Unten dagegen ist der Eckzahn schmal und legt sich eng an die 2 unteren, schräg vorspringenden, pfriemenförmigen *Ic.* an. Der kräftige, dahinter stehende, scheinbare *Cn.* (der in eine Lücke zwischen oberem *Cn.* und erstem oberen *Pr.* eingreift) ist der erste untere *Pr.* Die folgenden *Pr.* und die *Ml.* zeigen eine alterthümliche Bildung; die oberen *Ml.* den trituberculären, die unteren den Tubercular-Sectorial-Typus. Der Tarsus ist bei diesen *Autolemuren*, zu welchen die Mehrzahl der lebenden Halbaffen gehört, noch kurz und wenig modificirt.

Bei einer Anzahl von anderen lebenden Prosimien wird das Gebiss weiter reducirt und specialisirt, und zugleich wird die Fusswurzel meistens eigenthümlich umgebildet. Bei den Tarsolemuren (*Galago* und *Tarsius*) wird der Calcaneus so sehr verlängert, dass er die halbe

Länge der Tibia erreicht und eine Art Stiel für den Fuss bildet. Die Zahl der *Ic.* und *Pr.* wird reducirt; die *Indrisina* haben die Formel: $\frac{2 \cdot 1 \cdot 2 \cdot 3}{1 \cdot 1 \cdot 2 \cdot 3}$. Am weitesten entfernt sich von den lebenden Halbaffen die eigenthümliche *Chiromys madagascariensis*, mit Nagethier-ähnlichem Gebiss: $\frac{1 \cdot 0 \cdot 1 \cdot 3}{1 \cdot 0 \cdot 0 \cdot 3}$; sie ist an allen verlängerten Zehen mit Krallen bewaffnet, ausgenommen den Hallux, der einen Plattnagel trägt. Auch hat diese aberrante Form, welche die besondere Familie der *Chirolemures* vertritt, nur ein Paar inguinale Zitzen.

Die meisten lebenden Halbaffen bewohnen die Insel Madagascar; hier hat sich neuerdings auch der Schädel einer ausgestorbenen, sehr grossen Gattung (*Megaladapis*) gefunden, welche *Chirogaleus* nahe steht, aber die grössten lebenden Prosimien um das Dreifache an Grösse übertrifft. Die übrigen Prosimien der Gegenwart leben (in wenigen Arten) zerstreut in Africa und Asien. Die bedeutende Divergenz dieser Formen deutet auf eine polyphyletische Descendenz von verschiedenen Gruppen der tertiären *Lemuraviden* hin.

§ 441. Zweite Ordnung der Primaten:

Simiae (= Pitheci). Affen.

Neuere, höchst entwickelte Hauptgruppe der Primaten.

Primaten mit grossem und hoch entwickeltem Gehirn, dessen Grosshirnrinde stark gefurcht ist. Augenhöhle von der Schläfengrube durch eine Knochen-Scheidewand vollständig abgeschlossen. Uterus einfach, birnförmig. Placenta scheibenförmig, mit Decidua.

Die Ordnung der Affen (*Pitheci* oder *Simiae*) umfasst die jüngere und höher organisirte Abtheilung der Herrenthiere. Zu ihr gehören sämmtliche echte Affen der neuen Welt (*Platyrhinae*) und der alten Welt (*Catarhinae*); von den letzteren kann auch der Mensch, bei unbefangener morphologischer Vergleichung, nicht getrennt werden. Die Unterschiede, welche alle diese *Simien* in der äusseren Erscheinung, in der Ausbildung der Gliedmaassen und besonders des Schädels und Gesichtes darbieten, sind sehr bedeutend; und die beiden Extreme der langen Affen-Reihe — einerseits die Arctopitheken und Nyctipitheken, anderseits die Anthromorphen und der Mensch selbst — scheinen durch eine tiefe Kluft getrennt zu sein. Dennoch wird diese Kluft durch eine lange Reihe von vermittelnden Uebergangs-Formen vollkommen ausgefüllt. Ausserdem sind aber die characteristischen Eigenthümlichkeiten im inneren Körperbau, welche die ganze Ordnung auszeichnen und von den übrigen Säugethieren trennen, allen echten Affen gemeinsam. Wir können daher an dem monophyletischen Ursprung der Affen-Ordnung nicht zweifeln. Die hypothetische gemeinsame Stammform derselben, welche wir als Uraffen (*Archipithecus*) bezeichnen können, hat in der älteren Miocaen-Zeit (— oder vielleicht schon in der Eocaen-Zeit —) aus einem Zweige der Prosimien, und zwar vermuthlich der *Pachylemuren*-Gruppe, sich entwickelt, wahrscheinlich in America.

Die anatomischen Unterschiede, welche die *Simien* von ihren *Prosimien*-Ahnen trennen, bestehen hauptsächlich in der höheren Ausbildung des Schädels und Gehirns, sowie in der speciellen Bildung des Uterus und der Placenta. Im Uebrigen ist der innere Körperbau beider *Primaten*-Ordnungen so übereinstimmend, dass die directe Ableitung der Affen von einem Zweige der älteren Halbaffen keinerlei Schwierigkeiten darbietet. Insbesondere ist auch die besondere Einrichtung der Kletterbeine und Greiffüsse (— welche früher zu der falschen Bezeichnung *Quadrumana* verleitet hatte —) bereits bei den *Prosimien*-Ahnen entwickelt und von ihnen durch Vererbung auf die *Simien* übertragen (vergl. § 435). Der Daumen oder die erste Zehe ist sowohl vorn als hinten frei beweglich und kann den übrigen Zehen beim Ergreifen der Nahrung und Umfassen der Baumäste mehr oder weniger gegenübergestellt werden. Ein relativer Grössen-Unterschied besteht insofern, als bei den *Prosimien* gewöhnlich die vierte, bei den *Simien* dagegen die dritte Zehe länger ist als die vier übrigen, und zwar ebensowohl vorn als hinten. Ferner sind bei allen Affen sämmtliche Finger und Zehen mit Nägeln bewaffnet, nicht mit Krallen; eine einzige Ausnahme zeigen die kleinen, aberranten Krallenaffen von Süd-America, die Arctopitheken (*Hapalida*); sie tragen nur am Hallux oder Hinterdaumen einen Nagel, an allen übrigen Zehen gekrümmte Krallen und stimmen darin merkwürdig überein mit den aberranten Chirolemuren unter den Halbaffen (*Chiromys*).

Der Schädel der Affen schliesst sich zwar unmittelbar an denjenigen ihrer Ahnen, den Halbaffen, an; er unterscheidet sich aber im Allgemeinen dadurch, dass der Gehirnschädel stärker entwickelt ist und der Gesichtsschädel mehr zurücktritt. Jedoch sind auch in dieser Beziehung die Unterschiede der Extreme sehr bedeutend. Die *Cynocephalen* mit ihrem mächtigen Gebiss und vorspringenden Kiefern nähern sich den älteren Prosimien und Carnassiern, während die *Anthropoiden* mit ihren verkürzten Kiefern und hochgewölbtem Scheitel sich dem Menschen anschliessen. Die auffallendste Eigenthümlichkeit des Affenschädels, wodurch er sich nicht allein vom Schädel der Halbaffen, sondern auch aller anderen Säugethiere unterscheidet, besteht in der Ausbildung eines vollständigen knöchernen *Septum orbito-temporale*, einer schräg stehenden Knochenwand, welche die Augenhöhle von der Schläfengrube trennt und welche vorn vom Jochbein, innen vom grossen Keilbeinflügel und oben vom Stirnbein gebildet wird. Bei den Halbaffen steht die Orbita mit der Fossa temporalis in offener Communication, indem beide nur aussen durch eine schmale, grösstentheils vom Jochbein gebildete Knochenbrücke getrennt werden.

Das Gehirn ist bei den Affen durchgängig höher entwickelt und relativ grösser als bei den Halbaffen; zahlreiche Gyri und Sulci sind an der Oberfläche des grauen Hirnmantels ausgebildet, und namentlich ist der Hinterlappen so bedeutend vergrössert, dass er von oben her das Cerebellum mehr oder weniger verdeckt. Doch sind auch in dieser wichtigen Beziehung die Differenzen zwischen den niederen und höheren Affen sehr bedeutend; die ersteren schliessen sich den Halbaffen, die letzteren dem Menschen an. Einen sehr wichtigen Unterschied zwischen beiden Ordnungen der Primaten bietet der Bau des Uterus; bei allen Affen ist er, wie beim Menschen, einfach und birnförmig; die beiden Hälften desselben sind völlig verschmolzen, während sie bei den Halbaffen (wenigstens im vorderen Theile) noch getrennt bleiben (*Uterus bicornis*). Die Placenta ist bei allen lebenden Affen discoidal, mit Decidua, während die meisten Halbaffen die ursprüngliche Bildung der diffusen Placenta, ohne Decidua, bewahrt haben.

Das Gebiss der Affen ist allgemein in der Weise reducirt, dass die bleibende Dentur nur aus 32 oder höchstens 36 Zähnen besteht; überall sind nur 2 Schneidezähne in jeder Kieferhälfte vorhanden, 1 Eckzahn, und 5 oder 6 Backzähne; unter letzteren entweder 3 *Pr.* und 3 *Ml.*, oder 1 Zahn weniger aus einer dieser beiden Gruppen. *Archipithecus*, der gemeinsame Stammvater der Affen, hat jedenfalls 36 Zähne besessen, wie die heutigen *Dysmopitheken*: $\frac{2 \cdot 1 \cdot 3 \cdot 3}{2 \cdot 1 \cdot 3 \cdot 3}$; bei den *Arctopitheken* ist in jeder Kieferhälfte ein *Ml.* rückgebildet, bei den *Catarhinen* ein *Pr.* Die *Ic.* sind bei den meisten Affen so entwickelt, dass oben die inneren, unten die äusseren grösser sind; der obere *Cn.* ist meistens vom äusseren oberen *Ic.* durch eine Lücke getrennt, in welche der vorspringende untere *Cn.* eingreift. Die *Pr.* sind stets kleiner und einfacher gebaut, als die *Ml.*, deren fast cubische Krone 4 stumpfe Höcker trägt.

Der Mensch theilt mit den übrigen Affen alle die Eigenthümlichkeiten im Körperbau, durch welche sich diese höchst entwickelte Primaten-Ordnung von allen übrigen Säugethieren unterscheidet; er kann daher auch im natürlichen System nicht von derselben getrennt werden. Die früher übliche Unterscheidung der Vierhänder (*Quadrumana*) und Zweihänder (*Bimana*) ist jetzt aufgegeben.

§ 442. Erste Unterordnung der Affen:

Platyrhinae. Westaffen.

Hesperopitheca. Plattnasige Affen der neuen Welt.

Simien der westlichen Erdhälfte, mit drei Praemolaren in jeder Kieferhälfte, und mit breiter Nasenscheidewand; Nasenlöcher daher seitlich gerichtet. Knöcherner Gehörgang sehr kurz und weit.

Die Unterordnung der Westaffen (*Hesperopitheca*) oder der Plattnasen (*Platyrhinae*) umfasst sämmtliche in America lebende Affen, sowie eine geringe Anzahl von ausgestorbenen tertiären Formen desselben Erdtheils. Bei allen diesen americanischen Simien sind in jeder Kieferhälfte noch 3 *Pr.* vorhanden, und das Trommelfell liegt oberflächlich, da der knöcherne Gehörgang sehr kurz und weit, oder auch gar nicht entwickelt ist. Ferner ist die Nasenscheidewand vorn breit, so dass die Nasenlöcher mehr seitlich nach aussen, als nach vorn gerichtet erscheinen. In diesen und in anderen Beziehungen zeigen sich die Platyrhinen als die ältere und niedere Affengruppe, in engerem Anschluss an die Prosimien. Wenn uns *Archipithecus*, die gemeinsame hypothetische Stammform aller Affen, bekannt wäre, würden wir ihn im System ebenfalls zu den Platyrhinen stellen; denn er würde mit ihnen jene Merkmale niederer Organisation theilen. Da fossile Reste von Platyrhinen ausschliesslich in America gefunden worden sind, müssen wir schliessen, dass auch in diesem Erdtheile die Umbildung eines *Prosimien*-Zweiges zur ältesten *Simien*-Form stattgefunden hat.

Die Unterordnung der Platyrhinen zerfällt in zwei ziemlich verschiedene Familien: die *Arctopitheken* und *Dysmopitheken*. Die kleine Gruppe der Arctopitheken oder Krallenaffen wird nur durch die Familie der *Hapaliden* gebildet, kleine, eichhorn-ähnliche, südamericanische Aeffchen, welche von allen anderen Affen in zwei eigenthümlichen Merkmalen abweichen, im Besitz von Krallen und im Verlust des letzten Mahlzahnes in jeder Kieferhälfte (daher nur 32 Zähne: $\frac{2.1.3.2}{2.1.3.2}$). Nur der Hinterdaumen trägt einen Plattnagel, alle übrigen Zehen sind mit spitzen, krummen Krallen bewaffnet. Hierin gleichen die *Arctopitheken* den *Chirolemuren* (*Chiromys*, § 440); wahrscheinlich sind sie aus einem miocaenen (oder selbst eocaenen) Seitenzweige des älteren Platyrhinen-Stammes hervorgegangen.

Alle übrigen Westaffen tragen Nägel an allen Zehen und gehören zur Familie der Dysmopitheken, mit 36 Zähnen ($\frac{2.1.3.3}{2.1.3.3}$). Sie zerfallen in zwei grössere Subfamilien: die *Aphyocerca* und *Labidocerca*, erstere mit Schlappschwanz, letztere mit Greifschwanz. Die ältere, der Stammform näher stehende Gruppe sind die Schlappschwanz-Affen (*Aphyocerca* oder *Nyctipitheca*); ihr langer Schwanz ist nackt, nicht zum Greifen tauglich. Mehrfach specialisirt sind die jüngeren Greifschwanz-Affen (*Labidocerca* oder *Cebomorpha*); ihr Schwanz ist aufrollbar, oft unterseits an der Spitze nackt, und dient als fünfte Hand beim Umgreifen der Aeste. Bei den Brüllaffen (*Mycetes*) bildet der blasenförmig aufgetriebene Körper des Zungenbeins einen Resonanz-Apparat. *Ateles* zeichnet sich aus durch sehr verlängerte Carpomelen und Rückbildung des Daumens. Unter den alt-tertiären Platyrhinen von Südamerica finden sich ansehnliche Formen mit fast geschlossener Zahnreihe (*Anthropops perfectus, Homunculus patogonicus*).

§ 443. Zweite Unterordnung der Affen:

Catarhinae. Ostaffen.

Eopitheca. Schmalnasige Affen der alten Welt.

Simien der östlichen Erdhälfte, mit zwei Praemolaren in jeder Kieferhälfte, und mit schmaler Nasenscheidewand; Nasenlöcher daher nach vorn gerichtet. Knöcherner Gehörgang sehr lang und eng.

Die Unterordnung der Ostaffen (*Eopitheca*) oder der Schmalnasen (*Catarhinae*) umfasst sämmtliche Affen der alten Welt, sowie den Menschen, der von den anthropoiden Ostaffen weder morphologisch noch systematisch zu trennen ist. Auch die Heimath der fossilen Catarhinen ist, ebenso wie die der lebenden, auf Europa, Asien und Africa beschränkt. Bei allen diesen Eopitheken ist das Gebiss in gleicher Weise wie beim Menschen zusammengesetzt, aus 32 Zähnen: $\frac{2 \cdot 1 \cdot 2 \cdot 3}{2 \cdot 1 \cdot 2 \cdot 3}$. Es fehlt also, im Vergleiche zu den Hesperopitheken, in jeder Kieferhälfte ein *Pr*. Ein weiterer durchgreifender Unterschied beider Affen-Gruppen besteht darin, dass bei den Catarhinen sich ein langer und enger knöcherner Gehörgang entwickelt hat, und dass das Trommelfell tief im Grunde desselben versteckt liegt. Ferner ist hier die Nasenscheidewand vorn schmal, wie beim Menschen, so dass die äusseren Nasenlöcher nach vorn gerichtet sind. In diesen und anderen Beziehungen stimmen die sämmtlichen Catarhinen mit dem Menschen überein und erweisen sich, gegenüber den Platyrhinen, als die jüngere und höher entwickelte Affengruppe. Wir müssen daher annehmen, dass die gemeinsame hypothetische Stammform der Catarhinen, die wir als *Patropithecus* bezeichnen können, aus einem eocaenen Zweige der älteren Platyrhinen in America hervorgegangen ist.

Die Unterordnung der Catarhinen zerfällt in zwei sehr divergente Familien, die *Cynopitheken* und *Anthropomorphen*. Zur Familie der Cynopitheken oder Hundsaffen gehören die meisten lebenden und fossilen Ostaffen. Sie besitzen stets Gesässschwielen, meistens Backentaschen und einen langen Schwanz. In ihrem Unterkiefer ist der äussere Schneidezahn schmäler als der innere, und der erste Mahlzahn besitzt 4 Höcker. Die *Pr.* sind länger als breit. Das Kreuzbein besteht nur aus 3 (selten 4) Wirbeln. Das Gehirn bleibt in quantitativer und qualitativer Beziehung auf einer niederen Bildungsstufe stehen und auch in anderer Hinsicht erweisen sich die Hundsaffen als die ältere, der Stammform näher stehende Gruppe der Catarhinen. Man kann sie in zwei Subfamilien theilen, die *Papiomorphen* und *Presbytomorphen*, erstere mit, letztere ohne Backentaschen. Zu den Papiomorphen oder Papstaffen (*Ascoparea*) gehören die Paviane (*Cynocephali*) und die Meerkatzen (*Cercopitheca*); die Paviane zeichnen sich durch robuste Gliedmaassen und hundeähnlichen Schädel mit vorgestreckter Schnauze aus, haben die kletternde Lebensweise auf Bäumen aufgegeben und bewohnen felsige Gebirge. Die Presbytomorphen oder Schlankaffen (*Anasca*) entfernen sich von den übrigen Affen durch die Differenzirung des Magens, der in 2 oder 3 verschiedene Abschnitte getheilt ist; *Presbytis* ist durch sehr lange Carpomelen characterisirt, *Colobus* durch Rückbildung des Daumens, *Nasalis* durch sehr lange, weit vorspringende Nase. Die Cynopitheken, welche im Miocaen und Pliocaen von Europa und Asien fossil vorvorkommen, sind von den lebenden Epigonen wenig verschieden. *Mesopithecus pentelicus* ist häufig im Ober-Miocaen von Pikermi bei Athen und steht in der Mitte zwischen *Macacus* und *Semnopithecus*. *Oreopithecus Bamboli*, aus dem Mittel-Miocaen von Toscana, ist einer der grössten fossilen Affen und scheint eine Uebergangsform von den *Cynocephalen* zu den *Anthropomorphen* herzustellen.

Die Familie der Menschenaffen oder der schwanzlosen *Anthropomorphen* umfasst nur wenige lebende und fossile Catarhinen, die aber wegen ihrer nahen Verwandtschaft zum Menschen von hervorragender Bedeutung sind. Bei unbefangener morphologischer Vergleichung kann auch der Mensch selbst von dieser höchst entwickelten Affen-Familie nicht abgetrennt werden, denn er theilt mit ihr alle jene anatomischen Merkmale, durch welche sich die *Anthropomorphen* von den *Cynopitheken* unterscheiden. Im Unterkiefer aller Menschenaffen ist (wie beim Menschen) der äussere Schneidezahn breiter als der innere, und der erste Mahlzahn besitzt fünf Höcker. Die *Pr.* sind breiter als lang.

Das Kreuzbein besteht aus 5 Wirbeln. Das Gehirn erreicht sowohl durch seine Massen-Entwickelung als durch die starke Ausbildung zahlreicher Gyri und Sulci eine weit höhere Bildungsstufe, als bei den Cynopitheken und als bei den Primaten überhaupt. Der Schwanz ist rückgebildet; Gesässschwielen fehlen (Gibbon ausgenommen), ebenso Backentaschen. Die specielle Bildung der Zygomelen nähert sich, ebenso wie der Bau des Brustkorbes und des Beckens, den Verhältnissen des Menschen, in Anpassung an den aufrechten Gang. Die lebenden Menschenaffen zerfallen in zwei Gruppen, eine asiatische (*Hylobates, Satyrus*) und eine africanische (*Gorilla, Anthropithecus*). Die Beziehungen derselben zum Menschen sind von so hervorragender Bedeutung, dass wir sie im nächsten Kapitel noch besonders besprechen müssen. Sicher ist, dass aus dieser Familie auch das vollkommenste aller Wirbelthiere hervorgegangen ist, der Mensch.

Der Ursprung der Catarhinen fällt wahrscheinlich in den letzten Abschnitt der Eocaen-Periode: er könnte entweder unter den *Prosimien* der alten Welt gesucht werden, oder unter den *Platyrhinen* von America. Im ersteren Falle würde die Affen-Ordnung diphyletisch, im letzteren Falle monophyletisch aus der Ordnung der Halbaffen hervorgegangen sein. Diese letztere Annahme ist desshalb die wahrscheinlichere, weil der ganze Körperbau der Platyrhinen dem der Prosimien näher steht, als derjenige der Catarhinen. *Archipithecus*, unsere hypothetische Stammform der Affen-Ordnung, muss in den entscheidenden Merkmalen der Schädelbildung und des Gebisses die primitiveren Merkmale der Platyrhinen besessen haben. Vermuthlich spaltete sich aber schon in der Eocaen-Zeit diese Stammgruppe der Affen in zwei divergente Linien, eine nördliche und eine südliche. Die conservative südliche Linie breitete sich in Süd-America aus und entwickelte in den *Dysmopitheken* eine grosse Mannichfaltigkeit von Variationen des reinen Platyrhinen-Typus, während der kümmerliche Wurzelspross der *Arctopitheken* manche ursprüngliche Merkmale der Prosimien-Ahnen beibehielt. Dagegen wanderte die progressive nördliche Linie von Nordamerica in die alte Welt hinüber und erwarb dabei die characteristische Schädelbildung der Catarhinen. Von Eurasien gelangten die *Cynopitheken* nach Africa und erreichten später ihre höchste Blüthe im Zweige der *Anthropomorphen*.

Achtes Kapitel.

Systematische Phylogenie des Menschen.

§ 444. Begriff der Anthropogenie.

Als »Anthropogenie« haben wir (1874) jenem Zweige der Biologie eine selbständige Geltung zu verschaffen gesucht, welche die »Entwickelungsgeschichte des Menschen« im weitesten Sinne umfasst. Als zwei verschiedene, durch die engsten causalen Beziehungen verknüpften Theile derselben stellten wir damals die ältere *Ontogenie* und die jüngere *Phylogenie* des Menschen einander gegenüber. Die Ontogenie untersucht die individuelle Bildungsgeschichte des Menschen (Embryologie und Metamorphologie); sie beschreibt die Veränderungen, welche das menschliche Einzelwesen während seines individuellen Lebens, vom Beginn seiner Existenz bis zu seinem Tode durchläuft. Die Phylogenie hingegen sucht die Stammesentwickelung unseres Geschlechts zu ergründen und an der Hand der Descendenz-Theorie die Reihe der thierischen Ahnen zu ermitteln, durch deren allmähliche Umbildung im Laufe vieler Jahrmillionen allmählich der Mensch als »Krone der Schöpfung« entstanden ist. Beide Theile unserer menschlichen Entwickelungsgeschichte — die biontische (*individuelle*) und phyletische (*genealogische*) Anthropogenie — stehen im engsten ursächlichen Zusammenhang, entsprechend den Principien unseres biogenetischen Grundgesetzes.

Als der grosse Gründer der Descendenz-Theorie (1809) die ersten Fundamente zu unserer heutigen Entwickelungslehre legte, wies er mit weitschauendem Blicke zugleich auf den wichtigsten besonderen Folgeschluss derselben hin, und erläuterte in allgemeinen Umrissen, die bionomischen Vorgänge und morphologischen Umbildungen, durch welche die »Abstammung des Menschen vom Affen« zu erklären sei. Dass diese letztere der einzig mögliche Weg sei, die Entstehung des Menschen auf natürlichem Wege zu erklären, wurde schon damals zur logischen Gewissheit. Jedoch eilte diese grossartige Entdeckung dem Bildungskreise jener Zeit so weit voraus, dass sie ein volles halbes Jahrhundert hindurch unbeachtet blieb, und dass kein Versuch zu ihrer Fortbildung unternommen wurde. Selbst nachdem durch Aufstellung der Selections-Theorie (1859) die empfindlichste Lücke der älteren Abstammungslehre ausgefüllt und im »Kampf ums Dasein« der regulirende Factor der phyletischen Transformation entdeckt war, wurden zunächst nur wenige schüchterne Versuche gewagt, die Consequenzen der reformirten Entwickelungslehre auch auf den Menschen auszudehnen. Der hervorragendste derselben war die Abhandlung über die »Zeugnisse für die Stellung des Menschen in der Natur« (1863). In ebenso klarer und einfacher, als umsichtiger und überzeugender Weise wurden hier die Urkunden erörtert, welche uns die Naturgeschichte der menschenähnlichen Affen, die Beziehungen des Menschen zu den nächst niederen Thieren und die bekannten fossilen menschlichen Ueberreste zur Lösung der »Frage aller Fragen« an die Hand geben.

Ausführlicher haben wir selbst dann in unserer »Generellen Morphologie« (1866) den Versuch unternommen, »die Stellung des Menschen in der Natur« phylogenetisch zu begründen und »die Anthropologie als Theil der Zoologie« zu erweisen (Kap. 27, 28). Unsere Beweisführung gipfelte in folgendem Satze (pag. 427): »Die Descendenz-Theorie ist ein allgemeines Inductions-Gesetz, welches sich aus der vergleichenden Synthese aller organischen Natur-Erscheinungen und insbesondere aus der dreifachen Parallele der phyletischen, biontischen und systematischen Entwickelung mit absoluter Nothwendigkeit ergiebt. Der Satz, dass der Mensch sich aus niederen Wirbelthieren, und zwar zunächst aus echten Affen entwickelt hat, ist ein specieller Deductions-Schluss, welcher sich aus dem generellen Inductions-Gesetze der Descendenz-Theorie mit absoluter Nothwendigkeit ergiebt.«

Die empirischen wissenschaftlichen Beweise für diese logisch begründete »Abstammung des Menschen vom Affen« sind durch die bewunderungswürdigen Fortschritte der vergleichenden Anatomie, Ontogenie und Palaeontologie im Laufe der letzten beiden Decennien ausserordentlich vermehrt und verstärkt worden. Wir haben in der letzten (IV.) Umarbeitung unserer »Anthropogenie« dieselben im Zusammenhange verwerthet (1891). Hier können wir uns darauf beschränken, nur die wichtigsten Erkenntnisse, zu welchen uns die »systematische Phylogenie des Menschen« geführt hat, kurz zusammenzufassen und auf ihre empirische Begründung hinzuweisen.

§ 445. Anthropogenie und Palaeontologie.

Der wissenschaftliche Werth, welchen die Versteinerungskunde für die Stammesgeschichte des Menschen besitzt, wird noch heute ungemein verschieden beurtheilt. Wohl die meisten Anhänger der Descendenz-Theorie sind mit uns der Ueberzeugung, dass die empirischen Thatsachen der Palaeontologie uns die werthvollsten Urkunden für die systematische Phylogenie unseres menschlichen Organismus liefern. Indessen giebt es noch heute nicht wenige, und darunter sehr angesehene Naturforscher, welche entgegengesetzter Ansicht sind und jenen Thatsachen entweder nur geringe oder auch wohl gar keine Beweiskraft zuerkennen. Nach unserer Ansicht muss dabei der Werth der palaeontologischen Urkunden von zwei verschiedenen Gesichtspunkten aus kritisch geprüft werden: I. auf ihre generelle und II. auf ihre specielle Bedeutung.

I. Generelle Bedeutung der palaeontologischen Documente. Die vergleichende Anatomie und Ontogenie der Wirbelthiere hat uns zu der festen Ueberzeugung geführt, dass alle lebenden und ausgestorbenen Vertebraten zu einem und demselben Stamme gehören, und dass auch der Mensch nur ein einzelner, jüngster und höchst entwickelter Zweig dieses Phylon ist. Während dieser Stamm sich im Laufe von Jahrmillionen monophyletisch entwickelte, sind unzählige Zweige desselben ausgestorben, ohne irgend welche fossile Spuren zu hinterlassen. Von einem geringen Theile derselben aber sind uns versteinerte Reste erhalten geblieben, und diese geben uns die wichtigsten Aufschlüsse über den Verlauf der Stammesgeschichte. Gleichviel, ob diese versteinerten Skelettheile und Abdrücke zu den directen Vorfahren der jetzt lebenden Wirbelthiere gehören, oder ob sie auf collaterale, nicht in der directen Stammlinie liegende Verwandte derselben zu beziehen sind, jedenfalls geben sie uns unmittelbares Zeugniss für die historische Stammfolge der Gruppen, für das successive Auftreten der grösseren und kleineren Abtheilungen des Stammes (§ 19). Was wir hierdurch über die Vorfahren der Säugethiere, und speciell der Placentalien erfahren, das hat auch Geltung für den Menschen selbst; denn wir haben uns überzeugt, dass alle Placentalien zu einer monophyletischen Gruppe gehören, dass diese jüngere Mammalien-Gruppe erst in der Kreide-Periode aus einem Zweige der Marsupialien-Gruppe hervorging, und dass sie erst während der Tertiär-Zeit zu ihrer reichen und vielfach divergenten Entfaltung gelangte (§ 384).

Positive Daten, welche uns die Palaeontologie in diesem Sinne über die Ahnen-Gruppen der Placentalien — und also auch unseres eigenen Geschlechts — liefert, sind folgende: 1) Silurische *Selachier* (Squalaceen, § 228); 2) Silurische *Ganoiden* (Acanthodinen, § 232); 3) Devonische *Dipneusten* (Phaneropleuriden, § 247); 4) Carbonische *Stegocephalen* (Branchiosaurier, § 255); 5) Permische *Proreptilien* (Protamnioten, § 276); 6) Triassische *Monotremen* (Pantotherien, § 376); 7) Jurassische *Marsupialien* (Prodidelphien, § 381); 8) Cretassische *Prochoriaten* (Idotherien, § 388); 9) Eocaene *Prosimien* (Lemuraviden, § 439); 10) Miocaene *Catarhinen* (Cynopitheken, § 443); 11) Pliocaene *Anthropomorphen* (Pithecanthropus, § 452); 12) Diluviale *Urmenschen*, Protanthropus, § 457).

Die historische Reihenfolge, in welcher die versteinerten Ueberreste dieser zwölf Vertebraten-Gruppen nacheinander in der organischen Erdgeschichte auftreten, entspricht vollkommen der morphologischen Stufenleiter des Stammes, welche wir auf Grund der vergleichenden Anatomie und Ontogenie construirt haben; wir erblicken daher in dieser Congruenz eine höchst werthvolle Bestätigung unserer phylogenetischen Speculationen. Der positive Werth derselben wird dadurch nicht beeinträchtigt, dass sie immerhin nur einzelne Glieder der langen Ahnenkette darstellen. Die negativen Lücken derselben erklären sich einfach aus den früher schon erörterten Ursachen (§ 21).

II. Specielle Bedeutung der palaeontologischen Documente. Viel geringer, als der Werth jener positiven Daten, welche die historische Succession der Hauptgruppen unserer Ahnenreihe beweisen, ist nach unserer Ansicht die phylogenetische Bedeutung derjenigen Petrefacten, welche handgreiflich den speciellen Beweis für den Uebergang einer Gruppe in die andere liefern sollen. In dieser Beziehung wird noch heute fast allgemein der höchste Werth auf jene fossilen Primaten-Reste gelegt, welche unmittelbar den vermissten »Uebergang vom Affen zum Menschen« darthun sollen. Namentlich haben sich in der umfangreichen anthropologischen Literatur neuerdings lange Discussionen über die Frage entsponnen, ob es einen tertiären Menschen gebe, oder nicht? — mit anderen Worten, ob die Entstehung des eigentlichen Menschen aus einem anthropomorphen Affen gegen Ende der Tertiär-Zeit (in der Pliocaen-Periode) oder erst in der nachfolgenden Diluvial-Zeit (in der Pleistocaen-Periode) stattgefunden habe? Bei der hohen Bedeutung, welche der Lösung dieser Fragen allgemein zugeschrieben wird, scheint es uns zweckmässig, folgende kritische Erwägungen zu betonen:

Positive Daten bietet uns die *Palaeontologie der Primaten* überhaupt nur sehr spärlich, in viel geringerem Maasse als bei den meisten anderen Säugethieren, z. B. bei den Ungulaten und Carnassiern. Dies erklärt sich sehr einfach aus der arboralen Lebensweise der Affen und

Halbaffen, und aus den ungünstigen Verhältnissen, welche ihre Erhaltung in fossilem Zustande erschweren. Die Mehrzahl der fossilen Reste von Affen und Menschen besteht aus Schädelfragmenten und aus einzelnen Zähnen. Einige von diesen sind gewiss von hohem Werthe, vor Allem das Schädeldach des pliocaenen *Pithecanthropus erectus* von Java (1894), welches in der That dem so eifrig gesuchten »fehlenden Gliede« in der Kette der Uebergangsformen zu entsprechen scheint. Auch die ähnlichen diluvialen Schädel von Neanderthal und von Spy, mit sehr niedriger Stirn und stark vorspringendem Orbital-Bogen, gehören wahrscheinlich in jene Kette hinein. Allerdings sind diese letzteren von einem Pathologen, der neuerdings überhaupt alle Transformationen für pathologisch (!) hält, für microcephal oder sonst krankhaft verändert und daher werthlos erklärt worden. Indessen kann dieses Urtheil keinen Anspruch auf wissenschaftliche Geltung machen, da dasselbe nicht objectiver Kritik entspringt, sondern principieller Opposition gegen die Descendenz-Theorie und gegen die Entwickelungslehre überhaupt. Zur Werthschätzung dieses Gegners genügt es, den Satz anzuführen, welchen derselbe 1894 bei hervorragender Gelegenheit aussprach: »Der Mensch könne ebenso gut vom Schaf oder vom Elephanten als vom Affen abstammen«. Wir unserseits glauben nicht, dass dieser Satz von irgend einem Naturforscher gebilligt werden wird, der einige Kenntnisse in der vergleichenden Anatomie und Ontogenie, sowie in der Palaeontologie besitzt.

Abgesehen von jenen seltenen und unvollständigen Skelet-Resten fossiler Menschen und Affen, haben uns die ausgedehnten Entdeckungen der »praehistorischen Anthropologie« mit zahlreichen und werthvollen positiven Daten beschenkt, welche wir als indirecte Beweise für den pithecoiden Zustand des diluvialen Urmenschen betrachten dürfen (*Protanthropus atavus* — oder *Homo primigenius* —). Gleichzeitig mit demselben lebten in Mittel-Europa zahlreiche ausgestorbene Säugethiere (*Elephas primigenius* und *E. antiquus, Rhinoceros tichorhinus* und *R. Merckii, Ursus spelaeus* u. A.). In Süd-America finden sich zahlreiche fossile Menschen-Reste, vermischt mit denjenigen der grossen gepanzerten Edentaten (*Mylodon*, *Glyptodon*) und Ungulaten (*Toxodon*, *Mastodon*); die Knochen dieser Thiere sind theilweise vom Menschen aufgespalten und angebrannt. Die Schichten der argentinischen Pampas-Formation, in denen dieselben vorkommen, werden von den einen Palaeontologen zum Diluvium, von den Anderen zum Pliocaen gerechnet. Da die Ureinwohner von America erst vom nordöstlichen Asien nach Nord-America eingewandert sind, ist man zu der Annahme gezwungen, dass dieselben von hier aus zu Ende der Tertiär-Zeit oder im Beginne der Diluvial-Zeit (— Eiszeit? —) nach Süd-America hinüber gewandert sind.

Das grosse Gewicht, welches von Laien oder von einseitig gebildeten Special-Forschern auf den Nachweis solcher »fossiler Menschen« und »Uebergangs-Formen vom Affen zum Menschen« gelegt wird, können wir nur theilweise anerkennen. Derjenige, der umfassende Kenntnisse in der vergleichenden Anatomie und Ontogenie, sowie in der Palaeontologie besitzt, und der zu einer unbefangenen Vergleichung der Erscheinungen befähigt ist, bedarf nicht jener fossilen Documente, um die »Abstammung des Menschen vom Affen« als historische Thatsache anzuerkennen. Für uns erscheint dieselbe schon jetzt als völlig empirisch begründete Hypothese, gleichviel ob spätere palaeontologische Entdeckungen noch »Zwischenformen« auffinden werden oder nicht.

§ 446. Anthropogenie und Ontogenie.

Die bekannten Thatsachen der menschlichen Ontogenie sind für die Phylogenie unseres Organismus in doppelter Beziehung von fundamentaler Wichtigkeit. Die generelle Bedeutung derselben liegt darin, dass uns die unmittelbare Beobachtung der menschlichen Embryologie die Continuität seiner Transformation von der einfachen Eizelle bis zur vollendeten Primaten-Form direct empirisch beweist. Nach unserem biogenetischen Grundgesetze müssen wir daraus den logischen Schluss ziehen, dass auch der entsprechende Gang unserer Phylogenie in ebenso ununterbrochener Continuität sich vollzogen hat; eine zusammenhängende Ahnenkette führt uns von unserer ältesten einzelligen Vorfahren-Form durch Jahrmillionen bis zu unseren Anthropoiden-Ahnen hinauf (§ 450).

Weiterhin lehrt uns die vergleichende Ontogenie des Menschen und der Wirbelthiere, dass die Entwickelung unseres menschlichen Keimes von Anfang an ebenso verläuft wie bei allen übrigen *Vertebraten* und im Einzelnen so wie bei den *Amnioten*. Die Bildung und Umbildung der Keimblätter, die Anlage der Primitiv-Organe, die Entstehung der einzelnen Organe aus den letzteren erfolgen beim Menschen genau so wie bei allen übrigen Säugethieren. Besonders wichtig aber ist die Thatsache, dass die verwickelten Processe in der Ausbildung der feineren Keim-Structur sich genau ebenso verhalten wie bei den Menschenaffen. Alle die besonderen embryologischen Eigenthümlichkeiten, durch welche sich die *Anthropomorphen* von den übrigen Säugethieren und insbesondere von den nächstverwandten *Cynopitheken* unterscheiden (— Decidua reflexa, Bauchstiel u. s. w. —), alle diese besitzt auch der Mensch. Schon hieraus allein könnte man nach dem biogenetischen Grundgesetze den Schluss ziehen, dass die nächsten Vorfahren des Menschen echte, dem heutigen Orang und Schimpanse nahe verwandte Menschenaffen waren.

Die specielle Bedeutung der einzelnen Bildungsstufen, welche der menschliche Embryo bei seiner Keimung durchläuft und welche mit denjenigen der Amnioten, speciell der placentalen Säugethiere, in allen wesentlichen Beziehungen übereinstimmen, beruht in ihrer palingenetischen Beziehung zu entsprechenden Ahnenformen der Primaten. Wir müssen nach dem biogenetischen Grundgesetze den Schluss ziehen, dass jede einzelne von jenen typischen Keimformen die bedeutungsvolle, durch Vererbung erhaltene Wiederholung einer ähnlichen ausgestorbenen Stammform darstellt. Die wichtigsten von diesen palingenetischen Lehrsätzen, deren Wahrheit für jeden Anhänger des biogenetischen Grundgesetzes keines weiteren Beweises bedarf, mögen hier nochmals kurz zusammengefasst werden.

I. Die einfache Beschaffenheit der menschlichen Eizelle, die mit derjenigen der übrigen Placentalien übereinstimmt, beweist die einzellige Protisten-Natur der ältesten menschlichen Vorfahren (§ 24). II. Die Bildung der beiden primären Keimblätter, welche durch Gastrulation aus der befruchteten und gefurchten Eizelle hervorgehen, beweist unsere Abstammung von Gastraeaden (§ 28). III. Die typische Bildung der Chordula und ihre Entstehung aus der *Gastrula*, sowie die besondere Modification der *Epichordula* bei den Placentalien, beweist, dass die wirbellosen Vorfahren des Menschen, wie der übrigen Wirbelthiere, in einer gewissen (praesilurischen) Periode Prochordonier waren, d. h. Helminthen mit sechs Primitiv-Organen (Epidermis, Medullarrohr, Urdarm, Chorda und ein Paar sexueller Coelomtaschen; vergl. § 30). IV. Die primitive Vertebration der Spondula oder *Vertebrella* (§ 33), die Entstehung derselben durch metamere Gliederung der *Chordula* führt den Beweis, dass der Mensch, gleich allen übrigen Wirbelthieren, ursprünglich von Acraniern abstammt (*Prospondylia*, § 16). V. Die Keimform, welche der menschliche Embryo nach Verlauf von 21 Tagen erlangt hat und welche eine Länge von ungefähr 5 mm besitzt, ist von besonderer Wichtigkeit (*Archicranula*): der Keim besitzt bereits die Anlage der drei primären Hirnblasen, der drei höheren Sinnesorgane, der Kiemenspalten und des Herzens; es fehlt aber noch jede Spur von Gliedmaassen. Wir können daraus auf eine entsprechende Ahnenform aus der Classe der Cyclostomen schliessen (*Archicrania*, § 212). VI. Die folgende Keimstufe zeigt bereits die fünf secundären Hirnblasen, sowie zwei Paar flossenförmige Gliedmaassen; sie beweist die einstmalige Existenz einer Reihe von (silurischen) Ahnenformen aus der Classe der Fische (*Selachii*, § 224). VII. Indem auf der folgenden Keimungs-Stufe die Lunge sich entwickelt, während die

Kiemen noch persistiren, schliessen wir auf eine entsprechende (devonische) Ahnen-Stufe aus der Classe der Dipneusten (*Paladipneusta*, § 247); sie erscheint als eine nothwendige Zwischenstufe zwischen den Fisch- und Amphibien-Progonen. VIII. Nach Ablauf des ersten Monates beginnen sich beim menschlichen Embryo die Kiemenspalten zu schliessen und die Anlagen der fünf Finger und Zehen an den beiden Gliedmaassen-Paaren zu zeigen; der Keim entspricht auf dieser Bildungsstufe einer Reihe von (carbonischen) Ahnen aus der Amphibien-Classe (*Stegocephala*, § 258). IX. Die Bildung der Keimhüllen (Amnion und Serolemma), sowie das Hervorwachsen der Allantois und ihrer respiratorischen Blutgefässe, verhält sich beim Menschen genau so wie bei allen übrigen Amnioten (§ 265); und da wir für diese ganze Gruppe einen monophyletischen Ursprung annehmen müssen, so folgt daraus die einstmalige (permische!) Existenz einer menschlichen Ahnenform aus der Gruppe der Proreptilien (*Protamnioten*, § 276). X. In der folgenden Keimungsstufe nimmt der menschliche Embryo bereits characteristische Eigenthümlichkeiten der Mammalien-Classe an (Umbildung des Kiefer-Apparates, des Tympanum u. s. w.); es bleibt aber noch eine Zeitlang die Cloake bestehen; dieses Stadium recapitulirt die Bildungsstufen der triassischen Monotremen-Ahnen (*Promammalia*, § 375). XI. Indem das Perineum sich bildet und den Urogenital-Sinus vom Enddarm trennt, geht die Monotremen-Bildung in diejenige der Marsupialien über und weist auf eine entsprechende Ahnenstufe der Jura-Periode hin (*Prodidelphia*, § 381). XII. Die Bildung des Chorion, die Entstehung von zerstreuten Zotten auf der ganzen Oberfläche des Serolemma, führt im Zusammenhang mit der übrigen Transformation des Embryo den Beweis, dass auf die (jurassischen) Marsupialien-Ahnen des Menschen Prochoriaten (oder *Mallotherien*, § 387) folgten; diese cretassischen Progonen, die gemeinsamen Stammformen aller *Placentalien*, besassen eine Malloplacenta ohne Decidua; sie werden zur Familie der *Lemuraviden*, zur Ordnung der Prosimien hinübergeführt haben (§ 439). XIII. Die Ausbildung einer Discoplacenta mit Decidua, im Zusammenhang mit der pithecoiden Transformation des Embryo, insbesondere seiner Gliedmaassen, beweist, dass aus den *Prosimien*-Ahnen des Menschen zunächst echte Affen hervorgingen, aus der Gruppe der *Cynopitheca* (§ 443). XIV. Die eigenthümliche Bildung der Decidua reflexa (= *Placenta circumvallata*) und des Embryonalstiels (= »Bauchstiels«), der zum Nabelstrang wird, besitzen ausser dem Menschen nur die Menschenaffen; da diese speciellen cenogenetischen Producte mit besonderen Modificationen der embryonalen Schutzbildungen verknüpft und jedenfalls monophyletisch entstanden sind, erblicken wir in ihnen gewichtige palingenetische Beweise für die Abstammung des Menschen von einem Zweige der anthropomorphen Affen (§ 452).

Nach unserer Ueberzeugung besitzen die vorstehend aufgeführten Bildungsstufen des menschlichen Embryo die höchste palingenetische Bedeutung und liefern die unwiderleglichsten Beweise für die Abstammung des Menschen von einer langen Reihe von Wirbelthier-Ahnen, sowie von einer älteren (praesilurischen) Reihe von wirbellosen Progonen. Jedoch müssen wir dabei ausdrücklich betonen, dass für das richtige Verständniss derselben die volle Anerkennung des biogenetischen Grundgesetzes (— oder der »Recapitulations-Theorie« —) die unentbehrliche Voraussetzung darstellt. Nothwendig ist dafür die klare Einsicht in den directen, auf progressiver Vererbung beruhenden Causal-Nexus zwischen *Ontogenie* und *Phylogenie*; ebenso nothwendig aber auch die kritische Unterscheidung beider Seiten jenes Grundgesetzes, der *Palingenie* und der *Cenogenie.* Durch zahlreiche und tiefeingreifende cenogenetische Störungen (Heterochronien, Heteropien, Abkürzungen u. s. w.) ist die Ontogenese des Menschen, ebenso wie aller anderen Säugethiere, so stark abgeändert worden, dass es oft grosser Mühe und Vorsicht bedarf, um die bedeutungsvollen, darunter verborgenen palingenetischen Documente zu entdecken und zu würdigen. Wir haben diese verwickelten, ebenso interessanten, als schwierigen Verhältnisse ausführlich erörtert in der letzten (IV.) Auflage unserer »Anthropogenie« (1891).

§ 447. Anthropogenie und Morphologie.

Die vergleichende Morphologie des Menschen und der Wirbelthiere, die kritische Untersuchung und Vergleichung ihrer äusseren Gestalt und ihrer inneren Structur, führte zuerst zu naturgemässen Vorstellungen über ihre wahre Stammverwandtschaft. Schon in der zweiten Hälfte des 18. Jahrhunderts, lange vor Entstehung der Palaeontologie und der vergleichenden Ontogenie, erweckte die vergleichende Anatomie in einzelnen hervorragenden Naturphilosophen die Ueberzeugung, dass der Mensch ein Glied des Vertebraten-Stammes sei, hervorgegangen aus derselben niederen Stammform wie alle übrigen Wirbelthiere. Die morphologische Erkenntniss, dass der Mensch seinem ganzen Körperbau nach zur Classe der Säugethiere gehöre und in dieser am meisten Uebereinstimmung mit dem Affen zeige, hatte schon früher in dem grundlegenden *Systema naturae* (1735) ihren Ausdruck gefunden: *Homo* und *Simia* waren hier vereinigt unter dem Begriffe Anthropomorpha (später durch *Primates* ersetzt); sie bildeten die erste Ordnung der Quadrupedia (später *Mammalia*). Aber erst die eingehendere

Vergleichung des inneren Körperbaues, und vor Allem des Skeletes, führte später zu der Einsicht, dass diese anatomische Aehnlichkeit einen tiefen genetischen Sinn besitze. Als dann im Beginne des 19. Jahrhunderts die vergleichende Anatomie zum Range einer selbständigen Wissenschaft sich erhob, und als namentlich die vergleichende Osteologie in kurzer Zeit unsere morphologischen Anschauungen mächtig erweiterte, wurde der Boden für die phylogenetische Deutung ihrer Ergebnisse vorbereitet. Der Begründer der Descendenz-Theorie (1809) vermochte freilich für diese naturgemässe Deutung noch keine Anerkennung zu erringen. Als die erstere aber 50 Jahre später siegreich durchdrang und durch die Selections-Theorie zum wichtigsten Erklärungs-Princip der gesammten Biologie erhoben wurde, brach sich die phylogenetische Richtung der vergleichenden Anatomie überall Bahn, und die morphologischen »Beziehungen des Menschen zu den nächstniederen Thieren« konnten nunmehr mit voller Klarheit und Sicherheit als Zeugnisse für die »Abstammung des Menschen vom Affen« gedeutet werden.

Für die volle Würdigung dieses fundamentalen Pithecometra-Satzes und seiner morphologischen Begründung sind vor Allem folgende Erwägungen maassgebend: I. Die inductive Erkenntniss, dass der Stamm der Vertebraten monophyletisch ist, und dass insbesondere alle *Gnathostomen* sich aus einer gemeinsamen Stammform entwickelt haben. II. Die inductive Erkenntniss, dass auch die Classe der Mammalien monophyletisch entstanden ist, und dass alle Säugethiere aus einer gemeinsamen (triassischen) Stammform hervorgegangen sind. III. Die inductive Erkenntniss, dass innerhalb der Säugethier-Classe die Legion der Primaten monophyletisch ist und einen einzigen, höchst entwickelten Zweig des *Placentalien*-Stammes bildet. IV. Die comparative Erkenntniss, dass innerhalb des Primaten-Stammes die anatomischen Unterschiede zwischen dem Menschen und den Menschenaffen (*Anthropomorpha*, § 452) in jeder Beziehung geringer sind als diejenigen zwischen den letzteren und den niederen Primaten (*Cynopitheken*, *Platyrhinen*, *Prosimien*). Daraus ergiebt sich dann unmittelbar nach den Gesetzen der Logik V. der deductive Schluss, dass der Mensch ein einzelner, höchst entwickelter Zweig des Primaten-Stammes und direct aus einer Reihe von anthropomorphen Affen hervorgegangen ist, ebenso wie diese Alle aus einer Reihe von niederen Affen.

Jeder denkende Naturforscher, der zu *inductiven* und *deductiven* Schlüssen befähigt ist und der sich mit den betreffenden Ergebnissen der vergleichenden Anatomie gründlich bekannt gemacht hat, kann durch diese letztere allein schon die Ueberzeugung von der Wahrheit des Pithecometra-Satzes erlangen. Selbst wenn man von den übrigen

Zeugnissen für denselben, insbesondere von den palaeontologischen und ontogenetischen Documenten absieht, kann man schon aus der vergleichenden Osteologie des Menschen und der übrigen Mammalien die Erkenntniss gewinnen, dass die historische Entstehung und Entwickelung des menschlichen Organismus nur durch seine Abstammung von einer langen Reihe von verschiedenen Säugethier-Ahnen vernünftiger Weise begriffen werden kann.

§ 448. Ursachen der Anthropogenesis.

Die exceptionelle Sonderstellung in der Natur, welche der Mensch sich von jeher zugeschrieben hat, und von welcher auch die grosse Mehrzahl der modernen Menschheit noch heute durchdrungen ist, hat nicht allein zu einer völligen Verkennung seines wahren Wesens geführt, sondern auch zu ganz unhaltbaren Vorstellungen über seine Entstehung. Wie die Mythologie früher die ganze Welt durch einen übernatürlichen Schöpfungsact entstehen liess, wie noch neuerdings selbst einzelne hervorragende Naturforscher jede Thier- und Pflanzen-Species als einen »verkörperten Schöpfungsgedanken Gottes« betrachten, so glaubte man auch die »Schöpfung des Menschen« nur durch ein ähnliches Wunder erklären zu können. Dabei gefiel sich die menschliche Eitelkeit besonders in der Vorstellung, dass der Mensch ein höheres, gottähnliches Wesen und von einem persönlichen Gotte» nach seinem Bilde geschaffen« sei (vergl. § 459).

Die moderne Entwickelungs-Theorie hat zugleich mit allem Wunderglauben auch jene mystischen Schöpfungs-Dogmen gründlich zerstört. An ihre Stelle ist die klare Erkenntniss getreten, dass der Mensch Nichts Anderes ist als ein höher entwickeltes Wirbelthier, und dass er sich erst sehr spät aus einem der jüngsten Zweige dieses Stammes, aus der Primaten-Legion der placentalen Säugethiere historisch entwickelt hat. Das morphologische und physiologische Verhältniss des Menschen zu den nächstverwandten Ahnen dies Primaten-Zweiges, zu den catarhinen Affen — und speciell zu den Anthropomorphen — ist principiell nicht verschieden von demjenigen, in welchem die übrigen Zweige und Aeste dieses monophyletischen Stammes zu einander stehen. Wir sind daher zu der Annahme gezwungen, dass auch die Ursachen dieses wichtigsten phylogenetischen Processes keine anderen sind als diejenigen, welche die historische Transmutation der organischen Formen überhaupt bewirken, vor Allen die physiologischen Functionen der *Vererbung* und *Anpassung*.

Unter den bedeutungsvollen functionellen Anpassungen, welche durch progressive Vererbung in der Ahnenreihe der Anthropomorphen stufenweise gesteigert wurden, und welche die Entstehung des menschlichen Organismus aus einer socialen Pithecanthropus-Form während der Pliocaen-Zeit bewirkten, stehen vier phylogenetische Processe in erster Linie: 1) die Gewöhnung an den aufrechten Gang; 2) die damit verknüpfte eigenthümliche Differenzirung der Extremitäten; 3) die Ausbildung der articulirten Sprache, und 4) die damit verbundene höhere Vernunft-Entwickelung. Keine von diesen vier Erwerbungen ist eine ausschliessliche Eigenthümlichkeit des Menschen. Die Gewohnheit, nur die Hinterbeine zum Gehen zu benutzen und dabei die horizontale Stellung der Wirbelsäule in eine subverticale zu verwandeln, hat sich auch bei anderen Säugethieren herausgebildet (Springmäuse, Kängurus etc.). Auch die arboralen Anthropomorphen gehen zeitweise aufrecht und benutzen die Vorderhände ähnlich wie der Mensch. Einige Affen ergreifen damit sogar Steine und schleudern dieselben auf ihre Verfolger: der erste Schritt zum Erwerbe eines Werkzeuges. Die besondere Differenzirung des Kehlkopfes, welche die articulirte Sprache ermöglicht, und die Fähigkeit, Worte deutlich nachzusprechen, haben auch mehrere Vögel erworben (Papageien, Raben). Den Gesang (oder die Tonsprache) haben die Singvögel ebenso hoch entwickelt als der Mensch. Aber auch ein indischer Menschenaffe (*Hylobates agilis*) singt die Tonleiter eine Octave auf- und abwärts in vollkommen reinen und klangvollen Tönen, welche um einen halben Ton aus einander liegen. Die Ausbildung der höheren Seelenthätigkeiten hat bei manchen Säugethieren (Hunden, Pferden, Elephanten) eine ähnliche Höhenstufe erreicht wie bei niederen Menschen-Rassen. Aber der Mensch ist das einzige Thier, welches diese vier werthvollen Fähigkeiten in sich vereinigt und welches gerade dadurch sich so hoch über das übrige Thierreich erhoben hat. Die zufällige glückliche Combination dieser vier Qualitäten, die gleichzeitige Ausbildung der Vernunft und der Sprache, sowie die Ergonomie der Zygomelen (— Gebrauch der Carpomelen zum Greifen, der Tarsomelen zum aufrechten Gehen —) haben unseren Pithecanthropus-Ahnen die Pforte zum »Tempel der Menschheit« eröffnet.

Die wahren Ursachen der *Anthropogenesis* sind demnach rein mechanisch, sind *Causae efficientes* im Sinne der kritischen Philosophie. Denn die functionelle Anpassung, welche die Umbildung der Gliedmaassen, der Wirbelsäule, des Kehlkopfes und des Gehirns herbeiführte, ist ebenso eine *physiologische Function* wie die progressive Vererbung, welche die neu erworbenen Eigenschaften von Generation zu Generation übertrug und zu immer höherer Vollkommenheit steigerte. Jene hängt mit den Functionen der Ernährung, diese mit denen der Fortpflanzung unmittelbar zusammen. Die Selections-Theorie erklärt uns, wie die Wechselwirkung dieser physiologischen

Functionen — unter dem regulirenden Einflusse des Kampfes ums Dasein — allmählich die stufenweise Umbildung des anthropomorphen *Pithecanthropus alalus* in die älteste Menschenform (*Protanthropus primigenius*) bewirken konnte.

Causae finales, zweckthätige Ursachen im Sinne der dogmatischen Teleologie, sind bei dieser mechanischen Anthropogenesis nirgends zu entdecken, ebenso wenig als in irgend einem anderen Processe der Kosmogenesis. Eine »weise Vorsehung« hat in diesem ganzen Transmutations-Processe ebenso wenig jemals eine Rolle gespielt, wie in den Lebensgeschicken der einzelnen Personen; das gilt für den Menschen ebenso wie für alle übrigen Wirbelthiere. Unsere systematische Phylogenie der Vertebraten hat überall gelehrt, wie der historische Entwickelungs-Gang dieses Stammes ausschliesslich durch mechanische Ursachen bewirkt wird. Eine sogenannte »sittliche Weltordnung« kann die unbefangene Vernunft darin ebenso wenig entdecken als in dem Verlaufe der ganzen »Völkergeschichte«, welche der Mensch in seiner anthropistischen Ueberhebung die »Weltgeschichte« zu nennen beliebt. Die *Anthropogenesis* kann demnach nur als ein einzelner Act jenes grossen mechanischen Weltprocesses begriffen werden, dessen Entwickelung überall auf physikalische und chemische Ursachen zurückzuführen ist. »Nach ewigen, ehernen, grossen Gesetzen müssen wir Alle unseres Daseins Kreise vollenden.«

§ 449. Phylogenie der Menschen-Seele.

(Anthropogenie und Psychologie.)

Die physiologischen Functionen des Organismus, welche wir unter dem Begriffe der Seelenthätigkeit — oder kurz der »Seele« — zusammenfassen, werden beim Menschen durch dieselben mechanischen (physikalischen und chemischen) Processe vermittelt, wie bei den übrigen Wirbelthieren. Auch die Organe dieser psychischen Functionen sind hier und dort dieselben: das Gehirn und Rückenmark als Central-Organe, die peripheren Nerven und die Sinnesorgane. Wie diese Seelen-Organe sich beim Menschen langsam und stufenweise aus den niederen Zuständen ihrer Vertebraten-Ahnen entwickelt haben, so gilt dasselbe natürlich auch von ihren Functionen, von der Seele selbst.

Diese naturgemässe, monistische Auffassung der Menschen-Seele steht im Widerspruche zu den dualistischen und mythologischen Vorstellungen, welche der Mensch seit Jahrtausenden sich von einem besonderen, übernatürlichen Wesen seiner »Seele« gebildet hat und welche in dem seltsamen Dogma von der »Unsterblichkeit der Seele« gipfeln. Wie dieses Dogma den grössten Einfluss auf die ganze Weltanschauung des Menschen gewonnen hat, so wird es selbst heute noch von den meisten Menschen als unentbehrliche Grundlage ihres ethischen Wesens hochgehalten. Der Gegensatz, in welchem dasselbe zu der natürlichen Anthropogenie steht, wird zugleich noch in weitesten Kreisen als der gewichtigste Grund gegen deren Annahme betrachtet, oder selbst als Widerlegung der Phylogenie überhaupt. Es wird daher nützlich sein, hier kurz die wissenschaftlichen Argumente zusammenzufassen, welche jenes Dogma vernichten und welche zugleich einer vernünftigen, auf die Anthropogenie gegründeten Psychologie als Basis dienen müssen.

I. Anatomische Argumente. Das Gehirn des Menschen besitzt sowohl in Bezug auf die äussere Form, als auf den inneren Bau die allgemeinen Charactere des Primaten-Gehirns. Innerhalb der Primaten-Legion zeigt die vergleichende Anatomie eine lange Reihe von Entwickelungs-Stufen des Gehirns. Die höchsten Stufen nehmen die Anthropomorphen (besonders der Schimpanse) und der Mensch ein; die Unterschiede derselben sind weit geringer als diejenigen in der Gehirnbildung der Menschen-Affen und der niederen Affen. Der Mensch besitzt kein besonderes Organ im Gehirn, das nicht auch den Menschen-Affen zukäme. Die Unterschiede Beider sind quantitativ, nicht qualitativ.

II. Ontogenetische Argumente. Gehirn und Rückenmark des Menschen entwickeln sich im Embryo ganz ebenso wie bei den übrigen Primaten und speciell ebenso wie bei den Anthropomorphen. Die erste Anlage dieser Central-Organe im Embryo erfolgt im Exoderm ganz ebenso wie bei allen übrigen Wirbelthieren; und die Umbildung des Medullarrohres, insbesondere die characteristische Differenzirung der fünf Hirnblasen, geschieht nach denselben Principien wie bei allen übrigen Schädelthieren. Die überwiegende Ausbildung der grossen Hemisphären (im Vorderhirn) und der kleinen Hemisphären (im Hinterhirn), welche für die Classe der Säugethiere characteristisch ist, wiederholt sich in gleicher Weise auch beim Menschen. Die besondere Differenzirung der einzelnen Gehirntheile, vor Allen der Windungen und Furchen in der grauen Rinde des Grosshirns, erfolgt nach denselben Gesetzen wie bei den Menschen-Affen.

III. Physiologische Argumente. Die normale Seelenthätigkeit des Menschen ist an die normale Ausbildung seines Gehirns geknüpft; menschliches Seelenleben ohne Gehirn ist undenkbar. Die Localisation der einzelnen psychischen Functionen ist durch Beobachtung und Versuch empirisch bewiesen. Die vergleichende Psychologie zeigt, dass die Functions-Gruppen und ihre Beziehungen zu den einzelnen Gehirn-Organen sich beim Menschen ebenso verhalten wie bei den übrigen Säugethieren und speciell wie bei den Affen. Die experimentelle Psychologie lehrt, dass die einzelnen Hirn-Functionen des Menschen durch Reizung ihrer Organe ebenso ausgelöst, durch Zerstörung derselben ebenso vernichtet werden, wie bei den übrigen Säugethieren. Die mystischen Traditionen von einer selbständigen, vom Gehirn unabhängigen Seelenthätigkeit, welche der Aberglaube früherer Jahrtausende bis auf alle Gegenwart erhalten hat, spielen zwar in den Mysterien der modernen Kirchen-Religionen und in der Phantasie kritikloser Spiritisten noch heute eine grosse Rolle; es gelingt jedoch der exacten und kritischen Physiologie leicht, in allen Fällen nachzuweisen, dass denselben bewusste oder unbewusste Täuschung zu Grunde liegt. Alle modernen Erzählungen von »Geistern« und von »Offenbarungen« sind durch die wissenschaftliche Kritik ebenso in das Gebiet der Erfindung verwiesen, wie in früheren Jahrhunderten die Sagen von Dämonen und von Gespenstern.

IV. Pathologische Argumente. Die unbefangenen und sorgfältigen Beobachtungen der modernen Psychiatrie haben den Beweis geführt, dass die sogenannten »Geisteskrankheiten« auf materiellen Veränderungen von Gehirntheilen beruhen. Pathologische Zerstörung eines einzelnen Hirnorganes (z. B. durch Apoplexie, durch Gehirn-Erweichung) bewirkt nothwendig das Erlöschen der Function, welche an dasselbe gebunden ist. Die schrittweise Degeneration des Gehirns bei chronischen Gehirn-Krankheiten lässt ebenso schrittweise die Abnahme und endlich das Erlöschen ihrer Function verfolgen.

Diese empirischen Argumente aus den Gebieten der vergleichenden Anatomie und Ontogenie, Physiologie und Pathologie, ergeben für jeden unbefangenen und kritischen Denker den bedeutungsvollen Schluss, dass die Phylogenie der Menschen-Seele untrennbar mit derjenigen ihrer Organe, vor Allem des Gehirns, verknüpft ist. Wie die lange Reihe unserer Vertebraten-Ahnen im Laufe von vielen Jahr-Millionen ihre Gehirn-Structur allmählich und stufenweise bis zu der Höhe der Primaten-Bildung vervollkommnet hat, so hat sich auch gleichzeitig damit dessen Function Schritt für Schritt entwickelt. Allerdings erscheint uns das persönliche Bewusstsein und das klare Denken, das ästhetische Empfinden und das vernünftige Wollen beim Menschen zu einer erstaunlichen Höhe der Vollkommenheit emporgestiegen. Aber nichtsdestoweniger sind die psychischen Differenzen von unseren Mammalien-Ahnen nur quantitativer, nicht qualitativer Natur; ihre elementaren Factoren sind hier wie dort die Ganglien-Zellen. Indem die Anthropogenie somit der Psychologie eine sichere monistische Grundlage giebt, zerstört sie das ganze grosse Mysterien-Gebäude, welches auf dem alten Dogma von der persönlichen »Unsterblichkeit der Menschen-Seele« errichtet war. An die Stelle der übernatürlichen Mythologie tritt auch hier die klare Natur-Erkenntniss.

§ 450. Ahnenreihe des Menschen.

Die lange Reihe von verschiedenen Lebensformen, welche wir der Descendenz-Theorie entsprechend als Vorfahren des Menschen anzusehen haben, wird im Laufe der Jahrmillionen der organischen Erdgeschichte wohl sehr zahlreiche Genera und Species umfasst haben. Da wir aber wegen der Unvollständigkeit der phylogenetischen Urkunden diese »Progonotaxis« nur in allgemeinen Umrissen annähernd bestimmen können, müssen wir uns hier darauf beschränken, die Hauptstufen derselben kritisch zu beleuchten. Bei unserem ersten Versuche, die Ahnenreihe des Menschen näher zu bestimmen (1866), konnten wir nur zehn Stufen der Wirbelthier-Bildung unterscheiden. Die Fortschritte der Urkunden-Forschung setzten uns 25 Jahre später in den Stand, die Zahl dieser »Hauptstufen« unseres Stammbaumes auf 25 zu erhöhen (in der IV. Auflage unserer »Anthropogenie«, 1891, S. 524). Die einzelnen Kapitel in der vorliegenden »Systematischen Phylogenie der Wirbelthiere« haben uns Gelegenheit gegeben, die dort entworfene Skizze weiter auszuführen und viele einzelne Vorgänge in der phyletischen Transformation unserer Vorfahren näher zu verfolgen. Der unbefangene und aufmerksame Leser dieses Buches wird sich überzeugt haben, dass diese phylogenetischen Untersuchungen zum Theil auf der sichersten empirischen Basis ruhen; viele wichtige Erkenntnisse derselben werden für immer bestehen bleiben und gestatten uns schon jetzt eine viel tiefere und klarere Einsicht in den Gang unserer Stammesgeschichte, als noch jetzt fast allgemein angenommen wird. Bei vielen anderen Theilen derselben ist das aber leider nicht der Fall; die Lücken der empirischen Urkunden sind zu gross, und wir können sie zur Zeit nur durch sehr unsichere Hypothesen überbrücken. Es wird uns daher hier vor Allem darauf ankommen, die Sicherheit unserer *Progonotaxis* (§ 451) kritisch zu prüfen und die verschiedenen Stufen derselben nach dem Grade ihrer Zulässigkeit zu sondern. Hierbei dürfte es zweckmässig sein, die angeführten 24 Stufen auf vier Hauptgruppen zu vertheilen: I. *Protisten*-Ahnen, II. *Evertebraten*-Ahnen, III. Palaeozoische *Vertebraten*-Ahnen, IV. *Mammalien*-Ahnen.

I. **Protisten-Ahnen** (*praecambrisch*). Als nothwendige Ahnenstufen des Menschen, welche wir dem Protisten-Reiche zurechnen müssen, und deren einstmalige Existenz uns durch die bekannten empirischen Urkunden der vergleichenden Ontogenie (§ 446) für alle Zeit festgestellt erscheint, betrachten wir folgende Formen: 1) Einzellige Protisten (Beweis: Die Eizelle des Menschen). 2) Coenobien von Protisten, sociale Verbände von gleichartigen Einzelligen (Beweis: Die *Morula* der Wirbelthiere). 3) Blastaeaden, oder Hohlkugeln, deren Wand eine Schicht von Flimmerzellen bildet, ähnlich den Volvocinen und Catallacten (Beweis: Die *Blastula* des Amphioxus). In der Stufenreihe der einzelligen Protisten-Ahnen würden ältere *Protophyten* und jüngere *Protozoen* zu unterscheiden sein, da letztere den ersteren nachgefolgt und durch Metasitismus aus ihnen entstanden sind (vergl. §§ 38—44 im ersten Theile dieses Werkes: Systematische Phylogenie der Protisten). Als erste und älteste Stufe in der Kette der Protisten-Ahnen würden eigentlich Moneren hypothetisch aufzuführen sein, da die ältesten, durch Urzeugung entstandenen Ur-Organismen noch keine echten, kernhaltigen Zellen sein konnten, sondern vernünftiger Weise nur als homogene kernlose Plastiden, mit vegetaler Plasmodomie, vorzustellen sind (vergl. I. Theil, § 31—38).

II. **Evertebraten-Ahnen**; Progonen-Stufen des Menschen aus der Reihe der wirbellosen Metazoen. Dieser zweite Theil unserer Vorfahren-Kette ist uns am wenigsten bekannt und lässt nur in allgemeinen Umrissen einige wenige Bildungsstufen erkennen. Fossile Documente fehlen hier ganz; aber die vergleichende Anatomie und Ontogenie geben uns werthvolle Fingerzeige. Als feste empirische Stützpunkte von fundamentaler Bedeutung betrachten wir hier: 1) die Gastrula und 2) die Chordula der Wirbelthiere. Die vergleichende Keimesgeschichte der Vertebraten hat nachgewiesen, dass aus dem befruchteten Ei aller Wirbelthiere eine echte, zweiblättrige *Gastrula* entsteht (§ 28), und dass diese sich in die characteristische Keimform der *Chordula* verwandelt (§ 30). Nach dem biogenetischen Grundgesetze ziehen wir daraus den Schluss, dass unter den praesilurischen Ahnen des Menschen, ebenso wie aller anderen Vertebraten sich zwei bedeutungsvolle Progonen-Stufen befanden: Gastraeaden (§ 12) und Prochordonier (§ 10). Die weite morphologische Kluft, welche diese beiden Ahnen-Stufen trennt, war vermuthlich in der praesilurischen Zeit durch eine lange Reihe von Wirbellosen ausgefüllt, von denen die älteren zu den *Platoden* (im weiteren Sinne!), die jüngeren zu den *Helminthen* (oder Wurmthieren) gehört haben (§ 11).

III. **Palaeozoische Vertebraten-Ahnen.** Die Progonen des Menschen aus der Reihe der niederen und mittleren Wirbelthiere lassen sieben wichtige Bildungsstufen unterscheiden (Nr. 9—15 im System § 451). Wir können dieselben in zwei Gruppen vertheilen, *Monorhinen* und *Amphirhinen*. Zu den Monorhinen-Ahnen gehören die beiden bedeutungsvollen Gruppen der *Prospondylien* (§ 207) und der *Archicranier* (§ 212); jene enthalten die Vorfahren aus der Stammgruppe der Acranier, diese die Urformen der Cyclostomen. Ueber den phylogenetischen Zusammenhang dieser beiden Gruppen, sowie über ihren Anschluss an die Prochordonier nach unten, an die Fische nach oben, erhalten wir die wichtigsten Aufschlüsse durch die vergleichende Anatomie und Ontogenie der Leptocardier (*Amphioxus*, *Paramphioxus*, § 208) und der Marsipobranchier (*Myxinoiden*, *Petromyzonten*, § 213).

Mit den silurischen Amphirhinen-Ahnen, den ältesten Fischen, beginnt der zweite Hauptabschnitt unserer Progonotaxis; von nun an gründen wir unsere phylogenetischen Speculationen nicht mehr ausschliesslich auf die morphologischen Urkunden der vergleichenden Anatomie und Ontogenie, sondern zugleich auf die handgreiflichen Thatsachen der Palaeontologie. Die fossilen Ueberreste der ältesten Fische sind theils Selachier (*Pleuracanthiden*), theils Ganoiden (*Acanthodinen*); erstere haben in den *Notidaniden*, letztere in den *Sturionen* der Gegenwart modificirte Epigonen hinterlassen. Auf diese silurischen Fische folgen dann im devonischen System die ersten Dipneusten (*Phaneropleuriden*) und im carbonischen System die ersten Amphibien (*Stegocephalen*); endlich im permischen System die ältesten Tocosaurier (*Proreptilien*), die gemeinsamen Stammformen aller Amnioten, der Sauropsiden einerseits, der Mammalien anderseits.

IV. **Mammalien-Ahnen** (*mesozoisch* und *caenozoisch*). Dieser vierte und jüngste Theil unserer Ahnen-Kette ist einerseits durch die vergleichende Anatomie und Ontogenie der Säugethiere, anderseits durch die reichen Schätze ihrer Palaeontologie neuerdings so befriedigend aufgehellt, dass wir in die wichtigsten Etappen ihres Bildungsganges seit Beginn des mesozoischen Zeitalters eine klare Einsicht gewonnen haben. Wir unterscheiden hier etwa neun Hauptstufen unter unseren Mammalien-Vorfahren (Nr. 16—24 im System § 451); von diesen gehören die triassischen und jurassischen zu den niederen *implacentalen*, die sieben folgenden, canaeozoischen, zu den *placentalen* Säugethieren. In den drei langen Perioden der Secundär-Zeit folgen auf einander: 1) die Monotremen (*Promammalia*) in der Trias-Periode (*Pantotheria*, § 376), 2) die Marsupialien (*Prodidelphia*) in der Jura-Periode (*Amblotheria*, § 381), 3) die Placentalien (*Prochorinta*) in der Kreide-Periode (*Mallotheria*, § 387). Endlich erscheinen nach einander in der Tertiär-Zeit die sechs jüngsten Stufen unserer Ahnenreihe: 1) die Halbaffen, Prosimiae, mit den gemeinsamen Stammformen aller Primaten (*Lemuravida* im Eocaen, § 438); 2) die Westaffen, Dysmopitheca (*Anthropops, Homunculus*); 3) die Ostaffen, Cynopitheca, im Miocaen (*Mesopithecus, Oreopithecus*); 4) die Menschenaffen, Anthropomorpha im Pliocaen (*Pliopithecus, Dryo-*

§ 451. System der Progonotaxis.

Vier Stufen-Gruppen	Geologisches Alter der Stufen	Stammgruppen der Ahnenreihe des Menschen	Fossile Ueberreste der Stammgruppen (11—24) oder embryonale Recapitulanten (1—10)	Lebende nächste Verwandte der Ahnen-Stufen
I. Reihe: Ahnen aus dem **Protisten-Reiche** (Stufe 1—4)	Stufe 1—10 nicht fossil, alle praesilurisch, aus der Ontogenie erschlossen	1. **Monera**	(Hypothetische kernlose Plastiden) ⊙	*Phytomonera* *Zoomonera*
		2. **Cytaea**	Einzelliges Ei (Stammzelle, Cytula)	*Einzellige Protisten*
		3. **Moraea**	Morula (Zellverein)	*Coenobien von Protisten*
		4. **Blastaea**	Blastula (Hohlkugel)	*Volvox* — *Magosphaera*
II. Reihe: Ahnen aus der **Evertebraten-Gruppe** (Stufe 5—8)		5. **Gastraea**	Gastrula (Zweiblätter-Keim)	*Olynthus* — *Hydra*
		6. **Platodes**	Keim mit Urdarm und Urnieren	*Rhabdocoela* — *Gastrotricha*
		7. **Helminthes**	Coelomula (— Taschenkeim)	*Enteropneusta* — (*Balanoglossus*)
		8. **Prochordonia**	Chordula (— Chordalarve)	*Copelata* — (*Ascidien-Larven*)
III. Reihe: Ahnen aus den niederen **Vertebraten-Classen** (palaeozoisch) (Stufe 9—15)	Cambrium?	9. **Prospondylia** (Acrania)	Larvenreihe des Amphioxus!!	*Leptocardia* — (*Amphioxus*)
	Cambrium?	10. **Archicrania** (Cyclostoma)	Larvenreihe des Petromyzon!!	*Marsipobranchia* — (*Petromyzon*)
	Silur	11. **Proselachii** (Selachii)	Pleuracanthides (— Ichthygonides)	*Notidanides* — (*Heptanchus*)
	Silur	12. **Proganoides** (Ganoides)	Acanthodini (— Onchodini?)	*Sturiones* — (*Accipenser*)
	Devon	13. **Paladipneusta** (Dipneusta)	Phaneropleurida (— Uronemida)	*Ceratodus* (— *Forsteri*)
	Carbon	14. **Stegocephala** (Amphibia)	Branchiosauria (— Microsauria)	*Phanerobranchia* (— *Salamandrina*)
	Perm	15. **Proreptilia** (Tocosauria)	Protamniota — Palaehatteria	*Hatteria* (— *Sphenodon*)
IV. Reihe: Ahnen aus der Classe der **Mammalien** (mesozoisch und caenozoisch) (Stufe 16—24)	Trias	16. **Promammalia** (Monotrema)	Pantotheria (— Dromatherida)	*Ornitheria* (— *Echidna*)
	Jura	17. **Prodidelphia** (Marsupialia)	Amphitherida — Amblotherida	*Didelphyida* (— *Didelphys*)
	Kreide	18. **Prochoriata** (Mallotheria)	Pelycodus — Hyopsodus	*Insectivora* (*Erinaceus*)
	Eocaen	19. **Lemuravida** (Prosimiae)	Lemuravus — Necrolemur	*Lemurogona* — *Stenops*
	Oligocaen	20. **Dysmopitheca** (Platyrhina)	Anthropops — Homunculus	*Nyctipithecus* — *Cebus*
	Miocaen	21. **Cynopitheca** (Catarhina)	Mesopithecus — Oreopithecus	*Cercopithecus* — *Semnopithecus*
	Miocaen	22. **Anthropomorpha** (Catarhina)	Pliopithecus — Dryopithecus	*Hylobates* (— *Gorilla*)
	Pliocaen	23. **Pithecanthropus** (Affenmenschen)	Pithecanthropus erectus (Java)	*Anthropithecus* — (*Schimpanse*)
	Pleistocaen	24. **Homines** (Sprachmenschen)	Protanthropus atavus	*Homo Vedda* — (*Ceylon*)

pithecus im oberen Miocaen?); endlich folgt 5) *Pithecanthropus erectus* (im Pliocaen), als directe Uebergangsform vom Affen zum Menschen, und 6. *Protanthropus atavus*, der »sprechende Urmensch« der Diluvial-Zeit.

§ 452. Anthropomorphen und Hominiden.

Pithecometrische Lehrsätze.

Die Menschenaffen (*Anthropomorpha* oder *Anthropoides*) bilden eine einheitlich organisirte, monophyletische Primaten-Gruppe, deren vergleichende Anatomie und Ontogenie — ebenso wie ihre vergleichende Physiologie und Psychologie — für die systematische Phylogenie des Menschen von höchster Bedeutung ist. Wir haben schon vorher (in § 443) die wichtigen Merkmale aufgeführt, in welchen alle *Anthropomorphen* übereinstimmen, und durch welche sie sich von allen *Cynopitheken*, von allen übrigen catarhinen Affen, unterscheiden. Da auch der Mensch alle jene morphologischen Eigenthümlichkeiten mit den Anthropomorphen theilt, und da uns der Pithecometra-Satz zu einer naturgemässen Werthschätzung dieser Beziehungen und ihrer phylogenetischen Bedeutung führt, sind wir allein schon durch diese Verhältnisse zu dem Schlusse gezwungen, dass der Mensch selbst aus einem einzelnen, höchst entwickelten Zweige dieser Catarhinen-Gruppe hervorgegangen ist. Bei der unermesslichen Bedeutung dieses Schlusses erscheint es wünschenswerth, die ganze Anthropomorphen-Familie, sowie die einzelnen lebenden und fossilen Glieder derselben einer vergleichenden Betrachtung und Kritik zu unterziehen.

I. Lebende Anthropomorphen. Die wenigen Menschenaffen der Gegenwart, die wir als vereinzelte Ueberreste einer formenreichen jungtertiären Familie betrachten, zerfallen in zwei Gruppen; von diesen bewohnt die eine das tropische Africa, die andere das tropische Asien. A. Africanische Anthropoiden: 1) *Anthropithecus niger* (= *Troglodytes niger* = *Pongo troglodytes*): Schimpanse, und wahrscheinlich mehrere verwandte Arten: *A. tschego*, *A. calvus* u. A., in Central-Africa, besonders an der Guinea-Küste. 2) *Gorilla gina* (= *Troglodytes gorilla* = *Pongo gorilla*), im aequatorialen Westafrica, der grösste und stärkste aller Menschenaffen. B. Asiatische Anthropoiden: 1) *Satyrus orang* (= *Pithecus satyrus*) und wahrscheinlich eine zweite kleinere Art, *Satyrus morio*, auf den grossen Sunda-Inseln, Borneo und Sumatra. 2) *Hylobates*, mit 6—8 verschiedenen Arten, in Ostindien und den benachbarten Sunda-Inseln. Die Gattung *Hylobates* entfernt sich durch den Besitz von Gesässschwielen, durch dichte Behaarung und sehr lange Arme von den übrigen, bedeutend grösseren Anthropomorphen und bildet eine verbindende Zwischengruppe zwischen diesen und den Cynopitheken. Dagegen schliesst sich der Schimpanse in den meisten und wichtigsten Beziehungen zunächst an den Menschen an.

II. **Fossile Anthropomorphen.** Die wenigen versteinerten Ueberreste von ausgestorbenen Menschenaffen, welche wir kennen, sind leider alle höchst unvollständig und bestehen nur aus einzelnen Schädelfragmenten (besonders Kieferstücken), grösseren Röhrenknochen (Humerus, Femur) und einzelnen Zähnen. Dennoch besitzen diese Bruchstücke, welche im Pliocaen und Miocaen, einige auch im Pleistocaen gefunden wurden, als die einzigen bekannten Ueberbleibsel von der wichtigen, tertiären Anthropomorphen-Gruppe, ein hervorragendes Interesse; sie zerfallen in zwei Gruppen, von denen die einen in Asien, die anderen in Europa gefunden wurden. A. Fossile Asiatische Anthropoiden: 1) *Pithecanthropus erectus,* 1894 aus dem Pliocaen von Java beschrieben; ein Schädeldach (— höchst wichtig! —), ein Oberschenkel und ein Backzahn (oberer *Ml.*). 2) *Anthropithecus sivalensis,* aus dem oberen Miocaen (oder unteren Pliocaen) des indischen Siwalik-Gebirges; den unvollständigen Resten nach zu urtheilen, zwischen *Hylobates* und *Pithecanthropus* stehend. B. Fossile europäische Anthropoïden: 1) *Dryopithecus Fontani*, im mittleren oder oberen Miocaen von Frankreich (St. Gaudens in Haute-Garonne); zwei Unterkiefer und ein Humerus, grösser als beim Schimpanse und dem Menschen näher stehend (in einigen Beziehungen entfernter). 2) *Pliopithecus antiquus*, aus dem mittleren Miocaen von Deutschland (Steiermark), der Schweiz (Elgg) und Frankreich (Sansan); nur mehrere Unterkiefer und einzelne Zähne des Oberkiefers bekannt; scheint dem *Hylobates* sehr nahe zu stehen. Unter allen fossilen Ueberresten von *Anthropomorphen* ist weitaus das wichtigste das Schädeldach des Pithecanthropus erectus von Java (1894); denn dasselbe steht in bedeutenden Verhältnissen demjenigen des Menschen (und besonders der niedersten Menschen-Rassen) weit näher, als dasjenige aller anderen anthropoiden Affen. In noch höherem Grade gilt dies von dem menschenähnlichen, in der Nähe jenes Schädeldaches gefundenen Oberschenkel; doch gehört dieser möglicherweise selbst einem fossilen Menschen an.

Die phylogenetische Bedeutung dieser wenigen, uns bekannten Anthropomorphen, sowie ihre Beziehungen zu einander und zum Menschen, sind sehr verschieden beurtheilt worden; wie sehr aber auch noch heute die Ansichten darüber auseinander gehen, so berechtigen sie uns doch schon jetzt zur Aufstellung einiger fundamentaler Lehrsätze. Nach unserer Ansicht können wir diese pithecometrischen

Lehrsätze folgendermaassen formuliren: 1) Alle Anthropomorphen bilden eine monophyletische Affengruppe, welche während der mittleren Tertiär-Zeit sich aus einem Zweige der cynopitheken Catarhinen entwickelt hat. 2) Da die Verbreitung aller Anthropomorphen — ebenso wie aller Cynopitheken — auf die alte Welt (Eurasien und Africa) beschränkt ist, muss auch die Entstehung der ersteren aus den letzteren in diesem Gebiete stattgefunden haben; wahrscheinlich geschah sie während der älteren Miocaen-Zeit im südwestlichen oder tropischen Asien (?). 3) Die hypothetische Stammform der Anthropomorphen-Familie, die wir als Prothylobates bezeichnen können, hat sowohl dem miocaenen *Pliopithecus* (von Europa) als dem lebenden *Hylobates* (von Ostindien) sehr nahe gestanden; sie wird aber kürzere Arme als der letztere besessen haben und in anderer Beziehung den geschwänzten Cynopitheken-Ahnen (*Cercopithecus, Cynocephalus*) ähnlicher gewesen sein. 4) Unter den lebenden Anthropomorphen steht der Schimpanse (*Anthropithecus niger*) dem Menschen in den meisten und wichtigsten Beziehungen am nächsten, namentlich in der Bildung des Schädels und Gehirnes; in einigen anderen Beziehungen aber nähert sich dem Menschen mehr der *Gorilla* einerseits, der Orang (*Satyrus*) anderseits. 5) Keiner von diesen drei jüngeren Menschenaffen gehört zu den directen Vorfahren des Menschen; ebenso wenig der ältere *Hylobates*, welcher der gemeinsamen Stammform Aller (*Prothylobates*) am nächsten steht. 6) Unter den fossilen Menschenaffen steht der pliocaene *Pithecanthropus erectus* von Java am höchsten und dem Menschen bei weitem am nächsten; vielleicht gehört er zu unseren directen Vorfahren. 7) Dagegen scheint der miocaene *Pliopithecus antiquus* auf der tiefsten Stufe unter den bekannten Anthropomorphen zu stehen und ist vielleicht ein Ueberrest ihrer Stammgattung (*Prothylobates*). 8) Der Mensch ist zweifellos in der alten Welt aus einem jüngeren (pliocaenen) Zweige der Anthropomorphen-Familie hervorgegangen, wahrscheinlich im südlichen Asien (vielleicht auch im tropischen Africa, § 457); unter den lebenden Menschen-Arten scheinen die indischen Vedda-Völker (*Veddales*) der pithecoiden Uebergangsform am nächsten zu stehen.

§ 453. Species und Rassen der Hominiden.

Die verschiedenen Formen, in denen sich das Menschengeschlecht auf unserer Erde, wahrscheinlich seit mehr als hunderttausend Jahren, entwickelt hat, zeigen unter sich bedeutende Unterschiede in der Bildung des Skeletes, namentlich des Schädels, in den Proportionen der Körpertheile, der Farbe der Haut und der Beschaffenheit der Haare;

nicht weniger auch in der feineren Structur des Gehirns und der entsprechenden Höhe der Seelenthätigkeit. Diese Unterschiede sind zum Theil sehr beständig, und ihrem Grade nach nicht geringer, als diejenigen, welche allgemein in der Zoologie zur Unterscheidung sogenannter »Guter Arten« (*Bonae Species*) benutzt werden. Man könnte darauf hin eine ziemliche Anzahl von Species des *Genus Homo* unterscheiden, bei weiterer Fassung des Art-Begriffes 5–6, bei engerer Fassung 10—15. Indessen hat man sich schon seit längerer Zeit (seit mehr als hundert Jahren) daran gewöhnt, diese verschiedenen Formen-Gruppen, die auch durch ihre geographische Verbreitung als natürliche Einheiten erscheinen, nicht als *Species*, sondern als Rassen, oder als *Varietäten* einer Species anzusehen. Für den kritischen Systematiker, der auf dem Boden der Descendenz-Theorie steht, besitzt diese Frage keine wesentliche Bedeutung; denn er legt dem Begriffe der Species nur einen relativen, keinen absoluten Werth bei; und er nimmt in phylogenetischer Beziehung ebenso einen gemeinsameu Ursprung für die verschiedenen Species eines Genus an, wie für die verschiedenen Subspecies, Varietäten oder Rassen einer Species.

Die Art-Einheit des Menschen-Geschlechts, über welche so viel geschrieben und gestritten worden ist, erscheint demnach heute für unsere Systematische Phylogenie in einem ganz anderen Lichte, als in dem man sie früher ganz allgemein betrachtete. Die Annahme eines monophyletischen Ursprungs aller Menschen beweist gar Nichts für die Einheit ihrer Species; ebenso wenig als die Fähigkeit der fruchtbaren Vermischung aller Menschen-Arten. Früher herrschte fast allgemein das falsche Dogma, das auch heute noch von einzelnen unkundigen Biologen vertheidigt wird: nur Individuen einer und derselben Art lieferten bei ihrer sexuellen Vermischung fruchtbare Bastarde. Zahlreiche Experimente der neueren Zeit haben unzweifelhaft das Gegentheil bewiesen; viele Thier-Arten (— und ebenso Pflanzen-Arten —), welche der Systematiker als ganz verschiedene »Bonae Species« betrachtet, sind bei ihrer Amphimixis nicht allein fruchtbar, sondern auch die von ihnen erzeugten Bastarde können sich unter sich fortpflanzen; ja in manchen Fällen sind sogar die hybriden Formen fruchtbarer als die reinen Vertreter der Species. Die Verhältnisse der Bastardzeugung haben demnach für die Art-Unterscheidung alle Bedeutung verloren.

Mehrere Species des Genus *Homo* müssen wir unzweifelhaft dann unterscheiden, wenn wir die morphologischen Differenzen der sogenannten »Menschen-Rassen« unbefangen vergleichen und abwägen, wenn wir ihre Constanz und zähe Vererbung würdigen und ihre geographische Verbreitung in Betracht ziehen. Vedda und Mongole,

Hottentotte und Americaner, Neger und Mittelländer erscheinen dann in höherem Grade als verschiedene »Species«, als etwa die zahlreichen Arten der Gattungen *Mus*, *Fringilla*, *Lacerta*, *Rana*, *Salmo* u. s. w., welche der Systematiker allgemein als »Bonae Species« unterscheidet. Die Berücksichtigung der tiefgreifenden und constanten Unterschiede, welche die morphologische Beschaffenheit des Haares und der Haut, des Schädels und Beckens darbietet, rechtfertigt dann die Unterscheidung von vier grösseren Formengruppen (Subgenera) und von 12—15 Species des Genus *Homo*, wie sie in § 455 zusammengestellt sind.

Als Rassen oder Subspecies — oder als *Varietäten* einer *Species* — wird man diese Formengruppen aber dann in herkömmlicher Weise betrachten, wenn man sie mit den sogenannten »Rassen« unserer Hausthiere (Hunde, Pferde, Schafe etc.) vergleicht. Die eigenthümlichen Verhältnisse der Domestication, die besonderen Bedingungen des eingeschlossenen Culturlebens, haben bei diesen Hausthieren (— und ebenso bei den Culturpflanzen —) seit Jahrtausenden eine hohe Biegsamkeit der Körperform und eine besondere Leichtigkeit der Bastardzeugung herbeigeführt, welche diejenige der wilden Thiere und Pflanzen im freien Naturzustande weit übertrifft. Die verschiedenen »Menschenrassen«, und besonders die höheren »Culturrassen« gleichen in dieser Hinsicht den »Rassen« der Hausthiere.

§ 454. Classification der Menschen-Rassen.

Die systematische Eintheilung und Gruppirung der verschiedenen Menschenrassen versuchte schon die ältere Anthropologie auf Grund derselben Merkmale, welche wir auch heute noch dazu benutzen: 1) Haarform, 2) Hautfarbe, 3) Gesichtsbildung, 4) Schädelform, 5) Gehirnbildung, 6) Körperproportionen, 7) Sprache, 8) geographische Verbreitung. Auf die umfassende Vergleichung dieser wichtigsten, theils morphologischen, theils physiologischen Unterschiede gründete sich schon jenes ältere, seit 1775 zu hohem Ansehen gelangte System, nach welchem die ganze Menschheit in fünf Rassen zerfiel (entsprechend den fünf Erdtheilen): 1) Kaukasische (weisse) Rasse, in *Europa*; 2) Mongolische (gelbe) Rasse, in *Asien*; 3) Aethiopische (schwarze) Rasse, in *Africa*; 4) Americanische (rothe) Rasse, in *America*; 5) Malayische (braune) Rasse, in *Australien* und *Polynesien*. Genauere Untersuchung derselben, besonders der africanischen und australischen Varietäten, führte später zur Unterscheidung einer grösseren Zahl (10—12) Menschenrassen. Als dann durch die Reform der Descendenz-Theorie (1859) der modernen Anthropologie die Aufgabe erwuchs, die systematischen Unterschiede dieser Rassen oder Arten phylogenetisch zu deuten, haben wir selbst in unserer »Natürlichen Schöpfungsgeschichte« (1868) den ersten Versuch unternommen, die Abstammung derselben von einer gemeinsamen Stammform hypothetisch zu erläutern. Jedoch hoben wir schon damals, ebenso wie in den späteren verbesserten Versuchen derselben (VIII. Auflage, 1889), ausdrücklich hervor, dass unser »Stammbaum der Menschen-Arten« nur den provisorischen Werth einer heuristischen Hypothese habe, ebenso wie die angeschlossene Karte (Taf. XX), welche den »monophyletischen Ursprung und die Verbreitung der 12 Menschen-Species von Süd-Asien aus über die Erde« graphisch veranschaulicht. Diese »hypothetische Skizze« hat ebenso wie unsere Reform-Versuche in der phylogenetischen Classification der zahlreichen Rassen und Subrassen der Menschen-Arten bei den modernen, sogenannten »Fach-Anthropologen« keine Berücksichtigung gefunden. Diese ziehen es noch heute vor, sich über jene wichtigen phylogenetischen Fragen überhaupt gar keine Vorstellung zu bilden, statt den Versuch zur Aufstellung von wissenschaftlich berechtigten Hypothesen zu wagen, welche neben richtigen Erkenntnissen natürlich auch manche Irrthümer enthalten müssen. Indem wir jenen ersten isolirten Versuch eines Stammbaumes der Menschen-Rassen hier in verbesserter Form wiederholen (§ 456), bemerken wir zur Begründung desselben und zur Kritik der dabei benutzten Merkmale Folgendes:

I. Die Haarbildung verwerthen wir in erster Linie zur Unterscheidung der vier grossen Hauptrassen desshalb, weil ihre besondere Form innerhalb derselben constante Vererbung in höherem Grade zeigt als alle übrigen Merkmale. Als ursprüngliche Form des Kopfhaares und Barthaares betrachten wir diejenige der Lockenhaarigen (*Euplocami*) oder Wellenhaarigen (*Cymotriches*), IV. Aus ihr haben sich als zwei divergente Formen wahrscheinlich hervorgebildet die Straffhaarigen (*Euthycomi* s. *Orthotriches*) und die Wollhaarigen (*Ulotriches*); unter letzteren können wieder die Filzhaarigen (*Eriocomi*) von den Bürstenhaarigen (*Lophocomi*) unterschieden werden; bei diesen letzteren sind die Abstände der einzelnen Haarbüschel (wie bei einer Bürste) weit grösser als bei den übrigen Rassen. Ausserdem zeigt auch die quantitative Verschiedenheit des Haarwuchses in den verschiedenen Körpergegenden bei einzelnen Rassen characteristische Eigenthümlichkeiten.

II. Die Hautfarbe ist bis zu einem gewissen Grade für die grösseren Rassen-Gruppen characteristisch, obwohl sie innerhalb einer Rasse (z. B. der mediterranen, der malayischen) sehr bedeutenden Abstufungen unterliegt. Schwarz oder dunkel schwarz-braun ist sie bei den wollhaarigen Papuas, Negern und Kaffern, bei den lockenhaarigen

Dravidas und Australnegern Neuhollands. **Braun**, bald dunkler schocoladenbraun, bald heller gelblich-braun, ist die vorherrschende Farbe der wollhaarigen Accalen und Hottentotten, der straffhaarigen Malayen und der lockenhaarigen Veddalen. **Roth**, bald mehr kupferroth, bald mehr gelblich oder bräunlich-roth, ist der Grundton der Hautfarbe bei den straffhaarigen Americanern und den lockenhaarigen Nubiern. **Gelb** in allen Abstufungen, vom dunklen Ledergelb und röthlichen Rostgelb bis zum hellen Erbsengelb oder Citrongelb, ist die Hautfarbe der straffhaarigen Mongolen und Arktiker. **Weiss** endlich (oder eigentlich »Röthlich-weiss«) mit verschiedenen Abtönungen zum Hellgelb und Hellbraun (mit besonderer Neigung auch zu helleren Haarfarben) zeichnet die höchstentwickelte Rasse aus, die Mediterraneer. Eine scharfe Unterscheidung nach diesen fünf Farbentönen, die im Grossen und Ganzen fünf Hauptrassen characterisiren, ist bei mehreren kleineren Gruppen nicht möglich. Die gemeinsame Stammform des Urmenschen hatte wahrscheinlich braune Hautfarbe und lockiges Haar (ähnlich den Veddalen).

III. **Die Antlitzbildung**, besonders die Form der Nase, der Augen, der Backen und des Mundes, zeigt innerhalb der kleineren Gruppen (— der Subrassen, § 455 —) zum Theil sehr characteristische und auf den ersten Blick auffallende Merkmale; sie unterliegt aber innerhalb der grösseren Gruppen (— der Rassen —) sehr beträchtlichen Schwankungen und lässt sich nicht in strengerer Weise zu deren Unterscheidung verwerthen. Die grösste Mannichfaltigkeit zeigt die Physiognomie bei der höchststehenden mediterranen Rasse, in der sich einerseits die Antlitz-Bildung zur höchsten Vollkommenheit und Schönheit erhebt, anderseits in allen Abstufungen Anklänge an die übrigen Rassen darbietet.

IV. **Die Schädelbildung** wurde früher in erster Linie zur Characteristik der Menschenrassen verwendet; man unterschied *Dolichocephali* und *Brachycephali*, und in jeder dieser beiden Hauptgruppen *Prognathi* und *Orthognathi*, später auch noch *Chamaeprosopi* und *Leptoprosopi*. In der Hoffnung, durch genaue mathematische Bestimmung dieser Unterschiede sichere Handhaben zur systematischen Trennung der kleineren und grösseren Gruppen des Menschen-Geschlechtes zu finden, wurden im Laufe der letzten drei Decennien äusserst zahlreiche, mühsame und ausgedehnte Untersuchungen an Tausenden von Menschen-Schädeln angestellt und die Maasse ihrer Dimensionen in endlosen Zahlen-Tabellen niedergelegt. Das **allgemeine** Ergebniss dieser *»exacten Craniometrie«* war rein **negativ**; es hat sich daraus nicht allein kein einziges allgemeines Gesetz über die menschliche Schädelbildung ergeben, sondern auch gezeigt, dass die Haupt-Unterschiede derselben nicht einmal in der früher angenommenen Ausdehnung zur Characteristik der grösseren Rassen verwendet werden können. Innerhalb einer einzigen Rasse (der mediterranen, der americanischen, der mongolischen, der malayischen) finden sich zwar gewisse dominirende Schädelformen, aber daneben die mannichfaltigsten Abweichungen und Uebergänge zu anderen Formen.

V. Die Gehirnbildung entspricht bis zu einem gewissen Grade der Schädelbildung, und gerade mit Rücksicht auf die erstere wurde auch der letzteren eine so hohe Bedeutung zugeschrieben. Allein das nahe Verhältniss Beider wurde dabei in ähnlicher Weise überschätzt, wie es in der älteren »Phrenologie« geschah. Gewiss sind die Unterschiede in der äusseren Form und besonders in der inneren Structur des Gehirns zwischen den niedersten und höchsten Menschen-Rassen sehr bedeutend, wie sich schon aus den beträchtlichen Unterschieden in der Entwickelungsstufe ihrer Seelenthätigkeit und Sprache ergiebt. Auch existiren gewiss characteristische Differenzen und Abstufungen innerhalb der kleineren Zweige unseres Geschlechtes. Allein erstens sind dieselben uns zum grössten Theile unbekannt oder überhaupt unserer Erkenntniss unzugänglich; und zweitens würden wir sie auch bei genügender Kenntniss wohl ebenso wenig wie die Schädelformen zur systematischen Classification der Rassen verwerthen können.

VI. Die Körperproportionen, sowohl die relativen Maass-Verhältnisse der einzelnen Skelettheile (namentlich der Gliedmaassen-Knochen, des Thorax und Beckens), als auch mancher Weichtheile (Mammae, Genitalien, Waden) unterliegen beträchtlichen Schwankungen; und diese Differenzen scheinen zum Theil innerhalb der Rassen erblich zu sein. Allein erstens ist die vergleichende Untersuchung derselben bisher nicht allgemein durchgeführt; und zweitens machen deren bisherige Ergebnisse es wahrscheinlich, dass die relativ constanten Differenzen in den Proportionen der einzelnen Körpertheile zwar für die allgemeine Characteristik kleinerer Gruppen von Interesse, aber nicht für die systematische Unterscheidung der Rassen zu verwerthen sind.

VII. Die Sprachbildung besitzt für die systematische Phylogenie des Menschen einen hohen Werth; ebenso wie der psychologische Character der verschiedenen Rassen, dessen Ausdruck sie ist. Indessen muss dieselbe mit scharfer Kritik und unter allseitiger Würdigung der historischen Entwickelungs-Verhältnisse verglichen werden. Zur Classification der Rassen an sich kann sie nicht in erster Linie dienen, da die Sprachthätigkeit gleich anderen physiologischen Functionen in hohem Maasse der Anpassung unterliegt. Auch ist häufig nachgewiesen, dass einzelne Zweige einer Rasse ihre ursprüngliche Muttersprache theilweise oder ganz verloren und an deren Stelle die fremde Sprache des eingedrungenen Eroberers angenommen haben. Aber im Zusammenhange

§ 455. System der Menschen-Rassen.

	Species oder Hauptrassen	Hautfarbe	Rassen oder Subspecies	Subrassen oder Varietäten
Ulotriches. Wollhaarige Rassen.	**I. Lophocomi** Bürstenhaarige Haare kraus, schwarz, bürstenähnlich; Büschel in Abständen. Schädel dolichocephal	Grundton braun	1. **Accalis** Central-Africa	Akka-Pygmaen Buschmänner
		Grundton gelbbraun	2. **Hottentottus** Süd-Africa	Koraka Namaka
	II. Eriocomi Filzhaarige Haare kraus, schwarz, filzähnlich; Büschel gedrängt. Schädel dolichocephal	Grundton schwarzbraun	3. **Cafer** Süd--Africa	Zulukaffern Beschuanen Congokaffern
		Grundton schwarz	4. **Niger** Tropisches Africa	Tibu-Neger Sudan-Neger Senegambier Nigritier
		Grundton schwarzbraun	5. **Papua** Australasien	Negritos Neuguineer Melanesier Tasmanier
Lissotriches. Schlichthaarige Rassen.	**III. Euthycomi** Straffhaarige (*Orthotriches*) Haare straff, schwarz, gerade, mit kreisrunder Querschnitt. Schädel meistens brachycephal oder mesocephal	Grundton braun	6. **Malayus** Sunda-Archipel, Oceanien	Sundanesier Polynesier Madagassen
		Grundton gelb	7. **Mongolus** Asien	Indochinesen Koreo-Japaner Ural-Altajer
		Grundton rothgelb	8. **Arcticus** Arctis	Hyperboraeer Eskimos
		Grundton roth oder rothbraun	9. **Americanus** America	Nord-Americaner Mittel-Americaner Süd-Americaner
	IV. Euplocami Lockenhaarige (*Cymotriches*) Haare von sehr verschiedener Farbe, lockig oder wellig. Schädel sehr mannichfaltig gebildet, bei 10—13 meist dolichocephal, bei 14 und 15 meist mesocephal, aber höchst variabel	Grundton braun?	10. **Protanthropus** Süd-Asien ⊙	Stammform aller Menschen-Rassen ⊙
		Grundton braun	11. **Veddalis** Ceylon, Hindostan	Wedda (Ceylon) Kurumba (Nilgiri)
		Grundton schwarzbraun	12. **Dravida** Hindostan, Ceylon	Tamilen (Ceylon) Toda (Hindostan)
		Grundton schwarz	13. **Australis** Neuholland	Nord-Australier Süd-Australier
		Grundton rothbraun	14. **Nuba** Nubien	Dongolesen Fulater
		Grundton hell, röthlich-weiss	15. **Mediterraneus** Heimath Südwest-Asien, später Nord-Africa und Europa	Kaukasier Basken Hamiten Semiten Indogermanen

§ 456. Stammbaum der Menschen-Rassen.

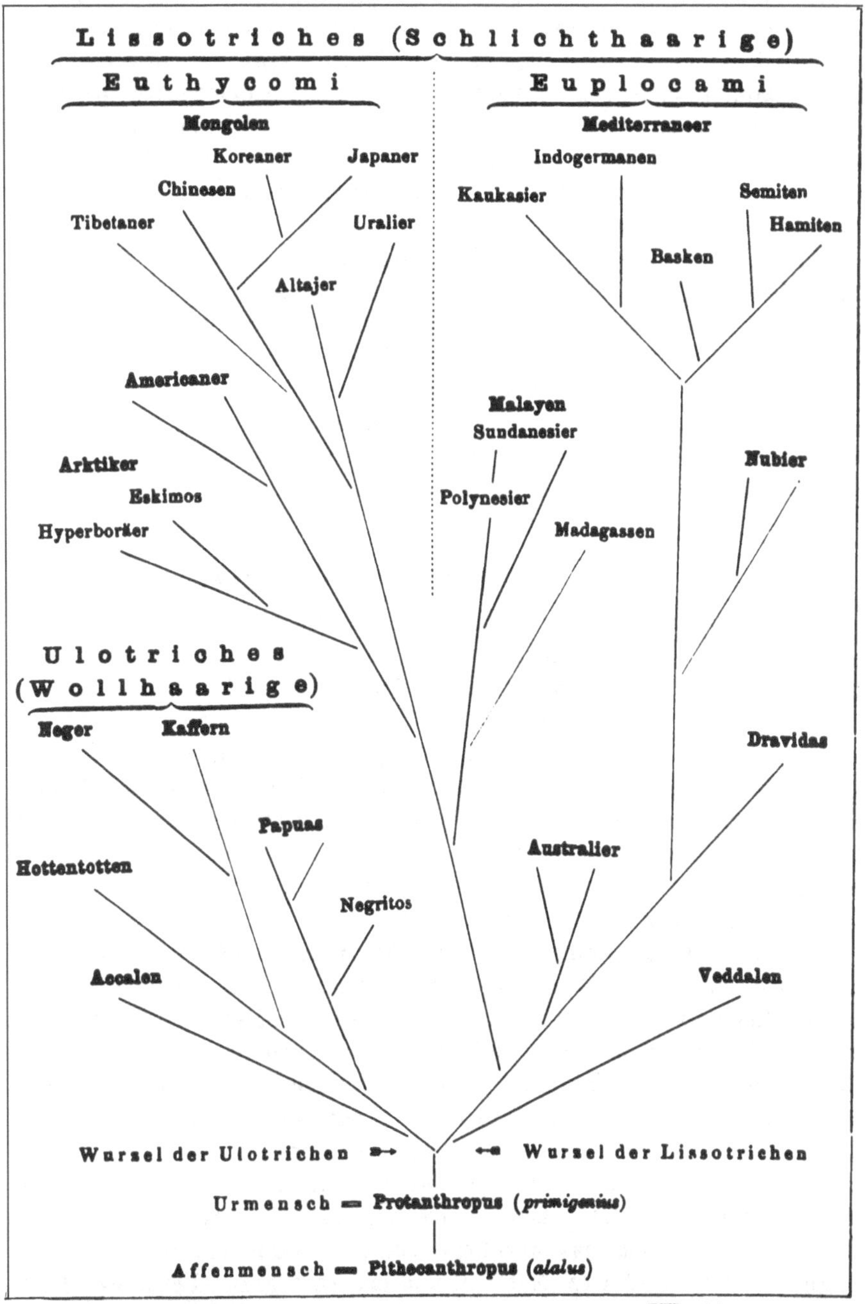

mit anderen Rassen-Eigenschaften, und namentlich mit den Verhältnissen ihrer geographischen Verbreitung, kann dennoch die vergleichende Sprachforschung über viele wichtige Fragen der Rassen-Verwandtschaft Licht verbreiten. Ganz besonderes Interesse besitzt sie für die allgemeine Phylogenie desshalb, weil die Verzweigung der verschiedenen Sprachstämme, das Verhältniss der Muttersprachen zu den Tochtersprachen, die Zersplitterung der Dialekte, Mundarten u. s. w. ganz analoge Erscheinungen darbietet, wie die Stammesgeschichte der Classen und Ordnungen, ihre Auflösung in viele divergente Genera und Species, Varietäten, Rassen u. s. w.

VIII. Die Chorologie der Menschen-Rassen, insbesondere die Vergleichung ihrer früheren und heutigen Verbreitung über die Erdoberfläche, ist für ihre phylogenetische Classification von hohem Werthe. Die Verhältnisse ihrer Migrationen (§ 458), wie sie zum Theil durch historische Traditionen beglaubigt, zum Theil durch vergleichende Betrachtungen zu erschliessen sind, bestätigen und ergänzen diejenige systematische Gruppirung der heutigen Menschen-Rassen, wie wir sie in unserem Stammbaum (§ 456) provisorisch skizzirt haben.

§ 457. Urheimath des Menschen.

Die monophyletische Auffassung des menschlichen Ursprunges, welche jetzt allgemein angenommen ist, hat zu sehr verschiedenen Ansichten über die hypothetische Urheimath des Menschen geführt, über diejenige Gegend der Erde, in welcher der gemeinsame Stammvater des Menschen-Geschlechtes, der hypothetische *Homo primigenius*, durch Umbildung aus einer anthropomorphen Affenform (*Pithecanthropus alalus*) entstanden ist. Obgleich positive palaeontologische Daten zur definitiven Beantwortung dieser Frage zur Zeit noch fehlen, können wir doch eine Anzahl von Lehrsätzen aufstellen, welche dieselbe in bestimmten Grenzen klarer stellen.

Ausgeschlossen bleiben hier zunächst Australien (nebst Polynesien) und America (sowohl Nord- als Süd-America). Denn in diesen Erdtheilen fehlen nicht allein Anthropomorphen, sondern überhaupt Catarhinen völlig; sie haben zu keiner Zeit hier existirt. Die Menschen-Rassen, welche diese Erdtheile heute bewohnen, sind nachweislich aus benachbarten Gebieten der alten Welt erst spät eingewandert. Nur diese letztere, die Palagaea im weiteren Sinne, kann als Urheimath des Menschen in Frage kommen. Aber auch in diesem ausgedehnten Gebiete erscheint der weitaus grössere Theil ziemlich sicher ausgeschlossen, nämlich das nördliche Eurasien oder die palaearktische Region, sowie Süd-Africa (Natalien und Madagascar). Allerdings finden sich einzelne Reste von Anthropomorphen auch in Europa (*Dryopithecus*, *Pliopithecus*, § 452); aber die gesammten chorologischen und palaeontologischen Verhältnisse der Tertiär-Zeit und der nachfolgenden Diluvial-Zeit widersprechen der Annahme, dass die Wiege des Menschen-Geschlechtes in Europa oder im nördlichen Africa gestanden habe, oder in einem Theile der ungeheuren sibirischen Region, dem Gross-Asien nördlich vom Himalaya.

Als vermuthliche Urheimath des Menschen bleiben demnach (— wenn man die heutige Begrenzung der Continente berücksichtigt! —) nur zwei beschränkte Gebiete übrig, entweder Süd-Asien (die Indische oder *Orientalische Region*), oder Central-Africa (die *Aethiopische Region*). In beiden Regionen existiren noch heute zahlreiche Catarhinen (*Cynopitheken*) und unter diesen auch einzelne *Anthropomorphen* (§ 452). Chorologische und bionomische Gründe machen es wahrscheinlich, dass entweder der westliche Theil von Süd-Asien (Hindustan) oder der östliche Theil von Mittel-Africa (Sudanien) das bedeutungsvolle Gebiet war, in welchem die Entstehung des *Homo primigenius* aus einem *Pithecanthropus alalus* sich während der Pliocaen-Zeit vollzog. Wenn man aber alle chorologischen, aus der Verbreitung und Migration der Menschen-Rassen entnommenen Argumente berücksichtigt, so neigt sich die Wagschale zu Gunsten von Hindustan oder Vorder-Indien. Jedoch ist dabei zu berücksichtigen, dass zu jener Zeit dieser Theil des südwestlichen Asiens wahrscheinlich eine weit grössere Ausdehnung hatte, und dass ein grosser Theil des heutigen Arabischen Meeres eine Festland-Verbindung zwischen Hindustan, Arabien und Somalien herstellte. Vielleicht bestand selbst damals noch ein ausgedehntes »Indo-Africa« oder Lemurien, ein grosser Süd-Continent, welcher Somalien mit Arabien und Hindustan und dieses letztere mit Ceylon und Sundanesien in directem Zusammenhang verband. Die merkwürdigen Verhältnisse in der geographischen Verbreitung der heutigen Primaten und Insectivoren, sowie vieler Gruppen von Vögeln und Reptilien u. s. w. machen die Annahme eines solchen lemurischen Continents innerhalb der Tertiär-Zeit fast unentbehrlich, wenn auch seine vermuthlichen Grenzen nicht genau zu bestimmen sind. Gleichviel ob man dieselben enger oder weiter zieht, jedenfalls sind noch in der mittleren und jüngeren Tertiär-Zeit die geographischen und orographischen Verhältnisse dieses bedeutungsvollen Gebietes von den heutigen sehr verschieden gewesen. Dieser Umstand ist auch dann immer im Auge zu behalten, wenn man die pliocaene Urheimath des Menschen etwas weiter nördlich sucht, in jenem nordwestlichen Theile von Hindustan, welcher das Quellen-Gebiet des Ganges, am Südfusse des Himalaya umfasst. In den ober-miocaenen oder unter-pliocaenen Schichten dieses Gebietes ist auch neuerdings jene Sivalik-Fauna gefunden worden, zu welcher der *Anthropithecus sivalensis* gehört (§ 452).

§ 458. Migrationen der Menschen-Rassen.

Die heutige Chorologie der Menschen-Rassen, verbunden mit den historischen Traditionen der Völker-Wanderungen und verknüpft mit den palaeontologischen Documenten der Säugethier-Geschichte, gestattet uns bis zu einem gewissen Grade die wahrscheinliche Verbreitung des Menschen-Geschlechtes über die Erde in ihren Grundzügen zu erkennen. Wenn wir als Urheimath das südwestliche Asien (Hindustan) betrachten, so können wir annehmen, dass die Rasse des Urmenschen (*Homo primigenius*) sich zunächst in zwei Stämme gespalten hat, einen nördlichen lockenhaarigen, der sich in Asien ausbreitete, und einen südlichen wollhaarigen, der theils nach Australien, theils nach Africa wanderte. Reste des ersteren sind wahrscheinlich die *Veddalen*, Reste des letzteren die *Accalen*. Zu der Veddalen-Rasse gehören die Weddas von Ceylon, die Kurumbas und Kanikaren in den Gebirgen von Hindustan; sie scheinen unter allen lebenden Menschen der Stammform des *Protanthropus* und dessen Anthropomorphen-Ahnen (besonders dem Schimpanse) am nächsten zu stehen. Sie sind wahrscheinlich die letzten Ueberreste einer ausgestorbenen Zwergrasse, die während der Pliocaen-Zeit in Süd-Asien weit verbreitet war. Aehnlich verhalten sich vielleicht in Africa die Akkalen (Akka, Buschmänner). Indessen beruht der zwerghafte Wuchs und die niedere Organisation dieser africanischen Pygmäen vielleicht theilweise auf Rückbildung, während sie bei den indischen Veddalen als ursprünglich zu beurtheilen ist.

Die Hauptgruppe der dunkelbraunen Wollhaarigen (*Ulotriches*) scheint sich schon während der Pliocaen-Zeit in zwei divergente Aeste gespalten zu haben, die beide nur in der südlichen Erdhälfte sich ausbreiteten, der eine im Westen (Africa), der andere im Osten (Hinter-indien). Der africanische Zweig entwickelte sich zunächst im östlichen tropischen Africa und sonderte sich in die gelbbraune Hottentotten-Rasse und die schwarze Neger-Rasse (Kaffern in Süd-Africa und eigentliche Neger in Central-Africa). Letztere erscheinen den Existenz-Bedingungen des »schwarzen Erdtheiles« am besten angepasst; sie verdrängten die schwächere hellbraune Rasse, deren Reste in den Hottentotten und Buschmännern heute auf den südlichsten Theil beschränkt sind; doch könnten auch die Akka-Pygmäen noch zersprengte Ueberbleibsel desselben sein. Der östliche Hauptzweig der Wollhaarigen wendete sich nach Hinter-Indien und entwickelte sich zu der Papua-

Rasse, die gegenwärtig Neu-Guinea und Melanesien bevölkert. Einzelne Ueberreste desselben Zweiges scheinen die Negritos in Malacca und auf den Philippinen zu sein.

Die Hauptgrupe der Schlichthaarigen (*Lissotriches*) scheint sich ebenfalls schon während der Pliocaen-Zeit in zwei divergente Hauptstämme gespalten zu haben; diese breiteten sich zunächst in der nördlichen Erdhälfte aus, die Straffhaarigen gegen Osten, die Lockenhaarigen gegen Westen. Der Zweig der Straffhaarigen (*Euthycomi*) lieferte die Hauptbevölkerung Asiens. Der Veddalen-Stammgruppe am nächsten stehen die Promalayen, die sich nach Süden wendeten; divergente Aeste dieser »Schiffer-Rasse« bevölkerten als Sundanesier (oder »eigentliche Malayen«) den Sunda-Archipel, als Polynesier das weite Insel-Gebiet des Pacifischen Oceans und Neuseeland; ein nach Westen verschlagener Zweig setzte sich in Madagascar fest. Der Hauptstamm der Euthycomen entwickelte sich zu der mächtigen Mongolen-Rasse, welche schon während der Diluvial-Zeit den grössten Theil Asiens in Besitz nahm (mit den Subrassen der Indochinesen, Koreaner, Japaner und Ural-Altajer). Ein nordwestlicher Zweig derselben drang bis in das nördliche Europa (Finnen); ein nordöstlicher Zweig wanderte nach Nord-America hinüber, hinterliess in den Arktikern (Hyperboräer, Eskimos) eine nordische Kümmerrasse und bevölkerte dann, von Norden gegen Süden vordringend, ganz America. Jedoch ist es sehr wahrscheinlich, dass das mongolische Blut der americanischen Urbevölkerung mehrfach mit versprengten Malayen sich vermischte, die von Westen her an die Westküste Americas verschlagen wurden, vielleicht auch mit einzelnen europäischen Elementen, die von Nord-Osten her eindrangen. Dass der Mensch schon in dem älteren Abschnitte der Diluvial-Zeit (vielleicht selbst in dem jüngeren Abschnitte der Pliocaen-Zeit) von Nord-America nach Süd-America vorgedrungen war, ergiebt sich aus den zahlreichen menschlichen Ueberresten und Werkzeugen, welche neuerdings zusammen mit den ausgestorbenen Edentaten und Liopternen dieses Erdtheiles in der Pampas-Formation von Argentinien gefunden worden sind. Diese bedeutungsvollen Entdeckungen sind zugleich indirecte Beweise für unsere Annahme, dass die Entwickelung der primären Menschen-Rassen in Süd-Asien, sowie die Divergenz der Hauptrassen bereits in der Tertiär-Zeit, mindestens im jüngeren Theile der Pliocaen-Periode, stattgefunden haben muss.

Die Hauptrasse der Lockenhaarigen (*Euplocami* oder *Cymotriches*) spaltete sich ebenfalls frühzeitig in zwei divergente Hauptäste, einen dunkleren südlichen und einen helleren nördlichen Ast. Zu dem südlichen Hauptaste gehört zunächst die Dravida-Rasse, welche in den heutigen Todas der Hindustan-Gebirge und den Tamilen von Ceylon

Nachkommen hinterlassen hat; sie schliessen sich theilweise noch eng an ihre Veddalen-Ahnen an. Ein anderer Zweig dieser schwarzen Rasse wanderte nach Süd-Osten und bevölkerte den australischen Continent: Neocrania (Neuholland).

Der hellere Hauptast der Euplocamen bevölkerte zunächst das südwestliche Asien und die östlichen Küsten des Mittelmeeres. Von hier drang ein südlicher Zweig nach Nord-Africa vor, von dem vielleicht die alten Aegypter abstammen, sowie die heutigen Nubier (Dongolesen, Fulater). Aus einem anderen, nördlichen Zweige entwickelte sich die mediterrane Rasse mit den vier Subrassen der Kaukasier, Basken, Hamosemiten und Indogermanen. Diese fähigste Rasse fand an den vieltheiligen Küsten und Inseln des tiefeingeschnittenen Europa und unter einem gemässigten, fruchtbaren Klima jene günstigen Bedingungen, welche ihrem Organismus die Entwickelung zur höchsten körperlichen und geistigen Vollkommenheit gestatteten. Die Hamosemiten und die Indogermanen (Arier) überflügelten später im Kampf um's Dasein alle übrigen Rassen und behaupteten während der beiden letzten Jahrtausende die höchste Stufe der Entwickelung.

§ 459. Anthropogenie und Anthropismus.

Anthropismus nennen wir jenen mächtigen und weit verbreiteten Complex von irrthümlichen Vorstellungen, welcher den menschlichen Organismus in Gegensatz zu der gesammten übrigen Natur stellt, ihn als vorbedachtes Endziel der organischen Schöpfung und als ein principiell von dieser verschiedenes, gottähnliches Wesen auffasst. Bei genauerer Kritik dieses einflussreichen Vorstellungskreises ergiebt sich, dass derselbe eigentlich aus drei verschiedenen Dogmen besteht, die wir als den *anthropocentrischen*, den *anthropomorphischen* und den *anthropolatrischen* Irrthum unterscheiden können. Jedes dieser drei anthropistischen Dogmen steht für sich in unvereinbarem Gegensatze zu den Erkenntnissen einer vernünftigen Anthropologie und einer naturgemäss damit verknüpften monistischen Anthropogenie. Da aber die anthropistische Weltanschauung, die sich aus der Verknüpfung jener drei Trugschlüsse ergiebt, noch heute für die grosse Mehrzahl der Menschen Geltung hat, und da sie den unheilvollsten Einfluss auf die Fortschritte der vernunftgemässen Natur-Erkenntniss ausübt, halten wir es für nützlich, hier vom Standpunkte unserer Anthropogenie einige Worte ihrer Kritik zu widmen.

Der Anthropismus nahm seinen Ausgang schon vor Jahrtausenden von dem anthropocentrischen Dogma, welches auch heute noch bei den rohen Naturvölkern wie bei niederen Culturvölkern in weiter

Verbreitung besteht. Dasselbe gipfelt in der Vorstellung, dass der Mensch der prädestinirte Mittelpunkt und Endzweck alles Erdenlebens (— oder in weiterer Fassung: der ganzen Welt —) sei. In der modernen scholastischen und dualistischen Anthropologie hat dieses Dogma eine andere Form angenommen: »Das Thierreich ist der zergliederte Mensch, und der Mensch ist das Paradigma des gesammten Thierreiches«. Den grössten Einfluss gewann dasselbe durch die Verknüpfung mit den Schöpfungs-Mythen und Glaubenslehren der drei grossen mediterranen Religionen, mit den mosaischen, christlichen und mohammedanischen Traditionen. Da diese auch heute noch den grössten Theil der modernen Cultur-Welt beherrschen, liefern sie der anthropocentrischen Weltanschauung noch fortdauernd die mächtigste Stütze.

Mit den Schöpfungs-Mythen der genannten und vieler anderen Religionen entwickelte sich schon frühzeitig auch das anthropomorphe Dogma oder der Homotheismus: »Gott schuf den Menschen nach seinem Bilde«. Daraus folgt umgekehrt, dass Gott, als Schöpfer und Erhalter der Welt, ein menschenähnlicher Organismus ist; er denkt, lebt und handelt wie ein idealer Mensch. Indem der »allmächtige und allweise Schöpfer« die einzelnen Thier- und Pflanzen-Arten erschafft, arbeitet er nach vorbedachtem Schöpfungs-Plane gleich einem sinnreichen Techniker: »die Species sind verkörperte Schöpfungs-Gedanken Gottes«. Als weiser Weltregent und Gesetzgeber schafft er zugleich eine »sittliche Weltordnung«. Die Seelenthätigkeiten, welche dabei dem Schöpfer zugeschrieben werden, sind ganz analog denjenigen, welche wir als physiologische Functionen im Gehirn des Menschen, also eines unzweifelhaften pithecogenen Wirbelthieres kennen. Da aber Gott zugleich als ein unsichtbares, d. h. gasförmiges Wesen vorgestellt wird, so führt uns der Homotheismus zu der paradoxen Hypothese eines »gasförmigen Wirbelthieres«.

Aus dieser irrthümlichen anthropomorphen Theosophie ergiebt sich weiterhin eine Reihe von einflussreichen dualistischen und anthropolatrischen Dogmen. Der Vergleich der göttlichen und menschlichen Seelenthätigkeit führt zu der spiritistischen Annahme, dass die letztere ebenso »immateriell« sei wie die erstere. Darauf stützen sich dann wieder die weitverbreiteten, durch ihr Alter geheiligten Mythen von der »persönlichen Unsterblichkeit«, von der absoluten »Willensfreiheit«, von der Doppel-Natur des Menschen, dessen »unsterbliche Seele« den sterblichen Körper nur zeitweise bewohnt. In Folge dessen erscheint der Mensch selbst als ein höheres »göttliches« Wesen; die höheren Seelenthätigkeiten, vor Allem das Bewusstsein, erscheinen als übernatürliche Vorgänge, deren Erkenntniss für immer ihre Schranke findet in einem unübersteiglichen »Ignorabimus«. Der Grössenwahn, zu dem diese Anthropolatrie führt, macht schliesslich den Menschen selbst zum Gott.

Die drei angeführten Anthropismen, das anthropocentrische, anthropomorphische und anthropolatrische Dogma, gehören noch heute zu den Grundpfeilern der herrschenden Mystik, der dualistischen und teleologischen Weltanschauung. Noch heute gelten sie der grossen Mehrzahl der Menschen als die wahren Quellen der menschlichen Cultur, als die festen Grundlagen unserer theologischen und juristischen Lehren, unserer politischen und socialen Einrichtungen, unserer Jugenderziehung und Schulbildung. Und doch erweitert sich täglich die ungeheure Kluft, welche diese anthropistischen Dogmen von den bewunderungswürdigen Fortschritten der modernen Natur-Erkenntniss trennt; täglich wird der unversöhnliche Gegensatz klarer, in welchem dieselben zu der monistischen Weltanschauung stehen, und zu deren modernem Grundpfeiler, der natürlichen Entwickelungslehre.

Die systematische Phylogenie des Menschen, als das letzte Kapitel in der Stammesgeschichte der Wirbelthiere, hat uns in den vorhergehenden Untersuchungen zur Lösung der »Frage aller Fragen« geführt. Indem die Anthropogenie, auf vernünftige Natur-Erkenntniss gestützt, die pithecometrischen Lehrsätze beweist, zerstört sie zugleich die Irrlehren jener alten Anthropismen.

§ 460. Anthropogenie und Substanz-Gesetz.

Die monistische Philosophie der Neuzeit, die einheitliche Weltanschauung, welche alle Natur-Erscheinungen auf einen einzigen, allumfassenden Entwickelungs-Process zurückführt, fasst die Gesammtheit ihrer allgemeinen Erkenntnisse in einem einzigen, obersten Naturgesetze zusammen. Die Chemie hat schon vor hundert Jahren nachgewiesen, dass die Materie des Kosmos eine constante, unveränderliche Grösse darstellt, und dass jeder chemische Process nur in einer Verwandlung der Atom-Verbindungen besteht; niemals geht ein Atom der Welt verloren; niemals entsteht ein neues Atom: das Gesetz von der Erhaltung der Materie — oder das Princip von der Ewigkeit und Beständigkeit des Stoffes.

Die Physik kam fünfzig Jahre später zu derselben Erkenntniss auf ihrem eigenen Gebiete. Sie überzeugte sich, dass auch die Energie des Kosmos eine unveränderliche, constante Grösse bleibt, und dass jeder physikalische Process nur in einer Umsetzung der Kräfte besteht; niemals geht die Bewegung auch nur eines Atoms der Welt verloren, niemals entsteht eine neue Bewegung oder Kraftäusserung aus Nichts: das Gesetz von der Erhaltung der Energie — oder das Princip von der Ewigkeit und Unzerstörbarkeit der Kraft.

Weil nun überall Stoff und Kraft untrennbar zusammenhängen, »weil die Materie nie ohne Geist, der Geist nie ohne Materie existirt und wirksam sein kann«, haben wir in unserem »Monismus« (1892) den Vorschlag gemacht, jene beiden grossen Grundgesetze der Chemie und Physik in einem einzigen obersten Naturgesetze zu verschmelzen, in dem Substanz-Gesetze. Dieses fundamentale und allumfassende »Gesetz von der Erhaltung der Substanz« behauptet die Einheit des Kosmos in höchstem Sinne, die untrennbare Einheit von Kraft und Stoff, die continuirliche Einheit ihrer gemeinsamen Entwickelung, die principielle Einheit der materiellen und geistigen Welt, die unauflösliche Einheit der anorganischen und der organischen Natur. Diese letztere Vorstellung ist ganz besonders zu betonen; denn während die monistische oder mechanische Naturauffassung im Gebiete der anorganischen Natur jetzt einstimmig anerkannt wird, giebt es immer noch namhafte Naturforscher, welche die ausschliessliche Geltung derselben im Gebiete der organischen Natur bestreiten. Vielfach wird hier noch die veraltete dualistische Anschauung festgehalten, dass das organische Leben vom Substanz-Gesetze theilweise unabhängig sei, und dass namentlich die »Geistesthätigkeit« des Menschen frei und demselben nicht unterworfen sei.

Unsere Betrachtungen über die »Systematische Phylogenie des Menschen« (§§ 444—459) haben uns zu der Ueberzeugung geführt, dass auch der menschliche Organismus keine Ausnahme von jenem höchsten Substanz-Gesetze bildet. Unser sogenanntes »Geistesleben«, d. h. die psychischen Functionen unseres Gehirns, sind demselben ebenso bedingungslos unterworfen und werden ebenso durch chemische und physikalische Processe vermittelt wie die vegetalen Functionen anderer Organe, wie die Verdauungsthätigkeit des Magens, wie die rhythmischen Bewegungen des Herzmuskels, wie die optischen Functionen des Auges. Die Phylogenie der Menschen-Seele (§ 449) geht Hand in Hand mit derjenigen ihres Organes, des Gehirns. Der continuirliche Zusammenhang, welchen wir in der ganzen Stammesgeschichte der Wirbelthiere nachgewiesen haben, besteht auch für deren wichtigsten Theil, für die *Anthropogenesis*, und eine unbefangene Untersuchung ihrer bewirkenden Ursachen lehrt uns, dass sie überall dieselben sind (§ 448).

Allerdings sind schon lange vor Begründung der Descendenz-Theorie (1809) und der Selections-Theorie (1859) hervorragende kritische Denker zu jener monistischen Weltanschauung durchgedrungen; auch haben schon lange vor unserem ersten Versuche einer Systematischen Phylogenie (1866) logische Naturforscher darauf hingewiesen, dass der Mensch ein integrirender Bestandtheil des Kosmos sei, und dass auch seine

Entstehung auf natürlichem Wege nur denkbar sei durch Abstammung und Umbildung von einer langen Ahnen-Reihe von Vertebraten. Allein der Anerkennung dieser bedeutungsvollen Erkenntniss stellten sich immer wieder jene mächtigen anthropistischen Dogmen entgegen, welche in Gestalt der mannichfaltigsten *anthropocentrischen*, *anthropomorphischen* und *anthropolatrischen* Irrthümer die scholastische Wissenschaft beherrschten. Immer wieder machte sich der dualistische Irrthum geltend, dass eine immaterielle Geisteswelt der materiellen Körperwelt gegenüberstehe und dass die menschliche Seele zur ersteren gehöre, nur der menschliche Körper zur letzteren. Daraus entsprang dann wieder die falsche Vorstellung, dass auch in der Wissenschaft die Erkenntniss der geistigen Erscheinungen (»Geisteswissenschaft«) von derjenigen der materiellen Vorgänge (»Naturwissenschaft«) principiell verschieden sei; nur in der letzteren sollte das Substanz-Gesetz und der »Satz vom zureichenden Grunde« gelten, in der ersteren dagegen nicht.

Die Anthropogenie darf den Anspruch erheben, diese unwissenschaftlichen dualistischen Dogmen gründlich widerlegt und an ihre Stelle die klare monistische Erkenntniss gesetzt zu haben. Da der Mensch unzweifelhaft ein echtes Wirbelthier ist, und da die systematische Phylogenie der Vertebraten den monophyletischen Ursprung und die continuirliche Verzweigung dieses Thierstammes empirisch bewiesen hat, versteht es sich von selbst, dass auch der Mensch, als Primaten-Form aus der Subclasse der placentalen Säugethiere, auf natürlichem Wege entstanden ist. Unser *System der Progonotaxis* (§ 451) hat die wichtigsten Stufen der langen Ahnen-Reihe angedeutet, aus deren allmählicher Transformation unser menschlicher Organismus als vollkommenstes Natur-Product hervorgegangen ist. Die Anthropogenie löst auf diese Weise die höchste Aufgabe der monistischen Naturphilosophie und unterwirft auch den Menschen dem ewigen und allumfassenden

Substanz-Gesetz.

Register.

Acanthopteri 236, 255.
Acanthopterygii 252.
Acca 644.
Accalis 640, 644.
Accipenserides 248.
Acmatheria 490, 597.
Acrania 20, 206.
Acrocoracoideae 402, 413.
Acroganglion 106.
Acropodia 93, 99.
Adactylia 201.
Adapisoricida 578, 582.
Aegialornithes 410, 414.
Aesthocyta 119.
Aëtosauria 364, 367.
Affen 600, 606.
Aglossa 274, 281.
Aglyphodonta 355.
Agnathona 20, 201.
Aistopoda 274, 278.
Alectorornithes 410, 415.
Aligontida 530, 539.
Alipennes 402, 413.
Allantois 40, 170.
Alligatorida 364, 370.
Allotheria 470, 476.
Altlurche 274.
Altraubthiere 578, 582.
Amasta 468.
Amblotherida 481, 484.
Amblydactyla 541.
Amblypoda 490, 541.
Americanus 640, 645.
Amiacei 236, 251.
Amiafische 251.
Amioidei 251.
Amnion 39.
Amniota 282.
Amphibia 266, 274.
Amphigastrula 32, 37.
Amphioxina 212.
Amphioxus 214.
Amphirhina 223.
Amphisbaenia 349.
Amphitherida 481, 484.
Anacanthini 236, 255.
Anamnia 20.
Anaptomorpha 600, 604.
Anchisauria 372, 382.
Angiostomata 342, 357.
Anguilliformes 255.
Annelida 11, 12.
Anomodontia 308, 314.
Anoplotherida 530, 556.
Anthracosauria 274.
Anthracotherida 530, 554.
Anthropi 490, 601.
Anthropismus 646.
Anthropithecus 632.
Anthropocentrisch 646.
Anthropogenesis 623.
Anthropogenie 612.
Anthropolatrisch 647.
Anthropomorpha 600, 611.
Anthropomorphismus 647.
Antimeren 48.
Apotelia 49.
Anura 274, 281.
Archaeopteryx 412.
Archamphibia 274.
Archenteron 136.
Archibalaenae 566, 573.
Archibatrachia 274.
Archiblast 49.
Archicoelomula 33.
Archicrania 20, 207, 217.
Archidelphines 566, 571.
Archidipneusta 262.
Archidipnoa 262.
Archigastrula 32.
Archilacertae 342, 345.
Archimyzontes 222.
Archipatagus 593, 594.
Archiphocida 578, 590.
Archipterygium 87.
Archisuchia 364, 366.
Architheria 470, 473.
Architherida 470, 474.
Architrogontia 502, 504.
Archisirenes 566, 568.
Archornithes 410, 412.
Archungulata 529.
Arcticus 640, 645.
Arctocyonida 578, 583.
Arctopitheca 600, 609.
Arctopoda 372, 383.
Arterien 181, 186.
Arthropoda 11, 12.
Articulata 11.
Artiodactyla 490, 549.
Ascalabotae 342, 346.

Ascidiae 13.
Asinophidia 342, 355.
Aspinodectida 322, 327.
Asterolepides 248.
Asymmetron 214.
Atheca 325.
Athecaria 325.
Atheconia 319, 325.
Atlantosauria 372, 386.
Auge 128, 129.
Australis 640, 646.
Authyracea 530, 535.
Autolemures 600, 605.
Automela 94.
Autopodia 93.
Autosauria 342.
Aves 292, 400.
Axenskelet 61.
Axenstab 61.
Axenstrang 61.
Axygomela 84.

Bären 585.
Bärendrachen 382.
Balaenida 573.
Balaenopterida 566, 573.
Balanoglossus 15.
Baptanodontia 332, 340.
Baptonosauria 339.
Baptosauria 332, 339.
Bartenwale 572.
Basipodia 93, 98.
Batoidei 243.
Batrachia 274, 281.
Bauchflossen 87.
Bauchleib 47, 51.
Bauchspeicheldrüse 167.
Baumvögel 415.
Bdellostoma 221.
Bdellostomida 221.
Becherkeim 32, 41.
Beckengürtel 86, 93.
Begattungsorgane 199.
Belodontida 364, 366.
Beutelkiemer 20, 219.
Bildungs-Stufen 18.
Blasenschädel 65.
Blastoderma 30.
Blastomera 29.
Blastophylla 51.
Blastoplatten 51.
Blastoporus 136.
Blastosphaera 30.
Blastula 30, 41.
Blut 180.
Bolodontida 470, 477.
Borophaga 481.
Brachydera 332, 337.
Bradypodales 516, 522.
Bradypodida 516, 522.
Bradytheria 490, 521.
Branchiae 150.
Branchiosauria 274.
Branchiostoma 212.
Branchiostomida 212.
Brevipennes 402, 415.
Brevirostra 370.
Brontotherida 530, 546.
Brückenfische 236.
Brustbein 80.
Brustflossen 87.
Büschelschwänze 415.
Bufonacea 281.
Bufoniformia 274, 282.
Bunodontia 553.
Bunotheria 490, 496.
Bursochelya 322.

Caducibranchia 274, 280.
Caeciliae 274, 277.
Cafer 640.
Callulaeformiae 274, 281.
Camelida 530, 558.
Camptosauria 372, 389.
Canida 578, 585.
Cantharophaga 481.
Cantheria 77.
Carettida 321, 328.
Carinatae 402, 413.
Carnassia 490, 573.
Carnivora 578, 584.
Carpodactyli 93, 99.
Carpomela 93, 94.
Carpophaga 481.
Carpus 93, 98.
Casuariformes 417.
Catarhinae 600, 610.
Catodontia 566.
Caturomorphi 236.
Caudata 274, 279.
Cavicornia 530, 561.
Cenogenie 27, 35.
Centetida 578, 582.
Cephalaspides 236, 248.
Cephalogaster 135.
Cerachelya 322.
Ceratoblast 36.
Ceratodina 262.
Ceratodontes 142.
Ceratodus 262.
Ceratopsida 372, 388.
Ceratosauria 372, 385.
Cerebellum 113.
Cervicornia 530, 559.
Cetacea 562.
Cetiosauria 372, 387.
Cetomorpha 490, 562.
Cetotheria 490.
Chalcidea 342, 348.
Chalicotherida 530, 546.
Chamaeleontes 342, 348.
Chamaeornithes 410, 415.
Charadriornithes 410.
Chelonemyda 322.
Chelonia 292, 317.
Chelotheria 490.
Chelydaria 329.
Chelydonia 329.
Chelydrina 322, 328.
Chersita 328.
Chimaeracei 236, 264.
Chiracanthides 247.
Chirolemures 600, 606.
Chiromyida 600, 606.
Chiroptera 593, 595.
Chlamydophorida 516.
Chlamydoselachus 241.
Chlamydotherida 516, 523.
Choeromorpha 553.
Chondrocranium 66.
Chondrogen-Knochen 69.
Chondropterygii 238.
Chondrospondyli 73.
Chondrostei 248.
Chorda 61.
Chordablastus 36.
Chordahülle 62.
Chordaskelet 61.
Chordascheide 62.

Chordata 12.
Chordathiere 12.
Chordolemma 62.
Chordonia 12.
Chordonierkeim 34, 41.
Chordula 34, 36.
Choriata 487.
Chylusgefässe 188.
Cingulata 523.
Cionocrania 342, 347.
Cirrostomi 212.
Cistecephalida 308, 316.
Classen 7.
Classen-Succession 25.
Classification 5.
Clavicula 93, 94.
Clitoris 200.
Clupeacei 236, 254.
Coelacanthini 236, 249.
Coeloma 170.
Coelomation 174.
Coelomtaschen 171.
Coelomula 33, 41.
Coeloperae 171.
Coelotelium 176.
Coelurida 372, 385.
Colon 169.
Colubriformia 342, 355.
Compsognathida 372, 386.
Condylarthra 490, 533.
Condylarthrales 494, 496.
Congeracei 236, 254.
Convergenz 43.
Copelata 13.
Copulativa 199.
Coracoid 93, 94.
Coracornithes 410, 415.
Corium 56.
Coryphodontia 530, 542.
Costae 78.
Cranium 63.
Craniota 6, 7.
Creodontia 578, 582.
Creophaga 481.
Crocodilarcha 364.
Crocodilia 292, 358.
Crocodilura 364.
Crossopterygii 236.
Crotopoda 527, 529.
Crustacea 11, 12.
Cryptobranchia 274, 280.
Cryptodera 322, 327.
Crypturi 415.
Ctenodina 263.
Ctenodipneusta 263.
Ctenodipterina 263.
Cursores 402.
Cutis 58.
Cyclodipterini 236, 249.
Cyclolepides 251.
Cyclostoma 20, 207, 216.
Cymotriches 640, 645.
Cynodictida 578, 583.
Cynodontia 308, 313.
Cynodracontia 308, 313.
Cynopitheca 600, 611.
Cyprinoides 255.
Cytula 28, 41.

Darmsystem 135.
Dasypodales 516, 523.
Dasypodida 516, 523.
Dasyurida 481, 485.
Dauerleib 38, 40.
Delphinida 566, 571.
Dendrornithes 410, 415.
Denticeta 566, 569.
Dentition 145.
Dentura 141.
Depula 31, 41.
Derencephalon 112, 114.
Dermal-Sensillen 121.
Dermal-Skelet 60.
Dermatochelydina 325.
Dermochelya 322, 325.
Dermoptera 593, 594.
Derotrema 274, 280.
Desmocranium 65.
Desmogen-Knochen 68.
Deutencephalon 111.
Diacostalia 322, 326.
Diacostoidea 326.
Diadectida 308, 312.
Dichobunida 530, 557.
Dicondylia 419.
Dicynodontia 308, 316.
Didelphia 479.
Didelphida 481, 485.
Dimorphodontia 396, 398.
Dinoceratida 530, 542.
Dinosauria 374.
Dinotherida 530, 539.
Diplarthra 527, 529.
Diplodocida 372, 387.
Dipneumones 264.
Dipneusta 257.
Dipnoa 257.
Diprotodontia 481, 485.
Dipterina 263.
Discodactylia 281.
Discogastrula 32, 37.
Divergenz 43.
Doedicurida 516, 524.
Dolichosauria 342, 352.
Dolichosomida 274.
Dotterorgan 167.
Dottersack 39, 40.
Drachen 370.
Dracochira 396, 398.
Dracones 370.
Draconura 396, 397.
Dravida 640, 645.
Dromaeornithes 410, 417.
Dromatherida 470, 476.
Dryopithecus 633.
Dysdipleura 48.
Dysmopitheca 600, 609.

Ecaudata 274, 281.
Echidna 470, 478.
Echidnida 470, 478.
Ectoblast 32, 51.
Ectoskelet 60.
Edelfische 236.
Edentata 490, 511.
Eidechsen 344.
Eierstock 195.
Eileiter 198.
Elasmobranchii 238.
Elektrische Organe 103.
Elephantida 530, 540.
Embolomera 274.
Embryaspis 40.
Embryolemma 39, 40.
Embryorgane 38, 40.
Emydina 322, 328.
Enaliosauria 330.
Endoblast 32, 51.
Endothiodontia 308, 313.
Entelopsida 516, 522.

Enteroblast 36.
Enteropneusta 15.
Entoderm 32, 51.
Eopitheca 600, 610.
Eparcaden 76.
Epencephalon 110, 114.
Epiblast 32, 51.
Epicrida 274, 279.
Epidermis 54.
Epigastrula 33, 37.
Epigonichthys 214.
Episoma 47, 51.
Episomiten 173.
Episternum 81.
Epitelia 49.
Epitheria 487.
Equina 547.
Erinaceida 578, 582.
Eriocomi 640.
Esthonychales 494, 496.
Esthonychida 502, 504.
Eubalaenida 566.
Eudipleura 48.
Euganoides 236, 250.
Euplocami 640, 645.
Eusuchia 364, 369.
Eutheria 487.
Euthycomi 640, 645.
Euthyna 46.
Euthyphora 47.
Eutypotherida 502, 506.
Exoderm 32, 51.

Faltenflosse 89.
Faulthiere 522.
Felida 578, 587.
Femur 93, 96.
Fibula 93, 97.
Fischdrachen 337.
Fische 226.
Fissipedia 584.
Flatterthiere 490, 591.
Flederhunde 597.
Fledermäuse 597.
Fleischfresser 578, 584.
Froschlurche 274, 281.
Fulcrati 250.

Gabelthiere 468.
Galeopithecus 593, 595.
Ganocephala 274, 277.
Ganoides 236, 244.
Ganolepides 244.
Ganopterygii 244.
Gastraea 16, 32.
Gastraeades 16.
Gastrobranchida 221.
Gastrotricha 15.
Gastrula 32, 41.
Gastrulation 37.
Gavialida 364, 370.
Gebiss 141.
Geckonen 346.
Gefäss-System 178.
Gehirn 108.
Gehör-Labyrinth 131.
Gehör-Organ 130.
Gekröse 176.
Geodracones 374.
Geschlechtsdrüsen 194.
Geschlechtsgänge 198.
Gesichtsorgan 127.
Gewebe 49, 51.
Giftschlangen 356.
Glyptoderma 342, 349.
Glyptodontales 516, 523.
Glyptodontida 516, 524.
Gnathodonta 144.
Gnathostoma 8.
Gonades 194.
Goniopholida 364, 370.
Gonochorismus 197.
Gonoductus 198.
Gonotome 173.
Gorgonopsida 308, 313.
Gorilla 632.
Gravigrada 516, 522.
Grosshirn 111.
Grundform 45.
Gürtelthiere 523.
Gymnodontes 236, 256.
Gymnophiona 274, 278.
Gymnorhina 597.

Haarthiere 419.
Hadrosauria 372, 390.
Haifische 242.
Halbaffen 600, 602.
Halecomorphi 236.
Halicorida 566, 569.
Halisauria 292, 330.
Handflatterer 593, 595.
Harnleiter 194.
Hatteria 305.
Haubenkeim 31, 41.
Hauptclassen 8.
Hauptgruppen 20.
Hauptnager 506.
Hautdecke 53.
Hautsinnesorgane 121.
Hautskelet 60.
Helminthes 14.
Hemipitheci 600, 602.
Hepar 165.
Hermaphroditismus 197.
Herrenthiere 490, 597.
Herz 182.
Hesperopitheca 600, 609.
Hesperornithes 410, 416.
Heterocerca 250.
Hinterdarm 169.
Hinterhirn 110, 112.
Hippalectryornithes 417.
Hippocampides 257.
Hippopotamida 530, 555.
Hippotherida 530, 547.
Hirnblasen 110, 112.
Hoden 195.
Hörbläschen 131.
Holocephali 243.
Holoptychides 249.
Homalotherida 530, 537.
Hoplophorida 516, 524.
Hoplopleurides 254.
Hornzähne 142.
Hottentottus 640.
Hühnervögel 415.
Hufthiere 490, 524.
Humerus 93, 96.
Hyaenida 578, 586.
Hyaenodontida 578, 583.
Hygrornithes 410, 414.
Hylaeformia 274, 281.
Hylobates 632.
Hyopotamida 554.
Hyopsodina 600, 604.
Hyparcaden 76.
Hyperoartia 221.
Hyperoodontia 566, 571.
Hyperotreta 220.

Hypoblast 32, 51.
Hypobranchial-Rinne 151.
Hyposoma 47, 51.
Hyposomiten 173.
Hypotheria 422, 473.
Hypsiprymnida 481, 486.
Hyracea 490, 534.
Hyracotherida 530, 544.
Hystrichomorpha 502, 510.

Ichthygonides 224.
Ichthygonus 224, 240.
Ichthyonecta 332, 337.
Ichthyones 20.
Ichthyopsida 20.
Ichthyopterygia 332, 337.
Ichthyosauria 332, 340.
Ictopsales 494, 496.
Ictopsida 578, 582.
Idotheria 490, 496.
Iguanodontia 372, 389.
Ilium 93, 94.
Impinnata 201.
Insectenfresser 578, 580.
Insectivora 578, 580.
Interclavicula 82.
Ischium 93, 94.

Kammlurchfische 263.
Katzenfische 243.
Kehlbein 81.
Kehlkopf 158.
Keimblase 30.
Keimblätter 32, 51.
Keimhaut 30.
Keimhüllen 39, 40.
Keimorgane 38, 40.
Keimplatten 51.
Keimschild 40.
Kieferbogen 71.
Kieferlose 20, 201.
Kiefermäuler 7.
Kiemen 150.
Kiemenbogen 72.
Kiemenspalten 150.
Kleinhirn 113.
Knochenfische 236, 252.
Knochenschädel 68.
Knochenzähne 143.
Knorpelfische 238.
Knorpelschädel 66.
Kopfcoelom 175.
Kopfdarm 135.
Krautbeutler 485.

Labyrinthodonta 277.
Lacertaria 342, 348.
Lacertilia 342, 344.
Lagomorpha 702, 509.
Lamnungia 534.
Lanzeloten 212.
Lanzetthiere 20, 212.
Lariosauria 332, 335.
Larynx 158.
Lateralflossen 85.
Laufdrachen 374.
Leber 165.
Lecithoma 39, 40.
Lecithosaccus 168.
Lederhaut 56.
Leguanaria 342, 348.
Leibeshöhle 170.
Lemuravales 494, 496.
Lemuravida 600, 603.
Lemurogona 600, 605.
Lepidosauria 340.
Lepidosteides 250.
Lepidostones 236, 250.
Lepospondylia 274, 277.
Leptocardia 20, 207, 212.
Leptogastrula 37.
Leptolepides 236, 254.
Lindschlangen 355.
Liobalaenae 566.
Liopterna 490, 536.
Lissamphibia 268.
Lissotriches 640, 645.
Longirostra 370.
Lophocomi 640.
Loricata 516, 523.
Luftdarm 154.
Luftröhre 158.
Luftsäcke 161.
Lungen 159.
Lungen-Apparat 157.
Lungenfische 258.
Lurche 266.
Lurchfische 257.
Lymphe 180.
Lymphgefässe 188.
Lysopterygii 236, 250.

Macrauchenida 530, 537.
Macrodera 332, 335.
Macropoda 481.
Macropodida 481, 487.
Magendarm 163.
Malacopterygii 252.
Malayus 640, 645.
Mallotheria 490, 493.
Mamma 436.
Mammalia 419.
Mammifera 419.
Manatida 566, 569.
Manitheria 490, 519.
Mantelthiere 12.
Manus 93.
Marsipobranchia 20, 219.
Marsupialia 466, 479.
Massenfische 236, 255.
Mastodonsauria 274.
Mastodontida 530, 540.
Mastophora 427, 454.
Maulbeerkeim 29.
Median-Ebene 47.
Medianflossen 84.
Mediterraneus 640, 646.
Megalonychida 516, 523.
Megalosauria 372, 385.
Megatherales 516, 522.
Megatherida 516, 523.
Meloskeleton 83.
Meniscotherida 530, 534.
Menosoma 38, 40.
Menschen-Affen 632.
Menschen-Ahnen 628.
Menschen-Rassen 634.
Menschen-Seele 625.
Menschen-Species 634.
Mesencephalon 113.
Mesenteria 176.
Mesoblast 36.
Mesocranium 66.
Mesodaeum 165.
Mesoderm 32, 51.
Mesogaster 165.
Mesonephros 192.
Mesonychida 578, 583.
Mesosaurida 292, 305.

Mesosuchia 364, 369.
Metacarpus 93, 99.
Metacranium 68.
Metacoelomula 33.
Metagastrula 52.
Metanephros 193.
Metapodia 93, 99.
Metapterygium 90.
Metatarsus 93, 99.
Metatheria 479.
Miacida 578, 583.
Microlepides 251.
Microsauria 274.
Milchdrüse 436.
Milchthiere 419.
Miodontia 509.
Mittelblatt 33.
Mitteldarm 165.
Mittelhirn 113, 112.
Mixipterygia 200.
Mixosauria 332, 339.
Mongolus 640, 645.
Monitores 342, 348.
Monocondylia 284.
Monodelphia 487.
Monodontida 566, 571.
Monopneumones 264.
Monorhina 20, 201.
Monotrema 466, 468.
Morosauria 372, 387.
Morphologie 42.
Morula 29, 41.
Mosasauria 342, 352.
Multituberculata 470, 476.
Munddarm 140.
Mundhöhle 140.
Murina 510.
Muskel-System 102.
Mustelida 578, 583.
Mylodontida 516, 523.
Myomorpha 502, 510.
Myotome 173.
Myoxomorpha 510.
Myrmecobida 481, 485.
Myrmecophagida 522.
Mystacoceta 566, 572.
Mysticeta 566, 572.
Myxine 221.
Myxinoides 220.
Nachhirn 110.
Nachniere 193.
Nackenhirn 114.
Nacktlurche 268, 274.
Nagehufer 536.
Nagethiere 490, 497.
Nanosauria 372, 390.
Nasencanäle 126.
Nasengänge 126.
Nasengruben 125.
Nasenhöhle 141.
Nasenrinnen 125.
Natantia 562.
Necrolemures 600, 604.
Nectocystis 155.
Nemertina 15.
Neobatrachia 274.
Neocaeciliae 274, 278.
Neochelyda 322.
Neodipneusta 264.
Neodipnoa 264.
Neolemures 600, 605.
Neomanida 516, 520.
Neonamphibia 274.
Neorodentia 502.
Neoryctida 516, 520.
Nephridia 191.
Nephroductus 191, 194.
Nephroma 191.
Neulurche 274.
Neulurchfische 264.
Neurentericus 109, 137.
Neuroblast 36.
Neuroporus 105, 123.
Nexipodes 330.
Niger 640, 644.
Nieren 191.
Nierengänge 194.
Nieren-System 191.
Nomarthra 490, 519.
Nonruminantia 553.
Nothosauria 332, 336.
Notidanides 243.
Notochorda 61.
Notophracta 516, 523.
Nototherida 481, 487.
Nuba 640, 646.
Nycterina 593, 597.
Nyctodactylia 396, 400.
Oberhaut 54.
Odontoceta 566, 569.
Odontolcae 405, 416.
Odontormae 405.
Odontornithes 405.
Ogmobalaenae 566.
Ontogenie 26.
Ophiderpida 274.
Ophidia 292, 353.
Ophiosoma 277.
Ophthalmosauria 332, 340.
Opistencephalon 112.
Opistoglypha 355.
Oreodontida 530, 558.
Ornitheria 470, 478.
Ornithocardia 285.
Ornithochirida 396, 398.
Ornithocrania 285, 292.
Ornithodelphia 468.
Ornithomimida 372, 390.
Ornithopoda 372, 389.
Ornithorhynchida 470.
Ornithorhynchus 478.
Ornithosauria 390.
Ornithoscelides 374.
Ornithostoma 470, 478.
Ornithurae 402.
Orthacanthus 241.
Orthopoda 387.
Orthotriches 640.
Orycteropus 520.
Oryctotheria 515, 520.
Ostaffen 610.
Osteochelya 327.
Osteocranium 68.
Osteodermi 247.
Osteodontes 143.
Osteopterygii 236, 252.
Osteospondyli 75.
Otarida 578, 590.
Otocystis 131.
Ovarium 195.
Oviductus 198.
Oxydactylia 281.

Paarhufer 549.
Pabstaffen 611.
Pachyarthra 527, 529.
Pachycrania 292.

Pachylemures 600, 604.
Pachypoda 372, 387.
Palabradyna 516, 521.
Palacaeciliae 274, 278.
Paladipneusta 262.
Paladipnoa 262.
Palaeamphibia 274.
Palaehatteria 304.
Palaeonictida 578, 583.
Palaeoniscides 250.
Palaeontologie 23.
Palaeotherida 530, 546.
Palaeosauria 372, 382.
Palalemures 600, 604.
Palamanida 516, 520.
Palarodentia 502.
Palatosauria 308, 313.
Palhyracea 530, 535.
Palingenie 27.
Paloryctida 516, 520.
Pamphracti 247.
Pancreas 167.
Pantodonta 144.
Pantolambdina 530, 542.
Pantolestida 530, 554.
Pantotheria 470, 474.
Panzerfische 247.
Panzerlurche 267, 274.
Panzerthiere 523.
Papiomorpha 611.
Papua 640, 644.
Parablast 49.
Paramphioxus 214.
Parasuchia 364, 366.
Paratheria 490, 511.
Parencephalon 113.
Pareosauria 308, 311.
Pareotichida 308, 312.
Parexides 247.
Parietal-Auge 129.
Patagiata 593, 594.
Patrotherida 470, 473.
Paukenraum 133.
Pedimana 481.
Pelagosauria 368.
Pelargornithes 410, 414.
Pelycosauria 308, 312.
Pelycozona 86, 93.
Pelzflatterer 593, 594.
Penis 200.
Pentanomie 92.
Peptogaster 163.
Peragonida 481, 484.
Perennibranchia 274, 280.
Perichorda 62.
Perineuralrohr 65.
Periptychida 530, 534.
Perissodactyla 490, 543.
Peromela 274, 277.
Perophora 479.
Person 44.
Pestypotherida 502, 506.
Petromyzontes 221.
Phalangistida 481, 486.
Phallus 200.
Phanerobranchia 274, 280.
Phaneroglossa 281.
Phaneropleurida 262.
Pharyngaeum 149.
Pharyngal-Sulcus 151.
Pharyngobranchia 212.
Pharyngognathi 236, 255.
Pharyngoma 70.
Pharynx 150.
Phascolomyida 481, 487.
Phenacodontida 530, 534.
Phocida 578, 590.
Pholidota 292, 340.
Pholidotheria 516, 519.
Phractamphibia 267, 274.
Phycoceta 566, 567.
Phyllorhina 597.
Physeterida 566, 571.
Physoclisti 236, 255.
Physostomi 236, 254.
Phytophaga 485.
Pilosa 419.
Pinnipedia 578, 588.
Pinnistelium 90.
Pisces 226.
Pithecanthropus 633.
Pitheci 600, 606.
Pithecometra-Sätze 634.
Placentalia 466, 487.
Placentalthiere 487.
Placodermi 236, 248.
Placodontia 308, 313.
Placoganoides 247.
Placolepides 238.
Plagiaulacida 470, 477.
Plagiostomi 242.
Plagiotrema 340.
Plastomenida 322, 328.
Platthufer 534.
Platychelida 322, 327.
Platycoracoideae 402, 415.
Platydactylia 342.
Platyrhinae 600, 609.
Platysomides 250.
Plectognathi 236, 256.
Plesiochelida 322, 330.
Plesiosauria 332, 336.
Pleuracanthus 241.
Pleurodera 322, 329.
Pleuronectides 236, 255.
Pleurosternida 322, 330.
Pliodontia 509.
Pliopithecus 633.
Plioplatecarpida 352.
Pliosauria 332, 336.
Plumphufer 541.
Pneumaticon 154.
Pneumogaster 154.
Pneumoperae 161.
Podocnemida 322, 330.
Podoskeleton 93.
Poëphaga 481.
Polymastodontida 477.
Polypterini 236, 249.
Polyprotodontia 481, 484.
Polytrema 221.
Pongo 632.
Pontosauria 332, 339.
Potamites 326.
Praecoracoid 93, 94.
Presbytomorpha 611.
Primates 490, 597.
Primipennes 409.
Primitivrinne 137.
Primordial-Knochen 69.
Primordial-Schädel 65.
Principal-Gefässe 178.
Proboscidea 490, 538.
Procarnassia 578, 582.
Prochelonida 322, 326.
Prochordonia 13, 208.
Prochoriata 490, 493.
Procraniota 217.

Procrocodilia 364, 366.
Proctogaster 169.
Procyonida 578, 585.
Prodidelphia 481, 482.
Prodinosauria 372, 384.
Proganoides 236, 246.
Progaster 136.
Progonamphibia 274, 277.
Progonosauria 292, 204.
Progonotaxis 631.
Prolacertilia 342, 346.
Prolagomorpha 502, 508.
Promammalia 470, 473.
Promorphe 45.
Pronephros 192.
Prorastomida 566, 568.
Proreptilia 292, 303.
Prorodentia 508.
Proselachii 240.
Prosencephalon 110, 112.
Prosimiae 600, 602.
Prospondylia 20, 207, 210.
Prostoma 136.
Protamniota 301.
Protamphibia 274.
Protanthropus 617, 640.
Proteida 274.
Protencephalon 111.
Proteroglypha 356.
Proterosauria 304.
Proterotherida 530, 537.
Protobalaenida 566.
Protochordata 13.
Protocranium 65.
Protopterina 264.
Protostegida 322, 325.
Protosuchia 363, 364.
Prototheria 468.
Protrogomorpha 502, 510.
Protungulata 530, 534.
Protypotherida 502, 505.
Provertebrata 210.
Proviverrida 578, 583.
Psephodermida 322, 325.
Pseudophidia 277.
Pseudosternum 81.
Pseudosuchia 364, 367.
Psychologie 625.
Ptenopleura 593, 595.
Pteranodontia 396, 399.
Pterocyna 593, 597.
Pterodactylia 396, 399.
Pterodracones 390, 399.
Pteropus 593.
Pterosauria 390.
Pterotheria 490, 491.
Ptychognathida 308, 316.
Ptychopterygium 89.
Pubis 93, 94.
Pulmones 259.
Pulmoneum 157.
Pycnodontes 236, 250.
Pythonomorpha 342, 349.

Quadrupeda 86.
Quastenfische 236.

Rabenvögel 415.
Radius 93, 97.
Rajacei 236, 243.
Ranacea 281.
Ranaeformia 274, 282.
Ratitae 402, 415.
Raubbeutler 484.
Raubthiere 490, 573.
Rautenfische 236, 250.
Reptilia 291.
Rhachitoma 274.
Rhamphodontia 396, 398.
Rhamphorhynchia 396.
Rheiformes 417.
Rheornithes 410, 417.
Rhinocerida 530, 545.
Rhizophaga 481.
Rhombiferi 250.
Rhombodipterini 249.
Rhomboganoides 250.
Rhynchocephalia 292, 305.
Rhynchosauria 292, 305.
Rhytinida 566, 569.
Richtaxen 46.
Richtebenen 47.
Riechplatte 122.
Riesendrachen 386.
Rinderwale 567.
Rippen 78.
Robben 578, 588.
Rochen 243.
Rodentia 490, 502.
Rodungulata 529.
Rückenleib 47, 51.
Rückenmark 108.
Rückenseite 61.
Rüsselhufer 538.
Ruminantia 556.
Rumpfcoelom 175.
Rumpfdarm 135, 164.
Rundmäuler 20, 207, 216.

Salamandralia 279.
Salamandrina 274, 280.
Salmonides 254.
Samenleiter 198.
Sarcotheria 490, 573.
Satyrus 632.
Säugethiere 419.
Sauranodontia 305.
Saurocoracoideae 409.
Sauromammalia 422, 473.
Sauronecta 332, 335.
Saurophidia 340.
Sauropoda 372, 386.
Sauropsida 284.
Sauropterygia 332, 335.
Saururae 409, 410.
Scapula 93, 94.
Scapulozona 86, 93.
Scelidosauria 372, 388.
Schädel 63.
Schädellose 20, 206.
Schädelthiere 6, 7.
Scheitelauge 129.
Scheitelhirn 106.
Schilddrüse 152.
Schildkröten 317.
Schimpanse 632.
Schlangen 353.
Schlangenlurche 274, 277.
Schleicher 291.
Schlundbogen 70.
Schlunddarm 149.
Schlundkorb 70.
Schlundrinne 151.
Schnabelfische 236, 256.
Schnabelthiere 478.
Schultergürtel 86, 93.
Schuppenechsen 340.
Schuppenthiere 519.

Schwandrachen 335.
Schwanzlurche 274, 279.
Schweinthiere 553.
Schwerthiere 522.
Schwimmblase 155.
Scincoidea 342, 348.
Sciuromorpha 502, 509.
Sclerodermi 236, 256.
Sclerotome 62.
Scolecophidia 342, 357.
Seedrachen 330.
Seeschlangen 349.
Selachii 238.
Selenodontia 556.
Sensilla 119.
Serolemma 40.
Serpentes 353.
Setigera 555.
Siluracei 236, 254.
Simiae 600, 606.
Sinnesorgane 119.
Sinneszellen 119.
Siphonopida 274, 279.
Sirenia 566, 567.
Sirenida 274.
Sirenoides 264.
Skelet 58.
Skeletomatrix 62.
Soleacei 255.
Solenoglypha 356.
Solenostomi 236, 257.
Soricida 578, 582.
Spatularides 248.
Spermaductus 198.
Spermarium 195.
Sphargidina 322, 325.
Sphargis 325.
Sphenodontia 292, 305.
Spondula 35, 41.
Squalacei 242.
Squalodontida 566, 571.
Squamata 340.
Squamosa 516, 519.
Stammbaum 19.
Stammes-Character 2.
Stammes-Einheit 4.
Stammes-Grenzen 3.
Stammes-Urkunden 22.
Stamm-Reptilien 301.
Stamm-System 20.
Stamm-Verzweigung 17.
Stammvögel 413.
Stammzelle 28.
Stegocephala 273, 274.
Stegosauria 372, 388.
Stegotherida 516, 523.
Stelepodia 93, 96.
Stenodactylia 342.
Sternum 80.
Stiftnager 505.
Stomachion 163.
Stomodaeum 140.
Streptostylia 340.
Struthionidae 417.
Struthiornithes 410, 417.
Stufenfolge 9.
Sturiones 236, 248.
Stylinodontia 502, 504.
Subcutis 58.
Substanzgesetz 648.
Suillida 530, 555.
Sumpfvögel 414.
Symmetrie 48.
Sympathicus 118.
Syngnathides 236, 257.

Tabuliferi 247.
Tachypoda 527, 529.
Talpida 578, 582.
Tapirida 530, 545.
Tardigrada 516, 522.
Tarsodactyli 93, 99.
Tarsolemures 605.
Tarsomela 93, 94.
Tarsus 93, 98.
Taschenkeim 527, 529.
Taxearthra 33, 41.
Taxeopoda 527, 529.
Tegmental-Knochen 68.
Tegumentum 53.
Teleosauria 364, 370.
Teleostei 236, 252.
Telogaster 169.
Temnospondylia 274, 277.
Testudinata 317.
Testudines 317.
Testudinida 322, 328.
Thalassemyda 322, 328.
Thecophora 319.
Theriodontia 308, 310.
Theromora 292, 306.
Theromorpha 306.
Theropoda 372, 384.
Thrissopides 254.
Thylacoleonida 481, 486.
Thymdrüse 153.
Thymus 153.
Thyreoidea 152.
Tibia 93, 97.
Tigerdrachen 384.
Tillodontia 501, 502.
Tillotheria 501, 502.
Tillotherida 502, 504.
Tinamidae 415.
Tocornithes 410, 413.
Tocosauria 292, 301.
Toxicophidia 342, 356.
Toxodontida 530, 536.
Trachea 158.
Tracheata 11, 12.
Trachyacanthi 236, 244.
Tragulida 530, 559.
Trichecida 548, 590.
Triconodontida 470, 476.
Tricuspidata 470, 474.
Trionychida 322, 326.
Tritylodontida 470, 477.
Trogodontia 506.
Trogontia 490, 497.
Trogotheria 490, 497.
Truncogaster 135, 164.
Tubulidentia 516, 520.
Tunicata 12.
Turbellaria 15.
Tympanum 133.
Typhlonectida 278.
Typhlopida 357.
Typodontia 505.
Typosuchia 364, 367.
Typotheria 490, 502.
Typothorax 367.
Typungulata 529.

Udenodontia 308, 316.
Ulna 93, 97.
Ulotriches 640, 644.
Ungulata 490, 524.
Unpaarhufer 543.
Unpaarnasen 20, 201.
Urbeutler 482.

Urdarm 136.
Ureter 194.
Urfische 238.
Urflosse 87.
Urhaifische 238.
Urharnsack 40.
Urhufer 533.
Urlurche 273, 274.
Urlurchfische 262.
Urmensch 617.
Urmund 136.
Urnager 501.
Urniere 192.
Urocystis 170.
Urodela 274, 279.
Urogenital-System 189.
Uronemida 262.
Uropeltida 357.
Urschädelthiere 20, 207, 217.
Urschmelzfische 246.
Ursida 578, 585.
Ursprung 10.
Urwirbelthiere 210.
Urzottenthiere 490, 493.
Veddalis 640, 644.
Venen 181. 187.
Venenosa 342, 356.
Vermilinguia 516, 523.
Vertebrata 1.
Vertebratio 12, 72.
Vertebrella 35, 41.
Viperiformia 356.
Viverrida 578, 586.
Vögel 400.
Vogeldrachen 389.
Volantes 402.
Volitantia 490, 591.
Vorderhirn 110, 112.
Vorniere 192.

Walthiere 490, 562.
Wasservögel 414.
Wedda-Rasse 644.
Westaffen 609.
Wiederkäuer 556.
Wirbelaxe 61.
Wirbelbildung 2, 12.
Wirbelbogen 76.
Wirbelgliederung 72.
Wirbellose 3, 10.
Wirbelthier-Begriff 1.
Wirbelthier-Classen 7, 8.
Wirbelthier-Stamm 4.
Wirbelthier-Ursprung 10.
Wurmschlangen 357.

Xenacanthus 241.
Xenarthra 490, 521.
Xiphodontida 530, 557.

Zähne 141, 146.
Zahnarme 490, 511
Zahnvögel 405.
Zahnwale 566, 569.
Zahnwechsel 145.
Zanclodontida 372, 382.
Zeuglodontida 566, 571.
Zeugopodia 93.
Ziphioida 566, 571.
Zonoskelet 86, 92.
Zoophaga 484.
Zungenbogen 71.
Zwischenhirn 111.
Zygomela 85, 93.

Frommannsche Buchdruckerei (Hermann Pohle) in Jena. — 1882

FSC
www.fsc.org
MIX
Papier | Fördert gute Waldnutzung
FSC® C083411

Kolibri 360 GmbH
Ferdinand-Jühlke-Straße 7
99095 Erfurt, Deutschland
produktsicherheit@kolibri360.de